PROFESSIONAL-ENGINEER

21세기 조경기술사

핵심이론

정 상 아

www.seoulpe.com
서울기술사학원

예문사

조경기술사 머리말

첫 교재가 출간되고 몇 년의 시간이 흐르면서 새로 추가해야 할 문제유형들과 이론들이 쌓이면서 개정의 필요성을 느꼈습니다. 이번 개정판 역시 기술자 자격 취득과정에서 가장 중요한 올바른 방향과 방법을 제시해주는 것이 최우선 목표입니다. 또한 효과적 시험 준비를 위한 전략적 교재라는 점도 동일합니다.

기술사 시험은 무조건 많은 시간을 투자하고 많은 내용을 암기한다고 해서 좋은 결과를 얻는 것이 아닙니다. 무엇보다 흐름과 개념에 대한 파악이 우선되어야 합니다. 간단히 말해, 합격을 위해서는 이해력으로부터 출발해 암기력과 능숙한 문제풀이력으로 완결이 되어야 합니다.

이 책은 이러한 고민과 문제의식을 반영한 결과물입니다. 즉 합격을 위해 꼭 필요한 이해력과 암기력, 그리고 문제풀이 능력을 최단기간 내에 향상시킨다는 목적에 초점을 두고 작성되었습니다.

구성적 특징

각 권(2권)으로 구성되었으며 권별의 구체적 특징은 다음과 같습니다.(이 책은 1권에 해당됩니다.)

1권 - 핵심이론정리

시험 대비를 위한 1단계 관문인 전체적 흐름과 개념 파악을 위해 반드시 알아야 할 이론들을 정리했습니다. 조경분야 주요서적들을 토대로 시험에 맞추어 핵심이론들을 요약 정리한 것으로, 모두 8개 과목으로 구성되었고 각 과목마다 전체 흐름과 개념을 한눈에 파악할 수 있는 트리구조를 작성하여 부록으로 첨부했습니다.

2권 - 실전문제풀이

1권의 분류와 마찬가지로 8개 과목으로 나누어 문제들을 정리함으로써 문제풀이능력을 향상시킬 수 있는 기출문제와 예상문제의 모범답안입니다. 최근의 기출문제와 핵심예상문제들을 최대한 정리하였고 풀이 내용은 이론에 충실하도록 했습니다. 특히 실전능력 향상을 위해 답지형식에 가장 적합한 내용으로 요약 정리하였고, 중요한 표와 모식도를 첨부하였습니다.

부록

- 63회부터 최근까지 출제된 문제들을 키워드 중심으로 정리했습니다. 처음 공부를 시작하는 분들은 먼저 기출문제를 확인하여 출제의도와 중요문제들을 파악하는 것이 필요하기 때문입니다.
- 참고한 문헌들과 해당 분야의 자료들을 검색할 수 있는 사이트를 소개해 놓았습니다.

다시 한번 강조하지만, 많은 시간을 투자하고 많은 내용을 암기하는 것보다 더 중요한 것은 전체적인 흐름 파악과 개념에 대한 이해력을 바탕으로 자연스럽게 암기력과 문제풀이 능력을 향상시키는 것입니다.

기술사는 출제자의 의도를 파악하고 답안을 정리하는 논리적 과정에서 문제의 정확한 파악능력과 해결능력을 보여주는 것이 관건이므로 무계획적이고 단순한 암기로는 절대 원하는 바를 이룰 수 없습니다.

개정과 출간에 이르기까지 도움을 주신 분들이 많습니다. 언제나 든든한 후원자인 두 아들 진하와 준하, 강의를 시작하도록 이끌어 주신 김은숙 교수님, 여러모로 편의를 제공해주신 조준호 부원장님과 서울기술사학원 가족들, 교재 구성과 강의에 탁월한 영감을 전해주신 서울기술사학원 신경수 원장님, 예비독자로서 책의 완성도를 높여준 학원 수강생들, 그리고 출간을 맡아주신 예문사에도 감사의 마음을 전합니다.

2021년 9월

정 상 아

>>> 조 경 기 술 사 차례

제1장 자연환경관리

1절 환경계획학

2절 지구환경문제와 국제적 동향

3절 환경오염과 대처방안

4절 생태학

5절 경관생태학

6절 생태복원공학

7절 생태복원과정

»» 조 경 기 술 사 차 례

8절 습지생태계

9절 하천생태계

10절 비탈면녹화

11절 산림생태계

12절 생태도시

13절 생태네트워크

제2장 동양조경사

1절 한국 궁궐 조경

2절 별서조경

3절 전통마을과 민가조경

10절 전통조경계획

제3장 서양조경사 /현대조경작가론

1절 서양조경사 개요

2절 고대 조경

3절 중세 조경

4절 르네상스 조경

5절 근대와 현대 조경

6절 조경 사조와 작가

7절 한국조경 변천과정과 한국성 표현

»» 조 경 기 술 사 차 례

제4장 조경 및 환경 관련법규

1절 총 론

2절 조경 · 도시계획

3절 건설일반

4절 자연환경관리

5절 제도 및 지침

제5장 조경계획론

1절 총론

2절 조경계획과정

3절 조경계획분야

제6장 조경설계론

1절 설계언어의 접근

2절 설계언어의 실제

3절 조경설계분야

제7장 조경시공구조학

1절 총론

2절 조경시공일반

3절 공종별 조경시공

4절 조경시설공사

4절 시설물 유지관리

Professional Engineer Landscape Architecture

CHAPTER

01

자연환경관리

1장 자연환경관리

1 환경계획학

1. 환경문제의 인식

1) 환경의 정의

① 환경이란 생물의 생활을 영위하는 공간
② 모든 생물이 사는 서식처

유엔환경계획의 환경범주

대범주	하위범주
자연환경	대기권, 수권, 지권, 생물적 환경(생산자, 소비자, 분해자)
인간환경	인구, 주거, 건강, 생물생산체계, 산업, 에너지, 운송, 관광, 환경교육과 공공인식, 평화안전 및 환경

2) 환경과 인간의 관계

① 환경관
㉮ 환경관이란 자신과 환경의 관계정도를 의식해 가는 것
㉯ 주변에 형성되는 환경에 대한 가치의식
㉰ 환경관은 시대에 따라 변천을 거듭해 왔고 오늘날 환경문제 발생과 무관하지 않음

② 환경의식의 변화
㉮ 산업발달과 함께 국토황폐화는 가속화
㉯ 이로 인해 각종 자연재해, 인적재해가 빈발함
㉰ 삼림의 과잉 벌채로 인한 산의 황폐화, 홍수나 산사태의 확대, 이로 인해 환경자원 관리의 중요성이 점차 인식됨
㉱ 경제의 고도성장으로 자연생태계 악화 · 훼손 및 인구나 산업의 극단적 도시집중으로 도시생활은 극도로 열악해짐

㉲ 이같은 여건의 변화를 배경으로 환경을 보는 관점은 위생 등과 같은 기초조건의 차원에서 자연환경의 보전·회복 등과 같은 지구환경보전과 연계된 지역환경보전 등에 중점을 두는 차원으로 바뀜

③ 유한성의 인식

㉮ 지구의 유한성을 현실적 문제로 인식

㉯ 자원과 환경에 대한 유한성을 근간으로 계획의 체계화를 도모하고자 하는 논의가 오늘날 요구되고 있음

④ 환경윤리

㉮ 최근의 지구환경문제는 다음 세대나 다른 지역으로 파급되는 문제로 인식되고 있음

㉯ 환경윤리란 쾌적한 환경을 요구하는 자신의 욕구를 다른 사람과의 관계를 고려하여 스스로 조절해 나가는 것이라 해석됨

⑤ 환경과 인간의 상호영향

㉮ 환경변화는 자연스스로 변화하는 자연적 변화와 인간행위나 활동에 의해 변화되는 인위적 변화로 구분

㉯ 자연적 변화는 인간의 힘이 작용될 때 급속하고 예측하기 어려운 변화를 일으킴

㉰ 인간의 자연이용은 엔트로피를 무한히 증대시켜 생태계의 동적 균형을 깨뜨림

㉱ 인간에 의한 생태계의 급격한 변화는 인간의 생존까지도 위협함

3) 환경문제의 이해

① 환경문제의 배경과 원인 : 산업화와 도시화

㉮ 환경문제로는 이산화탄소 증가, 대기오염, 수질오염, 자원고갈, 폐기물오염, 환경의 질적 저하, 야생동물의 소멸, 지구온난화 등이 대표적

㉯ 사회문제는 인구과잉, 빈곤, 범죄, 상대적 빈곤감 등이 대표적

㉰ 도시화는 산업화 및 인구증가와 연관되어 도시에서 인구증가와 무질서한 팽창 등으로 여러 가지 환경적 부작용이 발생

② 도시생태계

㉮ 도시생태계는 사회 - 경제 - 자연의 결합으로 성립되는 복합생태계

㉯ 자연시스템과 인위적 시스템 상호 간의 지극히 상반된 특성을 지님

㉰ 급격한 도시화와 산업화의 결과인 대도시는 인위적 시스템의 활동이 두드러진 공간으로 물질순환관계의 불균형으로 많은 문제 초래

③ 지구온난화

지구온난화의 영향으로 강수량, 강수패턴, 토양함수율, 해수면 등에 변화가 발생하고 이러한 변화는 생태계 전반에 영향을 미쳐 종의 절멸을 야기할 수도 있음

④ 도시열섬

㉮ 전 세계적으로 온실효과에 의한 지구온난화가 문제되고 있듯이, 국지적으로는 도시지역의 기온상승이 매우 심각한 상태임

㉯ 열섬은 도시지역 기온의 상승결과로 나타나는 현상

4) 환경의 특성

① 상호관련성

㉮ 환경문제는 상호작용하는 여러 변수들에 의해 발생하므로 상호 간에 인과관계가 성립되어 문제해결을 어렵게 함

㉯ 오염물질은 서로 화학반응을 일으켜 더 큰 문제로 확대되기도 함

② 광역성

현재의 환경문제는 범지구적, 국제 간의 문제이며 개방체계적인 환경특성에 따라 공간적으로 광범위한 영향권을 형성함

③ 시차성

㉮ 환경문제는 문제발생시기와 이로 인한 영향이 현실적으로 나타나는 시점 사이에 상당한 시차가 존재하는 경우가 많음

㉯ 인간의 인체는 오염에 반응하는 시간이 느리기 때문에 심한 경우에는 원상태로 회복될 수 없을 정도로 악화된 후에야 인지하는 사례들도 많음

④ 탄력성과 비가역성

어느 정도의 환경오염 악화는 환경이 갖는 자체정화능력 즉, 자정작용에 의하여 쉽게 원상으로 회복될 수 있으나, 환경의 자정능력을 초과하는 많은 오염물질량이 유입되면 자정능력 범위를 넘어 충분한 자정작용이 불가능하게 됨

⑤ 엔트로피 증가

㉮ 열역학 제2법칙은 우주의 전체에너지량은 일정하고 전체 엔트로피는 항상 증가한다는 내용으로 엔트로피 증가 법칙을 설명한다.

㉯ 엔트로피는 사용가능한 에너지에서 사용불가능한 에너지의 상태로 변화하는 현상을 말함. 따라서 엔트로피 증가는 사용가능한 에너지, 즉 자원의 감소를 뜻함

2. 환경계획의 성격과 유형

1) 환경계획의 내용

① 환경계획의 기본

㉮ 공간중심의 환경계획에서는 생태계와 인공계의 관계를 공간적인 조정에 의해 배치함과 동시에 생태계의 질, 크기, 배치 등을 결정하게 됨

㉯ 일반적인 계획과정과 마찬가지로 환경계획도 조사 - 분석 - 평가 - 계획의 단계를 거치게 됨

㉰ 다만, 일반적인 계획과정이 인간을 중심으로 한 계획이라면 환경계획은 인간과 생태계의 관계를 고려한 접근이 강조

㉱ 환경계획 · 설계 시 고려사항

- 환경위기의식이 기본바탕이 됨
- 계획 · 설계의 주제와 공간의 주체가 생물종이 됨
- 지속가능한 계획 · 설계가 되어야 함
- 에너지 절약적이고 물질순환적인 공간설계

② 환경계획의 의미

㉮ 환경계획은 오늘날 도시환경문제를 풀어가기 위한 최적의 접근방법 중 하나임

㉯ 일반적 계획방식이 인간과 생활환경 중심으로 한 계획이었다면, 환경계획은 인간과 생물과의 공존을 목적으로 인간환경과 자연환경과의 관계구축에 보다 관심을 두고 있음

③ 환경계획의 대상

㉮ 공간유형별 : 도시, 농촌, 산림, 연안역, 습지, 수변, 하천 등

㉯ 개발유형별 : 택지, 사업단지, 관광지, 도로 등

㉰ 계획형태별 : 생태도시, 생태주거단지, 생태마을, 생태공원 등

㉱ 참여형 : 시민참여, 환경교육, 국제협력 등

일반적 계획방법과 환경계획방법의 비교

구분	기존계획의 일반적 접근방법	환경계획의 접근방법
계획수립	개발지향적 구상안 수립	개발구상을 지원하는 환경계획 수립
조사 및 DB 구축	• 해당지역에 국한된 현황조사 실시 • 대상지의 생태적 기능과 역할 등 고려 미흡 • 조사정보 미흡, DB 미구축	• 유역권 전체에 대한 조사 및 분석 • 조사결과의 DB 구축

계획과정	• 경사, 식생 등 물리적 환경 위주 대상지분석 • 개발가능지 확보차원 접근 • 인간편익 중심의 공간배치	• 경관의 기능, 구조분석을 통한 생태계의 흐름 파악 • 보전가치가 높은 생태적 자원 배려한 구상 • 개발구상과 환경계획의 협의를 통한 계획 조정 • 생태계 흐름을 중시한 배치계획
계획내용	• 구체적인 환경보전내용 제시 미흡으로 구상안에 수용 미흡 • 개발계획을 지원, 견제하는 환경계획이 아니라 개발결과로 제기되는 환경오염 사후처리에 대한 내용에 치중	• 비오톱지도 작성 및 등급화에 의한 환경보전지역 설정 및 도면화로 개발계획에서 반영하도록 제시 • 개발구상과 지속적 협의로 사전 환경영향 저감방안 강구 • 지속가능개발을 위한 환경 관련 고려사항을 사전 제시와 반영

④ 환경계획의 차원과 내용

㉮ 국토 및 지역계획 차원에서의 환경계획은 대체적으로 시설을 중심으로 한 물리적 환경계획에 치중되어 왔음

㉯ 그러나 지속가능발전을 위한 환경계획의 수행을 위해서는 다음과 같이 세 가지 차원에서의 접근이 필요

환경계획의 차원	환경계획의 내용
부문별 환경계획	• 자연생태계 보전 • 토지이용 / 자원 및 에너지절약 / 대기 및 기후 • 수자원 및 수질, 용수공급 및 처리 • 폐기물 재활용 및 처리 / 소음방지
행정 및 정책구조	• 국가, 시, 도의 환경비전과 전략 • 지속가능발전을 위한 계획이념과 계획지침 • 중앙과 지방, 광역 - 기초 간 합리적 업무분장 • 계획부서와 환경부서 간의 통합조정기능 • 기타 관련부서 간의 통합조정기능
사회기반 형성	• 토지이용계획, 개발계획, 산업계획, 에너지계획, 교통계획 등 • 국제환경협력체제 • 시민단체의 참여 활성화 • 지방의제21의 활성화 • 시민참여의 제도적 정치 • 환경교육, 환경감시 • 환경정보시스템, 환경정보 공개

2) 지속가능발전과 환경계획

① 지속가능발전을 위한 환경관

현대적 환경관

관점	세부유형	특성 및 이념
기술중시주의 (technocentrism)	낙관론자 (optimist)	• 자원개발을 통한 경제성장 추구 • 시장경제원리로 환경문제 해결 • 전통적 개발론
	조화론자 (accomodator)	• 환경보호와 경제성장의 조화 추구 • 환경권에 대한 세대 간 공평성 고려 • 수정된 개발론
생태중시주의 (ecocentrism)	환경보호론자 (commonalist)	• 개발을 위한 자연환경 파괴 경계 • 환경문제에 대한 적극적 대중참여 지지 • 제한적 개발론
	절대환경론자 (deep ecologist)	• 생태계의 절대적 보전을 전제로 하는 초현실주의적 입장 • 자연을 개발대상이 아닌 그 자체의 내재적 가치 존중 • 자연생태적 규범에 따른 인간활동과 경제규모 및 인구의 축소 주장 • 개발 불가론

② 난개발과 지속가능개발의 비교

난개발과 지속가능개발의 비교

평가기준	난개발	지속가능개발
수용인구	물리적 수용능력(주택, 도로의 용량 등) 범위 내에서 산정	환경용량 범위 내에서 수용능력 판단
이론	갈등이론	협력이론
계획기준	획일적	도시, 지역특성 즉 장소성을 고려
접근방법	분야별 접근 / 지자체별 접근	통합적 접근 / 지자체 간의 파트너십에 의한 접근
기반시설 및 기본적 서비스	적절한 기반시설 및 기본적 서비스 미흡	적절한 기반시설 및 기본적 서비스 제공
고용과 경제적 기회	고용과 경제적 기회 제공 미흡	충분한 고용과 경제적 기회 제공
개발방법	피해받기 쉬운 개발	피해받지 않는 개발
사회적 형평성	계층 간의 갈등	미래세대와 현세대 간의 형평성 추구
환경정의	환경의무 이행의 획일화	환경의무 이행의 차별화

3. 환경계획의 주요 개념과 이론

1) 환경경제이론

① 환경가치의 성격과 추정의 필요성

㉮ 환경의 가치를 정확하게 계산하는 것은 환경보전을 설득력 있게 만드는 데에 매우 긴요함

㉯ 왜냐하면 일반적으로 보전된 환경의 가치를 과소평가하는 경향이 있기 때문

㉰ 환경을 개발했을 때의 이익은 금전화되지만 환경을 보전했을 때의 이익은 대부분 금전화되지 않음

㉱ 금전화되는 이익은 당장 눈앞에 가시적으로 나타나지만, 금전화되지 않는 이익은 눈에 보이지 않음

㉲ 환경을 개발함으로써 얻은 이익은 금전화되면서 특정인에게 귀속되는 반면, 환경을 보전함으로 인한 이익은 금전화되지 않으면서 불특정 다수에게 분산되는 경향이 있음

② 환경가치추정방법

㉮ 조건부가치측정법(Contingent Valuation Method)

구분	내용
정의 및 내용	• 진술선호법 중 가장 대표적인 기법 • 특정 환경재화에 대한 가상 시나리오를 기반으로 한 설문조사를 통하여 응답자의 지불의사액 / 수용의사액을 직접적으로 이끌어내는 방법 • 지불의사액을 직접 묻는 개방형과 일정액수를 제시한 후 예 / 아니오로 응답하도록 하는 투표형태가 대표적임
적용절차	가치측정 연구대상 환경재 설정 ↓ 조사대상 선정(변화에 영향을 받을 그룹) ↓ 조사방법 선택(인터뷰, 전화면접, 우편) ↓ 조사대상 크기 결정 ↓ 설문지 작성 ↓ 설문조사(예비검사 시행 후 본 설문조사) ↓ 통계자료 분석 ↓ 가치측정에 대한 보고

기법의 특성	• 조건부가치측정법의 가장 큰 장점은 적용범위가 광범위하다는 것과 현시선호법에 기반한 기법과 달리 비사용가치의 추정에 활용이 가능하다는 점임 • 가상적인 상황 아래서의 행위에 기반하고 있기 때문에 가설편의, 전략편의, 정보편의 등의 다양한 편의(bias)를 발생시킬 수 있다는 단점이 있음 • 설문조사에 의존도가 높으므로 시나리오를 포함한 설문지 작성의 완성도가 분석결과에 영향을 미침

㉯ 컨조인트법(Conjoint Analysis)

구분	내용
정의 및 내용	• 진술선호법의 하나로 가상 시나리오를 기반으로 한 설문조사에 의존한다는 점에서는 조건부 가치측정법과 동일하나 지불의사를 직접 유도하기 보다는 환경재의 속성들로 구성된 2개 이상의 대안에 대한 선택으로부터 선호체계를 도출함 • 다양한 속성과 속성수준으로 조합된 대안들 중에서 선택하도록 하는 조건부선택결정법, 우선순위를 매기도록 하는 조건부순위결정법, 등급을 매기도록 하는 조건부등급결정법 등이 있음
적용절차	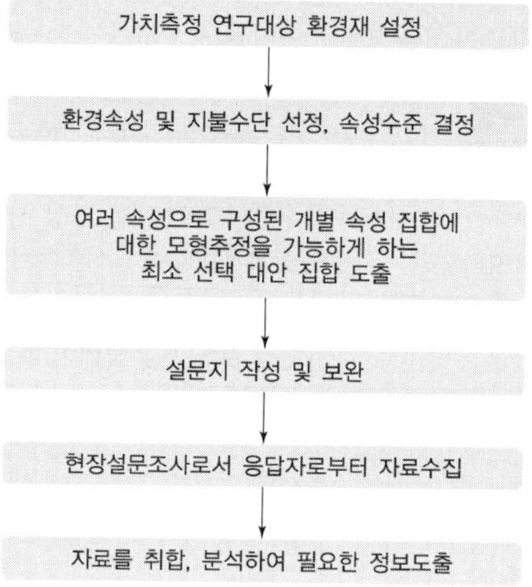 가치측정 연구대상 환경재 설정 ↓ 환경속성 및 지불수단 선정, 속성수준 결정 ↓ 여러 속성으로 구성된 개별 속성 집합에 대한 모형추정을 가능하게 하는 최소 선택 대안 집합 도출 ↓ 설문지 작성 및 보완 ↓ 현장설문조사로서 응답자로부터 자료수집 ↓ 자료를 취합, 분석하여 필요한 정보도출
기법의 특성	• 주요 환경자원의 속성과 지불의사액 간의 교환비율의 추정을 가능하게 하여 정책 및 의사결정에 반영이 용이함 • 환경자원의 다양한 속성들의 조합으로 구성된 대안을 선택하게 함으로써 보다 현실적인 의사결정을 담아낼 수 있는 장점이 있음 • 조건부가치측정법과 같이 원칙적으로 모든 환경재화에 적용이 가능할 뿐만 아니라 비사용가치 추정이 가능 • 동시에 역시 가상적인 상황 아래서의 행위에 기반하고 있기 때문에 조건부가치측정법과 같이 다양한 편의(bias)를 발생시킬 수 있다는 단점이 있음 • 또한 속성 및 속성수준이 많아지면서 다수의 대안을 고려하게 될 경우 응답자가 대안을 제대로 인식하지 못하게 될 우려가 있음

㉰ 여행비용법(Travel Cost Method)

구분	내용
정의 및 내용	• 비시장재화의 가치측정법 중 가장 먼저 고안된 방법이며, 비시장재화의 가치를 그 재화와 관련되어 있는 시장에서의 소비행위와 연관시켜 간접적으로 측정하는 현시선호법의 대표적인 기법임 • 특정 환경자원을 대상으로 방문횟수와 방문에 소요되는 비용정보를 통해 수요함수를 도출한 후 지불의사액을 추정함 • 기본적으로 설문조사를 통한 방법이며 휴양지에서 방문객을 대상으로 준비된 설문지를 이용하여 여행시간 및 지출비용 등의 관련정보를 수집하고 대상 환경재화의 가치를 추정하는 방법임 • 주로 휴양 및 야외 여가활동에 적용되는 기법임
적용절차	연구대상 비시장재화의 설정 ↓ 여행비용을 이동거리, 여행시간, 입장료 등의 함수로 보고 추정 ↓ 앞서 추정한 여행비용과 여행자의 사회경제적 변수를 토대로 여행생성함수(Trip Generating Funtion)를 추정 ↓ 입장료가 상승하는 경우에 어떻게 방문수가 달라지는가 계산하여 소요함수를 도출 ↓ 각 개인의 방문당 소비자 잉여를 계산해냄으로써 총편익을 추정
기법의 특성	• 헤도닉가격법과 마찬가지로 관찰된 행위에 기반을 둔다는 장점이 있음 • 또한 간단한 설문을 활용하기 때문에 비용이 저렴함 • 휴양 또는 여가활동에만 적용이 가능하다는 한계를 지님 • 방문자를 대상으로 설문조사가 이루어지기 때문에 표본선택편의(sample selection bias)가 존재할 가능성이 큼 • 사용가치 추정에만 한정되며 비사용가치의 추정은 한계를 지님

㉣ 헤도닉가격법(Hedonic Price Method)

구분	내용
정의 및 내용	• 재화 및 서비스의 가치는 해당 재화에 내포되고 있는 특성에 의해서 결정되고, 이러한 속성은 인간에게 효용을 제공한다는 전제에서 출발함 • 개인들이 구매하는 상품의 구성요소에 공공재의 수준이 포함되어 있는 경우 적용하는 방법임 • 특정재화에 대해 시장에서 직접 거래되지 않는 어떤 요인이 가격결정에 영향을 미친다는 가정하에 소비자가 재화 구매를 결정하고 가격을 지불할 때 속성들의 가치를 측정 • 적용 예로 대기오염과 같은 환경오염 수준이 주택가격에 미치는 영향을 분석해 환경의 가치를 측정하는 경우를 들 수 있음
적용절차	환경질과 밀접한 관련이 있는 대체시장의 선정 ↓ 재화의 속성분류 및 헤도닉 가격함수 설정 ↓ 상관관계가 있는 변수들만으로 구성된 구체적인 가격함수 추정 ↓ 환경질에 대한 수요곡선 유도 ↓ 편익 측정
기법의 특성	• 시장가격을 활용하여 환경질의 가치를 추정한다는 점에서 이론적으로 강한 분석법임 • 그러나 주택의 특성을 나타내는 변수들에 대한 정보를 얻기가 어려운 경우가 대부분이라 정보획득이 쉽지 않다는 것이 단점임 • 헤도닉가격법은 소음, 대기오염, 수질오염과 관련된 환경질의 개선 및 약화에 대한 가치추정에 제한적으로 사용되고 있으며, 생태계에는 적용이 어렵다는 단점이 있음 • 비사용가치에는 적용이 어려움

㉮ 시장가격법(Market Price Method)

구분	내용
정의 및 내용	• 시장가격법은 표현 그대로 시장에서 거래된 재화 및 서비스에 대해 그 해당 가격을 이용하여 추정하는 기법을 말함 • 어류, 목재, 연료획득 등의 비용과 개개인의 지불의사를 반영
기법의 특성	• 가격을 위한 자료는 상대적으로 얻기가 수월한 편이지만, 시장의 불완전성이나 정책의 실패가 시장가격을 왜곡할 수 있기 때문에 재화나 서비스의 경제적 가치를 제대로 반영하지 못할 수도 있는 단점이 있음 • 시장가격을 경제적 분석에 사용할 때에는 가격의 계절적 변동이나 기타의 효과들이 고려될 필요가 있음

㉯ 확률효용/이산선택모형(Random Utility/Discrete Choice Model)

구분	내용
정의 및 내용	• 여행비용법이 다양한 휴양지 간의 선택문제를 분석하기 어렵다는 점에서 출발한 모형으로서, 서로 경합관계에 있는 휴양지 간의 선택을 모형화함 • 따라서 종속변수가 질적 변수 또는 범주형 변수인 이산선택에 적용되는 통계분석이 활용됨 • 최근 확률효용모델은 투표형태(이산선택) 조건부가치측정법의 이론적 근거로도 활용되어 용어의 사용범위가 확대되고 있는 추세임
기법의 특성	• 확률효용모형은 개념적으로는 여행비용법과 비슷하지만 관광객의 방문횟수보다는 관광객의 대체 관광지에 대한 선택에 중점을 둠 • 대체지역 및 환경수준의 분석에 보다 용이하며 개인의 대체지역에 대한 행태분석이 필요할 경우 정보요구량이 증가함

㉰ 회피행동/비용법(Averting Behavior/Cost Method)

구분	내용
정의 및 내용	환경의 질이 악화되는 상황에서 원래와 유사한 환경의 질을 향유하기 위하여 발생하는 비용을 토대로 환경의 가치를 평가하는 방법
기법의 특성	• 환경수준과 같은 공공재와 시장재 수요 간의 상호작용을 분석하여 공공재 공급변화로부터의 편익을 추정 • 회피행동/비용법은 이론적으로는 우수하지만, 회피행동이 나타나거나 이에 대한 관측이 용이한 경우에만 적용이 가능한 어려움이 있음 • 회피행동/비용법은 환경의 가치 중에서 사용가치는 측정해 낼 수 있지만 비사용가치는 측정해 낼 수 없는 한계가 있음

2) 환경생태이론

① 생물 간 상호작용

㉮ 동일한 장소에서 생활하는 동물, 식물, 미생물의 전체집단을 생물공동체라고 하고 생물공동체 중에서 생물의 상호관계를 생물 간 상호작용이라고 함

㉯ 생물 간 상호작용은 포식관계, 공생관계, 환경적 관계 등이 있음

② 서식환경 및 서식지

생물에게는 각각 살기에 적합한 장소가 있음. 삶을 영위하기 위한 에너지를 획득하거나 번식과 월동 등의 생활을 하는 장소를 habitat라고 함. 이는 biotope과 유사한 의미로 볼 수 있음

③ 생태천이

어떤 장소에 존재하는 생물공동체는 시간의 경과에 따라 종조성이나 구조를 변화시켜 다른 생물공동체로 변화해감. 그 시간적 변화의 과정을 생태천이 또는 천이라고 하고 식생의 천이를 식생천이라고 함

④ 생물종 다양성

㉮ 생물종 다양성이라는 개념은 현대생태학적 패러다임의 바탕을 이루는 핵심개념으로 생물종 멸종이라는 환경위기를 해석하는 바탕이 되고 있음

㉯ 생물종 다양성의 파괴란 곧 자원의 고갈을 의미하고 이는 결국 인류멸망의 위기를 초래하게 됨

⑤ 생물종 보전과 생태계복원

㉮ 생물종 보전의 방법은 현지내(in-situ) 보전과 현지외(ex-situ) 보전으로 구분됨

㉯ 현지내 보전이란 기존의 생태적 가치가 있는 광역의 생태적 단위지역을 조사하여 생태계 보전지역 등을 지정하여 보존하는 방법

㉰ 현지외 보전이란 생물 등의 생육환경을 자연상태와 유사하게 조성 · 관리하는 동물원이나 식물원 등에서 인위적으로 생물종을 보존하는 방법

㉱ 이러한 생물종 보전과 보호라는 측면에서 한 차원 더 나아간 적극적인 계획 · 설계 · 시공의 차원이 생태계 복원이라는 주제임. 생태도시, 생태공원, 생태하천과 생태연못이라는 주제가 바로 그같은 예임

⑥ 생태계 보전 · 복원

생태적 복원은 생태적 건강성의 재생과 유지라고 정의되며 자연적이거나 인위적인 간섭에 의해 훼손된 중요한 서식처나 생물종을 훼손 이전과 가장 유사한 상태로 되돌리는 것을 의미함

생태적 복원의 유형

복원의 유형	내용
복원(restoration)	• 교란 이전의 상태로 정확하게 돌아가기 위한 시도 • 시간과 많은 비용이 소요되기 때문에 쉽지 않음
복구(rehabilitation)	완벽한 복원보다는 못하지만 원래의 자연상태와 유사한 것을 목적으로 하는 것
대체(replacement)	• 현재의 상태를 개선하기 위하여 다른 생태계로 원래의 생태계를 대체하는 것 • 구조에 있어서는 간단할 수 있지만 보다 생산적일 수 있음 • 유사한 기능을 지니면서도 다양한 구조의 생태계 창출

3) 환경공간이론

① 대상공간

㉮ 생태계와 인공계

환경계획에서 다루고자 하는 대상은 생태계와 인공계의 관계를 조정하는 것을 목적으로 하기 때문에 양자가 접하는 공간이 중요한 대상이 됨

㉯ 생태계의 종류

- 자연생태계 : 인위적 영향이 전혀 없거나 극히 적은 생태계
- 반자연생태계 : 규칙적인 인위적 행위가 반복적으로 가해지면서 유지되고 있는 생태계
- 인위생태계 : 도시지역에서 흔히 볼 수 있는 도시생태계가 전형적인 것으로 오염에 강한 종이나 귀화동식물이 비정상적으로 번식하는 등과 같은 왜곡된 생태계

㉰ 생태계와 인공계의 공간적 조정

- 자연생태계와 인공계를 조정하는 경우에 주로 이용되는 조정방법으로 양자를 격리하는 격리형 조정
- 충분한 거리로 이격시키거나 완충대 설치, 습지보호를 위해 데크를 설치하는 것은 격리의 예
- 반자연생태계와 인공계를 조정하는 경우에 주로 이용되는 조정으로 기능을 중합시키고 양자를 융합하는 융합형 조정
- 논의 수로는 용수로의 기능을 가진 시설이나 수초, 어류, 양서류 등 서식지로서의 기능도 가짐
- 옥상녹화를 통해 건축공간에 거주 · 업무기능과 생태적 기능을 결합시키는 것도 융합의 예

② 생물지리지역 접근

㉮ 생물지리지역 접근은 계획, 보전, 그리고 개발에 있어서 장소성에 바탕을 둔 접근방법

㉯ 기존의 접근방법에서는 경관을 해부하여 부분으로 나누는 방법을 사용하지만 생물지리지역 접근은 경관의 연속성을 중시하고 분석된 각 경관단위를 통합하는 접근

㉰ 생물지리지역 접근은 자연자원만을 고려하지 않고 장소가 지니는 특징과 문화재, 문화행사, 다양한 행사, 다양한 전설 등의 문화자원들을 고려

㉱ 유역차원의 접근, 생태적 단위 접근 방법과 유사하면서 보다 포괄적인 개념으로 볼 수 있음

구분	방법 및 특징
생물지역 (bioregion)	• 생물지리학적 접근단위의 최대단위 • 지역에서의 독특한 기후, 지형, 식생, 유역, 토지이용 유형에 의해 구분 • 대상지역 경관에 있어 보전가치 평가 및 계획과 관리의 개념적 틀 제공
하부생물지역 (subregion)	• 생물지역의 바로 아래 단계이며, 경관지구의 상위단계 • 생물지역 내에서 자원, 문화 등에 있어 독특한 특징을 가진 경우에 해당
경관지구 (landscape distract)	• 생물지역의 하위단계 • 유역과 산맥에 의해 구분되며 관찰자가 인식할 수 있는 범위 • 지역주민이 그 지역에 대한 친밀한 이름을 가지는 경우가 많으며, 특정지역으로 인식하기도 함 • 지형, 동 · 식물 서식현황, 유역, 토지이용패턴을 중심으로 일차적으로 구분하며, 현지답사를 통하여 문화 및 생활양식을 추가로 고려하여 구분
장소단위 (place unit)	• 경관지구의 하위단계이며 생물지리학적 지역구분에 있어 최소단위 • 독특한 시각적 특징을 지닌 지역으로 위요된 공간(enclosed space) • 시각적으로 즉각적인 구별가능 • 경계에 있어 식생, 지형(landform), 능선(ridge) 및 자연부락 등에 의해 결정

③ 생물지리지역과 유사한 개념

㉮ 유역차원의 접근

- 생물 · 물리적 과정 및 사회문화적 과정 사이의 관계를 명확하게 하기 위해 상호관련성을 중시하는 것으로서, 유역에 기초한 계획은 환경적으로 민감한 지역에 대한 생태적 계획을 하기에 가장 적합한 방법으로 인식되고 있음
- 특히 수생태계 오염원의 관리에 있어서 매우 유용하다고 볼 수 있음

㉯ 생태적 단위(ecological unit) 접근

- 관리상에 있어 유사한 용량과 잠재성을 가지고 있는 육상과 수생태계를 다양한 수준의 해석을 통해 확인하는 데 있음

• 규모에 따라 다르지만 생태적 단위는 잠재적 자연군집, 토양, 수문기능, 토지형태 및 지형, 암석, 천이와 같은 자연과정 등에서 유사한 패턴이 나타날 때 구분됨
• 최상위급에 생태지역(ecoregion), 하위단위로 내려가면서 하부지역(subregion), 경관(landscape), 토지단위(land unit)로 구분되며, 필요에 따라서는 지리적 지역(geographical areas)과 생태적 단위(ecological units)로 세분화하기도 함

④ 유네스코 MAB 이론

㉮ 1971년 유네스코가 설립한 MAB(Man and the Biosphere Programme) 즉, 인간과 생물권 계획은 생물권 보전지역사업을 수행하고 있는 정부 간 프로그램

㉯ 동식물, 대기, 해안의 자연뿐 아니라 인간을 포함한 전체로서의 생물권에 인간이 어떻게 영향을 미치는지를 연구하고 더 이상의 생물권 파괴를 막기 위하여 전 세계가 함께 일하고자 출범하였음

㉰ 보전과 발전, 논리적 지지 등과 같은 기능을 수행하게 되며 이를 위해서 핵심, 완충, 전이의 세 가지의 기본요소로 구분됨

㉱ 이 개념은 자연환경, 생태복원에 있어서도 매우 중요하게 적용되며 일반적인 복원 및 창출지역도 그 개념에 따라 핵심지역과 완충지역, 전이지역과 같이 구분해 볼 수 있음

4. 참여형 환경계획

1) 시민참여의 의의

① 시민참여 개념

㉮ 시민참여(citizen participation)는 60년대 이후 참여형 민주주의의 발전과 시민의식의 성숙과 더불어 폭넓게 보급된 개념

㉯ 일반인이 정책과정과 같은 지역사회 구성원에 영향을 미치는 사항에 대하여 시민의 적극적인 참여를 통해 일정한 통제를 가하는 과정을 의미함

㉰ 정부정책 및 계획 수립 등 의사결정과정에서 이해당사자(stakeholder)를 포함한 시민들이 공동의 이익을 추구함으로써 문제를 해결하고 삶의 질을 높이기 위해 여러 가지 방법과 형태를 통해 적극적이고 주체적인 참여를 함으로써 영향을 끼치는 행위

2) 환경계획과 시민참여

① 개념 및 필요성

㉮ 시민참여 환경계획이란 직 · 간접적으로 이해관계가 있는 시민들이 환경계획과정에 주체적으로 참여하는 일체의 행위를 말함

㉯ 모든 시민에게 계획이나 의사결정과정에 참여의 기회를 넓힘으로써 시민이 원하는 바가 계획에 반영되게 하는 방법을 말함

㉰ 이를 위한 기법으로 Workshop, 인터뷰, 설문분석, 희망표현, 사진촬영, 시뮬레이션, 모형, 게임, 지도 그리기, 카드 게임, 대상지 걷기, 예산분배 게임, 이용 후 평가(POE) 등이 있음

② 유형

㉮ 참여의 직 · 간접에 따른 구분
- 직접참여방법 : 시민의 직접적인 개인참여
- 간접참여방법 : 의회 또는 위원회 등을 통해 시민의 의사를 집약하여 참여

㉯ 투입유형에 따른 구분
- 저항형 : 주로 환경계획의 결과 생태계나 수질, 대기 등의 환경이 오염되거나 파괴되는 등의 개발정책에 대한 저항이 발생
- 요구형 : 일종의 교섭에 해당되는 것으로서 시민들의 요구나 의견을 정부 등 정책수립과정에 편입시킴으로써 계획의 기본방향을 시민들의 뜻에 가깝도록 함
- 공동생산형 : 정부 등과 시민이 협조하여 공동으로 문제를 해결하는 방식으로서 시민의 자발적인 감시활동 등이 포함됨
- 자주관리형 : 시민 스스로 지역사회나 계획과정에 나타나는 문제를 해결하는 방식으로 도시 생태하천 만들기, 마을 만들기 등의 자주적인 자치운동이 포함됨

㉰ 참여의 자발성에 따른 구분
- 능동적 참여 : 진정, 청원, 서명 기타 적극적인 의사표시가 가능한 참여
- 수동적 참여 : 공청회, 자문위원회, 심의회 등 원론적 수준이나 소극적인 의사표시로 그치는 참여

㉱ 계획 및 정책과정에 따른 구분
- 정책결정단계 : 환경계획의 수립이나 의사결정과정에서 이루어지며, 위원회나 심의회, 공청회 등에 대한 참여 등의 수단을 통해 정책에 대한 저항이나 요구가 발생할 수 있음
- 정책집행단계 : 정부 또는 지방자치단체의 사업이 결정된 이후 집행과정에서 시민참여가 이루어짐(예를 들면 환경감시, 지방의제21 실천 등)
- 정책평가단계 : 집행된 정책이나 계획의 효과에 대한 평가가 시민에 의해 이루어짐

③ 시민의 영향력에 따른 참여단계

㉮ 가장 효율적인 단계의 시민참여는 시민참여 8단계의 가장 위의 세 단계에서 일어날 수 있음

㉯ 즉, 시민통제, 권한위임, 제휴/협력/공동의사결정 등 이 세 단계는 성취하기는 어렵지

만 이들 단계가 효율적인 결정에 매우 중요한 영향을 주는 단계임

암기법 시권 제회 상정 치조

분류	단계
시민의 권력 (degrees of citizen's power)단계	시민통제/자치(citizen control) 권한위임(delegated power) 제휴/협력/공동의사결정(partnership)
명목상의 참여 (degrees of tokenism)단계	회유(placation) 상담/자문/협의(consultation) 정보제공, 교육(informing)
비참여 (nonparticipation)단계	치료(therapy) 조종/조작(manipulation)

④ 욕구단계이론(Need Hierarchy Theory)

㉮ 개인이 지닌 욕구와 동기 부여에 관한 아브라함 매슬로우(Abraham Maslow)의 욕구단계이론으로서, 매슬로우는 인간에게 동기를 부여할 수 있는 욕구가 5개의 계층을 형성하고 있으며, 인간의 욕구는 낮은 단계의 욕구로부터 시작하여 그것이 충족됨에 따라서 차츰 상위단계로 올라간다고 보았음

암기법 생안소자자

- 1단계 : 생리적 욕구(physiological needs)
- 2단계 : 안전 욕구(safety needs)
- 3단계 : 소속감과 애정 욕구(belongingness and love needs)
- 4단계 : 자존 욕구(esteem needs)
- 5단계 : 자아실현 욕구(self-actualization needs)

㉯ 한편, 현대적 시각에서는 행정기관 등의 정책입안자가 예산분배의 우선순위를 결정하는 데 필요한 단계로 볼 수 있음. 즉, 생리적 욕구를 해결하기 위한 예산투입을 우선하고, 안전 욕구, 귀속 욕구 등의 순으로 예산을 분배하는 것임

⑤ 파트너십(partnership)

㉮ 파트너십 구성과 이해당사자

- 파트너십은 시민참여 8단계 중 최상위단계인 시민권력단계의 하나로서 시민이 정책의 결정과정에 직접 그리고 자주적으로 참여하는 단계임
- 파트너십운동은 자연경관이나 역사문화경관을 보전하기 위한 내셔널트러스트(national trust)운동 등과 같은 다양한 형태로 이루어지고 있으며, 정부의 중요한 정책결정이나 계획과정에서도 적극적으로 참여할 수 있음

㉯ 이해당사자 유형

- 일반적인 파트너십 구성을 위해서는 프로젝트에 관련된 이해당사자(stakeholder)의 분석이 우선되어야 함
- 이해당사자란 특별한 결정에 대한 관심과 흥미를 가지고 있는 사람이며 개인 또는 그룹을 대표하는 사람을 말함. 또한 이해당사자는 결정에 영향을 미치는 사람, 영향을 미칠 수 있는 사람, 결정에 의해 영향을 받을 수 있는 사람을 포함하는 개념임
- 이들은 수혜자이거나 피해자일 수 있으며 피해자는 다시 잠재적인 지지자 또는 잠재적 반대자일 수 있음
- 파트너십 구성을 위한 이해당사자 분석은 프로젝트의 성과 목적에 따라 달라질 수 있으나 일반적으로 정부, 의회, NGO, 학교, 전문가그룹, 업종별 단체 등 다양한 위치의 개인과 그룹이 참여할 수 있음

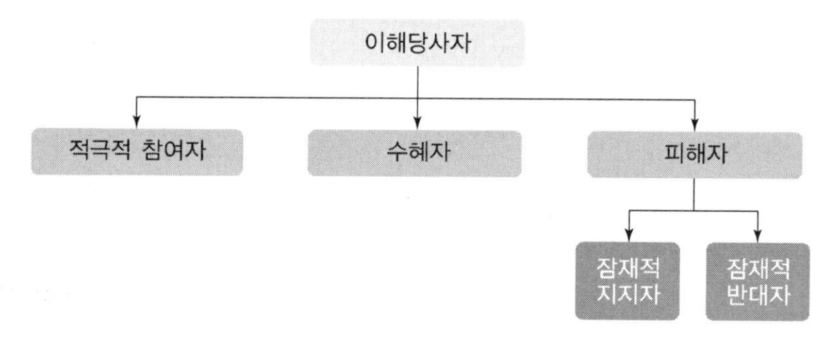

⑥ 옴부즈만(Ombudsman)제도

㉮ 시민의 입장에 서서 행정권의 남용을 막아주고, 폐쇄적인 관료주의 관행을 타파하고, 개혁추진과 민주적 · 정치적인 대변기능을 효과적으로 수행할 수 있는 행정통제 메커니즘으로 시민 옴부즈만 제도의 필요성이 논의되고 있음

㉯ 1809년 스웨덴이 최초로 창설한 옴부즈만제도는 초기에는 의회의 대리인으로서 행정을 감시하는 역할을 하였지만 덴마크, 뉴질랜드, 영국, 프랑스 등 50여 개국으로 전파되어 가는 과정에서 오히려 국민의 대리인이라는 성격을 강하게 띠게 되었음

㉰ 현재는 국민의 대리자로서 국민과 행정의 중개자로서 다양한 파수꾼 역할을 하고 있음

㉱ 옴부즈만의 기능을 요약하면 다음과 같음

- 국민의 권리구제기능
- 민주적 행정통제기능과 개혁기능
- 사회적 이슈의 제기 및 행정정보 공개기능
- 갈등해결기능
- 민원안내 및 민원종결기능

3) 시민참여 평가

① 개요

㉮ 이와 같은 정책결정 및 계획과정에서 시민참여는 다양하고 지속적인 형태로 이루어질 수 있지만, 참여대상사업에 따라 시민참여가 정당하고 합리적으로 이루어졌는지에 대한 평가가 매우 중요함

㉯ 이 과정에서 참여주체, 참여단계, 참여방식 등이 중요한 변수가 될 수 있음

② 참여주체

㉮ 일반시민이 자유롭게 참석하여 의견을 나눌 수 있는 공청회 등의 방식이 민주적이기는 하지만 진행의 효율성이나 의견의 전문성 등에서 정책결정이나 계획안의 수립에 효과가 떨어진다는 판단에 의해 전문가나 시민단체 등 사전에 참석 및 의견진술범위를 제한하는 경우가 있음

㉯ 이 경우 의도적이거나 오류에 의해 집단의 대표성에서 문제가 있을 수 있음. 즉, 정부의 의도에 부합되도록 유도하는 경우 등에 의해 시민참여 의미를 퇴색시킬 수 있음

③ 참여단계

㉮ 시민참여 8단계를 기준으로 할 때 최상위단계인 시민권력단계가 이루어질 때 시민참여의 효과를 나타낼 수 있음

㉯ 계획과정에서는 초기의 목표설정이나 대안의 평가, 기본구상 등의 단계에서 시민참여가 이루어지는 것이 사업의 흐름을 조절하는 데 효과적이며 실질적인 시민참여의 의의를 강조할 수 있음

④ 참여방식

다양한 참여방식의 활용은 시민참여를 활성화시키는 데 크게 기여할 수 있음. 공청회, 자문회의, 우편 등의 통신, 그리고 최근에는 인터넷을 통한 의견수렴도 매우 효과적인 수단이 되고 있음

5. 환경계획과 국제협력 프로그램

1) 국제협력 프로그램의 의의

① 환경문제의 특성 중 하나는 광역성으로서 일부를 제외하고는 한 국가나 지역이 아닌 국제적이며 범지구적인 영향을 끼치게 되므로 지구환경문제로 표현하기도 함

② 이러한 지구환경문제로는 지구온난화, 산성비, 오존층파괴, 생물종 감소, 사막화 등을 들 수 있으며 그 피해규모는 날로 심각해지고 있음

③ 그러므로 환경문제에 대한 국제적인 대응 요구가 증대되고 이에 따라 국제기구, 국제협약, 국가 간 공동대응 등의 방법으로 국제적 노력이 계속되어 왔음

2) 환경계획과 국제협력

① 개념 및 필요성

㉮ 환경오염은 특정국가 내에서만 국한된 것이 아니라 인접한 국가들에게까지 그 영향을 미치고 있어 지구환경보전에 대한 국제적 협력과 공조가 필수적으로 요구되고 있음

㉯ 국제적인 환경문제 논의는 1992년 6월 브라질 리우에서 개최된 유엔환경개발회의(UNCED)가 본격적인 시작이라 볼 수 있음

㉰ 여기서는 지구환경의 새로운 패러다임으로 불리기 시작한 '환경적으로 건전하고 지속가능한 개발(ESSD)' 개념이 도입되었고 '리우선언'과 '의제21', '기후변화협약', '생물다양성협약', '산림원칙성명'을 채택하여 범지구적인 환경의 기준을 설정하는 계기가 되었음

② 유형

㉮ 양자 간 또는 다자간 조약(treaties)

조약은 협약(convention), 의정서(protocol), 협정서(agreements) 등으로도 부르는 국제적인 합의로서 상당한 수준의 구속력을 지님

㉯ 국제기구

환경협약 실천을 위한 일정한 권한을 지니는 기구를 설치

㉰ 선언, 지침, 권고 등

법적 구속력은 없지만 실천과제나 향후의 발전방향을 제시해줌. 국가나 국제기구에서 채택한 지침, 권고안, 선언, 헌장 등이 이에 해당함

③ 국제협력기구

㉮ 국제연합총회(UN총회)

국제연합의 공식적인 6개 조직 중 유일하게 전 회원국에 관련된 대표적인 기구로서 각종 원칙의 선언 등으로 국제환경문제에 대응하는 정책개발을 이끌어 왔음

㉯ 유엔환경계획(UNEP)

유엔환경계획은 1972년 유엔총회 결의에 의해 설립된 기구로서 종합적인 국제환경규제, 환경법과 정책의 개발 등에서 매우 중요한 기능을 하고 있음

㉰ 지구환경기금(GEF)

- 1990년 세계은행이 지구적인 영향을 끼치는 사업에 대해 저소득 국가나 중소득 국가에 양호한 조건의 자금을 제공하기 위한 기금으로 출발하였으며, 1991년 지구환경보전을 위한 국제협력과 보전활동을 촉진하기 위해 창설됨

- 주요대상활동은 생물종다양성, 기후변화, 국제하천, 오존층보호 등의 4분야이며, 토양, 산림황폐화, 사막화 등도 밀접한 관련성 때문에 지원대상이 됨

㉱ 세계자연보전연맹(IUCN)

- 세계자연보전연맹은 1948년 설립되어 전 세계 정부 및 비정부기구가 참여하는 비정부 환경단체임. 지방정부나 NGO와도 적극적인 연결이 되어 있음
- 생물다양성 보존과 생태적으로 지속가능한 자연자원의 이용을 주로 다룸

④ 환경레짐(Regime)과 거버넌스(Governance)

㉮ 환경레짐

- 레짐은 일종의 원칙이나 규범, 의사결정절차를 의미함. 그러므로 환경레짐은 환경정책을 수립하거나 환경문제를 해결하기 위한 법적인 제도 외에 보편적이고 상식적으로 인정할 수 있는 사회적 약속이나 선언, 원칙을 의미함
- 최근 국제환경문제로 대두된 지구온난화, 생물종다양성 등의 이슈를 다룰 때 환경레짐의 틀에서 논의되는 경우가 많으며 이러한 레짐은 공식적인 법이나 조직보다는 원칙과 규범과 절차를 수용하는 경우가 많음
- 또한 정부, 전문가, 이익집단, 기타 관련된 모든 정부-비정부 관련자들의 협력과 의견수렴을 유도하며, 시대적 사상적 흐름과 매우 관련되어 있으며, 관련된 당사자들의 이해에 따라 성과를 얻기 어려운 경우도 많음
- 최근의 기후변화방지레짐이 선진국과 후진국 사이의 갈등, 나아가 선진국 사이의 이해관계로 인해 구체적인 성과를 얻지 못한 것이 대표적인 예임

㉯ 환경거버넌스

- 거버넌스는 레짐이 발전된 형태로서 여러 관련 이슈를 다루는 레짐 간의 네트워크로 이해할 수 있음
- 거버넌스는 정부와 시민사회가 협력하여 환경문제 등의 사회문제를 해결하는 것을 의미함. 즉, 공유된 목적에 의해 일어나는 활동을 의미하며, '정부없는 거버넌스' 또는 '정부에서 거버넌스로'로 표현하기도 함
- 가장 중요한 특징은 중앙정부, 지방정부, 정치적 · 사회적단체, NGO, 민간기구 등의 다양한 구성원들로 이루어진 네트워크를 강조한다는 점임
- 다양한 참여자로 구성된 네트워크의 구성은 참여자들이 상호독립적이라는 것을 의미함
- 기후변화와 같은 지구환경문제에 대한 대응은 인류가 지구라는 생태계와 공존할 수 있는 철학적 · 윤리적 · 정치적 · 경제적 · 사회문화적 대안을 도출하고 실천하는 데 초점이 맞추어져 있다고 하겠음

2 지구환경문제와 국제적 동향

1. 지구환경문제 - UN 선정 9가지 주제(WSSD)

주제	내용
인구증가	기하급수적, 인구밀도 높은 후진국
빈곤과 불평등	빈익빈 부익부, 불평등 심화
식량과 농업	• 인구증가로 식량 부족, 농업토지 증가 • 농지 이용으로 습지 감소
물 부족	지구의 0.014% 유용수
산림	개발, 벌채, 지구온난화로 면적 감소
에너지	화석에너지 고갈, 대체에너지 절실
기후변화	산림, 해양생태계 변화, 자연재해 가중
건강과 물	후진국 사망원인 1위는 물
건강과 대기오염	호흡기질환 및 사망 증가

2. 국제적 동향 - 전체, 기후변화, 생물다양성, 오염원 및 배출

1) 전체 지구환경문제 대응

① 리우 지구정상회의(1992)

㉮ 스톡홀름 20주년 기념, 브라질 리우데자네이루 세계환경회의 개최

㉯ 정치적 특성 : 환경보전과 경제개발의 조화

㉰ 경제적 특성 : 선 · 후진국 이해 조정

㉱ 사상적 특성 : 자연지배사상의 한계, 인류자연관의 전환점

㉲ 주요내용 : ESSD 개념 채택, 의제21, 생물다양성협약, 기후변화협약 / 사막화방지협약 논의

② WSSD(2002)

㉮ 리우+10년 기념, 지방의제21 실천 점검

㉯ 요하네스버그 선언(WEHAB) : Water, Energy, Healthy, Agriculture, Biodiversity

2) 지구온난화와 기후변화 전략

① 기후변화협약(1992)

UNFCCC, 리우회의 체결, 온실가스 규제

② 사막화방지협약(1994)

UNCCD, 빈곤퇴치와 연계, 개도국에 자금 · 기술 제공

③ 교토의정서(1997)

㉮ 기후변화협약의 구체적 이행방안 수립

㉯ 온실가스 사용제한, 선진국 위주 가입

㉰ 3대 메커니즘 : 배출권거래제, 청정개발체제, 공동이행제도

㉱ 6대 온실가스 : CO_2, CH_4, N_2O, HFCS, PFCS, SF_6

- 배출권거래제(ET)

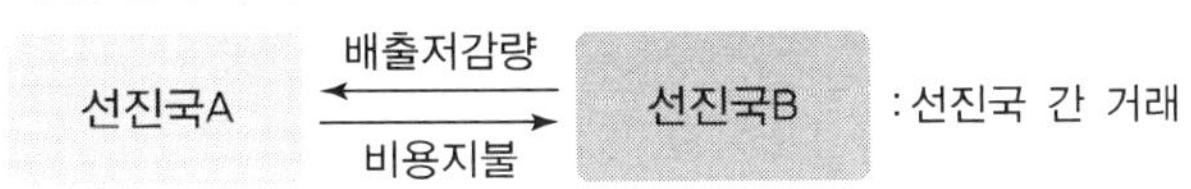

- 청정개발체제(CDM)

- 공동이행제도(JI)

- 6대 주요 온실가스

기체 종류	발생 원인
이산화탄소(CO_2)	산업, 생활, 차량 연료
메탄(CH_4)	연료연소, 가축장내발효, 쓰레기매립, 습지
아산화질소(N_2O)	연료연소, 차배기가스, 쓰레기 소각, 하 · 폐수
수소불화탄소(HFCS)	스프레이, 냉장고 · 에어컨냉매
과불화탄소(PFCS)	반도체 세척재
육불화황(SF_6)	전기절연가스, 전기기계

3) 생물다양성 전략

① 람사르협약(1971)

㉮ 물새서식지로서 국제적으로 중요한 습지의 보전에 관한 협약

㉯ 회원국 등록기준 : 등록습지 1개소 이상 보유, 등록습지의 보전 · 적정이용 계획수립과 시행

㉰ 람사르습지 선정기준 : 대표성, 특이성, 희귀성 습지/멸종위기종, 희귀종 서식/물새2만 마리 이상 정기서식, 전 세계 개체수 1% 이상/어류 먹이, 산란, 서식지, 이동통로

㉱ 국내 람사르습지 등록현황 : 23개소

암기법 대우 장순영 두무안 매오리 100서고동 운신밤송 숨한순안

습지명	유형, 특성
대암산 용늪	내륙습지, 산지습지, 소택형
창녕 우포늪	내륙습지, 하천배후습지, 호수형
신안장도습지	내륙습지, 산지습지, 소택형
순천 보성만 갯벌	해양 및 연안습지
물영아리오름	내륙습지, 산지습지, 저층습원, 소택형
두웅습지	해양 및 연안습지, 사구습지, 소택형
무제치늪	내륙습지, 산지습지, 소택형
무안갯벌	해양 및 연안습지
강화 매화마름 군락지	인공습지, 논습지, 소택형
오대산국립공원 습지	내륙습지, 산지습지, 소택형
물장오리습지	내륙습지, 산지습지, 소택형
1,100고지 습지	내륙습지, 산지습지, 소택형
서천갯벌	해양 및 연안습지
고창 부안갯벌	해양 및 연안습지
동백동산 습지	내륙습지, 산지습지, 소택형
고창 운곡 습지	내륙습지, 저층산지습지, 소택형
신안 증도갯벌	해양 및 연안습지
한강 밤섬	내륙습지, 소택형
송도 갯벌	해양 및 연안습지
숨은물뱅듸	내륙습지, 산지습지, 소택형
한반도 습지	내륙습지
순천 동천하구	해양 및 연안습지
안산 대부도 갯벌	해양 및 연안습지

② CITES(1973)

㉮ 멸종위기 야생동식물종의 국제거래에 관한 협약

㉯ 부속서에 포함된 종의 국가 간 수출입 인허가 제도

㉰ 부속서 : Ⅰ군, Ⅱ군, Ⅲ군

③ CBD(1992)

㉮ 생물다양성협약, 리우회의

㉯ 생물다양성 보전, 지속가능한 이용, 생태계 균형유지 목적

㉰ 이익의 공유, LMO(유전자 변형 생물체)의 이용 · 관리

④ 나고야의정서(2011)

㉮ 제10차 생물다양성협약 당사국총회에서 채택

㉯ 유전자원의 접근 및 이익공유에 관한 레짐

㉰ 주요내용 : 타국의 생물 유전자원을 이용해 상품화할 경우 보유국의 승인획득, 이익을 함께 공유 유전자원과 관련된 전통지식도 해당

㉱ 생물 유전자원은 국가의 재산, 생물주권의 중요성

⑤ 파리협정(2015)

4) 오염원 배출 규제

① 런던협약(1975)

선박 · 항공기 · 해양시설에서 폐기물 등 해양투기 · 해상소각 규제목적

② 바젤협약(1989)

유해폐기물의 국가 간 이동 및 처리에 관한 국제협약

5) 환경관련 주요 국제협력기구

① IUCN(1948)

㉮ 국제자연보호연맹, 국가 · 기관 · NGO · 단체 · 전문가 참여

㉯ 자연과 천연자원 보호 목적

㉰ CITES, CBD, UNFCCC 등 자연환경 관련 국제협약 기초

㉱ 환경 관련 평가 근거자료 제공

참고

■ IUCN의 Red List

① 구분체계 의의
- 지구생물종의 멸종위기 현황파악
- 위험요인들의 정량적 평가지침
- 국제협약정책 근거자료

② 10가지 보전범주
- 절멸 : **절**멸종, **야**생에서 절멸종
- 위협 : **절**멸위기종, **절**멸위험종, **취**약종
- 낮은위험 : **보**전의존종, **근**취약종, **최**소위협종
- **데**이터미비종, **미**평가종

③ 보전범주 분류기준 : 개체군 감소와 크기, 출현범위, 절멸가능성

■ 세계자연보전총회(WCC)

① 개요
- IUCN이 매4년마다 개최하는 환경회의
- 2012년 9월에 제주에서 개최

② 연혁
- 세계자연보전총회 이전에는 회원총회, 포럼회의가 분리
- 1996년 캐나다 몬트리올부터 결합된 형태로 진행

③ 의의
- 국제적 의의 : 자연환경분야를 대표하는 최대 규모 회의
- 국가적 의의 : 저탄소 녹색성장 정책 홍보 및 발전
- 지역적 의의 : 세계환경수도로서 제주이미지 제고

② IPCC(1988)

㉮ 기후변화에 관한 정부 간 협의체

㉯ 세계기상기구(WMO)+유엔환경계획(UNEP) → 설립

㉰ 기후변화, 환경, 사회, 경제 등 전문가 참여

㉱ 기후변화 관련 평가자료 제공, 정기보고서 제출(1990~2013, 5차)

㉲ 2007년 노벨평화상 수상 : 기후변화문제 해결노력 인정

3 환경오염과 대처방안

1. 대기오염관리

1) 온실효과와 지구온난화

① 온실효과(green house effect)

㉮ 정의 : 대기 중 수분, 온실가스가 외부로 방출되는 복사에너지를 흡수하는 현상

㉯ 메커니즘 : 태양에너지 → 지표흡수, 반사, 대기흡수 → 지표면 복사에너지, 대류 · 전도 등 → 일부 외계 방출, 일부 온실가스에 의해 지표면 재흡수 → 지구 평균기온 15℃ 유지

② 지구온난화(global warming)

㉮ 정의 : 온실가스 과다발생 시 지구표면온도가 급상승하게 되는 현상

㉯ 주요온실가스는 : CO_2, CH_4, N_2O, HFCS, PFCS, SF_6

㉰ 원인 : 화석연료 연소 → 온실가스 과다발생 → 재흡수 복사에너지 과다 → 지구표면온도 급상승

㉱ 현상

- 미세먼지, 물분자 결합 강 → 거대기단 형성 → 그늘 형성 → 수확량 감소
- 집중호우, 거대폭풍
- 공기정체, 오염가중
- 사막화 급속화
- 과거 100년간 평균 0.3~0.6℃ 상승

2) 황사와 사막화

① 황사

㉮ 정의 : 중국, 몽골 등 사막과 황토지대에서 모래, 황토, 먼지를 동반한 상승기류가 멀리까지 영향을 미치는 현상

㉯ 원인 : 중국의 급속한 산업화, 몽골 유목민 목축업, 지구온난화로 가속

㉰ 발원지 : 중국 황하강유역 황토고원, 타클라마칸사막, 몽골 고비사막(우리나라, 일본까지 광범위한 영향권)

㉱ 영향

- 부정적 : 호흡기질환, 알레르기, 안질환/식물생장 저하/반도체 등 산업피해
- 긍정적 : 토양산성화 방지/적조물질 침전/비료성분 제공

② 사막화

㉮ 정의 : 가뭄, 건조화, 과도한 경작 · 관개, 산림벌채, 환경오염 등으로 인해 토지가 사막환경화되는 현상

㉯ 원인 : 산림훼손으로 토양유실, 목축과밀화로 초지 소멸, 지구온난화로 고온건조 지속

3) 도시열섬화 현상(Urban Heat Island)

① 정의

㉮ 도심지역이 주변지역보다 기온이 높게 나타나는 현상

㉯ 등온선 모양이 마치 섬처럼 보인다 해서 붙여진 용어

② 원인

화석연료의 사용, 인공시설물 증가, 막힌 바람길, 포장면 증가

③ 문제점

㉮ 공기오염, 기온역전, 스모그, 열대야 현상

㉯ 에너지 소비 증대, 생물상 변화, 병충해 증가

④ 완화방안

㉮ 찬바람 생성지 보전 · 정비 · 조성

㉯ 바람길 확보, 녹지 보전 · 조성, 생태면적률 확보

4) 산성비

① 정의

㉮ 대기오염물질 영향으로 pH 5.6 이하의 강산성을 띠는 비

㉯ 광역적 환경오염원의 하나

② 원인물질

㉮ 발전소, 공장 등 화석연료 연소, 황산화물

㉯ 자동차연료 연소 시 배기가스 배출, 질소산화물

③ 메커니즘

SOx, NOx + H_2O → H_2SO_4, HNO_3 + 비와 섞여 내림

④ 영향

㉮ 토양산성화, 산림생태계 파괴, 미생물 사멸

㉯ 수생태계 파괴, pH 변화로 어족자원 감소

㉰ 인간에 호흡기, 안질환 유발

⑤ 대처방안

㉮ 국제적 협력, 원인물질 발생 억제정책 수립

㉯ 토양개량으로 복구, 석회 · 개량재 · 멀칭재 사용

㉰ 산성토에 강한 수종 대체(단풍, 회화)

5) 대기오염 대처방안(공통사항)

① 국제적 협력으로 국가 간 노력

㉮ 후진국 조림사업 지원, A/R CDM 활용

㉯ 국제협약 세부실천방안 수립

㉰ 국제협력 네트워크 구축, 동북아 네트워크

② 국가 · 지역의 효율적 제도장치 구축

㉮ 탄소흡수원 조성, 탄소저감시스템 도입

㉯ 리사이클링 시스템 구축, 예보활동 강화

㉰ 지속적 모니터링으로 대처방안 강구

③ 대기오염물질 배출 감소

㉮ 대중교통이용, 자전거도로 확충, 녹색교통시스템

㉯ 자동차공해 변환장치 설치

㉰ 찬바람생성지 보전으로 대기정화

㉱ 바람길 형성으로 화이트네트워크화

④ 생활 속 실천, 지속적 환경교육

㉮ 에너지 절약 실행(전기, 가스, 난방, 물)

㉯ 재활용품 분리수거 생활화

2. 수질오염관리

1) 점오염원 · 비점오염원

① 점오염원

㉮ 정의 : 특정위치에서 배출된 오염물질, 한 지점에 집중배출, 차집에 유리

㉯ 유입경로 : 공장 · 폐광의 산업폐수, 생활하수 → 호소, 하천 유입

② 비점오염원

㉮ 정의 : 특정하지 않은 지역에서 산발적 배출되는 오염물질, 배출지점이 불명확, 차집 불리

㉯ 유입경로 : 경작지 농약 · 비료, 축산폐수, 대지, 도로, 대기오염 등 → 축적 → 호소, 하천 유입

③ 관리방안

㉮ 유입 전 : 유역단위관리, 수질오염총량제, 토지이용규제, 수변관리구역 지정, 친환경농업

㉯ 유입 후 : 1, 2차정화시설 설치, 저류 · 침투시설, 식생여과대, 식생수로, 자체정화시설 설치지원(제로화)

2) 부영양화

① 정의

㉮ 호소, 하천, 해양 등 수중생태계에 영양물질이 증가, 조류 대량증식으로 인한 현상

㉯ 자연적 발생보다 인위적 발생이 빠른 속도로 진행

② 유형

㉮ 녹조

- 호소, 하천의 조류 증식, 남조류
- 비점오염원 증가, 어류 피해

㉯ 적조

- 해양에서 조류 증식, 규조류, 편모조류
- 중금속 폐수량 증가, 무분별한 간척으로 발생

③ 메커니즘

영양염(N, P) 유입 → 조류 대량 증식 → 햇빛 차단, 산소 부족 → 수생식물 고사, 어류 폐사, 악취 · 탁도 · 수중독소 증가

④ 방지대책

㉮ 유입 전 예방 : 수변관리구역 지정, 유역단위 총량관리, 농도규제와 병행, 토지이용규제, 오염배출 차단, 자체시설 내 제로화, 1 · 2차정화시설 설치

㉯ 유입 후 처리 : 생물학적 처리법 활용, 미생물, 영양학적 관계 이용 물리 · 화학적 처리법으로 신속처리, 복합적 활용

3) 해양오염

① 적조

㉮ 정의

- 해양에서 조류 이상증식으로 물이 붉은색으로 변한 현상
- 규조류, 편모조류 등 식물성 플랑크톤 발생

㉯ 오염원

- 생활하수, 산업폐수, 농수축산폐수, 간척사업
- 영양염, 무기물질, 철, 망간

㉰ 메커니즘

오염원 유입, 영양염 증가 → 조류 대량 증식 → 적조현상 발생, 붉은색 바다 → 산소부족 → 어패류 폐사, 독성 증가 → 수생태계 교란 · 파괴

㉱ 방제기술

- 물리적 방제 : 초음파처리, 전기분해, 오존처리
- 화학적 방제 : 황토살포, 화학약품 살포
- 생물학적 방제 : 세균 · 효소 투입, 천적 활용

② 황토 살포

㉮ 우리나라 황토의 특성

- 화강암 등이 풍화된 것, pH 4.3~6.2 산성
- Si, Al, Fe, Mg 성분, 산화철 성분 많아 붉은색

㉯ 효과

- 적조물질 흡착 · 응집, pH 저하로 일시적 소독
- 우리연안의 코클로디니움 제거효과 큼
- 산화철 함량 높을수록 효과적

㉰ 문제점

- 살포과정상의 문제 : 채취로 인한 산림파괴, 분쇄기술 부족, 분산장비 미활용, 불순물 함유량 과다, 살포량 기준 모호
- 저서생물 · 어패류 영향 : 황토에 덮여 수초폐사, 먹이소실, 빛 차단, pH 저하, 성장장애, 집단폐사
- 생태계전반 영향 : 군집구조 변화, 생태계 교란, 시간경과 시 유리화 진행, 적조생물 먹이

㉱ 황토살포의 대안

- 물리 · 화학 · 생물학적 방제 복합적용
- 황토살포 방제기술 연구개발
- 황토살포 기준지침 마련
- 적조발생 원인 저감대책 수립 · 실행

③ 유류오염

㉮ 정의

- 선박사고로 인한 기름유출로 기름막 형성, 독성유발, 햇빛차단, 어패류 · 조류에 악

영향을 끼치는 오염

㉯ 메커니즘

기름유출 → 해양에 기름막, 띠 형성 → 파랑으로 이동, 광범위한 오염지역 → 해수면 햇빛 차단 → 독성 유발 → 수생식물 고사, 어폐류 폐사 → 휘발성 유기화합물 조류, 인체 등 악영향

㉰ 특성

- 광범위한 오염피해, 파랑 이동, 오염확산
- 장기적 악영향, 유류독성 지속, 생태 회복기간 길어짐

㉱ 정화방법

- 물리적 : 흡착포 활용, 닦아내기
- 화학적 : 유류분해재 활용, oil-ball 발생, 장기적 피해 가능
- 생물학적 : 미생물촉진법, 미생물첨가법, 식물생태학적기법
- 식물생태학적 기법 : 장기적 · 안정적 복원, 정화식물을 이용, 화학, 물리, 생태적 기작 복합작용 추출, 흡착 및 안정화, 분해

④ 갯녹음

㉮ 정의

- 연안에 서식하는 해조류가 고사, 시멘트 같은 석회조류가 암반을 뒤덮어 하얗게 백화된 현상
- 바다의 사막화

㉯ 발생원인

- 기후변화로 해수 수온 상승
- 매립, 간척으로 부유물 축적, 오염
- 과도한 해조류 수확

㉰ 현황

- 유용한 해조류 소멸, 전복 · 오분자기 등 어패류 감소
- 가치 없는 성게류 증식
- 동해안, 남해안 발생, 제주연안 30% 피해

㉱ 대책

- 해중림 조성기법 도입, 바다숲으로 복원
- 우뭇가사리, 참모자반의 이식, 해조류 · 산호 이식기술 개발
- 해양오염원 배출규제, 모니터링, 감시 · 감독

4) 수질오염 대처방안(공통사항)

① 수질기준 강화

㉮ 환경기준 규제에서 총량 규제로의 법적 조치 강화

㉯ 호소 · 해양 수질 적용등급 차별화

② 영양염 유입 저감대책 수립

㉮ 점오염원, 비점오염원 처리기준 강화

㉯ 생활하수, 산업폐수 사용규제

㉰ 1 · 2차 정화시설 설치

③ 수면관리

인공섬 정화기능 부여, 폭기, 준설

④ 생물학적 방안

㉮ 식물생태학적(phytoremediation)

- 추출(extraction) : 식물 수간 · 뿌리에 오염물 이동, 열매, 낙엽에 포함, 수거 가능
- 흡착(containment) 및 안정화 : 수간 · 뿌리에 오염물 부착, 오염물 순환방지
- 분해(degradation) : 오염물 구조 파괴, 무독화, 뿌리 공생 미생물과 효소작용

㉯ 미생물 촉진(biostimulation)

- 양분 첨가로 자생미생물을 활성 촉진, 간접적 복원
- 자생미생물이 불확실할 때 사용, 경제적 · 장기적 효과

㉰ 미생물 첨가(bioaugmentation)

- 오염지역 자생미생물을 배양하여 투입, 직접복원
- 자생미생물이 확실할 때, 단기적 · 초기효과
- 자생미생물 : 버크홀데리아, 슈도모나스, 아스로박터

㉱ 영양학적 관계 이용

- 동물플랑크톤의 섭식특성 이용
- 식물플랑크톤에 따라 포식자 결정
- 산란시기가 일치하면 효과적

3. 토양오염관리

1) 토양오염

① 개념 : 인간활동에 의해 생성된 오염물질이 토양에 유입되어 기능이 저하, 상실된 것

② 토양오염 원인물질

㉮ 수질오염 : 생활하수, 산업 · 축산 · 광산 폐수

㉯ 대기오염 : 매연, 먼지, 산성비

㉰ 농업자재 : 비료, 농약, 농업용 비닐

오염원 발생지역별 원인물질

지역 구분	오염원 발생	발생 원인물질
폐광산	폐광재, 갱내수	Pb, Cd 등 중금속
군부대	폐유, 폐장비, 사격장	시안, 페놀, Pb, Cd 등 중금속
산업지역	제조공정 시 발생	시안, 페놀, 중금속, 다이옥신
쓰레기매립지	침출수, 배출가스	중금속, 다이옥신, 유기물
산성강하물	중국 사막 · 산업지역	NOx, SOx

2) 토양복원

① 유형분류

㉮ 처리위치에 따른 분류

- 오염지역 내에서 처리 : in-situ 처리기술
- 오염지역 밖에서 처리 : ex-situ 처리기술

㉯ 처리방법에 따른 분류

- 열적 처리기술 : 토양소각이나 열분해로 처리
- 안정화 · 조형화기술 : 시멘트화로 안정화, 오염물 이동방지
- 토양증기추출기술 : 휘발성 · 반휘발성 유기오염물질 처리

② 물리 · 화학 · 생물학적 방안

㉮ 물리적 방안

- 경운담수법 : 일정기간 담수로 용탈
- 수세법 : 경운, 슬라이싱 후 물주기

㉯ 화학적 방안

- 토양개량재 : 석회, 유기퇴비 등
- 세척법 : 염, 산을 이용하여 pH 조절

㉰ 생물학적 방안

- 식물생태학적 : 정화식물을 이용, 추출, 흡착 · 안정화, 분해
- 미생물 촉진 : 자생미생물 생육환경 조성
- 미생물 첨가 : 자생미생물 배양 후 첨가

4 생태학

1. 생태학의 정의

1) 생물과 환경 사이의 상호관계를 연구하는 학문
2) 어원 : 그리스어로 '집' oikos+'학문' logos=ecology 생태학
3) 자연계의 한 구성원과 다른 구성원 사이의 상호관계를 연구
4) 자연계는 생태계(생물군집+비생물환경)라는 통합된 단위로 파악
5) 따라서, 생태계는 생태학의 주요한 연구대상

2. 생태학의 응용

1) 복원생태학

① 개념

㉮ 생태학+공학이 연계된 학문
㉯ 최근에는 다양한 학문분야가 서로 연계되어 있음을 강조
㉰ 생태학+공학+사회과학 포함
㉱ 지역주민의 참여 강조
㉲ 복원을 위해 필요한 생태적 이론을 적용 · 발전시켜나가는 학문

② 생태적 복원(ecological restoration)

㉮ 생태계를 복원하고 관리하는 실제 행위
㉯ 인간에 의해 훼손된 고유생태계의 다양성과 역동성을 회복하려는 과정
㉰ 생태적 완결성(ecological integrity)의 회복과 관리를 돕는 과정
㉱ 생태적 복원은 복원생태학에 근거하지만 복원생태학의 모든 지식이 생태적 복원을 충족시키지는 못함
㉲ 사회적 · 문화적 목적 등 생태학적 지식만으로 해결 못하는 분야 존재

- 최근에는 생태적 복원+문화적 복원+사회적 복원
- 생태 · 문화적 복원=생태적 충실성+문화적 충실성
- 문화적 충실성=참여주의적 접근에 기초+문화 · 사회적 정의, 지속가능한 경제, 지역적 특성 고려

③ 복원(restoration)의 종류

㉮ 생태계 수준의 복원

- 복원의 공간규모가 단일 생태계인 수준의 복원
- 현재까지는 대체로 생태계 수준의 복원을 추진 · 계획
- 생태계의 구조와 기능을 복원

㉯ 경관 수준의 복원

- 복원의 공간규모를 생태계 복합체로서의 경관의 수준으로 확장
- 다양한 종, 특히 고차소비자의 생활환경을 확보해주는 복원
  → 동물의 서식활동은 하나 이상의 생태계에 걸쳐 있는 경우가 일반적
- 향후 복원은 경관생태학의 원리가 반영된 복원이 필요

④ 복원의 목표

㉮ 복원(restoration)

정확히 교란 이전의 상태로 돌아가는 것

㉯ 복구(rehabilitation)

- 복원과 유사한 어떤 것을 목표로 삼는 것
- 거의 모든 복원이 복구에 가까운 경우가 많음

㉰ 대체(replacement)

- 본래의 생태계를 다른 어떤 것으로 대체하는 것
- 본래의 상태로 회복이 불가능한 경우에 적용

㉱ 복원목표 수준의 결정

- 인간 입장보다 자연 본래 입장에서 결정함이 바람직
- 최종목표는 복원에 있으나 실현 불가능한 경우가 많음

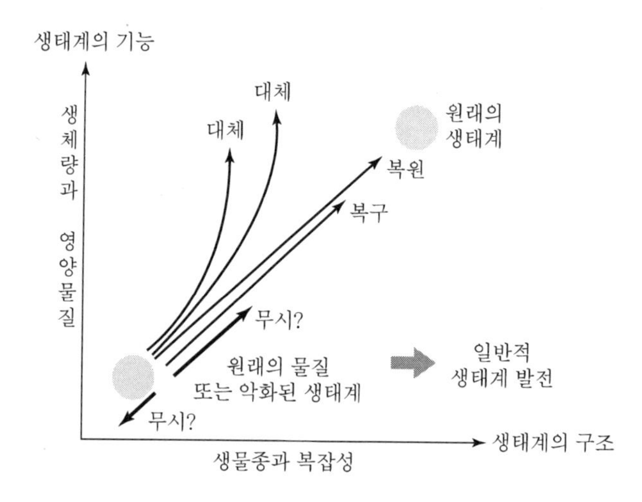

2) 경관생태학

① 개념

㉮ 생태학+지리학이 연계된 학문

㉯ 생태계의 집합인 경관을 대상으로 하는 생태학

㉰ 경관의 공간적 분포패턴과 그들이 어떻게 발전해 가는지를 중점연구

② 경관생태학이 다루는 대상

㉮ 경관의 구조

패치, 코리더, 매트릭스 이들 경관요소의 공간적 관계

㉯ 경관의 기능

- 경관요소 사이의 상호작용, 생태계 구성요소 사이의 상호작용
- 동물 · 식물 · 물 · 바람 · 물질 · 에너지의 이동 · 흐름 · 순환 · 확산

㉰ 경관의 변화

- 시간의 흐름에 따라 경관의 구조와 기능이 변화되는 현상
- 수평 및 수직적 측면에서의 경관의 변화
- 기후변화, 시간의 흐름에 따른 천이

③ 경관생태학적 4대원칙

㉮ 패치

- 크기, 수, 위치 관점에서 구별하고 분석
- 패치의 크기 : 대규모 패치, 소규모 패치, LOS
- 패치의 개수 : 대규모 패치의 수, 소규모 패치의 수, SLOSS
- 패치의 위치 : 종공급원과의 거리, 집단화된 배치
- 도서생물지리설, 다이아몬드이론

㉯ 가장자리와 경계

- 가장자리는 천이 진행을 위해 중요
- 가장자리의 구조 : 폭, 형태, 다양성
- 경계 : 경성경계, 연성경계

㉰ 코리더와 연결성

- 종의 이동통로, 네트워크와 생태계 연속성
- 코리더의 기능 : 서식처, 이동통로, 장벽효과, 여과, 종공급원 및 수용처

㉱ 모자이크

- 거시적 매트릭스로서 모자이크
- 경관요소들 간의 네트워크 구축
- 경관요소들의 묶음과 짜임으로 모자이크 형성

3) 보전생태학

① 개념

㉮ 생물다양성의 근원과 보전에 관한 연구

㉯ 보전생물학과 혼용해서 사용

㉰ 복원목표 : 희귀종, 멸종위기종 보전과 개체수 증대

② 보전생태학의 연구대상

㉮ 생물다양성의 위협 및 가치

- 종의 멸종, 서식처 훼손 · 파편화, 귀화종 침입, 과다 남획
- 직 · 간접적인 경제적 가치, 윤리적 가치

㉯ 개체군, 생태계 수준에서의 보전

- 적은 개체군의 문제, 멸종위기종의 개체군생물학
- 육상생태계의 문제 : 대규모 서식처가 필요한 동물, 이동성 조류, 포식자관리, 살충제와 야생동물
- 수생생태계의 문제 : 해양포유류와 조류, 오염, 산성화

㉰ 실질적인 적용

- 멸종위기종의 보전, 유전적 다양성의 보전
- 보호지역의 설정 · 설계 · 관리
- 현지내 · 외 보전 전략

㉱ 보전과 인간사회

- 생물종 보호를 위한 법 · 제도적 체계
- 국제적 협약, 국제적 기금

4) 환경생태학

① 개념

㉮ 자연에서 이루어지는 생태적 피해의 원인 및 결과의 분석

㉯ 그에 따른 지속가능한 관리방안을 모색하는 것

② 환경생태학의 연구대상

㉮ 대기오염, 독성요소, 산성화, 산림감소, 산림의 수확

㉯ 부영양화, 생물다양성과 멸종, 생물학적 자원 등

㉰ 오염, 교란, 스트레스가 생태적으로 미치는 효과, 저감대책 수립

㉱ 환경생태학 적용 연구분야 : 환경영향평가, 생태적 모니터링 등

③ 환경생태학의 주요이론

㉮ 기후변화와 관리, 대기오염과 관리

㉯ 수질오염과 관리, 토양오염과 관리

5) 조정생태학(Reconciliation ecology)

① 개념

㉮ 상생생태학 win-win ecology

㉯ 인간교란을 수용하여 생물과 공생할 수 있는 방안을 강구하는 학문

㉰ 진화론적 생태학 : 인간교란과 환경변화에 적응하기 위해 생물이 진화

㉱ 인간 역시 생태계를 구성하는 한 종으로 인식

② 조정생태학의 활동

㉮ 인간정주공간에서 상생 실천방안 강구

㉯ 생물다양성 보전을 추구

㉰ 보호지역의 지정을 주장

③ 실질적인 적용

㉮ green roof : 지붕녹화로 다양한 식물종 유지, 에너지 절약

㉯ bio-tope : 공유지, 자투리 녹지들의 생물서식지화

㉰ 경작지 방식의 변경 : 단일경작지를 복합경작지로 교체, 향토식물 이용 화학물질 사용 최소화, 무농약 농업화

㉱ 생물다양성 관련 보전협약 이행 : 자발적 참여자 보상제도 도입

3. 창발성 원리

1) 창발성

① 개념

㉮ 생태계 내에서 하위계층의 구성원들이 여러 개 모이면 하위계층에는 없는 보다 크고 통합된 성질을 가지는 상위계층이 형성됨

㉯ 하위계층과 상위계층의 여러 계층 사이의 기능적 상호관계에 의해 새로 생기는 성질, 전체론적인(holistic) 연구

㉰ 전체는 부분의 합보다 크며, 숲은 하나의 나무가 모인 것보다 짙다.

㉱ 자연계의 상호이익을 높이는 성질

② 사례

㉮ 수소와 산소의 결합으로 새로운 성질의 물이 합성

㉯ 뿌리의 공생체인 균근은 뿌리가 흡수하는 영양소보다 훨씬 많은 양의 영양분을 흡수함

2) 항상성

① 개념

㉮ 하위계층에서 상위계층으로 옮겨감에 따라 생태적 속성은 복잡해지나 변동폭이 좁아져 그 기능이 안정적으로 유지되는 성질

㉯ 어떤 한 현상의 변동 폭이 좁아져서 안정이 유지되는 성질

㉰ 수많은 종이 상호관계를 가지면서 군집을 형성하면 항상성 유지

② 사례

㉮ 곤충은 본래 고장에서는 식물에 해를 끼치지 않는 항상성 유지

㉯ 하지만 다른 고장으로 침입하거나 소홀이 도입되면 해충으로 돌변

㉰ 이산화탄소가 배출된 만큼 농도가 증가하지는 않고 항상성 유지

㉱ 그 이유는 해양에서 이산화탄소를 흡수하기 때문

4. 생태계의 개념

1) 생태계의 개념

① 자연에서 생물군집과 비생물환경으로 구성된 계(system)

② 일정지역 내의 생물공동체와 이를 둘러싸고 있는 환경이 결합된 물질계 · 기능계

2) 생태계 내의 상호관계

① 작용(action)

㉮ 온도, 물, 햇빛과 같은 비생물 환경이 생물에 미치는 영향

㉯ 예 : 빛을 받는 정도에 따라 식물생물이 달라짐

② 반작용(reaction)

㉮ 생물이 비생물 환경에 미치는 영향

㉯ 예 : 나무의 낙엽이 썩어서 토양의 유기물 증가

③ 상호작용(coaction)

㉮ 생물군집 내의 한 생물과 다른 생물 사이에 서로 주고받는 영향

㉯ 예 : 식물이 광합성을 통해 방출한 O_2를 동물은 호흡에 이용하고, 동물이 호흡을 통해

방출한 CO_2를 식물이 광합성에 이용

3) 생태계의 목표

생물과 환경의 작용, 반작용과 생물 간의 상호작용을 통한 동적 평형의 유지

5. 생태계의 구조

1) 생물 요소

① 생산자

㉮ 에너지원인 태양에너지를 받아 유기물을 생산하여 증식

㉯ 생산된 유기물질은 자신의 물질대사에도 쓰여지나 동물, 미생물군 등 종속영양생물의 영양물질이자 에너지원

㉰ 군집 내에서 가장 많은 생체량을 가지고 있고 독립영양생물

㉱ 녹색식물, 녹조류

② 소비자

㉮ 생산자에 의해 만들어진 유기물을 주된 영양원으로 생활

㉯ 생산자를 섭취하여 활동에너지로 사용, 호흡을 통해 CO_2 방출

㉰ 1차 소비자(초식동물), 2차 소비자(육식동물), 3차 소비자(대형육식동물, 인간)

③ 분해자

㉮ 세균, 곰팡이, 조류와 흰개미, 구더기 등의 소동물

㉯ 효소를 분비하여 사체를 무기물로 분해, 생태계로 환원

㉰ 분해자는 물질순환에 중요한 역할을 함

2) 비생물 요소

① 무기물질 : 물질순환에 관여하는 C, N, CO_2, H_2O 등

② 유기물질 : 생물과 무생물을 연결하는 단백질, 탄수화물, 지방 등

③ 물리적 요소 : 빛, 온도, 공기, 습도, 토양, 기후 등

6. 생태계의 기능

1) 에너지의 흐름

① 에너지 법칙

㉮ 에너지 : 일을 하는 능력, 일은 한 형태의 에너지가 다른 형태로 변할 때 발생

㉯ 에너지의 거동 : 열역학 제1법칙과 열역학 제2법칙에 의해 지배

- 열역학 제1법칙 : 에너지 보존의 법칙
  - 에너지 보존의 법칙으로서 에너지는 생기지도 없어지지도 않고 단지 한 형태에서 다른 형태로 바뀔 뿐임
  - 태양에너지(A)가 광합성에 의해 먹이에너지(C)로 변환되는데, 태양에너지는 열소실(B)과 먹이에너지의 합을 나타냄(A=B+C)
- 열역학 제2법칙 : 엔트로피의 법칙
  - 물질과 에너지는 한 방향으로만 작용하며 에너지가 한 형태에서 다른 형태로 변환될 때 일부는 이용할 수 없는 에너지인 엔트로피를 방출함
  - 변환과정 중에서 태양에너지(A)의 일부가 열로 소실되므로 먹이에너지(C)는 태양에너지보다 적음(A>C)

② 에너지 흐름

㉮ 에너지 흐름은 태양에서 시작됨

㉯ 대기권에 도달한 태양에너지 중 30%는 우주로 반사, 20%는 대기권에 흡수, 50%는 지표 · 물 · 식물에 흡수됨

㉰ 대기권에 도달한 태양에너지 중 1% 미만이 광합성으로 고정

- 광합성작용
  - 태양으로부터 생태계로 유입된 일부 복사에너지는 식물의 광합성을 통해 탄수화물의 화학에너지로 변환된 후 유기물로 저장
  - $6CO_2 + 12H_2O +$ 복사에너지 $\rightarrow C_6H_{12}O_6 + 6H_2O + 6O_2$
- 호흡작용
  - 식물이 저장하고 있는 화학에너지는 식물, 동물, 기타 생물체의 세포 내에서 세포호흡을 통해 방출되며 방출에너지는 생체유지, 생물학적 일을 하는 데 사용
  - $C_6H_{12}O_6 + 6H_2O + 6O_2 \rightarrow 6CO_2 + 12H_2O +$ 에너지

③ 생태계 내에서 에너지 이동

㉮ 먹이사슬(food chain)

- 동식물 간의 포식 · 피식의 관계를 단계적으로 모식화, 사슬모양으로 나타낸 것

- 먹이사슬이 4~5단계인 이유
  - 먹이사슬에서 상부영양단계로 이동할 때마다 90% 에너지가 소실
  - 1kcal의 초식동물 생산하려면 10kcal 식물이 소비
  - 1kcal의 육식동물 생산하려면 10kcal 초식동물 소비
  - 10% 법칙 : 먹이사슬 각 단계마다 이용가능한 에너지가 1/10로 줄어듦
- 먹이사슬 위치에 따라 생산자, 소비자, 분해자 영양단계 구분

㉯ 먹이망(food web)
- 특정 생태계 내에서 생물요소들 간의 상관성
- 피식 · 포식, 수직 · 수평적 상호작용, 직 · 간접적인 영향 포함
- 먹이사슬이 서로 복잡하게 연결됨
- 먹이망이 복잡할수록 구조와 기능면에서 안정, 다양성 유지

㉰ 먹이사슬과 먹이망 비교

먹이사슬	먹이망
• 수직적 상호작용(피식 - 포식) • 직접적인 영향 • 단순하며 이론적 • 1개 영양단계에 1생물군	• 수직 · 수평적 상호작용(피식 - 포식, 경쟁 등) • 직 · 간접적인 영향 • 복잡하며 실제적 • 1개 영양단계에 다수 생물군

④ 생물학적 농축

㉮ 저차소비자에서 고차소비자로 갈수록 생물체 내에 오염물질이 축적되는 현상

㉯ 잘 분해되지 않고 상위단계로 갈수록 더욱 쌓이고 농축됨

㉰ 주요 오염물질 : 수은(미나마타병), 카드뮴(이타이이타이병), 다이옥신

㉱ 대책 : 화학비료와 농약사용 자제, 중금속 · 폐수오염 배출방지, 정화시설 설치, 수은 전지의 분리수거

⑤ 생태적 피라미드

㉮ 생태계의 구조와 에너지 흐름을 평가하기 위한 방법

㉯ 개체수, 생체량, 에너지 파라미드 3가지 유형이 있음

㉰ 영양단계 올라갈수록 양은 감소, 에너지 효율은 증가, 생물농축도 증가
- 개체수 피라미드
  - 각 영양단계별 생물 개체수를 도식화
  - 하위단계에서 상위단계로 갈수록 개체수 줄어듦
  - 개체수/m^2
- 생체량 피라미드
  - 각 영양단계별 생물 생체량을 나타냄

- 지구 생물량 99%가 1차 생산자단계
- g/m^2

• 에너지 피라미드
- 각 영양단계가 보유한 총에너지
- 영양단계가 올라갈수록 에너지 일부는 흡수되지 않고 버려짐

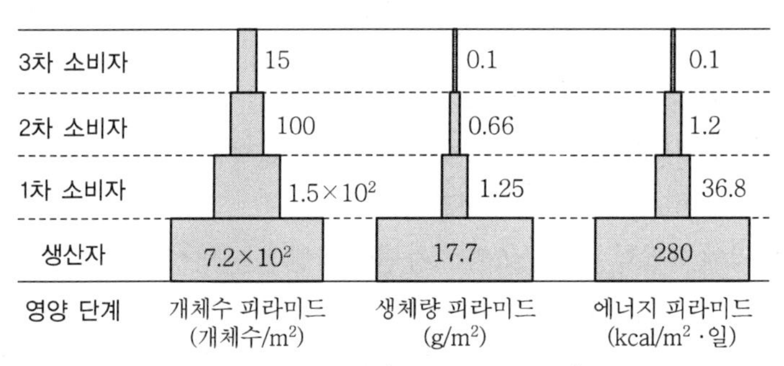

‖ 생태적 피라미드(김준호 등, 2008) ‖

⑥ 에너지 전환

㉮ 태양 복사에너지는 독립영양생물의 광합성에 의해 화학에너지로 전환

㉯ 화학에너지는 종속영양생물의 세포대사에 의해 기계에너지와 열에너지로 전환됨

2) 물질순환

① 개념

㉮ 식물은 대기로부터 이산화탄소 흡수, 토양으로부터 물 · 무기 영양분 흡수하여 탄수화물 · 단백질과 같은 유기물을 생산함

㉯ 소비자가 식물을 먹으면 이 유기물들은 동물로 이동

㉰ 생물계로 이동된 유기물들이 분해자의 분해과정을 통해 다시 비생물계로 이동하는 과정이 물질순환

㉱ 에너지와 물질은 생태계의 먹이사슬을 통해 이동

㉲ 에너지는 한 방향으로만 진행하나 물질은 생물계, 비생물계를 순환

② 물의 순환

㉮ 대기 → 지표 → 지중 → 대기로 순환

㉯ 대기, 구름수분이 강우로 지표면 이동

㉰ 산림, 하천, 바다로 이동, 저장

㉱ 지하수로 충진 · 저장, 증산작용, 증발로 대기로 환원

㉲ 날씨, 기후에 영향을 줌, 집중호우, 건조, 미기후 조절 등

③ 탄소의 순환

㉮ 식물의 광합성작용에 의함

㉯ $6CO_2+12H_2O+$복사에너지 $\rightarrow C_6H_{12}O_6+6H_2O+6O_2$

㉰ 사람 · 동물의 호흡작용, 연소로 CO_2 발생

㉱ $C_6H_{12}O_6+6H_2O+6O_2 \rightarrow 6CO_2+12H_2O+$에너지

④ 질소의 순환

㉮ 대기가스 직접 이용 불가, 대기의 78% 구성

㉯ NH_4^+, NO_2^-, NO_3^- 이온형태

㉰ 식물이 흡수 후 대기로 환원

㉱ 질소 변환 과정 : 질소고정, 암모니아화, 질산화, 질소동화작용, 탈질화작용

⑤ 인의 순환

㉮ 인산염 형태, 불용성으로 토양 내 존재함

㉯ 인 순환 과정

- 퇴적암과 물속에 인산염 존재
- 조산운동으로 암석권이 됨
- 풍화작용으로 토양이 됨, 식물이 흡수

⑥ 황의 순환

㉮ 침적토에 큰 저장소, 대기에는 작은 저장소 있음

㉯ 황 순환 과정 : 토양의 황산염 → 식물 흡수 → 동물 섭식 → 사체, 배설물 → 분해자 → 토양

㉰ 대기 중의 SO_2 산화

㉱ 산성비로 내려 토양 내 존재, 식물이 흡수

㉲ 사체, 배설물 → 화석연료 → 연소 → 대기로 순환

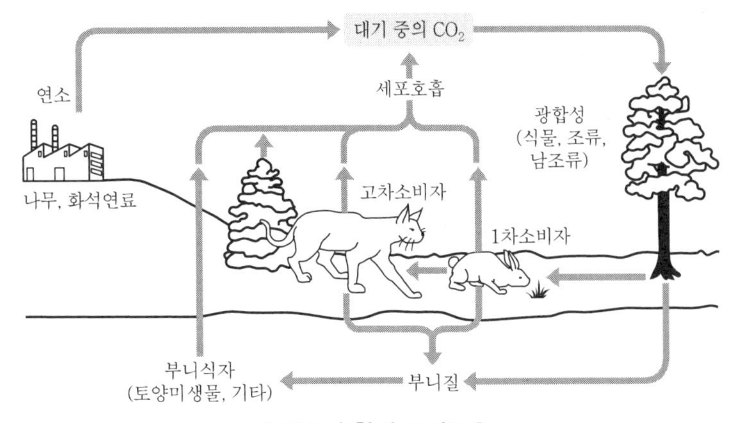

▌탄소 순환의 모식도▐

| 물 순환의 모식도 |

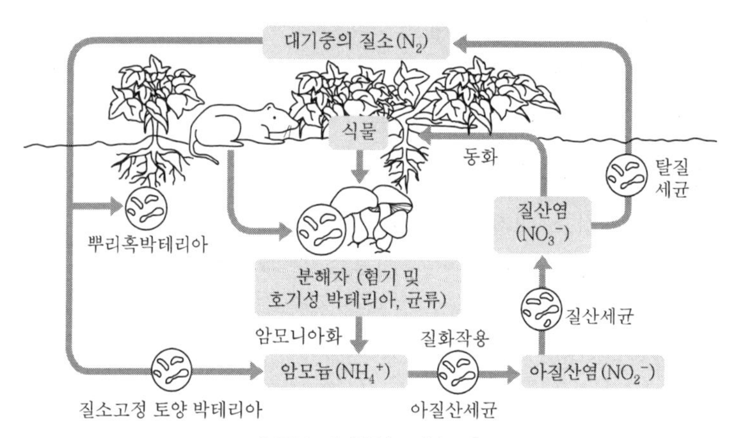

| 질소 순환의 모식도 |

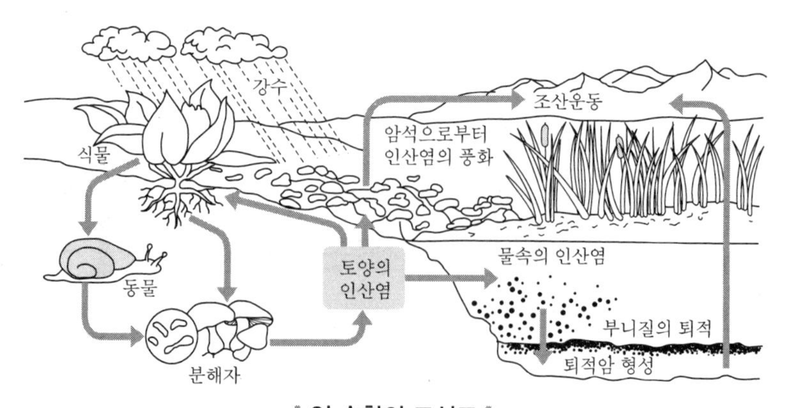

| 인 순환의 모식도 |

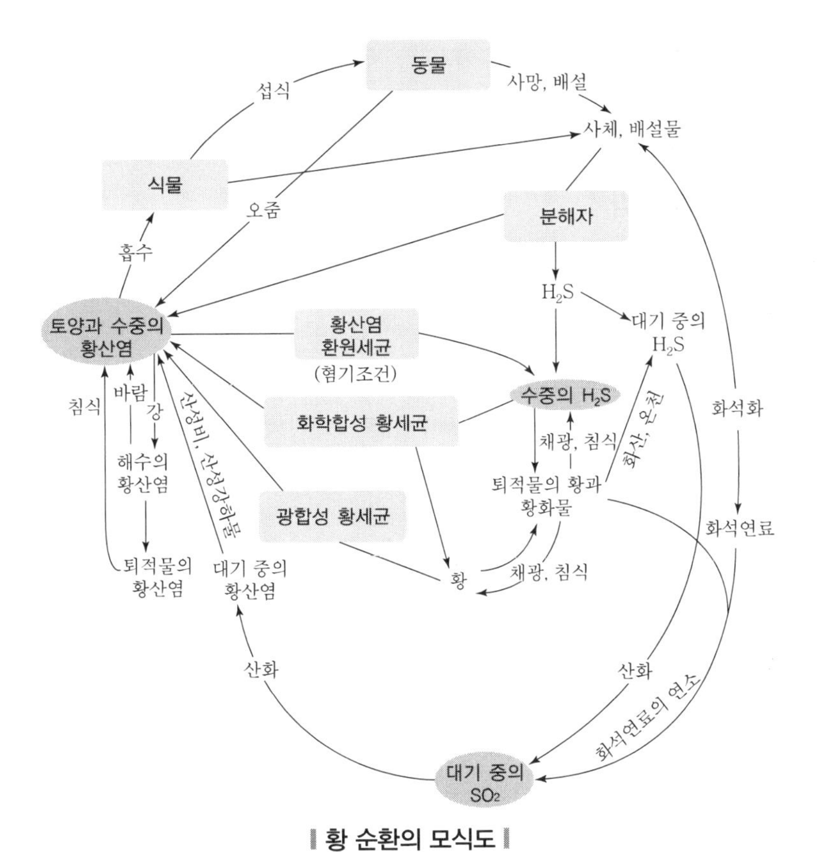

동물
섭식
사망, 배설
사체, 배설물
식물
오줌
분해자
흡수
H_2S
대기 중의 H_2S
토양과 수중의 황산염
황산염 환원세균
(혐기조건)
수중의 H_2S
침식
바람
강
산성비, 산성강하물
화학합성 황세균
채광, 침식
화산, 온천
화석화
해수의 황산염
퇴적물의 황과 황화물
광합성 황세균
화석연료
퇴적물의 황산염
대기 중의 황산염
황
채광, 침식
산화
산화
화석연료의 연소
대기 중의 SO_2

‖ 황 순환의 모식도 ‖

5 경관생태학

1. 경관생태학의 정의

1) 경관의 정의

① 일반적 경관

㉮ 시각적, 지각적, 미적 경관

㉯ 경관미 : 외관이 아름답다는 개념이 강함

② 경관생태학적 경관

㉮ 다의적, 통합적, 종합적, 총체적 경관

㉯ 경관을 부분의 합 이상인 통합된 총체적 실체

2) 경관생태학의 정의

① 지리학자 Troll

㉮ 경관생태학 분야를 제창

㉯ 항공사진의 발달로 경관의 모자이크 개념 파악 시작

㉰ 경관은 지역이라는 공간적 의미를 지님

㉱ 경관과 생태학이 갖는 각각의 개념을 통합

㉲ 경관은 전체를 의미하는 통합된 총체적 실체

② 경관생태학자 Forman

㉮ 경관생태학의 세 가지 측면 구조, 기능, 변화에 초점 둠

㉯ 경관의 구조 : 구별되는 생태계, 그곳에 존재하는 요소

㉰ 경관의 기능 : 공간요소의 상호관계, 에너지 · 물질 · 종의 이동

㉱ 경관의 변화 : 모자이크의 구조 및 기능의 시간적인 치환

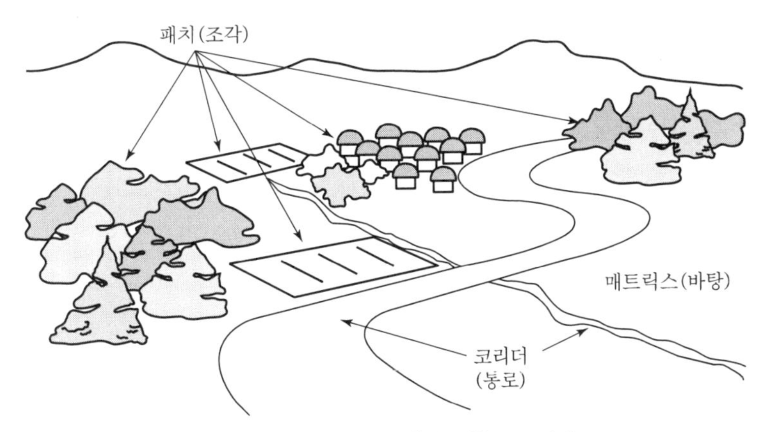

▮ 경관의 경관적 구조(이도원, 2001) ▮

2. 경관생태학 4대 원칙

1) 패치

① 패치의 크기

㉮ LOS(Large Or Small) : 큰 것이 좋은가, 작은 것이 좋은가?

㉯ 종다양성 측면

- 주연부종은 증가하나 보전가치가 큰 내부종은 감소
- 따라서 패치면적이 줄어드는 것은 바람직하지 못함

㉰ 국지적 멸종 가능성

- 종이 국지적으로 멸종할 가능성은 패치크기가 작고 서식처 질이 낮을수록 높아짐
- 큰 패치일수록 서식처 다양성 높고 종다양성도 높음

㉱ 큰 패치의 장점, 작은 패치의 장점

- 큰 패치 : 내부종과 큰 행동권 갖는 척추동물 유지, 자연적 간섭 피해 최소화
- 작은 패치 : 종 이동을 위한 징검다리 역할, 지역 특이종 포함

㉲ SLOSS 논쟁

- Single Large Or Several Small
- 잠정적 결론 : 큰 경관조각은 대형동물 유지에 유리, 여러 개 작은 경관조각은 서식처 다양성 유지로 종다양성 유지

㉳ 이상적 경관조각 배치

- 작은 경관조각을 큰 경관조각의 대체물이 아닌 보완물
- 큰 경관조각 주변 바탕에 작은 경관조각이 산재하여 징검다리 서식처 역할을 하는 것이 이상적

② 패치의 수

㉮ 큰 패치가 많은 종을 포함할 경우 적은 개수에도 종풍부도 유지

㉯ 작은 패치는 한정된 종 포함, 여러 개가 집단적 분포 시 효과적

③ 패치 간의 연결성

㉮ 대규모 서식처와 연결성이 높은 패치의 멸종가능성은 낮아짐

㉯ 작은 패치와 큰 패치를 연결하는 생태통로 조성

2) 주연부와 경계

① 주연부의 형태

다양한 층위구조와 넓은 폭을 가진 주연부 : 주연부 자체의 종다양성도 높고 내부서식처도 보호

② 연성경계와 경성경계

㉮ 연성경계

- 곡선형, 복잡하고 부드러움, 자연적으로 형성된 경계
- 경계를 가로질러 이동하는 종에 유리

㉯ 경성경계 : 직선형, 단순하고 딱딱함, 인공적으로 형성된 경계

3) 코리더와 연결성

① 코리더의 특성

㉮ 자연적 코리더 : 하천, 능선, 동물이동로

㉯ 인공적 코리더 : 도로, 산책로, 도랑, 제방

㉰ 양안은 서로 다른 환경특성, 중심부는 각 지역만의 내부특성을 지님

② 코리더의 기능

㉮ 서식처

- 주연부종과 일반종이 우세, 다양한 서식처 요구종 서식
- 간섭에 잘 견디는 종, 번식력이 강한 외래종 서식
- Line Corridor : 주연부종이 많은 좁은 선적 요소
- Strip Corridor : 내부종이 서식하는 넓은 코리더

㉯ 이동통로

- 사람, 상품, 자동차 이동
- 물, 유기물, 영양물질, 에너지, 바람, 야생동물, 유전자 이동

㉰ 여과(Filter)
- 어떤 물질을 통과시키거나 통과시키지 않음
- 오염물질을 여과시키는 하천 코리더

㉱ 장벽(Barrier)
- 야생동물의 행동권을 갈라놓은 자연적 장벽
- 인위적 코리더에 의한 장벽은 부정적 영향 큼

㉲ 종의 공급원 및 수요처(Source & Sink)
- 동물, 물질, 물, 먼지 등의 확산
- 코리더가 공급원으로 작용하여 매트릭스에 영향 줌
- 매트릭스에서 코리더로 종 유입, 수요처 기능

③ **코리더와 연결성**

코리더의 폭과 연결성은 5가지 기능에 대한 조절인자

4) 모자이크

① **매트릭스와 연결성**

㉮ 매트릭스의 연결성과 질에 따라 동물이동률은 달라짐
㉯ Better : 두 개의 서식처가 연결되고 주변서식처 질이 좋음
㉰ Worse : 연결통로가 없고 주변 서식처 질이 보통

② **매트릭스와 파편화**

㉮ 파편화는 서식처의 감소와 격리화를 초래
㉯ 미세하게 파편화된 서식처는 서식범위가 넓은 종에게는 연속되게 지각됨
㉰ 거칠게 파편화된 서식처는 거의 모든 종에게 불연속되게 지각됨
㉱ 특수종은 미세한 파편화에도 부정적 영향을 받음

▸▸ 참고

■ **경관을 지배하는 7가지 원리**

① 경관의 구조와 기능의 원리 : 패치, 코리더, 매트릭스 간의 종 · 에너지 · 물질의 분포가 구조적, 기능적으로 다름
② 생물적 다양성의 원리 : 경관 내에서 높은 다양성은 보통 많은 생태계 형태가 존재해서 잠재적인 전체 종다양성은 높음
③ 종 흐름의 원리
- 경관요소 간의 종의 확산 및 집중은 경관의 이질성에 영향을 줌
- 종의 재생산과 확산은 전체 경관요소를 변화, 창조 가능

④ 유기물 재분배의 원리
- 유기물은 경관 내로 유입, 유출이 가능함
- 경관요소 간의 유기물 재분배는 간섭강도와 비례함

⑤ 에너지 흐름의 원리 : 공간적 이질성 증가는 경관요소의 에너지 흐름을 증가시킴

⑥ 경관변화의 원리
- 간섭의 정도에 따라 이질성의 증가, 감소가 일어남
- 간섭이 없으면 동질화 경향, 적당한 간섭은 이질성을 증가시킴

⑦ 경관 안정성의 원리
- 안정성은 경관간섭에 대한 저항정도와 간섭으로부터의 회복력
- 생체량이 높은 산림은 간섭 저항력이 크지만 회복은 느림

3. 경관의 구조

1) 패치

① 개념

㉮ 경관에서 조각의 형태로 분포하고 있는 것

㉯ 바탕에 형성된 비선형적인 모양

㉰ 경관생태학은 패치의 과학이라고도 함

② 패치의 크기, 수, 연결성, 형태

㉮ 크기 : LOS, SLOSS 논쟁, 큰 패치 장점과 작은 패치 장점

㉯ 수 : 큰 패치는 적은 수도 괜찮으나 작은 패치는 여러 개 집단배치

㉰ 연결성 : 연결성 높여야 유리

㉱ 형태 : 원형, 굴곡 있는 패턴이 유리

③ 패치의 종류

㉮ 잔류조각
- 도시 확장으로 인해 잠식되어가거나 줄어든 조각
- 서울 남산처럼 잠식되어 가는 숲
- 매트릭스 확장으로 잠식될 확률이 높음

㉯ 재생조각
- 교란된 지역에서 회복 재생된 조각
- 교란이 멈추면 천이가 진행됨

㉰ 도입조각
- 산지에 골프장, 스키장 건설

- 농경지 매트릭스 내에 새로 도입된 도시조각

㉣ 환경자원조각
- 자연상태와 유사한 조각
- 도시 내 습지, 자연공원

㉤ 교란조각
- 인위적, 자연적 교란에 의해 생성된 조각
- 삼림 내 임도개설, 벌목
- 수해, 산불로 파괴된 지역

㉥ 일시적 조각
비닐하우스와 같이 일시적으로 조성된 조각, 임시조각

2) 코리더

① 개념

㉮ 선적인 형태의 공간, 자연적 코리더와 인공적 코리더
㉯ 점적코리더 : stepping stones(옥상녹화, 벽면녹화, 생태연못)
㉰ 선적코리더 : line corridor(도로, 철도), stream corridor(하천), strip corridor(내부종 이동)
㉱ 면적코리더 : landscape corridor(백두대간, DMZ)

② 코리더의 기능

㉮ 서식처 : 주연부종과 일반종이 우세, 다양한 서식처 요구종 서식
㉯ 이동통로 : 사람, 물, 유기물, 에너지, 생물 등 이동
㉰ 여과 : 오염물질을 여과시키는 하천 코리더
㉱ 장벽 : 동물행동권과 이동 막는 장벽
㉲ 종의 공급원 및 수요처 : Source & Sink

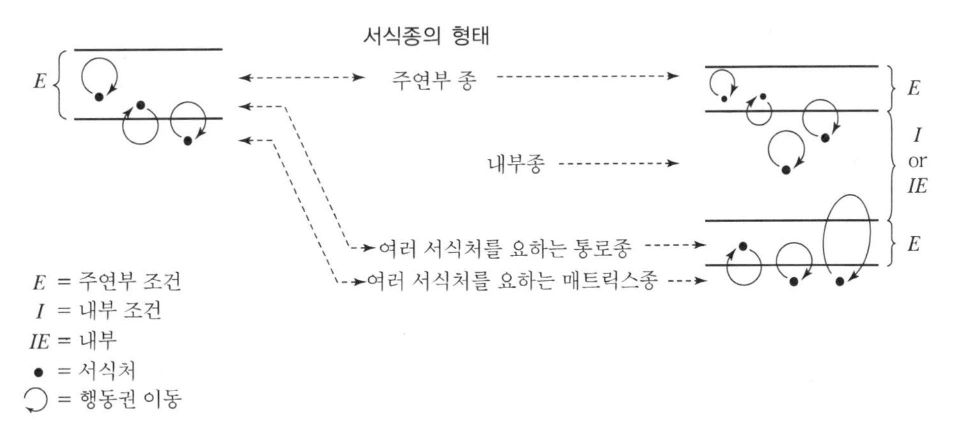

(a) 서식처 기능

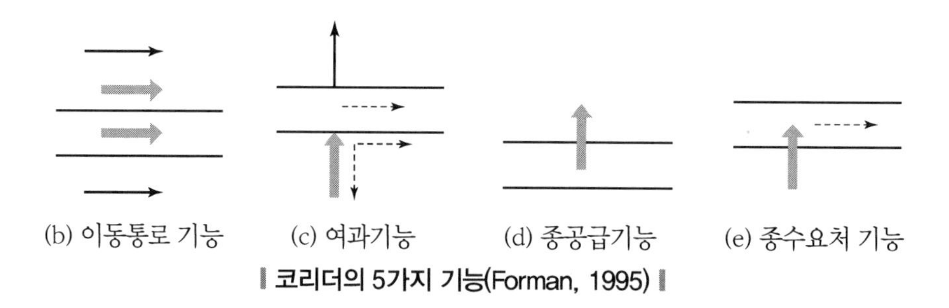

코리더의 5가지 기능(Forman, 1995)

3) 매트릭스

① 개념

바탕, 기질로서 경관구조에서 패치와 코리더를 둘러싸고 있는 배경이 되는 경관요소

② 특성

㉮ 매트릭스에서 경관요소는 프랙탈 구조를 갖기도 함

㉯ 프랙탈 구조 : 작은 구조가 전체 구조와 비슷한 형태로 끝없이 반복되는 구조, 리아스식 해안선, 하천 물줄기 형태

㉰ 질의 중요성 : 결, 거칠기에 따른 이동, 흐름에 영향을 줌

4. 경관의 기능과 변화

1) 경관의 기능

① 개념

㉮ 경관요소 간의 생물, 물질, 에너지의 이동 · 흐름 · 순환 · 확산

㉯ 이들에 의해 결정되는 경관요소의 상호관계 · 관련성

② 메타개체군론

㉮ 경관 전체로서의 기능 즉, 생물의 이동이나 경관요소 간의 관련성을 설명하는 이론

㉯ 국소개체군, 지역개체군, 메타개체군

㉰ 어떤 서식지에서 국소개체군이 멸종해도 메타개체군에 의해 재생

㉱ 서식지 간의 연결성에 대한 중요성은 더욱 강조됨

2) 경관의 변화

① 개념

경관의 구조와 기능의 시간적 변화를 의미

② 경관구조의 변화

시간의 흐름에 따른 천이, 생물분포나 자연환경 구성요소의 변화, 토지이용의 변화 등 시계열적인 해석으로 파악

③ 경관기능의 변화

과거의 경관구조로부터 추정, 역사적 자료분석에 의한 경관연구

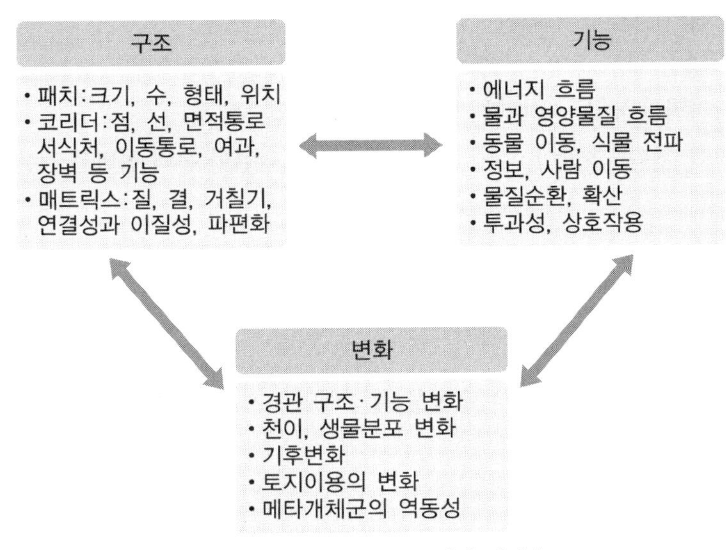

| 경관의 구조 · 기능 · 변화 관계 |

5. 비오톱 개념 및 분류

1) 비오톱이란

① 비오톱 정의

㉮ 생물이 서식하고 있는 최소단위공간인 생물소공간

㉯ 비오톱(Biotope)의 어원은 독일어의 Biotop에서 유래

㉰ 생명을 의미하는 BIO와 장소를 의미하는 TOP을 조합

㉱ 다양한 생물이 서식하고 자연생태계가 기능하는 공간

② 비오톱 종류

㉮ 조성방식에 따라 창조형, 복원형, 개선형, 보전형으로 구분

㉯ 창조형 : 새로운 생물의 세계 조성

㉰ 복원형 : 그 땅에 있던 원래 자연에 가까운 것을 문자 그대로 복원하는 것

㉱ 개선형 : 인위적으로 환경의 질을 높임으로써 생태계 유지

㉲ 보전형 : 현재 존재하는 자연생태계를 보호하면서 생물서식장소 보전

2) 비오톱형태 구분

① 비오톱형태란

유사한 복수의 비오톱 전부를 검토한 후에 그것들을 추상화하여 분류한 것

② 비오톱형태 구분 시 유의사항

㉮ 비오톱은 경관의 전체구조에서 복잡하게 얽힌 상호관계를 지님

㉯ 비오톱의 질을 규격화하는 것은 바람직하지 않음

㉰ 나비 같은 일부 종의 비오톱 질을 오해하여 과소평가하게 됨

㉱ 가장자리나 에코톤에 대한 가치를 충분히 파악해야 함

㉲ 비오톱 내부변화만이 아니라 면적의 감소와 단절이 종의 절멸과 깊은 관계를 지님에 유의

3) 비오톱의 보전 및 조성

① 비오톱 보전

현재 양호하게 유지되어온 비오돕을 계속적으로 지속가능하게 최소한의 영향과 관리를 하는 것을 의미

② 비오톱 조성

황폐한 땅에 생물 서식공간을 창조하거나 그 땅의 원래 비오톱으로 복원하는 행위, 좀더 나은 서식환경으로 개선하는 모든 행위를 포함

③ 비오톱 보전 및 조성 의의

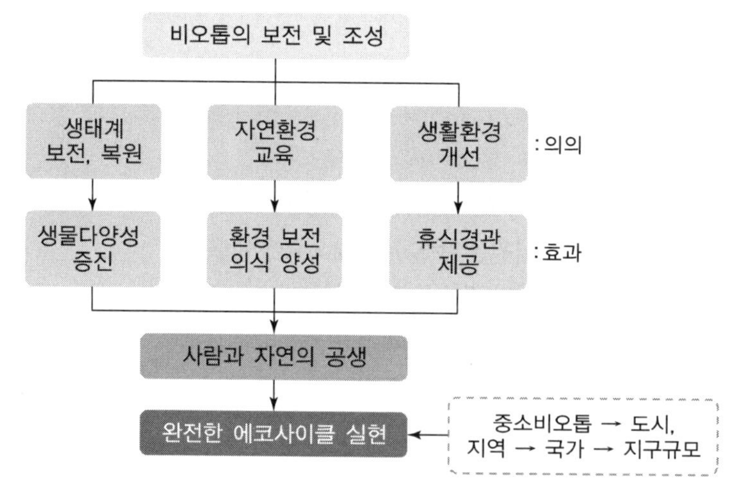

④ 비오톱 보전 시 고려사항

㉮ 안정된 천이단계

- 적절한 간섭에 의해 자연스런 천이 유도

- 넓은 공간과 전체모자이크상의 순환성, 연결성이 필요

㉯ 시간적 단계, 공간의 다양성

여러 토지식생이 각각 다른 천이단계 형성

㉰ 공간적 연계성

여러 서식처가 공존, 군집생태학적 조화

⑤ 비오톱 조성계획 시 고려사항

㉮ 입지

- 동식물을 위해 우선적으로 준비된 토지
- 새로운 요소 도입에 대한 영향 예측
- 희소한 비오톱 타입은 유지

㉯ 주변관계

- 적절한 비오톱 타입이 주변에 존재
- 종의 공급원으로 도움이 됨
- 자연에 가까운 지역에 근접 조성

㉰ 의도적 계획

- 현황조사, 종서식처 분석
- 서식처 보전계획 수립, 목표 설정, 조성계획

⑥ 바람직한 비오톱 배치

㉮ 면적과 수

- 큰 것이 작은 것보다 유리
- 최소면적의 확보, 종별로 차이
- 큰 것 한 개가 작은 것 여러 개보다 유리

㉯ 거리

- 소스에 가까울수록 유리
- 종이입률이 상승

㉰ 배열

군집화된 배열이 유리함

㉱ 연결성

- 코리더로 연결되어 있는 것이 좋음
- 코리더의 형태, 크기는 종별로 다양

㉲ 형태

둥근형은 핵심종 보호에 유리

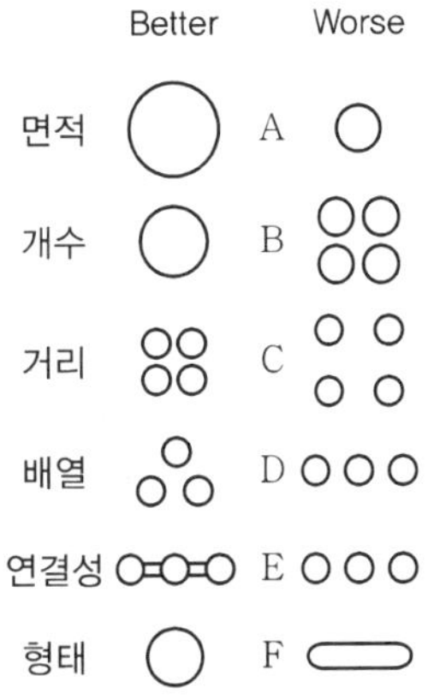

Better Worse

면적 A

개수 B

거리 C

배열 D

연결성 E

형태 F

‖ 비오톱 보전 및 조성원칙 ‖

㉯ 가장자리
- 굴곡이 많을수록 종다양성 증가
- 너무 많아지면 내부종수 감소

4) 비오톱 지도화

① 비오톱 지도화 방법

유형	내용	특성
선택적 지도화	보호할 가치가 높은 특별지역에 한해서 실시하는 방법	• 단기적으로 신속, 저렴한 비용으로 지도제작이 가능 • 국도단위의 대규모 지도제작에 유리 • 세부적인 정보를 제공 못함
포괄적 지도화	전체 조사지역에 대한 자세한 비오톱의 생물학적, 생태학적 특성을 조사하는 방법	• 도시 및 지역단위의 생태계 보전 등을 위한 자료로 활용가능함 • 많은 인력과 시간, 돈이 소요됨
대표적 지도화	대표성이 있는 비오톱 유형을 조사하여 이를 동일하거나 유사한 비오톱 유형에 적용하는 방법	비오톱에 대한 많은 자료가 구축된 상태에서 적용이 용이함

② 비오톱 지도화 과정

㉮ 환경부에서 2007년 도시생태현황지도 작성지침 마련

㉯ 일반적으로 준비단계, 조사단계, 분석 및 평가단계로 구분
- 준비단계
  - 조사지역 범위를 지도상에 설정
  - 자료수집 및 분석은 문헌, 보고서, 지도, 항공사진, 토지이용현황 등의 분석자료를 활용함
- 조사단계
  - 비오톱유형의 지도화는 유사한 비오톱을 하나의 유형으로 묶어서 작성함
  - 조사대상지역을 선정함
  - 사례지역의 지도화는 동식물, 토양피복, 녹화현황 등을 세부적으로 기록함
- 분석 및 평가단계
  - 현황자료를 종합분석, 비오톱유형 구분 및 평가 실시
  - 유형은 자연형, 근자연형, 비자연형, 특수형으로 구분가능
  - 등급은 서식지 기능, 지형, 비오톱가치, 희귀성 기준으로 5등급으로 구분 가능
  - 비오톱 유지 보호를 위한 구체적 프로그램을 적용

③ 서울시 비오톱 유형

주거지, 상업 및 업무지, 공업지 및 도시기반시설지, 교통시설, 조경녹지, 하천 및 습지, 경작지, 산림지, 유휴지비오톱

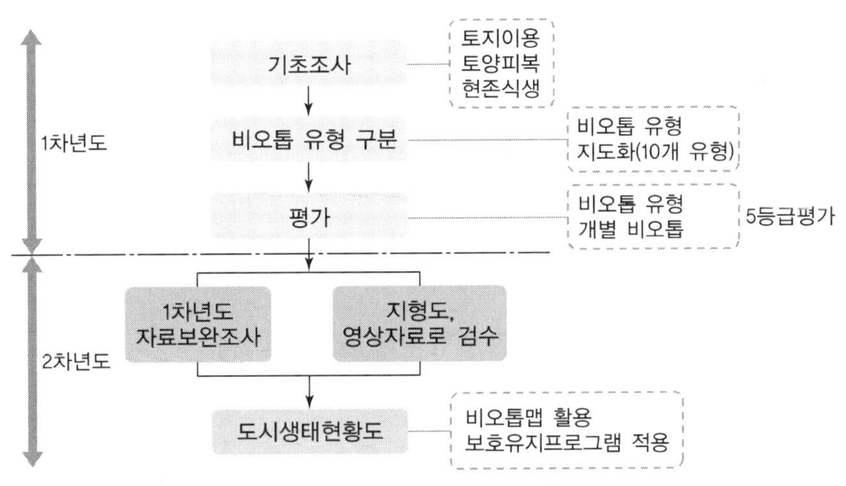

서울시 비오톱지도화 과정

6 생태복원공학

1. 생태복원의 정의

1) 일반적 정의

자연적 · 인위적으로 훼손된 생태계를 원래의 상태나 원래의 상태에 가깝도록 생태계의 구조와 기능을 조성해주어 생물서식처 및 생물종을 증진시키고자 하는 환경기술

2) 국제생태복원학회

① 생태적 건강성의 재생과 유지하기 위한 과정
② 질적 · 양적으로 저하되었거나 훼손 · 파괴된 생태계의 회복을 도와주는 과정

2. 복원의 단계와 유형

훼손된 생태계를 원래의 상태로 얼마만큼 되돌리느냐에 따라서 생태복원의 단계와 그 유형이 구분됨

1) 복원(restoration)

① 협의 개념 : 훼손되기 이전의 상태로 되돌리는 것, 교란 이전의 원래생태계의 구조와 기능을 회복하는 것으로 시간과 비용이 많이 소요되어 쉽지 않음
② 광의 개념 : 좁은 의미의 복원, 복구, 대체, 방치를 모두 포함한 넓은 의미

2) 복구(rehabilitation) : 회복

완벽한 복원이 아니라 원래의 자연생태계와 유사한 수준으로 회복하는 것, 현실적인 복원으로 우리가 생각하는 복원의 대표적 유형

3) 대체(replacement) : 개선

① 원래의 생태계와는 다른 구조를 갖지만 기능적 측면에서 동등 이상의 생태계로 조성하는 것
② 구조에 있어서는 간단할 수 있지만 기능은 보다 생산적일 수 있음
③ 예를 들어 초지를 농업적 목초지로 전환하여 높은 생산성을 보유하게 됨

4) 방치(자연적 과정)

① 훼손된 생태계를 그대로 둘 경우에 해당하는 것
② 생태계의 자체적인 회복력에 의해서 서서히 원래의 생태계로 회복되어 가도록 유도하는 기법
③ 자연에 의한 회복력을 담보할 수 있을 경우에만 적용함이 현명

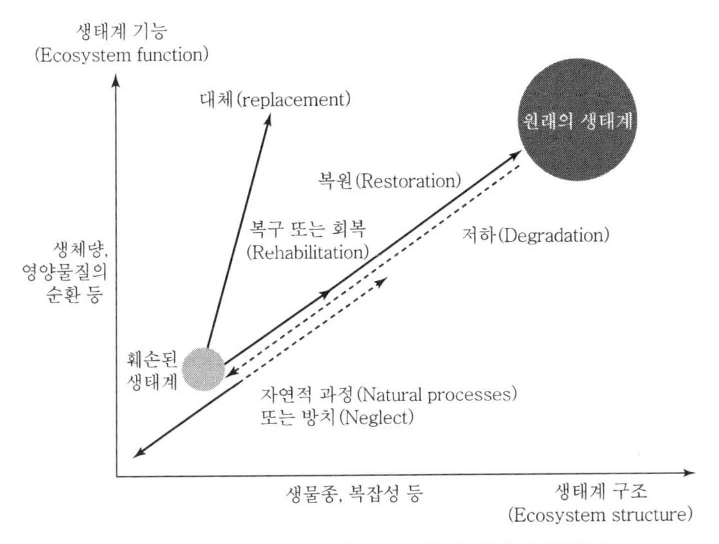

‖ 자연환경 복원의 단계와 유형 ‖
자료출처 : Bradshaw, 1984; Krystyna M. Urbanska et al.,1997

3. 생태복원의 대상

완전히 훼손되어 황폐해진 지역부터 인간의 간섭을 제한하는 관리 등으로 매우 광범위함

1) 서식처 복원

① 훼손되거나 황폐화된 지역의 기존 생물과 야생동물 서식처를 회복
② 오염된 지역에 있어서 야생동물의 가치를 높여주거나 변화된 지역에 대해서 자생종과 변화 이전에 서식한 생물종의 서식처를 창출

▶▶ 참고

■ **국제생태복원학회 100편 논문경향 : 3/4이 서식처를 대상**
- 생태계 · 유역 · 경관 복원 30%
- 개별적인 생물종 복원 25%
- 습지 복원 및 조성 18%
- 광산 · 비탈면 · 훼손지 복원 15%
- 산림 · 초지 · 수생태계 복원 12%

2) 생물종 복원

① 멸종위기에 처한 생물종 및 인공증식이 필요한 생물종

② 지리산의 반달가슴곰, 월악산 · 설악산의 산양, 남생이의 증식 및 복원, 가시연꽃 서식처 복원 등

참고

■ **생물종 복원의 방법**

㉮ 재도입(Re-introduction) : 절멸되었거나 멸종된 종을 그 종의 역사적인 서식범위 내에서 다시 정착시키려는 시도

㉯ 재확립(Re-establishment)

- 재도입과 같지만 재도입이 성공적이있다는 의미를 내포함
- 지리산 반달가슴곰 복원사업이 대표적

㉰ 이입(Translocation)

- 야생개체나 개체군을 그 서식범위 내의 한 부분에서 다른 부분으로 의도적이고 인위적으로 이동시키려는 시도
- 월악산 · 설악산의 산양복원사업이 대표적

㉱ 재강화/보충(Re-inforcement/Supplementation)

기존의 동종개체군에 개체를 보완하려는 시도

㉲ 보전적/온화한 도입(Conservation/Benign introduction)

- 특정종의 기록된 분포지역은 아니지만 서식지와 생태지리적 조건을 갖춘 지역 내에 그 종을 정착시키려는 노력, 이는 해당 종의 보전을 목적으로 함
- 그 종의 역사적 분포지역 내에 서식지가 전혀 남아있지 않을 때만 보전방법으로 타당성을 가질 수 있음

4. 자기설계적 복원과 설계 복원

자기설계적 복원과 설계 복원을 구분하는 요소는 식재의 인위적인 도입 여부에 따라 판단(폐도복원사례)

1) 자기설계적 복원(Self-design Restoration)

① 복원의 관점에서 본 것으로 시간이 흐르면서 복원된 지역이 갖추어지고 결국에는 공학적인 요소들을 변경시킨다는 개념

② 생태계 수준에 따라 해당 생태계의 능력과 잠재력을 강조, 충분한 시간의 제공을 통해 공학적 요소들의 자가적 조성능력에 기반을 둔 접근방법

③ 이것은 수동적 복원(passive restoration)이라고도 함

2) 설계 복원(Design Restoration)

① 고정된 목표점이 없이 천이과정을 존중하여 복원지역의 유형을 직접적으로 창출해내기 위한 공학적인 식재전략을 선호하는 방식
② 이것은 능동적 복원(active restoration)이라고도 함
③ 폐고속도로의 생태복원을 예로 들면, 도로의 아스팔트나 콘크리트 포장만 제거하고 그 후 식생은 자연스럽게 들어와 정착하게 두는 것은 자기설계적 복원이며, 포장 제거 후 교목이나 관목을 식재하는 것은 설계복원에 해당함

5. 천이 이론

1) 천이의 개념

① 생태천이
시간의 흐름에 따른 종 조성 및 구조와 같은 생물공동체의 변화

② 식생천이
시간의 흐름에 따른 식물군집의 변화

③ 천이과정 예시 : 폐도 복구 과정

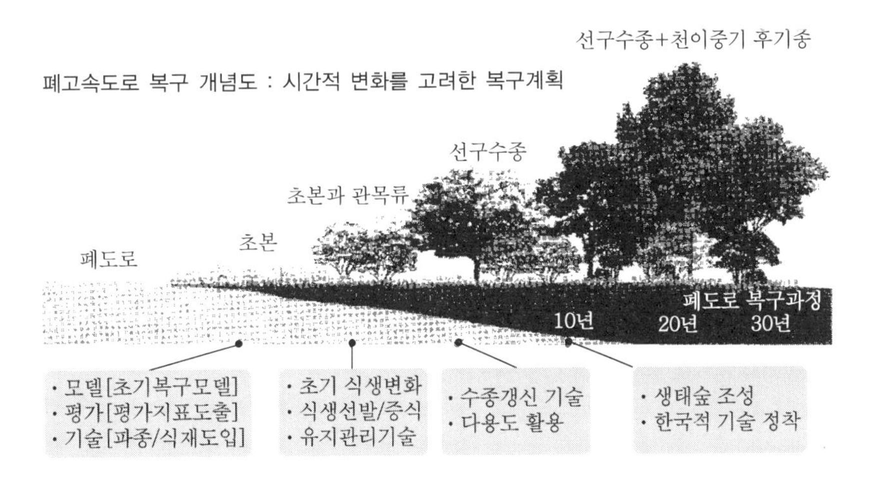

2) 천이의 종류

① 발생시점
㉮ 1차천이 : 식생이 없는 불모지에서 시작되는 천이 장소에 따라 건성 · 습성천이
㉯ 2차천이 : 자연적 · 인위적 교란에 의해 파괴된 장소, 휴경지에서 시작되는 천이

② 발생원인

㉮ 자생천이 : 토양 속 유기물, 수분 등 식물자체 결과로 발생

㉯ 타생천이 : 외부 물리적 영향으로 발생

③ 수분유무

㉮ 건성천이 : 양분, 수분이 없는 암반 나지에서 시작
나지 → 지의류 → 초지 → 관목림 → 양수림 → 음수림

㉯ 습성천이 : 호수, 습원 등의 수중환경에서 시작
빈영양호 → 부영양호 → 습원 → 초지 → 관목림 → 양수림 → 음수림

④ 진행과정

㉮ 진행천이 : 천이과정에 따라 진행되어 극상에 도달하는 것

㉯ 퇴행천이 : 개발, 방목 등에 의해 천이진행과정이 퇴행함

3) 천이의 결과에 따른 특성

구분	천이결과 특성
생태계 특징	• 초기단계 → 극상단계 • 미숙단계 → 성숙단계 • 성장단계 → 안정단계
생물종 구성	처음에는 빠르게, 차차 느리게 변화
개체의 크기	커지는 경향
종 다양성	처음에는 증가, 개체의 크기가 증가함에 따라 성숙단계에서는 안정되거나 감소
총 생물량	증가
비생물적 유기물질	증가

6. 환경포텐셜

1) 개념

① 포텐셜

현재 존재하고 있지 않으나 발견될 가능성이 있는 잠재력

② 환경포텐셜

특정장소에서 종의 서식이나 생태계 성립의 잠재적 가능성

2) 종류

① 입지 포텐셜

기후, 지형, 토양, 수환경 등의 토지적 조건이 특정 생태계의 성립에 영향을 미칠 가능성

② 종의 공급 포텐셜

식물의 종자나 동물의 개체 등이 다른 곳으로부터 공급될 가능성

③ 종간관계 포텐셜

포식관계나 경쟁관계 등 생물 간 상호작용을 형성하는 종간관계가 성립할 가능성

④ 천이 포텐셜

㉮ 위의 3가지 입지, 종공급, 종간관계 포텐셜에 의해 결정됨

㉯ 시간의 흐름에 따라 생태계가 어떠한 변화과정, 변화속도, 변화결과를 나타낼 것인가에 대한 가능성

3) 환경포텐셜 평가

① 개념

종의 서식이나 생태계 성립 가능성을 진단하고 예측하는 행위

② 평가의 역할

종의 서식지나 생태계 복원 시 적절한 후보지의 선정과 목표 설정이 가능

③ 종류별 평가

㉮ 입지포텐셜 평가 : 지형, 토양, 수환경 등의 조사분석에 의거하여 종의 서식, 식생, 생태계 성립의 가능성을 진단

㉯ 종의 공급 포텐셜 평가 : 종 공급원과 수요처의 공간적 관계, 종의 이동력에 의해서 결정됨, 매토종자 집단은 식물군락의 성립 가능성을 알기 위해 중요함

4) 활용방안

① 종 서식지 및 생태복원

각각 포텐셜 조사자료 축척, 검토평가 후 후보지 선정, 방향 설정

② 천이방향 파악

㉮ 1차 천이 진행속도 분석을 통한 생태계 안정성 파악

㉯ 매토종자 조사 후 2차 천이 유추

③ 잠재 식물상 파악

지상과 휴면종을 통한 종의 파악 가능, 추후 진행천이 예상

7. 생물학적 침입

1) 개념

① 인위적 요인에 의해 이입된 종이 본래 분포역이 아닌 생태계 내에 침입 · 정착하는 것으로 국가 간의 생물종 이동뿐만 아니라 지역 간의 생물종 이동도 포함함
② 생태적 지위에 갭이 많은 도시생태계나 도서생태계에서 많이 발생

2) 메커니즘

① 생물학적 침입의 요인
인위적 요인에 의한 종의 반입, 생태계로의 정착
② 침입종의 활동
㉮ 재래종의 강력한 천적화
㉯ 재래종의 먹이 및 서식장소의 탈취, 생태적 지위의 획득
㉰ 유전적 교란

3) 식물의 생물학적 침입에 대한 대책

① 이입기회의 억제
㉮ 녹화공사 시 재래종 사용
㉯ 이입종의 사용에 대한 사전 종합평가 실시
② 정착 가능한 환경의 미조성
수림대의 조성이나 습한 환경을 조성
③ 침입종의 효과적 제거
㉮ 원인이 되는 개체군 제거 및 매토종자 집단 고갈
㉯ 재래종에 악영향이 예상되는 종을 우선순위로 제거

4) 동물의 생물학적 침입에 대한 대책

① 포획 제거
국소개체군에 해당, 전부 포획 후 제거
② 사전 예방
㉮ 식용, 애완용 도입 철저 검토
㉯ 방사 법적 금지 조치 시행

8. 참조 생태계

1) 개념

① 참조생태계(reference ecosystem)란 대조생태계라고 할 수 있으며 서식처 원형(prototype)과도 크게 다르지 않음

② 생태복원 프로젝트에서 목적이나 계획을 수립하는 데 있어서 사용되는 현재 훼손되지 않은 실질적인 생태계이거나 개념적인 모델

③ 복원하고자 하는 생태계의 모습

④ 원형으로 삼을 만한 훼손되지 않은 생태계가 없을 경우에는 개념적인 접근으로서 이를 대체함

⑤ 역동적인 것, 전형적인 것으로서 생태복원에서 생태적 궤도를 보여줄 수 있어야 함

2) 참조생태계 설정방법

① 동일한 장소와 동일한 시간 유형

자기-참조생태계라고도 하는데 그 자체가 참조생태계가 되는 것

② 다른 장소와 동일한 시간 유형

서식처 원형에 해당하는 것으로서 복원하고자 하는 곳을 참조할 수 있는 곳

③ 동일한 장소와 다른 시간 유형

역사적 기록과 유사한 것, 복원하고자 하는 곳의 과거사진이나 조사기록 등이 해당

④ 다른 장소와 다른 시간 유형

근본적으로 복원대상지역에서 기존의 생태계와 관련된 정보가 없을 때를 말하지만 경관적 · 물리적으로 유사한 상태에 있는 지역으로부터 정보를 얻는 것

7 생태복원과정

1. 생태복원을 위한 조사 · 분석

1) 지역적 맥락

① 선행 관련 계획의 조사
② 지역차원에서의 생태적 목표의 달성방향
③ 생태복원을 위한 필요정책 요건의 조사
④ 생태적 측면에서 광역적 맥락을 조사함으로써 생태네트워크 구축방향, 대상지와 생태네트워크 실현가능성의 분석

2) 역사적 기록

① 훼손되기 이전의 환경조건을 알 수 있는 자료 및 정보의 수집분석
② 과거 지형도, 토양도, 임상도, 항공사진, 인공위성 영상, 지역주민 등의 조사 및 분석방법 활용

▶▶ 참고

■ **옛날 기록을 찾는 방법**
- 고육수학 : 물속에서 사는 생물들을 주로 대상으로 함
- 고생태학 : 물속에 있는 것과 육상으로 날아간 꽃가루, 퇴적 토양, 떠내려 온 물질들까지 같이 고려한 것
- 고생물학 : 화석과 같이 큰 것들을 중심으로 한 것

③ 생태기반환경 및 생태환경
㉮ 기후, 지형, 토양, 수리 · 수문, 기상 등의 생태기반환경 조사 · 분석
㉯ 서식처, 식물상, 동물상 등 생태환경 조사 · 분석
㉰ 생태기반환경과 생태환경의 상호관련성 분석

2. 생태계 중요성 평가

1) 생태계 보전가치 평가항목

① 희소성
㉮ 종은 생육 개체수나 생육지 면적이 적은 것일수록, 군락은 현존하는 식분의 수나 면

적이 적을수록 높게 평가

㉯ 국제적 멸종위기종, 법적 보호종

② 자연성

㉮ 극상에 가까울수록 높게 평가

㉯ 일반적으로 생태자연도 활용, 식물군락은 녹지자연도 이용

③ 다양성

생물종의 많고 적음과 그 분포의 균질성을 통계학적으로 표현한 것, 알파다양성, 베타다양성, 감마다양성으로 구분

④ 고유성

국가, 지역차원의 고유종이나 특산종이 그 대상, 군락에 대해서는 지역성이 높고 분포가 국한된 것, 이것들이 많을수록 높게 평가

⑤ 전형성

군락의 계층구조나 종조성이 충분히 발달하여 그 군락의 전형적인 상태를 나타낸 것일수록 높게 평가

2) 서식처 평가 절차(HEP : Habitat Evaluation Procedure)

① 서식지에 대한 서식정보를 종합 분석하여 서식지 모델을 작성한 것

② 향후 이 모델을 활용하여 서식처 복원이나 적합성 평가 등에 활용

㉮ 서식지 분석 예시

산란지, 서식지, 동면지 등 기능적 서식지, 식생피복상태의 물리적 서식지, 주변연계지역의 서식환경 등

㉯ 서식요구조건 분석 예시

- 먹이 : 충분한 먹이원 확보방안 검토
- 은신처 : 위협종 관리방안 검토
- 물 등 수환경 조건, 행동반경 등

㉰ 행동권 분석 예시

동면장소, 번식장소, 활동장소 등 계절별 서식처 요건 등

3) 서식처 적합성 지수(HSI : Habitat Suitability Index)

① 다양한 서식지에 대한 정보를 종합하여 HSI를 구성할 수 있는 요소들을 도출하여 적정기준을 설정

② 서식처 조성을 위한 일반기준과 작성하고자 하는 서식지 정보를 종합하여 적정항목과 기준을 도출

한국산 개구리의 서식처 적합성 지수에 대한 구성요소와 변수와의 관계예시

구성요소	변수	해당 범주
먹이/은신처	습지의 피복비율	50% 내외
	습지의 면적	넓을수록 적합성 정비례
	산림과의 거리	가까울수록 적합성 정비례
	산림의 생태적 풍부도	풍부할수록 적합성 정비례
번식	pH	pH 7~8(산란 관련)
	수온	15~25도
겨울 은신처	최고 얼음두께보다 깊은 최고수심	1m 내외
공간적 관계	다른 습지 및 물과의 거리	50m 내외(주서식지에서 다른 서식지까지의 거리)

3. 복원 대상지 선정

1) 역사적 기준에 의한 방법

① 기존에 생물서식공간이 존재한 곳을 대상으로 한 복원지역 선정방법(현재시점으로 100년 이내의 정보를 활용)

② 토양지도, 지역주민, 토지소유자, 과거의 생태조사 자료와 위치정보 등을 통해 확인 가능

2) 기능적 기준에 의한 방법

① 생물서식공간의 기능을 최대화할 수 있는 곳

② 관련분야 전문가들에 의한 조사 · 분석 결과로 대상지역의 평가가 필요하며 비교적 시간과 비용이 많이 소요

4. 복원 목적 설정

1) 설정방법

조사 및 분석, 평가결과를 토대로 복원하고자 하는 목표시점과 서식 목표종을 설정하며 가급적 정량적이고 구체적으로 설정

2) 생태계 보전 및 복원을 위한 목표종

유형	내용
지표종	• 특정지역의 환경조건 · 상태를 파악할 수 있는 종 • 토양조건, 오염정도 등에 다르게 분포하는 특징 지닌 종
핵심종	• 군집에서 중요한 역할을 수행하는 종, 중추종 • 그 종이 사라지면 생태계 균형을 해친다고 생각되는 종 • 에너지 흐름을 주도하는 종, 총체적 영향력이 큰 종
우산종	• 지키면 많은 종의 생존이 확보된다고 생각되는 종 • 영양단계 최상위에 위치하는 포유류 등 넓은 서식면적을 필요로 하는 종
깃대종	• 특정지역의 생태 · 문화를 대표하는 중요종, 상징종 • 깃대라는 단어는 해당 지역 생태계 회복의 개척자적인 이미지를 부여한 상징적 표현 • 사람들에게 서식지 보호를 호소하는 데 효과적인 종
희귀종	서식지 축소, 생물학적 침입, 남획 등으로 절멸 우려가 있는 종

3) 보전형 목표설정 방법

현존하는 생태계의 유지에 역점을 둔 접근방법

4) 복원형 목표설정 방법

없어진 생태계를 창출하는 접근방법, 모범형, 포텐셜형으로 구분

① 모범형

㉮ 서식처 원형(prototype)과 같은 방법으로 인근에서 자연환경이 잘 보전되어 있는 장소를 조사하고 이것을 복원의 모범으로 삼음 → 공간적인 접근방법

㉯ 교란 전의 생태계와 현재의 생태계를 비교하여 될 수 있는 한 교란 전의 상태에 가깝게 하는 방법 → 시간적인 접근방법

② 포텐셜형

㉮ 환경포텐셜 평가에 기초하여 잠재적으로 성립가능한 생태계 속에서 목표를 선택하는 방법

㉯ 인근에 모범이 될 만한 자연생태계가 없거나 전혀 새롭게 생태계를 창출할 경우에 적용

5. 복원계획 및 설계

1) 복원계획

① 계획방법

㉮ 생태계와 인공계의 관계를 공간적인 배치에 의해 조정

㉯ 생태계의 질, 크기, 배치 등을 결정

② 생태계와 인공계의 공간적 조정방법

㉮ 양자를 격리하여 자연생태계와 인공계를 조정

㉯ 양자 간의 물리적 영향이 없어지도록 충분한 거리를 두거나 완충대 설치

㉰ 반자연생태계와 인공계를 조정, 기능을 중합, 양자를 융합하는 융합형 조정

③ 계획을 위한 분석

㉮ 구체적인 물리적 계획을 입안하기 위한 분석방법으로 GAP분석과 시나리오분석이 있음

㉯ 이들은 평가 · 분석단계에서 구축된 모델을 이용하여 시행

④ GAP 분석

㉮ 생물의 종, 식생, 생태계 등의 실제분포와 그것이 보호되고 있는 상황과의 괴리를 도출하여 보호계획에 도입하기 위한 방법

㉯ 중요한 종이 분포하는데 보호구가 설정되지 않은 곳이 있으면 GIS에 의한 중첩으로 찾아 갭을 보완하도록 보호구 설정 재평가 실시

⑤ 시나리오 분석

㉮ 계획이 장래 생물다양성을 훼손시키는지 여부를 예측하여 복수의 대안을 비교 · 분석하는 방법

㉯ 일반적으로 세 가지 시나리오를 준비하여 생태계 변화를 예측

㉰ 생태계보전 · 복원을 적극적으로 하는 시나리오, 개발을 인정하는 시나리오, 절충형 시나리오

2) 복원설계

① 구조

㉮ 생물종마다 이용하는 공간구조가 다르므로 생활사에 따라 대상 종의 공간이용 파악이 필요

㉯ 현존하는 것은 그대로 남겨두고, 복원에 필요할 경우에는 현존하는 것의 형태나 구조를 참고로 하여 모방

② 재료

㉮ 식물재료는 가능한 현장과 인근에서 채취한 향토종을 사용

㉯ 설계시점에서 현지조달과 시공의 가능성을 충분히 검토하여 재료 선택

③ 장래상의 예측

시간의 경과와 더불어 지형의 변화나 식생의 천이에 따라 구조와 기능이 모두 변화하므로 장래를 예측하여 설계

④ 자연형성과정에 의한 설계

㉮ 자연에 의한 디자인

침식, 운반, 퇴적에 의한 지형변화와 생태천이에 의한 식물 군락과 동물군집의 시간적인 변천 등에 의하여 생태계가 형성되거나 변화되는 것을 전제로 함

㉯ 순응적 계획 및 설계

설계에 있어서 시간적인 변화와 공간적인 유연성을 도입하여 어느 정도의 변화를 허용한 구조설정이 바람직

6. 친환경적 시공방법

① 시공계획

생물의 생활 및 생활사에 맞춘 시공계획 수립

② 공사장소

한정, 제한된 공사장소

③ 공사 중의 피난처 확보

㉮ 피난처는 대상 종의 서식조건을 만족해야 함

㉯ 기존에 생육 · 서식하고 있는 생물종에 영향을 미치지 않아야 함

㉰ 확실한 이동가능 환경이 확보되어 있는가를 확인해야 함

④ 시험시공의 실시

㉮ 본 시공에 앞서 미리 소규모의 시험시공을 실시함

㉯ 그 결과를 모니터링하여 습득한 지식을 기반으로 본 시공을 실시

㉰ 예방적인 리스크 관리로 볼 수 있음

7. 모니터링

1) 모니터링 개념

① 모든 사물의 상태를 감시하는 것

② 생태계는 항상 변화를 계속하며 주위환경과 연결되어 있는 개방계로서 예측하기 어려운 변화가 발생

③ 따라서 유연성 있는 관리방법인 순응적 관리를 채택하여 모니터링 결과를 가설검증에 이용, 생태계의 보다 나은 관리, 계획, 설계에 피드백함

2) 모니터링 항목

① 생태기반환경 모니터링

기상 · 기후, 지형, 토양, 수리 · 수문, 수질, 일조 등

② 생태환경 모니터링

㉮ 식물상 · 식생, 동물상 등으로 구분하여 수행

㉯ 식물군집의 조성과 구조, 분류군별 종수, 주요종 등을 파악

㉰ 복원계획 수립 시 설정하였던 목표종의 개체수, 분포, 개체 크기 등을 조사 · 분석

③ 특정공법의 모니터링

복원을 위해 도입한 특정공법 혹은 재료 등의 변화상 검토

3) BARCI 모니터링 방법

① Before

사업 전의 부지상태

② After

재생사업 이후 상태, 1, 3, 5, 10, 20년 등

③ Reference Site

참조서식처로서 대부분 자연상태의 지역을 의미

④ Control

부지 중 재생사업을 실시하지 않은 장소, 대조구

⑤ Impact

재생사업 자체, 자연재생을 실행한다는 긍정적 의미의 영향

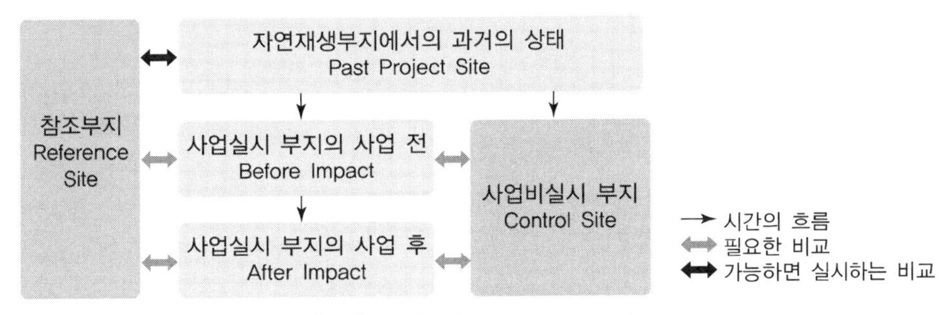

‖ 자연재생사업에 있어서의 BARCI Design ‖

8. 순응적 관리

1) 개념

① 생태계의 시간적인 변화와 공간적인 변화의 유연성을 고려하여 어느 정도 변화를 허용한 관리방법

② 복원된 생태계의 유지 및 관리, 운영 등에 있어서 기본적인 원칙

③ 복원 후 변화하게 될 생태계에 대한 불확실성을 감소시키기 위함

2) 6단계 과정

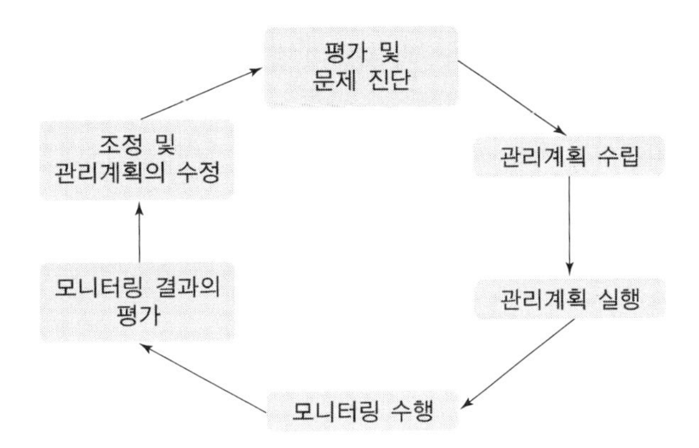

3) 관리 구분

① 수동적인 순응관리

설정된 관리목표에 따라서 최적의 관리방식이라고 판단되는 관리 대안을 실행한 후 모니터링하고 평가하는 과정을 거침

② 능동적인 순응관리

수동적인 순응관리와 달리 설정된 관리목표에 따라서 적용가능한 다양한 대안들을 모두 실행한 후 모니터링하고 평가하는 과정을 거침

8 습지생태계

1. 습지 정의

1) 람사르협약 : 국제적 기준

① 자연 · 인공이든, 영구적 · 일시적이든, 정수 · 유수이든, 담수 · 기수 · 염수이든, 간조 시 수심 6m를 넘지 않는 곳을 포함하는 늪, 습원, 이탄지, 물이 있는 지역
② 람사르협약에 의한 정의는 식생과 토양보다는 수문 관점에서 정의를 내리고 있으며 습지의 범위를 수심 6m까지로 확대하고 있음
③ 이는 통상적으로 인정되는 2m의 수심을 초과하는 것으로서 다양한 서식환경을 포함함
④ 수심 6m는 물새가 잠수하여 먹이를 잡아먹는 깊이에 근거한 것, 초기에 물새서식처로서 습지에 대한 시각을 중요하게 여겼기 때문

2) 습지보전법 : 국가적 기준

① 담수 · 염수 · 기수가 영구적 · 일시적으로 그 표면을 덮고 있는 지역으로 내륙습지 및 연안습지를 말함
② 내륙습지는 육지 또는 섬 안에 있는 호 · 소와 하구 등의 지역
③ 연안습지는 만조 시에 수위선과 지면이 접하는 경계선으로부터 간조 시에 수위선과 지면이 접하는 경계선까지의 지역
④ 다른 습지정의에 비해 비교적 단순하게 정의, 특히 하구를 내륙습지에 포함하고 있는 큰 차이 있음(관리를 위한 정부부처에 따른 구분)

2. 습지의 기능

1) 람사르협약의 습지 가치와 기능

① 홍수조절, 지하수 유지
② 해안선 안정화 및 폭풍으로부터 보호
③ 퇴적물 및 영양분 유지, 기후변화 완화
④ 수질정화, 생물다양성 유지, 습지생산
⑤ 레크리에이션 및 관광, 문화적 가치

2) 습지의 여러 가지 기능

① 어류 및 야생동물 서식처 기능

㉮ 조류의 서식처 및 산란장, 이동 중 휴식처로 이용

㉯ 멸종위기종, 희귀종 서식처 제공

② 환경의 질 개선

㉮ 수질정화 : 침전물 흡착, 식물분해작용

㉯ 기후변화 완화 : 지표탄소의 40% 함유, 탄소량 저감에 중요역할

③ 사회 경제적 기능

㉮ 목재, 어패류, 농업 등 경제적 효용

㉯ 레크리에이션 기능, 심미적 및 교육적 기능

④ 수문학적 기능

㉮ 지하수 공급 및 조절

㉯ 침식조절 : 밀집된 뿌리 작용으로 제방 및 호안 안정화 → 망그로브 습지, 해안산림은 자연재해 감소

㉰ 홍수조절기능 : 하천으로의 유출속도를 조절, 첨두 홍수를 완화

3. 습지 판별 요소 : 구성요소

1) 습지수문

① 습지수문 조건

㉮ 습지수문은 물이 표층까지 범람하거나 침수된 토양에서 나타나는 수문학적 특성을 의미

㉯ 습지의 물은 강우, 지표수, 지하수 등을 수원으로 하며, 이들이 개별적 또는 혼합형태로 습지 내로 유입되어 수문특성을 나타냄

㉰ 습지에 유입된 물은 증발산, 표면유수, 지하유출, 지하수 침투, 주기적 변동 등의 이유로 소멸됨

㉱ 습지의 생태적 가치가 유지되기 위해서는 생물의 성장기 동안 영구적 또는 주기적으로 지표면이 침수되거나 포화상태가 되어야 함. 이 상태는 호기성 환경이 되며 식물과 토양에 영향을 줌

② 습지를 판별하는 수문지표

범람흔적, 물에 흘러내려온 침전물, 씻겨 내려갔거나 물때 등에 노출된 지역, 습지 배수패턴, 나무줄기에 이끼류 흔적 형성, 수목의 형태적 적응, 물에 침수되었거나 씻겨 내려간 흔적, 물때가 든 잎

2) 습지토양

① 습지토양 조건

㉮ 습지토양은 오랫동안 침수되고 범람된 환경에서 형성된 토양

㉯ 내륙토양과는 달리 배수가 불량하여 오랫동안 침수조건으로 혐기성 환경을 유지

㉰ 이러한 토양조건은 화학적 · 물리적 변화를 초래, 가장 먼저 산소의 급속한 감소가 발생

- 화학적 변화
  - 토양공극에 채워져 있는 공기가 식생이나 토양 미생물에 의해 소모되면 침수조건에서는 수분으로 채워지며 그 결과 점차 산소가 부족한 혐기환경이 됨
  - 이런 환경에서는 죽은 식생의 분해작용이 이루어지지 않고 축적되어 이탄층과 유기질 토양이 형성됨
- 물리적 변화
  - 토양 색채의 변화가 일어남
  - 무기염류로 구성되어 짙은 회색이나 검은색으로 나타남
  - 유기질이 많이 함유된 토양은 주로 표토층에 형성됨
  - 이러한 습윤토양은 시간이 걸리며 규칙적이고 지속적인 침수와 범람에 의해 발생

② 습윤토양으로 판단할 수 있는 지표

㉮ 썩은 달걀냄새 : 토양에 의한 황 냄새

㉯ 토양색깔 : 회색 혹은 초록빛깔을 가진 토양

㉰ 얼룩 : 고농도로 산화된 입자

㉱ 산화된 뿌리혹 : 뿌리지점 근처에 녹이 슨 것처럼 오렌지 색깔 물질

㉲ 위의 설명은 전통적방식의 유기질 토양만을 인식한 판단이고 현재의 습지정의는 유기질 토양과 무기질 토양으로서 침수조건에 의해 혐기성 환경이 형성된 토양 특성을 나타냄

3) 습지식생

① 습지식생 조건

㉮ 습지식생은 토양이 지속적 · 주기적으로 범람하거나 침수되어 물로 포화된 토양에 적응된 식생으로서 습지토양의 혐기성 환경에 적응하기 위하여 뿌리에 산소를 공급하기 위한 생존전략을 마련함

㉯ 대부분의 습지식생은 천근성 뿌리분포를 보이는데 이는 습지토양이 표토부분은 비교적 호기성 환경이 존재하므로 이 얇은 표층의 호기성 토양에 뿌리를 뻗게 됨

㉰ 갈대류와 같이 속이 빈 줄기가 많은데 이는 대기 중의 공기를 뿌리까지 전달할 수 있게 함

② 습지 판별을 위한 식생지표

㉮ 줄기가 비대해짐, 뿌리와 줄기의 안쪽이 비어있어 공기가 채워짐

㉯ 뿌리 부분 줄기가 부벽처럼 지지됨

㉰ 줄기에 세로로 된 홈이 패임 또는 다간, 천근성, 부정의 뿌리형태

㉱ 물 속에서 발아, 뿌리 재생, 뿌리가 지나치게 신장됨

㉲ 잎, 뿌리와 줄기, 잎의 생장 방향이 비정상적

③ 습지수문조건에 대한 식생의 적응

㉮ 형태학적 적응은 식물의 물리적 구조와 관련된 변화임, 이 경우 형태적 적응들은 주로 산소흡수율을 높이기 위한 뿌리구조의 변형기능과 관련됨

㉯ 얕은 근계 : 산소를 얻기 위해 토양표면에 가까이 자라는 근계

㉰ 부정근 : 수위변동 위의 가지로부터 자라는 뿌리

㉱ 지지대 역할을 하는 나무줄기 : 안정감을 주는 팽창된 나무줄기

㉲ 부엽 : 투수성을 막기 위한 두꺼운 밀랍껍질을 가진 입

㉳ 부푼 잎과 줄기 : 부력과 산소저장을 가능하게 하는 스폰지와 같은 조직을 가진 뿌리와 가지

㉴ 물에 뜨는 줄기 : 큰 내부와 공기주머니로 인해 물 표면에 뜨거나 뿌리를 내릴 수 있는 가지와 줄기

㉵ 비후피목 : 산소교환을 위해 사용되는 식물줄기에 있는 기공

④ 습지식생의 일반적 서식조건

㉮ 지형은 경사가 완만해야 유리

㉯ 토양은 토성의 영향을 많이 받는데 사질 · 점질토가 유리

㉰ 적절한 토심으로 대형 정수식물은 토심 1m, 소형 정수식물과 부엽 식물은 50~60cm가 필요

㉱ 수심과 수위변동은 습지식물의 분포에 영향을 미치는 가장 중요한 인자로 일반적으로 수심 2m까지 생육이 가능

㉲ 유속이 너무 빠르면 생육이 불가하므로 천천히 흐를수록 유리

⑤ 습지식생의 일반적 구분

㉮ 습생식물과 수생식물로 구분함

㉯ 평수위를 기준으로 수생식물은 물에서 생활하는 식물

㉰ 습생식물은 물가에서 생활하는 식물

㉱ 수생식물은 다시 정수식물, 부엽식물, 침수식물과 부유식물로 구분

분류		주요 식물종
수생식물	정수식물	갈대, 줄, 애기부들, 부들, 고랭이, 택사, 매자기, 골풀, 미나리, 보풀, 석창포, 창포, 물질경이
	부엽식물	노랑어리연꽃, 어리연꽃, 수련, 가래
	침수식물	검정말, 나사말, 붕어마름, 말즘
	부유식물	개구리밥, 좀개구리밥, 생이가래, 부레옥잠
습생식물		• 초화류 : 물억새, 달뿌리풀, 털부처꽃, 물봉선, 고마리, 꽃창포, 붓꽃, 금불초, 동의나물, 수크령 • 관목류 : 갯버들, 키버들 • 교목류 : 버드나무, 수양버들, 오리나무, 신나무

⑥ 습지유형에 따른 습지식생 구분

㉮ 소택지(swamp) : 버드나무류 등 목본성 수종이 대표종

㉯ 습초지(marsh) : 갈대류, 사초류 등의 초본성 수종

㉰ 알칼리 습원(fen) : 진퍼리새, 동자풀 등이 대표종

㉱ 습원(bog) : 물이끼, 식충식물(끈끈이주걱, 통발), 양치류 등

㉲ 해안습지 : 퉁퉁마디, 칠면초, 해홍나물, 나문재 같은 염생식물

㉳ 기수습지 : 섬매자기 군락

4. 습지의 구조

1) 수평적 구조

① 습지는 물에서 뭍으로 이행하는 점이대의 구조를 가짐

② 개방수면과 수초들에 의해 형성된 습초지대, 관목림이나 교목림 등의 습지 목본 식생대와 습생식물들이 우점하는 공간 등이 대표적

③ 습생식물이 형성된 곳은 수위의 변화에 의해서 물에 잠기기도 하고 노출되기도 함

④ 습지에는 점토나 모래, 자갈 등으로만 구성된 공간도 존재하는 경우가 많음

⑤ 유입구와 유출구가 별도로 형성된 경우도 많지만 용출수나 지하수에 의해 형성된 습지는 유입구와 유출구가 모두 없는 경우도 있음

2) 수직적 구조

① 습지는 움푹 패인 구조로 되어 있으며 수심에 따라 다양한 환경을 가짐. 섬은 있거나 없을 수도 있으나 있을 경우에는 조류 서식처로서 유용한 역할을 함

② 수직적으로 보면 수심이 가장 깊은 곳에서부터 점점 수심이 얕은 곳으로 이동하면서 수초들이 나타나기 시작하며 통상 2m는 수심의 성장 한계선 역할을 함

③ 이후 평수위를 지나면 만수위 때만 일시적으로 형성되는 습생대역이 형성되고 그 다음부터는 뭍과 가까운 고지대공간이 형성됨

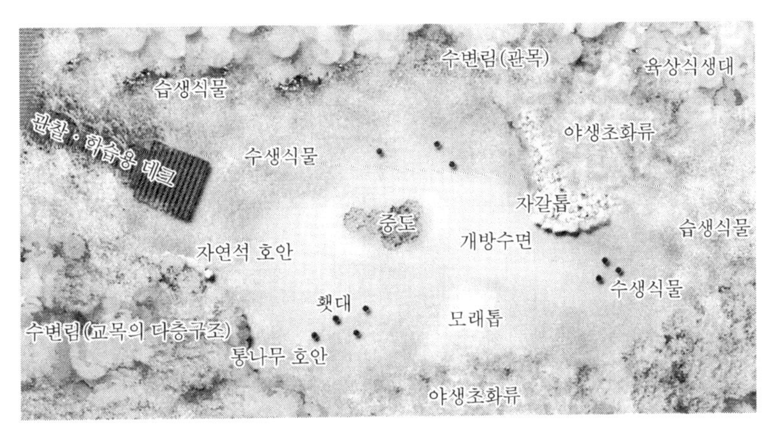

‖ 습지의 수평적 구조 ‖

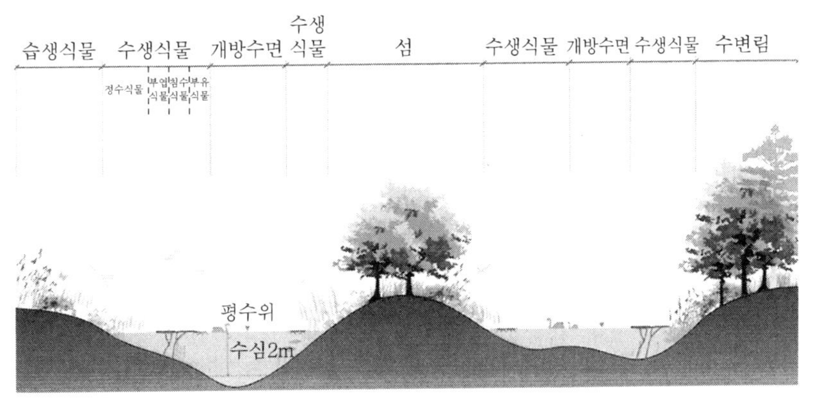

‖ 습지의 수직적 구조 ‖

5. 습지의 유형

1) 람사르 협약에 의한 습지유형 분류

구분	대분류	중분류	세분류	종류
해안습지	해양형	영구적	영구 저수심해안	간조시 6m 이하 해안
		조하대	해안 수초대, 산호초	갈조류장, 잘피밭, 열대 해안습지
		조간대	암석해안, 모래 · 자갈해안	연안바위섬, 해안절벽, 사주, 사취, 모래섬, 사구 및 습한 사구습지
	하구형	조하대	하구수역	하구수역, 삼각주
		조간대	갯벌, 초본 소택지, 삼림습지	펄갯벌, 모래갯벌, 혼성갯벌, 염습지, 염초지, 맹그로브 소택지
	호소형/소택형	영구적/계절적	기수/염수 석호, 연안 담수 석호	바다와 연결된 수로가 있는 석호, 담수 삼각주 석호
내륙습지	하천형	영구적	내륙삼각주, 영구하천	폭포 포함
		간헐적	간헐하천	
	호수형	영구적	영구 담수호, 영구 염호	담수 호수, 염수 · 기수 · 알칼리성 호수
		계절적/간헐적	간헐 담수호, 간헐 염호	
	소택형	영구적	영구염수 · 기수늪 영구담수늪, 이탄습지	염수 · 기수 · 알칼리성 늪, 연못, 정수식물군락 우점, 무기질토양습지, 이탄소택지숲
		계절적/간헐적	간헐염수 · 기수늪 간헐담수늪, 고산습지	진흙구덩이, 사초늪, 무기질토양습지, 고산초지
인공습지	내수면어업	양어장		어류, 새우 양식
	농경지	농업용 저수지, 관개지		일반적 8ha 이하, 논, 관개수로
	염전	소금산출지		염전
	도시 · 공단	저수지, 댐, 간척호, 수질정화습지, 운하 · 수로		하수처리장, 침전지, 산화지, 운하 및 배수로, 도랑

2) 유형별 습지

① 해안형(marine system)

㉮ 바닷가에 형성된 습지

㉯ 개방수면의 바다와 이와 관련된 만을 포함하고 있고 항상 바닷물에 잠겨있는 개방된 해양이나 해안을 포함

㉰ 파도와 해수의 흐름, 조석현상이 있으며

㉱ 염분농도는 17psu(practical salinity unit) 이상임

㉲ 해안형 습지 종류는 갯벌, 연안지대의 자갈이나 암석, 해안사구 등

- 갯벌
  - 갯벌은 조류로 운반되어 온 흙들이 쌓여 생기는 평탄한 지형으로 암반지역, 펄갯벌, 모래갯벌, 펄과 모래가 섞인 혼성갯벌 등으로 구분됨
  - 다양한 염생식물이 자생하거나 철새, 어패류 등의 서식처로 매우 생태적 가치가 높음
  - 모래갯벌 : 바닥이 주로 모래질로 형성, 조개를 잡으며 즐기기 좋은 곳
  - 펄갯벌 : 펄 함량이 90% 이상에 달하는 갯벌, 바닷물이 펄 속 깊이 침투하기 힘들어 생물들이 지표면에 구멍을 내거나 관을 만들어 이를 통해 바닷물이 침투되도록 함. 펄갯벌은 갑각류, 조개류보다 갯지렁이류가 우점
- 해안사구
  - 해류, 하안류에 의하여 운반된 모래가 낮은 구릉모양으로 쌓여서 형성되는 지형
  - 생태적으로 해안 및 내륙습지와 기능적으로 연계되어 매우 중요한 생태계로 분류됨
  - 충남 태안군의 신두리사구가 대표적

② 하구/기수형(estuarine system)

㉮ 내륙의 강이나 하천이 바다와 만나는 지역에 형성되는 습지

㉯ 담수와 염수가 만나기 때문에 기수(brackish water)라는 독특한 특성을 가짐

㉰ 기수의 염분농도는 보통 0.5~17psu에 해당함

㉱ 기수는 담수와 염수의 점이대에 해당하기 때문에 다른 곳에 비해 생물다양성이 상대적으로 높음

㉲ 하구는 하천이나 강이 바다로 유입되는 어귀에 형성됨. 강이나 만, 바닷물목과 같은 곳의 입구에 근접한 임의의 선까지를 하구습지의 범위로 여김

- 하구역 갯벌
  - 하구역 갯벌은 지형적 특징에 따라 구별되는 갯벌로 우리나라에서 유입하천이 있는 곳이면 볼 수 있음

- 우리나라의 대표적 하구는 5대강하구가 있으며 대부분 인위적으로 막혀 있으며 한강하구는 군사분계선 때문에 자연적인 하구구조를 갖고 있음
- 동해안 석호(lagoons)
  - 바다가 모래 등으로 가로막혀 생긴 호수
  - 동해안 일대에 경포호, 청초호, 영랑호, 화진포호 등

③ 하천형(riverine system)

㉮ 흐르는 물의 특성을 갖는 습지로서 강이나 하천, 실개울, 도랑 등이 모두 포함

㉯ 해안 및 하구형 습지를 제외한 내륙습지 중에서 물이 흐르는 특징이 습지유형을 구분하는 주요 요소가 됨

④ 호수형(lacustrine system)

㉮ 수면적이 비교적 넓은 습지로 일반적으로 8ha가 넘는 곳, 수심 2m 이상인 지역을 말함

㉯ 8ha는 미국기준이며 우리나라에서는 이 기준을 적용할 때 해당하는 호수형 습지가 상대적으로 적어지므로 조정이 필요함

㉰ 우리나라는 자연호수는 좀처럼 보기 힘들며 대부분 댐이나 저수지와 같은 인공호수, 염분농도에 따라 담수호수, 기수호수로 구분

㉱ 교목과 관목, 수생식물이나 이끼류와 같은 식생이 잘 발달하지 않는 특성이 있음

⑤ 소택형(palustrine system)

내륙의 전형적인 담수습지로 하천형 습지와 비교하면 흐르지 않는 특성을 갖고 호수형 습지와 비교하면 8ha를 넘기지 않고 수심 2m 이하인 습지가 해당됨

3) 인공습지

① 개념

사람들의 경제활동에 필요한 기능을 제공하도록 인위적으로 조성된 습지, 저수지, 논, 연못 등이 대표적 형태

② 구성요소

㉮ 비생물요소

- 물 : 수심에 따른 산소전달, 광합성량 변화
- 토양 : 습지를 통과하는 물의 이동과 미생물, 소동물 서식

㉯ 생물요소

- 식생 : 토양을 안정시키고 영양 저장소, 서식처 역할
- 미생물 : 유기물 · 무기물의 분해
- 동물 : 먹이사슬의 매개체, 번식, 섭식, 은신처 활용

③ 인공습지체계

㉮ 침전지(sediment pond)

- 초기 부유물질을 제거, 대체로 수생식물은 서식하지 않음
- 지역이 높을 경우 펌프를 이용하여 펌핑
- 영양염류를 제거하기 위해 부유물질은 수확함

㉯ 수질정화구역(closed water)

수생식물이 85% 정도일 때 가장 효과적 침수, 정수, 부엽, 부유식물이 생육, 수심은 30~60cm 정도

㉰ 야생동물서식구역(open water)

- 개방수면의 비율이 50%일 때 가장 효과적
- 오리류 등 조류의 채식 및 유희장소

㉱ 하중도 또는 인공섬(island)

인간의 간섭과 접근으로부터 보호된 조류의 휴식장소

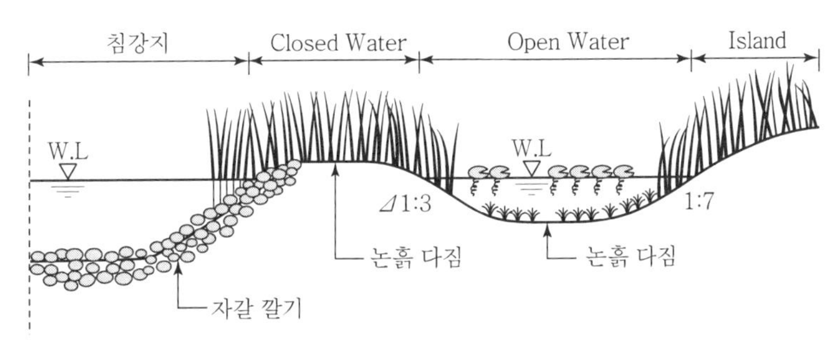

‖ 인공습지 조성 단면 ‖

④ 종류

㉮ 자유흐름형 : 습식

- 얕은 유역이나 유속이 완만한 하천을 따라 식생뿌리를 지지하는 토양이나 다른 매체를 통과하면서 흐르는 비교적 얕은 물로 구성
- 수면은 대기 중에 노출되어 있으며 그 형태는 자연습지와 유사, 따라서 수처리 효과는 물론 야생동물 서식지와 미적 경관 향상을 제공
- 일반적으로 도시표면의 비점오염원 처리, 자연학습장 조성, 도시하수 2차처리를 위한 습지형태로 이용되고 있음

㉯ 지하흐름형 : 건식

- 지면이 물에 잠기지 않으며 땅 속에 트렌치 설치
- 자갈과 모래를 넣어 유입수가 흐르면서 정화
- 표토에 심은 정수식물이 자갈이나 모래 사이에 축적되는 유기물을 흡수 · 분해하며 제거

• 오수를 처리하거나 특정물질을 걸러내기 위한 방식

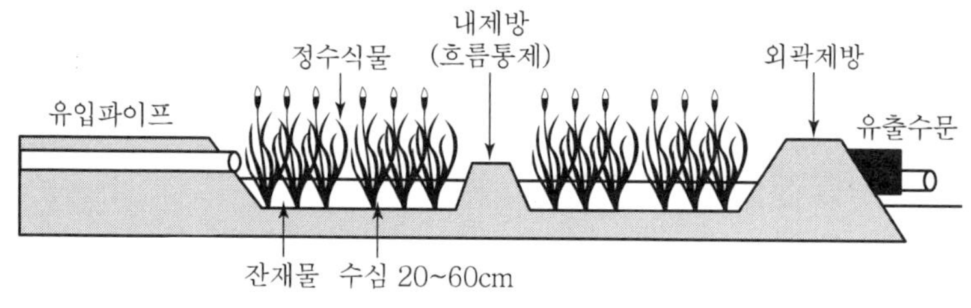

자유흐름형 습지(환경부, 2002)

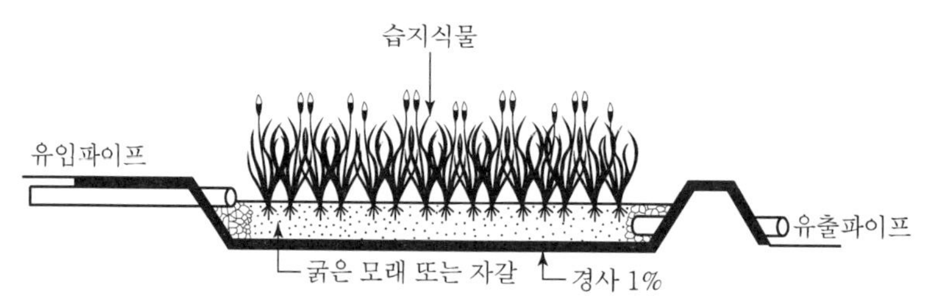

지하흐름형 습지(환경부, 2002)

㉰ 부유식물형

• 부레옥잠, 개구리밥과 같은 부유식물을 이용한 시스템
• 부유식물이 영양염류를 흡수하여 정화
• 부유식물의 뿌리와 잎에 형성된 미생물막이 오염물질 분해
• 영양염류를 제거하기 위해 부유식물 수확

⑤ 습지 복원 시 고려사항

㉮ 습지기능에 따른 개방수면의 비율

• 홍수조절 : 얕은 수심 0~0.3m 50%, 깊은 수심 0.3~1.0m 30%, 개방수면 1~2m 20%
• 수질정화 : 얕은 수심 0~0.3m 70%, 깊은 수심 0.3~1.0m 15%, 개방수면 1~2m 15%
• 야생동물 서식 : 얕은 수심 0~0.3m 40%, 깊은 수심 0.3~1.0m 10%, 개방수면 1~2m 50%

㉯ 유역 대비 습지의 크기

• 유역면적의 1~15%의 범위 내
• 80ha 이상의 유역일 때 홍수조절과 수질정화를 위해 5% 조성
• 80ha 이하일 때는 습지 최소면적 40,000m^2 이상으로 조성

㉰ 효과적인 오염물질 처리거리

• 수질정화를 위한 효과적인 거리 20~40m
• 질소와 박테리아 제거 시 100m 거리가 필요
• 생활하수 20~40m, 중금속 100m 이상

㉣ 습지의 분포와 굴곡

- 큰 습지 한 개보다 여러 개의 작은 습지가 야생동물에게 유리
- 불규칙한 호안은 수질정화, 야생동물 서식처의 기능을 10~20% 증가시킴

4) 대체습지

① 개념

㉮ 각종 개발사업으로 불가피하게 훼손되거나 감소하는 서식처를 기존의 자연환경과 유사한 기능을 수행하거나 보완적 기능을 수행하도록 다른 지역에 조성해주는 습지

㉯ 개발사업으로 인해 직접적으로 훼손된 습지를 보상하기 위한 것

② 대체습지의 조성의 접근방법

구분	Mitigation Banking	습지총량제
개념	개발사업 전에 습지 훼손을 예측, 대비, 선조성 후개발	개발로 발생하는 습지손실을 총량만큼 조성, 선개발 후조성
조성 규모	훼손량과 동일량 이상 조성	훼손량과 동일량 1 : 1 복원
조성단계방식	개발 전에 동일유역 내 on-site, off-site	개발 후에 on-site에 조성함
개발사업수	유역 내 다양한 개발사업이 진행될 경우	1개의 개발사업이 진행될 경우
보상방법	credit 확보로 전체 훼손면적을 보상함	대체습지를 조성하여 보상함
관리방식	• 통합적 관리 • 통합 조성 권장	• 개별 관리 • 개별 조성

③ 조성위치에 따른 대체습지 유형구분

㉮ On-Site

- 개발사업(동일유역) 범위 내에 대체습지를 조성
- 자연자원 활용과 주변환경과 조화
- 기존 습지 연결성 증대
- 원래 습지에 악영향 미칠 가능성을 지님

㉯ Off-site

- 개발사업(동일유역) 범위 밖에 대체습지를 조성
- 교란 및 악영향을 최대한 피할 수 있음
- 새로운 복원지 창출로 생물다양성 증대
- 주변환경과 이질성, 종공급원 부재 가능성을 지님

④ 서식처 유형에 따른 대체습지 유형구분

㉮ In-Kind : 손실된 습지와 똑같은 기능과 가치를 대체할 수 있는 습지를 조성하거나 복구함으로써 습지 손실을 저감, 동일 유형

㉯ Out-of-kind : 손실된 습지와 다른 기능과 가치를 가진 습지로 대체함으로써 습지의 손실을 저감, 다른 유형

6. 습지 기능 평가

1) 일반기능평가 : RAM(Rapid Assessment Method)

① 개념

습지의 일반적 기준에서 기능을 평가하기 위한 방법으로서 습지의 기능을 8가지로 분류하며 각각의 기능에 대해 이익을 제공하는 능력을 수행정도에 따라 높음, 보통, 낮음 등 3단계로 평가함

② 8가지 기능

㉮ 식물다양성 및 야생동물 서식처

㉯ 어류 및 양서파충류 서식처

㉰ 홍수조절

㉱ 유출량 저감

㉲ 수질보전 및 개선

㉳ 호안 및 제방보호

㉴ 미적 레크리에이션

㉵ 지하수 유지

③ 기능평가 항목 및 평가요소

평가항목	평가요소
식물다양성 및 야생동물 서식처	다른 습지까지의 거리, 식물군집의 수, 식물군집의 혼재도, 습지의 규모, 주변 토지이용, 야생동물의 이동통로
어류 및 양서파충류 서식처	영구적인 수체와의 관련성, 개방수면의 비율, 개방수면과 식생피복과의 혼재도, 수문침수 정도, 식생형
홍수조절	유역의 표면유출, 다른 지표수와의 연결관계, 유입형태, 유출형태, 습지규모, 유역에 대한 습지의 면적비

유출량 저감	유역권의 표면유출, 유입형태, 유출형태, 육역과 수역의 혼재도, 수문침수 정도, 수로 또는 넓은 지표면 유출, 식행형, 습지규모
수질보전 및 개선	유역의 유출능, 유입원 형태, 유출구 형태, 개방수면의 면적비, 최대수심, 수문주기, 지표수흐름유형, 습지규모, 습지와 유역의 면적비
호안 및 제방보호	지표수 흐름 유형, 식생형, 식생대폭, 침식흔적, 토지이용, 바람방향에 대한 수체의 형상, 인근 수체의 위치
미적 레크레이션	현존 식생 종류, 식생의 혼재도, 규모, 주변 토지이용, 접근성, 시각적 개방성, 폐기물 등 흔적, 야생동물 서식처, 어류 서식처
지하수 유지	토양특성, 습지와 유역의 면적비, 인근유역의 유출능, 유출구 형태

④ RAM 평가결과에 따른 습지 보전가치 판단기준

구분	판단기준	보전복원전략
우선 보전 고려	• 국제적, 국내적 보호가치가 있는 보호종이 서식하거나 발견된 경우 • 대표적이거나 희귀하여 보전가치가 높은 경우	절대보전
높음	• 개별기능평가 가치가 '높음'으로 나타난 기능이 전체기능의 1/2 이상인 경우 • 전체 가치 평균이 2.4 이상인 경우 • 평가요소 중 '높음'으로 나타난 요소가 전체 평가요소의 1/2 이상인 경우	보전
보통	• 개별 기능평가 가치가 '높음'으로 나타난 기능이 1개 이상이며 전체기능의 1/2 미만인 경우 • 전체 가치평균이 1.7 이상~2.4 미만인 경우 • 평가요소 중 '높음'으로 나타난 요소가 전체 평가요소의 1/2 미만인 경우 • 평가요소 중 '높음'으로 나타난 요소가 없으나 '보통'으로 나타난 요소가 전체 평가요소의 1/2 이상인 경우	향상
낮음	위의 경우 외의 모든 경우	복원 혹은 향상

9 하천생태계

1. 하천의 정의

1) 사전적 정의

① 육지 표면에서 대체로 일정한 유로를 가진 유수의 계통을 말함
② 국내에서는 큰 강을 강, 작은 강을 천이나 수로 나타내고 있음

2) 법제적 정의

① 지표면에 내린 빗물 등이 모여 흐르는 물길로서 공공의 이해와 밀접한 관계가 있어 국가하천, 지방하천으로 지정됨. 하천구역과 하천시설을 포함함
② 국가하천은 국토보전, 국민경제상 중요한 하천으로 국토교통부장관이 그 명칭과 구역을 지정하는 하천을 말함
③ 지방하천은 지방의 공공이해와 밀접한 관련이 있는 하천으로 시도지사가 그 명칭과 구역을 지정하는 하천을 말함

2. 하천의 기능

1) 기본 기능

① 이수

하천과 인간사회는 경제, 교통, 군사적 측면에서 밀접한 관계를 가져왔고, 즉 하천변의 넓은 충적토는 농경지로 이용, 자연 물길을 이용한 수운활동, 강 자체를 자연적 군사방어벽으로 이용

② 치수

치수는 기능이라기보다 엄밀한 의미에서 하천관리의 대상을 나타냄, 홍수범람과 가뭄 피해를 방지하기 위한 수리시설 설치

③ 환경

환경기능에는 생물서식처 기능, 수질정화, 친수기능 등이 있으며 환경적 기능의 기본은 생물서식처 기능임

2) 생태 기능

① 서식처

㉮ 공간, 먹이, 물, 은신처를 제공, 다양한 생물들의 서식처 제공

㉯ 철새들의 중간 경유지, 휴식처, 먹이터가 됨

② 이동통로

㉮ 에너지, 물질, 생물, 유기물의 이동

㉯ 종적방향, 횡적방향 모두 이동통로로서 기능 수행

③ 장벽 및 여과

㉮ 생물, 물질의 이동에 대한 자연적 장벽

㉯ 하천으로 유입되는 물질의 선택적 여과, 오염물질의 저감

④ 종 공급원 및 수요처

생물, 물질, 에너지를 하천 주변으로 공급하고 하천 주변으로부터 생물 등이 하천 내부로 끊임없이 유입

3) 사회 · 문화적 기능

① 인류문명의 발상지

인류문명은 하천유역에서 발생, 하천은 지역의 고유한 역사, 문화, 전통을 창출하는 공간

② 도심과 외곽생태계의 연결통로

㉮ 대부분의 도시하천은 도시외곽의 산림에서 발원

㉯ 도시하천은 야생동물 이동통로로 이용됨

③ 도시 어메니티 증진

㉮ 도시하천은 냉각수와 바람통로 역할을 함

㉯ 도시열섬현상을 완화하고 오염물질 배출하는 환기구 역할

④ 도심의 휴식처

㉮ 도시 내 생태공원 및 휴식공간으로 활용됨

㉯ 녹색갈증 해소, 도심 내의 하나의 자연요소

4) 하천 식생 기능

① 하안 보호 및 생태계 보전

㉮ 하천식생은 홍수 시 유속 감소, 식물 뿌리는 하안을 보호

㉯ 먹이사슬의 1차 생산자 역할을 함. 소동물과 조류 등의 휴식과 먹이획득 장소를 제공

② 물과 대기의 정화

㉮ 수변 식생대는 여과대 역할을 함(오염물질을 걸러주는 필터역할)

㉯ 식생에 의한 산소 생산과 대기오염물질 및 CO_2를 흡수

③ 종다양성 유지 및 서식처 제공

어류의 산란장소를 제공, 수서곤충의 서식처 제공 등 종다양성 유지에 중요한 역할

3. 하천의 구조

1) 종적 구조

① 물리적 구조

㉮ 상류부(원류구역)

보통 경사가 급하고 유역사면으로부터 침식된 토사가 하류로 이동하는 구역, 주로 침식작용이 일어남

㉯ 중류부(운반구역)

대체적으로 홍수터가 넓고 수로가 사행형, 주로 운반작용이 일어나는 구간

㉰ 하류부(퇴적구역)

하천경사가 평탄해지며 주로 퇴적작용이 일어나는 구간

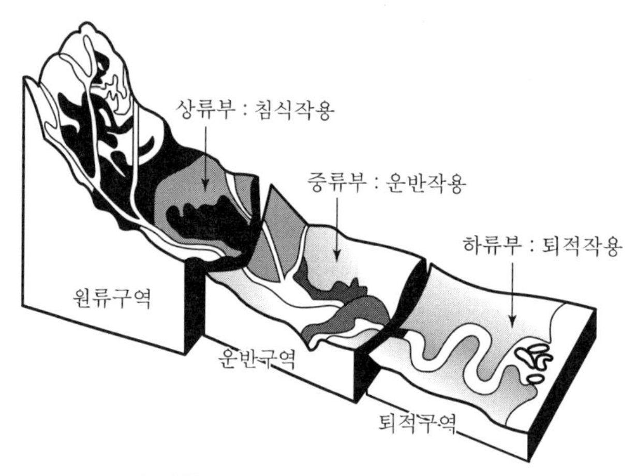

‖ 하천의 종적 구조(환경부, 2002) ‖

② 하천형상과 여울 · 소

㉮ 단일 및 다중 유로 하천

유로가 한 개가 대부분이나 다중 유로 하천도 있음

㉯ 사행형

• 자연하도가 직선형인 경우는 드물며 대부분 곡선형인 사행형을 이룸

- 계곡은 사행도가 크고 상중류부는 사행도가 낮고 하류부는 넓음

㉰ 여울과 소

여울과 소는 평균 하폭의 약 5~7배 거리를 두고 하도 종방향을 따라 교대로 반복되고 수로 내에서 사행하는 유심선과 관련이 있음

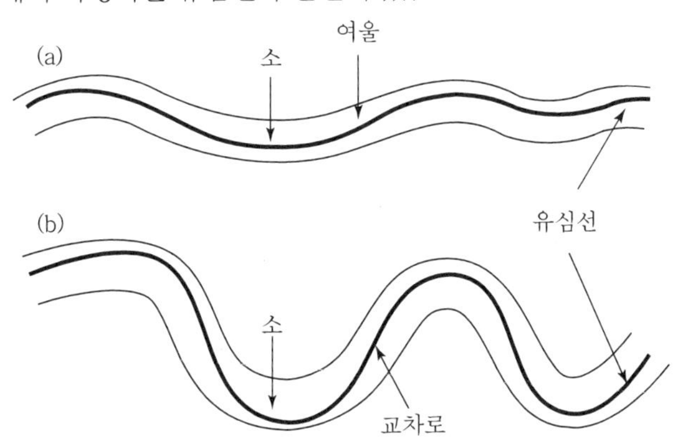

‖ 여울(riffle)과 소(pool)의 연속구조(환경부, 2002) ‖

③ 생물적 구조

㉮ 상류부 생물군집

- 울창한 산림으로 인해 일조량 대부분 차단됨
- 수면에 떨어진 낙엽을 수서곤충이 분해, 에너지를 공급함
- 먹이원 제한과 수온변화가 크지 않아서 생물종다양성은 제한됨

㉯ 중류부 생물군집

- 넓은 자갈밭, 하중도, 수변식생대, 홍수터 초지, 하반림 등 서식처에 적응하는 조류, 곤충 등이 서식
- 하반림은 침수빈도가 낮은 곳에 형성되고 왜가리, 해오라기, 원앙새 등의 둥지를 짓는 장소로 이용
- 수중의 일조량이 풍부하여 광합성에 의한 영양공급이 가능해 초식성 수서곤충이 현저히 증가
- 중류역 어류상 대표종은 붕어와 잉어 등

㉰ 하류부 생물군집

- 하류부는 퇴적이 진행되는 구간으로 유입 영양물이 풍부하고 생물상도 다양해짐
- 하류부는 탁도 증가로 부유성 동식물 사체를 주워먹는 수서곤충 우점도가 대단히 높음
- 하구역 생물분포는 염습지 식생대, 갯벌, 기수역으로 구분
- 하구 및 해안의 수변에는 염습지식생대가 조성, 갯벌은 저서생물 밀도가 높고 물떼새, 도요새 등 철새집단 도래지로 중요, 기수역은 각종 어종의 산란, 치어 생육, 이동

통로로서 중요성 큼

④ 식생 구조

㉮ 계류부

- 물의 발원지로서 상류 최상부지역, 하부에 거석 분포
- 저수로부 : 초본류 달뿌리풀
- 상부 : 갯버들, 선버들 군락, 참느릅나무, 신나무

㉯ 상류부

- 빠른 유속으로 토양과 암반의 침식
- 달뿌리풀, 갯버들, 키버들, 물억새 등 초본류군락

㉰ 중상류부

- 불규칙한 물 흐름이 발생하는 지역, 모래 등 사질토 퇴적
- 고마리, 여뀌, 달뿌리풀, 물억새, 갯버들, 선버들 등 초본류군락

㉱ 중하류부

- 물 흐름이 완만해 하상은 세립질이고 수변에는 퇴적작용
- 갈대, 물억새군락, 범람원에는 버드나무류가 하반림 형성

㉲ 하류부

- 넓은 범람원에 세사나 점토질 토양이 퇴적
- 갈대, 줄 등 식물종이 대규모 군락 형성

2) 횡적 구조

① 물리적 구조

㉮ 하도

- 연중 얼마간의 기간 동안 물이 흐르는 부분
- 하도의 형상은 대개 굴곡이 있고 포물선형에 가깝지만 가변성이 매우 큼

㉯ 홍수터

- 하도 한쪽 또는 양쪽에 위치, 홍수에 범람될 가능성이 매우 큰 지역
- 50년, 100년 주기 등 대홍수 시 형성되는 구간을 기준으로 구분함

㉰ 천이고지

홍수터의 한쪽 또는 양쪽에 위치하는 부분, 홍수터와 주변 경관을 연결하는 천이구역의 역할

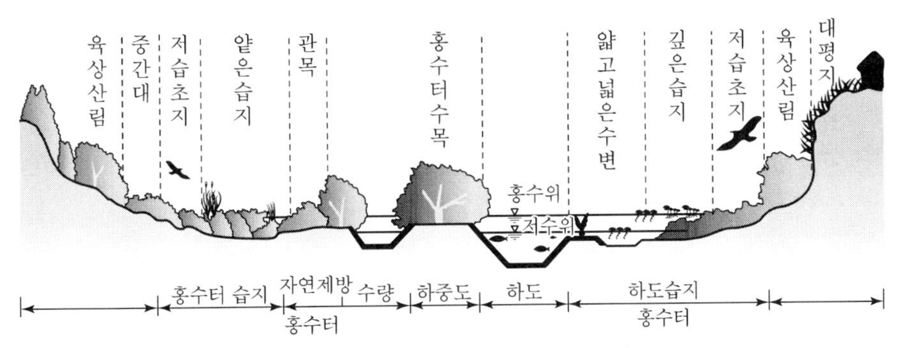

▌하천경관의 횡단구조(환경부, 2002)▐

② 생물적 구조

㉮ 연안대

수면 속 토양에 관속식물 뿌리가 고정되어 광합성할 수 있는 얕은 구역, 수생식물역, 정수식물역에 해당

㉯ 홍수터

- 수륙양생에 적합한 동식물 서식공간, 초지대를 형성
- 습성초지에는 사초, 달뿌리풀, 물억새 등 우점식생
- 건성초지에는 수크령, 띠, 비수리, 달맞이꽃 등 우점식생

㉰ 육상영역

- 하천의 간접적 영향을 받는 범람원과 산지의 천이지역
- 밭, 과수원 등으로 이용

③ 식생 구조

㉮ 수생식물역

- 개방수면과 육상의 중간지대의 연안대에 형성, 저수위구간
- 수생관속식물이 물속이나 물 위에서 생장

㉯ 정수식물역

- 저수위와 평균수위 사이구간, 하안선 중심으로 형성
- 대형 수생관속식물이 주를 이룸, 뿌리와 줄기 하부는 수중이나 수중 내 토양층이 있고 줄기와 잎 대부분은 수면 위에 있음

㉰ 하원식물역

- 고수위 구간으로 계절적 홍수에 의해 범람되는 구간
- 주로 초본류에 의해 피복됨
- 높은 지하수위로 인한 습한 토양과 주기적 범람에 내성이 있는 식물종으로 구성
- 털부처꽃, 금불초, 띠, 수크령, 익모초

㉣ 하반림

- 하천의 영향을 받는 범위 내에 형성된 수림
- 버드나무류와 사시나무류가 주종, 속성수이며 수명이 짧음
- 오리나무, 신나무, 귀룽나무, 조팝나무, 왕버들, 갯버들, 수양버들, 능수버들, 버드나무 등

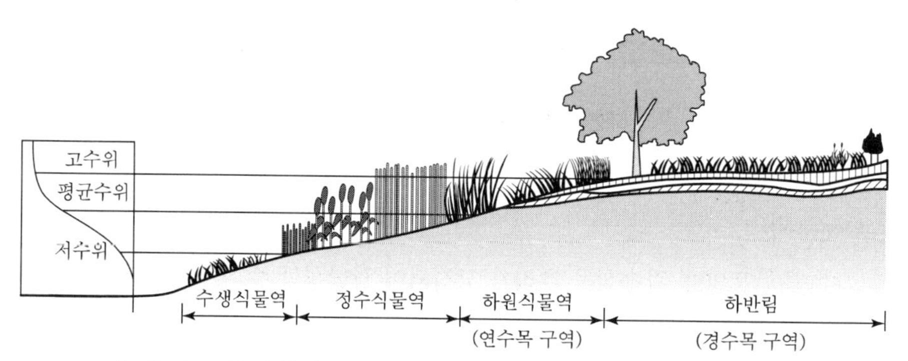

‖ 지표수, 지하수위와의 관계에 따른 하천식생분포(Bach 등, 1984) ‖

4. 하천생태계 교란

1) 자연적 교란

① 가뭄으로 하도에 물이 마르고 수변식물이 고사

② 호수로 인해 수변이 세굴, 훼손되어 수변생태계를 변화시키지만 자연재생능력이 커서 심각한 피해 정도만 아니면 곧 회복됨

2) 인위적 교란

① 하천개발

㉮ 하도굴착과 준설, 하폭 확대로 생태계 변화, 단순화 초래

㉯ 제방, 저수로 직선화, 콘크리트 호안 등으로 생물 서식환경 파괴 및 접근성 감소

㉰ 이용 위주의 정비로 하천환경기능의 상실과 생물 서식환경 파괴

② 토지이용활동

㉮ 농업 : 농경지 조성으로 하천생태계 서식처 파괴, 비료, 살충제 과다 사용으로 하천유입 오염물질 증대, 농업용수 확보를 위한 지하수 이용량 증대로 지하수위 저하

㉯ 임업 : 벌목은 지표면 식생감소, 침식 가중, 계절적 수온변화에 영향을 줌. 산림 내 도로 개설로 유출량과 토양침식 증가

㉰ 위락활동 : 등산객 이용, 산악자전거 등으로 식생 훼손 심각, 선박 프로펠러로 인한 하천 바닥의 퇴적물 위치 변화, 민감한 수생생물종 교란
㉱ 도시화 : 불투수포장면적 증가로 지표면 유출수 증가, 도시하천의 건천화를 촉진, 비점오염물질 증가

3) 하천의 생물서식처 교란

① 고유서식처 파괴
㉮ 외래 초본류 침입초지는 외형상은 자연스러워 보이나 기능상 서식처가 감소됨
㉯ 환삼덩굴이 우점한 초지는 고유초지와 유사해 보이나 조류와 같은 민감종에게는 서식처와 먹이 공급을 못함

② 서식처 조각화
㉮ 정비하천은 수변초지 및 하반림이 제거 또는 축소되어 서식처가 파편화되고 내부면적이 감소하게 됨
㉯ 서식처 크기가 감소하면 주연부가 증가, 내부는 감소하여 생물종 다양성이 크게 감소함

③ 주연부 증가
㉮ 서식처 파편화가 진행되면 주연부 점유면적 비율이 증가되고 주연부 서식밀도가 높아짐
㉯ 야생동물 생존에 필요한 절대면적의 부족으로 생물종다양성 급격한 감소와 국지적 절멸을 초래

④ 고립증가
서식처 파편화는 고립화를 증가시키고 생물이 배우자 및 먹이를 찾지 못해 유전적 다양성이 감소

5. 하천관리 발전단계

1) 자연하천

① 1960년대 이전의 자연성을 상당히 유지하고 있는 하천형태
② 환경기능은 양호하나 공학기능은 미흡

2) 방재하천

① 1960년대 이후 도시화와 산업화로 하천 재해 방지를 목적으로 재조성된 정비하천 형태
② 이치수 기능은 양호하나 환경기능은 미흡

3) 공원하천

① 1990년대 들어 시작된 하천환경 정비사업이나 오염하천 정화사업 등은 일종의 하천공원화사업은 치수 위주로 정비된 하천의 친수성을 높이고 하천오염을 부분적으로 해소시키고자 함

② 공원하천은 친수성을 강조하여 하천생태계 보전, 복원을 저해할 수 있음

4) 자연형 하천

① 자연형 하천은 생물서식처를 복원하고 친수성과 수질정화는 자연스럽게 회복 유도

② 환경기능, 친수기능, 이치수기능의 양호

6. 하천복원

1) 하천복원의 기본방향

① 역동성

㉮ 하천은 시간과 상황에 따라 변화하며 스스로를 형성해 나감

㉯ 자연형 하천 복원사업은 이러한 형성과정과 그에 따른 장래상태를 정확히 예측하는 것이 중요

② 연속성

㉮ 하천은 발원지에서 바다에 이르기까지 연속적으로 연결되어 있고 이러한 연속된 공간에 수생생물들이 이동하며 생활을 영위

㉯ 횡적으로도 연결되어 수역에서 수제, 홍수터, 제방, 하천 인근 토지로까지 연결되어 영향을 주고받는 하나의 커다란 생태계를 이룸

㉰ 따라서 하천복원은 수계단위를 바탕으로 종합적 계획수립이 필요

③ 다양성

㉮ 하도 내에는 여울과 소, 사행, 사주 등 형태가 자주 변함

㉯ 국부적 작은 구간에도 유속 완급, 수심 고저 등 다양한 변화 지님

㉰ 표준단면과 하도의 직선화 등 정형화된 방법으로 하는 하천복원 계획수립은 피해야 함

④ 지역성

㉮ 하천은 오랜 세월을 두고 스스로가 위치한 곳에서 주변조건에 맞게 형성되어온 자연의 일부임

㉯ 자연친화적 하천계획은 철저한 조사분석을 통해 지역에 맞는 적절한 계획수립이 되어야 함

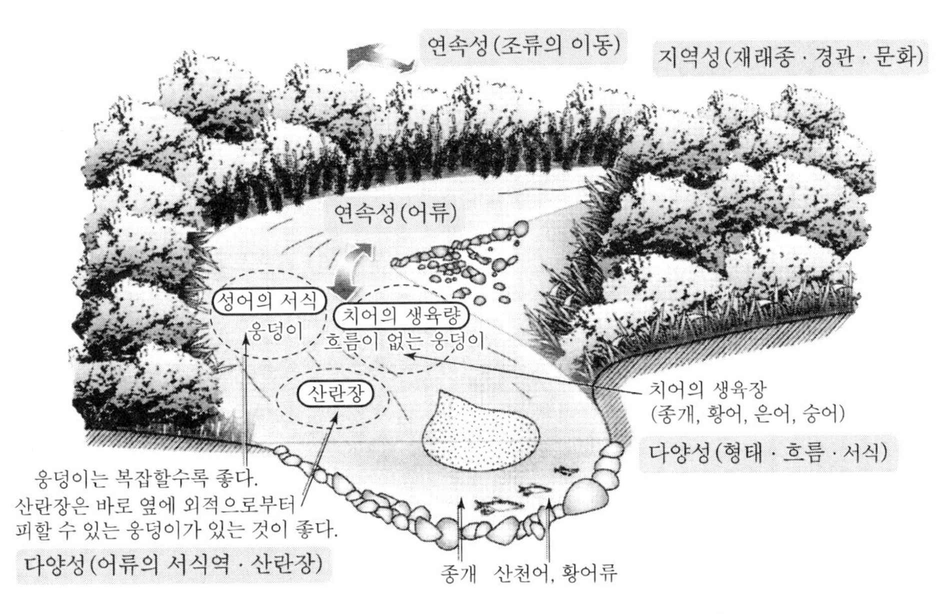

‖ 수변역의 연속성 및 다양성, 지역성(하천복원연구회, 2006) ‖

2) 자연형 저수로와 호안 복원

① 설계 기본방향

㉮ 원칙적으로 치수 안정성 확보는 우선 고려

㉯ 치수에 영향 미치지 않는 범위 내에서 생물서식처 복원공법 도입

㉰ 자연에 가까운 하천을 형성, 자연형성과정을 저해하지 않게 함

㉱ 전체적, 장기적 구도 하에 부분적 · 단계적으로 시행

㉲ 하안부의 생태적 추이대 기능을 회복, 생물서식기반 복원

㉳ 식생여과대를 확보하여 수질정화에 도움을 주도록 함

② 조성방법

㉮ 평면계획

- 정비 이전 하도형상을 고려
- 흐름특성을 반영, 완경사 호안부 확보
- 호안을 넓혀 정수식물 발생이 용이한 환경기반 확보
- 하폭 넓은 구간은 얕은 만을 형성
- 하천생물의 부양기능 강화

㉯ 종단계획

- 저수로 하상변화에 충분히 대응가능한 호안 조성
- 특히 담수어류 서식기반이 되는 여울과 소 조성

㉰ 횡단계획

- 홍수소통에 여유가 있는 단면의 경우는 완경사 호안을 조성
- 하상과 고수부지 높이 차가 큰 구간은 복단면 호안 검토

③ 공법

㉮ v형여울, 징검다리여울, 통나무여울

㉯ 버드나무가지 엮기, 윗가지덮기 호안, 섶단 호안, 나무말뚝+녹색마대호안, 사석+야자섬유두루마리 호안

3) 고수부지의 홍수터로 복원

① 설계 기본방향

㉮ 공간이용목적으로 지반면 돋우어 조성한 고수부지는 침수빈도가 줄어 건조상태를 장기간 유지, 하천생태계와 무관한 환경 조성

㉯ 자연적 형성 홍수터는 주기적 침수에 따라 생물의 양호한 서식환경이 되고 자연발생적 생물 서식기반 형성을 유도함

㉰ 고수부지 면을 낮추어 통수단면에 여유를 주고 다양한 하천생태계가 재생될 수 있는 기반환경 확보가 필요

㉱ 홍수터 복원으로 하천생태계의 단순화를 방지, 통로기능을 복원

② 홍수터 서식처복원 조성방법

㉮ 평면계획

- 저수로 사행구간은 좌우 양안 비대칭단면으로 계획하고 고수부지의 폭과 지반고를 다양하게 함
- 자연형 저수로 호안 조성과 연계한 고수부지 계획
- 하폭이 확보된 구간은 습지를 조성, 다양한 환경조건 조성
- 고수부지 폭이 넓은 구간은 소규모 2차수로를 조성

㉯ 종단계획

- 유수 소통에 지장을 주지 않는 범위 내에서 고수부지 지반면에 변화를 주어 구간별로 침수빈도를 달리 함
- 홍수소통능력을 충분히 검토 후 고수부지 종단방향 식재

㉰ 횡단계획

- 자연형 저수로 호안계획과 연계하여 고수부지 횡단계획
- 저수호안 완경사지와 연계하여 급격한 구간 발생치 않도록 함
- 비대칭 하천 횡단면이 형성되도록 함(복단면 조성)

③ 녹화설계와 공법

㉮ 건생 위주에서 습생 위주로 식생형 변화 유도

㉯ 침식과 세굴에 대한 안정성 유지

㉰ 목본류 녹화는 '하천구역 내 나무심기 기준'에 따름

㉱ 환경블록 H형, 어스박스

4) 제방의 부분녹화

① 설계 기본방향

㉮ 제방은 하천범람을 막기 위한 인공구조물로 완전한 의미의 하천복원은 치수목적의 제방철거까지 포함되나 현실적이지 못함

㉯ 따라서 기존 제방기능을 유지하면서 형태의 조정, 녹화 등 부분적 복원설계를 실시함

㉰ 치수적 안정성을 확보하면서 수목, 야생초화류 부분적 도입을 통한 생태회랑기능 회복에 중점

㉱ 접근을 위한 진입계단 및 보행동선과의 자연스런 연계를 도모

② 조성방법

㉮ 치수 안정성을 최우선적으로 검토 후 세굴 및 유실에 안전한 재료와 공법 선정

㉯ 목본류에 의한 제방녹화는 '하천구역 내 나무심기 기준'에 따라 녹화계획 수립

㉰ 자연재료 이용한 공법을 도입

㉱ 가능한 구간은 고수부지와 연계한 완경사 비탈면 확보

㉲ 제방상단 연속 교목의 부분적 철거로 시계 확보, 하천 접근성 증대

③ 녹화설계와 공법

㉮ 하천제방 식물군락은 유수영향을 직접적으로 받지 않아 초기에 조성된 식물종, 주변 식물군락 등의 영향을 받게 됨

㉯ 제방식생은 연 1~3회의 주기적 관리가 필요함

㉰ 녹화공법은 파종공과 식재공으로 함

㉱ 야생초본류 종자는 시공지와 인접한 초지에서 채취하는 것이 좋고 다량 종자가 필요한 경우 본격적 채종에 앞서 채종지와 채종시기 등 확인 필요하므로 시공 2년 전에 도입종을 결정하는 것이 바람직

㉲ 식생시트공법, 종자흩뿌림공법, 포기심기공법, 식생네트공법

5) 하천복원의 미래비전

① 물질순환 및 경관생태학적 접근

㉮ 하천복원을 물순환 체계 형성에 바탕을 두고 계획

㉯ 하천코리더 기능의 회복

② 하천 고유생태계 복원에 중점

㉮ 하천생태계의 회복으로 생물다양성 유지

㉯ 종적 연결과 횡적 연결로 연속성 회복

③ 생태공학적 접근

㉮ 생태학에 기반을 둔 하천공학

㉯ 공법의 최소화, 하천 역동성에 기반

㉰ 생물서식처 복원에 초점

④ 장기적, 단계적 시행

㉮ 30년, 100년 비전을 가신 옛 물길을 복원

㉯ 3년, 5년, 10년 등 단계별 실행

⑤ 융합 수생태 환경복원

㉮ 분야 간의 융합으로 복원의 효율성 향상

㉯ 생태복원의 전체과정을 통합 수행할 수 있는 법 개정

10 비탈면녹화

1. 비탈면이란

1) 비탈면 정의

도로건설, 철로개설, 택지개발, 댐건설 등 각종 개발사업으로 인해 발생되는 성·절토 경사면으로서 구조적, 생태적, 경관적으로 매우 불안정한 공간임

2) 비탈면 특성

① 구조적 특성

㉮ 인위적인 외부 힘에 의해 균형이 깨진 공간으로 구조적으로 매우 불안정한 상태를 유지함

㉯ 급경사가 많아 침식, 붕괴, 낙석 등 재해발생요인을 잠재적으로 지님

㉰ 성토비탈면은 토질을 균일하게 조정할 수 있고 안정처리도 비교적 용이함

㉱ 절토비탈면은 지질이 다양해 주위의 지형, 기상, 피복식물의 영향으로 구조적으로 불안정한 경우가 많음

② 생태적 특성

㉮ 식물생육에 필요한 양분 결핍 등 식물생육 환경조건이 열악함

㉯ 식생의 천이과정이 나지와 달리 순조롭게 진행되지 않음

㉰ 경사가 급할수록 식생의 침입빈도가 적음

㉱ 기존 동식물 서식처나 생태계 교란을 야기함

㉲ 특히 절토비탈면은 단단한 토양층이 많아 식물근계가 신장할 수 있는 유효토양층이 불량하여 식물정착에 있어 열악한 환경임

③ 경관적 특성

㉮ 주변환경과 어울리지 않는 이질적인 경관 형성

㉯ 경관이 불량하고 주변 자연경관과 단절된 인위적 경관

2. 비탈면 유형 및 생육조건

1) 비탈면 유형

2) 비탈면 유형별 생육조건

유형		생육조건
토성	토사	식물생육 유리, 자연 침입 가능
	연암, 경암	식물생육 불량, 인위적 생육기반이 필요
경사도	30도 이하	자연 침입 가능, 토사 유실 우려
	45도 이하	식물생육 양호, 자연 침입 가능
	60도 이하	식물생육 불량, 뿌리신장 장애
토양경도	10mm 미만	토질이 척박, 식물생육이 다소 불량
	23mm 미만	식물근계 생장에 가장 적합
	27mm 미만	뿌리신장 장애로 식물생육 장애
	27mm 이상	식물생육 불량, 인위적 생육기반 필요

3. 비탈면 녹화란

1) 비탈면 녹화 정의

산사태 등의 자연적 요인과 도로건설, 택지개발 등의 인위적 요인에 의해 발생된 성 · 절토 비탈면에 인위적으로 식재하거나 종자를 파종하여 녹화하는 것

2) 비탈면 녹화의 목적

① 구조적 안정화

㉮ 비탈면의 침식, 붕괴 방지

㉯ 표층 슬라이딩 예방

㉰ 장기적으로 식생근계의 네트화

② 생태적 복원

㉮ 생태적 식생기반 조성

㉯ 식생천이 유도로 군락 조성, 수림화

㉰ 야생동식물 서식공간 조성

③ 자연스런 경관 창출

㉮ 재래종, 향토종으로 자연스러운 경관 형성

㉯ 주변 경관과의 연계성 확보로 조화 추구

㉰ 자연경관의 조기회복 유도

3) 비탈면 녹화의 기본방향

① 자연회복력과 병행

㉮ 자연 스스로 회복력을 지니고 있으므로 이를 도와주는 방향으로 작업 진행

㉯ 식물생육이 용이한 상태로 나지를 정비하고 이것을 기초로 한 식물군락 재생을 고려

② 종자에 의한 식물군락 복원

㉮ 종자로부터 성장한 식물은 그 장소에 적합한 생육을 하므로 자연과 유사한 상태로 회복되어, 유효한 군락 조성이 쉬움

㉯ 단순 초본류에 의한 녹화가 아닌 수림대 조성으로 녹지의 조기재생이 필요함

㉰ 종자에 의한 식생 도입은 군락조성에 많은 시간이 소요되므로 어린 묘목 식재를 병행하여 녹화하는 것이 바람직

③ 자연과 유사한 군락 복원

㉮ 천이 촉진을 도모하고 자연의 흐름을 하여 존중하여 군락을 재생

㉯ 주변식생조사에 근거한 다양하고 풍부한 종을 사용

㉰ 다양하고 풍부한 종자 도입, 주어진 환경조건에 잘 적응하는 식물로 복원되도록 유도

㉱ 지나치게 우점하여 다른 식물 생장을 방해하는 식물은 사용 제한

4. 비탈면 녹화 공법

1) 비탈면 녹화 설계 과정

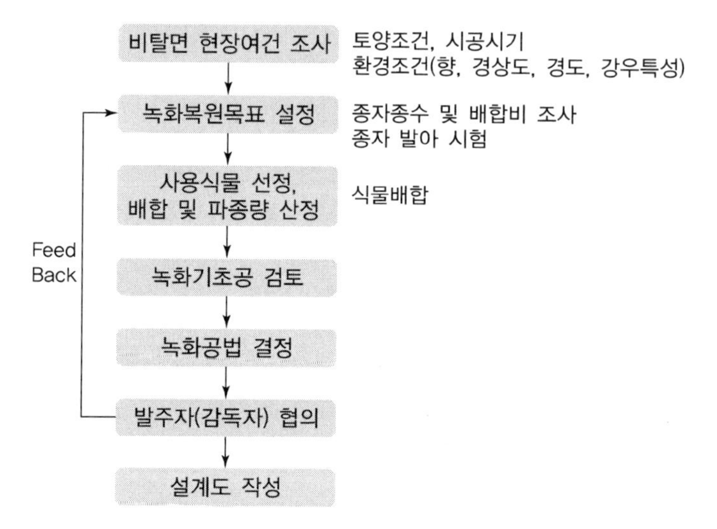

2) 비탈면 안정공(녹화기초공)법

① 개념

㉮ 비탈면 침식 · 붕괴가 예상되는 취약부를 구조적으로 개선하기 위해서는 비탈면 녹화만으로는 한계가 있음

㉯ 이를 해결하기 위해 토질역학적으로 비탈면 안정성을 검토하고 이를 토대로 구조적인 보강작업이 필요함

㉰ 비탈면 안정공법 도입 시에는 이러한 재료, 형태, 비탈면 여건에 따라 적절하게 녹화공법과 병행하여 적용하여야 함

② 구조물 설치공

㉮ 식생도입만으로 비탈면 안정이 유지될 수 없는 경우에 많이 적용

㉯ 비탈면 경사를 완만하게 해서 안정화하는 것이 경제적 · 지형적으로 바람직하지 못할 경우에 경사를 급하게 해 구조물에 의한 비탈면 안정이 필요한 경우에 단독 또는 녹화공법과 병행하여 적용

㉰ 옹벽공, 옹벽+앵커공, 가비온공, 앵커공

③ 지반 보강공

㉮ 지반보강에 의한 비탈면 안정방법은 별도의 구조물 또는 방법을 이용해 비탈면의 활동지반을 고정 · 보강하여 안정을 도모하는 방법

㉯ 네일링공, 마이크로파일공, PE블록붙임공, 콘크리트격자공

3) 비탈면 녹화공법

① 비탈면 녹화공법의 분류

녹화공법			종류
식재공	전면식재(인력시공)		• 떼심기 • 일반묘목식재
	부분식재(인력시공)		• 포트묘식재 • 차폐수벽(Green Wall)
파종공	전면파종	기계시공	• 종자분사파종공법(Seed Spray) • 식생기반재 뿜어붙이기(종비토) • 네트+종자파종공법
		인력시공	• 볏짚거적덮기 • 종자부착볏짚덮기 • 식생매트공법
	부분파종	기계시공	식생혈공
		인력시공	식생반공, 식생자루공

② 식재녹화공법

비탈면에 떼심기, 야생화, 관목, 교목 등 식재를 통한 녹화공법

공법		적용대상	장점	단점
잔디심기	평떼심기	토사	• 주변경관과 조화 • 종자침입 활발 • 다목적으로 활용	• 인건비 많이 소요 • 숙련된 기술 필요 • 기술자 부족 • 지속적 유지관리 필요
	줄떼심기			
네트잔디공법		토사, 마사토	시공 간편, 경관 양호	• 인력이 많이 소요 • 네트고정 불량 시 붕괴 • 비탈면 불안정 시 위험
식생매트공법		토사	• 내구성 양호 • 표면침식방지, 작업 용이	• 인력시공 • 주름이 안 생기게 시공
식생반공법		토사	• 녹화효과가 빠름 • 시공비 저렴 • 종자유실 방지	• 인력시공 • 건조피해 발생 쉬움
식생혈공법		토사, 연암	• 부분녹화에 유리 • 시공이 간편	• 전면녹화 불리 • 효과가 짧음 • 지속적 유지관리

분묘묘식재공법	토사, 마사토	• 부분녹화에 유리 • 시공이 간편	• 인력시공 • 전면녹화 불리
소단상객토식수공법	토사, 암반	• 부분녹화 유리 • 재래수목을 이용	• 녹화효과가 짧음 • 계속적인 유지관리 • 인력시공
차폐수벽공법	암반	시공 간편, 시공비 저렴	인력시공
새집공법	암반	• 부분녹화 유리 • 재래종자, 수목을 이용	• 인력시공, 전면녹화 불리 • 숙련된 기술 필요

③ 파종녹화공법

비탈면에 식재기 아닌 종자로부터 발아하여 녹화하는 공법

공법	적용대상	장점	단점
네트 · 종자 뿜어붙이기공법	토사	• 시공이 간편 • 짧은 시간에 대규모 시공 • 가격이 지렴 • 강우 시 종자유실 방지	• 내구성이 불량 • 경관 불량 • 집중호우 시 침식 발생
볏짚거적덮기공법	토사	• 가격이 저렴 • 단시간 내 대규모 시공 • 시공방법이 간편 • 강우 시 종자유실방지	• 내구성이 불량(3년) • 집중호우 시 침식 발생
종자뿜어붙이기공법	토사, 연암	• 가격이 저렴 • 단시간 내 대규모 시공 • 시공방법이 간편	• 강우 시 종자 표토 유실 • 떼붙이기에 비해 천이 지연 • 암반부 식생활착 불량
암반사면 부분녹화공법	암반	• 자연성 최대 활용 • 경관 양호	• 시공비 고가 • 인력시공 • 전면녹화 불리
종비토 뿜어붙이기공법	토사, 연암, 암반	• 시공이 간편 • 녹화효과 빠름 • 하수슬러지, 폐자재 이용	• 자연식생천이 불리 • 지속적 유지관리 • 시공연속성 불량
격자틀붙이기공법	토사	• 비탈안정 유리 • 타 공법과 병용 • 시공이 간편	• 숙련된 기술 필요 • 인력시공
블록붙이기공법	토사	• 시공이 간편 • 비탈안정 유리	• 숙련된 기술 필요 • 인력시공

④ 식재공과 파종공의 비교

㉮ 식재공 특징

- 경관을 재현하기는 쉬우나 생육속도가 파종보다 느리고 풍화침식되는 토양 보호에 미흡함
- 경관적 · 시간적으로 꼭 필요한 경우에 식재공으로 보강하는 것이 바람직

㉯ 파종공 특징

- 종자에 의한 식물생장은 묘목식재보다 뿌리가 땅속 깊이 침투하여 지반강화에 유리
- 종자로부터 성장한 식물은 그 환경에 적합한 생육을 하기 때문에 자연과 유사한 회복이 도모되고 보전기능 면에서 유효한 군락이 조성됨
- 자연친화적 복원을 위해서는 종자 사용이 바람직

㉰ 식재공과 파종공의 비교

구분	식재공	파종공
주근 발달	주근이 소멸하며 짧게 뻗음 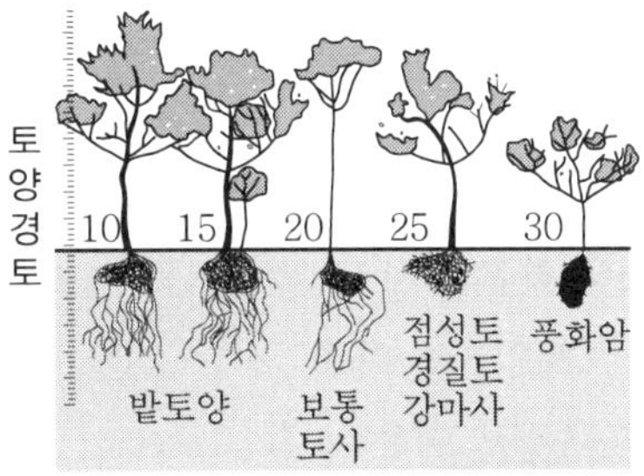 토양경토 10 15 20 25 30 밭토양 보통토사 점성토 경질토 강마사 풍화암	주근이 소멸하지 않고 길게 뻗음 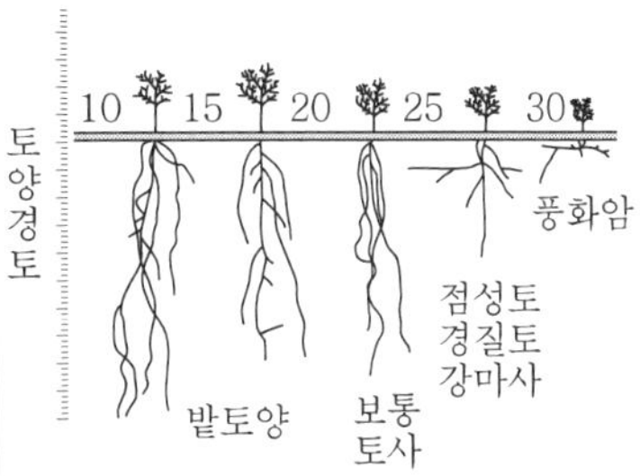 토양경토 10 15 20 25 30 풍화암 점성토 경질토 강마사 밭토양 보통토사
근계 발달	근계는 가늘고 짧으며 수는 많음, 뒤엉킴이 적어 침식 · 붕괴방지 효과가 적음 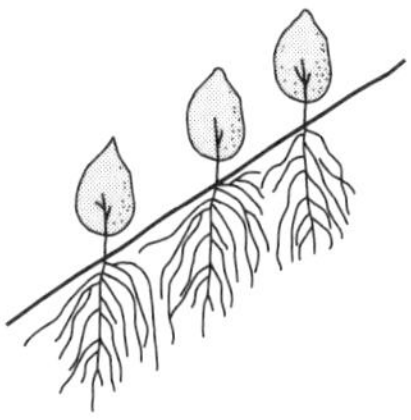	근계의 수는 적지만 굵고 길며 뒤엉킴이 많아 침식 · 붕괴방지 효과가 큼 
기반 풍화	기반의 풍화를 촉진시킴 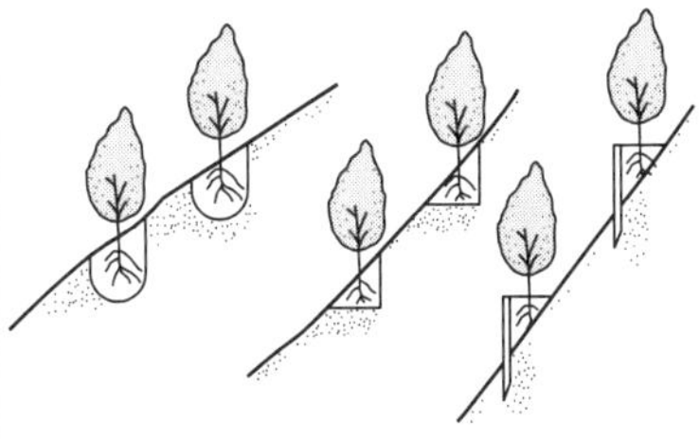	기반의 풍화를 억제함 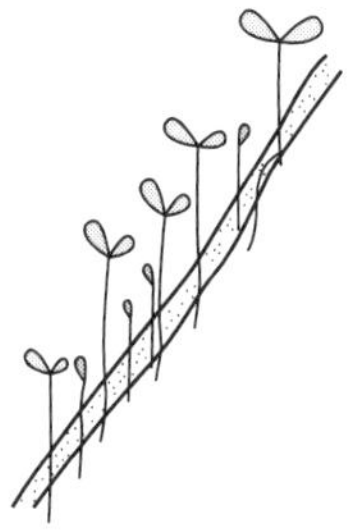

4) 발생위치별 공법 구분

① 댐, 저수지 수위변동구간 녹화

㉮ 건조와 침수의 반복환경

- 침수 시 식생의 고사
- 파랑에 의한 표층토의 유실

㉯ 식물 뿌리의 활착 어려움

- 급경사로 인한 피해 발생
- 침식으로 식생 도입 어려움

㉰ 녹화공법 유형

식생자루공법, 식생매트공법, 계단식 틀공법

② 토취장의 복원

㉮ 제한요소

- 생육토심 확보 어려움
- 토질 척박, 식물성장 어려움
- 양질토사 구입 어려움

㉯ 친환경적 복원 방법

- 자연표토 복원과 같은 친환경적 녹화공법 선정
- 식생기반재 뿜어붙이기 공법으로 토양기반 마련
- 부분적으로 볏짚, 네트 이용한 파종공법 이용
- 식재공법 병용으로 경관적 우수성 효과
- 상단부와 하단부의 다층구조 식재
- 장기적 관점에서 식재계획 수립

㉰ 녹화식물 선정

- 건조에 강하고 식이식물 식재
- 질소고정식물 식재로 토양유기질화
- 야생화 등 파종으로 야생경관 조성

5. 비탈면 녹화 식생

1) 식생의 선정기준

① 초기발아율이 우수하고 성장이 빠른 수종

② 열악한 토양, 고온 · 저온, 건조 등 극단적 기후변화에 대한 적응성이 높은 식물, 야생동물 서식에 기여 수종

③ 내건성, 내한성, 내척박성, 내침식성 등 내성이 강한 수종
④ 종자 구입이 쉽고 근계발달이 왕성한 수종
⑤ 향토식생으로 주변경관과 조화가 용이한 목본류가 바람직
⑥ 파종 시 향토식물과 도입식물을 혼합, 초본류와 목본류 혼합파종

2) 식재 설계 기법

① 다층구조의 수림화
㉮ 초본, 관목, 목본으로 구성된 산림 형성
㉯ 목본의 배합비 늘려 토양침식 방지
㉰ 다양한 서식처 형성으로 종다양성 추구

② 자생종 이용으로 자연천이 촉진
㉮ 그 지역에 본래 서식한 종을 이용
㉯ 주변경관과 연계된 자연스러운 천이 유도

③ 야생경관 형성
㉮ 자연과 유사한 야생적 경관 조성
㉯ 시각적으로 쾌적한 경관미 추구

3) 재래종과 외래종 특성 비교

재래종	외래종
• 채종이 곤란, 대량종자 구입이 어려움 • 종자가 고가, 발아율이 저조 • 향토종으로 자연생태환경에 잘 적응 • 식생이 성립되면 장기간 생육이 가능하고 안정적인 식생군락이 형성됨	• 종자 품종이 다양하고 구입이 용이 • 발아율이 높고 뿌리 발달이 양호 • 훼손지 선구식물로 도입하여 자연천이를 유도하기 위해 많이 사용 • 개별적 환경특성에 부합되지 못해 수년 내에 사라질 우려가 높음

4) 도입 자생식물 종류

구분	종류
자생초본	쑥부쟁이, 개미취, 구절초, 기린초, 꿀풀, 도라지, 마타리, 두메부추, 부처꽃, 산국, 패랭이, 수크령, 층꽃, 달맞이꽃, 비수리, 쑥, 억새
자생목본	• 교목 : 자귀나무, 붉나무, 노간주, 해송, 적송, 참나무류 • 관목 : 낭아초, 싸리류, 덜꿩, 조팝, 개쉬땅, 댕강, 백당
덩굴형	담쟁이, 아이비, 송악, 줄사철, 마삭줄, 으아리, 포도, 덩굴장미, 청가시덩굴, 등나무, 노박덩굴, 능소화

5) 자생식물 조달방법

암기법 근소한 종묘 매표소

① 매트 이식
② 표토 채취
③ 종자 파종
④ 묘목 재배
⑤ 근주 이식
⑥ 소스 이식

6. 리사이클링 에코 녹화공법

1) 개념

① 각종 개발행위에 의한 산림훼손으로 식물, 표토, 고사목 등의 산림자원이 발생되는데 이를 재활용하는 생태공학적 녹화공법
② recycle(자원 재활용) + eco(생태, 친환경) → 자원을 재활용하여 생태학적으로 녹화

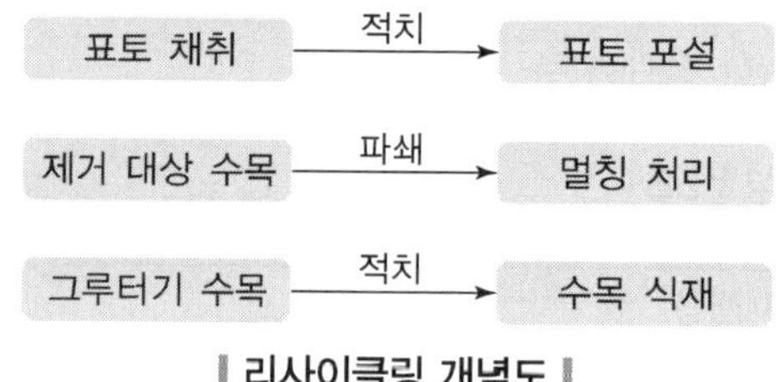

▎리사이클링 개념도 ▎

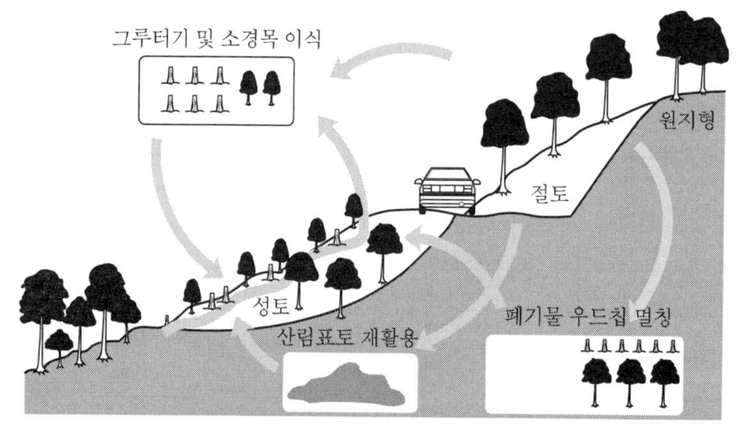

▎리사이클링 에코 녹화공법 개념도(오구균 · 김도균, 2006) ▎

2) 공법 효과

① 폐자원 재활용

㉮ 산림훼손지에서 표토, 폐목, 그루터기 등 재활용

㉯ 산림의 수목, 초본류, 토양미생물, 매토종자 등 생물자원 재활용

② 산림 식생구조 빠른 재현

식물활착, 생장이 불량한 녹화지반층에 산림훼손지에서 버려지는 자원 재활용으로 산림구조를 조기 복원, 재현 가능

③ 편리하고 경제적인 녹화

공법이 비교적 간단, 그루터기 공사는 간편하고 지주가 필요없어 경제적

3) 리사이클링 방법

① 식물

㉮ 근주이식 : 환상박피 이용, 뿌리분 이식

㉯ 줄기는 삽목 이용

② 표토

단지개발, 도로개설 시 활용, 매토종자를 이용한 복원방법

③ 식물 폐기물

연료, 비료, 토양개량재, 가축사료, 펄프, 유용물질 추출

4) 시공 방법

① 표토채취

10cm 내외의 깊이, 표토층 발달 정도에 따라 깊이 조정

② 수목그루터기 굴취

㉮ 맹아력이 우수한 자생수종 선정

㉯ 근원부길이는 교목류 10~30cm, 관목류는 10~50cm

③ 폐기목 분쇄

㉮ 분쇄기 크기에 맞게 수간부와 가지부 절단

㉯ 분쇄기를 이용하여 분쇄

㉰ 바크, 퇴비, 포장재, 멀칭재로 사용

④ 경사지 생육기반 조성

㉮ 토질별 안식각을 고려한 사면정리

㉯ 산마루 측구 등 종 · 횡단 배수로 설치 및 정비

㉰ 소단 조성

⑤ 시공

아래 리사이클링 에코 녹화공법 예시도에 따른 시공

11 산림생태계

1. 산림의 정의

1) 사전적 정의

① 수목이 집단적으로 생육하고 있는 토지
② 임목과 임지를 합하여 산림이라 함

2) 법제적 정의

① '산림자원의 조성 및 관리에 관한 법률'에서 정의
② 집단적으로 자라고 있는 입목 · 죽과 그 토지
③ 집단적으로 자라고 있던 입목 · 죽이 일시적으로 없어지게 된 토지
④ 입목 · 죽을 집단적으로 키우는 데 사용하게 된 토지
⑤ 산림의 경영 및 관리를 위하여 설치한 도로(임도)
⑥ 위의 토지에 있는 암석지와 소택지
⑦ 다만, 농지, 초지, 주택지, 도로에 있는 입목 · 죽과 그 토지는 제외

3) 관련 법제적 용어

① 도시림
㉮ 법적 근거 : 산림자원의 조성 및 관리에 관한 법률
㉯ 도시에서 국민 보건 휴양 · 정서함양 및 체험활동 등을 위하여 조성 · 관리하는 산림 및 수목을 말함
㉰ 자연공원법에 따른 공원구역은 제외함

② 생활림
㉮ 법적 근거 : 산림자원의 조성 및 관리에 관한 법률
㉯ 마을숲 등 생활권 주변지역 및 학교와 그 주변지역에서 국민들에게 쾌적한 생활환경과 아름다운 경관의 제공 및 자연학습교육 등을 위해 조성 · 관리하는 산림 및 수목

③ 마을숲
㉮ 법적 근거 : 산림자원의 조성 및 관리에 관한 법률 시행령
㉯ 산림문화의 보전과 지역주민의 생활환경 개선 등을 위하여 마을 주변에 조성 · 관리하는 산림 및 수목

㉰ 문화재보호법에서는 마을숲에 대한 용어정의는 없지만 마을숲을 기념물의 한 종류로 분류하여 천연기념물로 구분

④ 경관숲

우수한 산림의 경관자원 보존과 자연학습교육 등을 증진시키기 위하여 조성 · 관리하는 산림 및 수목

⑤ 산림보호구역

㉮ 법적 근거 : 산림보호법

㉯ 산림에서 생활환경 · 경관의 보호와 수원함양, 재해방지 및 산림유전자원의 보전 · 증진이 필요하여 지정 · 고시한 구역

- 생활환경보호구역 : 도시, 공단, 주요병원 및 요양소의 주변 등 생활환경의 보호 · 유지와 보건위생을 위하여 필요하다고 인정되는 구역
- 경관보호구역 : 명승지 · 유적지 · 관광지 · 공원 · 유원지 등의 주위, 그 진입도로의 주변 또는 도로 · 철도 · 해안의 주변으로서 경관보호를 위하여 필요하다고 인정되는 구역
- 수원함양보호구역 : 수원의 함양, 홍수의 방지나 상수원 수질관리를 위하여 필요하다고 인정되는 구역
- 재해방지보호구역 : 토사유출 및 낙석의 방지와 해풍 · 해일 · 모래 등으로 인한 피해의 방지를 위하여 필요하다고 인정되는 구역
- 산림유전자원보호구역 : 산림에 있는 식물의 유전자와 종 또는 산림생태계의 보전을 위하여 필요하다고 인정되는 구역

⑥ 생태숲

㉮ 법적 근거 : 산림보호법

㉯ 산림생태계가 안정되어 있거나 산림생물의 다양성이 높아 특별히 현지 내 보전 · 관리가 필요한 숲

⑦ 자연휴양림

㉮ 법적 근거 : 산림문화 · 휴양에 관한 법률

㉯ 국민의 정서함양 · 보건휴양 및 산림교육 등을 위하여 조성한 산림(휴양시설과 그 토지를 포함)

⑧ 수목원

㉮ 법적 근거 : 수목원 · 정원 조성 및 진흥에 관한 법률

㉯ 수목을 중심으로 수목유전자원을 수집 · 증식 · 보존 · 관리 및 전시하고 그 자원화를 위한 학술적 · 산업적 연구 등을 실시하는 시설

㉰ 수목유전자원의 증식 및 재배시설, 수목유전자원의 관리시설, 수목유전자원 전시시설, 수목원 관리 · 운영에 필요한 시설을 갖춤
㉱ 수목원의 구분 : 국립, 공립, 사립, 학교 수목원

⑨ 도시환경림

㉮ 법적 근거 : 지속가능한 신도시 계획기준
㉯ 악화된 도시생활환경의 질을 개선하기 위해 산림이 지닌 다양한 환경보전의 기능(수자원 함양, 재해방지, 위생유지, 어메니티, 레크리에이션 장소, 문화기반 등의 기능)을 효과적으로 이용하기 위해 인공적으로 조성한 숲

2. 산림의 기능

1) 수문학적 기능

① 수자원 함양과 수질정화, 수원공급
② 홍수예방, 가뭄방지

2) 환경적 기능

① 대기정화, 이산화탄소 흡수 및 산소 공급
② 대기오염물질을 흡수

3) 생태적 기능

① 야생동물 서식처 제공
② 자연생태계 보호, 생물다양성 보전

4) 문화 · 생산적 기능

① 산림휴양 및 생활환경 개선, 휴식 및 자연학습공간 제공
② 목재생산과 산림부산물 생산으로 경제적 기반

5) 공학적 기능

① 토사유출 및 붕괴 방지
② 미기후 형성, 소음과 바람 차단

3. 산림식생의 구조

1) 수직적 구조

① 개념

산림군집에는 최상부층부터 지표면까지 산림식물들이 몇 개의 층을 이루고 있는데, 이러한 양상을 수직적 구조 또는 층화(stratification)라고 함

② 특징

㉮ 다층구조를 형성

㉯ 교목, 아교목, 관목, 초본, 선태류로 구성

㉰ 빛의 강도에 따른 수직적 구조 : 상층은 양수, 중층은 중성수, 하층은 음수의 특성을 가짐

㉱ 양수와 음수의 구분 : 그늘에서 견딜 수 있는 능력에 따라 구분

㉲ 우리나라 천연활엽수림의 수직적 구조

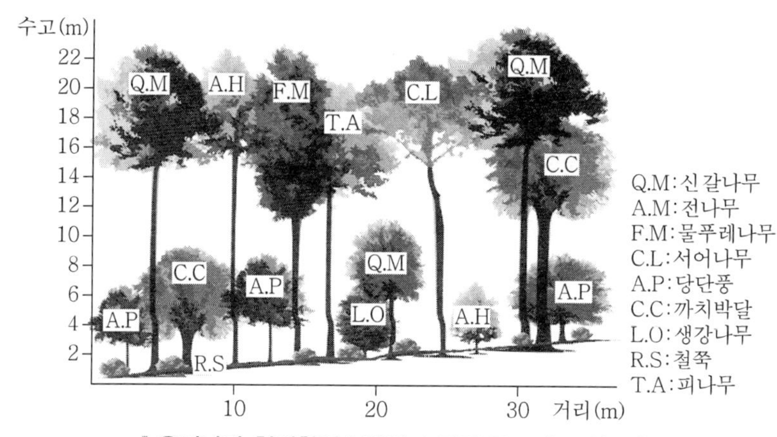

‖ 우리나라 천연활엽수림의 수직적 구조의 모식도 ‖

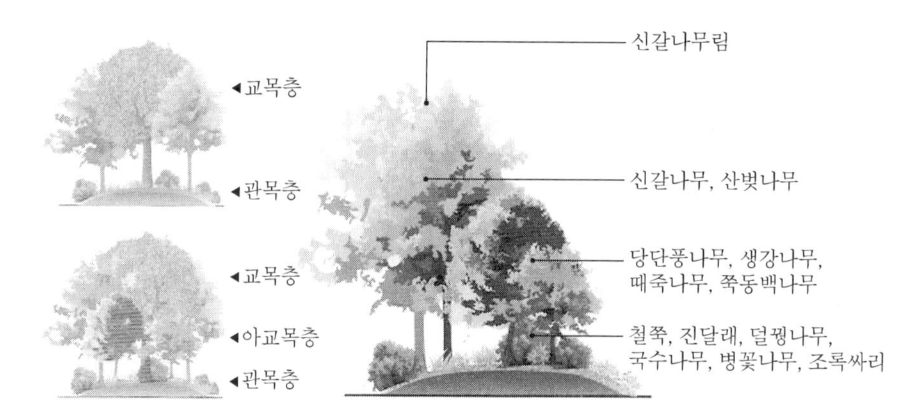

‖ 다층구조와 단층구조 개념도 ‖

2) 수평적 구조

① 개념

산림의 수평적 구조는 산림 전체를 상공에서 내려다봤을 때의 식생 분포라고 할 수 있음

② 특징

㉮ 산림 전체에서 북사면과 남사면의 식생 차이, 사면과 계곡의 식생 차이 등이 대표적인 예
㉯ 남사면은 햇빛이 많아 온도가 높고 증발산 증가, 건조쉬운 환경으로 소나무류가 발달
㉰ 북사면은 그와 반대 환경으로 활엽수종 위주의 식생이 형성
㉱ 산림구조의 수평적 양상은 토양성질, 배수정도, 지형적 위치 등의 입지조건과 식물 종구성 사이의 연관관계, 종자산포방법과 범위, 식물 종간경쟁 등 생물학적 조건이 식물분포에 반영
㉲ 숲 내부인 산림군락(숲의 몸통), 망토군락(숲의 어깨), 주연부로서의 소매군락(숲의 소매)으로 구분함

‖ 소매군락, 망토군락, 산림군락의 구조도 ‖

4. 산림표토

1) 정의

① 토양단면구조의 최상부를 차지하는 유기물층과 용탈층 일부에 해당되는 토양층으로 두께가 10~20cm 정도됨
② 유기물이 풍부, 토양미생물이 많고 매토종자가 풍부하여 유용한 산림자원으로서 가치를 지님

2) 특징

① 다양한 공극을 가진 입단구조
② 생육에 필요한 토양경도(18~23mm) 유지
③ 풍부한 유기물 함유로 토양비옥도 증진
④ 토양미생물 활동이 활발
⑤ 매토종자 다량 함유

3) 산림표토 내 매토종자의 활용

① 장점
㉮ 천이가 빠르고 양호한 식생군락 형성
㉯ 유전적 교란 감소, 주변산림과 유사한 환경 복원
㉰ 비용이 저렴하고 식생종이 다양

② 단점
㉮ 매토종자만으로는 조기녹화가 어려움
㉯ 표토 내 잠재종자의 양이 충분하지 않을 가능성 지님

4) 표토 채취 방법

① 보존단계
㉮ 표토조사 : 지형, 식생, 토지이용현황 등 예비 · 현지조사
㉯ 표토보존계획
- 필요량 산정 후 계획
- 퇴적장소 · 운반 · 퇴적방법 검토, 보호관리 검토

㉰ 표토채취구역 선정
- 보존, 채취, 복원지로 구분
- 방재상 문제없는 구역 선정

② 채취단계
㉮ 부지정리 : 보호수목 및 구조물 보호, 그 외 모두 정리
㉯ 표토채취 : 일반식, 계단식, 하향식 방법
㉰ 표토 퇴적 및 보호 : 가적치 장소 선정, 운반 후 보호

③ 활용단계

㉮ 표토복원 : 가적치된 표토 운반 후 복원

㉯ 표토복원 대상지의 식재면적 산정 후 복원

④ 채취구역 선정 시 고려사항

㉮ 적정량의 필요량 선정, 손실량 방지

㉯ 표토조사로 양질토양 선택

㉰ 포토유실로 인한 재해 여부 파악

㉱ 보전수림의 보호, 채취 피함

㉲ 계획상 성 · 절토 구역 선정, 성 · 절토 최소화

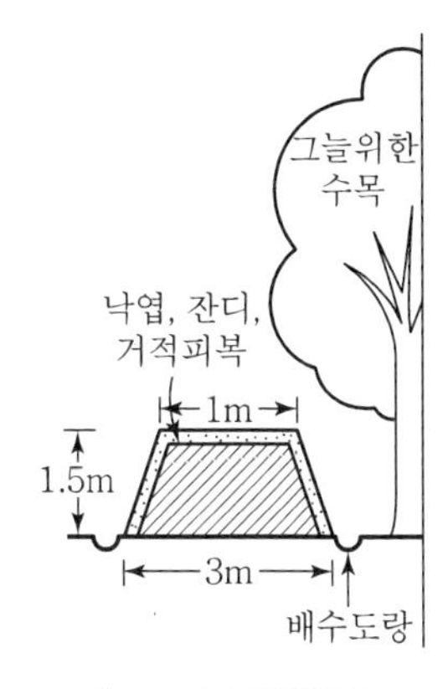

‖ 표토보호방법 ‖

5) 표토를 활용한 녹화방법

① 선구식물종자와 혼합파종

② 표토+식양토 배합파종

㉮ 자원활용적 측면과 초본, 목본의 다양성이 높음

㉯ 표토 100% 이용 시 초본류가 많음

5. 산불

1) 정의

① 산림보호법에 의하면 산림이나 산림에 잇닿은 지역의 나무 · 풀 · 낙엽 등이 인위적 · 자연적으로 발생한 불에 타는 것

② 산림 내 낙엽, 낙지, 초류, 임목 등이 연소되는 화재, 사람에 의한 실화, 방화, 낙뢰 등으로 인한 불씨가 산림 내 가연물질을 연소

2) 산불의 원인

① 일반적 원인

㉮ 자연적 발화 : 낙뢰, 천둥 등 자연요인

㉯ 인위적 발화 : 인간의 과실, 담배꽁초 등

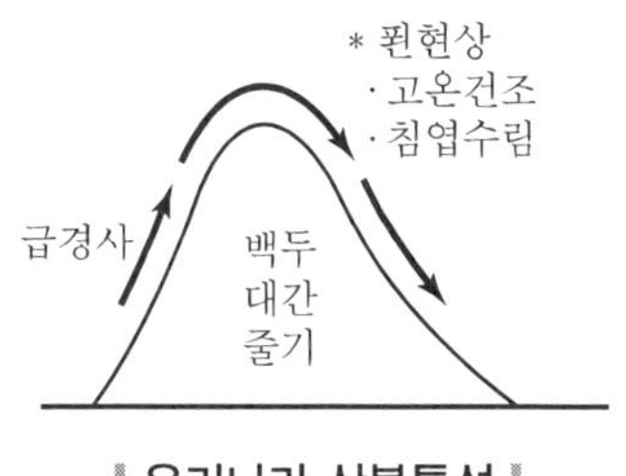

‖ 우리나라 산불특성 ‖

② 빈번하고 대규모인 동해안 산불의 원인

㉮ 기상적 요인

- 고온건조, 강한 바람
- 봄철의 푄현상 발생

㉯ 지형적 요인

- 서고동저형 지형, 험준한 산악형
- 급경사지로 인해 난기류 형성

㉰ 임상적 요인

- 불에 취약한 침엽수림이 43% 차지
- 산림밀도 높고 잡관목이 많음

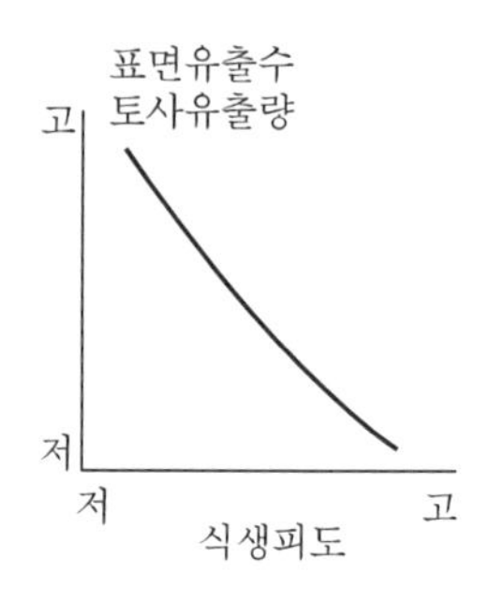

▌식생피도와 표면 유출수, 토사유출량▐

3) 산불의 영향

① 부정적 영향

㉮ 생태계 교란 야기

- 생물서식지 파괴, 야생동물 피해
- 먹이사슬 교란, 이동통로 단절

㉯ 식생의 피도 감소

- 우리나라 소나무림, 유령림 피해
- 전체적 식생피도, biomass 감소

㉰ 자연재해 증가

- 토양침식, 강우유출량
- 홍수유발, 하류의 도로, 다리 등 피해

② 긍정적 영향

㉮ 수목밀도 조절

- 적정교란 정도, 지표화 등 소규모 산불
- 경쟁관계 수목 밀도 개선

㉯ 토양에 저장된 종자 발아

- 침엽수의 타감물질 제거
- 다른 식물의 발아 촉진

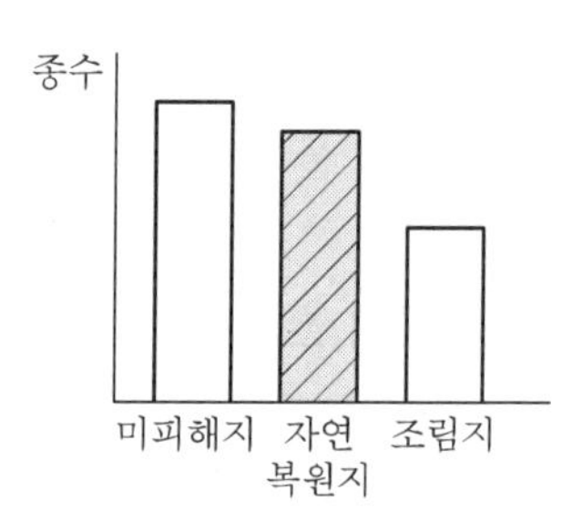

▌삼척피해지역 복원사례▐

4) 산불의 유형

① 지표화

㉮ 지표면 얕은 층만 태우고, 수목의 표피를 그슬림

㉯ 암석지, 초원에서 흔히 일어나는 산불
㉰ 불길강도가 낮고 빠른 속도로 진행
㉱ 수목피해는 적은 편, 진화는 비교적 용이

② 수간화
㉮ 나무의 줄기가 타는 불
㉯ 자표화로 연소되는 경우와 낙뢰로 발생

③ 수관화
㉮ 지표화, 수간화가 수관부에 닿아 바람과 불길이 세지면 수관화로 발달
㉯ 불길이 수관과 수관으로 연속해서 전파
㉰ 강한 불길로 수목에 큰 피해를 주며 진화도 어려움
㉱ 활엽수림보다 침엽수림에서 주로 발생

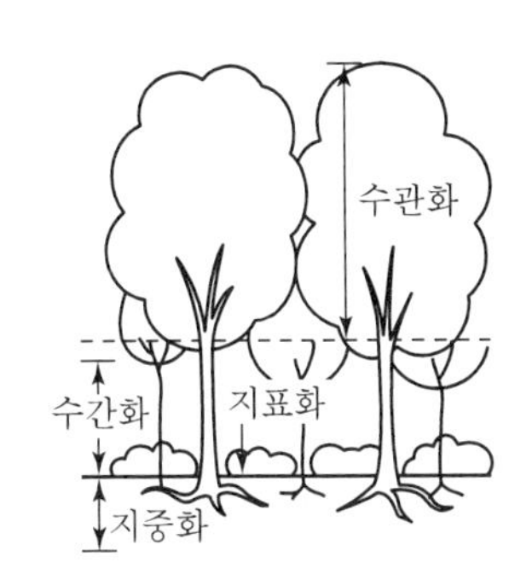

‖ 산불발생유형 ‖

④ 지중화
㉮ 산림의 땅속 부식토층에서 발화
㉯ 서서히 불꽃 없이 연소되는 산불로 강한 열이 오래 지속
㉰ 진화가 어렵고 고산지대는 재발 우려가 있음
㉱ 뿌리층 피해, 땅속 종자 피해로 갱신이 지연됨

5) 산불 예방대책 및 피해지역 복원방안

① 예방대책
㉮ 예방교육과 단속 : 인위적 발아요인 제거
㉯ 내화수림대 조성
㉰ 산불발생 시 확산방지
㉱ 활엽수림 보완 식재(불에 강한 수종)

② 피해지역 복원방안
㉮ 자기설계적 복원
- 자연 스스로 치유 유도
- 식물생활사 고려, 천이 진행
- 장기간 소요됨, 피해가 경미한 지역 적용

㉯ 설계적 복원
- 인위적 관리로 회복 유도
- 피해가 심각한 지역 적용

- 회복시간의 단축, 다양한 목적 수림대 조성
- 토사방지림, 내화수림대, 수자원보호림
- 경제수림 조성, 소나무, 상수리나무 등

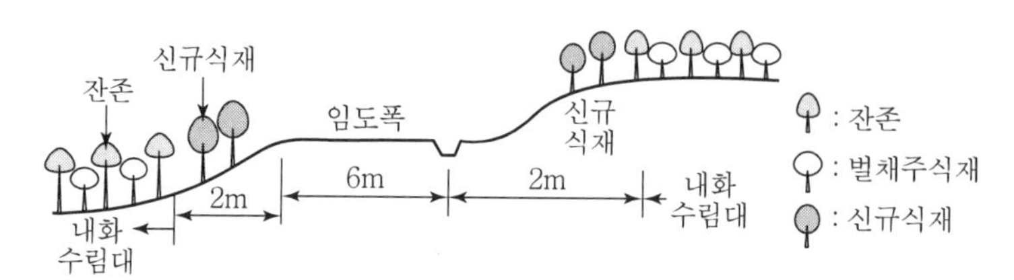

Ⅰ 내화수림대 조성개념도 Ⅰ

6. 산림 조성방안

1) 기본방안

① 혼효림 조성

㉮ 단순림은 향토수종 활엽수림 위주의 혼효림으로 조성

㉯ 혼효림의 뿌리발달로 토양 침식량 적음

㉰ 하부식생 발달, 수분 증발산량 감소효과

㉱ 토양공극 확대, 보수력 증진

② 복층림 조성

㉮ 노령림은 일부 벌채로 수관층 여러 개 복층림 조성

㉯ 잠재식생 유도, 천이 유도 식재

㉰ 최상층은 양수, 하부층은 음수로 조성

㉱ 교목류 : 졸참, 갈참, 신갈, 굴참, 상수리, 소나무

㉲ 아교목류 : 팥배, 때죽, 복자기, 당단풍

㉳ 관목류 : 국수나무, 참싸리, 산초나무, 병꽃, 덜꿩, 노린재, 생강나무

2) 신규조림방법

① 생태모델숲

㉮ 인공적으로 자연생태계를 재현

㉯ 현존식생조사로 잠재자연식생 파악

㉰ 초기조성, 5년 후, 10년 후 경과 단계

㉱ 단계별로 변화과정 고려

② 단계별 변화과정

㉮ 초기조성단계

- 교목, 관목, 아교목류 도입
- 우점종, 동반수종, 속성수종 동시 식재
- 높은 활착률, 빠른 성장 도모

㉯ 5년 경과 후

- 교목류 6m 이상 성장
- 아교목류 3~4, 관목류 2m 성장
- 숲의 형태로 가는 중간단계

㉰ 10년 경과 후

- 교목류 8m 이상, 자연림과 유사
- 안정된 생태모델숲 형성

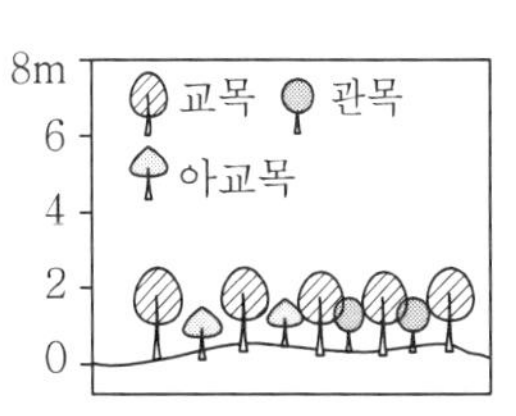

‖ 초기 조성 단계 ‖

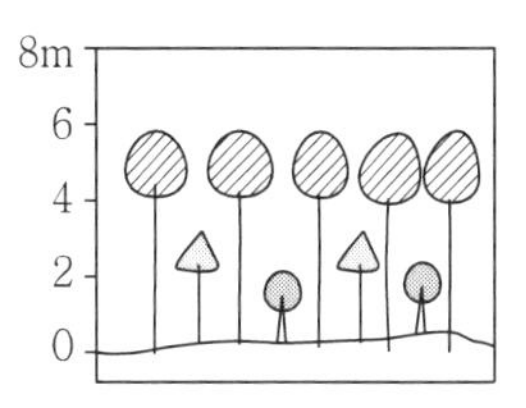

‖ 5년 경과 후 ‖

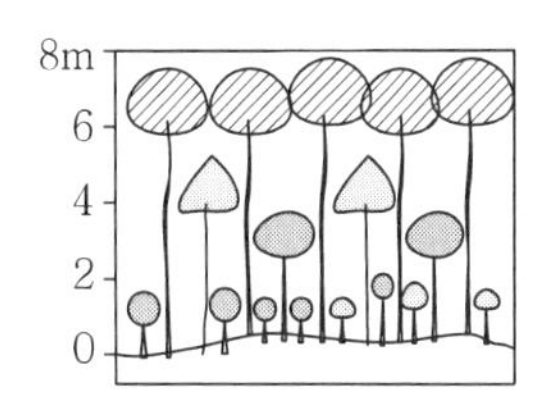

‖ 10년 경과 후 ‖

③ 배식방법

㉮ 목표연도, 유지관리강도에 따라 선정

㉯ H1.5~2.0m 묘목식재

㉰ 1.0~1.5m 간격으로 식재

3) 기존산림을 갱신하는 방법

① 산림수종의 갱신

㉮ 기존 조림지를 자연림에 가깝게 갱신

㉯ 목표로 하는 임상형을 결정

㉰ 그에 맞게 벌채와 식재를 통해 관리

㉱ 복층림, 혼효림으로 유도

㉲ 장령림의 보전

② 단계별 갱신과정

㉮ 갱신 전 기존 조림지

- 단순림으로 조성된 숲
- 식생조사로 간벌수종 결정
- 목표로 하는 임상형에 따른 간벌
- 간벌 후 향토수종 식재

㉯ 5년 경과 후

- 50% 식재밀도 조절, 간벌
- 목표 임상형에 부합성 확인

• 잠재식생, 천이유도 식재

㈐ 10년 경과 후

• 50% 식재밀도 조절, 간벌
• 최상층 양수, 하부층 음수로 함
• 안정된 자연림으로 식생변화
• 목표 임상형 달성

4) 자연식생 복원방안

① 모델식재

㉮ 기존에 잘 보존된 산림을 prototype으로 선정

㉯ 산림의 종조성, 층상구조 등을 그대로 모방 · 재현하는 식재

㉰ 즉, 모델로 하는 산림을 구체적으로 설정하여 식생구조를 조사한 후, 식생을 조성하고자 하는 대상지 내에 모델군락과 동일한 수종, 크기, 배치에 따라 식재하는 것

㉱ 기존 모델군락의 수종, 크기, 배치를 그대로 도입함으로써 많은 비용과 인력, 고도의 기술을 요하게 됨

㉲ 특히, 모델군락의 수종과 크기가 유사한 개체를 수급해야 하므로 여러 가지 어려움을 내포함

㉳ 따라서 빠른 활착을 위해 성장 중에 있는 작은 수목을 식재하고 자생종을 이용하는 것이 필요함

② 복사이식

㉮ 개념

• 훼손이 예정된 개발부지 내에 보전가치가 높은 산림을 그대로 옮겨 이식하는 방법
• 식생군락 및 토양까지 그대로 옮겨 이식하는 식재방식
• 단기간 내에 이식하여 복원식재
• 초기부터 생태계 정착에 유리
• 식생, 토양, 부산물까지 모두 이식
• 산림생태계가 발달한 곳, 희소군락 등 보전에 활용 적합

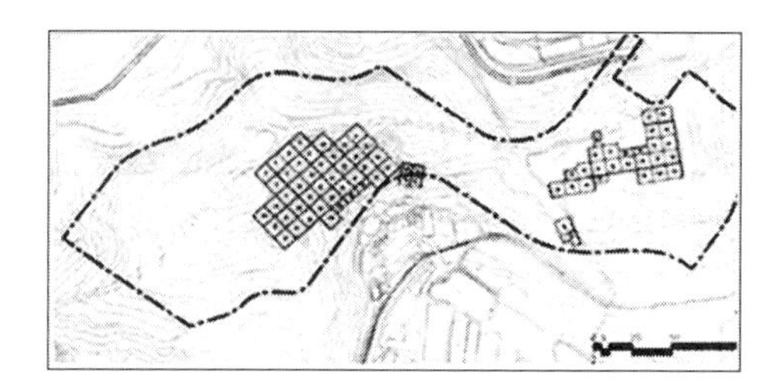

‖ 개발할 지역의 식생조사 계획 수립 ‖

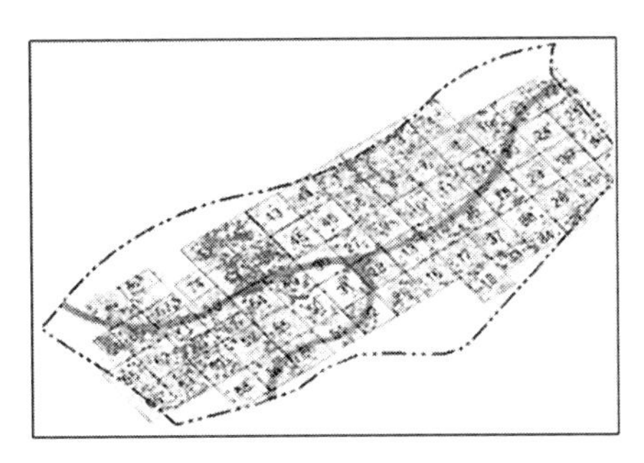

‖ 복원할 지역에서의 복사이식 배치 계획 ‖

㉯ 시행과정

사전조사 → 수목굴취 → 이식 및 복원 → 군락배치 및 식생보강

사전조사단계	수목굴취단계
1) 이식대상지의 식생, 토양 등 조사 • 층위별로 이식 대상 수목 선정 • 표토층조사, 유기물층, A층 중심 2) 수목 분포현황을 도면화 • 수목흉고직경, 수고, 수관폭 조사 • 층위별로 수목 라벨 부착 3) 표토량 산정 토양조사결과에 따른 산정	1) 지피층에 쌓인 낙엽, 낙지 채취 2) 관목 → 아교목 → 교목순서 채취 3) 수목 굴취 후 필요 시 가적치 4) 동시에 표토층을 층위별 분리, 보관 → 수목 복원 시 활용

이식 · 복원단계	군락배치 · 식생보강단계
1) 조성지 내에 식재기반 조성 투수층과 성토층 조성 2) 교목 → 아교목 → 관목 순으로 복원 수목굴취의 역순으로 진행 3) 수목이식이 끝나고 낙엽, 낙지 깔기 군락이식의 최종마무리 4) 표토활용은 수목복원 때 수행 교목, 아교목, 관목 이식 때 활용	❶ 군락배치 1) 방형구를 대상지에 배치 • 대상지 성격에 따른 방형구 크기 • 용인동백지구 5m×5m • 김포장기지구 10m×10m 2) 임연부 식생 조정 • 훼손에 따른 피해 예방 • 수로, 연못 도입, 식재 보강 ❷ 식생보강 1) 목적 • 이식 시 비이식 수목 발생으로 생육구조 변화 • 생육밀도, 피도 감소 • 이식 시 수관 축소로 인한 식생피도 감소 보완 2) 방법 • 구조변화량 측정 • 보강기준 및 보강량 설정 • 보강식재목 규격 : B5~7cm • 조성지 야생수목, 유령목 활용

③ 생태모델숲(eco-model forests)

㉮ 개념

- 자연림의 구조와 기능에 대한 정보를 토대로 자연림과 유사하게 조성된 숲
- 식재 당시에 포트에 의해 양묘된 개체를 이용
- 교목류, 아교목류, 관목류를 동시에 구성하여 밀도를 높임으로써 양호한 활착률과 개체의 빠른 생장을 도모
- 식재 후에는 자연발달을 유도, 약 10년이 경과하면 거의 안정된 숲으로 발달, 자연림과 유사한 생태모델숲의 전형적 모습을 갖추게 됨

㉯ 산림 조성기법의 비교

산림 조성기법	특징 및 장단점
모델식재	자연림과 유사, 고비용, 넓은 면적 적용에 한계
복사이식	자연림 이식, 고비용, 넓은 면적 적용에 한계
생태모델숲	자연림과 유사, 저비용, 넓은 면적 적용 가능

㉰ 생태모델숲 발달과정 예측모델

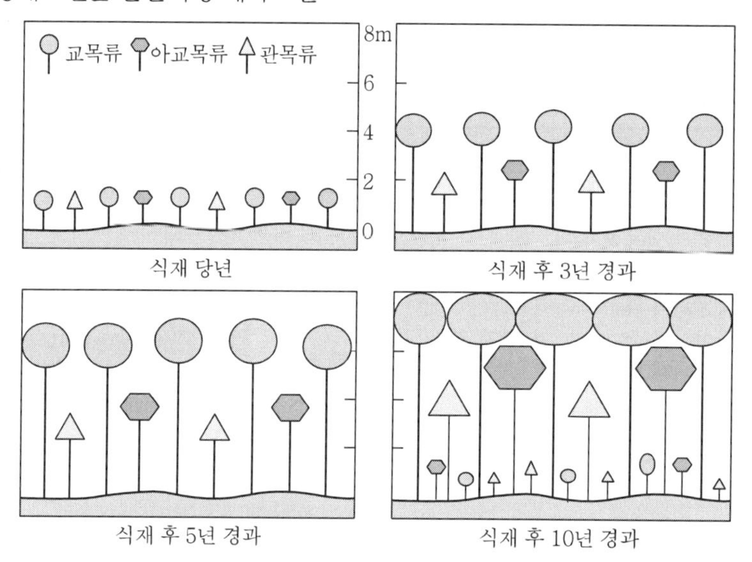

‖ 식재 초기와 경과연수에 따른 생태모델숲의 발달과정 예측 모델 ‖
(식재 후 10년이 경과하면 실생유묘도 나타나게 될 것으로 기대됨)

㉱ 생태모델숲의 조성과정

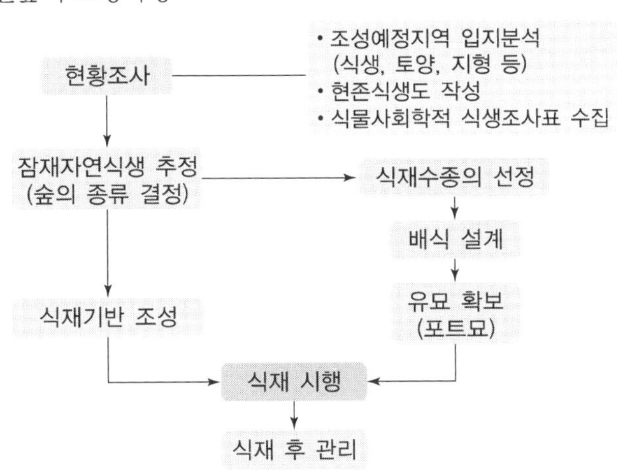
현황조사
• 조성예정지역 입지분석
(식생, 토양, 지형 등)
• 현존식생도 작성
• 식물사회학적 식생조사표 수집
잠재자연식생 추정
(숲의 종류 결정)
식재수종의 선정
배식 설계
유묘 확보
(포트묘)
식재기반 조성
식재 시행
식재 후 관리

12 생태도시

1. 생태도시의 정의

1) 생태도시(ecopolis)의 개념

① 도시가 하나의 생물유기체처럼 자연생태계의 안정성, 순환성, 자립성, 다양성의 기능을 지닌 환경친화적 도시
② 인간과 자연이 조화를 이루며 공생, 상생하는 도시
③ 환경 지속성, 경제 지속성, 사회 지속성을 지닌 지속가능한 도시
④ 녹색도시, 환경도시, 환경공생도시, 환경보전도시 등 다양한 용어가 있음

2) Register의 생태도시 만들기의 원칙

① 유기적 도시
살아있는 시스템과 같이 계획된 도시
② 진화의 패턴에 적합한 도시기능
도시가 지속가능해야 함. 도시 속에서 창조성을 표현하고 지원
③ 기초부터 체계적으로 계획된 도시
전체 도시의 건강성에 기여하는 토지이용패턴에서부터 시작
④ 기존의 교통체계를 역전
도보, 자전거, 철도, 버스, 자동차의 순서로 계획
⑤ 토양을 보전, 생물다양성 증진
야생동식물과 공존, 건강한 도시생태계 유지

2. 생태도시의 기능 : 조성원칙

1) 안정성

① 생태계 평형을 유지, 유입과 유출의 균형
② 유입과 유출의 균형은 동적 평형에 기여
③ 순환성, 자립성, 다양성을 통한 지속적 체계 구축
④ 자연상태의 물길 유지, 오염 제로화, 대중교통 중심
⑤ 기후변화에 적절하게 대응

2) 순환성

① 물순환체계 구축, 빗물관리, 오수 재활용
② 에너지 흐름과 물질순환이 가능, 연결성 확보
③ 재활용과 재사용을 통해 물질순환
④ 자연지반 확보, 생태면적률 확보, 네트워크화
⑤ 쓰레기 배출 제로화, 자연의 섭리를 활용

3) 자립성

① 도시 내의 생태적 자립성, 스스로 지속할 수 있는 능력
② 식량, 에너지, 물 등 도시생태계의 외부의존도 낮춤
③ 에너지 저감 시스템, 탄소중립도시, 먹거리를 스스로 생산
④ 생태인프라를 갖춘 도시

4) 다양성

① 생물다양성 측면, 종 보호 및 서식처 확보
② 다양한 비오톱 창출과 유지관리
③ 야생동물과 공존, 훼손된 생태계를 치유, 다양한 생태계 보유
④ 자연생태계와 통합되는 건물

3. 생태도시의 필요성

1) 필요성

① 가중되는 지구온난화에 대한 대응

㉮ IPCC보고서 : 2100년 지구기온 2~4℃, 해수면 59cm 상승 예측
㉯ 우리나라 기상청 자료 : 1900년부터 2000년까지 평균기온 1.5℃ 상승(지구평균기온 상승분의 2배가 넘는 수치)
㉰ 월드워치연구소 : 도시면적은 지구표면의 2% 정도에 불과하나 전체 CO_2 배출량 78%, 물소비량 60%, 목재사용량 76%가 집중

② 기후변화에 대한 대응

㉮ 지구온난화로 인한 이상기후인 해일, 태풍, 폭우, 폭설 등 빈발
㉯ 해수면이 상승하여 해변 주거지나 토양, 생태계에 영향

㉰ IPCC보고서 : 아시아지역의 경우 2050년경 큰 강 유역에서 물 부족 현상 나타남. 해안 지역에서는 해수면 상승으로 범람 피해 위험, 홍수와 가뭄으로 인한 질병 피해 예측

㉱ 기후변화에 취약한 도시 : 영국 런던, 미국 뉴욕과 보스턴, 브라질 상파울루와 리우데자네이루, 중국의 상하이, 일본의 도쿄 등

③ 지구생태계와 자원의 유한성에 대한 대응

㉮ 지구의 생태적 수용능력에 비해 인간의 자원소비가 훨씬 많아서 지구환경문제가 발생

㉯ 지구생태발자국네트워크 : 2007년의 전 세계 생태적 수용능력은 1.8gha(global hectares per capita), 생태발자국은 2.7gha로 산출

㉰ IPCC보고서 : 2100년까지 지구기온 2~3℃ 상승하면 지구상 생물종의 20~30%가 멸종 위험 예측

④ 도시화에 대한 대응

㉮ 도시화로 인해 1950년에 비해 2000년에 4배 증가

㉯ UN은 2050년에 인류의 3분의 2 이상이 도시에서 거주 예측

㉰ 현재 도시 에너지소비량은 전 세계 에너지소비량의 75% 차지

㉱ 도시 온실가스 배출량도 전 세계의 80%

㉲ 도시에서 물 확보 문제도 심각(로스엔젤레스, 베이징 등)

㉳ 대도시 교통문제의 심각성(Biophilia 가설)

2) 외국의 생태도시 계획사례 1 : 독일의 프라이부르크

① 자동차 이용 억제

㉮ 자동차 이용을 어렵게 해서 자동차 수요 감축

㉯ 속도제한으로 보행자 안전 고려

㉰ 자전거와 전차의 연계를 촉진

㉱ 전철과 버스를 싼값에 이용, 환경정기권제도 시행

② 기존 도시 인프라의 슬기로운 변용

㉮ 13세기 시내 수로인 베히레를 도시 열섬현상 저감과 미기후 관리를 위해서 사용, 동시에 관광상품화

㉯ 베히레는 휴식처를 제공, 자연과 인간을 공존하게 함

③ 보봉 생태지구 조성

㉮ 친환경자재, 에너지 저감 시스템, 재생에너지와 빗물 이용 등 친환경기술을 사용

㉯ 자가용 없이 살기 캠페인, 자동차 공동소유 조합

④ 태양에너지 이용, 에너지 손실 최소화

㉮ 헬리오트롭 : 회전형 태양열주택, 태양의 움직임에 따라 회전하며 실내온도 유지

㉯ 태양광 연립주택, 태양 에어컨, 3층 단열유리 사용한 벽면 등

3) 외국의 생태도시 계획사례 2 : 아랍에미리트의 마스다르

① 개요

㉮ 위치 : 아랍에미리트의 아부다비 공항 옆

㉯ 규모 : 개발면적 6km²

② One Planet Living 원칙이 추구하는 지속가능성

㉮ 탄소 제로, 쓰레기 제로, 지속가능한 교통, 지속가능한 지역 재료

㉯ 지속가능한 지역의 음식, 지속가능한 물, 자연서식처와 야생동물

㉰ 문화와 유산, 형평과 공정무역, 건강과 행복

③ 연차별 계획

㉮ 2008~2010년 : 에너지발전과 인프라 구축, 태양광발전단지

㉯ 2009년 : MIST대학교와 주변개발

㉰ 2010년 : 공공건물

㉱ 2012년 : 커뮤니티 센터

㉲ 2013년 : 과학공원

㉳ 2015년 : 주거단지

④ 계획의 특징

구분	내용
그린에너지	태양 및 수소에너지 중심 재생에너지 발생, 공급, 기술개발
그린교통시스템	• 탈석유, 재생 및 전기에너지를 사용한 신교통시스템 구축 • PRT, MRT 등 자기부상형 교통수단 이용, 경량철도 이용
그린건설	고효율 에너지 건물 건설로 도시 전체 에너지효율 증가
그린자원	• 물, 폐기물 등 재이용기술 및 시스템 개발 • 도시의 물질순환구조 확립, 생물다양성 보전 도모
그린금융	• 친환경기술, 시스템 개발지원 전담 펀드와 투자체계 구축 • 마스다르 클린테크 펀드 설립으로 그린기술에 전적으로 투자
그린정책	그린화사업의 적극 지원을 위한 법적 · 정책적 근거 마련

4. 도시생태계의 이해

1) 자연생태계

① 열린계, 유입과 유출의 동적 평형을 이룸
② 생물과 비생물환경 간에 상호작용하는 집합체
③ 모든 수준에서 인간도 생태계의 주요한 통합적 · 교호적 요소

2) 도시생태계

① 구조

㉮ 생물요소인 숲, 야생동식물, 인간과 비생물요소인 건물, 도로 같은 인공구조물로 구성됨
㉯ 자연생태계와는 달리 자연적 요소와 인공적 요소의 융합

② 특징

㉮ 도시화는 종구성을 단순화 · 동질화시킴
㉯ 수문학적 체계를 파괴하여 에너지흐름과 물질순환의 변화 초래
㉰ 자연시스템의 100~300배 높은 에너지 소비
㉱ 서식처 패치의 통합 결여, 외래종의 침입, 따뜻한 미기후
㉲ 강우 유출 증가, 고농도 중금속과 유기물 함유 토양
㉳ 인간이 경관을 지배, 핵심종이 인간

③ 문제점

㉮ 생태계 상위에 위치하는 고차소비자 멸종
㉯ 자연환경변화에 약한 종이나 자연생태계 구성요소 감소
㉰ 도시환경 특유 귀화생물종 출현
㉱ 도시환경에 적응한 생물종의 증가
㉲ 생물종과 그 개체수가 극히 적고 구조가 단순화

④ 자연생태계와 도시생태계 비교

자연생태계	도시생태계
• 독립영양계 • 태양에너지만으로 자기유지를 함 • 해양, 산림과 같이 각각 독립 존재 • 구성원 간에 자연스런 상호작용	• 종속영양계, 인공생태계 • 태양에너지 외에 화석에너지, 원자력에너지 도입해야 유지 • 독립적으로 존재 불가 • 매우 적은 상호관계로 파악이 어려움

5. 생태도시의 계획요소

구분			계획지표
토지이용 · 교통 · 정보통신 분야	토지이용	환경친화적인 배치	• 자연지형 활용, 절 · 성토면적의 최소화 • 환경친화적 적정규모밀도 적용 • 오픈스페이스 확보를 위한 건물 배치
		적정밀도 개발	• 녹지자연도, 생태자연도, 임상등급 등 고려 • 지역용량을 감안한 개발지역 선정
		자연자원의 보전	• 생태적 배후지 보존으로 자정능력 확보 • 우수한 자연경관의 보전
		오픈스페이스, 녹지 조성	도로변, 하천변, 용도지역 간 완충녹지 설치
	교통체계	보차분리	보행자전용도로 설치를 통한 보행자전용공간 확대, 보행자공간 네트워크화
		자전거이용 활성화	자전거도로 설치
		대중교통 활성화	대중교통 중심의 교통계획, road diet
	정보통신	정보네트워크를 이용한 도시 및 환경관리	신기술 정보통신 네트워크 확보를 통한 환경관리 및 도시관리
생태 · 녹지 분야	녹지 조성	그린네트워크를 위한 녹지계획	• 녹지의 연계성(그린 매트릭스) • 그린웨이 조성 • 풍부한 도시공원, 녹지, 도시림 조성
	생물과 공생	비오톱 조성	• 생물이동통로 조성 • 생물서식지 확보(습지, 관목숲 등)
물 · 바람 분야	수자원 활용	우수의 활용	• 우수저류지 조성 • 투수면적 최대화
		환경친화적 생활하수처리	우 · 오수의 분리처리
	수경관 조성	친수공간 조성	자연형 하천(실개천, 습지 등) 조성
	바람길 이용	바람길 확보	공기순환(오염물질 농도감소 효과) 및 미기후 조절(도시열섬화 완화)을 위한 바람길 조성
에너지 분야	자연에너지 이용	청정에너지 이용	LPG, LNG 사용 확대
	재생에너지 이용	지열, 폐기물소각열, 하천수열 등 미이용 에너지 이용	• 지역의 재생에너지 사용 • 지열, 하천수열, 해수열, 태양열, 풍력 등
환경 · 폐기물 분야	폐기물관리	자연친화적 쓰레기처리	쓰레기 분리수거 공간 및 기계시설. 분리함 설치, 4R(reduce, reuse, recycle, recover) 절감, 재사용, 재활용, 회수
어메니티 분야	경관	도시경관 조성	시각회랑, 스카이라인 조절
	문화	문화, 여가시설 조성	문화욕구 충족시키는 문화, 여가시설 조성
	주민참여	커뮤니티 조성을 통한 주민참여	주민참여에 의한 지역사회활동 및 도시관리 유지방안

6. 생태도시의 조성

1) 탄소중립도시 만들기

① 개념

㉮ 탄소중립이란 온실가스의 방출을 원천적으로 줄이고 방출된 온실가스를 최대한 흡수하는 것

㉯ 온실가스 배출량을 제로로 만드는 자발적 온실가스 감축 실천운동

㉰ 탄소중립도시란 이산화탄소 배출을 최대한 줄이고 배출된 이산화탄소를 흡수하여 대기 중의 이산화탄소 농도를 궁극적으로 제로화하는 도시

② 계획요소와 기법

㉮ 분산적 집중화가 이루어진 도시

- 도시기능, 기반시설이 어느 정도 분산시키면서 집중화를 이루어야 함. 지나친 집중은 인구과밀, 교통체증 유발
- 압축도시, 네트워크시티 등

㉯ 대중교통 중심의 교통구조

- 자가용은 에너지 면에서 가장 비효율적, 온실가스 과다 배출
- 대중교통, 자전거, 보행 위주의 교통구조 필요

㉰ 에너지절약, 신 · 재생에너지 활용

- 단열과 자연형 시스템 활용 건축 도입
- 태양열, 태양광, 지열, 풍력, 바이오에너지 등 적극 활용

㉱ 탄소흡수능력 있는 녹지의 보전과 조성

도시계획단계부터 도로, 상하수도 같은 도시인프라와 마찬가지로 녹지축과 같은 그린인프라를 계획

구분			계획요소
탄소 저감	에너지 저감	신 · 재생에너지	액티브 솔라시스템, 패시브 솔라시스템, 풍력에너지, 지열에너지
		에너지절약	고단열 · 고기밀 자재, 자연채광과 차양, 자전거도로, 보행자도로
	자원 저감	자원순환	중수, 빗물저장탱크, 천연재료
		폐기물 저감	음식쓰레기 퇴비화
탄소 흡수	녹지	단지녹화	생태공원, 텃밭
		입체녹화	지붕녹화, 벽면녹화, 친환경 방음벽
		그린네트워크	그린웨이, 경관림, 생물이동통로, 바람통로
	수자원	수자원 절약	빗물저류지
		수순환체계	투수성포장, 잔디도랑, 실개천, 자연지반 보전
		수생비오톱	서식처 연못

2) 그린인프라를 갖춘 도시 만들기

① 그린인프라의 개념

㉮ 그린인프라(green infrastructure)란 자연생태계의 가치와 기능을 보전, 인류에게 이익을 제공하는 녹지공간의 상호연결된 네트워크

㉯ 즉, 수로, 습지, 숲, 야생동물 서식지, 그린웨이, 공원, 농장, 산림 등이 네트워크를 이루는 것

㉰ 그린인프라는 도시의 골격을 만들어주는 녹지로서 도로, 상하수도와 같은 인공인프라와 마찬가지로 도시계획에서 필수요소가 됨

㉱ 그린인프라 네트워크는 허브(hub)와 연결지(links)로 구성됨

㉲ 허브는 유보지, 향토경관, 생산토지, 공원 등이 해당

㉳ 연결지는 도시생태축, 생태통로, 그린웨이, 그린벨트, 수변범람원 등이 해당

② 계획원칙

미국 워싱턴시의 보전기금은 그린인프라 5대원칙을 제시

㉮ 총체적으로 설계 : 교통시스템과 같이 전체로서 기능을 하는 시스템으로 설계

㉯ 전략적으로 배치 : 행정구역을 넘어 연결되고 도시계획 단계별 녹지공간 요소와 기능을 통합하도록 배치

㉰ 공공적으로 계획되고 집행 : 인공인프라와 마찬가지로 공공 투입과 계획, 집행

㉱ 우선적으로 재정지원이 필요 : 다른 기초 서비스와 함께 우선적으로 재정지원

㉲ 보전의 골격 : 그린인프라는 보전의 골격이 되어야 함

③ 그린인프라 조성 1 : 도시생태축 계획

㉮ 도시생태축의 개념과 주요기능

생태축 구분		개념	주요기능
주축 (핵심지역+ 연결지역)	산림녹지축	• 불완전한 생태적 구조로 일부 생물의 서식 및 이동이 가능하며, 도시생태연결체계 형성 • 시각적으로 도시 내 우세경관 형성 • 주로 핵심지역을 연결하여 구축된 체계를 형성	도시 내 대규모 산림을 연결하여 야생동물 서식 및 이동 유도
	하천습지축		도시 내 대규모 하천으로 야생동물서식 및 이동기능 수행
	연안갯벌축		도시 내 갯벌 및 사구, 기수역하천 등의 연안지역을 연결
	자연경관축		도시 내 자연시각적인 우세 경관 형성

부축 (거점지역+ 연결지역)	산림녹지축	도시 내 소규모 산림과 공원 녹지 연결체계	도시 내 소규모 산림과 도시공원, 녹지를 연결하여 소규모생물이 이동 및 시민휴양 기능
	하천습지축	도시 내 소규모 하천과 실개천을 이용한 연결체계	소규모 생물 이동 및 시민휴양기능
	가로녹지축	도심 내 선형의 녹지연결체계	도심지역 가로 및 녹도로서 도시민의 휴양기능 수행

㉯ 도시생태축의 폭

구분	도시녹지축		지구, 단지축	
	주녹지축	부녹지축	주녹지축	부녹지축
하한(최소)	100m	30m	15m	5m
기본(적정)	200m	80m	30m	20m

㉰ 환경부 도시생태축 가이드라인

- 녹지면적의 35%를 도시생태축으로 연결하는 원칙
- 환경여건을 종합적으로 고려하여 녹지면적의 최소 20% 이상을 도시생태축으로 계획
- 연결지역의 떨어진 거리는 최대 1km 넘지 않는 원칙
- 폭은 지속가능한 신도시 계획기준을 준용

④ 그린인프라 조성 2 : 생태공원설계

㉮ 생태공원의 개념

- 도시 내에서 생물이나 자연과 접할 수 있는 공원
- 생태공원은 생물이나 다양한 식물을 접하고자 하는 주민욕구를 충족시키고 도시의 자연잠재력을 높이는 역할을 함
- 생태공원은 일반적으로 생태적 요소를 주제로 한 관찰, 학습 등이 이루어지고 생태적 원리에 입각한 구조와 기능을 가지도록 생태적 자원의 보호와 복원이 이루어지는 공원

㈏ 유형과 사례

<table>
<tr><th colspan="3">유형</th><th>사례</th></tr>
<tr><td rowspan="5">서식처별</td><td rowspan="3">습지형</td><td>해안습지형</td><td>• 을숙도 생태공원
• 시화호 인공갈대습지공원</td></tr>
<tr><td>내륙습지형</td><td></td></tr>
<tr><td>산림습지형</td><td></td></tr>
<tr><td colspan="2">산림형</td><td>• 문경새재 생태공원
• 함평용천사 자연생태공원</td></tr>
<tr><td colspan="2">초지형</td><td>길동 자연생태공원</td></tr>
<tr><td rowspan="4">주요시설별</td><td colspan="2">수목원형</td><td>대전수목원</td></tr>
<tr><td colspan="2">자연환경연구공원형</td><td>강원도 자연환경생태공원</td></tr>
<tr><td colspan="2">동물원형</td><td>미국 New Orleans Audubon 생태공원</td></tr>
<tr><td colspan="2">탐조공원형</td><td>한강조류생태공원</td></tr>
<tr><td rowspan="5">입지별</td><td colspan="2">매립지형</td><td>대호간척지 생태공원</td></tr>
<tr><td colspan="2">호수형</td><td>영국의 Milton Country Park</td></tr>
<tr><td colspan="2">강변형</td><td>고덕생태공원</td></tr>
<tr><td rowspan="2">도심형</td><td>육상형</td><td>여의도 샛강생태공원</td></tr>
<tr><td>옥상형</td><td>서울시청 옥상, 명동유네스코회관 옥상</td></tr>
</table>

㈐ 설계목표

- 생물의 생육 · 서식공간을 보전 · 창출하고 생물과 인간이 함께 어울릴 수 있는 장소를 만드는 것이 목표
- 초기 목적은 시민들에게 자연과 교감할 수 있는 공간 제공으로, 목표종도 반딧불이나 잠자리 같은 친숙한 곤충과 조류가 주류였음
- 1992년 이후 생물다양성 위협을 인지함에 따라 생물다양성 보호 목적이 추가됨

㈑ 설계원칙

- 자연에 관한 기초지식이 필요, 생태학적 지식이 중요
- 생태공원 내에는 야생동식물 서식처가 조성, 야생동물의 행동권이나 영역을 확보
- 생물 주체로 한 공간계획, 그에 적합한 시설계획으로 구성
- 계획대상지의 자연 이해, 파악에 역점, 자연특성 존중
- 도시생태의 거점, 도시환경 개선, 도시생태네트워크의 핵심
- 핵심보전구역, 그 주변에 완충지역, 완충지역 주변에 인간 이용지역을 설정하여 이용과 서식처 보전이 상충되지 않도록 함
- 공원시설 건축재료는 친환경소재 사용, 재활용, 에너지절약, 물순환체계를 도입

㉮ 계획 및 설계과정

- 계획 관련 조건 : 동식물의 생활사, 생육 · 서식공간, 인간과 생물의 거리, 서식공간 최소면적, 관찰대상 등
- 관리 관련 조건 : 생물의 생육 · 서식환경 관리, 생물서식공간 기반인 식생관리, 먹이 연쇄관계에 있는 동물관리
- 생태적 환경설계 : 지형과 수계 보전, 식생과 표토 보전과 이용, 식생과 토양 내 종자 이용을 위한 설계
- 물의 설계 : 수질과 수량, 소하천과 시내, 수로 등 설계, 연못, 늪, 저수지 같은 정체수역, 습지, 빗물배수시설 설계
- 생물 도입 : 원칙적으로 자연적인 도입을 전제, 불가능 시 인위적 도입을 검토

3) 물순환이 원활하게 이루어지는 도시

① 도시에서 물순환 개념

㉮ 도시에서 물의 순환을 원활하게 하기 위해서는 비가 내린 후 빗물이 곧장 하천이나 강으로 흘러나가지 않고 땅 속으로 스며들어 지하수로 저류되거나 빗물을 받아서 재활용해야 함

㉯ 도시 토양은 대부분 불투수성으로 포장되어 있어 빗물이 땅속으로 스며들지 못하고 모두 흘러나가 버림

㉰ 따라서 도시 내에서 빗물이 지하수로 저류되기 위해서는 불투수 포장면적을 줄여야 함

② 생태면적률

㉮ 개념

공간계획 대상면적 중에서 자연순환기능을 가진 토양면적의 비를 생태면적률이라 함

㉯ 독일의 생태면적률

- 독일의 모든 도시는 도시의 자연과 경관을 보호하기 위해 토지이용계획과 더불어 경관생태계획을 수립하고 있음
- 그러나 경관생태계획을 수립한다 해도 기성 시가지처럼 개발밀도가 높고 생태환경이 열악한 지역에서는 현실적으로 계획내용을 충실하게 이행하기 어렵다는 문제점이 있음
- 기성 시가지 같은 도시공간에서 도시생태적 기능을 개선하기 위한 새로운 계획수단으로 BFF-경관생태계획이 1990년대부터 제도화되어 운영
- 독일 베를린 BFF는 BFF-경관생태계획이 수립된 지역에서 제시되는 생태기반지표임
- 건축허가를 받기 위해서는 그 지역에 제시된 BFF 수준을 달성해야 함

- 베를린의 BFF는 자연순환기능의 관점에서 토양의 피복유형을 구분하고 그 유형별 면적에 가중치를 곱한 자연순환기능 환산면적을 전체 공간계획 대상지 면적으로 나눠 산출

㉰ 우리나라 생태면적률

- 환경부에서는 생태면적률을 사전환경성 검토와 환경영향평가 대상 중 택지개발이나 공동주택 건설과 관련되는 개발 사업에 우선 적용해 시행하고 있음. 단계별로 확대 시행할 계획
- 서울시에서는 생태면적률을 도시계획에 적용, 운영하는 방침을 정하고, 이를 위해 생태면적률 도시계획 적용 편람을 마련함. 2004년부터 공공기관에 생태면적률을 적용 유도하고 2008년부터 개정안을 시행

③ 빗물순환방법

㉮ 개념

- 도시지역의 하천과 생태계 안정성을 위한 불투수면적률의 한계값은 대략 10% 수준인 데 반해, 서울지역을 예로 하면 불투수율이 49.3%나 되어 도시 내부 물순환체계의 왜곡이 우려되는 실정임
- 이러한 증가량을 현지에서 증발산, 침투, 저류로 처리한다면 도시개발이 물순환에 미치는 영향을 줄일 수 있음
- 인위적으로 변화된 물순환체계를 자연적인 물순환체계로 바꾸는 것이 녹색도시 조성을 위한 주요과제임

㉯ 분산식 빗물관리

- 지역 내에서 발생하는 유출수를 빗물이용시설과 침투 · 저류 시설 등을 통해 현지에서 처리하는 방식
- 이를 위해서는 빗물상태나 활용목적에 따라 전처리, 이용, 저류, 침투시설을 조합하여 계획
- 기존의 중앙집중식 물관리체계에만 의지하는 것이 아니라 저류와 활용, 침투와 증발산을 통해 도시의 환경친화적이고 생태적인 물순환을 유도하는 기술

주거지역

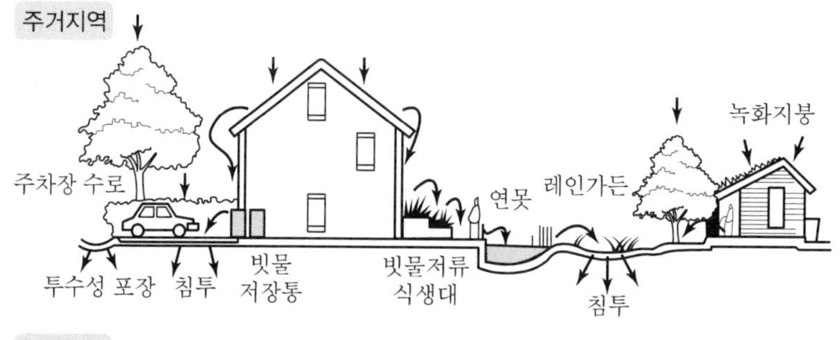

상업지역

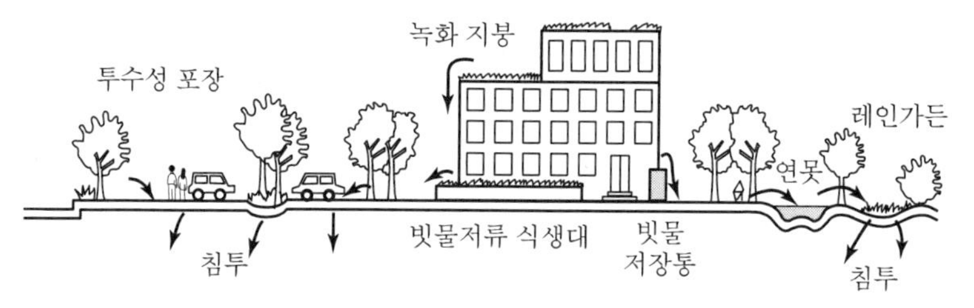

▮ 빗물체인 모식도 ▮

㉰ 생물학적 저류지 : 빗물체인

- 식물이나 미생물을 활용하여 주위 환경의 수질과 수량 모두를 조절하는 자연기반을 기본으로 조성하는 방법
- 조성목적은 빗물유출 감소, 빗물유출수의 저장과 여과
- 완전한 효과를 위해 물이 흘러들어가고 이동하고 흘러나가는 모든 특성을 고려한 통합접근법이 요구됨
- 이러한 통합접근법을 '빗물체인(stormwater chain)'이라 함
- 빗물체인은 강우 시 일련의 연속된 시설물을 통해서 빗물을 모으고 주거공간과 상업공간으로 방출하는 물순환방식

④ 저영향개발(LID) 제도와 기법

㉮ 저영향개발 개념

- 저영향개발(LID : Low Impact Development) 제도는 투수면적을 늘리고 친환경적인 배수환경을 조성하기 위한 배수관리 및 빗물관리방법
- 영국의 지속가능한 도시배수시스템, 워싱턴주의 자연배수시스템, 현장빗물관리, 호주의 물민감도시설계와 유사개념
- 최근 미국 북서부를 중심으로 강제력을 지닌 방식

㉯ 내용 및 특징

- 불투수면적에 따른 빗물유출량 제한, 배수관리, 생태수로, 빗물정원, 빗물저류지와 같은 저영향개발기법의 활용을 적극적 유도

- 빗물관리 매뉴얼 및 무영향 배수 배출조례 등을 규정
- 빗물관리 매뉴얼은 빗물유출 수질과 수량은 개발 이전 이상의 상태를 유지, 빗물의 수질과 유출량을 관리, 빗물 수질 및 유출량 조절시설 의무화
- 무영향 배수 배출조례는 개발지에서 불투수지구 0%로 유지, 자연생태환경 개선, 산림자원을 활용, 불투수성 면적 감소, 자연보호 유도

㉰ 핵심개념

- 수문학을 통합골격으로 사용
- 미시적 관리를 고려
- 발생원에서 빗물을 통제
- 단순하고 비구조적인 방법을 사용
- 다기능 경관을 창조

㉱ 단지계획과정에서 저영향개발기법 통합단계

- 1단계 : 적용가능한 지역지구, 토지이용, 구획정리 기타 지역의 규정 검토
- 2단계 : 개발한계 설정
- 3단계 : 배수와 수문학을 설계요소로 활용
- 4단계 : 불투수성 지역의 총면적을 줄이거나 최소화
- 5단계 : 개략 단지 배치계획에 통합
- 6단계 : 직접 연결된 불투수성 지역을 최소화
- 7단계 : 배수흐름통로의 변경 혹은 확대
- 8단계 : 개발 전후의 수문 비교
- 9단계 : 저영향개발 단지계획 완료

4) 기후변화에 적절히 대응하는 도시

① 기후변화 대응 도시 개념

㉮ 기후변화에 대응하는 도시란 기후변화에 대한 도시의 취약성을 파악하고 기후변화 영향에 대해 사전에 적응 · 완화하여 기후변화 속도와 크기를 감소할 수 있는 도시

㉯ 기후변화의 영향은 다양한 자연재해로 나타나기 때문에 이에 대한 대응책을 사전예방적으로 준비하고 있는 도시

② 도시의 취약성

㉮ 취약성 개념

- 취약성이란 자연과 사회체제가 기후변화로부터 지속적인 피해를 받기 쉬운 정도
- 취약성이란 재해요소에 대한 노출뿐만 아니라 피해의 영향에서 복구되는 능력까지도 의미

㉯ 기후변화현상과 변화방향

- 추운 낮과 밤의 기온상승, 빈도감소
- 더운 낮과 밤의 기온상승, 빈도증가
- 열파빈도 증가, 집중호우빈도 증가
- 가뭄피해지역 증가, 강력한 열대성 저기압 활동 증가
- 해수면 상승 증가

㉰ 기후변화가 도시계획시설에 미치는 영향

- 물 공급에 영향, 물 수요 증가, 적조현상 등 수질문제 발생
- 기반시설 손상 및 교통두절피해 증가
- 지하철 등 지하시설 침수 및 정전피해 증가
- 산사태로 인한 기반시설 붕괴 및 손상
- 지표수, 지하수, 상수 오염 증가
- 하천수량 부족 심화
- 해안변 기반시설(도로, 항만 등) 침수, 이전가능성 증대
- 해안변 담수계 염수화 및 담수 가용성 감소

③ 우리나라 기후변화대응책

㉮ 국토의 계획 및 이용에 관한 법률

- 도시계획에서 다루어야 하는 한 부문으로 방재와 안전에 관한 사항을 규정
- 광역도시계획과 도시기본계획에서 방재계획과 방재 및 안에 관한 계획을 부문계획으로 포함
- 도시관리계획의 용도지역계획에서 수해 등 재해빈발지역에 대해 가급적 개발용도지역을 부여하지 않도록 함
- 방재지구의 지정 : 풍수해, 산사태, 지반붕괴와 해일피해 등 재해를 예방하기 위해 필요한 지구

㉯ 재해영향평가제

- 개발행위로 인한 재해영향을 사전에 평가, 재해유발요인에 대해 개발자가 스스로 경감대책을 강구하도록 함으로써 재해요인을 최소화하기 위한 제도
- 일정 재해영향률 이상을 초래하는 개발자에 대해서는 원인자부담원칙에 따라 재해경감대책 강구를 위해 재해영향평가제 도입

㉰ 환경부의 국가기후변화적응대책 수립

- 저탄소녹색성장기본법에 의거해 수립
- 우리나라 해수면 상승 예측 : 2008년 대비 2050년에는 9.5cm, 2100년에는 20.9cm 상승할 것으로 전망

- 도시와 관련된 대책
  - 기후변화에 따른 취약지역 분석, 취약성 지도 작성
  - 방재기준 강화
  - 재해위험시설 보수
  - 자연재해저감시설물 설계용량 증대
  - 방재정보 전달체계 구축
  - 도시 하수도시설 개선
  - 기후친화적 국토이용 · 관리체계 구축
  - 도시의 기후변화 적응능력 향상

④ 도시계획 측면의 기후변화대응방안

㉮ 기후변화에 따른 자연재해 특성

- 기존 재해보다 기후변화 영향은 대형화되고 폭염, 해수면 상승 등 새로운 위험을 출현시킴
- 도시 취약공간에 더 큰 위험이 되고 있고 개별방재대책, 구조물적 대책만으로는 한계가 있음

㉯ 완화(mitigation)와 적응(adaptation)

- 기후변화에 대한 사전예방적 접근
- 기후변화의 영향에 적응하고 온실가스 배출량을 완화하여 기후변화의 속도와 크기를 감소시키는 것

㉰ 도시 자체의 적응능력 강화

- 각 도시특성을 고려한 차별적 대책 수립
- 구조물적 대책과 함께 토지이용제한, 위기관리 등 비구조물적 대책이 필요
- 재해 위험도 분석절차 도입, 홍수 위험도 분석 도입
- 해수면 상승 영향도 분석 필요
- 녹지체계와 수체계를 잘 갖춘 도시 조성
- 생태디자인으로 도시건물의 적응능력 강화
- 재해정보의 신속한 전달체계 구축
- 예보 및 경보시스템 구축, 실시간 재해정보 공유
- 재해지도 작성과 보급, 사전대피체계 구축

㉱ 기후변화에 안전한 재해통합대응도시 구축방향

- 기후재해에 통합적이고 도시계획적인 대응
- 도시의 차별적 적응능력 강화
- 위기관리를 통한 대응

⑤ 기후친화 안전사회(CFSS)

㉮ 저탄소사회에서 기후친화 안전사회로

- 종전까지 국내에서는 기후변화 대응을 위해 이산화탄소 배출의 감소, 흡수 등 완화(Mitigation) 방안을 중점으로 다루었음
- 그리하여 OECD(2006)에서 보고한 국가별 적응정책 현황에 따르면 우리나라의 경우 영향평가와 취약성에 관한 이슈가 90% 이상을 차지하여 적응대안 및 정책대응이 매우 미흡한 것으로 평가하고 있음
- 그동안 저탄소사회가 온실가스 감축을 통한 경제성장을 기초로 하여 기후친화적인 사회를 구축하는 데 치중하였다면, 앞으로 온실가스 저감과 함께 사회경제 전반에서 기후변화에 안전한 사회를 구축할 필요가 있음
- 즉, 기후친화적이면서도 기후변화의 영향으로부터 안전한 기후친화 안전사회(Climate Friendly and Safe Society : CFSS)에 대한 비전과 전략개발이 시급함

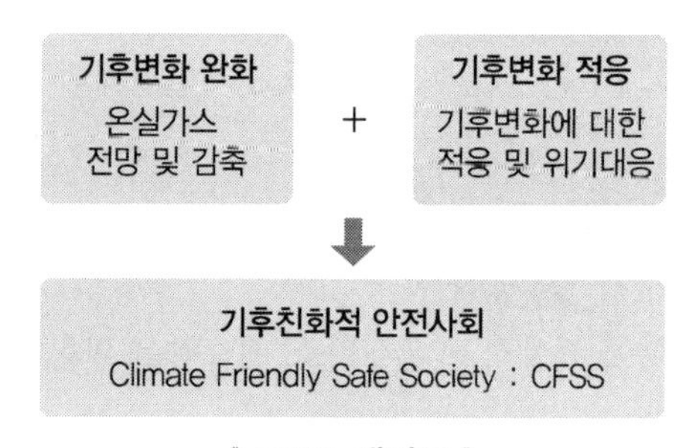

‖ CFSS 개념도 ‖

- 이 내용은 '2050 기후친화적 안전사회모형개발을 위한 기초 연구' 보고서를 통해 소개됨

㉯ 기후변화 대응 시나리오의 주요사례

■ 국제협의체에서 제시한 기후변화 대응 시나리오

- 기후변화는 지구대기시스템의 물리적 반응과 이에 대응하는 인간의 저감 및 대응정책의 효과에 좌우되며 인구증가, 경제성장, 기술, 정책 등을 포함한 개발경로와 관련이 있음
- 그러므로 미래 시나리오는 각 요소들의 불확실성을 고려하여 정량화하는 데 활용되고 있음
- 최근 개발된 기후모델을 구동하기 위해서 기존의 시나리오보다 자세한 정보를 제공하는 시나리오가 필요하게 됨
- 즉, SRES에서는 제공하지 않았던 서로 다른 기후정책에 따른 영향을 설명할 수 있는 시나리오에 대한 요구가 증가하게 되었음
- 저감 및 적응 정책과 기후영향을 평가하기 위한 새로운 미래 시나리오는 두 개의 주

축으로 구성됨. 하나는 RCP(Representative Concentration Pathways)로서 지구 복사력 수준임. 다른 축은 저감 및 적응력을 고려한 사회 · 경제적 시나리오(Socio-economic reference pathway)임

■ RCP(Representative Concentration Pathways) 시나리오

- RCP 시나리오는 IPCC 5차 평가보고서에서 고안되었는데 인간활동이 대기에 미치는 복사량으로 온실가스 농도를 정하고, 온실가스 농도 4가지(2.6, 4.5, 6.0, 8.5)를 대표로 사용하였음
- 농도산출은 기후변화 대응정책의 수행 여부가 다르게 적용되어 나타난 결과임. RCP 2.6의 경우 인간 활동에 의한 영향을 지구 스스로가 회복 가능한 경우이며, RCP 8.5는 현재 추세(저감 없이)로 온실가스가 배출되는 경우임
- RCP 시나리오에 따르면 우리나라 기후변화는 RCP 4.5와 8.5 모두 기온 증가 경향을 나타냄. 21세기 후반부에 두 시나리오에서 각각 현재 대비 15.5%, 18.7% 증가하는 경향을 보였음
- RCP 시나리오 4.5 8.5 둘 다 집중호우가 과거에 비해 더 많이 일어났고 RCP 8.5일 때 집중호우가 더 빈번하게 나타났음
- 또한 폭염의 경우도 폭염일수가 현재는 연평균 9일인데, 미래로 갈수록 대부분의 지역에서 평균 50일 이상 발생할 것으로 전망됨

■ SSP(Shared Socio-economic Pathways) 시나리오

- SSP 시나리오는 세계의 전반적인 개발패턴과 영향, 적응 및 저감과 관련된 서술적이고 정량 · 정성적인 가정들로 정의됨. 이러한 가정은 통합평가모형을 구동하기 위해 필요한 일반적인 입력자료들을 포함함
- SSP 시나리오는 인구, 경제 개발, 기술 선호도 등과 관련된 결정 요인들의 가정으로 구성되며 SSP에서 규정하는 요소들은 다음과 같다.
  - Demographics : 총인구, 인구구조 등
  - Economic Development : GDP, 농경지 생산성
  - Welfare : 교육수준, 건강
  - Ecological factors
  - Resources : 화석연료, 재생에너지의 잠재력 등
  - Institutions and Governance : 국제기구의 존재 여부, 유형 등
  - Technological development : 기술 진화속도, 기술혁신의 확산 정도
  - Broader societal factors : 환경, 지속가능성, 평등에 관한 태도, 라이프스타일
  - Policies : 기후 관련 정책이 없을 경우 개발정책, 기술정책, 도시계획, 교통정책, 에너지보안정책, 환경정책 등

■ SPA(Shared climate Policy Assumptions) 시나리오

- RCP와 SSP의 조합으로 미래 시나리오를 완성하기 위해서는 적응 또는 저감 정책에 대한 추가적인 가정이 필요하며, 그것이 바로 SPA임
- SPA는 기후정책 유형의 특징을 가지며 주어진 RCP에 도달하기 위한 기후정책과 관련하여 가정된 상황들을 만들 것임. SPA는 RCP 기준 정도를 넘는 가정의 주요한 요소들을 카테고리화하려는 시도임
- 기후정책 시나리오는 SSP와 RCP 그리고 가능하다면 기후변화 예측까지 포함한 조합을 통해 도출됨. 예를 들면, RCP 기준에 도달하기 위한 기후정책 과제들을 말함

■ 기후친화 안전사회 모습과 시나리오 구축

- 기후친화 안전사회 모습 : 기후친화 안전사회의 이상적인 모습으로 온실가스 저감의 기후친화적 정책과 기후변화 영향에 대한 적응력 향상을 위한 취약성 제거정책이 모두 조화된 사회의 모습임
- 기후친화 안전사회 시나리오 구축 : 2050 CFSS 시나리오에서는 기후변화에 대응하는 축인 감축, 적응 두 대응방식의 분야에 따라 사회모습을 구상하였음. 이때 미래 사회의 가장 큰 Driving factor로 인식되는 인구의 경우 통계청(2011)의 장래인구추계(2010~2060)를 적용하였음

2050 CFSS 시나리오별 기본가정 : 국내 변화 전망

분야	CFSS 1	CFSS 2	CFSS 3	CFSS 4
감축	• 높은 화석연료 사용 • 에너지 고소비 • 폐기물 증가	• 신재생에너지 기술 혁신 • 폐기물 자원순환	• 높은 화석연료 사용 • 폐기물 감소 • 에너지와 식량수요 불균형	• 신재생에너지 기술 개발 • 폐기물 감소(자원순환) • 지속가능한 소비
적응	• 산림파편화 • 방재시설 미비 • 지속불가능한 개발	• 산림파편화 • 방재시설 미비 • 환경보전문제 증가	• 재난방지기술 발달 • 저영향개발 • 환경보건 예방 및 사후처리기술 발달	• 재난방지기술 발달 • 친환경농업 • 저영향개발
혼합	• 대도시화 지속 • 고밀도 도시 • 생물다양성 감소	• 고밀도 압축도시 • 대도시 집중 • 친환경 대중교통	• 인구 및 인프라 고른 분배 • 저밀도 도시 • 높은 생물종다양성	• 인구 및 인프라 고른 분배 • 저밀도 도시 • 친환경 대중교통

라이프 스타일	• 물질중심사회 • 고칼로리 섭취	• 고칼로리 섭취 • 에너지 절약 생활	• 채식중심 식단 • 극한기후 적응패턴 생활	• 채식중심 식단 • 극한기후 적응패턴 생활 • 에너지절약
거버넌스	• 국가중심 의사결정을 통한 문제해결 • 개인주의 팽배	• 국가주도 의사결정 • 개인주의 팽배	• 다양한 주체의 의사결정 참여 • 도시단위 네트워크	• 다양한 주체의 의사결정 참여 • 도시단위 네트워크
예시	• 양적 성장 국가 • 개발도상국	• 에너지 고효율 도시 • 기술혁신 사회	신도시 개발	저밀도 친환경 도시

5) 기후를 활용한 도시 : 바람통로 계획

① 바람통로 계획

㉮ 개념

기후를 활용한 도시계획을 할 때 가장 먼저 활용할 수 있는 기후현상이 바람임. 바람을 활용한 도시계획은 도시를 만들면서 바람통로를 확보하는 계획으로, 이를 위해 건물의 배치와 높이를 조절하는 방법을 사용함

㉯ 바람통로 계획의 판단기준

- 바람통로 계획의 판단기준은 첫째, 바람의 특성에 지역풍, 산곡풍, 사면풍, 구조적 바람의 순환, 냉기류 등으로 구분해 특정 바람이 유입될 수 있는 바람통로를 계획하는 것임
- 둘째, 바람통로의 기능과 역할에 따라 환기통로, 신선한 공기의 바람통로, 냉기류 바람통로, 차고 신선한 공기의 바람통로 등으로 구분하여 계획을 수립하는 것임
- 셋째, 개발 전 상태에서 자연적으로 형성되는 바람통로를 보존하는 방법과 토지이용계획, 지구단위계획 등을 고려하여 바람통로를 복원하거나 새롭게 설계하는 방법임

㉰ 도시기후지도의 작성

- 바람을 활용한 도시환경계획을 수립하기 위해서는 도시기후지도가 필요함. 다양한 기후분석 결과를 종합적으로 수록한 기후지도는 중기후권 이하의 공간영역에서 도시지역의 변화된 미기후 특성을 보여줌
- 기후지도에는 지형도와 기후톱(klimatop)이 표시되며 기후톱별 특성, 기후기능, 차고 신선한 공기의 생성지역과 이동경로, 공기순환 프로세스 등에 대한 도식과 서술이 포함됨
- 기후톱이란 동일한 지형적 특성을 가지며 이 공간 내에서는 대기의 지표면 간의 물리적인 상호 교환과정이 동일하게 진행되어 전체적인 기후체계에 동일한 영향을 미치는 가장 작은 기상학적 공간 단위라고 정의함

- 도시기후지도를 구성하는 주요 요소는 대상지역의 기후톱인데, 관련 자료를 수집하고 현지조사를 통해 동일한 기후적 특성을 갖는 최소공간단위인 기후톱을 설정함
- 기후톱의 유형은 호수 · 하천, 평지, 산림, 공원, 촌락, 도시 외곽, 도시, 도심, 상업지 · 준공업지 기후톱 등 9가지로 분류됨
- 기후톱 분류기준을 정립하고 수집된 지형과 토지이용 현황자료 등을 바탕으로 GIS를 활용하여 수치지도에 기후톱을 제시함
- 또한, 차고 신선한 공기가 생성되는 지역은 작성된 기후지도를 바탕으로 도출되며, 현지 이동기상관측자료를 바탕으로 차고 신선한 공기의 이동경로를 파악하게 됨
- 이와 함께 대기오염을 측정하여 대상지의 대기오염원에 의한 잠재적인 위험성 등 기타 사항을 파악하여 도시기후지도에 명기함

② 바람통로 설계기준

계획대상지에 바람통로를 설계하기 위한 조건을 정리하면 다음과 같다.

㉮ 대상지의 지표면에서 대기역학적 표면 거칠기는 0.5m 이하여야 함

㉯ 바람이 생성, 유입되는 지역에서 바람의 초기 진입 두께는 0에 가까울 정도로 장애물이 없어야 함

㉰ 바람통로 폭은 최소 50m가 되어야 바람의 원활한 흐름이 유지됨

㉱ 바람통로의 길이는 바람의 진행방향으로 최소 1km는 되어야 함

㉲ 바람통로의 지표면은 가능한 매끄럽고 평탄해야 하며, 공기의 흐름에 방해가 되는 큰 건축물이나 수목군이 없어야 함

㉳ 바람통로에 위치한 방해물(건축구조물 등)의 너비는 바람통로의 10% 이하여야 하고 높이는 10m넘어서는 안 됨

㉴ 바람통로에 위치한 방해물의 긴 변(또는 축)은 바람통로의 진행방향으로 평행하게 놓여야 함

㉵ 바람통로에 개별 방해물들이 위치할 경우 인접한 방해물 간의 높이(h)와 수평거리(d)의 비율(h/d)이 건물은 0.1, 수목은 0.2보다 커서는 안 됨

③ 바람통로 계획의 사례

한국토지공사에서 계획 · 시행하는 양주 옥정신도시의 환경생태시범도시 조성계획에서 제시한 바람통로 계획의 사례를 살펴보면 다음과 같음

㉮ 바람통로 설계지침

- 사업지구 경계의 사방으로 비교적 넓은 오픈스페이스를 형성하고 있어 지역풍과 평야풍이 원활하게 유동하며, 여름철에는 남쪽에서 지역풍이 원활하게 유입되어 양호한 환경을 갖추고 있음
- 지구단위계획을 수립할 때에는 여름철에는 남 → 북 방향으로, 겨울철에는 북측 산

지의 골짜기에서 시작하여 북→남 방향으로 바람이 유입될 수 있도록 물순환체계와 녹지체계를 따라 바람통로를 계획해야 함

- 사업지구의 남쪽지역으로 자연녹지와 계획지구 사이에 완충지역(녹지 등)을 설정하고, 차고 신선한 공기의 생성 · 유입지역으로 녹지와 초지를 형성하되, 엽면적지수가 높은 산림녹지보다는 공원형 녹지를 보존하거나 조성하는 것이 필요함
- 특히 북쪽에서 유입되는 바람의 에너지가 미약하여 고층건물군이 건축될 경우 저풍속지역이 발생하기 쉽고, 지구경계 북쪽으로 준공업시설 등이 들어서 있어 대기오염물질이 사업지구로 확산되거나 해소되기 어려울 수 있음
- 따라서 지구단위계획을 수립할 때는 건축물 배치별 미세규모에서의 바람장과 대기오염 확산 모델링을 통해 영향평가를 수행할 필요가 있음

㉯ 건물배치(지구단위계획)와 연계된 바람통로 설계

■ 사업대상지 분석과 평가

- 지구단위계획을 수립할 때는 대기오염 민감성 분석과 전략적 평가를 실시하여 공간구조 개편구상에 반영할 필요가 있음
- 개발 전후의 건축물 배치를 고려하여 바람장 수치 모델링을 통해 도시의 통풍 및 환기능력을 산출하고 비교, 분석하여 대기환경에 미치는 민감도를 파악할 필요가 있음
- 개발 후의 토지이용 변화에 따른 '에너지 소비량'과 '대기오염물질 배출량'을 예상하고, 이의 대기환경에 미치는 악영향을 예측평가하여 개발 정도의 적절성을 평가할 필요가 있음
- 사업지구의 건축물 배치와 녹지유형을 고려하여 바람장 시뮬레이션을 통해 대기오염 해소를 위한 공간구조를 평가할 필요가 있음

■ 미세 규모의 바람통로 분석과 설계

- 개발 전후의 바람통로를 비교 · 분석하여 저풍속지역과 바람정체지역을 도출함
- 위의 지역을 대상으로 제안된 토지이용계획, 공간계획, 지구단위계획에 대한 대기오염물질의 확산과 정체에 따른 대기오염도 평가와 대기환경평가를 실시함
- 위의 지역에 대해 지형과 토지이용을 고려하여 대기오염물질을 신속하게 해소하고 대기환경을 개선하기 위한 미세 규모의 바람통로를 설계함
- 국지기상관측과 미세규모 바람장 수치모델링 결과를 바탕으로 바람통로를 예측하며, 차고 신선한 공기를 저풍속지역 또는 바람정체지역과 대기오염예상지역으로 유입시키기 위해 기후생태적 보호지역, 공기생성지역, 집결지역, 유입지역을 설정함
- 대기오염 지표와 바람통로 수치모델링을 바탕으로 바람통로를 제시함

㉰ 권역별 바람통로의 도시계획적 적용방법

■ 차고 신선한 공기의 바람통로 조성방법

- 골짜기와 산, 언덕 등을 관통하여 조성된 바람통로의 방향이 계획지구를 향하게 될

경우, 신선한 공기를 운반하기 위한 양호한 자연조건이 형성됨

- 차고 신선한 공기의 강도는 유입영역의 크기, 경사도, 골짜기, 자연적인 방해물의 폭 등에 의해 좌우됨
- 찬 공기의 흐름에 방해가 되는 요소는 좁아지는 골짜기, 제방, 도로의 소음방지벽, 큰 건축물 등임
- 방해물은 계획지구 전후방지역의 기온을 현저하게 저하시키고, 공기교환을 감소시키며, 차고 신선한 공기의 흐름을 정체시킴. 건축물이 있는 지역에 차고 신선한 공기가 도달하는 거리와 그 영향을 감소시켜 도시의 온도를 높이고 열섬현상을 초래함
- 도로뿐만 아니라 벌채해서 만든 숲길도 차고 신선한 공기의 흐름을 방해하는 요소로 작용함
- 계획지구와 주변 산림녹지 사이에 충분한 오픈스페이스를 두고, 비탈면을 따라서 도시 내부까지 차고 신선한 공기가 유입될 수 있도록 바람유입지역을 확보함

■ 기후생태적으로 유리한 지구단위계획과 건축물 배치

- 계획지구를 둘러싼 산림녹지로부터 약하게 유입되는 차고 신선한공기의 원활한 흐름을 위해 대규모 개발과 고밀 주거지역의 개발을 지양함
- 바람통로가 차단된 외곽지역에 오픈스페이스를 두는 것을 고려함
- 경사지 개발의 경우 바람통로를 고려한 계획지구와 산림녹지 사이의 오픈스페이스와 경사지 개발형태는 다음과 같음
  - 개발이 불가피한 경우 고층 및 고밀 개발을 지양하고, 개별 건축물은 큰 간격을 유지하면서 배치함
  - 경사를 향해 평행하게 늘어선 배치형태는 바람의 흐름을 근본적으로 방해하기 때문에 경사를 향해 수직인 건축열 배치를 적극적으로 고려함
  - 통풍길에 수직인 경사지의 경우 일반적으로 공지가 산재되어 있으나 포장수요가 많기 때문에 반드시 관목이나 잔디가 있는 오픈스페이스로 둠. 또는 지하고가 높고 엽면적 지수가 낮은 교목을 성기에 식재하고 밀식을 방지함
  - 경사지 개발은 원칙적으로 저밀도 수준을 유지하고, 지면 근처에서의 바람 흐름을 유지하는 수준에서 자연적인 방해물의 높이를 결정함. 특히 완만한 경사지에서는 통풍을 좋게 하고 차고 신선한 공기의 생성과 유입을 위해 큰 녹지와 오픈스페이스를 통풍에 유리한 형태로 개발되도록 절충할 수 있음

㉣ 독일 슈투트가르트의 기상 특성을 고려한 도시계획

- 독일의 경우 특별한 '기후보호법'이나 '기후지침'은 별도로 제정되어 있지 않으나 연방정부의 건축법 규정을 통해 공기와 기후를 고려할 수 있는 근거를 마련하고 있음
- 그러나 주거공간에서 나타날 수 있는 미기후의 변화에 따른 열섬 현상, 에너지 과다 소비, 대기오염, 불쾌감 등을 최소화하기 위해 도시계획 · 건축계획 과정에 기후요소

를 도입하는 '기후특성을 고려한 도시계획'에 각별한 관심을 두고 있음

- 분지형 도시인 슈투트가르트는 스모그가 정체해 있어서 대기오염이 독일연방의 환경기준을 크게 웃도는 수준임
- 따라서 분지 내에 정체된 대기를 확산시키는 방법으로 바람통로를 만들어 도시가 호흡하도록 하는 계획을 수립하였음
- 이를 위해 상위개념의 토지이용계획(F-Plan)에서 도시 전체를 대상으로 바람통로 활용에 대한 기본지침을 제시하고, 이 지침에 따라 지구상세계획(B-Plan)에서는 구체적인 규제방안이 강구됨
- 슈투트가르트는 바람의 흐름이 느리기 때문에 통풍이 원활하도록 바람통로를 만들어주고 있음
- 슈투트가르트는 바람통로를 확보하기 위해 그뤼네 U(Green U) 프로젝트를 완성했음. 그뤼네 U 프로젝트는 바람통로와 조망을 염두에 두어 남쪽의 네카 강변에서 시작하여 북으로 능선에 이르기까지 8km에 달하는 9개의 공원을 연결하여 녹지벨트를 조성한 프로젝트임. 바르트베르그를 시작으로 마지막으로 킬레스베르크 공원이 조성되면서 그린벨트가 형성되고 도심을 가로지르는 바람통로가 확보되었음

■ 바람통로의 조성

- 슈투트가르트 지역 토지이용 기본계획은 신선한 공기의 도시 유입을 억제하는 요인에 대비하고, 찬 공기 발생지역의 기능을 확보할 수 있도록 했음
- 예를 들면, 공지를 존치시키고, 숲으로부터 방출되는 찬공기를 확보하기 위해 삼림지와 개발지 사이에 충분히 큰 공지를 조성했음
- 계곡은 신선한 공기의 이동통로로서 유지하고 개발사업을 금지했음. 바람의 통로가 되는 공원도로(parkway)나 도시공원은 100m의 폭을 확보하고, 바람이 빠져나갈 길을 만들었음
- 또한 높은 나무를 빽빽하게 심어 신선하고 차가운 공기가 나올 수 있는 공기댐을 형성함으로써 공기의 흐름이 강력하게 확산될 수 있도록 했음

■ 바람통로를 고려한 건축물 배치

- 지구상세계획인 B-Plan에도 바람통로 계획이 반영되었음. 도시의 외곽으로부터 바람을 유도하고, 유입된 공기의 원활한 통풍을 위해 대규모 개발이나 고밀 주거지역의 개발을 지양함
- 특히 교외지역의 개발은 바람통로를 차단할 수 있으므로 가능한 한 신규건축을 억제하도록 했음
- 경사지 개발이 불가피한 경우 고층 · 고밀 개발은 지양하고 개별 건축물이 큰 간격을 유지하도록 했음. 특히 경사를 향해 수직으로 건축열 배치가 이루어지도록 하고 바람통풍에 수직인 경사지역은 반드시 비워두었음

- 도시 중심에 바람통로가 되는 특정지구의 건축물에 대해서는 5층 건축을 상한으로 하고 건물 간의 간격을 3m 이상으로 규정하였음
- 도심에 가까운 구릉부에서는 녹지의 보전, 도입, 교체 이외의 신규 건축행위를 금지했음
- 주차장 등도 콘크리트로 피복하지 않고 구멍이 있는 블록을 깔아 식물이 살 수 있도록 하고, 지표면을 가능한 녹지로 유지해 건조해지지 않도록 했음

13 생태네트워크

1. 생태네트워크 정의

1) 개념

① 기본적으로 개별적인 서식처와 생물종을 목표로 하지 않고 지역적인 맥락에서 모든 서식처와 생물종의 보전을 목적으로 하는 공간상의 계획

② 일반적으로 사람이 자연을 이용하는 데 있어 공간계획이나 물리적 계획을 위한 모델링 도구로 이해

2) 유사개념

구분	개념	효과	적용방안
그린웨이(녹도)	• 선적 형태를 갖고 있는 녹지나 하천 • 연결성, 방향성을 중시 • 산맥 · 강변 · 공원 및 도로 · 운하 · 철도 등 선형요소 활용	• 하천, 도로경관 향상 • 삶의 질, 지역매력도 향상	• 하천그린웨이 조성 • 도로그린웨이 조성 • 가로수 정비사업, 자전거도로, 걷고 싶은 거리 만들기 등 사업과 연계
녹지축	• 중요 녹지 거점들을 연결하여 녹지흐름을 파악하는 녹지의 개략적 구조 • 녹지흐름이 공간적으로 어떤 골격을 형성하는지에 초점	도시개발 시 생태적 중요지역 고려	대상지역의 공간규모(지구, 지역, 광역)에 따라 도시계획, 광역계획 등에서 녹지계획 수립
비오톱 네트워크/서식처 네트워크	• 생물종 이동과 서식을 위해 필요지역을 파악해 연결 • 생물종의 먹이, 은신, 번식 등 생활사에 대한 비오톱 보호 및 체계적 연계	• 도시외곽과 도시중심의 생태적 연결 • 생물다양성 증진	• 교외의 자연도가 높은 생태거점과 인공화된 도시중심부의 소규모 비오톱들을 연결 • 공원, 유휴지, 학교운동장, 주택 등 비오톱 창출 · 복원이 가능한 지역을 파악
생태 네트워크	• 생태 · 경관적 중요지역을 연계시키는 생태적 구조 • 모든 서식처와 녹지거점을 대상으로 하며 가장 통합적 • 국가적 차원 접근이 바람직 • 점, 선, 면적 요소 모두 고려	• 자연생태계 통합적 보호 • 공간계획, 물리적 계획 도구	정부 · 지자체 차원에서 핵심지역, 코리더지역을 파악하고 체계적 연결방안 마련
그린 네트워크	• 공원, 녹지 등을 유기적으로 연결 • 생태네트워크와 유사하나 연결대상을 녹지와 산림으로 제한	• 녹지 간의 유기적 연결 • 삶의 질 향상	에코브리지, 생태공원 조성, 가로수 생태적 정비, 주택 벽면녹화, 옥상녹화 등 유기적 연결을 통한 생태계 보전, 생활공간의 질적 향상

2. 생태네트워크의 유형

1) 서식처 및 생물종 특성에 따른 구분

① 습지 생태축, 산림 생태축, 공원녹지 생태축, 하천 · 강 생태축, 연안 갯벌 생태축 등으로 구분

② 다시 간소화하여 녹지 생태축(green network), 하천 생태축(blue network) 등으로 구분하기도 함

③ 최근에는 도시기후 완화 목적으로 바람길(white network)도 활발하게 조성

2) 공간규모에 따른 구분

① 국제적 차원

㉮ 범유럽 생태네트워크(PEEN : Pan European Ecological Network)가 대표적 사례, 유럽 전체를 아우르는 생태네트워크

㉯ 유럽의 중요한 생태계, 서식처, 생물종, 경관의 보선목적으로 핵심지역, 코리더, 완충지역 구성요소를 바탕으로 네트워크를 구축

㉰ 동북아시아지역에서의 이동성 철새를 고려한 생태네트워크가 있음

② 국가적 차원

㉮ 우리나라의 경우 3대 핵심생태축이 대표적

㉯ 백두대간 생태축, DMZ 생태축, 도서연안 생태축

③ 광역적 차원

㉮ 우리나라의 5대 광역생태축이 대표적

㉯ 한강수도권, 태백강원권, 금강충청권, 낙동강영남권, 영산강호남권으로 전국을 5대권역으로 구분하여 광역생태축을 구축

④ 지역적 차원

㉮ 하나의 도시나 규모있는 지역을 대상으로 한 생태축

㉯ 우리나라에선 주요 지자체들이 생태네트워크 구축계획을 수립하고 있음

⑤ 사이트 차원

소규모 생태네트워크로서 하나의 지구단위 혹은 생태공원 지역 내에서의 생태네트워크

3) 조성형태에 따른 구분

① 가지형 네트워크(branching network)

하천과 같이 일정한 방향성을 가지고 있는 서식처 특성을 네트워크화시킬 때 나타남

② 원형 네트워크(circuit network)

㉮ 도로와 같이 어디로든지 연결될 수 있는 성격을 가진 서식처를 네트워크화시킬 때 나타남

㉯ 징검다리형(stepping stones) 서식처를 점들로 연결할 때 그 숫자가 많아질수록 원형에 가까운 네트워크 형태를 가지게 됨

(a) 가지형 네트워크(branching network)　　(b) 원형 네트워크(circuit network)

‖ 구축될 생태네트워크의 형태에 따른 유형 ‖

3. 구성요소

1) 핵심지역(core area)

① 다양하거나 희귀한 생물종들이 서식하는 장소로 특히 국가적 · 국제적인 중요성을 가진 서식처를 말함

② 역사 · 경관적 가치를 지닌 지역이나 농경지역, 산림, 생태적으로 높은 가치를 가진 지역

③ 도시지역에 한정할 때에 핵심지역은 생물종 공급원이 될 수 있는 다양한 생물이 서식하는 곳이라고 그 범위를 줄여 생각할 수 있음

2) 생태적 코리더(ecological corridors)

① 핵심지역 사이에서 생물종의 이동을 가능하게 하는 지역이나 경관적 구조라고 볼 수 있음

② 코리더 조성을 위해서는 우선적으로 최근에 종이 감소하고 있거나 종 소실이 우려되는 지역 등 다양한 하위개체군 사이의 장애물이 제거되어야 함

③ 현재 관찰되는 생물종과 과거에 서식 · 이동했던 생물종 기록을 바탕으로 하여 강 · 하천 같은 연속적인 서식처나 인공습지 · 옥상 소생태계 등의 디딤돌이 정확한 위치에 자리잡을 수 있게 해야 함

④ 연결형태에 따라 점적 코리더, 선적 코리더, 면적 코리더로 구분

3) 완충지역(buffer zone)

① 핵심지역의 지속성을 보호가기 위한 지역, 외부로부터 생태적 충격을 완충시킬 수 있는 곳
② 아직까지 완충지역에 대한 구체적 연구는 미흡해서 핵심지역이나 생태적 코리더를 연결하기 위해서 얼마만큼의 보호면적을 완충지역으로 설정할 것인지에 대한 연구는 거의 없음

4) 복원 및 창출지역(restoration & creation area)

① 생물종의 서식이나 생태네트워크상에서 생물다양성 증진을 위해 복원하거나 새롭게 조성되는 모든 지역을 말함
② 도심 속에 생태공원이나 옥상 비오톱을 조성하거나 훼손된 서식처를 복원한 곳은 복원 및 창출지역으로 분류함

5) 지속가능 이용 지역(sustainable use area)

① 현재와 미래의 세대가 동등한 기회를 가지고 그 혜택을 누릴 수 있는 곳으로 경관 모자이크의 지속적인 이용을 병행하는 지역
② 지역자원을 관리하고 지속가능한 방식으로 개발하기 위해 지역사회, 관리당국, NGO, 이해당사자들이 함께 관리하는 지역으로 다양한 농업활동, 주거지, 기타 다른 용도로 이용이 가능한 곳

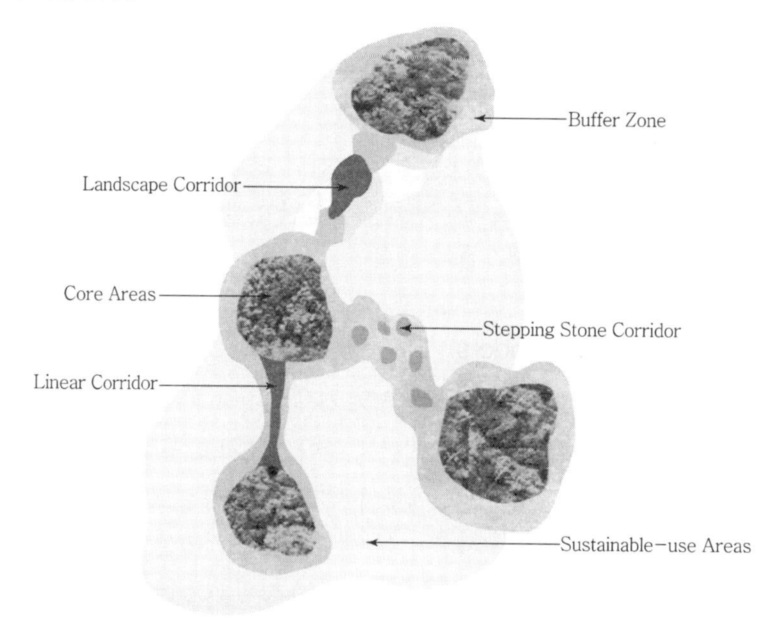

4. 기능 및 접근방법

1) 생태네트워크의 기능

① 생물다양성의 보전과 복원, 증진
② 이러한 기능은 도시 차원에서뿐만 아니라 지역, 국가차원, 범지구적 차원에서도 나타남
③ 예를 들면 오픈스페이스 간에 혹은 서식처 간에 야생생물종의 이동을 촉진시키는 역할을 함

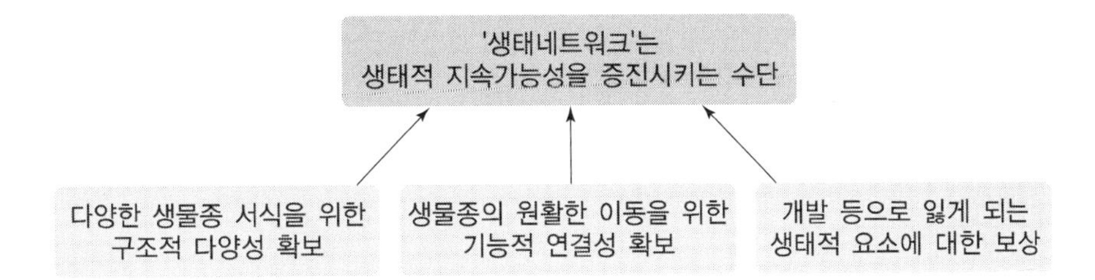

2) 생태네트워크의 접근방법

① 수용능력의 향상

㉮ 서식처 질을 향상시키고 네트워크를 구성하는 요소들의 전체면적을 증대시키는 방법이 있음
㉯ 서식처 질을 향상시키는 것은 다층구조화나 서식처 내 생물종 서식에 도움을 줄 수 있는 다양한 요소들을 도입하는 것이 주된 방법
㉰ 네트워크 면적을 늘리는 것은 핵심지역, 완충지역, 연결지역 등과 같은 생물서식공간의 전체면적을 최대한 확보하는 방법으로 달성

② 서식처들의 연결성을 향상

㉮ 네트워크 밀도를 향상시키는 것과 함께 바탕의 투과성을 높이는 것임
㉯ 네트워크 밀도 향상은 네트워크 전체면적을 증대시키는 것과 연계되지만 동일 면적일지라도 개수를 향상시키는 방법 등으로 이룰 수 있음
㉰ 기질의 투과성 증대는 서식처를 이용하는 생물종들이 서식을 유리하게 조성 · 관리하고 생물종들의 이동력을 높일 수 있는 방향으로 조성 · 관리하는 것
㉱ 기질의 투과성은 경관투과성으로도 설명
㉲ 경관 투과성이란 핵심지역, 개체가 풍부한 지역으로 움직이기 위해 어떠한 종이 소비하는 비용을 계산하는 것을 의미
㉳ 경관 투과성 분석할 때 야생동물 이동통로로서 제안되는 것이 최소비용경로임
㉴ 최소비용경로는 핵심 서식처, 개체군들 사이에서 가능한 모든 경로를 계산, 동물이동을 위해 최소비용이 소요되는 경로의 확인, 보전계획에서 사용하기 위한 도면상에 가장 적합한 경로 기입의 과정으로 결정됨

㉮ 여기서 비용은 이동가능성을 의미, 명확하게 경계가 주어지는 개념은 아님

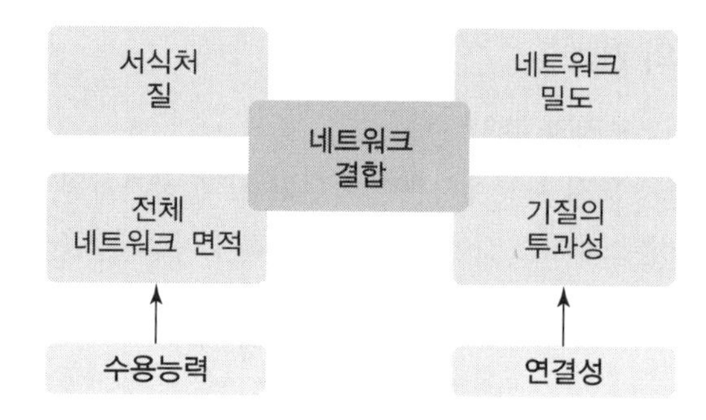

5. 실현방법

1) 블루네트워크와 그린네트워크의 결합

① 블루네트워크는 하천, 습지, 농수로 등과 같이 물이 포함된 서식처를 연결시키는 것, 그린네트워크는 녹지공간을 연결시키는 것
② 기존에는 블루네트워크와 그린네트워크가 합쳐지지 않고 별도로 구축되는 경향이었음
③ 최근에는 두 가지 네트워크를 함께 구축할 수 있도록 함
④ 도시 차원에서 통합네트워크화를 구축한 사례는 밀튼킨즈 시의 네트워크 계획이 대표적
⑤ 단지 차원에서 구축은 녹지와 물을 함께 네트워크화시키는 방법으로 주거단지를 개발, 클러스터를 형성하고 그 주변으로 녹지를 확보하고 네트워크화시키고 녹지 사이에는 지형을 활용하여 수로를 조성, 블루 네트워크를 형성시킴

단지 차원에서 녹지와 물의 네트워크를 결합시키는 모형(화살표는 물을 나타냄)

2) 생태네트워크 형성을 위한 서식처 창출방법

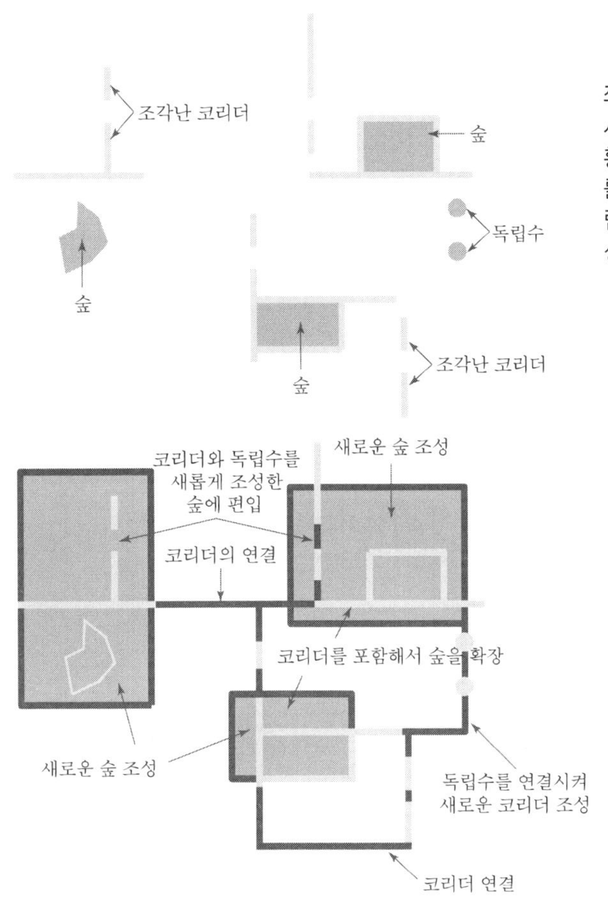

좌측 그림에서 위쪽의 그림은 새로운 서식처를 조성하기 이전의 서식처 현황이며, 이러한 지역에 새로운 서식처를 조성하고자 할 때에는 아래 쪽의 그림과 같이 서식처의 면적 확대와 연결성이 확보되도록 하여야 한다.

3) 생태네트워크의 실현방법

구분	산림 및 녹지	하천 및 습지
가치 있는 서식처의 보전	핵심지역으로 설정	핵심지역으로 설정
훼손된 서식처의 복원	• 자연산림 훼손지 복원 • 완충녹지대의 다층식재	• 콘크리트 수로의 자연화 • 수리, 수문 차단지역의 개선
기능이 저하된 서식처의 향상	• 조림지 복원 • 귀화수종 우점지역 복원 • 친환경농법 시행	• 호안 및 제방 복원 • 귀화수종 우점지역 개선
새로운 서식처의 창출	• 생태공원 등 규모있는 서식처 조성 • 생태숲, 소생물서식처, 옥상녹화 등 비오톱 조성 • 입면공간(옹벽, 호안 등)의 생물서식공간화	• 생태수로, 실개울 등의 조성 • 생물종 서식처 조성
이동통로의 조성	도로나 철도 등에 의해 단절된 지역에 생태통로 조성	

4) 생태네트워크 구축 사례 1 : 새만금지역

① 새만금 지역을 대상으로 생태네트워크를 구축한 사례를 예시해보면 다음과 같음. 여기서 제시한 생태네트워크 계획은 2010년 1월 28일에 정부에서 발표하였던 새만금 토지이용계획안을 기초로 한 것임. 따라서 현재의 토지이용과는 차이가 있기 때문에 생태네트워크의 구축방법론과 관련한 참고자료로만 활용해야 함

② 새만금 지역에서 생태네트워크를 구축하기 위한 전반적인 과정은 다음과 같음

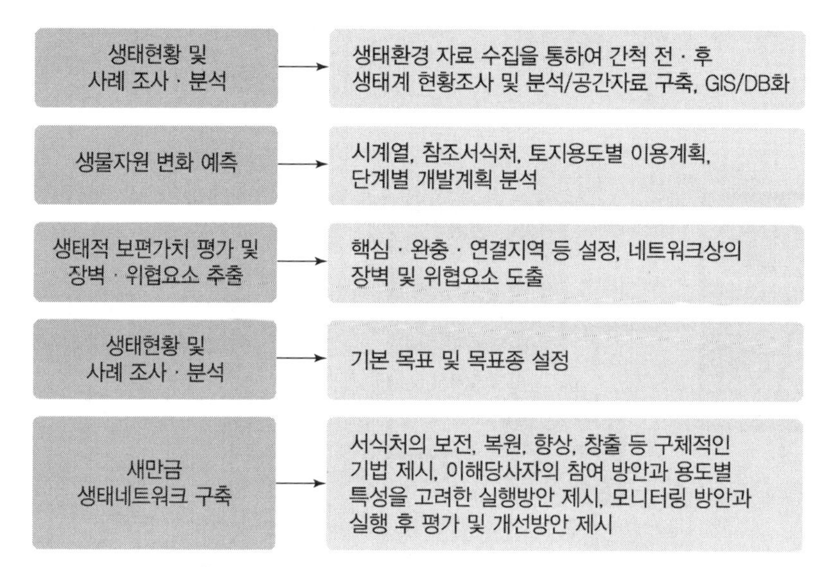

▮ 새만금 지역의 생태네트워크 구축을 위한 과정 ▮

③ 생태네트워크 계획을 수립하기 전에 새만금 지역과 그 주변 권역에 대한 전반적인 생태환경의 조사 및 분석과 평가 등의 과정을 거쳤음. 그리고 절대평가와 상대평가 기준을 설정하고, 도출된 관리지역을 대상으로 연결성 분석을 시행하였음. 이 연구에서 사용하였던 방법은 최소지표법임

④ 지역적 차원에서의 관리지역도 2010년 1월에 정부에서 발표한 새만금 토지이용계획을 기초로 하여 용지별 성격에 따라서 설정하였음. 생태기반환경의 훼손을 최소화하고, 친환경적 접근을 하고 있는 생태환경용지를 핵심지역으로 설정하였음. 그리고 생태환경용지 정도의 기능을 하지는 않지만, 친환경농업이 이뤄지고 기타 생물종의 휴식처가 될 수 있는 농업지역을 완충지역으로 설정하였음

⑤ 현재 내륙지역과 새만금사업지구가 인접한 곳은 대부분이 핵심지역 또는 완충지역으로 새만금지역의 토지이용계획을 고려한 관리지역 설정으로 새만금 내부까지도 내륙에서부터

의 생태축 유입이 가능토록 했음

⑥ 새만금지역을 대상으로 한 광역적 차원의 생태네트워크 구상방법은 다음과 같음

광역적 차원의 생태축별 설정기준과 목표종

구분	설정기준	목표종
산림생태축	생태자연도 1등급, 임상도 5, 6등급, 법정보호지역, 광역적 복합환경	삵, 노루, 고라니, 박새, 참나무, 서어나무 등
하천습지축	수변구역(국가하천, 지방하천), 하천, 습지(내륙습지), 법정보호지역, 수변타입, 초원타입	고라니, 삵, 수달, 백로류, 도요새, 저어새, 달뿌리풀 등
갯벌연안축	연안, 갯벌지역, 해안습지지역, 수변타입, 광역적 복합환경	도요새류(물도요, 붉은어깨도요 등), 수달, 해홍나물, 칠면초 등
도시생태축	자연공원(국립, 도립, 군립), 시가지타입	황조롱이, 붉은머리오목눈이, 솔부엉이, 두더지, 소나무 등
야생동물 및 서식처 생태축	주요종 발견지점(반경 500m), 야생생물 보호구역, 수림대, 초원, 농경지 타입	고라니, 삵, 멧토끼, 너구리, 물떼새, 수달, 산딸나무 등

⑦ 광역적 차원에서의 생태네트워크를 보다 확대하여 세부적인 계획을 수립하면 지역적 차원에서의 생태네트워크가 됨. 새만금에서 지역적 차원의 생태네트워크 구상방법과 안은 다음과 같음

지역적 차원의 생태축별 설정기준

구분	설정기준
녹지생태축	생태환경용지, 농업용지 등/ 수변공원, 소공원, 완충녹지, 경관녹지 등방조제 사면녹화/광역적 차원의 산림생태축, 도시생태축과의 연계 금강하구~명품복합도시~변산반도 남북연결
하천습지축	주여 지방하천 연계/새만금 내무로 연결되는 소하천 및 농수로/오염원에 대한 적극적인 완충기능
갯벌연안축	연안의 변화에 따라 설정/광역적 차원의 갯벌연안축 수렴/고군산군도를 중심으로 생태축 설정
야생동물 및 서식처 생태축	철새의 이동경로, 철새도래지, 주요 생물종 발견지점 연결, 인접한 다양한 생태계 유형과 생물종이 이입되는 지역 연계

⑧ 지역적 차원에서의 생태네트워크를 보다 더 구체화시키면 사이트 차원에서의 계획이 됨. 사이트 차원의 생태네트워크 구상안과 관련해서는 향후 변경될 용지 배치 등을 고려하여 유연하게 변경 가능토록 계획하였음. 용지별로 변경되는 계획내용에 맞추어 폭넓은 범위의 선택적 활용이 가능하도록 골격을 유지 · 제시하였음. 또한, 인접한 용지와 연결이 필요한 곳, 완충이 필요한 곳 등 용지별 기능적 측면을 고려하여 생태축을 설정하였음

5) 생태네트워크 구축 사례 2 : 저층주거단지 내 생활공간 녹화

이 사례는 서울시정개발연구원의 '생태네트워크를 고려한 저층주거단지 내 생활공간 녹화 전략, 2010' 보고서의 내용으로 작성했음

① 배경 및 목적

㉮ 대규모 공원조성, 도심소규모 공간의 녹화, 생태적으로 가치 있는 공간의 보전 · 복원 등 다양한 공원녹지관련 사업은 서울시민들의 공원녹지 이용편의를 증대하는데 큰 기여를 함

㉯ 그러나 기존의 공원녹지 조성사업들이 단기적인 관점에서 사업대상지가 선정 · 추진됨에 따라 개별 단위사업들의 구체적인 연결성이 확보되지 못하고 이에 따라 사업효과가 극대화되지 못함

㉰ 따라서 그동안 단절되었던 공원녹지관련 녹색사업들을 네트워크화 하여 사업의 효과를 배가시키는 방안을 마련하는 것이 필요함

㉱ 주거 및 상업혼합지를 포함한 서울의 주거단지는 2009년 현재 서울시 전체면적의 32.22%로 꾸준히 증가하고 있는 추세이며 해당 구역 내 공원을 제외한 민간부문 녹지면적이 10%에 이르고 있음

㉲ 이에 따라 적극적인 생활공간 녹화는 도시의 쾌적성 증가와 함께 서울의 생태네트워크에 큰 기여를 할 수 있으므로 서울의 특수성을 반영한 저층주거단지 내 생활공간 녹화 가능구역을 산정하고 도입 가능한 녹색사업을 검토할 필요가 있음

② 연구 방법

㉮ 다양한 녹색사업들이 서울의 생태네트워크에 기여할 수 있도록 2010 서울시 도시생태현황도를 이용하여 서울의 녹지현황을 분석하고 서울에 적합한 생태네트워크 모델을 도출함

㉯ 서울의 생태네트워크를 고려한 저층주거단지 내 녹화 대상지를 선정함. 즉 생태네트워크 축 상의 저층주거단지를 추출하고 생활공간 녹화 가능지역을 도출하여 대상지 목록을 작성함

㉰ 대상지 내 도입 가능한 녹색사업을 분석함. 즉 도입 가능한 녹색사업 선정을 위해 건축물 및 주거단지 내 도입할 수 있는 다양한 녹색사업과 함께 그동안 서울시에서 수행하였거나 수행 중인 녹색사업들을 검토함

㉱ 사례지에 녹색사업을 적용함. 즉 저층주거단지 내 생활공간 녹화가능지역 중 물리적 · 사회적 특성을 고려하여 우선순위가 높은 대상지를 선정하였으며 해당사례지의 생태기반현황을 분석하고 녹색사업을 시범 적용함

③ 서울의 생태네트워크 및 녹지조성사업

㉮ 녹지조성사업

- 녹색사업 시행건수를 자치구별로 살펴보면 노원구(111건), 강남구(100건), 마포구(86건) 순으로 많이 시행되었고, 금천구(31건)가 가장 적게 시행됨
- 녹색사업의 유형별 시행건수를 살펴보면 열린학교 조성사업(815건), 옥상공원 조성사업(337건), 아파트 열린녹지 조성사업(122건) 순으로 많이 시행되었고, 1동1마을 공원조성사업(16건)이 가장 적게 시행되었으나 해당사업은 2003년~2009년까지 시행된 사업임

㉯ 생태네트워크

- 2010 서울시 도시생태현황도를 이용해 산림, 경작지, 조경수목식재지의 녹지패치를 추출하고 면적 기준에 따라 대거점, 중거점, 소거점으로 구분함. 서울의 녹지는 남쪽과 북쪽의 일부 산림이 대거점의 역할을 하고 있으며 도시외곽과 남북축으로 일부 중거점이 분포하고 소거점이 부분적으로 산재해 있는 특성을 보여주고 있음
- 거점별 면적비율은 대거점이 47%, 중거점 24%, 소거점 29%로 나타났으며 패치수는 각각 6개, 22개, 2,043개로 산정됨
- 특히 소거점을 이루고 있는 2,043개의 패치는 모두 조경수목식재지로 도심 내 일정 규모의 녹지조성사업을 통해 소거점녹지를 충분히 확보할 수 있다는 것을 보여주고 있음
- 각종 도시개발사업 등으로 지속적으로 감소하고 있는 경작지는 중거점의 역할을 하는 패치가 많아 향후 도시녹지 확충 및 보전에서 중요성이 보다 강조될 필요가 있을 것으로 보임
- 통합된 서울의 녹지거점 및 하천을 토대로 도시 외곽을 연결하는 환상산림축, 대거점인 북한산권역과 관악산권역, 그리고 중거점인 남산권역과 동작권역을 연결하는 도심남북녹지축, 탄천, 중랑천, 청계천, 안양천, 홍제천의 하천생태축을 서울의 생태네트워크를 위한 광역생태축으로 구상함

④ 생태네트워크를 고려한 생활공간 녹화 대상지 선정

㉮ 4층 이하의 주거지 중에서 생태축으로부터 500m 이내 지역을 대상으로 도시개발계획

사업 진행지역이나 예정지역과 면적 3,000㎡ 이하 주거지를 제외하고, 유사형태의 연접 비오톱을 통합한 결과 도출된 생활공간 녹화가능지역은 22개 구의 총 77개 지점임

㉯ 도출된 생활동간 녹화 가능지 77개 지점 중에서 녹색사업 적용이 용이한 녹지율이 비교적 높은 주거지를 대상으로 서울시의 녹색사업 시행여부, 고령화율 및 보육시설의 수, 역세권 등을 고려하여 서대문구 홍은3동 일대와 금천구 독산1동 일대를 시범사례지로 선정함

⑤ 적합한 녹색사업 및 사례지 적용

㉮ 도입 가능한 녹색사업 검토

생활공간 녹화에 적합한 녹색사업 유형은 벽면녹화, 옥상녹화, 베란다 녹화와 같은 건축물 차원과 공원, 학교 · 공공기관, 도로, 주차장, 자투리공간과 같은 단지차원으로 구분하여 검토함

㉯ 시범사례지 적용

- 사례지에 적용하는 녹색사업은 비교적 규모가 큰 신규녹지의 조성보다 기존의 자투리공간에 대한 개인적 차원의 녹회에 중점을 둠
- 사례지1은 경사지에 위치하여 펜스 및 계단이 많이 분포하고 있는 특성을 고려하여 펜스녹화 및 계단녹화와 연계되도록 하였으며 담그늘화단 중심의 녹색사업을 적용하도록 함
- 사례지2는 평탄지에 위치하고 공동주택들이 대부분 동일시기에 조성되어 주택형태가 획일적인 편임. 별도의 주차공간이 없고 집 앞 도로변에 주차가 이루어지고 있어 녹화에 일부 제한이 따를 것으로 보이고 건축물차원의 녹화가 효용성이 클 것으로 예측됨
- 이에 따라 대문위녹화, 담장녹화, 주택내부의 계단녹화, 옥상녹화 등을 적용하도록 제시함
- 사례지1, 2의 주요지점에 대한 녹색사업 적용 후 녹시율은 지점별로 10% 이상 향상될 수 있는 것으로 분석됨

㉰ 실행방안

- 저층주거단지 내 생활공간 녹화를 위해서는 관의 일방적 조성 지원방식에서 탈피해 주민참여를 기반으로 주민, 공무원, 전문가, 시민단체, 지역기업 간의 협력체계 구축을 통한 시설 만들기가 아닌 공동체 만들기로 나아가야 함
- 더불어 단순한 녹피율과 녹시율 증진뿐 아니라 정주공간에 대한 애착심과 마을공동체 의식을 고양하는 계기가 될 수 있도록 사업 과정에 지속적으로 참여할 수 있는 코디네이터를 두어 문제점 진단과 비전 설정 등 계획과 조성, 사후 유지 · 관리의 전 과정을 주민들과 함께 할 수 있도록 하는 것이 중요함

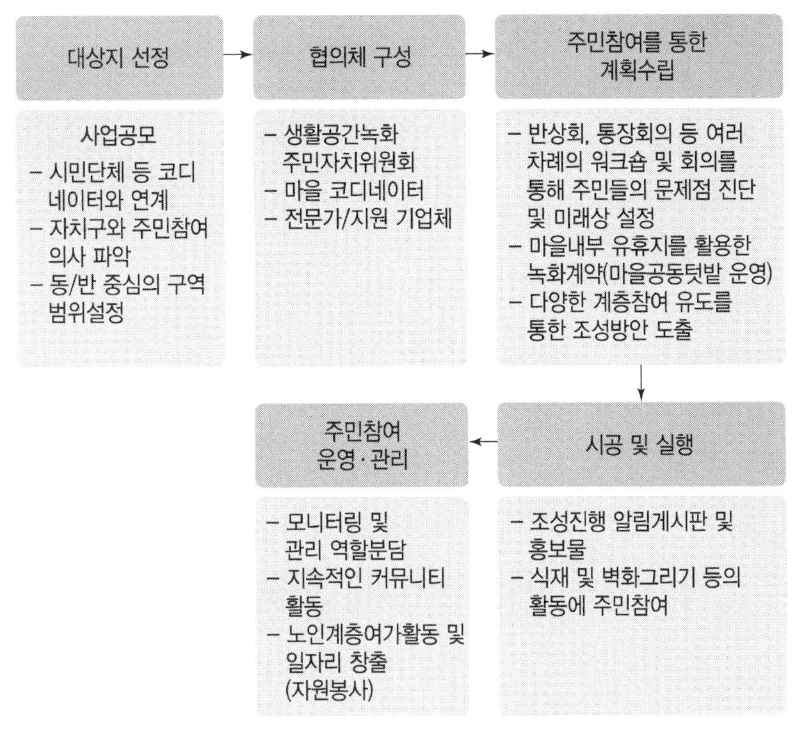

▎주민참여형 생활공간 녹화 추진과정▎

⑥ 정책건의

㉮ 관 주도의 녹화에서 벗어나 주민 개개인의 집과 연계된 공간에 대한 능동적 녹화를 유도함으로써 생활주변 가꾸기(가드닝)를 도시생태문화로 정착시키기 위한 노력이 요구됨

㉯ 이를 위해서는 녹화계약을 통한 공간 확보와 종자 및 가드닝 장비 지원 등 장기적으로 저비용 고효율의 지원방안을 마련하는 것이 바람직함

㉰ 일반화된 가이드라인의 획일적 적용을 지양하고 시민단체나 컨설팅 업체 등의 코디네이터를 두어 주민과 전문가 간의 원활한 의사소통을 통해 해당마을의 특성을 부각시키고 서울시 주거공간의 다양성을 높일 수 있도록 생활공간 녹화시스템을 체계화하도록 함

㉱ 생태네트워크에 기여하는 저층주거단지 녹화를 통해 각 마을의 특성을 유지함과 동시에 서울시 전체의 생태네트워크 증진과 공원녹지 불균형 완화를 도모하도록 함

㉲ 이 연구에서 선정한 광역녹지축 증진에 기여할 수 있는 대상지 외에 지선녹지축 및 하천축에 기여하는 대상지를 추가 선정하여 네트워크의 완결성을 도모하거나 공원녹지 소외지역의 주거단지를 선정하여 시민들에게 공원녹지 서비스 제공과 함께 도시생태 향상에 기여할 수 있도록 하는 방안도 검토하도록 함

Memo

Professional Engineer Landscape Architecture

CHAPTER

02

동양조경사

01 한국 궁궐 조경
02 별서조경
03 전통마을과 민가조경
04 서원조경
05 읍성 및 객사
06 조원건축물/마을숲/명승
07 수목과 배식
08 수경관과 원지
09 전통조경시공
10 전통조경계획

2장 동양조경사

1 한국 궁궐 조경

I 경복궁

1. 경복궁

1) 조영의 역사와 배경

① 태조대 창건 : 궁궐조영을 담당할 도감을 설치하고 승려의 공역과 백성들의 부역으로 완성함
② 태종대 보완 : 태종대 창덕궁이 창건되면서 경복궁을 대체함, 사신영접을 위한 경회루 및 지원을 조성
③ 세종대 완비 : 기존 전각을 수리하고 정전체제를 완성함
④ 명종대 큰 화재로 근정전만 남고 모든 건물이 소실되어 중건함
⑤ 임진왜란으로 전소
⑥ 광해군은 경복궁을 제외한 창덕궁, 창경궁, 경희궁 중수
⑦ 경복궁은 흥선대원군에 의해 중건

2) 입지 및 배치

① 입지

㉮ 북에 백악산을 주산으로 함, 서에 백호인 인왕산, 동에 청룡인 낙산, 남에 남산을 안산으로 함
㉯ 청계천이 명당수를 이루고 한강이 객수를 이루는 명당지에 입지
㉰ 「주례고공기」에 의한 좌묘우사(左廟右社) : 왼쪽에 종묘, 오른쪽에 사직단 위치
㉱ 전조후시(前朝後市)는 지키지 않음
- 풍수지리사상의 배산임수(背山臨水) 배치법에 의함
- 뒤로 시장을 두지 않고 대신 진산(鎭山)을 둠

㉲ 정문인 광화문에서 남향으로 주작대로 설치, 그 좌우에 육조의 관청 배치

② 배치

남북 중심축 위에 광화문, 영제교, 근정문, 근정전, 사정전, 강녕전 배치

㉮ 주례고공기의 삼문

- 외조의 정문인 고문(庫門, 外門) → 광화문
- 외조와 치조 사이의 치문(雉門, 中門) → 흥례문
- 치조와 연조 사이의 노문(路門)을 설치 → 근정문

㉯ 주례고공기의 삼조

- 외조(外朝)
  - 승정원 등 조정의 관료들이 집무하는 관청 배치
  - 광화문 ~ 근정문, 영추문 ~ 건춘문 사이의 공간
  - 느티나무, 회화나무 등 삼공(三公)의 고사와 관련된 수목 식재
- 치조(治朝)
  - 왕이 신하들과 정치를 행하는 공공적인 구역
  - 근정전, 사정전, 천추전, 만춘전 등 위치
  - 조회거행, 법령반포, 국정논의하는 정전과 편전 위치
  - 안전상의 이유로 식재를 하지 않음
- 연조(燕朝)
  - 왕, 왕비 등 왕실의 생활주거구역, 침전 배치
  - 강녕전, 교태전, 자경전 등의 위치
  - 왕과 왕비의 사적인 공간으로 화계를 조성하고 조경식물과 점경물을 배치하여 휴식과 여가에 적합하게 구성
  - 교태전 뒤에 아미산후원의 화계 위치
- 상원(上苑)
  - 침전 북쪽에 있는 공간으로 휴식과 수학의 공간
  - 향원지와 향원정, 동쪽에 녹산, 신무문 밖 현재 청와대 자리

㉰ 사대문

- 경복궁 사방에 담장을 두르고 사대문을 세움
- 건춘문 - 동, 광화문 - 남, 영추문 - 서, 신무문 - 북
- 이는 '봄 - 여름 - 가을 - 겨울', '나무 - 불 - 쇠 - 물'을 상징
- 가운데 자리한 근정전을 중심으로 사방을 둘러싸고 있어서 전통적인 오행설에서 유래한 명칭

2. 경회루지원

1) 개요

① 경회루 방지는 조선의 원지 중에서 가장 장엄한 규모
② 경회(慶會)는 '임금과 신하의 덕으로서 만난다.'는 뜻
③ 경복궁의 삼조 중 연조영역에 위치
④ 원래 습지여서 여러 개의 작은 연못이 조성되어 있었는데 태종대에 연못을 크게 넓히고 누를 지어서 외국사신의 영접장소나 궁중의 연회장소로 사용함

2) 방지방도

① 방지의 규모 : 남북 113m, 동서 128m, 장대석 축조
② 방도 : 서쪽의 2개의 방도는 만세산, 섬에는 소나무 식재
③ 경회루 : 못 속에 3개의 장방형 섬을 만들고 동쪽 가장 큰 섬에 경회루를 세움
④ 석교 : 경회루로 들어가는 길은 3개의 석교로 연결
⑤ 수원 : 못바닥에서 솟아나는 지하수(잠류), 북쪽 호안의 석조루에서 들어오는 물, 동북쪽에서 들어오는 물로 이루어짐
⑥ 출수구 : 방지의 서남쪽에 무너미
⑦ 경회루 주위에 석난간 설치, 동측과 북측에 담장과 문이 남아있고 출입문은 강녕전과 교태전으로 연결
⑧ 못가에는 소나무, 느티나무, 회화나무, 버드나무 등의 수림대 형성

3) 경회루

① 경회루는 정면 7칸, 측면 5칸의 다락집으로 근정전 다음으로 큼
② 48개의 석주가 받치고 있음. 외주는 방주이고 내주는 원주이며 이는 음양 및 땅과 하늘을 상징
③ 주역의 원리에 입각한 우주적 질서를 조영에 반영함
㉮ 2층 내부 마루의 중앙 3칸의 공간 : 천지인을 상징
㉯ 그 외부의 12칸의 공간 : 1년 12개월을 상징
㉰ 가장 외부의 24개의 기둥 : 24절기를 상징

3. 아미산 후원

1) 개요

① 태종 12년 경복궁 서쪽에 경회루를 건립하면서 연못에서 파낸 흙으로 교태전 후원에 조성
② 교태전은 왕비의 침전으로, 경복궁의 정중앙에 위치하는 건물이며, 침전 중에서 가장 중시함
③ '아미산'이란 중국의 선산(仙山)을 상징하는 이름
④ 왕비가 거처하는 교태전 후원에 화계를 조성하여 감상함

2) 아미산원의 화계

① 4단의 화계

㉮ 1단 : 2개의 수조와 괴석이 위치, 거북좌대, 연화형 수조, 석분에 담긴 괴석
㉯ 2단 : 2개의 장방형 석지와 앙부일구대(해시계를 놓는 대) 위치, 함월지(涵月池), 낙하담(落霞潭)
㉰ 3단 : 4기의 굴뚝과 앙부일구대 위치

② 화계의 식생

㉮ 아미산 화계에는 옥매, 모란, 작약, 반송, 철쭉, 앵도나무 등 화목 식재
㉯ 동산에는 소나무, 뽕나무, 말채나무, 배나무, 느티나무, 산수유 등의 원림 조성

3) 아미산화계의 굴뚝

보물 제811호로, 높이 2.6m, 개수 4기, 육각의 면에 네 종류의 문양으로 장식

① 옆면의 문양

㉮ 1단 : 벽사상(辟邪像)의 불가사리와 박쥐
㉯ 2단 : 흰 바탕의 직사각형에 길상의 세계인 십장생, 사군자와 만자문(卍字文)
㉰ 3단 : 장수를 상징하는 학과 복을 의미하는 박쥐, 사마의 방해를 막는 나티가 새겨짐
㉱ 4단 : 당초무늬

② 지붕과 연가

㉮ 굴뚝처마와 지붕은 전통목조건물 형태
㉯ 중앙에는 4각형의 연가(煙家, 연기가 빠져나가는 집모양의 도기) 4개를 놓고 지붕을 덮음

4. 자경전 십장생 굴뚝과 꽃담

1) 자경전 십장생 굴뚝

① 보물 제810호, 자경전 뒤뜰에 있는 십장생굴뚝
② 담장 한 면을 한 단 앞으로 돌출시켜 만든 것. 벽돌담장처럼 보임
③ 중앙에 무늬를 조형전으로 만들고 그 사이에 회벽을 발라 구성
④ 문양은 모두 따로 구워서 벽면에 박고 그 위에 채색
㉮ 벽면의 문양
- 1단 : 불가사리(재앙을 방지하는 서수)
- 2단 : 십장생(해, 산, 물, 구름, 바위, 학, 거북, 사슴, 소나무, 불로초)과 국화, 새, 포도, 연꽃, 대나무 등의 무늬
- 3단 : 중앙에 용(임금을 상징), 양 옆에 학(신하를 상징)
- 옆면 하단 : 당초무늬(왕조의 영원성을 상징)
- 옆면 상단 : 박쥐무늬(자손의 번성과 부귀를 상징)

㉯ 지붕과 연가
지붕은 기와로 덮고 10개의 연가를 얹음

2) 자경전 꽃담

① 자경전 서편 꽃담
㉮ 아미산과 같이 화원을 꾸밀 수 없는 공간에 담장을 아름답게 꾸미는 발상 → 대비의 장수를 기원하는 효의 상징
㉯ 크게 글자로 무늬를 삼은 것, 삼화토 줄무늬로 윤곽을 이룬 것
㉰ 영롱의 무늬를 구획하고 나비, 벌, 꽃, 박쥐 등을 새겨 넣은 것
㉱ 외벽(거북문, 천도복숭아, 모란, 매화, 국화, 대나무 등의 문양 장식)과 내벽(만수의 문자와 꽃무늬가 내벽에 장식)의 무늬가 다름

② 자경전 동편 담
화전(花塼)으로 정교하게 축조된 홍예문이 남아 있음

5. 향원지원

1) 향원지와 향원정

① 규모 : 동서 76m, 남북 70m 크기의 방지원도
② 향원(香遠)은 주돈이의 애련설 구절인 향원익청(香遠益淸, 향기가 멀리까지 맑음을 더한다는 뜻)에서 따온 것
③ 모를 약간 죽인 못 속에 원형의 섬과 섬 위에 6각 정자인 향원정
④ 섬으로 들어가는 다리인 취향교(醉香橋)는 무지개형 목교
⑤ 원래 북쪽에 있어서 건청궁으로 들어가게 되어 있던 것을 1953년 남쪽으로 이전 복원 → 잘못된 복원의 사례

2) 입수시설

① 수원 : 북쪽 호안가에 열상진원이란 각자가 새겨진 샘물
② 정석(井石)을 놓고 샘 주위에 판석을 깔아 둠
③ 석구를 따라 내려온 물길은 둥근 석구 속에서 세차게 한 바퀴 돌아서 직선으로 꺾여서 못에 들어오게 됨
④ 자일(自溢)기법의 입수(직선석구 → 둥근 석구 → 직선석구)

3) 식재

① 향원정이 있는 섬에는 철쭉 등 관목류의 화목 식재
② 못 속에는 연꽃 식재
③ 못가 언덕에는 느티나무, 회화나무, 배나무, 소나무, 신사나무, 버드나무, 참나무, 단풍나무 등의 원림 조성

II 창덕궁

1. 창덕궁

1) 조영의 역사와 배경

① 태종 5년에 창건된 조선의 이궁
② 정궁인 경복궁의 동쪽에 위치하므로 동궐(東闕)이라 부름
③ 임진왜란으로 인정전을 제외하고 소실, 광해군에 의해 복구
④ 인조는 옥류천 주위의 소요정 · 청의정 · 태극정 · 존덕정 · 취향정 건립, 애련지 · 애련정

조성

⑤ 숙종은 규장각을 짓고, 정조는 부용정 개축

⑥ 순조는 사대부 생활을 즐기기 위해 민가양식의 연경당 건립

2) 입지 및 배치

① 한양의 진산이 삼각산이고 도성 내에서 4줄기로 갈라지는데 그중 한 봉우리인 응봉을 주산으로 삼아 그 맥이 닿는 곳에 창덕궁 조영

② 여러 개의 축을 전각들이 횡으로 연결

③ 첫 번째 축 : 돈화문 축, 두 번째 축 : 인정전이 놓인 방향, 세 번째 축 : 대조전 축

㉮ 주례고공기의 삼조

- 외조(外朝)
  - 돈화문 ~ 진선문
  - 돈화문 안쪽에 삼공을 의미하는 회화나무 3그루 식재
  - 금천교와 명당수 주변에 버드나무 식재
- 치조(治朝)
  - 진선문 ~ 인정전까지 공적이고 실무적인 공간
  - 정치적 공간, 의례 공간으로 수목이나 화목류, 괴석 등 조경요소는 배제
- 연조(燕朝)
  - 대조전 등이 위치
  - 왕과 왕비의 사적 공간으로 화계를 조성하고 조경식물과 점경물을 배치하여 휴식과 여가에 적합하게 구성
  - 대조전 위 화계에는 관목류와 초화류 식재
- 후원(後苑)
  - 후원, 북원, 금원으로 불리다가 조선 말부터 비원으로 불림
  - 부용지 권역, 애련지 권역, 연경당 권역, 존덕정 권역, 옥류천 권역

2. 부용지 권역

1) 개요

① 숙종대에 연못을 파고 정조대에 부용지로 개칭함

② 시각적인 측면에서 부용지 주합루 일원은 부용정에서 강한 축을 형성

③ 전통정원 구성기법 중 인공미와 자연미가 조화를 이룸

④ 춘당대에서 과거를 본 사람이 영화대에서 어사화를 받고 어수문을 통해 주합루에 올라가

왕실의 수많은 책을 읽으며 정치를 펼쳐나가는 것이 마치 물고기가 용이 되는 것과 같음을 비유적으로 상징하여 유교사상을 반영함

2) 주변 건축물

① 주합루

㉮ 정면 5칸, 측면 4칸의 2층 누각

㉯ 1층은 왕실 도서를 보관하는 규장각, 2층은 책을 열람하는 주합루

㉰ 어수문과 주합루 사이 경사지에 장대석의 5단화계 조성

② 서향각

㉮ 주합루 왼쪽에 위치, 정면 8칸, 측면 3칸

㉯ 임금의 영정을 모시거나 규장각의 장서를 둠

㉰ 후에 왕비가 누에를 치는 양잠실

③ 영화당

㉮ 주합루 왼쪽에 위지, 정면 5칸, 측면 3칸, 온돌 2칸

㉯ 부용지 동편에 위치

④ 어수문

㉮ 주합루의 정문으로 주합루와 부용지 사이에 위치

㉯ 가운데는 왕이 출입할 수 있는 문이 있고 좌우의 작은 문은 신하들이 출입하는 문

㉰ 동궐도에 어수문 양옆으로 취병이 보임 → 2008년에 복원

⑤ 희우정

㉮ 서향각 뒤에 위치

㉯ 기우제를 올렸는데 비가 내려 숙종이 '취향정'에서 '희우정'으로 이름을 바꿈

⑥ 천석정

㉮ 주합루 왼쪽, 희우정 반대편에 위치

㉯ '제월광풍관(霽月光風觀)'이라고도 불림

㉰ 민가형 독서방으로 주자가 자연에 은둔하면서 수학하던 행동양식을 본뜬 것

⑦ 사정기비각

㉮ 부용지 서쪽 지안에 위치

㉯ 마니, 파려, 유리, 옥정의 네 샘에 대한 기록을 새긴 비각

3) 부용지와 부용정

① 부용지(芙蓉池)

㉮ 숙종대에 우물자리에 연못을 파고 연못가에 건립한 택수재라는 집

㉯ 정조 원년에 개건하여 '부용정'이라 함

㉰ 방지원도 : 주역의 '하늘은 둥글고 땅은 네모나다.'라는 천원지방설

㉱ 규모 : 동서 34.5m, 남북 29.4m

㉲ 호안 : 장대석 호안, 원형의 섬(지름 8m)에서 위에는 자연석, 아래는 다듬은 돌 처리

㉳ 수원 : 지하에서 솟아오르고 비가 올 때는 서쪽 계곡물이 용두 입을 통해서 입수

㉴ 출수구 : 동쪽 영화당 쪽으로 유출

② 부용정(芙蓉亭)

㉮ 형태 : 평면이 아(亞)자형이고 정(丁)자형의 집을 더한 것 같은 형상

㉯ 우물마루 주위에 난간을 두르고 들어 올릴 수 있는 분합문

4) 점경물과 식생

① 점경물

㉮ 괴석 : 부용정 뒤편

㉯ 석등 : 영화당 뒤편 부용지 쪽에 2개

㉰ 앙부일구대 : 영화당 앞

㉱ 잉어암각 장대석 : 못의 동남쪽 모퉁이에 잉어가 암각되어 있음. 물고기가 용이 되는 것을 비유적으로 상징하여 유교사상을 반영

② 식생

㉮ 취병 : 동궐도에는 어수문에 넝쿨식물을 말아올려 설치 → 2008년 복원

㉯ 주위에 주목, 단풍나무, 소나무 등의 교목

㉰ 산철쭉, 모란, 앵도나무, 진달래, 철쭉, 옥매 등의 관목류

㉱ 부용지 안의 섬에는 노송이 식재되어 있으며 못 속에는 연 식재

3. 애련지 권역

1) 개요

① 숙종대에 조성된 연못

② 애련(愛蓮)이란 송나라 주돈이가 연꽃을 사랑하여 쓴 '애련설'에서 따온 말

③ 구릉과 계류를 활용하여 정자를 세우고 계류를 막아 연못을 조성

④ 정자에서의 정적 관상에 그치지 않고 자연을 즐기는 소요의 공간

2) 애련지와 애련정

① 애련지(愛蓮池)

㉮ 방지무도, 애련은 주돈이의 애련설에서 유래

㉯ 입수시설 : 수원은 연경당 서쪽에서 흐르는 계류의 물, 낮은 곳에 자리잡은 물확에 2단 폭포를 이루어 떨어지고 이 물은 용두 모양의 석루조를 통해 연못에 입수, 물속의 토사를 침전시켜 깨끗한 물을 공급하기 위한 시설

② 애련정(愛蓮亭)

㉮ 형태 : 전면 1칸, 측면 1칸의 정사각형으로 연못 속에 몸체를 내민 형태

㉯ 정자 뒤의 구릉은 석단 처리

3) 경관요소 및 식생

① 건축물

㉮ 의두합(倚斗閤)=기오헌(寄傲軒)

- 불로문 남쪽 산록에 위치
- 효명세자가 지은 집으로 왕자들이 공부하던 건물
- 뒤쪽에 대(臺)가 조성되었으나 현재는 추성대와 초연대 각자만 남음

㉯ 운경거(韻磬居)

② 점경물

㉮ 불로문(不老門)

애련지 입구에 위치, 통돌을 깎아 만든 석물

㉯ 괴석

애련정을 중심으로 좌우 1기씩 대칭 배치

③ 식생

애련정 뒤쪽 언덕에 괴석을 배경으로 한 소나무가 식재됨

4. 연경당 권역

1) 개요

① 순조 때 당시 왕세자였던 익종이 지은 집

② 사대부집을 모방하여 지은 이른바 99칸 집

③ 정문은 장락문이고 사랑채로 들어가는 소슬문인 장양문, 안채로 들어가는 평문인 수인문과 연결

④ 사랑마당과 안마당 사이에 낮은 담을 두고 두 공간을 분절

⑤ 사랑채인 연경당과 우측에 서고인 선향재가 있음

2) 건축물

① 연경당(演慶堂)

㉮ 순조 때 사대부 집을 모방하여 만든 99칸의 집

㉯ 사랑채의 현판이 연경당

② 선향재(善香齋)

㉮ 중국풍과 일본풍으로, 응접실과 서재로 이용

㉯ 건물 앞에 유지를 바른 차양막이 설치되어 있음

③ 농수정(濃繡亭)

㉮ 선향재 뒤편 사괴석 화계에 위치

㉯ 단청을 하지 않은 정자

㉰ 비단처럼 아름다운 원림 속의 정자라는 의미

3) 경관요소와 식생

① 경관요소

㉮ 선향재 뒤편의 사괴석을 사용한 4단의 화계 → 화계 상단에 농수정

㉯ 연경당 동쪽 마당가에 장대석으로 만든 화오 → 철쭉 식재

㉰ 연경당 남쪽에 방형의 연못 위치

② 점경물

㉮ 연경당 앞마당가 담 밑의 석분에 심은 괴석

㉯ 장락문 앞 개울이 장대석 다리, 괴석

㉰ 다리 옆에 달을 상징하는 두꺼비와 해를 상징하는 삼족조 위치

③ 식생

㉮ 갈참나무 군락을 배경으로 교목류로 느티나무, 소나무, 주목, 음나무, 단풍나무

㉯ 관목류로는 산철쭉, 앵도나무, 진달래, 철쭉

㉰ 안채 후원에 뽕나무, 배나무, 앵도나무, 감나무, 철쭉 → 일반 민가의 유실수 전통

㉱ 연경당 행랑마당에는 정심수로 느티나무 한 그루

5. 존덕정 권역

1) 개요

① 한반도 모양이어서 붙여진 이름으로 일제 때 의도적으로 변형된 것
② 동궐도에는 크고 작은 원형 3개가 한곳에 모여 호리병 모양의 못
③ 반도지 북쪽에 반월지가 있고 반월지와 반도지 사이의 계간에 홍예석교가 있음
④ 동쪽 산록에서 흘러드는 물이 계간에서 폭포로 떨어지도록 석구를 설치함

2) 주변 건축물

① 관람정(觀覽亭)

부채꼴 형태의 정자

② 승재정(勝在亭)

㉮ 반도지 서쪽 언덕 위의 정방형 정자
㉯ 승재정 앞에 괴석 배치

③ 존덕정(尊德亭)

㉮ 육각형의 정자, 이중지붕
㉯ 정조가 쓴 편액 : 만천명월주인옹자서(萬千明月主人翁自序)

④ 폄우사(砭愚榭)

㉮ 존덕정 서쪽 산기슭에 위치, 왕자들이 공부하던 곳
㉯ 폄우(砭愚) → 어리석음을 고친다는 뜻
㉰ 앞에 왕자들이 팔자걸음을 연습하던 디딤돌

3) 점경물과 식생

① 점경물

㉮ 홍예교
- 존덕정 들어가는 입구 개울에 위치
- 한 틀의 홍예 위에 돌난간 설치

㉯ 괴석
- 승재정 앞에 괴석 배치
- 존덕정 앞 홍예교

㉰ 석함, 일영대
- 석함 : 홍예교를 건너기 전 양측
- 일영대(해시계 받침대) : 홍예교를 건너 왼쪽

② 식재

주변의 수림이 울창하여 한적한 분위기

6. 옥류천 권역

1) 개요

① 인조에 의해 조성

② 취규정이 있는 고개너머 북쪽 계곡, 후원에서 가장 깊숙한 곳

③ 어정, 정자, 지당, 계류, 폭포, 수림 등이 어우러진 정원

2) 주변 건축물

① 청의정(淸漪亭)

㉮ 방형의 못에 건립된 정방형의 1칸 크기

㉯ 수전(水田) 속에 건립된 궁중 안의 유일한 초정(草亭)

㉰ 소박한 초가지붕과는 달리 내부의 천장은 매우 화려한 무늬와 채색

㉱ 기둥이 4개, 천장 8각, 지붕은 둥근 형태로 천원지방 의미

㉲ 옆에 인조 때 판 어정(御井)

② 소요정(逍遙亭)

정방형의 1칸 정자, 소요암 앞에 위치

③ 태극정(太極亭)

정방형의 1칸 정자, 음양오행사상의 반영

④ 농산정(籠山亭)

㉮ 정면 5칸, 측면 1칸, 부엌이 있음

㉯ 연산군이 미희와 놀던 곳

⑤ 취한정(翠寒亭)

㉮ 정면 3칸, 측면 1칸, 팔작지붕

㉯ 이곳에 이르면 여름에도 찬 기운을 느낀다 하여 붙여진 이름

3) 조경요소

① 소요암(逍遙岩)

㉮ 소요암 벽에 인조가 쓴 '옥류천(玉流川)' 각자와 숙종의 오언시가 새겨져 있음

㉯ 숙종의 오언시

- 飛流三百尺(비류삼백척, 흐르는 물은 삼백척을 날아 흘러)
- 遙落九天來(요락구천래, 아득히 구천에서 내려오누나)
- 看是白虹起(간시백홍기, 보고 있노라니 문득 흰 무지개 일어나고)
- 番盛萬壑雷(번성만학뢰, 온 골짜기에 우레소리 가득하다)

② C자형 곡수거

㉮ 소요암을 L자형으로 파고 평평한 바닥에 C자형 곡수구 조성

㉯ 암반 바닥의 물이 C자를 그리며 흘러 폭포로 떨어짐

7. 낙선재 권역

1) 개요

① 창경궁 뒤편의 창덕궁과 이웃한 곳에 위치

② 낙선재 일곽은 헌종의 침전으로 지어짐

③ 창경궁에 속한 건물이었으나 현재는 창덕궁의 부속건물로 관리

2) 주변 건축물

① 낙선재(樂善齋)

㉮ 헌종 때 건립, 단청을 하지 않음

㉯ 영친왕의 부인 이방자 여사가 살았던 곳으로 1997년 수리와 복원을 마침

② 상량정(上凉亭)

㉮ 낙선재 후원의 육각형 정자

㉯ 난간과 문살이 하나의 목공예품처럼 정교

③ 기타

석복헌, 수강재, 한정당, 취운정, 승화루

3) 낙선재 후원의 화계

① 화강암 장대석으로 4~5단

② 삼신산을 의미하는 '소영주' 각자의 괴석분 → 신선사상 반영

③ 화계 2단 위에 굴뚝 2기
④ 후면에 높이 1.5~2m의 꽃담이 있어 뒷동산과 구분
⑤ 식재 : 이화, 매화, 앵도, 모란, 반송, 감나무, 주목, 단풍

4) 조경요소 및 식생

① 담장
㉮ 낙선재 후원의 담은 모두 전담과 화장담
㉯ 만월문을 중심으로 길상문, 포도문 등 아름다운 화장담
㉰ 벽돌은 검은 벽돌로 만월담과 같이 곡선을 처리
㉱ 화장, 길상문 밖은 석회를 발라서 하얗게 처리

② 만월문
현존하는 궁궐의 샛문 중에서 유일한 원형

③ 빙렬무늬 방화벽
㉮ 누마루 아래에 아궁이에서 불씨가 날려 화재가 나는 것을 막아주는 빙렬무늬(氷裂, 얼음이 갈라진 금 모양) 방화벽 설치
㉯ 이외에도 낙선재와 주위 행각들은 아름답고 다양한 문창살 모양으로 유명

④ 식생
㉮ 후원에는 늙은 배나무, 느티나무, 주목, 감나무 등이 원림을 이룸
㉯ 후원에는 단 아래에 주목이 식재되어 있음

Ⅲ 창경궁

1. 창경궁

1) 개요

① 성종 때 조성된 이궁
② 연산군 때 춘당지 북쪽에 서총대를 조성하고 대 앞에 큰 연못을 조성, 서총대는 과거를 보던 곳으로 중종 때는 서총대를 춘당대라 부름
③ 순종 때에는 일제에 의해 창경궁에 동물원을 짓고 춘당대 자리에는 식물원 조성, 장대축단을 높이 쌓고 박물관을 건립해 궁궐 면모를 위축시킴, 1922년 수천 그루의 벚나무를 식재하여 야간공개를 시작해 궁궐모습이 사라지게 됨
④ 1984년 복원을 위한 발굴조사 시작, 동식물원 폐쇄

⑤ 1987년 3년간 정전과 회랑 중창

2) 입지 및 배치

① 백악의 한 줄기가 내룡의 지세로 남향하여 뻗은 산줄기 중간에 동향으로 정전을 배치
② 명정전(정전)과 홍화문(정문), 회랑 등은 동향으로 배치
③ 여타의 다른 건물들은 명전전과 중심축이 일치하지 않음
④ 홍화문 안에는 개울과 석교가 있는데 이를 옥천교라 함
⑤ 북쪽에는 통명전이 위치하며 통명전 북쪽 송림 속에 환취정 정자 위치
⑥ 낙선재 지역은 왕의 후궁들이 거처하던 침전공간으로 창경궁 소속인데 지금은 창덕궁에 인접하여 부속침전처럼 관리되고 있음

3) 조경요소 및 식생

① 옥천교

㉮ 홍회문과 명정문 중간쯤에 금천교인 옥천교 위치
㉯ 두 개의 홍예로 구성, 홍예가 겹치는 부위에 벽사 의미의 귀면 조각
㉰ 3도(道) : 어도(御道)를 높게 만들어 위계를 높임

② 괴석

㉮ 창경궁 내 총 26개 괴석이 방형, 팔각형 석분에 심어져 있음
㉯ 괴석의 대석이나 석분에는 연화, 당초, 모란 등 식물무늬와 구름무늬, 동물무늬 등 조각

③ 기물

㉮ 동궐도에는 큰 황새같은 조류나 동물 등이 나타나고 해시계와 풍속과 풍향을 재던 풍기 등의 기물이 보임
㉯ 낙선재 후원 화계에는 석연지, 하마석 등이 있고, 상량정 앞에는 석상(石床) 등이 있음

④ 보도

홍화문에서 명정문에 이르는 보도는 삼도로 중앙을 높게 하고 박석포장을 함

⑤ 식생

㉮ 창건 당시 성종은 장원서로 하여금 통명전, 양화당, 경춘원, 영춘원 후원에는 느티나무를 심게 함
㉯ 통명전 북쪽 언덕 위의 환취정 공간과 함인정 남쪽 언덕에 수천 그루의 소나무와 대나무를 심게 함
㉰ 통명전, 후원 화계에는 매화, 철쭉, 모란, 앵도, 난, 복숭아 등과 화목을 심었으며 낙선재 후원에는 주목, 배나무 등이 식재

㉣ 창경궁 후원 내에는 단풍나무, 굴참나무, 느티나무, 버드나무, 음나무, 말채나무, 소나무, 주목, 때죽나무, 철쭉 등이 수림을 이룸

2. 통명전 석지

① 통명전 서쪽에 위치
② 남북 12.8m, 동서 5.2m, 깊이 4m의 장방형 석지
③ 장대석을 쌓아 호안처리하였으며 지안 둘레에 석난간을 설치
④ 지당에 무지개형 석교가 설치됨
⑤ 지당 속에는 석분에 심은 괴석 2개와 기물을 받쳤던 앙련대석(仰蓮臺石) 하나가 있음
⑥ 수원은 지당 북쪽의 4.6m 거리에서 솟아나는 샘(열천(冽泉))
⑦ 직선으로 설치된 석구를 통해 지당 속의 폭포로 떨어지게 됨
⑧ 출수구는 남쪽에 있고 일정한 수면까지 물이 차면 넘치게 됨
⑨ 못가에 소나무, 느티나무, 단풍나무 등의 원림 조성

Ⅳ 덕수궁

1) 조영의 역사와 배경

① 덕수궁은 원래 성종의 형인 월산대군의 집이었으나 선조가 임진왜란 때 피난갔다가 돌아와 거처로 사용하고 '정릉동 행궁'이라 부름
② 광해군이 행궁의 즉조당에서 즉위하고 이 행궁을 높여서 '경운궁(慶運宮)'이라 부름
③ 고종은 을미사변이 일어나자 소위 아관파천으로 러시아 공관 옆에 있던 덕수궁으로 피신함. 이때 많은 건물이 지어지고 비로소 궁궐다운 전각을 갖춤
④ 고종이 순종에게 왕위를 물려주고 계속 경운궁에 머물렀는데 이때 궁호가 경운궁에서 덕수궁으로 바뀜
⑤ 1910년 궁 내에 서양식 대규모 석조건물인 석조전을 세움
⑥ 일제 강점기에 궁의 축소와 공원화 작업으로 위용이 퇴색함

2) 입지 및 배치

① 정전인 중화전을 중심으로 회랑으로 위요되어 있음
② 석어당(선조가 행궁의 정전 겸 침전으로 쓰던 곳), 즉조당과 준명당(정사를 보는 편전의 기능), 석조전(황제의 집무실과 접견실, 침실의 기능)
③ 덕수궁의 조영은 지세를 보고 조영된 궁이 아니라 위급할 때 임시방편으로 조영된 것

3) 경관요소

① 석조전 정원
㉮ 우리나라 최초의 서양식 정원으로 영국인 하딩(Harding)이 설계
㉯ 못을 파서 중앙에 분수대를 세우고 못 속 사방에 청동 물개상을 배치, 사방 주위에 관목이나 초화류 식재

② 유현문
함녕전의 침전공간과 즉조당, 준명당의 공간을 구획 짓는 유현문의 전축화담은 아름다운 조형미를 보여줌

V 경희궁

1) 조영의 역사와 배경

① 광해군 때 '서별궁'이라는 이름의 이궁으로 창건되어 이후 '경덕궁'이라 불렸다가 영조 때 경희궁으로 변경
② 원래 인조의 생부의 개인주택이었으나 이곳에 왕기가 서린다하여 광해군이 그 기운을 누르려 경덕궁을 지음
③ 「서궐도안」을 참고하여 예전의 기단을 이용하여 숭정전, 자정전, 태녕전 등을 복원

2) 입지 및 배치

① 「서궐도안」에 정문인 홍화문을 들어서서 서쪽을 향해 어도를 따라 들어가면 명당수가 흐르는 개울 위에 금천교가 놓여 있음
② 정전(숭정전) 뒤에 편전(자정전)이 있음

3) 조경요소

① 현재 궁의 정문이던 홍화문과 정전인 숭정전이 복원됨
② 계마수조(繫馬樹棗)라는 대추나무 두 그루가 있음. 원종이 머물 때 손수 대추나무를 심고 아침 저녁으로 구경하며 말을 맴
③ 회상전 아래 지당이 있고 못이름은 벽파담(碧波潭)이라 하며, 못가에 한 칸의 죽정 배치
④ 꽃을 구경하는 용도의 정자 영취정, 춘화정 배치

Ⅵ 종묘

1) 개요

① 1395년 창건된 조선왕조의 신궁(神宮)
②「주례고공기」의 '좌묘우사 전조후시'의 배치계획사상을 따라 태조 4년에 건립
③ 정전과 영녕전이라는 두 중심 영역이 있으며 제궁이나 향대청들이 배치

2) 입지 및 배치

① 응봉과 창덕궁을 거쳐 내려오는 산줄기에 위치하고 창덕궁으로부터 이어져 내려온 내백호와 내룡의 산세는 정전과 영녕전을 위요
② 두 구릉 사이에는 정전 앞을 지나 남으로 흐르는 명당수가 있음
③ 정전일곽은 담장으로 위요되어 있으며 담장 중앙에 신문, 제관이 출입하는 동문, 악공과 종사원이 출입하는 서문이 있음
④ 묘정 월대는 박석포장
⑤ 동문 북으로 수복방, 전사청과 어정이 있고, 정전 서남쪽 밖으로 악공청이 있으며, 정전 서북측으로 영녕전 일곽이 있음
⑥ 외대문에서 시작된 주 동선은 가운데가 신향로, 동측이 어로, 서측이 세자로
⑦ 신향로는 묘정 월대에 난 신로로 이어지고 어로와 세자로는 어숙실로 이어짐
⑧ 태조 때 종묘의 산세가 험하다 하여 조산하여 지세를 돋움
⑨ 태종 때 종묘 남쪽 산줄기에 다시 조산함

3) 건축물

① 정전

㉮ 19실 19칸

㉯ 정전은 매 칸마다 신위를 모신 감실 19칸, 좌우 협실 각 3칸이 있으며, 협실 양끝의 남쪽에 공신당과 칠사당이 있음

㉰ 태조를 비롯해 공덕이 있는 왕과 왕비 등 49위를 모신 곳

② 영녕전

㉮ 16실 16칸

㉯ 세종 3년에는 종묘 서측으로 영녕전을 건립

㉰ 임진왜란 때 불탄 것을 선조 때 재건하여 광해군 원년에 완공

㉱ 정전에 모셔지지 않는 왕과 왕비, 추존왕과 왕비 등 34위를 모심

③ 공신당

역대의 공신 83위의 위패를 모심

④ 향대청과 망묘루

㉮ 향대청 : 향축폐와 제사예물을 보관하고 제향에 나갈 제관들이 대기하는 곳

㉯ 망묘루 : 제향 때 왕이 머무르면서 사당을 바라보며 선왕과 종묘사직을 생각한다는 뜻, 제례가 끝난 뒤 제관 일행이 휴식을 취한 곳

⑤ 어숙실과 전사청

㉮ 어숙실 : 왕이 목욕재계를 하고 의복을 정재하여 세자와 함께 올릴 준비를 하는 곳

㉯ 전사청 : 제사에 필요한 제물을 준비하는 곳, 동쪽에 어정이 있음

⑥ 악공청과 수복방

㉮ 악공청 : 종묘제례악에 쓰기 위한 시설

㉯ 수복방 : 외삼문 앞 좌측에 위치, 관리인이 기거하는 곳

4) 조경요소 및 식생

① 지당

㉮ 상연지 : 방지무도, 정전의 정문 남쪽, 어숙실의 서남쪽에 위치

㉯ 중연지 : 방지원도, 망묘루 서편, 지안은 자연석, 섬에는 일반적 소나무가 아닌 향나무 식재

㉰ 하연지 : 방지원도, 외대문 위쪽에 위치, 부정형의 방지

② 우물

㉮ 전사청 동쪽에 위치, 제례 시 제수로 사용

㉯ 종묘의궤에는 전사청 남쪽 우물과 영녕전 남신문 이남의 제정 등 두 곳에 나옴

③ 식생

㉮ 정전과 영녕전 일곽을 중심으로 때죽나무, 잣나무, 갈참나무, 팥배나무, 소나무, 서어나무, 단풍나무, 참나무 등이 원림 형성

㉯ 향대청, 지당 주변에는 눈주목, 수수꽃다리, 자작나무 등 식재

㉰ 신궁이므로 화계를 두거나 정자를 건립하거나 화려한 화목을 배치하지 않음

Ⅶ 조선의 왕릉

1) 개요

① 조선의 왕과 왕비, 추존왕의 능 등 44기의 능과 13기의 원이 있음

② 그중 연산군과 광해군은 폐위된 왕으로 묘로 조성되어 왕릉의 무덤은 42기, 이 중 태조의 원비인 신의황후의 제릉과 정종과 정안왕후의 후릉은 북한 개성에 있음

③ 묘지의 명칭

㉮ 능(陵) : 왕과 왕비의 무덤

㉯ 원(園) : 왕세자나 세자빈의 무덤

㉰ 묘(墓) : 대군이나 왕자, 군, 공주, 옹주, 빈, 귀인, 후궁의 무덤

㉱ 분(墳) : 무덤의 주인을 알 수 없는 경우

㉲ 총(塚) : 묘보다 큰 무덤

2) 조선왕릉의 역사와 발전

① 고려시대 공민왕릉이 조선시대까지 부분적으로 이어짐

② 조선시대는「국조오례의」에 기초해 일관성 있게 왕릉의 형태 유지

③ 생전에 불심이 깊었던 왕들은 능침사찰을 두어 왕릉을 수호함

④ 조선조 왕릉의 변화

㉮ 태조 건원릉 : 고려시대의 양식 계승. 장명등, 망주석, 배위석 등이 변화함

㉯ 문종 헌릉 :「국조오례의」제정에 따른 조선시대 독특한 제례문화 정립

㉰ 세조 광릉 : 세조의 능제 간결정책에 따른 간결화된 능침공간과 풍수사상 발달. 봉분의 병풍석을 난간석으로, 석실을 회벽실로 간소화

㉱ 영조 원릉 : 실학사상에 근거「국조속오례의」등의 개편으로 능침의 위계변화 및 석물의 현실화

㉮ 고종 홍릉 : 황제의 능으로 조성, 능침의 상설체제가 변화, 석물을 배전 앞으로 배치하고 정자각을 정전의 형태로 함

3) 능역의 입지

① 한양의 경복궁을 중심으로 참배거리, 주변 능역과의 거리, 방위, 도로와의 관계, 주변 산세와 국방관계 등을 고려하여 10리 밖 100리 안에 입지
② 왕릉의 입지적 특성은 권위적 · 정형적 틀을 가지면서도, 자연의 지세를 존중하고 이에 순응하려는 동양의 도교사상과 한국인의 자연관에 의해 자연과 조화를 이룸

4) 능원의 형식

① 좌왕우비, 상왕하비 등의 유교의 예제인 「국조의」, 「국조오례의」, 「국조속오례의」 등에 의한 것으로 한국의 자연지형, 풍수사상, 유교사상, 도교사상 등에 의한 능제
② 단릉(單陵) : 왕과 왕비의 무덤을 단독으로 조성
③ 쌍릉(雙陵) : 한 언덕에 평평하게 조성한 곳을 하나의 곡장으로 둘러 왕과 왕비의 봉분을 좌우상하의 원칙에 의해 쌍분으로 한 것
④ 합장릉(合葬陵) : 왕과 왕비를 하나의 봉분으로 합장한 것
⑤ 동원이강릉(同原異岡陵) : 하나의 정자각 뒤로 한 줄기의 용맥에서 나누어진 다른 줄기의 언덕에 별도의 봉분과 상설을 설치한 것
⑥ 동원상하릉(同原上下陵) : 왕과 왕비의 능이 위아래로 상왕하비의 형태로 조성된 것
⑦ 삼연릉(三連陵) : 한 언덕에 왕과 왕비 그리고 계비의 봉분을 나란히 배치하고 곡장을 두른 형태
⑧ 동봉삼실릉(同封三室陵) : 왕과 왕비 그리고 계비를 하나의 봉분에 합장한 것

5) 능원의 경관

① 배산임수의 지형을 갖춘 곳으로서 주산을 뒤로 하고 그 중허리에 봉분을 이루며 좌우로는 청룡과 백호가 산세를 이루고 있음
② 왕릉 앞쪽으로는 물이 흐르며 가까이 앞에는 안산이, 멀리는 조산이 보이는 곳
③ 능역의 혈장이 꽉 짜이게 입구가 좁아야 하는데 대부분의 능들은 입구가 오므라진 산세를 하고 있는 곳이 일반적인 형국임 → 입구가 오므라들지 않는 곳은 비보 차원의 비보림과 연못을 조성하기도 함
④ 능역 내의 주축은 능침 - 장명등 - 정자각 - 홍전문을 잇는 직선축이 기본원형
⑤ 능역의 봉분과 정자각의 표고차이는 왕릉의 위엄성과 성스러움을 강조하기 위함과 성과 속을 구분하기 위한 것임

⑥ 외홍살문 - 재실 - 연지 - 금천교 - 홍전문을 잇는 능역의 공간진입의 참배는 능역 내의 명당수가 흐르는 개천을 따라 "之", "玄" 자의 지그재그 곡선을 이룸
⑦ 능역이 경관적 균형과 조화를 이루지 못할 경우에는 풍수적 비보 차원에서 경관구조의 균형을 이루기 위해 조산, 보식, 연못 조성, 구조물(탑, 사찰) 축조

6) 능역의 공간구성

① 주산과 조산의 대영역 속에 산과 하천에 의해 중층성을 이룸
② 능역의 사상적 배경은 음양사상, 풍수지리설, 불교, 도교 등의 영향을 받고 있으며 특히 조선시대의 통치이념인 유교의 영향을 받아 조영
③ 능원공간은 봉분을 중심으로 하는 능침공간, 정자각을 중심으로 하는 제향공간, 재실을 중심으로 한 속세를 나타내는 진입공간 등으로 구분

㉮ 진입공간

- 재실 : 능제사와 관련된 전반적인 준비를 하는 곳, 왕릉 관리자인 능참봉이 상주
- 금천교 : 왕릉의 금천을 건너는 다리, 속세와 성역의 경계역할을 함
- 외홍살문, 재실, 연지, 금천교가 있고 참배객을 위한 세속의 공간
- 참배로는 능원으로 진입하면서 명당수가 흐르는 개천을 따라 곡선을 이루어 진입 → 능역의 계류가 합치는 낮은 곳에 연못을 두어 능역관리인의 농업용수 공급과 휴식공간으로 이용
- 참배로가 곡선을 이루는 것은 「임원경제지」의 '명당을 향해 들어서는 도로는 之, 玄 형태의 곡선이어야 하며 직선으로 들어오는 것을 '충파(衝破)'라 하여 꺼리는 것으로 피해야 한다.'라는 내용에서 이유를 추측할 수 있음
- 이러한 구불거림은 능역이 쉽게 보이지 않도록 하여 능역의 신성함과 엄숙함을 강조
- 진입공간의 식생구조는 소나무, 전나무, 잣나무, 상수리, 단풍나무 등이 상중층목을 이루고 진달래, 철쭉이 하층목으로 배식

㉯ 제향공간

- 홍살문 : 신성한 지역임을 알리는 문, '홍전문'이라고도 함, 붉은 칠을 한 기둥 2개를 세우고 위에 살을 박음
- 참도 : 홍살문에서 정자각까지 이어진 길, 박석을 깔아 놓았으며, 왼쪽의 약간 높은 길은 신이 다니는 길이라 하여 '신도', 오른쪽의 약간 낮은 길은 임금이 다니는 길이라 하여 '어도'라 함
- 비각 : 비석이나 신도비를 세워 둔 곳, 신도비는 능 주인의 업적을 기록한 비석
- 정자각 : 능 제향을 올리는 정(丁)자 모양의 집, 제향을 올릴 때 왕의 신주를 이곳에 모심
- 홍전문, 참배로, 수복방, 수라간, 비각이 있고 정자각에서 산 자와 죽은 자가 제의식

때 만나는 공간으로 반속세 공간임
- 어도와 신도의 경우 제례의식이 동남쪽(좌하)에서 시작하여 서북(우상)에서 끝나는 행위에 따라 절선형을 이룸

㉰ 전이공간
- 제향공간과 연계한 능침의 경사지 하단
- 신도 설치, 산신석 배치, 정자각 서북 측에 소전대(지방을 불사르는 곳), 예감(지방을 태우고 재물을 묻는 곳)이 배치
- 능주가 제향 후 능침으로 돌아간다는 의미

㉱ 성역공간(능침공간)
- 무인석 : 문인석 아래에 왕을 호위하고 두 손으로 장검을 짚고 위엄있는 자세를 취함
- 문인석 : 장명등 좌우에 있고 두 손으로 홀을 쥐고 있음
- 능침 : 능상, 능주인이 잠들어 있는 곳
- 곡장 : 봉분을 보호하기 위해 봉분의 삼면에 둘러놓은 담, 그 주변은 소나무로 둘러싸여 위요감을 강조
- 봉분둘레로 12병풍석 도는 12지 그림과 글사 표시
- 능침 중심으로 양석, 호석, 혼유석, 망주석, 장명등이 배치
- 상계 : 봉분, 중계 : 문석인상과 석마, 하계 : 무석인상과 석마

7) 건축물 및 석조물

① 능원의 건축물

㉮ 정자각
- 제향공간, 평면이 丁자와 같다 하여 붙여진 이름
- 전면 3칸, 측면 2칸의 정전(제례를 지내기 위한 닫힌 공간)과 전면 1칸, 측면2칸의 배전(제례의 보조적인 공간)으로 구성
- 월대 좌우 측에 제례를 행할 때 오르내리는 계단 설치

㉯ 비각
- 능침의 좌측 하단 아래 정자각 동북 측에 위치
- 죽은 사람의 업적을 기록하여 세우는 것. 초기에는 신도비라 함

㉰ 수복방
- 정자각의 좌측(동남 측) 앞에 위치, 능지기가 사용
- 정면 3칸, 측면 1칸의 맞배지붕으로 되어 있음
- 앞면은 참도를 향하여 수라간과 마주봄

㉱ 수라간 : 제향 시 음식을 차리는 곳
㉲ 홍전문 : 홍살문, 능역의 정자각 앞 참도가 시작되는 곳에 능원이 신성구역임을 표시하기 위해 세움

② 능원의 석조물

㉮ 혼유석과 고석
- 혼유석은 능침의 정면에 놓인 상석으로 영혼이 노는 곳이라는 의미, 형식에 따라 1 ~ 3개가 놓여짐
- 고석은 혼유석을 바치고 있는 4 ~ 5개의 북모양의 돌

㉯ 석호와 석양
- 봉분을 중심으로 석양과 석호가 4쌍 배치
- 양은 신양의 성격을 띠며 사악한 것을 피한다는 의미
- 호랑이는 능을 수호한다는 의미

㉰ 망주석과 세호
- 상계의 앞면 좌우에 팔각의 촛대처럼 배치된 석물이 망주석임, 이는 능침이 신성한 구역이라는 것을 알리는 의미와 멀리서 바라볼 수 있도록 한 것
- 망주석 기둥의 동물은 세호

㉱ 장명등
- 석등의 형태로 능침의 중계에 배치
- 조선 초기에는 팔각형태, 숙종의 명릉 이후는 사각이 장명등

㉲ 문무석인상과 석마
- 문석인상은 중계에 무석인상은 하계에 서로 마주보고 있음
- 문석인상은 능침 가까이에 배치한 것은 봉건계급사회 영향

8) 조경요소 및 식생

① 연못

㉮ 능역의 연못은 주산에서 좌우로 내려와 용맥의 능선이 서로 맞닿는 낮고 습한 곳으로 능역의 입구가 넓고 허한 경우에는 풍수적 비보 차원에서 입지
㉯ 방지원도가 대부분, 지당이 방지인 것은 천도의 원시적 재현으로 해석되며 소우주적 형성관으로 볼 수 있음 → 음양사상과 천인합일사상의 천원지방의 이론에 따른 것

② 식생

㉮ 능역의 배경숲은 송림이 원형, 봉분을 중심으로 한 성역공간에는 소나무가 배경숲을 이룸
㉯ 정자각을 중심으로 한 제향공간 주변에는 소나무, 젓나무, 신갈나무 등의 교목과 때죽나무, 철쭉, 진달래 등의 하층목

㉰ 습지에는 생태적 특성을 고려하여 오리나무 등 식재
㉱ 진입공간에는 소나무, 떡갈나무, 오리나무 배식
㉲ 소나무는 주나라 때부터 황제를 나타내는 수목을 의미, 신하의 충성과 왕조의 영원성을 나타내며 십장생의 하나
㉳ 떡갈나무는 능역의 화재에 대비한 것으로 수피가 두껍기 때문에 산불에 강하고 줄기가 곧게 자라며 생장속도가 느린 점을 고려한 실용 식재
㉴ 오리나무는 비옥한 하천, 계류, 정체수가 있는 지역에서 자라며 수명이 길고 맹아력이 강한 특성을 고려하여 생태적 식재
㉵ 때죽나무는 능역 양성화의 꽃, 백색의 긴 화경이 아래로 드리우며 열매가 종모양임을 고려하여 능역의 화수로 식재
㉶ 지피식물은 들잔디가 주종, 모화관에서 인위적으로 잔디와 왕실의 수목을 재배하여 보식, 건원릉의 봉분은 태조의 유지에 따라 함흥의 사초로 하고 벌초를 하지 않는 것이 특징

2. 조선왕릉의 사례

1) 동구릉

경기도 구리시 동구동에 위치, 9릉 17위의 왕과 왕비를 모심

① 태조(건원릉)
㉮ 단릉, 조선의 왕릉제도가 정비되기 이전의 모습을 보여줌
㉯ 건원릉의 정자각 위 오른편에 배위가 자리잡고 있는데 조선왕릉 중에는 유일함
㉰ 비각 맞은 편에 제례 후 소각물을 태우는 소전대가 있음
㉱ 말년에 고향을 그리워하여 그 곳에 묻히기를 원했던 태조를 위해 태종이 고향 함흥의 흙과 억새를 가져다 건원릉 봉분으로 심었음

② 문종(현릉) : 동원이강릉
③ 선조(목릉) : 동원이강릉, 다른 능과는 달리 홍살문에서 정자각까지의 참도도 굴절되어 있으며, 정자각에서 선조릉과 인의황후릉, 인목왕후릉으로 각각 뻗으며 꺾이고 층이 생기기도 함
④ 현종(숭릉) : 쌍릉, 조선왕릉 중에서 유일하게 정자각이 팔작지붕임
⑤ 장렬왕후(휘릉) : 단릉, 정자각 양쪽에 익랑이 붙어 있음
⑥ 경종(혜릉) : 단릉
⑦ 영조(원릉) : 쌍릉(영조의 계비 정성왕후), 비각에 3개의 비가 있음
⑧ 헌종(경릉) : 조선 유일의 삼연릉, 하나의 곡장 안에 3기의 봉분
⑨ 문조(수릉) : 합장릉

2) 서오릉

경기도 고양시 덕양구 소재(5릉 2원 1묘)

① **덕종(경릉)** : 추존왕

② **예종(창릉)** : 상중하계가 명확하게 구분된 능제 특성을 확인할 수 있음

③ **숙종(명릉)** : 2도로 구성된 참도(신도와 어도) 옆에 신하들이 걸어갔던 '변로'가 조성되어 있는 조선왕조의 참도의 전형을 보여 줌

④ **인경왕후(익릉)** : 정자각 양 옆에 익랑이 붙어 있음

⑤ **정성왕후(홍릉)**

㉮ 덕왕의 능침 자리가 비어 있음

㉯ 원래 영조를 모시려고 비워 두었으나 영조는 승하 후 동구릉의 원릉(영조의 계비 정성왕후와 쌍릉)에 안장됨

3) 서삼릉

① **인종(효릉)** : 효릉의 병풍석은 선조 때 조성된 것으로 구름문양 속에 십이지신상이 아름답게 조각됨

② **철종(예릉)**

㉮ 대한제국시절 고종황제는 시조인 태조를 비롯하여 효창세자부터 철종까지 일곱 왕을 황제로 추존하였음

㉯ 철종이 황제로 추존되면서 예릉의 참도는 황제릉의 3도로 조성되었음

③ **장경왕후(희릉)** : 중종의 계비 장경왕후 윤씨의 무덤

4) 금곡 홍릉, 유릉

① 경기도 미금시 금곡동

② 홍릉 : 고종과 명성황후의 합장릉

③ 유릉 : 순종 등 동봉삼실

④ 우측에 타원형 연못, 가운데 원형의 섬에 소나무 식재, 연꽃 식재

⑤ 황제릉으로 조성된 홍릉과 유릉은 기존의 조선왕릉과 석물의 위치와 종류, 숫자가 다르며 정자각 대신 일자각 침전이 자리 잡음

⑥ 홍유릉은 다른 조선의 능과 달리 정자각이나 석물의 배치뿐 아니라 문무인석과 석상의 동물 인상 또한 이국적임

5) 여주 영릉

① 경기도 여주군 능서면 왕대리
② 영릉은 세종대왕과 소헌왕후의 합장릉으로 원래 경기도 광릉 서쪽에 있던 것을 옮김
③ 「국제오례의」의 치장조에 따라 조영한 능제의 기본
④ 홍살문을 들어서면 우측에 판위, 참도는 절선축형으로 정자각과 연결됨, 봉분 밑둘레에는 병풍석은 없고 난간석만 둘렀음
⑤ 영릉 입구의 장방형의 큰 연못은 풍수지리사상에 의해 조성

6) 서울 시내

① 강릉 : 서울시 노원구에 위치한 명종의 능
② 태릉 : 중종의 비 문정왕후의 능으로 단릉
③ 선릉 : 성종의 능으로 동원이강릉

2 별서조경

I 별서

1. 별서 개요

1) 별서의 개념 및 종류

① 별서의 개념

㉮ 인접한 경승지나 전원지에 은둔과 은일 또는 자연과의 관계를 즐기기 위해 조성한 제2의 주택

㉯ 별서(別墅)의 기준은 정침인 본제가 있어야 하고 거리는 본제로부터 대개 0.5~2.0km 정도 떨어진 곳으로서 도보권에 있어야 함

㉰ 별서의 건물은 누와 정으로 대표되며 건물 내부에 방이 있는 경우와 없는 경우가 있음

㉱ 또한 대부분 담장과 문이 없어 사방의 주위 경관을 조망할 수 있는 개방된 상태로 꾸며져 있어서 자연 그대로의 산수경치를 감상 대상으로 하는 경우가 대부분임

② 별서의 종류

㉮ 별장형 별서

- 서울 및 경기의 세도가가 조성해 놓은 것으로 대개 살림채, 안채, 창고 등 기본적인 살림의 규모를 갖추고 있음
- 살림집의 규모를 갖추지 않고 본제(本第)가 가까이 있어서 주부식의 공급이 가능하고, 자체적으로 간단한 취사행위나 기거 정도를 할 수 있는 소박한 형태의 거처를 말함
- 영호남지역과 충청지역의 별서들이 여기에 해당함

㉯ 별업형 별서

부모님께 효도하기 위한 것으로 강진군 도암면의 조석루처럼 살림집을 겸한 경우가 해당함

2) 별서의 기원

① 삼국시대

㉮ 당나라에서 돌아온 최치원이 난세에 실의하여 벼슬을 버리고, 경주와 영주 등지의 산림 속에서 대사를 지은 후 풍월을 읊었으며 마산과 해인사 주변에 별서를 조영한 것이 그 기원

㉯ 특히 최치원이 지은 가야산 해인사 홍류동 계곡의 농산정이 기원이라 할 수 있음

㉰ 신라에는 일부 상류층의 별서주택 개념의 사절유택(四節遊宅)이 있었는데 봄에는 동야, 여름에 곡양택, 가을에 구지택, 겨울에 가이택에서 지냄 → 이는 철에 따라 거처하는 별장형 주택

② 고려시대

고려시대 향촌 출신의 사대부가 등장하였으며, 이들은 중앙 정치무대에 진출하였더라도 향리에서의 생활을 즐기기도 함

㉮ 기홍수의 곡수지 정원

- 천혜적으로 아름다운 곳에 위치하며 암반과 숲 사이로 샘이 솟고 능수버들, 창포, 못 안에 연을 심었으며 자연을 관망하기 좋은 곳에 자연과 조화를 이뤄 정자를 세움
- 특히 그의 정원생활에 나타난 기록 중에서 물에 술잔을 띄우며 피서와 향락을 즐겼다는 곡수연이 나옴

㉯ 해암정

- 고려 공민왕 때 진주군 심동로가 이곳에 살면서 동해 바닷가 삼척에 건축한 별서형식의 정자
- 정자 중에서 가장 오래된 정원건축물 중 하나로 심언광이 중건하고 송시열이 서액을 걸었음
- 해암정 뒤편에 촛대바위 등의 기암절벽이 있어 경승지의 성격을 띰

3) 조선시대

① 조선시대에는 어느 시대보다 별서가 많이 조영되었는데, 사화와 당쟁의 심화로 초세적 은일과 도피적 은둔 풍조가 만연한 것이 직접적인 배경임

② 유교와 도교의 발전, 선비들의 풍류적 자연관이 간접적인 배경이 됨

③ 지형이 다양하고 아름다운 우리나라의 지리적 환경으로 인해 경승지가 많은 것과 양반 위주의 정치체제와 토지 소유로 인한 튼튼한 경제적 구조도 원인이 됨

4) 별서의 입지와 공간구성

① 격리방법

정주생활이 이루어지는 본제가 있는 마을과 격리방법

㉮ 시각적 격리 : 수림 등으로 차폐

㉯ 관념적 격리 : 강 또는 언덕으로 차폐

㉰ 복합적 격리 : 시각적 격리와 관념적 격리의 복합

② 정원의 외부공간구조

별서의 감상 대상은 단순히 담장 안으로 내부공간을 중심으로 한 것이 아니고 외부의 경

관까지 대상으로 함

㉮ 내원 : 담장 안

㉯ 외원 : 담장 밖의 가시권

㉰ 영향권원 : 정원공간에 직접적인 영향을 줄 수 있는 권역

③ 경관 유형

주변에 대단위 수공간이 가까이 있는 정도에 따라 임수형(臨水型)과 내륙형(內陸型)으로 구분

경관 유형		별서 사례
임수형	임수인접형	암서제, 임대정, 초간정
	임수계류인접형	다산초당, 부용동, 소한정, 거연정
내륙형	산지형	옥호정, 석파정, 성락원, 소쇄원
	평지형	남간정사, 명옥헌, 서석지

④ 별서의 경관요소

㉮ 수경요소

- 방지와 섬 → 신선사상, 음양사상 반영
- 비구(나무 홈통) 도입 → 임대정, 소쇄원, 옥호정

㉯ 경물배치와 암석기법

- 소쇄원과 소한정에 석가산이 보임
- 자연을 사유화하기 위해 바위에 암각한 경우가 많음

㉰ 배식기법 : 상징성

- 유교의 영향 → 매화, 난, 국화, 대나무, 소나무, 연
- 안빈낙도의 생활철학 → 국화, 버드나무, 복숭아나무
- 은둔, 태평성대 희구사상 → 오동, 대나무, 벽오동
- 생태적 특성 → 남부지방은 기후가 온난하여 배롱나무가 많음(명옥헌)

II 전남권 별서사례

1. 담양 소쇄원

1) 개요

① 소재지 및 작정자

㉮ 소재지 : 전남 담양군 남면 지곡리

㉯ 작정자 : 양산보, 호 소쇄공

② 작정배경

㉮ 조광조의 문하에서 수학, 근정전 친시에서 1차는 급제하나 최종 낙방. 기묘사화가 일어나서 스승 조광조가 실권, 유배, 죽음을 당하는 과정을 보고 세상의 덧없음을 느끼고 낙향하여 은일생활을 결심하고 소쇄원 조영

㉯ 양산보는 "소쇄원이 언덕 하나, 골 하나에도 자신의 발자취가 닿지 않는 곳이 없으므로, 평천고사(平泉古事)를 따라서 소쇄원을 팔거나 어리석은 후손에게 물려주지 말라."라고 유언 → 당나라 이덕유가 낙영성에 평천장을 조영하면서 후손에게 남긴 「평천산거계자손기」에서 "평천장을 팔거나, 평천장에 있는 일수일석이라도 남에게 주는 자는 내 자손이 아니다."라고 한데서 유래

㉰ 조영의 사상적 배경은 도가에서 말하는 은둔과 은일사상

㉱ 작정 모티브는 성리학자들의 이상이었던 무이구곡이 그 원류

㉲ 주위의 송순, 김인후, 김윤제 등이 소쇄원 조영에 일조함

③ 소쇄원 원형을 알 수 있는 자료

㉮ 김인후의 「소쇄원48영시」

㉯ 고경명의 「유서석록」(소쇄원을 답사하고 쓴 답사기)

㉰ 목판 「소쇄원도」

2) 공간구성

① 진입공간

㉮ 소쇄원 입구 무지개 다리를 건너오면 울창한 대숲 → 협로수황(夾路脩篁)

㉯ 대숲 사이로 위태롭게 걸친 다리 → 투죽위교(透竹危橋)

㉰ 입구의 장방형 연못에 심은 순채나물 → 산지순아(散池蓴芽)

㉱ 나무 홈대로 물을 끌어 설치한 물레방아 → 춘운수대(春雲水碓)

② 계류공간

㉮ 소쇄원 계류의 중심지에 있는 석가산(石假山) → 가산초수(假山草樹)

㉯ 개울가의 평평한 바위, 상석(床石) → 상암대기(床岩對碁)

㉰ 계류가 흘러 폭포를 이루는 곳 근처의 넓은 바위 → 광석와월(廣石臥月)

㉱ 폭포 옆에 있는 사색을 하기 좋은 걸상 바위 → 탑암정좌(榻岩靜坐)

㉲ 개울을 건너기 위한 외나무다리 → 약작(略勺)

㉳ 개울 다리가의 두 소나무 → 단교쌍송(斷橋雙松)

㉴ 개울가 외나무다리 옆의 은행나무 → 행음곡류(杏陰曲流)

③ 대봉대(待鳳臺) 공간

㉮ 대봉대 초정 옆의 늙은 벽오동 → 동대하음(桐臺夏陰)

㉯ 소쇄원의 중심부에 위치하는 작은 정자 → 소정빙란(小亭憑欄)

㉰ 물레방아 옆에 있는 배롱나무 → 친간자미(襯澗紫薇)

㉱ 장방형의 작은 연못, 낚시를 즐기던 곳 → 소당어영(小塘魚泳)

㉲ 대봉대 옆의 대나무 숲 → 총균모조(叢筠暮鳥)

④ 담장

㉮ 소쇄원 내원과 외원을 구분하는 담장

㉯ 담장에 '소쇄양공지려(瀟灑梁公之廬)'라고 쓰여 있음

㉰ 따뜻한 햇볕을 받는 담장 → 애양단(愛陽壇)

㉱ 김인후의 '소쇄원48영시' 걸린 긴 담장 → 장원제영(長垣題詠)

⑤ 광풍각(光風閣) 공간

㉮ 손님을 접대하던 광풍각 → 침계문방(枕溪文房)

㉯ 무릉계곡을 연상케 하며, 광풍각 뒤에 위치하는 도오 → 도오춘효(挑塢春曉)

㉰ 손님을 영접하던 소쇄원 입구 대나무 다리 건너편의 버드나무 → 유정영객(柳汀迎客)

⑥ 제월당(霽月堂) 공간

㉮ 소쇄원의 살림집에 해당

㉯ 제월당 앞 외곽 담 안에 있는 파초 → 적우파초(滴雨芭蕉)

⑦ 화계공간

㉮ 단을 지어 만든 화계, 매대(梅臺) → 매대요월(梅臺邀月)

㉯ 제월당 옆에 있는 대숲 → 천간풍향(千竿風響)

㉰ 외부에서 들어오는 문 → 오곡문(五曲門)

㉱ 오곡문 옆의 자라바위 → 부산오암(負山鼇巖)

㉲ 자라바위 뒤쪽에 있는 느티나무 → 의수괴석(倚睡塊石)

㉳ 오곡문 옆의 담장 밑을 흐르는 물 → 원규투류(垣竅透流)

3) 건축물 및 조경요소

① 건축물

㉮ 제월당(霽月堂)

- 소쇄원 서쪽 가장 높은 곳에 위치
- 정면 3칸, 측면 1칸, 1칸은 온돌방
- 양산보가 기거하던 곳

㉯ 광풍각(光風閣)
- 오곡류가 흐르는 계간 하류에 위치
- 정면과 측면이 모두 3칸, 중앙의 1칸은 온돌방
- 손님을 접대하던 공간

㉰ 광풍제월(光風霽月) 유래

송나라 황정견이 주돈이의 인간됨을 말할 때 '가슴에 품은 뜻의 맑고 밝음이 비 개인 뒤 해가 뜨며 부는 청량한 바람(光風)과 같고 비 개인 뒤 하늘의 상쾌한 달빛(霽月)과도 같다.'고 한 데서 유래

㉱ 기타

이외에 부훤당, 고암정사가 있었으나 지금은 없음

② 담장

㉮ 자연석과 황토흙을 섞어 쌓은 운치 있는 토석담 그 위에 기와를 얹음

㉯ 높이 2m 정도로 내원과 외원을 분리하는 역할

㉰ 서쪽 경사진 산기슭을 내려오면서 직각으로 꺾이며 오곡문에서 끊어짐 → 현재 문은 없고 담이 양쪽으로 끊어져 트인 상태

③ 화계

㉮ 서쪽 산비탈 담 밑에 네 단의 축대를 쌓아 조성

㉯ 밑의 한 단은 원로이고 위의 두 단이 화계

㉰ 화계의 석축높이는 약 1m, 너비 약 1.5m, 길이 약 20m

㉱ 「소쇄원도」에는 매대라 쓰인 매화나무가 심겨져 있음

㉲ 화계의 맨 윗 단에는 큰 측백나무, 밑 단에는 난초가 그려져 있음

④ 상지와 하지

㉮ 상지
- 대봉대 바로 아래 편에 있는 방지, 크기 2.8m×2.8m
- 계류의 물이 비구를 타고 지당에 유입됨

㉯ 하지
- 내원의 입구 쪽에 있는 하지는 방지 크기 5.5m×4.0m
- 못 안에는 물고기가 놀고 있고 옆에 관상목적의 수대(물레방아)가 있었음

⑤ 계류

㉮ 북쪽 장원봉 골짜기로부터 오곡문 옆의 수구를 통해 소쇄원 내원으로 흘러듦

㉯ 암반에 파인 조담에서 떨어지는 물은 폭포를 이루며 경관구성

㉰ 계류가에 석가산을 꾸미고 돌의자를 놓아 흐르는 물을 즐김

㉱ 계류의 수림으로는 외나무다리 지역의 노송과 느티나무숲, 초정 아래쪽 배롱나무숲

⑥ 수목

㉮ 「소쇄원48영시」에는 목본16종, 초본5종이 있음

㉯ 주요 식재수종으로는 대나무, 측백나무, 동백나무, 치자나무 등의 상록교목과 느티나무, 벽오동, 오동나무, 배롱나무, 은행나무, 살구나무, 복숭아나무, 매화 등 활엽수종, 그리고 창포, 난, 국화, 순채, 파초, 연, 상사화 등의 초본류

㉰ 지금은 참나무 숲속에 대나무와 느티나무, 배롱나무, 단풍나무 등이 있음

2. 보길도 부용동 원림

1) 개요

① 소재지 및 작정자

㉮ 소재지 : 전남 완도군 보길면 부황리

㉯ 작정자 : 윤선도(호는 고산)

② 작정 배경

㉮ 윤선도는 유배되었다가 인조반정으로 풀려나고 다시 좌천, 파직을 반복함. 병자호란을 계기로 은둔을 결심하고 탐라도로 향하다가 수려한 경치에 끌려 보길도에 정착

㉯ 이 곳을 배경으로 산중신곡, 고금영, 오우가, 어부사시사 등을 지음

2) 공간구성

① 보길도의 가장 높은 봉우리는 남쪽의 격자봉, 동쪽의 광대봉, 서쪽의 망월봉

② 섬의 내부와 산의 경계가 마치 연꽃 같다 하여 부용동(芙蓉洞)

③ 공간 성격에 따라 세연정 구역, 낙서재 구역, 동천석실 구역으로 나뉨

3) 세연정 구역

① 특성

자연 속에 동화되어 유희하는 위락의 공간

② 세연지

㉮ 부용동 여러 골짜기의 물을 막아서 조성한 약 5,000m²의 방대한 연못

㉯ 계류의 하류를 판석보로 막아 조성한 계담

㉰ 못 속에는 칠암(七岩)이 도입됨

③ 세연정

㉮ 「보길도지」에는 계담과 회수담 사이에 위치한 1칸의 정방형 정자 → 지금은 3칸으로 잘못 복원됨

㉯ 세연정 내의 현판 : 중앙에 세연정, 남쪽에 낙기란, 서쪽에 동하각, 동쪽에 호광루, 칠암헌

㉰ 주위의 경관이나 동대와 서대의 무희들의 공연을 감상함

④ 오입삼출구(五入三出口) : 입수구

㉮ 계담에서 인공연못(회수담)으로 흘러드는 입수구

㉯ 지당의 물을 확보하고 수위조절기능

㉰ 입수구는 5개, 출수구는 3개의 구조

㉱ 단차를 30cm 정도 두어 수압을 높여 물이 빨리 연속적으로 입수되게 함

⑤ 회수담(回水潭)

㉮ 세연정 서쪽에 있는 인공 못으로 방지방도

㉯ 섬 안에 노송 한 그루

㉰ 오입삼출구를 통해 회수담에 물을 댐

⑥ 동대, 서대

㉮ 세연정에서 기녀들이 동대와 서대에 올라가 춤추는 광경을 즐김

㉯ 동대 : 장방형으로 두 단이 남아있음

㉰ 서대 : 정방형으로 나선형의 세 단이 남아있음

⑦ 판석보(板石洑, 굴뚝다리)

㉮ 계담을 만들기 위해 일정한 높이로 축조한 둑으로 계류의 흐름을 차단

㉯ 길이 11m, 폭 2.5m, 높이 1m이며 활처럼 굽은 곡선 모양

㉰ 계담 건너편에 있는 옥소대와 연결하는 동선기능도 함

㉱ 수량이 많을 경우 폭포의 기능도 함

㉱ 판석을 벽과 같이 견고하게 세우고 안에 강회를 채워 물이 새지 않게 함 → 위를 판석으로 덮어서 다리의 기능도 병행하도록 함

⑧ 옥소대

㉮ 세연정 남쪽 산중턱에 위치한 자연암석

㉯ 달 밝은 밤 무희들이 옥소대에서 춤을 추면 그것이 세연지에 비쳐 세연정에서 감상함

4) 낙서재 구역

① 특성

수학하고 수신하는 공간

② 낙서재, 소은병

㉮ 격자봉 북쪽 중턱에 위치함

㉯ 낙서재는 윤선도가 강학과 독서를 하던 생활하는 공간

㉰ 소은병이 낙서재 뒤에 있으며 고산이 사색을 즐기던 곳

㉱ 주자의 대은병에서 취하여 다소 작기 때문에 '소은병'이라 함

③ 무민당

㉮ '무민'은 세상을 등지고 산다 하여 지은 이름

㉯ 낙서재 남쪽에 있는 잠자는 단칸 집

④ 곡수당, 낭음계

㉮ 개천의 물 흐르는 소리와 모양을 비유하여 붙인 이름

㉯ 낭음계는 유상곡수를 하던 자리

㉰ 낭음계 동쪽 언덕에 곡수당지와 장방형의 못이 남아 있음 → 지당 속에 괴석3개 : 삼신선도 의미

5) 동천석실 구역

① 특성

㉮ 속세를 떠나 선인과 관조하는 공간

㉯ 부용동 유적 중 가장 절승 경관으로 자연에 약간의 인공을 가미하여 조성한 선원

② 동천석실(洞天石室)

㉮ 동천이란 신선이 사는 곳(하늘과 통하는 곳)

㉯ 바위와 바위 사이에 못을 파고 돌계단을 만들어 내려가 쉴 수 있게 함

㉰ 동천석실 앞에 도르래 같은 시설을 설치하여 음식물을 운반함

㉱ 1993년 1칸 기와집을 복원함 → 이후 바로 아래 같은 모양으로 복제하여 세움

③ 석담(石潭)과 석천(石泉)

㉮ 「보길도지」의 기록 → 자연암석과 샘과 계곡과 석문, 석정, 석천, 석담 등의 명명

㉯ 석천은 석간수를 모으는 작은 석지

㉰ 석담은 석천 옆의 연지

3. 담양 명옥헌

1) 개요

① 소재지 및 작정자

㉮ 소재지 : 전남 담양군 고서면 산덕리

㉯ 작정자 : 오이정(호는 명중)

② 작정배경

명옥헌(鳴玉軒)은 '구슬과 같은 물소리가 들리는 집'이란 의미 → 무릉도원을 구가하여 자연에 귀의하고자 했던 작정자의 자연관이 명명을 통해 구체화됨

2) 공간구성

① 무등산이 바라다보이는 담양 고서면 후덕마을에 위치

② 공간구성은 진입부, 하지 주변, 정자 주변공간, 상지 주변공간으로 구분

③ 왕버들에 둘러싸인 못이 있고 배롱나무 꽃 숲 사이로 명옥헌 입지

④ 이 정원에서는 원이나 지 또는 축단에 가공석재를 쓰지 않고 담도 없는 것이 특성

3) 조경요소

① 정자

㉮ 정면 3칸, 측면 2칸, 중앙 뒤편에 방이 있고 그 좌우 전면은 마루

㉯ 전면의 연못과 주위 경관을 바라보며 계류에 흐르는 물소리를 들을 수 있음

㉰ 명옥헌(鳴玉軒)과 장계정(藏溪亭)이란 현판이 걸려 있음

② 상지와 하지

㉮ 상지(上池)

- 명옥헌 뒤 서쪽 비탈면에 조성된 방지
- 못 안에 높이 1.3m, 지름 4.7m의 바위 → 수중암도
- 이 곳 계류가에 '명옥헌 계축(鳴玉軒 癸丑)'이라는 암각 → 송시열 글씨

㉯ 하지(下池)

- 정자 아래 쪽에 있는 장방형의 하지(동서 20m, 남북 40m)
- 자연암반의 경사지를 골라 양쪽 편에만 둑을 쌓아 만든 것
- 그 중앙에 흙으로 쌓아 만든 둥근 섬 → 방지중도형 연못
- 주변의 수목과 정자가 연못에 투영되는 영지(影池), 연꽃은 심지 않음
- 못 주변 언덕 위에는 20여 그루의 배롱나무가 심어져 있고 밖으로 소나무 열식

③ 식생

㉮ 하지 주변의 배롱나무 열식

㉯ 하지 서남쪽 원로가의 소나무 열식

㉰ 상지의 북쪽과 서쪽 언덕에도 배롱나무가 많이 식재되어 있음

4. 강진 다산초당

1) 개요

① 소재지 및 작정자

㉮ 소재지 : 전남 강진군 도암면 만덕리

㉯ 작정자 : 정약용(호는 다산)

② 작정 배경

㉮ 정약용이 신유교란에 연루되어 강진에서 유배생활을 할 때 꾸민 별서로서 정원이 번잡하지 않고 깔끔하면서도 소박함

㉯ 정원 주변에 차나무를 심고, 약천을 만들고, 뜰 안에 다조를 놓은 것은 초의선사의 영향

2) 건축물과 조경요소

① 다산초당

㉮ 비탈면을 깎아 쌓아올린 축대 위에 세움

㉯ 전면 5칸, 측면 2칸

㉰ 1975년에 보수공사 시 초가지붕을 기와지붕으로 바꾸어 다산초당의 명명성을 잃게 됨

㉱ 다산초당 편액은 추사의 글씨

㉲ 초당 앞의 다조 : 돌을 부뚜막 삼아 솔방울로 불을 지펴 약천의 물로 차를 끓여 마셨음. 다산초당의 정석, 다조, 약천, 연지 중 제3경

② 연못

㉮ 다산초당 동쪽 옆에 위치하며 방지원도

㉯ 「다산사경첩」에 '다산은 바닷가에서 괴석을 주어다 못 안에 석가산을 이루었다.'고 함

㉰ 「다산화사」에서는 '못 안에 삼봉 석가산을 만들었다.'고 함 → 삼봉은 봉래, 영주, 방장의 삼신산을 말하며 신선사상 투영

㉱ 지당 안쪽 언덕에는 동백나무 두 그루와 배롱나무 식재

㉲ 언덕 위 용천에서 물을 끌어와 비폭(飛瀑)으로 못 안에 끌어들임

③ 화계

㉮ 초당건물과 못 뒤쪽의 경사지에 1.2 ~ 1.6m폭의 5단 화계 조성

㉯ 못 뒤편의 화계에는 화목을 심고 초당 서쪽 화계에는 약초와 채소를 가꿈

④ 식생

㉮ 초당 뜰에 배롱나무, 동백, 매화, 복숭아, 살구, 유자, 석류, 포도, 차나무 식재

㉯ 향토수종인 동백나무, 대나무 외에 작약, 황매, 국화, 연 등 식재

㉰ 관엽식물인 파초 식재

5. 화순 임대정

1) 개요

① 소재지 및 작정자

㉮ 소재지 : 전남 화순군 남면 사평리

㉯ 작정자 : 민주현

② 작정 배경

㉮ 민주현은 부패한 조정에 상소를 올리고 병조참판으로 10만양병설을 주장하였으나 뜻을 이루지 못하자 벼슬을 버리고 낙향하여 별서를 조영함

㉯ 임대정의 '임대(臨對)'란 송나라 주돈이의 시구에서 유래 → '아침 내내 물가에서 여산을 바라보며 지냈다.(終朝臨水對廬山)'

2) 공간구성

① 뒤로 봉정산이 배산(背山)하고 앞으로 사평천이 임수(臨水) → 산을 등지고 물에 면하여 있음

② 인근 여러 산과 평야를 거느린 형국 → 학형지소(鶴形之所)

③ 임대정은 사평천의 동쪽, 도로에서 약 4m 높이의 언덕에 조성 → 서북향하며 수류를 좌청룡에서 우백호로 흐르게 함

3) 조경요소

① 상원의 방지

㉮ 정자의 북쪽 마당가에 있는 방지(길이 7m, 너비 6m)

㉯ 못 안에 섬이 하나 있고 섬 앞쪽에 '세심(洗心)'이라 음각된 돌이 있음

㉰ 마당쪽 못가에 육면체의 판판한 돌에 음각됨

- 기임석(跂臨石) : 앞면, 걸터앉는 돌
- 피향지(披香池) : 오른쪽 면, 연꽃의 향기가 멀리 흩어진다. → 피향지의 '향'과 읍청당의 '청'은 주돈이의 '애련설'의 향원익청(香遠益淸)에서 유래
- 읍청당(揖淸堂) : 왼쪽면, 연꽃의 맑은 향기를 붙잡아 당김

㉣ 수원은 남쪽 산골짜기에서 끌어들인 것으로 여기에서 넘치는 물은 홈대를 타고 언덕 아래 앞뜰의 하지로 떨어지는 비폭으로 활용

㉤ 못의 지안은 작은 자연석을 2~3단 쌓고 군데군데 형상석을 세움

㉥ 정자 주변에 소나무, 느티나무, 은행나무, 향나무, 단풍나무 등

㉦ 동북쪽에 대나무숲, 은행나무 고목에 기식하는 능소화

② 하원의 상지와 하지

㉮ 상지와 하지는 동서방향의 둑으로 된 원로에 의해 1m 단차를 두고 양분

㉯ 상지에 둥근 섬이 2개, 하지에 둥근 섬이 1개, 3개의 섬이 있음

㉰ 못 속에는 백련과 홍련이 가득함

㉱ 상지는 임대정 남쪽에 위치하며 반월형, 원도에 배롱나무 식재, 괴석 배치, 못 속에 백련 식재

㉲ 하지는 임대정의 서쪽에 위치, 섬에 경석 3개, 배롱나무 3주, 참나리 군식

③ 식생

㉮ 임대정 동남쪽 입구의 '사애선생장구지소(沙涯先生杖究之所)'라 암각된 자연석에 향나무를 심어 테를 두름

㉯ 정자 주변의 마당 가장자리에 1백년 정도 되는 은행나무, 느티나무, 단풍나무, 갈참나무 등

㉰ 동쪽 동산에 대나무숲, 매화, 살구, 은행나무, 배롱나무, 삼나무 등

Ⅲ 경상권 별서 사례

1. 영양 서석지

1) 개요

① 소재지 및 작정자

㉮ 소재지 : 경북 영양군 입암면 연당리

㉯ 작정자 : 정영방(호는 석문)

② 작정 배경

㉮ 1630년대에 자양산 기슭에 터를 잡고 주일제와 경정을 세워 학문과 제자 양성에 힘씀
㉯ 서석지 별서정원의 면적은 약 460평 정도이지만 외부영향권까지 포함하면 45만 평
㉰ 서석지란 이름은 연못 바닥에 튀어나온 서석군(瑞石群)에서 유래

2) 공간구성

① 내원

㉮ 주생활공간인 담장 안
㉯ 독서, 사교, 회유, 정관(靜觀), 양어, 영농관리 등

② 외원

㉮ 가시권 내의 자연경승 및 전원공간
㉯ 산책, 낚시, 영농, 차경원(借景源) 등의 다목적 기능

③ 영향권원

㉮ 외원을 둘러싼 영향권
㉯ 석문에서부터 시작하여 45만 평에 이르는 지역
㉰ 환경 및 자원보존과 조망권으로서의 기능
㉱ 석문 임천정원으로 들어오는 진입로 변의 수경적 기능

3) 건축물 및 조경요소

① 건축물

㉮ 서석지를 중심으로 좌우 측에 경정과 주일제를 조성
㉯ 경정(敬亭) : 정면 4칸, 측면 2칸, 강론과 휴식을 위한 정자 건물
㉰ 주일제(主一齊) : 정면 3칸, 측면 1칸, 주인이 거처하는 곳

② 서석지(瑞石池)

㉮ 중도가 없는 방지
㉯ 길이는 동서가 남북보다 약간 길어 1.0 : 1.2의 비례
㉰ 경정에서 대경으로 바라보이는 동안변의 서석군이 자연스럽게 보이게 배려
㉱ 수원은 서석 사이에서 솟아나는 석간수
㉲ 읍청거(입수구의 이름), 토예거(배수구의 이름, 무너미식 도랑)

③ 연못 속의 서석(瑞石)

㉮ 형태에 따른 돌의 명칭

- 난가암(爛柯岩) : 문드러진 도끼자루 돌

- 봉운석(封雲石) : 구름 봉우리 같은 돌
- 분수석(分水石) : 둘로 갈라져 물이 떨어지는 돌
- 상운석(祥雲石) : 상서로운 구름 돌
- 조천석(調千石) : 광채를 뿜는 촛대 돌
- 어상석(魚狀石) : 물고기 모양의 돌
- 와룡석(臥龍石) : 물 속에 웅크린 용돌

㉯ 특정행위를 나타내는 돌의 명칭

- 화예석(花蕊石) : 꽃과 꽃술을 감상하는 돌
- 수륜석(垂綸石) : 낚시줄을 드리우는 돌
- 관란석(觀瀾石) : 물결을 쳐다보는 돌
- 선유석(仙遊石) : 신선이 노니는 돌
- 희접암(戱蝶岩) : 나비를 희롱하는 돌
- 기평석(碁枰石) : 바둑 두는 돌
- 탁영석(濯纓石) : 갓끈 씻는 돌

㉰ 상징성을 띠는 돌의 명칭

- 옥성대(玉成臺) : 옥을 쌓아 만든 대
- 통진교(通眞橋) : 구름 속에 솟은 신선계로 통하는 다리
- 상경석(尙絅石) : 높이 존중받는 돌
- 낙성석(落星石) : 별이 떨어진 돌
- 쇄설강(灑雪矼) : 눈처럼 흩날리는 징검다리

④ 사우단(四友壇)

㉮ 주일제 앞쪽에 있는 동서 4.5m, 남북 3m의 못 안쪽으로 돌출한 네모난 단

㉯ 매, 송, 국, 죽 등으로 군자의 품위를 표현하는 수목 식재

㉰ 처음에는 매화나무를 구할 수 없어 석죽과 박태기나무를 심음

⑤ 식생

㉮ 서석지 남쪽에 400년 된 은행나무

㉯ 연못 속에는 연꽃이 식재

2. 경주 독락당

1) 개요

① 소재지 및 작정자

㉮ 소재지 : 경북 경주시 안강읍 옥산리

㉯ 조영자 : 이언적(호는 회재)

② 작정배경

㉮ 이언적은 경주 양동마을 서백당에서 태어났으며, 김안로의 등용을 반대하다가 파직된 후 낙향하여 이곳에서 성리학 연구에 전념

㉯ 독락(獨樂)이란 '성리학을 강구하여 천진본체를 홀로 즐긴다.'는 뜻

㉰ 옥산서원에서 서북쪽으로 약 700m 떨어진 곳에 위치

㉱ 4산5대의 명칭과 특별한 의미 부여

- 4산 : 동쪽 화개산, 서쪽 자옥산, 남쪽 무학산, 북쪽 도덕산
- 5대 : 관어대, 영귀대, 탁영대, 징심대, 세심대 등 계곡 곳곳 의 중요한 바위에 명명

2) 공간구성

① 전체 공간구성

㉮ 안채, 사랑채(독락당), 별당(계정), 행랑채 등과 사당으로 구성

㉯ 일자형 헹랑체와 행랑채 뒤에 ㅁ자형 안채

② 독락당(獨樂堂, 사랑채)

㉮ 안채 동쪽에 위치하며 정면 4칸, 측면 2칸의 팔작집

㉯ 독락당 처마에 '옥산정사' 현판과 대청마루에 이산해가 쓴 '독락당' 현판

㉰ 독락당 앞마당에 산수유 1주, 동쪽 문 옆에 오래된 향나무 1주

③ 계정(溪亭, 별당)

㉮ 독락당 북쪽 계류가에 위치

㉯ 계류의 자연암반 위에 바위의 생김새에 따라 길이가 다른 누하주를 세워 건물지지

㉰ 계정의 대청마루에서 계류에 있는 5대 중 영귀대, 관어대, 징심대, 탁영대를 볼 수 있음

3) 조경요소

① 살창

㉮ 독락당 동편 담장에 가로 2.15m, 세로 1.0m의 살창 → 담장 바깥의 계류를 대청마루에서 차경할 수 있게 함

㉯ 담장바깥의 외부공간과 대청마루의 내부공간을 연결하는 가장 주목되는 경관

② 담장

㉮ 담장이 건물의 종속적인 요소가 아니라 적극적인 공간 구성요소임

㉯ 계정마당에서 보면 ㄱ자형 계정건물은 담장으로 인해 전체가 가시화되지 않고 부분적으로만 인식됨

㉰ 자계 건너 산 쪽에서만 계정의 형태인식 가능

③ 방지

계정 동북쪽 계류건너 송림 속에 가로 13m, 세로 5.5m의 방지

④ 식생

㉮ 안채 뒤편의 천연기념물인 주엽나무

㉯ 독락당 마당 안에 산수유, 향나무 식재, 향나무는 향을 채취한 흔적 있음

㉰ 독락당 뒤뜰의 약쑥밭

3. 함안 무기연당

1) 개요

① 소재지 및 작정자

㉮ 소재지 : 경남 함안군 칠원면 무기리

㉯ 조영자 : 주재성(호는 국담)

② 작정 배경

㉮ 앞 마당에 연당을 파고 당내에 섬을 조성, 이 연못에 국담(菊潭)이라 하고 섬 안의 석가산을 양심대(養心臺)라 함

㉯ 주위에 담장을 쌓고 문을 만들어 영귀문(詠龜門)이라 함

2) 공간구성

① 국담(菊潭)

㉮ 방지방도로 가로 20.2m, 세로 13.8m의 장방형, 수심 0.7m

㉯ 못의 가장자리는 지면보다 0.4m 낮은 폭 0.6m의 2단으로 조성

㉰ 연못의 수원은 바닥에서 솟아나는 지하수

② 연못 안의 석가산

㉮ 네모난 석가산으로 봉래산을 상징

㉯ 현재 이 섬에는 백세청풍(百世淸風)과 봉황석(鳳凰石)이라고 암각된 괴석이 있음

③ 풍욕루(風浴樓)

㉮ 국담 동남쪽에 위치, 정면 3칸, 측면 3칸

㉯ 정원의 가장 높은 곳에 위치하여 전체 조망 가능

㉰ 앞쪽에 '갓끈을 씻는다'는 뜻의 탁영석과 그 옆에 소나무 한 그루

㉱ 풍욕루 대청마루에 '경(敬)'자 현판 → 소수서원 계류의 '경'자 암각과 같은 개념

④ 하환정(何換亭)

㉮ 국담 동북쪽 언덕 위에 위치, 정면 2칸 측면 2칸

㉯ 하환이란 '못의 경관을 감상하며 즐겁게 세상을 살고 있는데 어찌 큰 벼슬(三公) 따위와 바꿀 수 있겠는가'라는 뜻

3) 조경요소

① '하환정도'를 통해 과거의 경관 비교 가능

② 연못 속의 석가산은 형상이 매우 특이함 → 중국풍

③ 괴석은 여러 가지 형상을 가지며 괴석마다 명명성을 통하여 경관연출

④ 무기연당이라는 명칭으로 보아 과거에는 연을 심었으나 지금은 연이 없음

⑤ 연못가로 내려가는 2단 계단은 물과의 적극적인 교호 추구 → 과거에는 작은 배를 띄워 뱃놀이를 함

⑥ 연못가에 수백 년 된 노송과 향나무 식재

4. 예천 초간정

1) 개요

① 소재지 및 작정자

㉮ 소재지 : 경북 예천군 용문면 죽림리

㉯ 조영자 : 권문해(호는 초간)

② 작정배경

㉮ 퇴계의 문하에서 서애 등과 동문수학

㉯ 초간이란 이름은 당시(唐詩) '시냇가에 자란 그윽한 풀포기가 홀로 애처롭다.'라는 구절에서 따옴

㉰ 풍류를 즐기기 위한 별서 정자라기보다 강학과 집필을 위한 장소로 건립됨

2) 입지와 공간구성

① 본가가 있는 죽림동에서 서북 쪽으로 1.9km 떨어진 곳에 위치

② 현재 살림집으로 사용되고 있는 건물이 광영대(光影臺)라는 간판이 걸린 강학장소였고 마루 끝에 하인이 기거하는 살림방이 있었으며 정자 건물 바깥에 서고 건물이 있었음

③ 광영대의 벽체를 경계로 공적 공간과 사적 공간이 엄밀하게 구분되어 정자는 원주와 각별한 친분이 아니면 출입할 수 없는 신성한 곳으로 인식

3) 조경요소

① 밖에서 바라보면 계류가 절벽 위의 한 폭의 동양화 같은 경관 조성
② 초간정 서남쪽 담장 옆의 화계. 난을 식재하였던 것으로 보이나 현재 없음. 화계형식을 취하고 있으나 살림집 쪽은 기단으로만 사용
③ 위쪽 계류는 소리를 내며 흘러 청각적 · 시각적 효과를 동시에 내고 있어서 빛과 소리의 정원
④ 수목은 낙엽활엽수가 많으며 이는 겨울에도 풍류를 느낄 수 있게 계절감을 고려한 것. 진입부에 팽나무, 느티나무 등 식재

5. 봉화 청암정

1) 개요

① 소재지 및 작정자
㉮ 소재지 : 경북 봉화군 봉화읍 유곡리
㉯ 조영자 : 권벌(호는 충재)

② 작정 배경
㉮ 지형이 알을 품고 있는 닭의 형(금계포란형(金鷄抱卵形))이라 하여 마을에 샘을 파지 않음
㉯ 유곡은 '닭실'이란 이 마을 옛 이름

2) 건축물 및 조경요소

① 청암정(靑巖亭)
㉮ 거북바위 위에 건립된 정면 4칸, 측면 4칸의 T자형 집
㉯ 청암정으로 들어가는 동쪽 연못 위에 석교가 놓여 있음
㉰ 기단 없이 바위 위에 높은 초석을 놓고 방주를 세워 건물을 올림

② 충재(冲齋)
㉮ 다리 앞에 있는 정면 3칸, 측면 1칸의 재실
㉯ 동남북에 원담을 쌓고 각 방면에 협문을 세움

③ 연못
㉮ 거북은 물 속에 살아야 한다는 의미로 신탄의 물을 끌어들여 거북바위 주위에 둥근 연못 조성
㉯ 연못의 크기는 장축 28m, 단축 27m이며 못의 외곽에 석축을 쌓음

④ 식생

㉮ 거북바위 주변으로 오래된 단풍나무, 철쭉, 버드나무

㉯ 연못 외곽에 버드나무, 느티나무, 참나무, 소나무 등의 고목 숲

㉰ 충재공간 담장 안에 매화나무, 철쭉, 은행나무

㉱ 살림집 후원과 담가에 밤나무, 소나무, 감나무, 오동나무, 향나무, 철쭉 등

Ⅳ 충청권 별서사례

1. 대전 남간정사

1) 개요

① 소재지 및 작정자

㉮ 소재지 : 대전시 동구 가양동

㉯ 작정자 : 송시열(호는 우암)

② 작정 배경

㉮ 고봉산 기슭에 꽃산을 배산(背山)으로 조영

㉯ 기호학파의 유림과 제자들에게 주자학을 강론하고 북벌책을 강구하던 곳

㉰ 기국제는 정침과는 구분되는 초당으로 된 별업으로 송시열이 머물고 쉬던 곳으로 후에 당시의 주택이 없어지면서 남간정사 안으로 이전

2) 공간구성

① 남간정사는 계류에 걸쳐놓은 다리를 지나면 나타나는 삼문을 통해 진입

② 문을 지나면 우측에 기국제, 좌측에 곡지원도형의 연못

③ 정사건물 뒤편 언덕 위 후원에 남간사 위치

④ 연못과 수로는 곡선형으로 자연적 분위기 → 건물, 마당, 담장은 직선형으로 정형적인 구도

3) 건축물 및 조경요소

① 건축물

㉮ 남간정사

- 정면 4칸, 측면 2칸의 집, 중앙 2칸은 우물마루, 좌측 1칸은 온돌방
- 정면 중앙의 팔각 장초석은 대청 누마루가 물 위에 떠 있는 것처럼 보이게 하는 장치 → 실제로 건물 밑으로 수로가 나 있어서 물이 흐르게 되어 있음

• 전면에 벽오동 3주, 주위에 군자의 절개를 상징하는 대숲이 둘러짐

㉯ 기국제

• 원래 대전시 소제동에 있던 별업을 연못이 매몰되면서 이곳으로 이전한 것

• 기국(杞菊)이란 접객과의 대화를 기유(杞柳)와 국화에 비유한 것

• 툇마루를 대청보다 한 단 높게 하여 연못과 주위의 경관을 볼 수 있게 함

② 연못

㉮ 정사 전면에 위치

㉯ 자연지형에 따라 축조한 곡지로 지안은 자연석을 쌓아 마감

㉰ 못 속의 둥근 섬에는 수고가 10m가량 되는 왕버들 1주

㉱ 수원은 정사 뒤의 샘물과 동쪽 개울인데, 샘물은 정사의 대청 밑을 통해서 연못의 동북쪽으로 흘러들고 개울물은 바위벽으로 끌어들여 연못의 동북쪽 모서리에서 폭포로 떨어짐

㉲ 대청에서 폭포에서 떨어지는 물소리를 들을 수 있고 동시에 자연의 그림자를 볼 수 있음 → 시각과 청각을 이용하여 경관을 완상하기 위한 것

㉳ 연못 주위에 왕버들과 왕벚나무, 말채나무 등이 어우러진 울창한 수림대를 이룸

③ 후원

㉮ 후원은 남간정사 건물 뒤편의 약 30도 정도 되는 경사면을 활용하여 조성

㉯ 전통적인 후원과는 달리 계단상을 처리하지 않고 비탈면을 그대로 이용하여 조성

④ 식생

㉮ 소나무, 왕벚나무, 말채나무, 호두나무, 왕버들, 모과나무 등 단목으로 식재

㉯ 정사 뒤편 우측에는 대나무 군락

2. 괴산 암서재

1) 개요

① 소재지 및 작정자

㉮ 소재지 : 충북 괴산군 청천면 화양리

㉯ 작정자 : 송시열(호는 우암)

② 작정 배경

주자의 무이구곡을 모방하여 화양동계곡을 '화양동구곡'이라 명명하고 가장 아름다운 금사담에 암서재 건립

2) 공간구성

① 암서재는 우암이 학문을 닦고 후학을 가르치던 곳으로 제4곡인 금사담(金沙潭, 수정처럼 맑고 깨끗한 물 속에 깔려 있는 모래가 금싸라기 같다)에 위치
② 암서재는 팔작지붕, 방 두 칸, 누마루 한 칸으로 구성
③ 물 건너의 초당과 암서재 사이를 조그만 배로 왕래
④ 금사담 옆의 높은 암벽에 새겨진 '충노절의(忠老節義)'는 명태조의 어필

3) 조경요소

① 암서재 누마루에 앉아 바라보는 화양천의 경관
② 암서재에서 바라보는 경관의 특징
㉮ 원경으로 먼 산의 모습이 조감됨
㉯ 근경으로 가까이 있는 금사담의 맑은 물과 기암괴석이 부감되는 것

V 서울권 별서사례

1. 서울 성락원

1) 개요

① 소재지 및 작정자
㉮ 소재지 : 서울 성북구 성북동
㉯ 작정자 : 순조 때 황지사의 별장 → 철종 때 심상응의 별장 → 의친왕 이강의 별궁
② 작정배경
㉮ 성북동 일대의 도화(桃花)는 한양춘경의 오색의 하나
㉯ 성락(城樂)은 '성 밖 자연에서 즐거움을 누린다.'는 뜻
㉰ 두 줄기 계류로 흘러든 물은 연못을 이루고, 영벽지, 쌍류동천을 통해 외수구로 빠짐
㉱ 용두가산(龍頭假山)은 풍수적으로 바깥의 바람과 시선을 차단하는 목적으로 조성
㉲ 동쪽 산록에는 약포, 채전, 과수원이 배치되어 있어서 실용정원의 성격

2) 공간구성

① 진입공간
㉮ 용두가산(龍頭假山)
- 풍수지리설에 의해 지형의 결함을 보충하기 위한 비보개념을 가짐

• 바깥의 바람과 시선을 차단하기 위한 목적으로 인공조성함
• 동산에 200~300년 된 엄나무, 느티나무, 단풍나무, 소나무, 참나무, 다래나무, 말채나무 등

㉯ 쌍류동천(雙流洞天)
골짜기에서 흘러내린 두 개의 개울물이 하나로 합류됨

② 중심공간

㉮ 본제(本第)
• 의친왕이 기거하던 곳
• 바깥마당은 주인의 접객공간

㉯ 영벽지(影碧池)
• 계류가 자연스럽게 암반 위에 고이도록 함
• 청산일조(青山一條) 각자
• 춘빙가(春氷家) 추사가 쓴 각자. 한 겨울에 장대 같은 고드름이 달린다는 뜻
• 영벽지 주위에 몇 개의 석탑과 석등이 놓여 있음
• 3m 높이의 암반 위에서 2단 수직으로 떨어진 물을 둥그렇게 뚫린 구멍에서 맴돌아 나가게 하는 물처리기법

③ 후원공간

㉮ 송석지(松石池) : 과거에는 연꽃을 심었던 연지
㉯ 송석정 : 120년 된 소나무가 누각 지붕 옆을 뚫고 자란 것처럼 있었으나 이식하면서 고사하여 현재는 없음
㉰ 송석정으로 올라가는 원로 옆에 진달래, 영산홍 등 식재
㉱ 석등, 해태상, 수석 등 석물 도입
㉲ 고엽 약수터 : 비탈진 북쪽 산자락에 위치

3) 조경요소

① 석상 : 지당 전면에 위치, 그 위에서 차를 끓여 먹거나 좌선하던 좌선석
② 석탑 : 석탑이 정원요소로 배치되어 있으며 조선시대 상류주택 장식물로 도입
③ 석등 : 송석정 앞과 계단 밑, 지당 앞, 영벽지 옆에서 보인다. 실용적인 기능 외에 전통조경에서 중요한 경관요소가 됨
④ 해태상과 문인상

㉮ 영벽지 옆, 송석정 올라가는 계단 옆의 해태상
㉯ 성락원 마당에 도입된 문인상

2. 서울 석파정

1) 개요

① 소재지 및 작정자

㉮ 소재지 : 서울시 종로구 부암동

㉯ 작정자 : 조선 경종 때 조정만이 지음 → 한수운렴암을 김홍근이 인수하여 별서로 삼음

② 작정 배경

㉮ 흥선대원군이 문 앞 언덕 길이 바위여서 당호를 석파정(石坡亭)이라 함. 북악산과 인왕산의 산록이 만나는 계곡부에 위치

㉯ 외곽담장이 없어 공간구획이 분명하지 않음

2) 공간구성

① 진입공간, 사랑마당, 안마당, 후원, 별채, 별당으로 구분

② 진입공간은 과거에 문간채가 있었던 곳으로 현재는 없음

③ 안채 좌측암반에 한수운렴암(閑水雲簾庵, 물을 울로 삼고 구름을 발로 삼는다.) 각자

3) 건축물 및 조경요소

① 건축물

㉮ 안채는 궁궐의 담처럼 사괴석과 장대석을 사용하여 별궁처럼 조성

㉯ 홍예문은 높은 석주 위에 전돌을 사용하여 쌓음

② 연못과 계류

㉮ 서쪽 끝자락에 연못 가운데 정자를 지어 석교로 다닐 수 있게 함. 석교는 절선형으로 중국정원의 다리형식을 띰

㉯ 우측 계류를 따라 올라가면 큰 바위가 절벽을 이루는 곳에 샘이 있고 암반 틈 사이에서 흘러나오는 석간수가 원형수조로 흐름

③ 화계와 수목

㉮ 사랑채 후원에 5단의 화계에 참나무, 단풍나무, 느티나무, 소나무, 화초 등 식재

㉯ 사랑채 오른편에 200년 정도 되는 수고 5m의 반송

3. 서울 옥호정

1) 개요

① 소재지 및 작정자

㉮ 소재지 : 경복궁 동편 삼청동 계곡의 서편에 위치

㉯ 작정자 : 순조의 장인인 김조순의 집으로 조선말기 사대부 조원의 대표작

② 작정 배경

㉮ 지금은 건물은 사라지고 정천(井泉), 석벽의 각자가 남아 있음

㉯ 「옥호정도」는 19세기 초반에 그려진 것으로 작가미상

㉰ 「옥호정도」에는 가옥, 정자의 배치, 수목과 화목의 이름이 쓰여져 있어 조선후기 사대부 집안의 조경현황을 알 수 있음

2) 공간구성

① 전체구성

㉮ 행랑채와 바깥마당을 앞에 두고 뒤편으로는 사방이 방으로 연결된 본채가 ㅁ자형으로 배치

㉯ 본채는 기능상 밖으로 노출되는 부분이 사랑채 기능, 안쪽은 안채기능

㉰ 일반적인 주택형식을 가지면서 별서 성격도 가지는 복합적 용도의 주택

② 진입부와 바깥마당 공간

㉮ 북악산에서 흘러내린 계류가 바깥마당으로 흘러 명당수가 됨

㉯ 하인들이 기거하는 하인청과 바깥마당, 외부의 행랑채로 구성

㉰ 개울을 따라 버드나무 식재, 판석교가 있음

③ 사랑채와 사랑마당 공간

㉮ 사랑마당 입구에 취병 설치, 취병 안쪽에 정심수로 느티나무 식재

㉯ 사랑채는 옥호산방이라는 편액

㉰ 사랑채 전면에 화계를 조성하고 화분과 석수조에 수련 식재

㉱ 사랑채 서쪽에 산으로 올라가는 길이 있고 3단 화계 조성

④ 안채마당과 후원

㉮ 사랑마당에서 중문을 거쳐 들어가면 안채가 나옴

㉯ 안채에 딸린 안마당은 비워두고 건물 북쪽에 내측(화장실) 있음

㉰ 안채 후원은 자연석 돌계단이고 돌계단 입구에 죽정, 돌계단 위에 초정과 산반루가 있음

㉱ 옥호정 별원과는 토담으로 격리되어 있으나 협문이 있어 내원에서 자유롭게 노닐 수

있도록 함

⑤ 옥호동천의 별원

㉮ 산자락 큰 바위에 '옥호동천(玉壺洞天)'이란 붉은 글씨로 각자
㉯ 그 밑에 석간수를 받아서 지당을 조성함
㉰ 지당 옆에 혜생천(惠生泉)이라는 둥근 모양의 샘
㉱ 계류 건너 남쪽으로 옥호동천의 선경이 비치는 영지
㉲ 지당 북쪽에 첩운정(疊雲亭)이라는 기와정자

3) 조경요소

① 정자

㉮ 초정, 모정, 와정, 죽정 등 다양한 형태의 정자
㉯ 정자의 주변 경관을 고려하여 건립함

② 연못

㉮ 2개소가 있는데, 북쪽 산기슭의 연못은 혜생천이라는 샘에서 발원하여 죽통(竹筒)을 통해 입수
㉯ 서쪽 지당은 옥호동천의 모습을 비추는 영지

③ 식생

㉮ 계류가의 수양버들, 대문채 앞의 정심수인 느티나무
㉯ 사랑마당 입구의 취병
㉰ 계류 주위에 단풍나무, 오미자시렁, 포도 등
㉱ 하인청 앞에 약초밭, 채소밭 조성
㉲ 사랑채 전면과 산쪽으로 화계 조성

3 전통마을과 민가조경

I 전통마을과 민가

1. 전통마을

1) 마을의 개요

① 산과 평지 사이 물길이 어우러진 비산비야(非山非野)를 좋은 삶터로 봄
② 마을은 외부로부터 은폐되고 골을 테두리로 같은 물을 쓰며 생활하기 편리한 자족적 공동체를 말함
③ 토지를 많이 소유한 양반층을 중심으로 동족촌이 형성되는데 지주로부터 농토를 빌려 농사를 짓는 소작농들과 다른 성씨들이 섞여 살았음
④ 동족촌의 번성요인은 유교적 조상숭배 및 혈연의식의 강화, 농업경제와 상부상조의 필요성, 공유재산 및 서원, 누정, 문묘 등의 이용과 관리 등을 들 수 있음

2) 마을의 조영원리

① 조영의 사상적 배경
㉮ 민간신앙과 음양오행사상, 풍수지리와 정치사회구조 등 다양한 사상적 배경 작용
㉯ 풍수지리사상은 유교의 조상숭배 관념과 부합되어 설득력 있는 환경설계규범으로 받아들여짐
㉰ 특히 풍수는 배산임수(背山臨水)하고 장풍득수(藏風得水)하는 삶터가 선호되었음

② 마을의 자리잡기
㉮ 마을과 살림집의 자리잡기(擇里, 相地), 토지이용과 환경계획, 삶터 가꾸기 과정은 주거환경의 질을 높이는 방식으로 실천
㉯ 이중환의 「택리지」 : 첫째, 지리(地理)가 좋아야 하고 생리(生利)가 좋아야 하며, 다음으로 인심(人心)이 좋아야 하고 아름다운 산과 물(山水)이 있어야 한다.

3) 마을의 공간구성

① 마을의 토지이용
㉮ 마을의 토지이용은 주거지, 배후지, 경작지로 구성
㉯ 배후지 : 주거지를 둘러싼 후면의 산으로 방풍림과 풍치림은 물론 묘자리와 신앙영역, 생활재료와 땔감의 제공, 물을 공급받는 실용공간임

㉰ 주거지 : 시야가 답답하지 않은 완경사지에 자리하여 여름에는 시원한 바람을 받아들이고 겨울에는 찬 북풍을 제어하며 외부경관을 자연스럽게 조망하면서 다른 집의 사생활 보호 고려

㉱ 경작지 : 문전답과 바깥들로 구분하여 문전답에는 부식용 작물을, 바깥에는 주로 벼를 재배

② 마을길

㉮ 마을길은 물길과 어우러지고 완만한 상승감과 위계에 따라 바깥길, 어귀길, 안길, 샛길 등으로 분절

㉯ 바깥길 : 외부로부터 마을영역을 인식시켜 주는 역할

㉰ 어귀길 : 마을 어귀까지 진입하는 분절영역이 되어 마을숲, 장승, 솟대 등이 위치

㉱ 안길 : 마을을 관류하는 중심시설이 되며 정자나 쉼터, 마을마당 등이 연계

㉲ 샛길 : 샘이나 빨래터, 공동작업장 등이 접속되며 살림집들의 연결고리 역할을 겸함

③ 마을공동체시설

㉮ 신앙의례시설 : 삼신당과 성황당, 장승과 솟대, 비보숲, 묘지 등

㉯ 강학시설 : 향교, 서원, 사당

㉰ 휴양시설 : 정자, 연못

㉱ 생활편익시설 : 우물, 빨래터, 마을마당

2. 전통민가

1) 민가의 개요

살림집은 신분에 따라 가대(家垈, 대지) 및 가사(家舍, 건물)의 규모가 제한되었고 상류, 중류, 서민주택으로 구분

① 서민주택

㉮ 일자형 평면의 재와 측간, 하나의 가장 작은 단위

㉯ 하나의 마당, 점경물로서 장독대, 담장가에 유실수와 채전

② 중류주택

㉮ 직업, 지방에 따라 상이한 평면형태

㉯ 몸채와 문간채, 안마당, 작은 뒷마당, 사랑마당

㉰ 채전과 과실수를 심어 실용성 부여

③ 유교사상의 영향

유교사상의 영향으로 위계성을 반영. 북쪽에 조상의 위패를 모신 사당을 두고 동쪽과 서

쪽으로 엄격히 구별하고 남자는 사랑채를 여자는 안채를 중심으로 생활영역 구분

④ 도교적 자연관의 영향

도교적 자연관인 은둔사상 등은 별당과 별서, 누정 등에 영향을 주었고 음양사상을 바탕에 둔 삼재사상(三才思想) 등이 주종첨(主從添)의 형태로 작용

2) 민가주택의 공간구성

① 전체 공간구성

㉮ 조선시대 상류주택의 외부공간은 담장 또는 건물에 의해 분할되는데 채를 명칭으로 하며, 안마당 · 사랑마당 · 행랑마당 · 사당마당 또는 위치에 따라 바깥마당 · 뒷마당 등으로 구분됨

㉯ 조선시대는 유교적 윤리관에 따라 주거공간의 전개방식도 예의 표현에 따른 위계성을 갖는 공간조영의 원칙을 반영

② 안마당

㉮ 안채의 앞마당으로 주택의 가장 안쪽에 자리하기 때문에 중심성과 폐쇄성을 동시에 지님

㉯ 중정 모양으로 단정한 네모꼴이고 평평하여 동선 연결은 물론 혼례의식을 거행하거나 곡물을 건조하는 장소로 사용

㉰ 남녀유별사상에 따라 집안 가장 깊숙한 곳에 위치하며 건물에 둘러싸인 폐쇄적인 공간

㉱ 공간이 크지 않아 큰 나무를 심지 않았고 시원스럽게 터 놓았으며 큰 나무를 심으면 일조와 통풍환경이 나빠지므로 풍수설을 근거로 금기함

③ 사랑마당

㉮ 사랑채의 앞마당으로 남자주인의 거처 및 접객공간이 되는데, 바깥마당 또는 행랑마당과 연결되어 개방감은 물론 비교적 넓게 잘 꾸며짐

㉯ 뜰에는 화오(낮은 둔덕의 꽃밭)를 일구어 석류, 모란 등을 도입하거나 식물의 품격과 가주의 취향에 따라 매화, 국화, 난초 등이 심어지고 석연지를 두어 소규모 수경을 꾸밈

㉰ 사랑채에서 원경을 감상하거나 뜰에 가꾸어진 품격있는 경물을 완상할 수 있으며, 뜰이 넓을 때는 가산을 만들거나 네모난 연못이 꾸며졌으며 괴석을 도입하여 의경미를 완상

④ 사당마당

㉮ 조상의 위폐를 모시고 제사를 지내는 사당의 앞마당으로 동북 쪽에 위치하며 담장으로 둘러 독립된 영역

㉯ 화려한 수식을 피하였고 분향 목적의 향나무와 절의를 상징하는 매, 송, 국, 죽 등 식재

⑤ 별당마당

㉮ 조선 후기에 들어서면서 휴식, 사교의 비중이 증가함에 따라 별당을 조성하는 경우가 많음
㉯ 내별당 : 정적공간, 노모와 어린 자식의 거처공간
㉰ 외별당 : 연지, 누정, 화초식재, 선교장의 활래정, 삼가헌의 하엽정
㉱ 사대부 주택에서 가장 화려하고 장식적 의장이 많은 공간

⑥ 행랑마당

㉮ 하인들이 기거하거나 창고로 활용되는 행랑마당은 특별한 수식이 가해지지 않음
㉯ 다만 풍수설에서 중문 앞에 괴목이 있으면 3대에 걸쳐 부귀를 누릴 수 있다고 하여 중문가에 회화나무나 느티나무, 팽나무, 은행나무 등을 제한적으로 심음
㉰ 생활공간, 작업공간이며 주택과 외부 사이의 접속공간 역할을 함

⑦ 바깥마당

㉮ 대문 밖에 조성한 공간으로 농산물의 탈곡과 야적장이 되기도 함
㉯ 넓게 트인 마당으로 남기거나 작은 텃밭과 수로, 연못 등이 도입됨
㉰ 풍수적으로 주작의 오지(汚池)에 해당하는 연못은 우수나 오수를 처리하는 배수기능과 실용성(화재예방, 양어, 농업용수), 관상, 미기후 조절 등을 겸하는 지혜로운 수경시설

⑧ 뒷마당(후원)

㉮ 안채 뒤의 뒷마당은 채원, 과원, 약포 등 실용적인 뜰로 가꾸었으며 비교적 경사가 심할 때는 화계가 만들어져 화목류(앵두, 살구, 철쭉, 진달래 등)를 심고 괴석, 세심석, 장독대, 우물, 굴뚝 등을 둠
㉯ 살림집 후원은 뒷동산 숲이 이어짐으로써 자연의 원생분위기를 계절에 따라 다양하게 만날 수 있는 매개공간

II 전통마을 사례

1. 하회마을

1) 마을의 개요

① 소재지 : 경북 안동시 풍천면 하회리
② 풍천 유씨 동족마을로 고려 말부터 형성된 전형적인 조선시대 양반마을
③ 원주목사를 지낸 겸암 유운용과 그의 동생으로 영의정을 지낸 서애 유성룡 대에 완성됨
④ 2010년 8월 한국의 역사마을로 세계문화유산에 등재

2) 마을의 지형

① 마을의 지형은 산태극수태극(山太極水太極) 또는 연화부수형(蓮花浮水形)
② 마을에 연지가 없는 것이 특징인데 이는 연화부수형 지형이므로 물이 새면 마을이 가라앉는다고 해서 연지나 샘을 파지 않음
③ 하회(河回)마을이란 이름은 낙동강 줄기가 S자로 돌아가기 때문에 유래된 것으로 '물동이동'이란 의미
④ 강 북안에 부용대의 아름다운 절벽이 병풍처럼 둘러쌈
⑤ 마을 동쪽에 주산인 화산(花山)이 마을중심부까지 완만하게 뻗어 있으며 화산 너머에 광활한 평야가 있음
⑥ 화산은 연화(蓮花)에서 유래된 이름

3) 공간구성

① 마을의 중심로가 있고 북쪽에 북촌, 남쪽은 남촌
② 마을 북쪽 강건너 부용대 동쪽 끝에 옥연정사, 부용대 서쪽 강안에 겸암정사가 위치
③ 양진당, 충효당, 남촌댁, 북촌댁 등의 안채는 ㅁ자형 몸채를 기본으로 사랑채와 별당채를 일측면으로 연결한 것이 많음

4) 대표적인 가옥

① 충효당

㉮ 남촌을 대표하는 가옥으로 유성룡의 아들이 중수하고 증손이 확장
㉯ 一자형 행랑채, ㅁ자형 안채, 안채에 연결된 사랑채로 구성
㉰ 안마당에는 네모난 화오를 조성하여 다양한 화목류 식재
㉱ 안채와 사당 뒤에 완상을 위한 넓은 공간. 현재는 텃밭

② 양진당

㉮ 북촌을 대표하는 가옥
㉯ 서애 유성룡과 친형인 겸암 유운용이 조영
㉰ 마을 전체의 중심에 놓인 가옥으로 연화부수형의 화심에 놓임
㉱ ㅁ자형 안채를 중심으로 동쪽에 문간채 돌출, 뒷면에는 사랑채와 연결됨
㉲ 사랑마당에서 안마당을 통하는 중문에는 내외담을 설치하고 사랑마당이나 외부에서 안채가 보이지 않도록 문의 위치 엇갈려 설치
㉳ 사랑마당에 화오가 있으며 모란, 국화 등 식재
㉴ 후원에는 채전, 감나무, 모과나무, 잣나무 등 실용정원

㉳ 외별당채터에는 감, 은행, 복숭아, 대추 등 유실수와 산수유, 배롱나무 등 화목을 식재하여 실용성과 심미성을 겸비

5) 마을의 경관요소

① 만송정림

㉮ 북쪽 백사장에 길게 펼쳐진 송림

㉯ 부용대의 험한 기세를 누르기 위해 풍수적 차원에서 조성한 인공 비보림. 북쪽 백사장으로 길이 300m, 문화경관의 질을 높여줌

② 판축담

좁다란 마을길을 따라 이어진 황토색의 판축담이 특징. 초기에는 바자울

③ 놀이문화요소

㉮ 유씨문중의 선유줄불놀이(음력 7월 화천에 배를 띄워 사회를 한 후 뱃놀이를 하면서 강싱유회(江上流花))

㉯ 삼월삼짓날 화진놀이

㉰ 고려시대부터 별신굿을 했는데 그 탈이 국보인 하회탈

2. 양동마을

1) 마을의 개요

① 소재지 : 경북 경주시 강동면 양동리

② 안동 하회마을과 함께 조선시대 대표적인 사대부 전통마을

③ 월성 손씨와 이언적의 후손인 여강 이씨가 견제와 협조 속에서 500년간 공존

④ 2010년 8월 한국의 역사마을로 세계문화유산에 등록

2) 마을의 지형

① 풍수적 마을 형국은 물(勿)자형이라 하며 서북쪽 설창산과 동남쪽 성주봉에 뻗어 내려온 구릉에 주거지 형성

② 마을 전면에 안락천이 형산강과 합류하여 동해로 흘러 나가며 안강평야가 펼쳐짐

③ 대종가를 정점으로 구심적 문화경관 형성

3) 공간구성

① 물(勿)자형 줄기 입구부터 물봉골, 아랫골, 안골

② 안골, 물봉골, 장터골 또는 웃말과 아랫말로 분절됨. 안골 두 골짜기 깊숙한 구릉에 이씨 종택 무첨당과 손씨종택 서백당이 자리함

③ 마을 어귀 물봉골에 손씨 분가인 관가정과 이씨 분가인 향단이 나란히 위치

④ 월성 손씨의 가옥들은 서백당을 중심으로 남북 축선 상에 위치

⑤ 여강 이씨의 가옥들은 무첨당을 중심으로 방사선 상에 위치

⑥ 안강 자옥산과 화개산 자락에 이언적의 별서인 독락당과 옥산서원이 위치

4) 대표적인 가옥

① 서백당

㉮ 월성 손씨 대종가

㉯ 능선과 골짜기로 형성된 가장 안쪽 마을 내곡의 가장 높은 곳에 위치

㉰ ㅡ자형 대문채, ㅁ자형 안채, ㅡ자형 사당채

㉱ 안채 뒤의 후원과 사당 전면부에 화계 조성

㉲ 전통주택에 조영된 화계의 좋은 사례

㉳ 앵두, 감 등의 유실수와 화목류 등을 식재

② 무첨당

㉮ 여강 이씨 대종가 별당건물

㉯ 물봉골에 위치하며 평면 ㄱ자형 건물

㉰ 주변에 대숲, 누마루를 설치하여 경관 조망

③ 관가정

㉮ 손씨 분가로 손중돈의 고택

㉯ 안채와 사랑채가 한 동으로 건축되어 있는 전형적인 상류주택

㉰ 안락천 바위 위에 있는 사랑채에서 주변 경관 조망

④ 향단

㉮ 여강 이씨의 분가로 이언적이 경상감사로 부임하면서 지은 건물

㉯ 용(用)자형. 용자는 일(日)자형과 월(月)자형을 합친 것으로 해와 달을 지상에 두어 천지의 정기를 화합하여 생기를 돋우게 함으로써 이 주택에 사는 사람들이 부귀와 공명을 누리게 된다는 뜻

㉰ 사랑채는 벽체가 없고 대신 들보 위 천장 사이로 내외부 공간이 서로 연결됨. 대청은 누마루형식으로 주변을 조망

5) 마을의 경관요소

① 양동마을의 조망특성

㉮ 내부로부터의 개방성과 외부로부터의 폐쇄적인 비가시성을 가지며 종가와 누정 및 서당은 조망의 거점으로 내려다보이는 부시(俯視)경관에 중점을 두어 심리적 안정감 도모

㉯ 경관이 수려한 명당에 정자 6개소, 당 4개소, 단 1개소를 조성

㉰ 대개 누마루를 만들어 주변 경관을 감상

② 놀이문화요소

㉮ 마을의 민속놀이로는 정월과 대보름날 줄다리기

㉯ 서래술과 호미씻기(삼복 후 세벌 논을 맨 후 지신밟기와 머슴들을 격려) 등이 있음

3. 외암마을

1) 마을의 개요

① 소재지 : 충남 아산시 송악면 외암2리

② 500년 전 강씨와 목씨가 마을을 형성하였으나 명종 때 이연이 들어와 '예안 이씨 동족마을'이 됨

③ 문화재보호법에 의거 민속마을로 지정됨

2) 마을의 지형

① 풍수적으로 동쪽 설화산이 주산이고 서남쪽 봉수산을 조산으로 마을 형성

② 설화산이 병풍처럼 둘러있고 설화산에서 발원한 계류(內水)와 역천(外水)이 마을 앞에서 만남

③ 마을입구 서쪽이 낮고 동쪽으로 갈수록 높아져서 전형적인 배산임수형

3) 공간구성

① 평탄한 구릉지에 넓은 마당의 기와집과 초가, 돌담이 울창한 송림과 조화

② 설화산에서 발원한 계류를 인위적으로 마을중앙으로 끌어들임

③ 이 물을 집안으로 끌어들여 생활용수로 사용하고 연못을 조성하여 수경 연출

④ 영암댁, 교수댁, 송화댁은 집안에 곡수로를 만들고 주위에 괴석을 배치

⑤ 마을 입구에 풍수적 비보 차원의 동구숲을 조성하여 수구를 막음

⑥ 마을 전체에 막돌로 쌓은 돌각담이 특징

⑦ 마을 어귀 개천에 외암동천이라는 암각과 마을의 영역을 상징하는 장승과 열녀문

4) 대표적인 가옥

① 영암댁(=건재고택) : 외암리에서 가장 먼저 조성

㉮ 작정자 이용기가 영암군수를 지낸 바 있어 영암댁이라 불림

㉯ 이용기가 일본여행을 통해 일본적 요소가 많이 가미됨

㉰ 일본 조경요소의 영향을 받은 것

- 거북섬 옆에 개구리 모양의 형상석 → 일본정원에서 시선이 집중되는 곳에 학섬과 거북섬을 배치하는 것과 동일
- 석함 위의 괴석 → 왕궁의 귀족이 정원에 석가산 조성
- 정원수는 향나무, 회양목, 사철나무 등 상록수로 전정용 수종이 다수
- 연못의 형태가 전통방지가 아닌 자연형 연못이고 연못 입수구와 출수구에 다리가 하나씩 놓임 → 일본의 회유임천식 정원과 유사

② 교수댁

㉮ 성균관 대제학을 역임한 이용구의 집으로 영암댁의 영향을 받음

㉯ 문간채 앞에 넓은 마당을 조성한 것은 사대부집 구성형식

㉰ 사랑채 앞쪽에 자연석 돌쌓기와 자연석 사이사이에 철쭉, 회양목 등의 식재는 일본양식의 영향

㉱ 집안의 자유곡선형 연못은 일본의 회유임천식 기법

㉲ 수로 가운데 배모양의 선형석, 연못 속의 삼신산 등의 경물

③ 송화댁

㉮ 마을을 흐르는 계류가 남쪽 담장 아래로 들어와 사랑채 앞 가산을 돌아 동쪽 담장으로 나감

㉯ 곡수로 주위에 크고 작은 음양석과 문인상 배치 → 일본 조경양식의 영향

㉰ 음양석은 음과 양의 결합을 통해 새 생명이 잉태되므로 자손번성과 가문의 번영을 염원

㉱ 남근석과 여근석의 형상석을 정면에 배치 → 일본정원 양식의 영향

5) 마을의 경관요소

① 마을 어귀 개천에 반석이 깔려 있고 신선사상이 반영된 외암동천(巍岩洞天)이라는 암각

② 마을은 윗마을과 아랫마을로 분절되며 안길을 따라 사람 키 높이 정도의 돌각담

③ 수구를 막기 위해 조성한 비보림인 마을 동구숲

④ 넓은 뜰을 갖춘 살림집들은 감나무, 대추나무, 살구나무 등 과실수가 많이 식재

⑤ 마을에는 솟대 및 장승제, 달집태우기, 기우제와 같은 민간신앙적인 요소와 연엽주와 같은 식문화가 전승

Ⅲ 전통민가 사례

1. 강릉 선교장

1) 개요

① 소재지 및 조영자

㉮ 소재지 : 강원도 강릉시 문정동

㉯ 조영자 : 이내번

② 조영 배경

㉮ 이내번이 풍수적으로 재화가 증식되고 자손이 번창하는 족제비 형국의 터로 생각하고 자리잡음

㉯ 대관령 위쪽 곤신봉에서 뻗어내린 시루봉 산줄기에 입지

㉰ 전체적으로 배가 정박한 모습. 지형적으로 왼쪽의 청룡지세는 길게 생동하고 오른쪽의 백호지세는 짧게 웅크리고 있는 형상

2) 공간구성

① 선교장(船橋莊)은 조선시대 지방의 대표적인 상류민가로 강릉 일대에서는 가장 규모가 큼

② 집의 구성은 행랑채, 사랑채, 안채, 동별당, 서별당, 사당

③ 행랑채는 일반적인 一자형으로 길게 배치되어 외부에서 강한 폐쇄감이 느껴짐

④ 사랑채인 열화당은 대청, 사랑방, 누마루 등이 결합된 단일건물

⑤ 행랑채에서 소슬대문을 통해 사랑채로, 평대문을 통해 안채로 들어감. 이는 창덕궁의 연경당과 유사

⑥ 소슬대문에 선교유거(仙橋幽居) 현판이 있고 '신선이 사는 그윽한 집'이라는 의미

3) 건축물 및 경관요소

① 열화당(悅話堂)

㉮ 열화당은 도연명의 '귀거래사' 중 열친성지정화(悅親戚之情話)에서 따온 말 → 친척들과 정다운 이야기를 나누며 기쁨을 누린다는 의미

㉯ 정면 4칸, 측면 3칸, 대청, 사랑방, 침방, 누마루가 결합된 단일건물

㉰ 사랑채 툇마루 앞에는 햇볕을 막기 위해 차양을 설치(창덕궁의 연경당과 유사함)

② 활래정(活來亭)

㉮ 외별당채인 활래정과 방지는 선교장 대문 밖 동남 쪽으로 약 70m 거리에 위치

㉯ 방지방도로 한 변 길이가 32m인 못과 한 변 길이 7m인 방도

㉰ 활래정이란 주희의 '관서유감'에 나오는 '활래수'에서 유래 → 수원이 마르지 않고 끊임없이 흘러들어온다.

㉱ 활래정은 방지 속에 석주를 세워 만든 방과 마루가 있는 ㄱ자형 정자로 창덕궁 부용정과 유사

㉲ 방지 주변의 식재는 배롱나무와 무궁화열식, 연못 안 섬에 소나무 한 그루와 괴석, 석상 그리고 못 속에는 연꽃을 심어 군자의 도를 생각하며 수경관을 완상

③ 화계

㉮ 열화당 후정에 사괴석으로 축조된 화계

㉯ 과거에는 제일 윗 단에 팔각정이 있었음

㉰ 배롱, 단풍, 감, 대추, 살구, 매화, 산철쭉, 박태기 등의 식물 도입

㉱ 자연지형과 경계부위는 죽림을 형성하여 송림과 더불어 좋은 배경을 이룸

㉲ 근년에 화계를 보수하면서 장대적이나 자연석을 쓰지 않고 사괴석 사용. 이는 전통적 화계의 경관성을 상실함

㉳ 대청마루에서 문틀을 통해 보여지는 화계는 시각틀을 만들어 경관을 감상하는 경관구성기법

④ 방해정(防海亭)

㉮ 원래 이 자리는 삼국시대 때의 고찰인 인월사터

㉯ 선교장의 주인이자 통천군수를 지낸 이봉구가 선교장의 객사 일부를 헐어다가 지음

㉰ 아름다운 경포 호숫가에 자리하여 예로부터 경포8경의 제5경인 홍장야우(紅粧夜雨)로 회자

㉱ 문을 열면 경포호의 전경과 호수 건너편 초당동의 소나무숲을 한눈에 감상할 수 있음

㉲ 온돌방, 마루방, 부엌이 갖춰져 있어 살림집으로도 사용할 수 있음

㉳ 지금은 개인이 구입하여 마당 전체에 분재를 재배하고 있음

2. 논산 윤증 고택

1) 개요

① 소재지 및 조영자

㉮ 소재지 : 충남 논산시 노성면 교촌리

㉯ 조영자 : 윤증

② 조영 배경

㉮ 조선 숙종 때 소론의 영수였던 윤증이 건립

㉯ 풍수적으로 옥녀탄금형(玉女彈琴形)의 명당에 위치

㉰ 고택 바로 옆에 노성향교가 있고 동쪽 능선 넘어 공자의 영당인 노성궐리사 위치

2) 공간구성

① 고택은 대외적 측면에서 개방적인 공간구조를 보이며 집의 구조가 지극히 단순한 배치
② 여기에는 일절의 담장이나 별도의 경계물을 두지 않음
③ 사랑 앞마당은 마을에 개방되어 향교에 오는 사람들의 공동광장이 되었음. 즉 담장과 행랑을 둘러 안채만 보호하고 나머지 영역은 과감히 공개하였을 정도로 개방적인 구조를 가짐
④ 사랑채는 높은 축대 위에 기단을 높이 한 다음 건물을 앉혔음. 그 이유는 사랑채에서 외부의 경관을 남김없이 보고자 했던 의도
→ 차경이라는 건축과 조경이 서로 호흡하지 않고서는 얻을 수 없는 기법이라는 것을 이 부분에서 느낄 수 있음

3) 경관요소

① 석가산과 반월형 연못
㉮ 누마루 전면의 축대 위에는 석가산 조영 → 여러 개의 괴석을 세워 마치 기암절벽을 보는 듯함. 신선세계를 함축적으로 축경
㉯ 괴석 앞에는 20cm 정도 깊이의 반월형 연못을 꾸밈. 현재는 물이 고여 있지 않음

② 지당(방지원도)
㉮ 사랑채 전면에서부터 35m 정도 떨어진 서남쪽에 방지가 있음
㉯ 원래 타원형이었던 것을 개조한 것으로 못에는 연꽃을 심어 연지의 기능 부여
㉰ 못 안에는 배롱나무가 식재된 30여 평 정도의 원형 섬을 두었으며 못가에는 벚나무와 배롱나무가 어우러져 있어 봄부터 가을까지 꽃이 피는 수경관 연출

③ 화계와 화오
㉮ 안채 후원에 7단 정도의 자연석을 쌓아 올려 화계를 조성하고 장독대 설치
㉯ 뒤편에는 대나무를 심어 뒷산의 자연식생과 조화를 이루도록 함
㉰ 사랑채 뒤편의 작은 공간과 안채 동쪽편의 마당에도 화오가 조성
㉱ 앵두, 석류, 매실 등의 유실수를 도입

④ 식생
사랑마당 한 단 낮은 곳에 샘이 있는데, 샘가에는 향나무를 심어 사랑채의 시선을 차단

3. 달성 삼가헌

1) 개요

① 소재지 및 조영자

㉮ 소재지 : 대구광역시 달성군 하빈면 묘동리

㉯ 조영자 : 사육신 박팽년의 후손인 박광석이 정거하여 만든 집

② 조영 배경

㉮ 삼가헌, 하엽정, 박엽가 등의 이름으로 불림

㉯ 삼가(三可)는 '중용'에 나오는 '나라를 고르게 하고, 명예와 벼슬을 능히 사양하고, 갖가지 어려움을 참고 밟을 수 있다.'는 뜻

㉰ 별당(하엽정)은 박광석의 아들 박규헌이 축조

㉱ 사랑채(삼가헌)는 박팽년의 11대손인 박성수가 조영

㉲ 묘동리의 풍수적 형국은 '용이 몸을 틀어 꼬리를 바라보는 형'

2) 공간구성

① 살림채 영역인 행랑채, 사랑채(삼가헌), 안채, 곳간채와 별당채(하엽정) 영역으로 구분

② ㄱ자형 안채와 ㄴ자형 사랑채가 튼 ㅁ자형 구조

③ 중문채는 대문채와 절선을 이루고 안채를 바로 볼 수 없도록 함

3) 경관요소

① 지당

㉮ 하엽정 앞에 있는 방지원도(가로 15m, 세로 21m)

㉯ 조선시대 전형적인 지당형식 호안은 4단 자연석 축조

㉰ 입수구는 좌측의 개울물이 들어오게 도랑으로 되어 있음

㉱ 출수구는 무너미로 되어 일정 수면 유지

㉲ 못 가운데 원형의 인공섬을 축조하여 봉래산을 만들었으며 섬에는 배롱나무를 심어 시각적 초점을 이루도록 함

㉳ 연못 주변에 배롱나무, 자귀나무, 자두나무, 산수유 등의 낙엽활엽수를 식재하고 수목 아래 괴석을 배치

② 화계

㉮ 안방 뒤편에 조성된 화계는 2단으로 축조

- 안채 대청에서 뒷문을 통해 화계 관상
- 방에서는 창을 통해 화계 관상

㉯ 대청 뒤의 화계는 4단으로 축조

- 담장과 굴뚝이 있고 대나무숲, 감나무, 난, 옥매화 등 식재
- 바닥에 야생초화류로 피복

③ 식생

㉮ 사랑채 앞에 자손의 번영을 기원하는 석류나무

㉯ 서쪽 담장을 끼고 화오를 조성하여 살구나무, 사철나무 등이 식재

㉰ 송림과 죽림을 배경으로 별당의 넓은 후정은 채원으로 활용

㉱ 서측 담장가에는 살구, 복숭아나무 등 유실수 식재로 실용성 강조

4 서원조경

I 서원조경

1. 서원

1) 개요

① 조선왕조는 사상과 이념 면에서 불교국가였던 고려왕조와 달리 유학을 치국이념으로 표방하고 새롭게 등장한 신흥사대부 계층의 절대적 지지를 기반으로 건국된 왕조
② 조선왕조는 정치, 사회는 물론이고 교육과 의례까지 유학을 근본이념으로 삼았음
③ 이러한 유교와 유학을 진흥하기 위한 관학으로는 중앙의 성균관 및 사부학당과 지방의 군현에 소재하는 향교가 있으며, 사학으로는 지방의 수려한 경관 속에 위치한 서원, 서당, 정자가 있음

2) 서원의 역사

① 서원은 성리학의 고급인재를 양성하기 위해 조선 중기에 주로 설립했던 조선조 최고의 학교이며, 오늘날 대학에 해당하는 고등교육기관임
② 유생들이 모여 강당에서 학문하는 강학의 기능
③ 사우(祠宇)에 선현의 위패를 모시고 제사를 드리는 제향기능을 갖춘 곳
④ 본격적인 서원이 출현한 것은 사림파가 대두한 16세기 중엽 이후
⑤ 주세붕이 풍기군수로 부임하여 성리학자인 안향을 모시는 문성공묘를 1542년 세웠고 다음 해 유생 교육을 겸비한 백운동 서원을 사당 동쪽에 건립하여 유생을 교육하는 곳으로 삼음
⑥ 선현을 제향하기 위한 사(祠)와 인재를 기르기 위한 재(齋)를 한 영역에 둔 것은 백운동 서원이 시초
⑦ 이후 퇴계 이황이 풍기군수로 부임하여 백운동서원을 공식적으로 인정해 주기를 요청하여 명종이 '백운동 소수서원'이라는 사액을 내림
⑧ 선조대에 사림계열이 정치 주도권을 쥐면서 본격적 발전 : 이 시기는 강학 위주의 서원으로 강당 중심의 서원공간 형성
⑨ 숙종 이후는 사당 중심의 서원 건립 : 학문적 스승이나 문중 차원에서 선조를 모시기 위해 선현의 연고지를 중심으로 인근 마을에 사당 위주로 조영
㉮ 17~18세기 제향기능 위주의 충절서원의 성격을 띠게 되었음

㉯ 17세기 후반 이후 서원, 사우의 남발로 폐단이 커지자
→ 고종 때는 서원철폐령을 내려 전국적으로 47개의 서원만 남기고 모두 철폐

3) 서원의 입지와 배치

① 서원은 일반적으로 산수가 뛰어난 곳에 위치함
② 성격에 따라 절터 또는 퇴락한 사찰을 이용, 선현이 연고지에 건립, 서원에 배향된 선현들이 살았을 때 세운 서당이 발전하여 이룩된 경우 등이 있음
③ 관학인 성균관이나 향교와 달리 주변의 풍광이 좋은 곳에 입지하게 된 요인은 성균관과 향교와는 달리 서원은 사학으로서 조정과 상당히 독립되어 있었고, 서원제도 자체에 유가적 은둔사상 등이 결탁되어 행정중심지로부터 격리되어 설치
④ 서원은 단순히 산수를 즐기기 위한 것만 아니고 학문의 연장으로서 고요히 우주의 이치를 궁리하고 성정을 닦는 곳

4) 서원의 공간구성

① 강학과 제향
㉮ 향교는 명륜당이 강학공간의 중심이고, 대성전은 제향공간의 중심으로 서원과 향교는 거의 동일한 기능과 건축형식을 가짐
㉯ 19세기 이전에는 전학후묘를 따르면서도 비교적 다양하게 구성되었는데, 19세기 이후 20세기에 복원된 서원들은 거의 이런 배치를 따르는 전형적 배치를 보여줌 → 도산서원과 병산서원은 사당과 강당이 일렬로 배치되지 않고 강당 뒤 동쪽으로 치우쳐 앉아 비대칭적인 구성
㉰ 하나의 중심축선을 설정하고 앞에는 강학공간, 뒤에는 제향공간을 두는 전학후묘의 서원배치형식은 19세기에 정착
㉱ 대개의 서원은 전재후당형식을 따르는데 동서 양재가 강당 앞에 놓이나 예외적인 경우도 있음(예 : 필암서원 등)
㉲ 서원 배치의 핵심은 명확한 직선축과 좌우대칭의 구성으로 정문에서 강당, 사묘가 일직선인 뚜렷한 중심축을 구성하고 강당 앞의 동재와 서재가 대칭으로 놓이며 각 개별 건물 역시 엄격한 좌우대칭

② 구성건물
㉮ 강당 : 강학이 이루어지는 서원의 중심건물
강당은 서원을 대표하는 건물로 규모가 가장 크며 유생들이 자습과 독서를 통해서 스스로 학습하며 보름에 한 번 정도 열리는 강회에서의 문답을 통해 학습의 정확성을 검증

㉯ 재실 : 유생들이 기숙하는 동재와 서재

- 강당의 앞이나 뒤쪽 좌우에 유생들의 기숙사에 해당하는 2개의 재실을 놓음
- 강당과 양재는 구성에서 위계질서가 존재. 강당은 스승의 공간이므로 높고 크며 양재는 제자의 공간이므로 강당보다 낮고 작음

㉰ 누각 : 휴양의 장소

- 유생들이 긴장을 풀고 휴식을 취하는 공간
- 시회를 열거나 경치 감상
- 내왕하는 손님을 맞는 접객의 기능 수행

㉱ 장서각과 장판각 : 출판실과 도서실

- 장서각 : 서적을 보관하는 곳, 원장실 뒤쪽 등에 위치
- 장판각 : 책을 인쇄하기 위한 목판을 보관하는 곳
- 습기와 화재로부터 보호할 수 있는 장소가 중요
- 일반건물과 떨어진 구석진 곳에 위치

㉲ 사당

- 선현의 신위를 모시는 곳
- 서원의 가장 뒤편 그리고 가장 높은 곳에 위치하는 것이 일반적
- 서원의 사당은 한 명의 신위를 모시는데 이를 주향(主享)이라 하고, 그 밖에 2~4명의 신위를 같이 봉안하는 것을 배향(配享)이라 함

㉳ 전사청과 고직사

- 전사청 : 제사 전날 미리 제사상을 처려 놓는 건물, 제기와 제례용구 보관
- 고직사 : 서원의 노비가 기거하며 제수를 마련

③ 구성요소

㉮ 홍살문(=홍전문)

- 서원의 진입공간에는 기둥에 붉은 칠을 한 기둥에 살창을 가로로 끼워 만든 문이 있음
- 이곳부터 서원영역이라는 시각적 요소이자 엄숙한 공간임을 상징

㉯ 하마비, 하마석

홍살문 옆에 말에서 내려 걸어오라는 뜻으로 세운 비와 말에서 내릴 때 디디기 위한 디딤돌

㉰ 관세대

제사 초기 제관들이 손을 씻기 위한 그릇을 올려 놓는 석물

㉱ 정료대

서원에 불을 밝히기 위해 강당 앞에 원형 또는 팔각 돌기둥의 조명시설. 도산서원 등에 있음

㉮ 망료위
- 제사를 마친 뒤 제문을 쓴 종이를 태우기 위한 돌판
- 병산서원, 돈암서원 등에 있음

㉯ 생단 또는 성생단
제물로 쓸 희생물을 감정하는 곳으로 흙단과 돌로 만든 석단. 넓적한 큰 돌로 만든 것 등이 있음

5) 서원의 조경

① 성리학적 자연관과 서원조경

㉮ 서원의 조영원리는 조선시대 성리학자들의 자연관이 근간을 이룸

㉯ 서원공간에서는 경전공부뿐 아니라 성정까시 닦고 기르는 공부는 시위를 팽팽히 당기는 '장수(藏修)'와 시위를 풀어주는 '유식(遊息)'의 과정을 포함

㉰ 서원의 조원적 특징은 이러한 유식의 공간과 관련된 주변의 자연경관과 자연경물, 서원영역 내의 연못과 수목, 기타 조경요소로 대별할 수 있음

② 서원의 연못

㉮ 지당은 대부분의 서원에서 나타나지 않으나 일부 도산서원, 병산서원, 남계서원 등에 나타남

㉯ 형태도 방지원도가 주류이며 기능은 실용적인 면의 집수지 기능과 궁극적으로 도의를 기뻐하고 심성을 기르는 대상물로서 역할

㉰ 서원 연못 사례
- 도산서원 : 정우당 → 주돈이의 '애련설'에 염두를 둠
- 병산서원 : 운영지 → 명칭은 주자의 '관서유감'에 나타난 것

③ 자연경물의 명명(命名)

㉮ 서원조경에서는 성리학과 관련되어 산, 물, 바위 등의 자연물은 조영자에 의해 명명됨

㉯ 서원이라는 소우주의 영역에 포함되고 궁극적으로 조영자의 사상과 철학이 내재된 성리학적 자연의 일부로 승화됨
- 도산서원 : 천연대, 광영대, 천광운영대, 반타석, 탁영석
- 옥산서원 : 관어대, 영귀대, 탁영대, 징심대, 세심대
- 소수서원 : 경(敬)자의 각자와 취한대

6) 서원의 조경식재

① 은행나무

㉮ 행단(杏亶)과 관련된 가장 대표적인 수목

㉯ 소수서원, 도동서원 등은 외삼문이나 강당영역 안에 식재

② 소나무

곧은 절개와 지조를 상징하는 가장 일반적인 수종

③ 향나무

서원은 물론 향교와 왕릉 등의 제향공간에 식재됨. 제례에 필요한 향을 얻기 위한 식재

④ 괴목(느티나무, 회화나무)

큰 벼슬에 나아가기를 희망하거나 선비의 꼿꼿함을 상징

⑤ 배롱나무

남부지방의 지역적 풍토에 잘 어울리고 오랜 시간 꽃을 감상할 수 있음

⑥ 매화나무

퇴계 이황이 제일 좋아했으며 선비의 지조를 나타내는 상징적 의미를 가짐

⑦ 대나무, 국화, 연꽃 등

지조와 곧은 절개, 고매함을 상징하며 성리학자로서의 출처관이나 자연경물을 통해 심성을 바르게 하려는 심성론과 관련이 있음

⑧ 조영 당시 식재된 수종

㉮ 도산서원 : 대나무, 소나무, 매화, 국화 → 절우사

㉯ 소수서원 : 퇴계가 부임하여 죽계 건너편에 대나무와 소나무를 심어 취한대라 함

7) 구곡과 서원

① 구곡(九曲)의 개요

㉮ 곡(曲)이란 경승지 혹은 풍광이 뛰어난 곳을 이르는 말로 송나라 유학자 주자가 무이구곡의 아름다운 경승지에 무이정사를 짓고 '무이도가'를 지은 것에서 유래

㉯ 조선의 유학자들이 무이도가를 애송하며 무이구곡을 최고의 이상향으로 여김

㉰ 서원조경에 있어서도 무이구곡을 본받아 산수가 수려한 여러 곳에 곡을 경영함

② 곡을 경영한 사례

㉮ 퇴계의 도산서당과 도산십이곡

㉯ 율곡의 소현서원의 석담구곡

㉰ 송시열의 화양구곡

㉱ 소수서원의 죽계구곡

Ⅱ 서원 사례

1. 안동 도산서원

1) 개요

① 소재지 및 주향자

㉮ 소재지 : 경북 안동시 도산면 토계리

㉯ 주향자 : 이황(호는 퇴계)

② 조영 배경

㉮ 퇴계 이황이 50세에 낙향하여 자리를 잡은 우리나라 대표적 서원

㉯ 퇴계가 스스로 도산서당과 농운정사를 짓고 공부하며 후학을 양성

㉰ 퇴계 사후에 제자들이 다른 건물들을 짓고 '도산서원'이라는 편액을 하사받음

㉱ 퇴계학파의 중심서원으로 영남유림의 중추적인 역할

㉲ 영지산을 조산으로 하고 도산을 주산으로 하며 왼쪽에 청량산으로 흘러나온 동취병, 오른쪽에는 영지산에서 흘러나온 서취병이 감싸안음

㉳ 남쪽에는 낙동강이 내려다보이는 골짜기에 입지

2) 공간구성

① 전체구성

㉮ 북쪽이 높고 남쪽이 낮은 지형에 조화롭게 건물 배치

㉯ 전학후묘의 배치형식

㉰ 크게 서원 영역과 도산서당 영역으로 구분

② 서원 영역

㉮ 서원의 입구에서 진도문까지 길게 형성된 화계와 계단을 중심으로 서쪽에 공(工)자형의 농운정사와 뒤쪽에 ㄷ자형 하고 직사

㉯ 진도문을 들어서면 중앙에 강당 영역과 뒤쪽에 사당 영역, 동쪽에 장판각, 서쪽에 상고직사 위치

㉰ 강당인 전교당 앞에 동재와 서재, 그 앞에 작은 다락집인 동·서 광명실 배치

③ 도산서당 영역

㉮ 진도문 앞에 독자적인 공간을 형성하나 서원 영역과 상관성이 깊음

㉯ 서당 앞에 정우당과 계류 건너편에 절우사터가 있음

3) 경관요소

① 주변경관

㉮ 뒤쪽에 산등성이가 감싸고 앞으로 낙동강이 흐르며 멀리 평원이 펼쳐지는 절경에 위치

㉯ 조성신의 「도산별곡」에서 서원의 주변 경관을 무이구곡 이상으로 평가함

㉰ 강세황의 「도산도」, 김창석의 「도산도」에 유학자의 이상형으로 묘사됨

② 도산서당

㉮ 퇴계가 조성하고 경영한 3칸 작은 집

㉯ 완락재 : 중앙의 온돌방 한 칸, 암서헌 : 동쪽 마루방 한 칸

㉰ 서당 후면에는 막돌로 쌓은 석축과 그 밑에 한 단으로 된 화계가 있어 암서헌 대청마루에 앉으면 판문을 시각틀로 한 특별한 경관이 가시됨

③ 정우당, 몽천

㉮ 정우당은 도산서당 서남쪽 모서리에 가로 3.3m, 세로 3.3m, 깊이 2.3m의 방지

㉯ 퇴계는 연을 심어 이름을 정우당이라 함 → 연은 '화암수록'의 28우 중 정우(淨友), 박세당의 하30객에서 정객(淨客)

㉰ 「도산잡영」에 '당사의 동쪽 구석에 조그마한 못을 파고 거기에 연을 심어 정우당이라 하고 그 동쪽에 몽천이란 샘을 만들었다.'라고 기록(몽천은 정우당 동쪽에 있는 작은 샘)

④ 절우사(節友社)

㉮ '도산잡영'에 '몽천 위에 산기슭을 파서 추녀와 맞대고 평평하게 쌓게 단을 만들고 그 위에 매화, 대, 소나무, 국화를 심어 절우사라 불렀다.'라고 기록

㉯ 현재는 홍수와 산사태로 유실되고 없음

⑤ 분절된 담장

㉮ 서당을 둘러싼 담장이 정우당이 있는 곳에서 끊어져 트인 공간 구성

㉯ 대청이나 평상마루에서 끊어진 담장 사이로 담장 바깥의 경관을 볼 수 있도록 의도적으로 처리

㉰ 외부의 자연경관을 서당 내부에서 차경하기 위한 처리

⑥ 도산서당의 풍류공간

㉮ 광영대(光影臺) : 서원 산문 입구의 서쪽 산봉에 있는 큰 반석, 원근 산천을 바라봄

㉯ 천광운영대(天光雲影臺) : 도산서원 전면 골짜기 양면에 암반으로 된 높은 곳에 축조

㉰ 천연대(天淵臺) : 광영대 맞은편 산봉에 있는 반석

㉱ 탁영석(濯纓石), 반타석(盤陀石) : 천연대 아래 물이 깊은 곳에 위치

㉲ 천연경물에 여러 가지 이름을 붙여서 자연을 자기 소유화

⑦ 식생

㉮ 「도산잡영」에 나타나는 수종 : 연, 대나무, 매화, 소나무, 국화 등

㉯ 「도산별곡」에 나타나는 수종 : 벽도, 홍화, 단풍 등

㉰ 경내 진도문까지 화계공간 : 매화나무, 모란

㉱ 경영 밖 서원 입구 : 은행나무, 향나무, 느티나무, 왕버들, 회화나무, 살구나무, 단풍나무, 산수유 등 노거수 식재

2. 안동 병산서원

1) 개요

① 소재지 및 주향자

㉮ 소재지 : 경북 안동시 풍천면 병산리

㉯ 주향자 : 유성룡(호는 서애)

② 조영 배경

㉮ 고려 중기부터 있던 풍산 유씨의 교육기관인 풍악서당을 모체로 건립. 본래 풍산읍에 있던 것을 유성룡이 현 위치로 옮기고 병산서원이라 개칭함

㉯ 광해군 때 제자와 후손이 연합하여 유성룡을 추모하고자 존덕사 건립

㉰ 서원이 입지한 터는 꽃의 형국. 학가산 일대가 뿌리라면 풍천면 일대의 줄기부를 지나 화산에서 꽃을 피우고 꽃의 수술에 해당하는 정혈(定穴)이 서원이 됨

2) 공간구성

① 남북중심축

복례문(외삼문), 만대루(누문), 입교당(강당)이 남북중심축선상에 일직선으로 배치

② 사당

사당인 존덕사는 중심축을 동쪽으로 8m 정도 옮긴 동북 측 가장 높은 곳에 배치. 사당이 뒤늦게 건립되면서 이미 건축된 강당과 고직사를 통합할 수 있는 위치에 자리함

③ 공간구분

㉮ 진입공간 : 복례문(외삼문), 광영지, 만대루

㉯ 강학공간 : 입교당(강당), 동재, 서재

㉰ 제향공간 : 신문(내삼문), 존덕사, 장판각, 전사청

㉱ 부속공간 : 강학공간 오른편의 고직사

3) 경관요소

① 만대루

㉮ 만대루의 만대는 당나라 두보의 시 '백제성루'에 나오는 '푸른 절벽은 오후 늦게 대할 만하니'에서 유래

㉯ 동서 길이 20m, 7칸의 좁고 긴 누각으로 서원의 누각 중 가장 큰 규모

㉰ 1층은 기둥만 세우고, 2층은 벽체와 창호 없이 완전히 개방된 공간으로 조성하여 강당에서 누각을 통해 서원 앞 화천과 병산을 조망할 수 있음

㉱ 유생들이 휴식하고 풍광을 보면서 시회를 가지던 곳

㉲ 서원과 자연의 매개체로서 텅 비어 있으면서도 서원 안팎의 다른 것들을 가득 채울 수 있는 구조를 가짐

② 광영지

㉮ 타원형의 연못 속에 직경 1m 정도의 원형 섬이 있음

㉯ 만대루와 복례문 사이에 위치하며 서쪽에서 물길을 끌어와 조성한 연당

㉰ 못의 호안에 자연석으로 돌쌓기를 하고 담쪽에는 '광영지'라 각자된 큰 돌이 있음

㉱ 못 주변에 배롱나무와 오죽 식재

3. 경주 옥산서원

1) 개요

① 소재지 및 주향자

㉮ 소재지 : 경북 경주시 안강읍 옥산리

㉯ 주향자 : 이언적(호는 회재)

② 조영 배경

㉮ 이언적은 사화당쟁을 계기로 낙향하여 독락당을 축조함

㉯ 이언적 사후 지방유림들이 독락당 동남쪽 700m 떨어진 곳에 세운 서원

㉰ 선조 때 '옥산(玉山)'이라는 사액을 받음

㉱ 화개산을 주산으로 서원 앞 왼편에는 무학산이 솟아있고 앞으로 자옥산이 솟아 내학집기(來鶴集氣)한 형국

㉲ 자계와 용추의 물소리, 맑은 솔바람소리 등 수신구학(修身求學)의 적지, 서원 주변에는 울창한 수림 형성

2) 공간구성

① 전학후묘의 전형적인 서원 배치

② 정문에서 차례로 외삼문인 영락문, 누각인 무변루, 강당인 구인당(求人堂), 사당인 체인묘(體仁廟) 등의 건물들이 일직선 축을 이루면서 고유 영역 구성

3) 경관요소

① 자계(紫溪) = 옥계(玉溪)

㉮ 세심대(洗心臺) : 자계 옆에 있는 자연암반의 너럭바위. 용추에서 떨어지는 물로 마음을 씻고 자연을 벗삼아 학문을 구하라는 의미

㉯ 용추(龍湫) : 높이 4m의 자연폭포, 암적에 이황이 쓴 '용추(龍湫)' 각자

② 서원 내의 인공수로

㉮ 역락문과 무변루 사이에 위치

㉯ 서원에서 명당수를 도입한 사례로 다른 서원에서는 볼 수 없음

③ 무변루(無邊樓)

누마루에서 자옥산의 산경을 바라보고 세심대와 용추의 수경 및 수림을 조망

4. 영주 소수서원

1) 개요

① 소재지 및 주향자

㉮ 소재지 : 경북 영주시 순흥면 내죽리

㉯ 주향자 : 안향(호는 회헌)

② 조영배경

㉮ 주세붕이 풍기군수로 부임하여 성리학자인 안향을 모시는 문성공묘를 세우고 다음해 유생의 교육을 겸비한 백운동서원을 사당동 쪽에 건립

㉯ 퇴계 이황이 풍기군수로 부임하면서 명종에게 요청하여 '백운동소수서원'이라는 사액을 받음 → 우리나라 최초의 사액서원

㉰ 통일신라의 고찰인 숙수사가 있던 자리로 안향이 유년시설 강학하던 곳. 서원 입구에 숙수사 당간지주가 현존함

2) 공간구성

① 숙수사지를 그대로 활용하여 서원을 조영함
② 서원의 배치가 일반적인 서원 배치와는 달리 여러 건물이 자유롭게 혼재함
③ 사당과 강당이 병렬로 배치됨. 동재와 서재가 분리되지 않은 상태로 건립. 다른 건물들도 강당 후면에 불규칙하게 배치

3) 경관요소

① 죽계(竹溪)와 취한대(翠寒臺)
㉮ 취한대는 죽계구곡의 제1곡에 해당
㉯ 취한대는 죽계를 끼고 소수서원 맞은편에 위치
㉰ 유생들이 풍류를 즐기던 유희의 공간

② 죽계변의 암각
㉮ 서원 입구 죽계변의 큰 바위에 '경(敬)', '백운동(白雲洞)' 암각
㉯ '경(敬)'자는 주세붕이 암각한 것으로 성리학에서 마음가짐을 바르게 하는 수양론의 핵심이 되는 선비들의 행동지침
㉰ '백운동'은 이황이 새긴 것으로 유학자의 이상향인 주자의 백록동을 실제화한 것

③ 경렴정(景濂亭)
㉮ 서원 입구에 주세붕이 건립한 정자
㉯ 주돈이의 뜻을 경모하기 위해 취한 이름
㉰ 사방이 트인 공간으로 죽계변의 풍광 감상

④ 식생
㉮ 서원 입구에 500년 된 학자수인 은행나무 노거수
㉯ 서원 진입부와 죽계변에 수형이 아름다운 소나무 군락

5 읍성 및 객사

I 읍성

1. 읍성 개요

1) 개요

① 정의

㉮ 읍성이란 읍이라는 지방행정단위의 지역적 경계부에 성을 쌓는 것을 의미

㉯ 성내에는 공공기관인 관아시설과 민가가 함께 수용되며 배후지나 주변지역에 대한 행정적 통제와 군사적 방어 기능을 복합적으로 담당하는 통제사회의 생활 중심권에 집중배치된 집단적 정주환경

② 규모

㉮ 2~3개의 마을이 모인 규모로서 자연부락들보다는 크고 부, 목 소재의 대도시들보다는 작은 중간적 규모

㉯ 읍성의 면적은 거의 6~15ha이며 직경은 300~500m 정도

㉰ 호수는 300~500호, 인구는 800~1,500명 정도

㉱ 현대도시계획의 이론상 보행권 내의 영역(400~800m)에 속하는 근린주구의 규모

2) 읍성의 특성

① 거주하는 주민들의 직종은 오늘날 3차산업에 해당하는 직종이 우세하고 행정관리, 군사, 통신, 교육, 상업 등에 종사하는 사람들이 읍성취락의 중요한 계층

② 몇몇 대지주와 그들 밑에 소작인이 있었으며, 시장의 행상, 보부상과 객주를 비롯한 상인들까지 포함하여 비생산적, 소비적, 행정관리적 기능과 인접지역에 대한 서비스의 중심

③ 여타의 전통마을에서 나타나는 토지경제에 바탕을 둔 자연적 · 혈연적 공동의식과 동족화의 현상도 희박하며 마을보다 비교적 크고 사회적으로도 이질적인 정주지로 도시사회적 특성이 현저함

3) 읍성의 형태

① 개요

㉮ 둘레에 성을 쌓은 형태가 일반적

㉯ 중심취락지의 외주부에 성곽을 축조한 형태를 갖춘 것은 고려 말 내지 조선 초에 이르

러 활발하게 축성

㉰ 조선조 초기 우리나라 전체 330여 개 읍성 중 성곽을 가진 것은 160여 개 정도

㉱ 일제강점기 이후 근대화 과정에서 읍성들은 거의 대부분의 성곽이 철거됨

② 읍성의 형태

㉮ 산성(山城)

- 테뫼식 : 산정을 중심으로 산높이의 2/3 부분에 거의 수평이 되게 한 바퀴 둘러놓은 산성. 토성이 많으며 규모가 작고 쉽게 축성. 장기전에 부적합
- 포곡식 : 면적이 넓고 수량 풍부, 장기전 가능. 방어적 목적이 주로 성내 취락형성은 여의치 못함. 고창읍성이 대표적

㉯ 평지성(平地城)

- 방어기능과 주거보호의 주거적 기능 → 취락발달
- 낙안읍성, 제주도 정의읍성

㉰ 평산성(平山城)

- 배후에 산등성이를 포용하여 평지와 산기슭을 함께 감싸면서 돌아가도록 축조
- 대도시가 많으며 한양, 서산의 해미읍성이 대표적

4) 읍성의 공간구조와 주요시설

① 관아지구

㉮ 통치, 군사, 교육, 종교의 목적에 의한 동헌 및 부속기관

㉯ 동헌은 군수 또는 현령의 공사를 처리하는 집무실로 정당 또는 정청이라 함

② 객사(客舍)

㉮ 공무여행자의 숙박소이며 임금을 상징하는 전비(殿碑)를 안치하고 초하루와 보름에 향궐망배(向闕望拜)

㉯ 읍성 내에서 가장 중심자리에 위치하며 규모나 위계에서 가장 중요한 관아시설

③ 향청(鄕廳)

지방자치의 집회장소

④ 옥사(玉舍)

범죄자의 수감소

⑤ 훈련장

군사시설의 수련장

⑥ 향교

교육의 전당

⑦ 사직단

- 종교의식의 집행장
- 객사(중앙정부의 왕), 동헌(고을의 수령), 향청(고을의 향족)을 상징하는 건물로 읍성 경관구조의 중심
- 사직단과 향교, 문묘 등의 종교 또는 교육시설
- 주례에 따라 사직단은 왼쪽에, 문묘는 오른쪽에 배치(좌묘우사)
- 읍성 후면의 진산(주산)에 배치되는 성황단과 여단 등의 종교시설을 포함(3단1묘)

2. 낙안읍성

1) 개요

① 소재지

순천시 낙안면 소재

② 거주민 특성

거주 주민은 수령을 비롯한 향정관리와 군사, 통신, 교육, 상업 등에 오늘날 3차 산업에 해당되는 직종에 종사하는 사람이 주요계층을 이룸

2) 낙안읍성의 공간구성

① 평지성의 형태

② 읍성 내의 가로체계는 T자형 양식을 이룸

③ 낙안의 풍수형국은 거시적 풍수형국은 옥녀가 머리를 풀어헤친 모습의 옥녀산발형이고 읍성 자체의 형국은 행주형국임

3) 비보와 엽승

① 동문 밖으로 흐르는 내수인 동천이 바로 남쪽으로 직선적으로 빠져 나가기 때문에 이를 남문까지 굽혀 일종의 참호를 만들어 흐르게 하여 비보함

② 마을 동쪽의 좌청룡에 해당하는 멸악산이 지나치게 준급하고 흉험하여 산세의 모양이 좋지 않아 이에 대응하기 위해 동문 밖에 석구 한 쌍을 배열하여 엽승

③ 풍수상 돛에 해당하는 은행나무 거수

④ 객사 뒤의 주산인 금전산이 거리가 멀기 때문에 객사 뒤편에 팽나무 거수군을 조성하여 비보효과를 거둠

⑤ 풍수적 중심축 상에 내수로서 못에 해당하는 남문 거의 가까운 동쪽에 있는 연못

II 객사

1. 개요

① 객사의 건립목적은 왕권강화이며 태종대부터 건립되기 시작하여 세종대에 많이 지어졌음
② 객사는 국왕의 전패(殿牌)를 모시고 외국사신이나 중앙에서 지방으로 내려온 관리의 숙소 확보를 위해 건립한 공공기관 건축물임
③ 주요기능으로서는 사신과 관리에게 숙소를 제공하지만 국왕의 전패를 모시고 매월 왕궁을 향해 망궐례를 올리는 곳임
④ 건물의 형태는 정청을 중심으로 좌우에 익헌을 두고 앞에 내중외문을 두고 경우에 따라 문을 연결하는 담을 축조하였음

2. 객사의 의미

① 성리학을 통치이념으로 삼았던 조선시대에 중앙집권적인 왕권을 상징하는 대표적인 시설의 하나임
② 지방에 대한 통제를 목적으로 왕명을 띠고 내려오는 사신을 접대하거나 사신이 유숙하는 곳
③ 왕권의 상징인 국왕의 전패를 모시고 이에 대한 행례를 행하던 곳

3. 객사의 기능

① 제례기능
㉮ 국왕의 전패를 모시고 매월 초하루와 보름, 생일, 설, 동지 등에 고을수령이 관원들과 같이 향궐망배를 행함
㉯ 수령이 부임하였을 때도 제례를 행함

② 숙소기능
㉮ 정당 좌우의 익헌에 온돌장치를 하여 사신과 중앙에서 내려온 관리의 숙소를 제공함
㉯ 국가 차원에서는 중국, 일본, 기타 야인들의 조공 사신들을 접대함
㉰ 숙박을 위해 온돌은 익헌의 전체 공간 중 일부로서 정당에 붙여서 설치

③ 행정기능
중앙에서 내려온 왕의 교지를 수령하는 등 일부 행정업무에 활용

④ 기타
객사의 동헌은 연회의 장소였으며 관찰사가 재판을 하던 장소이기도 함

4. 객사의 공간구성

① 입지성

㉮ 위계상 가장 높은 곳, 중요한 곳에 위치함(전패를 모심)

㉯ 관아보다 위계가 높은 상징적 시설로 읍치경관 지배

㉰ 지역을 불문하고 남향 → 북향으로 향궐망배

㉱ 동쪽 높은 지역에 건립함 → 낙안읍성

㉲ 마을의 중앙에 위치 → 성읍마을

② 건축물의 배치

㉮ 문은 홍살문, 외삼문, 내삼문으로 구성됨

㉯ 정청을 중심으로 좌우에 익실이 있음

㉰ 정청과 동서익헌은 건물 자체가 분리된 '일반형', 단일건물로 된 '일체형', 단일한 1동의 건물로 이루어지고 지붕처리에서도 구별되지 않는 '단일형'으로 나뉨

㉱ 좌우익랑은 동서익헌 선면에 위치하며 남북방향으로 배치하는 부속공간

5. 객사의 조경

① 지당과 연못

㉮ 지당에 연을 심어 완상 혹은 식수나 화재 진압을 위한 물 저장

㉯ 배산임수의 풍수적 원칙을 보완하기 위해 주로 건물 남쪽에 위치

② 가산

㉮ 지기의 허함을 막기 위한 풍수적 조치

㉯ 전주객사 후원에 조산

③ 누와 정의 건립

사신을 접대하는 기능도 겸하므로 정청 뒤편이나 중앙의 지당에 누와 정을 지어 연회를 할 수 있게 함

④ 실용적인 식재

㉮ 물푸레나무와 가시나무 : 수군기지의 화포와 노

㉯ 뽕나무, 신우대 : 활과 화살

㉰ 띠 : 도롱이

㉱ 황벽나무 : 상처살균

⑤ 관상용 식재

매화, 장미, 여수 진남관을 매영성(梅營城)이라 함

6. 객사의 사례

① 고양 벽제관

㉮ 세조 때 중국의 사신을 영접한 기록, 중국과의 외교관계에 큰 역할

㉯ 정조와 순조대에 왕의 제사를 위한 행행 시 함께 하던 관원들의 유숙공간

㉰ 벽제관은 객사, 아사와 동헌으로 분리되어 객사의 서쪽에 군기와 창고

② 전주객사

㉮ 서익헌이 동익헌보다 규모가 작고 왜소

㉯ 1914년 도로가 확장되면서 동익헌은 철거되고 본당과 서익헌만 남아있음

㉰ 풍남문을 주축으로 중심도로 종점 북편에 위치, 대청 정면에 풍패지관 편액

③ 여수 진남관

㉮ 1899년 군수 오홍묵이 중수 후 임금이 계신 곳을 향해 극진한 예를 올림

㉯ 이임하는 좌수사의 발목을 잡을 만큼 아름다운 매화꽃이 피어 매영성이라 함

6 조원건축물/마을숲/명승

1. 누 · 정 · 대

1) 누(樓)

① 정의

㉮ 사방을 관망할 수 있게 높게 지은 다락집으로 각(閣)보다 규모 면에서 크고 개방적

㉯ 공공적인 성격의 정원 건축물로 향교, 서원, 성곽, 관가, 궁궐의 뜰에 지은 규모가 큰 정원건축물

㉰ 이규보의 정의 : 누각은 2층으로 된 집, 즉 누는 마루 밑으로 사람들이 다닐 수 있도록 2층으로 된 건물구조

㉱ 「설문해자」의 정의 : 누는 건축물이고 대는 비건축물이다.

② 특징

㉮ 2층 또는 여러 층으로 올려 지음

㉯ 당(堂)을 겹으로 쌓은 것을 누라 함

③ 누에 대한 기록

㉮ 개로왕 때 누각과 대사(臺榭)를 화려하게 지었다는 기록

㉯ 「삼국사기」에 무왕이 망해루에서 신하와 함께 연회를 열었다는 기록과 신라 원성왕 때 망은루를 세웠고 경문왕 때 월상루를 수리한 기록

④ 대표적인 누각 건물

㉮ 궁궐 : 경복궁의 경회루, 창덕궁의 주합루

㉯ 남원 광한루, 밀양 영남루, 진주 촉석루, 삼척 죽서루, 평양 부벽루

㉰ 사찰 : 봉정사 만세루, 부석사 안양루, 해인사 구광루 등

㉱ 서원 : 병산서원 만대루, 옥산서원 무변루 등

㉲ 성곽 : 수원화성 화양루 등

2) 정(亭)

① 정의

㉮ 강변이나 숲 속의 휴식처에 자연을 즐기거나 주변경관을 관망하기 위해 지은 집

㉯ 이규보의 정의 : 정은 건물구조가 아니라 공간특성으로 구분, 정자는 개방되도록 만들었기 때문에 허창한 공간적 성격을 갖는 것

㉰ 「설문해자」의 정의 : 정자란 백성들이 쉬는 곳

② 정자의 배치

㉮ 강이나 계류가에 위치한 정자 : 독수당의 계정 등

㉯ 연못가에 위치한 정자 : 창덕궁 부용정, 애련정, 달성 하엽정 등

㉰ 산마루나 언덕에 위치한 정자 : 독수정, 구괴정 등

㉱ 집 뒤뜰에 위치한 정자 : 연경당 농수정, 낙선재 상량정 등

③ 정자에 대한 기록

㉮ 정에 관한 가장 오래된 기록은 신라 소지왕 때의 일로 천천정에 거동했다는 기록

㉯ 신라 진평왕 때 고석정에서 유상했다는 기록

㉰ 이규보의 「사륜정기」에 사방이 트이고 텅 비고 높다랗게 만든 것이 정자라고 함

㉱ 계성의 「원야」에 여행하는 사람이 잠시 정지하여 쉬는 곳, 정자는 만드는 형식이 일정하지 않다. 형식을 자기 마음에 드는 대로 적절하게 만드는 집. 정자는 대나 향을 정함에 풍수에 구애받지 않아도 좋다.

④ 정자의 형태

㉮ 정사각형 : 창덕궁 애련정, 태극정, 승재정, 농수정

㉯ 장방형 : 창덕궁 취규정, 희우정, 취한정, 창경궁 함인정 등

㉰ 육각형 : 창덕궁 존덕정, 상량정, 경복궁 향원정 등

㉱ 팔각정 : 용인군 봉서정, 중원군 삼련정

㉲ 정(丁)자형 : 강릉 활래정, 봉화 청암정, 서울 세검정 등

㉳ 부채꼴 : 창덕궁 관람정

㉴ 다각형 : 창덕궁 부용정, 수원 방화수류정

3) 누(樓)와 정(亭)의 비교

구분	누(樓)	정(亭)
형태	장방형/방이 없음	여러 가지 형태/방의 유무는 반반
이용 행태	공적인 용도/연회, 행사	사적인 용도/은둔, 강학, 저술
입지	강변, 관아, 객사, 사찰, 성곽	별서, 강변, 촌변
역사적 발달	17세기 이전까지 많음	17세기 이후 많아짐
조영자	대부분 수령	다양한 계층
규모	정에 비해 크다.(2층 구조)	누에 비해 작다.(1층 구조)
평균 조망거리	10.1km	8.8km
팔경	1개소	67개소

4) 대(臺)

① 정의

㉮ 높은 곳에서 사방을 바라보기 위해 쌓은 것

㉯ 이규보의 정의 : 대란 판을 대어 높이 쌓은 것

㉰ 「설문해자」의 정의 : 누는 건축물이고 대는 비건축물이다.

㉱ 삼국시대의 대에서는 유람이나 유상의 개념이 포함되지 않고 군사적 불교적인 목적으로 발달한 양식임

② 대에 대한 기록

㉮ 주나라 「시경」에 영대(靈臺), 영유(靈囿), 영소(靈沼)라는 기록이 있음

㉯ 우리나라에서도 대가 누정보다 500년 빠름

㉰ 「삼국유사」에 동명성왕 때 '난새가 왕대에 모여들었다.'는 기록

③ 대의 기능상 분류

㉮ 천문관찰 : 점성대, 관천대

㉯ 적 감시, 군사 지휘 : 화성의 동장대, 서장대

㉰ 통신시설 : 봉수대

㉱ 원림 내의 경관조망 : 소쇄원의 대봉대, 강릉 경포대

㉲ 천문관측소 : 첨성대

5) 한 · 중 · 일 누정대의 차이점

① 한국의 누정대 : 외부지향적

㉮ 외부지향적이기 때문에 자연경관을 중요시함

㉯ 독락당의 경우 사랑채 옆에 있는 담장에 의해 자연경관이 가려진다 해서 살창을 만들어 자연이 정원 속으로 들어오도록 함

㉰ 서원의 맨 앞쪽을 2층으로 만들어 서원 앞에서 자연을 마음껏 맞이하도록 함

㉱ 도산서원과 같이 담장의 중간부분을 없애거나 아예 만들지 않거나 혹은 경관이 들어올 수 있도록 별도의 문을 만듦

② 중국의 누정대 : 양면지향적

㉮ 양면지향적으로 누정건물이 밖에서 봤을 때 어떻게 보이는가 하는 측면과 누정건물 안에서 밖을 봤을 때 어떻게 보이도록 만들 것인가를 고려

㉯ 졸정원의 여수동좌헌 : 밖에서 본 건물의 모양도 부채꼴이고 창도 부채꼴, 따라서 건물 안에서 밖을 내다본 경관도 부채 속의 경관임

③ 일본의 누정대 : 내부지향적

㉮ 일본은 우선적으로 담장을 둘러 정원을 만듦. 마치 다실이라는 좁은 방안에서 자신을 되돌아보듯이 인위적으로 만들어진 담장 안에 이것저것을 만들어 놓고 즐기는 양식

㉯ 몽창국사의 영보사 : 절벽에서 떨어지는 폭포가 있고 앞에 연못이 있고 절벽 위에 폐쇄적인 정자가 있음. 영보사의 경우는 원경이 1km도 되지 않지만 한국의 누정에서 보이는 원경의 평균거리는 8~10km임

㉰ 교토의 은각사 정원의 향월대

6) 누정대의 경관처리기법

① 허(虛)

㉮ 누가 비어 있으면 능히 만 가지 경관을 끌어들일 수 있을 것이고, 마음이 비어 있으면 능히 선한 것을 담을 것이다.→ 빙허루(憑虛樓)라는 누의 기문을 쓴 순순효

㉯ 누정은 우선 허(虛)해야 한다. 그렇지 않으면 경관을 한 곳에 모으는 취경(聚景), 누정에서 많은 경관을 모이게 하는 다경(多景), 누정 주위에 자연경관을 감싸도록 하는 환경(環景), 자연경관을 누정 속으로 들어오게 하는 읍경(挹景)은 불가능하게 된다.

② 원경(遠景)

㉮ 누정의 아름 가운데 '멀 遠'자가 많음

㉯ 유명한 누는 멀리 있는 청산이 일반적으로 누로부터 10km 이상 떨어져 있음. 조선시대 서거정은 명원루 기문에서 '누에서 보이는 원경은 단순히 원경을 보는 데 그치지 않고 시원함을 느끼게 하고 답답함과 막힘을 통하게 하여 장래의 원대한 계획을 세울 수 있다.'고 함

③ 취경(聚景)과 다경(多景)

취경 : 먼 곳에 있는 여러 경관을 한 곳에 모음 → 취경이 되면 많은 경관이 모여지므로 자연히 다경이 됨

④ 읍경(挹景)

㉮ 경관 특징이나 자연경관 구성요소들을 누정 속으로 끌어들이는 기법

㉯ 내적으로는 자연경관 속의 한 점(누 또는 정)에 집중시켜 끌어들이는 적극적인 수렴방식을 취하고, 외적으로는 누정에 오르는 사람에게 수렴된 경관을 통해 원경이 갖는 심리적인 효과를 살려주는 것

⑤ 환경(環景)

누정 주위에 있는 푸르름, 산, 물 등을 누정을 두르도록 입지시키는 것. 청산이 병풍처럼 둘러 있음

2. 마을숲

1) 개요

① 숲정이, 당숲, 성황림, 서낭숲이라고 부르기도 함
② 마을의 운명을 주관하는 성스러운 숲이며 마을사람들의 섬김의 대상인 성림(聖林)
③ 마을숲은 숲이 지닌 무성한 녹음을 통해 마을사람들에게 그늘을 제공하고 공동의 쉼터로 활용하는 공원시설, 동제, 굿 같은 마을제사를 수용하는 제의 장소, 지신밟기, 씨름, 그네 등의 놀이를 수용하는 장소
④ 지신밟기, 씨름, 그네 등의 놀이를 수용하는 장소
⑤ 신라시대 최치원이 조성한 함양 상림은 오랜 역사를 지닌 마을숲
⑥ 1938년 작성된 마을숲 자료인 조선의 임수
⑦ 마을숲에 나타나는 수종은 소나무, 느티나무, 팽나무, 왕버들, 곰솔, 오리나무, 대나무 등임

2) 마을숲의 형성 배경

① 고대 이집트의 장제신전 주변에 조성된 성스러운 숲(神苑), 그리스 성림(聖林), 로마의 디아나숲
② 단군신화에 나오는 신단수는 고대국가적인 단위의 신목으로서 오늘날 마을단위의 성황목과 비슷한 나무로 보임
③ 「택리지」의 수구막이에서 수구를 막기 위해 대표적으로 사용되는 수단이 마을숲임
④ 숲의 가장 일반적 명칭으로 마을숲을 의미하는 대표적인 지명은 숲정이(마을 근처에 있는 수풀), 당숲, 수살막이, 수대, 수구막이, 숲마당 등이 있음

3) 마을숲의 문화

① 토착신앙

㉮ 괴(槐)는 느티나무 혹은 회화나무의 뜻. 나무와 귀신, 귀신 붙은 나무, 따라서 괴라고 하는 나무는 토착신앙과 관련 있는 성수라는 것을 알 수 있음
㉯ 삼국지 위지 동이전에 '소도'라는 종교적 구조물을 두고 이곳에 성수, 신목, 입간(入竿) 등의 수직적인 상징물을 조성하여 성역화

② 풍수

㉮ 수구막이는 풍수적 배경을 가진 마을숲을 의미
→ 수구막이를 조성하는 행위를 '수대를 친다'고 함
㉯ 수구막이의 구체적인 활용형식으로는 비보림과 엽승림이 있음

③ 유교

㉮ 조선 중기 이후의 사화와 당쟁은 사대부들이 노장사상에 기인하는 은일사상에 심취하게 하여 이들이 관직을 멀리하고 향촌에 머무는 계기가 됨

㉯ 마을숲은 마을에서 경관적으로 가장 우월한 위치에 대부분 조성되고 또한 가장 아름다운 경관을 형성하기 때문에 사람들이 가장 좋아하는 장소가 되었으며 이들의 은일생활의 터전이 되기도 했음

4) 함양 상림

① 경남 함양군 함양읍 대덕리에 위치하며 천연기념물 제154호로 지정

② 1,100년 전인 신라 진성여왕 때 당시 함양태수를 지내던 최치원이 호안림으로 조성한 인공림

③ 가까이에 낙동강의 지류인 남강의 분류 위천이 흐르고 있으며 상림과 하림으로 나누어져 있었고 이것을 합쳐서 대관림이라 함

④ 조성 당시 위천의 홍수피해를 막기 위한 목적으로 조성된 것

⑤ 숲에는 은행나무, 생강나무, 노간주나무, 물오리나무, 서어나무 등이 자라고 있음

5) 담양 관방제림

① 전라남도 담양군 담양읍에 위치하며 천연기념물 제366호로 지정되어 있음

② 조선 인조 때 부사 성이성이 수해를 막기 위해 제방을 축조하고 나무를 심기 시작하였으며, 그 후 철종 때 부사 황종림이 관비로 연인원 3만 여명을 동원하여 만들었기에 관방제라 이름하였음

③ 주요 수종은 푸조나무, 팽나무, 개서어나무 등 여러 가지 낙엽성 활엽수들로 이루어졌으며, 나무의 수령은 최고 300년이 됨

④ 마을숲은 종류에 따라 종교적 임수, 교육적 임수, 풍치적 임수, 보안적 임수, 농리적 임수 등 그 임상과 입지조건 또는 설치의식에 따라 구분되며 그 원형이 잘 보존되어 있는 곳이 담양 관방제 임수임

3. 명승

1) 개요

① 명승의 정의

㉮ 사전적 정의 : 경치가 좋아서 이름이 높은 곳

㉯ 문화재보호법에서의 정의

- 경승지로서 예술적, 경관적 가치가 큰 곳
- 지질 혹은 지형적으로 특별한 아름다움을 지닌 자연경관, 식물군락 및 동식물 등 특별한 생물에 의해 형성되는 생태경관, 또는 문화적 의미와 인공적 요소가 가미된 문화경관을 포함하는 개념

② 자연유산으로서의 국가지정문화재는 천연기념물과 명승으로 분류하며 명승은 문화재 분류에 있어서 천연기념물과 동일한 법적 위계를 지님

③ 명승의 문화재 지정은 경승지만을 대상으로 하는 명승(자연유산), 자연유산적 가치와 문화유산적 가치를 함께 지닌 사적과 명승(복합유산)으로 분류

④ 세계자연유산으로 등재된 제주 화산섬과 용암동굴은 지구과학적 가치도 크지만 경관이 아름다워 명승적 가치도 뛰어남

2) 명승의 지정기준

① 자연경관이 뛰어난 산악, 구릉, 고원, 평원, 하천, 해안 등

② 동식물의 서식지로 경관이 뛰어난 곳

㉮ 아름다운 식물의 저명한 군락지

㉯ 심미적 가치가 뛰어난 동물의 저명한 서식지

③ 저명한 경관의 전망지점

㉮ 일출, 낙조 및 해안, 산악, 하천 등의 경관조망지점

㉯ 정자, 루 등의 조형물 또는 자연물로 이룩된 조망지로서 마을, 도시, 전통유적 등을 조망할 수 있는 저명한 명소

④ 역사, 문화, 경관적 가치가 뛰어난 명산, 협곡, 해협, 곶, 하천의 발원지, 동천, 대, 급류, 심연, 폭포, 바위, 동굴 등

⑤ 저명한 건물 또는 정원 및 전설지 등으로 종교, 교육, 생활, 위락 등과 관련된 경승지

㉮ 정원, 원림, 연못, 저수지, 경작지, 제방, 포구, 옛길 등

㉯ 역사, 문화, 구전 등으로 전해오는 전설지

⑥ 「세계문화 및 자연유산 보호에 관한 협약」 제2조 규정에 의한 자연유산에 해당하는 곳 중에서 관상상 또는 자연의 미관상 현저한 가치를 갖는 것

3) 명승의 지정 및 현황

① 명승의 분류

㉮ 문화재보호법에서 지정된 기념물의 한 종류이며 기념물은 명승, 사적, 천연기념물로 구분

㉯ 명승은 현재 113개소(4, 5호는 없음)

㉰ 1970년 명승 제1호 명주 청학동 소금강에서부터 명승 제115호 강진 백운동 원림까지 113개소 지정(2019년 현재)

㉱ 자연명승 54개소, 역사문화명승 59개소로 보존 · 관리하고 있음

국가지정문화재 명승 지정 및 분류 현황(2019 현재)

연번	종목	명칭	지정일	지정기준	분류
1	명승 제1호	명주 청학동 소금강	1970.11.23	계곡 · 폭포	자연명승
2	명승 제2호	거제 해금강	1971.03.23	해안	자연명승
3	명승 제3호	완도 정도리 구계등	1972.07.24	해안	자연명승
4	명승 제6호	울진 불영사 계곡일원	1979.12.11.	계곡	자연명승
5	명승 제7호	여수 상백도 · 하백도 일원	1979.12.11.	섬	자연명승
6	명승 제8호	옹진 백령도 두무진	1997.12.30	해안	자연명승
7	명승 제9호	진도의 바닷길	2000.03.14.	해안	자연명승
8	명승 제10호	삼각산	2003.10.31.	명산	자연명승
9	명승 제11호	청송 주왕산 주왕계곡 일원	2003.10.31.	명산	자연명승
10	명승 제12호	진안 마이산	2003.10.31.	명산	자연명승
11	명승 제13호	부안 채석강 · 적벽강 일원	2004.11.17.	해안	자연명승
12	명승 제14호	영월 어라연 일원	2004.12.07.	하천	자연명승
13	명승 제15호	남해 가천마을 다랑이 논	2005.01.03.	전통산업경관	역사문화명승
14	명승 제16호	예천 회룡포	2005.08.23.	하천	자연명승
15	명승 제17호	부산 영도 태종대	2005.11.01.	해안	자연명승
16	명승 제18호	소매물도 등대섬	2006.08.24.	섬	자연명승
17	명승 제19호	예천 선몽대 일원	2006.11.16.	정자, 마을숲문화경관	역사문화명승
18	명승 제20호	제천 의림지와 제림	2006.12.04.	저수지, 제방, 숲 문화경관	역사문화명승
19	명승 제21호	공주 고마나루	2006.12.04.	역사유적명소	역사문화명승
20	명승 제22호	영광 법성진 숲쟁이	2007.02.01	마을숲문화경관	역사문화명승
21	명승 제23호	봉화 청량산	2007.03.13	명산	역사문화명승
22	명승 제24호	부산 오륙도	2007.10.01	섬	자연명승
23	명승 제25호	순천 초연정 원림	2007.12.07	별서원림	역사문화명승
24	명승 제26호	안동 백운정 및 개호송 숲 일원	2007.12.07	정자, 마을숲문화경관	역사문화명승
25	명승 제27호	양양 낙산사 의상대와 홍련암	2007.12.07	저명한 조망지점	자연명승
26	명승 제28호	삼척 죽서루와 오십천	2007.12.07	누원	역사문화명승
27	명승 제29호	구룡령 옛길	2007.12.17	옛길	역사문화명승
28	명승 제30호	죽령 옛길	2007.12.17	옛길	역사문화명승
29	명승 제31호	문경 토끼비리	2007.12.17	옛길	역사문화명승
30	명승 제32호	문경새재	2007.12.17	옛길	역사문화명승

연번	종목	명칭	지정일	지정기준	분류
31	명승 제33호	광한루원	2008.01.08	관아 누원	역사문화명승
32	명승 제34호	보길도 윤선도 원림	2008.01.08	별서원림	역사문화명승
33	명승 제35호	성락원	2008.01.08	동천	역사문화명승
34	명승 제36호	서울 부암동 백석동천	2008.01.08	동천	역사문화명승
35	명승 제37호	동해 무릉계곡	2008.02.05	계곡	자연명승
36	명승 제38호	장성 백양사 백학봉	2008.02.05	명산	자연명승
37	명승 제39호	남해 금산	2008.05.02	명산	자연명승
38	명승 제40호	담양 소쇄원	2008.05.02	별서원림	역사문화명승
39	명승 제41호	순천만	2008.06.16	해안	자연명승
40	명승 제42호	충주 탄금대	2008.07.09	대	역사문화명승
41	명승 제43호	제주 서귀포 정방폭포	2008.08.08	폭포	자연명승
42	명승 제44호	단양 도담삼봉	2008.09.09	팔경	역사문화명승
43	명승 제45호	단양 석문	2008.09.09	팔경	역사문화명승
44	명승 제46호	단양 구담봉	2008.09.09	팔경	역사문화명승
45	명승 제47호	단양 사인암	2008.09.09	팔경	역사문화명승
46	명승 제48호	제천 옥순봉	2008.09.09	팔경	역사문화명승
47	명승 제49호	충주 계립령로 하늘재	2008.12.26	옛길	역사문화명승
48	명승 제50호	영월 청령포	2008.12.26	역사유적명소	역사문화명승
49	명승 제51호	예천 초간정 원림	2008.12.26	별서원림	역사문화명승
50	명승 제52호	구미 채미정	2008.12.26	별서원림	역사문화명승
51	명승 제53호	거창 수승대	2008.12.26	동천	역사문화명승
52	명승 제54호	고창 선운산 도솔계곡 일원	2009.09.18	계곡	자연명승
53	명승 제55호	무주 구천동 일사대 일원	2009.09.18	동천	역사문화명승
54	명승 제56호	무주 구천동 파회 · 수심대 일원	2009.09.18	동천	역사문화명승
55	명승 제57호	담양 식영정 일원	2009.09.18	별서원림	역사문화명승
56	명승 제58호	담양 명옥헌 원림	2009.09.18	별서원림	역사문화명승
57	명승 제59호	해남 달마산 미황사 일원	2009.09.18	종교경승지	역사문화명승
58	명승 제60호	봉화 청암정과 석천계곡	2009.12.09	누원 · 계곡	역사문화명승
59	명승 제61호	속리산 법주사 일원	2009.12.09	종교경승지	역사문화명승
60	명승 제62호	가야산 해인사 일원	2009.12.09	종교경승지	역사문화명승
61	명승 제63호	부여 구드래 일원	2009.12.09	역사유적명소	역사문화명승
62	명승 제64호	지리산 화엄사 일원	2009.12.09	종교경승지	역사문화명승
63	명승 제65호	조계산 송광사 · 선암사 일원	2009.12.09	종교경승지	역사문화명승
64	명승 제66호	두륜산 대흥사 일원	2009.12.09	종교경승지	역사문화명승
65	명승 제67호	서울 백악산 일원	2009.12.09	명산	자연명승
66	명승 제68호	양양 하조대	2009.12.09	저명한 조망지점	역사문화경관
67	명승 제69호	안면도 꽃지 할미 할아비 바위	2009.12.09	해안(섬)	자연명승

연번	종목	명칭	지정일	지정기준	분류
68	명승 제70호	춘천 청평사 고려선원	2010.02.05	종교 경승지 (전설지)	역사문화경관
69	명승 제71호	남해 지족해협 죽방렴	2010.08.18	생활 경승지 (어업 경작지)	역사문화경관
70	명승 제72호	지리산 한신계곡 일원	2010.08.18	계곡	자연명승
71	명승 제73호	태백 검룡소	2010.08.18	하천 발원지	자연명승
72	명승 제74호	대관령 옛길	2010.11.15	옛길	역사문화명승
73	명승 제75호	영월 한반도 지형	2011.06.10	하천	자연명승
74	명승 제76호	영월 선돌	2011.06.10	계곡지형	자연명승
75	명승 제77호	제주 서귀포 산방산	2011.06.30	명산	자연명승
76	명승 제78호	제주 서귀포 쇠소깍	2011.06.30	하천	자연명승
77	명승 제79호	제주 서귀포 외돌개	2011.06.30	해안	자연명승
78	명승 제80호	진도 운림산방	2011.08.08	별서원림	역사문화명승
79	명승 제81호	포항 용계정과 덕동숲	2011.08.08	정자, 숲경관	역사문화명승
80	명승 제82호	안동 만휴정 원림	2011.08.08	별서원림	역사문화명승
81	명승 제83호	사라오름	2011.10.13	화산호소	자연명승
82	명승 제84호	영실기암과 오백나한	2011.10.13	계곡	자연명승
83	명승 제85호	함양 심진동 용추폭포	2012.02.08	폭포	자연명승
84	명승 제86호	함양 화림동 거연정 일원	2012.02.08	동천	역사문화명승
85	명승 제87호	밀양 월연대 일원	2012.02.08	별서원림	역사문화명승
86	명승 제88호	거창 용암정 일원	2012.04.10	별서원림	역사문화명승
87	명승 제89호	화순 임대정 원림	2012.04.10	별서원림	역사문화명승
88	명승 제90호	한라산 백록담	2012.11.23	화산호소	자연명승
89	명승 제91호	한라산 선작지왓	2012.12.17	저명한 군락지	자연명승
90	명승 제92호	제주 방선문	2013.1.4	계곡지형	자연명승
91	명승 제93호	포천 화적연	2013.1.4	하천 · 심연	자연명승
92	명승 제94호	포천 한탄강 멍우리 협곡	2013.2.6	협곡	자연명승
93	명승 제95호	설악산 비룡폭포 계곡 일원	2013.3.11	폭포	자연명승
94	명승 제96호	설악산 토왕성폭포	2013.3.11	폭포	자연명승
95	명승 제97호	설악산 대승폭포	2013.3.11	폭포	자연명승
96	명승 제98호	설악산 십이선녀탕 일원	2013.3.11	계곡, 폭포	자연명승
97	명승 제99호	설악산 수렴동 · 구곡담계곡 일원	2013.3.11	계곡, 폭포	자연명승
98	명승 제100호	설악산 울산바위	2013.3.11	산악	자연명승
99	명승 제101호	설악산 비선대와 천불동계곡 일원	2013.3.11	대 계곡, 폭포	자연명승
100	명승 제102호	설악산 용아장성	2013.3.11	산악	자연명승
101	명승 제103호	설악산 공룡능선	2013.3.11	산악	자연명승
102	명승 제104호	설악산 내설악 만경대	2013.3.11	저명한 조망지점	자연명승
103	명승 제105호	청송 주산지 일원	2013.3.21	생활경승지	역사문화명승
104	명승 제106호	강릉 용연계곡 일원	2013.3.21	계곡	자연명승

연번	종목	명칭	지정일	지정기준	분류
105	명승 제107호	광주 환벽당 일원	2013.11.6	별서원림	역사문화명승
106	명승 제108호	강릉 경포대와 경포호	2013.12.30	누정문화	역사문화명승
107	명승 제109호	남양주 운길산 수종사 일원	2014.3.12	차문화	역사문화명승
108	명승 제110호	괴산 화양구곡	2014.8.28	구곡	역사문화명승
109	명승 제111호	구례 사성암	2014.8.28	전설지	역사문화명승
110	명승 제112호	화순 적벽	2017.2.9	경승지	자연명승
111	명승 제113호	군산 선유도 망주봉 일원	2018.6.4	경승지	자연명승
112	명승 제114호	무등산 규봉 주상절리와 지공너덜	2018.12.20	경승지	자연명승
113	명승 제115호	강진 백운동 원림	2019.3.13	별서원림, 차문화	역사문화명승
합계 113개소					

② 전통조경 관련 명승

- 순천 초연정
- 광한루원
- 보길도의 윤선도 원림
- 성락원
- 예천 초간정 원림
- 구미 채미정
- 삼척 죽서루와 오십천
- 서울 부암동 백석동천
- 담양 소쇄원
- 담양 식영정
- 담양 명옥헌

③ 명승으로 지정된 옛길

- 구룡령 옛길
- 문경 토끼비리
- 대관령 옛길
- 죽경 옛길
- 문경새재

4) 명승 지정관리의 개선점

① 명승은 보존 및 이용을 전제로 하는 문화재로 개념이 정립되어야 함
명승과 같이 이용을 전제로 하는 문화재는 이용을 하지 않을 경우 본래의 모습을 잃거나 변형을 초래하여 오히려 문화재적 가치를 상실하는 경우도 있음

② 명승 지정의 범위를 확대해야 함
현재 일본이 315건이며 명승의 개념에 정원, 공원, 교량, 하천, 호소, 폭포, 섬, 해안, 계류, 산악, 수림지, 꽃나무 등 광범위하게 지정하고 있음 → 우리나라도 정원이나 별서 등은 주변경관과 더불어 명승으로 지정해야 할 대상이며 특히 팔경, 구곡 등과 같이 하나의 아름다운 경관은 단위경관을 중심으로 명승의 지정을 확대해야 함

③ 사적이나 천연기념물로 지정된 명승 관련 문화재는 명승으로 지정전환이 필요함
천연기념물로 지정된 마을숲(수림지)은 우리 고유의 전통문화경관적 특징을 지니고 있어서 명승으로 지정하는 것이 마땅함

4. 남원 광한루원

1) 역사적 배경

① 조선 초 명재상 황희가 남원 유배시절 광한루의 전신인 광통루를 조영. 세종 때 정인지가 광통루에 올라 그 아름다운 경치를 보고 달나라 선녀가 사는 월궁의 광한청허부(廣寒淸虛府)처럼 아름답다 하여 광한루라 부르게 됨

② 부사 장의국과 정철이 요천의 물로 연못을 만들고 오작교를 축조하여 은하수를 상징케 함

③ 또 호 속에 세 섬을 축조하여 각각에 푸른 대나무, 배롱나무, 연정을 세우고 연꽃을 가득 심음

④ 광한루는 1963년 보물 제281호 지정되었으며 광한루원은 2008년 명승 제33호 지정

2) 공간별 특징

① 전체

광한루원은 은하수를 상징하는 연못에 까치다리를 상징하는 오작교를 놓고 못 속에 삼신산을 상징하는 삼신선도를 조영하고 못가에는 월궁을 상징하는 광한루를 배치한 우리나라 대표 누원임

② 광한루

㉮ 5칸 4칸의 중층 누각 팔작집

㉯ 막돌 허튼층쌓기 기단 위에 병형의 돌기둥을 세움

㉰ 누원을 감상하기 가장 좋은 곳에 연못을 면하여 남향 배치

㉱ 내부에 광한루, 호남제일루, 계관(桂觀) 등의 현판

③ 연못

㉮ 광한루 남쪽에 은하를 상징하는 연못

㉯ 요천의 물을 끌어 못을 만들고 세 섬을 축조

㉰ 월궁을 상징하는 광한루 앞에 은하수를 상징하는 연못, 은하의 까치다리인 오작교

㉱ 못 속에 세 섬. 동쪽 섬에는 방형의 영주각이 있고 봉래도라는 가운데 섬에는 대나무 숲, 서쪽 섬에는 육각형의 방장정이 있음

㉲ 오작교 서편의 원형 섬은 토끼섬이라 불리며 늙은 버드나무가 위치

④ 기타

㉮ 광한루 동편에 춘향의 얼을 추모하는 춘향사당

㉯ 남쪽에 근래에 축조된 완월정, 월매집이 있음

3) 상상환경요소

① 전체

㉮ 광한루를 중심으로 월궁을 상징하는 각종 상상환경요소를 도입

㉯ 천문적 우주를 축소하여 상징적으로 조성하였으며 자연의 원리에 순응하고 선도적 신선사상을 가장 구체적으로 표현

㉰ 조영자의 상상을 바탕으로 한 상징성을 정원과 건축물 요소요소에 장치함으로써 인간이 갈망하는 꿈의 세계를 지상에 구현함

② 점경물에 표현된 상상환경요소

㉮ 광한루

광한루란 '광한청허지부'라는 월궁으로 하늘나라의 광한전을 지상에 재현한 것

㉯ 월랑

현관의 이름, 광한루를 천상의 궁전으로 격상시킴

㉰ 삼신산

- 삼신산은 도교적 유토피아를 상징
- 신선사상을 배경으로 하여 신선이 산다는 봉래산, 영주산, 방장산

㉱ 오작교와 조각배

- 오작교는 견우직녀의 신화와 신선사상을 배경으로 조성
- 지당의 물은 은하수, 연못의 조각배는 승용 수단

㉲ 자라돌

- 동해에서 삼신산을 등에 업고 산다는 큰 자라 상징
- 신선사상에 의한 삼신의 강림을 기다림 → 천인합일의 의미

③ 단청, 편액, 그림, 문양에 표현된 상상환경요소

㉮ 토끼와 거북의 조각상

- 토끼는 달나라를 상징하고 거북은 대지의 신, 태초의 바다, 천지창조 상징
- 이 조각상은 반야귀선을 타고 극락세계로 가는 것을 상징

㉯ 용(광한루 대들보, 방장정) 조각상

- 용은 모든 실제 동물과 상상 속의 동물들의 능력과 장점을 취합하여 만들어 낸 상서로운 동물
- 중국에서는 기린, 봉황, 거북과 함께 사령(四靈)으로 여김

㉰ 코끼리 조각상

- 동양에서는 코끼리를 길상의 동물로 여김
- 부처의 성수를 의미하며 코끼리처럼 앞만 보고 정진수행하라는 가르침

㉱ 박쥐문 풍혈(風穴) : 면상문(眠象文)

- 건물의 난간에 구멍을 뚫어 미적 아름다움과 통풍기능 부여. 길상의 동물인 코끼리의 눈모양(眠象文) 형태
- 복(福)자와 같은 발음인 蝠(박쥐 복)는 행복의 상징임
- 박쥐는 장수하면서 번식력이 강하여 부귀, 수복, 다산을 상징

㉲ 영기문(靈氣文)

- 신령스러운 기운을 표현한 무늬
- 운기(雲氣)란 구름모양으로 표현된 기운을 말함

④ 시문에 표현된 상상환경요소

㉮ 까마귀, 까치

㉯ 봉황

㉰ 거북

㉱ 계수나무

㉲ 구름

㉳ 아지랑이, 안개, 무지개

㉴ 달

7 수목과 배식

1. 조선시대의 수목과 배식

1) 수목의 한자명과 현재의 명칭

한자명	현재 명칭	한자명	현재 명칭
桃(도)	복숭아	槿(근)	무궁화
李(이)	자두	桐(동)	오동나무
梅(매)	매화	薔薇(장미)	장미
蓮(연)	연	菖蒲(창포)	창포
杏(행)	살구 또는 은행	蘭(난)	난초
梨(이)	배나무	櫻(앵)	앵두나무
牧丹(목단)	모란	楓(풍)	단풍나무
楊柳(양류)	버드나무	四季花(사계화)	사계화
柏(백)	잣나무	棗(조)	대추나무
松(송)	소나무	葡萄(포도)	포도
竹(죽)	대나무	海棠(해당)	아그배나무
杜鵑花(두견화)	진달래	林檎(임금)	능금나무
梧(오)	벽오동	瓜(과)	오이류
石竹(석죽)	패랭이꽃	蜀葵(촉규)	접시꽃
芍藥(작약)	작약	冬柏(동백)	동백
榴(류)	석류	玉梅(옥매)	옥매
菊(국)	국화	鷄冠花(계관화)	맨드라미
杉(삼)	전나무	鳳仙花(봉선화)	봉선화
檜(회)	향나무	紫薇(자미)	배롱나무
蕉(초)	파초	瑞香(서향)	서향화
橘(귤)	귤	茶梅(다매)	다매

2) 화목의 등급

①「양화소록」과「화암수록」의 화목등급

「양화소록」 화목구등품제

등품	화목
1	송, 국, 죽, 연
2	모란
3	영산홍, 진송, 석류, 벽오동, 사계, 월계, 왜철쭉
4	작약, 서향화, 노송, 단풍, 동백
5	치자, 해당화, 장미, 홍도, 파초, 원추리, 금전화, 백두견화
6	백일홍, 홍철쭉, 홍두견화, 두충
7	이화, 정향, 목련
8	접시꽃, 산단화, 옥매
9	옥잠화, 석죽화, 봉선화, 무궁화, 맨드라미

「화암수록」의 화목구품

등품	화목
1	매, 송, 국, 죽, 연
2	모란, 작약, 왜철쭉, 파초
3	치자, 동백, 종려, 만년송
4	소철, 서향화, 포도, 귤
5	석류, 도화, 해당화, 장미, 수양버들
6	진달래, 살구, 배롱나무, 감, 벽오동
7	배나무, 정향, 목련, 앵두, 단풍
8	무궁화, 패랭이꽃, 옥잠화, 봉선화
9	해바라기, 원추리, 석창포, 회양목, 금전화

② 화목의 상징성

식물명		화암수록의 28우(友)	박세당의 화30객(客)
菊(국)	국화	逸友(일우) 편안한 벗	壽客(수객) 장수할 객
蓮(연)	연	淨友(정우) 맑은 벗	淨客(정객) 깨끗한 객
芍藥(작약)	작약	貴友(귀우) 귀한 벗	
蘭(난)	난초		幽客(유객) 그윽한 객
松(송)	소나무	老友(노우) 늙은 벗	
竹(죽)	대나무	淸友(청우) 푸르른 벗	
冬柏(동백)	동백나무	仙友(선우) 신선 같은 벗	
木蓮(목련)	목련	淡友(담우) 담백한 벗	醉客(취객) 술친구 객
石榴(석류)	석류	嬌友(교우) 아리따운 벗	村客(촌객) 순박한 객
牧丹(목단)	모란	熱友(열우) 열정적인 벗	貴客(귀객) 귀한 객
木槿(목근)	무궁화		時客(시객) 때를 알리는 객
躑躅(척촉)	철쭉		仙客(선객) 신선 같은 객
桃(도)	복숭아	妖友(요우) 요염한 벗	妖客(요객) 요염한 객
春梅(춘매)	매화	古友(고우) 오래된 벗	淸客(청객) 맑은 객
杏(행)	살구나무	艶友(염우) 부러운 벗	艶客(염객) 부러운 객
梨(이)	배나무	雅友(아우) 맑은 벗	淡客(담객) 담백한 객

3) 「산림경제」와 「임원경제지」의 방위에 따른 의(宜)와 기(忌)

① 생태적 특성에 따른 배식

㉮ 복숭아나무는 진딧물이 많이 발생한다. → 위생상 우물가에는 심지 않음

㉯ 대추나무는 추위에 강하며 맹아력이 뛰어나다. → 다른 유실수 주변에 심어서 바람막이 역할을 하게 하면 좋음

㉰ 국화는 서향하는 성질이 있다. → 따라서 동쪽 울타리에 심음, 동리국(東籬菊), 동리가색(東籬佳色)이라 함

㉱ 느릅나무는 뿌리가 왕성하게 뻗는 성질이 있다. → 주변에 곡식을 심으면 곡식이 잘 자라지 않음

② 식재 후 환경변화를 피하기 위한 배식

㉮ 「산림경제」 복거 편에는 '집 주위에 소나무 대나무를 심어 울창하게 되면 집터에 생기가 왕성해진다.'하여 권장함

㉯ 거수(巨樹)를 집마당에 심는 것 금기 → 노거수에 대한 정령숭배사상이 있어서 함부로 자르지 못함

㉰ 좁은 뜰에 상록수와 두 그루 이상의 나무를 심는 것을 꺼림 → 채광, 통풍, 명암에 방해가 됨

③ 미신이나 속설에 따른 배식

㉮ 느릅나무 → 집주인이 재산이 불어나 부자가 됨

㉯ 살구나무 → 문 앞에 심으면 행복이 문으로 들어옴

㉰ 복숭아나무 → 집 뒤에 심으면 나쁜 기운이 달아남. 복숭아의 도(桃)와 도망가다의 도(逃)가 발음이 같음

㉱ 회화나무 → 문 앞에 심으면 서기가 모여 3대가 길함

㉲ 대추나무 → 문정에 2그루 심으면 길함

㉳ 버드나무 → 대문 밖 동쪽에 심으면 가축이 성함

㉴ 홍벽도(紅碧桃) → 동쪽 울타리에 심음(홍동백서(紅東白西)의 개념)

㉵ 국화 → 동쪽 울타리에 심음. 동리국(東籬菊), 진나라 도연명의 시 '음주편'에서 유래

㉶ 마당 가운데 나무를 심으면 천금의 재물이 흩어짐 → 한곤(閑困), 일상작업 및 행사에 방해가 되고 채광과 통풍이 나빠짐

④ 방위를 고려한 배식

홍만선은 「산림경제」 복거 편에서 '집 가까이 왼쪽에 흐르는 물, 오른쪽에 긴 길, 집 앞쪽에 연못, 뒤쪽에 구릉이 없다면 이를 비보하기 위해 방위별로 다음과 같은 나무를 심으면 청룡, 백호, 주작, 현무를 대하는 것과 같다.'고 하였다.

㉮ 동쪽

복숭아나무, 버드나무 : 아침에 서늘할 때 받는 햇빛을 좋아하며 나무줄기가 가늘고 엉성하여 그늘이 많지 않아서 동쪽이 좋음

㉯ 서쪽

느릅나무, 치자나무 : 잎이 무성하고 그늘이 많아져 서쪽으로부터 비치는 강한 광선을 막아주므로 서쪽에 심는 것이 좋음

㉰ 남쪽

대추나무, 매화나무 : 양광을 좋아하기 때문에 남쪽에 심어야 좋으며 열매도 많이 맺음

㉱ 북쪽

능금나무, 살구나무

- 서늘한 기후를 좋아하기 때문에 북쪽에 심는 것이 마땅함
- 「산림경제」 택목잡기편에 '동백, 춘백, 영산홍. 왜철쭉, 치자나무, 석류, 월계화 등은 북쪽에 심기를 피하라.'고 함 → 이들 수종은 모두 내한성이 약하여 중부지방에서 월동할 수 없음

북서	북	북동
의(宜) : 대나무, 오동나무 3그루, 거수	의(宜) : 느릅나무, 벚나무, 진달래, 살구나무, 능금나무 기(忌) : 자두나무, 동백, 춘백, 영산홍, 치자나무, 석류	의(宜) : 대나무 기(忌) : 거수
서	**방위에 따른 수목의 의와 기**	**동**
의(宜) : 산뽕나무, 느릅나무, 대추나무, 치자나무 기(忌) : 버드나무, 자두나무, 복숭아나무		의(宜) : 복숭아나무, 버드나무, 벽오동, 홍벽도, 국화, 회화나무
남서	**남**	**남동**
기(忌) : 거수	의(宜) : 복숭아나무, 매화, 대추나무 기(忌) : 자두나무	의(의) : 옻나무, 버드나무 기(忌) : 살구나무

⑤ 장소를 고려한 배식

장소	의(宜)/기(忌)	수종
문앞	의(宜)	회화나무, 문정에 두 그루의 대추나무, 버드나무
	기(忌)	거수, 두 모양의 같은 나무, 상록수, 수양버들
중정	의(宜)	화초류
	기(忌)	거수, 많은 수목
정전	의(宜)	석류나무, 서향화
	기(忌)	오동나무, 파초
울타리 옆	의(宜)	동쪽 울타리 옆에 홍벽도, 국화
	기(忌)	참죽나무
우물 옆	기(忌)	복숭아나무
집 주위	의(宜)	울창한 소나무와 대나무
	기(忌)	단풍나무, 사시나무, 가죽나무
주택 내	기(忌)	무궁화, 뽕나무, 상륙(자리공), 거수, 상록수

2. 전통조경의 배식기법

1) 자연식 배식

① 부등변삼각식재법

㉮ 세 그루 수목을 식재간격을 달리하여 직선상에 겹치지 않게 식재

㉯ 세 그루 중 두 그루는 같은 수종으로 하여 주와 종을 이루게 함

㉰ 부등변삼각형의 크기를 달리하여 같은 공간에서 줄기가 겹치지 않게 함

② 산식법

㉮ 1~2그루씩 흩어서 흐름이 이어져 보이게 심음

㉯ 나무 하나가 개체미가 뛰어난 하목류의 배식에 주로 이용

③ 군식법

㉮ 여러 그루의 나무를 한 곳에 모아 심어 자연스러운 모양을 나타내게 함

㉯ 주로 관목성 화목류나 지피식물을 조성할 때 많이 사용

④ 랜덤식재법

㉮ 부등변삼각식재를 기본으로 하여 크고 작은 삼각형을 자연스럽게 확산시켜 가면서 식재

㉯ 넓은 공간에 주로 이용하며 자연스러운 스카이라인이 형성

⑤ 배경식재법

주경관 배경을 구성하기 위한 식재

2) 정형식 배식

① 단식법

㉮ 나무 한 그루의 수형이나 개체미가 뛰어난 나무를 이용

㉯ 중요한 자리에 단독으로 식재

② 대식법

축이 좌우로 상대적으로 동형, 동수종의 나무를 식재

③ 열식법

동형, 동수종의 나무를 일정한 간격으로 직선상으로 식재

④ 교호식재

같은 간격으로 서로 어긋나게 식재

3) 절충식 배식

자연식과 정형식을 절충한 배식기법

8 수경관과 원지

1. 수(水)의 이용

1) 물을 이용한 조원기법

계간(溪澗)	• 물의 흐름을 이용한 것 • 개울물을 막아 보(洑)를 만든 계담(溪潭), 세연정 계담, 송광사 계담
지당(池塘)	물의 고이는 성질을 이용한 것
여울	물의 넘치는 성질을 이용한 것
현폭(懸瀑)	물의 떨어지는 성질을 이용한 것

2) 지당의 입수방법

① 현폭(懸瀑)

㉮ 폭포형으로 입수되는 방법으로 1단 또는 2단, 누조 등 구조와 부죽(剖竹)이라 불리는 수구가 있음

㉯ 사례로 애련지, 경회루지, 안압지가 있음

㉰ 부죽을 활용한 지당으로는 다산초당, 소쇄원, 임대정이 있음

② 자일기법(自溢技法)

㉮ 샘에서 솟아나오는 물이 수형으로 입수되어 넓어지는 형식을 가짐

㉯ 대표적인 사례로 경복궁의 열상진원의 향원지 입수방법이 있음

③ 잠류기법(潛流技法)

㉮ 대부분의 지당의 입수방법으로 지하로 유입되는 형태

㉯ 지하수 자체를 수원으로 활용하는 대부분의 지당이 여기에 속함

㉰ 경회루 방지와 불국사의 구품연지

3) 유수와 지수

분류	종류	개념	특징
유수 (流水)	폭포 (瀑布)	물의 떨어지는 성질을 이용한 것	• 인공적 방법(소쇄원)과 자연적 방법(안압지, 옥류천) • 힘있게 떨어지는 비폭(飛瀑, 안압지, 옥류천)과 조용히 흘러내리는 괘천(掛泉)이 있음

유수(流水)	계간(溪澗) 간수(澗水)	계곡의 자연암반 위를 흘러가는 계류	• 석간수(石間水) • 주변의 경물에 따라 죽간(竹澗), 송간(松澗)
	부죽(剖竹)	샘물을 끌어들이기 위해 대나무를 반으로 쪼갠 것	• 소쇄원에서 연못에 물을 대는 기구, 다산초당 • 부용동원림 곡수당
지수(止水)	지당(池塘)	인공으로 둑을 쌓아 가둔 것	하지(荷池), 연지(蓮池), 방지(方池), 곡지(曲池)
	석지(石池) 석연지 석조(石槽)	• 석물에 물을 담아 둔 것 • 석지와 석조는 기능적인 차이	• 석지와 석연지는 경관적 효과를 위한 것 • 석조는 음용수, 생활용수 기능
	천(泉) 정(井)	• 천은 지하수가 솟아오른 것 • 정은 두레박으로 퍼올리는 것	도산서원의 열정(洌井)과 몽천(蒙泉)

2. 지당

1) 지당의 형태에 따른 분류

분류		사례지	
정형식	방형	무도	창덕궁 애련지, 정림사 쌍지, 도산서원 정우당
		방지원도형	창덕궁 부용지, 삼가헌 연지 등 대부분의 연못형태
		방지방도형	함안 무기연당, 부용동 회수담, 선교장 활래정지, 경복궁 경회루
	타원형	통도사 구룡지, 병산서원 광영지	
	사다리꼴	청평사 남지	
	특수형	서석지, 창덕궁 청심정 빙옥지	
자연형	곡수형	포석정, 부용동 정원의 낭음계	
	계류형	외암리 마을 이도선가 정원의 계류	
	반달형	논산 윤증 고택 사랑채 앞 반월지, 불국사 구품연지	
복합형	혼합형	경주 안압지	

2) 입수 및 출수 방법

① 입수방법

㉮ 수로를 만들어 물을 흘러들게 하는 법

㉯ 부죽 등의 나무홈대를 만들어 물을 끌어들이는 방법

② 출수방법

㉮ 무너미시설 : 물이 넘쳐 나가게 함

㉯ 출수구의 물구멍을 상중하의 단을 만들어 못의 수면을 조정하거나 물을 뺌 → 안압지의 출수구

3) 연못의 화목

① 「임원십육지」에 의하면 지당에는 연꽃을 심고 못가에는 참나무, 왕골, 쑥, 갈대를 심으면 좋고 가산 위에는 소나무, 오죽, 신나무, 두견화, 철쭉, 석죽, 버드나무를 심음

② 대개 연못 속 심에는 소나무, 대나무, 배롱나무, 버드나무, 철쭉 등이 심어져 있음

③ 보길도 세연지 주변에는 동백나무, 소나무, 대나무가 식재

4) 연못의 축조방법

① 삼국사기 옥사조에 신라 때부터 민가에서는 숙석(熟石, 다듬은 돌)을 쓰지 못하게 하였음

② 경국대전에도 민가는 다듬은 장대석을 쓸 수 없게 법으로 규제

③ 왕궁의 연못은 모두 장대석을 사용하여 연못의 호안을 축조

④ 사찰이나 서원, 민가 등의 연못은 모두 자연석으로 호안 축조

⑤ 이런 이유에서 왕궁의 연못은 강한 인공의 질감을 나타내고 절이나 서원, 민가의 연못은 자연의 아름다운 조화를 나타내게 되었음

⑥ 백제 정림사지 앞 연못과 익산 미륵사지 연못과 같이 호안이 목간안(木幹岸)과 토안(土岸)으로 처리된 것도 있음. 명옥헌도 토안임

5) 임원경제지에 연못 만드는 법

① 큰 연못과 작은 연못

㉮ 연못을 만들면 좋은 점 세 가지

- 물고기를 기를 수 있고(양어의 기능)
- 밭에 물을 댈 수 있으며(용수의 기능)
- 흉금을 상쾌하게 씻을 수 있음(심성수양의 기능)

㉯ 집에 바짝 인접하여 큰 연못을 만드는 것은 좋지 않음
- 물 기운으로 습기가 차서 적시면 집이 무너질 수 있음
- 따라서 위아래로 두 개의 연못을 만들어야 함
- 위의 연못은 사방이 5, 6보쯤 되는 규모로 벽돌과 돌을 쌓아 만들고
- 아래 연못은 땅의 형편에 따라 조절하고 크면 클수록 좋음

② 흙을 구워서 연못을 만드는 법

㉮ 수원이 없을 경우 땅을 파서 구덩이를 만들고 돌을 사용하여 견고하게 다짐

㉯ 그 다음 기와를 굽는 흙(점토)를 두껍게 바르고서 땔감을 쌓아놓고 익을 때까지 구우면 물이 새지 않음

③ 작은 연못을 만드는 법

㉮ 물줄기가 없는 뜰 가장자리에 크기를 헤아려서 구덩이를 파고 사면의 벽과 밑바닥을 만들고 돌담을 쌓음

㉯ 그 다음 구운 벽돌에서 나온 흙으로 아주 차진 진흙을 이겨서 사면의 벽과 바닥에 바름

㉰ 땔감을 쌓아 놓고 익도록 구워내면 물이 새지 않음

㉱ 비록 땔나무를 태워 굽지 않는다 해도 벽돌과 같이 견고하게 쌓거나 또는 큰 항아리를 놓아두고 물을 저장하고 항아리에 작은 구멍을 뚫고 대나무 홈통을 이용하면 물이 마르지 않음

㉲ 만약 연을 심고 싶으면 다른 진흙을 사용하며 연못에는 물고기를 기를 수 있음(이는 「증보산림경제」에도 나옴)

④ 분지(盆池)를 만드는 법

㉮ 수원이 없을 경우 큰 항아리를 이어서 땅에 묻고 항아리와 항아리 사이의 빈 공간에 갈대나 부들을 심음

㉯ 큰 항아리 네 개를 만들고 네모반듯하게 땅을 판 다음 그 곳에 항아리 아가리를 지면과 가지런하게 묻음

㉰ 움푹 들어간 곳은 흙으로 메워 평탄하게 하며 아가리 주위에는 둥그렇게 잔디를 깜

㉱ 항아리 안에 기름진 흙을 약간 집어넣고 물을 넘실넘실 넘치도록 채워 넣음

㉲ 그 다음 수면에 개구리밥 잎사귀를 던져 띄우고 주변에 연과 갈대, 부들 같은 풀을 심고 안에 물고기를 기름

⑤ 연못물이 마르는 것을 막는 법

연못의 물이 쉽게 마를 때에는 소뼈를 넣어두면 효험이 큼

⑥ 연못가에 석가산 만드는 법

㉮ 물에 불린 조약돌을 쓰되 이 돌을 얻을 수 없을 때에는 연한 돌을 가져다가 깨서 괴석

으로 씀

㉯ 괴석을 연못가에 첩첩히 쌓아서 산을 만들되 바위와 골짜기는 그윽하고 깊숙하게 만들고 단풍나무, 소나무, 오죽, 진달래, 철쭉, 패랭이꽃, 백합, 범부채 등을 심고 연못가에는 여뀌꽃을 심음

㉰ 석가산 뒤편에 큰 항아리를 놓아두고 물을 저장하고 대나무를 구부려 산꼭대기로부터 굽이굽이 물을 끌어다가 못 가까이에 와서 폭포를 이루게 함

㉱ 물이 내려오는 길은 기와를 굽는 흙으로 단단하게 발라두면 물이 새지 않음

⑦ 샘물을 끌어오는 법

㉮ 샘물 줄기가 먼 곳에 있다면 대나무를 쪼개어 사용함

㉯ 이렇게 끌어오는 물은 뜰을 지나 담장을 뚫고서 흐르다가 괴석을 만나서는 소리를 내며 부딪히고 길게 파인 바위를 만나서 작은 도랑을 만들며 물오리를 기르는 곳이 되며 부용이나 물풀을 심는 곳이 됨

㉰ 대나무통을 이용하여 물을 끌어들이는 곳으로는 화순 임대정, 강진 다산초당, 소쇄원 등이 있음

6) 방지

① 방지(方池)

방지란 우리나라 전통연못에서 흔히 나타나는 네모난 모양의 지당을 말하며 한국의 연못 120여 개소 중 2/3가 네모난 방지형태임

② 방지(方池)를 조성하는 이유

㉮ 네모난 연못과 둥근 섬은 '하늘은 둥글고 땅은 네모나다.'는 천원지방사상을 내포

㉯ 「여씨춘추」에 '하늘은 둥글고 땅은 모났다'는 천원지방(天圓地方) 사상이 기록 → 사람은 땅을 본받아 땅에 의지하며 살아야 하며 땅이 상징하는 것이 방형(方形)

㉰ 사람이 생활하는 살림집 기둥은 방형이고 절의 금당, 왕궁의 정전 등 공식적 건물에서만 둥근 기둥을 사용하는데, 둥근 기둥은 하늘을 상징하기 때문

㉱ 이러한 땅을 상징하는 방형과 하늘을 상징하는 원형을 연못에 반영한 것

7) 연지와 영지

① 연지(蓮池)

㉮ 연지라 함은 엄밀한 의미에서 연꽃을 심는 연못만 말하지는 않음. 연꽃은 불교를 상징하는 꽃으로 극락정토의 모습을 현실세계에 표현하고자 함

㉯ 그림자를 이용한 영상효과를 얻고자 조성된 연못

- 안압지의 연못
  - 못 바닥은 수초나 연꽃이 번지지 않게 하기 위해 강회를 다지고 자갈을 깔았음
  - 못 가운데 방형틀을 묻어서 그 속에서만 연꽃이 살 수 있게 함
- 통도사 구룡지
  - 연지의 형태는 타원형임
  - 극락세계의 못물을 형상화한 것
- 선암사 설선당 앞 쌍지, 삼성각 앞 연지, 삼인당
  - 사찰의 연지로 극락정토의 모습을 현세에 구현함
  - 삼인당은 장방형지가 타원형으로 변형된 것
- 서석지 연지 : 물 속에 바위의 요철현상을 완상하기 위한 연못

② **영지(影池)**

건물, 탑, 주위경치 등을 투영하기 위한 연못으로 주위경관을 감상하며, 사찰에서는 불교의 상징적인 세계를 표현함

㉮ 불영(佛影) : 불영사 : 원래 구룡사였으나 부처님 형상의 바위가 연못에 어려 불영사로 개칭

㉯ 탑영(塔影) : 설상사, 정림사지, 미륵사지, 불국사 등

㉰ 산영(山影)
- 청평사의 남지는 오봉산 산정이 투영됨
- 해인사 영지는 우두산이 투영됨

㉱ 전각을 투영하는 영지
- 송광사 계담 : 우화각, 임경담 투영
- 선암사 영지 : 일주문 투영

③ **연 · 영지(蓮 · 影池)**

㉮ 연지와 영지의 복합적인 기능을 가진 연못

㉯ 대부분 사찰의 연못은 복합적인 기능을 가짐
- 미륵사와 정림사의 연못
  - 발굴조사 시 연꽃줄기 등의 퇴적물이 발굴됨
  - 미륵사는 수면 위로 동서탑과 용화산의 산정 투영
  - 정림사는 탑과 전각들이 투영됨
- 불국사 구품연지
  - 「불국사고금창기」에 '연잎을 뒤집다'는 기록이 나옴
  - 범영루와 무영탑 등의 전각과 탑을 투영

3. 안압지

1) 안압지 개요

① 소재지 및 연못 면적

㉮ 경북 경주시 인왕동

㉯ 15,000m²

② 안압지에 대한 기록

㉮ 「삼국사기」: 문무왕 14년(674년), 궁 안에 연못을 파서 산을 만들고 화초를 심었으며 진귀한 날짐승과 들짐승을 길렀음

㉯ 「동사강목」: 궁내에 연못을 파고 돌을 쌓아 중국의 무산12봉의 형상을 한 산을 만들어 꽃을 심고 진기한 새를 길렀음

㉰ 「동국여지승람」: 적석위산 상무산십이봉(積石爲山 象巫山十二峰)

③ 안압지 이름 유래 및 조성연혁

㉮ 「동국여지승람」 중에 신라시대의 월지가 폐허로 변해 기러기와 오리들이 날아다니는 모습을 보고 조선시대 시인묵객들이 '안압지(雁鴨池)'라고 부른 것에서 유래되었다고 기록

㉯ 문무왕 14년(674년)에 안압지를 조성하고 679년에 임해전을 건립

2) 호안처리

① 건물지가 있는 서측 직선호안

㉮ 수면 위로 노출되는 상층호안은 장대석 석축

㉯ 수면 아래 부분은 막돌 석축

㉰ 건물지가 있는 기단 석축은 못 쪽으로 더 돌출됨

㉱ 전 호안 석축 하부에 직경 50cm 둥근 냇돌을 일정 간격으로 배치 : 고구려 대성산성의 영향

② 자연스러운 굴곡의 동측 호안

㉮ 변곡부가 많고 돌출된 반도 두 곳

㉯ 혹두기 정도의 가공석재를 1.5m 축석

㉰ 석축 하부에 괴임돌을 1.5m 간격으로 배열

3) 삼신산과 무산십이봉

① 삼신산(三神山)

㉮ 세 섬은 봉래, 영주, 방장으로 신선이 사는 삼신산을 상징

㈏ 동남 측 섬이 가장 크고, 중간 섬이 가장 작음

② 무산십이봉(巫山十二峰)

㉮ 동측 호안에 무산12봉을 조산함

㈏ 중국 사천성에 무산현에 있는 아름다운 봉우리로 그 형상이 무(巫)자 같아서 붙여진 이름

4) 연못 바닥처리

① 투수성 있는 연못 방수처리

㉮ 바닥부터 진흙다짐(T500) → 둥근 돌 +점토 +강회다짐(T100) → 점토깔기(T100) → 자갈 + 모래섞어깔기(T100) → 바다자갈깔기(T100)

㈏ 지반으로의 수분활동 유도

② 정(井)자형 나무틀

㉮ 크기 : 120cm×120cm×120cm

㈏ 수생식물 식재

㈐ 못 전체에 연꽃이 번지지 못하게 함

5) 6단계 입수시설

① 안압지 입수시설의 기능

㉮ 수온조절기능

㈏ 정화 및 불순물 필터

㈐ 시청각적 청량감 부여

② 1단계 : 자연석 석구

㉮ 안압지 외부에서 인위적으로 물을 끌어온 초입부

㈏ 자연석 도랑을 동서로 길게 놓음

③ 2단계 : 가공판석 석구

가공판석을 바닥과 벽체에 붙임

④ 3단계 : 자연석 석구

2단수조 앞까지의 자연석 석구

⑤ 4단계 : 2단 석조

㉮ 거북모양의 석조에서 물이 회전하면서 빠져나감(자일기법)

㈏ 물온도 조절 및 불순물 필터의 기능

⑥ 5단계 : 자연석

㉮ 자연석으로 둘러싸이고 잔자갈을 바닥에 깐 작은 못

㉯ 흐르는 물이 고였다가 다시 흐르게 하는 시설

⑦ 6단계 : 2단 폭포

㉮ 현폭기법을 이용한 최종 입수

㉯ 떨어진 물이 대도에 부딪쳐 갈라지면서 더 잘 퍼져 나감

6) 출수시설

① 수량조절 구멍이 있는 장대석 2단

㉮ L1.5m×H0.3m, D0.15m 구멍과 목재마개

㉯ 상부 장대석 중앙에 지름 7cm 반원형 홈(비좌(碑座), 비신을 세우는 좌대)

② 4개의 구멍이 있는 입석

㉮ H1.5m의 장대석

㉯ 수위조절용 구멍

③ 비개석(碑蓋石)

㉮ 비신 위에 얹은 지붕돌

㉯ L1.0m×H0.3m, D1.0m 홈

7) 경관석 배치

① 특치(特置)

전체 면이 아름다운 돌을 독립으로 세워 배치(중도 부근)

② 첩치(疊置)

여러 개 돌을 겹쳐 쌓아서 포개 놓음(조산지역)

③ 산치(散置)

1~2면이 아름다운 돌 하나씩 흩어 놓음(조산지역)

④ 군치(群置)

여러 개 돌을 모아 무리로 배석(대도지역)

8) 수목

① 「삼국사기」, 「삼국유사」, 「동국통감」 등에 나타난 수목

느티나무, 회화나무, 버드나무, 자두나무, 모란 등

② 안압지 발굴 시 화분 분석결과 수목

㉮ 오리나무, 소나무, 참나무

㉯ 화본과 쑥이 우점종(優占種)

4. 유상곡수거

1) 곡수거의 개요

① 곡수거 정의

곡수거란 굽을 곡(曲), 물 수(水), 도랑 거(渠)로 굽은 물도랑

② 유상곡수연 정의

곡수거에 술잔을 띄우고 시를 읊는 연회를 유상곡수연(流觴曲水宴)이라 함

③ 곡수거 형태

중국에서는 국(國)자나 풍(風)자 형태, 일본에서는 S자 형태가 나타남

2) 곡수거의 유래

① 진나라 때 왕희지의「난정기」에 의해 알려짐 → 계욕의례 시 술잔을 돌리고 시를 짓게 함
② 5세기 이후 우리나라의 궁궐이나 상류계층을 중심으로 풍류생활을 즐기기 위한 정원시설로 곡수거 도입
③ 일본의 곡수거 조경기법에 영향을 미침
④ 중국의 건축 · 토목 · 조경에 관한 기술서인「영조법식」과「원야」에 조성법이 기록됨
⑤ 중국의 곡수거는 가공된 암반에 인공적으로 조영하여 '국(國)'자 또는 '풍(風)'자로 유배거 등의 형태를 보임

3) 우리나라의 유상곡수거에 대한 기록

① 안학궁후원 곡수거 → 우리나라 곡수거 유구 가운데 가장 오래된 것
② 최치원이 무성서원 유상대(流觴臺)에서 곡수연을 즐김 → 곡수거 관련 최고의 문헌 기록
③ 고려시대 기홍수는 정원에 곡수거를 만듦
④ 윤선도는 보길도 원림에 낭음계를 조성하고 곡수연을 즐김
⑤ 신라시대 포석정
⑥ 조선시대 창덕궁 소요암의 C자 곡수거

4) 포석정 곡수거

① 포석정 개요

㉮ 소재지 : 경북 경주시 배동

㉯ 포석정에 대한 기록

- 「삼국사기」 애장왕 기록에 포석정에서 연회를 베풀던 애장왕이 견훤의 습격을 받아 자살을 강요당하는 내용이 나옴

• 「삼국유사」에 헌강왕이 포석정에서 유락하다가 남산신의 춤을 보고 따라 추었다는 기록

② 입지

㉮ 경주 남산 서쪽 산기슭에 위치 → 자연 속에서 쉼과 풍류를 즐김

㉯ 근처에 계욕장 추정지(砲石溪) 발굴 → 60m 떨어진 곳에 1.4m×1.1m의 웅덩이

㉰ 「동국통감」에 포석정 근처에 성남이궁(城南離宮)이 있었다는 기록이 있어 포석정은 이궁의 정원이라 볼 수 있음

③ 형태와 상징

㉮ 전복모양

• 포석정의 포(鮑)자는 전복을 의미함
• 돌도랑의 폭, 기울기, 형태 조성
• 유속과 시간의 불규칙성 유발

㉯ 1년 12달과 24절기 상징

• 수로의 폭은 31cm, 총길이는 22m
• 12개의 내곽 돌, 24개의 외곽 돌
• 이외에 입수구 쪽에 6개, 출수구 쪽에 4개로 모두 46개의 돌로 조립됨
• 포석정은 음양의 이치를 도입한 것으로 배수구인 거북머리는 양(陽), 즉 남근이고 곡수거는 음(陰), 즉 포궁인 여궁으로 보기도 함

㉰ 기울기와 폭

• 바닥 기울기는 7~13°, 중간부분 1~2°, 출수구 쪽이 1°
  → 처음에는 물이 빠르게 흐르다가 타원형 부분에서는 천천히 흐름
• 구간에 따라 다른 경사도로 변화 부여
• 46개의 다른 모양의 가공석으로 유속, 물흐름 다양화

5) 조선시대 옥류천 C자형 곡수거

① 입지

㉮ 창덕궁 후원 옥류천 권역, 계류가에 거대한 소요암에 위치

㉯ 소요정, 태극정, 청의정 등의 정자가 주위에 있음

㉰ 왕과 신하들의 휴식과 연회의 장소

② 곡수거

㉮ 소요암에 C자형 곡수거가 있음

㉯ 위쪽에 있는 어정과 계곡수에서 물이 유입됨

㉰ 소요암 암벽에 인조가 쓴 옥류천이란 각자와 숙종이 지은 5언시가 새겨져 있음

㉱ 이곳에서 인조가 유상곡수연을 즐겼다고 함

9 전통조경시공

1. 화계

1) 화계의 개요

① 화계의 정의

㉮ 풍수지리사상에 의해 배산임수의 터에 건물을 지음으로 발생하는 경사지를 처리하는 방법의 일종

㉯ 꽃이나 나무를 심기 위해 뜰 한쪽 또는 뒷담에 조금 높이 쌓아서 만든 계단상의 화단

㉰ 화계에는 미적 경관을 중요시하여 석지, 괴석, 굴뚝 등의 점경물을 배치하기도 함

㉱ 화계는 우리나라만의 고유한 조경기법

㉲ 심는 식물의 종류에 따라 매오(梅塢), 매대(梅臺), 도오(桃塢), 죽오(竹塢), 송오(松塢), 상오(桑塢), 화오(花塢) 등으로 기록됨

② 화계의 기능

㉮ 비탈면 보호
집이나 건물의 높은 부분 비탈면이 비로 인해 흘러내리는 것을 방지함

㉯ 실용적 기능
- 유실수를 심어 과실을 채취함 → 앵도나무, 감나무, 대추나무
- 채전(菜田)이나 약포(藥圃)를 만들어 산림에 보탬이 됨

㉰ 경관적 기능
- 꽃과 나무를 심어 경관적인 아름다움을 감상함
- 석지, 괴석, 굴뚝 등의 점경물을 두어 감상함

㉱ 여성들의 휴식공간
대부분 안채 뒷 후면의 아늑한 공간에 조성하므로 여성들만의 휴식 공간으로 활용

2) 화계의 발생원리

① 배산임수에 입각한 입지선정

㉮ 산 뒤쪽에 산을 등지고 앞으로 물이 흐르는 지세(背山臨水)

㉯ 뒤가 높고 앞이 낮은 지형에서 뒤쪽의 비탈면 보완(前低後高)

② 조구봉의 양택 삼요결

㉮ 앞이 좁고 뒤가 넓은 건물배치(前窄後寬)

㉯ 뒤쪽 언덕을 깎아 방풍, 담장 역할로 활용

3) 화계의 사례지

① 교태전 후원의 아미산 화계

㉮ 조선 태종 때 경회루원지 조성 시 나온 흙으로 가산하여 만듦

㉯ 4단으로 석지, 앙부일구대, 괴석, 굴뚝 등의 점경물이 있음

② 봉선사의 화계

㉮ 장대석 바른층 쌓기로 축조

㉯ 봉선사는 고려 광종 때 건립하였으며 조선 세조의 원찰로 지정됨

㉰ 큰 법당 뒤뜰에 위치하며 원찰이므로 장대석으로 석축

③ 소쇄원의 화계

㉮ 제월당 동쪽에 위치, 계류 위쪽에 위치하며 이전에는 매화가 심겨져 소쇄원도에는 매대(梅臺)라고 표시되어 있음

㉯ 민가에서는 경국대전의 규정에 따라 정대석을 사용할 수 없어서 자연석으로 조성함

㉰ 화계 뒤쪽에는 대나무숲이 있음. 천간풍향(千竿風響)

4) 화계의 설계 및 시공방법

① 설계 개념

㉮ 단차를 극복하기 위한 목적의 화계 조성

㉯ 장대석을 이용한 궁궐식 화계를 조성

㉰ 화계에 화목류의 수목을 심고 점경물을 배치하여 경관적 아름다움을 부여함

② 시공방법

㉮ 일반적인 화계의 높이가 70~80cm 정도이므로 이 화계는 2단으로 조성함

㉯ 화계의 단은 장대석(L1.0×W0.3×H0.25)을 사용함

㉰ 화계에는 모란, 작약, 매화, 감나무, 산철쭉 등의 화목을 심고 공간의 크기에 따라 초화류를 심으며 넓은 경우에는 채전을 조성함

㉱ 괴석, 석지, 굴뚝 등의 점경물을 적당한 장소에 배치함

2. 담장

1) 재료에 따른 담장의 종류

① 토담

㉮ 흙토담

- 재료로는 황토흙이나 모래를 다져서 사용함
- 판으로 된 거푸집을 세워서 판축기법(版築技法)으로 쌓음
- 담 상부에 기와나 짚으로 지붕을 만들기도 함
- 「임원십육지」에 판축기법에 대한 기술

㉯ 흙벽돌담

담의 재료는 흙이나 황토흙으로 벽돌을 만들어서 사용

② 돌담

㉮ 장대석담, 사괴석담(=사고석담)

- 담의 재료로 장대석이나 사괴석을 사용함
- '삼국사기' 옥사조와 '경국대전'에서는 일반민가에서는 장대석이나 사괴석을 사용할 수 없도록 규제함
- 경복궁, 창덕궁 등 조선왕조의 외곽담은 모두 사고석담

㉯ 돌각담

- 막돌만을 사용해서 쌓은 담
- 돌각담 상부에는 아무것도 얹지 않음
- 낙안읍성, 제주 성읍마을, 외암리마을 돌각담이 유명함

③ 토석담

㉮ 흙이나 황토에 자연석을 혼합하여 쌓은 담

㉯ 일반 민가에서 많이 볼 수 있음

㉰ 점도를 높이기 위해 짚을 잘게 썰어 섞어 넣음

㉱ 사찰이나 관아의 토석담은 장대석을 기초로 하기도 함

④ 와담(=와편담)

㉮ 토담을 쌓을 때 사이사이에 기왓조각을 넣어 문양을 낸 담

㉯ 낙산사 일월성신담, 법주사 곡담

⑤ 전돌담(=전벽돌담)

㉮ 재료로 전벽돌을 사용하여 쌓아 만든 담

㉯ 창덕궁 낙선재 뒤편의 전벽돌담이 아름다움

⑥ 꽃담

㉮ 꽃담은 화장, 화문장, 화초담이라고도 함

㉯ 꽃문양이나 그림, 글자 등을 새겨서 치장한 담

㉰ 卍(만)자, 福(복)자, 壽(수)자 등을 많이 새겨 넣음

㉱ 자경전 동측의 내측과 외측의 담, 낙선재 후원의 담

㉲ 기왓장 등을 사용하여 구멍이 뚫어지게 쌓은 담을 영롱담이라 함

⑦ 나무담장

㉮ 생울타리

- 대나무류나 관목류 등 살아있는 식물을 심어서 만든 담장
- 식물의 종류에 따라 여러 가지 이름으로 불림
  → 무궁화(槿籬), 대나무(竹籬), 국화(菊籬), 대추나무(棗籬)
- 고려시대에 유행하였으며 특히 무궁화울타리(槿籬)를 많이 조성함
- 「산림경제」에 멧대추를 이용한 생울타리 조성법 기술

㉯ 바자울

- 대나무, 싸리나무, 갈대, 억새 등을 엮어서 만든 울타리
- 생울타리와는 달리 베어낸 나무를 사용함
- 생활공간에서 외부시설을 차단하고 구역의 경계를 확보하는 기능

㉰ 목책(木柵), 죽책(竹柵)

- 굵은 통나무를 촘촘히 엮어서 세운 울타리
- 백제의 도성인 몽촌토성은 전부 목책이 설치되었음
- 대나무를 엮어서 만든 것은 죽책

㉱ 취병(翠屛)

- 대나무로 틀을 짜고 관목류나 덩굴식물 등을 심어 병풍모양으로 만든 담장
- 식물재료를 이용하여 공간을 구분하고 차폐, 경관성 높임

㉲ 판장(板墻)

- 나무판재로 만든 목재 가림벽으로 왕궁에서만 사용됨
- 사생활보호를 위한 시선차폐의 목적을 가짐
- 「임원경제지」에 나오는 판장 조성법 기술

2) 기타 담장의 종류

① 공사방법에 따른 구분

㉮ 외담

- 바깥 면은 돌로 쌓고 안쪽 면은 거푸집을 써서 쌓은 담

- 안쪽은 흙만을 넣고 바깥 쪽에는 돌을 켜놓아 가면서 다지며 흙을 받고 돌을 놓는 방식
- 그 밖에 돌을 한 켜 놓고 흙을 바를 때 두껍게 하여 안쪽 벽을 발라 맥질하는 다른 방식도 있음
- 대개 넓적한 돌을 써서 쌓음

㉯ 맞담

- 거푸집 없이 담 안팎으로 돌의 머리를 두게 하여 면을 맞추면서 쌓는 담
- 대부분의 담이 맞담임

② 쌓는 높이에 따른 구분

㉮ 온담

담장의 맨 위까지 쌓은 담

㉯ 반담

- 중방의 높이까지만 쌓고 그 위는 벽으로 처리한 담장
- 온담은 사람키 이상이고 반담은 사람키 절반 정도 높이임

3) 문헌에 나오는 담장 조성법

① 「임원경제지」 관병법(綰屛法)에 나오는 취병 조성법

㉮ 팔뚝 굵기의 대나무를 두 줄로 박음

㉯ 얇고 길게 깎은 대나무를 대어 옆으로 가로줄을 묶어 줌

㉰ 그 사이에 식물을 심어 가꾸고 밖으로 나오는 부분을 잘라줌

㉱ 어느 정도 자라면 마나 칡 등의 줄기로 대나무 기둥에 고정시킴

㉲ 겨울에 시들지 않는 것이라면 아름다움이 더함

㉳ 2월에서 7월에 물이 오를 때는 묶는 것을 금함

② 「산림경제」에 나오는 판축기법

㉮ 담장기초를 한 후 흙으로 단단히 다져가면서 둔덕 형성

㉯ 물에 이긴 진흙담은 짚을 섞어서 사용

㉰ 두께는 두자로 하고 방아에 찧어 쌓아 올림

㉱ 높이는 3~4자 정도에서 일단 끝내야 빨리 마름

㉲ 마른 뒤에 거푸집을 올리고 벽을 침

㉳ 담장 안팎으로 잔디나 키 작은 생울을 심어 내구성 제고

③ 「임원경제지」에 나오는 판축기법

㉮ 우선 자갈을 깔아 지대를 만듦

㉯ 지대 위에 흙을 쌓아 올려 달구로 단단히 다짐

㉰ 다시 진흙과 굵게 썬 볏짚과 섞어 그 위에 다지면서 쌓음

㉣ 높이 3~4치가 되면 중단 후 마르면 편편하게 깎음
㉤ 담장기초 안팎에는 향부자나 잔디를 심음(습기방지)
㉥ 담장 한 길 밖에는 가시있는 나무식재, 너무 크지 않게 함
㉦ 수채구멍 가운데는 목책을 설치하여 동물출입방지
㉧ 담장 쌓는 흙은 누런 모래가 가장 좋음
㉨ 담장이 다 마르지 않았을 때 회와 누렇고 가는 사토를 말린 썩은 짚과 섞어서 반죽 후 담장에 얇게 바름
㉩ 반죽을 제대로 해야 균열이나 떨어짐이 없음

④ 「산림경제」와 「임원경제지」에 나오는 생울타리 조성법

㉮ 생울타리를 설치하고자 하는 곳에 두 자 깊이와 폭으로 팜
㉯ 멧대추가 익기를 기다려 심고 싹이 날 때까지 잘 관리함
㉰ 1년이 지나면 3자 정도 자라는데 그해 봄에 난 것을 잘라 버리고 묵은 가지를 엮어서 묶어 둠
㉱ 3년 정도 지나면 도둑을 막을 수 있을 정도가 됨
㉲ 탱자나무를 이용하면 도둑을 막기에 좋음

⑤ 「임원경제지」에 나오는 판장(板障) 조성법

㉮ 두 기둥을 세우고 인방 하나를 기둥 중간에 설치하고 보 하나를 기둥 위에 설치함
㉯ 보 위에는 거리가 한 자 정도 떨어지게 가로로 가는 홈을 파는데, 깊이와 넓이는 한 치 삼푼으로 하고 홈 하나마다 서까래를 하나씩 박아 넣음
㉰ 서까래는 모두 대패로 다듬어서 네 개의 모가 나도록 만듦
㉱ 길이는 두 자로 하고 넓이와 두께는 홈에 따라 맞춤
- 그리하여 그것을 보에 박고 나면 위로 보아 평행을 이룸
- 서까래 위에는 널판을 깔고 널판 위에는 기와를 덮음

㉲ 지면에서 인방에 이르기까지는 자갈과 부서진 기와로 담을 쌓고 인방에서부터 보에 이르기까지는 널판을 배열하며 벽을 만듦
→ 혹은 한 칸에 그치기도 하고, 혹은 너덧 칸, 8~9칸에 이르기까지 하며 일렬로 쌓기도 하고 혹은 구부러지게 쌓기도 함
㉳ 이 벽은 서까래가 짧고 작기 때문에 비바람을 거의 막지 못하여 이따금 벽의 널판이 벗겨지고 부서지면 기둥 밑뿌리가 썩음
→ 따라서 완전히 벽돌로 쌓은 내구성이 좋은 담장만은 못함

⑥ 「임원경제지」에 나오는 돌담 쌓는 법

㉮ 자갈(자연석)을 취하여 반듯하게 다듬어서 진흙과 서로 번갈아가면서 쌓아 올림
㉯ 자갈과 번갈아 쌓은 켜와 면을 나란히 하지 않고 조금 움푹 들어가게 함

㉰ 다시 석회와 벽돌을 반죽하여 움푹 들어간 곳을 바르면 흰 무늬가 종횡으로 나타나서 볼만함

㉱ 이것을 분장(粉牆)이라 부르는데 상당히 내구성이 좋음

3. 석단

1) 석단의 재료

① 장대석(長臺石)

㉮ 자연석을 다듬어 가공한 돌로 폭보다 길이가 김

㉯ 궁궐, 원찰 등 왕과 관련된 곳에서만 사용

② 자연석(自然石)

㉮ 자연형태 그대로의 돌로 주로 일반 민가에서 사용

㉯ 큰 돌 사이사이에 작은 돌을 넣어 쌓거나 그랭이질로 짜 맞춤

㉰ 자연스런 맛이 있음

2) 석단재료의 가공법

① 혹두기

쇠메로 모서리 부분만 쳐냄

② 정다듬

정으로 평평하게 다듬음

③ 도두락다듬

도두락망치로 1~3회 두들김

④ 잔다듬

기둥 등 섬세한 곳의 마감 석재

⑤ 물갈기

숫돌과 연마재로 문질러 광을 냄

3) 줄눈형태에 따른 석축쌓기 기법

① 골쌓기

㉮ 다듬돌을 마름모로 맞물리게 쌓음

㉯ 견치돌, 사괴석(四塊石), 이괴석(二塊石)을 이용

② 막쌓기

㉮ 막돌을 생긴 그대로 사용

㉯ 가로줄눈과 세로줄눈을 고려치 않고 쌓음

③ 허튼층쌓기

높이가 일정하지 않은 돌을 사용하여 가로줄눈이 일치하지 않게 쌓음

④ 바른층쌓기

장대석이나 사괴석 같이 높이가 일정한 돌을 사용하여 가로줄눈이 일치하도록 쌓음

4) 단면위치에 따른 쌓기법

① 내쌓기

㉮ 석재를 점차 앞으로 내밀면서 쌓는 것

㉯ 위로 올라가면서 앞쪽으로 나옴

② 퇴물림쌓기

㉮ 석재의 일부를 점차 뒤쪽으로 후퇴하면서 쌓는 방법

㉯ 아래에는 무겁고 긴 돌을 쌓고 위로 올라갈수록 작고 가벼운 돌을 조금씩 뒤로 물려가며 쌓음

㉰ 주로 성벽이나 절의 축대, 민가의 댓돌을 쌓을 때 사용

5) 맞댄 면에 다른 쌓기법

① 메쌓기

㉮ 접합면에 모르타르를 사용하지 않고 순수하게 돌을 쌓음

㉯ 큰 돌로 쌓고 사로 맞댄 면에 잔돌을 끼워 쌓음

㉰ 뒷고임돌 및 뒤채움돌 등을 잘 다져 넣음

㉱ 전통조경공간에서는 주로 이 공법이 사용됨

② 찰쌓기

㉮ 돌을 쌓을 때 축석의 사이나 뒷면에 회반죽이나 모르타르를 넣어 쌓음

㉯ 배수구멍을 설치하여 수압에 의한 붕괴를 방지함

㉰ 담장에서 많이 사용

6) 석단쌓기의 사례지

① 불국사의 석단

㉮ 목가구식 석단

㉯ 가공석으로 가로 세로틀을 만들고 그 사이에 자연석을 짜맞추듯 채워넣음

㉰ 여성적인 아름다움을 나타내며 인공직선과 자연곡선이 조화를 이룸

② 부석사의 석단

㉮ 자연석 허튼층쌓기

㉯ 산지사찰의 경사지를 처리하기 위해 만든 석단

㉰ 총11개의 석단이 있으며 조계문에서 요사채 사이에 9개가 있음

㉱ 돌의 규모가 크고 남성적인 미를 나타냄

③ 도동서원의 석단

㉮ 가공석 허튼층쌓기

㉯ 가공석을 기하학적으로 짜맞추듯 쌓음

④ 봉선사의 석단

㉮ 장대석 바른층쌓기

㉯ 고려 광종 때 건립하였으며 조선 세조의 원찰로 지정됨

㉰ 진입공간에서 청풍루 앞, 주공간에서 청풍루 뒤, 대웅전영역, 대웅전 앞 등 4곳에 나타남. 석단의 높이 2m 미만

10 전통조경계획

1. 역사경관계획

1) 용어 및 개념

① 용어의 정의

㉮ 역사경관

역사경관은 협의의 측면에서 문화재를 비롯하여 전통건조물, 한국고유의 건축양식을 지니는 건조물과 같이 미적 기준, 전형성, 희소성, 역사적 중요성, 최상의 것 등을 가치기준으로 하여 현행법 아래서 보존되고 있는 경관을 의미하며, 넓은 개념으로 확대할 경우 비록 법적 보호는 받지 못하고 있지만 역사성을 간직하고 있는 지역중심의 문화유적 및 문화유산 등의 문화요소와 지역적 특성을 반영하는 자연요소(산, 하천 등) 등을 모두 포함하는 개념으로 해석

㉯ 문화재

문화재라 함은 인위적 · 자연적으로 형성된 국가적 · 민족적 · 세계적 유산으로서 역사적 · 예술적 · 학술적 · 경관적 가치가 큰 것을 의미함(문화재보호법 제2조)

- 유형문화재 : 건조물, 전적, 서적, 고문서, 회화, 조각, 공예품 등 유형의 문화적 소산으로서 역사적 · 예술적 또는 학술적 가치가 큰 것과 이에 준하는 고고자료
- 무형문화재 : 여러 세대에 걸쳐 전승되어온 무형의 문화적 유산 중 다음 어느 하나에 해당하는 것
  - 전통적 공연 · 예술
  - 공예, 미술 등에 관한 전통기술
  - 한의약, 농경 · 어로 등에 관한 전통지식
  - 구전 전통 및 표현
  - 의식주 등 전통적 생활관습
  - 민간신앙 등 사회적 의식
  - 전통적 놀이 · 축제 및 기예 · 무예
- 기념물
  - 절터, 옛무덤, 조개무덤, 성터, 궁터, 가마터, 유물포함층 등의 사적지와 특별히 기념이 될 만한 시설물로서 역사적 · 학술적 가치가 큰 것
  - 경치 좋은 곳으로서 예술적 가치가 크고 경관이 뛰어난 것
  - 동물(그 서식지, 번식지, 도래지를 포함), 식물(그 자생지를 포함), 지형, 지질, 광물, 동굴, 생물학적 생성물 또는 특별한 자연현상으로서 역사적 · 경관적 또는 학술적 가치가 큰 것
- 민속문화재 : 의식주, 생업, 신앙, 연중행사 등에 관한 풍속, 관습에 사용되는 의복, 기구, 가옥 등으로서 국민생활의 변화를 이해하는 데 반드시 필요한 것

② 역사경관의 보존유형

㉮ 보존(Preservation)

현재 상태의 엄격한 유지를 지향하는 것으로서 더 이상의 훼손을 억제하는 것은 물론 개선을 목적으로 변경을 시도하지 않음. 역사의 충실한 보존을 목적으로 하기 때문에 간섭을 최소화하는 것임

㉯ 보전(Conservation)

과거의 개념이 상대적으로 적으며, 현재상태의 파괴나 바람직하지 않은 상태로의 변화를 방지하기 위하여 적극적으로 개입하는 것임. 물리적인 요소뿐만 아니라 거주자와 생활양식까지 대상에 포함하기도 함

㉰ 복원(Restoration)

역사적 원형의 회복을 목적으로 하며, 파괴된 부분을 복구하고 첨가된 것을 제거함. 어려운 점은 역사상 어느 시점의 상태로 복원하느냐를 결정하는 것이며, 따라서 사학, 고고학적 분석이 필요함

㉱ 개수(Rehabilitation, Renovation)

개수는 역사적 시설물을 현대적 시설기준에 맞게 고치되 중요한 역사적 특성을 유지하고자 하는 것임. 시설물에 유용한 새로운 용도를 부여하되 역사적 연속성과 장소성을 유지시켜야 함

㉲ 복제, 모사(Replication, Imitation)

복제나 모사는 파괴되어 없어진 것을 재현하거나 주변의 역사적 시설물들과 유사하게 신축하는 것임. 시대에 맞는 양식, 규모, 용도 등을 고려하여 역사적 맥락을 유지함

㉳ 이전(Relocation)

이전은 위치여건상 부득이한 경우 다른 곳으로 옮겨 보존하는 것임. 그러나 모든 역사요소는 그 고유한 위치가 중요함은 말할 것도 없음. 우리나라의 역사경관 보존은 1962년 제정된 문화재보호법을 시작으로 많은 변화를 거쳐 지금에 이르고 있음

2) 법제도적 보전관리

① 면적 보호구역의 설정

㉮ 역사경관의 보존을 위해 문화재 주변부에 면적 개념의 보호구역을 확보하여 문화재를 보호하는 것은 우리나라는 물론 외국의 일반적인 경향임

㉯ 면적 보호구역의 유형을 살펴보면, 「문화재보호법」에서는 문화재구역, 문화재보호구역, 역사문화환경보존지역을 지정하고 있고 「국토계획 및 이용에 관한 법률」에서는 역사문화환경보호지구, 지구단위계획구역 등을 지정하고 있으며 「서울시 도시계획조례」에서는 문화재주변경관지구, 사적 건축물보존지구 등을 지정하고 있음

㉠ 문화재보호구역

- 문화재구역
  - 문화재구역은 국보, 보물, 사적, 사적 및 명승, 천연기념물, 중요민속문화재 등 국가지정문화재로 지정된 구역을 말하며, 전적류, 도자기류 등 동산문화재의 경우에는 적용되지 않고, 사적, 사적 및 명승, 천연기념물 등 주로 부동산문화재일 경우에 적용됨
  - 이와 같이 '문화재로 지정된 구역'을 줄여서 '지정구역'으로 부르기도 함. 탑 또는 부도만 보물이나 국보로 지정한 경우에는 당해 문화재만 있고 문화재구역은 없을 수도 있음
- 문화재보호구역
  - 문화재보호구역은 지상에 고정되어 있는 유형물이나 일정한 지역이 문화재로 지정된 경우 당해 지정문화재의 점유면적을 제외한 지역으로서 당해 지정문화재를 보호하기 위하여 지정된 구역을 말함
  - 문화재보호구역은 국보, 보물, 중요민속문화재, 사적, 명승, 천연기념물, 보호물에 따라 지정기준이 정해져 있으며, 보호물 또는 보호구역을 지정한 경우에는 일정한 기간을 두고 그 지정의 적정성 여부를 검토하여야 함
- 역사문화환경 보존지역
  - 건설공사의 인가 · 허가 등을 담당하는 행정기관은 지정문화재의 외곽경계(보호구역이 지정되어 있는 경우에는 보호구역의 경계를 말한다)의 외부 지역에서 시행하려는 건설공사로서 시 · 도시사가 정한 역사문화환경 보존지역에서 시행하는 건설공사에 관하여는 그 공사에 관한 인가 · 허가 등을 하기 전에 해당 건설공사의 시행이 지정문화재의 보존에 영향을 미칠 우려가 있는 행위에 해당하는지 여부를 검토하여야 한다. 이 경우 해당 행정기관은 대통령령으로 정하는 바에 따라 관계 전문가의 의견을 들어야 한다.
  - 역사문화환경 보존지역의 범위는 해당 지정문화재의 역사적 · 예술적 · 학문적 · 경관적 가치와 그 주변환경 및 그밖의 문화재보호에 필요한 사항 등을 고려하여 그 외곽경계로부터 500미터 안으로 한다.

㉡ 역사문화환경 보호지역

- 문화자원보존지구는 「국토의 계획 및 이용에 관한 법률」의 규정에 의하여 국토교통부장관 또는 서울특별시장이 도시관리계획으로 결정할 수 있는 보존지구 중 문화재 · 전통사찰 등 역사 · 문화적으로 보존가치가 큰 시설 및 지역의 보호와 보존을 위하여 필요한 지구임
- 서울특별시장은 규정에 의하여 역사문화환경보존지구로 지정하고자 하는 때에는 지정범위 등에 대하여 사전에 '서울시문화재위원회'의 심의를 거쳐야 함

㉢ 지구단위계획구역

- 지구단위계획은 「국토의 계획 및 이용에 관한 법률」의 규정에 의해 지정되며, 건축물의 높이를 제한하거나 건축물의 배치 · 형태 · 색채 또는 건축선에 관한 계획이 이루어지고 더 나아가서는 환경관리계획과 경관계획이 이루어짐
- 역사경관 보존을 목적으로 지구단위계획구역을 지정한 사례는 서울특별시의 돈화문로, 우정국로, 율곡로 주변의 돈화문화구역과 전주시의 풍남동, 교동 일대의 전통문화구역이 있음

㉣ 문화재주변경관지구 : 문화재주변경관지구는 도시의 역사와 문화를 보전 · 유지하기 위하여 문화재 주변의 경관유지가 필요한 지구로서 「국토의 계획 및 이용에 관한 법률」, 「서울특별시 도시계획조례」의 규정에 의해 서울특별시장이 도시관리계획으로 결정할 수 있는 경관지구임

㉤ 사적건축물보전지구 : 사적건축물보전지구란 고유의 전통건축물 및 근대건축물의 보전을 위하여 필요한 지구로서 「국토의 계획 및 이용에 관한 법률」, 「서울특별시 도시계획조례」의 규정에 의해 서울특별시장이 도시관리계획으로 결정함

② 건축물의 높이제한

㉮ 높이제한의 목적

㉠ 문화재보호구역이나 영향검토구역에서의 현상변경 심의시 역사경관보존 · 관리를 목적으로 검토하는 항목으로는 신 · 증축 건물의 형태, 규모의 높이, 위치, 재료, 조경, 용도, 색채, 비례, 조명 등이 있음

㉡ 이중 가장 우선 검토하는 항목은 건축물의 규모와 높이가 되는데, 이것은 역사경관의 보존 · 관리에 있어서 역사경관 주변 건축물의 규모와 높이가 중요한 영향인자가 된다는 것을 의미하는 것임. 이러한 까닭에 역사경관의 보존 · 관리방안으로서 역사경관 주변 건축물의 높이를 제한하는 것은 매우 중요한 과제가 됨

㉢ 역사경관 보존 · 관리를 위한 건축물의 높이제한은 첫째, 주변 건축물의 고층화로 인한 보존대상문화재의 왜소화 방지 둘째, 보존대상문화재의 스카이라인 형태 보존 셋째, 주변지역으로부터 보존대상문화재로의 조망 확보 넷째, 문화재 주변의 배경보존 등 네 가지 목적을 지니고 있음

- 보존대상 역사경관의 왜소화 방지 : 주변건축물들의 고층화로 인한 보존대상 역사경관의 왜소화 방지는 문화재 주변지역에 위치하는 건축물들이 고층화되어 상대적으로 보존대상 역사경관이 왜소하게 보이는 것을 방지하기 위하여 역사경관 주변건축물들이 형성하는 스카이라인을 '통일된' 혹은 '완만하게 변화하는' 형태로 유지하는 것을 목적으로 함. 이것은 역사경관이 독립하여 존재하거나 또는 각각의 대상들이 인접하여 군을 형성하는 경우에 적용할 수 있는 개념임

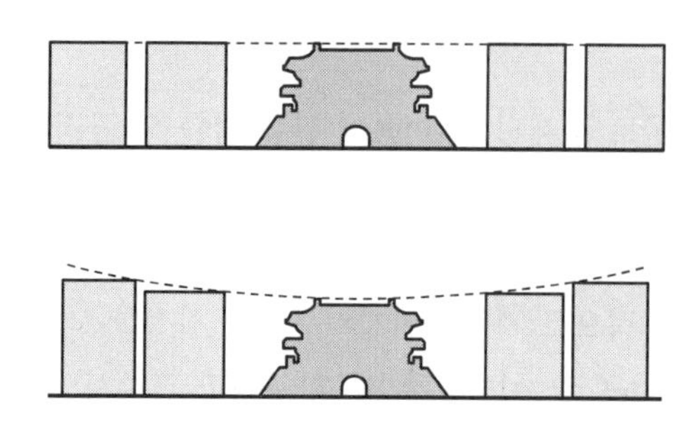

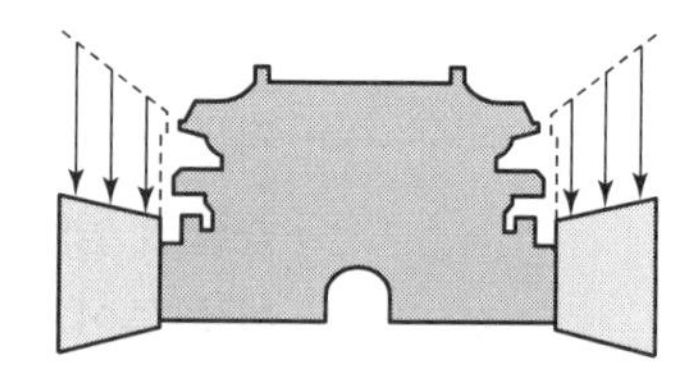

▌왜소화 방지를 위한 주변 건축물 스카이라인 형태규제▐

- 보존대상 역사경관의 스카이라인 형태 보존
  - 보존대상 역사경관의 스카이라인 형태 보존은 보존대상인 역사경관의 배경에 고층의 건축물들이 입지하여 역사경관의 형태가 갖는 고유한 스카이라인의 윤곽을 명확하게 지각하지 못하는 것을 방지할 목적으로 보존하고자 하는 역사경관 스카이라인 형태의 배경에 건축물이 보이지 않도록 하는 것임
  - 주로 독립적으로 위치하는 역사경관이 대상이 되며, 특히 역사경관이 도시 내에서 랜드마크적인 역할을 하고 형태로 인한 윤곽선이 보존할 가치가 있는 경우에 적용할 수 있음

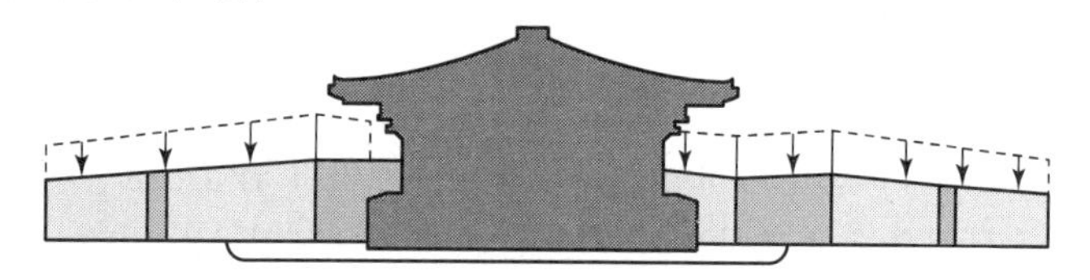

▌역사경관의 스카이라인 형태 보존을 위한 후면 건축물 높이규제▐

- 보존대상 역사경관으로의 조망 확보
  - 주변지역으로부터 보존대상 역사경관으로의 조망 확보는 도시 내 또는 도시 외곽에 위치하는 역사경관을 도시 내 공공성 및 역사성이 높은 장소에서 조망하기 위하여 조망시점과 역사경관 사이에 위치하는 건축물 높이의 전체 혹은 일부를 규제하는 것임
  - 보존대상이 그 형태나 규모로 인하여 인지도가 높은 역사경관이고 그것을 조망하는 시점이 의미가 있는 장소일 때 조망 확보의 필요성은 높아짐

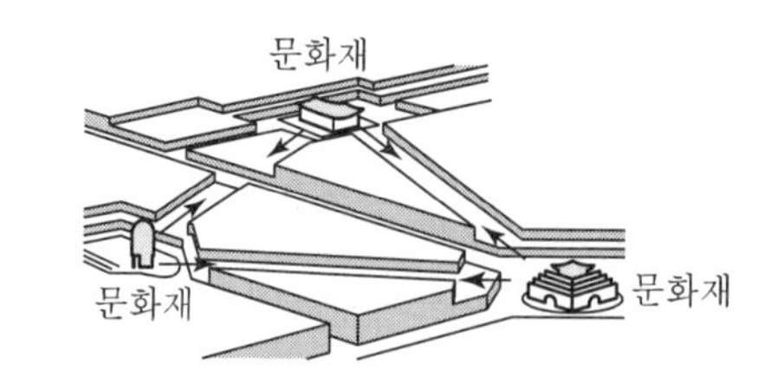

▌역사경관의 조망 확보를 위한 건축물 높이규제▐

- 역사경관 주변의 배경보존
  - 역사경관 주변의 배경보존은 보존대상인 역사경관이 면적인 특성을 지니는 경우 역사경관의 경계를 중심으로 내부에서 외부를 바라볼 때, 역사경관의 배경에 위치하는 고층의 건축물들이 지각됨으로써 역사경관의 분위기가 훼손되는 것을 방지하기 위함임
  - 높이규제의 목적상 역사경관 경계부의 스카이라인 윤곽을 보존하고자 함이 아니고 스카이라인 위로 보이는 현대식 건축물을 규제하여 역사적인 분위기의 보존을 목적으로 한다는 점에서 보존대상 역사경관의 스카이라인 형태 보존과는 다른 개념임

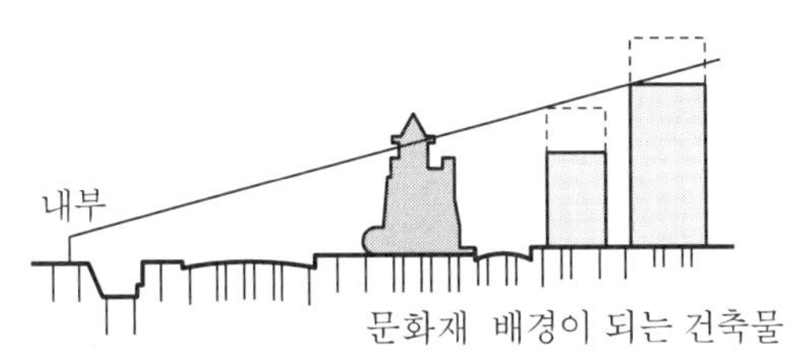

‖ 역사경관의 배경보존을 위한 건축물 높이규제 ‖

㉯ 역사경관 주변 건축물의 높이제한방식

㉠ 건축물 높이규제방식

- 문화재 주변 건축물의 높이를 규제하는 방식은 다음과 같이 크게 다섯 가지로 구분됨
- 첫째, 건축 가능한 최고한도 높이를 지정하여 그 이내로 건축물의 높이를 제한하는 절대고도규제방식
- 둘째, 기준이 되는 지점의 해당 높이에서 특정 앙각을 적용시키는 앙각규제방식
- 절대고도규제와 앙각규제방식을 혼합하여 높이를 규제하는 방식
- 조례에 건축물의 높이를 규정하고 이를 통해 규제하는 방식
- 문화재보호법에 규정한 문화재보존영향 검토구역의 범위 안에 건축행위를 할 때, 문화재전문가들이 심의를 거쳐 허가 여부를 결정하는 방식

ⓛ 국내의 건축물 높이규제제도

현행 국내의 역사경관보존을 위한 건축물 높이규제제도는 보존목적에 따라 '왜소화방지'와 '스카이라인 형태보존'으로 구분하고, 규제의 유형에 따라 심의에 의한 간접적 규제와 지구지정 및 계획에 의한 직접적인 규제로 구분함

문화재 주변지역 고도제한방식

보존목적 및 규제대상 / 규제방식 및 관련법			왜소화 방지			스카이라인 형태보존
			개별건축물(점)	집단건축물(면)	도로변(선)	개별건축물
간접적 규제(심의 규제)	문화재 보호법	문화재보호구역 내	현상 변경 시 문화재위원회의 심의			현상 변경 시 문화재위원회의 심의
	문화재 보호법 시행령	문화재보호구역 경계로부터 500m	현상 변경 시 문화재위원회의 심의			
직접적 규제(계획 규제)	국토의 계획 및 이용에 관한 법률	역사문화환경 보호지구				

ⓒ 서울시 문화재 주변 건축물 높이제한 기준

- 서울시의 경우 문화재 주변에서 건설공사를 행하는 등 현상변경 시에 문화재의 보존에 영향을 미칠 것이라고 생각하여 정하는 문화재 주변지역은 국가지정문화재의 경우 보호구역경계로부터 100m, 시도지정문화재의 경우 보호구역경계로부터 50m임
- 이 범위 내에서의 건설공사 시에는 건축물 또는 시설물의 용도, 규모, 높이, 모양, 재질, 색상뿐만 아니라 주변경관과의 조화, 조망 등의 사항이 고려되어야 함
- 특히 물리적인 규모를 정하는 건축물의 높이제한 기준은 다음 표와 같음

서울시 문화재 주변 건축물 높이제한기준

기준				대상
국가지정문화재	사대문안	기준1 보호구역경계 지표면에서 문화재 높이를 기준하여 27°선 이내	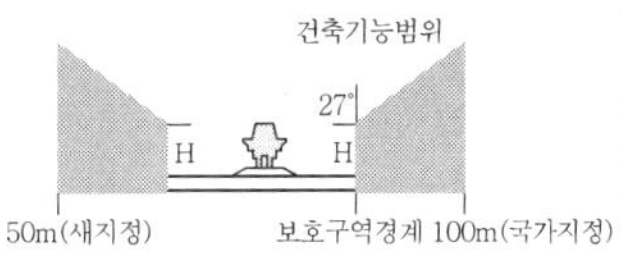 건축기능범위 27° H H 50m(새지정) 보호구역경계 100m(국가지정)	숭례문, 흥인지문, 우정총국, 경복궁, 창덕궁, 창경궁, 덕수궁, 종묘, 운형궁, 서울문묘, 탑골공원, 서울사직단정문, 정동교회(15개소)
		기준2 보호구역경계 지표면에서 문화재 높이 3.6m를 기준하여 앙각 27°선 이내	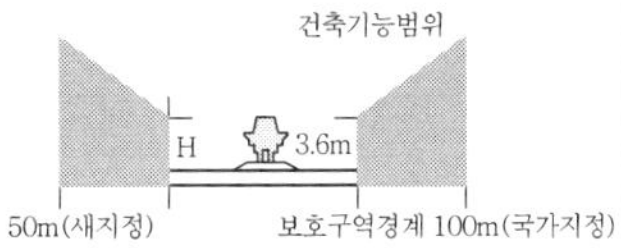 건축기능범위 H 3.6m 50m(새지정) 보호구역경계 100m(국가지정)	4대문 내 소재한 기준 1의 대상문화재를 제외한 문화재(16개소)
	사대문밖	보호구역경계 지표면에서 7.5m를 기준하여 앙각 27°선 이내	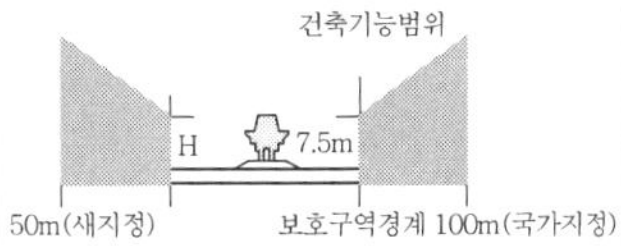 건축기능범위 H 7.5m 50m(새지정) 보호구역경계 100m(국가지정)	4대문 밖에 소재한 문화재
시지정문화재		보호구역경계 지표면에서 7.5m선 이내	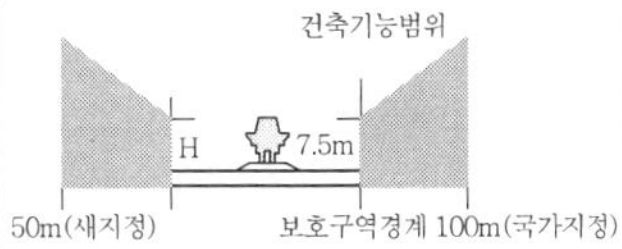 건축기능범위 H 7.5m 50m(새지정) 보호구역경계 100m(국가지정)	4대문 내외 공통 적용 모든 시지정문화재

3) 문화재 현상변경

① 정의

㉮ 문화재의 보존 · 관리 및 활용은 원형 유지를 기본원칙으로 함. 문화재의 원형 유지란 문화재를 원래의 모습대로 보존하는 것으로 문화재의 현상을 변경하지 않는다는 의미를 내포함. 그것은 문화재가 그것의 주변 환경과 함께 무분별한 개발로부터 보호되어야 하며, 임의로 파괴되거나 훼손되어서는 안 된다는 뜻임

㉯ 그러나 자연적인 혹은 인공적인 힘에 의해서 문화재가 파괴되거나 훼손될 경우에는 어쩔 수 없이 문화재에 대한 현상변경행위가 일어날 수밖에 없으며, 이때 문화재 보호가 최우선적으로 이루어질 수 있도록 문화재 및 그 주변지역에 대한 현상변경을 하여야 함

㉰ '문화재의 현상변경행위'란 문화재의 원래 모양이나 현재의 상태를 바꾸는 모든 행위로서 문화재의 생김새, 환경, 경관, 대지 등 문화재와 연계되어 있는 생성인자에 직접 또는 간접적으로 영향을 주는 조건이나 현 상태에 영향을 주는 일체의 행위를 말함

㉱ 문화재의 현상변경행위는 당해 국가지정문화재 자체의 현상변경행위와 당해 국가지정문화재보존에 영향을 미칠 우려가 있는 현상변경행위로 나눌 수 있음

② 현상변경행위의 내용

㉮ 문화재현상변경 등의 행위(문화재보호법 시행규칙)

- 국가지정문화재를 수리 · 정비 · 복구 · 보존처리 또는 철거하는 행위
- 국가지정문화재를 포획 · 채취 · 사용하거나 표본 · 박제하는 행위
- 국가지정문화재 또는 보호구역의 안에서 행하여지는 다음의 행위
  - 건축물 또는 도로 · 관로 · 전선 · 공작물 · 지하구조물 등 각종 시설물을 신축 · 증축 · 개축 · 이축 또는 용도 변경하는 행위
  - 수목을 심거나 제거하는 행위
  - 토지 및 수면의 매립 · 간척 · 굴착 · 천공 · 절토 · 성토 등 지형 또는 지질의 변경을 가져오는 행위
  - 수로, 수질 및 수량에 변경을 가져오는 행위 등

㉯ 문화재 보존에 영향을 미칠 우려가 있는 행위(문화재보호법 시행규칙)

- 국가지정문화재로 지정된 지역에 있는 수로의 수질 및 수량에 영향을 줄 수 있는 수계의 상류에서 행하여지는 건축공사 또는 제방축조공사 등의 행위
- 국가지정문화재의 외곽경계로부터 500m 이내의 지역에서 행하여지는 다음의 행위
  - 당해 국가지정문화재의 보존에 영향을 줄 수 있는 지하 50m 이상의 굴착행위
  - 당해 국가지정문화재의 일조량에 영향을 미치거나 경관을 저해할 우려가 있는 건축물 또는 시설물을 설치 · 증설하는 행위
  - 당해 국가지정문화재의 보존에 영향을 미칠 수 있는 토지와 임야의 형질을 변경하는 행위 등
- 국가지정문화재와 연결된 유적지를 훼손함으로써 국가지정문화재의 보존에 영향을 미칠 우려가 있는 행위
- 천연기념물이 서식 · 번식하는 지역에서 천연기념물의 둥지나 알에 표시를 하거나 그 둥지나 알을 채취하거나 손상하는 행위
- 기타 국가지정문화재 외곽경계의 외부지역에서 행하여지는 행위로서 문화재청장 또는 해당 지방자치단체의 장이 국가 지정문화재의 역사적 · 예술적 · 학술적 · 경관적 가치와 그 주변환경에 영향을 미칠 우려가 있다고 인정하여 고시하는 행위

③ 처리절차

㉮ 현상변경허가신청서 작성 · 제출

- 신청인(현상변경행위자)이 '문화재현상변경허가신청서'를 작성하여 관할 시 · 군 · 구 문화재 담당과에 제출함
- 허가신청서에 기재하여야 할 사항은 신청인, 대상문화재, 지정번호, 수량, 소재지, 보호구역 · 보호물, 신청사유, 현상변경 등의 부분, 현상변경 등의 내용, 현상변경 등을 하고자 하는 자, 공사담당자, 착공 및 준공예정 연월일, 소요경비, 재원, 기타사항 등임

㉯ 문화재보존영향 사전검토

신청인이 문화재현상변경허가신청서를 제출하면, 시장 · 군수 · 구청장은 국가지정문화재현상변경 등의 신청행위가 문화재보호법 규정에 의한 당해 국가지정문화재의 현상을 변경하거나 그 보존에 영향을 미칠 우려가 있는 행위로서 문화체육관광부령이 정하는 행위에 해당하는지의 여부를 사전에 관계전문가 3인 이상에게 '문화재보존영향 여부 검토의견서'의 6개 항목에 대한 검토의견을 들음

㉰ 문화재청장의 신청서류 처리

문화재청장은 허가신청서가 접수되면 관련서류를 검토하고 문화재위원회의 심의의결에 따라 허가 여부를 결정하여 신청인에게 통지함. 서류검토 시 설계검토 등 서류보완이 필요한 경우에는 관련 자료를 시 · 도지사와 시장 · 군수 · 구청장을 통하여 신청인에게 보완요청하고, 현지조사가 필요한 경우에는 문화재위원 등 관계전문가가 현지조사를 실시하고 문화재위원회의 심의를 거쳐 허가 여부를 결정함

2. 고도보존계획

1) 고도보존에 관한 특별법

① 법제정의 배경과 의미

㉮ 제정배경

- 「고도보존에 관한 특별법」은 법률 2005년에 시행되었고 고도보존을 위한 제도적 장치로 기능하고 있음. 이 법은 민족의 문화적 자산인 고도의 역사적 문화환경을 효율적으로 보존하는 데 필요한 사항을 정함으로써 전통문화유산을 전승함을 목적으로 하고 있음
- 고도란 말 그대로 오래된 도시로서, 오래된 역사도시 고도에는 오랜 세월이 지나가는 동안 그곳에 살았던 사람들의 삶의 흔적이 여러 층으로 쌓여 있어서 경관적 정체성을 보여주는 자원으로 기능하고 있음

- 「고도보존에 관한 특별법」에서는 고도를 정의함에 있어서 "고도라 함은 과거 우리민족의 정치 · 문화의 중심지로서 역사상 중요한 지위를 가진 경주 · 부여 · 공주 · 익산 그밖에 대통령령이 정하는 지역"이라고 하여 고도를 몇몇 역사도시로 한정하고 있음
- 법의 제정은 고도의 역사적 문화환경이 제대로 보존되지 못하고 있어 이를 극복해야겠다는 의지에서 비롯되었으나, 그 내면에는 고도에 살고 있는 시민들의 개발욕구와 문화재보존정책이 상호 갈등을 빚고 있어 고도에 위치하는 문화유산의 경제적 가치를 높이자는 의도가 있음을 부인할 수 없음

㉯ 법의 구성

- 「고도보존에 관한 특별법」은 전체가 제5장으로 구성되어 있음. 제1장은 총칙으로 법의 목적, 용어의 정의, 국가와 지방자치단체의 책무, 다른 법률에 의한 계획과의 관계, 고도보존심의위원회로 구성되어 있음
- 제2장은 고도의 지정 등의 사항으로 기초조사, 고도의 지정, 지구의 지정, 고도보존계획, 주민 등의 의견청취, 지정구역내의 행위제한, 인허가 등의 의제, 허가의 취소, 행정명령이 규정되어 있음
- 제3장은 보존사업 등의 사항으로 보존사업시행자, 보존사업의 비용, 수용 및 사용, 이주대책, 토지 · 건물 등에 관한 매수청구가 규정되어 있음. 제4장은 보칙, 제5장은 벌칙사항으로 구성됨

② <u>고도보존관리계획</u>

㉮ 고도보존계획수립

- 계획수립주체 : 특별보존지구와 역사문화환경지구의 지정이 있는 때에는 당해 시장 · 군수 · 구청장은 관할 시 · 도지사와 협의하여 당해 지구에 관한 고도보존계획을 수립한 후 시 · 도지사를 경유하여 문화체육관광부에게 제출하고 승인을 얻어야 함. 이를 변경하는 경우에도 또한 같음
- 보존계획의 내용 : 기초자치단체장이 수립하는 고도보존계획에는 다음의 사항이 포함되어야 함
  - 지정지구 안에서의 역사적 문화환경의 보존에 관한 사항
  - 지정지구 안에서의 토지 및 건물 등의 보상에 관한 사항
  - 지정지구 안에서의 시설의 정비에 관한 사항
  - 보존사업을 위한 재원확보에 관한 사항
  - 그 밖에 보존사업에 필요한 사항으로서 대통령령이 정하는 사항이 포함되어야 함
- 수립단위 : 고도보존계획은 10년을 단위로 하여 수립하는 것을 원칙으로 하며, 사회적 · 경제적 여건변화를 고려하여 5년마다 고도보존계획을 재검토하고 필요한 경우 이를 정비하여야 함

- 계획승인 : 문화체육관광부장관은 기초자치단체장이 광역단체장과 협의하여 제출한 고도보존계획을 승인하고자 하는 때에는 관계 중앙행정기관의 장과 협의한 후 위원회의 심의를 거쳐야 하며, 필요한 경우 주민의견을 수렴할 수 있음
- 계획공고 : 문화체육관광부장관은 고도보존계획을 승인할 때에는 이를 관계 중앙행정기관의 장, 관할 시 · 도지사 및 시장 · 군수 · 구청장에게 송부하여야 하며, 보존계획을 송부 받은 시 · 도지사 및 시장 · 군수 · 구청장은 보존계획을 2개 이상의 일간신문 및 시 · 군 · 구청의 게시판 및 인터넷 홈페이지에 공고하고 동 계획을 30일 이상 일반이 공람할 수 있도록 하여야 함

㉯ 지구 내 행위제한

- 역사문화환경 특별보존지구 : 특별보존지구 안에서는 다음과 같은 행위를 할 수 없음. 단, 대통령령이 정하는 바에 따라 문화체육관광부장관의 허가를 받은 행위는 그러하지 아니함
  - 건축물 또는 각종 시설물의 신축 · 개축 · 증축 · 이축 및 용도변경
  - 택지의 조성
  - 토지의 개간 또는 토지의 형질변경
  - 수목을 심거나 벌채 또는 토석류의 채취 · 적치
  - 도로의 신설 · 확장 및 포장
  - 그 밖에 역사적 문화환경의 보존에 영향을 미치거나 미칠 우려가 있는 행위로서 대통령령이 정하는 행위
- 역사문화환경 보존육성지구 : 보존육성지구 안에서 다음의 행위를 하고자 하는 자는 대통령령이 정하는 바에 따라 시장 · 군수 · 구청장의 허가를 받아야 함
  - 건축물 또는 각종 시설물의 신축 · 개축 · 증축 및 이축
  - 택지의 조성, 토지의 개간 또는 토지의 형질변경
  - 수목을 심거나 벌채 또는 토석류의 채취
  - 도로의 신설 · 확장
  - 그 밖에 대통령령이 정하는 바에 따라 토지 및 수면의 매립 · 절토 · 굴착 · 천공 등 지형의 변경의 가져오는 행위와 수로 · 수질 및 수량에 변경을 가져오는 행위
  - 첨부 : 도면자료

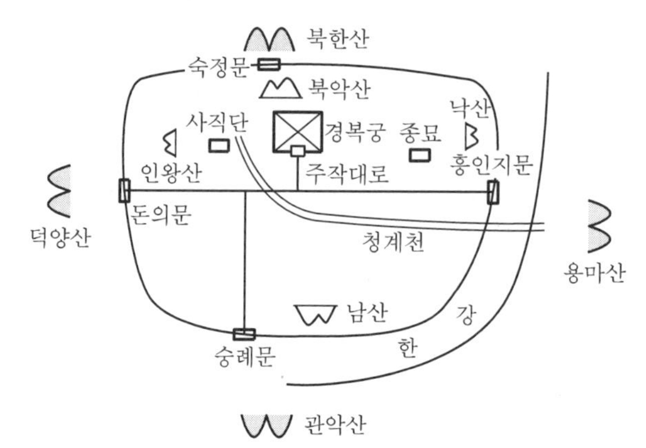

한양의 배치도

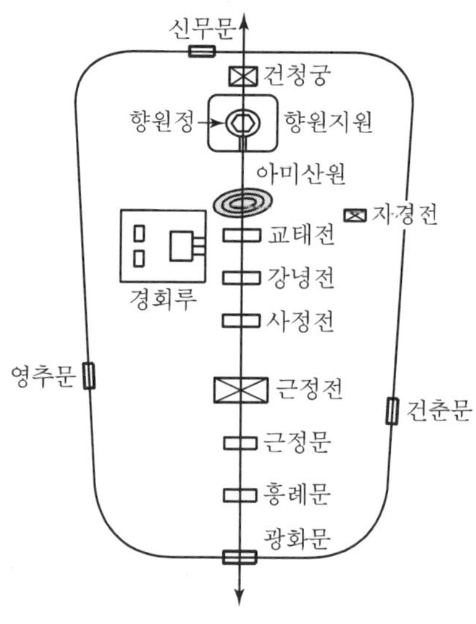

경복궁 배치도

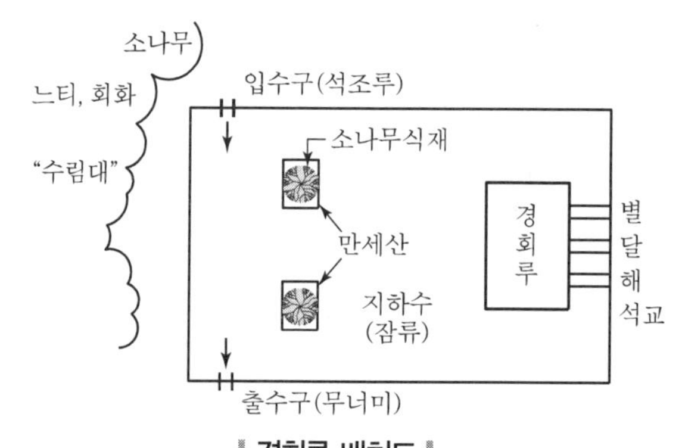

경회루 배치도

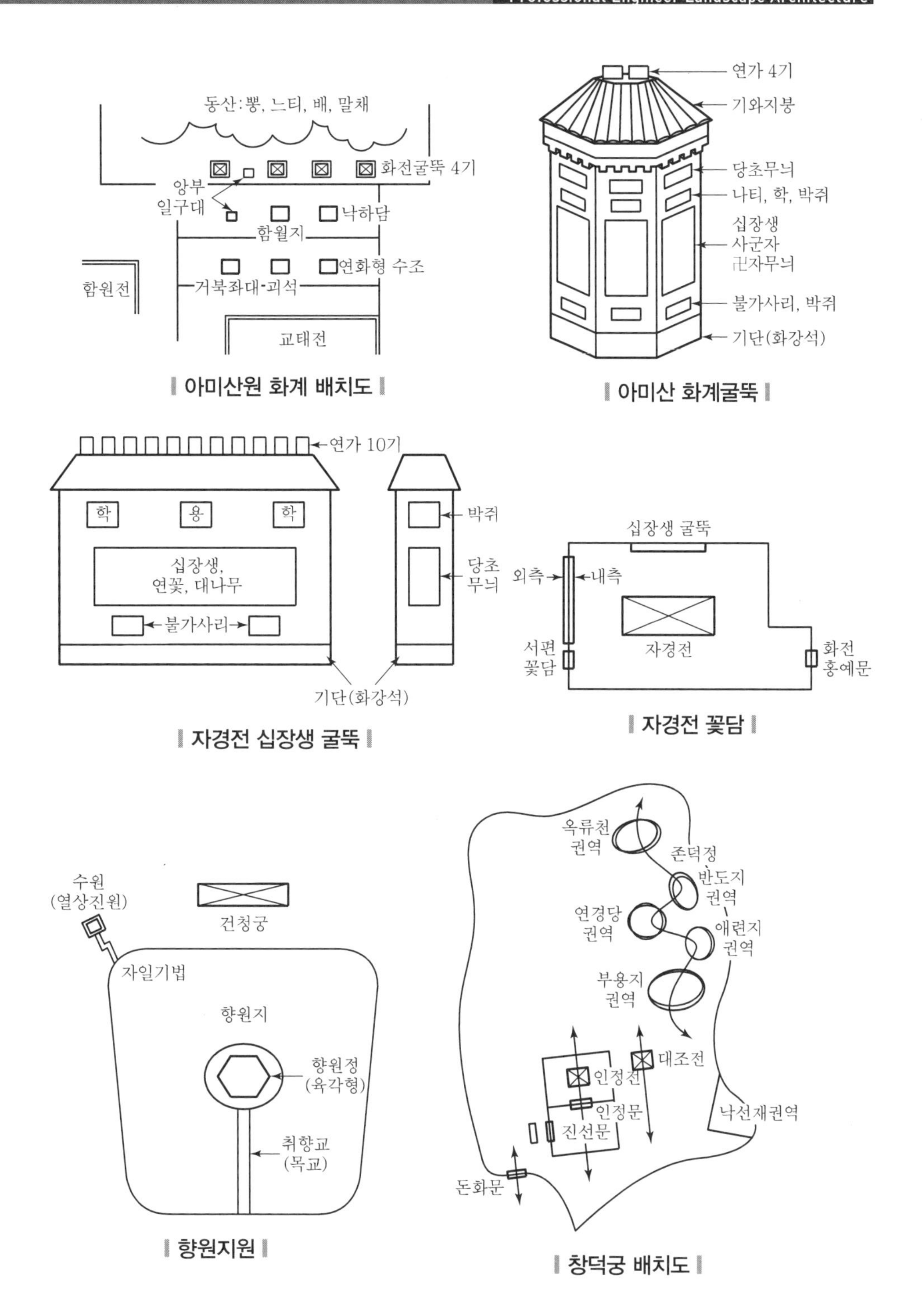

‖ 아미산원 화계 배치도 ‖

‖ 아미산 화계굴뚝 ‖

‖ 자경전 십장생 굴뚝 ‖

‖ 자경전 꽃담 ‖

‖ 향원지원 ‖

‖ 창덕궁 배치도 ‖

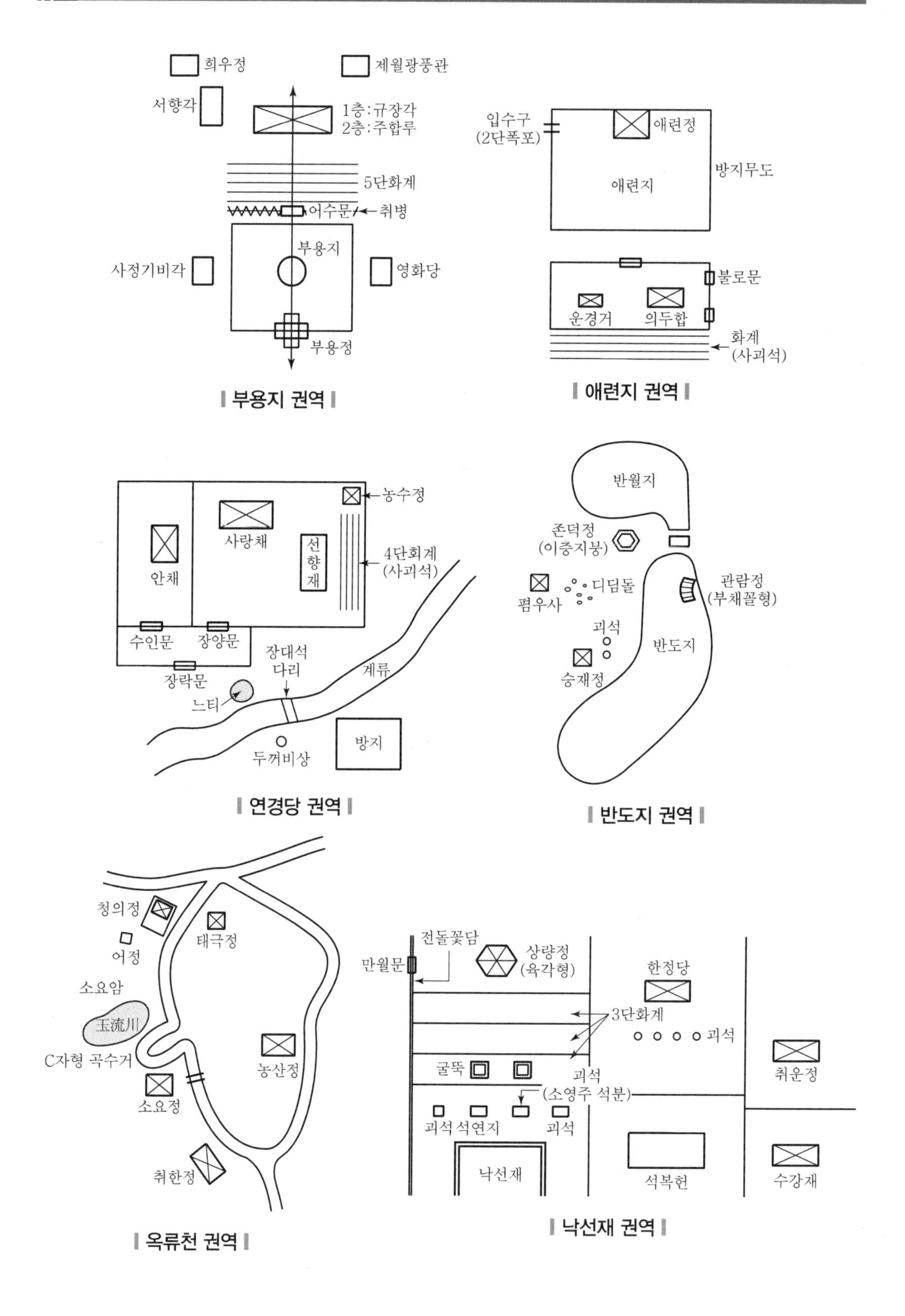

‖ 부용지 권역 ‖

‖ 애련지 권역 ‖

‖ 연경당 권역 ‖

‖ 반도지 권역 ‖

‖ 옥류천 권역 ‖

‖ 낙선재 권역 ‖

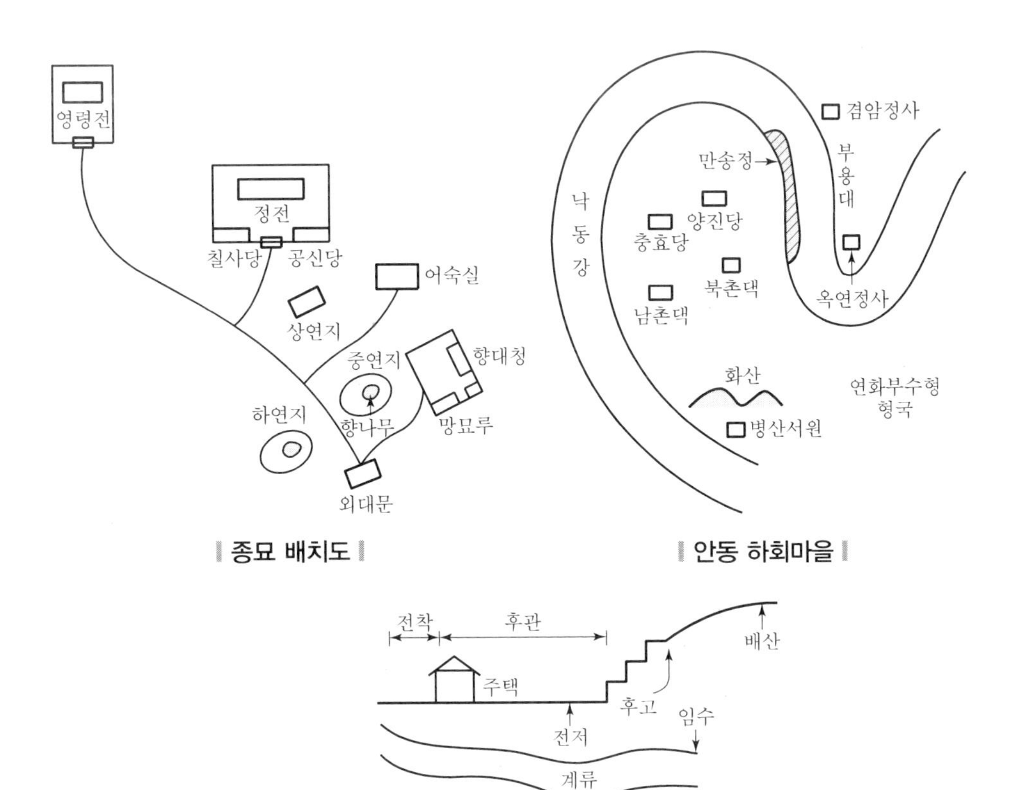

종묘 배치도

안동 하회마을

전통주택의 입지원리

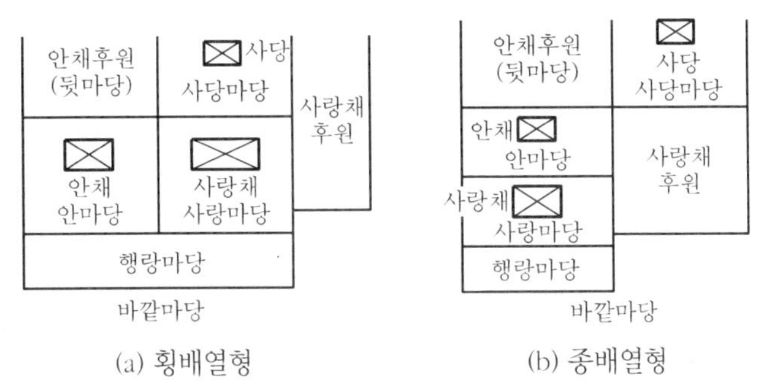

조선시대의 상류주택 배치도

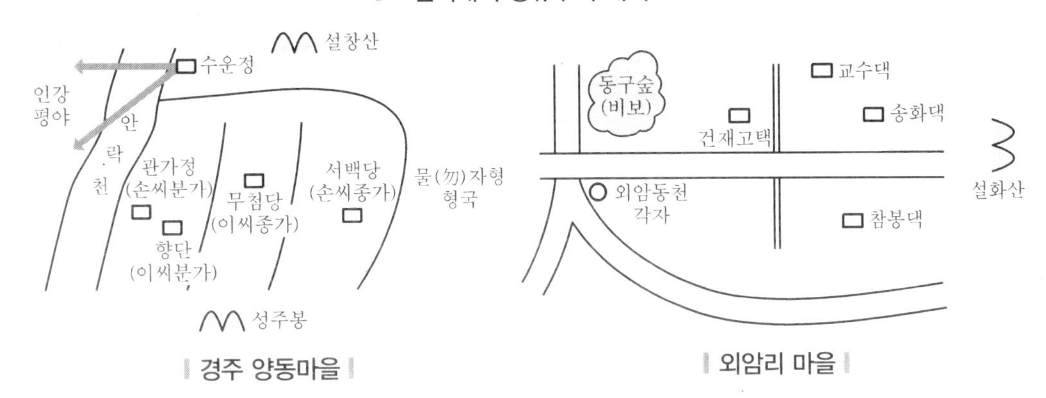

경주 양동마을

외암리 마을

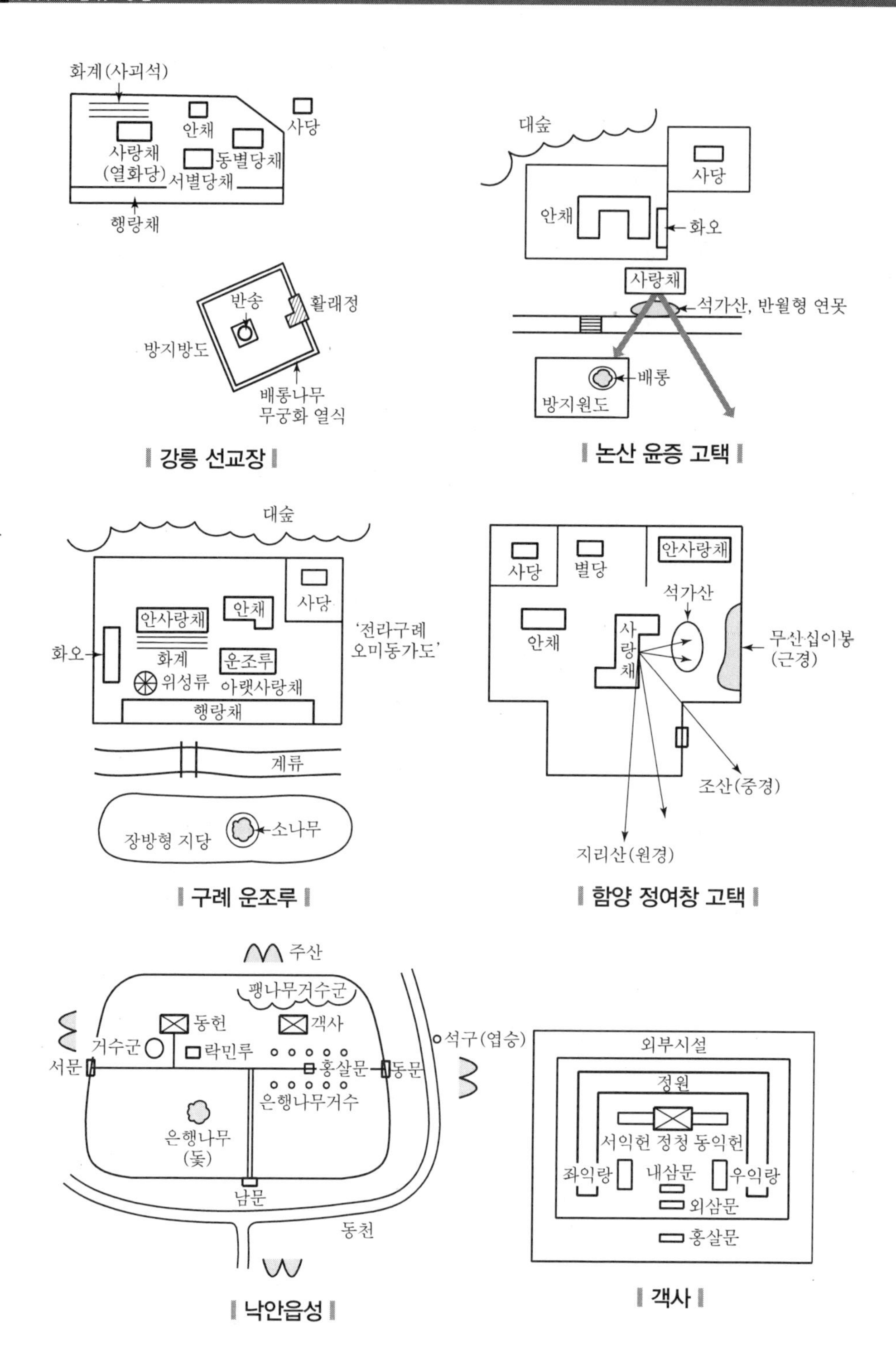

강릉 선교장

논산 윤증 고택

구례 운조루

함양 정여창 고택

낙안읍성

객사

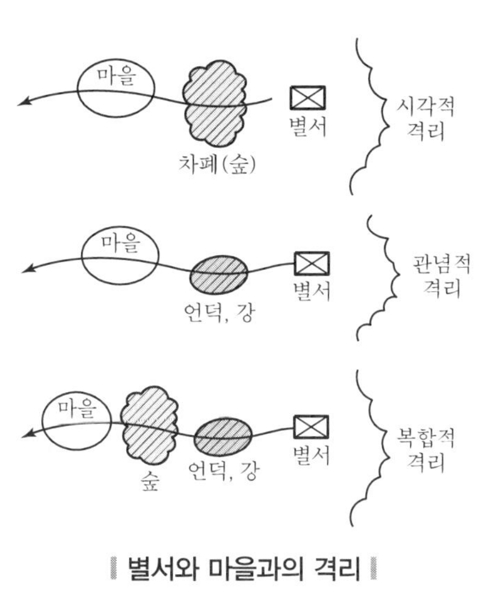

‖ 별서와 마을과의 격리 ‖

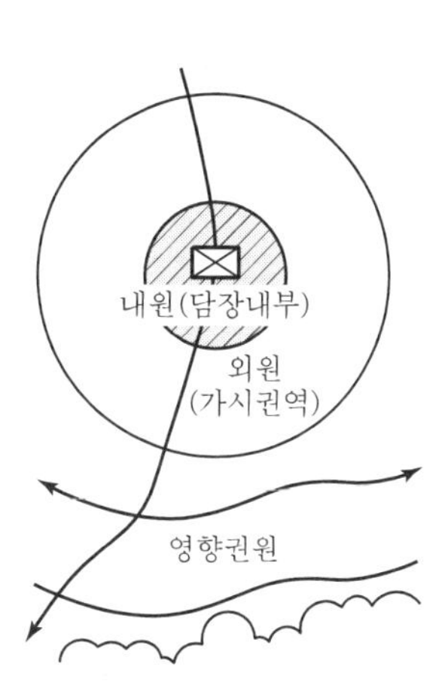

‖ 별서의 외부공간 구조 ‖

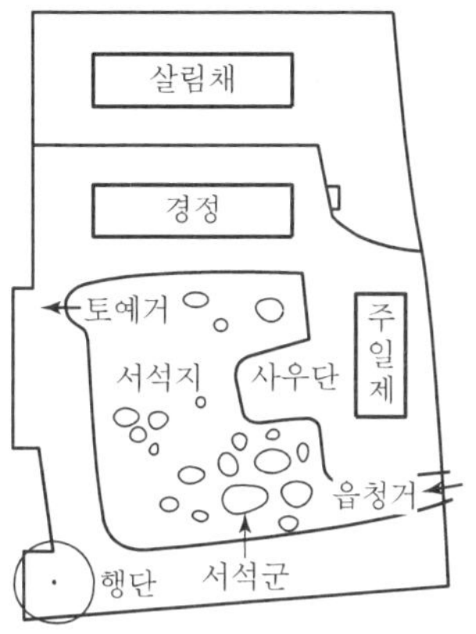

‖ 영양 서석지원 ‖

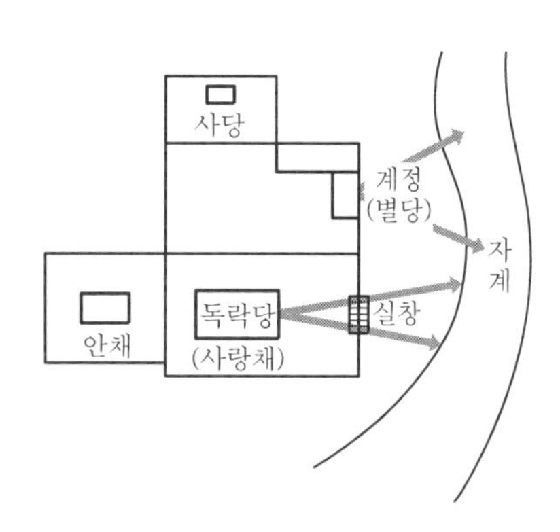

‖ 경주 독락당 ‖

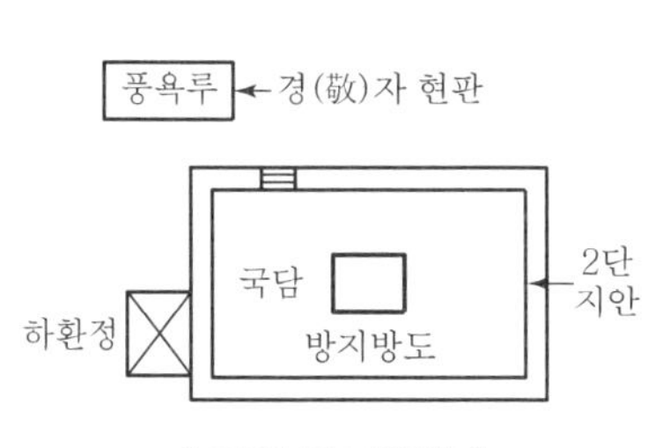

‖ 함안 무기연당 ‖

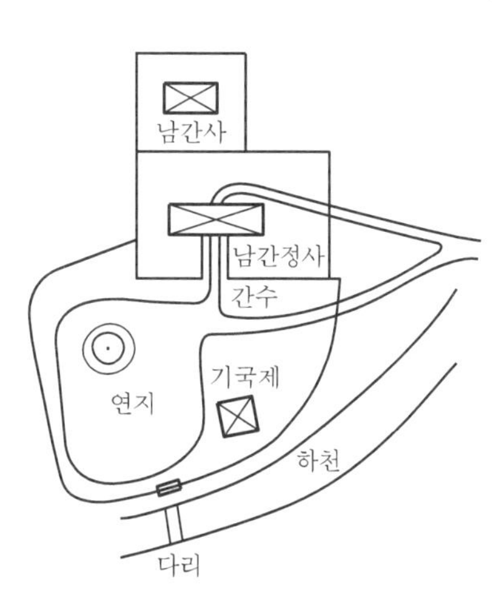

‖ 대전 남간정사 ‖

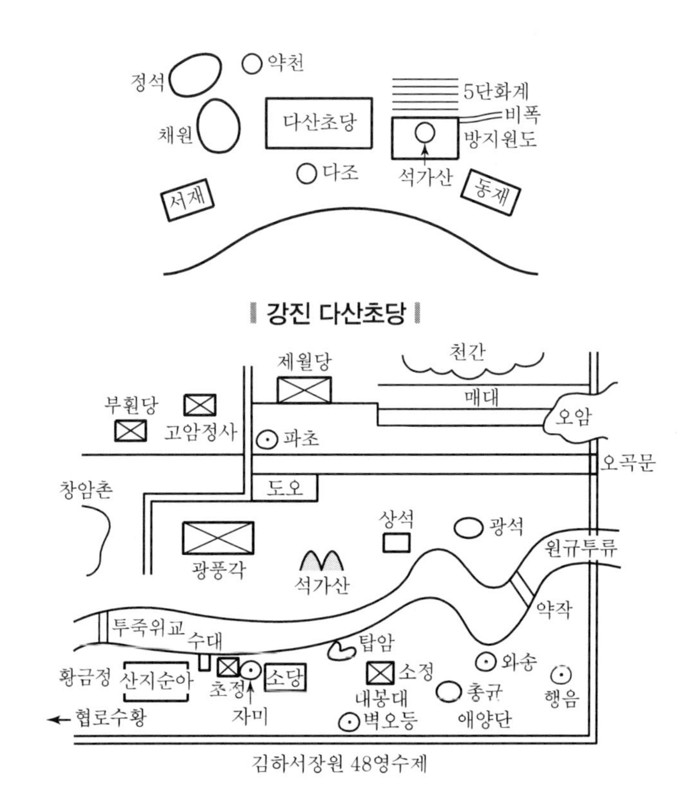

강진 다산초당

담양 소쇄원

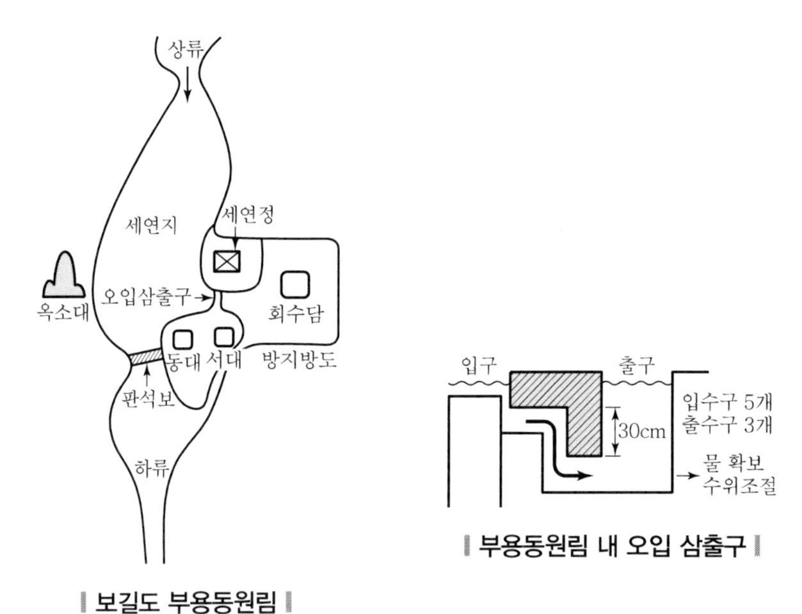

보길도 부용동원림

부용동원림 내 오입 삼출구

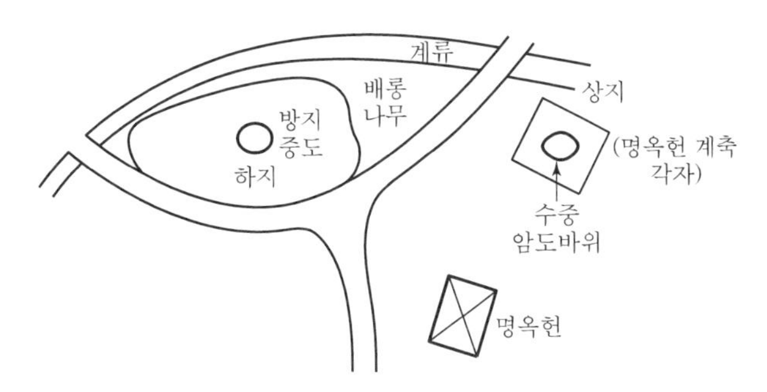

‖ 담양 명옥헌 ‖

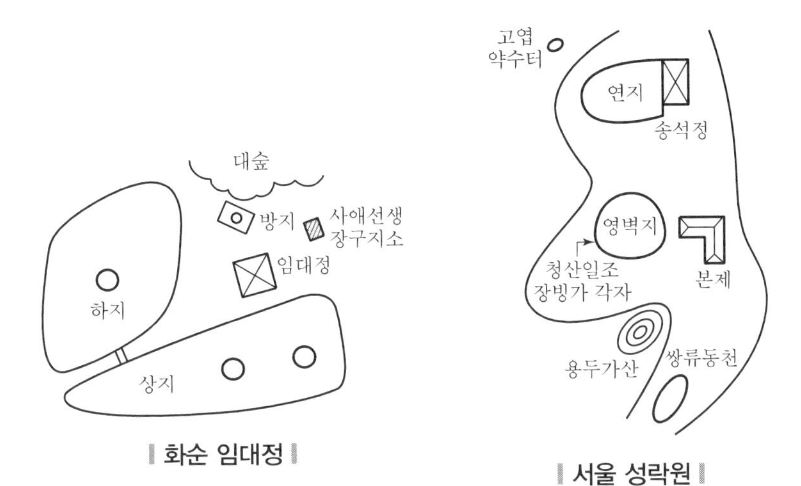

‖ 화순 임대정 ‖

‖ 서울 성락원 ‖

옥호동천
샘
초정
지당
초정
와정
3단화계
지당
죽정
화계
(화분
석수조)
안채
토담
사랑채
취병
정심수
계류
채전
대문채

‖ 옥호정 ‖

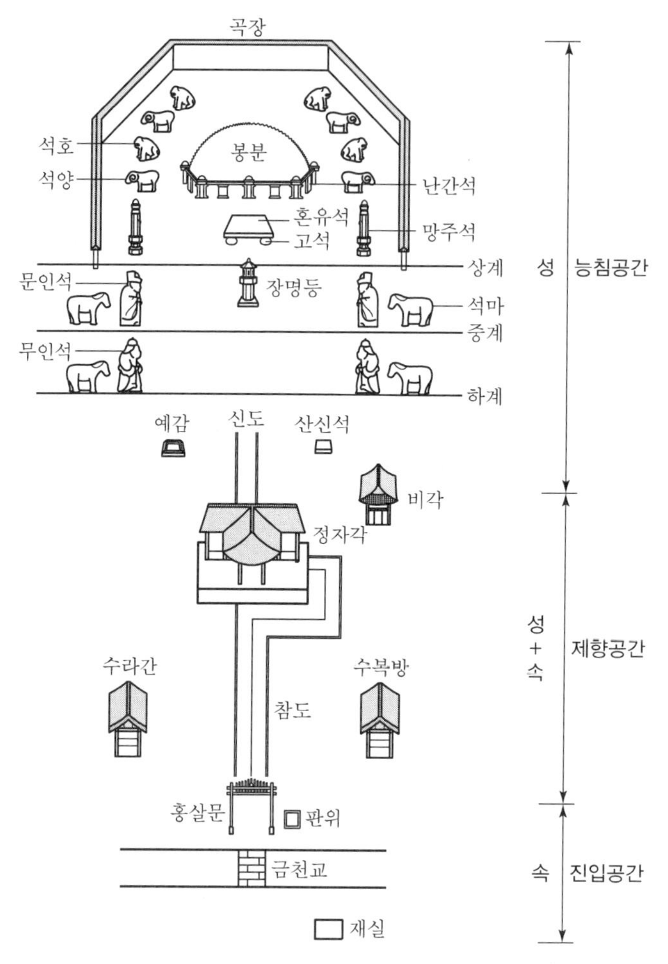

▮ 조선 왕릉 상설도 ▮

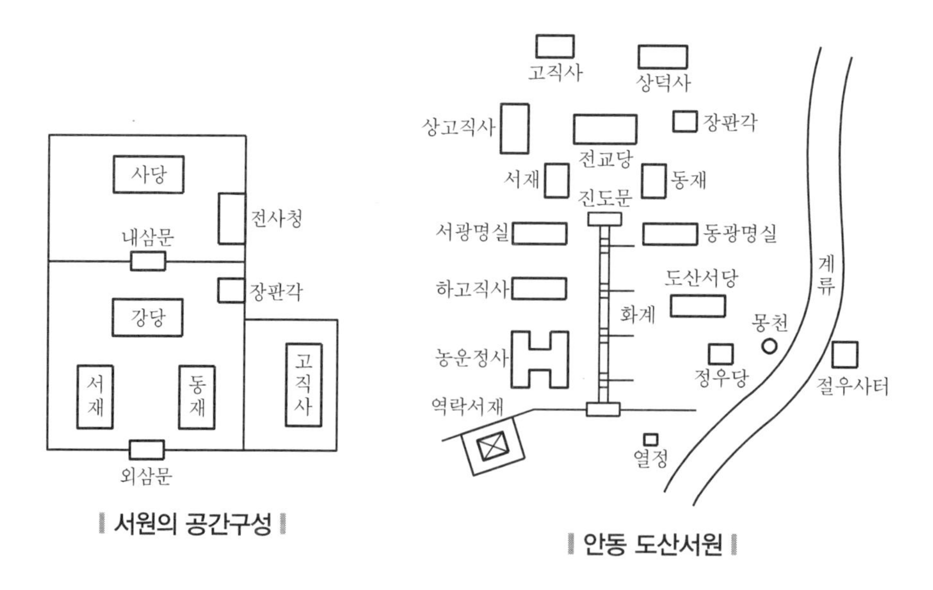

▮ 서원의 공간구성 ▮

▮ 안동 도산서원 ▮

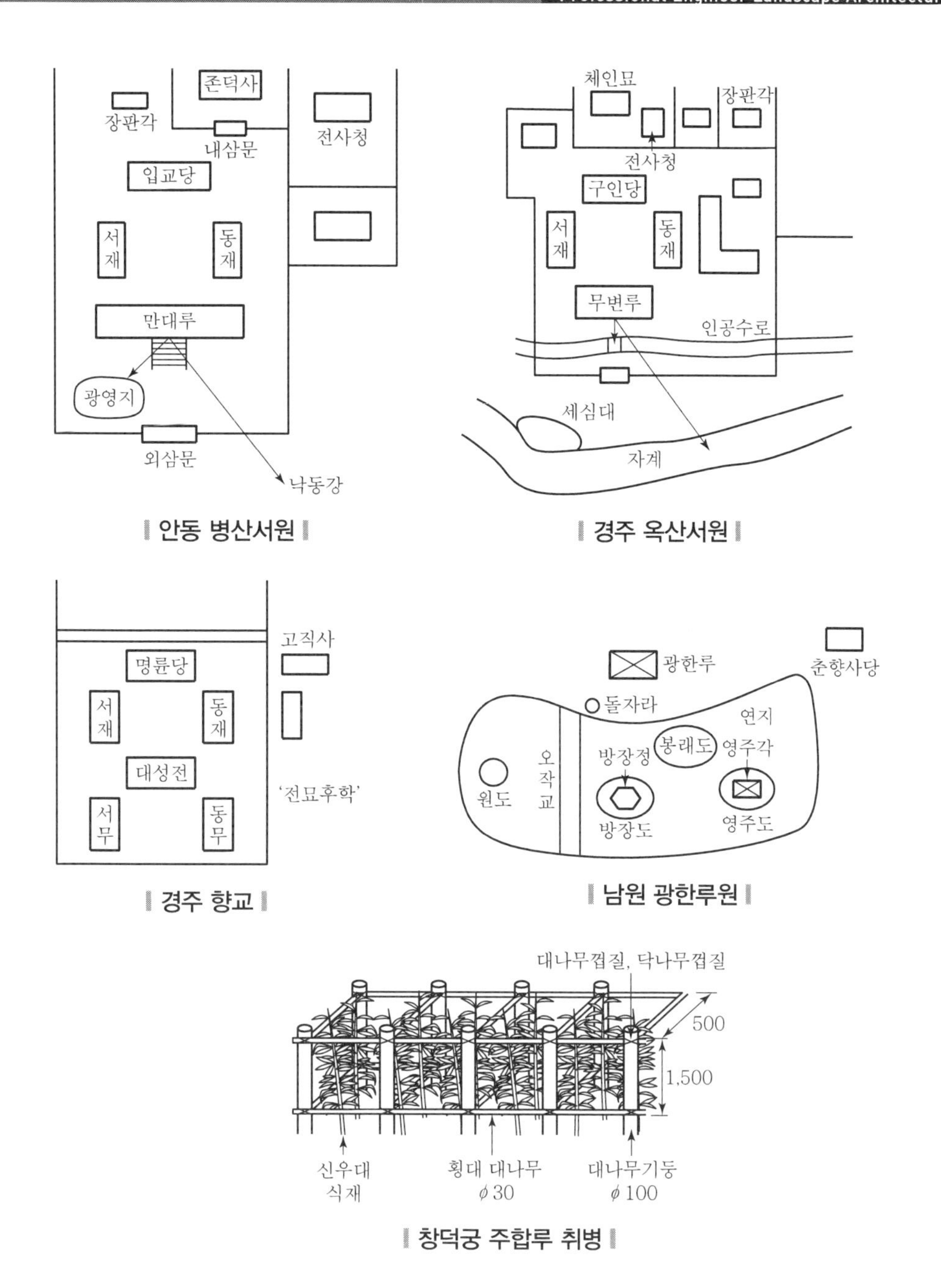

‖ 안동 병산서원 ‖

‖ 경주 옥산서원 ‖

‖ 경주 향교 ‖

‖ 남원 광한루원 ‖

‖ 창덕궁 주합루 취병 ‖

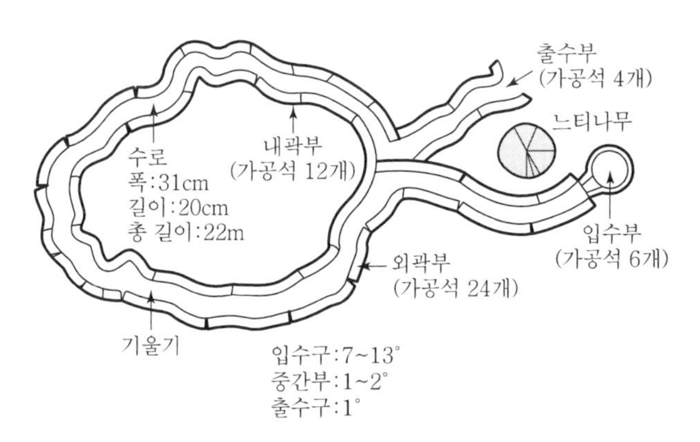

포석정

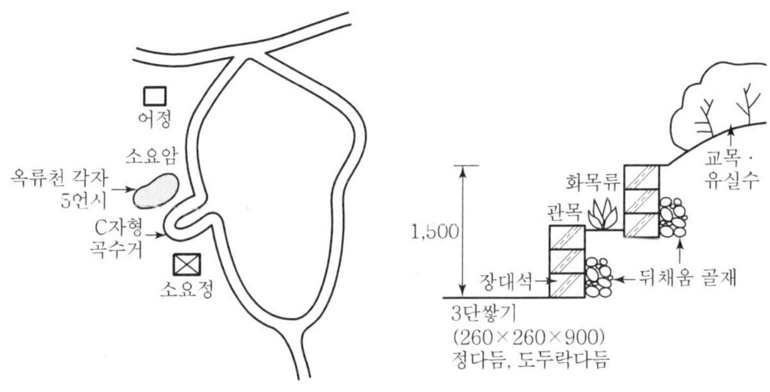

옥류천 권역 곡수거

궁궐식 화계

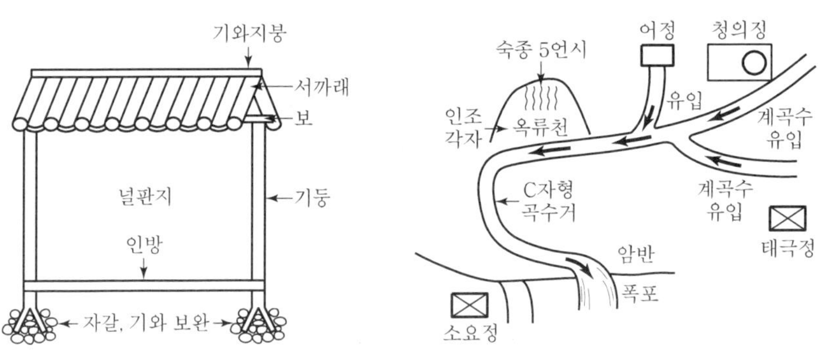

판장

옥류천 수원 공급

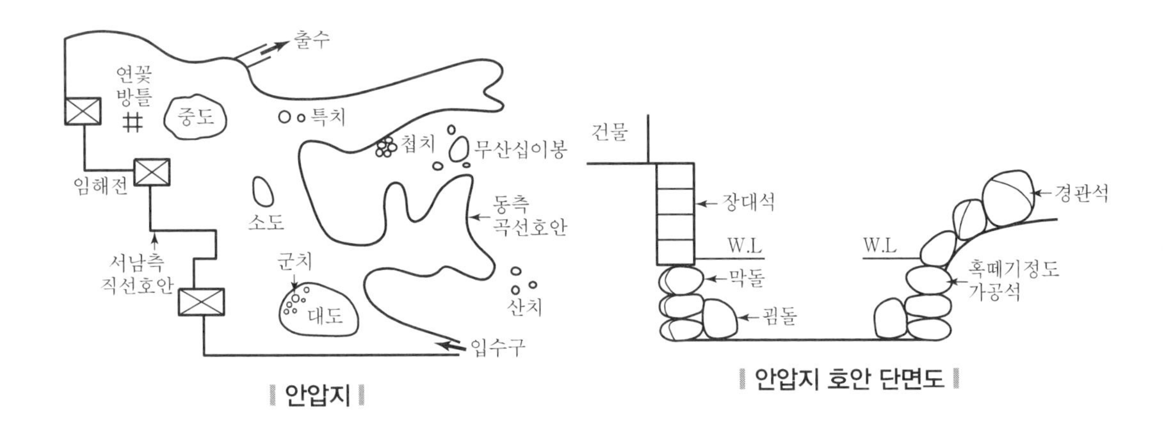

‖ 안압지 ‖

‖ 안압지 호안 단면도 ‖

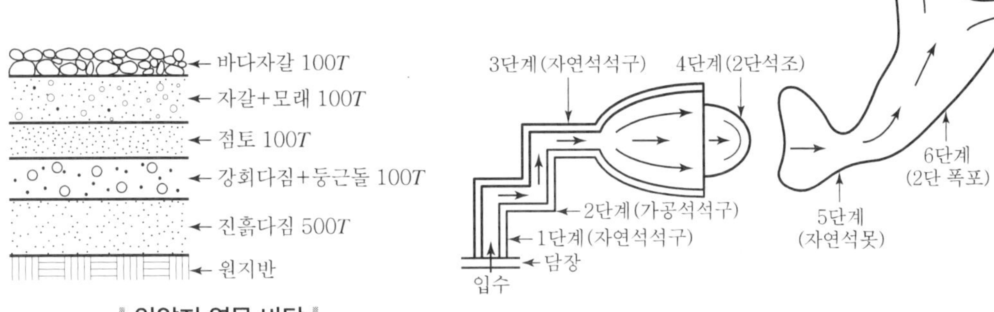

‖ 안압지 연못 바닥 ‖

‖ 안압지 입수시설 ‖

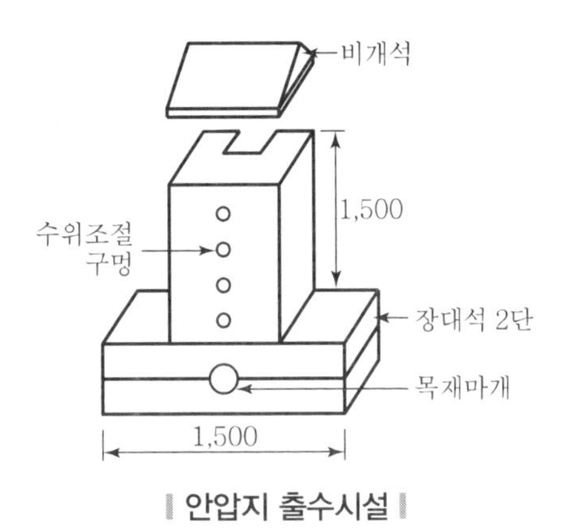

‖ 안압지 출수시설 ‖

Memo

Professional Engineer Landscape Architecture

CHAPTER

03 서양조경사/현대조경작가론

Professional Engineer Landscape Architecture

3장 서양조경사/현대조경작가론

1 서양조경사 개요

1. 조경사 개요

1) 조경의 발달과정

① 그 나라의 기후, 지형, 식물 및 조경적 재료, 관습, 소유자의 취미, 국민성과 밀접한 관련을 가지고 있음

② 특히 기후와 지형은 직접적 관련을 가짐

2) 조경양식의 구분

① 정형식

서양에서 주로 발달, 좌우대칭, 땅 가름이 엄격하고 규칙적

② 자연풍경식

㉮ 동양을 중심으로 발달한 조경양식으로 자연을 모방한 양식임

㉯ 자연식, 풍경식, 축경식 정원이 해당함

③ 절충식

자연풍경식과 정형식을 절충한 양식

3) 각 나라 국민들의 정원 이용

① 그리스인

옥외생활을 즐긴 그리스인들에게 정원은 사회, 정치, 학문, 생활의 중심

② 이탈리아인

옥외미술관적 성격, 즉 부호 · 학자 · 예술가들이 수집한 예술품을 배열하고 감상하는 곳

③ 프랑스인

일종의 무대, 혹은 옥외살롱 구실, 군중을 빼고 보면 정원의 광활한 공간은 불완전한 공간

④ 스페인인

시에스타(낮잠 풍습)와 그늘을 즐기고 분수에서 떨어지는 물로 청량감을 즐기는 옥외실

⑤ 중국인

명상을 위한 곳

⑥ 영국인

영국의 18세기 정원은 앉아서 감상하거나 대화하는 곳보다는 푸른 잔디를 밟으며 양떼처럼 한유(閑遊)하거나 운동하는 곳으로서 미적 측면만큼 경제적 측면도 중요시됨

서양조경사 시대별 요약표

시 대	국가	조경양식/특징/대표작품 및 작가		
고대	서부아시아 (메소포타미아) BC4500~ BC300	조경양식/특징	• 정형식 • 높은 대시 신호, 수목 신성시, 아치와 볼트 발달	
		건축	건축물	지구라트, 바벨탑, 수메리안 사원
			지구라트	나무숲과 정상에 사원 : 신들의 거처, 천체관측소
			주택	주정을 중심으로 각 방의 배치
		조경	수렵원	• 숲(Quisu) : 천연적 산림-안전지대 • 사냥터(Kiru) : 사람의 손이 가해진 수렵원
			니네베궁전	언덕 위 궁전 : 성벽 설치, 수목 식재, 아수르 신전
			니푸르점토판	세계 최초의 도시계획 자료 : 운하, 신전, 도시공원
			공중정원	세계 최초 옥상정원 : 네부카드네자르2세, 아미타스왕비
			파라다이스가든	지상낙원 · 천국 묘사 : 사분원, 페르시아 양탄자 문양
	이집트 BC4000~ BC500	조경양식/특징	• 정형식 • 수목 신성시, 관개시설 발달, 물이 정원의 주요소, 사후세계 관심	
		건축	신전건축	예배신전, 장제신전 - 열주 있는 안뜰, 다주실, 성소
			분묘건축	마스터바, 피라미드, 스핑크스, 오벨리스크
		조경	주택조경	대칭적 배치(균제미), 높은 담, 탑문, 수목 열식, 방형 및 T형 연못(침상지), 키오스크, 화분, 포도나무시렁
			분묘벽화	• 테베의 아메노피스 3세 때의 신하 묘 벽화 • 텔 엘 아마르나의 아메노피스4세의 친구 • 메리레 정원도
			신원	핫셉수트여왕 장제신전 : 현존 최고(最古)의 정원유적, 센누트 설계, 수목 수입, 3개 노단, 경사로 연결, 식재구덩이
			사자의 정원	• 정원장 관습, 가옥 · 묘지 주변에 정원 설치 • 테베의 레크미라 분묘벽화 : 구형연못, 수목열식, 관수, 키오스크
	그리스 BC500~	조경양식/특징	• 정형식 • 도시국가, 공공조경 발달	

	BC300	건축	양식	도리아식, 이오니아식, 코린트식 : 비례 · 균제 · 자연미
		주택조경	주택정원	프리에네 주택 : 주랑식 중정, 메가론
			아도니스원	아도니스 추모 : 푸른색 식물(보리 · 밀 · 상추) 아도니스상 주위 배치, 포트가든 · 옥상가든으로 발전
		공공조경	성림	신에 대한 숭배와 제사 : 수목과 숲의 신성시
			짐나지움	청년들의 체육장소가 대중적 정원으로 발달(나지)
			아카데미	최초의 대학 : 플라타너스 열식, 제단, 주랑, 벤치
		도시조경	히포다무스	최초의 도시계획가 : 히포다미안, 밀레시안(밀레토스 계획)
			아고라	도시광장의 효시 : 토론과 선거, 상품거래
	로마 BC330~ AD476	조경양식/특징		• 정형식 • 정원을 건축적 공간의 하나로 인식, 토피어리 최초 사용
		건축	별장유행	콜루멜라의 데 레 러스티카 : 정원묘사
		주택조경	주택정원	• 아트리움(제1중정) : 공적장소 - 무열주공간, 바닥포장 • 페리스틸리움(제2중정) : 사적공간 - 주랑식 공간, 비포장 • 지스터스(후원) : 수목식재, 과수원, 채소원, 연못, 수로
			판사가	로마주택의 원형 : 아트리움, 페리스틸리움, 지스터스
			베티가	실내 · 외의 구분 모호(노천식) : 아트리움, 페리스틸리움
			티브루티누스가	수로로 이등분된 정원
			빌라	• 전원형 빌라, 도시형 빌라, 혼합형 빌라 • 라우렌티아나장(혼합형) : 봄 · 겨울용 별장 • 투스카나장(도시형) : 여름 피서용 별장-노단식 • 아드리아누스 황제별장 : 대규모 별장으로 도읍과 흡사 • 네로 이궁 : 티베르강 서편 거대한 궁
		공공조경	포룸	신에 대한 숭배와 제사 : 수목과 숲의 신성시
			시장	교역을 위한 장소, 자유로운 일반인 출입
		정원식물		장미, 백합, 향제비꽃, 아칸더스, 방향식물, 덩굴식물, 사이프러스, 주목, 토피어리
중세	서구유럽 5C~16C	조경양식/특징		• 정형식 • 약 1000년간의 암흑시기(합리주의 결여) • 수도원조경 · 성관조경 : 매듭화단, 미원, 토피어리, 분수, 파고라
		건축	양식 변화	초기기독교양식, 로마네스크양식, 고딕양식
		조경	수도원 정원	이탈리아 발달, 실용원(채소원 · 약초원), 장식원(클로이스터 가든 : 휴식과 사교, 사분원과 파라디소)
			성관 정원	프랑스 · 잉글랜드에 발달 : 자급자족 기능(과수원, 초본원, 유원), 폐쇄적 내부공간 지향 수법
	이슬람	이란	조경양식/특징	• 정형식 • 낙원에 대한 동경, 녹음수 애호, 생물의 묘사 금기, 르네상스 노단식과 수경기법에 영향 미침
			조경	높은 울담, 물, 녹음수, 과수, 화훼류 도입, 사분원
			입지조건	• 산지형 : 노단 형성(캐스케이드, 분수), 정상부 사적 공간(키오스크), 하단 공적 공간 • 평지형 : 사분원 형태
			이스파한	계획적 정원도시 : 왕의 광장, 40주궁

			차하르바그	도로공원의 원형, 7km도로, 노단과 수로 및 연못
			황제도로	이스파한과 시라즈 관통
		스페인	조경양식/특징	• 중정식(정형식) • 기독교문화와 동방취미 가미된 이슬람문화의 혼합
			조경	이집트, 페니키아의 정형적 정원과 로마 및 비잔틴의 복합적 양식, 내향적 공간 추구 : 파티오 발달, 연못, 분수, 샘
			대모스크	2/3의 원주의 숲, 1/3의 오렌지 중정(연못, 분수)
			알카자르 궁전	3개 부분으로 구획 : 연결부에 가든 게이트 창살 창
			알함브라 궁전	• 무어양식의 극치 : 붉은 벽돌로 축조(홍궁) • 알베르카 중정 : 주정으로 공적장소 - 천인화의 중정, 도금양의 중정 • 사자의 중정 : 가장 화려, 주랑직 중정, 사분원 • 다라하의 중정 : 부인실에 접속한 여성적 장식 • 레하의 중정 : 가장 작은 규모 - 사이프러스 중정
			헤네랄리페 이궁	피서 행궁, 경사지 노단식, 수로의 중정, 사이프러스 중정(후궁의 중정)
			구성요소	높은 울담, 물, 녹음수, 연못과 연꽃, 연못가 원정
		인도	조경	• 산지형 : 캐시미르 지방 - 노단식 피서용 바그 발달 • 평지형 : 아그라 · 델리 지방 - 궁전이나 묘지 발달
르네상스 15C ~ 17C	이탈리아	조경양식/특징	• 정형식 • 별장정원 발달, 비트루비우스 원리, 자연경관의 외향적 지향, 지형과 실용성으로 인해 전파 곤란, 조경가 및 시민자본가 등장	
		발생시기	15C - 중서부 토스카나 지방, 16C - 로마근교, 17C - 북부의 제노바	
		구성	노단이 중요한 경관요소, 자연경관과 수림 이용, 건물의 주축 사용, 고전적 비례, 원근법 사용, 노단처리는 물을 주요소로 사용, 흰 대리석과 수목의 강한 대비	
		시각적 구조물	수경요소 : 캐스케이드, 분수, 분천, 연못	
		정원식물	• 상록수 : 월계수, 가시나무, 종려, 감탕나무, 유럽적송 - 단독 및 총림 • 낙엽활엽수 : 회양목, 월계수, 감탕나무, 주목 - 화훼류는 소수 사용	
		전기(15C) 토스카나 지방	특징	르네상스 발상지-메디치 영향, 고대 로마별장 모방(중세적 색채), 위치 선정과 조닝, 알베르띠의 건축십서
			카레지오장	메디치가 최초의 빌라, 미켈로지 설계
			피에졸레장	전형적 토스카나 지방의 빌라, 미켈로지 설계(알베르띠 부지설계원칙 적용)
			그 외	카스텔로장, 살비아티장, 팔미에리장
		중기(16C) 로마근교	특징	르네상스 최전성기 - 이탈리아 3대 별장(에스테장, 랑테장, 파르네제장) 이탈리아식 별장정원
			벨베데레원	브라망테 설계, 16C초 대표적 정원, 작은 빌라 연결, 노단식 건축의 시작 - 기하학적 대칭, 축의 개념
			마다마장	라파엘로 설계 후 상갈로 완성, 직재원(농촌풍경 조화)
			파르네제장	비놀라 설계, 2개 테라스, 캐스케이드
			에스테장	리고리오 설계, 전형적 이탈리아 르네상스 정원, 명확한 축, 4개 테라스, 수경 올리비에리 설계

		랑테장	비놀라 설계, 정원 3대 원칙(총림, 테라스, 화단의 조화), 정원축과 수경축 완전 일치, 4개 테라스, 2채 카지노
		포포로 광장	중심에 오벨리스크(16C), 네 귀퉁이에 좌사자상(19C)
	후기(17C)	특징	프랑스 · 잉글랜드에 발달 : 자급자족 기능(과수원, 초본원, 유원), 폐쇄적 내부공간 지향 수법
		감베라이아장	매너리즘 양식의 대표적 빌라 - 엄격하리만큼 단순
		알도브란디니장	바로크 양식, 지아코모 데라 포르타 설계, 2개 노단
		이졸라벨라장	대표적 바로크 양식 정원, 호수의 섬 전체를 정원화, 10개 테라스
		가르조니장	바로크양식의 최고봉, 건물과 정원 분리, 2개의 노단
		란셀로티장	바로크 양식 빌라
프랑스	조경양식/특징		• 정형식 • 도시주택과 성관 발달, 절대주의 왕정 확립, 예술에 대한 후원 • 르네상스시대 3대정원가 : 몰레, 세르, 브와소
	양식		• 16C초~17C초 이탈리아 양식 확대 발전 • 17C말 평면기하학식(프랑스풍 바로크 양식)
	평면 기하학식		앙드레 르 노트르의 프랑스 조경양식 확립, 화단, 수면 등 평면적 요소와 산림의 수직적 요소 사용, 수면에 반사시킨 유니티, 장엄한 스케일, 비스타 형성
	구성요소		소로와 축선, 자수화단의 밝은 색 화초, 생울타리와 총림, 격자울타리, 조소 · 조각, 아웃도어룸
	보르비콩트		• 최초의 평면기하학식 정원 : 기하학, 원근법, 광학의 법칙 적용 • 루이 르 보(건축), 샤를 르 브렁(실내장식), 르 노트르(조경) 설계 • 조경이 주요소, 거대한 총림의 비스타, 대규모 수로, 자수화단, 해자, 산책로, 벽천, 동굴
	베르사이유궁		• 루이 르 보(건축), 샤를 르 브렁(실내장식), 르 노트르(조경) 설계 • 중심축선과 명확한 균형 형성, 방사상의 축선으로 태양왕 상징 • 주축선 : 거울의 방 → 불화단 → 라토나 분수 → 왕자의 가로 → 아폴로 분천 → 대수로 • 강한 축, 총림의 비스타, 십자형 대수로, 브란그란, 롱프윙, 미원, 연못, 야외극장, 감귤원, 스위스호수, 대트리아농, 프티 트리아농
영국	조경양식/특징		• 정형식 • 잔디밭과 볼링그린 성행, 튜더조에 르네상스 절정
	양식		영국정형식 정원 : 부유층 중심으로 발달, 테라스 · 석재난간 · 소로장식
	구성요소		곧은 길, 축산, 볼링그린, 매듭화단, 약초원, 토피어리, 문주
	튜더조 (16C)	특징	소규모 정원 발달(성 캐서린 수도원), 성관이 변화하며 유럽정원으로 확대, 가산(축산)의 시초
		리치몬드 왕궁	자수화단, 퍼걸러, 운동시설
		햄프턴 코오트성궁	수차례의 개조로 여러 나라의 영향을 가장 많이 받음
		몬타큐트정원	상하단 분리된 단순한 평면, 주축선, 포장원로
	스튜어트왕조 (17C)	특징	정원건축과 조경 쇠퇴, 이탈리아(테라스, 난간, 화분, 조각), 네덜란드(토피어리, 튤립 화단), 프랑스(방사형 소로, 연못, 통경선, 전정 산울타리), 중국의 영향

시대	구분	국가	항목	내용
			레벤스홀	기욤 보용 설계, 토피어리 집합정원, 볼링그린, 포장산책로
			멜버른홀	최초의 상업 조경가(런던, 와이즈) 설계, 영국적 성격에 프랑스풍 가미
			채스워스	런던과 와이즈 설계(바로크 형태 적용), 자수화단, 건물 축선, 캐스케이드
	독일		조경양식/특징	16C말 르네상스 출현, 정원서 번역 및 저술, 식물학 연구, 식물원 건립
	독일		학교원	건축가 푸리텐바흐 - 이탈리아 · 프랑스 정원을 독일에 맞게 수정
	독일		정원	하이델베르그 성관 주위 정원(오렌지 과수원)
	네덜란드		조경양식/특징	16C 르네상스 정원 도입(이탈리아 취향), 테라스 · 미원 · 가산, 수로(배수와 경계), 토피아리, 조각품, 화분, 원정, 썸머하우스, 헤트 루궁 · 하우스 노버그궁 · 샤블롱 정원
	오스트리아		벨베데레원	바로크풍 정원, 2개의 테라스(하단 거주지, 상단 대규모 위락지)
	오스트리아		쉔브른 성	프랑스풍 바로크정원(대규모 정원), 로코코양식 실내장식
	오스트리아		미라벨 정원	평면기하학식 바로크정원, 무늬화단, 총림, 연못, 대리석 조각물
근대	18C 자연풍경식 정원	영국	발생배경	경제력 증대와 중국의 영향, 계몽사상, 낭만주의 발달, 17C 정형식 정원의 한계, 전원생활 선호, 자연주의 운동
근대	18C 자연풍경식 정원	영국	사상가	라이프니치, 볼테르, 루소
근대	18C 자연풍경식 정원	영국	문학작품	에디슨, 포프, 센스톤의 정원예술 문학작품 발표
근대	18C 자연풍경식 정원	영국	조경가	스위처, 반브러프, 브리지맨, 켄트, 브라운, 렙턴, 챔버
근대	18C 자연풍경식 정원	영국	스토우가든	18C 영국 풍경식 정원 변화과정을 잘 보여주는 작품 : 브리지맨 · 반프러프 설계, 켄트 · 브라운 수정, 브라운 개조
근대	18C 자연풍경식 정원	영국	로스햄	브리지맨 설계, 켄트 개조
근대	18C 자연풍경식 정원	영국	스투어헤드	브리지맨 · 켄트 설계, 신화와 연관된 연속적 변화 경관, 로랭의 그림에 기초를 두어 설계
근대	18C 자연풍경식 정원	영국	블렌하임 궁원	와이즈 · 반브러프 조성, 브라운 개조(브라운의 연못)
근대	18C 자연풍경식 정원	프랑스	발생배경	계몽주의와 낭만주의 영향으로 영국풍 정원 유행, 풍경식 정원의 동경, 낭만주의적 정원 · 감상주의적 정원으로 지칭
근대	18C 자연풍경식 정원	프랑스	프티트리아농	영국 풍경식 정원을 받아들인 프랑스 풍경식 대표정원, 마리 앙트와네트의 전원생활, 실제 촌락
근대	18C 자연풍경식 정원	프랑스	에르메농빌	대임원, 소임원, 벽지의 3부분 구성, 루소의 묘
근대	18C 자연풍경식 정원	프랑스	말메종	네르토 설계, 조세핀의 원예취미로 수목 · 화훼 식재
근대	18C 자연풍경식 정원	독일	발생배경	영국 풍경식 정원이 프랑스보다 늦게 유입, 독자적 정원양식 형성
근대	18C 자연풍경식 정원	독일	시베베르원	독일 최초의 풍경식 정원
근대	18C 자연풍경식 정원	독일	데시테드정원	임원에 지리 및 생육상태 등 과학적 배려
근대	18C 자연풍경식 정원	독일	무스카우성 임원	독일 풍경식정원의 대표작
근대	18C 자연풍경식 정원	독일	조경가	히르시펠트(정원 예술론), 칸트, 괴테(바이마르공원)
근대	18C 자연풍경식 정원	미국	발생배경	18C초 낭만주의적 풍경식정원 도입과 19C초까지 영국 르네상스 영향 강하게 반영
근대	18C 자연풍경식 정원	미국	조경	마운트 버논, 몬티첼로와 버지니아대학
근대	19C	영국의 절충주의	배경	감상주의 쇠퇴로 절충식 탄생, 조경가의 현실의식과 식물에 관심, 생육환경에 따른 식물의 사용

			정원개조	배리(로마 별장수법), 팩스턴(정형식과 비정형식의 절충 : 수정궁)
		미국의 절충주의	형성과정	19C 중엽 유럽의 낭만주의나 절충주의, 중세복고주의 경향이 풍미, 19C말 미국의 절충주의 발생(Country Place Era)
			조경	트리니티교회당(헌트), 빌라드하우스(화이트 · 미드 · 맥킴), 빌트모어장(헌트 · 옴스테드)
		영국의 공공조경	형성 배경	산업발달과 도시민의 공원 욕구
			리젠트파크	건축가 존 나쉬 계획, 법령 개조, 위락지와 주택지 구분, 버큰헤드 조성에 영향
			세인트 제임스공원	존 나쉬 계획, 물결무늬 선의 자연형 연못 개조
			버큰헤드 파크	조셉 팩스턴 설계, 역사상 최초의 시민공원(자본), 위락지와 주택지 구분, 절충주의적 표현(이오니아 · 고딕 · 이탈리아 · 노르만 · 중국)
		미국의 공공조경	특징	이민자의 증가에 따른 필요성 대두, 공적 복지후생, 최초의 공원법 제정, 환경보존법 제정
			센트럴파크	옴스테드 · 보우 설계(그린스워드 안), 민주적 도시공원의 효시, 낭만주의 · 회화적 공원, 세계 도시공원에 영향
			국립공원	옐로스톤공원, 요세미티공원
			공원계통	수도권공원계통, 보스턴공원계통, 보스턴메트로폴리탄녹지체계
			박람회	시카고박람회 : 세계콜럼비아박람회, 건축(다니엘 번함 · 룻스), 도시(맥킴), 조경(옴스테드)설계, 건축 · 토목과 공동작업, 로마 아메리칸아카데미 설립
			협회 창설	미국조경가협회(ASLA)창설 : 미국 조경계의 자부심
현대 20C	유럽	조경	기능과 합리성 추구의 국제주의 양식 대두	
		신도시	하워드	'내일의 전원도시'제안, 낮은 인구밀도, 공원개발, 기능적 그린벨트, 전원과 도심, 자족기능 도시
			기데스	'진화하는 도시', 도시의 지구적 확장 주시
			애버크롬비 · 포사워	'런던지역계획', 행정구역을 생물학적으로 분석, 근린주구의 구성개념 제안
			지테	오픈스페이스 계획과 가로경관의 세련화, 도시분석
		디자인운동	배경	19C 말 공장생산품의 조잡성 비판, 러스킨(베니스의 돌), 모리스(미술공예운동)
			새로운 양식	큐비즘, 아르누보, 데스틸, 바우하우스, 러시아 구성주의, 예술실존주의
		초기 모더니즘	형성과정	힐의 영국건축과 정원의 모더니즘 시작, 우드하우스 콥스(힐 · 지킬)
			전시회	국제 근대장식 및 산업미술전시회(파리), 국제정원설계전시회(영국)
			영국정원	성 안네의 정원(터너드), 해밀 햄프스테드 신도시계획(젤리코 : 세계조경가협회 초대회장)

		자연과의 조화	조경	구엘공원(가우디), 아루스대학교 캠퍼스(소렌슨), 보스공원(레크리에이션 근대공원 효시), 우드랜드 묘지(아스프룬드)
	미국	도시미화운동	로빈슨이 이론적 배경 마련, 도시미술 · 도시설계 · 도시개혁 · 도시개량의 미화요소, 부작용 발생	
		전원도시	하워드 영향	하워드의 전원도시의 현실화, 레드번, 치코피, 그린힐즈, 노리스 그린벨트, 그린데일
			레드번계획	스타인 · 라이트 설계, 오픈스페이스, 보 · 차도 분리, 막힌 골목(cul-de-sac), 주거지와 주요시설의 보도연결
		도시개발	광역조경계획	테네시강 유역 개발공사(TVA) 설립, 미시시피강 · 테네시강 유역에 21개 댐 건설, 지역개발 · 수자원개발 효시, 조경가 대거 참여
		초기 모더니즘	특성	건물과 정원을 하나로 구성, 조경을 통하여 예술적 의도의 표현 - 자유로운 공간구성, 실용적 공간, 공간질서의 추구
			조경가	플래트(신고전주의 정원 : 절충주의 운동 촉발), 파란드(캠퍼스 조경, 록펠러정원, 동양의 조각물), 스틸(소정원 설계 : 옥외거실, 초아트장원 : 정형과 비정형)
		하버드혁명	배경	조경교육의 개혁 주장(로즈, 에크보, 카일리), 모더니즘 촉발 계기, 터너드의 모더니즘 이념적 지도
			조경가	로즈(로즈정원), 에크보(프레스노 몰, LA정원), 카일리(밀러의 정원), 처치(도넬장 정원)
			신양식	캘리포니아양식 : 기하학(서양)과 음양조화(동양) 혼합
	중남미	브라질	벌 막스	향토식물의 조경수 활용, 열대경관의 새로운 인식
		멕시코	바라간	멕시코 자연에 대비한 채색벽면, 페드레갈 정원 분수
	호주	도시계획	'캔버라 신수도국제설계공모' : 그리핀 당선, 하워드의 전원도시 구상에 도시미화운동 아이디어 추가	

2 고대 조경

1. 고대 서부아시아

1) 환경

① 티그리스강과 유프라테스강 지역으로 기후차가 극심하고 강수량이 매우 적음
② 개방적 지형으로 외부와의 교섭이 빈번하여 정치 · 문화적 색채가 복잡함
③ 불규칙적인 강의 범람으로 황폐화되어 토지이용도 낮음
④ 피난처로 사용할 수 있는 인공적 언덕이나 높은 대지 선호
⑤ 녹음을 동경하여 수목으로 신성시하였고 높이 솟은 수목이 숭배의 대상이나 약탈이 대상
⑥ 수메르인이 도시국가 생성 및 발달(우르, 니푸르, 바빌론 등)
⑦ 아치(Arch)와 볼트(Vault)의 발달로 옥상정원 가능(신바빌로니아)

2) 건축적 특징

① 외부에 대해 폐쇄적이고 방어적
② 신정정치에 의한 지구라트, 바벨탑, 수메르인의 사원
③ 지구라트(Ziggurat) : 신성스런 나무숲과 정상에 사원 축조
　㉮ 평원에 솟아 있는 인공산
　㉯ 신들이 거처를 제공, 천체 관측소
　㉰ 우르의 지구라트는 피라미드보다 먼저 축조
④ 건축재료는 석재가 거의 산출되지 않아 햇볕에 말린 벽돌과 목재 사용
⑤ 주택 : 중정을 갖는 평면형식의 2층구조
　㉮ 주정을 중심으로 각 방을 배치
　㉯ 먼지가 많고 바람이 강해 개구부는 모두 중정에 면해 설치

3) 조경

① 수렵원(Hunting Park)
　㉮ 숲(Quitsu) : 사람손이 가해지지 않은 천연적 산림으로 수목을 신성시 하며 안전지대로서의 역할
　㉯ 사냥터(Kiru) : 사람의 손이 가해진 수렵원
　㉰ 길가메시 이야기 : 사냥터의 경관에 대한 묘사로 최고(最古)의 문헌
　㉱ 수목을 신성시하여 전시에는 약탈의 대상이 됨

㉮ 사냥터의 기록이 글이나 조각으로 남아 있음
㉯ 니네베의 언덕 위 궁전
- 성벽으로 사냥터를 둘러쌈
- 향목, 포도, 종려, 사이프러스 등 식재
- 티그리스 강물에 의한 급수시설
- 아수르신전 : 수목 열식, 신원 조성

㉶ 니푸르의 점토판 : 세계 최초의 도시계획자료. 운하, 신전, 도시공원 등을 기록

② 공중정원(Hanging Garden)

㉮ 최초의 옥상정원으로 세계 7대 불가사의 중의 하나
㉯ 바빌론의 네부카드네자르 2세 왕이 산악지형이 많은 메디아 출신의 아미타스 왕비를 위해 축조
㉰ 신바빌론 성벽의 내외 이중구조 중 내성
㉱ 피라미드형 노단층의 평평한 부분에 식재
㉲ 각 노단벽은 아케이드, 내부는 방, 동굴, 욕실 등 실용공간
㉳ 벽체의 벽돌은 아스팔트를 발라 굳힘
㉴ 유프라테스 강에서 관수
㉵ 텔 아므란 이븐 알리(Tel-Amran-ibn-Ali 추장의 언덕)에 위치

③ 파라다이스 가든(Paradise Garden)

㉮ 페르시아의 지상낙원으로 천국 묘사
㉯ 담으로 둘러싸인 방형공간에 교차수로에 의한 사분원(四分園) 형성
㉰ 조로아스터교의 청결성 영향으로 맑은 물이 있음
㉱ 카나드(Canad)에 의한 급수
㉲ 여러 종류의 과수재배로 수목이 풍성하고 신선한 녹음이 있음
㉳ 페르시아의 양탄자 문양에도 나타남

2. 고대 이집트

1) 환경

① 나일강 유역의 폐쇄적 지형으로 무덥고 건조한 사막기후
② 나일강의 정기적 범람은 정치, 사회, 문화, 종교, 예술 등에 큰 영향을 미침
③ 물의 이용에 따른 태양력, 기하학, 건축술, 천문학 발달
④ 시원한 녹음을 동경하여 수목을 중시
⑤ 수목원, 포도원, 채소원을 위한 관개시설이 발달하여 물이 이집트 정원의 주요소가 됨

⑥ 종교는 다신교로 영혼불멸의 사후세계에 관심을 가짐(태양신 Ra, 저승의 신 Osiris, 토템적 자연숭배)

2) 건축적 특징

① 신전건축

㉮ 예배신전, 장제신전

㉯ 열주가 있는 안뜰, 다주실(多柱室), 성소로 이루어진 평면적 배치

㉰ 분묘구조에서 발생한 공간구조의 형식을 가짐

② 분묘건축

㉮ 마스타바, 피라미드, 스핑크스, 오벨리스크

㉯ 영혼불멸을 믿는 종교적 배경에 의한 건축

㉰ 분묘에서 나오는 동선과 나일강의 직교를 이룸

3) 조경

① 주택조경

현존하는 유적은 없으나 무덤의 벽화로 추정

㉮ 특징

- 높은 울담의 사각(방형, 구형)공간을 갖는 정형적인 형태로 입구에는 탑문 설치
- 정원의 요소 및 재료를 대칭적으로 배치(균제미)
- 정원의 주요부에 연못을 조성하고 키오스크(Kiosk) 설치
- 울담의 내부에는 수분공급이 쉽게 수목을 열식(시커모어, 대추야자, 이집트 종려, 아카시아, 무화과, 포도나무, 석류나무 등)
- 관목, 화훼류 등을 화단이나 화분에 식재하여 원로에 배치

㉯ 연못

- 홍수 때 나일강의 수위보다 높게 설치
- 일반적으로 사각형, T자형의 정형적 형태
- 규모가 큰 연못은 침상지의 형태로 계단 설치
- 연못에는 수생식물(로투스, 수련)을 심고, 어류나 물새를 사육
- 물가에 휴식이 가능한 키오스크 설치

㉰ 테베의 아메노피스 3세 때의 한 신하의 분묘벽화

- 높은 울타리, 탑문, 침상지
- 4줄의 아치형 포도나무 시렁

㉱ 텔 엘 아마르나(Tel-el-Amarna)의 아메노피스 4세의 친구인 메리레의 정원도

- 대형 침상지
- 원로가에 화분 배열

② 신원(神苑, Shrine Garden)

㉮ 델 엘 바하리의 핫셉수트 여왕의 장제신전

- 현존하는 세계 최고(最古)의 정원유적
- 태양신인 아몬신전으로 건축가 센누트의 설계
- 아몬의 계시에 의해 향목(香木)을 수입하여 식재
- 3개의 노단으로 구성, 노단의 경계벽을 열주랑으로 장식, 노단과 노단을 경사로(ramp)로 연결
- 입구인 탑문과 각 노단에 구덩이를 파고 수목 열식
- 노단의 구배를 이용하여 구덩이 수목에 순차적 관수
- 펀트 보랑 부조 : 핫셉수트 여왕의 공적과 외국에서 수목을 옮겨오는 내용을 새김

㉯ 라메스 3세 때의 한 신전

수목과 포도나무로 이루어진 대신원 설치

③ 사자(死者)의 정원 : 묘지정원, 영원(靈園)

㉮ 특징

- 정원장(葬)의 관습으로 가옥이나 묘지 주변에 정원 설치
- 소망을 충족시키기 위해 분묘벽에 정원을 상징적으로 묘사
- 수목 몇 그루, 작은 화단 및 연못 등 극히 좁은 면적 정원

㉯ 테베의 레크미라 무덤벽화

구형 연못, 연못 사방에 수목 열식 및 관수, 키오스크

㉰ 시누헤 이야기(BC2000)

고대 이집트 중왕국 때의 이야기로 사자의 정원에 관한 기록으로 봄

3. 고대 그리스

1) 환경

① 지중해의 반도지형으로 연중 온화하고 쾌적한 기후

② 험한 산맥이 많고 협소한 평야 등의 지리적 영향으로 독립된 도시가 발달하여, 국가로 발전된 도시국가 형성

③ 에게문명의 발상지 : 크레타문명, 미케네문명

④ 기후적 영향으로 공공조경 발달

⑤ 신과 인간이 비슷하다(신인동격론)고 생각하지만 지배자라는 의식을 가짐

⑥ 신들의 거처를 숲으로 생각하여 숲(신원, 성림) 조성

⑦ 페르시아 수렵원이나 이집트 농업기술의 영향

2) 건축적 특징

① 건축적 양식은 평면의 기능이나 구조기술보다는 보여지는 형태미 추구

② 장식적 양식의 변화

㉮ 도리아식 : 가장 오래된 양식으로 기둥이 굵고 수직성 강조 → 파르테논신전, 아테네신전

㉯ 이오니아식 : 여성적인 경쾌함과 우아함 특징 → 아테나신전

㉰ 코린트식 : 헬레니즘 미술에서 나타난 화려한 장식적 특징 → 올림피아 제우스 신전

③ 구성이 비례나 균제미, 채색, 명암 등 중시

④ 자연경관과의 조화로운 자연미 추구

3) 조경

① 주택조경

중정 중심의 배치로 최소의 기능적 구조를 갖는 단순한 형태이며 정원다운 정원은 없음

㉮ 프리에네 주택

- BC350년경의 개인주택
- 입구가 한 개인 직각형태의 주랑식 중정으로 볼 수 있는 작은 뜰을 중심으로 방을 배치
- 뜰에 이어지는 메가론이라 부르는 구형의 홀 배치
- 중정은 돌 포장, 방향성 식물, 대리석 분수로 장식된 부인들의 취미공간
- BC500년 이후 국력이 신장되며 실용원이 장식원으로 변화

㉯ 아도니스원

- 아도니스를 추모하는 제사에서 유래
- 푸른색 식물인 보리 · 밀 · 상추 등을 화분에 심어 아도니스상 주위에 놓아 아도니스를 추모
- 부인들에 의해 가꾸어졌으며 창가를 장식하는 포트가든이나 옥상가든으로 발전

② 공공조경

민주사상의 발달로 개인 정원보다 공공조경이 더욱 발달

㉮ 성림

- 공공조경의 대표적인 경우로 수목과 숲을 신성시 → 호메로스의 '오디세이' 기록
- 신에 대한 숭배와 제사를 지내는 장소
- 시민들이 자유로이 이용하였으며 극장과 경기장으로 확대

- 제우스신전에 4년마다 제사를 지내던 것이 올림픽의 기원
- 종려나무, 떡깔나무, 플라타너스 등 주로 녹음수 식재
- 델포이신전, 아폴로신전, 제우스신전, 올림피아신전의 성립

㉯ 짐나지움(Gymnasium)

- 청년들의 체육훈련장소이나 대중적인 정원으로 발달
- 나지로서 식물이 전혀 없음

㉰ 아카데미(Academy)

- 아테네 근교의 올리브나무숲 아카데모스에서 유래
- 플라타너스 열식하고 제단, 주랑, 벤치 설치
- 철인의 원로(관목의 오솔길), 대리석 구획의 타원형 경주로 배치
- 플라톤이 세운 최초의 대학

③ 도시계획 · 도시조경

㉮ 히포다무스

- 최초의 도시계획가, 밀레토스의 장방형 격자모양의 도시계획을 히포다미안, 밀레시안으로 지칭
- 건축 및 하수처리를 기본요소로 인식

㉯ 아고라(Agora)

- 광장의 개념이 최초로 등장하였으며 서양 도시광장의 효시
- 시민들의 토론과 선거를 위한 장소이며, 상품을 거래하는 시장기능
- 도시민의 경제생활과 예술활동이 이루어진 중심지이자 구심점
- 스토아라는 회랑에 의해 경계 형성
- 각 도시국가에 설치되었으며 건물과 수목으로 이루어진 부분적 위요공간
- 플라타너스를 식재한 녹음공간이 있으며 조각과 분수 설치
- 아크로폴리스의 언덕 위에 있었으나 이용도가 높아지며 낮은 지역에 위치

▸▸ 참고

■ **광장의 변천**

Agora(그리스) → Forum(로마) → Piazza(이탈리아) → Place(프랑스) → Square(영국)

4. 고대 로마

1) 환경

① 지중해에 돌출한 반도로 온난한 기후이며 중 · 북부에 비해 남부는 더운 기후
② 티베르 강가의 구릉지에 최초의 도시국가 건설
③ 추상적 · 명상적이지 않고 실제적 기질이 있어 법학 · 의학 · 과학 · 토목기술 등 발달
④ 구조물을 자연경관보다 우세하게 처리
⑤ 농업과 원예가 발달하였으며 토피어리의 최초 사용
⑥ 호르투스라 불리는 정원은 약초밭, 과수원, 채소밭으로 구분
⑦ 정원을 건축적 공간의 하나로 인식하여 건축선의 축에 배치

2) 건축적 특징

① 부유계층의 호사생활이 별장의 건설을 유행시켜 별장정원 발달
② 토목기술의 발달로 고가수로, 도로, 배수시설이 설치되며 도시의 발달로 전개
③ 콘크리트의 발명으로 건축구조가 발달되어 극장, 경기장, 목욕장 등 대규모 시설이 만들어지며 건축술 발달
④ BC400년경 콜루멜라의 '데 레 러스티카 De Re Rustica'에 별장모습 소개
㉮ 맑은 시냇물, 작은 섬, 물가의 원로
㉯ 자연풍경적 정원을 연상
㉰ 서재, 동물 사육장, 주랑, 원형공간, 양어장, 산책로, 격자세공 등

3) 조경

① 주택정원

폼페이 정원 : 에투루리아인에 의해 공공건축가(街), 상점가, 주택가 의 3구(區)가 장방형으로 설계

㉮ 판사가(家)
- 로마주택의 대표적 유적으로 로마주택의 원형
- 아트리움, 페리스틸리움, 지스터스가 축을 이루며 배치

㉯ 베티가
- 아트리움, 페리스틸리움으로 구성
- 실내공간이 거의 노천식으로 되어 실내와 실외공간의 구분 모호
- 채색된 주두와 백색으로 된 원주 18개의 주랑 → 페리스틸리움
- 12개 분수조상, 8개의 대리석 수반, 탁자와 상주(像柱)

- 헤데라, 관목, 화훼류를 식재한 파상형 화단

㉰ 티부르티누스가

- 정원을 확장하며 쿠아르티오 소유가 되면서 여관으로 이용
- 로마의 주택정원을 잘 보여주는 사례
- 샘에서 시작되는 긴 수로에 의한 이등분된 정원
- 수로의 중간에 탁자와 수반을 설치하고 좌우에 원로와 화단 배치

② 로마주택의 전형

㉮ 아트리움(Atrium) : 제1중정(전정)

- 손님접대나 상담을 하는 공적인 장소
- 사각형의 방들이 아트리움을 둘러싼 무열주 중정
- 지붕의 중앙부에 채광을 위한 사각창(콤플루비움)이 있고 그 아래에는 빗물받이(임플루비움) 설치
- 바닥은 돌로 포장되어 있어 식물의 식재가 불가능하여 분에 심어 장식

㉯ 페리스틸리움(Peristylium) : 제2중정(주정)

- 사적인 공간으로 가족을 위한 공간이나 놀이를 위한 공간으로 사용
- 주위가 작은 방들과 접속되는 주랑에 둘러싸인 공간
- 주랑식 중정으로 아트리움보다 넓음
- 중정의 바닥은 포장되어 있지 않으므로 식재가능
- 주랑의 벽은 투시도법으로 분수, 파고라, 트렐리스에 조류가 있는 트롬플로이(庭園圖)로 장식
- 주랑의 바닥은 돌로 포장하여 탁자, 의자, 삼각대 등을 실제보다 작게 만들어 설치

㉰ 지스터스(Xystus) : 후원

- 규모가 큰 주택에 있으며 아트리움, 페리스틸리움과 동일축선상에 배치
- 오점식재나 화훼, 관목을 군식하고 과수원, 채소원 구성
- 담장으로 둘러싸인 공간으로 이집트 스타일의 연못, 수로, 종자, 식사용 장의자 설치
- 수로가 주축을 이루며 수로 좌우에 원로와 화단이 대칭적으로 배치

③ 빌라(Villa)

전망이 양호한 구릉에 남동향으로 배치하고 경사는 램프로 처리, 물이 중요한 조경요소를 이루어 수로나 분천 설치

㉮ 전원형 빌라(Villa Rustica)

- 농촌 부유층의 주택 겸 정원
- 농가구조로서 마굿간, 창고, 노예숙소 등이 설치
- 실용적인 규모의 과수원, 올리브원, 포도원 등 부속

- 시장정원, 부엌정원 등에서 발전

㉯ 도시형 빌라(Villa Urbana)

- 전원형 빌라가 발전된 형태
- 건물을 가운데(중심) 두고 정원이 건축물을 둘러쌈
- 일반적으로 경사지에 건축하였으므로 노단 활용
- 노단의 전개와 물의 장식적 사용

㉰ 혼합형 빌라

전원형과 도시형의 특징이 혼합된 빌라

㉱ 대표적 빌라

- 라우렌티아나장
  - 소필리니 소유의 혼합형 빌라 → 봄, 겨울용 별장
  - 호르투스, 지스터스가 있음
- 투스카나장
  - 소필리니 소유의 도시형 빌라 → 여름 피서용 별장
  - 구릉에 위치한 노단식 구조 → 주건물군, 구릉건물군, 경기장으로 나뉨
  - 토피어리가 사용되었으며 지스터스가 있음
- 아드리아나장
  - 티볼리의 아드리아누스 황제의 별장
  - 대단위 규모로 하나의 도읍과 흡사
  - 궁전, 도서관, 욕장, 극장, 조각공원 등을 지형을 따라 자연스럽게 배치
  - 그리스 조각과 예술품을 방대하게 전시

④ 공공조경

㉮ 포룸(Forum)

- 그리스의 아고라와 같은 개념의 대화장소
- 후세광장(Square, plaza) 전신으로 도시계획에 의해 배치
- 교역의 기능은 떨어지고 공공의 집회장소, 미술품 진열장 등의 역할을 하였고 점차 시민의 사교장, 오락장으로 발전
- 지배계급의 장소로서 노동자와 노예의 출입을 금함
- 포룸의 바닥은 포장을 하였고 주변보다 약간 낮은 높이를 주어 강조

㉯ 시장

교역을 위한 장소로 일반인 출입을 자유롭게 허용

⑤ 정원식물

㉮ 장미, 백합, 향제비꽃 등이 가장 흔히 쓰이며, 수선화, 아네모네, 글라디올러스, 붓꽃, 양귀비꽃, 비름 등 사용

㉯ 방향식물로는 바질, 마요라나, 백리향 사용

㉰ 담쟁이덩굴로 벽면의 장식이나 수목과 주랑 사이 장식

㉱ 형상수(토피어리) : 화단 속이나 중요한 자리에 장식

- 설계자 이름, 인간이나 동물형상, 사냥이나 선대 항해 광경
- 회양목, 주목, 노간주나무, 로즈마리 사용

3 중세 조경

1. 중세 서구

1) 환경

① 서로마 멸망 후부터 르네상스 발생까지의 약 1,000년간의 시기

② 3대 문명권으로 구분

㉮ 동로마 : 비잔틴 문명

㉯ 서방 문명

㉰ 이슬람 문명

③ 사회문화, 건축과 예술의 기독교화로 과학적 합리주의가 결여되어 암흑시대라 일컬음

④ 안정된 성직자의 사원생활로 조경문화가 내부지향적으로 발달하여 폐쇄적

2) 건축적 특징

① 교회 내부를 장식하기 위한 회화와 조각이 발달

② 건축양식의 변화

㉮ 초기 기독교 양식(5 ~ 8C)

바실리카식 : 열주로 둘러싸인 장방형의 회랑을 갖는 양식

㉯ 로마네스크양식(9 ~ 12C)

- 장십자형 평면, 엄숙하고 장중함
- 둥근 아치, 육중한 기둥

㉰ 고딕양식(13 ~ 15C)

- 하늘을 지향하는 상승감을 첨탑으로 표현
- 교회건축의 극치

3) 조경

① 특징

㉮ 기독교의 사상적 지배에 의한 수도원 조경

㉯ 봉건 장원제도에 의한 성관조경

㉰ 초본원 : 채소원, 약초원

㉱ 과수원 : 식재 및 과일 자급, 장식적 정원으로 변화

㉲ 유원 : 중세 후기에 나타남

㉳ 매듭화단(Knot)과 미원(Maze)의 발달
㉴ 토피어리 사용 : 원뿔형, 원형, 탑형(사람, 금수모양 없음) 등으로 주목, 회양목 이용
㉵ 식물이 정원재료의 주요소
㉶ 정원요소 : 분수(fountain), 파고라(pergola), 수벽(water fence), 잔디의자(turf seat)
㉷ 이슬람 정원의 파티오는 기독교문화의 영향을 받은 것으로 봄

② 수도원정원(중세 전기)

㉮ 이탈리아 중심으로 발달
㉯ 정원의 실용적 사용 : 채소원, 약초원
㉰ 정원의 장식적 사용 : 회랑식 중정(Cloister Garden)
- 예배당의 남쪽에 위치한 사각의 공간으로 승려들의 휴식과 사교의 장소
- 기둥이 흉벽(parapet) 위에 얹혀져 설치되어 출입구 설치 → 폐쇄식 중정
- 두 개의 직교하는 원로로 나누어진 사분원 → 일반적으로 잔디식재
- 중심에 파라디소(paradiso) 설치 → 수목 식재, 수반, 분천, 우물

③ 성관정원(중세 후기)

㉮ 프랑스, 잉글랜드에 주로 발달
㉯ 농업과 원예를 즐겨한 노르만족에 의해 시작 : 자급자족 기능
→ 과수원, 초본원, 유원
㉰ '장미 이야기'의 삽화에 보여짐(분천, 격자울타리, 미원, 형상수, 낮은 화단)
→ 중세정원의 기록으로 봄
㉱ 폐쇄적 정원 : 내부공간 지향적 정원수법 → 방어형 성곽이 정원 중심
㉲ 큰 정방형 또는 장방형 중정을 가진 성관(chateau) 형성

2. 중세 이슬람 세계

1) 이란 : 페르시아 사라센양식

① 환경

㉮ 산으로 둘러싸인 고원지대로 바람이 강하고 엄한과 혹서를 갖는 대조적 기후
㉯ 조로아스터교의 영향과 산악숭배의 영향으로 물을 귀하게 여김
㉰ 낙원에 대한 동경으로 지상 낙원이 공원으로 나타남
㉱ 녹음수를 애호하고 외적에 대비해 토벽에 녹음수 밀식
㉲ 지역적으로 페르시아 전통과 이슬람 양식 혼합
㉳ 코란의 영향으로 생물(인간이나 동물)의 형태적 묘사 금지
㉴ 이탈리아 르네상스 노단식 건축의 형성과 수경기법에 영향

② 조경

㉮ 사막의 먼지나 바람, 외적, 프라이버시 확보를 위해 진흙이나 벽돌로 높은 울담 설치

㉯ 더운 지방으로 물이 필수요소

㉰ 녹음수와 과수, 화훼류를 필수적으로 도입하고 화단은 극히 단조롭고 소박

㉱ 사각형태의 소정원은 두 개의 직교하는 원로 또는 수로로 나누어진 사분원으로 구성

㉲ 중앙 교차점은 청타일로 장식하거나 회색자갈을 얕은 연못, 덩굴식물 올린 원정 설치

㉳ 동쪽으로 진출하여 인도 무굴제국에 영향을 미침

㉴ 입지조건에 따른 분류

- 산지형
  - 여러 개의 노단을 만들어 각 노단을 계단으로 연결
  - 캐스케이드, 분수 설치
  - 정상부에 가족 중심의 사적공간이 키오스크 설치
  - 아랫단은 손님의 접대 등을 위한 공적 공간
- 평지형

  일반적인 사분원 형태의 소정원

③ 이스파한

㉮ 중부 사막지대에 위치한 계획적 정원도시

㉯ 왕의 광장 : 380m×140m의 거대한 옥외공간

㉰ 40주궁 : 규칙적인 호단과 감귤류 가로수

④ 차하르 바그

㉮ 7km 이상 길게 뻗은 넓은 도로

㉯ 도로의 중앙부에 노단과 수로 및 연못

㉰ 도로교차부에 연못(분천)이나 화단 설치

㉱ 도로의 양쪽에 가로수(사이프러스, 플라타너스) 식재

→ 도로공원의 원형

⑤ 황제도로

이스파한과 시라즈의 관통도로

2) 스페인 : 스페인 사라센양식(무어양식)

① 환경

㉮ 기온이 높고 건조하나 비교적 온난한 기후

㉯ 해류의 영향으로 농산물이 풍부하며 해안을 따라 녹지가 발달하고 경치가 아름다움

㉰ 7C경 아랍계 이슬람교도의 이베리아 반도 진출로 약 800년간 지배를 받음

㉱ 강제적으로 개종을 시키지 않아 여러 종교적 문화가 융화
㉲ 기독교 문화와 동방취미가 가미된 이슬람문화의 혼합
㉳ 인달루시아 지방은 최초의 점령지로 로마시대의 고가수로, 빌라정원 등이 있음
㉴ 고도의 관개기술로 정원 속에 묻힌 도시 창출

② 조경

㉮ 이집트, 페니키아의 정형적 정원과 로마의 중정 및 비잔틴정원 등 주변 각지의 문화양식을 이입 발전시킨 복합적 양식
㉯ 내향적 공간을 추구하여 중정개념의 파티오(Patio) 발달
㉰ 연못, 분수, 샘 등 수경요소 및 바닥패턴화로 기하학적 정원 조성

③ 대 모스크 8C : 사원

㉮ 코르도바(서방의 메카로 불리며 귀족들의 장원, 별장 등이 세워짐)에 위치
㉯ 2/3를 차지하는 원주(圓柱)의 숲과 같은 내부에서 외부로 나가는 수학적 비례와 연속적인 경관의 흐름이 환상적
㉰ 전체 면적의 1/3을 차지하는 오렌지 중정에 오렌지나무, 연못, 분수 등 배치

④ 알카자르 궁전 12C : 요새형 궁전

㉮ 세빌리아에 위치. 정원과 파티오에 무어인의 영향이 강하게 나타남
㉯ 3개의 부분으로 구획되고 각 구획은 가든 게이트, 창살이 달린 창으로 연결
㉰ 연못은 침상지로 중앙에 분수가 있고 원로는 타일과 석재 포장

⑤ 알함브라 궁전 13C

㉮ 그라나다에 위치
㉯ 무어양식의 극치로 붉은 벽돌로 지어 홍궁으로 불림 → 100여 년간 계속적으로 증축
㉰ 수학적 비례, 인간적 규모, 다양한 색채, 소량의 물을 시적으로 사용. 파티오가 연결되어 외부공간 구성

- 알베르카 중정
  - 알함브라 궁전의 주정으로 공적인 장소
  - 대형 장방형 연못이 있음. 종교적 의식에 쓰였고 투영미 뛰어남 → 연못의 중정
  - 연못 양쪽에 도금양(천인화) 영식 → 도금양의 중정, 천인화의 중정
  - 연못 양쪽 끝에 대리석 분수
- 사자(獅子)의 중정
  - 가장 화려한 중정으로 특히 내부의 벽면장식 화려
  - 주랑식 중정이며, 직교하는 수로로 사분원 형성
  - 중심에 12마리의 사자상이 받치고 있는 분수 설치 → 생물상 특이

- 다라하의 중정
  - 부인실에 부속된 정원으로 여성적인 분위기의 장식
  - 회양목 화단과 비포장 원로의 정형적 배치
  - 중심에 분수가 있고 사이프러스가 식재되어 있으며 주변의 벽을 따라 오렌지나무 식재
- 레하의 중정
  - 가장 작은 규모로 바닥은 색자갈로 무늬 포장
  - 네 귀퉁이에 4그루의 사이프러스 거목 식재 → 사이프러스 중정
  - 중심에 분수가 있는 환상적이고 엄숙한 분위기

⑥ 헤네랄리페 이궁

㉮ 높이 솟은 정원의 의미

㉯ 왕들의 피서를 위한 행궁. 알함브라 궁전 가까이 위치

㉰ 경사지에 노단식으로 된 배치 → 노단식 건축에 영향을 미침

㉱ 각 노단은 계단으로 연결, 물 계단. 노단바닥은 모자이크형 포장

㉲ 건축보다는 정원이 주가 된 큰 정원을 이룸. 건물 전체가 정원 → 축선 없음

㉳ 수로의 중정 : 연꽃의 분천

- 궁전의 입구이자 주정으로 가장 아름다운 공간
- 가늘고 긴 방형공간으로 3면은 건물, 1면은 아케이드
- 폭 1.2m의 커낼(canal)이 중앙 관통하고 양쪽에 아치형 분수 설치
- 커낼의 양쪽 끝에는 연꽃모양의 수반 설치
- 회양목의 무늬화단, 장미원

㉴ 사이프러스 중정 : 후궁의 중정

- 옹벽을 따라 사이프러스 노목 식재
- U자형 커낼로 이루어진 두 개의 작은 섬 → water garden

3) 인도 : 인도 사라센양식(무굴양식)

① 환경

㉮ 열대성 기후로 녹음을 동경하여 녹음수를 중시하였고 초화류는 발달하지 않음

㉯ 높은 울담 : 프라이버시를 위해 설치하였고 장엄미와 형식미를 보임

㉰ 물 : 가장 중요한 요소로 장식, 목욕, 관개 등 종교적 용도와 실용적 용도를 겸함

㉱ 녹음수 중시, 연못에 연꽃, 화훼

㉲ 연못가의 원정 : 장식과 실용을 겸하여 쾌적한 정원생활 및 안식처(묘소)나 기념관으로 사용

㉳ 11C 이후 사라센문화가 이식되어 무굴시대(16C) 이후 번성

② 조경

㉮ 캐시미르지방 : 산지계곡, 물이 풍부하고 경관이 수려하여 노단식 피서용 바그가 발달

㉯ 아그라, 델리 : 평지로서 궁전이나 묘지가 발달하고, 지형적 영향으로 높은 담을 사용

㉰ 정형식 정원에 속함

③ 바브르 시대 : 람바그

㉮ 아그라 줌나 강가에 위치한 바브르 대제의 이궁정원으로 물이 주된 구성요소

㉯ 무굴제국 초기의 정원 중 하나로 무굴 최고(最古)이며 최대의 규모

④ 후마윤 시대 : 후마윤 능묘

㉮ 페르시아와 인도의 혼합양식

㉯ 묘를 중심으로 운하와 천수(泉水)로 구성되어 페르시아에 기원을 두고 있지만 무굴정원의 원형이 됨

⑤ 아쿠바르 시대

㉮ 아쿠바르 묘 : 아그라의 북쪽 시칸드라에 세워지니 궁전 겸 예배소

㉯ 나심바그 : 캐시미르지방 최초의 산장으로 다르호 서안에 위치

⑥ 자한기르 시대

㉮ 샬리마르바그

- '사랑의 거처'란 의미로 스리나가르 호수 다르호의 북동 쪽에 위치
- 완만한 경사지에 5단의 테라스로 조성
- 중앙의 운하는 2단의 '황제의 정원'에서 최상단의 '귀부인의 정원'에서 끝나고, 상단(4,5단)에는 대규모의 분수 설치

㉯ 니샤트바그

- 캐시미르 지방의 다르호 동쪽 호안에 세워진 왕의 하계별장
- 12개의 노단으로 구성되고 중앙에는 분수가 줄지어져 캐스케이드 형성

㉰ 아차발바그

- 히말라야를 조망할 수 있으며 물의 약동을 상시적으로 즐길 수 있는 곳
- 다수의 분수와 연못이 있으며 넘친 물이 낮은 테라스를 향하여 폭포 형성

⑦ 샤자한 시대

㉮ 차스마샤히

- '캐시미르 지방의 다르호를 내려다 보는 산중턱의 산장
- '왕의 샘'이라는 샘에서 나오는 물이 수로를 따라서 정원 전체에 정교하게 배치

㉯ 샬리마르바그

- 라호르에 위치한 샤자한 왕의 여름별장
- 크지 않은 낙차의 3개의 테라스로 구분
- 제1노단은 152개의 분수가 장치된 대분천지
- 중간노단은 캐널과 원로에 의해 4개의 방형으로 구분되고 각 구획은 십자의 원로에 의한 사분원형태
- 청어가시 모양의 원로 포장

㉰ 타지마할

- 평지인 아그라의 줌나 강가에 위치한 인도 영묘건축 최고봉
- 샤자한 왕이 뭄타즈 마할 왕비를 위해 조영
- 대칭적 구조의 균형 잡힌 단순한 의장 : 균제미의 절정
- 높은 울담, 흰 대리석 능묘, 장방형 대분천지가 특징
- 십자형 수로에 의한 사분원 형식 : 중심의 대분천지는 반영미 절정

⑧ 아우란지브 시대

㉮ 파리마할 : 차스마샤히를 능가

㉯ 라비 아 아우라니 : 타지마할의 축소판

4 르네상스 조경

1. 이탈리아

1) 개요

① 발생시기에 따라 지방적으로 특징이 다르게 나타남
② 인간의 품위와 고상한 취미를 위한 인간존중 및 생활안정기
③ 르네상스의 큰 영향은 성곽 중심의 정원에서 별장정원으로의 전환
→ 르네상스의 정원은 별장정원에서 비롯됨
④ 전원생활을 흠모하는 인문주의적 사고와 현실세계의 즐거움 추구
⑤ 기하학적 형태와 크기의 비례를 근간으로 하는 비트루비우스 원리를 기초해 빌라와 정원, 주변경관의 단일 건축적 구도에 의해 계획
⑥ 자연을 객관적으로 보며 주택은 정원과 자연경관에 의해 외향적 지향
⑦ 빌라와 정원의 입지는 조금 완만한 경사지에 위치하여 자연을 조망하고 즐기는 역할
⑧ 지형과 실용성의 영향으로 이탈리아의 르네상스 양식이 널리 전파되거나 응용되기 곤란
⑨ 조경가의 이름이 등장하고 의뢰인인 시민자본가 등장

2) 조경

① 공간의 구성 및 배치

㉮ 지형과 기후적 여건으로 구릉과 경사지에 빌라가 발달하고 노단이 중요한 경관요소로 등장
㉯ 빌라를 중심으로 전정과 후정, 정원경계 외에는 자연경관, 또는 과수원, 수림대 등으로 구성
㉰ 빌라 건물의 중앙을 통과하는 건물의 주축이 정원의 비례나 대칭적 공간분할의 기본적인 형태로 작용
㉱ 건물공간은 빌라가 위치하는 장소로 전체공간의 중심
㉲ 정원공간은 화단과 가로수길, 수공간, 점경물 등의 정원요소가 위치하는 장소로 빌라의 부속기능 담당
㉳ 고전적 비례를 엄격하게 준수하고 원근법을 도입하였으며 직관적이기보다는 수학적 계산에 의해 구성
㉴ 중심축선상에서의 노단처리는 물을 주요소로 이용하여 처리하는 것이 일반적
㉵ 흰 대리석과 암록색 상록수가 강한 대조를 이루는 대비효과 이용

② 평면적 특징

㉮ 정형성

- 직렬형 : 건물의 중앙을 통과하는 주축이 정원의 비례, 대칭적인 공간분할의 기본적 형태 → 랑테장
- 병렬형 : 빌라를 중심으로 한 종축과 횡축에 의한 비례를 갖는 공간분할 형태 → 에스테장
- 직교형 : 빌라의 축과 정원의 축이 교차하는 배치형태 → 메디치장

㉯ 비정형성

건축의 축선과 정원의 축선이 별개로 되어 있는 형태 → 피에졸레장

③ 입면적 특징

원의 주구조물인 카지노의 위치에 따라 3가지 유형으로 나누어지며 지형적 조건의 차이에 기인한 것으로 봄

㉮ 상단형 : 카지노가 노단의 최상단에 위치하여 원경을 조망할 수 있게 한 일반적인 유형 → 에스테장

㉯ 중간형 : 카지노가 정원의 중간에 위치하는 유형 → 알도브란디니장

㉰ 하단형 : 노단의 최하단에 카지노를 배치하는 유형 → 랑테장, 카스텔로장

④ 시각적 구성 및 구조물

㉮ 수경요소 : 산간지대의 물을 끌어들여 다이나믹한 수경을 나타냄 → 캐스케이드, 분수, 물풍금, 분천, 연못, 벽천, 물극장, 양어장, 수로

㉯ 구조물 : 테라스, 정원문, 계단, 난간, 정원극장, 카지노

㉰ 점경물 : 대리석을 사용하여 주로 입상(立像)으로 놓여졌으며 단독 또는 군상으로 설치

⑤ 정원식물

㉮ 녹음수 : 상록활엽의 월계수, 가시나무, 종려, 감탕나무, 유럽적송 등

㉯ 식재 : 단독 혹은 총림(Bosquet)으로 식재. 총림의 기능은 배경식재를 위한 것으로 대표적 수종은 유럽적송

㉰ 낙엽활엽수 · 토피어리 · 화훼류 : 낙엽활엽수로는 플라타너스, 포플러가 많이 사용되고 토피어리용으로는 회양목, 월계수, 감탕나무, 주목 등의 사용되었으며 화훼류는 수목류에 비해 소수 사용

3) 전기(15C) : 토스카나 지방

① 특징

㉮ 르네상스의 발상지 : 피렌체의 부호 메디치의 영향이 크게 작용

㉯ 완만한 구릉과 계곡, 충분한 물, 좋은 자연경관

㉰ 고대 로마별장을 모방한 중세적인 색채를 지님
㉱ 위치 선정, 조닝(Zoing) 등 새로운 르네상스적 특징 발생
㉲ 알베르띠의 건축론 10권(건축십서) : 이상적 정원의 꾸밈새 방법 기술

② 조경

㉮ 카레지오장
- 메디치가 최초의 빌라
- 미켈로지 설계 : 중세 성관과 유사한 방어형 설계

㉯ 피에졸레장(메디치장)
- 전형적 토스카나 지방의 빌라
- 미켈로지 설계-알베르띠의 부지설계원칙 적용
- 경사지에 노단식으로 구성되어 있으며 건축물과 정원의 축 불일치

㉰ 카스텔로장, 살비아티장, 팔미에리장

4) 중기(16C) : 로마 근교

① 특징

㉮ 르네상스 예술문화의 최전성기로 이탈리아식 별장정원 등장 → 찬란한 조경문화 개화
㉯ 노단건축 수법으로 노단건축정원의 등장 → 이탈리아 조경의 전기 마련
㉰ 16C 후반에는 토스카나 지방으로 확대되고 북쪽의 제노바에도 영향을 미쳐 세 지역에서 동시에 발달
㉱ 합리적 질서보다는 시각적 효과에 관심
㉲ 정원작품은 주로 건축가 작품으로 축선에 따른 배치가 다수
- 라파엘로 : 마다마장
- 페루치 : 페르네시아장
- 리피 : 메디치장
- 비놀라 : 랑테장
- 리고리오 : 에스테장

② 조경

㉮ 벨베데레원
- 브라망테 설계 - 16C 초 대표적 정원
- 교황의 여름 거주지로 벨베데레 구릉의 작은 빌라를 연결
- 이탈리아 노단건축식 정원의 시작으로 기하학적 대칭과 축의 개념을 처음 사용
- 이탈리아의 수목원적 정원을 건축적 구성으로 전환하는 계기

- 테라스와 노단, 계단, 벽화가 그려진 정자, 청동이나 대리석 분천, 고대조각상 등을 정원에 도입

㉯ 마다마장

- 최초 라파엘로가 설계하였으나 사후 조수인 상갈로에 의해 완성
- 노단식 규범에 따르되 기하학적 축선을 따라 광대한 직재원(直裁園)을 건물 주위에 배치 → 농촌풍경과 조화롭게 배치
- 건물과 옥외공간을 하나의 유닛으로 설계하여 내부 및 외부공간을 시각적으로 완전히 결합

㉰ 파르네제장

- 비뇰라 설계
- 2개의 테라스, 계단에 캐스케이드 형성
- 주변에 울타리가 없이 주변 경관과 일치 유도

㉱ 에스테장

- 리고리오가 설계한 전형적인 이탈리아 르네상스 정원
- 수경은 올리비에리의 설계로 풍부한 물의 다양하고 기묘한 수경처리가 매우 뛰어남
- 명확한 중심축 사용하여 하부에서 상부까지 축으로 이어짐
- 4개의 테라스
  - 제1노단 : 분수와 공지, 화단, 물풍금
  - 제2노단 : 감탕나무 총림, 용의 분수
  - 제3노단 : 100개의 분수, 백면분천
  - 제4노단 : 흰 대리석 카지노

㉲ 랑테장

- 비뇰라의 설계로 이탈리아 정원의 3대원칙인 총림, 테라스, 화단의 조화로운 배치
- 정원축과 수경축이 완전한 일치를 이루는 배치로 수경축이 정원의 중심요소
- 4개의 테라스가 돌계단으로 연결됨
  - 제1노단 : 둥근 섬이 있는 거대한 정방형 연못, 십자형 다리, '몬탈로 분수'
  - 제2노단 : 원형 분수, 플라타너스 군식
  - 제3노단 : 장방형 연못, 추기경의 테이블, 거인의 분수, 인공폭포
  - 제4노단 : 캐스케이드, 돌고래 분수

㉳ 포포로 광장

- 광장의 중심에 16C 말에 세운 오벨리스크가 위치
- 네 귀퉁이에는 19C 초에 세운 좌사자상이 있는 장타원형 광장

5) 후기(16C) : 매너리즘과 바로크양식의 대두

① 특징

㉮ 건축적으로 바로크양식은 발전하였으나 정원은 일반적인 르네상스양식 사용

㉯ 건축적 양식의 변화에 비해 정원의 변화는 늦게 나타남

㉰ 균제미의 이탈, 지나치게 복잡한 곡선의 장식과 화려한 세부기교에 치중 → 미켈란젤로에 의해 시작

㉱ 정원동굴, 물을 즐겨 사용하여 기교적으로 취급 → 물극장, 물풍금, 경악분천, 비밀분천 등

㉲ 토피어리의 난용, 미원은 더욱 복잡해지고 과도한 식물 사용과 다양한 색채를 대량으로 사용

㉳ 화단, 커낼, 분천 등 모두 직선보다는 곡선을 많이 사용

② 조경

㉮ 감베라이아장

- 매너리즘 양식의 대표적 빌라
- 주건물이 정원의 중앙에 놓이며 전체적으로는 엄격하리만큼 단순하게 처리
- 동굴정원, 물의 정원, 레몬원, 사이프러스원, 총림, 난간이 달린 전망대 등이 잔디를 깐 산책로를 중심으로 배치

㉯ 알도브란디니장

- 지아코모 델라 포르타가 설계한 바로크 양식
- 2개의 노단과 노단 중간에 건물 위치
- 배모양의 분수가 있고, 중심시설인 물극장 유명
- 정원 뒷산의 저수지를 이용하여 자연형 폭포, 연못, 캐스케이드로 정원장식

㉰ 이졸라벨라장

- 호수의 섬 전체를 정원화한 바로크양식의 대표적인 정원
- 섬 전체가 바빌론의 공중정원과 같이 물 위에 떠있는 것처럼 보임
- 10개의 테라스로 되어 있고 각 노단은 화려하게 장식
- 최상단에는 바로크 특징이 강한 물극장 배치

㉱ 가르조니장

- 건물과 정원이 분리되어 있는 2개의 노단으로 구성된 빌라
- 정원은 기술적 · 미적인 면에서 단연 뛰어나 바로크양식의 최고봉이라 일컬음
- 상부 테라스는 그늘진 총림, 하부 테라스는 밝고 화려한 파르테르(Parterre)와 원형 연못으로 구성

㉲ 란셀로티장 : 바로크양식의 빌라

2. 프랑스

1) 개요

① 지형이 넓고 평탄하며 다습지가 많아 풍경이 단조로움
② 도시주택과 수렵용 건물의 복합체인 성관의 발달
③ 온난하고 습윤한 기후의 영향으로 낙엽수림이 발달한 산림 풍부
④ 루이14세의 절대주의 왕정 확립과 예술에 대한 후원의 영향을 크게 받음
⑤ 중상주의정책으로 경제적으로 안정된 새로운 귀족계급의 등장과 문화와 예술의 발전

2) 르네상스 조경

① 이탈리아 양식으로 개조 또는 새로 만든 성관정원
㉮ 16C 초 : 블로와성. 샹보르, 퐁텐블르
㉯ 16C 말 : 아네성, 샤를르발, 튈레리궁, 생제르맹 앙 레이
㉰ 17C 초 : 뤽상브르, 베르사이유궁, 리셜리외궁
② 르네상스시대(바로크)의 3대 정원가
㉮ 몰레 : 프랑스에 자수화단을 최초로 설계
㉯ 세르 : 정원을 용도별로 나눔 → 화단, 채소원, 과수원, 초본원
㉰ 브와소 : 르 노트르에 큰 영향을 미침
③ 17C말 앙드레 르 노트르의 평면기하학식의 새로운 양식이 나타나기까지 이탈리아양식의 확대발전

3) 17C 평면기하학식 정원 : 프랑스풍 바로크양식

① 정원 내에 화려한 색채를 많이 사용한 화단 발달
② 화단과 넓은 수면 등의 평면적 요소와 풍부한 산림을 이용한 수직적 요소의 사용
③ 앙드레 르 노트르(Andre Le Notre)가 프랑스 조경양식(평면기하학식) 확립

프랑스와 이탈리아 조경의 비교

구분	프랑스	이탈리아
양식	• 평면기하학식 정원 • 평면적으로 펼쳐져 있는 느낌	• 노단식 정원 • 입체적으로 쌓여 있는 느낌
지형	평탄하고 다습지가 많으며 풍경이 단조로움	구릉이나 산간의 경사지에 정원 입지
시설	도시주택과 성관이 발달	피서를 겸한 빌라의 발달
주경관	소로(allee)에 의해 구성된 비스타로 웅대하게 경관을 전개하는 장엄한 양식	부감(俯瞰, 높은 곳에서 내려다 봄) 경관을 감상
수경관	호수, 수로 등을 장식적인 정적 수경으로 연출	지형의 영향으로 캐스케이드, 분수, 물풍금 등의 다이내믹한 수경 연출
입체감 발현	풍부한 산림을 이용하여 공간의 볼륨 표현	경사지와 옹벽에 의해 지지된 테라스, 계단, 경사로 설치
화단	화려한 색채를 가진 화단을 이탈리아 정원보다 중요시	화단이 정원의 주요소로 쓰임

4) 앙드레 르 노트르 정원구성양식

① 개요

㉮ 정원은 단순한 주택의 연장이 아니라 광대한 면적의 대지 구성요소 중 하나로 인식
㉯ 대지의 기복과 조화시키되 축에 기초를 둔 2차원적 기하학 구성
㉰ 단정하게 깎은 산울타리(hedge)로서 총림과 기타 공간을 명확하게 구분
㉱ 바로크적 특징의 하나인 유니티(unity)는 하늘이나 기타 정원구성요소들을 넓은 수면에 반영시킴으로써 형성
㉲ 주축을 따라 롱프윙(ronds points, 사냥의 중심지)을 중심으로 여덟 방향으로 뻗는 수렵용 도로인 소로의 이용 → 소로(allee)는 끝없이 외부로 확산
㉳ 공간의 구성에 있어 조각 · 분수 등 예술작품을 리듬 혹은 강조요소로 사용
㉴ 장엄한 스케일을 도입하여 인간의 위엄과 권위 고양
㉵ 총림과 소로로 비스타(vista)를 형성하여 장엄한 양식의 경관 전개

② 구성요소

㉮ 소로(小路 allee) : 총림과 총림을 가로지르는 산책로로 총림과 분수 등을 지나면서 계속적으로 다른 경치감상
㉯ 총림(叢林 bosquet) : 공간의 벽체나 비스타를 구성하기 위해 채택. 구획총림, 성형총림, 5점총림(V자형 식재)
㉰ 화단(花壇 parterre) : 파르테르는 베르사이유궁원에서 사용되기 시작하였으며 화려한 정원요소로 사용

- 자수화단 : 가장 아름다운 화단으로 자수와 같이 회양목, 로즈마리 등으로 만든 당초무늬의 화단
- 대칭화단 : 대칭적 네 부분에 의해 만들어지며 나선무늬, 초생지, 매듭무늬, 화훼 등의 집단적 화단
- 영국화단 : 가장 수수한 외모로 단순히 잔디밭이나 어떤 형태를 그려넣은 잔디밭으로 원로에 의해 둘러싸이고 원로 바깥 쪽으로 꽃을 심은 화단
- 구획화단 : 회양목으로만 사용하여 무늬를 만든 화단으로 초지나 화훼류가 곁들어지지 않음
- 감귤화단 : 영국 화단과 유사하나 그 속에 감귤(오렌지)나무와 관목을 식재한 화단
- 물화단 : 잔디와 녹음수, 화단 등에 분천지 여러 개가 짝지어져 이루어진 화단
- 격자울타리(trellis) : 전(前) 시대에도 쓰인 것이나 르 노트르 시대에는 정원의 한 국부로 형성시켰고 원정, 살롱, 정원문, 보랑 등에 사용
- 조소 · 조각 : 이탈리아와 달리 골동품적 가치나 예술적 가치는 높지 않았으나 정원에 어울리는 작품들을 만들어 사용
- 매크로 아웃도어룸 : 스페인의 파티오나 이탈리아의 테라스가든을 발전시켜 매크로 아웃도어룸을 조성

③ 앙드레 르 노트르의 영향

이탈리아, 영국, 스웨덴, 덴마크, 오스트리아 등 유럽전역에 18~19C 초까지 강력한 영향을 미쳤고, 르 노트르의 옥외공간 조직기법은 도시계획에까지 확대 사용

르 노트르가 각국에 미친 영향

구분	국가	작품
정원	이탈리아	카세르타 성
	영국	햄프턴 코트
	스웨덴	드로트닝홀름
	덴마크	프레덴보르크
	오스트리아	쉔브룬성, 벨베데레원, 미라벨원
	독일	포츠담, 님펜부르크궁, 헤렌하우젠, 실라이스하임, 바이체하임
	네덜란드	헤트 루, 하우스 노버그, 샤블롱
	스페인	라 그란자
	포르투갈	쿠엘즈성
	중국	청조의 원명원, 동양 최초의 프랑스식 정원
도시계획	러시아	성 페테스부르크, 네메
	미국	워싱턴 계획

5) 보 르 비콩트(Vaux - le - Vincomte)

① 최초의 평면기하학식 정원으로 기하학, 원근법, 광학의 법칙을 적용
② 건축은 루이 르 보, 실내장식은 샤를 르 브렁, 조경은 앙드레 르 노트르가 설계한 프랑스 정원의 고전양식을 대표
③ 조경이 주요소이고 건축은 조경에 종속된 2차적 요소로 사용
④ 주축선상에 물의 산책로, 벽천, 그로토(grotto)를 연결
⑤ 거대한 총림에 의해 강조된 비스타가 직선으로 조성
⑥ 넓은 중앙의 원로를 따라 다양한 원로가 조성되고 화단은 턱이 낮은 단처리로 구분
⑦ 대규모 수로(canal)와 자수화단(parterre)의 정교한 수를 놓은 듯한 장식
⑧ 해자(moat), 잔디로 장식한 화단, 붉은 자갈길, 낮은 소나무 울타리, 우아한 작은 연못 설치

6) 베르사이유(Versailles)궁

① 앙리4세 때부터 왕의 수렵지로 쓰이던 소택지에 궁정과 궁원 조성
② 건축은 루이 르 보, 실내장식은 샤를 르 브렁, 조경은 앙드레 르 노트르가 설계
③ 궁원의 모든 구성이 중심축선과 명확한 균형 형성
④ 축선이 방사상으로 전개되어 루이14세의 절대왕권을 상징하는 태양왕의 이미지 반영
⑤ 강한 축과 총림에 의한 비스타 형성
⑥ 정원의 주축선상에 십자형의 대수로(canal) 배치
⑦ 브란그란 총림과 롱프윙(사냥의 중심지), 미원(maze), 연못, 야외극장 등 배치
⑧ 남쪽 부분에 감귤원과 스위스 호수 배치
⑨ 대 트리아농, 프티 트리아농
⑩ 주축선 : 거울의 방 → 물화단 → 라토나분수 → 왕자의 가로 → 아폴로분천 → 대수로

3. 영국 정형식 정원

1) 개요

① 완만한 자연구릉과 흐린 날이 많은 기후
② 잔디밭과 볼링그린이 성행하였고 강렬한 색채의 꽃과 원예에 관심을 가짐
③ 튜더조(16C) 말 영국의 르네상스가 절정에 이름
④ 스튜어트조(17C) 때 청교도혁명과 명예혁명이 일어났고 잉글랜드 공화국 성립

2) 조경

정형식 정원으로 부유층 중심으로 발달

① 테라스 설치

㉮ 정원의 적당한 장소에 이탈리아 양식을 연상시키는 정방형 테라스 설치

㉯ 테라스를 석재난간으로 둘러쌈

㉰ 병, 화분, 조각상 등으로 테라스와 주변의 소로 장식

② 주택으로부터 곧거나 평행하게 설정된 주축

㉮ 가장 전형적인 영국 르네상스 정원조형의 경향 발생

㉯ 네 사람 정도가 여유롭게 걸을 수 있는 곧게 뻗은 길인 이 주축을 포스라이트(forthright)로 지칭

㉰ 자갈 또는 잔디로 포장되다가 후일 프랑스의 영향으로 타일이나 판석으로 장식

③ 기하학적 정형성을 가진 축산(築山, mound)

㉮ 중세 때 방어와 감시의 기능이 휴식과 조망, 연회장의 기능 또는 시각적 대상으로 변화

㉯ 정상의 접근을 위해 나선형 길을 확보하여 기념성과 의미성 부여

㉰ 주변이나 정상에 기념비, 원정(園亭 summer house) 혹은 연회당 설치

④ 볼링그린(bowling green)

㉮ 영국적 특징이 독창적인 환경으로 나타난 실외경기장

㉯ 대규모 주택의 외곽이나 성내 수림 내부에 위치

㉰ 외주부를 작게 깎은 회양목이나 초화류로 둘러싼 장방형이나 타원형 공간

㉱ 초기에 단순하였던 것이 장식적이고 화려하며, 지나치게 복잡해짐 → 이러한 남용의 비판과 반작용으로 영국식 정원 몰락

⑤ 약초원(약초원 herb garden)

㉮ 중세 이래 지속되어온 정형적 형태의 약초원이 영국의 정형식 정원에서도 보편화

㉯ 석재난간, 해시계, 철제장식물, 분수, 문주, 미로원 등 정원구조물 설치

㉰ 낮게 깎은 회양목, 로즈마리, 데이지, 라벤더 등으로 화단의 가장자리를 장식한 매듭화단 조성

3) 튜더 왕조

① 영국의 절대주의 시대의 왕조

② 장원(manor)을 중심으로 한 비교적 소규모 정원에서 발달

③ 정원의 양식은 소탈한 것으로 시작 → 성 캐서린 수도원

④ 중세의 성관이 생활공간으로 변환되면서 방어용 장벽과 해자가 없어지며 유럽식 정원으로 확대

⑤ 헨리8세는 원예에 관심을 가져 강력한 색채의 꽃으로 치장

㉮ 리치몬드 왕궁 정원 : 자수화단, 퍼걸러, 운동시설

㉯ 햄프턴 코오트 성궁

- 수차례의 개조를 통해 여러 나라의 영향을 가장 많이 받은 정원
- 엘리자베스1세 집권 시 프랑스, 이탈리아, 폴란드 등으로부터 유럽의 양식이 이입되어 영국식 정원이 세련되어짐

㉰ 몬타큐트 정원

- 상 · 하단으로 분리된 단순한 평면
- 의도적으로 설정된 주축선과 건물중앙으로부터의 통경선
- 벽으로 둘러싸인 전정
- 돌로 포장된 원로
- 분수 있는 잔디밭
- 영국정원의 독창적이고 특징적인 가산(축산)의 시초

4) 스튜어트 왕조

① 튜더 왕조에 이어 근세에 걸쳐 영국 통치

② 장원건축과 조경이 확연하게 쇠퇴

③ 이탈리아, 프랑스, 네덜란드로부터의 르네상스 기운과 중국 등의 영향이 적극적으로 유입

④ 영국정원에 이탈리아양식을 도입하여 테라스를 설치하고 석재난간 및 화분, 조상 등 장식

⑤ 네덜란드풍의 영향은 정원의 조밀한 공간구성, 회양목과 주목의 토피어리, 대규모 튤립 화단의 조성으로 나타남

㉮ 레벤스 홀

- 기욤 보용의 설계
- 토피어리 집합정원
- 볼링그린, 채소원, 포장된 산책로
- 프랑스풍은 주축선, 방사형 소로(allee), 연못, 통경선(vista), 전정한 산울타리 군식 등으로 나타남
- 17C 초에 이르러 프랑스의 베르사이유 궁원의 양식을 비롯한 유럽의 조경언어를 부분적으로 채용한 형태로 발전 → 햄 하우스, 채츠워스
- 17C 말 영국의 정원은 바로크풍의 정원으로 성숙되는 단계

㉯ 멜버른홀
- 최초의 상업식 조경가인 런던과 와이즈의 설계
- 화려하고 풍성한 식재로 전체의 구성보다는 세부적 디테일 묘사
- 영국적인 성격에 프랑스적 디자인 가미

㉰ 채츠워스
- 런던과 와이즈의 바로크 형태의 확장적 적용
- 자수화단, 건축물로의 축선, 경사면을 수놓는 풍부한 모티브의 활용
- 계단의 반복과 함께 이루어지는 활기찬 캐스케이드

4. 기타 유럽 국가

1) 독일

① 개요

㉮ 독일의 르네상스는 1590년대를 중심으로 나타남
㉯ 정원서가 번역 및 저술되고, 새로운 식물의 재배와 식물학에 대한 활발한 연구 개진
㉰ 16C부터 등장한 식물원의 건립

② 조경

㉮ 1597년 페 셰엘이 독일 최초로 독일 정원서 저술
- 정원은 반드시 신중하게 계획
- 방형 형태가 적합함
- 원로는 포장되어야 함

㉯ 건축가 푸리텐바흐
- 이탈리아, 프랑스 정원을 독일인 취향에 맞게 수정
- 사상 최초로 어린이를 위한 학교원 조성
- 정원의 원로에 판석을 깔아 가늘고 긴 화상(花床) 설치 → 런던의 도시정원이나 프랑스의 포장정원(paved garden) 등의 시작

㉰ 카우스가 설계한 하이델베르그 성관 주위의 정원은 독일 르네상스정원으로 규모가 크고 화려함 → 대규모 오렌지 과수원과 화단이 특징적

㉱ 카르스루헤 성관, 슈베츠친겐 이궁, 헤렌하우젠 궁전, 님펜부르크 궁전

2) 네덜란드

① 개요

㉮ 이탈리아의 영향을 받았으나 지형적 영향이나 석재료의 부족 등으로 테라스의 전개가 불가능하여 분수와 캐스케이드가 사용되지 않았음

㉯ 네덜란드의 농업과 정원형태에 가장 큰 영향을 끼친 것은 배수용 수로로 모든 정원의 형태는 이 수로와 평행하게 구성하였음

㉰ 예로부터 유럽에서 가장 화초류를 애호하는 국민성

㉱ 전통적 정원은 약초원과 같이 실용적 가사용으로 단순

② 조경

㉮ 건축가 드 브리스에 의해 16C에 최초로 르네상스정원이 도입되어 장식적이며 다소 이탈리아적 취향을 가짐

㉯ 테라스 대신 조망이 좋은 곳이나 미원(迷園)의 중심에 가산 축조

㉰ 지면의 영향으로 수로를 구성해 배수와 부지경계의 목적으로 사용

㉱ 한정된 공간에 다양한 변화를 추구하여 토피어리, 조각품, 화분, 원정, 서머하우스 등 설치

㉲ 네덜란드의 토피어리는 이탈리아, 프랑스를 거쳐 영국으로 건너가 한때 영국정원에 유행

㉳ 정원은 수목이 열식된 원로나 커낼에 의해 장식되고 창살울타리나 정자 설치

㉴ 정자는 정원구조물 가운데서 가장 특징적인 존재로 의장도 갖가지이며 토피어리나 푸른 터널로 둘러 설치

㉵ 화단은 호화로운 자수화단보다는 단순한 사각형의 화상

㉶ 정원의 협소함과 재배법의 우수함으로 생산된 풍부한 양의 화훼류로 변화성을 줌으로써 작품의 묘미 부각

㉷ 헤트 루 궁, 하우스 노버그 궁, 샤블롱 정원

3) 오스트리아

① 개요

물리적 · 감정적으로 프랑스보다 이탈리아에 가까웠으나 건축이나 조경은 프랑스풍의 바로크양식이 활성화되었음

② 벨베데레원

㉮ 1700~1723년에 상하 두 단의 테라스로 세워진 바로크풍의 궁원

㉯ 하단은 왕의 거주지로 단순한 파르테르로 구성

㉰ 상단은 6,000여 명을 수용하는 위락지로 중앙에 분수를 가진 대규모 프랑스식 파르테르로 구성

㉱ 상하단의 테라스는 거대하고 화려한 캐스케이드로 연결

㉲ 총림과 넓은 잔디밭, 높게 깎아 만든 산울타리 등 프랑스 기법과 유사

③ 쉔브른 성의 정원

㉮ 오스트리아에서 가장 대표적인 프랑스풍 바로크 정원

㉯ 궁원이라기보다는 한계가 없는 공원과 같은 약 130ha의 장엄한 규모를 가짐

㉰ 로코코 양식의 실내장식을 한 방의 수가 1441개

④ 미라벨 정원

- 무늬화단, 총림 등의 기법을 사용한 평면기하학식 정원
- 바로크 양식의 전형을 보여주는 분수와 연못, 대리석 조각물, 꽃 등으로 장식
- 울타리로 둘러쳐진 극장

5 근대와 현대 조경

1. 18C 영국의 자연풍경식 정원

1) 개요

① 산업혁명과 민주주의, 도시의 인구집중으로 인한 도시화 현상 초래
② 산업혁명에 의한 경제력 증대와 영국인들의 자신감으로 변화 요구
③ 동서의 교류에 의한 동양의 영향과 계몽사상의 발달(근대 휴머니즘과 합리주의)
④ 조경의 사상적 배경을 이룬 사상가 등장
　㉮ 라이프니츠와 볼테르 : 유교와 도교 등 중국의 종교와 사상을 번역하고 연구하여 동양의 정신세계와 문화를 접할 수 있는 계기 마련
　㉯ 루소 : 인간의 진정한 행복은 자연으로 돌아갈 때에만 되찾을 수 있음을 규명

2) 영국의 자연풍경식 발생

① 17C 정형식 정원의 평면기하학식 표현이 한계에 봉착
② 전원생활과 화훼류 재배를 좋아하는 영국인들의 목적에 맞는 새로운 정원의 출현 요구
③ 고전주의(17C 정원)에 대항하여 자연주의 운동을 태동케 하고, 독자적 정원(18C 낭만주의적 양식)을 낳게 하여 유럽대륙에 전파
④ 영국의 낭만주의적 풍경식 정원의 탄생에 영향을 준 요인
　㉮ 지형, 기후, 식생 등이 이탈리아나 프랑스의 정원형태에 부합되지 않음을 인식
　㉯ 계몽주의 사상, 새로운 회화 장르의 풍경화 대두
　㉰ 문학의 낭만주의 발생
⑤ 에디슨, 포프, 셴스톤 등의 정원예술과 관련한 문학작품 발표
⑥ 초기에는 회화적 성격보다 시적인 성격을 가져 '시적 정원(poetic garden)'이라 지칭
⑦ 경제력과 자부심에 기인한 영국식 정원에 대한 욕구
⑧ 직선적 정원과 형상수에 대한 반동
⑨ 중국정원양식의 영향
⑩ 문화적 표현(정서)을 시각적으로 표현

3) 영국 풍경식 조경가

① 스위처
　㉮ 최초의 풍경식 조경가로 런던과 와이즈의 제자며, 에디슨과 포프의 영향을 받음

㉯ 정원의 울타리를 없애고, 정원의 범위를 주위의 전원으로 확장

② 반브러프 경

㉮ 하워드 성 : 경관적 특징에 따라 목가적 경관을 구성하여 고전주의에서 낭만주의로의 이행을 보여주는 18C 영국정원의 대표적 작품

㉯ 스토우 가든

③ 브리지맨

㉮ 대지의 외부로까지 디자인의 범위 확대

㉯ 경작지를 정원 속에 포함시키고 전체적으로 자연스런 숲의 외관을 갖추게 하는 수법 사용 → 리치먼드 궁원

㉰ 조경에 하하(ha-ha) 개념을 최초로 도입 → 스토우 가든

㉱ 스투어헤드 수정, 치스윅하우스, 로스햄 설계

④ 켄트

㉮ 18C 후반 풍경식정원의 전성기에 선도적 역할을 한 인물로 '근대 조경의 아버지'로 지칭

㉯ '자연은 직선을 싫어한다'는 말로써 정형적 정원 비판

㉰ 브리지맨의 후계자로 초기에는 스승의 방식을 답습하나 후기에는 비정형식 수법으로 이행

㉱ 영국의 전원풍경을 정원에 회화적으로 적용하여 '풍경식 정원의 비조'로 지칭

㉲ 켄싱턴 가든, 치스윅하우스, 스투어헤드 설계, 로스햄, 스토우 가든 수정

⑤ 브라운

㉮ 켄트의 제자

㉯ 구릉이나 연못 등 대규모 토목공사를 통한 지형의 삼차원적 변화를 즐겨 활용하는 공간구획의 대범성을 가짐

㉰ 부드러운 기복의 잔디밭과 거울같이 잔잔한 수면, 우거진 나무숲이나 덤불, 빛과 그늘의 대조를 즐겨 사용

㉱ 자연미의 단순한 재현 추구

㉲ 테라스와 자수화단은 엄격히 회피

㉳ 물을 취급하는 수법 특출 → 발레이

㉴ 스토우 가든, 발레이, 블렌하임 수정

⑥ 챔버

㉮ '동양 정원론'을 통해 영국에 중국 정원을 소개한 조경가

㉯ 큐 가든에 중국식 건물과 탑의 최초 도입

㉰ 풍경식 정원에 중국적 취향을 받아들여 영국정원의 공허한 단조로움 타파
㉱ 중국정원의 다양한 의미의 측면에서 자연풍경을 재현하는 브라운 비판

⑦ 렙턴

㉮ 18C 후반에서 19C 초에 걸쳐 영국의 풍경식 정원 완성
㉯ 자연미를 추구하는 동시에 실용적이고 인공적인 특징을 조화롭게 설계
㉰ 풍경식 정원의 이론가이자 설계자로 'Landscape Gardener'라는 용어 최초 도입
㉱ 설계 의뢰 후 설계도와 함께 개조 전과 후의 모습을 볼 수 있는 '레드북(Red Book)' 준비
㉲ 지도와 평면도만 가지고 이해하기 어려운 결점을 슬라이드 방법으로 해결
㉳ 자연을 1 : 1의 비율로 묘사한 조경수법은 '사실주의 자연풍경식' 또는 '영국풍경식'이라 지칭
㉴ 건물 주변에서 실용성을 강조하는 것은 19C 태어난 절충식 수법의 선구로 볼 수 있음
㉵ '조경의 스케치와 힌트' 저술

4) 영국 풍경식 정원 사례

① 스토우 가든

㉮ 18C 영국풍경식 정원의 변화과정을 잘 보여주는 대표적 사례
㉯ 브리지맨과 반브러프의 설계
- '모든 자연은 정원'임을 나타내는 기저개념 암시
- 축은 프랑스식으로 8각형 호수에 연결
- 자수화단, 수영장, 분수, 운하 등 조성
- 하하(ha-ha)기법 도입, 부축의 빗겨진 각도가 프랑스식과 다름

㉰ 켄트와 브라운이 공동수정
- 원로, 자수화단, 8각형 호수, 산울타리 등에서 보이는 기하학적 선을 없애 디자인의 견고성 완화
- 다듬지 않은 나무를 풍경처럼 배치
- 직선을 사용하지 않음
- '울타리 너머의 모든 자연 역시 정원'임을 강조

㉱ 브라운의 개조 : 세부적인 디테일을 합해 숲과 같은 부드러움 강조

② 로스햄

㉮ 브리지맨의 설계를 소유주의 불만족으로 켄트가 개조
㉯ 켄트의 작품 중 가장 매력적이고 특징적인 정원으로 주목

㉰ 화가가 그림을 그리듯이 교목, 관목, 덤불, 바위, 물, 벽돌, 모르타르로서 대지에 전원을 그림

㉱ 아케이드, 시냇물, 동굴, 캐스케이드, 조상 등이 비스타와 산책로로 연결

③ 스투어헤드

㉮ 18C 중엽 영국 풍경식 정원 중 원형이 잘 보존되어 있음

㉯ 소유주인 헨리 호어가 손수 설계하여 가꾸다 브리지맨과 켄트가 정원설계

㉰ 자연을 배회하는 영웅의 인생항로를 노래한 버질의 서사시 에이니드에 의거해 구성

㉱ 시와 신화와 연관시켜 일련의 연속적 변화를 보이는 정원풍경경험

㉲ 저택 어디에서도 정원이 한눈에 보이지 않도록 한 반면, 저택과 정원 어디에서도 보이도록 오벨리스크 설치

㉳ 정원의 구성은 풍경화 법칙에 따라 구성하되 로랭의 그림에 기초를 두어 설계

④ 블렌하임 궁원

㉮ 헨리와이즈와 반브러프에 의해 고전적 정원으로 조성

㉯ 브라운에 의해 낭만적인 목가적 환경의 정원으로 재창조

- 다각형 정원을 자연형 잔디밭으로 개조
- 소로를 없애고 2개의 연못을 합하여 다리로 연결 → '브라운의 연못'으로 지칭

2. 영국 풍경식 정원의 영향

1) 프랑스의 풍경식 정원

① 조경

㉮ 프랑스 풍경식 정원은 자연에 대한 강한 동경심이 바탕을 이룸

㉯ 자연적인 특징이 매우 깊이 표현되며 영국 풍경식보다 더욱 다양성 증가

㉰ 초기 영국의 목가적 풍경보다는 후기 전원적 풍경의 적극 묘사

㉱ 챔버의 중국적 취향도 동시에 수용하고 깊게 반영하여 여러 예술분야에 동양의 예술품을 이용하는 경향 유행

㉲ 농가, 창고, 물레방아, 풍차, 착유장 등이 배치되어 정원을 작은 촌락처럼 보이게 조성

㉳ 정원의 구조물들을 자연적인 아름다움과 경관효과를 높이기 위한 장식적 요소로 이용

㉴ 프랑스 풍경식 정원을 '낭만주의적 정원' 또는 '감상주의적 정원'이라 지칭

㉵ 영국과 달리 정원 전체를 수정하거나 개조하지 않고 명원은 보존해가며 옛 정원과 인접해 조성

② 프랑스 정원

㉮ 프티 트리아농

- 영국 풍경식 정원을 받아들인 프랑스 풍경식 정원을 대표
- 루이16세의 왕비 마리 앙트와네트가 소박한 전원생활을 즐김
- 전원취향을 상징하는 많은 첨경물 설치
- 실제 농민이 경작하는 촌락이 정원의 중심

㉯ 에르메농빌르

- 앙리4세가 세운 궁에 프랑수아 지라르댕이 소유한 후 풍경식 정원 조성
- 지라르댕의 영국정원에 대한 지식으로 대임원, 소임원 및 벽지(僻地, 경작되지 않은 토지, 모래땅, 암석, 호수 등)의 3부분으로 구성
- 첨경물이 많이 놓여 있는 것이 특징적이며 감상적 정원의 걸작품으로 인정

㉰ 말메종

- 베르토가 설계
- 나폴레옹1세의 황후 조세핀의 원예취미에 의해 수목, 화훼류 식재
- 큰 온실이 세워져 외국에서 들여온 식물도 재배
- 모르퐁테느, 바가텔르, 몽소공원

영국식 정원양식과 프랑스 정원양식의 비교

구분		영국 풍경식	프랑스 평면기하학식
배경	정치 경제	• 교황청과의 대립으로 교회재산을 몰수하여 황실재산이 부유해짐 • 상류층은 시골 거주를 선호	• 중상정책으로 부를 축적 • 태양왕(절대군주) 루이 14세
	사상 문화	• 자연을 동경, 낭만주의 • 정원시인, 풍경화가, 사실주의 • 중국의 정원양식 영향	• 르 노트르 양식, 독자적 양식 • 투시도 기법
	자연 환경	• 구릉 목가적 경관 • 습한 공기, 일광 부족	• 넓은 평원과 풍부한 산림
특징		• 자연수목 이용, 토피아리 배척 • ha-ha기법 • 불규칙적인 곡선 사용 • 경제적 측면도 중시 • 열식, 군식보다는 자연특성에 맞게 조성 • 실용적 · 인공적 특징을 예술적 목적과 조화시킴	• 르노트르 양식 • 면적의 효과에 의해 우아, 장엄함 표현 • 넓은 수면, 장식적 수경으로 비스타 조성 • 자수화단을 정원중심부에 이용 • 풍부한 산림(보스케)으로 수직 강조 • 소로(allee)
영향		공원	도시경관 → 도시계획(파리, 워싱턴)

2) 독일의 풍경식 정원

① 조경

㉮ 영국 풍경식 정원이 시기적으로 프랑스보다 약간 늦게 유입

㉯ 독일의 풍경식 정원은 국민성의 영향을 입어 과학적 기반 위에 구성

㉰ 19C에 들어 '식물생태학'과 '식물지리학'에 기초를 둔 자연풍경의 재생을 과제로 삼음

㉱ 시인이나 철학자들이 선도적 역할을 하여 당시의 문예사조와 밀접한 관련을 가지고 정원이 발달

② 독일정원

㉮ 시베베르원 : 1750년, 독일 최초의 풍경식 정원

㉯ 데시테드정원 : 1752년, 임원에 지리 및 생육상태 등 과학적인 배려를 하여 조성

㉰ 무스카우성의 대임원 : 1822년 만들어진 퓌클러 무스카우 공의 정원으로 독일 풍경식 정원을 대표하는 작품

③ 조경가

㉮ 히르시펠트

- 산림미학자로 '정원예술론'을 저술하여 독자적으로 풍경식 정원의 원리 정립
- 풍경식 정원의 풍경효과를 전원적, 장엄, 명상적, 명랑, 음울, 웅장 등으로 성격 분류
- 히르시펠트의 이론은 당시의 여러 예술분야에 큰 영향을 미침

㉯ 칸트

정원예술을 '자연의 산물을 미적으로 배합하는 예술'로 정의함

㉰ 괴테

- 낭만주의 시대 문호로 히르시펠트의 영향을 받아 풍경식 정원에 관심
- 바이마르공원 설계
  - 풍경식 정원 기법을 적용
  - 작은 암자, 고딕건물, 로마네스크 건물, 폐허, 기념비 등을 장식적으로 설치
  - 시냇물, 수림 사이의 산책로와 멀리 있는 교회의 탑으로 연결된 비스타 경관 형성
- 만년에는 감상주의를 혐오해 풍경식에 대해 관심 상실

㉱ 실러

풍경식 정원의 비판자로 정원 속에 많은 경관이 존재하기에 혼돈상태를 이루고 있음을 비판

3. 19C 조경

1) 일반적 경향

① 과학이 발달하여 감상주의적인 것이 쇠퇴하고 현실에 눈을 돌려 절충식이라는 새로운 경향 탄생
② 조경가들의 현실의식과 식물에 관심
③ 정원은 조경가와 식물학자들의 손에 맡겨지고 생육환경에 따른 식물의 사용
④ 감상적 첨경물 배척과 토양과 식물의 자연적인 성질에 관심
⑤ 모든 식물에게 정원 내에서 가장 알맞은 자리를 준다는 목표 지향
⑥ 고립목이 경관의 중심을 차지하는 경향 출현

2) 정원의 개조

① 배리

㉮ 건축가로서 로마근교의 별장수법을 즐겨 사용
㉯ 정원을 풍경원과 분리시켜 건물의 한쪽 면에 붙여서 축조
㉰ 화단은 회양목으로 구획하고 교목에 의해 그늘지지 않도록 배치
㉱ 지형에 따라 노단식과 침상식 화단으로 꾸밈
㉲ 반정형적 영국 풍경식 정원 → 트렌덤 성

② 팩스턴

㉮ 이탈리아식 국부와 프랑스식 국부를 사용하여 개조 → 채스워스
㉯ 정형식 국부와 비정형식 국부가 함께 갖추어진 절충식 정원 → 수정궁(Crystal palace)

3) 영국의 공공조경

① 공공정원의 형성과정

㉮ 고대의 아고라(Agora)와 포룸(Forum)이 오늘날 도시공원(city park)의 원형
㉯ 중세시대는 폐쇄적인 사회구조로서 공공조경이라 볼 수 없음
㉰ 르네상스시대의 이탈리아는 개인정원의 발달과 문예적 부흥의 사회적 분위기로 정원의 공개가 이루어짐
㉱ 17C, 18C에는 이탈리아의 개인정원 공개의 영향으로 귀족이나 왕실 소유의 수렵원(park) 공개
㉲ 19C에 들어 산업발달과 도시민의 공원에 대한 욕구로 공공정원의 필요성 대두

② 리젠트 파크

㉮ 건축가 존 내쉬 계획

㉯ 1811년 공포된 법령에 의해 공원으로 축조

㉰ 주요 가로를 개조하여 띠 모양의 숲 조성

㉱ 공적 위락용과 사적 주택지로 구분

㉲ 연못, 원로, 목장 등으로 경관의 변화 도모

㉳ 건물이나 휴게소 등 구조물을 식재로 차폐

㉴ 버큰헤드 파크 조성에 영향

③ 세인트 제임스 공원

존 내쉬가 긴 커낼을 물결무늬의 물가 선을 가진 자연형 연못으로 개조

④ 버큰헤드 파크

㉮ 조셉 팩스턴 설계

㉯ 1843년 역사상 최초로 시민의 힘과 재정으로 조성된 시민공원

㉰ 리젠트 파크와 같이 공적 위락지와 사적 주택지로 구분

㉱ 중앙에 건물을 두지 않아 중심점이 없는 임의적 전망 창출

㉲ 풍경식 정원의 전통에 이오니아식, 고딕식, 이탈리아풍이나 노르만 스타일, 중국식 등이 가미된 절충주의적 경향 표현

㉳ 이 공원의 영향으로 빅토리아 파크, 바터시아 파크 등의 대공원 이외에도 소공원도 많이 축조

4) 미국의 조경

① 개요

㉮ 식민지 초기 영국 정착민에 의해 조경에 관심 가짐

㉯ 남북전쟁 후 도시거주자들이 지방에 별장을 지어 건축과 조경이 발달하고 영국의 수법 계승

㉰ 18C 초 낭만주의적인 풍경식 정원 도입

㉱ 18C 말 ~ 19C 초까지 영국 르네상스의 영향이 강하게 반영

② 조경

㉮ 마운트 버논

- 초대 대통령 조지 워싱턴의 사유지
- 볼링그린, 채소원, 자갈길, 정형식 화단
- 영국식과 프랑스식을 절충한 형태

㉯ 몬티첼로와 버지니아대학
- 18C 미국 르네상스 건축의 대표작
- 제퍼슨 설계

③ 조경가

㉮ 앙드레 파라망티에
- 벨기에와 프랑스계 이민자로서 미국 최초 풍경식 정원 설계
- 미국 최초의 조경가 다우닝을 등장시킨 산파역

㉯ 다우닝
- 미국 최초의 조경가, 미국 최초의 전원예술서적 발간
- 루돈 스타일의 영국식 낭만주의적 경향
- 미국문화와 기후에 따라 부지에 적합한 설계 주장
- 향토수종 대신 이국적 장식용 교목이나 관목의 식재 필요성 부각
- 영국의 건축가 보우를 미국으로 영입
- 브리안트와 함께 문필활동으로 공원의 필요성 제고 및 센트럴 파크의 탄생에 큰 영향력 발휘

5) 미국의 공공조경

① 센트럴 파크

㉮ 1851년 뉴욕시는 이민자의 증가에 따른 공원의 필요성 대두로 시조례로서 최초의 공원법 제정

㉯ 다우닝의 노력으로 공원의 부지를 더 많이 확보하는 수정안이 1853년 통과

㉰ 공원설계 공모에 옴스테드와 보우의 '그린스워드안'이 당선되어 1858년 탄생

㉱ 옴스테드와 보우의 명성이 높아졌으며 현대조경사에 지대한 영향

㉲ 1865년 브루클린 '프로스펙트 파크 계획안'

㉳ 1869년 '리버사이드 단지계획'
- 시카고 근교에 통근자를 위한 생활조건을 갖춘 단지계획
- 도시공원의 설계개념을 주거지역까지 적용하여 전원생활과 도시문화를 결합하려는 시도
- 미국 도시계획사상 격자형 가로망을 벗어나고자 한 최초의 시도
- 18C 영국의 낭만적 이상주의가 미국에 옮겨져 이룩된 낭만적 교외로 평가

㉴ 1871년 시카고 사우스 파크 계획

㉵ 1884년 프랭클린 파크 계획

㉶ 1895년 뉴욕 리버사이드 공원계획

② 미국 환경보존법

1864년 최초로 현대적 생태학 개념을 주창한 마시의 영향이 크게 작용

③ 국립공원

㉮ 1872년 옐로스톤공원이 최초의 국립공원으로 지정

㉯ 1890년 요세미티 국립공원도 지정

④ 공원계통(park system)

㉮ 1890년 찰스 엘리어트가 수도권 공원계통(metropolitan park system) 수립

㉯ 1895년 옴스테드 부자와 엘리어트가 보스턴의 홍수조절과 도시문제를 해결하기 위한 '보스턴공원계통' 수립과 '보스턴 메트로폴리탄 녹지체계' 수립

㉰ 엘리어트는 '광역 공원녹지체계의 아버지'라는 찬사를 받음

⑤ 시카고 박람회(세계 콜럼비아 박람회)

㉮ 1893년 미대륙 발견 400주년을 기념하기 위해 시카고에서 박람회 개최

㉯ 건축은 다니엘 번함과 룻스, 도시설계는 맥킴, 조경은 옴스테드 사무실 참여

㉰ 도시에 대한 관심과 도시계획에 발달하는 기틀을 만든 계기

㉱ 도시미화운동의 계기

㉲ 조경계획을 수리함에 있어 건축 · 토목 등과 공동작업의 계기 형성

㉳ 조경 전문직에 대한 인식 제고

㉴ 로마에 아메리칸 아카데미 설립

⑥ 미국 조경가협회(ASLA)

㉮ 1899년 미국 조경가협회 조직

㉯ 세계적으로 현대조경을 주도하고 있던 미국 조경계의 자부심으로 발전

6) 기타 유럽의 조경

① 프랑스

㉮ 보아 드 볼로뉴 - 볼로뉴 숲 : 1852년 파리시 4개년 계획으로 왕실 소유의 숲을 매입하여 1860년대 초 아름다운 풍경식 공원 건설

㉯ 몽수리를 조성하고, 보아 드 뱅센느를 복구하는 등 파리 시내 도처에 공원 조성

② 독일

㉮ 1841년 소도시 마그데부르크에 최초 도시공원 보겔게상 파크 설치

㉯ 베를린시의회 프리드리히 대왕 즉위 백년을 기념을 기념하여 프리드리히스하인 공원의 창설 의결

㉰ 왕실 소유의 테이어가르텐을 시민에게 이양

- 시민공원
  - 18C말 히르츠펠트에 의해 이론적으로 고찰되었으며 시켈과 르네, 마이어에 의해 제창
  - 19C말에 현대정원의 새로운 미적 개념을 가지고 개방적인 공간 디자인과 경관설계로 도시민의 요구 수용
  - 인구 50만 이상의 도시에 10ha 이상으로 도시민의 오락과 교육을 위하여 지역적 측면에서 건설
  - 초원지역과 연못, 분수, 휴식장소, 기념비와 파빌리온 배치
- 도시림
  - 연방법으로 제정한 도시 거주자의 휴식을 위한 도시 공동체의 숲
  - 일반적으로 운동장, 레스토랑, 승마, 하이킹 산책로 등이 레크리에이션 시설 등 배치
- 분구원(Kleingarten)
  - 19C 중엽 의사인 시레베르가 주민의 보건을 위해 제창
  - 한 단위가 200m² 정도인 소정원지구를 구입하거나 대여하여 사용(일종의 주말농원)
  - 나치정부가 국민의 체력향상과 제1차 세계대전 등 식량난을 완화시키는 데 기여해 1930년대에 크게 성행
  - 현재도 독일의 여러 도시에 존속되고 있으나 화훼재배장이나 주택난 해소를 위해 사용

7) 새로운 공원관

① 초기 도시공원은 도시의 미화에 중점을 두어 영국적인 방법으로 공원을 조성하였으나 시대가 지남에 따라 진부한 것으로 전락
② 민주적 감정은 공원의 취급에 새롭고 활동적인 것을 요구
③ 도시 인구의 증가는 보다 새로운 개방적 공원의 필요성 제기
④ 정적인 분위기에서 동적인 레크리에이션을 위한 공원을 원하는 요구 변화
⑤ 레크리에이션을 위한 요구로 공원의 꾸밈새가 정형적으로 변화

8) 근세구성식 정원

① 19C 말엽 새롭게 나타난 건축식 정원
② 공원이나 귀족의 정원이 아닌 민주적인 도시 소주택 정원에서 시작되어 소정원으로의 복귀 변화

③ 건축가 블롬필드는 '영국의 정형식 정원'에서 풍경식 정원의 불합리성을 지적하고 정원은 건축적이어야 함을 주장

④ 건축적인 감각이 담겨진 정원의장에 대한 관심과 함께 식물에 대한 흥미도 한층 더 증가

⑤ 로빈슨, 지킬

㉮ 소정원운동을 주도한 인물들로 영국의 자생식물, 귀화식물을 이용하여 최초의 야생정원 조성

㉯ 지킬은 소주택정원에 어울리는 월가든, 워터가든 고안

⑥ 니콜스

'영국의 즐거운 정원'에서 오래된 조각물과 분천, 프랑스의 투시선, 네덜란드의 토피어리, 세계각지의 화훼 등이 알맞게 배치됨을 설명

⑦ 영국에서 시작되어 유럽 여러 나라로 전파됨

⑧ 20C 들어 독일의 무테시우스

'현대의 정원은 서로 의지하는 특수한 정형적 구조를 가진 부분에 의해 구성되어야 하며 옥외의 화단, 잔디밭, 채소원 따위도 가옥을 구성하는 하나의 방으로 견줄 수 있는 공간이기에 그 경계선이 뚜렷해야 한다'고 주장

⑨ 무테시우스 주장 이후 옥외실이라는 말이 근대정원에 대한 공상적인 명칭으로 등장

⑩ 1887년 함부르크에서 최초의 조경전시회가 개최되었고, 1907년 만하임의 조경전시회에서 격자수법 등장

9) 19C 미국의 절충주의

① 19C 중엽 미국은 낭만주의나 절충주의의 경향으로 렙턴, 루돈, 다우닝 양식의 부드럽고 자연스러운 양식 풍미

② 1850년 후반 낭만주의는 유럽식 모방의 고전주의나 중세 복고주의 경향이 나타나고 1870~1875년에 미국의 절충주의 발생

③ 1920년대까지 지속된 절충주의 양식의 경향을 'Country Place Era of Landscape Architecture'라 지칭

④ 근 40년간 지속된 'Country Place Era'는 설계의 질을 높이는 계기가 된 반면 공공대중에게 위화감을 주는 오류 발생

⑤ 건축가 및 작품

㉮ 헌트 : 트리니티 교회당 → 로마네스크 양식

㉯ 화이트, 미드, 맥킴 : 빌라드 하우스 → 이탈리아 궁전 양식

㉰ 헌트와 옴스테드 : 빌트모어장 → 프랑스풍의 건축물

4. 20C 조경

1) 개요

① 19C 말부터 폭발적인 인구증가로 도시문제가 심각하게 대두
② 공해문제와 자연환경의 피폐화 문제도 나타나기 시작
③ 기계화된 노동력에 의해 토지개발이 광범위해지고 대규모화되어 획일화
④ 20세기 중반에서야 비로소 도시문제와 국토환경문제에 대처하기 시작하여 법률제정과 관련단체 및 기관의 설립
⑤ 기능과 합리성을 추구하는 국제주의양식(International Style) 대두
⑥ 이미 1895년 미국의 건축가 설리번은 '형태는 기능을 따른다'라고 주창하면서 장식을 배제하고 합리성을 추구한 기능주의 건축 제시 → 20C 모더니즘의 중심사상

2) 유럽의 조경

① 신도시 건설과 이상향 추구

㉮ 하워드

- 1898년 영국의 하워드는 '내일의 전원도시'를 구상하여 20세기의 유토피아 실현의지 제안
- 하워드의 이상에 따라 영국 허트포드셔의 두 도시 레치워스와 웰윈 건설
- 1946년 영국신도시법이 통과되면서 할로, 스티븐지, 크롤리 등 신도시 조성
- 하워드의 구상은 미국에 이어 전 세계적으로 전파되어 뉴타운 건설 붐 조성

㉯ 기데스

- 도시를 하나의 천체로 보고 그 지구적 확장을 주시
- 1918년 인도의 인도레에서 얻은 리포트는 '도시개발을 위한 도시계획'으로 발전됨

㉰ 애버크롬비와 포사워

- 1943년 '런던지역계획' 발표
- 기존의 대규모 인구를 유지하기 위하여 행정구역을 생물학적으로 분석
- 초등학교 1개를 중심으로 인구 6,000~10,000명의 주구를 구성하여 근린주구(neighbor hood)의 구성개념 제안

㉱ 지테

- 19C 도시가 시민에게 보다 좋은 서비스를 제공하기 위해서는 구체적인 오픈스페이스 계획과 디테일 설계의 향상을 통한 가로경관의 세련화에 달렸다고 봄
- 설계 차원에서 고전적 도시가 지닌 원리 추출에 노력
- 방과 광장의 공통점은 바로 위요공간의 질에 달려 있다고 주장
- 지테의 도시분석은 유럽의 디자인과 건축은 물론 신대륙까지 확대

② 근대 디자인 운동의 정착

㉮ 19C 말 수공업시대의 품질에 미치지 못하는 공장생산품의 조잡성 비판

㉯ 1853년 러스킨은 '베니스의 돌'에서 신고전주의적 고딕정신의 부흥 추구

㉰ 러스킨의 사상에 영향을 받은 모리스는 '미술공예운동' 전개

㉱ 모리스의 사상은 후에 지킬의 정원설계에 영향

㉲ 20C초 서구예술과 디자인계는 새로운 양식과 형태를 모색하는 시기로 여러 가지 노력과 운동으로 발전

㉳ 새로운 양식의 출현

- 큐비즘 : 1907년~1914년 피카소와 브라크에 의한 새로운 조류로서 구미 조경계의 현대적 재인식 형성에 가장 큰 영향을 미침
- 아르누보 운동 : 1880~1910년에 걸쳐 브뤼셀을 중심으로 성행
- 데스틸 : 1917년 네덜란드에서 시작된 예술운동
- 바우하우스 : 1919년 독일에 세워진 근대 종합디자인학교
- 러시아 구성주의 : 1913년 러시아의 말레비치에 의해 주창된 절대주의 회화에서 발전
- 예술실존주의 : 1920년 가보, 페브스너에 의해 선언된 경향

③ 초기 모더니즘 조경의 형성

㉮ 영국의 건축가 힐은 영국에서 건축과 정원에 있어서 모더니즘 운동의 패턴 정착

㉯ 1925년 힐과 지킬이 설계한 우드하우스 콥스에서 풀(pool)이 있는 중정은 영국적 모더니즘 조경의 전이단계 제시

㉰ 20C 들어 런던과 파리에서 최초로 정원을 위한 전시회 개최

- 1925년 파리에서 '국제 근대장식 및 산업미술전시회' 개최
  - '인생에서의 예술'이라는 모토로 디자인 역사의 분수령
  - 장식미술계에 프랑스의 유행창조 주도권을 잡으려는 시도
  - 18C 이후 특권적 기풍에서 평등으로 바뀌는 문화적 전이의 최종 국면 형성
  - 공원설계의 책임자는 포레스티어가 담당
  - 구에브르키앙의 '물과 빛의 정원'을 출품작 중 가장 전위적인 작품으로 평가
- 1928년 영국에서 '국제 정원설계 전시회' 개최
  - 20C 초에 걸쳐 추구되었던 새로운 정원에 대한 실험작 발표장
  - 소규모 정원을 실제 조성하여 전시하였고 새로운 시대의 새로운 조경에 대한 논의 진행
  - 새로운 주택에 알맞은 새로운 정원에 대한 탐구 활발
  - 홀름의 출품작 '제10번 정원'은 그의 10개의 정원설계 연작 중의 하나로서 당시로

는 매우 실험적인 안으로 평가

- 1934년 코넬의 '하이 앤드 오버' 라는 주택정원 설계를 새로운 시도로 평가

④ 영국 정원의 변화

㉮ 터너드

- 캐나다 출신의 조경가이자 도시 및 지역계획가로 영국에서 수학
- 1930년대 최초로 모더니즘 정원양식 추구
- 근대적인 주택에는 근대적인 정원이 필요하다고 역설
- 모더니즘 조경은 모더니즘 건축의 정신과 기술의 발전으로부터 분리될 수 없다고 주장
- 정원설계의 기능적, 강조적, 예술적 접근 강조
- '성 안네의 언덕'의 정원설계에서 전통적인 영국 경관에 새로운 주거형태 도입
- 영국에서 전위적인 작품을 추구하는 한편으로 자연풍경식 정원의 전통적 수법을 계속하다가 미국으로 이민

㉯ 젤리코

- 19C 지킬에 이어서 영국 전통정원 계승
- 파트너였던 페이지와 더불어 조경의 근대적 운동 개척
- 영국의 경관정원기법에서 더 발전하여 새로운 주제를 수용하는 동시에 전통의 현대적 해석 → 조경설계의 고전적 접근
- 1947년 해밀 햄프스테드 신도시계획에서 토지개간을 통하여 주로 도시공원과 수경정원을 중심으로 레크리에이션과 여가활동을 자연경관과 결합
- 1948년 세계조경가협회(IFLA)를 창립하고 초대회장 역임

⑤ 자연과의 조화

㉮ 1900년 스페인 바르셀로나의 구엘 공원

- 건축가 가우디의 작품으로 자연법칙에 종속한 결과를 시각적 · 구조적으로 표현
- 전원도시의 중심과 같은 의도로 조성되었으며 주랑이 있는 그리스식 노천극장을 중심으로 성당, 테라스, 계단 등 배치

㉯ 1932년 덴마크의 아루스 대학교 캠퍼스

- 조경가 소렌슨이 생태적 고려를 반영하여 설계
- 캠퍼스 중앙에 호수와 계류가 있는 지형부지를 보존하면서 도로변에 격자축에 의한 건물을 배치하여 구성

㉰ 1934년 네덜란드 암스테르담의 보스 공원

- 활동적이고 적극적인 레크리에이션 공원으로 근대공원의 효시
- 식물학자, 생물학자, 공학자, 건축가, 사회학자, 도시계획가 등 여러 전문가들이 공

동작업하여 보다 자연친화적인 공원의 유형 제시

㉱ 1940년 스웨덴 스톡홀름의 우드랜드 묘지

- 건축가 아스프룬드의 주변 경관과 고전적 기하학적 가치를 조화시킨 작품
- 기하학적 배치구조를 이루고 있으나 자연경관으로 탄생된 인조언덕에 종속시켜 구성

3) 미국의 조경

① 도시미화운동(City Beautiful Movement)

㉮ 도시설계 시 도시외관을 아름답게 창조함으로써 공중의 이익을 확보하기 위한 도시운동

㉯ 시카고 박람회의 영향으로 저널리스트 로빈슨과 도시계획의 선구자 번함 주도

㉰ 조경가 로빈슨이 도시미화운동의 이론적 배경 마련

㉱ 도시가 지닌 구조적이고 형식적이며 역사적 미학의 가치를 강조한 일종의 도시계획적 접근

㉲ 시빅센터의 건설, 도심부 재개발, 캠퍼스 계획 등 각종 도시개발을 활발히 전개하는 효과

- 도시미화운동의 요소
  - 건물을 포함한 공공미술품을 도입하려는 도시미술(art)
  - 전체도시사회를 위한 단위로 설계하려는 도시설계(design)
  - 사회 및 정치적 개혁을 도모하려는 도시개혁(reform)
  - 도시미관을 깨끗하게 정리 · 정돈하는 도시개량(improvement)
- 도시미화운동의 부작용
  - 미에 대한 인식의 오류로 도시개선과 장식적 수단으로 잘못 사용
  - 조경직과 도시계획직의 분리로 조경의 영역 축소
  - 중산층의 표준에 맞춰 시각적 취향을 통일시키고 일반화하려는 시도
  - 영향력 있는 부유층의 주관에 의해 좌우

② 전원도시(Garden City Movement)

㉮ 하워드의 전원도시 구상은 미국의 대공황 시기에 계획도시건설로 현실화

㉯ 1927년 뉴저지 레드번, 조지아 치코피

㉰ 1933년 오하이오 그린힐즈, 테네시 노리스

㉱ 1935년 메릴랜드 그린벨트, 위스콘신 그린데일

③ 레드번(Radburn) 계획

㉮ 건축가 스타인과 라이트의 설계로 1927~1929년 조성

㉯ 주택 · 도로 · 공원녹지 · 가구 · 지구중심지 등의 구성관계에서 오픈스페이스가 전체

단지의 골격 형성

㉰ 슈퍼블록(Superblock)을 도입하고 도로를 그 기능과 등급에 따라 체계화

㉱ 차도와 보도를 분리하고 집합적인 정원 구성

㉲ 막힌 골목(cul-de-sac)을 중심으로 8~10호 주택들이 모여 클러스터를 이루어 거주자의 프라이버시와 안전 확보

㉳ 주거지에서 학교, 위락지, 쇼핑시설 등을 공원과 같은 보도로 연결

④ 광역조경계획

㉮ 1933년 뉴딜정책으로 국토계획국의 설치와 도시개발, 주택개발을 국가적으로 시행

㉯ 테네시강 유역 개발공사(TVA) 설립

- 미시시피강과 테네시강 유역에 21개 댐 건설
- 홍수조절, 수력발전, 공업도시개발, 용수시설 부설 등으로 농업진흥을 꾀하는 종합지역개발 시행
- 거주자를 대상으로 하는 후생설비를 완비하고 공공위락시설을 갖춘 노리스댐과 더글라스댐 설치
- 미국 최초의 광역 지방계획
- 지역개발 및 수자원개발의 효시
- 설계과정에서 조경가들 대거 참여

⑤ 공원로(Parkway)

㉮ 1923년 조경가 클라크가 최초의 '공원로'인 브롱스 공원과 캔시코댐까지의 연장 15마일도로를 계획하고 준공

㉯ 공원로는 고전적 도시의 광로와 달리 공원 내를 관통하는 도로의 개념

⑥ 초기 모더니즘

㉮ 초기 모더니즘의 특성

- 조경이 건축의 부속적인 위치에서 탈피하여 지형과 건물과 정원을 하나의 전체로 구성
- 조경을 통하여 예술적 의도를 표현하고자 함

㉯ 플래트

- 1894년 르네상스 정원을 도해한 최초의 책인 '이탈리아 정원'을 출간하고 신고전주의정원을 출현시킴
- 미국 내 신고전주의 양식의 일환으로 '절충주의운동'을 촉발시킴
- 1897년 단순하고 직접적이며 강력한 설계와 구조를 이룬 브룩클린의 폴크너 농장 설계

㉰ 파란드

- 미국의 여류 조경가로 1895년 예일, 시카고 등 여러 대학 캠퍼스 조경에 참여
- 1926년부터 거의 20여 년간 계속하여 조성한 '록펠러정원'은 지킬과 로빈슨의 영향을 크게 받음
- 영국의 정형식 정원에 매료당하여 자유로운 스케일, 선의 미묘한 부드러움, 방해받지 않는 비대칭 등 추구
- 중국과 일본, 한국 등에서 수집한 조각물과 조형물 배치
- 동양풍의 담장과 문을 조성하는 등 동서양 두 양식을 함께 사용

㉱ 스틸

- 1920년대 미국의 대표적 모더니스트
- 1924년 '소정원설계'에서 정원이 옥외거실임을 주장
- 약 30년간 개선작업을 한 일명 '나움키그'라 불리는 '초아트장원'은 정형식과 비정형식을 함께 구성

㉲ 모더니즘 조경의 특성

- 변화감, 리듬감, 유동성, 유기적 조합 등으로 구현된 자유로운 공간 구성
- 외부의 방, 활동의 장소, 민주적인 설계 등으로 얻어진 실용적인 공간
- 기하학적 구성원리의 적용, 연계성 · 비례 · 계층 등을 통한 공간질서의 추구

⑦ 하버드 혁명 : 주택정원의 발전

㉮ 재학생인 로즈, 에크보, 카일리 등 세 사람이 주동이 되어 조경교육의 개혁 주장

㉯ 조경교육의 전위적 운동이 시작되고 미국 조경설계의 모더니즘을 촉발한 계기가 됨

㉰ 1939~1942년 이민 온 터너드가 교수로서 모더니즘 운동에 대한 이념적 지도를 함

- 로즈
  - 터너드로부터 크게 영향을 받고 입체파의 회화와 조각에 심취
  - 몬드리안 큐비즘에서 많은 영감을 얻고 동양의 선사상과 불교에 주목하였으며 일본풍에 빠져들기도 함
  - '로즈정원'은 조각화된 정원과 같이 조형적이면서도 절제미와 자유로움을 골고루 갖춤
- 에크보
  - 비대칭의 기하학적 설계를 창안하고 20C 캘리포니아 정원의 원형 탐구
  - 평면설계에서 축의 공간에 변화를 주고 방향을 재설정하기 위해 대각선 도입
  - 캘리포니아 프레스노시에 최초의 보행자전용도로인 '프레스노 몰' 설계
  - 'LA 정원'에는 과감한 대각선을 도입하고 활발하면서도 기능적인 공간 구성

- 카일리
  - 명쾌한 건축구조적인 고전적 기하학을 현대적으로 응용하고자 노력
  - 격자구조를 바탕으로 모든 조경요소와 조각미술품을 원칙과 변화를 동반한 질서가 있는 배열로 구성
  - '밀러의 정원'에서 정형적 비정형의 구성을 취함
  - 현대화된 고전주의로서 인간의 욕구를 위한 규범과 균제를 추구하는 형식미를 갖추려 노력
- 토마스 처치
  - 큐비즘에서 비롯된 설계적 접근과 프랑스의 바로크풍에 기하학적 패턴을 결합한 절충주의적 경향
  - 초자연적으로 숨어있는 균형에 있어서 자유로운 흐름을 가진 추상적 곡선, 형태, 공간 등 이용
  - 향토수종 적극 활용
  - 1929년 소규모 주택정원 설계사무소를 열고 노동과 예산을 절감할 수 있는 절약형 정원 고안
  - 시각적 흥미를 위한 포장패턴과 레드우드 데크 개발
  - 적극적으로 정원을 활용할 수 있는 옥외실은 처치의 발명품으로 불릴 정도 특징적임
  - 건축의 기능주의와 동양(일본) 정원의 영향

    ⓐ 1948년 소노마의 도넬장 정원
    - 전체적으로 자유로운 곡선의 틀 속에서 여러 요소들이 하나의 전체로 잘 짜여진 단순명쾌한 구성
    - 자유로움과 유기적 조합이 특징적
    - 정원 전체를 하나의 외부방과 같이 설계하고 통일감, 단순함, 리듬감 등 추구

    ⓑ 토마스 처치의 주택정원 조성원칙
    - 고객 특성, 즉 인간의 욕구와 개인적인 요구 반영
    - 부지의 조건에 따른 관리와 시공, 재료와 식재의 기술 고려
    - 요구조건을 만족시킬 수 없을 때는 순수예술 영역에서의 공간 표현

    ⓒ 1955년 '대중을 위한 정원' 발간

4) 중남미와 호주의 조경

① 브라질의 벌 막스

㉮ 남미의 향토식물을 적극 발굴하여 조경수로 활용

㉯ 풍부한 색채구성, 지피류와 포장, 물의 구성을 통한 패턴의 창작 등 자유로운 구성

㉰ 브라질의 조경을 크게 발전시켜 열대경관에 대한 세계적 주목을 새롭게 인식시킴
㉱ 1935년 코파카바나 해변의 5km의 프로메나드를 조형적으로 설계
㉲ 1947년 코에아스의 '오디트 몬테로 정원'은 지피류와 지표석 중심의 지형설계를 통해 환경적 유추를 추구하였고, 모더니즘 조경의 한 특성을 보여줌

② 멕시코의 바라간

㉮ 멕시코의 풍토와 자연에 대비되는 명확한 채색 벽면 적극 활용
㉯ 말구유 등 전통적 요소를 응용하여 매우 단순하면서도 의미를 부여한 설계
㉰ 1949년 '페드레갈 정원'의 공공분수는 멕시코 조경의 현대적인 감각 제시
㉱ 열대의 태양빛 아래 부분적으로 빛나는 백색 바탕에 밝은 파스텔조의 색상을 조화롭게 도입
㉲ 1958년~1962년 라스 알보레다스의 가로교차점의 긴 스타코벽은 빛을 통해 강렬한 이미지 형성

③ 호주의 조경

㉮ 20C에 이르러 국가적 정체성을 확립하려고 도시계획과 건축분야에서 국제설계경기를 통해 세계적 명성과 이목을 얻고자 함
㉯ 1912년 미국의 건축가이자 조경가인 그리핀의 '캔버라 신수도 국제설계공모' 당선작은 '20C의 바로크' 또는 '도시미화적 표현'으로 평가
㉰ 캔버라 신수도는 하워드의 전원도시의 구상을 바탕으로 도시미화운동의 아이디어를 추가한 도시개념 추구

6 조경 사조와 작가

1. 조경 사조와 작가

1) 모더니즘

① 형성 배경

㉮ 19C 후반 미국도시와 지역 차원에서 조경설계는 주로 옴스테드의 설계양식에 지배되었음. 이 영향은 20C에 들어와서도 계속됨

㉯ 옴스테드 양식이란 미국적 민주도시 상황에서 영국풍의 고전적 낭만주의 양식을 적용한 것

- 옴스테드의 15 설계원칙
  - 조경에 예술품 도입
  - 영국의 낭만주의 양식에 근거
  - 빅토리아풍을 반영
  - 기존 도시와는 강한 대조 유지
  - 지형을 대담하게 이용
  - 들과 숲과 물 사이에 공간적 균형 유지
  - 전망을 미적 구성요소로 이용
  - 계획된 연속적 경험을 갖춤
  - 보차를 분리
  - 방문객 편익시설 제공
  - 예술적으로 구성된 식재설계
  - 건축을 경관 속에 융합
  - 각기 정형적 요소 제공
  - 변화감 부여
  - 레크리에이션 제공
- 영국의 지킬(Jekyll)
  - 그녀로부터 영국의 모더니즘 경향이 시작됨
  - 영국의 향토식물을 활용
  - 화훼류를 과학적 · 예술적으로 도입
  - 한 장소에서 시간예술적 차원의 경관구성 → 색채학에 기반하여 개화시기와 식재설계를 연계

- 영국건축가 올리버 힐(Oliver Hill)
  - 1925년 힐은 영국의 건축과 정원에 있어 모더니즘운동의 패턴을 정착시킨 사람의 하나임
  - 그가 여류조경가 지킬과 함께 설계한 우드하우스 콥스의 풀장이 있는 중정설계는 영국 모더니즘 조경에의 전이단계를 보여줌
  - 건축모더니즘운동에 입각하여 정원형태의 정수, 즉 기하학적 형과 순박한 그림을 위한 흰색의 테두리를 응용하였음
    - ‣ 모더니즘 조경이 형성될 수 있었던 배경과 그 과정에서 나타난 정원설계는 결국 새로운 미학을 추구하는 운동이 조경 내외적으로 충만한 결과였음
    - ‣ 모더니즘 건축이 실용주의, 이상주의, 합리주의에 기초하였다면 모더니즘 조경 또한 그러한 주의에 영향을 받았음
    - ‣ 이러한 조경양식의 배경에는 모던아트, 기술, 인공재료, 생태, 동양, 중동, 모더니즘 건축, 국제주의, 기능주의, 북구의 디자인, 자체노력 등이 있었음

② **초기모더니즘 조경의 성립** : 1930년대 후반 미국서부지역에서 마침내 그 본격적인 모더니즘 조경을 실현하기에 이르렀음

㉮ 처치
- 하버드대학교 출신
- 그는 1920년대 미국 캘리포니아 지방에서 활동하며 새로운 미학 추구
- 경관을 정태적인 미적 구성의 대상으로 간주하고 주로 단순미와 비대칭에 의한 구성적 미학체계를 이룸
- 자유로운 지역분위기, 소규모 정원운동에 걸맞아 고유한 양식으로 발전됨

㉯ 제임스 로스, 가렛 엑보, 단 키엘리
- 하버드대학교 출신
- 바우하우스운동을 전파한 월터 그로피우스의 기능주의와 국제주의에 심취. 조경에서 모더니즘을 구현하고자 노력
- 합리적인 것에의 설계적 접근으로 응집됨

㉰ 로렌스 핼프린 : 처치를 중심으로 엑보, 키엘리 그리고 핼프린까지 가세하여 캘리포니아 양식을 이루었음

㉱ 캘리포니아 양식
- 이 양식은 조경, 건축, 디자인 등에 나타나는 이 지역의 독특한 설계양식으로서 20C 초에 형성된 일종의 지역디자인문화임
- 지역기후와 지형, 향토식물, 지중해양식과 중동양식, 동아시아양식까지 영향을 받은 정원문화의 중심을 이룸 - 주택정원의 옥외공간에 개인의 사생활을 수용한 모더니

즘 → 이 옥외공간은 수영장, 파티오, 데크로서 이루어진 일종의 방과 같이 구성

㉮ 젤리코

- 그가 설계한 장미원은 정원설계의 진화
- 정원의 한 부분으로서 정형적 구성에서 자유로운 구성으로 전환한 변화를 보여줌
- 모던아트의 자유, 열정, 리듬을 나타냄

③ 모더니즘 조경의 원리

㉮ 역사적 양식을 거부함. 그 대신 산업사회와 부지와 프로그램에 의하여 창조되는 새로운 경관이 합리적인 접근으로부터 표출됨

㉯ 패턴보다 공간을 더 중요시함. 이것은 현대의 건축적 모델에서 파생되었음

㉰ 경관은 인간과 인간사회를 위한 것

㉱ 축을 파괴함

㉲ 식물은 그 식물조형학적 이용뿐만 아니라 개개의 생태적 성질에 따라 이용함

㉳ 주택과 정원이 융합됨. 정원은 주택의 부속물이 아님

㉴ 재료의 존중, 합리적 해결, 인간 중심의 공간, 단순미의 추구 등

㉵ 장르의 무너짐, 유기적 구조, 변화하는 생명체, 회화적 구성 등

㉶ 정형에서 비정형으로, 대칭에서 비대칭으로 전환

㉷ 전망 중심에서 활동 중심으로, 주택 중심에서 외부공간 중심으로 전환

㉸ 정원장식예술에서 공간형성예술로 전환

㉹ 모더니즘의 상징은 그리드(grid). 합리성과 기능성을 중시

2) 포스트모더니즘

① 형성배경

㉮ 1980년대 전반에 George Hargreaves는 '포스트모더니즘의 확장된 시야'라는 논문에서 포스트모더니즘의 도입배경과 그 기본성격을 정리

㉯ 1980년대 후반부터는 Ian McHarg의 생태학적 결정론 등 과도한 과학적 접근에 대한 우려와 비판이 폭넓게 제기되면서 '예술로서의 조경'의 움직임이 활성화되기 시작 → 합리주의적 근대주의의 조경양식은 전면에서 퇴조해 가게 됨

㉰ 국내에서도 1990년대 이후 관행적인 'S · D · A(조사, 분석, 설계로 이어지는 근대주의적 방식)'와 기능주의를 넘어서는 조경설계의 접근방식들이 시도되고 설계언어가 다양화되기 시작 → 포스트모더니즘이 전파되고 있는 양상

② 포스트모더니즘 조경설계의 기본성격

㉮ 1990년 전후부터 본격적으로 탈기능적인 순수형태를 통해 예술적 접근을 추구

㉯ 크게 보아 '추상적인 형태의 흐름', '맥락적 · 서술적 형태의 흐름', '픽처레스크한 유동

적 형태의 흐름' 등 다원적 방향으로 진행되어 나가고 있음

③ 포스트모더니즘 조경의 세 가지 유형과 미술영향

㉮ 추상적 조경 : 미니멀 미술

㉯ 구상적 조경 : 팝아트와 신형상주의를 포함하는 표현주의계열

㉰ 신픽처레스크적 조경 : 대지미술과 해체주의 건축

④ 추상적 포스트모던 조경의 전개

㉮ 미니멀리즘의 담론과 조형언어

- 미니멀리즘은 현대예술사에서 가장 핵심적인 사조로서 모더니즘의 최후의 형태이면서 포스트모더니즘의 초기적 징후를 함께 보여줌
- 포스트모던 사조를 선도한 미술사조
- 작품을 직접적, 직선적, 단순한, 선명한 형태 등으로 표현
- 극단적인 환원적, 현상학적 태도로서 동양의 직관주의(도교, 선불교)와 개념이 상통
- 미니멀리즘의 조형의 기본개념은 환원성과 확장성
- 환원성은 근본형태로의 복귀, 확장성은 주변 공간과의 관계성이 강조
- 형태적 도상은 점그리드와 줄무늬 → 오브제를 소재로 하여 점그리드나 줄무늬패턴을 주된 구성방식으로 사용

㉯ 추상적 포스트모던 조경의 설계언어와 전략

- 추상적 포스트모더니즘 조경은 미니멀 미술의 관점과 기법을 수용하여 단순, 기하학적, 주변과 대조되어 강렬한 형태패턴을 표현하는 소위 형태주의적 작품세계를 보여왔음
- 환원적 기하학의 수용과 재료의 대담, 솔직한 표현
- 현대의 혼란된 경관 속에서는 강한 미니멀 형태가 대조적으로 가시성을 갖게 되므로 미니멀조경은 도시조경에서 많이 적용
- 대표적 조경가 : Peter Walker, Michael van Valkenburgh

㉰ Peter Walker

- 자신의 조경작품을 '담장이 없는 미니멀정원'이라 함
- 워커의 스타일은 여러 스타일의 혼성물(hybrid)임
- 미니멀과 고전주의에서 공통된 환원적 요소를 찾아내어 이들을 시각적으로 경관을 강화하는 요소로 이용, 여기에 더해 서술성, 의미, 상징까지 부여하는 절충적 기법을 사용
- 가시성을 갖기 위해 오브제는 주변 맥락과 대조성을 가지면서 그 자체로 독립적으로 보이게 함
- 이러한 접근방법은 주변과의 형태적 유사성을 주된 수단으로 삼는 맥락주의와는 반

대되는 태도
- 중심적으로 추구했던 시각적 성격은 대지 본연의 '평면성'
- 수직적 건축의 시각적 우위에 대항하여 대지 고유의 평면성을 강조
- 대표작품 : Cambridge Roof Garden, 1979

㉣ Michael van Valkenburgh
- 전형적 미니멀리스트이지만 최근 작업에서는 맥락적이고도 서술적인 표현을 병용
- 대표작인 '얼음벽' 시리즈들에서 보이듯이 그의 관심은 공간 안에서의 시간의 흐름에 집중되어 있음
- 재료, 시간, 이벤트의 경험과 함께 이루어지는 장소의 이해를 표현하면서 특히, 변하는 것(물과 얼음, 식물재료 등)과 변하지 않는 것과의 대조를 통해서 일종의 우주적 리듬을 보여주려 함
- 대표작품 : Radcliffe Ice Wall, 1988

㉤ 한계와 잠재력
- 한계 : 조경의 대상인 현실 그 자체가 아닌 외부(미술)로부터 직접 빌려온 양식을 사용하고 있다. 이러한 태생적 한계가 앞으로 극복되어야 할 과제
- 잠재력 : 미니멀 조경에서 주로 사용되는 근원적 형태들은 일차적이고 가시적인 효과를 넘어서서 부수적으로 상징과 의미전달 효과도 가질 수 있다는 점

⑤ 구상적 포스트모던 조경의 전개

㉮ 팝아트, 신형상주의 담론과 조형언어
- 20세기 후반의 미술에서 감지되는 중요한 변화는 구상성의 복원
- 대량산업사회의 풍경을 재현하려한 팝아트로부터 시작된 이 흐름은 신형상주의로 이어지면서 전 시대의 구상적 · 서술적 · 표현적 미술의 맥을 복구하게 됨
- 팝아트는 매스미디어나 대량생산품들을 통해 새로운 산업사회의 현실을 그려내려고 함
- 합리성과 기능성을 중시했던 모더니즘에서 벗어난 인간의 감성을 중시하는 포스트모더니즘으로 향하는 사상적 기반을 마련
- 신형상주의는 개방적 서술성에의 복귀를 선언한 것이며 회화전통의 부흥을 말함
- 구상적 이미지의 재등장뿐 아니라 역사화를 주제의 원천으로 차용한다는 점에서도 포스트모더니즘으로 넘어가는 과도기를 대표하는 미술현상 → 영감의 원천은 17세기 풍경화와 표현주의 그림들

㉯ 구상적 포스트모던 조경의 설계언어와 전략
- 팝아트나 초현실주의, 또는 신형상주의 등 크게 보아 구상적, 표현주의적 미술의 기본 관점과 표현기법을 수용
- 주변환경과의 맥락, 서술적 · 소통적 형태, 상상적 경관 등을 표현하려는 접근방식

- 역사주의와 많은 부분이 중첩됨
- 현실사회와 무의식을 직유 내지 은유하고 있음
- 대표적 작가 : Martha Schwartz, George Hargreaves, Geoffrey Jellicoe

㉰ Martha Schwartz

- 미니멀리스트와 팝아티스트의 중간적 성격의 작가
- 스스로 '기하학적 형태의 신화적 질'을 중시한 그는 초기에 미니멀적 작업들로부터 출발하였으나 그의 차별성은 산업생산물을 과감하게 오브제로 사용하는 팝아트적 자세임
- 그의 작품은 일상사물과 재료들의 아상블라쥬(assemblage) → 일상적 장소를 일상 재료를 통해 일신시킴
- 그의 특징은 경계의 해체 → 공공미술과 조경, 대중문화와 조경, 고급예술과 대중예술, 영구성과 일시성 등의 경계 해체, 이러한 작업태도가 그를 포스트모던 계열에 위치시킴
- 대표작품 : Necco Tire Garden(기성폐타이어를 사용한 설치미술적 작품. 평면에서 어긋나는 이중 그리드의 배치방식을 통해 이 지역이 가지고 있는 이중적 맥락성을 표현)

㉱ George Hargreaves

- 미니멀, 구상조경, 신픽처레스크의 전 영역에서 폭넓은 행보를 보이는 작가
- 그의 작품이 포스트모더니즘 조경의 전 영역에 걸쳐 있기는 하나, 기본적으로 맥락주의자임
- 그는 모더니즘 조경의 '내적 완결성'을 비판하고 주위환경에 '개방적인' 설계를 지향하려 함
- 대표작품 : 빅스비파크(Byxbee Park) → 물리적 컨텍스트
  산호세플라자파크(San Jose Plaza Park) → 역사문화적 컨텍스트
  캔들스틱포인트파크(Candlestick Point Park) → 자연적 컨텍스트를 구현하려 함

㉲ Richard Haag

- 팝과 누보레알리즘의 중간에 서서 시간의 맥락을 작품의 주제로 도입함
- 대표작품 : 개스웍크파크(Gaswork Park, 1975)에서 공장기계를 변조하여 추상조각으로 볼 수 있도록 함 → 비자의식적인 아상블라주. 폐기된 일상용품들을 한 작품 속에 모아 현실세계를 비평적으로 재현하려 했던 누보레알리즘의 아상블라주 기법과 상통하는 면이 있음
- 경관을 통해 환경과 역사를 재활용(recycling)하려 함 → 인프라스트럭처와 경관을 한 덩어리로 보려고 하는 최근의 '랜드스케이프어바니즘(Landscape Urbanism)'의 태도와도 부합되는 발상

㉳ Geoffrey Jellicoe

- 현대조경작가 중 구상적 · 상징적 형태언어를 가장 많이 사용하는 사람임. 그만큼 작품에서 구사하는 양식의 폭이 넓은 사람도 아마 많지 않을 것임
- 그는 고전주의부터 근대주의 포스트모더니즘의 모든 사조를 넘나들며 작품을 해온 작가
- 그의 인생과 작품에 영향을 준 두 축은 현대미술과 무의식
- 대표작품 : 케네디 기념정원, 1964 → 작가와 화가의 작품에서 암시를 받아 설계된 알레고리정원
- 수튼플레이스(Sutton Place, 1982) → 창조의 활동, 삶의 연속성, 미래를 위한 인간의 꿈 등 세 가지 주제를 표현. 초현실주의 정원, 신화적 주제의 표현과도 부합

⑥ 신픽처레스크 포스트모던 건축 · 조경의 전개

㉮ 대지미술, 후기해체주의 건축의 담론과 조형언어

- 미니멀리즘에 대조적 입장을 취하는 반형태미술의 사조로는 대지예술 등이 있음. 즉 포스트모던 미술은 모던과 미니멀의 그리드형태를 해체시켜 자연으로 되돌려 보내려 함
- 이 양식의 특징은 애매함, 모순, 복잡성, 비일관적이고 기묘하며 총체적인 것
- 대지조각의 선구자 Robert Smithson은 초기에 미니멀리즘 작가로 출발하였으나 대지조각 이후에는 미니멀리즘의 정형성을 넘어섬
- 대지예술가들에 의해 자연과 대지의 힘은 다시 중요한 주제가 됨. 이들이 작업은 외부지향적이고 장엄미의 현대적 표현임. 장엄미는 픽처레스크 미학의 중심개념임
- 급진적으로 합리주의를 부정해 나간 사조는 해체주의 건축
- 해체는 의도적으로 폐허와 같은 경관을 만드는 픽처레스크 전통과 관련이 있음
- 해체는 궁극적으로 영역경계를 해체하고 장르 간 융합과 혼성화를 이끌었음. 이 융합의 미학이 새로운 픽처레스크로 나타나고 있음
- 조형기법은 접기, 벗기기, 해체 등의 형식으로 나타남. 최근의 사이트나 암바스 등 표현주의적 그린건축의 공유어휘
- 해체주의는 '표면(surface)과 표피(skin)'에 대한 새로운 관심을 가짐. 표면과 표피를 중시하는 건축은 역시 지면을 통해 결국 대지와 몸의 경관으로 이어짐

㉯ 신픽처레스크 포스트모던 건축 · 조경의 설계언어와 전략

- 혼성(hybrid)과 중첩(layering)
  - 혼성은 조경, 건축, 조각의 장르 간 융합일 수도 있고 이질적 공간과 시간 간의 융합일 수도 있음
  - 모더니즘이 분류와 분리의 시대였다면 포스트모더니즘은 분리된 부분들 간의 재융합을 기본태도로 함

- 융합을 실현시키기 위한 보다 체계적인 방법의 하나가 '중첩'임
- 중첩은 다수의 상호일치하지 않는 레이어들의 중첩으로 새로운 가능성을 열 수 있음. 중첩을 통한 설계는 형태적, 생태적, 역사적, 문화적 관점을 동시에 다층적으로 고려하자는 것
- 무작위한 중첩을 통해 형태적으로 개별공간들이 경계를 흐리게 함

• 표면(surface)과 접기(fold)
- 후기 해체주의 건축의 또다른 흐름은 표면과 표피에 대한 새로운 시각
- 건축표면의 자유로운 조형은 예측불허의 다양한 주름과 복곡면들을 사용하면서 새로운 대지와 경관을 창출
- 접기는 상반된 질들을 성취하려는 기법. 이는 방향의 급전환을 뜻함
- 접기건축에서 많이 보이는 지그재그형, 비스듬한 각도, 기울어진 형태, 균열, 방향의 급변 등은 자기유사성, 비선형, 조직적 심층성 등 복잡성 이론의 많은 부분들을 보여줌

㉰ SITE
• '정원으로서의 건축(정원 옆에 있는 건축이 아닌)'을 통해 건축과 조경을 해체, 융합하고 이를 통해 생태성과 서술성을 구현하려 하였음
• 유연성, 흐르는 듯한 형태, 이질적 요소들의 부드러운 혼합 등 건축이론을 논함

㉱ Emilio Ambasz
• 건축을 더 융해함. 경계는 이완되고 오브제는 주위 환경으로 미끄러져 들어감
• 구조물, 벽체, 입체와 공간 모두가 땅 속으로 미끄러져 들어가는데 마치 이 땅은 만능의 용매인 것 같음
• 장르 간 융합형의 건축인 생태건축. 신픽처레스크 건축과 같은 계보
• 대표작품 : Phoenix History Museum, 1990

㉲ FOA(Foreign Office Architect)
• 영국의 건축그룹
• 대표작품 : 요코하마 페리터미널, 2002 → 접기건축의 가장 극적인 사례. 소위 건축적 경관의 전형을 보여주고 있는 이 대형건물의 옥상부에 영국의 픽처레스크 정원을 연상케 하는 물결치는 지형을 창조해 놓았음

㉳ George Hargreaves
• 테호트랑카오 공원(Parque do Tejo e Trancao, 1994) → 여러 강변공원에서 시도했던 '해체적 방죽'은 조경에서 접기의 예
• 단지 기능이나 조형상의 이유에서만이 아니라 수리학에 근거한 지형의 조각적 구성을 통해 우수배수를 저속으로 분산시키는 기능을 위해 선택되었음
• 생태학적인 자연의 힘을 접기를 연상시키는 대지조각적 형태로 표현한 것

포스트모던 조경설계의 유형과 특징

포스트모던 조경의 유형	미술사조 / 담론	작가	설계도상 / 전략
추상적 조경	미니멀 미술 · 설치미술	Walker, Valkenburgh	• 포인트그리드(point grid) • 줄무늬(stripes)
	환원, 명상, 존재, 근원도형		• 평면성, 확장성, 물성
구상적 조경	팝아트, 신형상주의 회화	Schwartz, Hargreaves, Haag, Jellicoe	• 지도(map) • 비유적 형상(figurative) • 아상블라주(assemblage)
	현실, 초현실, 서술, 표현		• 맥락성, 은유, 상징
신픽처레스크 건축 · 조경	대지미술, 후기해체주의 건축	FOA, SITE, Ambasz, Hargreaves	• 혼성(hybrid)과 중첩(laying) • 표면(surface)과 접기(fold)
	복잡성, 시간성, 자연, 생명, 몸		• 융합, 연속성, 회화성, 가변성

2. 랜드스케이프 어바니즘

1) 랜드스케이프 어바니즘의 지형도

① 전개 양상

㉮ 조경(Landscape architecture)과 어바니즘(Urbanism) 사이의 전통적인 경계를 허무는 새로운 이론적 · 실천적 범주인 랜드스케이프 어바니즘 개념이 공식적으로 처음 채택된 것은 1997년 찰스 왈드하임의 주도로 일리노이대학교에서 개최된 심포지엄 "Landscape Urbanism"이라고 파악됨

㉯ 이 심포지엄은 "랜드스케이프 어바니즘의 입장에서 경관을 도시의 인프라스트럭처로 이해할 것"을 선언하는데, 이렇듯 경관을 종래의 회화적 · 양식적 관점에서 벗어나 도시의 인프라스트럭처와 시스템으로 이해한다는 것은 곧 건축, 조경, 어바니즘 사이의 전통적 영역 구분이 유예됨을 의미함

㉰ 2002년 펜실베이니아대학교가 주최한 심포지엄 "World Urbanization+Landscape"에서는 랜드스케이프 어바니즘의 진영에 선 최근의 조경은 전원풍 경치의 단일 시점보다는 도시 경관의 수평성과 그 조직의 장으로 초점을 옮기고 있으며, 역동적이고 이질적인 전략을 부각시키고 있다는 진단이 나오기도 함

㉱ 이러한 이론적 전개 양상과 결레를 이루며 조경 교육 과정과 시스템도 변화를 겪고 있음

㉲ 예컨대 일리노이대학교 건축대학원에 랜드스케이프 어바니즘 전공이 개설되었고, 영

국의 AA스쿨도 랜드스케이프 어바니즘 프로그램을 운영하고 있음. 펜실베이니아대학교 조경학과는 제임스 코너의 주도로 교육과정과 교수진을 랜드스케이프 어바니즘 위주로 재편하고 있음

㉥ 이론과 교육에서 랜드스케이프 어바니즘이 대두되고 있는 가장 큰 이유는 조경 실천의 영역과 그 대상의 변화 때문임을 기억해야 함

㉦ 랜드스케이프 어바니즘은 계획과 설계라는 실천의 지형이 변화하고 있는 양상에 대응하는 실천적 움직임이기 때문임

㉧ 즉 각종 도시 재개발사업, 포스트인더스트리얼(post-industrial) 사이트, 브라운필드(brownfield), 랜드필(landfill) 등과 같은 새로운 유형의 도시 프로젝트들이 계속 발생하면서 종래와는 다른 방식의 접근태도와 실천방식이 필요하게 된 것임

㉨ 랜드스케이프 어바니즘의 시선을 가장 단적으로 보여주는 예로는 아드리안 구즈/WEST8의 혁신적 작품들을 들 수 있는데, 구즈는 "조경가는 도시설계를 랜드스케이프 어바니즘이라는 새로운 종합적 실천 영역 내로 흡수할 수 있다."는 주장을 다수의 작품을 통해 예증하고 있음

㉩ 제임스 코너의 필드 오퍼레이션스 역시 실천의 대상과 전략을 랜드스케이프 어바니즘에서 찾고 있음

㉪ 랜드스케이프 어바니즘은 조경 이론, 실천, 교육 등 다방면에서 동시에 그 폭을 넓혀 가고 있는 중임

② 성립 배경 : 현대 도시의 변화

㉮ 조경과 도시 사이의 새로운 실천 영역이 요청되고 있는 현상의 배경과 원인은 무엇보다도 현대 도시의 변화로 소급됨

㉯ 중심지와 공공기관이 도시중앙에 놓이고 그 배후의 넓은 교외지역이 이를 둘러싸는 형태의 전통적인 도시구조가 변화하고, 도시의 다핵화와 거미줄 같은 수평적 확산에 의한 광역 메트로폴리스 형성으로 요약될 수 있음

㉰ 이러한 다핵 구조는 교통과 운송, 전기, 통신, 생산, 소비 등으로 겹겹이 중첩된 네트워크에 의해 유지됨

㉱ 이러한 도시의 기능이 원활하게 작동되기 위해서는 정태적인 정치적 · 공간적 경계보다 인프라스트럭처와 물질의 흐름(flow)이 한층 더 중요한 의미를 지님

㉲ 강조점은 도시공간의 '형태'로부터 도시화의 '프로세스'로 전이됨

㉥ 도시의 경관은 그러한 프로세스의 얼굴이자 뼈대인 셈임

㉦ 도시의 변화는 다양하고 복잡한 영향을 낳고 있지만, 계획과 설계에 국한해서 보자면 다음과 같은 세 가지 측면에서 그 영향을 정리해 볼 수 있음

㉧ 우선, 새로운 유형의 도시 부지가 생겨났다는 점임

㉨ 전통적인 도시가 아닌 주변부 또는 중경의 특성을 갖는 지역이 지속적으로 팽창하고

있는데, 이곳은 도시인이 거주하는 곳이기도 함

㉶ 두 번째 영향은 이동과 접근의 괄목할만한 증가임

㉷ 자동차 및 교통수단이 급증했고 인구밀도의 증가, 풍부한 정보와 미디어 등을 반증하는 현상임

㉸ 세 번째 영향은 형태적 관점에서 도시를 보는 것으로부터 보다 역동적인 방식으로 도시를 파악하는 쪽으로 근본적인 패러다임이 변하고 있다는 점임

㉹ 그러므로 광장이나 공원처럼 우리에게 친숙한 도시공간의 유형보다는 동시대의 메트로폴리스를 실질적으로 구성하고 있는 인프라스트럭처, 네트워크 흐름, 빈 공간, 모호한 공간 등이 보다 주요한 좌표를 차지할 수밖에 없음

㉺ 또한 "지속가능한 발전"이라는 동시대 도시환경강령은 도시의 녹지, 오픈스페이스, 공원 등과 같은 시설이 종래와 같은 정태적이고 장식적인 역할을 넘어서서 도시의 미래 발전을 이끌고 유도하는 전략적 경관 인프라스트럭처이기를 요청함

㉮ 이와 같은 변화와 생성의 상황들을 인정한다면, 설계가와 계획가는 도시 프로젝트에 접근하는 방법을 전환하고 수정할 필요가 있음

㉯ 인프라스트럭처, 서비스, 이동성, 유연한 다기능적 표현 등에 대한 새로운 관심은 설계 전문 분야에 새로운 역할과 비전을 제시해 줄 것임

㉰ 랜드스케이프 어바니즘은 이러한 상황 속에서 출현하고 있는 하나의 도시전략이자 조경설계의 21세기적 코드인 것임

2) 랜드스케이프 어바니즘의 개념과 주제

① 잠정적 개념

㉮ 랜드스케이프 어바니즘은 경관을 사물과 공간뿐만 아니라 역동적 프로세스와 사건을 아우르는 매트릭스로 파악함

㉯ 즉 경관은 도시의 진화와 생성을 수용하는 장(field)인 것임

㉰ 랜드스케이프 어바니즘이란 조경과 건축과 도시의 사이를 관통하는 혼성의 영역임

㉱ 랜드스케이프 어바니즘은 아키텍처의 자리를 어바니즘으로 대치시킴으로써 도시라는 보다 거시적이고 진화적인 차원으로 조경의 시야를 확장하는 태도를 지향한다고 볼 수 있음

㉲ 랜드스케이프 어바니즘은 단지 설계의 사조나 스타일이 아니라 설계의 실천 대상인 동시에 그것에 대한 관계이자 태도이며 설계의 구체적인 테크닉까지도 포괄하는 개념이라고 할 수 있음

② 주요 주제

현대 도시의 변화에 대응하는 전략으로서 도시와 경관의 불확실성, 비종결성, 혼합성 등과

같은 성격을 강조하는 랜드스케이프 어바니즘은 대체로 아래와 같은 다섯 가지 주제에 초점을 두고 있음

㉮ 수평적 판(surface)에 초점

- 먼저, 랜드스케이프 어바니즘은 "수평성(horizontality)"에 주목하며, 경관의 수평적 "판(surface)"이 수행하는 조건과 상황 그리고 그 물성을 세심히 배려함
- 대상(object)보다는 장(field)을, 단수보다는 복수의 네트워크를 강조함. 도시와 경관의 수평적 판을 구축하는 일을 통해 공간을 활성화시키는 데 초점을 둠
- 수평적 판의 분할, 배치, 구성은 물론 그 시스템 속의 공간적 프로그램을 유연하게 가로지르는 이동의 체계를 마련하는 일이 중요한 과업임

㉯ 경관을 인프라스트럭처(infrastructure)로 파악

- 둘째, 랜드스케이프 어바니즘은 경관을 도시의 생성과 진화를 수용하는 장으로, 일종의 "인프라스트럭처(infrastructure)"로 파악함
- 인프라스트럭처는 도로, 교량, 철도 등의 토목학적 기반시설뿐만 아니라 규범, 법규, 정책 등의 비가시적 힘을 포괄하고, 미래의 개발과 변화 가능성을 수용할 수 있는 시스템과 프로세스도 포함함
- 그러므로 랜드스케이프 어바니즘은 미래의 다양한 가능성을 향해 열린 인프라스트럭처를 마련하는 데 비중을 둠

㉰ 프로세스(process) 디자인

- 셋째, 랜드스케이프 어바니즘은 도시공간의 형태 자체보다는 도시의 시공간적 관계를 형성하는 "프로세스(process)"를 더 중요하게 여김
- 형태적 유토피아를 탐색했던 모더니즘의 한계를 극복하고자 하는 랜드스케이프 어바니즘은 도시와 경관이 "어떻게 보이는가에서 그것이 어떻게 작용하며 무엇을 수행하는가로"그 강조점을 이동시키고 있는 것임
- 프로세스 디자인은 "변화를 포용하며 상태의 천이를 예견하는 설계"이며, 설계의 초점을 공간에서 시간으로 옮기는 작업이라고 할 수 있음

㉱ 전략적인 테크닉(technique)

- 넷째, 보다 실천적인 차원에서 랜드스케이프 어바니즘을 지원하는 것은 전략적인 "테크닉(technique)"임
- 조경가, 건축가, 도시설계가, 교통전문가 등이 연합하여 보다 창의적인 테크닉을 진화시킬 수 있음. 이를테면 조경에서 매핑, 모델링, 레이어링, 이식 · 재배 · 관리 등과 같은 테크닉이 플래닝, 다이어그램, 조닝, 마케팅 등과 같은 도시계획가의 테크닉과 결합되면 보다 전략적이고 실용적인 테크닉이 구축될 수 있음

㉲ 생태적(ecological)

- 마지막으로, 랜드스케이프 어바니즘이 지향하는 도시의 과정과 역동성은 "생태

(ecology)"적임

- 생태학은 모든 생명이 역동적이고 상호 관련되는 과정으로 묶여있음을 전해 줌. 도시와 경관 속에서 발견되는 여러 층위의 상호 관계성과 역동적인 진행과정은 숲이나 강과 다를 바 없이 생태적임. 도시를 구성하는 인프라스트럭처로서의 경관은 유연한 시스템 속에서 변화하고 이동하는 생태계에 다름 아닌 것임
- 그러므로 랜드스케이프 어바니즘은 경관을 "인간의 삶의 공간적 · 시각적 총체의 모자이크"로 파악하는 경관생태학의 입장과 넓은 면적의 공통분모를 가짐. 예컨대 랜드스케이프 어바니즘이 주목하는 "이동"은 경관생태학의 기본개념인 "매트릭스(matrix)"와, "연결"은 "코리도(corridor)"와, "교환"은 "패치(patch)"와 함수를 맺는다고 볼 수 있음

③ 사례와 설계전략

㉮ 랜드스케이프 어바니즘으로 분류될 수 있는 프로젝트들은 기존 오픈스페이스 재개발, 도시 인프라스트럭처 계획, 포스트 인더스트리얼 사이트 · 랜드필 · 브라운필드 등 도시의 새로운 유형의 토지에 대한 계획과 설계, 기존의 도시 맥락을 다시 연결하고 통합하는 계획과 설계 등에서 빈번히 목격됨

㉯ 이러한 경우 형태 중심적 설계보다는 도시의 잠재력을 개발하고 현실화할 수 있는 전략을 구축하는 프로세스에 더 큰 비중이 주어지기 마련임

- 램 콜하스
  - 램 콜하스의 "뉴 어바니즘"은 유토피아적 이상에 매몰된 모더니즘 도시계획과 건축의 한계를 직시하고 "도시란 변화하는 곳이며 그 속의 삶 또한 예측 불가능하기 때문에 확고한 질서를 통해 도시를 통제하려는 시도는 근본적인 모순을 지닐 수밖에 없다."는 비판에 기초를 둠
  - 그와 OMA의 실험은 건축과 조경과 어바니즘의 영역을 넘나들며 도시의 혼돈과 불확정성을 수용하는 동시에 미래의 변화에 대처할 수 있는 전략을 선보여 왔음
  - 〈라빌레뜨파크 설계경기〉 제출안에서 그는 형태의 구성이나 재현보다는 공간의 전략적 조직에 비중을 두고 무수히 변화될 프로그램을 수용할 수 있는 방법을 계획했는데, 상호 민감하게 반응하고 적응될 수 있는 네 개의 전략적 층위(layer)를 통해 "사회적 도구로서의 경관" 골격을 짜고자 했던 것임
  - 20세기 말의 도시 건축과 조경에 큰 여파를 가져온 라빌레뜨파크의 유연한(flexible) 계획은 프랑스 〈메룽-세나르(Melun-Senart) 신도시계획〉에서 한층 더 정교하게 발전함. 이 프로젝트는 건물의 계획과 배치에 집중하기보다는 다양한 프로그램을 지닌 빈 공간(void)의 가능성에 초점을 둔 것으로 유명함
  - 예측 불가능한 사건의 발생과 진화를 담을 수 있는 미결정의 공간을 마련하는 일은 공간의 잠재력을 통합하고 미래의 불확실한 변화에 탄력적으로 대응할 수 있는

최우선의 전략이라는 것임
- 램 콜하스의 전략적 디자인은 최근의 〈다운스뷰파크 국제설계경기〉 당선작인 〈트리시티(Tree City)〉에서 절정에 달함
- 트리시티는 도시와 공원의 경계를 파기하고, 공원을 통한 도시의 성장, 즉 도시가 공원이고 공원이 도시라는 전략을 디자인함

• 아드리안 구즈
  - 네덜란드의 아드리안 구즈가 이끄는 West8은 랜드스케이프 어바니즘을 조경의 차원에서 실천할 수 있는 설계전략을 명확하게 보여줌
  - 큰 스케일을 다루는 전략적 사고에 탁월한 구즈는 주어진 부지의 도시적 문제를 정확히 해석함으로써 시간의 변화와 사건의 생성을 고려하는 디자인을 발표해 왔음
  - 그는 과도한 프로그램으로 공간을 채우기보다는 비워두기(emptiness)의 전략을 채택하곤 함
  - "도시인은 새로운 경관에서 자신의 방식대로 자신의 장소를 창출해 낼 수 있다."는 신념에 토대를 두고 있음
  - 그러므로 아주 단순한 형태임에도 불구하고 다양한 사건과 행위를 수용하고 생성시킬 수 있는 세심한 디자인이 도출됨
  - 로테르담의 〈쇼우부르흐 광장〉이 그 단적인 예임. 지하주차장 위의 광장, 경량의 금속 패널과 목재로 바닥을 처리한 이 극장의 앞마당 위엔 돛대를 연상시키는 크레인 모양의 조명시설 4개 외에는 별다른 시설이나 프로그램이 없음
  - 그러나 이용자들은 스스로 펜스나 천막을 치기도 하고 지붕을 씌우기도 하며 다양한 사건을 만들어감. 쇼우부르흐 광장은 매일 새로운 광장으로 다시 태어나며 하루 중에도 여러 얼굴로 변신함

• 제임스 코너
  - 랜드스케이프 어바니즘의 이론적 · 실천적 거점으로 빼놓을 수 없는 것은 제임스 코너의 활동과 그의 작품일 것임
  - 〈다운스뷰파크 국제설계경기〉의 결선작 중 하나인 〈생성의 생태계〉에서 시간의 흐름과 그에 따른 공간의 자생적 변화에 유연하게 대처할 수 있는 설계 전략을 제시한 바 있음
  - 코너와 그가 이끄는 필드 오퍼레이션스는 〈프레쉬킬스 매립지 공원화 국제설계경기〉의 우승작 〈라이프스케이프〉를 통해 랜드스케이프 어바니즘의 최전선을 확인하게 해 줌
  - 〈라이프스케이프〉는 랜드스케이프 어바니즘의 설계전략이나 태도뿐만 아니라 매핑, 디지털 몽타주, 레이어링 등과 같은 구체적인 설계 미디어와 테크닉의 실험이라는 점에서도 큰 의미를 지님

- 조경설계 전략들
  - 이상에서 살펴 본 조경과 어바니즘 사이의 다양한 도시 프로젝트들에서 우리는 보다 구체적인 차원의 조경설계 전략들을 발견할 수 있음
  - 이를테면 두껍게 하기(thickening), 접기(folding), 새로운 재료(new materials), 프로그램 없는 이용(nonprogrammed use), 일시성(impermanence), 이동(movement) 등과 같은 전략임
  - 예를 들어, 〈쇼우부르흐 광장〉은 다층화된 표면이 만들어내는 "두껍게 하기"전략을 통해 배수, 구조, 설비 등의 테크놀로지 문제를 해결했을 뿐만 아니라 좁은 광장의 사용 면적을 극대화할 수 있었음. 엘리베이터, 에스컬레이터, 램프, 다리 등의 장치를 통한 다층의 공간 형성과 그에 따른 이용자의 이동은 제한적인 공간을 두껍게 해 줄 수 있는 동시에 연속성과 생동감을 보장해 줄 수 있음
  - "접기" 전략은 표면을 자르고 다양한 레벨로 겹쳐지는 디자인을 통해 용도별로 공간을 분리해 온 전통적인 방식보다 훨씬 더 유기적으로 이동의 흐름을 조절하고 결합시킬 수 있는 전략임. 램의 〈요코하마 항만터미널 계획〉을 접기의 대표적 예로 들 수 있음
  - 고무 타이어, 목재, 경량 금속, 각종 합성 소재 등의 "새로운 재료"는 공원과 같은 도시공간의 경계를 확장하고 새로운 디자인을 가능하게 하는 매우 현실적인 촉매제가 될 수 있음
  - 주어진 표면을 각종 시설과 프로그램으로 제어하기보다는 다양한 기능이 생성될 수 있도록 열어두는 전략인 "프로그램 없는 이용"은 일상적 삶의 양상에 충실한 설계언어가 될 수 있음. 렘 콜하스의 빈 공간 개념이나 아드리안 구즈의 비워두기 설계에서 그 예를 찾을 수 있음
  - 불안정성과 가변성으로 대표되는 도시공간에 "일시성"의 전략을 대입하는 방식은 지극히 현실적인 방법이자 미래의 요구에 탄력적으로 대처할 수 있는 골격의 역할을 할 수 있음
  - "이동"을 고려하는 전략은 이동성의 증가로 대변되는 현대도시의 유목민적 삶과 역동적 문화를 반영할 수 있는 장치임. 21세기의 도시 프로젝트에서 도로와 같은 이동 인프라스트럭처를 재현하고 디자인하는 일은 가장 빈번하게 발생하는 복합적 과제의 하나로 부각될 전망임

④ 의의와 가능성

㉮ 도시는 우리의 삶에 허락된 마지막 남은 일상의 상황이자 조건임. 도시의 변화에 대응할 수 있는 조경, 이것은 너무도 평범한 화두라는 이유로 조경가들이 외면해 왔던 조경의 근본적인 역할임

㉯ 랜드스케이프 어바니즘은 도시와 조경의 관계를 다시 설정하고 경관의 진화적 · 생성

적 차원을 재발견하는 이론적 과제이자 실천적 지향점임

㉰ 경관의 장식을 향해 질주해 온 화장술적 조경의 대안적 좌표임

㉱ 건축과 조경과 어바니즘의 경계가 더욱 유효하지 않음을 전해주는 현실적인 선언임

㉲ 이 장의 논의를 통해 우리는 랜드스케이프 어바니즘의 몇 가지 의의와 가능성을 다음과 같이 제시할 수 있을 것임

㉳ 첫째, 랜드스케이프 어바니즘은 21세기적 하이브리드 문화의 조경적 반영이라는 의의를 지님

㉴ 조경과 건축과 도시가 혼합된 이 새로운 영역에서 조경가는 유연한 코디네이터의 역할을 수행하며 영역간의 네트워크를 조절할 수 있음

㉵ 둘째, 랜드스케이프 어바니즘은 향후에도 지속적으로 확산될 전세계적 도시화에 대응하는 조경적 전략이라는 가능성을 품고 있음

㉶ 랜드스케이프 어바니즘은 조경이라는 도구를 통해 도시를 재편하는 전략임

㉷ 마지막으로, 랜드스케이프 어바니즘은 점증하고 있는 도시 내의 새로운 부지 유형들(각종 재개발지역, 포스트 인더스트리얼 사이트, 랜드필, 브라운필드, 자투리땅 등)에 대한 새로운 시선이자 구체적인 접근방식임

㉸ 이러한 것은 우리나라도 해당되며, 각종 도심 재개발 사업, 도로 · 교량 등의 인프라스트럭처 개선사업, 공장 이적지 공원화사업, 유도공원, 평화의 공원, 청계천 복원 · 서울숲 등 새로운 설계전략을 요청하는 프로젝트들이 빈번히 발생하고 있으며, 랜드스케이프 어바니즘과 상통하는 대안적 설계방법과 태도가 실험되고 있음

3. 라지 파크(LARGE PARK)

1) 도입 배경

① 2003년 하버드대학 컨퍼런스

㉮ 이 컨퍼런스에서는 과거와 미래의 공원 계획, 설계, 관리와 관련되는 크기의 중요성과 영향에 대한 논의를 이끌어내기 위해 도시, 생태, 프로세스와 장소, 공공, 부지역사 등이 주로 논의되었음

㉯ 이 컨퍼런스에 함께 하버드대의 학생들이 진행한 대형 공원 사례연구 전시회도 개최되었고, 이는 혁신적인 자료가 되었음

② 뒤이은 여러 회의, 토론, 논쟁

뒤이은 여러 회의, 토론, 논쟁 등을 통해 이 주제의 자료들이 발전되었는데, 이는 대형 공원이라는 주제가 오늘날의 설계 분야에서 갖는 시의적절성과 타당성을 증명해 줌

2) 서문 : 제임스 코너

① 대형 공원의 개념

㉮ 대형 공원은 도시에 필수불가결한 광대한 경관이며, 다양한 계층의 사람들에게 복합적이며 다양한 야외 공간을 제공해 줌

㉯ 대형 공원은 복잡한 도시에서 공동체 의식, 소속감을 강화시켜주는 풍부한 사회적 활동과 상호작용을 제공해 줌

㉰ 여기서 다루고 있는 런던의 하이드파크, 파리의 블로뉴 숲, 뉴욕의 센트럴파크, 암스테르담의 보스파크 등과 같이 잘 알려진 대형 공원들에 관한 여러 참고 문헌들은, 많은 사람들을 위한 대형 공원의 궁극적인 미덕을 포착하고 있음

㉱ 대형 공원은 500에이커 이상의 규모를 가진 공원으로 정의함

㉲ 대형 공원은 경험적, 문화적, 생태적 기능을 수행함

㉳ 대형 공원의 수요는 공업 경제에서 서비스 경제로의 전환과 이로 인해 발생되는 많은 대규모 폐기부지들에 의해서도 촉발되고 있음

㉴ 이러한 부시의 거칠고 기계적이며 낯선 부지의 특징, 즉 포스트 인더스트리얼(Post-industrial)의 미학은 목가적 모델을 대체하는 대안을 낳고 있음

② 대형 공원의 운영과 관리

㉮ 대형 공원은 설계와 조성에 막대한 비용이 소요되고 장기간의 운영과 관리에 따른 비용도 증가하고 있음

㉯ 대형 공원이 효과적으로 운영되려면 관리자, 관련 단체, 경영자, 그리고 건전한 예산이 필요함

㉰ 대형 공원은 방대한 스케일과 복잡한 일정으로 인해 공원의 물리적 · 공간적 형태는 시간에 따른 개정과 관리와 변화를 필요로 할 것임

③ 대형 공원의 쟁점과 이슈들

㉮ 최근의 쟁점들은 설계, 구축, 프로세스, 테크닉, 개념, 일시성 등이며 이는 학계와 실무 모두의 조경가들에게 최우선의 과제임

㉯ 이 가운데 핵심은 고정된 형태(fixed form) 대 비종결적 프로세스(open-ended process)임

㉰ 세 번째 관심사는 의미(meaning)와 내용(content)임

㉱ 고정된 형태, 열린 프로세스, 의미 이 세 노선을 따라 여러 필자들이 자신의 주장을 제시함. 어떤 이는 고정성에 무게를 두고 다른 어떤 이는 비종결성이나 의미에 초점을 두기도 함

㉲ 대형 공원은 복잡하고 역동적인 시스템임

㉳ 대형 공원의 설계가는 비종결적인 프로세스와 형식이 뿌리를 내릴 수 있도록 고도로 특화된 물리적 기초 정도만을 설정할 수 있을 뿐임

㉳ 시간에 따라 변화하는 수요와 생태계에 적응할 수 있는 충분한 유연성과 탄력성을 가지면서 동시에 구조와 정체성을 부여하기에 충분히 강건한 대형 공원의 틀을 설계하는 것이 핵심임

㉴ 런던의 하이드파크, 파리의 불로뉴 숲, 뉴욕의 센트럴파크, 암스테르담의 보스파크 등 과거에 성공한 여러 대형 공원들은 다양한 요구들을 만족시킴으로써 성공을 이루었음

㉵ 하지만 오늘날 좀 더 어려운 점은 대형 공원이 만들어지는 프로세스임. 오늘날 대형 공원은 더 이상 왕권이나 단일한 권력기관의 권한 하에 있지 않으며, 대립적 집단들로 구성된 다양한 참여자들과 관련될 수밖에 없기 때문임

㉶ 설계 · 형태 · 표현 · 프로그램 · 프로세스 등의 이슈는 관리 · 유지 · 비용 · 안전 · 프로그래밍 · 대중정치 등의 이슈에 예속되며, 이러한 점들 모두는 중요한 고려사항임

3) 크기에 대해 생각하기 : 줄리아 처니악

① 개요

㉮ 다음의 두 가지 생각이 전 세계에 걸쳐 현존하거나 계획된 공원을 대상으로 한 우리의 작업에 동기를 부여했음

㉯ 첫째, 그 '크기(size)'를 기준으로 공원을 선별하여 연구를 시작하는 것임

㉰ 센트럴 파크(843에이커, 1858)의 동선 전략과 필드 오퍼레이션스의 프레쉬 킬스 매립지(2,200에이커, 2001)의 조직 전략을 동시에 다루는 것은 공원에 대한 생각을 맥락화하고 진일보시킬 수 있는 기회를 제공해 줌

㉱ 특히 공원에 탄력성(resilience)을 부여하는 설계 전략을 살펴볼 수 있게 해줌

㉲ 둘째, '큰(large)'이라는 형용사가 생태, 공공 공간, 프로세스, 장소, 부지, 도시 등과 같은 주제와 복합적으로 연관된 조경 담론의 전면에 등장하고 있음

㉳ 대형 공원은 이러한 측면들의 풍부한 상호작용을 촉진할 뿐만 아니라 도시적 영향과 넓게 맞닿아 있음

② 대형

㉮ 공원을 위한 수식어로서 크기(size)는 질적이자 규율적인 중요성을 가짐. 그리고 독자적인 척도로서도 이 단어는 결정적인 것이 됨

㉯ 센트럴파크 부지로 사용될 보다 넓은 땅을 구하기 위한 로비 과정에서 앤드류 잭슨 다우닝은 다음과 같이 제안했음

㉰ "500에이커는 도시에서 미래의 요구를 충족하기 위해 확보되어야 할 최소한의 면적이다.…그 정도의 면적이라면 녹색 들판의 숨결과 아름다움, 그리고 자연의 향기와 신선함이 함께 있는 공원과 유원지를 펼쳐놓기에 충분한 공간이 될 것이다."

㉱ 미국 도시화의 초창기에는 다우닝이 언급한 넉넉한 공간을 획득하는 것이 용이했고

비교적 비용이 많이 들지 않았다. 그 결과 많은 19세기 공원들은 매우 클 수 있었음

㉮ 센트럴 파크는 843에이커를 차지하고 초대형 공원인 필라델피아의 페어마운트 파크는 1,061에이커에서 4,411에이커로 성장해 왔음

㉯ 여기에서 크다는 것(largeness)은 공원의 주된 역할로 애당초 간주되었던 것, 즉 녹색의 이미지와 산업 도시의 해독제로서 신선함의 효과를 공급하는 것을 충족시키는 데 필수적임

㉰ 우리는 잠정적으로 다우닝의 조언을 받아들여 "대형(large)"을 500에이커로 정의하지만, 에세이들은 공원 크기의 필요조건과 그 설계목적으로까지 논의를 확장하고 있음

㉱ 진화하고 있는 동시대의 대형 공원과 관련하여 얼마나 큰 것이 충분히 큰 것인가? 크기가 지니는 의의는 변화해 왔으며 시대에 따라 다른 요구에 의해 달라졌음

㉲ 넓은 면적의 땅은 자연의 효과를 생산하고, 그림 같은 풍경을 구성하고, 적응적 관리를 보장하고, 자연적 시스템을 설계하고, 경제적으로 지속가능하도록 하는 데 필수적임

㉳ 크기만큼이나 형상(shape)도 중요함. 샌프란시스코의 골든게이트 파크(1,013에이커)와 같이 미국의 도시개발과 연계되어 생겨난 공들은 미래의 조직시스템을 드러내는 강한 형상의 형태를 지님

㉴ 하지만 오늘날은 폐기된 산업부지, 버려진 브라운필드, 폐쇄된 군사기지, 쓰레기 매립지 등에 대형공원을 설계하는 경우가 많음

㉵ 이러한 땅의 제약요소는 선택적인 것이 아니라 주어진 것임. 이런 결과로 생겨나는 형상들은 난점뿐만 아니라 수행적 장점도 제공함

③ 공원

㉮ 두 번째 단어는 가장 논쟁적인 경관 형식 중의 하나로, 복잡한 역사를 지니고 있음

㉯ 프레드릭 로 옴스테드는 매우 시적으로 "공원이라는 단어의 의미란 어떤 것일지라도, 그것은 항상 잔디밭과 나무가 있는 녹색의 오픈 스페이스와 같은 것을 연상시킨다."라고 표현한바 있음

㉰ 19세기 초 유럽의 시민공원운동 이전에는 녹색의 오픈 스페이스가 귀족의 자산이었으며, 대중은 드물게 초대될 뿐이었음

㉱ 공원의 성격과 이미지, 공원이 수행하는 역할, 도시와 연관된 공원의 출현, 다양한 대중에 의한 공원 이용 등은 분명히 변해 왔음

㉲ 그러한 진화는 공원의 미래를 둘러싼 중대한 가능성과 쟁점을 제시해 줌

㉳ 문제는 결국 동시대 자연과 문화 내에서 오픈 스페이스의 외형(appearence)과 성능(performance)에 관한 것임

㉴ 1983년 베르나르 추미는 파리 라빌레뜨 파크의 설계 개념을 도시의 개념과 분리될 수 없는 것으로 하였음. 이는 공원 내에 도시는 존재해서는 안 되는 것이라는 공원에 대한 옴스테드의 입장과 이해에 정면으로 대치되는 것임

㉳ 비록 라빌레뜨는 86에이커의 작은 공원이지만, 공원과 도시를 통합하려는 이러한 열망은 이제 대형 공원에서도 존재하고 있음

㉴ 반대로 조경가 마이클 반 발켄버그는 최근 옴스테드를 제조명할 것을 주장하면서, 옴스테드의 조경작품은 여전히 존중되고 연구되어야 한다고 말함

㉵ 그러므로 "대형"+"공원"은 복합적인 개념적 영역을 요청함

㉶ 크기 문제가 복잡하지 않다고 전제한다 하더라도, 크기 문제는 공원이 무엇이고 공원이 어떻게 보이고 작동되고 이용되며 유지되는지에 관한 새로운 사고방식을 촉발시킬 수 있는 다층적 스케일과 다양한 틀에 대한 연구를 가능하게 함

④ 에세이들

'라지 파크'에 담긴 글들은 오늘날의 선도적인 조경가, 건축가, 설계 이론가, 비평가, 역사가 등의 대형 공원에 대한 반응들임. 그들은 대형 공원이라는 교점으로 조경담론 최전선의 주제를 확장하고 있음

㉮ 니나 마리 리스터

- 경관생태학자 니나 마리 리스터는 최근의 생태학적 사고의 변화가 설계와 관리 전략에 어떠한 영향을 미치는 지 탐색함으로써 '라지 파크' 책의 시작을 염
- 리스터는 공원의 구상과 설계를 위해 복잡한 과정을 이용하는 전략들을 논제로 삼고 있음
- 그녀는 상징적이고 교육적인 결과를 낳는 전략과 자기 조직적이며 탄력적인 생태계의 생성을 촉진하는 전략을 구별하고 있음
- 리스터는 두 전략 모두 유효하며 바람직하다는 것을 인정하지만, 대형 공원의 경우에는 장기적 지속가능성을 위해 작동적 생태가 기본적으로 필요하다는 점을 주장하고 있음

㉯ 엘리자베스 K. 마이어

- 조경사학자이자 이론가인 엘리자베스 K. 마이어는 폐기된 발전소, 버려진 군사기지, 도시의 잔해와 유독한 부산물로 이루어진 매립지 등 생태적 · 문화적으로 교란된 장소에 만들어진 동시대 대형 공원에 대한 성찰로 리스터의 뒤를 이음
- 마이어는 공원을 부지 본래의 이야기를 기억해내고 읽어내는 공간으로 바라볼 것을 제안함. 설계가들이 그러한 이야기와 관계를 맺기 위해 사용하는 형태적 · 공간적 · 시간적 전략에 대해 논의하면서, 마이어는 전략보다 우선시되어야 할 논점의 위급함과 그 청중의 존재에 대해 말하고 있음
- 마이어는 독성과 건강, 생태와 기술, 과거와 현재, 도시와 야생 간의 경계가 오랜 기간 동안 해체되어 왔다는 점을 강조하고 있음

㉰ 린다 폴락

- 건축가 린다 폴락은 공원의 표면을 구성하고 내용을 감추는 데 사용되는 얄팍한 녹색 화장술에 대해서 "매트릭스 경관 : 대형 공원에서 정체성의 구축"에서 상세히 논의하고 있고, 최근 북미의 대형 공원 중 하나인 프레쉬 킬스에 초점을 맞추고 있음
- 폴락은 2001년 이 부지의 재개발을 위한 설계 공모 출품작들이 안정된 전체라는 환상을 키우는 대신에, 부지의 역동성과 이질적 국면을 담아내려는 시도를 전면에 내세웠다고 주장함

㉱ 조지 하그리브스

- 조경가 조지 하그리브스는 물리적 부지를 경관의 근본적 기초라고 여겼으며 생태, 인간의 작용, 문화적 의미와 같이 대형 공원에 깊이 뿌리 내린 이슈를 언급하면서 부지에 저항하고 또 부지와 관계되는 공원들에 대해 설명함
- 대형공원의 장기적 성공은 설계가가 부지의 물리적 역사와 시스템을 수용하거나 맞서 싸우는 정도에 달려 있음

㉲ 가독성과 탄력성(Legibility and Resilience)

- '라지 파크'의 마지막 장인 "가독성과 탄력성"에서 동시대 공원 설계의 경향을 도시 모자이크의 확장이라고 파악함
- 최근의 국제설계공모 당선작들을 사례로 연구함으로써 어떻게 대형 공원이 동시대 도시에서 생태적 · 사회적 · 생성적 역할을 할 수 있는지 고찰함
- 그러한 계획안들과 성공적인 대형 공원들은 두 가지 핵심적 특성인 가독성과 탄력성을 공유함. 다시 말하면, 공원은 의도 · 조직 · 형상의 측면에서 이해되어야 하며, 교란을 경험하더라도 감성과 기능을 유지할 수 있어야 함

4) 지속가능한 대형 공원_생태적 설계, 설계가의 생태학 : 니나 마리 리스터

① 개요

㉮ 대형 공원은 복잡계이며, 500에이커가 넘는 면적을 갖는 동시대 대도시권의 공원은 그 자체로 특별한 고찰과 연구를 필요로 함

㉯ 특히 대형 공원은 설계, 계획, 관리, 그리고 유지의 측면에서 장기간의 지속가능성을 확보하기 위한 특수한 도전 과제들을 부여함

㉰ 크다는 것(largeness)은 변화에 대한 장기간에 걸친 적응의 측면을 의미하는 탄력성과 생태적, 문화적, 경제적 생존력을 위한 수용력을 제공하는 명백한 요소이며, 설계, 계획, 관리, 유지에 있어서 일반적 공원과는 다른 접근을 요구하는 매우 중요한 척도임

② 설계가의 생태학

㉮ 작은 공원의 설계에서 생태적인 고려를 하는데 이는 설계가의 생태학임. 생태적인 고

려는 공원의 설계가에 의해 어느 정도 자연을 환기시키거나 재현하기 위해 제공되는 대체로 상징적인 제스처임

㉯ 설계가의 생태는 도시적 맥락에서 다수의 이유들로 인해 유효하고 바람직한 반면, 역동적 생태는 아님

㉰ 설계가의 생태학은 장기적인 지속가능성의 기본적 요구인 자기-조직적이고 탄력적인 생태계의 발현과 진화를 프로그래밍하거나 촉진하지 않으며, 무엇보다도 그러한 생태계를 허락하지 않음

㉱ 작은 공원들은 주변지역들과의 충분한 경관적 결합을 통해 기능적으로 연계되어 있지 않을 경우에는 스스로 지속가능할 수 없으며 따라서 탄력적 생태계도 될 수 없음

㉲ 작은 공원들은 계획 · 설계 · 관리의 과정은 확정성과 통제에 입각한 숙련된 전문가집단을 고용하는 전통적 접근방식에 여전히 의존하고 있음

㉳ 그러나 대형 공원은 별개의 문제임. 생태계와 프로그램의 다양성 및 복잡성과 결부되어 있는 대형 공원의 크기는 공원의 설계에 있어서는 도전을, 그리고 공원의 지속가능성을 위해서는 특별한 기회를 부여함

③ 적응적인 생태적 설계

㉮ 대형 공원의 설계는 전문가의 지배적인 설계보다는 여러 분야를 아우르는, 투자자와 설계가의 협업에 의한, 전체적인 시스템을 고려한 장기적이고 조감적인 시야를 필요로 함

㉯ 특히 이 공원들은 "적응적인 생태적 설계(adaptive ecological design)"의 접근이 필요함. 적응적인 생태적 설계는 지속가능한 설계임

㉰ 장기적 지속가능성은 교란으로부터 회복하고 변화를 수용하고 건강한 상태로 기능할 수 있는 능력, 즉 탄력성을 필요로 하며 그 결과 적응력이 요구됨. 이러한 접근방식은 대형 공원의 지속가능성에 대한 해답으로 여겨짐

㉱ 지속가능한 생태적 설계는 동시대 대형 공원이 요구하는 두 가지 특징인 재정 상태와 문화적 활력을 수용해야만 함

㉲ 대형 공원은 보다 폭넓은 이용자층의 다양한 이용을 위해 설계되어야 하므로, 생태적 · 프로그램적 복잡성과 생물학적 · 사회문화적 다양성 모두를 충족하도록 설계되어야 함

㉳ 적응 가능하며 시스템에 바탕을 둔 생태적 설계 접근법은 도시와 도시화되는 생태계에, 혹은 문화적 · 자연적 경관에 어떻게 적용될 수 있는지가 과제임

■ 적응적 설계의 초기 전형 : 다운스뷰파크

- 대형 공원의 맥락에서 적응적 설계의 초기 전형 중 하나는 2000년 토론토 다운스뷰파크 설계 공모전임
- 지침서는 특히 적응적이고 자기-조직적이며 열린 시스템과 합치하는 생태계의 해석

을 요구했고, 최종 후보 다섯 팀 중 네 팀은 이런 조건을 충족하는 언어와 프로그램을 이용해 정교하게 고안된 설계를 했음

- 대형 공원의 계획 · 설계 · 유지 · 관리에 있어서 레크리에이션 요소들과 창의적 설계 목표들은 이보다 우선시되는 보존의 가치와 상충할 수 있음. 이러한 맥락에서 우리는 복잡하고 다층적이고 유연하며 적응적인 설계안을 발전시켜야 함
- 북미 전역에 걸친 도시들은 포스트 인더스트리얼(Post-industrial) 지역을 재생하고 있음. 따라서 공원을 조성함에 있어 생태적인, 즉 적응적인 설계가 어떻게 예술과 과학 양자 모두에게 영향을 미칠 수 있는 지 고려해야 하는 시급한 요구가 존재함

④ 생태적 설계 : 대형공원 조성을 위한 폭넓은 맥락

㉮ 생태적 설계는 연구와 실무에서 새롭게 부상하고 있는 학제적 영역임. 생태학, 환경과학, 환경계획, 건축 그리고 경관 연구에 영향을 받은 생태적 설계는 최근 이론적 · 실천적으로 급격히 발전하고 있는 보다 지속가능하고 인도적이며 환경적으로 책임 있는 개발을 위한 몇몇 접근법 중 하나임

㉯ 생태적 설계는 문명 · 자연 사이의 상호 회복과 재발견, 하이브리드된 새로운 자연적 · 문화적 생태를 위한 비옥한 토양을 제공함

㉰ 생태적 설계는 문명 · 자연의 연결고리로서 두 세계의 경계를 흐려야 한다는 요구에 의해 촉발됨

㉱ 생태적 설계는 문화와 미학, 설계가의 창의력이 통합되도록 함에 따라 보다 창조적인 설계를 가능하게 함. 바로 이러한 점이 대형 공원을 고려할 때 중요하며 숙고할만한 지점임

㉲ 몇몇 주요 설계 공모전(다운스뷰, 프레쉬킬스, 오렌지카운티) 외에는 생태적 설계가 대개 생태적 형태, 기능, 가능, 프로세스를 진짜처럼 모사하는 것으로 여겨짐

㉳ 적응적인 생태적 설계가 성장하면서, 이 분야의 실무자들이 그들 업역의 역할을 규정하기를 원함에 따라 그들 중 몇몇이 예술과 과학, 문화와 자연 사이의 잘못된 양극화를 바로잡기를 요청하면서, 실무의 새로운 창조적 영역에 대해 열띤 논의가 시작되었음

⑤ 생태적 설계는 적응하는 설계

㉮ 생태계는 자기-조직적이고 열려 있으며 전체적이고 주기적이며 동적인 시스템이며, 때로는 갑작스럽고 예측 불가능한 변화를 보임. 다양성, 복잡성, 불확실성은 정상적인 것임

㉯ 단일한 “안정” 상태라는 개념은 “변하기 쉬운 정상 상태의 모자이크”라는 개념으로 대체되었음

㉰ 예를 들면, 숲에는 각기 다른 연령대의 각기 다른 패치와 입목이 존재함. 각각의 패치는 성숙하도록 자랄 것이고, 그런 다음 화재, 폭풍, 해충, 다른 교란들이 패치의 나무들

을 고사하게 할 것이며, 다시금 자라나도록 하는 원인이 될 것임. 각 조각들은 시간이 흐르면서 변화하는 각각의 시간대에 속함. 패치워크 모자이크는 숲으로 경관이 존속하더라도, 경관을 넘어 끊임없이 변화함

㉣ 따라서 생태계는 다양한 작동 상태를 가지며, 그 중 어느 하나로부터 갑작스럽게 변화하거나 분기할 수 있음

■ 설계된 생태의 사례들

- 파리의 불로뉴 숲과 같은 대형 공원들은 그러한 갑작스러운 변화를 견디도록 설계되지 않았으며, 수용과 적응은 말할 것도 없이 고려되지 않았음
- 샌프란시스코의 골든 게이트 파크는 지속가능성의 관점에서는 유지하기에 문제점이 많고 비용이 많이 드는 설계된 생태(designed ecology)의 또 다른 사례임
- 이 공원은 초록 일색의 초원과 식물원, 수목원, 싱싱한 숲이 이루는 목가적 경관으로 유명한 반면, 1,017이에커에 달하는 공원 대부분 지역에서 자연적으로 변모하려고 하는 지배적 생태계, 고유의 생태는 해안 사구의 생태계임
- 공원은 신중하게 조성된 지형과 이러한 지형이 담고 있는 다양한 서식환경과 지세로 유명하지만, 인위적 경관 유지의 비용과 위험에 대한 인식 또한 늘어나고 있음
- 그러나 여전히 골든 게이트 파크가 메마른 모래언덕을 수목으로 뒤덮인 공원지대로 변모시켰다는 것이 대중의 인식임
- 이러한 공원들을 위한 미래의 설계에서는 홍수, 화재, 바람 등 그 자체로 정상적이며 주기적인 혼란 상태에 자연스럽게 적응할 수 있는 식물군락과 서식지의 다양성을 보장하는 것이 강조될 수 있을 것임

■ 공원의 적응적인 전략

- 실제로 계절에 따른 홍수나 화재가 일반적으로 발생하는 공원에서는 억제하기보다는 적응적인 전략들이 점점 더 사용되고 있음
- 생태계가 안정성이 아닌 정기적 변화에 직면하여 회복하고 재조직되고 적응하는 능력은 생존에 매우 중요하고, 이 능력의 핵심은 "탄력성"임
- 열려있고 자기-조직적이고 전체적이고 동적이고 복잡하며 불확실한 것으로 생태계를 보는 최근의 관점은 생태적 계획 및 설계와 운영의 다른 응용에 있어서 중요한 함의를 지님
- 불확실성과 정기적인 변화를 피할 수 없다면, 우리는 유연하고 적응 가능한 방법을 배워야 함. 유연하고 적응적이고 민감한 계획 · 설계 · 관리를 향한 첫 단계들 중 하나는 접근법의 다양성을 이용하는 것임
- 이는 실패하지 않기보다는 실패에 안전한 작은 스케일이면서 명백하게 실험적인 접근을 강조하는 것을 의미함

■ "행위에 의한 배움" 실증 프로젝트

- 따라서 생태적 설계를 위한 실천을 발전시키는 데 있어서, 우리는 "행위에 의한 배움(learning by doing)"과 "설계된 경험(designed experiments)"을 강조하는 실증적 프로젝트를 살펴볼 필요가 있음
- 예를 들어, 온타리오주 워털루에 위치한 중간 규모(325에이커)의 커뮤니티 협력 프로젝트인 후론 파크의 마스터플랜은 자생종과 외래종을 수용하도록 하여 생태적 시나리오와 상충되도록 설계되었는데, 그 종들 중 일부는 영양분이나 관리자원을 위한 경쟁 속에서 필연적으로 사라질 것임
- 이러한 프로젝트는 그것이 실패할 경우, 전체군락, 생태계, 유역, 서식처를 위험에 빠뜨리지 않으면서도 안전하게 실패하기 위해 충분히 작아야 함
- 만약 자원관리가 본래부터 불확실한 것으로 인식된다면, 그 놀라움은 예측의 실패이기보다는 배움의 기회가 됨
- 또한 실험과 행동을 통한 배움은 전문지식과 연구를 섭렵한 현장전문가뿐 아니라, 주변 맥락에 따른 지역적 지식을 필요로 함
- 그러므로 인간은 자연 속에서 살아가기 위해, 아마도 설계를 통해서 자연과의 관계를 재해석하기 위해 다시 배워야 함

⑥ 참여적 배움을 위한 생태적 설계

㉮ 우리는 이들 생태계 내에서 도시화되는 경관과 대형 공원들의 역동적 변화에 어떻게 대처하고 있는가?

㉯ 일부는 남용되고 방치되고 근본적으로 변형되어 이제는 전혀 자연적이지 않은 지역적 조건의 맥락과 특수성에 대해 우리는 어떻게 적응적이고 반응적이게 설계할 수 있는가?

㉰ 하나의 발견 과정으로서 설계는 의도적 형성, 조작, 창조를 의미함. 또한 도시 생태학적 맥락에서 설계는 잃었던 무언가의 회복을 의미하기도 함

㉱ 과거 생태계의 명확한 형태가 아니라 그것은 경관, 자연의 리듬, 장소에의 애착을 말함

㉲ 이 과정은 반드시 창조적이고 지역주민의 참여를 바탕으로 해야 하며, 지속적인 적응에 기반을 둔 배움의 과정에 협력해야 함

㉳ 지속가능성의 필수 요소로서 생태적 설계는 과학과 예술, 문화와 자연의 관점을 통합함

㉴ 아직까지 다수의 제도화된 계획은 여전히 결정론적 전통에 바탕을 둔 과학에 근간을 두고 있음. 생태 과학은 필수적 도구이지만, 맥락적 지식이나 사회적 가치 없이 사용된다면 공원 설계의 불충분한 토대가 됨

㉵ 그럼에도 불구하고 대형 공원 관리와 설계안의 실행은 과학 주도적인 관료적 접근으로 가득함

㉶ 지역 주민들은 선택, 교환, 시행착오, 학습효과, 유연한 관리를 통해 다양한 미래의 가능성 중에서 그들이 원하는 것을 함께 결정해야 함. 이러한 과정에서 설계가의 역할은

현명한 촉진자(facilitator) 중 하나가 되는 것임

■ 설계과정에서 지역주민의 참여

- 설계 과정은 변화의 강력한 동인이 될 수 있음. 설계 과정은 참여자들이 공유하는 경험적 학습의 강력한 매개체가 됨. 다양한 전문가들을 참여시키고 지역주민들과 의미 있는 협업을 가졌던 몇몇 설계 작업에서, 설계팀과 커뮤니티 구성원 모두를 변화시키는 변화의 지표를 볼 수 있음
- 예를 들어, 토론토의 워터프론트링 레이크 온타리오 파크(925에어커)를 이끌기 위한 커뮤니티회의에서 조류에 열성적인 사람들은 풍력발전기를 원하는 환경주의자들과 심하게 논쟁했음. 생태복원주의자들은 비자연적 가마우지집단이 도태되기를 원한 반면, 다른 사람들은 공원의 정당한 구성원으로 바라보았음. 애완견 주인들, 조깅하는 사람들은 식물들과 새들을 보호하기 위한 오솔길 폐쇄에 반대했음
- 공원계획을 감독하는 공공기관은 시민참여를 위한 3년간의 캠페인(공공회의, 커뮤니티 워크숍, 최종적으로 마스터플랜을 설계한 팀과 함께하는 디자인 샤렛)을 진행해 왔음
- 이 공원을 비롯하여 다른 대형 공원들의 복잡성으로 인해 합의는 거의 불가능하지만, 타협은 가능함. 커뮤니티 구성원들이 설계팀과 가까이 작업하는 일련의 디자인 샤렛을 개최함으로써 사회적 · 생태적 선택들과 결과들은 명료해지고 가시화되며 우선시됨
- 위의 사례에서 보듯이, 생태적 설계는 공원조성의 학습기반적 과정에서 하나의 유용한 도구임. 다양한 목소리들, 가치들, 참여자들에게 권한을 부여함에 있어서 이러한 접근은 대형 공원에서 지속가능성의 근본적 장애물인 문화 · 자연 이원론을 극복하게 할 수 있음

■ 생태적 설계의 잠재력

- 실행 가능한 대형 공원을 창조함에 있어서 생태적 설계의 잠재력은 의미심장함. 생태적 설계의 잠재력은 탄력성과 적응성을 매우 중요한 시스템 변수로 인식하는 데 있음
- 또한 장기적 지속가능성에 필요한 사회적 · 생태적 · 경제적 책무를 말하고 중재하는 능력에 달려 있음
- 대형 공원을 위한 설계는 생태적 설계와 설계가의 생태학 모두를 반영해야 하고, 복잡성과 다양성의 관계에 있어서 필연적인 불확실성에 자신감을 가져야 함
- 이것이 생태적 설계를 위한 핵심적 도전이며, 우리가 점점 더 많이 거주하고 있는 도시화되어가는 동시대 경관 내 대형 공원의 성공적 설계와 장기적 생존력을 위한 중심 과제임

5) 가독성과 탄력성 : 줄리아 처니악

① 크기의 문제

㉮ "21세기형 공원"을 설계하는 것은 1983년 파리 라빌레뜨 공모전과 함께 시작되었음

㉯ 그러한 선구적 시도는 약 25년의 세월이 흐른 뒤 북미 지역에서 토론토의 다운스뷰 파크, 뉴욕 스테이튼 아일랜드의 프레쉬 킬스 매립지, 시카고의 노스링컨 파크, 그리고 가장 최근 LA의 오렌지카운티 그레이드 파크와 같은 장소에서 계속되고 있음

㉰ 이들 프로젝트 각각은 설계가들에게 미래지향적 사고를 요청하고 있고, 더불어 동시대 공원의 역할과 그 외형에 대한 진지한 성찰을 촉구하고 있음

㉱ 주목할만한 점은 최근 10년간의 이 프로젝트들이 도심의 초대형 부지에서 일어났으며 거대함, 상상적 사고, 동시대 도시 간의 제휴를 제안했다는 점임

㉲ 다운스뷰 파크와 프레쉬킬스의 당선작인 "트리 시티(Tree City)"와 "라이프스케이프(Lifescape)"는 설계가들과 동시대 대형 공원의 설계 전략을 찾는 많은 사람들에게 널리 참조되고 있음

■ 가독성(Legibility)과 탄력성(Resilience)

- 특히 최근 몇 년간 여러 국제적 프로젝트들에서 유사한 양상을 볼 수 있음. 접근방식은 다양하지만, 공모전 출품작들은 대형 공원이 동시대 도시에서 수행하는 사회적 · 생태적 · 생성적 역할에 있어서 필수적인 두 가지 특성을 공유하고 있음
- 가독성(Legibility)과 탄력성(Resilience)이 그것임
- 가독성이란 일반적으로 육필과 같이 읽히거나 해독되는 어떤 능력을 가리킴
- 조경분야에서 설계작품을 읽는 것은 텍스트적 · 생물학적 · 조직적 · 방법론적 논리들을 이해하는 것이라고 규정될 수 있음
- 대형 공원의 맥락에서 가독성은 어떤 프로젝트의 의도와 정체성과 이미지가 이해될 수 있도록 해주는 능력임
- 가독성의 개념은 공원설계로부터 설계 프로세스로까지 확장됨. 달리 말하자면, 공원이 실현되기 위해서는 공원에 비용을 지불하고 공원을 이용하는 사람들에게 공원이 읽혀질 수 있어야 함
- 탄력성은 더 복잡한 특질임. 탄력성은 좋다 또는 나쁘다라고 지각되는 변화로부터 회복되거나 그 변화에 적응하는 능력을 말함
- 생태학적 개념으로서의 탄력성은 하나의 시스템이 강풍, 해충 출현, 화재 등과 같은 교란을 경험한 후 눈에 띌 만큼 안정된 상태로 되돌아갈 수 있는 능력임
- 대형 공원을 개념화하고 계획하고 설계하고 관리하는 하나의 수단으로서 탄력성을 이러한 생태학적 의미로 생각하는 것은 유용함
- 공원의 탄력성 역량은 공원의 조직 시스템과 논리에 대한 전략적 설계에 달려 있음.

전략적 설계는 변화를 수용하고 촉진하면서도 설계적 감성을 유지하게 해줌
- 대형 공원이 그 정체성을 유지하면서도 다양하고 변화하는 사회적 · 문화적 · 기술적 · 정치적 열망을 수용할 수 있는 능력이 탄력성의 특성임
- 탄력적 공원의 관점에서 중요한 것은 설계와 관리 모두에 있어서 효율성과 지속성, 불변성과 변화, 예측가능성과 예측불가능성 간의 긴장임

② 대형 공원과 도시 : 변화하는 관계

㉮ 대형 도시공원을 논의하기 위해서는 반드시 도시에 대해 논의해야 함. 공원의 모든 기능은 대부분 그 도시의 비전에 의해 결정될 것이며, 도시가 어떻게 보여져야 하는가는 결코 분명하지 않음

㉯ 도시가 어떻게 보여지는가 하는 점은 공원과 도시의 변화하는 관계를 이해하는 데 결정적임

■ 센트럴 파크

- 센트럴 파크를 조성하기 반세기 이전, 1811년 행정관의 계획에 묘사된 뉴욕시의 미래 비전은 언덕, 시냇물, 연못, 늪지가 격자형 가로망 위에 중첩된 모습임. 이 계획은 7개의 광장과 1개의 퍼레이드 부지로 구성된 450에이커의 땅을 공원에 할당하고 있음
- 그러한 공간은 미국의 도시화 초기 단계에서 쉽게 구할 수 있었으며 그 시기에는 대부분의 경우 공원이 도시보다 먼저 만들어졌음
- 센트럴 파크를 843에이커로 확장하는 것은 산업도시로부터 구원을 주는 공원의 주된 역할을 충족시키고 픽처레스크 기하학을 구축하는 데 요구되는 공간을 제공하기 위해 필요하다고 여겨졌음
- 센트럴 파크는 자연의 장소였지만, 반도시적 장소는 아니었음. 센트럴 파크는 도시로부터의 휴식처인 동시에, 도시 발전의 자극제이기도 함. 그 공원은 상당한 양의 공사를 통해 만들어지는 인공적 장소인 동시에, 도시의 기능과 현실이 무성한 녹음에 의해 차단된 자연의 이미지임. 센트럴 파크는 미래 도시의 기능적 수요를 수용하며, 동시에 내부 도로와 보행로 조직에서 보이는 픽처레스크 경관의 형태적 필수 요건을 받아들임
- 센트럴 파크는 생태적으로든 문화적으로든 획일적이거나 정태적이지 않음. 공원 본래의 기반이 되는 틀은 메트로폴리탄 미술관과 같은 건물의 증축, 저수지로부터 공놀이를 위한 대형 잔디로의 공간의 전환, 그리고 산책로가 사람과 새 모두를 위한 장소가 되도록 하는 관리전략의 변화 등을 공원의 핵심적 특성을 파괴하지 않으면서 가능하게 했음

■ 공원의 도시적 맥락 변화

- 옴스테드의 시대 이래로 북미에서 공원의 도시적 맥락은 급격히 변화해 왔음
- 세계화와 경제적 구조조정의 결과로 발생한 도시형태의 새로운 패턴에 대해 고찰

함. 거대 도시(Megacity), 외부도시(Outer City), 경계도시(Edge City)를 제시하는데, 이는 각각 경관적 함의를 지니고 있음

- 이러한 용어들은 모두 대도시의 독특한 조직적 형태의 우세가 사라짐을 의미하며, 이는 대형 도시공원에 대한 근본적인 제고를 요청함
- 경관이 그러한 도시 형태들의 요소로 부각되고 있으며, 특히 랜드스케이프 어바니즘(Landscape Urbanism)과 같은 건축과 조경의 하위 분야가 등장하면서 더욱 그러함
- 공원을 상상한다는 것은 도시적 조건을 가정하는 것임. 동시대 대도시의 맥락을 상상하는 것은 공원 설계가에게 매우 중요함
- 마지막으로, 경제적이고 정치적인 도전들은 시대와 무관하게 늘 설계 프로세스의 일부였지만, 그러한 도전들을 둘러싼 맥락은 변해왔음
- 오늘날 대형 공원의 설계에는 거의 대부분 주민의 참여가 수반되며, 계획안은 계획과 설계 과정에 사회적 · 문화적 · 기술적 · 생태적인 면을 계속 더 주문하는 공공의 정기적 리뷰를 비정상적일만큼 많이 거침
- 피드백에 가장 탄력적으로 대처할 수 있는 계획안이 가장 잘 살아남을 것임

③ 뉴욕시/프레시 킬스 라이프스케이프

㉮ 뉴욕시는 이러한 동시대의 도전들에 공원이 어떻게 대처해야 하는지 시험하기에 적절한 맥락임

㉯ 프레시 킬스 매립지를 뉴욕에서 가장 큰 공원인 "라이프스케이프"로 변화시키면서 행해진 지속적인 프로세스임

㉰ 라이프스케이프는 쓰레기 매립지를 공원화하는 토지 재생 프로젝트로 진행된 2001년의 2단계 국제 설계 공모 당선작임

㉱ 제임스 코너/필드 오퍼레이션스가 이끈 라이프스케이프 프로젝트팀은 공모 지침서가 목표로 내세운 일련의 도시문제를 성공적으로 다루었음

㉲ 사회적으로, 생태학적으로, 라이프스케이프는 국지적 부지부터 광역권에 이르는 크고 작은 스케일의 연결을 창출하며, 레크리에이션과 교육의 기회는 물론 사람, 물, 야생동물의 흐름(flow)을 제공함

㉳ 기술적으로, 이 공원은 매립지에 대한 모든 규정을 준수하며, 동시에 당대가 아니라 매립 프로세스 전체에 반응하는 단계적인 공공의 이용을 만들어냈음

㉴ 미학적으로, 이 계획안은 토지 재생 프로젝트로 수행되는 부지의 독특한 특징을 노출하고 있으며, 외형적으로는 초지로 보일지라도 종합적 성격 면에서는 자연 속에서 철저하게 도시적임

㉵ 라이프스케이프는 이질적 부분들을 함께 엮어주며 섬 전체를 변모시키는 촉매제로서의 경관을 꿈꾸고 있음

㉶ 당선작의 평면도를 살펴보면, 그 각각은 단순히 자연주의가 아닌 일종의 조형성과 구

축성을 지니고 있음. 필드 오퍼레이션스는 가독성과 탄력성의 측면에서 분명히 공원의 이미지(어떻게 보이는가)보다는 공원의 정체성(차별화된 특성)에 더 관심을 두었음

㉲ 이 팀은 생태적 피해를 치유하고 부지에 생물종, 프로그램, 프로세스의 다양하고 자립적인 혼합물을 가져다주는 공원의 역할을 인식했음

㉳ 그들은 또 다른 과제를 인식하고 있었는데, 그것은 장기간에 걸쳐 공원을 유지하고 양성해 나가기 위한 지지자를 만들어야 한다는 것임. 이를 성취하기 위해 코너는 경관이 이용자들에게 가독적이어야 한다고 주장했음

㉴ 필드 오퍼레이션스는 야심적인 커뮤니티 복지 프로그램을 진행함. 즉 도시의 웹사이트용 광고, 포스터, 프로젝트 로고, 게시판, 버스 광고 등을 모두 디자인한 것임

㉵ 이것들은 마스터플랜 작성과정에 대한 대중의 높은 관심과 참여를 유도하도록 의도하였고, 공원의 가독성과 그 작용이 미래에 가져올 중대한 영향에 대해 인식하게 함으로써, 공원에 대한 계획과정을 지지하도록 해주었음

㉶ 라이프스케이프의 탄력성은 공원의 정체성에 있어서 두 번째 핵심 요소임. 경치가 아니라 작동 시스템으로 구현되는 자연관은 공원이 설계자의 제어 하에 있지 않은 생태적 피드백을 흡수하고 그것에 반응할 수 있도록 해줄 것임

㉮ 이 팀은 정교한 계획과 설계 프로세스를 거쳤고, 상황에 따라 지역사회의 요구와 열망에 충분히 반응하는 탄력적 입장을 견지해 왔음

㉯ 마지막으로, 라이프스케이프는 설계 개념으로서의 "적응적(adaptive)"과 "탄력적(resilient)" 간의 중요한 차이를 만들어냄

㉰ 적응은 일련의 조건의 변화에 맞추어 정체성을 지속적으로 변화시키는 것인 반면, 탄력성은 교란 후에도 다시금 인식 가능한 상태로 돌아가는 것을 의미함

㉱ 라이프스케이프의 단계별 전략은 많은 미래의 교환을 충분히 흡수할 수 있을 만큼 탄력적인 강력한 초기 경관조직을 약속하고 있지만, 그것은 틀 내에서의 적응을 계획하고 있음

④ 토론트/다운스뷰 파크 트리시티

㉮ 캐나다 최초의 국립도시공원인 다운스뷰 파크의 전략은 가독성과 탄력성의 개념을 반복하고 확장함

㉯ 다운스뷰 부지는 이러한 도시 팽창에 따른 대규모 재개발 부지로, 오래된 전후의 교외 주택과 산업시설로 둘러싸인 640에이커의 도시 내 공지임

㉰ 그래픽 디자이너 브루스 마우가 이끈 팀의 공모전 당선작인 "트리시티(Tree City)"는 공원을 도시 내부를 향해 성장시키는 다이어그램으로 널리 알려져 있음

㉱ 녹지공간을 위한 비용 지출에 인색한 토론토의 전통 속에서, 트리시티는 휴식과 레크리에이션을 위한 녹색의 목적지가 되고 시간이 지남에 따라 가치를 더하는 인프라스트럭처가 되며 교외의 고밀화를 위한 자극제, 즉 도시 어메니티가 될 것을 약속했음

㉮ 트리시티는 파악하기 힘든 정치적 · 경제적 조건들에 대한 실용적 반응으로서, 설계보다는 일종의 공식(formula)으로 주장되었으며 그 논지는 다음과 같음

㉯ 공원 성장시키기(grow the park)+자연 제조하기(manufacture nature)+문화 돌보기(curate culture)+1000개의 소로(1000pathways)+목적지와 분산(pestination and dispersal)+희생과 구원(sacrifice and save)=저밀도의 대도시 생활(low-density metropolitan life)

㉰ 이 공식은 공원의 발생을 두 가지 스케일로 제시함. 부지 스케일에서 계획안은 장기간에 걸친 식재를 지탱해 줄 토양을 준비하는 것에서 시작함

㉱ 공원은 결과적으로 초지, 운동장, 정원, 다양한 용도의 1,000개의 소로 외에 25%는 숲이 될 것임

㉲ 나중의 단계로 도시 스케일에서는 계획안의 경관 클러스터들과 소로들이 인근 지역으로 확장되어 블랙 크릭과 웨스트 돈강 체계 및 협곡들로 이어질 것임

㉳ 계획안과 여러 재현 매체에서 볼 수 있는 특유의 클러스터 또는 점들은 바로 트리시티가 대중적으로 널리 인식되는 방식임

㉴ 공모전 당선 이후 이는 느린 진행, 모호한 비전, 공원 형성의 논쟁적 프로세스의 지표가 되고 있음

㉵ 공원의 현재 상황이 얼마나 공식으로서의 설계가 지향했던 개방성(open-endedness)의 결과물인지 의심스럽게 함

㉶ 그러나 트리시티는 여전히 "실행 중"인 것으로 보일 수 있음

㉷ 2004년 2월 미우와 그의 팀에 의해 베일을 벗은 잠정적 개념 마스터플랜은 '600에이커의 생태적 · 경제적 · 사회적 지속가능성'이라는 주제를 장담했음

㉠ 종합적 공원계획은 2006년 7월에 완성이 되었고, 30에이커 면적의 재조림에 관한 신중한 테스트 플롯(plot)이 현재 진행 중임

㉡ 만약 트리시티의 다이어그램들이 작동되고 있다면, 개념적 마스터플랜은 의도된 진화 속의 한 순간인 '오늘의 계획'으로 보아야 함

㉢ 공원의 배치는 공원의 정체성을 잃지 않으면서 쉽게 변화될 수 있음을 상상해볼 수 있음

㉣ 이러한 방식으로 보자면, 미래의 트리시티와 그것을 가능하게 하는 공모전 당선작의 공식은 가독적이며 탄력적임

㉤ 공모전 직후, 계획안과 설명서상의 클러스터 또는 점들은 수많은 추측을 불러일으켰음

㉥ 점들은 공원의 의도, 조직, 이미지를 이해할 수 있게 해주므로 가독적임

㉦ 원형 패턴은 실행을 쉽게 해주는데, 공원에 포함되는 것은 무엇이든지 그 형태를 따르면 됨

㉮ 계획안 외에도 가독성의 개념은 유지 관리와 공공적 접근을 포함하는 모든 단계의 작업에 스며들도록 의도되었음

㉯ 공모전 후 수년에 걸쳐 녹색의 점들은 그것이 공원의 정체성 형성 도구로 성공적임을 입증해 왔음

㉰ 공원이 진화를 시작하면 이러한 작동적 이미지가 실제적 이미지로 대체되도록 의도되었는데, 실제로 그렇게 되고 있음

㉱ 다운스뷰 파크의 새로운 로고인 회전하는 본체/꽃봉오리 클러스터는 녹색의 점으로부터 비롯된 것임

㉲ 트리시티의 탄력성은 가독성과 연관됨

㉳ 공원에 정체성을 부여하는 원형 패턴은 또한 공간적 위치 및 물질적 특정성(군식된 숲, 웅덩이, 빌딩)과 공원 시스템의 일부가 교란에 대해 닫혀 있을 수 있도록 해주고, 다른 부분은 그것에 지속적으로 영향 받게 해주는 능력이 상호 교환적이라는 점에서 탄력적임

⑤ 오늘날의 대형 공원

㉮ 센트럴 파크, 라이프스케이프, 트리시티는 가독성과 탄력성의 개념적 틀을 지지해 줌

㉯ 다음의 세 개의 대형 공원 프로젝트들은 이러한 개념을 좀 더 심화시키고 새로운 질문들을 제기함

㉰ 시카고의 노스 링컨 파크 공모전 수장작인 클레어 리스터, 불리 플로, 세실리아 베니티스가 이끈 팀의 "조립된 생태계" 일품요리로서의 인프라스트럭처"는 시카고의 블록 차원에 기반한 조직 시스템을 제안했음

㉱ 다섯 가지 형태의 "모듈화된 인프라스트럭처의 타일들"의 삽입 메커니즘을 통해 공원의 조직은 다양한 이해관계자들이 공원의 비전을 구성할 필요 없이 그들의 타일에 대한 개인적 표명을 가능하게 하는 방식으로 탄력성을 보장해 줌

㉲ 계획안의 탄력성을 가능하게 해주는 조직 시스템이 시각적으로 가독성을 지니고 있으며, 이러한 점에서 공원 내에 들어가는 모든 것이 그 형태를 취하게 됨

㉳ 제임스 코너/필드 오퍼레이션스의 싱가폴만 정원 프로젝트 계획안에서 탄력성은 중첩된 원형 기하학의 조직구조에 의해 부여됨

㉴ 그 구조는 다양한 프로그램들이 알맞게 포개질 수 있게 하는 커다랗게 회전하는 지형의 표면들로 중첩됨

㉵ 수많은 스케일에서 다공성과 흐름의 조직 논리는 혁신적임

㉶ 하그리브스 어소시에이츠와 모포시스의 오렌지 카운티 그레이트 파크 계획안의 가독성은 부지 특정적 논리의 이해에 토대를 둠

㉷ 그것의 탄력성은 1,000에이커 부지의 크고 복잡한 속성을 다루는 중간 스케일의 조직 논리에 존재함

㉮ 추진 구성요소들(물, 자연, 활동, 문화, 인프라스트럭처, 지속가능성) 각각은 형성과 진화를 결정하는 다양한 논리를 기반으로 함

㉯ 가독적이고 탄력적인 공원들은 최근의 조경 담론에서 직접적으로, 그리고 도발적으로 나타나고 있는 논쟁과 깊이 연관됨

⑥ 대형 공원 : 미래 투영하기

㉮ 대형 공원은 다음과 같은 세 가지 방식으로 도시에서 생생한 역할을 수행할 수 있고, 가독성과 탄력성은 대형 공원이 그러한 역할을 할 수 있게 하는 척도임

㉯ 첫째, 사회적 촉매제로서, 논의한 계획안들은 그렇지 않다면 해체될 도시 환경에서 공간, 활동, 순환 시스템의 배열을 통해 사람들의 접촉과 교류를 약속함

㉰ 둘째, 생태적 대리자로서, 이러한 공원들은 알랜 테이트가 말하는 '허파'보다는 '심장'으로 다양한 방식을 통해 작동할 것을 약속함

㉱ 그러한 공원들은 또한 생태학적 투자를 통한 삶을, 그리고 거대한 수평적 도시를 넘어서는 삶을 가능하게 함

㉲ 마지막으로, 공원은 계속되는 상상적 기획임. 크랜츠는 공원은 도시생활의 실제에 의해 위협받는 가치들을 문화가 그러한 것들을 재통합할 수 있을 때까지 보류 상태로 유지한다고 주장함. 공원은 공원 그 자체와 일상의 실제 세계 사이의 차이를 보여주기 때문임

㉳ 크다는 것, 공원, 도시, 미래는 밀접하게 연관됨. 공원을 설계하고 이용하는 사람으로서 우리는 공원 설계 담론의 특별한 잠재력을 정의할 필요가 있음

㉴ 그러할 때 생성, 비종결, 적응, 탄력성 등과 같은 개념들이 쉽게 이해될 수 있음

7 한국조경의 변천과정과 한국성 표현

1. 한국조경의 변천과정

1) 개요

① 1972년 한국조경학회의 설립을 기점으로 잡는다면 한국 현대조경은 이제 40여 년의 역사를 가지게 되었음. 한국 현대사의 역동기를 거치며 성장해 온 한국 조경은 이제 태생기와 과도기를 넘어서 발전과 도약의 새로운 시대를 맞고 있음

② 2000년대의 한국 조경은 환경시대의 만개, 정보화와 세계화의 가속, 월드컵 개최, 각종 환경 · 조경 관련 정치공약과 정책 등과 같은 외적 요인에 힘입어 낭만적 풍경을 그려가고 있음. 조경은 곧 건물 주변의 식재라는 공식은 더 이상 유효하지 않음

③ 청계천, 행정중심복합도시, 한강 르네상스 등과 같은 대형 프로젝트들은 조경의 손길로 국토 환경을 치유하고 도시공간의 큰 틀을 바로잡는 시대가 도래했음을 입증하고 있음

④ 그러나 이러한 희망적인 풍경의 이면에는 정체성의 위기, 이론(교육)과 실천(현장)의 단절, 수요와 공급의 부조화, 설계문화와 윤리의 미성숙, 법적 · 제도적 장치의 미비 등과 같은 만만치 않은 난맥이 자리하고 있는 것도 사실임

⑤ 지난 42년의 성과를 재평가하고 새로운 시대와 환경에 대처할 수 있는 전략을 개발하는 일이 한국조경에 요청되고 있는 시점임

⑥ 이 장에서는 한국 조경의 변화를 조감함으로써 발전적인 반성의 계기를 마련하고 미래의 좌표를 가늠해 보고자 함. 또한 한국 현대조경의 역사에서 조경 내적으로뿐만 아니라 사회적으로 큰 영향을 미친 주요 조경작품들에 대해 검토해 보고자 함

2) 한국 현대조경의 변화와 성과

① 1970년대 : 도입과 정착

㉮ 개괄

- 1972년 한국조경학회 창립과 1973년 정규교육 시작(서울대, 영남대)으로 요약되는 현대 조경의 출범은 당시 정부의 성장과 개발 위주 경제정책의 산물이었음. 제3공화국의 경제개발 5개년 계획시행에 따른 산업화의 가속, 경부고속도로를 위시한 사회기반시설의 건설, 대규모 관광지개발 등은 국토환경의 훼손을 수반할 수밖에 없었음
- 조경은 이와 같은 개발의 환부를 치유하기 위한 방편으로 도입되었음. 이 당시 조경의 주된 역할이 식재를 통한 절개지 녹화와 관광지 조성에 있었던 이유는 바로 그러한 정치적 · 사회적 배경에 기인함

- 서울대학교 환경대학원의 석사과정과 서울대학교 및 영남대학교의 학사과정을 모태로 조경교육이 시작되었음. 그러나 조경전문가가 거의 없는 상태에서 전문교육이 출범했기 때문에 건축, 도시계획, 미술, 임학, 원예학 등 인접분야의 인력이 교육을 담당하는 근본적인 한계를 지니고 있었음
- 1970년대의 조경설계는 걸음걸이를 시작한 단계여서 설계라는 개념 자체가 형성되지 않았다고 볼 수 있음. 정부나 공공부문이 주도하는 대규모계획이 주종을 이루었으며 국토개발에 따른 환경훼손을 시각적으로 미화하는 데 주력했다는 점에서 그 이유를 찾을 수 있을 것임
- 또한 기존의 장인이나 숙련공 중심의 전통적 디자인이 제도권 조경과 긴장을 이루면서 공존했고, 설계교육에서는 건축이나 도시설계와 같은 인접분야의 디자인 수업을 도입하여 응용하기도 했음. 1974년에 정부가 주도하는 공기업 형태로 발족된 한국종합조경공사는 조경사업 물량의 상당수를 주도했고 조경학과 졸업생들의 사회 등용문이 되기도 하였음
- 전체적으로 볼 때, 1970년대의 한국 조경은 정부와 공공 부문의 대형사업에 힘입어 도입되고 정착되어 갔다고 볼 수 있음. 하지만 이러한 외형적 성장의 이면에서는 민간부문의 수요와 무관하게 도입된, 그리고 국민의 실제 생활수준과 적절한 관계를 맺지 못하고 타율적으로 도입된 한 전문분야의 허약한 토양을 볼 수 있기도 함

㉯ 주요사업과 사건

이 시기의 조경과 관련된 중요한 사업과 사건을 연도별로 정리하면 아래와 같음

- 1972년 한국조경학회 발족, 구미공장
- 1973년 대학교육 시작(서울대, 영남대 조경학과 신설)
  새마을운동(마을녹화, 마을주변 조림 추진)
  어린이대공원, 도산공원
- 1974년 한국종합조경공사 설립
  조경기술사, 조경기사 등 자격제도 시행
  문화재수리업(조경) 면허 발급
- 1975년 창덕궁 보수
- 1976년 제1회 조경기술사 배출, 소쇄원 보수
- 1977년 자연보호헌장 제정 및 자연보호운동 추진
  건축법에 조경 관련 조항 신설
- 1978년 춘천 호반 관광개발사업 계획
- 1979년 경주종합개발계획 착수
  제2차 국토녹화계획

② 1980년대 : 성장

㉮ 개괄

- 1980년대에 들어서면서 조경에 대한 수요가 급속히 늘어나게 되었음. 1986년 아시안게임과 1988년 올림픽이 조경수요 증대의 직접적인 계기로 작용했음은 잘 알려진 사실임. 뿐만 아니라 과천 신도시 개발과 1980년대 말부터 시작된 수도권 5개 신도시 개발은 조경 물량의 양적 증가는 물론 조경계획과 설계의 질적 발전의 토대가 되었음
- 1980년대의 한국조경은 이처럼 성장이라는 두 글자로 집약될 수 있음. 그것은 조경학계와 교육에서도 예외는 아니었음. 1980년대 말, 조경학 전공이 설치된 전국의 대학 및 대학원 수는 이미 30개를 넘어섰음. 1970년대에 조경교육을 받은 조경 1세대들이 국내의 대학원이나 외국유학을 거쳐 각 학교에서 교육을 담당하게 되었음. 대다수 유학이 미국에 집중되었던 영향으로 인해 1970년대 미국조경교육의 주류였던 과학적 · 체계적 계획과정과 이안 맥하그의 생태적 계획 등 과학적 설계방법론이 여러 논문과 저서를 통해 소개되었음
- 1980년대를 겪으면서 비로소 조경설계 분야가 조경학 및 조경업 내에서 부각되기 시작했음. 물론 이러한 현상은 올림픽 특수와 신도시 개발 등 외적 요인에 기인한 것이었음. 하지만 당시의 조경설계업체 수가 적었는데 이 점은 조경전문업 내에서 디자인이 차지하는 비중이 미약했음을 반증해 주기도 함
- 1980년대 중반 이후 미국을 중심으로 한 서구의 조경설계는 기존의 옴스테드 양식을 극복하기 위한 다양한 디자인 실험을 전개했음. 하지만 이와 같은 경향이 국내에 전파되는 데에는 더 오랜 시간이 걸릴 수밖에 없는 형편이었음. 1980년대에 얻은 조경설계의 수확이라면 올림픽공원과 파리공원 정도를 들 수 있을 것임. 이 시기에는 양적으로 급격히 증대된 조경인력에 비해 설계의 발전은 미미했다고 볼 수 있음
- 제도적인 면에서 1980년대의 큰 변화는 한국종합조경공사의 민영화를 들 수 있음. 이는 곧 조경을 둘러싸고 있던 정부의 보호막이 제거되었음을 의미함. 또한 종합면허와 단종면허가 구분됨으로써 조경업계는 시장경제원리 속에서 홀로서기에 나서게 되었음

㉯ 주요사업과 사건

이 시기의 조경과 관련된 중요한 사업과 사건을 연도별로 정리하면 아래와 같음

- 1980년 한국조경사회 발족, 도시공원법 제정
- 1981년 한국종합조경공사 민영화
- 1982년 수도권 녹화 5개년계획 1차, 종합조경면허 개방
- 1983년 과천중앙공원

- 1984년 86 아시안게임 및 88 올림픽 대비 도시정비 시작
  서울대공원, 광릉수목원 개원
  목동 신시가지 조경, 88 올림픽 고속도로 조경
- 1985년 올림픽선수촌, 올림픽공원
- 1986년 이적지(보라매공원 등) 공원화 사업
  양재시민의 숲, 파리공원, 독립기념관
- 1987년 수도권 녹화 5개년계획 2차, 국립공원관리공단
- 1988년 올림픽공원 개원, 서울랜드
- 1989년 오사카 국제 꽃과 녹음 박람회 한국 전시장 설계 및 감리

③ 1990년대 : 발전과 다양화

㉮ 개괄

- 1990년대 한국 조경의 풍경은 발전과 다양화라는 키워드로 대변될 수 있음. 한국의 정치·경제와 문화가 큰 변동을 겪은 시기로서 변화의 물결 속에서 조경은 분야 발전의 자양분을 얻기도 했고 태동기부터 계속 잠재되어 온 정체성의 위기 때문에 곤란을 겪기도 했음
- 경제성장과 OECD 가입 등으로 환경의 질과 삶의 질에 대한 국민의식 수준이 높아지면서 조경 발전이 급속화됨. 새만금 간척사업과 동강댐 건설 등에 사회적 관심이 집중되면서 환경의 문제는 전문가의 연구대상을 넘어서 전 국민적 이슈로 부각되었음. 환경에 대한 인식이 증가함에 따라 조경 분야에서는 자연형 하천, 생태공원, 환경복원 등과 같은 친환경 조성사업의 비중이 커졌음. 생태적 설계방법이 다양한 차원에서 연구되고 실험되기도 했음. 하지만 종래와 크게 다르지 않은 녹색장식 위주의 설계에 생태적이라는 형용사만 덧붙여진 경우도 적지 않다는 우려의 목소리가 공존함
- 남산 외인아파트 폭파와 조선총독부 건물 철거 등을 계기로 도시경관에 대한 고려가 증대된 점 또한 조경학과 조경업에 큰 영향을 미쳤음. 제주도 특별법이 시행됨에 따라 경관영향평가가 실시되었으며, 각 지자체는 난개발의 문제에 대한 해소책의 일환으로 각종 경관심의를 강화했음. 뿐만 아니라 도로와 교량 등 대규모 토목 구조물에 대한 친환경적·경관적 고려가 증대되어서 학술연구의 차원에서만 진행되던 경관분야가 조경의 중요한 실무분야로 편입되기도 했음
- 1990년대 후반에는 이른바 '아파트 조경'이 조경설계의 효자노릇을 하는 기현상이 나타나기도 했음. 이는 주택난 해소를 위해 건설된 대규모 아파트단지들이 IMF경제위기로 인해 미분양되자 건설사들이 새로운 분양 마케팅전략으로 아파트 외부공간 설계에 과감한 투자를 하기 시작한 데에서 비롯되었음. 단지계획이 끝난 후 장식적인 차원에서 조경이 참여하던 종래의 관행에서 탈피해 조경이 단지계획 전반을 주

도하는 새로운 양상이 전개되기도 했으며, 다양한 형태와 공간구성이 실험되기도 했음

- 조경설계분야는 1980년대의 패러다임을 벗어나 다양한 시도와 발전을 선보였음. 피터 워커, 마샤 슈왈츠, 조지 하그리브스 등 일군의 서구 조경가들의 영향을 받아 새로운 형태와 구성을 모색하는 작품들이 시도되었고, 건축 및 디자인 분야의 포스트모더니즘의 영향으로 의미, 상징 등에 초점을 두는 설계가 시도되기도 했음. 설계사무소들의 속속 문을 열었으며, 학교교육에서도 비로소 설계의 중요성이 강조되기 시작했음
- 1990년대의 조경설계 경향을 단적으로 짚어 볼 수 있는 대형프로젝트는 1990년대 중반의 여의도공원 현상설계라고 할 수 있음. 여의도공원 현상설계는 다양한 실험과 모방의 접전장이었으며, 전통과 생태라는 양대 화두의 어색한 공존으로 요약되는 1990년대 설계의 단면이었다고 할 수 있음
- 1990년대를 지나며 조경업계는 건설업법 개정과 관련한 면허제도의 변경으로 큰 진통을 겪기도 하였음. 조경의 독자적 발주와 관련된 난점은 여전히 큰 어려움으로 남았으며, 조경직제를 신설하고자 했던 노력은 2006년에 신설되어 큰 성과를 거두기도 했음. IMF로 인한 건설업 전체의 침체 상황 속에서도 조경업은 친환경사업과 아파트 조경을 중심으로 한 틈새시장을 적절히 공략하여 다른 건설분야에 비해 큰 타격을 받지 않았다는 점도 큰 특징 중 하나임

㈏ 주요사업과 사건

이 시기의 조경과 관련된 중요한 사업과 사건을 연도별로 정리하면 아래와 같음

- 1990년 용산가족공원, 대전 EXPO현상설계, 일산신도시 조경 기본구상
- 1991년 남산 제모습 가꾸기 사업, 중계쌈지공원 등 다수 쌈지공원
- 1992년 무주리조트 기본계획, 서대문 독립공원
- 1993년 우방랜드
- 1994년 어린이공원 현대화 사업
- 1995년 환경부 수립, 서울시 자연환경보전기본계획 수립
  구 조선총독부 철거
- 1996년 양재천 조성, 여의도공원 현상설계
  영종도 국제공항 조경, 일산 호수공원 개원
- 1997년 걷고 싶은 거리 만들기, 여의도샛강 생태공원조성
  고양 세계꽃박람회 개최, 희원 개원
- 1998년 월드컵 경기장, 광화문 시민열린마당 개장
- 1999년 엔지니어링기술진흥법 제정
  길동자연생태공원 개원, 서울시 담장허물기 사업

④ 2000년대 : 새로운 도전

㉮ 개괄

- 42년의 역사를 지니게 된 한국 현대조경은 21세기의 궤도 속으로 역동적으로 진입하고 있음. 동시대 조경은 우리나라의 경우뿐만 아니라 세계적으로도 다양한 변화의 물결 속에서 새로운 세기를 위한 전략을 마련하고 있음
- 환경에 대한 조경의 대응은 이제 이념과 개념의 차원에서 구체적인 테크놀로지의 개발차원으로 이행하고 있음. 공간과 형태 중심의 설계에서 시간과 프로세스를 존중하는 설계로 패러다임이 옮겨가고 있음. 건축과 조경의 경계가 불분명해지고 있으며, 도시의 사이 공간과 인프라스트럭처가 새로운 설계의 대상으로 부각되고 있음
- '조경이 만드는 도시'가 현실로 다가오고 있는 것임. 이러한 변화에 유연하게 대응할 수 있는 방안의 모색이 시급함은 결코 다른 나라만의 이야기가 아님. 본격적인 성장의 시대로 돌입하고 있는 한국 조경의 당면 과제임
- 한국의 조경학과 조경업은 그 어느 때보다도 풍족한 사회적 배경을 등에 업고 있음. 환경혁명의 세기라고도 불리는 21세기는 환경과 생활의 질에 대한 대중적 관심을 증폭시켜 나갈 것임
- 정보화와 세계화라는 대세 역시 조경의 발전에 순기능으로 작용할 것임. 월드컵이나 세계박람회 등과 같은 국제행사는 조경 프로젝트들의 물량을 증대시킬 것이고 설계가 질적으로 발전할 수 있는 계기를 마련해 줄 것임. 또한 국가 및 지방자치단체의 다양한 정책들은 한국조경에 가히 '조경의 시대'라는 이름이 과장이 아닐 정도의 풍성한 일거리를 선물하고 있음. 국가가 주도하고 있는 행정중심복합도시, 혁신도시, 기업도시 등의 대형프로젝트, 서울시의 한강르네상스를 비롯한 여러 지자체의 조경관련 사업들은 한국조경의 밝은 미래를 예상하게 함
- 2000년대 들어서면서 한국조경은 이미 선유도공원, 청계천, 서울숲 등과 같은 뛰어난 작품을 생산해 냈음. 또한 조경직제가 신설됨으로써 조경업과 조경제도가 한층 성숙할 수 있는 큰 기반이 마련되기도 했음
- 조경의 역할을 화장술이나 장식술 정도로 여기던 건축과 도시계획이 조경에 적극적으로 주목하는 시대, 경관이 도시형태를 구성하고 도시조직을 구축하는 시대, 정부와 공공이 유례없는 빅 프로젝트들을 쏟아내고 있는 시대, 민간의 아파트시장도 조경에 과감한 투자를 하고 있는 시대, 한국조경은 바야흐로 조경의 시대를 맞고 있음
- 그러나 조경의 시대를 맞으며 조경은 역설적이게도 정체성의 혼란을 겪고 있다는 진단도 가능함. 동시대 한국조경에 절실하게 요청되는 것은 성장의 내실화와 안정화임을 인식할 필요가 있음

㉯ 주요사업과 사건

이 시기의 조경과 관련된 중요한 사업과 사건을 연도별로 정리하면 아래와 같음

- 2000년 월드컵공원 지정, 부산 백만평 공원조성운동 시작
- 2001년 새만금갯벌간척사업 재개
- 2002년 월드컵공원 개장, 선유도공원 개장, 안면도 국제꽃 박람회 개최
- 2003년 서울숲, 서울시청앞 광장 조성설계공모
  청계천복원공사 착공
- 2004년 자연환경관리기술사 신설
  인천 송도 2, 4공구 1천억 원대 조경공사 추진
- 2005년 도시공원및녹지등에관한법률 등 조경분야관련 법률의 대대적 개정
  서울시 푸른도시국 신설, 청계천 개통
- 2006년 중앙공무원 조경직 신설
  용산미군기지 공원화 선포, 울산대공원 개장
- 2007년 조경직 공무원 임용 시작, 행정중심복합도시 중앙 녹지공간 국제설계공모 (노선주팀 당선)
  동대문운동장 공원화사업 지명현상공모(자하 하디 드 당선)
  부산 하야리아 미군기지 공원조성사업 지명현상공모(제임스 코너 당선)
  판교, 김포 등 대규모 신도시 공원녹지부문 현상설계공모

3) 한국 현대 조경설계의 경향

① 조경 도입기의 작품

㉮ 한국 현대조경은 민간의 수요에 의해 태동되었다기보다는 정부의 적극적 의지와 강력한 주도에 의해 시작되었음. 박정희 대통령은 경부고속도로를 비롯한 대규모 국토개발사업, 새마을운동, 경주종합개발계획, 대단위 관광지개발, 문화유적지 성역화 및 보수사업 등에 지대한 관심을 보이며 조경전문업 관련 제도와 전문학제를 도입시킨, 한국 현대조경 출범기의 가장 영향력있는 변화의 축이었음

㉯ 현충사로 대표되는 당시의 조경은 그 이전까지 제도권 밖에서 기능공이나 장인 중심으로 형성되었던 한국조경의 판세 자체를 변화시킨 계기가 되었다는 해석이 가능함

㉰ 또한 양식적인 측면에서는 조형 향나무 위주의 기교적 배식기법과 자연석 쌓기와 같은 일본식 정원요소와 허술한 민속주의에 기반한 이른바 한국전통정원의 요소가 혼합되기 시작했고 목가적인 풍경의 옴스테디안 스타일이 가세했음

㉱ 널따란 잔디융단과 큰 키의 나무와 판박이 정자를 상투적으로 조합한 스타일의 경관은 조경설계의 강력한 도그마로 오랫동안 위력을 떨치게 됨

② 조경디자인의 시작 : 파리공원

㉮ 파리공원이 1980년대의 한국 조경설계를 변화시킨 계기이자 대표적인 성과라는 평가에 의문을 제기할 사람은 많지 않을 것임. 파리공원은 여러 조경가들과 조경을 공부하는 학생들에게 하나의 모델이 되어왔고 그런 만큼 많은 영향을 미쳐왔음. 파리공원이 생산한 변화는 이 작품을 기점으로 비로소 조경디자인의 시작되었다는 점임

㉯ 교목과 넓은 잔디밭, 판에 박힌 정자와 퍼골라, 몇 가지 운동시설이나 놀이시설을 적절히 뒤섞으면 바로 공원이라고 생각해 왔던 대중은 물론 전문가들에게 파리공원은 공원도 디자인해야 하는 것임을 일깨워 주었음. 틀에 박힌 공원 패러다임을 설계라는 도구를 통해 극복하고자 했던 파리공원의 실험성만큼은 지금도 유효함

㉰ 파리공원의 기본철학은 조형미의 추구, 일상성의 강조, 한국성의 실험이라는 세 가지 국면임. 먼저 조형미의 경우, 프랑스 정원의 강한 축과 자수화단 그리고 우리나라의 대표 로고인 셈인 태극문양을 모아 전체적 조형질서를 형성하고 있고, 하드 페이빙, 열주와 가벽 등의 구조물, 원색의 활용 등을 통해 점적 조형질서를 연속성 있게 확보하고 있음. 파리공원이 조형성에 중점을 둔 것은 자연을 가장한 천편일률적 공원에 대한 도전임

㉱ 다음으로, 파리공원이 일상성에 초점을 둔 것은 실험적 · 논리적인 시도였음. 농촌의 목가적 풍경을 옮겨놓는다고 바람직한 도시공원의 기능을 다할 수 있는 것은 아님. 도시의 일상적 삶으로부터 분리되지 않는 자연, 그것이 곧 파리공원에서 의도된 일상성임

㉲ 마지막으로 파리공원이 실험한 한국성은 논란의 여지가 있음. 다른 조경작품들과는 달리 옛 시대의 조경요소들을 그대로 옮겨놓는 차원은 넘어섰지만 본래 의도한 개념들이 적절한 형태로 번역되었는가 하는 점은 의문임. 한국적 공원이 가시적 형태만으로 실험될 수 있는 것은 아니라는 문제제기는 가능함. 파리공원은 형태중심적 · 요소중심적으로 한국성을 풀어나간 것이 아닌가 하는 비판이 가능함

㉳ 1990년대의 한국조경은 파리공원이라는 모델을 뛰어넘어 파리공원의 실험을 연장하고 또 극복해야하는 과제를 안고 있었음. 그러나 90년대의 조경 프로젝트들은 많은 기회가 있었음에도 불구하고 별다른 도전과 시도를 선보이지 못한 채 파리공원풍의 디자인을 피상적으로, 부분적으로 복제한 경우가 허다했음. 즉 파리공원의 정신과 조경사적 의미가 그 이후의 프로젝트들을 변화시켰다기보다는, 원색의 시설물 · 하드한 재료 · 열주의 가벽 · 기하학적 설계 등과 같은 눈에 띄는 겉모습만이 복사된 경우가 많았음

③ 아파트 조경과 백화점식 조경

㉮ 1990년대를 지나며 한국 조경설계는 그 주체와 대상과 형식면에서 크게 다변화되었고 양적인 급성장을 경험했음. 하지만 조경설계에 변화를 가져 온 작품을 가려내자면 단연 아파트 조경일 것임

㉯ 아파트라고 통칭되는 공동주택단지의 조경은 90년대 초반까지만 하더라도 최소한의 건축법 관련 조항을 피해가기 위해 형식적으로 하는 물량 위주의 조악한 조경인 경우가 대부분임. 건물과 도로와 주차장을 배치하고 남은 땅에 경계석을 두른 후 그 안에 잔디를 심으면 그만이었음

㉰ 아파트 조경은 역설적이게도 IMF 외환위기를 겪으며 변화의 급류를 탔음. 건설경기의 불황과 미분양 사태를 타개하기 위한 마케팅전략의 일환으로 대형건설사들이 조경에 주목하기 시작했던 것임. 이러한 변화에 조경설계가 동승했고 설계비가 상승하고 설계시장의 규모가 때아니게 커졌으며, 80년대 후반만 하더라도 한두 개에 불과하던 조경설계사무소의 수가 급증하기 시작했음. 아파트 외부공간에 테마가 도입되었고 한국 조경설계는 원하는 것은 무엇이든 다 갖춘 백화점식 공간을 양산해냈음

④ 여의도공원, 그리고 생태조경

㉮ 백화점식 조경은 공원에서도 맥을 같이 했음. 1990년대의 문화변동과 함께 공원에 대한 대중적 인식도 변하기 시작했음. 도시와 공원의 관계를 교정하는 일보다는 공원의 겉옷을 새로 갈아입히는 수준이기는 했지만, 조경설계가 공원에 대한 사회적 요구에 대응하기 시작한 것도 이 시기가 거의 처음이었음. 백화점식 공원에서는 전통과 생태의 이중주에 테마가 첨가된 형식이 주류를 이루었고, 그 대표작은 여의도공원이었음

㉯ 여의도공원은 1990년대 한국 조경설계의 결정판임. 당시 설계사무소들이 총력전을 펼쳤던 여의도공원 설계경기 출품작들의 다수는 센트럴파크처럼 생긴 직사각형의 녹색섬 위에 라빌레뜨공원이나 시트로앵공원의 형태적 요소를 파편적 · 표피적으로 조합했다는 의혹으로부터 자유롭지 못함. 예상과 달리 최신 경향과 가장 거리를 둔 채 전통적이고 보수적인 자세를 취했던 상투적 설계안이 당선작으로 선정되었음. 도시적 맥락이나 도시와 공원의 함수에 대한 탐구를 생략한 채, 센트럴파크와 같은 녹색 섬, 단순히 감상을 자극하는 전통의 표피인 생태가 뒤섞인 여의도공원은 지금도 여전히 다각도의 비판을 받고 있음

㉰ 여의도공원과 함께 90년대의 한국 조경설계와 깊이 관계를 맺은 공원들은 이른바 생태계열의 작품들임. 길동 자연생태공원, 양재천, 여의도샛강생태공원 등 작품들은 부지의 조건과 프로젝트의 목적 자체가 생태적인 경우였고 또 설계의 접근과 해법 역시 생태적 질서와 순환에 바탕을 둔 사례라고 할 수 있을 것임. 그러나 사회 전반의 환경열풍을 등에 업고 전혀 생태적이지 않은 설계를 생태적으로 둔갑시킨 사례 또한 목격

됨. 단지 풀이 있고 나무가 있고 물이 있다는 이유만으로 종래와 같은 방식의 설계에 생태라는 브랜드를 다는 pseudo-생태주의 양상들이 만연함

㉱ 녹색의 옷을 걸친 표피적 생태조경보다는 오히려 생태적 설계과정 · 방법 · 테크놀러지에 대한 연구와 개발이 조경설계의 변화를 생태적으로 이끌어갈 수 있을 것임

⑤ 선유도공원과 동시대적 감각

㉮ 21세기 초반의 한국 조경설계는 선유도공원이라는 선물을 받았고, 선유도공원은 2004년 미국조경가협회ASLA 디자인상을 비롯해 국내외의 유수한 건축 · 조경상을 수상했음

㉯ 선유도공원은 조경설계의 내부적 변화의 길을 터주고 있음. 인간-자연 이원론을 극복할 수 있는 문화적 자연, 전통적 도시공원의 위기를 해소하는 대안적 실험, 포스트 인더스트리얼 사이트의 재활용전략, 형태중심적 디자인을 넘어서는 물성과 시간과 기억의 존중 등과 같은 다양한 지점의 좌표를 선유도공원은 제시해 주고 있음

㉰ 뿐만 아니라 감각의 궁전 선유도공원은 아름다움과 픽처레스크로 대변되던 전통적인 조경미학을 폐허와 무거움의 숭고로 대체하고 있음. 선유도공원이 풍기는 감각적 매력의 열쇠는 바로 이 숭고의 미학에 감춰져 있는지도 모름. 선유도공원은 한국 조경설계가 현대 예술의 미적 범주로 부각되고 있는 숭고의 미에 접근하기 시작한 징후라고 해석될 만함

㉱ 이러한 조경설계 내적측면의 변화보다 더 강조할 만한 사실은 선유도공원이 동시대 문화 및 대중사회와 행복하게 결합되고 있다는 점임. 선유도공원이 대중이 좋아하는 동시대적 공간의 전형으로 안착한 것은 조경설계의 힘 때문이라기보다는 대중이 자신의 취미와 기호에 걸맞는 조경공간을 이제야 찾을 수 있었기 때문일 것임

㉲ 문제는 선유도공원을 넘어서는 일임. 선유도공원 성공의 가장 큰 힘은 사이트 자체의 힘임. 선유도공원에서 조경가는 축복받은 사이트를 선물로 받아 그 잠재력과 가능성을 발견하고 노출시켰을 뿐일지도 모름. 마치 파리공원 이후의 한국 조경설계가 파리공원의 그림자 속을 유영했듯, 선유도공원은 또 다른 전형으로 조경설계를 따라다닐 가능성이 다분함. 그것을 넘어서는 방법은 주어진 사이트의 조건과 상황을 일상의 문화와 도시 질서 속에서 재발견하는 일에 있을 것임

⑥ 도시와 접속하는 서울숲공원

㉮ 서울숲공원과 여의도공원의 시차는 10년이 채 못 되지만, 조경설계의 지형은 그 사이에 크게 달라졌음. 2005년에 완공된 서울숲공원뿐만 아니라 2003년의 설계경기 수상작과 출품작들은 한국 조경설계의 현재 수준과 쟁점을 여실히 드러내 줌

㉯ 2, 3년 앞서 진행되었던 다운스뷰파크 국제설계경기, 프레쉬킬스 매립지 공원화 국제설계경기 등을 통해 새로운 공원이념과 조경설계 전략을 신속히 수입한 국내 조경계

의 양상이 단적으로 드러나기도 함. 대부분의 출품작들이 당선작의 설계개념인 진화, 네트워크, 재생 등과 같은 공원관을 표면적으로나마 공유하고 있으며, 다이어그램, 맵핑, 레이어 플랜, 포토 몽타주 등 대안적 설계매체를 채택하고 있음

㉰ 특히 서울숲공원 프로젝트는 전세계적으로 동시대 조경의 화두로 부상하고 있는 새로운 공원의 문제를 한국적 조건과 상황에 비추어본 계기가 되었다는 점에서 의미를 지님. 적어도 종래의 틀에 박힌 공원들이 고수해 왔던 도시-공원 이분법을 극복하고자 하는 시도를 만날 수 있음

㉱ 서울숲공원에서는 서울이 보이고 담장 없는 공원은 20년 전에 지은 성수동의 낡은 주택들과 등을 맞대고 있음. 경마장 트랙의 흔적이 공원의 기본동선으로 남아 있고 보통 시민들은 볼 기회가 별로 없는 뚝도정수장과 유수지가 공원 안에 불쑥 솟아 있음

㉲ 서울숲공원은 거대도시 서울을 이처럼 압축적으로 경험하며 새롭게 볼 수 있는 곳임. 도시를 피하는 공원이 아니라 도시를 만나는 공원임. 서울숲공원의 진정한 가치는 공원과 도시가 역동적인 영향을 서로 주고받으며 도시구조와 문화를 진화시켜 갈 수 있을 것이라는 가능성에 있음

⑦ 조경이 만드는 도시

㉮ 조경설계를 변하게 한 작품들을 통해 한국 조경설계가 그려온 함수를 비판적으로 조회할 수 있음. 현충사류의 작품들, 파리공원, 아파트조경, 여의도공원, 선유도공원, 서울숲공원은 한국 조경설계의 단면을 확인하게 해줌. 또 다른 변화의 계기와 동력을 찾기 위해 용산 미군기지에 들어설 공원과 행정중심복합도시의 중앙부 공원이 주목을 끌고 있음. 잘 알려진 바와 같이 용산 미군기지가 가까운 미래에 공원이 될 전망임

㉯ 100만평에 가까운 이 귀중한 땅의 공원화 프로젝트만큼은 공원과 도시의 관계를 진지하게 모색하고 공원을 통해 도시를 진화시킬 수 있는 전략을 고민하는 기회가 되어야 함. 용산공원은 한 번에 완성되는 박제품 같은 공원이 아니라 도시의 조건과 상황에 따라 늘 변하면서 자라나는 공원이어야 하고 도시재생과 활성화의 촉매가 될 수 있어야 함. 공원은 평화와 낭만이 흐르는 반도시의 별천지가 아니고 도시를 흐르는 혈관 같은, 도시와 지속적으로 대화하며 도시의 변신과 진화를 이끄는 도시의 인프라스트럭처임

㉰ 조경설계는 이제 도시를 재생시키고 활성화시키는 임무로부터 자유롭지 않고 조경이 만드는 도시가 현실의 실천과제로 다가오고 있는 것임. 현대조경의 새로운 지향점으로 급물살을 타고 있는 '랜드스케이프 어바니즘'도 결국 조경이 만드는 도시임. 조경이 만드는 도시는 변화를 수용하며 시간과 함께 자라나는 활력있는 도시임. 한국 조경설계는 용산공원이나 행정중심복합도시 중앙부공원과 같은 변화의 계기와 동력을 통해 조경이 만드는 도시라는 과제에 도전해야 함

2. 한국조경 한국성의 표현

1) 개요

① 건축, 조경을 비롯한 물리적인 환경은 물론 모든 예술 속에 제기되고 있는 소위 '한국적인 것', '전통성', '한국성' 등에 대한 논의는 많은 분야에서 연구되고 있음에도 불구하고 오늘날까지 그 방향성과 정체성을 찾지 못하고 있는 실정임

② 더욱이 조경분야에서는 특히 1990년대 이후 몇몇 조경가들의 실천적 노력으로 많은 작품의 시도와 논문이 나오고 있지만 진정한 한국 현대조경의 한국성 표현에 대한 방향을 제시하지는 못하고 있음

③ 진정한 전통에 대한 이해와 한국성에 대한 개념을 정립하고 한국 현대조경 작품을 중심으로 조경분야에 '한국성'이 어떻게 표현되고 있는지를 분석 · 규명하며 올바른 한국성 표현방법의 방향 제시를 위한 기초자료를 제공하고자 함

2) 한국성의 개념 이론고찰

① 전통성(傳統性)

전통이란 절대적인 규범으로서 시간을 초월하여 공감할 수 있는 고유관점과 보편적 가치, 통시적 이념이며, 과거로부터 축적된 문화양식으로서 현대에도 적합성을 유지하는 문화적 유산, 특정지역 문화의 집단구성원들에 의해 형성되는 것, 연속성을 지닌 것, 문화적 차원에서 이해되는 문화적 전통이라고 할 수 있겠음

② 한국성(韓國性)

한국성이란 고정불변이 아닌 시간과 상황에 따라 존재하는 것으로 한국사람, 역사, 생활방식, 문화 등에 내재되어 있는 고유한 특질이라고 할 수 있으며, 자율적으로 인식되는 포괄적 개념으로 통시적, 공시적 측면을 동시에 가지고 있음

③ 한국성과 전통성의 차이점

㉮ 전통성이 과거의 절대규범이 강한 통시적인 개념인 것에 반해 한국성은 절대규범이 아님은 물론 공시적 개념까지도 포함하는 포괄적인 개념이라 할 수 있음

㉯ 결국 한국성은 전통 혹은 전통성을 바탕으로 우리시대의 정체성이 내재되어 있는 것이라고 할 수 있겠음

㉰ 한국성을 우리의 전통에서 찾는 것은 당연하지만 통시적이고 고정불변적인 전통을 그대로 수용한다면 한국성의 근본 개념에 모순이 되므로 그것에 머물러서는 안 될 것임

㉱ 한국성은 우리의 전통성에 장소성, 현대성, 주체성을 함께 수용해야 함

3) 한국성의 개념

① 장소성

㉮ 도시의 역사적 상황이 배경이 된 장소는 그 도시의 이미지를 부여하는 중요한 요소가 되므로, 역사적 장소성의 표현은 한국적인 것을 나타낼 수 있는 하나의 수단이 될 수 있을 것임

㉯ 조경분야에서는 작품의 설계, 시공의 대상이 외부공간임을 고려할 때 역사적 장소성이 표현되어야 할 것이며, 이것이 한국성을 판단할 수 있는 중요한 기준이 될 것임

② 현재성

㉮ 한국성을 찾기 위해서는 우리나라에서 일어나는 현상에서 출발해야 한다는 것이 현재성의 본질적 의미임. 우리의 정체성을 파악하기 위해서는 많은 사람들이 공감하는 대중적인 것이 가장 중요함

㉯ 한국의 특수성은 과거의 전통에만 있지 않고 지금의 현실에서 찾아야 하고 대다수가 그것을 좋아 한다면 우리의 것이 될 수 있음

㉰ 한국성을 탐구하기 위해서는 현재성이 있어야 할 것이며 그 현재성은 소수집단의 소유가 아닌 여러 사람이 공감할 수 있는 대중적인 것이어야 할 것임

③ 주체성

㉮ 한국인만이 가지고 있는 문화적, 정치적, 경제적, 사회적, 종교적 현상을 드러내는 한국인 집단의 주체성, 즉 성향을 말함

㉯ 외부공간을 설계하는 디자이너가 누구인가에 따라 공간의 주체성을 파악할 수 있음

㉰ 혈통을 유지한다든지 역사와 전통을 유지하는 것이 주체성 유지라 할 수 있음

4) 한국성 표현방법

① 전통의 원용

㉮ 직설적 표현방법은 한국이라는 지역적 특성을 살려야 한다는 전제를 가지고 한국전통의 요소를 모방에 가깝도록 표현하는 방법으로 현대적인 재료와 기법을 사용하면서 옛 전통양식을 그대로 답습함

㉯ 희원, 파리 서울공원, 오사카 한국정원, 카이로 한국정원 등은 표현방법에 있어서 재료, 기능, 형태, 기타 요소 등을 원용 또는 모방하는 것으로 나타남

② 전통의 변형

㉮ 전통요소의 시각적 요소를 현대에 변용하여 적용하는 것으로 직설적 표현방법에서 좀 더 발전한 접근방법이라 하겠음

㉯ 광화문 시민 열린마당, 원구단 시민광장 등

③ 전통의 재창조

㉮ 전통의 재창조에 의한 표현방법은 전통의 설계요소, 공간기능의 특성에서 전통적 이미지를 추출하여 새로운 의미와 기능을 부여하는 방법임

㉯ 한국성 표현은 크게 전통에서 시각적 특성, 즉 형태의 모방과 변용으로 표현되다가 한국성에 대한 논의가 활발해지면서 점차적으로 공간구성과 그 속에 내재되어 있는 의미론적 부분까지 확대되어 표현되고 있음

5) 한국 현대조경 작품에 나타나는 한국성

① 판단기준

㉮ 연속성, 위계성, 대칭성, 개방성, 조화성, 비례성 등의 전통적 공간구성원리의 적용과 그 표현 여부

㉯ 기능, 형태, 재료 등의 '원용, '변경 · 재창조'의 조형적 요소를 표현하는 방법의 채택 여부

㉰ 의미론적 요소 중 주체성의 존재 여부

㉱ 의미론적 요소 중 장소성, 현재성 등의 적용 및 그 표현 여부

→ 따라서 이들 기준의 만족 정도에 따라 작품의 전통성과 한국성의 경향을 판단할 수 있음

② 사례지의 한국성의 경향

구분	파리 서울공원	연신내 물빛공원
공간구성원리	연속성, 위계성, 대칭성, 개방성, 조화성, 비례성	대칭성, 비례성, 위계성
조형적 요소의 표현방법	'원용' 경향 우세 '변경 · 재창조' 경향 약함	'변경 · 재창조' 경향 우세 '원용' 경향 약함
주체성 유무	유	유
장소성 표현 유무	표현됨	표현됨
현재성 표현 유무	현재성 있으나 표현 안 됨	표현됨

㉮ 이 두 사례지의 비교를 통해 연신내 물빛공원은 한국성 경향이 있는 사례지로 볼 수 있으며, 파리 서울공원은 전통성 경향이 있는 사례지로 볼 수 있음

㉯ 그러나 일반인과 일부 전문가들은 한국성이란 전통성을 전제로 주체성, 장소성, 현재성이 포함되며, 전통성의 표현에 있어 그대로 모방하여 원용되기 보다는 변경 · 재창조되는 것이 바람직한 한국성의 표현이라는 것을 인지하지 못하고 있음

③ 한국성 표현방법에 대한 제언

㉮ 한국성 표현을 위한 방법으로 각각의 요소들을 원용, 변경, 재창조하는 것이 절대적 기준은 아니며, 이는 해당 작품의 장소성, 현재성에 따라 달라질 수 있음

㉯ 조경작품이 놓여지는 곳이 외국이거나, 국내이더라도 그 목적이 한국 알리기 내지 전통성의 표현에 있다면 '원용'의 표현방법을 도입하는 것도 바람직하리라 봄

㉰ 조경작품이 놓여지는 곳이 공공의 장소이거나 현재성, 장소성 등을 포함한다면 '변경 · 재창조'의 표현방법을 도입하는 것이 바람직하리라 봄

④ 향후 한국성 연구에 대한 제언

㉮ 한국성의 정확한 개념과 인지도는 아직도 정립되지 않았으며, 향후 지속적인 연구와 보완이 절실함

㉯ 즉, 의미론적, 시각론적 기준에서 '한국성 경향이 있다'라고 판단되는 일부 작품은 일반인과 전문인들도 한국적이 아닌 현대적 정원이라고 인지하고 있음. 또한, 사례 작품에서 아직까지는 한국성 인지도가 매우 높거나 매우 한국적인 정원작품은 조사되지 않았음. 이러한 원인은 설계자의 한국성 표현방법의 문제, 한국성의 정확한 개념 정립 및 인지의 문제라고 볼 수 있음

㉰ 따라서 한국성을 주제로 많은 작품의 시도, 연구, 비평 등이 이루어져야 할 것이며, 그 결과를 토대로 우리 조경분야의 진정한 한국성이 자리매김할 수 있을 것임

Memo

Professional Engineer Landscape Architecture

CHAPTER

04 조경 및 환경 관련법규

4장 조경 및 환경 관련법규

1 총론

1. 법률 체계

1) 조경 관련 법률 체계도

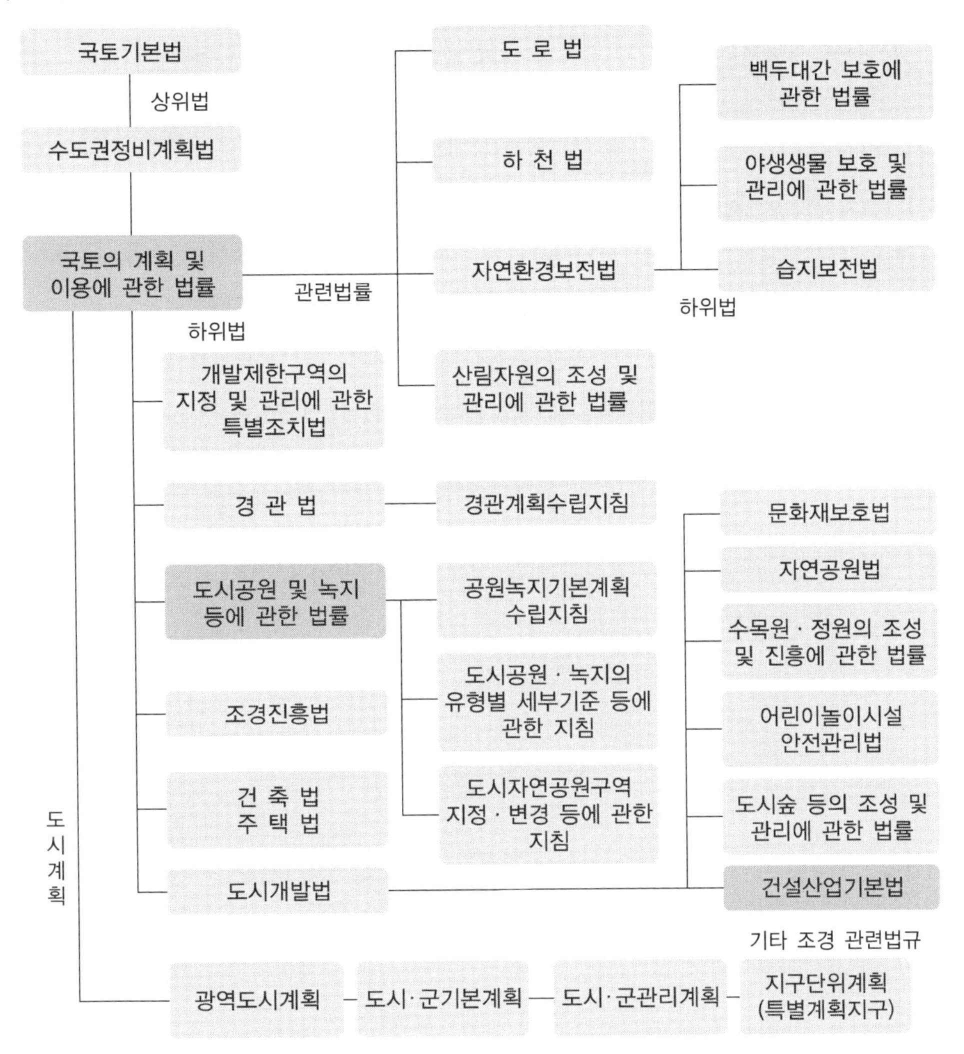

* 조경기본법 등이 마련되지 않아 조경 관련규정은 개별법에 각각 분산 규정하고 있음

2) 조경 관련 법정계획

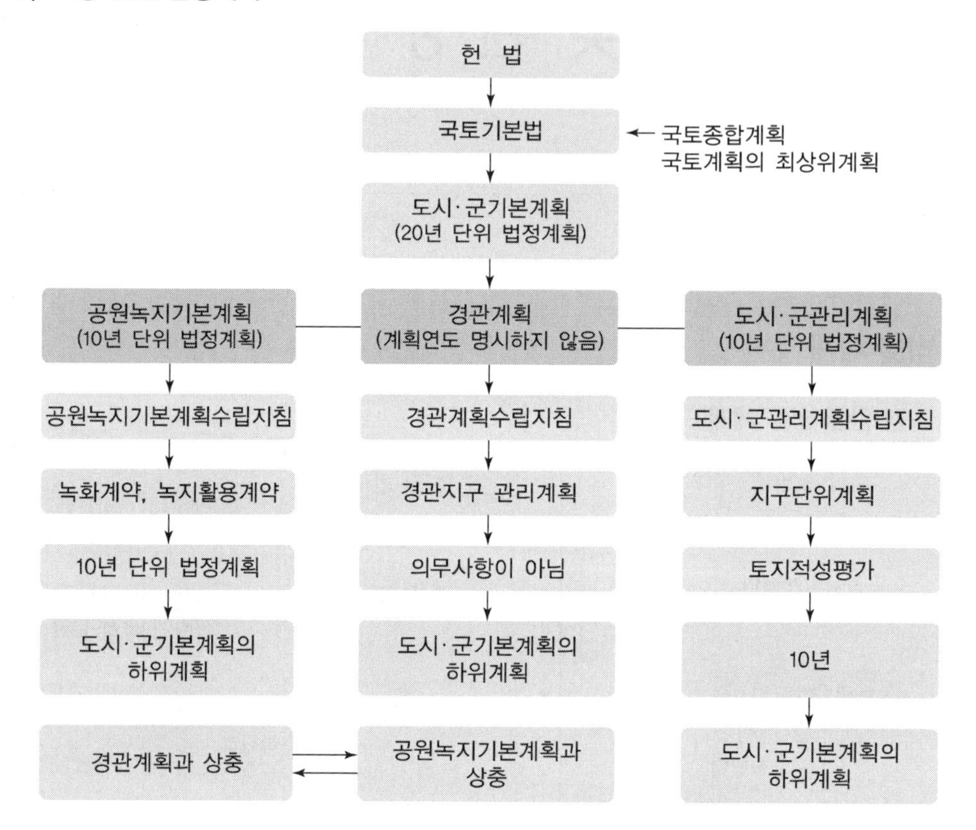

* 조경 관련 법정계획은 최상위계획인 국토종합계획에서 하위계획인 공원녹지기본계획 등이 있음

2 조경 · 도시계획

1. 국토기본법

1) 목적

① 국토에 관한 계획 및 정책의 수립 · 시행에 관한 기본적인 사항을 정함
② 국토의 건전한 발전과 국민의 복리향상에 이바지함을 목적

2) 국토관리의 기본 이념

국토는 모든 국민의 삶의 터전이며 후세에 물려줄 민족의 자산이므로, 국토에 관한 계획 및 정책은 개발과 환경의 조화를 바탕으로 국토를 균형 있게 발전시키고 국가의 경쟁력을 높이며 국민의 삶의 질을 개선함으로써 국토의 지속가능한 발전을 도모할 수 있도록 수립 · 집행하여야 함

3) 국토의 균형 있는 발전

① 국가와 지방자치단체는 각 지역이 특성에 따라 개성 있게 발전하고, 자립적인 경쟁력을 갖추도록 함으로써 국민 모두가 안정되고 편리한 삶을 누릴 수 있는 국토 여건을 조성
② 국가와 지방자치단체는 수도권과 비수도권(非首都圈), 도시와 농촌 · 산촌 · 어촌, 대도시와 중소도시 간의 균형 있는 발전을 이룩하고, 생활 여건이 현저히 뒤떨어진 지역이 발전할 수 있는 기반을 구축
③ 국가와 지방자치단체는 지역 간의 교류협력을 촉진시키고 체계적으로 지원함으로써 지역 간의 화합과 공동 번영을 도모

4) 경쟁력 있는 국토 여건의 조성

① 국가와 지방자치단체는 도로, 철도, 항만, 공항, 용수(用水) 시설, 물류 시설, 정보통신 시설 등 국토의 기간시설(基幹施設)을 체계적으로 확충하여 국가경쟁력을 강화하고 국민생활의 질적 향상을 도모
② 국가와 지방자치단체는 농지, 수자원, 산림자원, 식량자원, 광물자원, 생태자원, 해양수산자원 등 국토자원의 효율적인 이용과 체계적인 보전 · 관리를 위하여 노력
③ 국가와 지방자치단체는 국제교류가 활발히 이루어질 수 있는 국토 여건을 조성함으로써 대륙과 해양을 잇는 국토의 지리적 특성을 최대한 살리도록 하여야 함

5) 국민의 삶의 질 향상을 위한 국토 여건 조성

국가와 지방자치단체는 국민의 삶의 질을 향상하기 위하여 국민 모두가 생활에 필요한 적정한 수준의 서비스를 제공받을 수 있는 국토 여건을 조성하여야 함

6) 환경친화적 국토관리

① 국가와 지방자치단체는 국토에 관한 계획 또는 사업을 수립 · 집행할 때에는 「환경정책기본법」에 따른 환경계획의 내용을 고려하여 자연환경과 생활환경에 미치는 영향을 사전에 검토함으로써 환경에 미치는 부정적인 영향을 최소화하고 환경정의가 실현될 수 있도록 하여야 함

② 국가와 지방자치단체는 국토의 무질서한 개발을 방지하고 국민생활에 필요한 토지를 원활하게 공급하기 위하여 토지이용에 관한 종합적인 계획을 수립하고 이에 따라 국토 공간을 체계적으로 관리

③ 국가와 지방자치단체는 산, 하천, 호수, 늪, 연안, 해양으로 이어지는 자연생태계를 통합적으로 관리 · 보전하고 훼손된 자연생태계를 복원하기 위한 종합적인 시책을 추진함으로써 인간이 자연과 더불어 살 수 있는 쾌적한 국토 환경을 조성

④ 위에 따른 국토에 관한 계획과 「환경정책기본법」에 따른 환경계획의 연계를 위하여 필요한 경우에는 적용범위, 연계 방법 및 절차 등을 환경부장관과 공동으로 정할 수 있음

7) 국토계획의 정의 및 구분

① 국토계획의 정의

"국토계획"이란 국토를 이용 · 개발 및 보전할 때 미래의 경제적 · 사회적 변동에 대응하여 국토가 지향하여야 할 발전 방향을 설정하고 이를 달성하기 위한 계획

② 국토계획의 구분

국토종합계획, 도종합계획, 시 · 군 종합계획, 지역계획 및 부문별계획으로 구분

1. 국토종합계획 : 국토 전역을 대상으로 하여 국토의 장기적인 발전 방향을 제시하는 종합계획
2. 도종합계획 : 도 또는 특별자치도의 관할구역을 대상으로 하여 해당 지역의 장기적인 발전 방향을 제시하는 종합계획
3. 시 · 군종합계획 : 특별시 · 광역시 · 특별자치시 · 시 또는 군(광역시의 군은 제외)의 관할구역을 대상으로 하여 해당 지역의 기본적인 공간구조와 장기 발전 방향을 제시하고, 토지이용, 교통, 환경, 안전, 산업, 정보통신, 보건, 후생, 문화 등에 관하여 수립하는 계획으로서 「국토의 계획 및 이용에 관한 법률」에 따라 수립되는 도시 · 군계획
4. 지역계획 : 특정 지역을 대상으로 특별한 정책목적을 달성하기 위하여 수립하는 계획

5. 부문별계획 : 국토 전역을 대상으로 하여 특정 부문에 대한 장기적인 발전 방향을 제시하는 계획

③ 국토계획의 상호 관계 등

- 국토종합계획은 도종합계획 및 시 · 군종합계획의 기본이 되며, 부문별계획과 지역계획은 국토종합계획과 조화를 이루어야 함
- 도종합계획은 해당 도의 관할구역에서 수립되는 시 · 군종합계획의 기본이 됨
- 국토종합계획은 20년을 단위로 하여 수립하며, 도종합계획, 시 · 군종합계획, 지역계획 및 부문별계획의 수립권자는 국토종합계획의 수립 주기를 고려하여 그 수립 주기를 정하여야 함
- 국토계획의 계획기간이 만료되었음에도 불구하고 차기 계획이 수립되지 아니한 경우에는 해당 계획의 기본이 되는 계획과 저촉되지 아니하는 범위에서 종전의 계획을 따를 수 있음

④ 다른 법령에 따른 계획과의 관계

- 이 법에 따른 국토종합계획은 다른 법령에 따라 수립되는 국토에 관한 계획에 우선하며 그 기본이 됨
- 다만, 군사에 관한 계획에 대하여는 그러하지 아니함

8) 국토종합계획의 수립과 내용

① 국토종합계획의 수립

- 국토교통부장관은 국토종합계획을 수립하여야 함
- 국토교통부장관은 국토종합계획을 수립하려는 경우에는 중앙행정기관의 장 및 특별시장 · 광역시장 · 특별자치시장 · 도지사 또는 특별자치도지사(이하 "시 · 도지사"라 한다)에게 대통령령으로 정하는 바에 따라 국토종합계획에 반영되어야 할 정책 및 사업에 관한 소관별 계획안의 제출을 요청할 수 있다. 이 경우 중앙행정기관의 장 및 시 · 도지사는 특별한 사유가 없으면 요청에 따라야 함
- 국토교통부장관은 위에 따라 받은 소관별 계획안을 기초로 대통령령으로 정하는 바에 따라 이를 조정 · 총괄하여 국토종합계획안을 작성하며, 제출된 소관별 계획안의 내용 외에 국토종합계획에 포함되는 것이 타당하다고 인정하는 사항은 관계 행정기관의 장과 협의하여 국토종합계획안에 반영할 수 있음

② 국토종합계획의 내용

- 국토종합계획에는 다음 각 호의 사항에 대한 기본적이고 장기적인 정책방향이 포함되어야 함

  1. 국토의 현황 및 여건 변화 전망에 관한 사항

2. 국토발전의 기본 이념 및 바람직한 국토 미래상의 정립에 관한 사항
2의2. 교통, 물류, 공간정보 등에 관한 신기술의 개발과 활용을 통한 국토의 효율적인 발전 방향과 혁신 기반 조성에 관한 사항
3. 국토의 공간구조의 정비 및 지역별 기능 분담 방향에 관한 사항
4. 국토의 균형발전을 위한 시책 및 지역산업 육성에 관한 사항
5. 국가경쟁력 향상 및 국민생활의 기반이 되는 국토 기간 시설의 확충에 관한 사항
6. 토지, 수자원, 산림자원, 해양수산자원 등 국토자원의 효율적 이용 및 관리에 관한 사항
7. 주택, 상하수도 등 생활 여건의 조성 및 삶의 질 개선에 관한 사항
8. 수해, 풍해(風害), 그 밖의 재해의 방제(防除)에 관한 사항
9. 지하 공간의 합리적 이용 및 관리에 관한 사항
10. 지속가능한 국토 발전을 위한 국토 환경의 보전 및 개선에 관한 사항
11. 그 밖에 제1호부터 제10호까지에 부수(附隨)되는 사항

9) 도종합계획의 수립과 내용

① 도종합계획의 수립

도지사(특별자치도의 경우에는 특별자치도지사를 말함)는 다음 각 호의 사항에 대한 도종합계획을 수립하여야 함

② 도종합계획의 내용

1. 지역 현황 · 특성의 분석 및 대내외적 여건 변화의 전망에 관한 사항
2. 지역발전의 목표와 전략에 관한 사항
3. 지역 공간구조의 정비 및 지역 내 기능 분담 방향에 관한 사항
4. 교통, 물류, 정보통신망 등 기반시설의 구축에 관한 사항
5. 지역의 자원 및 환경 개발과 보전 · 관리에 관한 사항
6. 토지의 용도별 이용 및 계획적 관리에 관한 사항
7. 그 밖에 도의 지속가능한 발전에 필요한 사항

10) 지역계획의 수립과 구분

① 지역계획의 수립

중앙행정기관의 장 또는 지방자치단체의 장은 지역 특성에 맞는 정비나 개발을 위하여 필요하다고 인정하면 관계 중앙행정기관의 장과 협의하여 관계 법률에서 정하는 바에 따라 다음 각 호의 구분에 따른 지역계획을 수립할 수 있음

② 지역계획의 구분

1. 수도권 발전계획 : 수도권에 과도하게 집중된 인구와 산업의 분산 및 적정배치를 유도하기 위하여 수립하는 계획
2. 지역개발계획 : 성장 잠재력을 보유한 낙후지역 또는 거점지역 등과 그 인근지역을 종합적 · 체계적으로 발전시키기 위하여 수립하는 계획
3. 그 밖에 다른 법률에 따라 수립하는 지역계획

11) 부문별계획의 수립

① 중앙행정기관의 장은 국토 전역을 대상으로 하여 소관 업무에 관한 부문별계획을 수립할 수 있음

② 중앙행정기관의 장은 부문별계획을 수립할 때에는 국토종합계획의 내용을 반영하여야 하며, 이와 상충(相衝)되지 아니하도록 하여야 함

③ 중앙행정기관의 장은 부문별계획을 수립하거나 변경한 때에는 지체 없이 국토교통부장관에게 알려야 함

12) 국토계획평가

① 국토계획평가의 대상 및 기준

- 국토교통부장관은 대통령령으로 정하는 중장기적 · 지침적 성격의 국토계획이 국토관리의 기본 이념에 따라 수립되었는지를 평가(이하 "국토계획평가"라 함)하여야 함
- 국토계획평가의 기준은 규정에 따른 국토관리의 기본 이념을 고려하여 대통령령으로 정함
- 국토교통부장관이 국토계획평가를 실시할 때에는 규정에 따른 국토모니터링 결과를 우선적으로 활용하여야 함

② 국토계획평가의 절차

- 국토계획평가 대상이 되는 국토계획의 수립권자는 해당 국토계획을 수립하거나 변경하기 전에 대통령령으로 정하는 바에 따라 국토계획평가 요청서를 작성하여 국토교통부장관에게 제출하여야 함
- 위에 따라 국토계획평가 요청서를 제출받은 국토교통부장관은 국토계획평가를 실시한 후 그 결과에 대하여 국토정책위원회의 심의를 거쳐야 함
- 국토교통부장관은 위에 따라 국토계획평가를 실시할 때 필요한 경우에는 「정부출연연구기관 등의 설립 · 운영 및 육성에 관한 법률」에 따라 설립된 정부출연연구기관이나 관계 전문가에게 현지조사를 의뢰하거나 의견을 들을 수 있으며, 위에 따른 국토계획평가 요청서 중 환경친화적인 국토관리에 관한 사항은 대통령령으로 정하는 바에 따라 환경부장관의 의견을 들어야 함
- 위에 따른 국토계획평가 요청서 제출 시기, 국토계획평가 결과의 통보 절차 및 그 밖에 국토계획평가 절차에 필요한 사항은 대통령령으로 정함

2. 국토의 계획 및 이용에 관한 법률

1) 목적

① 국토의 이용 · 개발과 보전을 위한 계획의 수립 및 집행
② 공공복리를 증진시키고 국민의 삶의 질을 향상시키는 것

2) 정의

① 광역도시계획

- 광역권 : 둘 이상의 특별시 · 광역시 · 시 또는 군의 관할구역 전부 또는 일부
- 수립권자 : 국토교통부장관
- 성격 : 국토종합계획의 하위계획, 도시 · 군기본계획의 상위계획
- 광역계획권의 장기발전방향을 제시하는 계획

② 도시 · 군계획

특별시 · 광역시 · 특별자치시 · 특별자치도 · 시 또는 군의 관할 구역에 대하여 수립하는 공간구조와 발전방향에 대한 계획으로서 도시 · 군기본계획과 도시 · 군관리계획으로 구분

③ 도시 · 군기본계획

특별시 · 광역시 · 특별자치시 · 특별자치도 · 시 또는 군의 관할 구역에 대하여 기본적인 공간구조와 장기발전방향을 제시하는 종합계획으로서 도시 · 군관리계획 수립의 지침이 되는 계획

④ 도시 · 군관리계획

특별시 · 광역시 · 특별자치시 · 특별자치도 · 시 또는 군의 개발 · 정비 및 보전을 위하여 수립하는 토지 이용, 교통, 환경, 경관, 안전, 산업, 정보통신, 보건, 복지, 안보, 문화 등에 관한 다음 각 목의 계획

- 용도지역 · 용도지구의 지정 또는 변경에 관한 계획
- 개발제한구역, 도시자연공원구역, 시가화조정구역(市街化調整區域), 수산자원보호구역의 지정 또는 변경에 관한 계획
- 기반시설의 설치 · 정비 또는 개량에 관한 계획
- 도시개발사업이나 정비사업에 관한 계획
- 지구단위계획구역의 지정 또는 변경에 관한 계획과 지구단위계획
- 입지규제최소구역의 지정 또는 변경에 관한 계획과 입지규제 최소구역계획

⑤ 지구단위계획

- 도시 · 군계획 수립 대상지역의 일부에 대하여 토지 이용을 합리화하고 그 기능을 증진시키며 미관을 개선하고 양호한 환경을 확보하며, 그 지역을 체계적 · 계획적으로 관리

하기 위하여 수립하는 도시 · 군관리계획

- "입지규제최소구역계획"이란 입지규제최소구역에서의 토지의 이용 및 건축물의 용도 · 건폐율 · 용적률 · 높이 등의 제한에 관한 사항 등 입지규제최소구역의 관리에 필요한 사항을 정하기 위하여 수립하는 도시 · 군관리계획
- "성장관리계획"이란 성장관리계획구역에서의 난개발을 방지하고 계획적인 개발을 유도하기 위하여 수립하는 계획

⑥ 기반시설

㉮ 기반시설의 구분

- 도로 · 철도 · 항만 · 공항 · 주차장 등 교통시설
- 광장 · 공원 · 녹지 등 공간시설
- 유통업무설비, 수도 · 전기 · 가스공급설비, 방송 · 통신시설, 공동구 등 유통 · 공급시설
- 학교 · 운동장 · 공공청사 · 문화시설 및 공공필요성이 인정되는 체육시설 등 공공 · 문화체육시설
- 하천 · 유수지(遊水池) · 방화설비 등 방재시설
- 화장시설 · 공동묘지 · 봉안시설 등 보건위생시설
- 하수도 · 폐기물처리시설 등 환경기초시설

시설군	종류(57)
교통시설(12)	도로, 청도, 항만, 공항, 주차장, 자동차정류장, 궤도, 운하, 자동차 및 건설기계검사시설, 자동차 및 건설기계운전학원
공간시설(5)	광장, 공원, 녹지, 유원지, 공공공지
유통 · 공급시설(11)	유통업무시설, 수도, 전기, 가스, 열공급설비, 방송 · 통신시설, 공동구, 시장, 유류저장 및 송유설비
공공 · 문화체육시설(10)	학교, 운동장, 공공청사, 문화시설, 체육시설, 도서관, 연구시설, 사회복지시설, 공공직업훈련시설, 청소년수련시설
방재시설(8)	하천, 유수지, 저수지, 방화설비, 방풍설비, 방수설비, 사방설비, 방조설비
보건위생시설(7)	화장시설, 공동묘지, 봉안시설, 자연장지, 장례식장, 도축장, 종합의료시설
환경기초시설(4)	하수도, 폐기물처리시설, 수질오염방지시설, 폐차장

㉯ 기반시설 중 도로 · 자동차정류장 · 광장의 구분

구분	종류
도로	• 일반도로 • 자동차전용도로 • 보행자전용도로 • 자전거전용도로 • 고가도로 • 지하도로
자동차정류장	• 여객자동차터미널 • 물류터미널 • 공영차고지 • 공동차고지 • 화물자동차 휴게소 • 복합환승센터
광장	• 교통광장 : 교차점광장, 역전광장 • 일반광장 : 미관광장, 대중심광장 • 경관광장 • 지하광장 • 건축물부설광장

⑦ **도시 · 군계획시설**

기반시설 중 도시 · 군관리계획으로 결정된 시설

⑧ **광역시설**

기반시설 중 광역적인 정비체계가 필요한 다음의 시설

가. 둘 이상의 특별시 · 광역시 · 특별자치시 · 특별자치도 · 시 또는 군의 관할 구역에 걸쳐 있는 시설

나. 둘 이상의 특별시 · 광역시 · 특별자치시 · 특별자치도 · 시 또는 군이 공동으로 이용하는 시설

⑨ **공동구**

전기 · 가스 · 수도 등의 공급설비, 통신시설, 하수도시설 등 지하매설물을 공동 수용함으로써 미관의 개선, 도로구조의 보전 및 교통의 원활한 소통을 위하여 지하에 설치하는 시설물

⑩ **도시 · 군계획시설사업**

도시 · 군계획시설을 설치 · 정비 또는 개량하는 사업

⑪ **도시 · 군계획사업**

도시 · 군관리계획을 시행하기 위한 다음 각 호의 사업

가. 도시 · 군계획시설사업

나. 「도시개발법」에 따른 도시개발사업

다. 「도시 및 주거환경정비법」에 따른 정비사업

⑫ 도시 · 군계획시행자

이 법 또는 다른 법률에 따라 도시 · 군계획사업을 하는 자

⑬ 공공시설

- 도로 · 공원 · 철도 · 수도 등 공공용 시설
- 행정청이 설치하는 주차장 · 운동장 · 저수지 · 화장장 · 공동묘지 · 봉안시설

⑭ 국가계획

- 중앙행정기관이 법률에 따라 수립하거나 국가의 정책적인 목적을 이루기 위하여 수립하는 계획
- 도시기본계획의 내용과 도시 · 군관리계획으로 결정하여야 할 사항이 포함된 계획

⑮ 용도지역

토지의 이용 및 건축물의 용도, 건폐율(「건축법」 제55조의 건폐율을 말한다. 이하 같다), 용적률(「건축법」 제56조의 용적률을 말한다. 이하 같다), 높이 등을 제한함으로써 토지를 경제적 · 효율적으로 이용하고 공공복리의 증진을 도모하기 위하여 서로 중복되지 아니하게 도시 · 군관리계획으로 결정하는 지역

⑯ 용도지구

토지의 이용 및 건축물의 용도 · 건폐율 · 용적률 · 높이 등에 대한 용도지역의 제한을 강화하거나 완화하여 적용함으로써 용도지역의 기능을 증진시키고 경관 · 안전 등을 도모하기 위하여 도시 · 군관리계획으로 결정하는 지역

⑰ 용도구역

- 토지의 이용 및 건축물의 용도 · 건폐율 · 용적률 · 높이 등에 대한 용도지역 및 용도지구의 제한을 강화하거나 완화하여 따로 정함으로써 시가지의 무질서한 확산방지, 계획적이고 단계적인 토지이용의 도모, 토지이용의 종합적 조정 · 관리 등을 위하여 도시 · 군관리계획으로 결정하는 지역
- 중복지정이 가능함

⑱ 개발밀도관리구역

개발로 인하여 기반시설이 부족할 것으로 예상되나 기반시설을 설치하기 곤란한 지역을 대상으로 건폐율이나 용적률을 강화하여 적용하기 위하여 지정하는 구역

⑲ 기반시설부담구역

개발밀도관리구역 외의 지역으로서 개발로 인하여 도로, 공원, 녹지 등 기반시설의 설치가 필요한 지역을 대상으로 기반시설을 설치하거나 그에 필요한 용지를 확보하게 하기 위하여 지정 · 고시하는 구역

⑳ 기반시설설치비용

단독주택 및 숙박시설 등 시설의 신 · 증축 행위로 인하여 유발되는 기반시설을 설치하거나 그에 필요한 용지를 확보하기 위해 부과 · 징수하는 금액

3) 국토 이용 및 관리의 기본원칙

국토는 자연환경의 보전과 자원의 효율적 활용을 통하여 환경적으로 건전하고 지속가능한 발전을 이루기 위하여 다음의 목적을 이룰 수 있도록 이용되고 관리되어야 함

1. 국민생활과 경제활동에 필요한 토지 및 각종 시설물의 효율적 이용과 원활한 공급
2. 자연환경 및 경관의 보전과 훼손된 자연환경 및 경관의 개선 및 복원
3. 교통 · 수자원 · 에너지 등 국민생활에 필요한 각종 기초 서비스 제공
4. 주거 등 생활환경 개선을 통한 국민의 삶의 질 향상
5. 지역의 정체성과 문화유산의 보전
6. 지역 간 협력 및 균형발전을 통한 공동번영의 추구
7. 지역경제의 발전과 지역 및 지역 내 적절한 기능 배분을 통한 사회적 비용의 최소화
8. 기후변화에 대한 대응 및 풍수해 저감을 통한 국민의 생명과 재산의 보호
9. 저출산 · 인구의 고령화에 따른 대응과 새로운 기술변화를 적용한 최적의 생활환경 제공

4) 국토의 용도 구분

구분	지정조건	관리의무
도시지역	인구와 산업이 밀집되어 있거나 밀집이 예상되어 그 지역에 대하여 체계적인 개발 · 정비 · 관리 · 보전 등이 필요한 지역	그 지역이 체계적이고 효율적으로 개발 · 정비 · 보전될 수 있도록 미리 계획을 수립하고 그 계획을 시행
관리지역	도시지역의 인구와 산업을 수용하기 위하여 도시지역에 준하여 체계적으로 관리하거나 농림업의 진흥, 자연환경 또는 산림의 보전을 위하여 농림지역 또는 자연환경보전지역에 준하여 관리할 필요가 있는 지역	필요한 보전조치를 취하고 개발이 필요한 지역에 대하여는 계획적인 이용과 개발을 도모
농림지역	도시지역에 속하지 아니하는 「농지법」에 따른 농업진흥지역 또는 「산지관리법」에 따른 보전산지 등으로서 농림업을 진흥시키고 산림을 보전하기 위하여 필요한 지역	농림업의 진흥과 산림의 보전 · 육성에 필요한 조사와 대책을 마련
자연환경보전지역	자연환경 · 수자원 · 해안 · 생태계 · 상수원 및 문화재의 보전과 수산자원의 보호 · 육성 등을 위하여 필요한 지역	환경오염 방지, 자연환경 · 수질 · 수자원 · 해안 · 생태계 및 문화재의 보전과 수산자원의 보호 · 육성을 위하여 필요한 조사와 대책을 마련

5) 광역도시계획

① 광역계획권의 지정

국토교통부장관 또는 도지사는 둘 이상의 특별시 · 광역시 · 특별자치시 · 특별자치도 · 시 또는 군의 공간구조 및 기능을 상호 연계시키고 환경을 보전하며 광역시설을 체계적으로 정비하기 위하여 필요한 경우 관할구역 전부 또는 일부를 광역계획권으로 지정

② 광역도시계획의 수립권자

- 광역계획권이 같은 도의 관할 구역에 속하여 있는 경우 : 관할 시장 또는 군수가 공동으로 수립
- 광역계획권이 둘 이상의 시 · 도의 관할 구역에 걸쳐 있는 경우 : 관할 시 · 도지사가 공동으로 수립
- 광역계획권을 지정한 날부터 3년이 지날 때까지 관할 시장 또는 군수로부터 광역도시계획의 승인 신청이 없는 경우 : 관할 도지사가 수립
- 국가계획과 관련된 광역도시계획의 수립이 필요한 경우나 광역계획권을 지정한 날부터 3년이 지날 때까지 관할 시 · 도지사로부터 광역도시계획의 승인 신청이 없는 경우 : 국토교통부장관이 수립

③ 광역도시계획의 내용

- 광역계획권의 공간 구조와 기능 분담에 관한 사항
- 광역계획권의 녹지관리체계와 환경 보전에 관한 사항
- 광역시설의 배치 · 규모 · 설치에 관한 사항
- 경관계획에 관한 사항
- 그 밖에 광역계획권에 속하는 특별시 · 광역시 · 특별자치시 · 특별자치도 · 시 또는 군 상호 간의 기능 연계에 관한 사항

6) 도시군 · 기본계획

① 도시군 · 기본계획의 수립권자와 대상지역

- 수립권자 : 특별시장 · 광역시장 · 특별자치시장 · 특별자치도지사 · 시장, 군수
- 대상지역 : 관할구역

② 도시군 · 기본계획의 내용

- 지역적 특성 및 계획의 방향 · 목표에 관한 사항
- 공간구조, 생활권의 설정 및 인구의 배분에 관한 사항
- 토지의 이용 및 개발에 관한 사항
- 토지의 용도별 수요 및 공급에 관한 사항

- 환경의 보전 및 관리에 관한 사항
- 기반시설에 관한 사항
- 공원 · 녹지에 관한 사항
- 경관에 관한 사항
- 기후변화 대응 및 에너지절약에 관한 사항
- 방재 · 방범 등 안전에 관한 사항
- 그 밖에 대통령령으로 정하는 사항

③ 도시군 · 기본계획의 문제점과 개선방향

㉮ 문제점

- 결정권의 중앙집중(시장 · 군수가 수립하는 계획은 도지사 승인)
- 결정권한이 중앙에 있어 개별도시특성이 경시될 수 있음
- 계획기간 장기화로 여건변화에 도시여건 미수용(20년 단위계획)
- 계획범위의 경직성(공간적 범위가 행정구역으로 제한)
- 공청회의 요식적 운영(참석률 및 의견 제시 저조)
- 너무 구체적인 계획(개략적, 전략적, 종합적 계획이어야 함)
- 계획인구의 과대 계상
- 장기계획에 따라 정치적 흐름에 의한 계획변경이 많음

㉯ 개선방안

- 중앙과 지방정부의 역할 분담
- 계획범위의 탄력성 제고(광역도시계획의 활성화 제고)
- 현실성 강화, 공청회 활성화
- 공청회의 활성화나 시민참여 제고를 위한 홍보전략 수립
- 개략적 정책계획으로 유도, 계획인구 설정 강화

④ 조경 분야 관련성

공원녹지기본계획, 경관계획 용역수행자는 반드시 상위계획인 도시 · 군기본계획을 이해하여야 하고 상위계획과 부합하도록 해야 함

⑤ 도시 · 군기본계획 수립절차

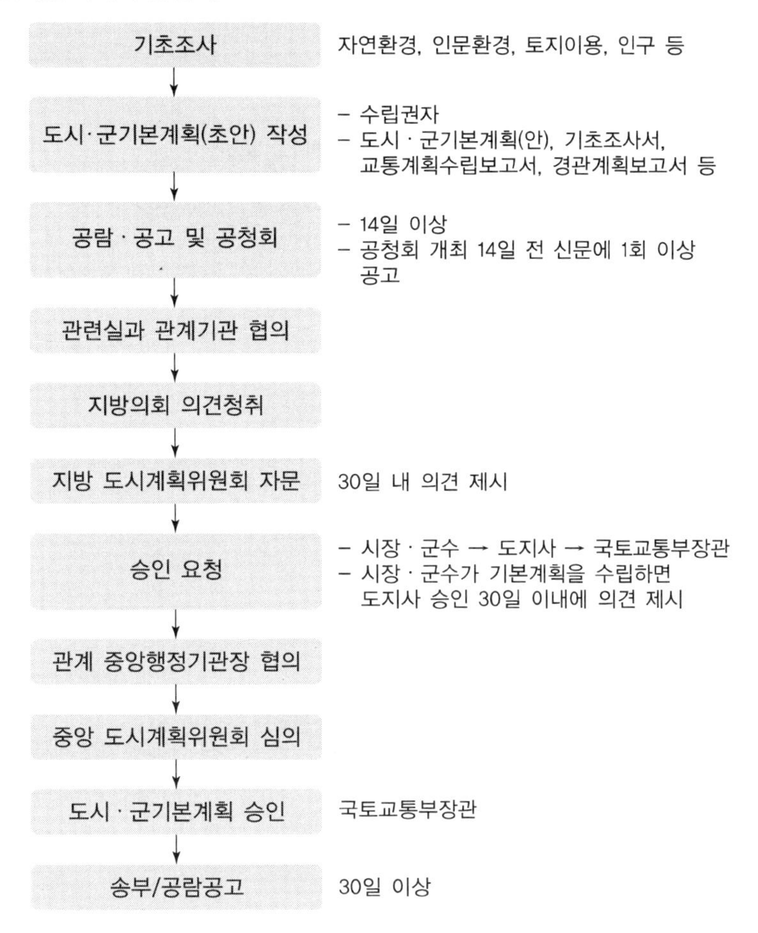

7) 도시 · 군관리계획

① 도시 · 군관리계획의 입안권자

- 특별시장 · 광역시장 · 특별자치시장 · 특별자치도지사 · 시장 또는 군수는 관할 구역에 대하여 도시 · 군관리계획을 입안
- 특별시장 · 광역시장 · 특별자치시장 · 특별자치도지사 · 시장 또는 군수는 다음의 어느 하나에 해당하면 인접한 특별시 · 광역시 · 특별자치시 · 특별자치도 · 시 또는 군의 관할 구역 전부 또는 일부를 포함하여 도시 · 군관리계획을 입안
  1. 지역여건상 필요하다고 인정하여 미리 인접한 특별시장 · 광역시장 · 특별자치시장 · 특별자치도지사 · 시장 또는 군수와 협의한 경우
  2. 인접한 특별시 · 광역시 · 특별자치시 · 특별자치도 · 시 또는 군의 관할 구역을 포함하여 도시 · 군기본계획을 수립한 경우

② 도시 · 군관리계획의 수립절차

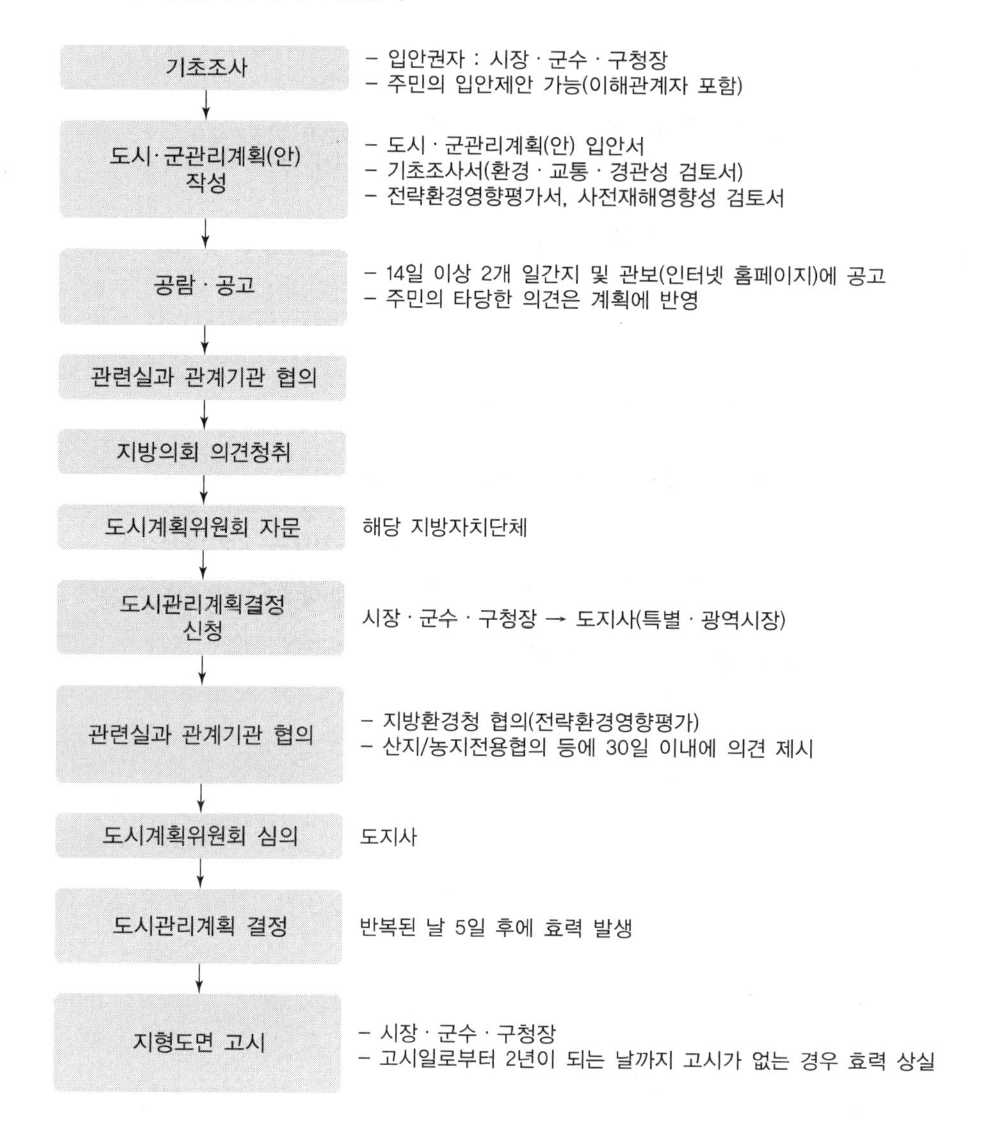

③ 도시 · 군관리계획과 조경과 관련성

- 도시군계획시설로서 공원, 녹지, 공공공지, 광장, 유원지의 결정, 설치 등과 관련하여 도시 · 군관리계획의 행정절차를 이해해야 하며, 도시 · 군관리계획의 변경 등에 대해서도 학습하여야 함
- 도시공원 및 녹지 등에 관한 법률에서 제시하는 공원녹지기본계획 수립이나 경관법의 경관계획 수립의 수립용역 업무처리자는 반드시 알아두어야 할 행정절차

④ 도시계획의 비교

구분	도시 · 군기본계획	도시 · 군관리계획	사업시행계획
계획목표	도시개발방향 및 미래상 제시	구체적 개발절차 및 지침 제시	사업의 집행
계획내용	물적 · 비물적 측면의 종합	물적 측면	특정사업
법적근거	국토계획법	국토계획법, 해당법	국토계획법, 해당법
법적구속대상	관계부처, 시장, 군수	개별시민	개별시민
계획기간	20년	10년	1~5년 (계획에 따라 다름)
입안권자	국토교통부장관, 시 · 도지사, 시장, 군수	시장, 군수	시장, 군수, 사업시행자
승인권자	국토교통부장관	시 · 도지사	시 · 도지사
계획범위	관할 행정구역	관할 행정구역	관할 행정구역 내 일부
주민참여형태	공청회	의견청취(공람)	의견청취, 직접참여
계획연계형태	국토계획 · 도계획 지침수용 및 도시관리계획 지침제시	도시 · 군기본계획의 지침수용 및 사업집행계획 지침제시	도시 · 군기본계획 및 도시계획의 지침수용
표현방식	개념적 · 계획적 표현	구체적 표현	상세계획 및 설계
도면축척	1/25,000~1/50,000	1/3,000~1/5,000	1/600~1/1,200

8) 용도지역 · 용도지구 · 용도구역

① 용도지역 구분

용도지역	지정목적
1. 도시지역	인구와 산업이 밀집되어 있거나 밀집이 예상되는 지역의 체계적인 개발 · 정비 · 관리 · 보전 등이 필요한 지역
가. 주거지역	거주의 안녕과 건전한 생활환경의 보호를 위하여 필요한 지역
1) 전용주거지역	양호한 주거환경을 보호하기 위하여 필요한 지역
제1종 전용	단독주택 중심의 양호한 주거환경을 보호하기 위하여 필요한 지역
제2종 전용	공동주택 중심의 양호한 주거환경을 보호하기 위하여 필요한 지역
2) 일반주거지역	편리한 주거환경을 조성하기 위하여 필요한 지역
제1종 일반	저층주택을 중심으로 편리한 주거환경을 조성하기 위하여 필요한 지역

제2종 일반	중층주택을 중심으로 편리한 주거환경을 조성하기 위하여 필요한 지역
제3종 일반	중고층주택을 중심으로 편리한 주거환경을 조성하기 위하여 필요한 지역
3) 준주거지역	주거기능을 위주로 이를 지원하는 일부 상업 · 업무기능을 보완하기 위하여 필요한 지역
나. 상업지역	상업 그 밖에 업무의 편익증진을 위하여 필요한 지역
1) 중심상업지역	도심 · 부도심의 업무 및 상업기능의 확충을 위하여 필요한 지역
2) 일반상업지역	일반적인 상업 및 업무기능을 담당하게 하기 위하여 필요한 지역
3) 근린상업지역	근린지역에서의 일용품 및 서비스의 공급을 위하여 필요한 지역
4) 유통상업지역	도시 내 및 지역 간 유통기능의 증진을 위하여 필요한 지역
다. 공업지역	공업의 편익증진을 위하여 필요한 지역
1) 전용공업지역	주로 중화학공업 · 공해성 공업 등을 수용하기 위하여 필요한 지역
2) 일반공업지역	환경을 저해하지 아니하는 공업의 배치를 위하여 필요한 지역
3) 준공업지역	경공업 그 밖의 공업을 수용하되, 주거 · 상업 · 업무기능의 보완이 필요한 지역
라. 녹지지역	자연환경, 산림의 보호, 보건위생, 도시의 무질서한 확산을 방지하기 위한 녹지의 보전 지역
1) 보전녹지지역	도시의 자연환경 · 경관 · 산림 및 녹지공간을 보전할 필요가 있는 지역
2) 생산녹지지역	주로 농업적 생산을 위하여 개발을 유보할 필요가 있는 지역
3) 자연녹지지역	도시의 녹지공간의 확보, 도시확산의 방지, 장래 도시용지의 공급 등을 위하여 보전할 필요가 있는 지역으로서 불가피한 경우에 한하여 제한적인 개발이 허용되는 지역
2. 관리지역	도시지역에 준하여 체계적으로 관리하거나 농림업의 진흥, 자연환경 또는 산림의 보전을 위하여 농림지역 또는 자연환경보전지역에 준하여 관리가 필요한 지역
가. 보전관리지역	자연환경보호, 산림보호, 수질오염방지, 녹지공간 확보 및 생태계 보전 등을 위하여 보전이 필요하나, 주변의 용도지역과의 관계 등을 고려할 때 자연환경보전지역으로 지정하여 관리하기가 곤란한 지역
나. 생산관리지역	농업 · 임업 · 어업생산 등을 위하여 관리가 필요하나, 주변의 용도지역과의 관계 등을 고려할 때 농림지역으로 지정하여 관리하기가 곤란한 지역
다. 계획관리지역	도시지역으로의 편입이 예상되는 지역 또는 자연환경을 고려하여 제한적인 이용 · 개발을 하려는 지역으로서 계획적 · 체계적인 관리가 필요한 지역

3. 농림지역	도시지역에 속하지 아니하는 농지법에 의한 농업진흥지역 또는 산지관리법에 의한 보전산지 등으로서 농림업의 진흥과 산림의 보전을 위하여 필요한 지역
4. 자연환경보전지역	자연환경 · 수자원 · 해안 · 생태계 · 상수원 및 문화재의 보전과 수산자원의 보호 · 육성 등을 위하여 필요한 지역

② 용도지구의 지정

용도지구	지정목적
1. 경관지구	경관의 보전 · 관리 및 형성을 위하여 필요한 지구
자연경관지구	산지, 구릉지 등 자연경관을 보호하거나 유지하기 위하여 필요한 지구
시가지경관지구	지역 내 주거지, 중심지 등 시가지의 경관을 보호 또는 유지하거나 형성하기 위하여 필요한 지구
특화경관지구	지역 내 주요 수계의 수변 또는 문화적 보존가치가 큰 건축물 주변의 경관 등 특별한 경관을 보호 또는 유지하거나 형성하기 위하여 필요한 지구
2. 고도지구	쾌적한 환경 조성 및 토지의 효율적 이용을 위하여 건축물 높이의 최고한도를 규제할 필요가 있는 지구
3. 방화지구	화재의 위험을 예방하기 위하여 필요한 지구
4. 방재지구	풍수해, 산사태, 지반의 붕괴, 그 밖의 재해를 예방하기 위하여 필요한 지구
시가지방재지구	건축물 · 인구가 밀집되어 있는 지역으로서 시설 개선 등을 통하여 재해 예방이 필요한 지구
자연방재지구	토지의 이용도가 낮은 해안변, 하천변, 급경사지 주변 등의 지역으로서 건축 제한 등을 통하여 재해 예방이 필요한 지구
5. 보호지구	문화재, 중요 시설물(항만, 공항 등 대통령령으로 정하는 시설물을 말한다) 및 문화적 · 생태적으로 보존가치가 큰 지역의 보호와 보존을 위하여 필요한 지구
역사문화환경보호지구	문화재 · 전통사찰 등 역사 · 문화적으로 보존가치가 큰 시설 및 지역의 보호와 보존지구
중요시설물보호지구	중요시설물의 보호와 기능의 유지 및 증진 등을 위하여 필요한 지구
생태계보호지구	야생동식물서식처 등 생태적으로 보존가치가 큰 지역의 보호와 보존을 위하여 필요한 지구
6. 취락지구	녹지지역 · 관리지역 · 농림지역 · 자연환경보전지역 · 개발제한구역 또는 도시자연공원구역의 취락을 정비하기 위한 지구

자연취락지구	녹지지역 · 관리지역 · 농림지역 또는 자연환경보전지역 안의 취락을 정비하기 위하여 필요한 지구
집단취락지구	개발제한구역 안의 취락을 정비하기 위하여 필요한 지구
7. 개발진흥지구	주거기능 · 상업기능 · 공업기능 · 유통물류기능 · 관광기능 · 휴양기능 등을 집중적으로 개발 · 정비할 필요가 있는 지구
주거개발진흥지구	주거기능을 중심으로 개발 · 정비할 필요가 있는 지구
산업 · 유통개발진흥지구	공업기능을 중심으로 개발 · 정비할 필요가 있는 지구
관광 · 휴양개발진흥지구	관광 · 휴양기능을 중심으로 개발 · 정비할 필요가 있는 지구
복합개발진흥지구	주거기능, 공업기능, 유통 · 물류기능 및 관광 · 휴양기능 중 2 이상의 기능을 중심으로 개발 · 정비할 필요가 있는 지구
특정개발진흥지구	주거기능, 공업기능, 유통 · 물류기능 및 관광 · 휴양기능 외의 기능을 중심으로 특정한 목적을 위하여 개발 · 정비할 필요가 있는 지구
8. 특정용도제한지구	주거 및 교육 환경 보호나 청소년 보호 등의 목적으로 오염물질 배출시설, 청소년 유해시설 등 특정시설의 입지를 제한할 필요가 있는 지구
9. 복합용도지구	지역의 토지이용 상황, 개발 수요 및 주변 여건 등을 고려하여 효율적이고 복합적인 토지이용을 도모하기 위하여 특정시설의 입지를 완화할 필요가 있는 지구

③ 용도구역의 지정

구분	개발제한구역	시가화조정구역	수산자원보호구역	도시자연공원구역	입지규제최소구역
지정권자	국토교통부장관	국토교통부장관	해양수산부장관	시 · 도지사, 대도시시장	시 · 도지사, 대도시시장
지정목적	도시의 무질서한 확산을 방지하고 도시주변의 자연환경을 보전하여 도시민의 건전한 생활환경을 확보하기 위하여 도시의 개발을 제한할 필요가 있거나 국방부장관의 요청이 있어 보안상 도시의 개발을 제한	도시지역과 그 주변지역의 무질서한 시가화를 방지하고 계획적 · 단계적인 개발을 도모하기 위하여 5년 이상 20년 이내 시가화를 유보할 필요가 있다고 인정되는 경우	수산자원의 보호 · 육성을 위하여 필요한 공유수면이나 그에 인접 토지에 대한 수산자원보호구역의 지정 또는 변경	도시의 자연환경 및 경관을 보호하고 도시민에게 건전한 여가 · 휴식공간을 제공하기 위하여 도시지역 안의 식생이 양호한 산지의 개발을 제한할 필요가 있다고 인정하는 경우	도시지역에서 복합적인 토지이용을 증진시켜 도시정비를 촉진하고 지역 거점을 육성할 필요가 있다고 인정되는 경우

구분	개발제한구역	시가화조정구역	수산자원보호구역	도시자연공원구역	입지규제최소구역
	할 필요가 있다고 인정되는 경우				
관련법	개발제한구역의 지정 및 관리에 관한 법률			도시공원 및 녹지 등에 관한 법률	

9) 도시 · 군계획시설

① 도시 · 군계획시설

기반시설 중 도시 · 군관리계획으로 결정된 시설

② 도시 · 군계획시설의 설치 · 관리

- 지상 · 수상 · 공중 · 수중 또는 지하에 기반시설을 설치하려면 그 시설의 종류 · 명칭 · 위치 · 규모 등을 미리 도시 · 군관리계획으로 결정하여야 한다.
- 다만, 용도지역 · 기반시설의 특성 등을 고려하여 대통령령으로 정하는 경우에는 그러하지 아니하다.
- 도시 · 군계획시설의 결정 · 구조 및 설치의 기준 등에 필요한 사항은 국토교통부령으로 정하고, 그 세부사항은 국토교통부령으로 정하는 범위에서 시 · 도의 조례로 정할 수 있다. 다만, 다른 법률에 특별한 규정이 있는 경우에는 그 법률에 따른다.
- 도시 · 군계획시설의 관리에 관하여 이 법 또는 다른 법률에 특별한 규정이 있는 경우 외에는 국가가 관리하는 경우에는 대통령령으로, 지방자치단체가 관리하는 경우에는 그 지방자치단체의 조례로 도시 · 군계획시설의 관리에 관한 사항을 정한다.

▶▶ 참고

■ **개발권양도(이양)제(TDR : Transfer of Development Right)**

입체도시계획과 관련하여 지상, 지하에 대한 보상기준 및 관련법 미비로 재산권 행사에 대한 적정한 대책이 부족한 상황이다. 지상, 지하에 대한 보상기준 및 관련법에 제정되면 문화재관리, 보전지역관리 등에 활용될 수 있으며, 특히 도심지 녹지확충을 위한 입체도시계획이나 입체공원 도입이 활성화될 수 있어 개발권양도제(TDR) 도입이 가능해질 것으로 보인다. 최근에 사회적 관심이 높아지고 있는 경기도의 대심도 철도와 서울시의 대심도 도로 및 지하도시 개발을 위한 법적 장치가 마련되는 것이다.

개발권양도제란 토지소유권에서 토지이용에 대한 개발권을 분리할 수 있다는 점에 착안하여 고안된 기법으로 토지의 개발권을 다른 필지로 이전하여 추가 개발하는 것을 인정하는 제도이다. 이 제도는 역사적 건축물이나 자연환경보전지역, 특정지역개발에 유용하며 기존 용도지역제의 경직성을 보완하여 시장주도형 도시개발에 유연하게 대처할 수 있고 공익적인 차원에서 사유재산의 보호, 즉 토지보상문제를 해결할 수 있다는 이점이 있다.

예를 들어 역사적 보존가치가 있는 지역에 건축제한을 할 필요가 있는 경우, 제한으로 인해 개발하지 못하는 부분만큼 다른 지역에서 법적 한도를 넘어서 더 개발할 수 있도록 함으로써 보상하는 방법이다.

④ 도시 · 군계획시설의 미집행 현황(2012. 12. 31.)

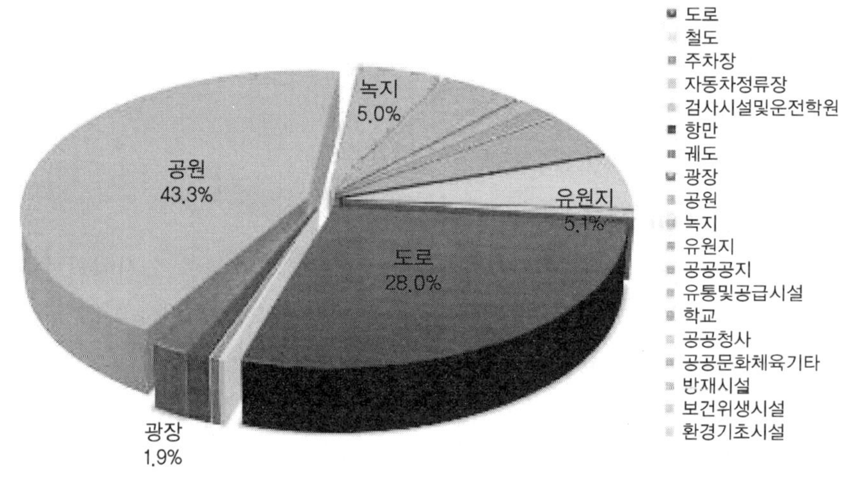

주) 공원, 녹지가 전체 미집행시설의 48.3%를 차지

⑤ 도시 · 군계획시설의 부지 매수 청구

- 대상부지 : 도시 · 군계획시설의 부지로 되어 있는 토지 중 지목(地目)이 대(垈)인 토지
- 매수청구조건 : 도시 · 군계획시설에 대한 도시 · 군관리계획의 결정의 고시일부터 10년 이내에 그 도시 · 군계획시설의 설치에 관한 도시 · 군계획시설사업이 시행되지 아니하는 경우(실시계획의 인가나 그에 상당하는 절차가 진행된 경우는 제외한다)
- 다음의 어느 하나에 해당하는 자(특별시장 · 광역시장 · 특별자치시장 · 특별자치도지사 · 시장 또는 군수를 포함한다. 이하 "매수의무자"라 한다)에게 그 토지의 매수를 청구할 수 있다.
  1. 이 법에 따라 해당 도시 · 군계획시설사업의 시행자가 정하여진 경우에는 그 시행자
  2. 도시 · 군계획시설을 설치하거나 관리하여야 할 의무가 있는 자가 있으면 그 의무가 있는 자
- 매수의무자는 매수 청구를 받은 날부터 6개월 이내에 매수 여부를 결정하여 토지 소유자와 특별시장 · 광역시장 · 특별자치시장 · 특별자치도지사 · 시장 또는 군수에게 알려야 하며, 매수하기로 결정한 토지는 매수 결정을 알린 날부터 2년 이내에 매수하여야 한다.
- 매수 청구를 한 토지의 소유자는 다음의 어느 하나에 해당하는 경우 허가를 받아 대통령령으로 정하는 건축물 또는 공작물을 설치할 수 있다.

1. 매수하지 아니하기로 결정한 경우
2. 매수 결정을 알린 날부터 2년이 지날 때까지 해당 토지를 매수하지 아니하는 경우

⑥ **도시 · 군계획시설 결정의 실효**

도시 · 군계획시설결정이 고시된 도시 · 군계획시설에 대하여 그 고시일부터 20년이 지날 때까지 그 시설의 설치에 관한 도시 · 군계획시설사업이 시행되지 아니하는 경우 그 도시 · 군계획시설결정은 그 고시일부터 20년이 되는 날의 다음날에 그 효력을 잃는다.

㉮ 도시 · 군계획시설 결정 실효 시점과 종점

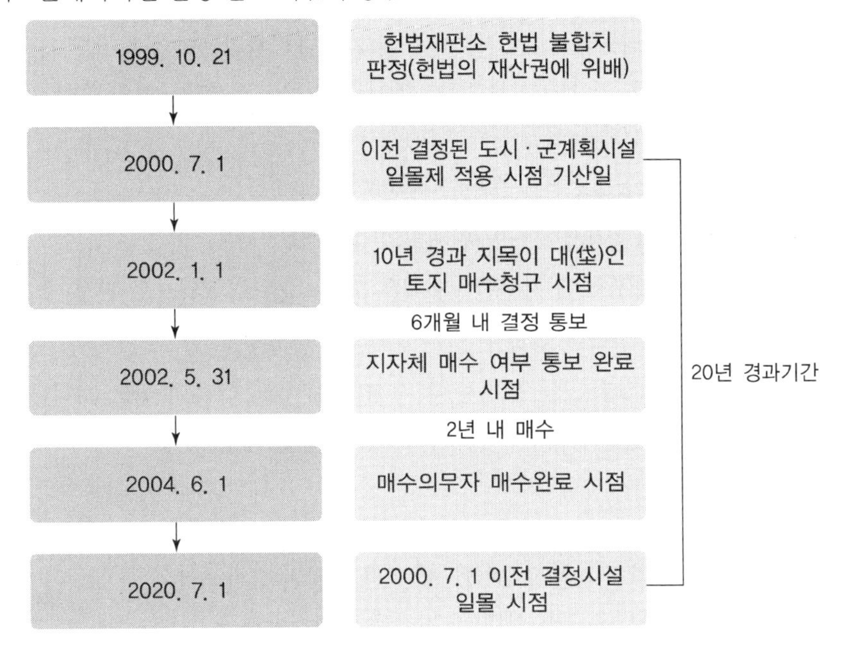

㉯ 장기미집행 도시 · 군계획시설의 문제

- 발생원인
  - 재정적 여건을 무시한 마구잡이식 시설결정
  - 정치적 상황에 따라 주민욕구 수용을 위한 사유재산 제한
  - 도시계획시설 결정에 대한 무관심
  - 도시계획시설 결정 시 견제 제도 미비
    → 장기미집행 도시 · 군계획시설 : 시설 결정 이후 10년이 경과한 시설
- 해소방안
  - 장기미집행시설의 통계화 및 소요예산 자료 구축
  - 장기미집행시설의 재정비(불필요한 시설의 해제)
  - 민자유치 등을 위한 해소방안 다양화
  - 중앙정부의 적극적 의지 및 지방정부의 자체 해소방안 마련 필요

10) 지구단위계획

① 지구단위계획

도시 · 군계획 수립 대상지역의 일부에 대하여 토지 이용을 합리화하고 그 기능을 증진시키며 미관을 개선하고 양호한 환경을 확보하며, 그 지역을 체계적 · 계획적으로 관리하기 위하여 수립하는 도시 · 군관리계획

② 지구단위계획의 수립

지구단위계획은 다음의 사항을 고려하여 수립한다.

1. 도시의 정비 · 관리 · 보전 · 개발 등 지구단위계획구역의 지정 목적
2. 주거 · 산업 · 유통 · 관광휴양 · 복합 등 지구단위계획구역의 중심기능
3. 해당 용도지역의 특성
4. 그 밖에 대통령령으로 정하는 사항

③ 지구단위계획구역 및 지구단위계획의 결정

지구단위계획구역 및 지구단위계획은 도시 · 군관리계획으로 결정

④ 지구단위계획구역의 지정

- 국토교통부장관, 시 · 도지사, 시장 또는 군수는 다음의 어느 하나에 해당하는 지역의 전부 또는 일부에 대하여 지구단위계획구역을 지정

1. 용도지구
2. 「도시개발법」에 따라 지정된 도시개발구역
3. 「도시 및 주거환경정비법」에 따라 지정된 정비구역
4. 「택지개발촉진법」에 따라 지정된 택지개발지구
5. 「주택법」에 따른 대지조성사업지구
6. 「산업입지 및 개발에 관한 법률」의 산업단지와 준산업단지
7. 「관광진흥법」에 따라 지정된 관광단지와 관광특구
8. 개발제한구역 · 도시자연공원구역 · 시가화조정구역 또는 공원에서 해제되는 구역, 녹지지역에서 주거 · 상업 · 공업지역으로 변경되는 구역과 새로 도시지역으로 편입되는 구역 중 계획적인 개발 또는 관리가 필요한 지역

8의2. 도시지역 내 주거 · 상업 · 업무 등의 기능을 결합하는 등 복합적인 토지 이용을 증진시킬 필요가 있는 지역으로서 대통령령으로 정하는 요건에 해당하는 지역

8의3. 도시지역 내 유휴토지를 효율적으로 개발하거나 교정시설, 군사시설, 그 밖에 대통령령으로 정하는 시설을 이전 또는 재배치하여 토지 이용을 합리화하고, 그 기능을 증진시키기 위하여 집중적으로 정비가 필요한 지역으로서 대통령령으로 정하는 요건에 해당하는 지역

9. 도시지역의 체계적 · 계획적인 관리 또는 개발이 필요한 지역

10. 그 밖에 양호한 환경의 확보나 기능 및 미관의 증진 등을 위하여 필요한 지역으로서 대통령령으로 정하는 지역
11. 정비구역 · 택지개발예정지구에서 시행되는 사업이 끝난 후 10년이 지난 지역
12. 체계적 · 계획적인 개발 또는 관리가 필요한 지역으로서 대통령령으로 정하는 지역

• 도시지역 외의 지역 지정의 경우
  1. 지정하려는 구역 면적의 100분의 50 이상이 계획관리지역으로서 대통령령으로 정하는 요건에 해당하는 지역
  2. 개발진흥지구로서 대통령령으로 정하는 요건에 해당하는 지역
  3. 용도지구를 폐지하고 그 용도지구에서의 행위 제한 등을 지구단위계획으로 대체하려는 지역

⑤ 지구단위계획구역의 내용

지구단위계획구역의 지정목적을 이루기 위하여 지구단위계획에는 다음 각 호의 사항 중 제2호와 제4호의 사항을 포함한 둘 이상의 사항이 포함되어야 한다. 다만, 제1호의2를 내용으로 하는 지구단위계획의 경우에는 그러하지 아니하다.

1. 용도지역이나 용도지구를 대통령령으로 정하는 범위에서 세분하거나 변경하는 사항
1의2. 기존의 용도지구를 폐지하고 그 용도지구에서의 건축물이나 그 밖의 시설의 용도 · 종류 및 규모 등의 제한을 대체하는 사항
2. 대통령령으로 정하는 기반시설의 배치와 규모
3. 도로로 둘러싸인 일단의 지역 또는 계획적인 개발 · 정비를 위하여 구획된 일단의 토지의 규모와 조성계획
4. 건축물의 용도제한, 건축물의 건폐율 또는 용적률, 건축물 높이의 최고 한도 또는 최저 한도
5. 건축물의 배치 · 형태 · 색채 또는 건축선에 관한 계획
6. 환경관리계획 또는 경관계획
7. 보행안전 등을 고려한 교통처리계획
8. 그 밖에 토지 이용의 합리화, 도시나 농 · 산 · 어촌의 기능 증진 등에 필요한 사항으로서 대통령령으로 정하는 사항

⑥ 조경과 관련성

지구단위계획구역 내 일부지역에 대한 계획으로 유원지, 공원, 수변공간 등 조경과 밀접한 관련있는 사업이 많으며 특히 대부분의 사업이 국내 · 외 현상공모로 추진되고 있는 상황임

11) 도시 · 군계획시설사업의 시행

① 단계별 집행계획의 수립

- 수립권자 : 특별시장 · 광역시장 · 특별자치시장 · 특별자치도지사 · 시장, 군수
- 기간 : 도시계획시설 결정의 고시일로부터 2년 이내 재원조달계획, 보상계획 등을 포함하는 단계별 집행계획을 수립
- 국토교통부장관이나 도지사가 직접 입안한 도시 · 군관리계획인 경우 국토교통부장관이나 도지사는 단계별 집행계획을 수립하여 해당 특별시장 · 광역시장 · 특별자치시장 · 특별자치도지사 · 시장 또는 군수에게 송부할 수 있다.
- 단계별 집행계획
  - 제1단계 집행계획 : 3년 이내에 시행하는 도시 · 군계획시설사업
  - 제2단계 집행계획 : 3년 후에 시행하는 도시 · 군계획시설사업

② 도시계획시설사업의 시행자

- 시행청이 사업자인 경우 : 특별시장 · 광역시장 · 특별자치시장 · 특별자치도지사 · 시장 또는 군수
- 시행청 공동사업자 : 둘 이상의 특별시 · 광역시 · 특별자치시 · 특별자치도 · 시 또는 군의 관할 구역에 걸쳐 시행되게 되는 경우
- 일반사업자 : 국토교통부장관, 시 · 도지사, 시장 또는 군수로부터 시행자로 지정을 받은 경우

③ 실시계획의 작성 및 인가

㉮ 실시계획에 포함되어야 하는 사항

- 사업의 종류 및 명칭
- 사업의 면적 또는 규모
- 사업시행자의 성명 및 주소
- 사업의 착수예정일 및 준공예정일
- 도시계획시설사업 시행사
  - 시행자 지정 시에 정한 기일 내에 실시계획인가 신청서 제출
  - 시행자 지정을 받은 자는 실시계획을 작성하고자 하는 때에는 미리 특별시장 · 광역시장 · 시장 또는 군수의 의견 수렴

㉯ 도시계획시설의 이행 담보

- 특별시장 · 광역시장 · 특별자치시장 · 특별자치도지사 · 시장 또는 군수는 기반시설의 설치나 그에 필요한 용지의 확보, 위해 방지, 환경오염 방지, 경관 조성, 조경 등을 위하여 필요하다고 인정되는 경우로서 그 이행을 담보하기 위하여 도시 · 군계획시설사업의 시행자에게 이행보증금을 예치하게 할 수 있다.

- 실시계획의 인가 또는 변경인가를 받지 아니하고 도시 · 군계획시설사업을 하거나 그 인가 내용과 다르게 도시 · 군계획시설사업을 하는 자에게 그 토지의 원상회복을 명할 수 있다.
- 원상회복의 명령을 받은 자가 원상회복을 하지 아니하는 경우에는 「행정대집행법」에 따른 행정대집행에 따라 원상회복을 할 수 있다. 이 경우 행정대집행에 필요한 비용은 도시 · 군계획시설사업의 시행자가 예치한 이행보증금으로 충당할 수 있다.

㈐ 서류의 열람

- 국토교통부장관, 시 · 도지사 또는 대도시 시장은 실시계획을 인가하려면 미리 그 사실을 공고하고, 관계 서류의 사본을 14일 이상 일반이 열람할 수 있도록 하여야 한다.
- 열람기간 이내에 국토교통부장관, 시 · 도지사, 대도시 시장 또는 도시 · 군계획시설사업의 시행자에게 의견서를 제출할 수 있으며, 시행자는 제출된 의견이 타당하다고 인정되면 그 의견을 실시계획에 반영하여야 한다.

㈑ 실시계획의 고시

국토교통부장관, 시 · 도지사 또는 대도시 시장은 실시계획을 작성(변경작성 포함), 인가(변경인가 포함), 폐지하거나 효력을 잃은 경우에는 그 내용을 고시하여야 한다.

㈒ 사업시행자의 행정

- 관계서류의 열람 : 등기소, 관계행정기관의 장에게 서류의 열람 또는 복사나 그 등본, 초본의 발급을 무료로 청구할 수 있다.
- 서류의 송달 : 서류를 송달할 수 없는 경우에는 그 서류의 송달을 갈음하여 그 내용을 공시할 수 있다. 공시송달에 관하여는 「민사소송법」의 공시송달의 예에 따른다.
- 토지 등의 수용 및 사용 : 토지 · 건축물 또는 그 토지에 정착된 물건, 토지 · 건축물 또는 그 토지에 정착된 물건에 관한 소유권 외의 권리

㈓ 공사완료의 공고

- 도시 · 군계획시설사업의 시행자는 도시 · 군계획시설사업의 공사를 마친 때에는 공사완료보고서를 작성하여 시 · 도지사나 대도시 시장의 준공검사를 받아야 한다.
- 시 · 도지사나 대도시 시장은 공사완료보고서를 받으면 지체 없이 준공검사를 하여야 한다.
- 시 · 도지사나 대도시 시장은 준공검사를 한 결과 실시계획대로 완료되었다고 인정되는 경우에는 도시 · 군계획시설사업의 시행자에게 준공검사증명서를 발급하고 공사완료 공고를 하여야 한다.
- 도시 · 군계획시설사업의 시행자는 도시 · 군계획시설사업의 공사를 마친 때에는 공사완료 공고를 하여야 한다.
- 준공검사를 하거나 공사완료 공고를 할 때에 국토교통부장관, 시 · 도지사 또는 대도시 시장이 의제되는 인 · 허가등에 따른 준공검사 · 준공인가 등에 관하여 관계 행정기관의 장과 협의한 사항에 대하여는 그 준공검사 · 준공인가 등을 받은 것으로 본다.

㉳ 조경과 관련성

- 도시공원 및 녹지, 공공공지 등 도시계획시설의 설치는 위의 순서에 의해 행정절차를 이해하여야 한다.
- 자연환경관리 분야의 생태계보전협력금 반환사업의 경우 도시계획시설 내에서의 생태공원이나 생태복원사업을 하고자 한다면 실시계획인가 이행에 대한 검토가 선행되어야 한다.
- 엔지니어 용역업체에서 공원관련 용역사업 수행 시 도시계획시설 사업자 지정 및 실시계획인가에 대한 전반적인 이해가 필요하다.

㉴ 도시계획시설사업 실시계획인가 절차(일반사업자)

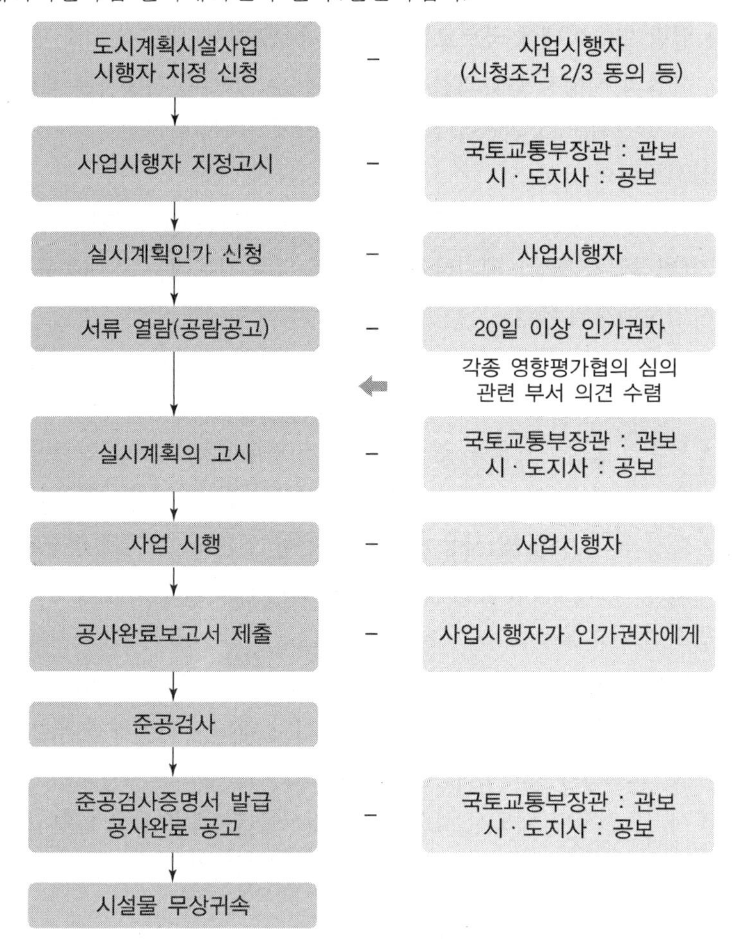

12) 도시계획위원회

① 도시계획위원회

도시계획위원회는 광역도시계획, 도시 · 군기본계획, 도시 · 군관리계획 등을 심의 또는 자문하기 위하여 국토교통부, 시 · 도, 시 · 군 · 구에 설치된 위원회를 말하며, 중앙도시계획위원회와 지방도시계획위원회로 구분된다.

② 중앙도시계획위원회

㉮ 권한

국토교통부장관의 권한에 속하는 사항의 심의, 다른 법률에서 중앙도시계획위원회의 심의를 거치도록 한 사항의 심의, 도시 · 군계획에 관한 조사 · 연구 업무 수행

㉯ 구성

위원장 · 부위원장 각 1명을 포함한 25명이상 30명 이내의 위원

③ 지방도시계획위원회

㉮ 권한

다음의 심의를 하게 하거나 자문에 응하게 하기 위하여 시 · 도에 시 · 도 도시계획위원회를 둔다.

1. 시 · 도지사가 결정하는 도시 · 군관리계획의 심의 등 시 · 도지사의 권한에 속하는 사항과 다른 법률에서 시 · 도도시계획위원회의 심의를 거치도록 한 사항의 심의
2. 국토교통부장관의 권한에 속하는 사항 중 중앙도시계획위원회의 심의 대상에 해당하는 사항이 시 · 도지사에게 위임된 경우 그 위임된 사항의 심의
3. 도시 · 군관리계획과 관련하여 시 · 도지사가 자문하는 사항에 대한 조언
4. 그 밖에 대통령령으로 정하는 사항에 관한 심의 또는 조언

㉯ 구성

서울시 : 위원장 및 부위원장 각 1명을 포함하여 25명 이상 30명 이하로 구성(서울시 조례)

㉰ 분과위원회

중앙도시계획위원회와 지방도시계획위원회는 효율적으로 심의하기 위하여 분과위원회(1, 2분과위원회)를 둘 수 있다.

13) 시범도시

① 시범도시의 지정 · 지원

- 국토교통부장관은 도시의 경제 · 사회 · 문화적인 특성을 살려 개성 있고 지속가능한 발전을 촉진하기 위하여 필요하면 직접 또는 관계 중앙행정기관의 장이나 시 · 도지사의 요청에 의하여 경관, 생태, 정보통신, 과학, 문화, 관광, 그 밖에 대통령령으로 정하는 분야별로 시범도시(시범지구나 시범단지를 포함한다)를 지정할 수 있다.

- 국토교통부장관, 관계 중앙행정기관의 장 또는 시 · 도지사는 지정된 시범도시에 대하여 예산 · 인력 등 필요한 지원을 할 수 있다.

▶▶ 참고

■ **입체도시계획**

1. 개념 : 동일한 부지 내 도시 · 군계획시설을 지하 · 지상 · 수상 · 수중 및 공중에 함께 결정하는 방식으로 지하는 주차장, 지상은 공원, 지하는 도로, 지상은 체육시설 등이 있음(도시계획의 시설기준에 관한 규칙에 근거한 중복결정)
2. 법적 근거 : 도시 · 군계획시설의 결정 · 구조 및 설치기준에 관한 규칙(국토교통부령)
3. 관련 법조문
   1) 제3조(도시 · 군계획시설의 중복결정)
      ① 토지를 합리적으로 이용하기 위하여 필요한 경우에는 둘 이상의 도시 · 군계획시설을 같은 토지에 함께 결정할 수 있다. 이 경우 각 도시 · 군계획시설의 이용에 지장이 없어야 하고, 장래의 확장가능성을 고려하여야 한다.
      ② 도시지역에 도시 · 군계획시설을 결정할 때에는 제1항에 따라 둘 이상의 도시 · 군계획시설을 같은 토지에 함께 결정할 필요가 있는지를 우선적으로 검토하여야 한다.
   2) 제4조(입체적 도시 · 군계획시설결정)
      ① 도시 · 군계획시설이 위치하는 지역의 적정하고 합리적인 토지이용을 촉진하기 위하여 필요한 경우에는 도시 · 군계획시설이 위치하는 공간의 일부만을 구획하여 도시 · 군계획시설결정을 할 수 있다. 이 경우 당해 도시 · 군계획시설의 보전, 장래의 확장가능성, 주변의 도시 · 군계획시설 등을 고려하여 필요한 공간이 충분히 확보되도록 하여야 한다.
      ② 제1항의 규정에 의하여 도시 · 군계획시설을 설치하고자 하는 때에는 미리 토지소유자, 토지에 관한 소유권외의 권리를 가진 자 및 그 토지에 있는 물건에 관하여 소유권 그 밖의 권리를 가진 자와 구분지상권의 설정 또는 이전 등을 위한 협의를 해야 한다.
      ③ 도시지역에 건축물인 도시 · 군계획시설이나 건축물과 연계되는 도시 · 군계획시설을 결정할 때에는 도시 · 군계획시설이 위치하는 공간의 일부만을 구획하여 도시 · 군계획시설결정을 할 수 있는지를 우선적으로 검토하여야 한다.
      ④ 도시 · 군계획시설을 결정하는 경우에는 시설들을 유기적으로 배치하여 보행을 편리하게 하고 대중교통과 연계될 수 있도록 하여야 한다.
4. 입체도시계획의 필요성
   ① 장기미집행의 도시 · 군계획시설의 해소
   ② 도시기능의 고도화
   ③ 도시공간의 합리화(압축도시(compact city) 도입)
   ④ 환경친화적 도시개발

5. 입체도시계획의 장단점

장점	단점
• 토지이용의 효율성을 높여줌 • 직주공동 근접으로 교통 에너지절감과 도심지공동화의 방비 가능 • 에너지절약형 시설도입 가능 • 장기미집행 도시공원, 녹지시설의 해소방안이 됨	• 도심의 고밀화로 경관 저해와 시각적 압박감 줄 수 있음 • 사고발생 시 대형화 우려됨 • 도시생태계 건전성 저해 및 교란 조장 가능 • 유지관리비 상승에 따른 경제성이 떨어질 수 있음

6. 입체도시계획의 유형
   ① 공원+주차장 : 지하는 주차장, 상부는 공원(어린이, 근린공원 등)
   ② 도로+공원 : 지하는 도로, 상부는 공원
   ③ 공원+체육시설 : 하부 공원, 상부 골프장 등

7. 해외 입체도시계획의 사례

국가	명칭	위치	면적(㎡)	특징
일본	아메리카산 입체공원	요코하마	5,520	철도와 공원의 중층 형태로 일본 입체도시공원의 최초 사례
	남바파크	오사카	37,179	종합경기장 이전지에 건립. 3~8층까지 각 층 상부 옥상조경
	아크로스	후쿠오카	13,647	후쿠오카 청사 이전지에 건립. 13층 규모 옥상정원/공 · 민복합시설
미국	시애틀 올림픽 조각공원	시애틀	77,000	철도와 도로 상부에 건립. 하부는 부대시설(전시, 교육 등), 상부는 공원

3. 도시 · 군계획시설의 결정 · 구조 및 설치기준에 관한 규칙(국토교통부령)

1) 검토의 필요성

실시설계 등 공원 · 녹지 · 공공공지 등 도시 · 군계획시설 중 조경관련 실시설계 시 반드시 사전 검토해야 할 사항으로 조경 관련 부분만 발췌함

2) 도로

① 도로의 구분

1. 사용 및 형태별 구분
   가. 일반도로 : 폭 4미터 이상의 도로로서 통상의 교통소통을 위하여 설치되는 도로

나. 자동차전용도로 : 특별시 · 광역시 · 특별자치시 · 시 또는 군내 주요지역 간이나 시 · 군 상호 간에 발생하는 대량교통량을 처리하기 위한 도로로서 자동차만 통행할 수 있도록 하기 위하여 설치하는 도로

다. 보행자전용도로 : 폭 1.5미터 이상의 도로로서 보행자의 안전하고 편리한 통행을 위하여 설치하는 도로

라. 보행자우선도로 : 폭 20미터 미만의 도로로서 보행자와 차량이 혼합하여 이용하되 보행자의 안전과 편의를 우선적으로 고려하여 설치하는 도로

마. 자전거전용도로 : 하나의 차로를 기준으로 폭 1.5미터(지역 상황 등에 따라 부득이 하다고 인정되는 경우에는 1.2미터) 이상의 도로로서 자전거의 통행을 위하여 설치하는 도로

바. 고가도로 : 시 · 군내 주요지역을 연결하거나 시 · 군 상호 간을 연결하는 도로로서 지상교통의 원활한 소통을 위하여 공중에 설치하는 도로

사. 지하도로 : 시 · 군내 주요지역을 연결하거나 시 · 군 상호 간을 연결하는 도로로서 지상교통의 원활한 소통을 위하여 지하에 설치하는 도로(도로 · 광장 등의 지하에 설치된 지하공공보도시설을 포함한다). 다만, 입체교차를 목적으로 지하에 도로를 설치하는 경우를 제외한다.

2. 규모별 구분

가. 광로

(1) 1류 : 폭 70미터 이상인 도로

(2) 2류 : 폭 50미터 이상 70미터 미만인 도로

(3) 3류 : 폭 40미터 이상 50미터 미만인 도로

나. 대로

(1) 1류 : 폭 35미터 이상 40미터 미만인 도로

(2) 2류 : 폭 30미터 이상 35미터 미만인 도로

(3) 3류 : 폭 25미터 이상 30미터 미만인 도로

다. 중로

(1) 1류 : 폭 20미터 이상 25미터 미만인 도로

(2) 2류 : 폭 15미터 이상 20미터 미만인 도로

(3) 3류 : 폭 12미터 이상 15미터 미만인 도로

라. 소로

(1) 1류 : 폭 10미터 이상 12미터 미만인 도로

(2) 2류 : 폭 8미터 이상 10미터 미만인 도로

(3) 3류 : 폭 8미터 미만인 도로

3. 기능별 구분

가. 주간선도로 : 시 · 군내 주요지역을 연결하거나 시 · 군 상호 간을 연결하여 대량통과교통을 처리하는 도로로서 시 · 군의 골격을 형성하는 도로

나. 보조간선도로 : 주간선도로를 집산도로 또는 주요 교통발생원과 연결하여 시 · 군 교통의 집산기능을 하는 도로로서 근린주거구역의 외곽을 형성하는 도로

다. 집산도로(集散道路) : 근린주거구역의 교통을 보조간선도로에 연결하여 근린주거구역내 교통의 집산기능을 하는 도로로서 근린주거구역의 내부를 구획하는 도로

라. 국지도로 : 가구(가구 : 도로로 둘러싸인 일단의 지역을 말한다. 이하 같다)를 구획하는 도로

마. 특수도로 : 보행자전용도로 · 자전거전용도로 등 자동차 외의 교통에 전용되는 도로

3) 보행자전용도로

① 보행자전용도로의 결정기준

1. 차량통행으로 인하여 보행자의 통행에 지장이 많을 것으로 예상되는 지역에 설치할 것
2. 도심지역 · 부도심지역 · 주택지 · 학교 및 하천주변지역 등에서는 일반도로와 그 기능이 서로 보완관계가 유지되도록 할 것
3. 보행의 쾌적성을 높이기 위하여 녹지체계와의 연관성을 고려할 것
4. 보행자통행량의 주된 발생원과 버스정류장 · 지하철역 등 대중교통시설이 체계적으로 연결되도록 할 것
5. 보행자전용도로의 규모는 보행자통행량, 환경여건, 보행목적 등을 충분히 고려하여 정하고, 장래의 보행자통행량을 예측하여 보행형태, 지역의 사회적 특성, 토지이용밀도, 토지이용의 특성을 고려할 것
6. 보행네트워크 형성을 위하여 공원 · 녹지 · 학교 · 공공청사 및 문화시설 등과 원활하게 연결되도록 할 것

② 보행자전용도로의 구조 및 설치기준

1. 차도와 접하거나 해변 · 절벽 등 위험성이 있는 지역에 위치하는 경우에는 안전보호시설을 설치할 것
2. 보행자전용도로의 위치, 폭, 통행량, 주변지역의 용도 등을 고려하여 주변의 경관과 조화를 이루도록 다양하게 설치할 것
3. 적정한 위치에 화장실 · 공중전화 · 우편함 · 긴 의자 · 차양시설 · 녹지 등 보행자의 다양한 욕구를 충족시킬 수 있는 시설을 설치하고, 그 미관이 주변 지역과 조화를 이루도록 할 것
4. 소규모광장 · 공연장 · 휴식공간 · 학교 · 공공청사 · 문화시설 등이 보행자전용도로와

연접된 경우에는 이들 공간과 보행자전용도로를 연계시켜 일체화된 보행공간이 조성되도록 할 것

5. 보행의 안전성과 편리성을 확보하고 보행이 중단되지 아니하도록 하기 위하여 보행자전용도로와 주간선도로가 교차하는 곳에는 입체교차시설을 설치하고, 보행자우선구조로 할 것
6. 필요시에는 보행자전용도로와 자전거도로를 함께 설치하여 보행과 자전거통행을 병행할 수 있도록 할 것
7. 점자표시를 하거나 경사로를 설치하는 등 장애인 · 노인 · 임산부 · 어린이 등의 이용에 불편이 없도록 할 것
8. 노면에서 유출되는 빗물을 최소화하도록 빗물이 땅에 잘 스며들 수 있는 구조로 하거나 식생도랑, 저류 · 침투조 등의 빗물관리시설을 설치하고, 나무나 화초를 심는 경우에는 그 식재면의 높이를 보행자전용도로의 바닥 높이보다 낮게 할 것
9. 역사문화유적의 주변과 통로, 교차로부근, 조형물이 있는 광장 등에 설치하는 경우에는 포장형태 · 재료 또는 색상을 달리하거나 로고 · 문양 등을 설치하는 등 당해 지역의 특성을 잘 나타내도록 할 것
10. 경사로는 「장애인 · 노인 · 임산부 등의 편의증진보장에 관한 법률 시행규칙」 별표 1 제1호 가목(3) 및 나목의 기준에 의할 것. 다만, 계단의 경우에는 그러하지 아니하다.
11. 차량의 진입 및 주정차를 억제하기 위하여 차단시설을 설치할 것

4) 자전거전용도로

① 자전거전용도로의 결정기준

1. 통근 · 통학 · 산책 등 일상생활에 필요한 교통을 위하여 필요한 경우에는 당해 지역의 토지이용현황을 고려하여 자전거전용도로를 따로 설치하거나 일반도로에 자전거전용차로를 확보할 것
2. 자전거전용도로는 단절되지 아니하고 버스정류장 및 지하철역과 서로 연계되도록 설치할 것
3. 학교 · 공공청사 · 도서관 · 문화시설 등과 원활하게 연결되도록 설치할 것

② 자전거전용도로의 구조 및 설치기준

1. 노면에서 유출되는 빗물을 최소화하도록 빗물이 땅에 잘 스며들 수 있는 구조로 하거나 식생도랑, 저류 · 침투조 등의 빗물관리시설을 설치하고, 나무나 화초를 심는 경우에는 그 식재면의 높이를 자전거전용도로의 바닥 높이보다 낮게 할 것
2. 일반도로에 자전거전용차로를 확보하는 경우에는 다음 각 목의 기준에 의할 것
   가. 자전거이용자의 안전을 위하여 차도와의 분리대 등 안전시설을 설치할 것
   나. 자전거전용차로의 표지를 설치하고, 차도와의 경계를 명확히 할 것

3. 자전거전용도로를 설치하는 경우에는 다음 각 목의 기준에 의할 것
   가. 자전거전용도로와 대중교통수단과의 연계지점에는 자전거보관소를 설치할 것
   나. 자전거전용도로가 일반도로와 교차할 경우 자전거 이용에 불편이 없도록 자전거 전용도로 우선구조로 설치할 것

③ 제2항에 규정된 사항 외에 자전거전용도로의 구조 및 설치에 관하여는 「자전거이용 활성화에 관한 법률」이 정하는 바에 의한다.

5) 광장

① 광장

- 「국토의 계획 및 이용에 관한 법률 시행령」의 교통광장 · 일반광장 · 경관광장 · 지하광장 및 건축물부설광장을 말한다.
- 교통광장은 교차점광장 · 역전광장 및 주요시설광장으로 구분하고, 일반광장은 중심대광장 및 근린광장으로 구분한다.

② 광장의 결정기준

- 광장은 대중교통, 보행 동선, 인근 주요시설 및 토지이용현황 등을 고려하여 보행자에게 적절한 휴식공간을 제공하고 주변의 가로환경 및 건축계획 등과 연계하여 도시의 경관을 높일 수 있게 결정하여야 하며, 다음의 결정기준을 따른다.
  1. 교통광장
     가. 교차점광장
        (1) 혼잡한 주요도로의 교차지점에서 각종 차량과 보행자를 원활히 소통시키기 위하여 필요한 곳에 설치할 것
        (2) 자동차전용도로의 교차지점인 경우에는 입체교차방식으로 할 것
        (3) 주간선도로의 교차지점인 경우에는 접속도로의 기능에 따라 입체교차방식으로 하거나 교통섬 · 변속차로 등에 의한 평면교차방식으로 할 것. 다만, 도심부나 지형여건상 광장의 설치가 부적합한 경우에는 그러하지 아니하다.
     나. 역전광장
        (1) 역전에서의 교통혼잡을 방지하고 이용자의 편의를 도모하기 위하여 철도역 앞에 설치할 것
        (2) 철도교통과 도로교통의 효율적인 변환을 가능하게 하기 위하여 도로와의 연결이 쉽도록 할 것
        (3) 대중교통수단 및 주차시설과 원활히 연계되도록 할 것
     다. 주요시설광장
        (1) 항만 · 공항 등 일반교통의 혼잡요인이 있는 주요시설에 대한 원활한 교통

처리를 위하여 당해 시설과 접하는 부분에 설치할 것

(2) 주요시설의 설치계획에 교통광장의 기능을 갖는 시설계획이 포함된 때에는 그 계획에 의할 것

2. 일반광장

가. 중심대광장

(1) 다수인의 집회 · 행사 · 사교 등을 위하여 필요한 경우에 설치할 것

(2) 전체 주민이 쉽게 이용할 수 있도록 교통중심지에 설치할 것

(3) 일시에 다수인이 모였다 흩어지는 경우의 교통량을 고려할 것

나. 근린광장

(1) 주민의 사교, 오락, 휴식 및 공동체 활성화 등을 위하여 근린주거구역별로 설치할 것

(2) 시장 · 학교 등 다수인이 모였다 흩어지는 시설과 연계되도록 인근의 토지 이용 현황을 고려할 것

(3) 시 · 군 전반에 걸쳐 계통적으로 균형을 이루도록 할 것

3. 경관광장

가. 주민의 휴식 · 오락 및 경관 · 환경의 보전을 위하여 필요한 경우에 하천, 호수, 사적지, 보존가치가 있는 산림이나 역사적 · 문화적 · 향토적 의의가 있는 장소에 설치할 것

나. 경관물에 대한 경관유지에 지장이 없도록 인근의 토지이용현황을 고려할 것

다. 주민이 쉽게 접근할 수 있도록 하기 위하여 도로와 연결시킬 것

4. 지하광장

가. 철도의 지하정거장, 지하도 또는 지하상가와 연결하여 교통처리를 원활히 하고 이용자에게 휴식을 제공하기 위하여 필요한 곳에 설치할 것

나. 광장의 출입구는 쉽게 출입할 수 있도록 도로와 연결시킬 것

5. 건축물부설광장

가. 건축물의 이용효과를 높이기 위하여 건축물의 내부 또는 그 주위에 설치할 것

나. 건축물과 광장 상호 간의 기능이 저해되지 아니하도록 할 것

다. 일반인이 접근하기 용이한 접근로를 확보할 것

③ 광장의 구조 및 설치기준

1. 교차점광장은 자동차의 설계속도에 의한 곡선반경 이상이 되도록 하여 교통처리가 원활히 이루어지도록 할 것

2. 교차점광장에는 횡단보행자의 통행에 지장이 없는 시설을 설치하고, 「도로법」의 규정에 의한 도로부속물을 설치할 수 있도록 할 것

3. 역전광장 및 주요시설광장에는 이용자를 위한 보도 · 차도 · 택시정류장 · 버스정류장 ·

휴식시설 등을 설치하고, 재래시장 · 문화시설 등 지역별 특색에 맞는 시설과 연계하여 설치하는 것을 고려할 것

4. 중심대광장에는 주민의 집회 · 행사 또는 휴식을 위한 시설과 보행자의 통행에 지장이 없는 시설을 설치할 것
5. 근린광장에는 주민의 사교 · 오락 · 휴식 등을 위한 시설을 설치하여야 하며, 광장의 이용에 지장을 주지 아니하도록 광장 내 또는 광장 인근에 당해지역을 통과하는 교통량을 처리하기위한 도로를 배치하지 말 것
6. 경관광장에는 주민의 휴식 · 오락 또는 경관을 위한 시설과 경관물의 보호를 위하여 필요한 시설 및 표지를 설치할 것
7. 지하광장에는 이용자의 휴식을 위한 시설과 광장의 규모에 적정한 출입구를 설치할 것
8. 지하광장은 통풍 및 환기가 원활하도록 할 것
9. 건축물부설광장에는 이용자의 휴식과 관람을 위한 시설을 설치할 수 있으나, 건축물의 이용에 지장이 없도록 할 것
10. 주민의 휴식 · 오락 · 경관 등을 목적으로 하는 광장에 포장을 하는 경우에는 주변의 자연환경과 미관을 고려하고, 빗물이 땅에 잘 스며들 수 있는 구조로 하거나 식생도랑, 저류 · 침투조 등의 빗물관리시설을 설치할 것
11. 주민의 요구에 맞는 형태와 기능을 갖추도록 적절한 시설물 설치할 것
12. 재해취약지역에 3천제곱미터 이상의 역전광장, 일반광장 및 경관광장을 설치하는 경우에는 광장의 규모 및 목적을 검토하여 지표에 계단형으로 빗물을 저류할 수 있는 공간을 설치하거나 적정한 규모의 지하 저류지를 설치하는 것을 고려할 것
13. 나무나 화초를 심는 경우 그 식재면의 높이를 광장의 바닥 높이보다 낮게 할 것. 다만, 경관, 보행자 안전 및 나무나 화초의 보호 등을 위하여 필요한 경우는 그러하지 아니하다.

6) 공원

① 공원

"공원"이라 함은 다음 각 호의 시설을 말한다.

1. 「도시공원 및 녹지 등에 관한 법률」 각 호의 공원
2. 도시지역 외의 지역에 「도시공원 및 녹지 등에 관한 법률」을 준용하여 설치하는 공원

② 공원의 결정기준 및 구조 · 설치기준

- 도시지역 안에 설치하는 공원의 결정 · 구조 및 설치에 관하여는 「도시공원 및 녹지 등에 관한 법률」이 정하는 바에 따른다.
- 도시지역 외의 지역에 설치하는 공원의 결정 · 구조 및 설치에 관하여는 「도시공원 및 녹지 등에 관한 법률」을 준용한다.

7) 녹지

① 녹지

"녹지"라 함은 다음 각 호의 시설을 말한다.

1. 「도시공원 및 녹지 등에 관한 법률」 각 호의 완충녹지 · 경관녹지 및 연결녹지
2. 도시지역 외의 지역에 「도시공원 및 녹지 등에 관한 법률」을 준용하여 설치하는 녹지

② 녹지의 결정기준 및 구조 · 설치기준

- 도시지역 안에 설치하는 녹지의 결정 · 구조 및 설치에 관하여는 「도시공원 및 녹지 등에 관한 법률」을 준용한다.
- 도시지역 외의 지역에 설치하는 녹지의 결정 · 구조 및 설치에 관하여는 「도시공원 및 녹지 등에 관한 법률」이 정하는 바에 따른다.

8) 유원지

① 유원지

"유원지"라 함은 주로 주민의 복지향상에 기여하기 위하여 설치하는 오락과 휴양을 위한 시설을 말한다.

② 유원지의 결정기준

1. 시 · 군내 공지의 적절한 활용, 여가공간의 확보, 도시환경의 미화, 자연환경의 보전 등의 효과를 높일 수 있도록 할 것
2. 숲 · 계곡 · 호수 · 하천 · 바다 등 자연환경이 아름답고 변화가 많은 곳에 설치할 것
3. 유원지의 소음권에 주거지 · 학교 등 평온을 요하는 지역이 포함되지 아니하도록 인근의 토지이용현황을 고려할 것
4. 준주거지역 · 일반상업지역 · 자연녹지지역 및 계획관리지역에 한하여 설치할 것. 다만, 다음 각 목의 어느 하나에 해당하는 경우에는 유원지의 나머지 면적을 연접(용도지역의 경계선이 서로 닿아 있는 경우를 말한다)한 생산관리지역이나 보전관리지역에 설치할 수 있다.
   가. 유원지 전체면적의 50퍼센트 이상이 계획관리지역에 해당하는 경우로서 유원지의 나머지 면적을 생산관리지역이나 보전관리지역에 연속해서 설치하는 경우
   나. 유원지 전체면적의 90퍼센트 이상이 준주거지역 · 일반상업지역 · 자연녹지지역 또는 계획관리지역에 해당하는 경우로서 도시계획위원회의 심의를 거쳐 유원지의 나머지 면적을 생산관리지역이나 보전관리지역에 연속해서 설치하는 경우
5. 이용자가 쉽게 접근할 수 있도록 교통시설을 연결할 것
6. 대규모 유원지의 경우에는 각 지역에서 쉽게 오고 갈 수 있도록 교통시설이 고속국도나 지역 간 주간선도로에 쉽게 연결되도록 할 것

7. 전력과 용수를 쉽게 공급받을 수 있고 자연재해의 우려가 없는 지역에 설치할 것
8. 시냇가 · 강변 · 호반 또는 해변에 설치하는 유원지의 경우에는 다음 각 목의 사항을 고려할 것
   가. 시냇가 · 강변 · 호반 또는 해변이 차단되지 아니하고 완만하게 경사질 것
   나. 깨끗하고 넓은 모래사장이 있을 것
   다. 수영을 할 수 있는 경우에는 수질이 「환경정책기본법」 등 관계 법령에 규정된 수질기준에 적합할 것
   라. 상수원의 오염을 유발시키지 아니하는 장소일 것
9. 유원지의 규모는 1만제곱미터 이상으로 당해 유원지의 성격과 기능에 따라 적정하게 할 것

③ 유원지의 구조 및 설치기준

1. 각 계층의 이용자의 요구에 응할 수 있도록 다양한 시설을 설치할 것
2. 연령과 성별의 구분없이 이용할 수 있는 시설을 포함할 것
3. 휴양을 목적으로 하는 유원지를 제외하고는 토지이용의 효율화를 기할 수 있도록 일정지역에 시설을 집중시키고, 세부시설 간 유기적 연관성이 있는 경우에는 둘 이상의 세부시설을 하나의 부지에 함께 설치하는 것을 고려할 것
4. 유원지에는 보행자 위주로 도로를 설치하고 차로를 설치하는 경우에도 보행자의 안전과 편의를 저해하지 아니하도록 할 것
5. 특색 있고 건전한 휴식공간이 될 수 있도록 세부시설을 설치할 것
6. 유원지의 목적 및 지역별 특성을 고려하여 세부시설 조성계획에서 휴양시설, 편익시설 및 관리시설의 종류를 정할 것
7. 하천, 계곡 및 산지에 유원지를 설치하는 경우 재해위험성을 충분히 고려하고, 야영장 및 숙박시설은 반드시 재해로부터 안전한 곳에 설치할 것
8. 유원지의 주차장 표면을 포장하는 경우에는 잔디블록 등 투수성 재료를 사용하고, 배수로의 표면은 빗물받이 폭 이상의 생태형으로 설치하는 것을 고려할 것

④ 유원지에는 다음 각 호의 시설을 설치할 수 있다. 이 경우 제1호의 유희시설은 어린이용 위주의 유희시설과 가족용 위주의 유희시설로 구분하여 설치하여야 한다.

1. 유희시설 : 「관광진흥법」에 따른 유기시설 · 유기기구, 번지점프, 그네 · 미끄럼틀 · 시소 등의 시설, 미니썰매장 · 미니스케이트장 등 여가활동과 운동을 함께 즐길 수 있는 시설 그 밖에 기계 등으로 조작하는 각종 유희시설
2. 운동시설 : 육상장 · 정구장 · 테니스장 · 골프연습장 · 야구장(실내야구연습장을 포함한다) · 탁구장 · 궁도장 · 체육도장 · 수영장 · 보트놀이장 · 부교 · 잔교 · 계류장 · 스키장(실내스키장을 포함한다) · 골프장(9홀 이하인 경우에만 해당한다) · 승마장 · 미니축구장 등 각종 운동시설

3. 휴양시설 : 휴게실 · 놀이동산 · 낚시터 · 숙박시설 · 야영장(자동차야영장을 포함한다) · 야유회장 · 청소년수련시설 · 자연휴양림 · 간이취사시설
4. 특수시설 : 동물원 · 식물원 · 공연장 · 예식장 · 마권장외발매소(이와 유사한 것을 포함한다) · 관람장 · 전시장 · 진열관 · 조각 · 야외음악당 · 야외극장 · 온실 · 수목원 · 광장
5. 위락시설 : 관광호텔에 부속된 시설로서 「관광진흥법」 제15조에 따른 사업계획승인을 받아 설치하는 위락시설
6. 편익시설 : 전망대 · 매점 · 휴게음식점 · 일반음식점 · 음악감상실 · 일반목욕장 · 단란주점 · 노래연습장 · 사진관 · 약국 · 의무실 · 스크린골프장 · 당구장 · 청소년게임장 · 자전거대여소 · 서바이벌게임장 · 찜질방 · 금융업소
7. 관리시설 : 도로(보행자전용도로, 보행자우선도로 및 자전거전용도로를 포함한다) · 주차장 · 궤도 · 쓰레기처리장 · 관리사무소 · 화장실 · 안내표지 · 창고
8. 제1호부터 제7호까지의 시설과 유사한 시설로서 유원지별 목적 · 규모 및 지역별 특성에 적합하여 도시 · 군계획시설결정권자 소속 도시계획위원회의 심의를 거친 시설

⑤ 유원지 안에서의 안녕질서의 유지 그 밖에 유원지주변의 상황으로 보아 특히 필요하다고 인정되는 경우에는 파출소 · 초소 등의 시설을 제2조제2항의 규정에 의한 세부시설에 대한 조성계획에 포함시킬 수 있다.

⑥ 유원지 중 「관광진흥법」 제2조제6호에 따른 관광지 또는 같은 조 제7호에 따른 관광단지로 지정된 지역과 같은 법 제15조에 따라 같은 법 시행령 제2조제3호가목에 따른 전문휴양업이나 같은 호 나목에 따른 종합휴양업으로 사업계획의 승인을 받은 지역에는 제2항에도 불구하고 「관광진흥법」에서 정하는 시설을 포함하여 설치할 수 있다.

⑦ 유원지 중 「제주특별자치도 설치 및 국제자유도시 조성을 위한 특별법」에 의한 개발사업으로 조성하는 유원지에 대하여는 제1항제4호 · 제5호 및 제2항의 규정을 적용하지 아니한다.

9) 공공공지

① 공공공지

"공공공지"라 함은 시 · 군내의 주요시설물 또는 환경의 보호, 경관의 유지, 재해대책, 보행자의 통행과 주민의 일시적 휴식공간의 확보를 위하여 설치하는 시설을 말한다.

② 공공공지의 결정기준

공공공지는 공공목적을 위하여 필요한 최소한의 규모로 설치하여야 한다.

③ 공공공지의 구조 및 설치기준

1. 지역의 경관을 높일 수 있도록 할 것
2. 지역 주민의 요구를 고려하여 긴의자, 등나무 · 담쟁이 등의 조경물, 조형물, 옥외에 설

치하는 생활체육시설(「체육시설의 설치 · 이용에 관한 법률」 제6조의 규정에 의한 생활체육시설 중 건축물의 건축 또는 공작물의 설치를 수반하지 아니하는 것을 말한다) 등 공중이 이용할 수 있는 시설을 설치할 것

3. 주민의 접근이 쉬운 개방된 구조로 설치하고 일상생활에 있어 쾌적성과 안전성을 확보할 것
4. 주변지역의 개발사업으로 증가하는 빗물유출량을 줄일 수 있도록 식생 도랑, 저류 · 침투조, 식생대, 빗물정원 등의 빗물관리시설을 설치할 것
5. 바닥은 녹지로 조성하는 것을 원칙으로 하되, 불가피한 경우 투수성 포장을 하거나 블록 및 석재 등의 자재를 사용하여 이용자에게 편안함을 주고 미관을 높일 수 있도록 할 것

10) 하천

① 하천

- 「하천법」 제7조에 따른 국가하천 · 지방하천
- 「소하천정비법」 제2조제1호에 따른 소하천
- 「하천법」 제2조제3호에 따른 하천시설 중 운하

② 하천의 결정기준

1. 국가하천 등 및 소하천의 경우에는 다음 각 목과 같다.
   가. 「하천법」에 의한 하천기본계획이나 「소하천정비법」에 의한 소하천정비종합계획에 따를 것
   나. 빗물에 의한 제내지(堤內地)의 내수를 하천으로 내보내기 위하여 설치하는 배수시설은 방수설비로 결정할 것
   다. 해당 시설은 원칙적으로 복개하지 않을 것. 다만, 「하천법」에 따른 하천기본계획이나 「소하천정비법」에 따른 소하천정비종합계획에 복개하도록 정해져 있는 경우에는 제외한다.
2. 운하의 경우에는 다음 각 목과 같다.
   가. 운하의 규모는 지역 간의 물동량 등 화물수송량 및 경제성을 고려하여 결정할 것
   나. 항만 · 도로 · 철도 등과 시설과의 수륙교통체계가 상호 유기적으로 연결되도록 할 것
   다. 기존의 수로가 있는 경우에는 그 수로를 활용할 것
   라. 주변의 토지이용현황을 고려하고, 저지대에 설치하여 배수로로 기능할 수 있도록 할 것
   마. 기존 하천의 유로를 저수공사 · 준설 등으로 개량하거나 직강공사 등으로 뱃길로 만들려는 경우에는 이를 하천시설로 설치할 것. 다만, 운하로서의 기능이 저하되지 않도록 운하의 결정 · 구조 및 설치기준을 고려해야 한다.

③ 하천의 구조 및 설치기준

- 하천의 구조 및 설치에 관하여는 「하천법」 또는 「소하천정비법」이 정하는 바에 따른다.
- 운하의 구조 및 설치기준은 다음 각 호와 같다. 다만, 「하천법」에서 운하의 구조 및 설치기준에 대하여 다르게 정한 경우에는 그에 따른다.
  1. 직선부분의 폭은 시설을 이용할 수 있는 선박 중 최대 규모의 선박(이하 "최대선박"이라 한다) 2척이 동시에 통행할 때 그 선박들 간 및 선박과 안벽 간에 각각 최소 10미터 이상 20미터 이하의 범위의 거리를 두고 자유롭게 운항할 수 있도록 할 것
  2. 굴곡부분의 곡선 최소반경은 최대선박 길이의 4배 이상으로 할 것
  3. 심도는 최대선박이 최대흘수인 때에 무동력선박의 경우에는 0.3미터부터 0.6미터까지의 범위 이상, 동력선박의 경우에는 0.6미터부터 1미터까지의 범위 이상의 여유가 있도록 할 것
  4. 운하에 설치하는 교량은 선박운행에 지장을 주지 않도록 적절한 높이와 폭 등 필요한 공간을 확보하거나 그 밖에 선박운항에 필요한 장치를 설치할 것
  5. 선박이 정박하거나 선회할 수 있는 공간을 충분히 확보할 것
  6. 주변의 토지이용현황을 고려하여 필요한 장소에 화물하역시설을 설치하되, 반드시 도로와 접속하도록 할 것
  7. 선박의 운항속도는 운하의 관리와 선박의 안전을 고려한 적정한 속도로 유지되도록 할 것
  8. 운하의 수질을 양호한 수준으로 유지 · 관리할 수 있도록 할 것
  9. 운하의 건설로 인하여 지역 간 단절이 발생하지 않도록 할 것

11) 유수지

① 유수지

- 유수시설 : 집중강우로 인하여 급증하는 제내지 및 저지대의 배수량을 조절하고 이를 하천에 방류하기 위하여 일시적으로 저장하는 시설
- 저류시설 : 빗물을 일시적으로 모아 두었다가 바깥수위가 낮아진 후에 방류하기 위한 시설

② 유수시설의 결정기준 및 구조 · 설치기준

1. 집중강우로 인하여 급증하는 제내지 및 저지대의 물을 하천으로 내보내기 쉬운 하천변이나 주거환경을 저해하지 아니하는 저지대에 설치할 것
2. 유수시설은 원칙적으로 복개하지 아니할 것. 다만, 다음 각 목의 어느 하나에 해당하는 경우에는 유수시설을 복개할 수 있다.

   가. 유수시설에 건축물의 건축을 수반하지 아니하는 경우로서 특별시장 · 광역시장 ·

특별자치시장 · 시장 또는 군수(광역시의 관할구역에 있는 군수는 제외한다. 이하 같다)가 유수지관리기본계획을 수립하여 이를 관리하고, 홍수 등 재해발생상 영향이 없다고 판단되는 경우

나. 유수시설에 건축물을 건축하려는 경우로서 다음의 요건을 모두 충족하는 경우

1) 유수시설의 재해방지 기능을 유지하기 위하여 건축물 건축 이전의 유수용량 이상을 유지할 수 있도록 하고, 재해발생 가능성을 고려하여 재해예방시설을 충분히 설치할 것

2) 악취, 안전사고, 건축물 침수 등이 발생하지 아니하도록 할 것

3) 집중강우에 대비하여 건축물 사용자 및 인접 지역 주민의 안전확보 대책을 수립할 것

4) 해당 도시 · 군계획시설결정권자 소속 도시계획위원회의 심의를 받을 것. 다만, 임대를 목적으로 하는 공공주택(「공공주택 특별법」 제2조제1호가목에 따른 주택을 말한다. 이하 이 조에서 같다)을 건축하려는 경우로서 「공공주택 특별법」 제6조제3항에 따른 중앙도시계획위원회의 심의에서 1)부터 3)까지의 요건을 함께 심의한 경우에는 도시 · 군계획시 설결정권자 소속 도시계획위원회의 심의를 받은 것으로 본다.

3. 제2호가목에 따라 복개된 유수시설은 도로 · 광장 · 주차장 · 체육시설 · 자동차 운전연습장 및 녹지의 용도로만 사용할 것

3의2. 제2호나목에 따라 유수시설을 복개하는 경우 해당 유수시설에 건축하는 건축물은 다음 각 목의 용도로만 사용할 것

가. 배수펌프장 등 배수를 위한 시설

나. 국가 또는 지방자치단체가 설치하는 공공청사, 대학생용 공공기숙사, 문화시설, 사회복지시설, 체육시설, 도서관, 평생학습관(「평생교육법」 제21조에 따른 평생학습관을 말한다) 또는 임대를 목적으로 하는 보금자리주택(「한국토지주택공사법」에 따른 한국토지주택공사 또는 「지방공기업법」 제49조에 따라 주택사업을 목적으로 설립된 지방공사가 건설하는 보금자리주택을 포함한다)

4. 퇴적물의 처분이 가능하고, 하수도시설과 연계운영이 가능한 구조로 할 것

5. 오염물질이 포함된 빗물이 유입될 경우 유수시설의 기능에 지장을 주지 아니하는 범위에서 강우(降雨) 초기에 유입되는 빗물을 저류하거나 정화하는 시설을 설치하는 것을 고려할 것

③ 저류시설의 결정기준 및 구조 · 설치기준

1. 비가 올 때에 빗물의 이동을 최소화하여 빗물을 모아 둘 수 있는 공공시설 · 공동주택단지 등의 장소에 설치할 것

2. 집수 및 배수가 원활하게 이루어지도록 하고, 방류지점이 되는 하천 · 하수도 · 수로 등

과의 연결이 원활하도록 할 것
3. 공원 · 체육시설 등 본래의 이용목적이 있는 토지에 저류시설을 설치하는 경우에는 본래의 토지이용목적이 훼손되지 아니하도록 배수가 신속하게 이루어지게 하고, 그 사용횟수가 과다하지 아니하도록 할 것
4. 저류시설 본래의 기능이 손상되지 아니하고, 빗물을 안전하게 모아 둘 수 있도록 다음의 구조로 할 것
 가. 원활한 배수를 위하여 원칙적으로 배수구를 설치할 것
 나. 방류구는 저류시설의 바닥면 이하에 설치하여 수량 전체를 방류할 수 있도록 할 것
 다. 저류시설의 수심은 주변지역의 안전성 등을 감안하여 적정한 깊이로 할 것
 라. 저류시설 안에는 침수에 의하여 장해를 받을 수 있는 시설을 설치하지 아니할 것
5. 개발행위 등으로 인하여 저류시설에 토사가 유입되어 강우량이 계획강우량에 미달하는 상태에서 빗물이 저류시설에서 흘러넘치지 아니하도록 할 것
6. 퇴적물의 처분이 가능하고, 하수도시설과 연계운영이 가능한 구조로 할 것

12) 저수지

① 저수지

"저수지"라 함은 발전용수 · 생활용수 · 공업용수 · 농업용수 또는 하천유지용수의 공급이나 홍수조절을 위한 댐 · 제방 그 밖에 당해 댐 또는 제방과 일체가 되어 그 효용을 높이는 시설 또는 공작물과 공유수면을 말한다.

② 저수지의 결정기준 및 구조 · 설치기준

저수지에 대한 결정 · 구조 및 설치에 관하여는 「하천법」 · 「댐건설 및 주변지역지원 등에 관한 법률」 등 관계 법령이 정하는 바에 의한다.

참고

■ **주요 도시계획 용어**

① 압축도시(Compact City)

압축도시는 지속가능한 도시형태를 구현하기 위한 도시정책으로 제시되었으며, 유럽연합(EU)에서는 도시문제와 더불어 환경정책의 일환으로 압축도시를 지향하고 있다. 압축도시란 도시 내부 고밀개발을 통해 현대 도시의 여러 문제의 해결을 도모함과 동시에 경제적 효율성 및 자연환경의 보전까지 추구하는 도시개발 형태로 도시 내부의 복합적인 토지이용, 대중교통의 효율적 구축을 통한 대중교통수단의 이용촉진, 도시외곽 및 녹지지역의 개발 억제, 도시정체성을 유지하기 위한 역사적인 문화재의 보전 등을 포함하는 개념이다.

20세기 중반 자동차 보급의 증가로 도시의 외형 팽창이 진행되었고 이러한 흐름 속에서 많은 도시문제가 발생하였다. 도시 중산층의 대규모 거주지 교외 이동, 도심 공동화 현상과 Inner-city 문제, 도시외곽의 무분별한 환경파괴 등 복합적인 여러 문제들이 고착화되어 갔다. 이런 상황에서 유럽 여러 나라의 도시정책은 지속가능한 개발을 지향하는 압축도시의 실현을 목표로 하게 된다.
이러한 압축도시 개념은 미국의 뉴어버니즘과 영국의 어번빌리지 사례에서 구체화되었고 현재 세계 여러 각국의 국가정책에 영향을 미치고 있다.

② 뉴어버니즘(New Urbanism)
뉴어버니즘, 즉 신도시주의는 도시의 사회문제가 무분별한 도시의 확산과 밀접한 관계가 있으며 이러한 사회문제를 해결하기 위해 도시의 개발에 대한 접근방법의 전환이 필요하다는 인식으로부터 출발한 도시계획의 신조류이다.
미국의 개발원칙을 체계적으로 변화시키는 것을 목적으로 1993년 10월 버지니아주 알렉산드리아의 모임에서 비롯되어 순수 전문가 조직체가 아닌 서로 다른 분야의 설계전문가와 공공 및 민간의 정책결정권자, 도시설계나 도시계획에 관심을 가지는 시민들의 연합체로서의 신도시주의협회가 구성되었다.
이러한 신도시주의(New Urbanism)운동을 체계적으로 전개시키기 위하여 공공정책, 개발행위, 도시계획과 설계를 이끌고자 뉴어버니즘 헌장(27개 조)을 수립하여 기본원칙을 제시하였다.
뉴어버니즘 헌장에서는 크게 3가지의 권역(대도시권 및 시가지규모 차원, 근린주구 차원, 개별건축물 차원)으로 나눠 접근하고 있다.
기본적인 원칙사항으로서 근린주구는 용도와 인구에 있어서 다양해야 하며, 커뮤니티 설계에 있어서 보행자와 대중교통을 중요하게 다루고, 복합적인 토지 이용을 추구하여야 한다. 또한 도시와 타운은 어디서든지 접근이 가능하면서 물리적으로는 공공공간과 커뮤니티 시설에 의해 형태를 갖추면서 도시적 장소는 그 지역의 역사와 문화 등 지역적 특성과 관행을 존중하도록 강조하고 있다.
결국 뉴어버니즘은 기존 도시에 대한 반성을 통해 도시를 재구성, 인간과 환경 중심의 공간으로 되살리는 새로운 운동이다.

③ 랜드스케이프 어버니즘(Landscape Urbanism)
랜드스케이프 어버니즘은 탈장르를 지향하며 조경, 도시계획, 건축 등 타 분야와의 융합으로 지속가능한 도시발전을 추구하고, 그 도입방식은 도로, 건물, 공원을 하나의 단위로 보고 이를 융합시켜 경관을 만들어내는 것으로 설명된다.
건물과 도로를 같은 경관의 구성요소로 인식하여 건물의 형태나 재질, 위치 등을 결정하고 여기에 조경적 요소를 가미, 옥상조경이나 입면녹화, 조형물 설치, 조경디자인 요소 등을 도입하는 것이다.
또한 도시 전체를 하나의 생태계로 인식하는 경관생태학의 개념으로서 문화, 제도, 정치, 교육 등의 눈에 보이지 않는 구성요소도 도시경관요소로 인식, 도시계획에 반영하는 것으로 뉴어버니즘에 이어 나타난 새로운 조경과 도시계획의 사조이다.

New Urbanism과 Landscape Urbanism의 비교

구분	기존개발	New Urbanism	Landscape Urbanism
개념	인간 중심의 도시개발	기존 도시개발의 문제점 개선 추구	탈장르를 통한 조경+건축+도시의 융합과 지속가능한 도시 발전 추구
도로 가로망	• 자동차 중심 도로망 • 보도 없음 • 노상주차 금지 • 쿨데삭(cul-de-sac) 도입	• 격자형 도로망 • 보행동선 네트워크/보행자 중심, 노상주차 허용 • 교통정온화기법 도입	• 환상형 교통축 • 보행동선 내 쇼핑센터 입접(융합) • 입체주차장/건물 내 주차 • CCTV/일방통행/교통정온화 유지
대중교통	• 저밀도 인한 대중교통수요 미미 • 노선선정 곤란(cul-de-sac) • 자가용 중심	• 이용자 다수 • 대중교통 이용 편리 • 정류장 접근 용이	• 주 · 간선형 교통체계/BRT 도입 • 교통과 쇼핑 혼합 • 유비쿼터스 도입/U-Ecocity
쇼핑 근린생활	• 주거지역 내 타용도 배제 • 대규모 쇼핑센터 이용	• 중심가로에서 생활 • 주택에서 도보권 학교 도입	• 극장+쇼핑+주차+공원 혼합 • 대형쇼핑센터와 소매점 공존
공공영역	• 광역적 중심에 대규모 • 익명성	• 주택 정문과 학교, 공원 놀이터 연결 • 이웃 간 친밀성 강조	• 학교+숲+레크리에이션 공존 • 친환경적 생태도시 추구
도시계획	산업화로 인한 도시	기존 도시의 문제해결 시도, 근린주구	• 입체도시계획/TDR • 자연+도시+인간 공존 추구
사례	기존 도시	• 라빌레트공원(점 · 선 · 면 그리드) • 선유도공원(도시재생)	• 서울 워터프런트 사업 • 경관을 도시의 인프라스트럭처로 인식 • 도로+건물+조경의 융합적 개념 경관 조성 • 입체공원 도입, 입체도시계획 등

④ 대중교통지향형 개발(TOD : Transit Oriented Development)

대중교통지향형 개발이란 무분별한 확산을 대신하여 중심성 있는 고밀개발을 추구하기 위해 철도, 경전철, 버스 등과 같은 대중교통수단의 결절점을 중심으로 근린주구를 개발하는 기법을 말한다. 이를 위해 지하철이나 전철역으로부터 보행 또는 자전거 통행 거리 내 상업지 및 고용 중심지를 형성하고, 그 외곽에 공공공지와 주택을 배치하여 차량교통 감소와 직주근접을 실현하는 개발형태를 띠게 되는데, 일반적으로 대중교통중심축상의 1차 역세권을 중심으로 복합용도 개발을 도모하고, 주변의 생활권과 연계되는 커뮤니티 코리더를 조성하는 방식으로 계획이 이루어진다.

우리나라의 경우 기존 도시에의 도입은 한계가 있으며 지방대도시, 행정중심복합도시 등에서 도입이 추진되고 있는 실정으로 교통중심지와 그 외 지역의 개발이익에 대한

형평성 문제로 제도정착이 선행되어야 한다. 또한 단순한 교통 중심 접근방식이 아닌 도시전체의 도시계획적 접근이 필요한 상황이다.
브라질의 꾸리찌바는 기성 시가지에 급행버스체계(BRT : Bus Rapid Transit)를 도입한 경우이고 미국의 라구나 웨스트나 오렌코는 외곽지역의 신개발에 적용한 사례이다. 우리나라에서도 서울이나 지방 대도시, 행정중심복합도시 등에서 버스나 지하철역을 중심으로 한 대중교통지향형 개발이 추진되고 있다.

4. 도시공원 및 녹지 등에 관한 법률

1) 목적

- 도시에서의 공원녹지의 확충 · 관리 · 이용 및 도시녹화 등에 필요한 사항을 규정
- 쾌적한 도시환경을 조성하여 건전하고 문화적인 도시생활을 확보하고 공공의 복리를 증진시킴

2) 정의

① 공원녹지

쾌적한 도시환경을 조성하고 시민의 휴식과 정서 함양에 이바지하는 다음 각 목의 공간 또는 시설

가. 도시공원, 녹지, 유원지, 공공공지(公共空地) 및 저수지
나. 나무, 잔디, 꽃, 지피식물(地被植物) 등의 식생(이하 "식생"이라 한다)이 자라는 공간
다. 그 밖에 국토교통부령으로 정하는 공간 또는 시설

- 광장 · 보행자전용도로 · 하천 등 녹지가 조성된 공간 또는 시설
- 옥상녹화 · 벽면녹화 등 특수한 공간에 식생을 조성하는 등의 녹화가 이루어진 공간 또는 시설
- 그 밖에 쾌적한 도시환경을 조성하고 시민의 휴식과 정서함양에 기여하는 공간 또는 시설로서 그 보전을 위하여 관리할 필요성이 있다고 특별시장 · 광역시장 · 시장 또는 군수가 인정하는 녹지가 조성된 공간 또는 시설

② 도시녹화

식생, 물, 토양 등 자연친화적인 환경이 부족한 도시지역(「국토의 계획 및 이용에 관한 법률」 제6조제1호에 따른 도시지역을 말하며, 같은 조 제2호에 따른 관리지역에 지정된 지구단위계획구역을 포함한다. 이하 같다)의 공간(「산림자원의 조성 및 관리에 관한 법률」 제2조제1호에 따른 산림은 제외한다)에 식생을 조성하는 것을 말한다.

③ 도시공원

㉮ 정의

도시지역에서 도시자연경관을 보호하고 시민의 건강 · 휴양 및 정서생활을 향상시키는 데에 이바지하기 위하여 설치, 지정된 공원

㉯ 종류

- 도시 · 군관리계획으로 결정된 공원
  - 생활권공원 : 소공원, 어린이공원, 근린공원
  - 주제공원 : 수변공원, 문화공원, 묘지공원, 체육공원, 역사공원, 기타 조례에 의한 공원
- 도시 · 군관리계획으로 결정된 도시자연공원구역

④ 공원시설

도시공원의 효용을 다하기 위하여 설치하는 다음의 시설

가. 도로 또는 광장

나. 화단, 분수, 조각 등 조경시설

다. 휴게소, 긴 의자 등 휴양시설

라. 그네, 미끄럼틀 등 유희시설

마. 테니스장, 수영장, 궁도장 등 운동시설

바. 식물원, 동물원, 수족관, 박물관, 야외음악당 등 교양시설

사. 주차장, 매점, 화장실 등 이용자를 위한 편익시설

아. 관리사무소, 출입문, 울타리, 담장 등 공원관리시설

자. 실습장, 체험장, 학습장, 농자재 보관창고 등 도시농업을 위한 시설

차. 내진성 저수조, 발전시설, 소화 및 급수시설, 비상용 화장실 등 재난관리시설

카. 그 밖에 도시공원의 효용을 다하기 위한 시설로서 국토교통부령으로 정하는 시설

⑤ 녹지

㉮ 정의 : 도시 · 군관리계획으로 결정된 도시 · 군계획시설(협의의 녹지)

㉯ 종류

- 완충녹지, 경관녹지, 연결녹지
- 「국토의 계획 및 이용에 관한 법률」에 따른 녹지로서 도시지역에서 자연환경을 보전하거나 개선하고, 공해나 재해를 방지함으로써 도시경관의 향상을 도모하기 위하여 도시 · 군관리계획으로 결정된 것

3) 공원녹지기본계획

① 공원녹지기본계획의 수립

㉮ 수립권자

- 특별시장 · 광역시장 · 특별자치시장 · 특별자치도지사 또는 대통령령으로 정하는 시의 시장
- 광역자치단체 중 도지사는 수립권한이 없으며 승인권만을 갖고 있다.
- 도시 · 군기본계획을 수립하지 아니할 수 있는 시 : 인구 10만 이하 수도권 이외 도시와 광역시와 경계하지 않은 시를 말함(국토의 계획 및 이용에 관한 법률)
- 공간적 범위 : 원칙적으로 도시 · 군기본계획 수립 공간

㉯ 수립기간

10년(5년마다 재정비)

㉰ 수립지역

관할구역 및 필요 시 인접한 특별시 · 광역시 · 시 또는 군의 관할구역의 일부를 포함

㉱ 공원녹지기본계획을 수립하지 않을 수 있는 경우

- 도시 · 군기본계획에 포함되어 있어 별도의 공원녹지기본계획을 수립할 필요가 없다고 인정하는 경우
- 「개발제한구역의 지정 및 관리에 관한 특별조치법」의 훼손지 복구계획에 따라 도시공원을 설치하는 경우
- 10만 제곱미터 이하 규모의 도시공원을 새로이 조성하는 경우

② 공원녹지기본계획의 내용

1. 지역적 특성 및 계획의 방향 · 목표에 관한 사항
2. 인구, 산업, 경제, 공간구조, 토지이용 등의 변화에 따른 공원녹지의 여건 변화에 관한 사항
3. 공원녹지의 종합적 배치에 관한 사항
4. 공원녹지의 축(軸)과 망(網)에 관한 사항
5. 공원녹지의 수요 및 공급에 관한 사항
6. 공원녹지의 보전 · 관리 · 이용에 관한 사항
7. 도시녹화에 관한 사항
8. 그 밖에 공원녹지의 확충 · 관리 · 이용에 필요한 사항으로서 대통령령으로 정하는 사항

③ 도시 · 군기본계획 및 도시 · 군관리계획과 관계

- 공원녹지기본계획은 도시 · 군기본계획에 부합되어야 하며,
- 공원녹지기본계획의 내용이 도시 · 군기본계획의 내용과 다른 때에는 도 · 군기본계획의 내용이 우선함
- 도시공원 및 녹지에 관한 도시 · 군관리계획은 공원녹지기본계획에 부합되어야 함

④ 공원녹지기본계획의 수립기준

- 공원녹지의 보전 · 확충 · 관리 · 이용을 위한 장기발전방향을 제시하여 도시민들의 쾌적한 삶의 기반이 형성되도록 할 것

- 자연 · 인문 · 역사 및 문화환경 등의 지역적 특성과 현지의 사정을 충분히 감안하여 실현가능한 계획의 방향이 설정되도록 할 것
- 자연자원에 대한 기초조사 결과를 토대로 자연자원의 관리 및 활용의 측면에서 공원녹지의 미래상을 예측할 수 있도록 할 것
- 체계적 · 지속적으로 자연환경을 유지 · 관리하여 여가활동이 장이 형성되고 인간과 자연이 공생할 수 있는 연결망을 구축할 수 있도록 할 것
- 장래 이용자 특성 등 여건의 변화에 탄력적으로 대응할 수 있도록 할 것
- 광역도시계획, 도시 · 군기본계획 등 상위계획의 내용과 부합되어야 하고 도 · 군기본계획의 부문별 계획과 조화되도록 할 것
- 도시 · 군계획시설 설치에 필요한 재원조달방안 등을 검토하여 장기미집행 도시 · 군계획시설이 발생하지 않도록 할 것
- 국토교통부장관은 공원녹지기본계획의 수립기준을 정하는 때에는 관계 중앙행정기관의 장과 협의

⑤ 공원녹지기본계획 수립질차

▪ 기초단체시장이 입안하는 경우

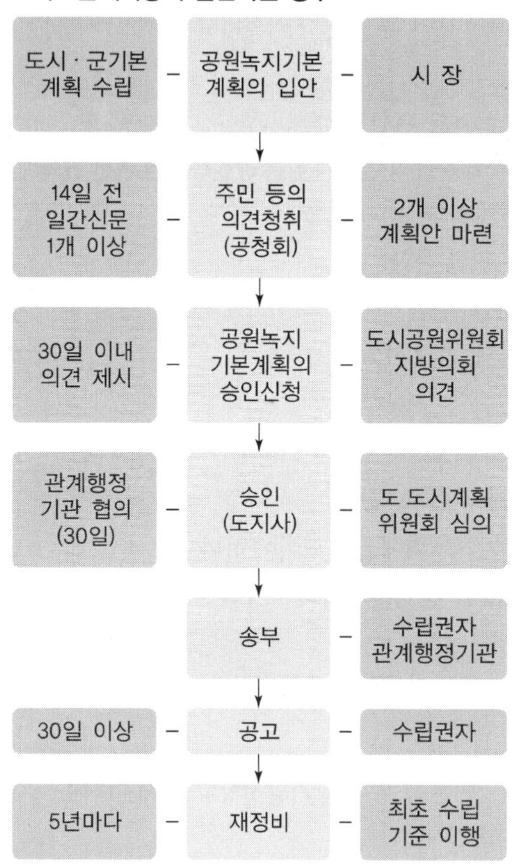

▪ 광역시장이 입안하는 경우

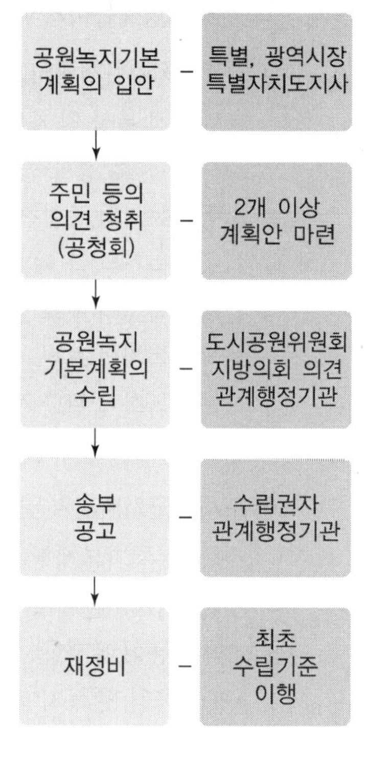

⑥ 공원녹지기본계획의 문제점

문제점	개선방안
• 선언적 내용이 대부분 • 지역별 특성과 개성 있는 계획안 부실 • 기본계획 승인 시 도시계획위원회 심의 • 도시 · 군기본계획의 하위계획으로 탄력적 기본안 마련에 한계가 있음 • 주민의견 수렴(공청회) 저조	• 실질적 실천방안 제시 • 지역별 차별화된 계획안 수립 • 도시공원위원회에서 심의토록 개선(도단위 위원회 신설) • 기본안 수립의 탄력 운영 필요 • 홍보 및 여론을 활용한 기본안 의견 수렴 활성화

4) 도시녹화 및 도시공원 · 녹지의 확충

① 도시녹화계획

㉮ 수립권자

공원녹지기본계획 수립권자[특별시장 · 광역시장 · 특별자치시장 · 특별자치도지사 · 시장(도시 · 군기본계획수립 시)]

㉯ 수립기준

- 도시 · 군기본계획 및 공원녹지기본계획의 관련된 내용 반영
- 녹지의 보전 및 확충이 도시녹화에 관한 정비계획 반영
- 도시녹화계획이 도시의 녹지배치계획 및 녹지망형성계획과 상호 연계성을 가질 수 있도록 도시녹화의 대상에 대한 목표량, 목표기간 등 기본방향을 설정 · 제시하도록 할 것
- 녹지활용계약 및 녹화계약을 체결할 수 있는 지역을 조사 · 선정

㉰ 수립절차

시 · 도도시공원위원회 또는 시 · 군도시공원위원회의 심의를 거쳐야 함

② 녹지활용계약과 녹화계약 비교

구분	녹지활용계약	녹화계약
개념	식생 또는 임상(林床)이 양호한 토지의 소유자와 그 토지를 일반 도시민에게 제공하는 것을 조건으로 해당 토지의 식생 또는 임상의 유지 · 보존 및 이용에 필요한 지원을 하는 것을 내용으로 하는 계약	도시녹화를 위해 토지소유자 또는 거주자와 묘목의 제공 등 필요한 지원을 하는 것을 내용으로 하는 계약 1. 수림대(樹林帶) 등의 보호 2. 해당 지역의 면적 대비 식생 비율의 증가 3. 해당 지역을 대표하는 식생의 증대

구분	녹지활용계약	녹화계약
대상지 조건	1. 300제곱미터 이상의 면적인 단일토지일 것 2. 녹지가 부족한 도시지역 안에 임상(林床)이 양호한 토지 및 녹지의 보존 필요성은 높으나 훼손의 우려가 큰 토지 등 녹지활용계약의 체결효과가 높은 토지를 중심으로 선정된 토지일 것 3. 사용 또는 수익을 목적으로 하는 권리가 설정되어 있지 아니한 토지일 것	1. 토지소유자 또는 거주자의 자발적 의사나 합의를 기초로 도시녹화에 필요한 지원을 하는 협정 형식을 취할 것 2. 협정 위반의 상태가 6개월을 초과하여 지속되는 경우에는 녹화계약을 해지 3. 녹화계약구역은 구획단위로 함
계약기간	5년 이상(토지상황에 따라 조정 가능)	5년 이상
사례	서울농대 학교림 활용 계약	아파트 울타리 녹화, 담장 허물기, 벽면 녹화

③ 문제점과 개선방안

㉮ 문제점

- 예산확보의 문제
- 도시녹화의 공공적 고려보다 사유화의 개념이 높음
- 사후관리 부실에 따른 슬럼화 등

㉯ 개선방안

- 중앙정부의 예산지원 확대
- 공공성 있는 사업으로 개인이나 참여단체의 의식전환 개선
- 사후관리 부실화 방지를 위한 관리 매뉴얼 및 사업비 지원

④ 도시공원 부지사용계약 : 임차공원

㉮ 개념

- 특별시장 · 광역시장 · 특별자치시장 · 특별자치도지사 · 시장 또는 군수는 도시공원의 설치에 관한 도시 · 군관리계획이 결정된 후 도시공원의 설치를 위하여 해당 도시공원 부지의 전부 또는 일부에 대하여 그 토지의 소유자와 부지사용에 대한 계약(이하 "공원부지사용계약"이라 한다)을 체결할 수 있다.
- 공원부지사용계약의 체결 등에 필요한 사항은 대통령령으로 정하는 기준에 따라 특별시 · 광역시 · 특별자치시 · 특별자치도 · 시 또는 군의 조례로 정한다.

㉯ 내용

- 법 제12조의2제1항에 따른 공원부지사용계약(이하 "공원부지사용계약"이라 한다)에는 다음 각 목의 사항을 포함할 것

  가. 공원부지사용계약의 대상이 되는 토지의 구역(주소 · 소유자 · 면적 및 지목을

포함한다)

나. 공원부지사용계약의 계약기간

다. 부지사용료 및 그 지급시기와 지급방법

라. 공원시설의 설치 및 관리에 관한 사항

마. 공원부지사용계약의 변경 또는 해지에 관한 사항

바. 공원부지사용계약을 위반한 경우의 조치 등에 관한 사항

㉰ 계약기간

공원부지사용계약의 최초 계약기간은 3년 미만으로 할 것

㉱ 부지사용료 산정방식

- 「공익사업을 위한 토지 등의 취득 및 보상에 관한 법률」 제71조를 준용할 것
- 다만, 계약의 당사자 사이에 다른 방식으로 부지사용료를 산정하는 것으로 합의한 경우에는 합의한 방식을 적용

5) 도시공원 또는 녹지의 확보

개발계획 규모별 도시공원 또는 녹지의 확보기준(시행규칙 제5조 관련)

기준 개발계획	도시공원 또는 녹지의 확보기준
1. 「도시개발법」에 의한 개발계획	가. 1만제곱미터 이상 30만제곱미터 미만의 개발계획 : 상주인구 1인당 3제곱미터 이상 또는 개발 부지면적의 5퍼센트 이상 중 큰 면적 나. 30만제곱미터 이상 100만제곱미터 미만의 개발계획 : 상주인구 1인당 6제곱미터 이상 또는 개발 부지면적의 9퍼센트 이상 중 큰 면적 다. 100만제곱미터 이상 : 상주인구 1인당 9제곱미터 이상 또는 개발 부지면적의 12퍼센트 이상 중 큰 면적
2. 「주택법」에 의한 주택건설사업계획	1천세대 이상의 주택건설사업계획 : 1세대당 3제곱미터 이상 또는 개발 부지면적의 5퍼센트 이상 중 큰 면적
3. 「주택법」에 의한 대지조성사업계획	10만제곱미터 이상의 대지조성사업계획 : 1세대당 3제곱미터 이상 또는 개발 부지면적의 5퍼센트 이상 중 큰 면적
4. 「도시 및 주거 환경정비법」에 의한 정비계획	5만제곱미터 이상의 정비계획 : 1세대당 2제곱미터 이상 또는 개발 부지면적의 5퍼센트 이상 중 큰 면적
5. 「산업입지 및 개발에 관한 법률」에 의한 개발계획	전체계획구역에 대하여는 「기업활동 규제완화에 관한 특별조치법」 제21조의 규정에 의한 공공녹지 확보기준을 적용한다.

기준 개발계획	도시공원 또는 녹지의 확보기준
6. 「택지개발촉진법」에 의한 택지개발계획	가. 10만제곱미터 이상 30만제곱미터 미만의 개발계획 : 상주인구 1인당 6제곱미터 이상 또는 개발 부지면적의 12퍼센트 이상 중 큰 면적 나. 30만제곱미터 이상 100만제곱미터 미만의 개발계획 : 상주인구 1인당 7제곱미터 이상 또는 개발 부지면적의 15퍼센트 이상 중 큰 면적 다. 100만제곱미터 이상 330만제곱미터 미만의 개발계획 : 상주인구 1인당 9제곱미터 이상 또는 개발 부지면적의 18퍼센트 이상 중 큰 면적 라. 330만제곱미터 이상의 개발계획 : 상주인구 1인당 12제곱미터 이상 또는 개발 부지면적의 20퍼센트 이상 중 큰 면적
7. 「유통산업발전법」에 의한 사업계획	가. 주거용도로 계획된 지역 : 상주인구 1인당 3제곱미터 이상 나. 전체계획구역에 대하여는 「산업입지 및 개발에 관한 법률」 제5조의 규정에 의하여 작성된 산업입지개발지침에서 정한 공공녹지 확보기준을 적용한다.
8. 「지역균형개발 및 지방중소기업 육성에 관한 법률」에 의한 개발계획	가. 주거용도로 계획된 지역 : 상주인구 1인당 3제곱미터 이상 나. 전체계획구역에 대하여는 「산업입지 및 개발에 관한 법률」 제5조의 규정에 의하여 작성된 산업입지개발지침에서 정한 공공녹지 확보기준을 적용한다.
9. 법 제9호에 따른 그 밖의 개발계획	주거용도로 계획된 지역 : 상주인구 1명당 3제곱미터 이상

6) 도시공원 확보기준

① 「도시공원 및 녹지 등에 관한 법률」 시행규칙 제4조

구분	확보면적
도시지역 안 1인당	6m² 이상
도시지역 안 1인당 (그린벨트, 녹지지역 제외)	3m² 이상

② 도시지역

「국토의 계획 및 이용에 관한 법률」 제6조에 의한 국토의 용도구분 중 도시지역을 의미하며, 도시지역은 동법 제36조제1항제1호에 의한 주거지역, 상업지역, 공업지역, 녹지지역을 의미한다.

③ 도시 · 군관리계획수립지침 녹지확보지역

구분	확보면적
주민 1인당	6m² 이상
주거지역, 상업지역, 공업지역	3m² 이상

7) 도시공원의 세분 및 규모

① 국가도시공원

제19조에 따라 설치 · 관리하는 도시공원 중 국가가 지정하는 공원

② 생활권공원

도시생활권의 기반이 되는 공원의 성격으로 설치 · 관리하는 공원으로서 다음 각 목의 공원

㉮ 소공원

소규모 토지를 이용하여 도시민의 휴식 및 정서 함양을 도모하기 위하여 설치하는 공원

㉯ 어린이공원

어린이의 보건 및 정서생활의 향상에 이바지하기 위하여 설치하는 공원

㉰ 근린공원

근린거주자 또는 근린생활권으로 구성된 지역생활권 거주자의 보건 · 휴양 및 정서생활의 향상에 이바지하기 위하여 설치하는 공원

③ 주제공원

생활권공원 외에 다양한 목적으로 설치하는 다음 각 목의 공원

㉮ 역사공원

도시의 역사적 장소나 시설물, 유적 · 유물 등을 활용하여 도시민의 휴식 · 교육을 목적으로 설치하는 공원

㉯ 문화공원

도시의 각종 문화적 특징을 활용하여 도시민의 휴식 · 교육을 목적으로 설치하는 공원

㉰ 수변공원

도시의 하천가 · 호숫가 등 수변공간을 활용하여 도시민의 여가 · 휴식을 목적으로 설치하는 공원

㉱ 묘지공원

묘지 이용자에게 휴식 등을 제공하기 위하여 일정한 구역에 「장사 등에 관한 법률」 제2조제7호에 따른 묘지와 공원시설을 혼합하여 설치하는 공원

㉲ 체육공원

주로 운동경기나 야외활동 등 체육활동을 통하여 건전한 신체와 정신을 배양함을 목적으로 설치하는 공원

㉯ 도시농업공원

도시민의 정서순화 및 공동체의식 함양을 위하여 도시농업을 주된 목적으로 설치하는 공원

㉰ 방재공원

지진 등 재난발생 시 도시민 대피 및 구호 거점으로 활용될 수 있도록 설치하는 공원

㉱ 기타

그 밖에 특별시 · 광역시 · 특별자치시 · 도 · 특별자치도 또는 「지방자치법」에 따른 서울특별시 · 광역시 및 특별자치시를 제외한 인구 50만 이상 대도시의 조례로 정하는 공원(생태공원, 놀이공원)

8) 도시공원 및 녹지의 세분

<table>
<tr><th>구분</th><th>대분류</th><th colspan="3">소분류</th><th>비고</th></tr>
<tr><td rowspan="17">도시 공원</td><td rowspan="11">생활권 공원</td><td rowspan="4">소공원</td><td rowspan="2">근린소공원</td><td>도시형 근린 소공원</td><td>시가지, 신도시</td></tr>
<tr><td>전원형 근린 소공원</td><td>외곽지역, 군단위지역</td></tr>
<tr><td rowspan="2">도심소공원</td><td>광장형 도심 소공원</td><td>고층건물 주변</td></tr>
<tr><td>녹지형 도심 소공원</td><td>이용보다 녹지기능 중시</td></tr>
<tr><td rowspan="2">어린이 공원</td><td colspan="2">유치거리 250m 이하 규모 1,500m^2 이상</td><td></td></tr>
<tr><td colspan="2">건폐율 5% 이내, 공원시설은 부지면적의 60% 이하</td><td></td></tr>
<tr><td rowspan="5">근린공원</td><td rowspan="2">근린생활권</td><td rowspan="2">인근거주자를 위한 공원 (반경 500m 이내)</td><td>유치거리/규모</td></tr>
<tr><td>500m 이하/1만 m^2 이상</td></tr>
<tr><td>도보권</td><td>도보권 내 거주자를 위한 공원(반경 1,000m 이내)</td><td>1,000m 이하/3만 m^2 이상</td></tr>
<tr><td>도시지역권</td><td>도시지역 전체 주민을 위한 공원</td><td>제한 없음/10만 m^2 이상</td></tr>
<tr><td>광역권</td><td>도시지역을 초과하는 광역적인 이용을 위한 공원</td><td>제한 없음/100만 m^2 이상</td></tr>
<tr><td rowspan="6">주제 공원</td><td>역사공원</td><td colspan="2">문화재가 위치한 지역</td><td>제한 없음/제한 없음</td></tr>
<tr><td>문화공원</td><td colspan="2">대표적인 지역인물, 지역축제 등</td><td>제한 없음/제한 없음</td></tr>
<tr><td>수변공원</td><td colspan="2">하천, 호수 등 친수공원</td><td>제한 없음/제한 없음</td></tr>
<tr><td>묘지공원</td><td colspan="2">정숙한 장소로 장래 시가화가 예상되지 아니하는 자연녹지지역</td><td>제한 없음/10만 m^2 이상</td></tr>
<tr><td>체육공원</td><td colspan="2">운동경기, 체육활동을 위한 공원</td><td>제한 없음/1만 m^2 이상</td></tr>
<tr><td>도시농업 공원</td><td colspan="2">도시민 정서순화, 공동체의식함양을 위해 도시농업목적으로 설치하는 공원</td><td>제한 없음/1만 m^2 이상</td></tr>
</table>

구분	대분류	소분류			비고
도시공원	주제공원	기타조례	생태공원	생태학습장 등	서울시 도시공원 조례
			놀이공원	놀이동산 등	
			가로공원	가로변, 주거지 인근에 설치, 시민휴식과 경관개선을 목적	
녹지	완충녹지	최소폭 10m 이상			
	경관녹지	경관이 양호한 곳, 도시확산 방지 기능도 수행함			
	연결녹지	생태형 연결녹지	폭 10m 이상, 녹지율 70% 이상		
		산책형 연결녹지	산책을 위한 녹지		

9) 공원조성계획의 입안 · 결정

① 공원조성계획의 입안

특별시장 · 광역시장 · 시장 또는 군수

② 공원조성계획의 절차

도시 · 군관리계획으로 결정

③ 의견청취 및 협의 생략

지방의회 및 관계행정기관의 장

④ 위원회 심의 대체

시 · 도도시계획위원회 심의를 시 · 도도시공원위원회의 심의로 갈음

⑤ 주민의견청취 생략사항

- 공원시설부지면적의 10퍼센트 미만의 범위 안에서의 변경
- 휴게소, 긴 의자, 화장실, 울타리, 담장, 게시판, 표지 및 쓰레기통 등 33제곱미터 이하 공원시설의 설치
- 공원시설의 위치 변경
- 그 밖에 특별시 · 광역시 · 시 또는 군의 조례로 정하는 사항

⑥ 공원조성계획 수립절차

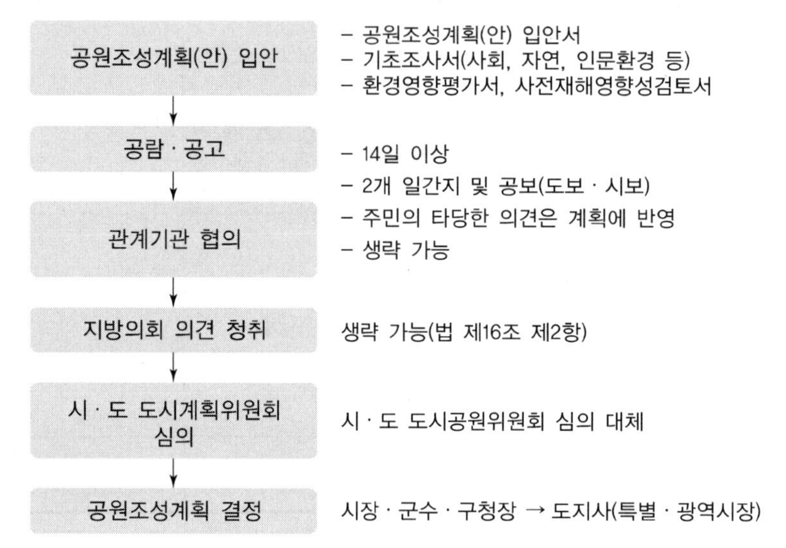

＊ 50만 이상 도시는 도시 · 군관리계획 자체 수립(공원조성계획 자체 수립)

10) 공원조성계획의 수립기준 시 고려사항

- 공원녹지기본계획의 내용 반영과 녹지공간배치 등과 연계
- 세부적인 공원시설 설치계획에 대하여는 주민의 의견이 최대한 반영되도록 할 것
- 공원조성계획에 다음 각 목의 사항이 포함되도록 할 것
  가. 개발목표 및 개발방향
  나. 자연 · 인문 · 관광환경에 대한 조사 및 분석 자료
  다. 공원조성에 따른 토지의 이용, 동선(動線), 공원시설의 배치, 범죄 예방, 상수도 · 하수도 · 쓰레기처리장 · 주차장 등의 기반시설, 조경 및 식재 등에 대한 부문별 계획
  라. 공원조성에 따른 영향 및 효과
  마. 공원조성을 위한 투자계획 및 재원조달방안
- 공원조성사업에 필요한 재원조달방안을 다각적으로 검토하여 공원조성계획의 결정 · 고시가 이루어진 후 조속히 사업이 집행될 수 있도록 할 것

11) 도시공원결정의 실효

- 도시공원의 설치에 관한 도시 · 군관리계획결정은 그 고시일부터 10년이 되는 날까지 공원조성계획의 고시가 없는 경우에는 「국토의 계획 및 이용에 관한 법률」 제48조에도 불구하고 그 10년이 되는 날의 다음 날에 그 효력을 상실한다.
- 공원조성계획을 고시한 도시공원 부지 중 국유지 또는 공유지는 「국토의 계획 및 이용에 관한 법률」 제48조에도 불구하고 같은 조에 따른 도시공원 결정의 고시일부터 30년이 되

는 날까지 사업이 시행되지 아니하는 경우 그 다음 날에 도시공원 결정의 효력을 상실한다. 다만, 국토교통부장관이 대통령령으로 정하는 바에 따라 도시공원의 기능을 유지할 수 없다고 공고한 국유지 또는 공유지는 「국토의 계획 및 이용에 관한 법률」 제48조를 적용한다.

- 위의 본문에 따라 도시공원 결정의 효력이 상실될 것으로 예상되는 국유지 또는 공유지의 경우 대통령령으로 정하는 바에 따라 10년 이내의 기간을 정하여 1회에 한정하여 도시공원 결정의 효력을 연장할 수 있다.
- 시 · 도지사 또는 대도시 시장은 규정에 따라 도시공원 결정의 효력이 상실되었을 때에는 대통령령으로 정하는 바에 따라 지체 없이 그 사실을 고시하여야 한다.

■ 도시 · 군계획시설 결정의 실효기준 비교

구분	도시공원 및 녹지 등에 관한 법률	국토의 계획 및 이용에 관한 법률
대상시설	도시공원	도시 · 군계획시설(도시공원 포함)
실효기한	도시 · 군관리계획 결정 고시일부터 10년이 되는 날까지 공원조성계획의 고시가 없는 경우	도시 · 군계획시설을 결정한 후 20년이 경과하도록 사업을 시행하지 않은 경우
재검토 규정	도시 · 군관리계획 결정 · 고시일부터 5년이 경과된 때에 도시공원의 필요성 여부 등을 재검토하여 도시공원의 지정 해제 또는 집행해야 함	없음

* 「국토의 계획 및 이용에 관한 법률」에서 도시 · 군계획시설(도시공원 포함) 결정 실효에 대하여 규정하고 있으나 「도시공원 및 녹지 등에 관한 법률」에서 도시공원만을 강화된 내용으로 규정
* 법률 상하 간의 연계성이 없으며, 특히 도시 · 군계획시설 간의 형평성 문제, 토지 소유자의 형평성 문제 등이 제기될 수 있고 도시공원만을 강화하여 지자체의 부담을 가중시키고 있다.
* 중앙정부의 적극적 대처와 장기미집행 도시공원의 해소를 위한 특별법 제정 등을 강구해야 한다.

12) 도시공원 및 공원시설 관리의 위탁

- 공원관리청은 도시공원 또는 공원시설의 관리를 공원관리청이 아닌 자에게 위탁할 수 있다.
- 공원관리청은 제1항에 따라 도시공원 또는 공원시설의 관리를 위탁하였을 때에는 그 내용을 공고하여야 한다.
- 공원수탁관리자는 대통령령으로 정하는 바에 따라 공원관리청의 업무를 대행할 수 있다.
- 도시공원 또는 공원시설의 관리를 위탁하는 경우 위탁의 방법 · 기준 및 수탁자의 선정 기준 등 필요한 사항은 그 공원관리청이 속하는 지방자치단체의 조례로 따로 정할 수 있다.

① 민간공원 추진

㉮ 민간공원추진자의 도시공원 및 공원시설의 설치 · 관리

- 민간공원추진자는 대통령령으로 정하는 바에 따라 「국토의 계획 및 이용에 관한 법률」 제86조제5항에 따른 도시 · 군계획시설사업 시행자의 지정과 같은 법 제88조제2항에 따른 실시계획의 인가를 받아 도시공원 또는 공원시설을 설치 · 관리할 수 있다.
- 민간공원추진자가 제21조의2제6항에 따라 특별시장 · 광역시장 · 특별자치시장 · 특별자치도지사 · 시장 또는 군수와 공동으로 도시공원의 조성사업을 시행하는 경우로서 민간공원추진자가 해당 도시공원 부지(지장물을 포함한다. 이하 제21조의2제6항에서 같다) 매입비의 5분의 4 이상을 현금으로 예치한 경우에는 「국토의 계획 및 이용에 관한 법률」 제86조제7항에 따른 도시 · 군계획시설사업 시행자의 지정요건을 갖춘 것으로 본다. 다만, 해당 부지의 일부를 소유하고 있는 경우에는 그 토지가격에 해당하는 금액을 제외한 나머지 금액을 현금으로 예치할 수 있다.

㉯ 공원관리청의 업무의 대행

- 도시공원 또는 공원시설의 관리방법에 관한 협의 및 공고
- 도시공원 또는 공원시설의 관리에 소요되는 비용의 부담에 관한 협의
- 도시공원대장의 작성 및 보관

② 도시공원 부지에서의 개발행위 등에 관한 특례

- 민간공원추진자가 제21조제1항에 따라 설치하는 도시공원을 공원관리청에 기부채납(공원면적의 70퍼센트 이상 기부채납하는 경우를 말한다)하는 경우로서 다음 각 호의 기준을 모두 충족하는 경우에는 기부채납하고 남은 부지 또는 지하에 공원시설이 아닌 시설(녹지지역 · 주거지역 · 상업지역에서 설치가 허용되는 시설을 말하며, 이하 "비공원시설"이라 한다)을 설치할 수 있다.
  1. 도시공원 전체 면적이 5만제곱미터 이상일 것
  2. 해당 공원의 본질적 기능과 전체적 경관이 훼손되지 아니할 것
  3. 비공원시설의 종류 및 규모는 해당 지방도시계획위원회의 심의를 거친 건축물 또는 공작물(도시공원 부지의 지하에 설치하는 경우에는 해당 용도지역에서 설치가 가능한 건축물 또는 공작물로 한정한다)일 것
  4. 그 밖에 특별시 · 광역시 · 특별자치시 · 특별자치도 · 시 또는 군의 조례로 정하는 기준에 적합할 것
- 공원관리청은 도시공원의 조성사업과 관련하여 필요한 경우에는 민간공원추진자와 협의하여 기부채납하는 도시공원 부지 면적의 10퍼센트에 해당하는 가액(개별공시지가로 산정한 가액을 말한다)의 범위에서 해당 도시공원 조성사업과 직접적으로 관련되는 진입도로, 육교 등의 시설을 도시공원 외의 지역에 설치하게 할 수 있다.
- 민간공원추진자가 시설을 설치하는 경우에는 공원관리청은 그 설치비용에 해당하는 도시공원 부지 면적을 기부채납하는 도시공원 부지 면적에서 조정하여야 한다.
- 공원관리청은 민간공원추진자에게 도시공원 조성사업과 직접적으로 관련 없는 시설의

설치를 요구하여서는 아니 된다.

- 도시공원 부지의 지하에 비공원시설을 설치하려면 구분지상권(區分地上權)이 설정되어야 한다.
- 민간공원추진자는 제1항에 따른 도시공원의 조성사업을 제12항의 협약으로 정하는 바에 따라 특별시장 · 광역시장 · 특별자치시장 · 특별자치도지사 · 시장 또는 군수와 공동으로 시행할 수 있다. 이 경우 도시공원 부지의 매입에 소요되는 비용은 민간공원추진자가 부담하여야 한다.
- 도시공원 부지를 매입하는 경우에 민간공원추진자는 제21조제4항에 따른 예치금을 활용할 수 있다.
- 민간공원추진자가 제21조제1항에 따라 설치하는 도시공원을 공원관리청에 기부채납하는 경우에는 「사회기반시설에 대한 민간투자법」 제21조에 따라 부대사업을 시행할 수 있다.
- 「국토의 계획 및 이용에 관한 법률」 제29조제1항에도 불구하고 특별시장 · 광역시장 · 특별자치시장 · 특별자치도지사 · 시장 또는 군수는 제1항에 따른 도시공원 중 비공원시설의 부지에 대하여 필요하다고 인정하는 경우에는 해당 도시공원의 해제, 용도지역의 변경 등 도시 · 군관리계획을 변경결정할 수 있다.
- 특별시장 · 광역시장 · 특별자치시장 · 특별자치도지사 · 시장 또는 군수는 도시공원의 이용에 지장이 없는 범위에서 그 도시공원 부지의 지하에 다른 도시 · 군계획시설(「국토의 계획 및 이용에 관한 법률」 제2조제7호에 따른 도시 · 군계획시설을 말한다)을 함께 결정할 수 있다.
- 설치한 비공원시설 및 그 부지에 대하여는 제19조제5항, 제24조 및 「국토의 계획 및 이용에 관한 법률」 제99조에 따라 준용되는 같은 법 제65조를 적용하지 아니한다.
- 민간공원추진자가 제1항에 따른 도시공원을 설치할 때에는 특별시장 · 광역시장 · 특별자치시장 · 특별자치도지사 · 시장 또는 군수와 다음 각 호 등의 사항에 대하여 협약을 체결하여야 한다.
  1. 기부채납의 시기
  2. 제6항에 따라 공동으로 시행하는 경우 인 · 허가, 토지매수 등 업무 분담을 포함한 시행방법
  3. 비공원시설의 세부 종류 및 규모
  4. 비공원시설을 설치할 부지의 위치
- 국토교통부장관은 제12항의 협약에 관한 표준안을 제공하는 등 필요한 지원을 할 수 있다.

13) 국가도시공원

① 국가도시공원의 지정 · 예산지원 등에 관한 특례

- 국토교통부장관은 국가적 기념사업의 추진, 자연경관 및 역사 · 문화 유산 등의 보전 등을 위하여 국가적 차원에서 필요한 경우 관계 부처 협의와 국무회의 심의를 거쳐 제19조에 따라 설치 · 관리하는 도시공원을 제15조제1항제1호의 국가도시공원으로 지정할 수 있다.
- 국토교통부장관은 국가도시공원으로 지정할 경우 제39조에도 불구하고 국가도시공원의 설치 · 관리에 드는 비용의 일부를 예산의 범위에서 지방자치단체에 지원할 수 있다.
- 국가도시공원의 지정요건, 지정절차 및 예산지원 등에 필요한 사항은 대통령령으로 정한다.

② 국가도시공원의 지정 · 비용 지원

- 법 제25조의2제1항에 따른 국가도시공원(법 제15조제1항제1호의 국가도시공원을 말한다. 이하 같다)의 지정요건은 별표 1의2와 같다.
- 공원관리청은 도시공원을 국가도시공원으로 지정하여 줄 것을 국토교통부장관에게 신청할 수 있다.
- 국토교통부장관은 법 제25조의2제1항에 따라 국가도시공원을 지정한 경우에는 그 사실을 관보에 고시하여야 한다.
- 국토교통부장관은 법 제25조의2제2항에 따라 국가도시공원의 지정목적과 직접적으로 관련된 시설의 설치 · 관리에 드는 비용의 일부를 해당 지방자치단체에 지원할 수 있다.

③ 국가도시공원의 지정요건

구분	지정요건
1. 도시공원부지	가. 도시공원 부지 면적이 300만m^2 이상일 것 나. 지방자치단체(공원관리청이 속한 지방자치단체를 말한다. 이하 같다)가 해당 도시공원 부지 전체의 소유권을 확보(「지방재정법」 제33조에 따른 중기지방재정계획에 5년 이내에 부지 전체의 소유권 확보를 위한 계획이 반영되어 있는 경우를 포함한다)하였을 것
2. 운영 및 관리	가. 공원관리청이 직접 해당 도시공원을 관리할 것 나. 해당 도시공원의 관리를 전담하는 조직이 구성되어 있을 것 다. 나목의 조직에는 방문객에 대한 안내 · 교육을 담당하는 1명 이상의 전문인력을 포함하여 8명 이상의 전담인력이 있을 것 라. 해당 도시공원의 운영 · 관리 등에 관한 사항을 해당 지방자치단체의 조례로 정하여 관리하고 있을 것
3. 공원시설	가. 도로 · 광장, 조경시설, 휴양시설, 편익시설, 공원관리시설을 포함하여 해당 도시공원의 기능 유지에 필요한 공원시설이 적절한 규모로 설치되어 있을 것 나. 장애인, 노인, 임산부 등 교통약자가 편리하게 이용할 수 있도록 편의시설이 설치되어 있을 것

14) 도시자연공원구역

① 정의

시 · 도지사 또는 대도시 시장이 도시의 자연환경 및 경관을 보호하고 도시민에게 건전한 여가 · 휴식공간을 제공하기 위하여 도시지역 안에서 식생(植生)이 양호한 산지(山地)의 개발을 제한할 필요가 있다고 인정하여 국토의 계획 및 이용에 관한 법률에 의하여 도시 · 군관리계획으로 결정한 용도구역을 말함

② 도시자연공원구역 지정 및 변경의 기준

• 시 · 도지사 또는 대도시 시장은 법 제26조에 따라 도시자연공원구역을 지정하거나 변경할 때에는 다음 각 호의 구분에 따른 기준에 따라야 한다.

1. 지정에 관한 기준
   가. 도시지역 안의 식생이 양호한 수림의 훼손을 유발하는 개발을 제한할 필요가 있는 지역 등 도시의 자연환경 및 경관을 보호하고 도시민에게 건전한 여가 · 휴식공간을 제공할 수 있는 지역을 대상으로 지정할 것
   나. 「환경정책기본법」에 따른 환경성평가지도, 「자연환경보전법」에 따른 생태 · 자연도, 녹지자연도, 임상도 및 「국토의 계획 및 이용에 관한 법률」에 따른 토지적성에 대한 평가 결과 등을 고려하여 지정할 것
2. 경계설정에 관한 기준
   가. 보전하여야 할 가치가 있는 일정 규모의 지역 등을 포함하여 설정하되, 지형적인 특성 및 행정구역의 경계를 고려하여 경계를 설정할 것
   나. 주변의 토지이용현황 및 토지소유현황 등을 종합적으로 고려하여 경계를 설정할 것
   다. 도시자연공원구역의 경계선이 법 제28조제1항에 따른 취락지구(이하 "취락지구"라 한다), 학교, 종교시설, 농경지 등 기능상 일체가 되는 토지 또는 시설을 관통하지 아니할 것
3. 변경 또는 해제에 관한 기준
   가. 녹지가 훼손되어 자연환경의 보전 기능이 현저하게 떨어진 지역을 대상으로 해제할 것
   나. 도시민의 여가 · 휴식공간으로서의 기능을 상실한 지역을 대상으로 해제할 것

• 위 사항 외에 도시자연공원구역의 지정 및 변경의 구체적 기준에 관하여는 국토교통부장관이 정하여 고시한다.

③ 도시자연공원구역과 자연공원의 비교

구분	도시자연공원구역	자연공원
관련 부처	국토교통부, 지방자치단체	환경부, 지방자치단체
법적 근거	「국토의 계획 및 이용에 관한 법률」 「도시공원 및 녹지 등에 관한 법률」	「자연공원법」
지정권자	시 · 도지사 또는 대도시 시장	• 국립공원 : 환경부장관 • 도립공원 : 광역자치단체장 • 군립공원 : 기초자치단체장 (구는 자치구) • 지질공원
지정목적	자연환경 및 경관을 보호하고 도시민에게 건전한 여가 · 휴식공간을 제공하기 위함	자연경치가 뛰어난 지역의 자연과 문화적 가치를 보호하기 위함
특징	도시지역에 위치	자연생태계 우수지역, 교외지역이 많음

④ 토지매수의 청구

㉮ 매입조건

- 도시자연공원구역의 토지를 종래의 용도로 사용할 수 없어 그 효용이 현저하게 감소된 토지
- 해당 토지의 사용 및 수익이 사실상 불가능한 토지
- 도시자연공원구역을 관할하는 특별시장 · 광역시장 · 특별자치시장 · 특별자치도지사 · 시장 또는 군수에게 해당 토지의 매수를 청구할 수 있다.

㉯ 청구권자

- 도시자연공원구역의 지정당시부터 해당 토지를 계속 소유한 자
- 토지의 사용 · 수익이 사실상 불가능하게 되기 전에 그 토지를 취득하여 계속 소유한 자
- 제1호, 제2호의 자로부터 해당 토지를 상속받아 계속 소유한 자

㉰ 매수결정 및 매수기간

- 매수결정 기간 : 청구를 받은 날부터 1년 이내
- 매수대상토지로 통보를 한 토지에 대하여는 3년 이내 매수계획을 수립하여 매수
- 매수하지 않을 경우의 건축허가 등의 관련규정은 두고 있지 않음

㉱ 협의에 의한 토지의 매수

도시자연공원구역의 지정목적을 달성하기 위하여 필요한 경우 소유자와 협의 토지 등 매수

㉱ 도시자연공원구역의 출입 제한

- 특별시장 · 광역시장 · 특별자치시장 · 특별자치도지사 · 시장 또는 군수는 도시자연공원구역의 보호, 훼손된 도시자연의 회복, 도시자연공원구역을 이용하는 사람의 안전과 그 밖에 공익상 필요하다고 인정하는 경우에는 도시자연공원구역 중 일정한 지역을 지정하여 일정한 기간 그 지역에 사람의 출입 또는 차량의 통행을 제한하거나 금지할 수 있다.
- 특별시장 · 광역시장 · 특별자치시장 · 특별자치도지사 · 시장 또는 군수는 제1항에 따른 제한 또는 금지를 하려는 경우에는 안내표지 설치 등의 방법으로 이를 공고하여야 한다.

15) 녹지의 설치 및 관리

① 녹지의 종류

구분	도입목적
완충녹지	대기오염, 소음, 진동, 악취, 그 밖에 이에 준하는 공해와 각종 사고나 자연재해, 그 밖에 이에 준하는 재해 등의 방지를 위하여 설치하는 녹지
경관녹지	도시의 자연적 환경을 보전하거나 이를 개선하고 이미 자연이 훼손된 지역을 복원 · 개선함으로써 도시경관을 향상시키기 위하여 설치하는 녹지
연결녹지	도시 안의 공원, 하천, 산지 등을 유기적으로 연결하고 도시민에게 산책공간의 역할을 하는 등 여가 · 휴식을 제공하는 선형(線型)의 녹지

② 녹지의 설치기준

㉮ 완충녹지

- 전용주거지, 재해발생시 피난지, 보안을 위한 완충녹지
  - ㉠ 전용주거지역이나 교육 및 연구시설
    - –교목을 심는 등 해당녹지의 설치원인이 되는 시설을 은폐할 수 있는 형태로 설치
    - –녹화면적률(녹지면적에 대한 식물 등의 가지 및 잎의 수평투영면적의 비율을 말한다.)이 50퍼센트 이상
  - ㉡ 재해발생 시의 피난, 이와 유사한 경우를 위하여 설치
    - –관목 또는 잔디 그 밖의 지피식물을 심음
    - –녹화면적률이 70퍼센트 이상
  - ㉢ 원인시설에 대한 보안대책 또는 사람 · 말 등의 접근억제, 상충되는 토지이용의 조절위하여 설치하는 녹지
    - –나무 또는 잔디 그 밖의 지피식물을 심음

–녹화면적률이 80퍼센트 이상

- 철도 · 고속도로 이와 유사한 교통시설 등에서 발생하는 공해를 차단, 완화하고 사고 발생 시의 피난지대로서 기능을 하는 완충녹지
  ㉠ 차광 · 명암순응 · 시선유도 · 지표제공 등을 감안
  ㉡ 녹화면적률이 80퍼센트 이상
  ㉢ 도로법, 철도안전법 개별법에 의한 사항을 참작할 것
  ㉣ 완충녹지의 폭은 원인시설에 접한 부분부터 최소 10미터 이상이 되도록 할 것

㉯ 경관녹지

- 경관녹지의 규모는 원칙적으로 해당녹지의 설치원인이 되는 자연환경의 보전에 필요한 면적 이내로 할 것
- 주민의 일상생활에 있어서의 쾌적성과 안전성의 확보를 목적으로 설치하는 경관녹지의 규모는 원칙적으로 해당녹지의 기능발휘를 위하여 필요한 조경시설의 설치에 필요한 면적 이내로 할 것
- 그 기능이 도시공원과 상충되지 아니하도록 할 것

㉰ 연결녹지

- 연결녹지의 위치와 유형
  ㉠ 규모가 큰 숲으로 이어지거나 하천을 따라 조성되는 상징적인 녹지축 혹은 생태통로가 되도록 할 것
  ㉡ 도시 내 주요 공원 및 녹지는 주거지역 · 상업지역 · 학교 그 밖에 공공시설과 연결하는 망이 형성되도록 할 것
  ㉢ 산책 및 휴식을 위한 소규모 가로(街路)공원이 되도록 함
- 연결녹지 조성기준
  ㉠ 폭은 녹지로서의 기능을 고려하여 최소 10미터 이상
  ㉡ 연결녹지가 하천을 따라 조성되는 구간인 경우 또는 다른 도시 · 군계획시설이 설치되어 있는 등 녹지의 단절을 피하기 위한 불가피한 경우에는 도시공원위원회의 심의를 거쳐 10미터 미만으로 할 수 있다.
  ㉢ 녹지율(도시 · 군계획시설 면적분의 녹지면적을 말한다)은 70퍼센트 이상으로 할 것

㉱ 녹지를 설치하지 않을 수 있는 경우

- 원인시설이 도로 · 하천 그 밖에 이와 유사한 다른 시설과 접속되어 있는 경우로서 그 다른 시설이 녹지기능의 용도로 대체될 수 있는 경우
- 「철도안전법」에 따른 철도보호지구인 지역으로서 이미 시가지가 조성되어 녹지의 설치가 곤란한 지역 중 방음벽 등 안전시설을 설치한 지역의 경우
- 도심을 관통하는 도로인접지역으로서 이미 시가지가 조성되어 녹지의 설치가 곤란한 지역의 경우

- 도심을 관통하는 도로인접지역인 개발제한구역의 경우

㉤ 특정 원인에 의한 녹지의 설치

공장 설치 등의 특정 원인으로 인한 공해나 사고의 방지를 위하여 녹지를 설치할 필요가 있어 도시 · 군관리계획으로 녹지를 결정하였을 때에는 대통령령으로 정하는 바에 따라 그 원인 제공자에게 녹지의 전부 또는 일부를 설치 · 관리하게 할 수 있다.

16) 도시공원위원회

① 심의사항

- 공원녹지기본계획에 관한 자문에 대한 조언
- 공원조성계획의 심의
- 도시녹화계획의 심의
- 그 밖에 공원녹지와 관련하여 시 · 도지사가 회의에 부치는 사항의 심의

② 구성

시 · 도도시공원위원회 및 시 · 군도시공원위원회는 각각 위원장 · 부위원장 1명씩을 포함하여 10명 이상의 위원으로 구성

③ 자격

관계 행정기관의 공무원과 도시공원 · 녹지 · 도시계획 · 경관 · 조경 · 산림 · 도시생태 등 공원녹지에 관한 학식과 경험이 풍부한 사람 중에서 시 · 도지사 또는 시장 · 군수가 임명하거나 위촉한다.

17) 온실가스 배출 감축사업의 인정

국토교통부장관 또는 관계 중앙행정기관의 장은 이 법에 따른 도시공원 및 녹지 조성사업(도시 · 군계획시설사업을 말한다)에 대하여 온실가스 흡수의 효과 등을 고려하여 그 전부 또는 일부를 관계 법률에서 정하는 바에 따라 온실가스 배출 감축사업으로 인정할 수 있다.

18) 법률적용상 문제점과 개선방안

구분		문제점	개선방안
도시공원	구도심권 어린이 공원	현행법상 어린이공원 내 시설물은 어린이를 위한 시설만이 반영될 수 있으나 구도심권 주택가 공원이용 시민들은 대부분이 노인인 점을 감안하면 현실과 맞지 않는 상황	어린이공원을 가족공원으로 변경하고 공원의 위치와 수요자를 분석하여 어린이와 노인 모두를 고려할 수 있도록 법 개정이 필요

구분	문제점	개선방안
도시공원 위치	택지개발 시 토지이용 우선순위에서 공원계획은 후순위로서 위치의 적정성을 확보하지 못하고 잔여지나 경제성이 없는 지역에 공원을 지정하여 이용자의 환경권을 상실토록 함	상위계획인 도시 · 군관리계획에서 공원위치의 적정성을 확보할 수 있는 계획수립 기준이 제시되어야 하고 도시계획위원회 위원들의 공원녹지분야에 대한 전문성을 제고해야 함
도시공원 시설률	공원시설물 도입에 있어 근린공원의 시설률을 40%까지 인정, 도시공원 내 각종 시설물이 도입되고 있으며 특히 지방정부 자치단체장이 공원에 대한 사고가 부족할 경우 공원이 다른 시설물(공연장, 축구장, 실내체육관 등) 부속시설로 인식되며 각종 시설물 도입에 따른 공원이용의 제한을 가져옴	공원시설물 도입에 대한 공원위원회의 견제기능을 강화하여야 하고 법률상 근린공원의 경우 현재의 시설물 면적을 30% 이하로 강화하고 도입시설에 대해서도 개정이 요구됨
민자유치	현재 도시공원의 가장 큰 문제는 장기미집행 도시 · 군계획시설로서 2020년까지 토지매입 등을 완료하지 못할 경우 공원을 해제해야 하며 특히 다른 도시 · 군계획시설은 시설결정 후 20년을 도시 · 군계획시설 결정 실효 시점으로 인정하고 있으나 도시공원은 5년 이내 재검토하도록 규정하고 있어 또 다른 문제를 가중시키고 있음. 미집행도시공원의 해소방안을 중앙정부에서 제시하지 못한 채 법률을 개정하여 중앙정부의 책임을 회피하고 지방정부에 책임을 전가하는 구조적 문제가 있음	위와 같은 문제해결을 위해 민간공원 추진자 제도를 도입하여 미집행 도시공원의 민간자본유치를 통한 해소를 추진하고 있으며 활성화에 한계가 있고 중앙정부의 적극적 대응 및 미집행 도시공원의 해소를 위한 특별법 제정 등 특단의 조치가 요구됨
도시공원 위원회	도시계획위원회, 경관위원회, 건축위원회 등 유사위원회의 중복과 법률상 상하관계의 모호함으로 위원회의 실효성에 의문이 제기되고 있고 위원회 심의 중복으로 사업이 지연됨	도시공원사업의 경관위원회 심의 생략 및 도시공원위원회의 위상 강화를 위한 대 국민홍보 등의 사업이 조경분야에서 제기되어야 함
주민참여	도시공원 조성 및 관리에 있어 주민참여가 활발하지 못하고 유지관리에 있어서도 관 위주로 사업을 전개하고 있어 시민참여와 매뉴얼 개발이 확대되어야 함	설계, 시공, 관리, 모니터링, 환경해설 등 사업진행에 따른 시민참여 프로그램 및 매뉴얼 개발을 통한 시민들의 참여확대가 요구되고 자원봉사자를 활용한 유지관리사업이 필요함

구분		문제점	개선방안
녹지	녹화율	완충녹지 조성에 있어 구체적인 기준이 제시되지 않고 녹화율만을 제시하고 있어 잔디만 식재하여도 완충녹지 조성에 제한이 없어 식재기준에 대한 보다 세부적인 기준이 제시되어야 함	건축법상 대지 내 조경의 경우 수목식재밀도를 구체적으로 제시하고 있는 것처럼 녹지식재기준의 세부규정이 마련되어야 함
	규모	완충녹지 등은 도시·군계획시설로 결정되고 있으나 그 기능이나 실효성을 검토하지 않고 시설을 결정, 법률상의 규정이 지켜지지 않고 있으며 상위계획인 도시·군관리계획에서 이를 반영하고 있어 제도개선이 필요함	도시·군관리계획 수립지침상 녹지의 시설기준을 새롭게 제시하여야 하며 무분별한 녹지지정을 제한해야 함
	미집행 시설	도시공원과 같이 녹지 미집행도 문제이며 재원확보에 어려움이 있음	중앙정부의 재정지원이 필요함
	잔디중심 녹지조성	1기 신도시사업 시 잔디중심의 녹지사업은 수목성장으로 인해 잔디가 소멸하고 토사가 유출되며, 잔디보호를 위한 제초작업과 농약사용으로 2차적인 환경문제를 발생시키고 있으며 관리비의 부담을 가중시켜 녹지가 비점오염원으로 환경오염의 주범이 되고 있음	잔디중심의 녹지사업을 자연식생구조숲을 모델로 하여 자생지피식물을 도입하고 다층구조의 녹지를 조성, 자연적 천이가 이루어지도록 하는 지속가능한 생태녹지로 조성, 환경문제와 유지관리비를 절감할 수 있는 방안이 강구되어야 함

▶▶ 참고

■ **저류시설의 설치 및 관리기준(시행규칙 제13조 관련)**

1. 저류시설은 빗물을 일시적으로 모아 두었다가 바깥 수위가 낮아진 후에 방류하기 위하여 설치하는 유입시설, 저류지, 방류시설 등 일체의 시설을 말한다.
2. 저류시설은 주변지형, 지질 및 수리·수문학적 조건 등을 종합적으로 고려하여 도시공원으로서의 기능과 방재시설로서의 기능을 모두 발휘할 수 있는 장소에 입지하도록 하여야 하며 가급적 자연유하(自然流下)가 가능한 곳에 입지하도록 한다. 이 경우 다음 각 목의 장소에는 설치하여서는 아니 된다.
   가. 삭제 〈2011.8.31〉
   나. 붕괴위험지역 및 경사가 심한 지역
   다. 지표면 아래로 빗물이 침투될 경우 지반의 붕괴가 우려되거나 자연환경의 훼손이 심하게 예상되는 지역
   라. 오수의 유입이 우려되는 지역

3. 저류시설은 「국토의 계획 및 이용에 관한 법률」 제30조 및 「도시계획시설의 결정 · 구조 및 설치기준에 관한 규칙」 제3조의 규정에 의하여 도시계획시설 중 저류시설로 중복 결정하여야 한다.
4. 하나의 도시공원 안에 설치하는 저류시설부지의 면적비율은 해당도시공원 전체면적의 50퍼센트 이하이어야 한다. 다만, 공원관리청이 수변공간조성 및 공원시설과의 겸용 등 불가피하다고 인정하는 경우와 기존의 저수지를 저류시설로 이용하는 경우에는 그러하지 아니하다.
5. 하나의 저류시설부지 안에 설치하여야 하는 녹지(공원시설 중 조경시설과 상시저류시설을 포함한다)의 면적은 해당저류시설부지에 대하여 상시저류시설(친수공간을 조성하기 위하여 평상시에는 일정량의 물을 저류하고 강우시에는 저류지에 일시적으로 저류하도록 설계된 시설을 말한다)은 60퍼센트 이상, 일시저류시설(평상시에는 건조상태로 유지하고 강우로 인하여 유입이 있을 때만 일시적으로 저류하도록 설계된 시설을 말한다)은 40퍼센트 이상이 되어야 한다.
6. 저류시설은 공원의 풍치 및 미관을 해치지 아니하면서 공원시설과 기능적으로 또는 미관상으로 조화되도록 하고 이용자의 안전 등을 고려하여 저류장소와 저류용량을 정하여야 한다.
7. 저류시설부지는 잔디밭 · 자연학습원 · 산책로 · 운동시설 및 광장 등의 기능을 가진 다목적 공간으로 조성하고 침수로 인한 피해가 적고 유지관리가 용이한 시설로 하여야 한다.
8. 지상부 등 공원시설물의 유지관리는 공원관리자가 하고, 저류시설의 안전관리 등 시설물의 유지관리는 방재책임자가 담당한다. 이 경우 공원관리청은 관리방법 및 관리책임자의 지정 등 세부관리지침을 수립하여 관리책임 소재를 명확히 하여야 한다.
9. 공원이용자의 안전을 확보하기 위하여 호우 시 저류지의 수위측정과 이용자의 대피를 알릴 수 있는 사이렌 또는 스피커 등의 감시 및 경보 시스템을 갖추어야 한다.
10. 저류시설의 관리를 위하여 필요한 경우에는 관리실을 설치할 수 있다.
11. 저류시설 안에는 수위표를 설치하고 우기 중에는 저류시설의 수위를 매시간 관측하여 기록하고 이를 저류시설의 저류한계수심 · 저류용량 및 허용방류량 등 수문자료로 활용한다.
12. 공원관리사무소(저류시설관리실이 있는 경우에는 저류시설관리사무소를 말한다)에는 다음 각 호의 서류를 비치하여야 한다.
   가. 설계강우의 재현기간 및 강우강도에 관한 자료
   나. 집수면적 및 저류시설의 위치도 및 설계도서
   다. 저류시설의 저류용량, 여수로(餘水路) 제원, 수문제원, 비상펌프 토출능력을 기재한 대장 및 관련 자료
   라. 저류시설의 저류한계수심, 허용방류량, 빗물이 저류시설에 의하여 저감된 양에 관한 자료
   마. 그 밖의 관련 자료
13. 저류시설의 관리자는 저류시설의 유지 · 보수 및 관리에 대한 업무를 수행하여야 한다.

▶▶ 참고

■ 도시공원 안 공원시설 부지면적(시행규칙 제11조 관련)

공원구분	공원면적	공원시설 부지면적
1. 생활권 공원		
가. 소공원	전부 해당	100분의 20 이하
나. 어린이공원	전부 해당	100분의 60 이하
다. 근린공원	(1) 3만제곱미터 미만	100분의 40 이하
	(2) 3만제곱미터 이상 10만제곱미터 미만	100분의 40 이하
	(3) 10만제곱미터 이상	100분의 40 이하
2. 주제공원		
가. 역사공원	전부 해당	제한 없음
나. 문화공원	전부 해당	제한 없음
다. 수변공원	전부 해당	100분의 40 이하
라. 묘지공원	전부 해당	100분의 20 이상
마. 체육공원	(1) 3만제곱미터 미만	100분의 50 이하
	(2) 3만제곱미터 이상 10만제곱미터 미만	100분의 50 이하
	(3) 10만제곱미터 이상	100분의 50 이하
바. 도시농업공원	전부 해당	100분의 40 이하
사. 특별시 · 광역시 · 특별자치시 · 도 또는 특별자치도의 조례가 정하는 공원	전부 해당	제한 없음

비고

1. 제1호다목의 근린공원의 부지면적을 산정할 때 수목원의 부지면적은 해당 수목원 안에 있는 건축물의 면적만을 합산하여 산정한다.
2. 제2호바목의 도시농업공원의 부지면적을 산정할 때 도시텃밭의 면적은 제외하여 산정한다.

참고

■ 도시공원대장의 작성기준(시행규칙 제23조 관련)

1. 도시공원(법 제2조제3호가목에 따른 공원)대장에 포함되어야 할 사항
   가. 도시공원의 종류 및 명칭
   나. 도시공원의 위치
   다. 공원관리청 또는 공원관리자의 성명 및 주소(공원관리자가 법인인 경우에는 그 명칭 및 주소와 대표자의 성명 및 주소를 말한다)
   라. 도시공원의 관리방법
   마. 도시공원의 연혁
      (1) 도시공원에 대한 도시계획의 결정 및 지적고시 연월일
      (2) 조성계획의 결정 및 지적고시 연월일
      (3) 도시공원사업의 실시계획인가 또는 시행허가 연월일
      (4) 도시공원사업의 착수 및 준공 연월일
      (5) 도시공원의 사실상 공용 개시일
      (6) 그 밖의 참고사항
   바. 도시공원부지에 대한 토지소유자별 명세와 사유지에 대하여 공원관리청(공원관리자를 포함한다)이 보유하고 있는 소유권 외의 권리의 명세
   사. 공원시설에 관한 내용
      (1) 종류 및 명칭
      (2) 건축물인 경우에는 그 구조 및 건축면적(바닥면적 및 연면적을 말한다)
      (3) 공작물인 경우에는 그 구조 및 설치면적
      (4) 노천형태의 시설인 경우에는 그 구조 및 설치면적(단일 공원시설로서 건축물 · 공작물 또는 노천형태의 시설 등이 혼합 설치되어 있는 경우에는 그 시설 등의 형태 중 비중이 가장 큰 형태의 시설로 분류하고, 공작물 또는 노천시설의 설치면적은 해당시설의 외벽 또는 울타리 그 밖의 경계부분의 수평투영면적에 의하여 산출한다)
      (5) 공원시설별 관리자의 성명 및 주소(법인인 경우에는 그 명칭 및 주소와 대표자의 성명 및 주소를 말한다)
      (6) 관리방법
      (7) 공원시설의 설치연월일
      (8) 공원시설의 사실상 공용개시일
      (9) 공원시설 중 전력에 의하여 작동하는 기계의 시설로서 그 이용에 있어 위해를 초래할 우려가 있는 시설에 대하여는 해당공원시설의 유지 · 수선에 관한 사항
   아. 건폐율의 합계
   자. 제11조제1항 각 호의 규정에 의한 공원시설의 부지면적의 합계와 해당도시공원의 부지면적에 대한 비율
   차. 점용목적물에 관한 내용
      (1) 종류 및 명칭
      (2) 건축물인 경우에는 그 구조 및 건축면적
      (3) 공작물인 경우에는 그 구조 및 설치면적

(4) 노천형태의 점용목적물인 경우에는 그 구조 및 설치면적(하나의 점용목적물이 건축물 · 공작물 또는 노천형태의 시설 등으로 혼합되어 있는 경우의 점용면적의 산출은 사목의 규정에 의한 공원시설의 예에 의한다)

(5) 점용자의 성명 및 주소(법인인 경우에는 그 명칭 및 주소와 대표자의 성명 및 주소를 말한다)

(6) 점용기간(점용 허가 연월일을 포함한다)

카. 도면은 축척 5천분의 1 이상의 지적이 명시된 지형도를 사용하여야 하며 다음의 사항을 표시하여야 한다.

(1) 도시공원의 경계

(2) 공원조성계획의 내용

(3) 이미 설치되어 있는 공원시설의 내용

(4) 점용 중에 있는 점용목적물의 내용

2. 도시공원(법 제2조제3호나목에 따른 도시자연공원구역)대장에 포함되어야 하는 사항

가. 도시자연공원구역의 위치

나. 도시자연공원구역의 연혁

(1) 도시자연공원구역 지정 결정 및 지적고시 연월일

(2) 도시자연공원구역의 사실상 개시일

(3) 그 밖의 참고사항

다. 도시자연공원구역 부지에 대한 토지소유자별 명세와 수익을 목적으로 설정된 권리의 명세

라. 도시자연공원구역 내 허가대상 건축물 · 공작물 등의 시설물에 관한 사항

(1) 종류 및 명칭

(2) 건축물인 경우에는 그 구조 및 건축면적

(3) 공작물인 경우에는 그 구조 및 설치면적

(4) 노천형태의 점용목적물인 경우에는 그 구조 및 설치면적(하나의 점용목적물이 건축물 · 공작물 또는 노천형태의 시설 등으로 혼합되어 있는 경우의 점용면적의 산출은 제1호 사목의 규정에 의한 공원시설의 예에 의한다)

(5) 허가신고일, 허가번호, 준공일자, 시설물 소유자의 성명 및 주소(법인인 경우에는 그 명칭 및 주소와 대표자의 성명 및 주소)등에 관한 사항

(6) 시설물이 위치한 대지의 면적 등 그 현황

마. 도면은 축척 5천분의 1 이상의 지적이 명시된 지형도를 사용하여야 하며 다음의 사항을 표시하여야 한다.

(1) 도시자연공원구역의 경계

(2) 이미 설치되어 있는 건축물 또는 공작물에 관한 내용

(3) 행위허가된 시설물에 관한 내용

참고

■ 공원시설의 종류(시행규칙 제3조 관련)

공원시설	종류
1. 조경시설	관상용식수대 · 잔디밭 · 산울타리 · 그늘시렁 · 못 및 폭포 그 밖에 이와 유사한 시설로서 공원경관을 아름답게 꾸미기 위한 시설
2. 휴양시설	가. 야유회장 및 야영장(바비큐시설 및 급수시설을 포함한다) 그 밖에 이와 유사한 시설로서 자연공간과 어울려 도시민에게 휴식공간을 제공하기 위한 시설 나. 경로당, 노인복지관 다. 수목원(「수목원 · 정원의 조성 및 진흥에 관한 법률」 제2조제1호에 따른 수목원을 말한다.)
3. 유희시설	시소 · 정글짐 · 사다리 · 순환회전차 · 궤도 · 모험놀이장, 유원시설(「관광진흥법」에 따른 유기시설 또는 유기기구를 말한다), 발물놀이터 · 뱃놀이터 및 낚시터 그 밖에 이와 유사한 시설로서 도시민의 여가선용을 위한 놀이시설
4. 운동시설	가. 「체육시설의 설치 · 이용에 관한 법률 시행령」 별표 1에서 정하는 운동종목을 위한 운동시설. 다만, 무도학원 · 무도장 및 자동차경주장은 제외하고, 사격장은 실내사격장에 한하며, 골프장은 6홀 이하의 규모에 한한다. 나. 자연체험장
5. 교양시설	가. 도서관 및 독서실 나. 온실 다. 야외극장, 문화예술회관, 미술관 및 과학관 라. 「장애인복지법 시행규칙」 별표 4 제2호가목에 따른 장애인복지관(국가 또는 지방자치단체가 설치하는 경우로 한정한다), 「사회복지사업법」 제34조의5에 따른 사회복지관(국가 또는 지방자치단체가 설치하는 경우로 한정한다) 및 「지역보건법」 제14조에 따른 건강생활지원센터 마. 청소년수련시설(생활권 수련시설에 한한다) 및 학생기숙사(「대학설립 · 운영규정」 별표 2에 따른 지원시설 및 「평생교육법 시행령」 별표 5에 따른 지원시설로 한정한다) 바. 다음의 어느 하나에 해당하는 어린이집 (1) 「영유아보육법」 제10조제1호에 따른 국공립어린이집 (2) 「혁신도시 조성 및 발전에 관한 특별법」 제2조에 따른 이전공공기관이 이전한 지역 내 도시공원에 설치하는 「영유아보육법」 제10조제4호에 따른 직장어린이집 (3) 「산업입지 및 개발에 관한 법률」 제2조제8호가목부터 다목까지의 규정에 따른 국가산업단지, 일반산업단지 또는 도시첨단산업단지 내 도시공원에 설치하는 「영유아보육법」 제10조제4호에 따른 직장어린이집 사. 「유아교육법」 제7조제1호 및 제2호에 따른 국립유치원 및 공립유치원 아. 천체 또는 기상관측시설 자. 기념비, 고분 · 성터 · 고옥, 그 밖의 유적 등을 복원한 것으로서 역사적 · 학술적 가치가 높은 시설

공원시설	종류
5. 교양시설	차. 공연장(「공연법」 제2조제4호의 규정에 의한 공연장을 말한다) 및 전시장 카. 어린이 교통안전교육장, 재난 · 재해 안전체험장 및 생태학습원(유아숲체험원 및 산림교육센터를 포함한다) 타. 민속놀이마당 및 정원 파. 그 밖에 가목부터 카목까지와 유사한 시설로서 도시민의 교양함양을 위한 시설
6. 편익시설	가. 우체통 · 공중전화실 · 휴게음식점[「자동차관리법 시행규칙」 별표 1 제1호 · 제2호 및 비고 제1호가목에 따른 이동용 음식판매 용도인 소형 · 경형화물자동차 또는 같은 표 제2호에 따른 이동용 음식판매 용도인 특수작업형 특수자동차(이하 "음식판매자동차"라 한다)를 사용한 휴게음식점을 포함한다] · 일반음식점 · 약국 · 수화물예치소 · 전망대 · 시계탑 · 음수장 · 제과점(음식판매자동차를 사용한 제과점을 포함한다) 및 사진관 그 밖에 이와 유사한 시설로서 공원이용객에게 편리함을 제공하는 시설 나. 유스호스텔 다. 선수 전용 숙소, 운동시설 관련 사무실, 「유통산업발전법」 별표에 따른 대형마트 및 쇼핑센터, 「지역농산물 이용촉진 등 농산물 직거래 활성화에 관한 법률 시행령」 제5조제1호에 따른 농산물 직매장
7. 공원관리시설	창고 · 차고 · 게시판 · 표지 · 조명시설 · 폐쇄회로 텔레비전(CCTV) · 쓰레기처리장 · 쓰레기통 · 수도, 우물, 태양에너지설비(건축물 및 주차장에 설치하는 것으로 한정한다), 그 밖에 이와 유사한 시설로서 공원관리에 필요한 시설
8. 도시농업시설	도시텃밭, 도시농업용 온실 · 온상 · 퇴비장, 관수 및 급수 시설, 세면장, 농기구 세척장, 그 밖에 이와 유사한 시설로서 도시농업을 위한 시설
9. 그 밖의 시설	가. 「장사 등에 관한 법률」 제2조제15호에 따른 장사시설 나. 특별시 · 광역시 · 특별자치시 · 특별자치도 · 시 또는 군(광역시의 관할 구역에 있는 군은 제외한다)의 조례로 정하는 역사 관련 시설 다. 동물놀이터 라. 국가보훈관계 법령(「국가보훈 기본법」 제3조제3호에 따른 법령을 말한다)에 따른 보훈단체가 입주하는 보훈회관 마. 무인동력비행장치(「항공안전법 시행규칙」 제5조제5호가목에 따른 무인동력비행장치로서 연료의 중량을 제외한 자체중량이 12킬로그램 이하인 무인헬리콥터 또는 무인멀티콥터를 말한다) 조종연습장

5. 조경진흥법

1) 목적

조경분야의 진흥에 필요한 사항을 규정함으로써 조경분야의 기반조성 및 경쟁력 강화를 도모하고, 국민의 생활환경 개선 및 삶의 질 향상에 기여함을 목적으로 한다.

2) 용어 정의

① 조경

토지나 시설물을 대상으로 인문적, 과학적 지식을 응용하여 경관을 생태적, 기능적, 심미적으로 조성하기 위하여 계획 · 설계 · 시공 · 관리하는 것을 말한다.

② 조경사업자

「건설산업기본법」 제9조, 「기술사법」 제5조의7 및 6조, 「엔지니어링산업 진흥법」 제21조에 따라 등록 또는 신고를 하고 조경사업을 하는 자를 말한다.

③ 조경기술자

「국가기술자격법」에 따라 조경분야에서 국가기술자격을 취득한 자 또는 조경분야에 종사하는 자로서 「건설기술 진흥법」 제21조에 따라 신고한 자를 말한다.

④ 조경진흥시설

조경사업자와 그 지원시설 등을 집중적으로 유치함으로써 조경사업자의 영업 활동을 지원하기 위하여 제7조에 따라 지정된 시설물을 말한다.

⑤ 조경진흥단지

조경사업자와 그 지원시설 등을 집중적으로 유치함으로써 조경분야를 활성화하기 위하여 제8조에 따라 지정되거나 조성된 지역을 말한다.

3) 조경분야의 진흥 및 기반 조성

① 조경기본계획의 수립

- 국토교통부장관은 조경분야의 진흥에 관한 조경진흥기본계획(이하 “기본계획”이라 한다)을 5년마다 수립 · 시행하여야 한다.
- 기본계획에는 다음 각 호의 사항이 포함되어야 한다.
  1. 조경분야의 현황과 여건 분석에 관한 사항
  2. 조경분야 진흥을 위한 기본방향에 관한 사항
  3. 조경분야의 부문별 진흥시책 및 경쟁력 강화에 관한 사항
  4. 조경분야의 기반 조성에 관한 사항
  5. 조경분야의 활성화에 관한 사항

6. 조경 관련 기술의 발전 · 연구개발 · 보급에 관한 사항
7. 조경기술자 등 조경분야와 관련된 전문인력(이하 "전문인력"이라 한다) 양성에 관한 사항
8. 조경진흥시설 및 조경진흥단지의 지정 · 조성에 관한 사항
9. 조경분야의 진흥을 위한 재원 조달에 관한 사항
10. 조경분야의 국제협력 및 해외시장 진출 지원에 관한 사항
11. 그 밖에 조경분야의 진흥을 위하여 필요한 사항

② 전문인력의 양성

- 국토교통부장관은 조경분야의 진흥에 필요한 전문인력의 양성과 자질 향상을 위하여 교육훈련을 실시할 수 있다.
- 국토교통부장관은 대통령령으로 정하는 요건 및 절차에 따라 다음 각 호의 어느 하나에 해당하는 기관을 전문인력 양성기관으로 지정할 수 있다.
  1. 국 · 공립 연구기관
  2. 「고등교육법」에 따른 대학 또는 전문대학
  3. 「특정연구기관 육성법」에 따른 특정연구기관
  4. 그 밖에 대통령령으로 정하는 기관
- 위에 따라 지정된 전문인력 양성기관은 교육훈련을 실시하며, 국토교통부장관은 이에 필요한 예산을 지원할 수 있다.

4) 조경 관련 사업의 활성화

① 조경진흥시설의 지정

- 국토교통부장관은 조경 관련 사업을 활성화하기 위하여 조경사업자가 집중적으로 입주하거나 입주하려는 건축물 등을 조경진흥시설로 지정하고, 자금 및 설비 제공 등의 지원을 위하여 필요한 시책을 마련할 수 있다.
- 진흥시설로 지정받으려는 자는 대통령령으로 정하는 바에 따라 국토교통부장관에게 지정을 신청하여야 한다.
- 국토교통부장관은 제1항에 따라 진흥시설을 지정하는 경우에는 조경분야의 진흥을 위하여 필요한 조건을 붙일 수 있다. 이 경우 해당 조건은 공공의 이익을 증진하기 위하여 필요한 최소한의 범위로 한정하여야 하며 부당한 의무를 부과하여서는 아니 된다.
- 조경진흥시설의 지정요건은 다음 각 호와 같다.
  1. 5개 업체 이상의 조경사업자가 입주할 것
  2. 진흥시설로 인정받으려는 시설에 입주한 조경사업자 중 「중소기업기본법」 제2조에 따른 중소기업자가 100분의 30 이상일 것

3. 조경사업자가 사용하는 시설 및 그 지원시설이 차지하는 면적이 시설물 총면적의 100분의 50 이상일 것
4. 공용회의실 및 공용장비실 등 조경사업에 필요한 공동이용시설을 설치할 것

- 진흥시설로 지정받으려는 자는 신청서에 다음 각 호의 서류를 첨부하여 국토교통부장관에게 제출하여야 한다.
  1. 제1항 각 호의 요건을 갖추었음을 증명하는 서류
  2. 그 밖에 국토교통부령으로 정하는 서류
- 국토교통부장관은 진흥시설을 지정하였으면 신청인에게 지정서를 내주어야 한다.
- 국토교통부장관은 진흥시설을 지정하였으면 그 사실을 관보에 고시하고 국토교통부의 인터넷 홈페이지에 게시하여야 한다.
- 국토교통부장관은 진흥시설의 원활한 조성과 육성을 위하여 다음 각 호의 지원을 할 수 있다.
  1. 진흥시설의 조성 · 운영에 필요한 자금의 지원
  2. 조경사업에 필요한 공동제작시설 등 공동지원시설의 설치 · 운영 지원
  3. 그 밖에 진흥시설을 조성 · 운영하기 위하여 필요한 지원

② 조경진흥단지의 지정

- 국토교통부장관은 조경분야의 진흥을 위하여 필요한 경우에는 조경 관련 사업체의 기반 및 부속시설 등이 집중적으로 위치한 지역을 조경진흥단지(이하 "진흥단지"라 한다)로 지정하거나 조성할 수 있다.
- 국토교통부장관은 지정되거나 조성된 진흥단지에 대하여 자금 및 기반시설을 지원할 수 있다.
- 진흥단지로 지정받으려는 자는 대통령령으로 정하는 바에 따라 국토교통부장관에게 지정을 신청하여야 한다.
- 진흥단지의 지정, 조성 및 지원 등에 필요한 사항은 대통령령으로 정한다.
- 조경진흥단지의 지정 요건은 다음 각 호와 같다.
  1. 10개 업체 이상의 조경사업자가 밀집하여 상주하고 있을 것
  2. 다음 각 목의 어느 하나에 해당하는 기관이 해당 지역에 있을 것
     가. 법 제11조제1항에 따른 조경지원센터
     나. 「공공기관의 운영에 관한 법률」 제4조에 따른 공공기관 중 조경 관련 업무를 수행하는 기관
     다. 「민법」 제32조에 따른 비영리법인 중 조경과 관련되는 업무를 수행하는 법인
  3. 교통, 상하수도, 전기, 통신 등의 기반시설이 갖추어져 있을 것
- 법 제8조제3항에 따라 진흥단지로 지정받으려는 자는 신청서에 다음 각 호의 서류를 첨부하여 국토교통부장관에게 제출하여야 한다.

1. 요건을 갖추었음을 증명하는 서류
2. 그 밖에 국토교통부령으로 정하는 서류

- 국토교통부장관은 진흥단지를 지정하였으면 신청인에게 지정서를 내주어야 한다.
- 국토교통부장관은 진흥단지를 지정하였으면 그 사실을 관보에 고시하고 국토교통부의 인터넷 홈페이지에 게시하여야 한다.
- 국토교통부장관은 진흥단지의 원활한 조성과 육성을 위하여 다음 각 호의 지원을 할 수 있다.

1. 진흥단지의 조성 · 운영에 필요한 자금의 지원
2. 조경사업에 필요한 공동제작시설 등 공동지원시설의 설치 · 운영 지원
3. 그 밖에 진흥단지를 조성 · 운영하기 위하여 필요한 지원

③ 조경지원센터의 지정

- 국토교통부장관은 조경분야의 진흥을 위하여 제6조제2항 각 호의 어느 하나에 해당하는 기관을 조경지원센터로 지정할 수 있다.
- 지원센터는 다음 각 호의 사업을 한다.

1. 조경분야의 진흥을 위한 지방자치단체와의 협조
2. 조경 관련 사업체의 발전을 위한 상담 등 지원
3. 조경 관련 정책연구 및 정책수립 지원
4. 전문인력에 대한 교육
5. 조경분야의 육성 · 발전 및 지원시설 등 기반조성
6. 조경사업자의 창업 · 성장 등 지원
7. 조경분야의 동향 분석, 통계작성, 정보유통, 서비스 제공
8. 조경기술의 개발 · 융합 · 활용 · 교육
9. 조경 관련 국제교류 · 협력 및 해외시장 진출의 지원
10. 그 밖에 지원센터의 지정 목적을 달성하기 위하여 필요한 사업

- 국토교통부장관은 위에 따라 지정된 지원센터에 대하여 예산의 범위에서 제2항 각 호의 사업 수행에 필요한 비용의 전부 또는 일부를 지원할 수 있다.
- 조경지원센터의 지정 요건은 다음 각 호와 같다.

1. 조경 지원업무 관련 사무실 및 상담실을 갖추고 있되, 사무실을 임차한 경우에는 지원센터로 지정된 기간 동안 임차가 유지될 것
2. 조경 지원업무를 담당할 2명 이상의 전담인력을 상시 고용하되, 1명은 조경기사(조경산업기사로서 조경 분야에서 2년 이상 실무경력이 있는 자를 포함한다) 이상의 자격을 갖출 것

④ 해외진출 및 국제교류 지원

- 정부는 조경분야의 국제협력과 해외진출을 촉진하기 위하여 다음 각 호의 사항을 지원할 수 있다.
  1. 관련 정보의 제공 및 상담 · 지도 · 협조
  2. 관련 기술 및 인력의 국제교류
  3. 국제행사 유치 및 참가
  4. 국제공동연구 개발사업
  5. 그 밖에 해외진출 및 국제교류 지원을 위하여 대통령령으로 정하는 사항
- 국토교통부장관은 대통령령으로 정하는 기관이나 단체로 하여금 사업을 수행하게 할 수 있으며 필요한 예산을 지원할 수 있다.

⑤ 조경박람회 등의 개최 및 지원

국가와 지방자치단체는 조경분야의 진흥을 위하여 조경박람회, 조경전시회 등을 개최하거나 지원할 수 있다.

5) 조경공사 품질관리

① 조경공사의 품질 향상

- 발주청은 조경공사의 품질 향상 및 유지관리의 효율성 제고를 위하여 설계의도 구현, 공사의 시행시기, 준공 후 관리 등 필요한 대책을 수립 · 시행하여야 한다.
- 발주청이 조경공사의 품질 향상 등을 위하여 수립 · 시행하여야 하는 대책의 대상, 규모, 방법 등은 국토교통부령으로 정한다.

② 조경사업의 대가 기준

- 발주청은 조경사업자와 조경사업의 계약을 체결한 때에는 적정한 조경사업의 대가(「기술사법」 제5조의7 및 제6조, 「엔지니어링산업 진흥법」 제21조에 따라 등록 또는 신고를 하고 조경사업을 하는 자에 대한 대가를 지급하여야 한다.
- 국토교통부장관은 조경사업의 대가를 산정하기 위하여 필요한 기준을 정하여 고시하여야 한다. 이 경우 국토교통부장관은 기획재정부장관, 산업통상자원부장관 등 관계 행정기관의 장과 미리 협의하여야 한다.

③ 우수 조경시설물의 지정 및 지원

- 국토교통부장관, 특별시장 · 광역시장 · 특별자치시장 · 도지사 및 특별자치도지사(이하 "시 · 도지사"라 한다)는 조경사업자의 자긍심을 높이고, 품격 높은 조경시설물을 통한 조경분야의 경쟁력 강화를 위하여 우수 조경시설물을 지정할 수 있다.
- 국토교통부장관이 우수 조경시설물을 지정하려는 경우에는 국토교통부령으로 정하는 기준 및 절차에 따른다.

- 시 · 도지사가 제1항에 따라 우수 조경시설물을 지정하려는 경우에는 해당 지방자치단체의 조례에서 정하는 절차 및 기준에 따른다.
- 국토교통부장관 및 시 · 도지사는 지정된 우수 조경시설물의 개 · 보수에 필요한 비용의 전부 또는 일부를 지원할 수 있다.

④ 포상 및 시상

- 국토교통부장관은 조경분야 진흥에 기여한 공로가 현저한 개인 및 단체 등을 선정하여 포상할 수 있다.
- 국토교통부장관은 조경과 관련한 공모전, 작품전 등에서 우수한 성적으로 입상한 자에 대하여 시상할 수 있다.
- 포상 및 시상에 필요한 사항은 국토교통부령으로 정한다.

6. 경관법

1) 목적

국토의 경관을 체계적으로 관리하기 위하여 경관의 보전 · 관리 및 형성에 필요한 사항을 정함으로써 아름답고 쾌적하며 지역특성이 나타나는 국토환경과 지역환경을 조성

2) 정의

① 경관(景觀)

"경관"(景觀)이란 자연, 인공 요소 및 주민의 생활상(生活相) 등으로 이루어진 일단(一團)의 지역환경적 특징을 나타내는 것

② 건축물

「건축법」에 따른 건축물

3) 경관관리의 기본원칙

- 국민이 아름답고 쾌적한 경관을 누릴 수 있도록 할 것
- 지역의 고유한 자연 · 역사 및 문화를 드러내고 지역주민의 생활 및 경제활동과의 긴밀한 관계 속에서 지역주민의 합의를 통하여 양호한 경관이 유지될 것
- 각 지역의 경관이 고유한 특성과 다양성을 가질 수 있도록 자율적인 경관행정 운영방식을 권장하고, 지역주민이 이에 주체적으로 참여할 수 있도록 할 것
- 개발과 관련된 행위는 경관과 조화 및 균형을 이루도록 할 것
- 우수한 경관을 보전하고 훼손된 경관을 개선 · 복원함과 동시에 새롭게 형성되는 경관은

개성있는 요소를 갖도록 유도할 것
- 국민의 재산권을 과도하게 제한하지 아니하도록 하고, 지역 간 형평성을 고려할 것

4) 경관정책기본계획의 수립

- 국토교통부장관은 아름답고 쾌적한 국토경관을 형성하고 우수한 경관을 발굴하여 지원 · 육성하기 위하여 경관정책기본계획을 5년마다 수립 · 시행하여야 한다.
- 경관정책기본계획에는 다음 각 호의 사항이 포함되어야 한다.
  1. 국토경관의 현황 및 여건 변화 전망에 관한 사항
  2. 경관정책의 기본목표와 바람직한 국토경관의 미래상 정립에 관한 사항
  3. 국토경관의 종합적 · 체계적 관리에 관한 사항
  4. 사회기반시설의 통합적 경관관리에 관한 사항
  5. 우수한 경관의 보전 및 그 지원에 관한 사항
  6. 경관 분야의 전문인력 육성에 관한 사항
  7. 지역주민의 참여에 관한 사항
  8. 그 밖에 경관에 관한 중요 사항

5) 경관계획의 수립권자 및 대상지역

- 시 · 도지사
- 인구 10만명을 초과하는 시의 시장
- 인구 10만명을 초과하는 군의 군수
- 인구 10만명 이하인 시 · 군의 시장 · 군수, 행정시장, 구청장 등 또는 경제자유구역청장은 관할구역에 대하여 경관계획을 수립할 수 있다.
- 특별시장 · 광역시장 · 특별자치시장 · 도지사, 시장 · 군수, 행정시장, 구청장 등 또는 경제자유구역청장은 둘 이상의 특별시 · 광역시 · 특별자치시 · 도, 시 · 군 · 구, 행정시 또는 경제자유구역청의 관할구역에 걸쳐 있는 지역을 대상으로 공동으로 경관계획을 수립할 수 있다.
- 도지사는 시장 · 군수가 요청하거나 그 밖에 필요하다고 인정하는 경우에는 둘 이상의 시 또는 군의 관할구역에 걸쳐 있는 지역을 대상으로 경관계획을 수립할 수 있다.

6) 경관계획 수립의 제안

- 주민(경관계획의 수립에 따른 이해관계자를 포함한다)은 경관계획을 수립할 수 있는 자에게 제안 내용을 첨부하여 경관계획의 수립을 제안할 수 있다.
- 경관계획 수립을 제안받은 자는 그 처리결과를 제안자에게 알려야 한다.

- 경관계획의 수립에 관한 제안의 처리절차
  1. 경관계획의 수립을 제안하려는 자는 경관계획수립제안서를 작성하여 특별시장 · 광역시장 · 도지사 · 특별자치도지사(이하 "시 · 도지사"라 한다) 또는 시장 · 군수(광역시 관할 구역에 있는 군의 군수는 제외한다.)에게 제출하여야 한다.
  2. 경관계획의 수립을 제안받은 시 · 도지사 또는 시장 · 군수는 제안일부터 60일 이내에 그 제안을 경관계획에 반영할 것인지를 제안자에게 알려야 한다. 다만, 부득이한 사정이 있는 경우에는 그 기간을 1회에 한하여 30일 연장할 수 있다.
  3. 시 · 도지사 또는 시장 · 군수는 제안을 경관계획에 반영할 것인지를 결정하려는 경우 필요한 때에는 해당 지방자치단체에 설치된 경관위원회에 자문할 수 있다.
  4. 규정한 것 외에 경관계획의 수립 제안에 필요한 세부적인 절차는 해당 지방자치단체의 조례로 정한다.

7) 경관계획의 내용

① 경관계획의 내용

- 경관계획에는 다음 각 호의 사항이 포함되어야 한다. 다만, 도지사가 수립하는 경관계획에는 제4호부터 제11호까지의 사항을 생략할 수 있고, 특별시장 · 광역시장 · 특별자치시장 · 특별자치도지사, 시장 · 군수, 행정시장, 구청장 등 또는 경제자유구역청장이 수립하는 경관계획에는 제5호부터 제9호까지 및 제11호의 사항을 생략할 수 있다.
  1. 경관계획의 기본방향 및 목표에 관한 사항
  2. 경관자원의 조사 및 평가에 관한 사항
  3. 경관구조의 설정에 관한 사항
  4. 중점적으로 경관을 보전 · 관리 및 형성하여야 할 구역(이하 "중점경관관리구역"이라 한다)의 관리에 관한 사항
  5. 「국토의 계획 및 이용에 관한 법률」에 따른 경관지구(이하 "경관지구"라 한다)의 관리 및 운용에 관한 사항
  6. 경관사업의 추진에 관한 사항
  7. 경관협정의 관리 및 운영에 관한 사항
  8. 경관관리의 행정체계 및 실천방안에 관한 사항
  9. 자연 경관, 시가지 경관 및 농산어촌 경관 등 특정한 경관 유형 또는 건축물, 가로(街路), 공원 및 녹지 등 특정한 경관 요소의 관리에 관한 사항
  10. 경관계획 시행을 위한 재원조달 및 단계적 추진에 관한 사항
  11. 그 밖에 경관의 보전 · 관리 및 형성에 관한 사항으로서 해당 지방자치단체의 조례로 정하는 사항
- 시 · 군 · 구 · 행정시 · 경제자유구역청의 경관계획은 해당 시 · 도의 경관계획에 부합

되어야 하며, 시 · 군 · 구 · 행정시 · 경제자유구역청의 경관계획 내용과 시 · 도의 경관계획의 내용이 다른 경우 시 · 도의 경관계획이 우선한다.
- 시 · 도지사 등은 경관계획을 수립하는 경우에는 이미 수립된 다른 법률에 따른 경관 관련 계획에 부합되게 하여야 하고, 경관계획이 수립된 이후 다른 법률에 따른 경관 관련 계획을 수립하는 경우에는 이미 수립된 경관계획에 부합되게 하여야 한다.
- 경관계획은 도시 · 군기본계획에 부합되어야 하며, 경관계획의 내용과 도시 · 군기본계획의 내용이 다른 경우 도시 · 군기본계획이 우선한다.

② 경관계획의 수립기준

국토교통부장관은 관계 중앙행정기관의 장과 경관계획의 수립기준 등을 정하려는 경우에는 다음 각 호의 사항을 고려하여야 한다.

1. 자연경관, 역사 · 문화경관, 농산어촌 경관 및 시가지 경관에 대한 장기적 방향을 제시하고 삶의 질을 향상하기 위한 내용이 반영되도록 할 것
2. 지역적 특성과 요구를 충분히 반영하여 경관계획의 독창성과 다양성이 확보되도록 할 것
3. 경관계획이 실질적으로 추진될 수 있도록 상세하고 구체적으로 수립되도록 할 것

8) 경관계획의 수립 또는 변경을 위한 기초조사

- 기초조사기관 : 경관계획을 수립하고자 하는 시 · 도지사 또는 시장 · 군수
- 관계 행정기관 또는 전문기관이 이미 조사를 실시한 경우는 그 결과 활용
- 경관계획의 수립을 위한 기초조사의 대상
  1. 지형, 지세(地勢), 수계(水界) 및 식생(植生) 등 자연적 여건
  2. 인구, 토지 이용, 산업, 교통 및 문화 등 인문 · 사회적 여건
  3. 경관과 관련된 다른 계획 및 사업의 내용
  4. 그 밖에 경관계획의 수립 또는 변경에 필요한 사항

9) 공청회 및 지방의회의 의견청취

- 경관계획을 수립하거나 변경하려는 경우에는 미리 공청회를 개최
- 주민 및 관계 전문가 등의 의견을 들어야 하며, 공청회에서 제시된 의견이 타당하다고 인정할 때에는 경관계획에 반영
- 경관계획의 수립을 위한 공청회
  - 시 · 도지사 또는 시장 · 군수는 공청회를 개최하려면 다음 각 호의 사항을 해당 경관계획의 수립 지역을 주된 보급지역으로 하는 일간신문에 공청회 개최예정일 14일 전까지 1회 이상 공고
  - 공고내용
    1. 공청회의 개최목적

2. 공청회의 개최예정 일시 및 장소
3. 수립하거나 변경하려는 경관계획의 개요
4. 그 밖에 공청회 개최에 필요한 사항

- 공청회 개최에 필요한 사항은 해당 지방자치단체의 조례로 정한다.
- 시 · 도지사 등은 경관계획을 수립하거나 변경하려는 경우에는 해당 지방의회의 의견을 들어야 한다. 이 경우 지방의회는 특별한 사유가 없으면 30일 이내에 의견을 제시하여야 하며, 그 기한 내에 의견을 제출하지 아니하면 의견이 없는 것으로 본다.
- 도지사는 경관계획을 수립하거나 변경하려는 경우에는 관계 시장 · 군수의 의견을 듣기 위하여 기한을 명시하여 경관계획안을 관계 시장 · 군수에게 보내야 한다.
- 경관계획안을 받은 시장 · 군수는 명시된 기한까지 그 경관계획안에 대한 의견을 도지사에게 제출하여야 하며, 그 기한 내에 의견을 제출하지 아니하면 의견이 없는 것으로 본다.

10) 경관계획의 수립절차

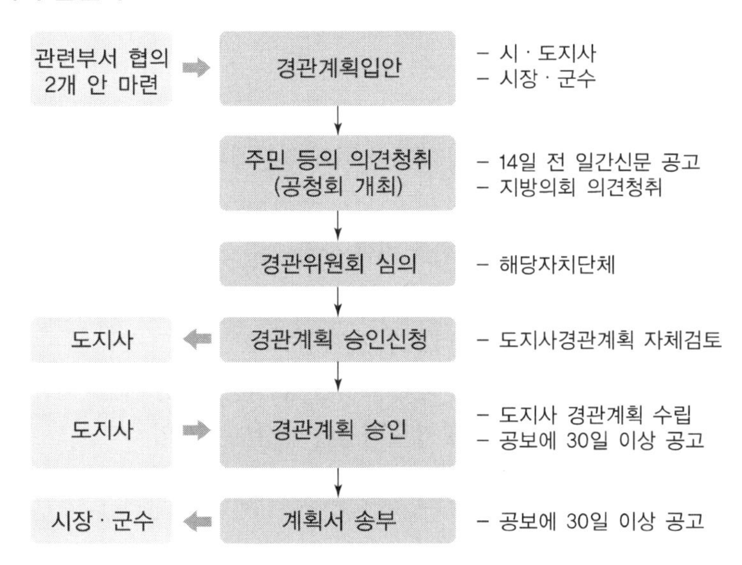

11) 경관계획의 승인

① 신청자

시장 · 군수

② 절차

신청 지방자치단체 경관위원회 심의

③ 경관계획 승인권자

시 · 도지사

④ 경관계획 승인 신청 시 제출서류

- 기초조사 결과, 공청회 개최 결과, 지방의회 의견
- 경관위원회의 심의 결과
- 경관계획 공고 : 해당 지방자치단체의 공보에 게재, 관계서류의 열람기간은 30일 이상

12) 경관지구의 지정 및 관리

- 도지사 등은 경관계획에 따라 경관지구를 지정하거나 지정을 요청할 수 있다. 이 경우 경관지구의 지정절차 등은 「국토의 계획 및 이용에 관한 법률」에 따른다.
- 경관계획을 수립한 시 · 도지사 등은 경관지구를 경관계획에 따라 관리하여야 한다.

13) 경관사업

① 경관사업의 대상

㉮ 사업자

시 · 도지사 또는 시장 · 군수

㉯ 목적

경관 질적 향상, 경관의식 제고를 위해 경관계획이 수립된 지역 안에서 시행하는 사업

㉰ 경관사업의 대상

- 가로환경의 정비 및 개선을 위한 사업
- 지역의 녹화(綠化)와 관련된 사업
- 야간경관의 형성 및 정비를 위한 사업
- 지역의 역사적 · 문화적 특성을 지닌 경관을 살리는 사업
- 농산어촌의 자연경관 및 생활환경을 개선하는 사업
- 그 밖에 경관의 보전 · 관리 및 형성을 위한 사업으로서 해당 지방자치단체의 조례로 정하는 사업

② 경관사업 승인

㉮ 신청자

경관사업을 시행할 수 있는 자 외의 자

㉯ 승인권자

경관계획 수립권자(시 · 도지사 또는 시장 · 군수)

㉰ 사업계획서 내용

- 사업의 목표
- 사업주체
- 사업 내용 및 추진방법

- 경관계획과의 연계성
- 유지관리 방안
- 사업비용
- 그 밖에 해당 지방자치단체의 조례로 정하는 사항

㉣ 승인 시 사전심의

경관사업을 승인하기 전에 경관위원회의 심의

③ 경관사업추진협의체

- 추진기관 : 시 · 도지사 또는 시장 · 군수
- 목적 : 경관사업의 원활한 추진을 위해 필요한 경우
- 구성 : 지역주민, 시민단체, 관계 전문가 등으로 구성
- 경관사업추진협의체는 경관사업의 계획 수립, 경관사업의 추진 및 사후관리 등 경관사업의 각 단계에 참여하여 경관사업이 일관성을 유지하도록 노력
- 경관사업추진협의체의 조직 · 운영 및 업무 등에 관하여 필요한 사항은 대통령령으로 정한다.

④ 경관사업에 대한 재정지원 등

- 국가 및 지방자치단체는 경관사업에 필요한 자금의 전부 또는 일부를 보조하거나 융자할 수 있으며, 경관사업에 필요한 기술적 지원을 할 수 있다.
- 중앙행정기관의 장 또는 시 · 도지사 등이 필요하다고 인정할 때에는 경관사업을 시행하는 자로 하여금 감독에 필요한 보고를 하게 하거나 자료를 제출하도록 명령할 수 있다.

14) 경관협정

① 경관협정의 체결

- 대상 : 토지소유자, 건축물소유자, 지상권자, 건축물소유자 동의를 받은 자
- 목적 : 쾌적한 환경 및 아름다운 경관형성
- 체결조건 : 경관협정 체결자 전원의 합의에 의하여 체결(일단의 토지가 1인의 소유인 경우 1인의 협정 가능)
- 효력 : 경관협정의 효력은 경관협정을 체결한 소유자 등에게만 미친다.
- 경관협정 체결 시 준수사항
  - 이 법 및 관계 법령을 위반하지 아니할 것
  - 「국토의 계획 및 이용에 관한 법률」에 따른 기반시설의 입지를 제한하는 내용을 포함하지 아니할 것

② 경관협정에 포함할 수 있는 사항

- 건축물의 의장(意匠) · 색채 및 옥외광고물에 관한 사항

- 공작물 및 건축설비의 위치에 관한 사항
- 건축물 및 공작물 등의 외부 공간에 관한 사항
- 토지의 보전 및 이용에 관한 사항
- 역사 · 문화 경관의 관리 및 조성에 관한 사항
- 그 밖에 대통령령으로 정하는 사항

③ 경관협정서에 명시해야 할 사항

- 경관협정의 명칭
- 경관협정 대상지역의 위치 및 범위
- 경관협정의 목적
- 경관협정의 내용
- 경관협정을 체결하는 자 및 경관협정운영회의 성명 · 명칭과 주소
- 경관협정의 유효기간
- 경관협정 위반 시 제재에 관한 사항
- 그 밖에 경관협정에 필요한 사항으로서 해당 지방자치단체의 조례로 정하는 사항

④ 경관협정운영회의 설립

- 구성 : 협정체결자 간의 자율적 기구
- 임무 : 경관협정서의 작성 및 경관협정의 관리 등
- 경관협정운영회의 설립신고
  - 신고기관 : 특별시장 · 광역시장 · 특별자치도지사 · 시장 또는 군수
  - 신고기간 : 설립신고서를 설립한 날부터 15일 이내
  - 신고 시 포함될 사항
    1. 명칭 및 소재지
    2. 대표자 및 회원명단
    3. 운영 목적 및 방법
    4. 기능과 역할
    5. 그 밖에 해당 지방자치단체의 조례로 정하는 사항
  - 설립요건 : 과반수 동의와 경관협정운영회의 대표자 및 위원을 선임하고 신고

⑤ 경관협정에 관한 지원

- 시 · 도지사 등은 경관협정서 작성 등의 자문에 대한 응답 등 경관협정에 관한 기술적 · 재정적 지원을 할 수 있다.
- 협정체결자 또는 경관협정운영회의 대표자는 경관협정에 필요한 비용 등을 지원받으려는 경우 대통령령으로 정하는 바에 따라 시 · 도지사 등에게 사업계획서를 제출하여야 한다.

15) 경관위원회

① 경관위원회의 설치

- 목적 : 경관과 관련된 사항에 대한 심의 또는 자문
- 설치기관 : 시 · 도지사 또는 시장 · 군수
- 경관위원회를 설치 · 운영하기 어려운 경우에는 대통령령으로 정하는 경관과 관련된 위원회가 그 기능을 수행
- 국토교통부장관 또는 시 · 도지사 등은 경관 관련 사항의 심의가 필요한 경우 다른 법률에 따라 설치된 위원회와 경관위원회가 공동으로 하는 심의

② 경관위원회의 기능(심의사항)

- 경관계획의 수립 또는 변경
- 경관계획의 승인
- 경관사업 시행의 승인
- 경관협정의 인가
- 사회기반시설 사업의 경관 심의
- 개발사업의 경관 심의
- 건축물의 경관 심의
- 그 밖에 경관에 중요한 영향을 미치는 사항으로서 대통령령으로 정하는 사항

③ 경관위원회의 구성 · 운영

- 경관위원회는 위원장과 부위원장 각 1명을 포함한 10명 이상 70명 이내의 위원으로 구성
- 경관위원회의 위원장과 부위원장은 위원 중에서 호선(互選)
- 경관위원회의 구성 및 운영에 필요한 사항은 해당 지방자치단체의 조례로 정한다.

16) 법률 적용상 문제점 및 개선방안

구분	문제점	개선방안
경관 개념	• 경관정의의 혼란 • 경관생태학의 개념이 제외된 시각중심의 정의 • 자연경관 속에 내재된 생태계 개념이 부족 • 현재 경관은 건축분야의 일부 지방정부에서는 조경과 분리 · 운영되고 있는 경우가 많음	• 경관개념의 재정립 • 경관개념에 경관생태학의 이념이 반영 • 자연경관 속에 내재된 생태계에 대한 배려 필요 • 경관의 창조와 관리의 전문분야는 조경으로서 경관법의 개정 필요

구분	문제점	개선방안
경관계획의 연계성	• 경관계획과 공원녹지기본계획 등과 연계성 부족 • 건축물, 구조물 중심 계획으로 자연환경 고려 부족 • 도시 · 군기본계획 심의 시 경관사항에 대해 경관위원회 참여 원천 배제 → 지구단위계획 및 건축물 등에 관한 사항 심의 시 도시계획심의위원회와 건축위원회의 공동심의를 명기하고 있으나 이를 그대로 존치	• 관련규정의 개정(도시 · 군기본계획의 경관위원회 참여 보장) • 도시계획에 우선한 경관계획의 수립으로 친환경적 경관계획이 선행되어야 함
기타	• 경관사업 재원확보 문제 • 경관을 건축물의 부대사업으로 인식 • 지나친 시각화로 경관생태계 교란 우려 → 야간경관조명의 생태계 교란 초래	• 우수경관 훼손 시 경관보전금징수제 도입 검토 • 중앙정부의 경관사업 특별회계 운영으로 지자체 지원제 도입 • 빛공해 방지로 생태계 건강성 추구

7. 건축기본법

1) 정의

① 건축물

토지에 정착하는 공작물 중 지붕과 기둥 또는 벽이 있는 것과 이에 부수되는 시설물

② 공간환경

건축물이 이루는 공간구조 · 공공공간 및 경관

③ 공공공간

가로 · 공원 · 광장 등의 공간과 그 안에 부속되어 공중(公衆)이 이용하는 시설물

④ 건축디자인

품격과 품질이 우수한 건축물과 공간환경의 조성으로 건축의 공공성을 실현하기 위하여 건축물과 공간환경을 기획 · 설계하고 개선하는 행위

⑤ 건축

건축물과 공간환경을 기획, 설계, 시공 및 유지관리하는 것

⑥ 문제점

건축디자인에서 건축물 외부의 조경공간, 즉 공원, 광장을 건축분야로 규정하고 있어 실

제 조경분야를 건축분야의 일부로 포함하여 조경분야가 위축되고 있으며 전문화되는 시대상에 비추어 많은 문제를 포함하고 있음

8. 건축법

1) 대지의 조경

① 기준면적

면적이 200제곱미터 이상인 대지에 건물을 신축하는 경우

② 조경기준

용도지역 및 건축물의 규모에 따라 해당 지방자치단체의 조례로 정함

③ 식재기준 등 고시

국토교통부장관은 식재(植栽) 기준, 조경 시설물의 종류 및 설치방법, 옥상 조경의 방법 등 조경에 필요한 사항을 정하여 고시

2) 대지의 조경을 하지 않는 경우

- 녹지지역에 건축하는 건축물
- 면적 5천 제곱미터 미만인 대지에 건축하는 공장
- 연면적의 합계가 1천500제곱미터 미만인 공장
- 「산업집적활성화 및 공장설립에 관한 법률」에 따른 산업단지의 공장
- 대지에 염분이 함유되어 있는 경우 또는 건축물 용도의 특성상 조경 등의 조치를 하기가 곤란하거나 조경 등의 조치를 하는 것이 불합리한 경우로서 건축조례로 정하는 건축물
- 축사
- 법 제20조제1항에 따른 가설건축물
- 연면적의 합계가 1천500제곱미터 미만인 물류시설(주거지역 또는 상업지역에 건축하는 것은 제외한다)로서 국토교통부령으로 정하는 것
- 「국토의 계획 및 이용에 관한 법률」에 따라 지정된 자연환경보전지역 · 농림지역 또는 관리지역(지구단위계획구역으로 지정된 지역은 제외한다)의 건축물
- 다음 각 목의 어느 하나에 해당하는 건축물 중 건축조례로 정하는 건축물
  가. 「관광진흥법」에 따른 관광지 또는 관광단지에 설치하는 관광시설
  나. 「관광진흥법 시행령」에 따른 전문휴양업의 시설 또는 종합휴양업의 시설
  다. 「국토의 계획 및 이용에 관한 법률 시행령」에 따른 관광 · 휴양형 지구단위계획구역에 설치하는 관광시설
  라. 「체육시설의 설치 · 이용에 관한 법률 시행령」 별표 1에 따른 골프장

3) 조경 등의 조치에 관한 기준

건축조례로 다음 각 호의 기준보다 더 완화된 기준을 정한 경우에는 그 기준에 따른다.

① 공장 및 물류시설

가. 연면적의 합계가 2천 제곱미터 이상인 경우 : 대지면적의 10퍼센트 이상
나. 연면적의 합계가 1천500제곱미터 이상 2천 제곱미터 미만인 경우 : 대지면적의 5퍼센트 이상

② 「공항시설법」에 따른 공항시설

대지면적(활주로 · 유도로 · 계류장 · 착륙대 등 항공기의 이륙 및 착륙시설로 쓰는 면적은 제외한다)의 10퍼센트 이상

③ 「철도의 건설 및 철도시설 유지관리에 관한 법률」에 따른 철도 중 역시설

대지면적(선로 · 승강장 등 철도운행에 이용되는 시설의 면적은 제외한다)의 10퍼센트 이상

④ 면적 200제곱미터 이상 300제곱미터 미만인 대지 건축 건축물

대지면적의 10퍼센트 이상

⑤ 건축물의 옥상에 조경이나 그 밖에 필요한 조치를 하는 경우

옥상부분 조경면적의 3분의 2에 해당하는 면적을 대지의 조경면적으로 산정할 수 있다. 이 경우 조경면적으로 산정하는 면적은 전체 조경면적의 100분의 50을 초과할 수 없다.

4) 조경기준(국토교통부고시 제2021－923호)

① 정의

1. "조경"이라 함은 경관을 생태적, 기능적, 심미적으로 조성하기 위하여 식물을 이용한 식생공간을 만들거나 조경시설을 설치하는 것을 말한다.
2. "조경면적"이라 함은 이 고시에서 정하고 있는 조경의 조치를 한 부분의 면적을 말한다.
3. "조경시설"이라 함은 조경과 관련된 파고라 · 벤치 · 환경조형물 · 정원석 · 휴게 · 여가 · 수경 · 관리 및 기타 이와 유사한 것으로 설치되는 시설, 생태연못 및 하천, 동물 이동통로 및 먹이공급시설 등 생물의 서식처 조성과 관련된 생태적 시설을 말한다.
4. "조경시설공간"이라 함은 조경시설을 설치한 이 고시에서 정하고 있는 일정 면적 이상의 공간을 말한다.
5. "식재"라 함은 조경면적에 수목(기존수목 및 이식수목을 포함한다)이나 잔디 · 초화류 등의 식물을 이 기준에서 정하는 바에 따라 배치하여 심는 것을 말한다.
6. 〈삭 제〉
7. "벽면녹화"라 함은 건축물이나 구조물의 벽면을 식물을 이용해 전면 혹은 부분적으로

피복 녹화하는 것을 말한다.

8. "자연지반"이라 함은 하부에 인공구조물이 없는 자연상태의 지층 그대로인 지반으로서 공기, 물, 생물 등의 자연순환이 가능한 지반을 말한다.
9. "인공지반조경"이라 함은 건축물의 옥상(지붕을 포함한다)이나 포장된 주차장, 지하구조물 등과 같이 인위적으로 구축된 건축물이나 구조물 등 식물생육이 부적합한 불투수층의 구조물 위에 자연지반과 유사하게 토양층을 형성하여 그 위에 설치하는 조경을 말한다.
10. "옥상조경"이라 함은 인공지반조경 중 지표면에서 높이가 2미터 이상인 곳에 설치한 조경을 말한다. 다만, 발코니에 설치하는 화훼시설은 제외한다.
11. "투수성 포장구조"라 함은 투수성 콘크리트 등의 투수성 포장재료를 사용하거나 조립식 포장방식 등을 사용하여 포장면 상단에서 지하의 지반으로 물이 침투될 수 있도록 한 포장구조를 말한다.
12. "수고"라 함은 지표면으로부터 수목 상단부까지의 수직높이를 말한다.
13. "흉고직경"이라 함은 지표면으로부터 높이 120센티미터 지점에서의 수목 줄기의 직경을 말한다.
14. "근원직경"이라 함은 지표면에서의 수목 줄기의 직경을 말한다.
15. "수관폭"이라 함은 수목의 녹엽 부분을 수평면에 수직으로 투영한 최대 지름을 말한다.
16. "지하고"라 함은 수목의 줄기에 있는 가장 아래 가지에서 지표면까지의 수직거리를 말한다.
17. "교목"이라 함은 다년생 목질인 곧은 줄기가 있고, 줄기와 가지의 구별이 명확하여 중심줄기의 신장생장이 뚜렷한 수목을 말한다.
18. "상록교목"이라 함은 소나무 · 잣나무 · 측백나무 등 사계절 내내 푸른 잎을 가지는 교목을 말한다.
19. "낙엽교목"이라 함은 참나무 · 밤나무 등과 같이 가을에 잎이 떨어져서 봄에 새잎이 나는 교목을 말한다.
20. "관목"이라 함은 교목보다 수고가 낮고, 나무줄기가 지상부에서 다수로 갈라져 원줄기와 가지의 구별이 분명하지 않은 수목을 말한다.
21. "초화류"라 함은 옥잠화 · 수선화 · 백합 등과 같이 초본(草本)류 중 식물의 개화 상태가 양호한 식물을 말한다.
22. "지피식물"이라 함은 잔디 · 맥문동 등 주로 지표면을 피복하기 위해 사용되는 식물을 말한다.
23. "수경(水景)이라 함은 분수 · 연못 · 수로 등 물을 주재료로 하는 경관시설을 말한다.

② 대지 안의 식재기준

㉮ 조경면적의 산정

- 조경면적은 식재된 부분의 면적과 조경시설공간의 면적을 합한 면적으로 산정하며 다음 각 호의 기준에 적합하게 배치하여야 한다.
  1. 식재면적은 당해 지방자치단체의 조례에서 정하는 조경면적(이하 "조경의무면적"이라 한다)의 100분의 50 이상(이하 "식재의무면적"이라 한다)이어야 한다.
  2. 하나의 식재면적은 한 변의 길이가 1미터 이상으로서 1제곱미터 이상이어야 한다.
  3. 하나의 조경시설공간의 면적은 10제곱미터 이상이어야 한다.

㉯ 조경면적의 배치

- 대지면적 중 조경의무면적의 10퍼센트 이상에 해당하는 면적은 자연지반이어야 하며, 그 표면을 토양이나 식재된 토양 또는 투수성 포장구조로 하여야 한다. 다만, 법 제5조제1항의 허가권자(이하 "허가권자"라 한다)가 자연지반에 설치할 수 없다고 인정하는 경우에는 그러하지 아니하다.
- 대지의 인근에 보행자전용도로 · 광장 · 공원 등의 시설이 있는 경우에는 조경면적을 이러한 시설과 연계되도록 배치하여야 한다.
- 너비 20미터 이상의 도로에 접하고 2,000제곱미터 이상인 대지 안에 설치하는 조경은 조경의무면적의 20퍼센트 이상을 가로변에 연접하게 설치하여야 한다. 다만, 도시설계 등 계획적인 개발계획이 수립된 구역은 그에 따르며, 허가권자가 가로변에 연접하여 설치하는 것이 불가능하다고 인정하는 경우에는 그러하지 아니하다.

㉰ 식재수량 및 규격

- 조경면적 1제곱미터마다 교목 및 관목의 수량은 다음 각목의 기준에 적합하게 식재하여야 한다. 다만 조경의무면적을 초과하여 설치한 부분에는 그러하지 아니하다.
  가. 상업지역 : 교목 0.1주 이상, 관목 1.0주 이상
  나. 공업지역 : 교목 0.3주 이상, 관목 1.0주 이상
  다. 주거지역 : 교목 0.2주 이상, 관목 1.0주 이상
  라. 녹지지역 : 교목 0.2주 이상, 관목 1.0주 이상
- 식재하여야 할 교목은 흉고직경 5센티미터 이상이거나 근원직경 6센티미터 이상 또는 수관폭 0.8미터 이상으로서 수고 1.5미터 이상이어야 한다.

㉱ 수목의 수량 가중 산정기준

구분	규격	인정수량(주당)
낙엽교목	수고 4m 이상, 흉고 12cm 또는 근원경 15cm 이상	1주당 교목 2주
상록교목	수고 4m 이상, 수관폭 2m	
낙엽교목	수고 5m 이상, 흉고 18cm 또는 근원경 20cm 이상	1주당 교목 4주
상록교목	수고 5m 이상, 수관폭 3m	
낙엽교목	흉고 25cm 또는 근원경 30cm 이상	1주당 교목 8주
상록교목	수관폭 5m	

㉤ 식재수종 및 식재비율

- 상록수 식재비율 : 교목 및 관목 중 규정 수량의 20퍼센트 이상
- 지역에 따른 특성수종 식재비율 : 규정 식재수량 중 교목의 10퍼센트 이상
- 식재 수종은 지역의 향토종을 우선으로 사용하고, 자연조건에 적합한 것을 선택하여야 하며, 특히 대기오염물질이 발생되는 지역에서는 대기오염에 강한 수종을 식재하여야 한다.
- 허가권자가 제1항의 규정에 의한 식재비율에 따라 식재하기 곤란하다고 인정하는 경우에는 제1항의 규정에 의한 식재비율을 적용하지 아니할 수 있다.
- 건축물 구조체 등으로 인해 항상 그늘이 발생하거나 향후 수목의 성장에 따라 일조량이 부족할 것으로 예상되는 지역에는 양수 및 잔디식재를 금하고, 음지에 강한 교목과 그늘에 강한 지피류(맥문동, 수호초 등)를 선정하여 식재한다.
- 메타세쿼이어나 느티나무와 같이 뿌리의 생육이 왕성한 수목의 식재로 인해 건물 외벽이나 지하 시설물에 대한 피해가 예상되는 경우는 다음의 조치를 시행한다.
  - 외벽과 지하 시설물 주위에 방근 조치를 실시하여 식물 뿌리의 침투를 방지한다.
  - 방근 조치가 어려운 경우 뿌리가 강한 수종의 식재를 피하고, 식재한 식물과 건물 외벽 또는 지하 시설물과의 간격을 최소 5m 이상으로 하여 뿌리로 인한 피해를 예방한다.

㉥ 식재수종의 품질

- 식재하려는 수목의 품질기준은 다음 각 호와 같다.
  1. 상록교목은 줄기가 곧고 잔 가지의 끝이 손상되지 않은 것으로서 가지가 고루 발달한 것이어야 한다.
  2. 상록관목은 가지와 잎이 치밀하여 수목 상부에 큰 공극이 없으며, 형태가 잘 정돈된 것이어야 한다.
  3. 낙엽교목은 줄기가 곧고, 근원부에 비해 줄기가 급격히 가늘어지거나 보통 이상으로 길고 연하게 자라지 않는 등 가지가 고루 발달한 것이어야 한다.
  4. 낙엽관목은 가지와 잎이 충실하게 발달하고 합본되지 않은 것이어야 한다.
- 식재하려는 초화류 및 지피식물의 품질기준은 다음 각 호와 같다.
  1. 초화류는 가급적 주변 경관과 쉽게 조화를 이룰 수 있는 향토 초본류를 채택하여야 하며, 이때 생육지속기간을 고려하여야 한다.
  2. 지피식물은 뿌리 발달이 좋고 지표면을 빠르게 피복하는 것으로서, 파종식재의 경우 파종적기의 폭이 넓고 종자발아력이 우수한 것이어야 한다.

③ 조경시설의 설치

㉮ 혐오시설 등의 차폐

쓰레기보관함 등 환경을 저해하는 혐오시설에 대해서는 차폐식재를 하여야 한다. 다

만, 차폐시설을 한 경우에는 차폐식재를 하지 않을 수 있으나 미관 향상을 위하여 추가적으로 차폐식재를 하는 것을 권장한다.

㉯ 휴게공간의 바닥포장

휴게공간에는 그늘식재 또는 차양시설을 설치하여 직사광선을 충분히 차단하여야 하며, 복사열이 적은 재료를 사용하고 투수성 포장구조로 한다.

㉰ 보행포장

보행자용 통행로의 바닥은 물이 지하로 침투될 수 있는 투수성 포장구조이어야 한다. 다만, 허가권자가 인정하는 경우에는 그러하지 아니하다.

④ 옥상조경 및 인공지반 조경

㉮ 옥상조경 면적의 산정

- 지표면에서 2미터 이상의 건축물이나 구조물의 옥상에 식재 및 조경시설을 설치한 부분의 면적. 다만, 초화류와 지피식물로만 식재된 면적은 그 식재면적의 2분의 1에 해당하는 면적
- 지표면에서 2미터 이상의 건축물이나 구조물의 벽면을 식물로 피복한 경우, 피복면적의 2분의 1에 해당하는 면적. 다만, 피복면적을 산정하기 곤란한 경우에는 근원경 4센티미터 이상의 수목에 대해서만 식재수목 1주당 0.1제곱미터로 산정하되, 벽면녹화면적은 식재의무면적의 100분의 10을 초과하여 산정하지 않음
- 건축물이나 구조물의 옥상에 교목이 식재된 경우에는 식재된 교목 수량의 1.5배를 식재한 것으로 산정한다.

㉯ 옥상 및 인공지반의 식재

옥상 및 인공지반에는 고열, 바람, 건조 및 일시적 과습 등의 열악한 환경에서도 건강하게 자랄 수 있는 식물종을 선정하여야 하므로 관련 전문가의 자문을 구하여 해당 토심에 적합한 식물종을 식재하여야 한다.

㉰ 구조적인 안전

- 인공지반조경(옥상조경을 포함한다)을 하는 지반은 수목 · 토양 및 배수시설 등이 건축물의 구조에 지장이 없도록 설치
- 기존건축물에 옥상조경 또는 인공지반조경을 하는 경우 건축사 또는 건축구조기술사로부터 건축물 또는 구조물이 안전한지 여부를 확인 받아야 한다.

㉱ 식재토심

- 옥상조경 및 인공지반 조경의 식재토심은 배수층의 두께를 제외한 다음 기준에 의한 두께로 하여야 한다.

구분	식재토심(배수층 제외)	인공토양	비고(생육적심)
초화류 및 지피식물	15cm	10cm	30cm
소관목	30cm	20cm	45cm
대관목	45cm	30cm	60cm
교목	70cm	60cm	150cm 이상

- 새로운 녹화공법이 개발되어 토양 소재나 관수 방법 등이 제1항의 식재토심 규정과 맞지 않다고 조경기술사 등 관련 전문가의 검토의견이 제시될 경우 제1항의 식재토심 규정을 적용하지 아니할 수 있다.

㉲ 관수 및 배수

옥상조경 및 인공지반 조경에는 수목의 정상적인 생육을 위하여 건축물이나 구조물의 하부시설에 영향을 주지 아니하도록 관수 및 배수시설을 설치하여야 한다.

㉳ 방수 및 방근

옥상 및 인공지반의 조경에는 방수조치를 하여야 하며, 식물의 뿌리가 건축물이나 구조물에 침입하지 않도록 하여야 한다.

㉴ 유지관리

옥상조경지역에는 이용자의 안전을 위하여 다음 각 호의 기준에 적합한 구조물을 설치하여 관리하여야 한다.

- 높이 1.2미터 이상의 난간 등의 안전구조물을 설치하여야 한다.
- 수목은 바람에 넘어지지 않도록 지지대를 설치하여야 한다.
- 안전시설은 정기적으로 점검하고, 유지관리하여야 한다.
- 식재된 수목의 생육을 위하여 필요한 가지치기 · 비료주기 및 물주기 등의 유지관리를 하여야 한다.

㉵ 옥상조경의 지원

국토교통부장관 또는 지방자치단체의 장은 옥상 · 발코니 · 측벽 등 건축물녹화를 촉진하기 위하여 건물녹화 설계기준 및 권장설계도서를 작성 · 보급할 수 있다.

5) 공개공지 등의 확보

① 공개공지 개념

쾌적한 도시환경 조성을 위해 도입되는 공간으로, 건축주가 소유하고 관리하는 사유공간으로 보행환경의 일부 또는 보행환경에 연결되는 오픈스페이스로서 보행의 편리, 휴식, 경관 등 시민생활의 쾌적성을 제공하기 위해 도입되는 공간으로 24시간 시민에게 개방되어야 하는 공공공간임

② 공개공지 확보기준

- 연면적의 합계가 5천 제곱미터 이상인 문화 및 집회시설, 종교시설, 판매시설(「농수산물유통 및 가격안정에 관한 법률」 제2조에 따른 농수산물유통시설은 제외한다), 운수시설(여객용 시설만 해당한다), 업무시설 및 숙박시설
- 그 밖에 다중이 이용하는 시설로서 건축조례로 정하는 건축물

③ 공개공지 등의 면적

- 대지면적의 100분의 10 이하의 범위에서 건축조례로 정한다.
- 공개공지등의 면적은 대지면적의 100분의 10 이하의 범위에서 건축조례로 정한다. 이 경우 법 제42조에 따른 조경면적과 「매장문화재 보호 및 조사에 관한 법률」 제14조제1항제1호에 따른 매장문화재의 현지보존 조치 면적을 공개공지등의 면적으로 할 수 있다. → 대지 안의 조경 의무면적에 공개공지의 면적도 포함할 수 있도록 규정. 공공성 측면에서 문제가 있음

④ 공개공지 설치기준

공개공지 등을 확보할 때에는 공중(公衆)이 이용할 수 있도록 다음 각 호의 사항을 준수하여야 한다. 이 경우 공개 공지는 필로티의 구조로 설치할 수 있다.

- 공개공지 등은 누구나 이용할 수 있는 곳임을 알기 쉽게 국토교통부령으로 정하는 표지판을 1개소 이상 설치할 것
- 공개공지 등에는 물건을 쌓아 놓거나 출입을 차단하는 시설을 설치하지 아니할 것
- 환경친화적으로 편리하게 이용할 수 있도록 긴 의자 또는 조경시설 등 건축조례로 정하는 시설을 설치할 것

⑤ 공개공지 도입 시 인센티브

- 완화(인센티브) 적용범위는 건축조례로 정함
  1. 법 제56조에 따른 용적률은 해당 지역에 적용하는 용적률의 1.2배 이하
  2. 법 제60조에 따른 높이 제한은 해당 건축물에 적용하는 높이기준의 1.2배 이하
- 공개공지 등의 설치대상이 아닌 건축물의 대지에 공개공지를 설치하는 경우 1항 준용

⑥ 공개공지의 활용

- 연간 60일 이내의 기간 동안 건축조례로 정하는 바에 따라 주민들을 위한 문화행사를 열거나 판촉활동을 할 수 있다.
- 울타리를 설치하는 등 공중이 해당 공개공지 등을 이용하는 데 지장을 주는 행위를 해서는 아니 된다.

⑦ 공개공지에서 제한되는 행위

- 공개공지 등의 일정 공간을 점유하여 영업을 하는 행위

- 공개공지 등의 이용에 방해가 되는 행위로서 다음 각 목의 행위
  가. 공개공지 등에 ④의 시설 외의 시설물을 설치하는 행위
  나. 공개공지 등에 물건을 쌓아 놓는 행위
- 울타리나 담장 등의 시설을 설치하거나 출입구를 폐쇄하는 등 공개공지 등의 출입을 차단하는 행위
- 공개공지 등과 그에 설치된 편의시설을 훼손하는 행위
- 그 밖에 위의 행위와 유사한 행위로서 건축조례로 정하는 행위

⑧ 공공공지와 공개공지 비교

구분	공공공지	공개공지
관련법	• 「국토의 계획 및 이용에 관한 법률」 • 「도시계획시설의 결정 · 구조 및 설치기준에 관한 규칙」	「건축법」
도입목적 (정의)	시 · 군내의 주요시설물 또는 환경의 보호, 경관의 유지, 재해대책, 보행자의 통행과 주민의 일시적 휴식공간의 확보를 위하여 설치하는 시설	「건축법」상 연면적 합계 5,000m² 이상인 문화 · 업무 · 숙박시설 등을 건축할 때 쾌적한 도시환경을 조성하기 위하여 일반이 사용할 수 있도록 휴식시설 등을 설치(사유지)
설치기준	• 지역의 미관을 저해하지 아니하도록 할 것 • 지역의 쾌적한 환경을 조성하기 위하여 필요한 경우 긴 의자, 등나무 · 담쟁이 등의 시렁, 조형물, 옥외에 설치하는 생활체육시설 등 공중이 이용할 수 있는 시설을 설치할 것 • 주민의 일상생활에 있어 쾌적성과 안전성을 확보할 것 • 주변지역의 개발사업으로 인하여 증가하는 빗물에 혼입되어 있는 오염물질을 모아 두거나 땅속으로 스며들게 하는 저류지, 침투지, 침투도랑, 식생대 등의 시설을 도입할 것	사람과 사람의 만남, 사람과 건축물과의 만남을 보다 윤택하게 하도록 일정 규모 이상의 대형 건축물에 대하여 그 대지면적의 10% 이내의 공개공지 또는 공개공간을 확보하도록 건축법에서 규정
인센티브	• 도시계획시설로 인센티브 없음 • 도시계획시설 중 공간시설임	일정규모 이상의 공개공지를 제공하는 경우에는 용적률 등 인센티브를 주고 있는데, 조성방법이라든가 구체적인 내용은 지방건축조례에 따름

6) 일조 등의 확보를 위한 건축물의 높이 제한

- 전용주거지역과 일반주거지역 안에서 건축하는 건축물의 높이는 일조(日照) 등의 확보를 위하여 정북방향(正北方向)의 인접 대지경계선으로부터의 거리에 따라 대통령령으로 정하는 높이 이하로 하여야 한다.
  1. 높이 9미터 이하인 부분 : 인접 대지경계선으로부터 1.5미터 이상
  2. 높이 9미터를 초과하는 부분 : 인접 대지경계선으로부터 해당 건축물 각 부분 높이의 2분의 1 이상
  3. 건축물(기숙사는 제외한다)의 각 부분의 높이는 그 부분으로부터 채광을 위한 창문 등이 있는 벽면에서 직각 방향으로 인접 대지경계선까지의 수평거리의 2배(근린상업지역 또는 준주거지역의 건축물은 4배) 이하로 할 것
  4. 같은 대지에서 두 동(棟) 이상의 건축물이 서로 마주보고 있는 경우(한 동의 건축물 각 부분이 서로 마주보고 있는 경우를 포함한다)에 건축물 각 부분 사이의 거리는 다음 각 목의 거리 이상을 띄어 건축할 것. 다만, 그 대지의 모든 세대가 동지(冬至)를 기준으로 9시에서 15시 사이에 2시간 이상을 계속하여 일조(日照)를 확보할 수 있는 기리 이상으로 할 수 있다.
     가. 채광을 위한 창문 등이 있는 벽면으로부터 직각방향으로 건축물 각 부분 높이의 0.5배(도시형 생활주택의 경우에는 0.25배) 이상의 범위에서 건축조례로 정하는 거리 이상
     나. 가목에도 불구하고 서로 마주보는 건축물 중 남쪽 방향(마주보는 두 동의 축이 남동에서 남서 방향인 경우만 해당한다)의 건축물 높이가 낮고, 주된 개구부(거실과 주된 침실이 있는 부분의 개구부를 말한다)의 방향이 남쪽을 향하는 경우에는 높은 건축물 각 부분의 높이의 0.4배(도시형 생활주택의 경우에는 0.2배) 이상의 범위에서 건축조례로 정하는 거리 이상이고 낮은 건축물 각 부분의 높이의 0.5배(도시형 생활주택의 경우에는 0.25배) 이상의 범위에서 건축조례로 정하는 거리 이상
     다. 가목에도 불구하고 건축물과 부대시설 또는 복리시설이 서로 마주보고 있는 경우에는 부대시설 또는 복리시설 각 부분 높이의 1배 이상
     라. 채광창(창넓이가 0.5제곱미터 이상인 창을 말한다)이 없는 벽면과 측벽이 마주보는 경우에는 8미터 이상
     마. 측벽과 측벽이 마주보는 경우[마주보는 측벽 중 하나의 측벽에 채광을 위한 창문 등이 설치되어 있지 아니한 바닥면적 3제곱미터 이하의 발코니(출입을 위한 개구부를 포함한다)를 설치하는 경우를 포함한다]에는 4미터 이상
- 다음 각 호의 어느 하나에 해당하는 공동주택(일반상업지역과 중심상업지역에 건축하는 것은 제외한다)은 채광(採光) 등의 확보를 위하여 대통령령으로 정하는 높이 이하로 하여야 한다.
  1. 인접 대지경계선 등의 방향으로 채광을 위한 창문 등을 두는 경우

2. 하나의 대지에 두 동(棟) 이상을 건축하는 경우

• 다음 각 호의 어느 하나에 해당하면 건축물의 높이를 정남(正南)방향의 인접 대지경계선으로부터의 거리에 따라 대통령령으로 정하는 높이 이하로 할 수 있다.
  1. 「택지개발촉진법」 제3조에 따른 택지개발지구인 경우
  2. 「주택법」 제15조에 따른 대지조성사업지구인 경우
  3. 「지역 개발 및 지원에 관한 법률」 제11조에 따른 지역개발사업인 경우
  4. 「산업입지 및 개발에 관한 법률」 제6조, 제7조, 제7조의2 및 제8조에 따른 국가산업단지, 일반산업단지, 도시첨단산업단지 및 농공단지인 경우
  5. 「도시개발법」 제2조제1항제1호에 따른 도시개발구역인 경우
  6. 「도시 및 주거환경정비법」 제8조에 따른 정비구역인 경우
  7. 정북방향으로 도로, 공원, 하천 등 건축이 금지된 공지에 접하는 대지인 경우
  8. 정북방향으로 접하고 있는 대지의 소유자와 합의한 경우나 그 밖에 대통령령으로 정하는 경우

• 2층 이하로서 높이가 8미터 이하인 건축물에는 해당 지방자치단체의 조례로 정하는 바에 따라 위의 규정을 적용하지 아니할 수 있다.

9. 녹색건축 인증에 관한 규칙(국토교통부령, 환경부령)

1) 목적

이 규칙은 「녹색건축물 조성 지원법」 제16조제6항에서 위임된 녹색건축 인증 대상 건축물의 종류, 인증기준 및 인증절차, 인증유효기간, 수수료, 인증기관 및 운영기관의 지정 기준, 지정 절차 및 업무범위 등에 관한 사항과 그 시행에 필요한 사항을 규정함을 목적으로 한다.

2) 적용대상

• 「녹색건축물 조성 지원법」 제16조제4항에 따른 녹색건축 인증은 「건축법」 제2조제1항제2호에 따른 건축물을 대상으로 한다.

• 다만, 「국방 · 군사시설 사업에 관한 법률」 제2조제4호에 따른 군부대주둔지 내의 국방 · 군사시설은 제외한다.

3) 운영기관의 지정

① 지정권자

국토교통부장관

② 협의기관

환경부장관과 협의

③ 운영기관의 업무

- 운영기관은 다음 각 호의 업무를 수행한다.
  1. 인증관리시스템의 운영에 관한 업무
  2. 인증기관의 심사 결과 검토에 관한 업무
  3. 인증제도의 홍보, 교육, 컨설팅, 조사 · 연구 및 개발 등에 관한 업무
  4. 인증제도의 개선 및 활성화를 위한 업무
  5. 심사전문인력의 교육, 관리 및 감독에 관한 업무
  6. 인증 관련 통계 분석 및 활용에 관한 업무
  7. 인증제도의 운영과 관련하여 국토교통부장관 또는 환경부장관이 요청하는 업무
- 운영기관의 장은 제7조제2항에 따른 인증심의위원회의 후보단을 구성하고 관리하여야 한다.
- 운영기관의 장은 인증기관에 법 제19조 각 호의 처분사유가 있다고 인정하면 국토교통부장관에게 알려야 한다.

④ 운영기관의 사업내용 보고

운영기관의 장은 다음 각 호의 구분에 따른 시기까지 운영기관의 사업내용을 국토교통부장관과 환경부장관에게 각각 보고하여야 한다.

1. 전년도 사업추진 실적과 그 해의 사업계획 : 매년 1월 31일까지
2. 분기별 인증 현황 : 매 분기 말일을 기준으로 다음 달 15일까지

4) 인증기관의 지정

① 지정권자

국토교통부장관

② 협의기관

환경부장관

③ 지정공고

- 시기 : 지정 3개월 전
- 고시내용 : 인증기관 지정에 관한 사항

④ 인증기관 신청조건

- 인증기관으로 지정을 받으려는 자는 다음 각 호의 요건을 모두 갖춰야 한다.
  1. 인증업무를 수행할 전담조직을 구성하고 업무수행체계를 수립할 것

2. 별표 1의 전문분야(이하 "해당 전문분야"라 한다) 중 5개 이상의 분야에서 각 분야별로 다음 각 목의 어느 하나에 해당하는 1명 이상의 사람을 상근(常勤) 심사전문인력으로 보유할 것
   가. 「건축사법」에 따른 건축사 자격을 취득한 사람
   나. 「국가기술자격법」에 따른 해당 전문분야의 기술사 자격을 취득한 사람
   다. 「국가기술자격법」에 따른 해당 전문분야의 기사 자격을 취득한 후 7년 이상 해당 업무를 수행한 사람
   라. 해당 전문분야의 박사학위를 취득한 후 1년 이상 해당 업무를 수행한 사람
   마. 해당 전문분야의 석사학위를 취득한 후 6년 이상 해당 업무를 수행한 사람
   바. 해당 전문분야의 학사학위를 취득한 후 8년 이상 해당 업무를 수행한 사람

• 다음 각 목에 관한 사항이 포함된 인증업무 처리규정을 마련할 것
  가. 녹색건축 인증 심사의 절차 및 방법
  나. 제7조에 따른 인증심사단 및 인증심의위원회의 구성 · 운영
  다. 녹색건축 인증 결과의 통보 및 재심사
  라. 녹색건축 인증을 받은 건축물의 인증 취소
  마. 녹색건축 인증 결과 등의 보고
  바. 녹색건축 인증 수수료의 납부방법 및 납부기간
  사. 녹색건축 인증 결과의 검증방법
  아. 그 밖에 녹색건축 인증업무 수행에 필요한 내용

• 인증기관으로 지정을 받으려는 자는 신청 기간 내에 별지 제1호서식의 녹색건축 인증기관 지정신청서(전자문서로 된 신청서를 포함한다)에 다음 각 호의 서류(전자문서를 포함한다)를 첨부하여 국토교통부장관에게 제출해야 한다.
  1. 인증업무를 수행할 전담조직 및 업무수행체계에 관한 설명서
  2. 제2항제2호에 따른 심사전문인력을 보유하고 있음을 증명하는 서류
  3. 제2항제3호에 따른 인증업무 처리규정
  4. 삭제

• 신청을 받은 국토교통부장관은 「전자정부법」 제36조제1항에 따른 행정정보의 공동이용을 통하여 신청인의 법인 등기사항증명서(법인인 경우만 해당한다) 또는 사업자등록증(개인인 경우만 해당한다)을 확인해야 한다. 다만, 신청인이 사업등록증을 확인하는데 동의하지 않는 경우에는 해당 서류의 사본을 제출하도록 해야 한다.

• 국토교통부장관은 녹색건축 인증기관 지정신청서가 제출되면 해당 신청인이 인증기관으로 적합한지를 환경부장관과 협의하여 검토한 후 제15조에 따른 인증운영위원회(이하 "인증운영위원회"라 한다)의 심의를 거쳐 지정 · 고시한다.

⑤ 인증기관 지정서의 발급 및 인증기관 지정의 갱신

- 국토교통부장관은 제4조제6항에 따라 인증기관으로 지정받은 자에게 별지 제2호서식의 녹색건축 인증기관 지정서를 발급하여야 한다.
- 인증기관 지정의 유효기간은 녹색건축 인증기관 지정서를 발급한 날부터 5년으로 한다.
- 국토교통부장관은 환경부장관과 협의한 후 인증운영위원회의 심의를 거쳐 지정의 유효기간을 5년마다 갱신할 수 있다. 이 경우 갱신기간은 갱신할 때마다 5년을 초과할 수 없다.
- 녹색건축 인증기관 지정서를 발급받은 인증기관의 장은 다음 각 호의 어느 하나에 해당하는 사항이 변경되었을 때에는 그 변경된 날부터 30일 이내에 변경된 내용을 증명하는 서류를 운영기관의 장에게 제출하여야 한다.

  1. 기관명

  1의2. 기관의 대표자

  2. 건축물의 소재지

  3. 심사전문인력
- 운영기관의 장은 변경 내용을 증명하는 서류를 받으면 그 내용을 국토교통부장관과 환경부장관에게 각각 보고하여야 한다.
- 국토교통부장관은 환경부장관과 협의하여 법 제19조 각 호의 사항을 점검할 수 있으며, 이를 위하여 인증기관의 장에게 관련 자료의 제출을 요구할 수 있다. 이 경우 자료 제출을 요구받은 인증기관의 장은 특별한 사유가 없으면 이에 따라야 한다.

5) 인증 신청

① 신청시기

- 「건축법」 제22조에 따른 사용승인 또는 「주택법」 제29조에 따른 사용검사를 받은 후
- 개별 법령(조례를 포함한다)에 따라 제도적 · 재정적 지원을 받거나 의무적으로 녹색건축 인증을 받아야 하는 경우에는 사용승인 또는 사용검사를 받기 전

② 신청자격

- 건축주
- 건축물 소유자
- 사업주체 또는 시공자(건축주나 건축물 소유자가 인증 신청에 동의하는 경우에만 해당한다)

③ 신청서류 제출

별지 제3호서식의 녹색건축 인증 · 인증 유효기간 연장 신청서(전자문서로 된 신청서를 포함한다)에 다음 각 호의 서류(전자문서를 포함한다)를 첨부하여 제3조제3항제1호에 따

른 인증관리시스템(이하 "인증관리시스템"이라 한다)을 통해 인증기관의 장에게 제출해야 한다.

1. 국토교통부장관과 환경부장관이 정하여 공동으로 고시하는 녹색건축 자체평가서
2. 제1호에 따른 녹색건축 자체평가서에 포함된 내용이 사실임을 증명할 수 있는 서류

④ 처리기간

- 신청서와 신청서류가 접수된 날부터 다음 각 호의 구분에 따른 기간 이내에 인증을 처리하여야 한다.
  1. 단독주택(30세대 미만인 경우만 해당한다) : 20일
  2. 제1호에서 규정한 건축물(이하 "소형주택"이라 한다) 외의 건축물 : 40일
- 기간 이내에 부득이한 사유로 인증을 처리할 수 없는 경우에는 건축주 등에게 그 사유를 통보하고 20일의 범위에서 인증 심사 기간을 한 차례만 연장

⑤ 서류보완

- 인증기관의 장은 건축주 등이 제출한 서류의 내용이 불충분하거나 사실과 다른 경우에는 서류가 접수된 날부터 20일 이내에 건축주등에게 보완을 요청할 수 있다. 이 경우 건축주등이 제출서류를 보완하는 기간은 제3항에 따른 기간에 산입하지 아니한다.
- 인증기관의 장은 건축주 등이 보완 요청 기간 안에 보완을 하지 아니한 경우 등에는 신청을 반려할 수 있다. 이 경우 반려기준 및 절차 등 필요한 사항은 국토교통부장관과 환경부장관이 공동으로 정하여 고시한다.

6) 인증 심사

① 인증심사단 구성

- 구성기관 : 인증기관
- 구성시기 : 인증신청 접수 시

② 인증심사

㉮ 심사내용

서류심사와 현장실사(現場實査)를 하고, 심사 내용, 점수, 인증 여부 및 인증 등급을 포함한 인증심사결과서를 작성

㉯ 인증여부 결정

인증심사결과서를 작성한 인증기관의 장은 인증심의위원회의 심의를 거쳐 인증 여부 및 인증 등급을 결정한다. 다만, 다음 각 호의 어느 하나에 해당하는 경우에는 인증심의위원회의 심의를 생략할 수 있다.

1. 단독주택에 대하여 인증을 신청한 경우
2. 법 제27조에 따른 그린리모델링(이하 "그린리모델링"이라 한다) 인증 용도로 인증

을 신청한 경우

㉰ 인증심사단 구성

인증심사단은 해당 전문분야 중 5개 이상의 분야에서 각 분야별로 1명 이상의 심사전문인력으로 구성한다. 다만, 단독주택 및 그린리모델링에 대한 인증인 경우에는 해당 전문분야 중 2개 이상의 분야에서 각 분야별로 1명 이상의 심사전문인력으로 인증심사단을 구성할 수 있다.

㉱ 인증심의위원회

인증심의위원회는 제3조제5항에 따른 후보단에 속해 있는 사람으로서 해당 전문분야 중 4개 이상의 분야에서 각 분야별로 1명 이상의 전문가로 구성한다. 이 경우 인증심의위원회의 위원은 해당 인증기관에 소속된 사람이 아니어야 하며, 다른 인증기관의 심사전문인력을 1명 이상 포함해야 한다.

7) 인증기준

① 인증기준 심사

녹색건축 인증은 해당 전문분야별로 국토교통부장관과 환경부장관이 공동으로 정하여 고시하는 인증기준에 따라 부여된 종합점수를 기준으로 심사

② 인증등급

최우수(그린1등급), 우수(그린2등급), 우량(그린3등급) 또는 일반(그린4등급)

③ 가산점 부여

인증기관의 장은 법 제21조제2항에 따라 지정된 전문기관에서 운영하는 일정한 교육과정을 이수한 사람이 인증대상 건축물의 설계에 참여한 경우 또는 혁신적인 설계방식을 도입한 경우 등 녹색건축 관련 기술의 발전을 위하여 필요하다고 인정하는 경우에는 국토교통부장관과 환경부장관이 공동으로 정하여 고시하는 바에 따라 가산점을 부여할 수 있다.

④ 인증기준의 구분

제1항에 따른 인증기준은 「건축법」 제22조에 따른 사용승인(이하 "사용승인"이라 한다) 또는 「주택법」 제49조에 따른 사용검사(이하 "사용검사"라 한다)를 받은 날부터 5년이 지난 건축물과 그 밖의 건축물로 구분하여 정할 수 있다.

8) 인증서 발급 등

① 인증서 발급 및 인증명판 제공과 게시, 활용

- 인증기관의 장은 녹색건축 인증을 할 때에는 별지 제4호서식의 녹색건축 인증서를 발급하고, 별표 2의 인증명판(認證名板)을 제공하여야 한다.

- 이 경우 법 제16조제5항 및 영 제11조의3에 따른 건축물의 건축주등은 인증명판을 건축물 현관 및 로비 등 공공이 볼 수 있는 장소에 게시하여야 한다.
- 녹색건축 인증을 받은 건축물의 건축주등은 자체적으로 별표 2에 따라 인증명판을 제작하여 활용할 수 있다.

② 인증의 유효기간

녹색건축 인증의 유효기간은 제1항에 따라 녹색건축 인증서를 발급한 날부터 5년으로 한다.

③ 인증심사결과 제출

인증기관의 장은 인증서를 발급하였을 때에는 인증 대상, 인증 날짜, 인증 등급 및 인증 심사단과 인증심사위원회의 구성원 명단을 포함한 인증 심사 결과를 운영기관의 장에게 제출하고, 제7조제1항에 따른 인증심사결과서를 인증관리시스템에 등록해야 한다.

9) 인증 유효기간의 연장

- 제9조제1항에 따라 인증서를 발급받은 건축주 등은 같은 조 제3항에 따른 인증 유효기간의 만료일 180일 전부터 만료일까지 유효기간의 연장을 신청할 수 있다.
- 유효기간의 연장 신청을 받은 인증기관의 장은 국토교통부장관과 환경부장관이 공동으로 정하여 고시하는 기준에 적합하다고 인정되면 유효기간을 연장할 수 있다. 이 경우 연장된 유효기간은 유효기간의 만료일 다음 날부터 5년으로 한다.
- 유효기간의 연장 신청 · 심사 및 인증서의 발급 등에 관하여는 각각 제6조, 제7조제1항 및 제9조를 준용한다.
- 제7조제1항에 따른 인증심사단은 해당 전문분야 중 2개 이상의 분야에서 각 분야별로 1명 이상의 심사전문인력으로 구성한다.
- 제7조제1항에 따라 인증심사결과서를 작성한 인증기관의 장은 인증 여부 및 인증 등급을 결정하기 위하여 필요하면 인증심의위원회의 심의를 거칠 수 있다. 이 경우 인증심의위원회의 구성에 관하여는 제7조제4항을 준용한다.

10) 재심사 요청 등

- 제7조 또는 제9조의2제2항 전단에 따른 인증 또는 인증 유효기간의 연장 심사 결과나 법 제20조제1항에 따른 인증 취소 결정에 이의가 있는 건축주 등은 인증기관의 장에게 재심사를 요청할 수 있다.
- 재심사 결과 통보, 인증서 재발급 등 재심사에 따른 세부 절차에 관한 사항은 국토교통부장관과 환경부장관이 정하여 공동으로 고시한다.

11) 예비인증의 신청 등

① 신청시기

- 건축주 등은 제6조제1항에 따른 인증에 앞서 건축물 설계도서에 반영된 내용만을 대상으로 녹색건축 예비인증(이하 "예비인증"이라 한다)을 신청할 수 있다.
- 예비인증 결과에 따라 개별 법령(조례를 포함한다)에서 정하는 제도적 · 재정적 지원을 받는 경우에는 「건축법」에 따른 허가 · 신고 또는 「주택법」에 따른 사업계획승인 전에 예비인증을 신청할 수 있다.

② 신청서류

본인증과 동일

③ 인증서 발급

인증기관의 장은 심사 결과 예비인증을 하는 경우 별지 제6호서식의 녹색건축 예비인증서(「주택건설기준 등에 관한 규칙」 제12조의2에 따른 공동주택성능등급 인증서를 포함한다. 이하 같다)를 건축주등에게 발급하여야 한다. 이 경우 건축주 등이 예비인증을 받은 사실을 광고 등의 목적으로 사용하려면 제9조제1항에 따른 인증(이하 "본인증"이라 한다)을 받을 경우 그 내용이 달라질 수 있음을 알려야 한다.

④ 본인증과 관계

예비인증을 받은 건축주 등은 본인증을 받아야 한다. 이 경우 예비인증을 받아 제도적 · 재정적 지원을 받은 건축주 등은 예비인증 등급 이상의 본인증을 받아야 한다.

⑤ 예비인증의 유효기간

예비인증의 유효기간은 녹색건축 예비인증서를 발급한 날부터 사용승인일 또는 사용검사일까지로 한다. 다만, 사용승인 또는 사용검사 전에 제9조제1항에 따른 녹색건축 인증서를 발급받은 경우에는 해당 인증서 발급일까지로 한다.

12) 인증을 받은 건축물에 대한 점검 및 실태조사

- 녹색건축 인증을 받은 건축물의 소유자 또는 관리자는 그 건축물을 인증받은 기준에 맞도록 유지 · 관리하여야 한다.
- 인증기관의 장은 유지 · 관리 실태 파악을 위하여 녹색건축과 관련된 건축현황 등 필요한 자료를 건축물의 소유자 또는 관리자에게 요청할 수 있다.
- 인증기관의 장은 필요한 경우에는 녹색건축 인증을 받은 건축물의 정상 가동 여부 등을 확인할 수 있다.
- 인증기관의 장은 녹색건축 인증을 신청하거나 인증을 받은 건축물에 대하여 자체평가서 및 인증 신청시 제출한 서류 등 인증취득에 관한 정보를 건축주 등의 서면동의 없이 외부에 공개하여서는 아니 된다. 다만, 인증받은 건축물의 전문분야별 총점은 공개할 수 있다.

- 녹색건축 인증을 받은 건축물에 대한 점검 및 실태조사 범위 등 세부 사항은 국토교통부장관과 환경부장관이 정하여 공동으로 고시한다.

13) 인증 수수료

- 건축주 등은 제6조제2항(제9조의2제3항에 따라 준용되는 경우를 포함한다)에 따른 녹색건축 인증 · 인증 유효기간 연장 신청서 또는 제11조제2항에 따른 녹색건축 예비인증 신청서를 제출하려는 경우 해당 인증기관의 장에게 「엔지니어링산업 진흥법」 제31조제2항에 따라 산업통상자원부장관이 정하여 고시하는 대가 산정 기준의 범위에서 인증 대상 건축물의 규모 및 면적 등을 고려하여 국토교통부장관과 환경부장관이 정하여 공동으로 고시하는 인증 수수료를 내야 한다.
- 제10조제1항(제11조제6항에 따라 준용되는 경우를 포함한다)에 따라 재심사를 신청하는 건축주등은 국토교통부장관과 환경부장관이 정하여 공동으로 고시하는 인증 수수료를 추가로 내야 한다.
- 인증 수수료는 현금이나 정보통신망을 이용한 전자화폐 · 전자결제 등의 방법으로 납부하여야 한다.
- 인증 수수료의 환불 사유, 반환 범위, 납부 기간 및 그 밖에 인증 수수료의 납부에 필요한 사항은 국토교통부장관과 환경부장관이 정하여 공동으로 고시한다.

14) 인증운영위원회의 구성 · 운영 등

- 국토교통부장관과 환경부장관은 녹색건축 인증제도를 효율적으로 운영하기 위하여 국토교통부장관이 환경부장관과 협의하여 정하는 기준에 따라 인증운영위원회를 구성하여 운영할 수 있다.
- 인증운영위원회는 다음 각 호의 사항을 심의한다.
  1. 삭제
  2. 인증기관의 지정 및 지정의 유효기간 갱신에 관한 사항
  3. 인증기관 지정의 취소 및 업무정지에 관한 사항
  4. 인증 심사 기준의 제정 · 개정에 관한 사항
  5. 그 밖에 녹색건축 인증제의 운영과 관련된 중요사항
- 국토교통부장관과 환경부장관은 인증운영위원회의 운영을 운영기관에 위탁할 수 있다.
- 위에서 규정한 사항 외에 인증운영위원회의 세부 구성 및 운영 등에 관한 사항은 국토교통부장관과 환경부장관이 정하여 공동으로 고시한다.

10. 어린이놀이시설 안전관리법

1) 목적

어린이들이 안전하고 편안하게 놀이기구를 사용할 수 있도록 어린이놀이시설의 설치 · 유지 및 보수 등에 관한 기본적인 사항을 정하고 어린이놀이시설을 담당하는 행정기관의 역할과 책무를 정하여 어린이놀이시설의 효율적인 안전관리 체계를 구축함으로써 어린이놀이시설 이용에 따른 어린이의 안전사고를 미연에 방지함을 목적으로 한다.

2) 정의

① 어린이놀이기구

어린이가 놀이를 위하여 사용할 수 있도록 제조된 그네, 미끄럼틀, 공중놀이기구, 회전놀이기구 등으로서 「어린이제품 안전 특별법」 제2조제9호에 따른 안전인증대상어린이제품을 말한다.

② 어린이놀이시설

어린이놀이기구가 다음 각 호의 어느 하나의 장소에 설치된 경우 해당 놀이시설

1. 「공중위생관리법」에 따른 목욕장업을 하는 자의 영업소
2. 「도로법」에 따른 휴게시설
3. 「도시공원 및 녹지 등에 관한 법률」에 따른 도시공원
4. 「식품위생법」에 따른 식품접객업을 하는 자의 영업소
5. 「아동복지법」에 따른 아동복지시설
6. 「영유아보육법」에 따른 어린이집
7. 「유아교육법」에 따른 유치원
8. 「유통산업발전법」에 따른 대규모점포
9. 「의료법」에 따른 의료기관
10. 「주택법」에 따른 주택단지
11. 「초 · 중등교육법」에 따른 초등학교 및 특수학교
12. 「학원의 설립 · 운영 및 과외교습에 관한 법률」에 따른 학원
13. 어린이에게 놀이를 제공하는 것을 업으로 하는 자의 영업소
14. 「건축법」에 따른 종교시설
15. 「건축법」에 따른 건축허가를 받아 주택과 주택 외의 시설을 동일 건축물로 건축한 건축물(해당 건축물 중 주택이 차지하는 세대 수가 100세대 이상인 건축물에 한정한다)
16. 「관광진흥법」에 따른 야영장업을 하는 자가 야영편의를 위하여 제공하는 시설
17. 「도서관법」에 따른 공공도서관

18. 「박물관 및 미술관 진흥법」에 따른 박물관
19. 「산림문화 · 휴양에 관한 법률」에 따른 자연휴양림
20. 「하천법」에 따른 하천구역 또는 하천시설

③ 관리감독기관의 장

어린이놀이시설의 안전한 유지관리를 위하여 다음 각 목의 구분에 따라 어린이놀이시설을 관리 · 감독하는 행정기관의 장을 말한다.

가. 교육장 : 어린이놀이시설이 학교와 유치원 및 학원에 소재하는 경우

나. 특별자치시장 · 특별자치도지사 · 시장 · 군수 · 구청장(자치구의 구청장을 말한다) : 가목 외의 어린이놀이시설의 경우

④ 관리주체

어린이놀이시설의 소유자로서 관리책임이 있는 자, 다른 법령에 의하여 어린이놀이시설의 관리자로 규정된 자 또는 그 밖에 계약에 의하여 어린이놀이시설의 관리책임을 진 자를 말한다.

⑤ 설치검사

어린이놀이시설의 안전성 유지를 위하여 행정안전부장관이 정하여 고시하는 어린이놀이시설의 시설기준 및 기술기준에 따라 설치한 후에 안전검사기관으로부터 받아야 하는 검사를 말한다.

⑥ 정기시설검사

설치검사를 받은 어린이놀이시설이 행정안전부장관이 정하여 고시하는 시설기준 및 기술기준에 따른 적합성을 유지하고 있는지를 확인하기 위하여 안전검사기관으로부터 받아야 하는 검사를 말한다.

⑦ 안전점검

어린이놀이시설의 관리주체 또는 관리주체로부터 어린이놀이시설의 안전관리를 위임받은 자가 육안 또는 점검기구 등에 의하여 검사를 하여 어린이놀이시설의 위험요인을 조사하는 행위를 말한다.

⑧ 안전진단

제4조의 안전검사기관이 어린이놀이시설에 대하여 조사 · 측정 · 안전성 평가 등을 하여 해당 어린이놀이시설의 물리적 · 기능적 결함을 발견하고 그에 대한 신속하고 적절한 조치를 하기 위하여 수리 · 개선 등의 방법을 제시하는 행위를 말한다.

⑨ 유지관리

설치된 어린이놀이시설에 관하여 안전점검 및 안전진단 등을 실시하여 어린이놀이시설이 기능 및 안전성을 유지할 수 있도록 정비 · 보수 및 개량 등을 행하는 것을 말한다.

3) 안전검사기관의 지정

① 지정권자

행정안전부장관

② 주요업무

설치검사 · 정기시설검사 또는 안전진단을 행하는 기관

③ 지정신청

- 안전검사기관으로 지정을 받고자 하는 법인 또는 단체(지방자치단체를 포함한다)는 검사장비 및 검사인력 등 대통령령이 정하는 지정요건을 갖추어 행정안전부장관에게 신청하여야 한다.
- 행정안전부장관은 지정 신청이 다음 각 호의 어느 하나에 해당하는 경우를 제외하고는 안전검사기관으로 지정하여야 한다.
  1. 영리를 목적으로 하는 법인 또는 단체인 경우
  2. 관리주체가 법인 또는 단체이거나 관리주체를 구성원으로 하는 법인 또는 단체인 경우
  3. 어린이놀이기구의 제조업자, 설치업자 또는 유통업자를 구성원으로 하는 법인 또는 단체인 경우

  3의2. 안전점검 또는 유지관리를 업무로 하는 법인 또는 단체의 경우(그 소속 임직원이 안전점검 또는 유지관리 업무를 하는 경우를 포함한다)

  4. 지정요건을 갖추지 못한 경우
  5. 그 밖에 이 법 또는 다른 법령에 따른 제한에 위반되는 경우
- 행정안전부장관은 지정을 받은 안전검사기관에 설치검사업무 등의 수행에 필요한 지원을 할 수 있다.
- 안전검사기관의 지정방법 · 절차 등에 관하여 필요한 사항은 행정안전부령으로 정한다.

④ 지정취소

- 행정안전부장관은 안전검사기관이 다음 각 호의 어느 하나에 해당하는 때에는 그 지정을 취소하거나 1년 이내의 기간을 정하여 업무의 전부 또는 일부의 정지를 명할 수 있다. 다만, 제1호 또는 제2호의 규정에 해당하는 경우에는 그 지정을 취소하여야 한다.
  1. 거짓 그 밖의 부정한 방법으로 안전검사기관으로 지정을 받은 경우
  2. 업무정지기간 중에 설치검사 · 정기시설검사, 안전진단을 행한 경우
  3. 정당한 사유 없이 설치검사 · 정기시설검사, 안전진단을 거부한 경우
  4. 제4조제2항의 규정에 따른 지정요건에 적합하지 아니하게 된 경우
  5. 관리주체가 된 경우

  5의2. 안전점검 또는 유지관리 업무를 하는 경우(그 소속 임직원이 안전점검 또는 유

지관리 업무를 하는 경우를 포함한다)

6. 제12조의 규정에 따른 방법 · 절차 등을 위반하여 설치검사 또는 정기시설검사를 행한 경우
7. 제16조제1항의 규정에 따른 방법 · 절차 등을 위반하여 안전진단을 행한 경우

- 지정취소, 업무정지의 기준 및 절차 등에 관하여 필요한 사항은 행정안전부령으로 정한다.

4) 어린이놀이시설 설치검사

① 설치제품

「어린이제품 안전 특별법」 제17조에 따라 안전인증을 받은 어린이놀이기구

② 설치기준

행정안전부장관이 정하여 고시하는 시설기준 및 기술기준에 적합하게 설치하여야 한다.

③ 설치검사

㉮ 검사시기

관리주체에게 인도하기 전

㉯ 검사기관

안전검사기관

㉰ 검사 불합격 시설 등의 이용금지 및 개선

- 설치자 또는 관리주체는 다음 각 호의 어느 하나에 해당하는 경우 지체 없이 대통령령으로 정하는 방법에 따라 어린이 등이 해당 어린이놀이시설에 출입하지 못하도록 이용금지 조치를 하고 해당 관리감독기관의 장에게 그 사실을 통보하여야 한다.
  1. 제12조제1항에 따른 설치검사를 받지 아니하였거나 설치검사에 불합격된 경우
  2. 제12조제2항에 따른 정기시설검사를 받지 아니하였거나 정기시설검사에 불합격된 경우
  3. 제16조제1항에 따른 안전진단에서 위험하거나 보수가 필요하다는 판정을 받은 경우
- 설치자 또는 관리주체는 제12조에 따른 설치검사나 정기시설검사에서 불합격 통보를 받았거나 제16조에 따른 안전진단에서 위험하거나 보수가 필요하다는 판정 통보를 받은 경우에는 그 통보를 받은 날부터 2개월 이내에 시설개선계획서를 관리감독기관의 장에게 제출하고 수리 · 보수 등 필요한 조치를 하여야 한다. 다만, 2개월 이내에 시설개선 등을 완료한 경우에는 시설개선계획서를 제출하지 아니할 수 있다.
- 관리감독기관의 장은 제출받은 시설개선계획서의 적정성을 검토하여 필요한 경우 보완을 요구할 수 있으며, 설치자 또는 관리주체는 정당한 사정이 없으면 이에 따라

야 한다.

- 관리감독기관의 장은 시설개선의 완료와 계획서에 따른 시설개선의 이행을 확인 · 점검하여야 하며, 그 확인 · 점검 결과 시설개선이 이루어지지 아니하였다고 인정하는 경우에는 설치자 또는 관리주체에게 기한을 정하여 해당 어린이놀이시설을 보완하도록 명하여야 한다.

㉣ 설치검사절차

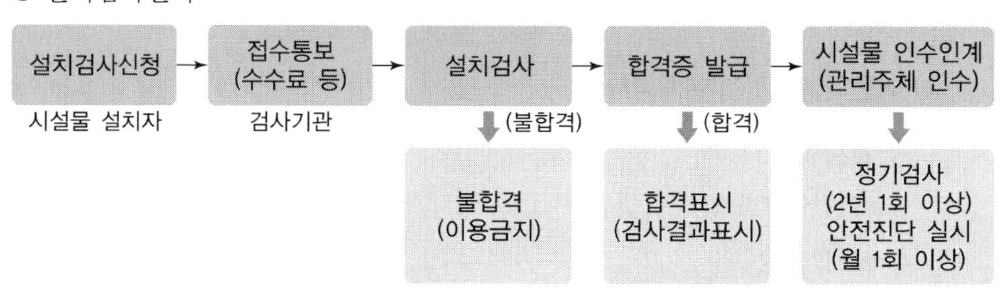

㉤ 정기시설검사

- 검사주기 : 설치검사 이후 2년에 1회 이상
- 검사기관 : 안전검사기관

㉥ 합격표시

설치검사 및 정기시설 검사한 경우 사용자가 알 수 있도록 표시

5) 관리주체의 유지관리

① 안전점검 실시

어린이놀이시설의 관리주체 또는 관리주체로부터 어린이놀이시설의 안전관리를 위임받은 자가 육안 또는 점검기구 등에 의하여 검사를 하여 어린이놀이시설의 위험요인을 조사하는 행위를 안전점검이라 함

㉮ 점검주기

월 1회 이상

㉯ 안전점검의 항목

- 어린이놀이시설의 연결상태
- 어린이놀이시설의 노후 정도
- 어린이놀이시설의 변형상태
- 어린이놀이시설의 청결상태
- 어린이놀이시설의 안전수칙 등의 표시상태
- 부대시설의 파손상태 및 위험물질의 존재여부

㉰ 안전점검의 방법

구분	안전점검의 방법
양호	어린이놀이시설의 이용자에게 위해 · 위험을 발생시킬 요소가 없는 경우
요주의	어린이놀이시설의 이용자에게 위해 · 위험을 발생시킬 요소는 발견할 수 없으나, 어린이놀이기구와 그 부분품의 제조업체가 정한 사용연한이 지난 경우
요수리	어린이놀이시설의 이용자에게 위해 · 위험을 발생시킬 요소가 되는 틈, 헐거움, 날카로움 등이 생길 가능성이 있거나, 어린이놀이시설이 더럽거나 안전관련표시가 훼손된 경우
이용금지	어린이놀이시설의 이용자에게 위해 · 위험을 발생시킬 수 있는 틈, 헐거움, 날카로움 등이 있거나 위해가 발생한 경우

㉱ 부적합시설

- 이용을 금지하고 1개월 이내에 안전검사기관에 안전진단을 신청
- 어린이놀이시설을 철거하는 경우에는 안전진단 신청 생략

② 물놀이형 어린이놀이시설의 안전관리

관리주체는 어린이 안전을 위하여 물을 활용한 물놀이형 어린이놀이시설에 물을 활용하는 기간 동안에는 안전요원을 배치하여야 하며, 안전요원의 배치 등에 필요한 사항은 행정안전부령으로 정한다.

③ 안전진단의 실시

㉮ 안전진단의 절차

안전점검 결과 부적합시설에 대해 안전진단 신청

㉯ 제출서류

- 안전진단 신청서
- 어린이놀이시설의 배치도(사진을 포함한다)
- 어린이놀이시설의 설치장소에 관한 약도

㉰ 안전진단결과

- 안전진단결과통지서를 신청인과 다음 각 호의 구분에 따른 자에게 통보
  - 국립학교인 경우 : 교육부장관
  - 유치원 · 초등학교 · 특수학교 또는 학원인 경우 : 소관 특별시 · 광역시 · 도 또는 특별자치도의 교육감
  - 그 밖의 경우 : 소관 특별시장 · 광역시장 · 도지사 또는 특별자치도지사
- 사후조치

  부적합시설은 수리 · 보수 등 조치를 실시하고 안전검사기관으로부터 재사용여부를 확인받아야 한다.

- 중앙행정기관의 장은 재사용 불가 어린이놀이시설이 안전을 침해할 것으로 판단되면 철거를 명할 수 있다.
- 관리주체는 어린이놀이시설을 이용금지 · 폐쇄 · 철거하는 경우에는 어린이 등이 출입하지 못하도록 조치를 하고 해당 어린이놀이시설의 소관 중앙행정기관의 장에게 그 사실 통보

④ 점검결과 등의 기록 · 보관

- 관리주체는 규정에 따라 안전점검 및 안전진단을 실시한 결과를 행정안전부령으로 정하는 바에 따라 기록 · 보관
- 관리주체는 안전점검 또는 안전진단을 한 결과에 대하여 안전점검실시대장 또는 안전진단실시대장을 작성하여 최종 기재일부터 3년간 보관

⑤ 어린이놀이시설 안전관리 사업의 지원

- 특별시장 · 광역시장 · 특별자치시장 · 도지사 · 특별자치도지사(이하 "시 · 도지사"라 한다) 및 교육감은 어린이놀이시설에 대한 효율적인 안전관리를 위하여 다음 각 호의 사업을 영위하는 기관(이하 "어린이놀이시설 안전관리지원기관"이라 한다)을 지정하여 고시하고 그 사업을 지원할 수 있다.
  1. 어린이놀이시설 이용자의 위해 · 위험을 예방하기 위한 사업
  2. 어린이놀이시설의 안전관리 관련 업무담당자 등의 교육
  3. 설치검사 · 안전점검을 받은 어린이놀이시설로 인하여 발생한 피해 보전을 위한 사업
  4. 그 밖에 어린이놀이시설과 관련된 통계조사 등 어린이놀이시설의 안전관리를 위하여 시 · 도지사 및 교육감이 필요하다고 인정하는 사업
- 어린이놀이시설 안전관리지원기관의 지정기준 · 절차 및 방법 등 필요한 사항은 행정안전부령으로 정한다.

⑥ 어린이놀이시설의 종합관리를 위한 협력

- 행정안전부장관은 어린이놀이시설로 인하여 발생할 수 있는 위해 · 위험사고를 예방하기 위하여 다음 각 호의 사업을 추진할 수 있으며 안전 관련 업무를 수행하는 관련 기관 또는 단체 등과 협력할 수 있다.
  1. 어린이놀이시설 이용자의 위해 · 위험 예방을 위한 국내외 자료의 조사 · 연구 · 보급 및 활용의 촉진
  2. 삭제
  3. 어린이놀이시설에 대한 유지 · 보수 등의 종합적인 관리
  4. 그 밖에 행정안전부장관이 필요하다고 인정하는 사항
- 행정안전부장관은 어린이놀이시설의 안전관리에 필요하다고 인정하는 경우에는 어린이놀이시설과 관련된 통계 등의 자료를 관련 중앙행정기관의 장 및 관리감독기관의 장

에게 요청할 수 있다.

⑦ 어린이놀이시설 안전관리시스템 구축 및 운영

- 행정안전부장관은 어린이놀이시설과 관련된 정보를 종합적으로 관리하고 이를 어린이놀이시설의 이용자에게 제공하기 위하여 어린이놀이시설 안전관리시스템을 구축 · 운영하여야 한다.
- 어린이놀이시설 안전관리시스템에는 다음 각 호의 정보가 포함되어야 한다.
  1. 어린이놀이시설의 설치현황에 관한 정보
  2. 어린이놀이시설의 설치검사 및 정기시설검사에 관한 정보
  3. 어린이놀이시설 안전관리자의 교육이수에 관한 정보
  4. 어린이놀이시설의 보험가입에 관한 정보
  5. 어린이놀이시설의 이용금지 · 폐쇄 및 철거에 관한 정보
  6. 그 밖에 어린이놀이시설의 안전관리에 필요한 것으로 대통령령으로 정하는 정보
- 행정안전부장관은 관리감독기관의 장 및 안전검사기관의 장 등에게 어린이놀이시설 안전관리시스템의 구축 · 운영에 필요한 안전정보 등의 자료를 제출 또는 등록하도록 요청할 수 있다.
- 그 밖에 어린이놀이시설 안전관리시스템의 구축 및 운영에 필요한 사항은 대통령령으로 정한다.

6) 안전교육

① 교육참가자

관리주체에 소속된 안전관리에 관련된 업무를 담당하는 자

② 교육기관

안전관리지원기관

③ 교육시기

- 어린이놀이시설을 인도 받은 경우 : 인도 받은 날부터 3개월
- 안전관리자가 변경된 경우 : 변경된 날부터 3개월
- 안전관리자의 안전교육 유효기간이 만료되는 경우 : 유효기간 만료일 전 3개월

④ 안전교육내용

- 어린이놀이시설 안전관리에 관한 지식 및 법령
- 어린이놀이시설 안전관리 의무
- 그 밖에 어린이놀이시설의 안전관리를 위하여 필요한 사항

⑤ 안전교육주기

2년에 1회 이상으로 하고, 1회 안전교육시간은 4시간 이상

7) 시설물관리 총괄도

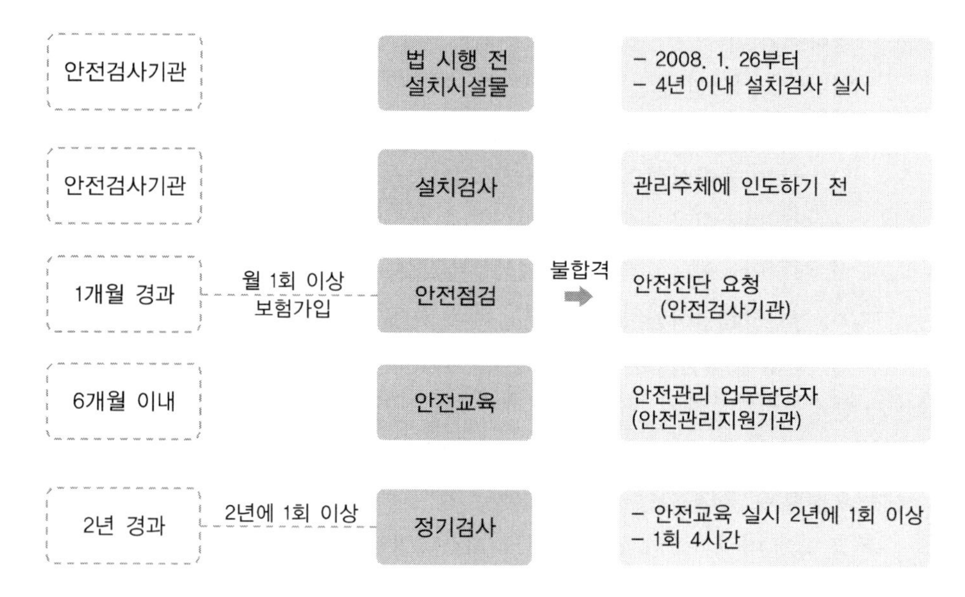

11. 수목원 · 정원의 조성 및 진흥 등에 관한 법률

1) 목적

수목원 및 정원의 조성 · 운영 및 육성에 필요한 사항을 규정함으로써 국가적으로 유용한 수목유전자원의 보전 및 자원화를 촉진하고, 정원을 체계적으로 관리하여 국민의 삶의 질 향상과 국민경제의 발전에 이바지함을 목적

2) 정의

① 수목원

수목을 중심으로 수목유전자원을 수집 · 증식 · 보존 · 관리 및 전시하고 그 자원화를 위한 학술적 · 산업적 연구 등을 하는 시설로서 농림축산식품부령으로 정하는 기준에 따라 다음 각 목의 시설을 갖춘 것을 말함

가. 수목유전자원의 증식 및 재배 시설

나. 수목유전자원의 관리시설

다. 화목원 · 자생식물원 등 농림축산식품부령으로 정하는 수목유전자원 전시시설

라. 그 밖에 수목원의 관리 · 운영에 필요한 시설

② 정원

식물, 토석, 시설물(조형물을 포함) 등을 전시 · 배치하거나 재배 · 가꾸기 등을 통하여 지속적인 관리가 이루어지는 공간(시설과 그 토지를 포함)

다만, 「문화재보호법」에 따른 문화재, 「자연공원법」에 따른 자연공원, 「도시공원 및 녹지 등에 관한 법률」에 따른 도시공원 등 대통령령으로 정하는 공간은 제외

③ 수목유전자원

수목 등 산림식물(자생 · 재배 식물을 포함)과 그 식물의 종자 · 조직 · 세포 · 화분(花粉) · 포자(胞子) 및 이들의 유전자 등으로서 학술적 · 산업적 가치가 있는 유전자원

④ 수목원 또는 정원 전문가

수목유전자원 또는 식물에 대한 지식을 체계적으로 전달하고 수목원 또는 정원을 효과적으로 조성 · 관리 및 보전 · 전시하기 위하여 지정된 수목원 또는 정원 전문가 교육기관에서 수목원 또는 정원 전문가 교육과정을 이수한 사람을 말함

⑤ 희귀식물

자생식물 중 개체수와 자생지가 감소되고 있어 특별한 보호 · 관리가 필요한 식물로서 농림축산식품부령으로 정하는 식물

⑥ 특산식물

자생식물 중 우리나라에만 분포하고 있는 식물로서 농림축산식품부령으로 정하는 식물

⑦ 정원산업

정원용 식물, 시설물 및 재료를 생산 · 유통하거나 이에 필요한 서비스 등을 제공하는 산업

⑧ 정원치유

정원의 다양한 기능과 자원을 활용하여 신체적, 정신적 건강을 회복하고 유지 · 증진시키는 활동

3) 수목원 및 정원의 구분

① 수목원의 구분

수목원은 그 조성 및 운영 주체에 따라 다음 각 호와 같이 구분

1. 국립수목원 : 산림청장이 조성 · 운영하는 수목원
2. 공립수목원 : 지방자치단체가 조성 · 운영하는 수목원
3. 사립수목원 : 법인 · 단체 또는 개인이 조성 · 운영하는 수목원
4. 학교수목원 : 「초 · 중등교육법」 및 「고등교육법」에 따른 학교 또는 다른 법률에 따라 설립된 교육기관이 교육지원시설로 조성 · 운영하는 수목원

② 정원의 구분

정원은 조성 · 운영 주체, 기능 및 주제에 따라 다음 각 호와 같이 구분

1. 국가정원 : 국가가 조성 · 운영하는 정원
2. 지방정원 : 지방자치단체가 조성 · 운영하는 정원
3. 민간정원 : 법인 · 단체 또는 개인이 조성 · 운영하는 정원
4. 공동체정원 : 국가 또는 지방자치단체와 법인, 마을 · 공동주택 또는 일정지역 주민들이 결성한 단체 등(이하 "공동체"라 함)이 공동으로 조성 · 운영하는 정원
5. 생활정원 : 국가, 지방자치단체 또는 「공공기관의 운영에 관한 법률」에 따른 공공기관으로서 대통령령으로 정하는 기관이 조성 · 운영하는 정원으로서 휴식 또는 재배 · 가꾸기 장소로 활용할 수 있도록 유휴공간에 조성하는 개방형 정원
6. 주제정원
   가. 교육정원 : 학생들의 교육 및 놀이를 목적으로 조성하는 정원
   나. 치유정원 : 정원치유를 목적으로 조성하는 정원
   다. 실습정원 : 정원 설계, 조성 및 관리 등을 통하여 전문인력 양성을 목적으로 조성하는 정원
   라. 모델정원 : 정원산업 진흥을 위하여 새롭게 도입되는 정원 관련 기술을 활용하여 조성하는 정원
   마. 그 밖에 지방자치단체의 조례로 정하는 정원

4) 수목원 · 정원진흥기본계획 등의 수립

① 수립권자와 기간

산림청장은 수목원의 확충 및 수목원 사업과 정원 사업의 육성 등을 위한 수목원 · 정원진흥기본계획(이하 "기본계획"이라 함)을 관계 중앙행정기관의 장과 협의하여 5년마다 수립 · 시행하여야 함

② 기본계획의 내용

기본계획에는 다음 각 호의 사항이 포함되어야 함

1. 수목원 · 정원 진흥의 기본방향 및 목표
2. 수목원 · 정원 조성현황
3. 수목원 · 정원에 대한 지원 및 수목원 · 정원 간의 교류확대
4. 수목원 · 정원의 정보화 및 활용
5. 그 밖에 수목원 · 정원의 조성 및 진흥에 필요한 사항으로서 대통령령으로 정하는 사항

③ 연도별 시행계획

산림청장은 기본계획에 따른 연도별 시행계획(이하 "시행계획"이라 함)을 수립 · 시행하고 이에 필요한 재원을 확보하기 위하여 노력

5) 국가정원의 지정

- 국가는 국토의 균형발전을 도모하고 정원문화 수혜의 지역 간 불균형 해소 및 여가 활성화를 통하여 국민의 삶의 질을 향상시키기 위하여 권역별로 국가정원이 확충될 수 있도록 노력
- 산림청장은 지방정원의 면적, 시설의 종류, 구성요소 및 운영실적 등이 대통령령으로 정하는 국가정원의 지정요건에 적합한 경우에는 관할 시 · 도지사의 의견을 듣고 관계 중앙행정기관의 장과의 협의를 거쳐 국가정원으로 지정하여 관리할 수 있음
- 산림청장은 국가정원을 지정하려는 경우에는 지정대상 정원의 특성 · 면적, 식물 · 시설의 종류 및 운영실적 등 그 지정에 필요한 사항을 조사하여야 함
- 산림청장은 지정된 국가정원을 운영하거나, 지방자치단체와 공동체가 지방정원 및 공동체정원을 조성하려는 경우 필요한 예산을 지원할 수 있음
- 그 밖에 지방정원의 국가정원 지정의 기준 및 절차, 지원방법, 운영(위탁 운영을 포함) 등에 필요한 사항은 대통령령으로 정함

① 국가정원의 지정요건

1. 지방정원의 면적 및 구성, 시설의 종류 및 기준이 국가정원의 시설의 종류 및 기준에 적합할 것
2. 조직 및 인력 : 다음 각 목의 기준에 적합할 것
   가. 정원 관리를 전담하는 조직이 구성되어 있을 것
   나. 정원 이용자에 대한 안내 및 교육을 담당하는 1명 이상의 전문인력을 포함하여 정원 관리 전담인력이 8명 이상일 것
   다. 자격을 갖춘 정원 전문관리인을 정원의 총면적을 기준으로 10만제곱미터당 1명 이상 둘 것
   라. 해당 지방정원의 운영 · 관리 등에 관한 사항을 조례로 정하여 운영 · 관리하고 있을 것
3. 지방정원의 운영실적이 다음 각 목의 기준에 적합할 것
   가. 지방정원으로 등록한 날(등록 이후 정원 면적에 대한 변경등록이 있는 경우에는 변경등록을 한 날을 말하며, 정원 면적에 대한 변경등록이 두 차례 이상 있는 경우에는 마지막으로 변경등록을 한 날을 말함)부터 3년 이상의 운영 실적이 있을 것
   나. 최근 3년 이내에 법에 따라 실시한 정원의 품질 및 운영 · 관리에 관한 평가결과가 70점 이상일 것

6) 정원지원센터의 설치 · 운영

- 산림청장은 정원산업 진흥에 필요한 업무를 지원하기 위하여 정원지원센터(이하 "지원센터"라 함)를 설치 · 운영할 수 있음
- 지원센터는 다음 각 호의 업무를 수행
  1. 정원산업의 창업 및 경영컨설팅 지원

2. 정원산업 관련 기술의 연구개발 및 지원
3. 정원산업에 대한 자료수집 · 보존 · 전시
4. 그 밖에 정원산업 진흥 지원을 위하여 필요한 사항

- 산림청장은 지원센터에 대하여 업무 수행에 필요한 비용을 지원
- 지원센터의 설치 및 운영, 그 밖에 필요한 사항은 대통령령으로 정함

7) 한국수목원정원관리원의 설립

- 다음 각 호의 사업을 효율적으로 추진하기 위하여 한국수목원정원관리원(이하 "관리원"이라 함)을 설립

1. 제5조제3항에 따른 기후 및 식생대별 국립수목원의 운영 및 관리업무
1의2. 정원산업 진흥 및 정원문화 활성화에 관한 사업
2. 다른 법령에서 관리원이 수행할 수 있도록 한 사업
3. 수목원 및 정원 진흥 등을 위하여 국가, 지방자치단체 또는 그 밖의 기관으로부터 위탁받은 사업
4. 그 밖에 관리원의 목적 달성을 위하여 필요한 사업으로서 대통령령으로 정하는 사업

- 관리원은 법인으로 함
- 관리원은 주된 사무소의 소재지에 설립등기를 함으로써 성립
- 관리원의 설립등기 및 정관 등에 관하여 필요한 사항은 대통령령으로 정함
- 관리원이 아닌 자는 한국수목원정원관리원 또는 이와 유사한 명칭을 사용하지 못함

8) 정원이 갖추어야할 시설의 종류 및 기준

1. 국가정원

시설의 종류	시설의 기준
가. 정원	1) 정원의 총면적은 30만제곱미터 이상일 것. 다만, 역사적 · 향토적 · 지리적 특성을 고려하여 국가적 차원에서 특별히 관리할 필요가 있는 경우 등 산림청장이 정하여 고시하는 경우에는 정원의 총면적을 30만제곱미터 미만으로 할 수 있다. 2) 정원의 총면적 중 원형보전지 및 조성녹지를 포함한 녹지의 면적(이하 "녹지면적"이라 한다)이 40퍼센트 이상일 것 3) 서로 다른 주제별로 조성된 정원을 5개 이상 포함할 것
나. 체험시설 · 편의시설 등	1) 정원의 이용자가 정원을 조성할 수 있는 체험시설을 갖추되, 연간 이용인원수를 고려하여 충분한 규모로 설치할 것 2) 주차장 및 화장실 등 이용자를 위한 편의시설을 갖출 것 3) 장애인 · 노인 · 임산부 등을 위한 쉼터, 안내판, 음수대, 휠체어 · 유모차 대여시설 및 매점 등 편의시설을 갖출 것 4) 정원의 이용에 관한 정보 제공 및 관리 업무를 수행하는 안내실 및 관리실을 갖출 것

2. 지방정원

시설의 종류	시설의 기준
가. 정원	1) 정원의 총면적은 10만제곱미터 이상일 것. 다만, 역사적 · 향토적 · 지리적 특성을 고려하여 특별히 관리할 필요가 있는 경우 등 관할 시 · 도지사가 조례로 정하는 경우에는 정원의 총면적을 10만제곱미터 미만으로 할 수 있다. 2) 정원의 총면적 중 녹지면적이 40퍼센트 이상일 것
나. 체험시설 · 편의시설 등	1) 정원의 이용자가 정원을 조성할 수 있는 체험시설을 갖추되, 연간 이용인원수를 고려하여 충분한 규모로 설치할 것 2) 주차장 및 화장실 등 이용자를 위한 편의시설을 갖출 것 3) 장애인 · 노인 · 임산부 등을 위한 쉼터, 안내판, 음수대, 휠체어 · 유모차 대여시설 및 매점 등 편의시설을 갖출 것 4) 정원의 이용에 관한 정보 제공 및 관리 업무를 수행하는 안내실 및 관리실(이동식 시설을 포함한다)을 갖출 것

3. 민간정원

시설의 종류	시설의 기준
가. 정원	정원의 총면적 중 녹지면적이 40퍼센트 이상일 것
나. 편의시설	주차장 및 화장실 등 이용자를 위한 편의시설을 갖출 것(일반에 공개하는 민간정원으로 한정한다)

4. 공동체정원

시설의 종류	시설의 기준
가. 정원	1) 정원을 조성 · 운영하는 국가 또는 지방자치단체와 법인, 마을 · 공동주택 또는 일정지역 주민들이 결성한 단체 등(이하 "공동체"라 한다)의 접근이 용이한 장소에 조성될 것 2) 정원의 조성 · 운영과 관련하여 공동체의 활동을 위한 공간을 갖출 것
나. 정원관리시설 · 편의시설 등	1) 관수(灌水)시설, 도구함 등 정원의 조성 · 관리에 필요한 시설과 설비를 갖출 것 2) 공동체가 이용가능한 주차장 및 화장실 등 편의시설을 갖출 것

5. 생활정원

시설의 종류	시설의 기준
가. 정원	1) 일반 공중이 접근가능한 장소 또는 건축물의 유휴공간에 설치할 것 2) 정원의 총면적 중 녹지면적이 60퍼센트 이상일 것 3) 정원의 조성에 이용자가 참여할 수 있는 참여형 정원을 갖출 것 4) 정원의 식물 중 자생식물의 비중이 20퍼센트 이상일 것
나. 편의시설	1) 의자, 탁자 등 이용자 휴게공간을 갖출 것. 이 경우 휴게공간은 정원과 균형적인 배치가 될 수 있도록 해야 한다. 2) 주차장 및 화장실 등 이용자를 위한 편의시설을 갖출 것

6. 주제정원

가. 교육정원

시설의 종류	시설의 기준
1) 정원	가) 교육 및 놀이를 통하여 정원에 대한 지식을 학습하고 정원 조성을 실제로 체험할 수 있도록 교육 및 놀이 프로그램과 연계하여 정원이 구성될 것 나) 식물의 계절별 특성이나 성장 주기 등을 고려하여 교육 및 놀이 프로그램의 내용에 적합한 식물을 식재할 것
2) 교육시설 · 안내시설 등	가) 교육 및 놀이과정에서 안전이 확보될 수 있도록 시설물을 설치 · 관리할 것 나) 교육 및 놀이 프로그램의 효율적인 운영을 위한 해설판, 식물표찰 등 안내시설이 있을 것 다) 주차장 및 화장실 등 이용자를 위한 편의시설을 갖출 것

나. 치유정원

시설의 종류	시설의 기준
1) 정원	가) 정원치유 프로그램과 연계하여 정원이 구성되어 있을 것 나) 정원치유 프로그램 및 활동에 부합하는 식물을 선정 · 배치할 것
2) 정원치유시설 · 편의시설 등	가) 정원치유 활동과정에서 필요한 시설은 안전이 확보될 수 있도록 설치할 것 나) 시각장애인의 이용 편의를 고려하여 정원 내 주요 지점에 「장애인 · 노인 · 임산부 등의 편의증진 보장에 관한 법률 시행령」 별표 2 제2호 마목에 따른 시각장애인 유도 및 안내설비를 설치할 것 다) 주차장 및 화장실 등 이용자를 위한 편의시설을 갖출 것

다. 실습정원

시설의 종류	시설의 기준
1) 정원	가) 정원은 실습에 참여하는 인원수를 고려하여 충분한 규모로 설치할 것 나) 정원설계, 조성 및 관리 등의 실습과정으로 조성될 것
2) 실습시설 · 편의시설 등	가) 실습을 위한 장비 · 도구를 보관할 수 있는 시설(이동식 시설을 포함한다)이 있을 것 나) 실습에 참여하는 사람의 안전을 위한 안전표지 및 유도시설을 설치할 것 다) 주차장 및 화장실 등 이용자를 위한 편의시설을 갖출 것

라. 모델정원

시설의 종류	시설의 기준
1) 정원	자동화 기술 등 정원과 관련한 새로운 기술이 활용되어 조성될 것
2) 안내 · 홍보시설 등	가) 정원에 식재된 식물과 정원 조성에 사용되는 새로운 기술 · 소재 등에 대한 정보를 제공하는 안내시설 또는 홍보시설을 설치할 것 나) 주차장 및 화장실 등 이용자를 위한 편의시설을 갖출 것

마. 그 밖에 지방자치단체의 조례로 정하는 정원 : 정원의 조성 목적 및 이용자의 편의 등을 고려하여 지방자치단체의 조례로 정하는 시설의 종류 및 기준을 갖출 것

12. 도시숲 등의 조성 및 관리에 관한 법률

1) 목적

도시숲 등의 조성 · 관리에 관한 사항을 정하여 국민의 보건 · 휴양 증진 및 정서 함양에 기여하고, 미세먼지 저감 및 폭염 완화 등으로 생활환경을 개선하는 등 국민의 삶의 질 향상에 이바지함을 목적

2) 정의

① 도시숲

도시에서 국민의 보건 · 휴양 증진 및 정서 함양과 체험활동 등을 위하여 조성 · 관리하는 산림 및 수목을 말하며, 「자연공원법」에 따른 공원구역은 제외

② 생활숲

마을숲 등 생활권 및 학교와 그 주변지역에서 국민들에게 쾌적한 생활환경과 아름다운 경관의 제공 및 자연학습교육 등을 위하여 조성 · 관리하는 다음 각 목의 산림 및 수목을 말함

가. 마을숲 : 산림문화의 보전과 지역주민의 생활환경 개선 등을 위하여 마을 주변에 조성 · 관리하는 산림 및 수목
나. 경관숲 : 우수한 산림의 경관자원 보존과 자연학습교육 등을 위하여 조성 · 관리하는 산림 및 수목
다. 학교숲 : 「초 · 중등교육법」에 따른 학교와 그 주변지역에서 학습 환경 개선과 자연학습교육 등을 위하여 조성 · 관리하는 산림 및 수목

③ 가로수

「도로법」에 따른 도로(고속국도를 제외) 등 대통령령으로 정하는 도로의 도로구역 안 또는 그 주변지역에 조성 · 관리하는 수목

3) 도시숲 등 기본계획의 수립

① 수립권자와 기간

산림청장은 도시숲 등을 체계적으로 조성 · 관리하기 위하여 도시숲 등 기본계획(이하 "기본계획"이라 함)을 관계 중앙행정기관의 장과 협의하여 10년마다 수립 · 시행

② 기본계획의 내용

기본계획에는 다음 각 호의 사항이 포함되어야 함

1. 도시숲 등의 조성 · 관리에 관한 기본목표 및 추진방향
2. 도시숲 등의 현황 및 전망에 관한 사항
3. 도시숲 등 관리지표의 설정 및 운영에 관한 사항
4. 도시숲 등의 기술개발 · 연구에 관한 사항
5. 도시숲 등의 종합정보망 구축 및 운영에 관한 사항
6. 국민참여의 활성화에 관한 사항
7. 그 밖에 도시숲 등의 조성 · 관리에 관하여 대통령령으로 정하는 사항

4) 도시숲 등 조성 · 관리계획의 수립

- 지방자치단체의 장은 기본계획에 따라 10년마다 관할 지역에 대한 도시숲 등 조성 · 관리계획(이하 "조성 · 관리계획"이라 함)을 수립 · 시행하여야 한다. 다만, 지방자치단체의 장 중 도지사 및 구청장의 경우에는 수립 · 시행하지 아니할 수 있음
- 지방자치단체의 장은 조성 · 관리계획을 수립하거나 변경하려는 경우에는 도시숲 등의 조성 · 관리 심의위원회의 심의를 거쳐야 함
- 조성 · 관리계획은 「도시공원 및 녹지 등에 관한 법률」에 따른 공원녹지기본계획에 부합되도록 하여야 함
- 지방자치단체의 장은 기본계획이 변경되거나 사회적 · 경제적 · 지역적 여건 변화 등을 고

려하여 필요한 경우에는 조성 · 관리계획을 변경할 수 있음

- 조성 · 관리계획의 수립 내용 및 방법과 그 밖에 필요한 사항은 대통령령으로 정함

5) 도시숲지원센터의 지정 · 운영

- 산림청장 또는 지방자치단체의 장은 도시숲 등의 효율적 관리를 위하여 농림축산식품부령으로 정하는 기준 및 절차 등에 따라 적절한 시설과 인력을 갖춘 기관 또는 단체를 도시숲지원센터로 지정할 수 있다. 다만, 지방자치단체의 장은 필요한 경우 이를 별도로 설치하여 운영할 수 있음
- 도시숲지원센터는 다음 각 호의 사업을 수행함
  1. 도시숲 등 관리지표의 운영
  2. 도시숲 등의 관리 및 이용 프로그램의 개발 · 보급
  3. 도시숲 등의 관리 및 이용 활성화 관련 모니터링
  4. 모범 도시숲 등의 인증에 관한 사항(산림청장이 지정하는 도시숲지원센터에 한정)
  5. 도시녹화운동의 추진 및 도시숲 등의 조성 · 관리 관련 민간협력
  6. 도시숲 등의 기부채납에 관한 사업
  7. 그 밖에 도시숲 등의 효율적 조성 · 관리를 위하여 필요한 사업

6) 가로수의 조성 · 관리에 따른 수종선정 기준 및 심는 지역 기준

1. 기본방향 및 일반기준

가. 가로수의 조성 · 관리의 기본방향은 다음과 같다.

1) 국민의 생활환경 개선을 위해 녹지공간을 확대한다.

2) 보행자와 운전자에게 쾌적하고 안전한 이동공간을 제공한다.

3) 도시숲 및 생활숲과 연계되어 생활환경을 보전하는 산림으로서 그 기능이 충분히 발휘되도록 해야 한다.

4) 가로수의 진료(수목의 피해를 진단 · 처방하고, 그 피해를 예방하거나 치료하기 위한 모든 활동을 말함)에 관한 사항은 「산림보호법」에 따른다.

나. 가로수의 조성 · 관리에 관한 일반기준은 다음과 같다.

1) 지방자치단체의 장은 노선별 · 수종별 가로수의 수량 및 생육상태, 병해충 감염 · 고사(枯死) 등으로 인한 피해목의 수량 및 생육상태와 가로수가 식재되어 있는 토양의 상태를 확인 · 점검해야 한다.

2) 가로수의 식재와 관리업무는 지방자치단체 소속 공무원의 감독하에 실시되어야 한다.

3) 지방자치단체의 장은 가로수의 기능 및 연계성 등을 고려하여 필요한 경우에는 관할 행정구역의 경계와 인접한 지역을 관할하는 지방자치단체의 장과 협의하여 가

로수의 조성 및 관리방법을 정할 수 있다.

2. 수종선정 기준

가. 가로수의 수종은 다음의 어느 하나에 해당하는 수종으로 선정한다.

1) 식재 지역의 기후와 토양에 적합한 수종
2) 식재 지역의 역사와 문화에 적합하고 향토성을 지닌 수종
3) 식재 지역의 주변 경관과 어울리는 수종
4) 국민의 보건에 나쁜 영향을 끼치지 않는 수종
5) 환경오염 저감, 기후 조절 등의 용도에 적합한 수종
6) 생태계 보전 · 복원 등의 용도에 적합한 수종

나. 가로수는 가목에 따라 선정된 수종 중 다음의 기준에 적합한 것으로 식재한다.

1) 수형(樹形)이 정돈되어 있을 것
2) 발육이 양호할 것
3) 가지와 잎이 치밀하게 발달하였을 것
4) 병충의 피해가 없을 것
5) 재배수인 경우 활착(活着 : 나무를 옮겨 심은 뒤에 그 나무가 살아남음)이 용이하도록 미리 이식하였거나 뿌리돌림을 실시하여 잔뿌리가 잘 발달하였을 것
6) 충분한 크기의 분을 떠서 재배수를 이식할 수 있을 것
7) 가로수의 수고(樹高)와 지하고(枝下高 : 수관 이하의 가지가 없는 나무줄기의 길이)가 운전자와 보행자의 통행에 지장이 없을 것. 이 경우 가로수의 수고와 지하고는 가로수 식재지역의 여건을 고려하여 관할 지방자치단체의 장이 조례로 정한다.

3. 가로수의 심는 지역 기준

가. 가로수는 다음의 어느 하나에 해당하는 지역에 식재할 수 있다.

1) 도시 주변지역의 산림 또는 하천으로부터 도시구역의 녹지 또는 하천까지 연결하여 조성할 수 있는 지역
2) 도시구역 안의 난절된 녹시 또는 하천을 서로 연결하여 조성할 수 있는 시역
3) 보행이동 인구와 차량의 교통량이 많고, 녹지가 부족한 시가지(市街地) 지역

나. 다음의 어느 하나에 해당하는 지역에는 가로수를 식재해서는 안 된다.

1) 도로의 갓길
2) 수려한 자연경관을 차단하는 구간
3) 도로표지가 가려지는 지역
4) 신호등 등 도로안전시설의 시계(視界)를 차단하는 지역
5) 교차로의 교통섬 내부. 다만, 운전자의 시계를 확보할 수 있도록 수관폭(樹冠幅 : 나무의 원 몸통에서 나온 줄기의 폭) · 수고 · 지하고를 유지할 경우에는 식재할 수 있다.

6) 농작물 피해 우려 지역

7) 교목성(喬木性, 큰키나무류)인 가로수를 심는 경우 해당 지역의 상층에 전기 · 통신 시설이 있어 가로수의 정상적인 생육에 지장이 발생할 우려가 있는 지역. 다만, 해당 시설물을 지하에 매설 또는 이설하거나 그밖의 보완적인 조치를 하여 가로수의 정상적인 생육을 가능하게 한 경우에는 가로수를 식재할 수 있다.

4. 가로수의 관리 기준

가. 다음의 어느 하나에 해당하는 가로수는 바꿔심기(일정 구간의 가로수 전체를 제거하고, 해당 구간에 적정한 가로수를 다시 심는 것을 말한다) 또는 메워심기(일정한 간격으로 심겨진 가로수 일부가 빠져 있거나 고사한 곳에 적정한 가로수를 대신 심는 것을 말한다)를 할 수 있다.

1) 고사한 가로수 및 나무껍질 · 수형이 매우 불량한 가로수

2) 나무줄기가 부러졌거나, 부패하여 부러질 위험이 있는 가로수

3) 식재 배열이 극히 불규칙하거나, 도로의 구조 · 교통에 장애를 주는 가로수

4) 병충해 감염, 재해 · 재난 피해 등으로 인하여 생육 가능성이 없는 가로수

5) 그 밖에 미관을 훼손하거나 공해의 발생 우려가 있는 가로수

나. 가로수는 자연형으로 육성해야 한다. 다만, 지방자치단체의 장은 가로수의 생육, 미관, 도로안전 및 차량 등의 통행, 시설물의 안전 등을 위하여 필요하다고 인정하는 경우에는 「산림기술 진흥 및 관리에 관한 법률 시행령」 별표 3에 따른 산림경영기술자로 하여금 가지치기를 하게 할 수 있다.

다. 지방자치단체의 장은 병해충의 발생 및 확산을 방지하기 위하여 가로수에 대한 병해충 방제를 실시해야 한다.

라. 지방자치단체의 장은 재해 · 재난 등의 피해를 받았거나 수세(樹勢)가 쇠약하여 피해를 받을 우려가 있는 가로수로서 특별히 보호해야 할 필요성이 있는 노거수(老巨樹), 보호수 등의 가로수에 대해서는 외과수술, 영양공급, 통기 · 관수시설의 설치 등의 조치를 해야 한다.

마. 지방자치단체의 장은 가로수 식재지역의 지형과 토양을 보전하기 위하여 필요한 경우에는 생육환경 개선, 환토(換土) · 객토(客土) 등의 조치를 할 수 있다.

바. 가로수의 관리에 필요한 지주대, 보호틀, 보호덮개, 보호대, 통기 · 관수시설 등의 시설 및 장비는 가로수의 생육 및 보행자의 통행 등에 지장이 없도록 설치 · 관리해야 한다.

3 건설

1. 건설산업기본법

1) 목적

- 건설공사의 조사 · 설계 · 시공 · 감리 · 유지관리 · 기술관리 등에 관한 기본적인 사항과 건설업의 등록, 건설공사의 도급 등에 관하여 필요한 사항을 규정
- 건설공사의 적정한 시공과 건설산업의 건전한 발전을 도모함을 목적

2) 정의

① 건설산업

건설업과 건설용역업

② 건설업

건설공사를 하는 업(業)

③ 건설용역업

건설공사에 관한 조사, 설계, 감리, 사업관리, 유지관리 등 건설공사와 관련된 용역(이하 "건설용역"이라 한다)을 하는 업(業)

④ 건설공사

- 토목공사, 건축공사, 산업설비공사, 조경공사, 환경시설공사, 그 밖에 명칭에 관계없이 시설물을 설치 · 유지 · 보수하는공사(시설물을 설치하기 위한 부지조성공사를 포함한다) 및 기계설비나 그 밖의 구조물의 설치 및 해체공사 등을 말한다.
- 다음 각 목의 어느 하나에 해당하는 공사는 포함하지 아니한다.
  가. 「전기공사업법」에 따른 전기공사
  나. 「정보통신공사업법」에 따른 정보통신공사
  다. 「소방시설공사업법」에 따른 소방시설공사
  라. 「문화재 수리 등에 관한 법률」에 따른 문화재 수리공사

⑤ 종합공사

종합적인 계획, 관리 및 조정을 하면서 시설물을 시공하는 건설공사

⑥ 전문공사

시설물의 일부 또는 전문 분야에 관한 건설공사

⑦ 건설업자

법 또는 다른 법률에 따라 등록 등을 하고 건설업을 하는 자

⑧ 건설사업관리

건설공사에 관한 기획, 타당성 조사, 분석, 설계, 조달, 계약, 시공관리, 감리, 평가 또는 사후관리 등에 관한 관리를 수행하는 것

⑨ 시공책임형 건설사업관리

종합공사를 시공하는 업종을 등록한 건설업자가 건설공사에 대하여 시공 이전 단계에서 건설사업관리 업무를 수행하고 아울러 시공 단계에서 발주자와 시공 및 건설사업관리에 대한 별도의 계약을 통하여 종합적인 계획, 관리 및 조정을 하면서 미리 정한 공사 금액과 공사기간 내에 시설물을 시공하는 것

⑩ 발주자

건설공사를 건설업자에게 도급하는 자를 말한다. 다만, 수급인으로서 도급받은 건설공사를 하도급하는 자는 제외한다.

⑪ 도급

원도급, 하도급, 위탁 등 명칭에 관계없이 건설공사를 완성할 것을 약정하고, 상대방이 그 공사의 결과에 대하여 대가를 지급할 것을 약정하는 계약을 말한다.

⑫ 하도급

도급받은 건설공사의 전부 또는 일부를 다시 도급하기 위하여 수급인이 제3자와 체결하는 계약을 말한다.

⑬ 수급인

발주자로부터 건설공사를 도급받은 건설업자를 말하고, 하도급의 경우 하도급하는 건설업자를 포함한다.

⑭ 하수급인

수급인으로부터 건설공사를 하도급받은 자를 말한다.

⑮ 건설기술인

관계 법령에 따라 건설공사에 관한 기술이나 기능을 가졌다고 인정된 사람을 말한다.

3) 건설업의 등록

① 건설업의 종류(조경 관련 부문)

구분	건설업종	업무내용	건설공사의 예시
종합공사를 시공하는 업종	토목공사업	종합적인 계획·관리 및 조정에 따라 토목공작물을 설치하거나 토지를 조성·개량하는 공사	도로·항만·교량·철도·지하철·공항·관개수로·발전(전기 제외)·댐·하천 등의 건설, 택지조성 등 부지조성공사, 간척·매립공사 등
	건축공사업	종합적인 계획·관리 및 조정에 따라 토지에 정착하는 공작물 중 지붕과 기둥(또는 벽)이 있는 것과 이에 부수되는 시설물을 건설하는 공사	
	조경공사업	종합적인 계획·관리·조정에 따라 수목원·공원·녹지·숲의 조성 등 경관 및 환경을 조성·개량하는 공사	수목원·공원·숲·생태공원·정원 등의 조성공사
전문공사를 시공하는 업종	조경식재 공사업	조경수목·잔디 및 초화류 등을 식재하거나 유지·관리하는 공사	조경수목·잔디·지피식물·초화류 등의 식재공사 및 이를 위한 토양개량공사, 종자뿜어붙이기공사 등 특수식재공사 및 유지·관리공사, 조경식물의 수세회복공사 및 유지·관리공사 등
	조경시설물 설치공사업	조경을 위하여 조경석·인조목·인조암 등을 설치하거나 야외의자·파고라 등의 조경시설물을 설치하는 공사	조경석·인조목·인조암 등의 설치공사, 야외의자·파고라·놀이기구·운동기구·분수대·벽천 등의 설치공사, 인조잔디공사 등

② 건설업 등록기준

업종	기술능력	자본 (개인 : 영업용 자산평가액)		시설 · 장비
조경공사업	1) 다음의 어느 하나에 해당하는 사람 중 2명을 포함한 「건설기술 진흥법」에 따른 조경분야의 초급 이상 건설기술인 4명 이상 가) 「국가기술자격법」에 따른 조경기사 나) 「건설기술 진흥법」에 따른 조경 분야의 중급 이상 건설기술인 2) 「건설기술 진흥법」에 따른 토목 분야의 초급 건설기술인 1명 이상 3) 「건설기술 진흥법」에 따른 건축 분야의 초급 건설기술인 1명 이상	법인	5억원 이상	사무실
		개인	10억원 이상	
조경식재 공사업	다음의 어느 하나에 해당하는 사람 중 2명 이상 가) 「건설기술 진흥법」에 따른 조경 분야의 초급 이상 건설기술인 나) 「국가기술자격법」에 따른 관련 종목의 기술자격취득자	법인 및 개인	1.5억원 이상	사무실
조경시설물 설치공사업	다음의 어느 하나에 해당하는 사람 중 2명 이상 가) 「건설기술 진흥법」에 따른 조경 분야의 초급 이상 건설기술인 나) 「국가기술자격법」에 따른 관련 종목의 기술자격취득자	법인 및 개인	1.5억원 이상	사무실

4) 도급 및 하도급계약

① 건설공사 수급인의 하자담보책임

- 벽돌쌓기식구조 · 철근콘크리트구조 · 철골구조 · 철골철근콘크리트구조 기타 이와 유사한 구조 : 10년
- 기타 구조로 된 경우 건설공사 : 5년 이내
- 하자기간(조경분야)

구분	세부공종별	책임기간
조경	조경시설물 및 조경식재	2년

② 하자로 볼 수 없는 경우(하자이행의무가 없음)

- 발주자가 제공한 재료의 품질이나 규격 등의 기준미달로 인한 경우
- 발주자의 지시에 따라 시공한 경우
- 발주자가 건설공사의 목적물을 관계법령에 의한 내구연한 또는 설계상의 구조내력을 초과하여 사용한 경우

③ 하자판정기준과 기간(조경공사 표준시방서, 2016년)

㉮ 고사식물의 하자보수

- 수목은 수목은 수관부의 2/3 이상이 마르거나, 지엽(枝葉) 등의 생육상태가 회복하기 어려울 정도로 불량하다고 인정되는 경우에는 고사된 것으로 간주한다. 단, 관리주체 및 입주자 등의 유지관리 소홀로 인하여 수목이 고사되거나 쓰러진 경우 또는 인위적으로 훼손되었다고 입증되는 경우에는 하자가 아닌 것으로 한다.
- 고사여부는 감독자와 수급인이 함께 입회한 자리에서 판정한다.
- 하자보수식재는 하자가 확인된 차기의 식재적기 만료일 전까지 이행하고 식재종료 후 검수를 받아야 한다. 이때 하자보수의무의 판단은 고사확인시점을 기준으로 한다.
- 하자보수 시의 식재수목규격은 원설계규격 이상으로 한다.
- 하자보수의 대상이 되는 식물은 수목이나 지피류, 숙근류 등의 다년생 초화류로서 식재된 상태로 고사한 경우에 한한다.
- 하자보수의 면제
  - 전쟁, 내란, 폭풍 등에 준하는 사태
  - 천재지변(폭풍, 홍수, 지진 등)과 이의 여파에 의한 경우
  - 화재, 낙뢰, 파열, 폭발 등에 의한 고사
  - 준공 후 유지관리를 지급하지 않은 상태에서 혹한, 혹서, 가뭄, 염해(염화칼슘) 등에 의한 고사
  - 인위적 원인으로 인한 고사(교통사고, 생활활동에 의한 손상 등)
- 지급품을 식재하는 경우, 법정하자보수기간 내에 고사목이 발생하면 발주자와 수급인이 별도 합의하지 않는 한 수급인은 다음의 기준에 따라 보수한다. 이 경우에도 수목의 고사여부는 발주자와 수급인 쌍방이 입회하여 판정한다. 단, 수고 5.0m 초과, 근원직경 30cm 초과 대형목에 대해서는 공사시방서에 따른다.
- '지급품을 식재하는 경우'란 발주자가 수급자에게 수목을 직접 지급하는 경우를 말한다. 수목이식공사는 이 경우에 해당하지 않으며 수목이식의 경우 뿌리돌림, 굴취, 및 식재여건이 매우 다양하므로 해당 공사별로 발주자와 수급자 간 기준을 정하여 하자보수를 시행한다. 단, 기준을 정하지 않았을 경우 발주자와 수급자 쌍방의 합의로 위의 기준을 적용할 수 있다.

㉯ 고사율에 따른 지급 수목재료의 보수의무

고사기준율 (수종별, 규격별, 수량대비)	보수의무
10% 미만	전량 하자보수 면제
10% 이상 ~ 20% 미만	10% 이상의 분량만을 지급품으로 보수
20% 이상	• 10 ~ 20%의 분량은 지급품으로 보수 • 20% 이상의 분량은 수급인이 동일 규격 이상의 수목으로 보수

㉰ 하자담보기간

관련법	공사별	세부공종별	책임기간
「건설산업기본법」	조경	조경시설물 및 조경식재	2년
「문화재보호법」	조경	조경시설물 및 조경식재	2년
	식물보호	식물보호	3년

④ 건설공사의 직접 시공

• 공사규모 : 1건 공사의 금액이 100억원 이하로 70억원 미만 건설공사를 도급받은 경우에는 그 건설공사의 도급금액 산출내역서에 기재된 총 노무비 중 대통령령으로 정하는 비율에 따른 노무비 이상에 해당하는 공사를 직접 시공하여야 한다.

• 대통령령으로 정하는 비율이란 다음 각 호의 구분에 따른 비율을 말한다.

1. 도급금액이 3억원 미만인 경우 : 100분의 50
2. 도급금액이 3억원 이상 10억원 미만인 경우 : 100분의 30
3. 도급금액이 10억원 이상 30억원 미만인 경우 : 100분의 20
4. 도급금액이 30억원 이상 70억원 미만인 경우 : 100분의 10

• 건설공사를 직접 시공하기 곤란한 경우에는 예외로 함

1. 발주자가 공사의 품질이나 시공상 능률을 높이기 위하여 필요하다고 인정하여 서면으로 승낙한 경우
2. 수급인이 도급받은 건설공사 중 특허 또는 신기술이 사용되는 부분을 그 특허 또는 신기술을 사용할 수 있는 건설업자에게 하도급하는 경우

• 건설공사를 직접시공하는 자는 도급계약을 체결한 날부터 30일 이내 직접시공계획을 발주자에게 통보

• 직접시공계획을 통보하지 아니할 수 있는 경우

−1건 공사의 도급금액이 4천만원 미만일 것

−공사기간이 30일 이내일 것

⑤ 건설공사의 하도급 제한

- 건설사업자는 도급받은 건설공사의 전부 또는 대통령령으로 정하는 주요 부분의 대부분을 다른 건설사업자에게 하도급할 수 없다.
- 다만, 건설사업자가 도급받은 공사를 대통령령으로 정하는 바에 따라 계획, 관리 및 조정하는 경우로서 대통령령으로 정하는 바에 따라 2인 이상에게 분할하여 하도급하는 경우에는 예외로 한다.
- 수급인은 그가 도급받은 전문공사를 하도급할 수 없다. 다만, 다음 각 호의 요건을 모두 충족한 경우에는 건설공사의 일부를 하도급할 수 있다.
  1. 발주자의 서면 승낙을 받을 것
  2. 공사의 품질이나 시공상의 능률을 높이기 위하여 필요한 경우로서 대통령령으로 정하는 요건에 해당할 것(종합공사를 시공하는 업종을 등록한 건설사업자가 전문공사를 도급받은 경우에 한정한다)
- 하수급인은 하도급받은 건설공사를 다른 사람에게 다시 하도급할 수 없다. 다만, 다음 각 호의 어느 하나에 해당하는 경우에는 하도급할 수 있다.
  1. 종합공사를 시공하는 업종을 등록한 건설사업자가 하도급받은 경우로서 그가 하도급받은 건설공사 중 전문공사에 해당하는 건설공사를 그 전문공사를 시공하는 업종을 등록한 건설사업자에게 다시 하도급하는 경우(발주자가 공사품질이나 시공상 능률을 높이기 위하여 필요하다고 인정하여 서면으로 승낙한 경우에 한정한다)
  2. 전문공사를 시공하는 업종을 등록한 건설사업자가 하도급받은 경우로서 다음 각 목의 요건을 모두 충족하여 하도급받은 전문공사의 일부를 그 전문공사를 시공하는 업종을 등록한 건설사업자에게 다시 하도급하는 경우
     가. 공사의 품질이나 시공상의 능률을 높이기 위하여 필요한 경우로서 국토교통부령으로 정하는 요건에 해당할 것
     나. 수급인의 서면 승낙을 받을 것
- 건설사업자는 1건 공사의 금액이 10억원 미만인 건설공사를 도급받은 경우에는 그 건설공사의 일부를 종합공사를 시공하는 업종을 등록한 건설사업자에게 하도급할 수 없다.
- 제16조제1항제1호부터 제3호까지에 따라 전문공사를 시공하는 업종을 등록한 건설사업자가 종합공사를 도급받은 경우에는 그 건설공사를 하도급할 수 없다. 다만, 발주자가 공사의 품질이나 시공상의 능률을 높이기 위하여 필요하다고 인정하여 서면 승낙한 경우로서 대통령령으로 정하는 요건에 해당하는 경우에는 그 건설공사의 일부를 하도급할 수 있다.

5) 시공 및 기술관리

① 건설기술인의 배치

- 건설사업자는 건설공사의 시공관리, 그 밖에 기술상의 관리를 위하여 대통령령으로 정하는 바에 따라 건설공사 현장에 건설기술인을 1명 이상 배치하여야 한다. 다만, 시공관리, 품질 및 안전에 지장이 없는 경우로서 일정 기간 해당 공종의 공사가 중단되는 등 국토교통부령으로 정하는 요건에 해당하여 발주자가 서면으로 승낙하는 경우에는 배치하지 아니할 수 있다.
- 위에 따라 건설공사 현장에 배치된 건설기술인은 발주자의 승낙을 받지 아니하고는 정당한 사유 없이 그 건설공사 현장을 이탈하여서는 아니 된다.
- 발주자는 제1항에 따라 건설공사 현장에 배치된 건설기술인이 신체 허약 등의 이유로 업무를 수행할 능력이 없다고 인정하는 경우에는 수급인에게 건설기술인을 교체할 것을 요청할 수 있다. 이 경우 수급인은 정당한 사유가 없으면 이에 따라야 한다.

■ **공사예정금액의 규모별 건설기술인 배치기준(시행령 제35조제2항 관련)**

공사예정금액의 규모	건설기술인의 배치기준
700억원 이상(법 제93조제1항이 적용되는 시설물이 포함된 공사인 경우에 한정한다)	1. 기술사
500억원 이상	1. 기술사 또는 기능장 2. 「건설기술 진흥법」에 따른 건설기술인 중 해당 직무분야의 특급기술인로서 해당 공사와 같은 종류의 공사현장에 배치되어 시공관리 업무에 5년 이상 종사한 사람
300억원 이상	1. 기술사 또는 기능장 2. 기사 자격취득 후 해당 직무분야에 10년 이상 종사한 사람 3. 「건설기술 진흥법」에 따른 건설기술인 중 해당 직무분야의 특급기술인으로서 해당 공사와 같은 종류의 공사현장에 배치되어 시공관리업무에 3년 이상 종사한 사람
100억원 이상	1. 기술사 또는 기능장 2. 기사 자격취득 후 해당 직무분야에 5년 이상 종사한 사람 3. 「건설기술 진흥법」에 따른 건설기술인 중 다음 각 목의 어느 하나에 해당하는 사람 가. 해당 직무분야의 특급기술인 나. 해당 직무분야의 고급기술인으로서 해당 공사와 같은 종류의 공사현장에 배치되어 시공관리업무에 3년 이상 종사한 사람 4. 산업기사 자격취득 후 해당 직무분야에서 7년 이상 종사한 사람

30억원 이상	1. 기사 이상 자격취득자로서 해당 직무분야에 3년 이상 실무에 종사한 사람 2. 산업기사 자격취득 후 해당 직무분야에 5년 이상 종사한 사람 3. 「건설기술 진흥법」에 따른 건설기술인 중 다음 각 목의 어느 하나에 해당하는 사람 가. 해당 직무분야의 고급기술인 이상인 사람 나. 해당 직무분야의 중급기술인으로서 해당 공사와 같은 종류의 공사현장에 배치되어 시공관리업무에 3년 이상 종사한 사람
30억원 미만	1. 산업기사 이상 자격취득자로서 해당 직무분야에 3년 이상 실무에 종사한 사람 2. 「건설기술 진흥법」에 따른 건설기술인 중 다음 각 목의 어느 하나에 해당하는 사람 가. 해당 직무분야의 중급기술인 이상인 사람 나. 해당 직무분야의 초급기술인로서 해당 공사와 같은 종류의 공사현장에 배치되어 시공관리업무에 3년 이상 종사한 사람

1. 위 표에서 "해당 직무분야"란 「국가기술자격법」 제2조제3호에 따른 국가기술자격의 직무분야 중 중직무분야 또는 「건설기술진흥법 시행령」 별표 1에 따른 직무분야를 말한다.
2. 위 표에서 "해당 공사와 같은 종류의 공사현장"이란 건설기술인을 배치하려는 해당 건설공사의 목적물과 종류가 같거나 비슷하고 시공기술상의 특성이 비슷한 공사를 말한다.
3. 위 표에서 "시공관리업무"란 건설공사의 현장에서 공사의 설계서 검토 · 조정, 시공, 공정 또는 품질의 관리, 검사 · 검측 · 감리, 기술지도 등 건설공사의 시공과 직접 관련되어 행하여지는 업무를 말한다.
4. 위 표에서 "시공관리업무" 및 "실무"에 종사한 기간에는 기술자격취득 이전의 경력이 포함된다.
5. 건설사업자가 시공하는 1건 공사의 공사예정금액이 5억원 미만의 공사인 경우에는 해당 업종에 관한 별표 2에 따른 등록기준 중 기술능력에 해당하는 자로서 해당 직무분야에서 3년 이상 종사한 사람을 배치할 수 있다.
6. 전문공사를 시공하는 업종을 등록한 건설사업자가 전문공사를 시공하는 경우로서 1건 공사의 공사예정금액이 1억원 미만의 공사인 경우에는 해당 업종에 관한 별표 2에 따른 등록기준 중 기술능력에 해당하는 사람을 배치할 수 있다.

② 건설기술인의 중복 배치

- 건설사업자는 다음 각 호의 어느 하나에 해당하는 공사에 대해서는 공사품질 및 안전에 지장이 없는 범위에서 발주자의 승낙을 받아 1명의 건설기술인을 3개의 건설공사현장에 배치할 수 있다.

  다만, 공사예정금액 3억원 이상 5억원 미만의 동일한 종류의 공사로서 다음에 해당하는 경우에는 2개의 건설공사현장까지 배치할 수 있다.

  1. 공사예정금액 3억원 미만의 동일한 종류의 공사로서 다음 각 목의 어느 하나에 해당하는 공사

     가. 동일한 시(특별시, 광역시 및 특별자치시를 포함한다) · 군의 관할지역에서 시

행되는 공사. 다만, 제주특별자치도의 경우 제주특별자치도의 관할지역에서 시행되는 공사를 말한다.

나. 시(특별시, 광역시 및 특별자치시를 포함한다) · 군을 달리하는 인접한 지역에서 시행되는 공사로서 발주자가 시공관리 기타 기술상 관리에 지장이 없다고 인정하는 공사

2. 이미 시공 중에 있는 공사의 현장에서 새로이 행하여지는 동일한 종류의 공사

2. 건설기술 진흥법

1) 목적

건설기술의 연구 · 개발을 촉진하고 이를 효율적으로 이용 · 관리하게 함으로써 건설기술 수준의 향상과 건설공사의 적정한 시행을 이루고 건설공사의 품질과 안전을 확보하여 공공복리의 증진과 국민경제의 발전에 이바지함을 목적으로 한다.

2) 정의

① 건설공사

「건설산업기본법」 제2조제4호에 따른 건설공사를 말한다.

② 건설기술

다음 각 목의 사항에 관한 기술을 말한다. 다만, 「산업안전보건법」에서 근로자의 안전에 관하여 따로 정하고 있는 사항은 제외한다.

가. 건설공사에 관한 계획 · 조사(지반조사를 포함한다. 이하 같다) · 설계(「건축사법」 제2조제3호에 따른 설계는 제외한다. 이하 같다) · 시공 · 감리 · 시험 · 평가 · 측량(해양조사를 포함한다. 이하 같다) · 자문 · 지도 · 품질관리 · 안전점검 및 안전성 검토

나. 시설물의 운영 · 검사 · 안전점검 · 정밀안전진단 · 유지 · 관리 · 보수 · 보강 및 철거

다. 건설공사에 필요한 물자의 구매와 조달

라. 건설장비의 시운전(試運轉)

마. 건설사업관리

바. 그 밖에 건설공사에 관한 사항으로서 대통령령으로 정하는 사항

③ 건설엔지니어링

다른 사람의 위탁을 받아 건설기술에 관한 역무(役務)를 수행하는 것을 말한다. 다만, 건설공사의 시공 및 시설물의 보수 · 철거 업무는 제외한다.

④ 건설사업관리

「건설산업기본법」에 따른 건설사업관리

⑤ 감리

건설공사가 관계 법령이나 기준, 설계도서 또는 그 밖의 관계 서류 등에 따라 적정하게 시행될 수 있도록 관리하거나 시공관리 · 품질관리 · 안전관리 등에 대한 기술지도를 하는 건설사업관리 업무

⑥ 건설사업자

「건설산업기본법」에 따른 건설사업자

⑦ 건설기술인

「국가기술자격법」 등 관계 법률에 따른 건설공사 또는 건설엔지니어링에 관한 자격, 학력 또는 경력을 가진 사람으로서 대통령령으로 정하는 사람

⑧ 건설엔지니어링사업자

건설엔지니어링을 영업의 수단으로 하려는 자로서 제26조에 따라 등록한 자

⑨ 건설사고

건설공사를 시행하면서 대통령령으로 정하는 규모 이상의 인명피해나 재산피해가 발생한 사고

⑩ 지반조사

건설공사 대상 지역의 지질구조 및 지반상태, 토질 등에 관한 정보를 획득할 목적으로 수행하는 일련의 행위

⑪ 무선안전장비

「전파법」 제2조제1항제5호에 따른 무선설비 및 같은 법 제2조제1항제5호의2에 따른 무선통신을 이용하여 건설사고의 위험을 낮추는 기능을 갖춘 장비를 말한다.

참고

■ **건설기술인의 범위(시행령 제4조 관련)**

1. 건설기술인의 인정범위
   가. 「국가기술자격법」, 「건축사법」 등에 따른 건설 관련 국가자격을 취득한 사람으로서 국토교통부장관이 고시하는 사람
   나. 다음의 어느 하나에 해당하는 학력 등을 갖춘 사람
      1) 「초 · 중등교육법」 또는 「고등교육법」에 따른 학과의 과정으로서 국토교통부장관이 고시하는 학과의 과정을 이수하고 졸업한 사람
      2) 그 밖의 관계 법령에 따라 국내 또는 외국에서 1)과 같은 수준 이상의 학력이 있다고 인정되는 사람

3) 국토교통부장관이 고시하는 교육기관에서 건설기술관련 교육과정을 6개월 이상 이수한 사람

다. 법 제60조제1항에 따른 국립 · 공립 시험기관 또는 품질검사를 대행하는 건설기술용역업자에 소속되어 품질시험 또는 검사 업무를 수행한 사람

2. 건설기술인의 등급

가. 국토교통부장관은 건설공사의 적절한 시행과 품질을 높이고 안전을 확보하기 위하여 건설기술인의 경력, 학력 또는 자격을 다음의 구분에 따른 점수범위에서 종합평가한 결과(이하 "건설기술인 역량지수"라 한다)에 따라 등급을 산정해야 한다. 이 경우 별표 3에 따른 기본교육 및 전문교육을 이수하였을 경우에는 건설기술인 역량지수 산정 시 5점의 범위에서 가점할 수 있으며, 법 제2조제10호에 해당하는 건설사고가 발생하여 법 제24조제1항에 따른 업무정지처분 또는 법 제53조제1항에 따른 벌점을 받은 경우에는 3점의 범위에서 감점할 수 있다.

1) 경력 : 40점 이내

2) 학력 : 20점 이내

3) 자격 : 40점 이내

나. 건설기술인의 등급은 건설기술인 역량지수에 따라 특급 · 고급 · 중급 · 초급으로 구분할 수 있다.

3. 건설기술인의 직무분야 및 전문분야

직무분야	전문분야	
가. 기계	1) 공조냉동 및 설비 3) 용접 5) 일반기계	2) 건설기계 4) 승강기
나. 전기 · 전자	1) 철도신호 3) 산업계측제어	2) 건축전기설비
다. 토목	1) 토질 · 지질 3) 항만 및 해안 5) 철도 · 삭도 7) 상하수도 9) 토목시공 11) 측량 및 지형공간정보	2) 토목구조 4) 도로 및 공항 6) 수자원개발 8) 농어업토목 10) 토목품질관리 12) 지적
라. 건축	1) 건축구조 3) 건축시공 5) 건축품질관리	2) 건축기계설비 4) 실내건축 6) 건축계획 · 설계
마. 광업	1) 화약류관리	2) 광산보안
바. 도시 · 교통	1) 도시계획	2) 교통
사. 조경	1) 조경계획	2) 조경시공관리
아. 안전관리	1) 건설안전 3) 가스	2) 소방 4) 비파괴검사

직무분야	전문분야	
자. 환경	1) 대기관리 3) 소음진동 5) 자연환경 7) 해양	2) 수질관리 4) 폐기물처리 6) 토양환경
차. 건설지원	1) 건설금융 · 재무 3) 건설마케팅	2) 건설기획 4) 건설정보처리

4. 외국인인 건설기술인의 인정범위 및 등급
외국인인 건설기술인은 해당 외국인의 국가와 우리나라 간 상호인정 협정 등에서 정하는 바에 따라 인정하되, 그 인정범위 및 등급에 관하여는 제1호 및 제2호를 준용한다.

5. 그 밖에 사항
직무 · 전문분야별 국가자격 · 학력 및 경력의 인정 등 건설기술인 역량지수 산정에 관한 방법과 절차는 국토교통부장관이 정하여 고시한다.

3) 건설업 체계

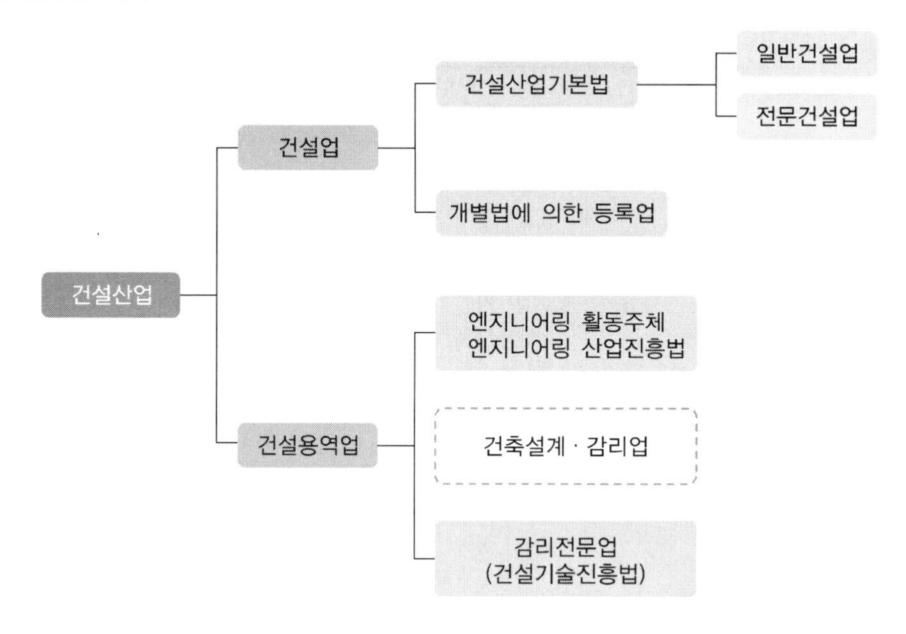

4) 신기술의 지정 · 활용

① 신기술의 지정 · 활용 등

• 국토교통부장관은 국내에서 최초로 특정 건설기술을 개발하거나 기존 건설기술을 개

량한 자의 신청을 받아 그 기술을 평가하여 신규성 · 진보성 및 현장 적용성이 있을 경우 그 기술을 새로운 건설기술(이하 "신기술"이라 한다)로 지정 · 고시할 수 있다.

- 국토교통부장관은 신기술을 개발한 자(이하 "기술개발자"라 한다)를 보호하기 위하여 필요한 경우에는 보호기간을 정하여 기술개발자가 기술사용료를 받을 수 있게 하거나 그 밖의 방법으로 보호할 수 있다.
- 기술개발자는 신기술의 활용실적을 첨부하여 국토교통부장관에게 보호기간의 연장을 신청할 수 있고, 국토교통부장관은 그 신기술의 활용실적 등을 검증하여 보호기간을 연장할 수 있다. 이 경우 신기술 활용실적의 제출, 검증 및 보호기간의 연장 등에 필요한 사항은 대통령령으로 정한다.
- 국토교통부장관은 발주청에 신기술 및 위에 따라 신기술을 신청하고자 하는 기술과 관련된 장비 등의 성능시험이나 시공방법 등의 시험시공을 권고할 수 있으며, 신기술의 경우 성능시험 및 시험시공의 결과가 우수하면 신기술의 활용 · 촉진을 위하여 발주청이 시행하는 건설공사에 신기술을 우선 적용하게 할 수 있다.
- 발주청은 신기술이 기존 건설기술에 비하여 시공성 및 경제성 등의 측면에서 우수하다고 인정되는 경우 해당 신기술을 그가 시행하는 건설공사에 우선 적용하여야 한다.
- 신기술 및 위에 따라 신기술을 신청하고자 하는 기술을 적용하는 건설공사의 발주청 소속 계약사무담당자 및 설계 등 공사업무 담당자는 고의 또는 중대한 과실이 증명되지 아니하면 해당 기술 적용으로 인하여 발생한 해당 기관의 손실에 대하여는 책임을 지지 아니한다.
- 국토교통부장관은 보호를 받는 기술개발자에게 신기술의 성능 또는 품질의 향상을 위하여 필요한 경우에는 신기술의 개선을 권고할 수 있다
- 신기술 평가방법 및 지정절차 등과 신기술의 보호내용, 기술사용료, 보호기간 및 활용방법 등과 시험시공의 권고 등에 관하여 필요한 사항은 대통령령으로 정한다.

② 신기술사용협약

- 기술개발자는 건설사업자 중 대통령령으로 정하는 요건을 갖춘 자와 해당 신기술의 사용협약(이하 "신기술사용협약"이라 한다)을 체결할 수 있다. 이 경우 기술개발자 또는 신기술사용협약을 체결한 자는 대통령령으로 정하는 서류를 갖추어 국토교통부장관에게 신기술사용협약에 관한 증명서의 발급을 신청할 수 있다.
- 국토교통부장관은 신청을 받은 경우 신기술사용협약을 체결한 자가 같은 항 전단에 따른 요건을 갖추었는지 확인한 후에 신기술사용협약에 관한 증명서를 발급하여야 한다.
- 신기술사용협약의 기간은 해당 신기술의 보호기간 이내로 한다.
- 위에서 규정한 사항 외에 신기술사용협약에 관한 세부적인 사항은 대통령령으로 정하는 기준에 따라 국토교통부장관이 정하여 고시한다.

③ 신기술 지정절차

㉮ 심사기관

국토교통부령이 정하는 전문기관

㉯ 처리기한

120일 이내

㉰ 의견청취

이해관계인 및 관계행정기관, 공기업 · 준정부기관 등(영 제23조제1항 기관 또는 단체)

㉱ 관보공보

이해관계인 의견수렴 시 주요내용을 30일 이상 관보공고

㉲ 심사기구 운영

전문기관은 신청된 기술의 심사를 위하여 신기술심사위원회 구성 · 운영

④ 건설신기술 업무편람 발췌

㉮ 목적

민간업체의 기술개발 의욕을 고취시킴으로써 국내 건설기술의 발전을 도모하고 국가 경쟁력을 제고하기 위함

㉯ 근거

- 건설기술 진흥법
- 신기술의 평가기준 및 평가절차 등에 관한 규정

㉰ 대상

국내에서 개발한 건설기술 또는 외국도입 기술을 개량한 건설기술로서 보급이 필요하다고 인정되는 기술

㉱ 신기술 지정기준

- 신규성 : 새롭게 개발되었거나 개량된 기술
- 진보성 : 기존의 기술과 비교하여 품질, 공사비, 공사기간 등에서 향상이 이루어진 기술
- 현장적용성 : 시공성, 안전성, 경제성, 환경친화성, 유지관리 편리성이 우수하여 건설현장에 적용할 가치가 있는 기술
- 개량된 기술의 경우 기술적 독창성 및 자립도가 분명할 것

㉲ 신기술의 보호내용

- 보호기간 : 고시일로부터 3년
- 보호기간 연장 : 3년 후 활용실적 등을 검증하여 7년 범위 내에서 연장
- 기술사용료 청구 : 기술개발자는 신기술을 사용한 자에게 기술사용료의 지급을 청구할 수 있음

- 유사한 외국도입기술의 사용보다는 신기술 우선사용 권고
- 국토교통부장관은 발주청에 신기술과 관련된 성능시험, 시험시공을 권고할 수 있으며 그 결과가 우수한 경우 발주청이 시행하는 건설공사에 신기술을 우선 적용하게 할 수 있다.
- 발주청은 지정 · 고시된 신기술을 특별한 사유가 없는 한 발주청이 시행하는 건설공사의 설계에 반영하여야 하며, 건설공사를 발주하는 경우에 이를 공사계약서에 명시하여 신기술개발자로 하여금 당해 건설공사 중 신기술과 관련되는 공정에 참여하게 할 수 있음
- 금융관련 관계기관에 신기술개발자금 지원요청(기술개발자금, 신기술사업자금, 기술신용보증 등)
- 입찰참가자격에 사전심사 시 배점부여(기획재정부 PQ심사요령)
- 설계 등 용역업자의 사업수행능력 평가기준(개발실적) : 신기술 6점
- 건설사업관리의 사업수행능력 평가기준(개발실적) : 신기술 3점
- 설계보고서에 지정 · 고시된 신기술의 적용가능 여부를 명시(건기법 시행규칙 제14조)
- 설계 시 관련 신기술의 적용 여부 검토(설계도서 작성지침)
- 신기술을 이용하여 기업화하고자 할 경우 벤처기업으로 인정(벤처기업육성에 관한 특별조치법 시행규칙)
- 신기술 개발자에 대한 제한경쟁입찰 및 수의계약(국가계약법 시행령 제21조 및 제26조)
- 일반 · 건문건설업체의 사고능력평가 시 가점부여 : 2점(건산법 시행규칙)

㉥ 자료등록 및 관리
- 국토교통부에서 신기술 지정 · 고시 후 한국건설기술연구원에 신기술 등록
- 한국건설기술연구원은 신기술 등록을 마친 후 신기술지정신청책자 등 관련자료를 자료전산실에 송부하여 보관 관리
- 한국건설기술연구원에 등록된 신기술은 원문을 인터넷으로 공개

㉦ 민원인 열람방법
- 온라인 : 한국건설기술연구원, 국토교통부 인터넷홈페이지 접속
- 신기술 자료의 열람 : 민원인이 해당 신기술의 원문자료 요청 시 한국건설기술연구원 자료전산실에서 열람 또는 복사가능

⑤ 신기술지정업무 처리절차

㉮ 처리절차

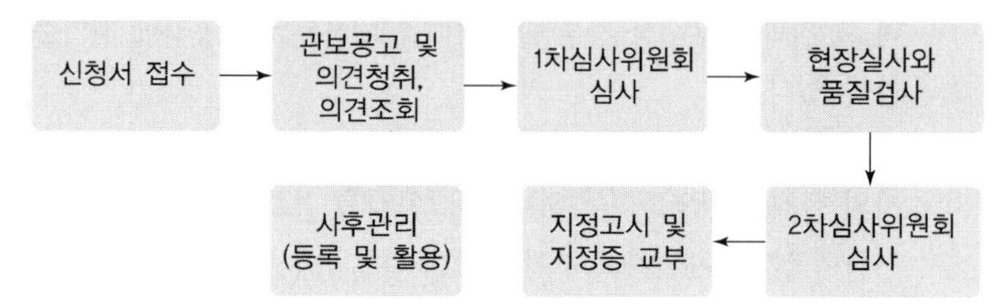

㉯ 처리기간

신청서의 처리는 신청일로부터 90일(신청서의 접수에서부터 신기술심사까지) 이내

㉰ 관계기관 의견조회 및 관보공고

- 관계기관 의견조회(1개월 이상 소요)
  - 신청기술의 분야별 관련기관(약 10개 기관)을 선정하여 의견조회
  - 관계기관의 의견조회가 끝나면 종합정리하여 예비심사 및 신기술심사위원회 심사에 활용
- 관보공고(30일 이상)
  - 건기법 시행령의 규정에 의거 30일 이상 관보에 공고하여 이해관계인의 의견청취
  - 공고내용 : 신청인의 주소, 성명, 신청기술 명칭, 주요내용, 범위, 의견제출방법 등
  - 이해관계인의 의견제출이 있으면 예비심사 및 신기술심사위원회의 심사에 참고토록 하고, 이해관계인을 위원회에 참석시켜 의견개진 기회부여

㉱ 1차심사위원회 심사(건기법 시행령 제32조)

- 진흥원장은 지정신청 기술에 대하여 다음 각 호의 사항을 심사하기 위해 1차심사위원회를 구성하여야 한다.
  1. 신청기술이 건설분야의 기술에 해당하는지 여부 및 스마트 건설기술에 해당하는지 여부
  2. 신규성, 진보성 및 경제성
  3. 기타 진흥원장 또는 1차심사위원회가 필요하다고 인정하는 사항
- 진흥원장은 위원장 1인 및 10인 이상 15인 이하의 심사위원으로 제1항의 규정에 의한 1차심사위원회를 구성하고, 심사위원 3분의 2 이상의 출석으로 개회하며, 제출서류의 적정 여부 등 사전검토 결과를 1차심사위원회에 보고하여야 한다.
- 진흥원장은 위원장을 제외한 출석위원의 3분의 2 이상의 찬성으로 1차심사 인정 여부를 의결하고, 1차심사 인정으로 의결된 신청기술에 대하여는 출석위원 과반수의 찬성으로 현장실사 실시 여부를 결정한다. 이 경우 진흥원장은 위원회에서 결정된 사항 등에 대하여 다음 각 호의 사항을 신청인에게 요구할 수 있다.
  1. 1차심사 위원의 지적사항 보완

2. 현장실사 대상 현장 및 주요 확인사항을 포함한 현장실사 계획서

- 진흥원장은 1차심사 결과 불인정된 신청기술에 대하여는 그 결과 및 사유를 국토교통부장관에게 통보하고, 국토교통부장관은 이를 신청인에게 통보하여야 한다.
- 진흥원장은 공정한 심사를 위하여 필요하다고 인정되는 경우에는 1차심사위원회에 신청인과 이해관계인을 참석시켜 의견을 진술하게 할 수 있다.
- 1차심사위원회의 심사위원은 1차심사평가서(지정신청)를 작성하여 진흥원장에게 제출하여야 한다.
- 2차심사에서 탈락된 기술을 보완하여 신청한 경우 1차심사를 면제한다. 다만 2차 심사결과가 통보된 날로부터 1년 이내에 신청하여야 하고 1회에 한하며 최초 신청한 기술의 명칭과 범위로 신청하여야 한다.
- 「환경기술 및 환경산업 지원법」에 따른 환경신기술로 인증되어 유효기간을 연장하지 않은 기술, 「저탄소 녹색성장 기본법」에 따른 녹색인증 기술 및 「과학기술기본법」에 따른 국가연구개발사업 결과물로서 제5조에 따라 신기술지정신청서를 제출한 기술이거나 제1항제1호에 따라 스마트 건설기술로 의결된 기술에 대하여는 제4조제1항제1호의 1차심사기준 중 첨단기술성을 충족한 것으로 본다.

㉮ 지정신청의 현장실사

- 진흥원장은 제10조제3항의 규정에 의해 현장실사를 실시하게 되는 때에는 3인 이상 7인 이하의 현장실사위원을 구성하되, 1차심사위원회의 심사위원 중에서 선정할 수 있으며, 선정된 위원 중 과반수의 참석으로 현장실사를 실시하여야 한다. 이 경우 진흥원장은 현장실사의 원활한 진행을 위하여 국토교통과학기술진흥원 및 국토교통부 관계직원을 참여시킬 수 있다.
- 신청인은 신청기술의 현장적용 내용 등을 실사위원에게 설명하고, 현장실사가 원활히 진행될 수 있도록 협조하여야 하며, 현장실사 과정에서 제기된 사항이 심사에 필요하다고 판단되는 경우에는 관련 자료를 진흥원장에게 제출할 수 있다.
- 실사위원은 필요하다고 인정되는 경우에는 발주청 또는 감리자 등의 의견을 들을 수 있다.
- 실사위원은 다음 각 호의 사항을 심사하여 별지 제8호 서식의 현장실사 의견서를 작성하여 진흥원장에게 제출하여야 한다.
  1. 현장실사 결과 주요 확인사항
  2. 영 제31조제6호의 국립 · 공립 시험기관 또는 건설기술용역업자에 의한 품질시험 · 검사(이하 "품질검사"라 한다)의 필요성 여부 등
- 진흥원장은 현장실사 의견을 2차심사위원회에 배부하여 심사에 활용할 수 있도록 하여야 한다. 다만 2차심사에서 탈락된 기술을 보완하여 재신청한 경우에는 기존 현장실사 의견을 활용할 수 있다.

- 진흥원장은 현장실사 결과 재실사가 필요하다고 판단되는 경우에는 재실사를 할 수 있다.

㉥ 품질검사

- 진흥원장은 제12조의 규정에 의한 현장실사에서 참석위원 중 과반수의 위원이 품질검사가 필요하다는 의견을 제시한 경우에는 신청인으로 하여금 품질검사를 의뢰하도록 하여 이에 대한 자료를 제출하도록 요청할 수 있다. 이 경우 법 제60조제1항의 기관 중에서 품질검사 대상기관을 지명할 수 있다.
- 신청인은 국립 · 공립 시험기관 또는 건설기술용역업자의 품질검사 결과를 진흥원장에게 제출하여야 한다.
- 진흥원장은 품질검사 결과를 2차심사위원회에 배부하여 심사에 활용할 수 있도록 하여야 한다.

㉦ 2차심사위원회 심사(건기법 시행령 제32조)

- 진흥원장은 2차심사위원회에 상정된 기술에 대하여 다음 각 호의 사항을 심사하기 위해 2차심사위원회를 구성하여야 한다.
  1. 현장적용성, 보급성
  2. 기타 진흥원장 또는 2차심사위원회가 필요하다고 인정하는 사항
- 진흥원장은 위원장 1인 및 10인 이상 15인 이하의 심사위원으로 2차심사위원회를 구성하고, 위원장을 제외한 심사위원 3분의 2 이상의 출석으로 개회하며, 위원장을 제외한 출석위원 3분의 2 이상의 찬성으로 신기술의 "인정 여부"를 의결한다. 이 경우 신청기술의 명칭 및 범위의 조정이 필요하다고 인정되는 때에는 위원회에서 이를 조정할 수 있다.
- 진흥원장은 공정 · 엄정한 심사를 위하여 필요하다고 인정되는 경우에는 2차심사위원회에 신청인(기술개발에 관여한 자에 한하여 신청인을 대리하는 자 포함)을 참석시켜 의견을 진술하게 할 수 있다.
- 2차심사위원회의 심사위원은 별지 제9호 서식의 2차심사평가서(지정신청)를 작성하여 진흥원장에게 제출하여야 한다.

㉧ 지정 · 고시

- 신기술지정증 교부 : 지정증서
- 신기술등록 : 한국건설기술연구원
- 신기술고시 : 관보고시

㉨ 신기술의 활용(시행령 제34조)

- 법 제14조제2항에 따른 신기술을 개발한 자(이하 "기술개발자"라 한다)는 신기술을 사용한 자에게 기술사용료의 지급을 청구할 수 있다.
- 국토교통부장관은 신기술 사용을 활성화하기 위하여 발주청에 유사한 기존 기술보다는 신기술을 우선 적용하도록 권고할 수 있다.

- 발주청은 법 제14조제1항에 따라 지정 · 고시된 신기술이 기존 기술에 비하여 시공성 및 경제성 등에서 우수하면 그가 시행하는 건설공사의 설계에 반영해야 하며, 건설공사를 발주하는 경우에 이를 공사계약서에 구체적으로 표시하고 기술개발자 또는 법 제14조의2제1항 전단에 따른 신기술의 사용협약(이하 "신기술사용협약"이라 한다)을 체결하고 같은 조 제2항에 따라 신기술사용협약에 관한 증명서를 발급받은 자로 하여금 해당 건설공사 중 신기술과 관련되는 공정에 참여하게 할 수 있다.
- 발주청은 신기술을 적용하여 건설공사를 준공한 날부터 1개월 이내에 국토교통부장관이 정하여 고시하는방법 및 절차 등에 따라 그 성과를 평가하고, 그 결과를 국토교통부장관에게 제출하여야 한다.
- 국토교통부장관은 기술개발자에게 다음 각 호의 자금 등이 우선적으로 지원될 수 있도록 관계 기관에 요청할 수 있다.
  1. 「한국산업은행법」에 따른 한국산업은행 또는 「중소기업은행법」에 따른 중소기업은행의 기술개발자금
  2. 「여신전문금융업법」에 따라 신기술사업금융업을 등록한 여신전문금융회사의 신기술사업자금
  3. 「기술보증기금법」에 따른 기술보증기금의 기술보증
  4. 그 밖에 기술개발 지원을 위하여 정부가 조성한 특별자금
- 기술개발자 및 신기술사용협약에 관한 증명서를 발급받은 자는 매년 12월 31일을 기준으로 국토교통부령으로 정하는 바에 따라 신기술 활용실적을 작성하여 다음 해 2월 15일까지 국토교통부장관에게 제출하여야 한다.

5) 건설공사의 사업수행능력 평가기준

① 기본계획 · 기본설계 · 실시설계

기본계획 · 기본설계 · 실시설계의 사업수행능력 평가기준(시행규칙 제28조 관련)

1. 입찰 참가자 선정을 위한 평가기준(제28조제1항제1호가목에 따른 평가대상용역)

평가항목	배점범위	평가방법
가. 참여기술인	50	참여기술인의 등급 · 경력 · 실적 및 교육 · 훈련 등에 따라 평가
나. 유사용역 수행실적	15	업체의 전차(前次) 용역 등 수행실적에 따라 평가
다. 신용도	10	1) 관계 법령에 따른 입찰참가제한, 업무정지, 벌점 등의 처분 내용에 따라 평가 2) 재정상태 건실도에 따라 평가
라. 기술개발 및 투자 실적	15	기술개발 및 투자 실적 등에 따라 평가
마. 업무중첩도	10	참여기술인의 업무하중 등에 따라 평가

비고
1. 평가항목별 세부 평가기준은 국토교통부장관이 정하여 고시한다.
2. 발주청은 용역의 특성에 맞도록 평가항목 · 배점범위 · 평가방법 등을 보완하여 세부 평가기준을 작성하여 적용할 수 있으며, 평가항목별 배점범위는 ±20퍼센트 범위에서 조정하여 적용할 수 있다. 다만, 「중소기업제품 구매촉진 및 판로 지원에 관한 법률」 제6조제1항에 따른 중소기업자 간 경쟁제품에 해당하는 용역에 대한 평가항목별 배점범위, 평가방법은 해당 법령에 따라 별도로 정할 수 있다.
3. 제28조제2항에 따른 평가대상인 용역의 경우에는 참여기술인의 경력 · 실적에 관한 사항을 제외하고 평가할 수 있다.
4. 발주청은 입찰공고기간 중 세부 평가기준을 공람하도록 해야 하며, 평가 후 평가 결과를 공개해야 한다.

2. 기술인평가서 평가기준(제28조제2항제2호가목에 따른 평가대상용역)

구분	세부사항	배점범위	평가항목
가. 설계팀의 경력 · 역량		70	1) 참여기술인의 경력 2) 참여기술인의 유사용역 수행실적 3) 참여기술인의 업무중첩도 등
나. 수행계획 · 방법	1) 수행계획	15	1) 과업의 성격 및 범위에 대한 이해도 2) 과업단계별 작업계획 및 체계 3) 관련 계획, 법령 등 검토 및 설계적용 방안
	2) 수행방법	15	1) 수행용역에 대한 특정경험 및 해당 용역 적용성 2) 예상 문제점 및 대책

3. 기술제안서 평가기준(제28조제2항제2호나목 및 제29조제2호에 따른 평가대상용역)

구분	세부사항	배점범위	평가항목
가. 설계팀의 경력 · 역량		30	1) 참여기술인의 경력 2) 참여기술인의 유사용역수행실적 3) 참여기술인의 업무중첩도 등
나. 수행계획 · 방법 및 기술향상	1) 수행계획	20	1) 과업의 성격 및 범위에 대한 이해도 2) 과업단계별 작업계획 및 체계 3) 관련 계획, 법령 등 검토 및 설계적용 방안 4) 사업효과 극대화 방안 등
	2) 수행방법	35	1) 작업수행기법(사전조사 및 작업방법 등) 2) 수행용역에 대한 특정 경험 및 해당 용역 적용성 3) 각종 영향평가 수행방법, 친환경 건설기법 도입 4) 경관 설계 등 5) 예상 문제점 및 대책 등
	3) 기술향상	15	1) 신기술 · 신공법의 도입과 그 활용성의 검토 정도 및 관련 기술자료 등재 2) 시설물의 생애주기비용을 고려한 설계기법 등

② 건설사업관리

건설사업관리의 사업수행능력 평가기준(시행규칙 제28조 관련)

1. 입찰 참가자 선정을 위한 평가기준(제28조제1항제1호나목에 따른 평가대상용역)

평가항목	배점 범위	평가방법
가. 참여기술인	60	참여기술인의 등급 · 경력 · 실적 및 교육 · 훈련 등에 따라 평가
나. 유사용역 수행실적	10	건설사업관리용역업자의 건설사업관리용역 수행실적에 따라 평가
다. 신용도	15	1) 관계 법령에 따른 입찰참가제한, 영업정지, 벌점 등의 처분내용에 따라 평가 2) 재정상태 건실도에 따라 평가
라. 기술개발 및 투자 실적	10	기술개발 및 투자 실적 등에 따라 평가
마. 교체빈도	5	건설사업관리기술인의 교체빈도에 따라 평가

비고

1. 평가항목별 세부 평가기준 및 가점 · 감점기준은 국토교통부장관이 정하여 고시한다. 다만, 발주청은 용역의 특성에 맞도록 평가항목 · 배점범위 · 평가방법 등을 보완하여 세부 평가기준을 작성하여 적용할 수 있으며, 평가항목별 배점범위는 ±20퍼센트 범위에서 조정하여 적용할 수 있다.
2. 발주청은 입찰공고기간 중 세부 평가기준을 배부하거나 공람하도록 해야 하며, 평가 후 평가 결과를 공개해야 한다.
3. 건설사업관리기술인의 경력 및 보유사항은 건설기술인 경력관리 수탁기관의 확인을 받아야 하며, 유사용역 등은 건설기술용역 실적관리 수탁기관, 건설기술인 경력관리 수탁기관 또는 해당 용역 발주청의 확인을 받아야 한다. 이 경우 발주청은 사전자격심사 시에는 종전에 발행한 서류의 사본 또는 참여업체가 작성한 서류를 활용한 후 사전자격심사를 통과한 업체에 한정하여 건설기술용역 실적관리 수탁기관, 건설기술인 경력관리 수탁기관 또는 발주청이 발행한 서류를 제출받아 경력사항 등을 확인할 수 있다.
4. 공동도급으로 건설사업관리를 수행하는 경우에는 공동수급체 구성원별로 유사용역수행 실적, 신용도, 기술개발 및 투자 실적, 교체빈도에 용역참여지분율을 곱하여 산정한 후 이를 합산한다.
5. 가점과 감점을 상계(相計)한 점수는 5점을 초과하지 못하며, 평가기준에 따른 평가 결과는 평가항목별 점수에 가점과 감점을 합한 점수로 한다. 다만, 건설사업관리용역업자 중 평가점수가 100점을 초과하는 경우에는 100점으로 한다.
6. 건설사업관리의 발전을 위하여 국토교통부장관이 정하여 고시하는 사항에 대해서는 가점하거나 감점할 수 있다.
7. 교체빈도는 시공 단계의 건설사업관리가 포함되는 용역에 한정하여 평가하며, 시공 단계의 건설사업관리가 포함되지 않는 용역에 대하여는 발주청에서 용역의 특성에 따라 교체빈도의 배점을 다른 평가항목에 항목별 배점의 ±20퍼센트 범위에서 배분하여 평가기준을 작성할 수 있다.

2. 기술제안서 평가기준(제28조제2항제2호다목 본문에 따른 평가대상용역)

평가항목	세부사항	배점범위	평가방법
가. 과업수행 조직	소계	55	
	1) 조직의 역량	40	건설사업관리기술인, 유사용역수행실적, 신용도 등 평가
	2) 기술제안서 발표 및 면접	10	책임건설사업관리기술인의 이해도 및 자질의 적정성 평가
	3) 인원투입계획	5	조직 구성, 업무 분장의 적정성, 건설사업 수행단계별 인원투입계획성 등 평가
나. 과업수행 세부계획	소계	45	
	1) 과업에 대한 이해도	5	건설공사의 특성 및 발주청 요구사항 분석, 예상되는 문제점 및 대책 등 평가
	2) 시공 전(前)단계의 사업관리	15	건설사업 수행단계별 사업관리 일반, 설계의 경제성 등 검토, 계약관리, 사업비관리, 사업정보관리 등의 수행방법 적정성 및 실현가능성 등 평가
	3) 시공 이후 난계의 사업관리	20	건설사업 수행단계별 사업관리 일반, 사업비관리, 공정관리, 품질관리, 안전관리, 사업정보관리 등의 수행방법 적정성 및 실현가능성 등 평가
	4) 기술 활용	5	신기술 · 신공법의 도입과 활용, 기술자료 · 소프트웨어 및 장비 등의 활용과 업무수행 지원체계 효율성 등 평가

3. 기술인평가서 평가기준(제28조제2항제2호다목 단서에 따른 평가대상용역)

평가항목	세부사항	배점범위	평가방법
가. 구성조직의 역량 및 적정성	소계	70	
	1) 건설사업관리 기술인	45	건설사업관리기술인의 등급 · 실적 · 경력 및 교육 · 훈련 등에 따라 평가
	2) 유사용역수행 실적	10	건설사업관리용역업자의 건설사업관리용역 수행실적에 따라 평가
	3) 신용도	15	1) 관계 법령에 따른 입찰참가 제한, 영업정지, 벌점 등의 처분내용에 따라 평가 2) 재정상태 건실도에 따라 평가
나. 건설사업관리 기술인 과업수행 계획 및 방법	소계	30	
	1) 수행계획서	20	1) 과업의 성격 및 범위에 대한 이해도 2) 공종별 시공관리계획 3) 품질 및 안전, 공정관리 계획 4) 예상되는 문제점 및 개선대책 등
	2) 수행계획서 발표 및 면접	10	책임건설사업관리기술인의 업무수행능력, 자질검증을 위한 발표 및 면접 실시

3. 엔지니어링사업대가의 기준

1) 목적

이 기준은 「엔지니어링산업 진흥법」 제31조제2항에 따라 엔지니어링사업의 대가의 기준을 정함을 목적으로 한다.

2) 정의

용어	정의
실비정액가산방식	직접인건비, 직접경비, 제경비, 기술료와 부가가치세를 합산하여 대가를 산출하는 방식
공사비요율에 의한 방식	공사비에 일정 요율을 곱하여 산출한 금액에 제17조에 따른 추가업무비용과 부가가치세를 합산하여 대가를 산출하는 방식
공사비	발주자의 공사비 총예정금액(자재대 포함)중 용지비, 보상비, 법률수속비 및 부가가치세를 제외한 일체의 금액
시공상세도작성비	관련법령에 따라 당해 목적물의 시공을 위하여 도면, 시방서 및 작업계획 등에 따른 시공상세도를 작성하는 데 소요되는 비용
품셈	발주청에서 대가를 산정하기 위한 기준으로 단위작업에 소요되는 인력수, 재료량, 장비량
표준품셈	표준품셈 관리기관이 제30조에 따라 공표한 품셈
표준품셈 관리기관	품셈의 제정, 개정, 연구, 조사, 해석, 보급 등 품셈에 대한 전반적인 업무를 효율적으로 운영하기 위한 기관으로서 제26조에 따라 산업통상자원부장관이 지정한 기관

3) 대가산출의 기본원칙

- 대가의 산출은 실비정액가산방식을 적용함을 원칙으로 한다. 다만, 발주청이 엔지니어링사업의 특성을 고려하여 실비정액가산방식을 적용함이 적절하지 아니하다고 판단하는 경우 공사비요율에 의한 방식을 적용할 수 있다.
- 위의 단서에도 불구하고 다음 각 호의 사유에 해당하는 경우 실비정액가산방식을 적용하여야 한다.
  1. 최근 3년간 발주청의 관할구역 및 인접 시 · 군 · 구에 당해 사업과 유사한 사업에 대하여 실비정액가산방식을 적용한 사업이 있는 경우
  2. 엔지니어링사업자가 실비정액가산방식 적용에 필요한 견적서 등을 발주청에 제공하여 거래 실례가격을 추산할 수 있는 경우

- 실비정액가산방식 또는 공사비요율에 의한 방식으로 대가의 산출이 불가능한 구매, 조달, 노-하우의 전수 등의 엔지니어링사업에 대한 대가는 계약당사자가 합의하여 정한다.
- 부가가치세는 「부가가치세법」에서 정하는 바에 따라 계상한다.

4) 대가의 조정

- 계약을 체결한 날부터 90일 이상 경과하고 물가의 변동으로 입찰일을 기준으로 한 당초의 대가에 비하여 100분의 3 이상 증감되었다고 인정될 경우. 다만, 천재 · 지변 또는 원자재 가격 급등으로 당해 기간 내에 계약 금액을 조정하지 아니하고는 계약 이행이 곤란한 시 계약을 체결한 날 또는 직전 조정기준일로부터 90일 이내에도 계약금액을 조정할 수 있다.
- 발주청의 요구에 따른 업무 변경이 있는 경우
- 엔지니어링사업 계약에 있어 사업기간, 사업규모 변경 등 계약의 내용이 변경된 경우
- 계약당사자 간에 합의하여 특별히 정한 경우
- 위에서 규정된 사항에 대해서는 「국가를 당사자로 하는 계약에 관한 법률」, 「지방자치단체를 당사자로 하는 계약에 관한 법률」의 금액 조정에 관한 규정을 준용한다.

5) 실비정액가산방식

① 직접인건비

- 해당업무에 직접 종사하는 엔지니어링기술자의 인건비
- 투입된 인원수에 엔지니어링기술자의 기술등급별 노임단가를 곱하여 계산
- 이 경우 엔지니어링기술자의 투입인원수 및 기술등급별 노임단가의 산출은 다음 각 호를 적용
  1. 투입인원수를 산출하는 경우에는 산업통상자원부장관이 인가한 표준품셈을 우선 적용한다. 다만 인가된 표준품셈이 존재하지 않거나 업무의 특성상 필요한 경우에는 견적 등 적절한 산출방식을 적용할 수 있다.
  2. 노임단가를 산출하는 경우에는 기본급 · 퇴직급여충당금 · 회사가 부담하는 산업재해보상보험료, 국민연금, 건강보험료, 고용보험료, 퇴직연금급여 등이 포함된 한국엔지니어링협회가 「통계법」에 따라 조사 · 공표한 임금 실태조사보고서에 따른다. 다만, 건설상주감리의 경우에는 계약당사자가 협의하여 한국건설감리협회가 「통계법」에 따라 조사 · 공표한 노임단가를 적용할 수 있다.

② 직접경비

- 당해 업무수행과 관련이 있는 경비
- 여비, 특수자료비, 제출도서 인쇄 및 청사진비, 측량비, 토질 및 재료 등 시험비 또는 조사비, 모형제작비, 다른 전문기술자에 대한 자문비 또는 위탁비와 현장운영 경비(직접

인건비에 포함되지 아니한 보조원의 급여와 현장사무실의 운영비를 말한다) 등을 포함하며, 그 실제 소요될 것으로 추정되는 비용의 일체를 계산

- 다만, 국내 출장여비 및 공사감리 등 현장에 상주해야 하는 엔지니어링사업의 주재비는 그 내역을 산정하기 어려운 경우 국내 출장여비는 비상주 직접인건비의 10%로 하고 주재비는 상주 직접인건비의 30%로 한다.

③ 제경비

- 직접비(직접인건비와 직접경비)에 포함되지 않고 행정운영을 위한 기획, 경영, 총무분야 등에서 발생하는 간접경비
- 임원 · 서무 · 경리직원 등의 급여, 사무실비, 사무용 소모품비, 비품비, 기계기구의 수선 및 상각비, 통신운반비, 회의비, 공과금, 운영활동 비용 등을 포함하며 직접인건비의 110~120%로 계산
- 다만, 관련법령에 따라 계약 상대자의 과실로 인하여 발생한 손해에 대한손해배상보험료 또는 손해배상공제료는 별도로 계산

④ 기술료

- 엔지니어링사업자가 개발 · 보유한 기술 사용 및 기술축적을 위한 대가
- 조사연구비, 기술개발비, 기술훈련비 및 이윤 등을 포함
- 직접인건비에 제경비를 합한 금액의 20~40% 계산

6) 공사비요율에 의한 방식

① 요율

- 공사비요율에 의한 방식
- 건설부문, 통신부문, 산업플랜트부문으로 구분
- 기본설계 · 실시설계 · 공사감리 업무단위별로 구분하여 적용

㉮ 세부요율 기준

- 기본설계와 실시설계를 동시에 발주하는 경우에는 해당 실시설계요율의 1.45배 적용
- 타당성조사와 기본설계를 동시에 발주하는 경우에는 해당 기본설계요율의 1.35배 적용
- 기본설계를 시행하지 않은 실시설계는 해당 실시설계 요율의 1.35배 적용
- 타당성조사를 시행하지 않은 기본설계는 해당 기본설계 요율의 1.24배 적용

㉯ 건설부문 요율표

가. 기본설계

공사비 \ 요율	업무별 요율(%)			
	도로	철도	항만	상수도
10억 원 이하	3.78	2.93	4.15	3.45
20억 원 이하	3.33	2.69	3.64	3.07
30억 원 이하	3.10	2.55	3.37	2.86
50억 원 이하	2.82	2.39	3.06	2.63
100억 원 이하	2.49	2.19	2.68	2.34
200억 원 이하	2.20	2.01	2.35	2.08
300억 원 이하	2.04	1.90	2.18	1.94
500억 원 이하	1.86	1.78	1.98	1.78
1,000억 원 이하	1.64	1.63	1.74	1.58
2,000억 원 이하	1.45	1.50	1.52	1.41
3,000억 원 이하	1.35	1.42	1.41	1.32
5,000억 원 이하	1.23	1.33	1.28	1.21
5,000억 원 초과	$159.4915x^{-0.1806}$	$40.9223x^{-0.1272}$	$209.2442x^{-0.1892}$	$113.8676x^{-0.1687}$

나. 실시설계

공사비 \ 요율	업무별 요율(%)				
	도로	철도	항만	상수도	하천
10억 원 이하	6.16	4.10	7.65	8.27	5.37
20억 원 이하	5.47	3.88	6.74	7.28	4.71
30억 원 이하	5.10	3.76	6.25	6.75	4.36
50억 원 이하	4.67	3.62	5.69	6.15	3.96
100억 원 이하	4.15	3.43	5.01	5.41	3.47
200억 원 이하	3.68	3.25	4.41	4.76	3.04
300억 원 이하	3.43	3.15	4.09	4.42	2.81
500억 원 이하	3.15	3.03	3.73	4.03	2.55
1,000억 원 이하	2.79	2.87	3.28	3.54	2.24
2,000억 원 이하	2.48	2.72	2.89	3.12	1.96
3,000억 원 이하	2.31	2.64	2.68	2.89	1.82
5,000억 원 이하	2.12	2.54	2.44	2.64	1.65
5,000억 원 초과	$216.8792x^{-0.1718}$	$20.2686x^{-0.0771}$	$345.8037x^{-0.1839}$	$375.1575x^{-0.184}$	$275.6049x^{-0.19}$

다. 공사감리

공사비	요율(%)	공사비	요율(%)
5천만 원 이하	3.02	100억 원 이하	1.41
1억 원 이하	2.85	200억 원 이하	1.37
2억 원 이하	2.26	300억 원 이하	1.35
3억 원 이하	2.06	500억원 이하	1.33
5억 원 이하	1.89	1,000억 원 이하	1.30
10억 원 이하	1.66	2,000억 원 이하	1.28
20억 원 이하	1.53	3,000억 원 이하	1.25
30억 원 이하	1.48	5,000억 원 이하	1.23
50억 원 이하	1.45	5,000억 원 초과	$3.4816x^{-0.0386}-0.00084$

비고

1. "건설부문"이란 「엔지니어링산업 진흥법 시행령」 별표 1에 따른 엔지니어링기술 중에서 건설부문(농어업토목분야 및 상하수도 중 정수 및 하수, 폐수 처리시설 등 환경플랜트를 제외한다.)과 설비부문을 말한다.
2. "공사감리"란 비상주 감리를 말한다.
3. 5,000억원 초과의 경우 공식에 의해 산출된 요율은 소수점 셋째 자리에서 반올림한다.
4. 기본설계, 실시설계 및 공사감리의 업무범위는 제14조와 같다.
5. 요율표가 작성되지 않은 다른 분야는 도로분야의 요율을 적용한다.

② 업무범위

구분	기본설계	실시설계	공사감리
업무 내용	• 설계개요 및 법령 등 각종 기준 검토 • 예비타당성조사, 타당성 조사 및 기본계획 결과의 검토 • 설계요강의 결정 및 설계지침의 작성 • 기본적인 구조물 형식의 비교 · 검토 • 구조물 형식별 적용공법의 비교 · 검토 • 기술적 대안 비교 · 검토 • 대안별 시설물의 규모, 경제성 및 현장 적용 타당성 검토 • 시설물의 기능별 배치 검토	• 설계 개요 및 법령 등 각종 기준 검토 • 기본설계 결과의 검토 • 설계요강의 결정 및 설계지침의 작성 • 구조물 형식 결정 및 설계 • 구조물별 적용 공법 결정 및 설계 • 시설물의 기능별 배치 결정 • 공사비 및 공사기간 산정 • 상세공정표의 작성 • 시방서, 물량내역서, 단가규정 및 구조 및 수리계산서의 작성	• 시공계획 및 공정표 검토 • 시공도 검토 • 시공자가 제시하는 시험성과표 검토 • 공정 및 기성고 사정 • 시공자가 제시하는 내역서, 구조 및 수리계산서 검토 • 기성도 및 준공도 검토

구분	기본설계	실시설계	공사감리
	• 개략공사비 및 기본공정표 작성 • 주요 자재 · 장비 사용성 검토 • 설계도서 및 개략 공사시방서 작성 • 설계설명서 및 계략계산서 작성 • 기본설계와 관련된 보고서, 복사비 및 인쇄비	• 실시설계와 관련된 보고서, 복사비 및 인쇄비	

③ 요율의 조정

㉮ 조정률

10%의 범위 안에서 증액 또는 감액

㉯ 조정대상

• 기획 및 설계의 난이도
• 도면 기타 자료작성의 복잡성
• 비교설계의 유무
• 제출자료의 수량 등

㉰ 요율적용의 특례

여러 부문의 복합된 엔지니어링사업은 실비정액가산방식 적용

7) 엔지니어링과 국토개발 비교

구분	엔지니어링사업의 대가기준	국토개발계획 표준품셈
주관부서	산업통상자원부	엔지니어링진흥협회
산출근거	• 공사비요율에 의한 방식 • 실비정액방식	• 별도의 산출체계 제시 • 면적대비 공정별 보정계수 등 반영
적용사업	기본설계, 실시설계, 공사감리	도시계획, 공원계획, 실시설계 등
용역목적	공사를 위한 공사비 산출이 목적	기본계획, 기본설계, 실시설계 행정계획 수립 및 국토개발 등

참고

▸ 엔지니어링용역의 사업대가 기준은 국토개발계획 표준품셈(한국엔지니어링진흥협회)과 엔지니어링사업대가 기준(산업통상자원부)으로 이원화되어 있으며 발주처의 판단에 따라 선택적으로 또는 복합적으로 적용하고 있다.

▸ 실제 용역대가 산출 시 국토개발계획 표준품셈이 높게 산출되어 적정한 용역대가 산출에 어려움이 있고, 특히 조경공사의 경우 투입되는 재료의 다양성과 예술성으로 견적 처리하는 경우가 많아 용역대가 산출의 기준 적용에 한계가 있다.

8) 공사비 산출방식 비교

구분	원가계산방식	실적공사비방식
단가 산출	품셈을 기초로 원가계산	계약단가를 기초로 축적한 공종별 실적단가에 의해 계산
직접공사비 구성	재료비 · 노무비 · 경비 단가 분리	• 재료비 · 노무비 · 경비 단가 포함 • 보정지수 적용
간접공사비 구성	비목(노무비 등)별 기준	직접공사비 기준
특징	단가산출이 복잡	• 단가산출이 간단 • 1개의 실적공사비 단가를 적용해도 실적공사비 적용공사로 판단 • 총 공사비 적용은 실적공사비 적용 • 조경분야 적용에 한계가 있음

4. 국가를 당사자로 하는 계약에 관한 법률

1) 목적

이 법은 국가를 당사자로 하는 계약에 관한 기본적인 사항을 정함으로써 계약업무를 원활하게 수행할 수 있도록 함을 목적으로 한다.

2) 정의

용어	정의
추정가격	물품 · 공사 · 용역등의 조달계약을 체결함에 있어서 제4조의 규정에 의한 국제입찰 대상여부를 판단하는 기준등으로 삼기 위하여 예정가격이 결정되기 전에 제7조의 규정에 의하여 산정된 가격
고시금액	법 제4조제1항 본문의 규정에 의하여 기획재정부장관이 고시한 금액
공사이행보증서	공사계약에 있어서 계약상대자가 계약상의 의무를 이행하지 못하는 경우 계약상대자를 대신하여 계약상의 의무를 이행할 것을 보증하되, 이를 보증한 기관이 의무를 이행하지 아니하는 경우에는 일정금액을 납부할 것을 보증하는 증서

3) 계약의 방법

① 정부의 계약 종류

구분		계약의 형태	주요내용
계약 목적물에 의한 구분		공사계약	종합공사, 전문공사 등
		물품계약	수목의 납품 등
		용역계약	실시설계 등
계약체결 형태별	계약금액 확정	확정계약	
		개산계약	사업량 미확정 공사
		사후원가검토조건부	제품개발사업 등
	총액 · 단가	총액계약	
		단가계약	
계약체결 형태별	공사기간구분	단년도계약	1회계연도 내 계약
		장기계속계약	사업비 미확보
		계속비계약	사업비 확보
	계약자수	단독계약	
		공동계약	공동입체 등(지역제한제도)
		종합계약	2 이상의 기관이 합동으로 발주
경쟁형태별 구분		일반입찰	
		지명입찰	
		수의계약	소액수의계약
			특허 등 경쟁에 붙일 수 없는 경우
			전시상황 등 긴급을 요할 경우

② 수의계약

㉮ 수의계약

계약담당공무원이 선택한 특정인과 계약을 체결하는 방법

㉯ 수의계약에 의할 수 있는 경우

- 경쟁에 부칠 여유가 없거나 경쟁에 부쳐서는 계약의 목적을 달성하기 곤란하다고 판단되는 경우로서 다음 각 목의 경우
  - 천재지변, 감염병 예방 및 확산방지, 작전상의 병력 이동, 긴급한 행사, 긴급복구가 필요한 수해 등 비상재해, 원자재의 가격급등, 사고방지 등을 위한 긴급한 안전진단 · 시설물 개선, 그 밖에 이에 준하는 경우

–국가안전보장, 국가의 방위계획 및 정보활동, 군시설물의 관리, 외교관계, 그 밖에 이에 준하는 경우로서 보안상 필요가 있거나, 국가기관의 행위를 비밀리에 할 필요가 있는 경우
–방위사업청장이 군용규격물자를 연구개발한 업체 또는 「비상대비자원 관리법」에 따른 중점관리대상업체로부터 군용규격물자(중점관리대상업체의 경우에는 방위사업청장이 지정하는 품목에 한정한다)를 제조 · 구매하는 경우
–비상재해가 발생한 경우에 국가가 소유하는 복구용 자재를 재해를 당한 자에게 매각하는 경우

- 특정인의 기술이 필요하거나 해당 물품의 생산자가 1인뿐인 경우 등 경쟁이 성립될 수 없는 경우
- 「중소기업진흥에 관한 법률」 제2조제1호에 따른 중소기업자가 직접 생산한 제품을 해당 중소기업자로부터 제조 · 구매하는 경우
- 국가유공자 또는 장애인 등에게 일자리나 보훈 · 복지서비스 등을 제공하기 위한 목적으로 설립된 단체 등과 물품의 제조 · 구매 또는 용역 계약(해당 단체가 직접 생산하는 물품 및 직접 수행하는 용역에 한정한다)을 체결하거나, 그 단체 등에 직접 물건을 매각 · 임대하는 경우
- 계약의 목적 · 성질 등에 비추어 경쟁에 따라 계약을 체결하는 것이 비효율적이라고 판단되는 경우로서 다음 각 목의 경우

–다음의 어느 하나에 해당하는 계약

1) 「건설산업기본법」에 따른 건설공사(같은 법에 따른 전문공사는 제외한다)로서 추정가격이 4억원 이하인 공사, 같은 법에 따른 전문공사로서 추정가격이 2억원 이하인 공사 및 그 밖의 공사 관련 법령에 따른 공사로서 추정가격이 1억6천만원 이하인 공사에 대한 계약
2) 추정가격이 2천만원 이하인 물품의 제조 · 구매계약 또는 용역계약
3) 추정가격이 2천만원 초과 1억원 이하인 계약으로서 「중소기업기본법」 제2조제2항에 따른 소기업 또는 「소상공인기본법」 제2조에 따른 소상공인과 체결하는 물품의 제조 · 구매계약 또는 용역계약. 다만, 제30조제1항제3호 및 같은 조 제2항 단서에 해당하는 경우에는 소기업 또는 소상공인외의 자와 체결하는 물품의 제조 · 구매계약 또는 용역계약을 포함한다.
4) 추정가격이 2천만원 초과 1억원 이하인 계약 중 학술연구 · 원가계산 · 건설기술 등과 관련된 계약으로서 특수한 지식 · 기술 또는 자격을 요구하는 물품의 제조 · 구매계약 또는 용역계약
5) 추정가격이 2천만원 초과 1억원 이하인 계약으로서 다음의 어느 하나에 해당하는 자와 체결하는 물품의 제조 · 구매계약 또는 용역계약

가) 「여성기업지원에 관한 법률」 제2조제1호에 따른 여성기업
나) 「장애인기업활동 촉진법」 제2조제2호에 따른 장애인기업
다) 「사회적기업 육성법」 제2조제1호에 따른 사회적 기업, 「협동조합 기본법」 제2조제3호에 따른 사회적협동조합, 「국민기초생활 보장법」 제18조에 따른 자활기업 또는 「도시재생 활성화 및 지원에 관한 특별법」 제2조제1항 제9호에 따른 마을기업 중 기획재정부장관이 정하는 요건을 충족하는 자

6) 추정가격이 5천만원 이하인 임대차 계약(연액 또는 총액을 기준으로 추정가격을 산정한다) 등으로서 공사계약 또는 물품의 제조 · 구매계약이나 용역계약이 아닌 계약

㉰ 수의계약의 구분

<table>
<tr><th>구분</th><th>유형</th><th colspan="4">주요 내용</th></tr>
<tr><td rowspan="3">2인 이상 견적서 제출</td><td rowspan="2">금액 기준</td><td>종합공사</td><td>전문공사</td><td>전기 · 정보 · 소방 · 기타 공사</td><td>용역 · 물품 · 기타</td></tr>
<tr><td>추정가격 2억 원 이하 2천만 원 초과</td><td>추정가격 1억 원 이하 2천만 원 초과</td><td>추정가격 8천 만 원 이하 2천만 원 초과</td><td>추정가격 5천 만 원 이하 2천만 원 초과</td></tr>
<tr><td>재공고 입찰 등</td><td colspan="4">• 재공고입찰에 부친 경우로서 입찰자가 1인뿐이거나 없는 경우 (시행령 제27조)
• 다른 법령에 의하여 수의계약 사유에 해당하는 경우</td></tr>
<tr><td rowspan="4">1인 견적서 제출 가능</td><td rowspan="2">금액 기준</td><td>종합공사</td><td>전문공사</td><td>전기 · 정보 · 소방 · 기타 공사</td><td>용역 · 물품 · 기타</td></tr>
<tr><td>추정가격 2천만 원 이하</td><td>추정가격 2천만 원 이하</td><td>추정가격 2천만 원 이하</td><td>추정가격 2천만 원 이하</td></tr>
<tr><td>하자구분 곤란 등</td><td colspan="4">하자구분 곤란, 혼잡, 미감공사, 특허공법 등에 대한 수의계약</td></tr>
<tr><td>천재지변 등</td><td colspan="4">• 천재지변, 작전상의 병력이동, 긴급한 행사 등 경쟁에 부칠 여유가 없는 경우
• 계약을 해제 또는 해지하는 경우
• 그 밖에 개별법에 의하여 수의계약을 하는 경우</td></tr>
</table>

* 2인 이상 견적서 제출 수의계약은 실제 지역제한을 시 · 군으로 하고 있음
* 공사의 수의계약 운용요령 참조

㉱ 건설업 등록(면허) 없이 사업할 수 있는 경우

- 근거 : 건설산업기본법
- 종류

– 종합건설공사로서 1건 공사의 공사예정금액이 5천만원 미만인 건설공사
– 전문건설공사로서 공사예정금액이 1천만원 미만인 건설공사

▶▶ **참고**

수의계약 종류 중 소액으로 2인 이상 견적제출에 의한 계약은 법률에서 수의계약으로 규정하고 있으나 실제에서는 공개경쟁입찰에 의한 계약으로 운영되고 있으며, 1인 견적서 제출 수의계약의 경우 1천만원 미만은 전문건설공사의 경우 일반사업자(사업자등록자)가 수주받아 계약할 수 있으며 1천만원 이상의 경우 건설업 면허사업체에 계약할 수 있다.

③ 국가계약의 일반적 절차

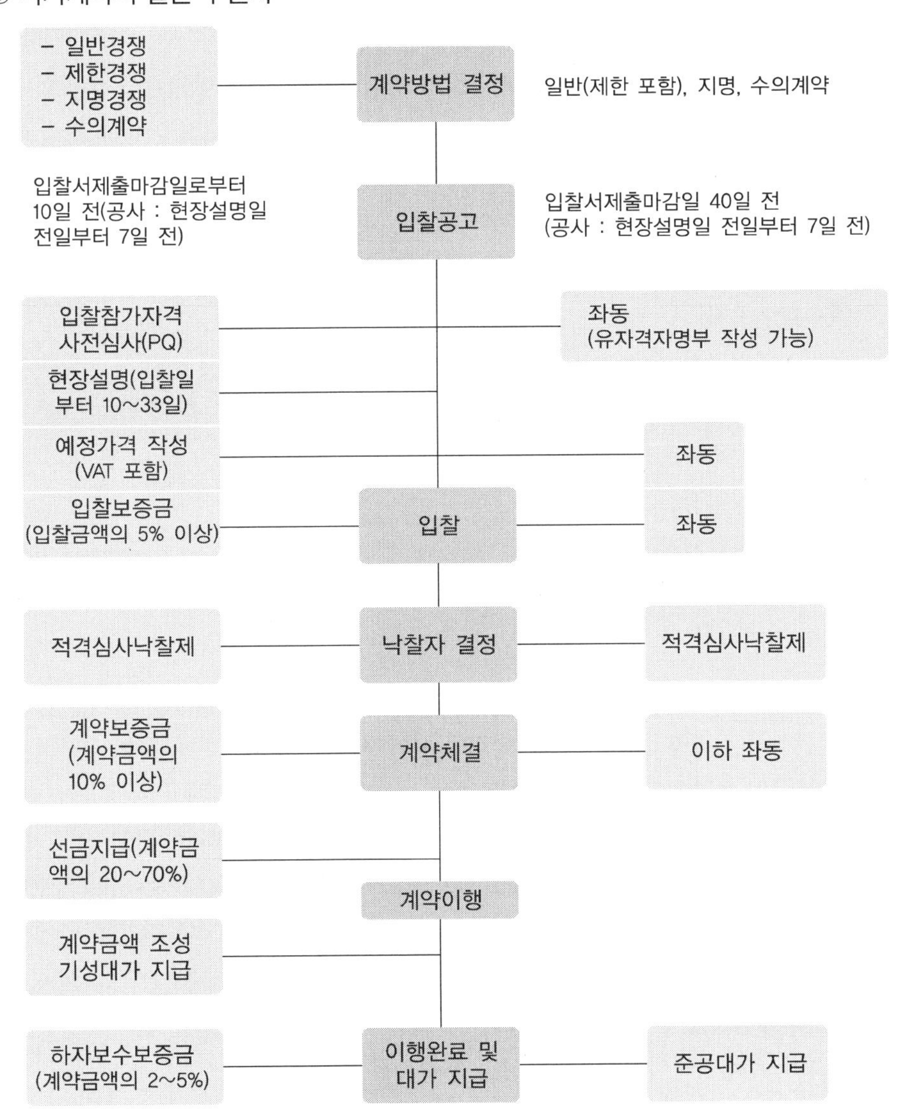

4) 입찰참가자격 사전심사(PQ)

① 개념

입찰참가자격 사전심사(Pre-Qualification)란 입찰에 참여하고자 하는 자에 대해 입찰에 참가할 수 있는 자격이 있는지를 입찰 전에 미리 판단하여 부실공사 방지와 우수한 업체를 선정하여 양질의 사업을 추진하고자 도입된 제도이다.

② 대상공사

- 추정가격이 300억원 이상인 공사
- 시행령 제6장(대형공사계약) 제8장(기술제안입찰 등에 의한 계약)에 따른 공사
- 고난도 공종이 포함된 공사(추정가격이 200억원 이상으로서 다음 각 호의 어느 하나에 해당하는 공사)

  1. 다음 각 목의 어느 하나에 해당하는 교량건설공사
     가. 기둥 사이의 거리가 50미터 이상이거나 길이 500미터 이상인 교량건설공사
     나. 교량건설공사와 교량 외의 건설공사가 복합된 공사의 경우에는 교량건설공사 부분의 추정가격이 200억원 이상인 교량건설공사
  2. 터널건설공사(다만, 터널건설공사와 터널 외의 건설공사가 복합된 공사의 경우에는 터널건설공사부분의 추정가격이 200억원 이상인 것에 한한다.)
  3. 항만공사
  4. 지하철공사
  5. 공항건설공사
  6. 쓰레기소각로건설공사
  7. 폐수처리장건설공사
  8. 하수종말처리장건설공사
  9. 관람집회시설공사
  10. 전시시설

③ 심사기준

- 사전심사는 경영상태부문과 기술적 공사이행능력부문으로 구분하여 심사하며, 경영상태부문의 적격요건을 충족한 자를 대상으로 기술적 공사이행능력부문을 심사한다.
- 경영상태부문은 「신용정보의 이용 및 보호에 관한 법률」 제4조제1항제1호 또는 「자본시장과 금융투자업에 관한 법률」 제9조제26항의 업무를 영위하는 신용정보업자가 평가한 회사채(또는 기업어음) 또는 기업신용평가등급(이하 "신용평가등급"이라 한다)으로 심사하며, 적격요건은 다음 각 호와 같다.

  1. 신용평가등급에 의한 적격요건
     가. 추정가격이 500억원 이상인 공사

1) 회사채에 대한 신용평가등급의 경우 BB+(단, 공동이행방식에서 공동수급체 대표자이외의 구성원은 BB0) 이상
2) 기업어음에 대한 신용평가등급의 경우 B+ 이상
3) 기업신용평가등급의 경우 회사채에 대한 신용평가등급 BB+(단, 공동이행방식에서 공동수급체 대표자이외의 구성원은 BB0)에 준하는 등급 이상

나. 추정가격이 500억원 미만인 공사
1) 회사채에 대한 신용평가등급의 경우 BB−(단, 공동이행방식에서 공동수급체 대표자이외의 구성원은 B+) 이상
2) 기업어음에 대한 신용평가등급의 경우 B0(단, 공동이행방식에서 공동수급체 대표자이외의 구성원은 B−) 이상
3) 기업신용평가등급의 경우 회사채에 대한 신용평가등급 BB−(단, 공동이행방식에서 공동수급체 대표자이외의 구성원은 B+)에 준하는 등급 이상

- 기술적 공사이행능력부문은 시공경험분야, 기술능력분야, 시공평가결과분야, 지역업체참여도분야, 신인도분야를 종합적으로 심사하며, 적격요건은 평점 90점 이상으로 한다.
- 위에 따른 기술적 공사이행능력부문 심사 시의 분야별 심사항목 및 배점에 대한 기준은 다음과 같다.

1. 추정가격이 200억원 이상인 공사로서 다음 각 목의 어느 하나에 해당하는 공사는 별표 2를 적용

가. 다음 중 어느 하나에 해당하는 교량건설공사

가−1. 기둥 사이의 거리가 50미터 이상이거나 길이 500미터 이상인 교량건설공사

가−2. 교량건설공사와 교량 외의 건설공사가 복합된 공사의 경우에는 교량건설공사(기둥 사이의 거리가 50미터 이상이거나 길이 500미터 이상인 것에 한한다)부분의 추정가격이 200억원 이상인 교량건설공사

나. 공항건설공사

다. 댐축조공사

라. 에너지저장시설공사

마. 간척공사

바. 준설공사

사. 항만공사

아. 철도공사

자. 지하철공사

차. 터널건설공사(단, 터널건설공사와 터널 외의 건설공사가 복합된 공사의 경우에는 터널건설공사부분의 추정가격이 200억원 이상인 것에 한함)

카. 발전소건설공사

타. 쓰레기소각로건설공사
파. 폐수처리장건설공사
하. 하수종말처리장건설공사
거. 관람집회시설공사
너. 전시시설공사
더. 송전공사
러. 변전공사
2. 제1호 이외의 공사는 별표 3을 적용

- 계약담당공무원은 제4항에 따른 기술적 공사이행능력부문 심사 시에는 계약이행의 성실도 평가를 위하여 다음 각 호의 사항은 분야별 심사항목에 반드시 포함하여야 한다.
  1. 「건설기술 진흥법」 제53조에 따른 부실벌점
  2. 「건설기술 진흥법」 제50조에 따른 평가결과
  3. 일자리창출을 평가하기 위한 일자리창출 실적

5) 공사의 입찰방법

구분	입찰방법
추정가격이 100억 원 미만인 공사	• 입찰서 제출 • 물량내역서에 단가를 적은 산출내역서는 착공신고서를 제출하는 때에 제출
추정가격이 100억 원 이상 300억 원 미만인 공사	입찰서와 물량내역서에 단가를 적은 산출내역서 제출
추정가격이 300억 원 이상인 공사	• 입찰서, 물량내역서에 단가를 적은 산출내역서 • 입찰금액의 적정성 심사자료 제출 • 추정가격이 기획재정부장관이 정하는 금액이상인 공사로서 공사비의 절감사유 제출이 가능한 공사의 경우 물량과 단가 등을 직접 산출하여 작성한 산출내역서 제출

6) 공사의 현장설명

① 의무 현장설명 대상사업

추정가격이 300억원 이상인 공사

② 현장설명 실시기한

구분	현장 실시기한
해당입찰서 제출마감일의 전일부터	추정가격이 10억 원 미만인 경우 7일
	추정가격이 10억 원 이상 50억 원 미만인 경우 15일
	추정가격이 50억 원 이상인 33일

* 위 규정 이외의 사업에 대해서는 공사의 성격 등을 고려하여 발주처에서 선택적으로 실시

7) 제한경쟁입찰에 의한 계약과 제한사항

① 제한의 기본원칙

이행의 난이도, 규모의 대소, 수급상황 등을 적정하게 고려하여 제한의 범위 결정

② 제한기준

- 기획재정부령이 정하는 금액의 공사계약의 경우에는 시공능력 또는 당해 공사와 같은 종류의 공사실적
  - 「건설산업기본법」에 의한 건설공사(전문공사를 제외한다) : 30억원
  - 「건설산업기본법」에 의한 전문공사 그 밖의 공사관련 법령에 의한 공사 : 3억원
- 추정가격이 기획재정부령이 정하는 금액 미만인 계약의 경우에는 그 주된 영업소의 소재지
  - 공사의 경우에는 다음 각 목의 금액
    - → 건설산업기본법에 따른 건설공사 : 고시된 금액
    - → 건설산업기본법에 따른 전문공사와 그 밖에 공사 관련 법령에 따른 공사 : 7억원
  - 물품의 제조 · 구매, 용역, 그 밖의 경우에는 고시금액

▶▶ 참고

■ **지역제한 경쟁입찰제도(지방자치단체를 당사자로 하는 계약에 관한 법률 시행규칙 제24조)**
일정금액 미만의 계약은 주된 영업소가 당해공사의 현장 등이 소재하는 시 · 도의 관할구역 안에 있는 자로 제한하여 입찰

8) 지명경쟁입찰에 의한 계약

① 계약기준

- 계약의 성질 또는 목적에 비추어 특수한 설비 · 기술 · 자재 · 물품 또는 실적이 있는 자가 아니면 계약의 목적을 달성하기 곤란한 경우로서 입찰대상자가 10인 이내인 경우

- 「건설산업기본법」에 의한 건설공사(전문공사를 제외한다)로서 추정가격이 3억원 이하인 공사, 「건설산업기본법」에 의한 전문공사로서 추정가격이 1억원 이하인 공사 또는 그 밖의 공사관련 법령에 의한 공사로서 추정가격이 1억원 이하인 공사를 하거나 추정가격이 1억원 이하인 물품을 제조할 경우
- 추정가격이 5천만원 이하인 재산을 매각 또는 매입할 경우
- 예정임대 · 임차료의 총액이 5천만원 이하인 물건을 임대 · 임차할 경우
- 공사나 제조의 도급, 재산의 매각 또는 물건의 임대 · 임차 외의 계약으로서 추정가격이 5천만원 이하인 경우
- 「산업표준화법」 제15조에 따른 인증을 받은 제품 또는 같은 법 제25조에 따른 우수한 단체표준제품
- 법 제7조 단서 및 이 영 제26조의 규정에 의하여 수의계약에 의할 수 있는 경우
- 「자원의 절약과 재활용촉진에 관한 법률」 제33조의 규정에 의한 기준에 적합하고 「산업기술혁신 촉진법 시행령」 제17조제1항제3호에 따른 품질인증을 받은 재활용제품 또는 「환경기술 및 환경산업 지원법」 제17조의 규정에 의한 환경표지의 인증을 받은 제품을 제조하게 하거나 구매하는 경우
- 「중소기업제품 구매촉진 및 판로지원에 관한 법률 시행령」 제6조에 따라 중소벤처기업부장관이 지정 · 공고한 물품을 「중소기업기본법」 제2조에 따른 중소기업자로부터 제조 · 구매할 경우
- 「중소기업제품 구매촉진 및 판로지원에 관한 법률」 제7조의2제2항제2호에 따라 각 중앙관서의 장의 요청으로 「중소기업협동조합법」 제3조제1항에 따른 중소기업협동조합이 추천하는 소기업 또는 소상공인(해당 물품 등을 납품할 수 있는 소기업 또는 소상공인을 말한다)으로 하여금 물품을 제조하게 하거나 용역을 수행하게 하는 경우

② 지명경쟁입찰 대상자의 지명

- 5인 이상의 입찰대상자를 지명하여 2인 이상의 입찰참가신청이 있어야 함
- 지명대상자가 5인 미만인 때에는 대상자를 모두 지명

9) 입찰 및 낙찰절차

① 입찰공고의 시기

- 입찰서 제출마감일 전일부터 기산하여 7일 전 공고
- 현장설명을 실시하는 경우에는 현장설명일의 전일부터 기산하여 7일 전
- 입찰참가자격 사전심사 공사입찰의 경우에는 현장설명일 전일부터 기산하여 30일 전 공고
- 현장설명을 실시하지 않는 공사의 공고일

구분	공고시기
입찰서 제출마감일의 전일부터 기산	추정가격이 10억 원 미만인 경우 7일 전
	추정가격이 10억 원 이상 50억 원 미만인 경우 15일 전
	추정가격이 50억 원 이상인 경우 40일 전

- 긴급을 요하는 경우 입찰서 제출마감일 전일부터 기산하여 5일 전 공고
- 협상에 의한 계약의 경우 제안서 제출마감일의 전일부터 기산하여 40일 전 공고

② 입찰보증금

- 입찰보증금은 입찰금액 100분의 5 이상
- 단가입찰인 경우 단가에 총입찰예정량을 곱한 금액의 100분의 5 이상
- 입찰보증금의 전부 또는 일부의 납부 면제
  - 국가기관 및 지방자치단체
  - 공공기관의 운영에 관한 법률에 따른 공공기관 등

③ 동일가격 입찰인 경우의 낙찰자 결정

- 희망수량에 의한 일반경쟁입찰 : 입찰수량이 많은 자(동수량일 경우 추첨)
- 국고의 부담이 되는 경쟁입찰 : 이행능력 심사결과 최고점수자(동일점수 추첨) 등

10) 공사계약의 하자담보책임기간

① 하자시점일

- 전체 목적물을 인수한 날과 준공검사를 완료한 날 중에서 먼저 도래한 날이 하자 시점
- 1년 이상 10년 이내
- 조경 관련 하자기간

구분	공정	하자담보책임기간
「건설산업기본법」	조경시설물 또는 조경식재	2년
「문화재보호법」	조경시설물 및 조경식재	2년
	식물보호	3년

② 하자보수보증금

㉮ 산출기준

계약금액의 100분의 2 이상 ~ 100분의 10 이하

㉯ 하자보수보증금 기준

- 철도 · 댐 · 터널 · 철강교설치 등 중요구조물공사 및 조경공사 : 100분의 5
- 공항 · 항만 · 삭도설치 · 방파제 · 사방 · 간척 등 공사 : 100분의 4

- 관개수로 · 도로 · 매립 · 상하수도관로 · 하천 · 일반건축 등 공사 : 100분의 3
- 제1호 내지 제3호 외의 공사 : 100분의 2

㉰ 하자면제기준

- 건설업종의 업무내용 중 구조물 등을 해체하는 공사 및 철도 · 궤도공사
- 단순암반절취공사, 모래 · 자갈채취공사 등 그 공사의 성질상 하자보수가 필요하지 아니하다고 중앙관서의 장 또는 계약담당공무원이 인정하는 공사
- 계약금액이 3천만원을 초과하지 아니하는 공사(조경공사를 제외한다)

11) 물가변동으로 인한 계약금액의 조정

① 정의

계약체결 후 일정기간이 경과된 시점에서 계약금액을 구성하는 각종 품목 또는 비목의 가격이 급격하게 상승 또는 하락된 경우 계약금액을 증감 조정하여 줌으로써 계약상대자 일방의 예기치 못한 부담을 경감시켜 계약 이행을 원활하게 할 수 있도록 하는 것이 물가변동으로 인한 계약금액조정제도

② 조정기준

계약을 체결한 날부터 90일 이상 경과하고 다음 각 호의 어느 하나에 해당되는 경우

- 입찰일을 기준일로 하여 품목조정률이 100분의 3 이상 증감된 때
- 입찰일을 기준일로 하여 지수조정률이 100분의 3 이상 증감된 때

12) 설계변경으로 인한 계약금액의 조정

① 설계변경 사유

- 설계서의 내용이 불분명하거나 누락, 오류 또는 상호모순되는 점이 있을 경우
- 지질, 용수 등 공사현장의 상태가 설계서와 다를 경우
- 새로운 기술 · 공법사용으로 공사비의 절감 및 시공기간의 단축 등의 효과가 현저할 경우
- 기타 발주기관이 설계서를 변경할 필요가 있다고 인정할 경우 등

② 계약금액 조정기준

- 증감된 공사량 : 계약단가
- 신규 공사량 : 설계변경 당시 산정한 단가 × 낙찰률
- 발주처에서 설계변경을 요구한 경우 : 설계변경 당시 단가 × 낙찰률(당사자 협의)
- 협의가 이루어지지 아니하는 경우 : 설계변경 당시 산정한 단가+(동 단가 × 낙찰률) × 50/100

13) 지역업체 공동도급제

① 개념

건설공사를 공동으로 도급받는 경우 건설업의 균형 발전을 위하여 공사현장을 관할하는 특별시 · 광역시 · 도에 주된 영업소가 있는 자 중 1인 이상을 반드시 공동수급체의 구성원으로 하도록 한 제도

② 해당사업

- 추정가격이 50억원 미만이고 건설업 등의 균형발전을 위하여 필요하다고 인정되는 사업
- 저탄소 · 녹색성장의 효과적인 추진, 국토의 지속가능한 발전, 지역경제 활성화 등을 위하여 특별히 필요하다고 인정하여 기획재정부장관이 고시하는 사업

14) 대형공사계약

① 정의

용어	정의
대형공사	총공사비 추정가격이 300억원 이상인 신규복합공종공사를 말함
특정공사	총공사비 추정가격이 300억원 미만인 신규복합공종공사 중 각 중앙관서의 장이 대안입찰 또는 일괄입찰로 집행함이 유리하다고 인정하는 공사를 말함
대안	정부가 작성한 실시설계서상의 공종 중에서 대체가 가능한 공종에 대하여 기본방침의 변동 없이 정부가 작성한 설계에 대체될 수 있는 동등 이상의 기능 및 효과를 가진 신공법 · 신기술 · 공기단축 등이 반영된 설계로서 해당실시설계서상의 가격이 정부가 작성한 실시설계서상의 가격보다 낮고 공사기간이 정부가 작성한 실시설계서상의 기간을 초과하지 아니하는 방법(공기단축의 경우에는 공사기간이 정부가 작성한 실시설계서상의 기간보다 단축된 것에 한한다)으로 시공할 수 있는 설계
대안입찰	원안입찰과 함께 따로 입찰자의 의사에 따라 제3호의 대안이 허용된 공사의 입찰(Alternate Bid 입찰)
일괄입찰	정부가 제시하는 공사일괄입찰기본계획 및 지침에 따라 입찰 시에 그 공사의 설계서 기타 시공에 필요한 도면 및 서류를 작성하여 입찰서와 함께 제출하는 설계 · 시공일괄입찰(Turn Key 입찰)
기본설계입찰	일괄입찰의 기본계획 및 지침에 따라 실시설계에 앞서 기본설계와 그에 따른 도서를 작성하여 입찰서와 함께 제출하는 입찰
입찰안내서	입찰에 참가하고자 하는 자가 당해 공사의 입찰에 참가하기 전에 숙지하여야 하는 공사의 범위 · 규모, 설계 · 시공기준, 품질 및 공정관리 기타 입찰 또는 계약이행에 관한 기본계획 및 지침 등을 포함한 문서
실시설계서	기본계획 및 지침과 기본설계에 따라 세부적으로 작성한 시공에 필요한 설계서(설계서에 부수되는 도서를 포함한다)를 말함

② 대형공사 입찰방법의 심의

㉮ 심의기관

중앙건설기술심의위원회

㉯ 제출서류

대형공사 등의 집행기본계획서

- 기본설계서 작성 전에 일괄입찰로 발주할 공사와 그 밖의 공사로 구분하여 제출
- 일괄입찰로 발주하지 아니하기로 결정된 공사에 대하여는 실시설계서를 작성한 후 대안입찰로 발주하려는 공사에 대하여 제출

③ 입찰참가자격 및 입찰절차

㉮ 참가자격

- 「건설산업기본법」 제9조에 따라 해당공사의 시공에 필요한 건설업의 등록을 한 자일 것
- 「건설기술 진흥법」 제26조에 따른 건설기술용역사업자 또는 「건축법」 제23조에 따라 건축사업무신고를 한 자일 것

㉯ 일괄입찰 등의 입찰절차

- 일괄입찰 : 기본설계입찰을 실시설계적격자로 선정된 자에 한해 실시설계서 제출
- 일괄입찰자 제출서류
  ㉠ 기본설계입찰서의 경우
    - 기본설계에 대한 설명서
    - 「건설기술 진흥법 시행령」 제11조의 규정에 의한 관계서류
    - 기타 공고로 요구한 사항
  ㉡ 실시설계서의 경우
    - 실시설계에 대한 구체적인 설명서
    - 「건설기술 진흥법 시행령」 제11조의 규정에 의한 관계서류
    - 단가 및 수량을 명백히 한 산출내역서
    - 기타 참고사항을 기재한 서류
- 대안입찰 : 2개안 이상 제출제한
- 대안입찰 제출서류
  ㉠ 대안설계에 대한 구체적인 설명서
  ㉡ 「건설기술 진흥법 시행령」 제11조의 규정에 의한 관계서류
  ㉢ 원안입찰 및 대안입찰에 대한 단가와 수량을 명백히 한 산출내역서
  ㉣ 대안의 채택에 따른 이점 기타 참고사항을 기재한 서류

㉰ 일괄입찰 등의 실시설계적격자 또는 낙찰자 결정방법 등 선택

- 일괄입찰 낙찰자 결정기준
  - –최저가격으로 입찰한 자를 실시설계적격자로 결정하는 방법
  - –입찰가격을 설계점수로 나누어 조정된 수치가 가장 낮은 자 또는 설계점수를 입찰가격으로 나누어 조정된 점수가 가장 높은 자를 실시설계적격자로 결정하는 방법
  - –설계점수와 가격점수에 가중치를 부여하여 각각 평가한 결과를 합산한 점수가 가장 높은 자를 실시설계적격자로 결정하는 방법
  - –계약금액을 확정하고 기본설계서만 제출하도록 한 경우 설계점수가 가장 높은 자를 실시설계적격자로 결정하는 방법
- 대안입찰 낙찰자 결정기준
  - –최저가격으로 입찰한 자를 낙찰자로 결정하는 방법
  - –입찰가격을 설계점수로 나누어 조정된 수치가 가장 낮은 자 또는 설계점수를 입찰가격으로 나누어 조정된 점수가 가장 높은 자를 낙찰자로 결정하는 방법
  - –설계점수와 가격점수에 가중치를 부여하여 각각 평가한 결과를 합산한 점수가 가장 높은 자를 낙찰자로 결정하는 방법
- 낙찰자의 결정방법은 입찰공고 시 명시

㉣ 대안입찰의 대안채택 및 낙찰자 결정

- 낙찰자 입찰가격 결정기준(모두 충족)
  - –대안입찰가격이 입찰자 자신 원안입찰가격보다 낮을 것
  - –대안입찰가격이 총공사 예정가격 이하로서 대안공종에 대한 입찰가격이 대안공종에 대한 예정가격 이하일 것
- 대안 낙찰자가 없는 경우 원안입찰 낙찰자 결정기준
  - –추정가격이 300억원 이상인 공사 : 제42조제4항에 따라 입찰금액의 적정성을 심사하여 낙찰자를 결정
  - –그 외의 공사 : 제42조제1항에 따라 계약이행능력을 심사하여 낙찰자를 결정

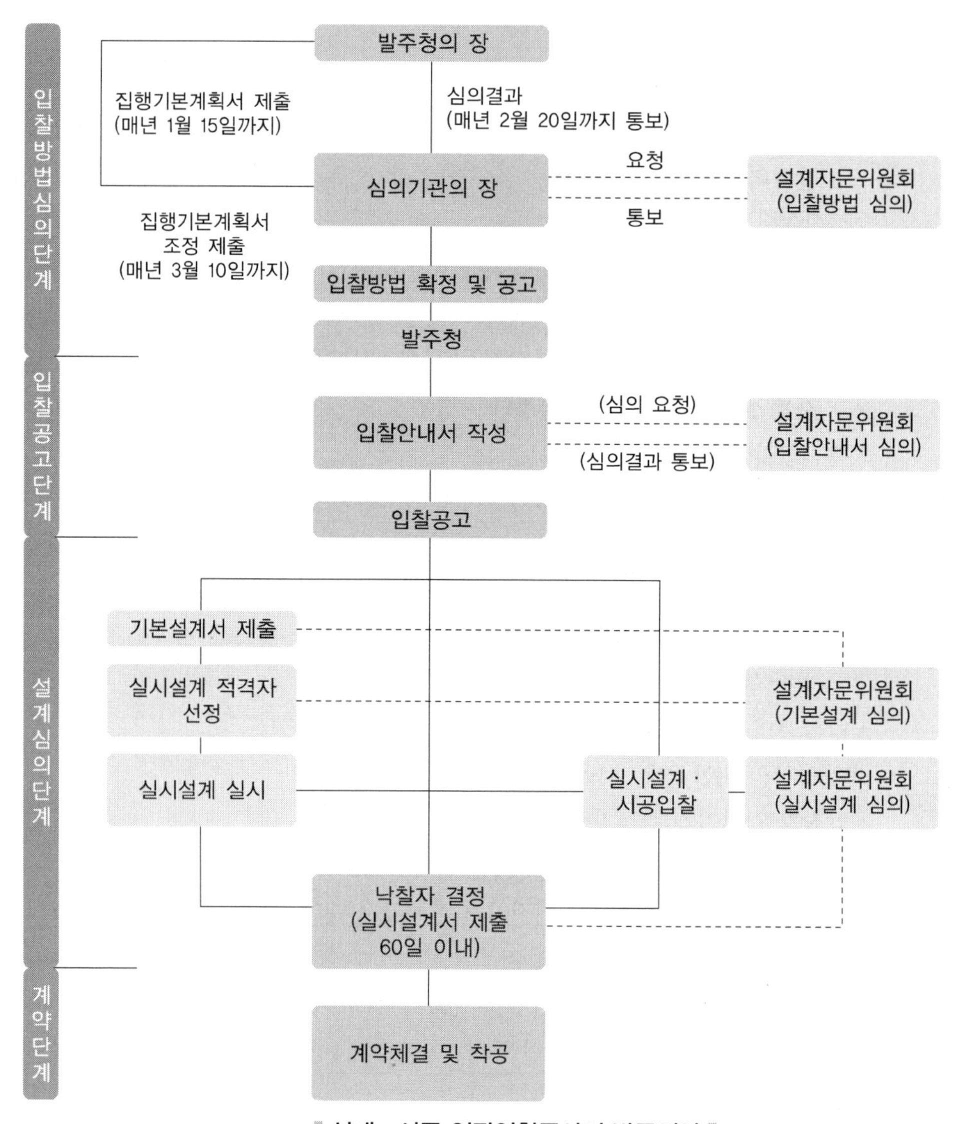

설계 · 시공 일괄입찰공사의 발주절차

④ 설계비 보상(대형공사 설계비 보상요령 참고)

㉮ 설계비 보상대상

- 시행령 제86조제2항 및 제87조에 따라 선정된 자 중 낙찰자로 결정되지 아니한 자
  - 기본설계서 심사에서 통과되어 적격심사를 한 결과 낙찰자로 결정되지 않은 자
  - 일괄입찰 참가자 중 낙찰자로 결정되지 않은 자
- 설계비 보상예산 : 당해 공사예산의 15/1,000의 설계비 보상예산 확보

㉯ 설계비 보상기준

구분	보상기준
낙찰탈락자가 3명인 경우	공사예산의 15/1,000에 해당하는 금액을 설계점수가 높은 자 순으로 15분의 7, 15분의 5, 15분의 3을 지급
낙찰탈락자가 2명인 경우	공사예산의 15/1,000에 해당하는 금액을 설계점수가 높은 순으로 15분의 7, 15분의 5를 지급
낙찰탈락자가 1명인 경우	공사예산의 15/1,000에 해당하는 금액의 1/3을 지급

㉰ 공동입찰 시의 설계비 보상

2인 이상이 공동으로 입찰하여 낙찰탈락자가 된 경우에는 설계비 보상기준에 의해 산출된 금액을 공동입찰의 대표자에게 지급

㉱ 입찰공고 시 공고사항

대안입찰 또는 일괄입찰공사의 입찰공고 시 설계비 보상에 대한 내용 포함

⑤ 일괄(턴키제도)입찰 장단점 비교

구분	발주자	건설업자
장점	• 일괄책임 회피 • 최적대안 선정 • 관리업무 최소화 • 공기 절감	• 사업수행 효율성 제고 • 신기술 등 업체보유 기술 활용 • 위험관리기회 증진 • 전문화 촉진
단점	• 사업내용 불확실 • 품질확보 한계 • 사업관리 한계 • 발주절차 복잡성	• 사업내용 불확실 • 입찰부담 과중 • 중소기업 참여기회 제한

15) 기술제안입찰 등에 의한 계약

① 대상사업

기술제안입찰 또는 설계공모 · 기술제안입찰에 의한 계약

② 정의

용어	정의
기술제안서	입찰자가 발주기관이 교부한 설계서 등을 검공사비 절감방안, 공기단축방안, 공사관리방안 등을 제안하는 문서

용어	정의
실시설계 기술제안입찰	발주기관이 교부한 실시설계서 및 입찰안내서에 따라 입찰자가 제1호에 따른 기술제안서를 작성하여 입찰서와 함께 제출하는 입찰
기본설계 기술제안입찰	발주기관이 작성하여 교부한 기본설계서와 입찰안내서에 따라 입찰자가 제1호에 따른 기술제안서를 작성하여 입찰서와 함께 제출하는 입찰

③ 실시설계 기술제안입찰 및 기본설계 기술제안입찰의 입찰방법의 심의

㉮ 심의기관

중앙건설기술심의위원회

㉯ 심의내용

- 입찰의 방법에 관한 사항
- 제102조제1항에 따른 낙찰자의 결정방법에 관한 사항
- 제102조제2항에 따른 실시설계적격자 결정방법에 관한 사항

㉰ 제출서류

- 공사의 집행기본계획서
  - 기본설계서를 작성한 후 기본설계 기술제안입찰로 발주하려는 공사에 대하여 제출
  - 기본설계 기술제안입찰로 발주하지 아니하기로 결정된 공사에 대해서는 실시설계서를 작성한 후 실시설계 기술제안입찰로 발주하려는 공사에 대하여 제출

④ 실시설계 기술제안입찰 등의 낙찰자 결정방법 등 선택

- 최저가격으로 입찰한 자를 낙찰자로 결정하는 방법
- 입찰가격을 기술제안점수로 나누어 조정된 수치가 가장 낮은 자 또는 기술제안점수를 입찰가격으로 나누어 조정된 점수가 가장 높은 자를 낙찰자로 결정하는 방법
- 기술제안점수와 가격점수에 가중치를 부여하여 각각 평가한 결과를 합산한 점수가 가장 높은 자를 낙찰자로 결정하는 방법

4 자연환경관리

1. 환경 관련 법률체계

「환경정책기본법」을 상위법으로 자연환경보전 분야, 환경영향평가 분야, 오염원 배출규제 및 관리 분야로 구분

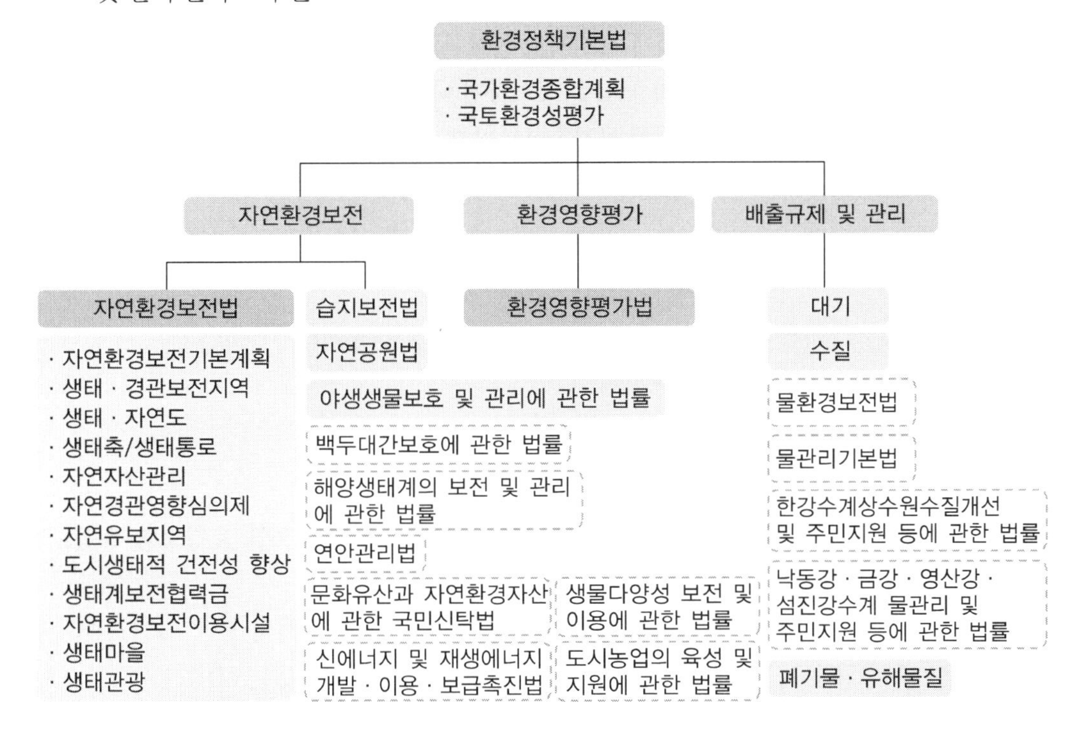

2. 환경정책기본법

1) 목적

환경보전에 관한 국민의 권리 · 의무와 국가의 책무를 명확히 하고 환경정책의 기본 사항을 정하여 환경오염과 환경훼손을 예방하고 환경을 적정하고 지속가능하게 관리 · 보전함으로써 모든 국민이 건강하고 쾌적한 삶을 누릴 수 있도록 함을 목적으로 함

2) 기본이념

- 환경의 질적인 향상과 그 보전을 통한 쾌적한 환경의 조성 및 이를 통한 인간과 환경 간의 조화와 균형의 유지는 국민의 건강과 문화적인 생활의 향유 및 국토의 보전과 항구적인

국가발전에 반드시 필요한 요소임에 비추어 국가, 지방자치단체, 사업자 및 국민은 환경을 보다 양호한 상태로 유지·조성하도록 노력
- 환경을 이용하는 모든 행위를 할 때에는 환경보전을 우선적으로 고려하며, 기후변화 등 지구환경상의 위해(危害)를 예방하기 위하여 공동으로 노력함으로써 현 세대의 국민이 그 혜택을 널리 누릴 수 있게 함과 동시에 미래의 세대에게 그 혜택이 계승될 수 있도록 하여야 함
- 국가와 지방자치단체는 환경 관련 법령이나 조례·규칙을 제정·개정하거나 정책을 수립·시행할 때 모든 사람들에게 실질적인 참여를 보장하고, 환경에 관한 정보에 접근하도록 보장하며, 환경적 혜택과 부담을 공평하게 나누고, 환경오염 또는 환경훼손으로 인한 피해에 대하여 공정한 구제를 보장함으로써 환경정의를 실현하도록 노력함

3) 정의

① 환경

- 자연환경 : 지하·지표·지상의 모든 생물과 이를 둘러싼 비생물적인 것을 포함한 자연의 상태(생태계, 자연경관 포함)
- 생활환경 : 대기, 물, 폐기물 등 사람의 일상생활과 관계된 환경

② 환경오염과 환경훼손

- 환경오염 : 사업활동, 사람활동으로 발생되는 대기오염, 수질오염, 토양오염, 소음·진동, 악취 등으로서 사람의 건강이나 환경에 피해를 주는 상태
- 환경훼손 : 야생동식물의 남획, 그 서식지의 파괴, 생태계 질서의 교란, 자연경관의 훼손, 표토의 유실 등으로 인해 자연환경의 본래기능에 손상을 주는 상태

③ 환경보전

- 환경오염, 환경훼손으로부터 환경을 보호, 환경을 개선
- 쾌적한 환경의 상태를 유지·조성행위

④ 환경용량

- 일정한 지역 안에서 환경의 질을 유지
- 환경오염·훼손에 대해 환경 스스로 수용·정화·복원할 수 있는 한계

⑤ 환경기준

국민의 건강을 보호하고 쾌적한 환경을 조성하기 위해 국가가 달성하고 유지하는 것이 바람직한 환경상의 조건 또는 질적인 수준

4) 책무와 의무

① 국가 및 지방자치단체의 책무

- 국가는 환경오염 및 환경훼손과 그 위해를 예방하고 환경을 적정하게 관리 · 보전하기 위하여 환경계획을 수립하여 시행할 책무를 짐
- 지방자치단체는 관할 구역의 지역적 특성을 고려하여 국가의 환경계획에 따라 그 지방자치단체의 환경계획을 수립하여 이를 시행할 책무를 짐
- 국가 및 지방자치단체는 지속가능한 국토환경 유지를 위하여 환경계획과 지방자치단체의 환경계획을 수립할 때에는 「국토기본법」에 따른 국토계획과의 연계방안 등을 강구하여야 함
- 환경부장관은 환경계획과 국토계획의 연계를 위하여 필요한 경우에는 적용범위, 연계방법 및 절차 등을 국토교통부장관과 공동으로 정할 수 있음

② 사업자의 책무

- 사업자는 그 사업 활동으로부터 발생하는 환경오염 및 환경훼손을 스스로 방지하기 위하여 필요한 조치를 하여야 함
- 국가 · 지방자치단체의 환경보전시책에 참여하고 협력하여야 할 책무를 짐

③ 국민의 권리와 의무

- 모든 국민은 건강하고 쾌적한 환경에서 생활할 권리를 가짐
- 모든 국민은 국가 및 지방자치단체의 환경보전시책에 협력
- 모든 국민은 일상생활에서 발생하는 환경오염과 환경훼손을 줄이고, 국토 및 자연환경의 보전을 위하여 노력하여야 함

5) 국가환경정책의 원칙

① 오염원인자 책임원칙

환경오염 · 훼손을 야기한 자가 복원할 책임이 있고 소요비용을 부담토록 하는 원칙

② 수익자 부담원칙

국가 및 지방자치단체는 국가 또는 지방자치단체 이외의 자가 환경보전을 위한 사업으로 현저한 이익을 얻는 경우 이익을 얻는 자에게 그 이익의 범위에서 해당 환경보전을 위한 사업 비용의 전부 또는 일부를 부담하게 할 수 있음

③ 환경오염 등의 사전예방

- 국가 및 지방자치단체는 환경오염물질 및 환경오염원의 원천적인 감소를 통한 사전예방적 오염관리에 우선적인 노력을 기울여야 하며, 사업자로 하여금 환경오염을 예방하기 위하여 스스로 노력하도록 촉진하기 위한 시책을 마련하여야 함

- 사업자는 제품의 제조 · 판매 · 유통 및 폐기 등 사업활동의 모든 과정에서 환경오염이 적은 원료를 사용하고 공정(工程)을 개선하며, 자원의 절약과 재활용의 촉진 등을 통하여 오염물질의 배출을 원천적으로 줄이고, 제품의 사용 및 폐기로 환경에 미치는 해로운 영향을 최소화하도록 노력하여야 함
- 국가, 지방자치단체 및 사업자는 행정계획이나 개발사업에 따른 국토 및 자연환경의 훼손을 예방하기 위하여 해당 행정계획 또는 개발사업이 환경에 미치는 해로운 영향을 최소화하도록 노력하여야 함

④ 환경과 경제의 통합적 고려

- 정부는 환경과 경제를 통합적으로 평가할 수 있는 방법을 개발하여 각종 정책을 수립할 때에 이를 활용하여야 함
- 정부는 환경용량의 범위에서 산업 간, 지역 간, 사업 간 협의에 의하여 환경에 미치는 해로운 영향을 최소화하도록 지원하여야 함

⑤ 자원 등의 절약 및 순환적 사용 촉진

- 국가 및 지방자치단체는 자원과 에너지를 절약하고 자원의 재사용 · 재활용 등 자원의 순환적 사용을 촉진하는 데 필요한 시책을 마련하여야 함
- 사업자는 경제활동을 할 때 국가 및 지방자치단체의 시책에 협력하여야 함

6) 환경기준

① 환경기준의 설정

- 국가는 생태계 또는 인간의 건강에 미치는 영향 등을 고려하여 환경기준을 설정하여야 하며, 환경 여건의 변화에 따라 그 적정성이 유지되도록 하여야 함
- 환경기준은 시행령 별표 1과 같음
- 특별시 · 광역시 · 특별자치시 · 도 · 특별자치도(이하 "시 · 도"라 한다)는 해당 지역의 환경적 특수성을 고려하여 필요하다고 인정할 때에는 해당 시 · 도의 조례로 환경기준보다 확대 · 강화된 별도의 환경기준(이하 "지역환경기준"이라 한다)을 설정 또는 변경할 수 있음
- 특별시장 · 광역시장 · 특별자치시장 · 도지사 · 특별자치도지사(이하 "시 · 도지사"라 한다)는 지역환경기준을 설정하거나 변경한 경우에는 이를 지체 없이 환경부장관에게 통보하여야 함

② 환경기준 등의 공표

- 환경부장관은 제12조에 따라 정한 환경기준 및 그 설정 근거를 공표하여야 함
- 공표의 기준 · 방법은 환경부령으로 정함

③ 환경기준의 평가

- 환경부장관은 제12조에 따른 환경기준의 적정성 유지를 위하여 5년의 범위에서 환경기준에 대한 평가를 실시
- 환경부장관은 환경기준의 평가를 실시한 때에는 그 결과를 지체 없이 국회 소관 상임위원회에 보고
- 국가 및 지방자치단체는 제12조제1항 및 제3항에 따라 환경기준을 설정하거나 변경할 때에는 제1항에 따른 평가 결과를 반영
- 그 밖에 환경기준의 평가 등에 필요한 사항은 대통령령으로 정함

④ 환경기준의 유지

국가 및 지방자치단체는 환경에 관계되는 법령을 제정 또는 개정하거나 행정계획의 수립 또는 사업의 집행을 할 때에는 제12조에 따른 환경기준이 적절히 유지되도록 다음 사항을 고려하여야 함

- 환경 악화의 예방 및 그 요인의 제거
- 환경오염지역의 원상회복
- 새로운 과학기술의 사용으로 인한 환경오염 및 환경훼손의 예방
- 환경오염방지를 위한 재원(財源)의 적정 배분

■ 환경정책기본법 시행령 [별표 1]

환경기준(제2조 관련)

1. 대기

항목	기준	
아황산가스 (SO_2)	연간 평균치	0.02ppm 이하
	24시간 평균치	0.05ppm 이하
	1시간 평균치	0.15ppm 이하
일산화탄소 (CO)	8시간 평균치	9ppm 이하
	1시간 평균치	25ppm 이하
이산화질소 (NO_2)	연간 평균치	0.03ppm 이하
	24시간 평균치	0.06ppm 이하
	1시간 평균치	0.10ppm 이하
미세먼지 (PM－10)	연간 평균치	50$\mu g/m^3$ 이하
	24시간 평균치	100$\mu g/m^3$ 이하
초미세먼지	연간 평균치	15$\mu g/m^3$ 이하

항목	기준	
(PM−2.5)	24시간 평균치	35㎍/m³ 이하
오존 (O_3)	8시간 평균치	0.06ppm 이하
	1시간 평균치	0.1ppm 이하
납(Pb)	연간 평균치	0.5㎍/m³ 이하
벤젠	연간 평균치	5㎍/m³ 이하

비고
1. 1시간 평균치는 999천분위수(千分位數)의 값이 그 기준을 초과해서는 안 되고, 8시간 및 24시간 평균치는 99 백분위수의 값이 그 기준을 초과해서는 안 된다.
2. 미세먼지(PM−10)는 입자의 크기가 10㎛ 이하인 먼지를 말한다.
3. 초미세먼지(PM−2.5)는 입자의 크기가 2.5㎛ 이하인 먼지를 말한다.

2. 소음

[단위 : Leq dB(A)]

지역 구분	적용 대상지역	기준	
		낮 (06 : 00 ~ 22 : 00)	밤 (22 : 00 ~ 06 : 00)
일반 지역	"가" 지역	50	40
	"나" 지역	55	45
	"다" 지역	65	55
	"라" 지역	70	65
도로변 지역	"가" 및 "나" 지역	65	55
	"다" 지역	70	60
	"라" 지역	75	70

비고
1. 지역구분별 적용 대상지역의 구분은 다음과 같다.
   가. "가"지역
      1) 「국토의 계획 및 이용에 관한 법률」 제36조제1항제1호라목에 따른 녹지지역
      2) 「국토의 계획 및 이용에 관한 법률」 제36조제1항제2호가목에 따른 보전관리지역
      3) 「국토의 계획 및 이용에 관한 법률」 제36조제1항제3호 및 제4호에 따른 농림지역 및 자연환경보전지역
      4) 「국토의 계획 및 이용에 관한 법률 시행령」 제30조제1호가목에 따른 전용주거지역
      5) 「의료법」 제3조제2항제3호마목에 따른 종합병원의 부지경계로부터 50미터 이내의 지역
      6) 「초 · 중등교육법」 제2조 및 「고등교육법」 제2조에 따른 학교의 부지경계로부터 50미터 이내의 지역

7) 「도서관법」 제2조제4호에 따른 공공도서관의 부지경계로부터 50미터 이내의 지역

나. "나"지역

1) 「국토의 계획 및 이용에 관한 법률」 제36조제1항제2호나목에 따른 생산관리지역

2) 「국토의 계획 및 이용에 관한 법률 시행령」 제30조제1호나목 및 다목에 따른 일반주거지역 및 준주거지역

다. "다"지역

1) 「국토의 계획 및 이용에 관한 법률」 제36조제1항제1호나목에 따른 상업지역 및 같은 항 제2호다목에 따른 계획관리지역

2) 「국토의 계획 및 이용에 관한 법률 시행령」 제30조제3호다목에 따른 준공업지역

라. "라"지역

「국토의 계획 및 이용에 관한 법률 시행령」 제30조제3호가목 및 나목에 따른 전용공업지역 및 일반공업지역

2. "도로"란 자동차(2륜자동차는 제외한다)가 한 줄로 안전하고 원활하게 주행하는 데에 필요한 일정 폭의 차선이 2개 이상 있는 도로를 말한다.

3. 이 소음환경기준은 항공기소음, 철도소음 및 건설작업 소음에는 적용하지 않는다.

3. 수질 및 수생태계

가. 하천

1) 사람의 건강보호 기준

항목	기준값(mg/L)
카드뮴(Cd)	0.005 이하
비소(As)	0.05 이하
시안(CN)	검출되어서는 안 됨(검출한계 0.01)
수은(Hg)	검출되어서는 안 됨(검출한계 0.001)
유기인	검출되어서는 안 됨(검출한계 0.0005)
폴리클로리네이티드비페닐(PCB)	검출되어서는 안 됨(검출한계 0.0005)
납(Pb)	0.05 이하
6가 크롬(Cr^{6+})	0.05 이하
음이온 계면활성제(ABS)	0.5 이하
사염화탄소	0.004 이하
1,2-디클로로에탄	0.03 이하
테트라클로로에틸렌(PCE)	0.04 이하
디클로로메탄	0.02 이하
벤젠	0.01 이하
클로로포름	0.08 이하
디에틸헥실프탈레이트(DEHP)	0.008 이하

안티몬	0.02 이하
1,4-다이옥세인	0.05 이하
포름알데히드	0.5 이하
헥사클로로벤젠	0.00004 이하

2) 생활환경 기준

등급		상태 (캐릭터)	기준								
			수소 이온 농도 (pH)	생물 화학적 산소 요구량 (BOD) (mg/L)	화학적 산소 요구량 (COD) (mg/L)	총유기 탄소량 (TOC) (mg/L)	부유 물질량 (SS) (mg/L)	용존 산소량 (DO) (mg/L)	총인 (total phosphorus) (mg/L)	대장균군 (군수/100mL)	
										총 대장균군	분원성 대장균군
매우 좋음	Ia		6.5~8.5	1 이하	2 이하	2 이하	25 이하	7.5 이상	0.02 이하	50 이하	10 이하
좋음	Ib		6.5~8.5	2 이하	4 이하	3 이하	25 이하	5.0 이상	0.04 이하	500 이하	100 이하
약간 좋음	II		6.5~8.5	3 이하	5 이하	4 이하	25 이하	5.0 이상	0.1 이하	1,000 이하	200 이하
보통	III		6.5~8.5	5 이하	7 이하	5 이하	25 이하	5.0 이상	0.2 이하	5,000 이하	1,000 이하
약간 나쁨	IV		6.0~8.5	8 이하	9 이하	6 이하	100 이하	2.0 이상	0.3 이하		
나쁨	V		6.0~8.5	10 이하	11 이하	8 이하	쓰레기 등이 떠 있지 않을 것	2.0 이상	0.5 이하		
매우 나쁨	VI			10 초과	11 초과	8 초과		2.0 미만	0.5 초과		

비고

1. 등급별 수질 및 수생태계 상태
   가. 매우 좋음 : 용존산소(溶存酸素)가 풍부하고 오염물질이 없는 청정상태의 생태계로 여과 · 살균 등 간단한 정수처리 후 생활용수로 사용할 수 있음
   나. 좋음 : 용존산소가 많은 편이고 오염물질이 거의 없는 청정상태에 근접한 생태계로 여과 · 침전 · 살균 등 일반적인 정수처리 후 생활용수로 사용할 수 있음

다. 약간 좋음 : 약간의 오염물질은 있으나 용존산소가 많은 상태의 다소 좋은 생태계로 여과 · 침전 · 살균 등 일반적인 정수처리 후 생활용수 또는 수영용수로 사용할 수 있음
라. 보통 : 보통의 오염물질로 인하여 용존산소가 소모되는 일반 생태계로 여과, 침전, 활성탄 투입, 살균 등 고도의 정수처리 후 생활용수로 이용하거나 일반적 정수처리 후 공업용수로 사용할 수 있음
마. 약간 나쁨 : 상당량의 오염물질로 인하여 용존산소가 소모되는 생태계로 농업용수로 사용하거나 여과, 침전, 활성탄 투입, 살균 등 고도의 정수처리 후 공업용수로 사용할 수 있음
바. 나쁨 : 다량의 오염물질로 인하여 용존산소가 소모되는 생태계로 산책 등 국민의 일상생활에 불쾌감을 주지 않으며, 활성탄 투입, 역삼투압 공법 등 특수한 정수처리 후 공업용수로 사용할 수 있음
사. 매우 나쁨 : 용존산소가 거의 없는 오염된 물로 물고기가 살기 어려움
아. 용수는 해당 등급보다 낮은 등급의 용도로 사용할 수 있음
자. 수소이온농도(pH) 등 각 기준항목에 대한 오염도 현황, 용수처리방법 등을 종합적으로 검토하여 그에 맞는 처리방법에 따라 용수를 처리하는 경우에는 해당 등급보다 높은 등급의 용도로도 사용할 수 있음

3. 수질 및 수생태계 상태별 생물학적 특성 이해표

생물 등급	생물 지표종		서식지 및 생물 특성
	저서생물(底棲生物)	어류	
매우 좋음 ~ 좋음	옆새우, 가재, 뿔하루살이, 민하루살이, 강도래, 물날도래, 광택날도래, 띠무늬우묵날도래, 바수염날도래	산천어, 금강모치, 열목어, 버들치 등 서식	• 물이 매우 맑으며, 유속은 빠른 편임 • 바닥은 주로 바위와 자갈로 구성됨 • 부착 조류(藻類)가 매우 적음
좋음 ~ 보통	다슬기, 넓적거머리, 강하루살이, 동양하루살이, 등줄하루살이, 등딱지하루살이, 물삿갓벌레, 큰줄날도래	쉬리, 갈겨니, 은어, 쏘가리 등 서식	• 물이 맑으며, 유속은 약간 빠르거나 보통임 • 바닥은 주로 자갈과 모래로 구성됨 • 부착 조류가 약간 있음
보통 ~ 약간 나쁨	물달팽이, 턱거머리, 물벌레, 밀잠자리	피라미, 끄리, 모래무지, 참붕어 등 서식	• 물이 약간 혼탁하며, 유속은 약간 느린 편임 • 바닥은 주로 잔자갈과 모래로 구성됨 • 부착 조류가 녹색을 띠며 많음
약간 나쁨 ~ 매우 나쁨	왼돌이물달팽이, 실지렁이, 붉은깔따구, 나방파리, 꽃등에	붕어, 잉어, 미꾸라지, 메기 등 서식	• 물이 매우 혼탁하며, 유속은 느린 편임 • 바닥은 주로 모래와 실트로 구성되며, 대체로 검은색을 띰 • 부착 조류가 갈색 혹은 회색을 띠며 매우 많음

4. 화학적 산소요구량(COD) 기준은 2015년 12월 31일까지 적용한다.

나. 호소

1) 사람의 건강보호 기준 : 가목1)과 같다.

2) 생활환경 기준

등급		상태(캐릭터)	기준								대장균군(군수/100mL)	
			수소이온농도(pH)	화학적산소요구량(COD) mg/L)	총유기탄소량(TOC)(mg/L)	부유물질량(SS)(mg/L)	용존산소량(DO)(mg/L)	총인(mg/L)	총질소(total nitrogen)(mg/L)	클로로필-a(Chl-a)(mg/m³)	총대장균군	분원성대장균군
매우 좋음	Ia		6.5~8.5	2 이하	2 이하	1 이하	7.5 이상	0.01 이하	0.2 이하	5 이하	50 이하	10 이하
좋음	Ib		6.5~8.5	3 이하	3 이하	5 이하	5.0 이상	0.02 이하	0.3 이하	9 이하	500 이하	100 이하
약간 좋음	II		6.5~8.5	4 이하	4 이하	5 이하	5.0 이상	0.03 이하	0.4 이하	14 이하	1,000 이하	200 이하
보통	III		6.5~8.5	5 이하	5 이하	15 이하	5.0 이상	0.05 이하	0.6 이하	20 이하	5,000 이하	1,000 이하
약간 나쁨	IV		6.0~8.5	8 이하	6 이하	15 이하	2.0 이상	0.10 이하	1.0 이하	35 이하		
나쁨	V		6.0~8.5	10 이하	8 이하	쓰레기 등이 떠 있지 않을 것	2.0 이상	0.15 이하	1.5 이하	70 이하		
매우 나쁨	VI			10 초과	8 초과		2.0 미만	0.15 초과	1.5 초과	70 초과		

비고

1. 총인, 총질소의 경우 총인에 대한 총질소의 농도비율이 7 미만일 경우에는 총인의 기준을 적용하지 않으며, 그 비율이 16 이상일 경우에는 총질소의 기준을 적용하지 않는다.
2. 등급별 수질 및 수생태계 상태는 가목2) 비고 제1호와 같다.
3. 상태(캐릭터) 도안 모형 및 도안 요령은 가목2) 비고 제2호와 같다.
4. 화학적 산소요구량(COD) 기준은 2015년 12월 31일까지 적용한다.

다. 지하수

지하수 환경기준 항목 및 수질기준은 「먹는물관리법」 제5조 및 「수도법」 제26조에 따라 환경부령으로 정하는 수질기준을 적용한다. 다만, 환경부장관이 고시하는 지역 및 항목은 적용하지 않는다.

라. 해역

1) 생활환경

항 목	수소이온농도 (pH)	총대장균군 (총대장균군수/100mL)	용매 추출유분 (mg/L)
기 준	6.5 ~ 8.5	1,000 이하	0.01 이하

2) 생태기반 해수수질 기준

등급	수질평가 지수값(Water Quality Index)
Ⅰ(매우 좋음)	23 이하
Ⅱ(좋음)	24 ~ 33
Ⅲ(보통)	34 ~ 46
Ⅳ(나쁨)	47 ~ 59
Ⅴ(아주 나쁨)	60 이상

3) 해양생태계 보호기준

(단위 : μg/L)

중금속류	구리	납	아연	비소	카드뮴	6가크로뮴 (Cr^{6+})
단기 기준*	3.0	7.6	34	9.4	19	200
장기 기준**	1.2	1.6	11	3.4	2.2	2.8

* 단기 기준 : 1회성 관측값과 비교 적용

** 장기 기준 : 연간 평균값(최소 사계절 동안 조사한 자료)과 비교 적용

4) 사람의 건강보호

등급	항목	기준 (mg/L)	항목	기준 (mg/L)
모든 수역	6가크로뮴(Cr^{6+})	0.05	파라티온	0.06
	비소(As)	0.05	말라티온	0.25
	카드뮴(Cd)	0.01	1.1.1-트리클로로에탄	0.1
	납(Pb)	0.05	테트라클로로에틸렌	0.01
	아연(Zn)	0.1	트리클로로에틸렌	0.03
	구리(Cu)	0.02	디클로로메탄	0.02
	시안(CN)	0.01	벤젠	0.01
	수은(Hg)	0.0005	페놀	0.005
	폴리클로리네이티드비페닐(PCB)	0.0005	음이온 계면활성제(ABS)	0.5
	다이아지논	0.02		

7) 국가환경종합계획

① 수립

- 계획기간 : 20년, 5년마다 재검토 · 정비
- 절차 : 초안 마련→공청회(국민, 관계 전문가 등 의견수렴)→관계 중앙행정기관의 장과의 협의를 거쳐 확정
- 환경부장관은 정비한 국가환경종합계획을 관계 중앙행정기관의 장, 시 · 도지사 및 시장 · 군수 · 구청장(자치구의 구청장을 말한다. 이하 같다)에게 통보

② 내용

- 인구 · 산업 · 경제 · 토지 및 해양의 이용 등 환경변화 여건에 관한 사항
- 환경오염원 · 환경오염도 및 오염물질 배출량의 예측과 환경오염 · 훼손으로 인한 환경의 질의 변화 전망
- 환경의 현황 및 전망
- 환경정의 실현을 위한 목표 설정과 이의 달성을 위한 대책
- 환경보전목표의 설정과 이의 달성을 위한 다음 사항 단계별 대책 및 사업계획
  - 가. 생물다양성 · 생태계 · 생태축(생물다양성을 증진시키고 생태계 기능의 연속성을 위하여 생태적으로 중요한 지역 또는 생태적 기능의 유지가 필요한 지역을 연결하는 생태적 서식공간을 말한다) · 경관 등 자연환경의 보전에 관한 사항
  - 나. 토양환경 및 지하수 수질의 보전에 관한 사항
  - 다. 해양환경의 보전에 관한 사항
  - 라. 국토환경의 보전에 관한 사항
  - 마. 대기환경의 보전에 관한 사항
  - 바. 물환경의 보전에 관한 사항
  - 사. 수자원의 효율적인 이용 및 관리에 관한 사항
  - 아. 상하수도의 보급에 관한 사항
  - 자. 폐기물의 관리 및 재활용에 관한 사항
  - 차. 화학물질의 관리에 관한 사항
  - 카. 방사능오염물질의 관리에 관한 사항
  - 타. 기후변화에 관한 사항
  - 파. 그 밖에 환경의 관리에 관한 사항
- 사업의 시행에 드는 비용의 산정 및 재원 조달 방법
- 직전 종합계획에 대한 평가
- 위의 사항에 부대되는 사항

8) 시 · 도 환경계획

① 시 · 도의 환경계획의 수립

- 시 · 도지사는 국가환경종합계획에 따라 관할 구역의 지역적 특성을 고려하여 해당 시 · 도의 환경계획을 수립 · 시행하여야 함
- 시 · 도지사는 시 · 도 환경계획을 수립하거나 변경하려면 그 초안을 마련하여 공청회 등을 열어 주민, 관계 전문가 등의 의견을 수렴하여야 한다. 다만, 대통령령으로 정하는 경미한 사항을 변경하려는 경우에는 그러하지 아니함
- 환경부장관은 제39조에 따른 영향권별 환경관리를 위하여 필요한 경우에는 해당 시 · 도지사에게 시 · 도 환경계획의 변경을 요청할 수 있음
- 시 · 도지사는 시 · 도 환경계획을 수립 · 변경할 때에 활용할 수 있도록 대통령령으로 정하는 바에 따라 물, 대기, 자연생태 등 분야별 환경 현황에 대한 공간환경정보를 관리하여야 함
- 시 · 도 환경계획의 수립 기준, 작성 방법 등에 관하여 필요한 사항은 환경부령으로 정함

② 시 · 도의 환경계획의 승인

- 시 · 도지사는 제18조에 따라 시 · 도 환경계획을 수립하거나 변경하려는 경우 환경부장관의 승인을 받아야 한다. 다만, 대통령령으로 정하는 경미한 사항을 변경하려는 경우에는 그러하지 아니함
- 환경부장관은 시 · 도 환경계획을 승인하려면 미리 관계 중앙행정기관의 장과 협의하여야 함
- 시 · 도지사는 승인을 받으면 지체 없이 그 주요 내용을 공고하고 시장 · 군수 · 구청장에게 통보하여야 함

9) 시 · 군 구의 환경계획

① 시 · 군 · 구의 환경계획의 수립

- 시장 · 군수 · 구청장은 국가환경종합계획 및 시 · 도 환경계획에 따라 관할 구역의 지역적 특성을 고려하여 해당 시 · 군 · 구의 환경계획을 수립 · 시행하여야 함
- 지방환경관서의 장 또는 시 · 도지사는 제39조에 따른 영향권별 환경관리를 위하여 필요한 경우에는 해당 시장 · 군수 · 구청장에게 시 · 군 · 구 환경계획의 변경을 요청할 수 있음
- 시장 · 군수 · 구청장은 시 · 군 · 구 환경계획을 수립하거나 변경하려면 그 초안을 마련하여 공청회 등을 열어 주민, 관계 전문가 등의 의견을 수렴하여야 한다. 다만, 대통령령으로 정하는 경미한 사항을 변경하려는 경우에는 그러하지 아니함
- 시장 또는 군수는 해당 시 · 군의 환경계획을 수립 · 변경할 때에 활용할 수 있도록 대통

령령으로 정하는 바에 따라 물, 대기, 자연생태 등 분야별 환경 현황에 대한 공간환경정보를 관리하여야 함
- 시 · 군 · 구 환경계획의 수립 기준 및 작성 방법 등에 관하여 필요한 사항은 환경부령으로 정함

② 시 · 군 · 구의 환경계획의 승인

- 시장 · 군수 · 구청장은 제19조에 따라 시 · 군 · 구 환경계획을 수립하거나 변경하려는 경우 시 · 도지사의 승인을 받아야 한다. 다만, 대통령령으로 정하는 경미한 사항을 변경하려는 경우에는 그러하지 아니함
- 시 · 도지사는 시 · 군 · 구 환경계획을 승인하려면 미리 지방환경관서의 장과 협의하여야 함
- 시장 · 군수 · 구청장은 승인을 받으면 지체 없이 그 주요 내용을 공고하여야 함

10) 국토환경성평가

① 환경상태의 조사 · 평가

- 자연환경 및 생활환경 현황
- 환경오염 및 환경훼손 실태
- 환경오염원 및 환경훼손 요인
- 기후변화 등 환경의 질의 변화
- 그 밖에 국가환경종합계획 등의 수립 · 시행에 필요사항

② 보전등급 구획

국토전반에 대한 보전가치를 평가하여 구분

③ 등급별 관리원칙

등급		관리원칙
1등급	보전지역	최우선보진지역, 원칙적 일체 개발 불허
2등급		• 우선보전지역, 원칙적 개발 불허 • 예외 경우 소규모개발 허용
3등급	완충지역	개발행위 완충지역, 조건부개발 허용
4등급	친환경적 관리지역	친환경적 개발 추진
5등급		개발 허용지역

④ 평가의 주요 기초자료

- 수치지형도 : 지형을 삼차원 값으로 나타냄
- 임상도 : 산림의 윤곽, 수종, 혼효, 영급, 간벌상태를 나타냄
- 생태자연도 : 자연환경의 생태적 · 경관적 가치를 등급화
- 녹지자연도 : 일정 토지의 자연성 정도를 나타냄
- 토양도 : 현재 토양성분 등 상태를 기록
- 현존식생도 : 현재 생육하고 있는 수목현황을 표기
- 토지피복분류도 : 건폐지, 비건폐지, 녹지 등 피복상태를 나타냄

3. 자연환경보전법

1) 목적

- 자연환경을 인위적 훼손으로부터 보호, 생태계와 자연경관을 보전
- 자연환경을 체계적으로 보전 · 관리함으로 자연환경의 지속가능한 이용 도모
- 국민이 쾌적한 자연환경에서 건강한 생활을 영위

2) 정의

① 자연환경

지하 · 지표(해양을 제외) · 지상의 모든 생물과 이들을 둘러싸고 있는 비생물적인 것을 포함한 자연의 상태(생태계 및 자연경관을 포함)

② 자연환경보전

자연환경을 체계적으로 보존 · 보호 · 복원하고 생물다양성을 높이기 위하여 자연을 조성하고 관리하는 것

③ 자연환경의 지속가능한 이용

현재와 장래의 세대가 동등한 기회를 가지고 자연환경을 이용하거나 혜택을 누릴 수 있도록 하는 것

④ 자연생태

자연의 상태에서 이루어진 지리적, 지질적 환경과 그 조건에서 생물이 생활하고 있는 일체의 현상

⑤ 생태계(Ecosystem)

일정한 지역의 생물공동체와 이를 유지하고 있는 무기적 환경이 결합된 물질계, 기능계

⑥ 소생태계(Biotope)

생물다양성을 높이고 야생동식물의 서식지 간의 이동가능성 등 생태계의 연속성을 높이거나 특정한 생물종의 서식조건을 개선하기 위해 조성하는 생물서식공간

⑦ 생물다양성(Biodiversity)

육상생태계 · 수생생태계(해양생태계는 제외)와 이들의 복합생태계를 포함하는 모든 생물체의 다양성, 종내 · 종간 및 생태계의 다양성을 포함

⑧ 생태축

생물다양성을 증진시키고 생태계 기능의 연속성을 위해 생태적 중요지역 또는 생태적 기능의 유지 필요지역을 연결하는 생태적 서식공간

⑨ 생태통로(Eco-corridor)

도로 · 댐 · 수중보 · 하굿둑 등으로 인해 야생동식물의 서식지가 단절 · 훼손 · 파괴되는 것을 방지하고 야생동식물의 이동 등 생태계의 연속성 유지를 위해 설치하는 인공구조물 · 식생 등의 생태적 공간

⑩ 자연경관

자연환경측면에서 시각적 · 심미적 가치를 가지는 지역 · 지형 및 이에 부속된 자연요소, 사물이 복합적으로 어우러진 자연의 경치

⑪ 대체자연

기존의 자연환경과 유사한 기능을 수행하거나 보완적 기능을 수행하기위해 조성하는 것

⑫ 생태 · 경관보전지역

생물다양성이 풍부하여 생태적으로 중요하거나 자연경관이 수려하여 특별히 보전할 가치가 큰 지역으로서 환경부장관이 지정 · 고시하는 지역

⑬ 자연유보지역

사람의 접근이 사실상 불가능하여 생태계의 훼손이 방지되고 있는지역 중 군사상의 목적으로 이용되는 것 외에는 특별한 용도로 사용되지 아니하는 무인도, 비무장지대

⑭ 생태 · 자연도

산 · 하천 · 내륙습지 · 호소 · 농지 · 도시 등에 대하여 자연환경을 생태적 가치, 자연성, 경관적 가치 등에 따라 등급화하여 작성한 지도

⑮ 자연자산

인간의 생활, 경제활동에 이용될 수 있는 유형 · 무형의 가치를 가진 자연상태의 생물과 비생물적인 것의 총체

⑯ 생물자원

사람을 위해 가치가 있거나 실제적 · 잠재적 용도가 있는 유전자원, 생물체, 생물체의 부분, 개체군 또는 생물의 구성요소

⑰ 생태마을

생태적 기능과 수려한 자연경관을 보유하고 이를 지속가능하게 보전 · 이용할 수 있는 역량을 가진 마을

⑱ 생태관광

생태계가 특히 우수하거나 자연경관이 수려한 지역에서 자연자산의 보전 및 현명한 이용을 통하여 환경의 중요성을 체험할 수 있는 자연친화적인 관광

⑲ 자연환경복원사업

훼손된 자연환경의 구조와 기능을 회복시키는 사업으로서 다음 각 호에 해당하는 사업을 말한다. 다만, 다른 관계 중앙행정기관의 장이 소관 법률에 따라 시행하는 사업은 제외

가. 생태 · 경관보전지역에서의 자연생태 · 자연경관과 생물다양성 보전 · 관리를 위한 사업

나. 도시지역 생태계의 연속성 유지 또는 생태계 기능의 향상을 위한 사업

다. 단절된 생태계의 연결 및 야생동물의 이동을 위하여 생태통로 등을 설치하는 사업

라. 「습지보전법」 제3조제3항의 습지보호지역등(내륙습지로 한정한다)에서의 훼손된 습지를 복원하는 사업

마. 그 밖에 훼손된 자연환경 및 생태계를 복원하기 위한 사업으로서 대통령령으로 정하는 사업

3) 자연환경보전의 기본원칙

- 자연환경은 모든 국민의 자산으로서 공익에 적합하게 보전되고 현재와 장래의 세대를 위하여 지속가능하게 이용되어야 함
- 자연환경보전은 국토의 이용과 조화 · 균형을 이루어야 함
- 자연생태와 자연경관은 인간활동과 자연의 기능 및 생태적 순환이 촉진되도록 보전 · 관리되어야 함
- 자연생태와 자연경관은 인간활동과 자연의 기능 및 생태적 순환이 촉진되도록 보전 · 관리되어야 함
- 모든 국민이 자연환경보전에 참여하고 자연환경을 건전하게 이용할 수 있는 기회가 증진되어야 함
- 자연환경을 이용하거나 개발하는 때에는 생태적 균형이 파괴되거나 그 가치가 저하되지 아니하도록 하여야 함. 다만, 자연생태와 자연경관이 파괴 · 훼손되거나 침해되는 때에는 최대한 복원 · 복구되도록 노력하여야 함

• 자연환경보전에 따르는 부담은 공평하게 분담되어야 하며, 자연환경으로부터 얻어지는 혜택은 지역주민과 이해관계인이 우선하여 누릴 수 있도록 하여야 함
• 자연환경보전과 자연환경의 지속가능한 이용을 위한 국제협력은 증진되어야 함
• 자연환경을 복원할 때에는 환경 변화에 대한 적응 및 생태계의 연계성을 고려하고, 축적된 과학적 지식과 정보를 적극적으로 활용하여야 하며, 국가 · 지방자치단체 · 지역주민 · 시민단체 · 전문가 등 모든 이해관계자의 참여와 협력을 바탕으로 하여야 함

4) 국가 · 지방자치단체 및 사업자의 책무

① 국가 · 지방자치단체의 책무

• 국토의 개발 및 이용 등으로 인한 자연환경의 훼손방지 및 자연환경의 지속가능한 이용을 위한 자연환경보전대책의 수립 · 시행
• 자연생태 · 자연경관 등 자연환경과 조화를 이루는 토지의 이용, 개발계획 및 개발사업의 수립 · 시행
• 소생태계의 조성, 생태통로의 실치 등 생태계의 연속성을 유지하기 위한 생태축의 구축 및 관리대책의 수립 · 시행
• 자연환경 훼손지에 대한 복원 · 복구 대책의 수립 · 시행
• 생태복원기술의 개발, 생태복원전문기관의 육성 등 생태계 복원을 위하여 필요한 시책의 수립 · 시행
• 민간단체 · 사업자 · 국민 등이 자연환경보전에 적극 참여하도록 하는 시책의 추진 및 여건의 조성
• 자연환경에 관한 조사 · 연구 · 기술개발 및 전문인력 양성 등 자연환경보전을 위한 과학기술의 진흥
• 자연환경보전에 관한 교육 및 홍보를 통한 자연환경보전의 중요성에 대한 국민인식의 증진
• 자연환경보전 및 지구환경보전에 관한 국제협력

② 사업자의 책무

• 자연생태 · 자연경관을 우선적으로 고려할 것
• 사업활동으로부터 비롯되는 자연환경 훼손을 방지하고, 훼손되는 자연환경에 상응하도록 스스로 복원 · 복구하거나 환경부령으로 정하는 생태면적률(개발면적 중에서 생태적 기능 또는 자연순환기능이 있는 토양면적이 차지하는 비율을 말한다)을 확보하는 등의 필요한 조치를 할 것
• 국가 및 지방자치단체의 자연환경보전대책 등에 참여하고 협력할 것

5) 자연환경보전기본방침

① 수립

환경부장관은 목적 및 자연환경보전의 기본원칙을 실현하기 위하여 관계중앙행정기관의 장 및 특별시장 · 광역시장 · 특별자치시장 · 도지사 · 특별자치도지사(이하 "시 · 도지사"라 한다)의 의견을 듣고 「환경정책기본법」 제58조에 따른 환경정책위원회(이하 "중앙환경정책위원회"라 한다) 및 국무회의의 심의를 거쳐 자연환경보전을 위한 기본방침(이하 "자연환경보전기본방침"이라 한다)을 수립

② 포함 사항

- 자연환경의 체계적 보전 · 관리, 자연환경의 지속가능한 이용
- 중요하게 보전하여야 할 생태계의 선정, 멸종위기에 처하여 있거나 생태적으로 중요한 생물종 및 생물자원의 보호
- 자연환경 훼손지의 복원 · 복구
- 생태 · 경관보전지역의 관리 및 해당 지역주민의 삶의 질 향상
- 산 · 하천 · 내륙습지 · 농지 · 섬 등에 있어서 생태적 건전성의 향상 및 생태통로 · 소생태계 · 대체자연의 조성 등을 통한 생물다양성의 보전
- 자연환경에 관한 국민교육과 민간활동의 활성화
- 자연환경보전에 관한 국제협력
- 그 밖에 자연환경보전에 관하여 대통령령으로 정하는 사항

③ 통보

- 환경부장관은 자연환경보전기본방침을 수립한 때에는 이를 관계중앙행정기관의 장 및 시 · 도지사에게 통보
- 관계중앙행정기관의 장 및 시 · 도지사는 자연환경보전기본방침에 따른 추진방침 또는 실천계획(시 · 도지사의 경우 실천계획에 한정한다)을 수립하고 이를 환경부장관에게 통보

6) 주요시책의 협의

- 중앙행정기관의 장은 자연환경보전과 직접적인 관계가 있는 주요시책 또는 계획을 수립 · 시행하고자 하는 때에는 미리 환경부장관과 협의하여야 한다. 다만, 다른 법률에 따라 환경부장관과 협의한 경우에는 그러하지 아니함
- 환경부장관은 관계중앙행정기관의 장과 협의하여 개발계획 및 개발사업(이하 "개발사업 등"이라 한다)을 수립 · 시행함에 있어서 자연환경보전 및 자연환경의 지속가능한 이용을 위하여 고려하여야 할 지침을 작성하여 활용하도록 할 수 있음
- 협의의 대상이 되는 주요시책 또는 계획의 종류 그 밖에 필요한 사항은 대통령령으로 정함

7) 자연환경보전기본계획

① 수립권자/수립확정

- 환경부장관, 중앙환경정책위원회의 심의를 거쳐 확정
- 환경부장관은 자연환경보전기본계획을 수립할 때 미리 관계중앙행정기관의 장과 협의를 거쳐야 함. 이 경우 자연환경보전기본방침과 제6조제4항에 따라 관계중앙행정기관의 장 및 시 · 도지사가 통보하는 추진방침 또는 실천계획을 고려하여야 함

② 수립대상

전국의 자연환경보전

③ 계획기간

10년마다 수립

④ 내용

- 자연환경 · 생태계서비스(「생물다양성 보전 및 이용에 관한 법률」 제2조제10호에 따른 생태계서비스를 말한다)의 현황, 전망 및 유지 · 증진에 관한 사항
- 자연환경보전에 관한 기본방향 및 보전목표설정에 관한 사항
- 자연환경보전을 위한 주요 추진과제 및 사업에 관한 사항
- 지방자치단체별로 추진할 주요 자연보전시책에 관한 사항
- 자연경관의 보전 · 관리에 관한 사항
- 생태축의 구축 · 추진에 관한 사항
- 생태통로 설치, 훼손지 복원 등 생태계 복원을 위한 주요사업에 관한 사항
- 제11조에 따른 자연환경종합지리정보시스템의 구축 · 운영에 관한 사항
- 사업시행에 소요되는 경비의 산정 및 재원조달 방안에 관한 사항
- 그 밖에 자연환경보전에 관하여 대통령령으로 정하는 사항

8) 자연환경정보망의 구축 · 운영

- 환경부장관은 자연환경에 관한 지식정보의 원활한 생산 · 보급 등을 위하여 생태 · 자연도, 생물종(生物種)정보 등을 전산화 한 자연환경종합지리정보시스템(이하 "자연환경정보망"이라 한다)을 구축 · 운영할 수 있음
- 환경부장관은 관계행정기관의 장에게 자연환경정보망의 구축 · 운영에 필요한 자료의 제출을 요청할 수 있다. 이 경우 관계행정기관의 장은 특별한 사유가 없으면 그 요청에 따라야 함
- 환경부장관은 자연환경정보망의 효율적인 구축 · 운영을 위하여 필요한 경우에는 자연환경정보망의 구축 · 운영을 전문기관에 위탁할 수 있음

• 자연환경정보망의 구축 · 운영 및 전문기관의 위탁에 관하여 필요한 사항은 대통령령으로 정함

9) 생태 · 경관보전지역

① 지정기준

• 자연상태가 원시성을 유지, 생물다양성이 풍부하여 보전 및 학술적 연구가치가 큰 지역
• 지형 · 지질이 특이하여 학술적 연구, 자연경관 유지를 위해 보전이 필요한 지역
• 다양한 생태계를 대표하는 지역, 생태계의 표본지역
• 하천 · 산간계곡 등 자연경관이 수려하여 특별한 보전이 필요지역

② 구분

구분	지정기준
생태 · 경관핵심보전구역	생태계의 구조와 기능의 훼손방지를 위하거나 자연경관이 수려해 특별히 보호하고자 하는 지역
생태 · 경관완충보전구역	핵심구역의 연접지역으로 핵심구역의 보호를 위해 필요지역
생태 · 경관전이보전구역	핵심구역, 완충구역에 둘러싸인 취락지역으로서 지속가능한 보전과 이용을 위해 필요지역

③ 관리기본계획

환경부장관은 생태 · 경관보전지역에 대하여 관계중앙행정기관의 장 및 관할 시 · 도지사와 협의하여 다음의 사항이 포함된 생태 · 경관보전지역관리기본계획을 수립 · 시행하여야 함

1. 자연생태 · 자연경관과 생물다양성의 보전 · 관리
2. 생태 · 경관보전지역 주민의 삶의 질 향상과 이해관계인의 이익보호
3. 자연자산의 관리와 생태계의 보전을 통하여 지역사회의 발전에 이바지하도록 하는 사항
4. 그 밖에 생태 · 경관보전지역관리기본계획의 수립 · 시행에 필요한 사항으로서 대통령령으로 정하는 사항

④ 행위제한

• 핵심구역 안에서 야생동 · 식물을 포획 · 채취 · 이식(移植) · 훼손하거나 고사(枯死)시키는 행위 또는 포획하거나 고사시키기 위하여 화약류 · 덫 · 올무 · 그물 · 함정 등을 설치하거나 유독물 · 농약 등을 살포 · 주입(注入)하는 행위
• 건축물 그 밖의 공작물(이하 "건축물등"이라 한다)의 신축 · 증축(생태 · 경관보전지역 지정 당시의 건축연면적의 2배 이상 증축하는 경우에 한정한다) 및 토지의 형질변경
• 하천 · 호소 등의 구조를 변경하거나 수위 또는 수량에 증감을 가져오는 행위

- 토석의 채취
- 그 밖에 자연환경보전에 유해하다고 인정되는 행위로서 대통령령이 정하는 행위

⑤ 지정현황 : 전체 37개소(2020년 12월 기준)

지역명	위치	특징
환경부 지정 : 9개소		
지리산	전남 구례군 산동면 심원계곡 및 토지면 피아골 일원	극상원시림 (구상나무 등)
섬진강 수달서식지	전남 구례군 문척면, 간전면, 토지면 일원	수달 서식지
고산봉 붉은박쥐서식지	전남 함평군 대동면 일원	붉은박쥐 서식지
동강유역	강원 영월군 영월읍, 정선군 정선 · 신동읍, 평창군 미탄면 일원	지형 · 경관 우수 희귀 야생동식물 서식
왕피천 유역	경북 울진군 서면, 근남면 일원	지형 · 경관 우수 희귀 야생동식물 서식
소황사구	충남 보령시 웅천읍 소황리, 독산리 일원	해안사구 희귀 야생동식물 서식
하시동 · 안인 사구	강원도 강릉시 강동면 하시동리 일원	사구의 지형 · 경관 우수
운문산	경북 청도군 운문면 일원	경관 및 수달, 하늘다람쥐, 담비, 산작약 등 멸종위기종 서식
거금도 적대봉	전남 고흥군 거금도 적대봉 일원	멸종위기종과 특정야생동식물 서식
해양수산부 지정 : 4개소		
신두리사구 해역	충남 태안군 원북면 신두리 일원	다양한 식생과 특이한 지형
문섬 등 주변해역	제주 서귀포시 강정동, 법환동, 서귀동, 토평동, 보목도 일원	국내 유일의 산호군락지 다양한 해조류 군락 존재
오륙도 및 주변해역	부산 남구 용호2동 936~941번지 및 주변 해역	기암괴석의 무인도서 및 수직암반 생물상 보호
대이작도 주변해역	인천 옹진군 이작리 및 승봉리 일원 해역	뛰어난 자연경관 및 수산생물과 저서생물 주요 서식지

시도	지역명	위치	특징
시 · 도지사 지정 : 24개소			
서울	한강밤섬	서울 영등포구 여의도동 84-4 및 마포구 당인동 314	철새도래지, 서식지
	둔촌동 자연습지	서울 강동구 둔촌동 211	도시지역의 자연습지
	방이동습지	서울 송파구 방이동 439-2 일대	도시지역의 습지
	탄천	서울 송파구 가락동 및 강남구 수서동	도심속의 철새도래지
	진관내동습지	서울 은평구 진관내동 78번지 일대	도시지역의 자연습지
	암사동습지	서울 강동구 624-1 일대	도시지역의 하천습지
	고덕동 한강고수부지	서울 강동구 고덕동 396 일대 서울 강동구 강일동 661일대 (고덕수변 생태복원지~하남시계)	다양한 자생종 번성 제비, 물총새 등 보호종을 비롯한 다양한 조류서식
	청계산 원터골	서울 서초구 원지동 산4-15번지 일대	갈참나무를 중심으로 낙엽활엽수군집 분포
	헌인릉 오리나무	서울 서초구 내곡동 산13-1 일대	다양한 자생종 번성
	남산	서울 중구 예장동 산5-6 일대 서울 용산구 이태원동 산1-5일대	신갈나무군집 발달 남산 소나무림 지역
	불암산 삼유대	서울 노원구 공능동 산223-1일대	서어나무군집 발달
	창덕궁 후원	서울시 종로구 와룡동 2-71일대	갈참나무군집 발달
	봉산 팥배나무림	서울시 은평구 신사동 산93-16	팥배나무림 군락지
	인왕산 자연경관	서대문구 홍제동 산1-1일대	기암과소나무가 잘 어우러지는 수려한 자연경관
	성내천하류	송파구 방이동 88-6 일대	도심속 자연하천
	관악산	관악구 신림동 산56-2 일대	회양목군락 자생지
	백사실 계곡	종로구 부암동 산 115-1 일대	생물다양성 풍부
울산	태화강	울산시 태화강 하류 일원	철새 등 야생동 · 식물 서식지
강원	소한계곡	강원 삼척시 근덕면 초당리, 하맹방리 일원	국내 유일 민물김 서식지
전남	광양백운산	전남 광양군 옥룡면, 진상면, 다압면	자연경관수려 및 원시 자연림
경기	조종천상류 명지산 · 청계산	경기 가평군, 포천군	희귀곤충상 및 식물상이 다양하고 풍부한 지역
경남	거제시 고란초서식지	경남 거제시 하청면 덕곡리 산 144-3	고란초 집단자생지
부산	석은덤계곡	부산 기장군 정관면 병산리 산101-1	희귀야생식물 집단서식
	장산습지	부산 해운대구 반송동 산51-188	산지습지로서 희귀야생식물 서식

10) 자연경관영향 협의

① 협의대상

- 다음의 어느 하나에 해당하는 개발사업, 대통령이 정하는 거리 이내의 지역에서의 개발사업
  - 「자연공원법」에 따른 자연공원
  - 「습지보전법」에 따라 지정된 습지보호지역
  - 생태 · 경관보전지역
- 위의 사항 외의 개발사업 등으로서 자연경관에 미치는 영향이 크다고 판단되어 대통령령으로 정하는 개발사업
- 「환경영향평가법」에 따른 전략환경영향평가 대상계획, 환경영향평가 대상사업, 소규모 환경영향평가 대상사업에 해당하는 개발사업에 해당하는 개발사업

② 주요내용

- 협의내용 : 당해 개발사업이 자연경관에 미치는 영향 및 보전방안
- 협의시기 : 인 · 허가 시행 전
- 협의방법 : 환경영향평가등의 협의 내용에 포함. 환경부장관, 지방 환경관서의 장과 협의

③ 보호지역의 협의대상 기준

- 보호지역은 자연공원, 습지보호지역, 생태경관보전지역으로 구분하여 제시, 높이와 경계로부터의 거리를 제시
- 보호지역 외 지역은 별도규정에 따름

구분		경계로부터의 거리
자연공원	최고봉 1200m 이상	2,000m
	최고봉 700m 이상	1,500m
	최고봉 700m 미민 또는 해싱형	1,000m
습지보호지역		300m
생태 · 경관 보전지역	최고봉 700m 이상	1,000m
	최고봉 700m 미만 및 해상형	500m

④ 자연경관심의위원회

- 구성 : 위원장 1인 포함 15인 이내의 위원으로 구성
- 위원장 : 소속공무원 중에서 지명
- 위원 : 조경 · 도시계획 · 건축 · 환경 · 농림 · 산림자원 · 생태분야 등 자연경관의 보전 · 관리 · 평가 등에 관련된 학식과 경험이 풍부

- 검토사항
  - 자연경관자원의 현황(사업지역 및 그 주변지역을 포함)
  - 주요 조망점 및 주요 조망대상을 연결하는 경관축
  - 보전가치가 있는 자연경관의 훼손 여부
  - 주변 자연경관과의 조화성
  - 경관영향 저감방안
  - 경관변화의 예측 및 평가

11) 자연환경조사

- 조사주기 : 5년
- 생태자연도 1등급권역, 자연생태변화의 특별파악 필요지역은 2년
- 조사개시일 10일 전까지 자연환경조사계획을 수립하여 관계행정기관장 및 시·도지사에게 통보
- 조사내용
  - 산·하천·도서 등의 생물다양성 구성요소의 현황 및 분포
  - 지형·지질 및 자연경관의 특수성
  - 야생·동식물의 다양성 및 분포상황
  - 환경부장관이 정하는 조사방법 및 등급분류기준에 따른 녹지등급
  - 식생현황
  - 멸종위기 야생동·식물 및 국내 고유생물종의 서식현황
  - 경제적 또는 의학적으로 유용한 생물종의 서식현황
  - 농작물·가축 등과 유전적으로 가까운 야생종의 서식현황
  - 토양의 특성
  - 그 밖에 자연환경의 보전을 위하여 특히 조사할 필요가 있다고 환경부장관이 인정하는 사항
- 조사방법
  - 자연환경조사원이 직접 현지 조사하는 방법을 원칙
  - 항공기·인공위성 등을 통한 원격탐사 또는 청문·자료·문헌 등을 통한 간접조사의 방법

12) 생태·자연도

① 정의

- 산·하천·내륙습지·호소·농지·도시 등에 대하여 자연환경을 생태적 가치, 자연성, 경관적 가치 등에 따라 등급화하여 작성한 지도

② 작성

1등급, 2등급, 3등급, 별도관리지역으로 구분하여 등급기준을 제시

③ 작성기준

- 전국 자연환경조사 결과를 기초로 하여 3년마다 작성
- 식생, 멸종위기 야생동식물, 습지, 지형 항목을 기준으로 평가
- 250m×250m 그리드법, 1/25,000 지도 작성

구분	등급기준
1등급권역 (자연환경의 보전 및 복원, 개발 불가)	• 멸종위기 야생동식물의 주된 서식지 · 도래지 • 주요 생태축, 주요 생태통로가 되는 지역 • 생물 지리적 분포한계의 생태계지역, 주요 식생유형 대표지역 • 생물다양성이 풍부, 보전가치가 큰 생물자원이 존재 · 분포지역 • 자연원시림, 이에 가까운 산림 · 고산초원 • 자연상태, 이에 가까운 하천 · 호소 · 강하구
2등급권역 (자연환경의 보전 및 개발 · 이용에 따른 훼손의 최소화, 조건부 개발)	장차 보전가치가 있는 지역, 1등급 권역의 외부지역
3등급권역 (체계적인 개발 및 이용, 개발 이용)	1등급권역, 2등급권역, 별도관리지역으로 분류된 지역 외의 지역
별도관리지역	• 타 법률에 의한 보전지역 중 역사 · 문화 · 경관적 가치가 있는 지역 • 도시의 녹지보전 등을 위해 관리되는 지역 • 산림유전자보호구역, 자연공원, 천연기념물로 지정된 구역 • 야생동식물보호구역, 수산자원보호구역, 습지보호지역 • 백두대간보호지역, 생태경관보전지역, 시 · 도생태경관보전지역

④ 세부등급

- 환경부장관은 생태 · 자연도를 효율적으로 활용하기 위하여 제1항제1호부터 제3호까지의 권역을 환경부령으로 정하는 바에 따라 세부등급을 정하여 작성할 수 있음
- 법 제34조제2항의 규정에 따른 세부등급은 다음 각 호와 같음
  1. 생태 · 자연도 2등급 권역의 경우
     가. 완충보전지역 : 법 제34조제1항제1호 각 목에 준하는 지역으로 장차 보전의 가치가 있는 지역 또는 1등급 권역의 외부지역으로서 1등급 권역 보호를 위하여 필요한 지역
     나. 완충관리지역 : 2등급 권역 중 가목의 지역을 제외한 지역

2. 법 제34조제1항제3호의 규정에 따른 생태 · 자연도 3등급 권역의 경우
   가. 개발관리지역 : 개발 또는 이용의 대상이 되는 지역이나 부분적으로 관리가 필요한 지역
   나. 개발허용지역 : 3등급 권역 중 가목의 지역을 제외한 지역

⑤ 활용대상

- 「환경정책기본법」 제14조 및 제18조에 따른 국가환경종합계획 및 시 · 도 환경계획
- 「환경영향평가법」 제9조 및 제43조에 따른 전략환경영향평가협의 대상계획 및 소규모 환경영향평가 대상사업
- 「환경영향평가법」 제22조에 따른 영향평가 대상사업
- 그 밖에 중앙행정기관의 장 또는 지방자치단체의 장이 수립하는 개발계획 중 특별히 생태계의 훼손이 우려되는 개발계획

13) 녹지자연도

① 법적근거

- 자연환경보전법 시행령 제27조(생태자연도의 작성방법 등)
- 생태자연도를 작성함에 있어 기초자료로 활용하기 위해 작성

② 정의

- 식물군락의 자연성 정도를 등급화한 지도
- 종조성과 임상도를 기준으로 전국을 11등급으로 구분

③ 작성기준

- 전국의 식물군락의 종조성과 임상도를 기준으로 등급화
- 1km×1km 방형구 조사, 1/50,000 지도로 작성

④ 녹지자연도와 생태자연도 비교

구분	녹지자연도		생태자연도	
근거	자연환경보전법 시행령		자연환경보전법	
분류기준	• 식물군락의 임령, 종조성 • 녹지성		• 생태적 가치 • 경관적 가치, 자연성	
분류등급	11등급		4등급	
등급구분	핵심	8~10등급	핵심	1등급권역
	완충	4~7등급	완충	2등급권역
	전이	1~3등급	전이	3등급권역
	기타	수권	기타	별도관리지역

구분	녹지자연도	생태자연도
장 · 단점	• 주관적판단 개입가능성 • 획일적인 적용 • 수권의 배제	• 녹지자연도의 보완 • 생태적인 특성 고려 • 습지 등 생태가치가 높은 곳 포함
활용	• 환경영향평가 등의 기초자료로 활용 • 중첩도 기법을 통한 개발적지 선정 • 핵심, 완충, 전이지역 구분을 통한 자연성이 높은 지역 보호	

14) 도시생태현황지도

① 법적근거

제34조의2 도시생태현황지도의 작성 · 활용

② 작성

- 지방자치단체의 장은 생태 · 자연도를 기초로 관할 도시지역의 상세한 생태 · 자연도 즉, 도시생태현황지도를 작성
- 도시환경의 변화를 반영하여 5년마다 다시 작성
- 1/5,000 이상 지도에 표시

③ 작성방법

- 토지이용 현황, 토지피복 현황, 지형, 식생 현황, 동식물상에 따른 주제도를 작성
- 필요한 경우 해당지역의 특성에 따른 주제도를 추가 작성
- 기본 주제도를 통해 분석한 생물서식공간(Biotope)의 구조 · 생태적 특성을 체계적으로 분류한 유형도를 작성할 것
- 유형도에 따라 구분된 생물서식공간의 생태적 가치를 등급화하여 평가도를 작성
- 이 외에 세부 작성방법은 환경부장관이 정하여 고시

④ 제출서류

- 기본 주제도 및 그 속성자료
- 유형도, 평가도
- 작성대상 도시지역의 현장조사 도면 및 현장조사표
- 제작결과 보고서
- 위의 사항에 대한 전산파일

⑤ 활용

- 토지이용 및 개발계획의 수립 · 시행을 위하여 관할 도시지역의 생태 · 자연정보가 필요한 경우에 활용
- 누구나 열람가능, 정보공개

15) 자연휴식지

① 법적근거

제39조 자연휴식지의 지정 · 관리

② 지정

- 타 법률에 의해 공원 · 관광단지 · 자연휴양림 등으로 지정되지 않은 지역 중 생태 · 경관가치 높고 자연탐방 · 생태교육 등 활용 적합장소를 대통령령으로 정하는 바에 따라 자연휴식지로 지정할 수 있음
- 이 경우 사유지에 대하여는 미리 토지소유자 등의 의견을 들어야 함

③ 관리계획수립 : 시행령

- 자연휴식지의 명칭 · 위치 · 면적
- 지정목적/ 당해지역 생태 · 경관가치
- 자연환경보전 · 이용시설의 설치계획
- 자연휴식지의 관리 및 활용계획
- 자연휴식지의 보전 및 건전한 이용에 필요사항

16) 자연환경보전 · 이용시설

① 법적근거

제38조 자연환경보전 · 이용시설의 설치 · 운영

② 정의

- 자연환경 보전, 훼손방지시설
- 훼손된 자연환경 복원 · 복구시설
- 자연환경보전 안내시설, 자연환경 이용 · 관찰시설
- 자연환경보전 · 이용하기위한 교육 · 홍보 · 관리시설
- 그 밖의 자연자산 보호시설

17) 생태축

① 법적근거

제2조 정의

② 정의

생물다양성 증진, 생태계 기능의 연속성을 위해 생태적 중요지역, 생태계기능 유지가 필요지역을 연결한 생태적 서식공간

③ 한반도 4대 핵심생태축

㉮ 목적

한반도 생태용량 확충

- 한반도 생태네트워크 연결성 강화
- 한반도 생태네트워크 추진기반 강화

㉯ 백두대간 생태축

- 백두산에서 지리산으로 이어지는 산줄기
- 한반도 생태계를 남북으로 연결하는 핵심생태축
- 녹지자연도 8등급 이상의 천연림, 원시림
- 보호지역 확대, 산줄기 연결성 지수(특정지역 산줄기 총연장에 대해 도로, 철도 등 개발에 따른 훼손 · 단절정도를 지수화한 값)에 기반한 훼손지역의 복원
- 도서연안축과의 연결성 강화, 자연경관심의 강화

㉰ DMZ 생태축

- 군사분계선 기준 남북 2km 구간
- 한반도 생태계를 동서로 연결하는 생태축
- 주기적 생태계조사, DMZ 세계 생태평화공원 지정(남북관계 여건 고려)
- 접경보전지역 이동성 조류 보호 등 국제기구 협력사업 추진

㉱ 도서연안 생태축

- 국내 3면의 바다지역으로 3200여 개 섬이 존재
- 육상생태계와 해양생태계를 연결하는 생태축
- 관계부처 합동 생태조사, 하구역 · 해안사구 등 복원 추진
- 자연해안관리 목표제 강화, 환경자원 총량관리체계 고도화

㉲ 수생태축

- 하천을 연결하는 축
- 훼손된 수생태계 복원, 보에 대한 환경성 개선
- 수변구역 등 수변생태벨트 구축
- 환경생태유량 산정

④ 5대 광역생태축

㉮ 한강수도권 : 동북아 환경 · 경제의 중심지역

㉯ 태백강원권 : 한반도 생태 · 관광 중심지역

㉰ 낙동강영남권 : 환경친화적 산업혁신 거점지역

㉱ 영산강호남권 : 환경자원의 고부가가치화 핵심지역

㉲ 금강충청권 : 환경친화적 지역균형발전의 선도지역

18) 생태통로

① 법적근거

제2조 정의, 제45조 생태통로 설치

② 정의

도로 · 댐 · 수중보 · 하굿둑으로 인해 야생동식물 서식지가 단절 · 훼손 · 파괴되는 것을 방지, 이동을 돕기 위해 설치하는 인공구조물 · 식생 등의 생태적 공간

③ 설치대상지역

- 백두대간보호지역 및 비무장지대
- 생태경관보전지역 중 핵심구역 또는 완충구역, 시 · 도생태 · 경관보전지역
- 생태자연도 1등급권역 및 자연공원
- 야생생물특별보호구역, 야생생물보호구역
- 야생동물이 차량에 치여 죽는 사고발생 빈번지역

④ 설치방법

- 설치지점은 현지조사를 실시하여 설치대상지역 중 야생동물의 이동이 빈번한 지역을 선정, 야생동물의 이동특성을 고려하여 설치지점을 적절하게 배분
- 입구와 출구에 원칙적으로 현지에 자생하는 종 식수, 토양 역시 가능한 공사 중 발생한 절토를 사용
- 생태통로 입구는 지형 · 지물이나 경관과 조화되게 설치, 동물의 이동에 지장이 없도록 상부에 식생을 조성, 바닥은 자연상태와 유사하게 유지하도록 흙이나 자갈 · 낙엽 등을 덮음
- 생태통로의 길이가 길수록 폭을 넓게 설치
- 장차 아교목층 및 교목층의 성장가능성을 고려, 충분히 피복될 수 있도록 부엽토를 포함한 복토를 함
- 생태통로 내부에는 다양한 수직적 구조를 가진 아교목 · 관목 · 초목 등으로 조성
- 생태통로 내부에는 작은 동물이 숨도록 돌무더기, 고사목, 그루터기 장작더미 등의 다양한 서식환경과 피난처를 설치
- 소음 · 불빛 · 오염물질 등 인위적 영향을 최소화하기 위해 양쪽에 차단벽을 설치, 목재와 같이 불빛 반사가 적고 주변환경에 친화적인 소재 사용
- 동물이 많이 횡단하는 지점에 동물 출현 표지판 설치
- 생태통로 중 수계에 설치하는 박스형 암거는 물을 싫어하는 동물이동을 위해 양쪽에 선반형 · 계단형의 구조물을 설치, 작은 배수로나 도랑을 설치
- 배수구 입구지점에 경사가 완만한 탈출구를 설치, 작은 동물의 이동이 용이하도록 하고, 미끄럽지 아니한 재질을 사용

- 야생동물을 생태통로로 유도하여 도로로 침입하는 것을 방지하기 위하여 충분한 길이의 울타리를 도로양쪽에 설치

⑤ 조사주기 및 방법

㉮ 조사주기

- 생태통로 조성 후 3년 동안
  - 현장 직접조사 : 계절별 1회 이상 현장을 직접 방문 조사
  - 무인센서카메라, 폐쇄회로텔레비전(CCTV) 등 감시장비를 이용한 조사 : 계절별 1개월 이상 감시장비를 작동시켜 조사
- 위의 기간 이후
  - 현장 직접조사 : 연 1회 이상 현장 직접 방문하여 조사
  - 감시장비를 이용한 조사 : 연 1개월 이상 감시장비를 작동시켜 조사

㉯ 조사내용

- 생태통로 주변 지역에서 서식하는 야생동식물 현황
- 생태통로를 이용하는 야생동물의 종 및 종별 이용 빈도
- 생태통로 주변 도로에서의 야생동물의 종 및 종별 이용 빈도
- 생태통로 주변 도로에서의 야생동물 사고 현황
- 생태통로 주변 지역의 탐방객 출입현황 및 밀렵도구 등 설치 현황
- 생태통로 유도울타리 등 생태통로 부대시설의 관리 현황
- 그 밖에 환경부장관이 필요 인정 고시 사항

■ 생태통로 설치 및 관리지침 : 환경부

① 생태통로의 분류

<table>
<tr><th colspan="2">종류</th><th>설치목적 · 시설규모 · 종류</th><th>형태</th></tr>
<tr><td rowspan="3">육교형</td><td rowspan="3">포유류</td><td>• 포유동물의 이동
• 너비 : 일반지역(7m 이상)/주요생태축(30m 이상)</td><td></td></tr>
<tr><td>〈경관적 연결〉
• 경관 및 지역적 생태계 연결
• 너비 : 보통 100m 이상</td><td>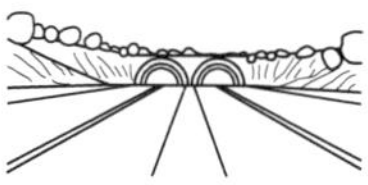</td></tr>
<tr><td>〈개착식 터널의 보완〉
• 개착식 터널의 상부보완을 통한 생태통로 기능부여
• 너비 : 보통 100m 이상</td><td>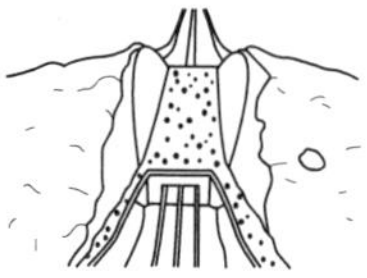</td></tr>
</table>

종류		설치목적 · 시설규모 · 종류		형태
터널형	포유류	• 포유동물 이동 • 개방도 0.7 이상 (개방도=통로단면적/통로길이)		
	양서 · 파충류	• 양서류, 파충류용 터널 • 왕복 2차선 : 폭 50cm 이상 • 왕복 4차선 이상 : 폭 1m 이상 • 통로 내 햇빛투과형과 비투과형	햇빛투과형	
			비투과형	

② 유도울타리와 기타 시설

구분			설치목적 · 시설규모 · 종류	형태
유도울타리	울타리	포유류	• 포유류 로드킬 예방과 생태통로로 유도 • 높이 : 1.2~1.5m	
		양서 · 파충류	• 양서 · 파충류 로드킬 예방과 생태통로로 유도 • 높이 : 40cm 이상 • 망크기 : 1×1cm 이내	
		조류	조류의 비행고도를 높여 로드킬 방지를 위한 도로변 수림대, 울타리 및 기둥 등	
	부대시설	탈출구	울타리 내에 침입한 동물의 도로 밖 탈출을 유도하는 시설(탈출용 경사로)	
		출입문	도로관리를 위한 출입시설	
		침입 방지노면	교차로나 진입로를 통한 동물 침입 방지를 위하여 바닥을 동물이 밟기 꺼리는 재질로 노면처리한 시설	

구분		설치목적 · 시설규모 · 종류	형태
기타시설	수로 탈출시설	도로의 배수로 및 농수로 등에 빠진 양서류, 파충류, 소형 포유류가 빠져나오도록 하는 시설	
	암거수로 보완시설	수로박스 등의 기존 암거 구조물을 야생동물이 생태통로처럼 이용할 수 있도록 하는 보완시설	
	도로횡단 보완시설	하늘다람쥐나 청설모 등이 도로를 안전하게 횡단할 수 있도록 설치한 기둥 등의 보조시설	

③ 생태통로의 조성 · 관리

㉮ 설치를 위한 조사

- 사전조사 : 생태통로의 필요성 및 목표분류군을 결정하고 생태통로 잠정후보지를 다수 선정
- 정밀조사 : 생태통로의 목표종을 결정하고 이에 따른 생태통로의 구체적인 위치, 유형, 규격을 판단

㉯ 생태통로 설계

- 일반적 육교형 생태통로

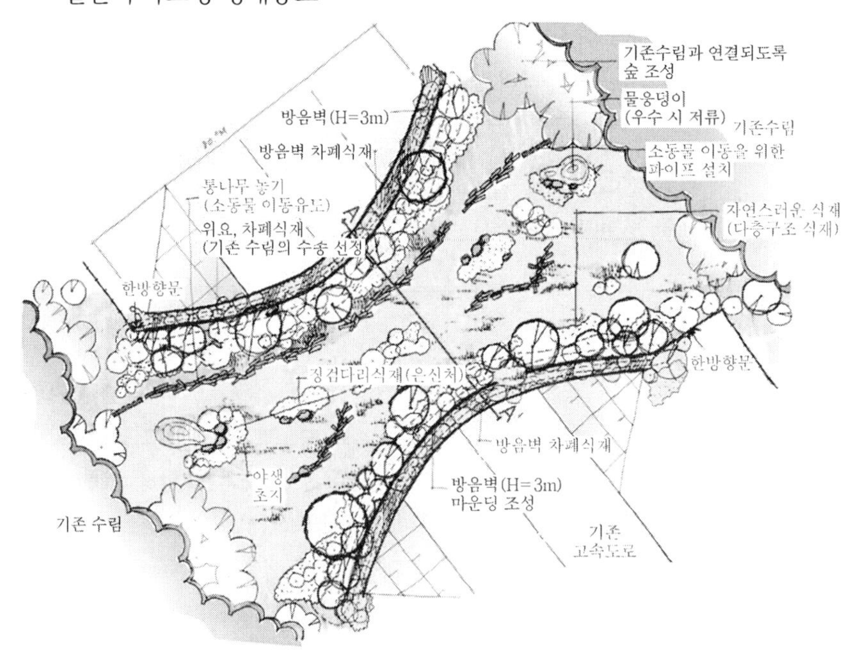

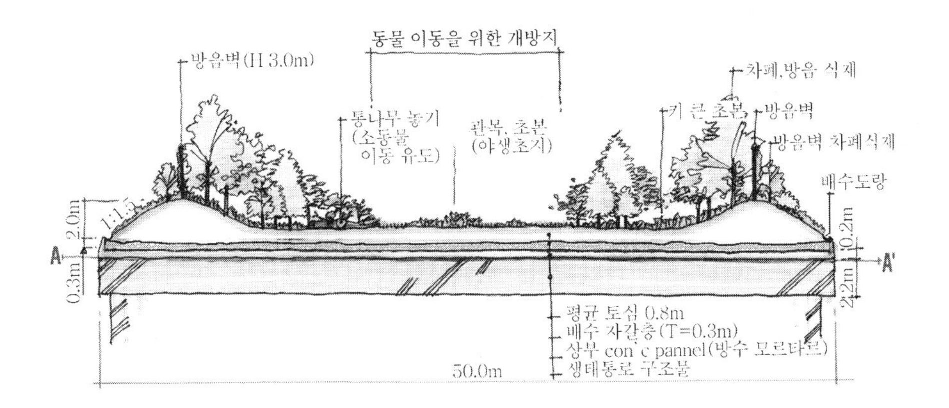

• 경관적 연결을 위한 육교형 생태통로

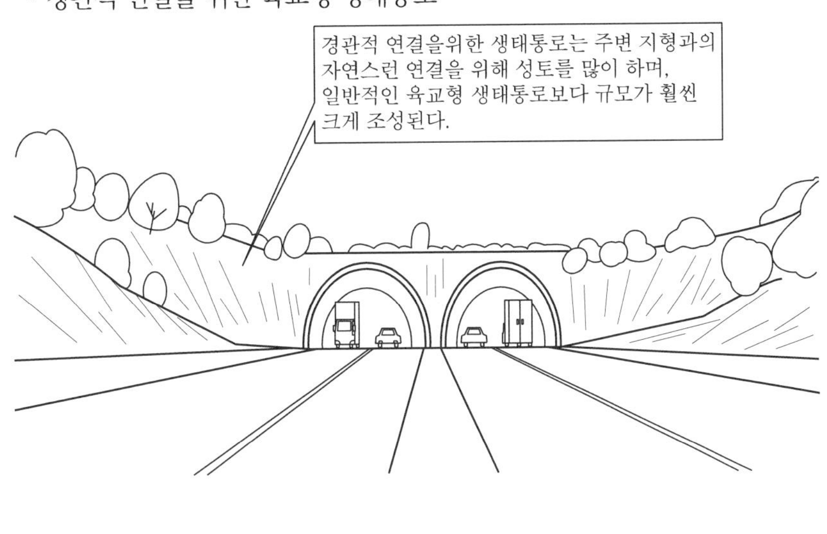

• 개착식터널 보완을 통한 육교형 생태통로

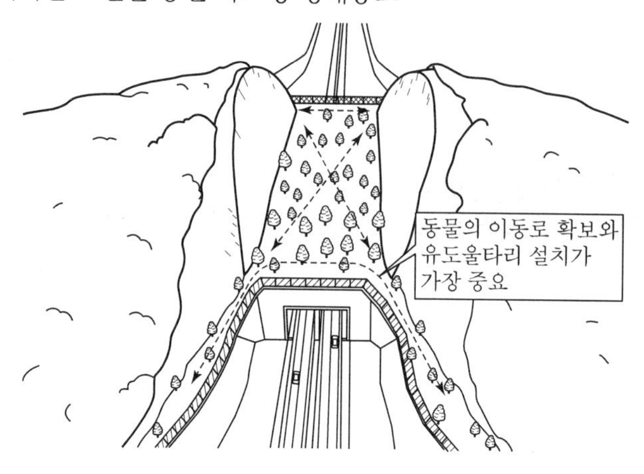

• 터널형 생태통로(왕복 2차선)

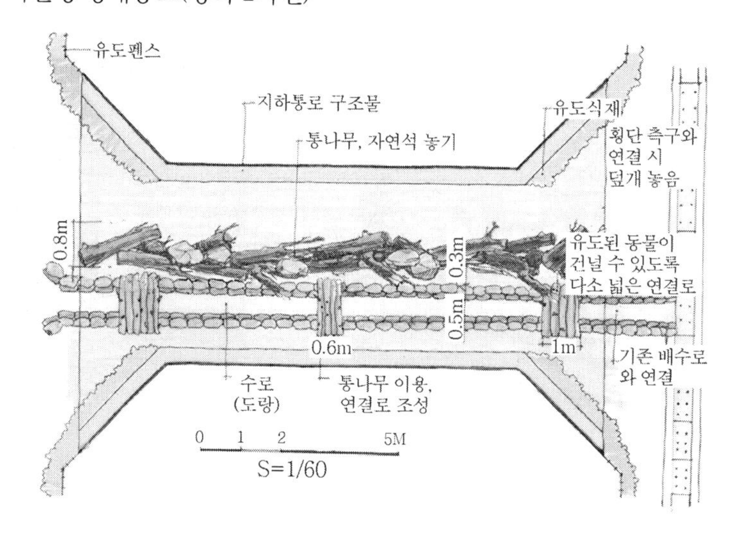

• 양서 · 파충류용 터널형 생태통로

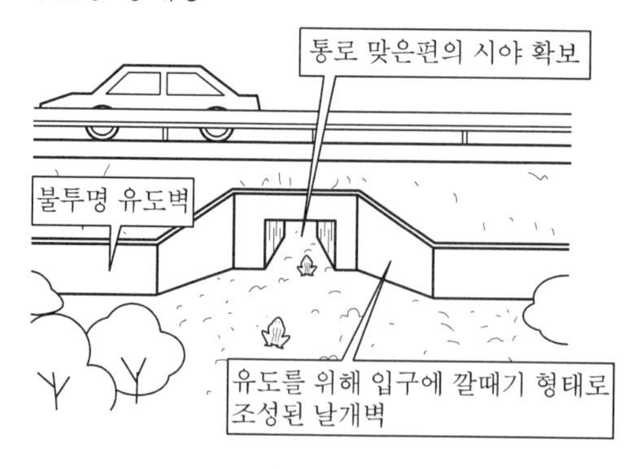

- 터널형 생태통로(왕복 4차선)

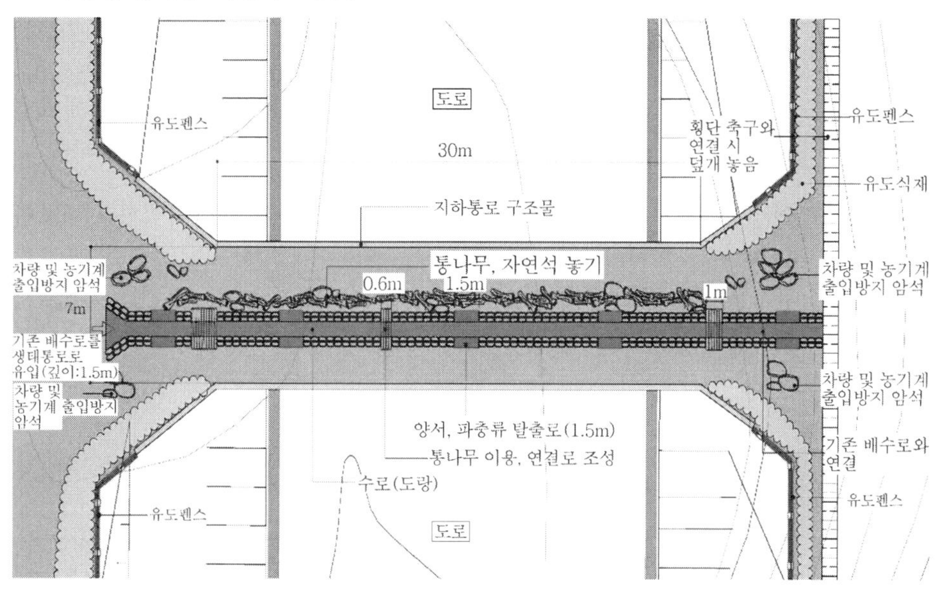

㉰ 관리 및 모니터링

- 생태통로 관리 : 연 1회 이상 현장점검하고 시설 등을 보완
- 시설 및 식생관리 : 자연변화 · 동태에 맞추어 순응적 관리
- 기능관리 : 주변 서식지 보호, 생태통로 내부 및 주변탐방객 출입통제 등
- 모니터링 주기 : 주기는 조성 후 3년 동안은 계절별 1회 이상 정기적 실시, 그 이후에는 연 1회 이상 점검
- 모니터링 방법 : 족적판 이용 발자국조사, 무인센서카메라, 원격무선추적, 포획 후 재포획, 눈 위의 발자국조사, 로드킬조사 등

19) 생태계보전부담금

① 법적 근거

제46조 ~ 제50조

② 정의

자연환경을 체계적으로 보전하고 자연자산을 관리 · 활용하기 위하여 자연환경 또는 생태계에 미치는 영향이 현저하거나 생물다양성의 감소를 초래하는 사업을 하는 사업자에 대하여 생태계보전협력금을 부과 · 징수

③ 부과대상사업

㉮ 「환경영향평가법」에 따른 전략환경영향평가 대상계획 중 개발면적 3만제곱미터 이상인 개발사업

㉯ 「환경영향평가법」에 따른 환경영향평가 대상사업

㉰ 「광업법」에 따른 광업 중 10만m^2 이상의 노천탄광 · 채굴사업

㉱ 「환경영향평가법」에 따른 소규모 환경영향평가 대상 개발사업으로 개발면적이 3만제곱미터 이상인 사업

㉲ 그 밖에 생태계에 미치는 영향이 현저하거나 자연자산을 이용하는 사업 중 대통령령으로 정하는 사업

④ 부과금 산정방식

㉮ 부과금 = 훼손면적 × 300원/m^2 × 지역계수

㉯ 지역계수

주거, 상업지역, 공업지역, 계획관리지역	관리지역	녹지지역	농림지역	자연환경 보전지역
지목이 전 · 답 · 임야 · 염전 · 하천 · 유지 · 공원 : 1 그 밖의 지목 : 0	생산관리지역 : 2.5 보전관리지역 : 3.5	2	3	4

㉰ 생태복원 시 납부액의 50%까지 반환가능. 다만, 생태계의 보전 · 복원 목적의 사업, 국방 목적의 사업으로서 대통령령으로서 정하는 사업에 대하여는 감면가능

㉱ 생태복원은 개발자, 그가 위임한 자연환경보전사업 대행자를 포함

⑤ 감면

감면 대상사업 및 감면 비율

감면 대상사업	감면비율(%)
생태 · 경관보전지역에서 시행하는 자연환경 훼손방지시설 설치사업	100
자연환경보전 · 훼손방지시설, 훼손된 자연환경복원 · 복구시설 설치사업	50
도시생태 복원사업	100
생태통로 설치사업	100
국방 · 군사시설사업	100
습지복원사업, 기타 습지보전을 위한 사업	100

⑥ 용도

㉮ 생태계 · 생물종의 보전 · 복원사업
㉯ 자연환경복원사업
㉰ 생태계보전을 위한 토지 등의 확보
㉱ 생태 · 경관보전지역 등의 토지 등의 매수
㉲ 자연환경보전 · 이용시설의 설치 · 운영
㉳ 제38조에 따른 자연환경보전 · 이용시설의 설치 · 운영
㉴ 제45조에 따른 생태통로 설치사업
㉵ 생태계보전부담금을 돌려받은 사업의 조사 · 유지 · 관리
㉶ 유네스코가 선정한 생물권보전지역의 보전 및 관리
㉷ 그 밖에 자연환경보전 등을 위하여 필요한 사업으로서 대통령령으로 정하는 사업

20) 생태마을

① 법적근거

제2조 정의, 제42조 생태마을의 지정

② 정의

생태적 기능과 수려한 자연경관을 보유하고 이를 지속가능하게 보전 · 이용할 수 있는 역량을 가진 마을

③ 지정대상

- 생태 · 경관보전지역 안의 마을
- 생태 · 경관보전지역 밖의 지역으로서 생태적 기능과 수려한 자연경관을 보유하고 있는 마을. 다만, 산촌진흥지역의 마을은 제외

④ 생태마을의 지정

유형	지정기준
자연생태 우수마을	1. 정의 자연환경 및 경관 등이 잘 보전되어 있는 마을이나 주민들의 노력으로 자연환경 및 경관 등이 잘 조성된 마을 2. 지역환경 여건 • 자연환경 및 생태적 가치 높은 지역 • 경관 · 녹지공간 확보 • 친환경 생활양식 3. 주민활동 및 지역문화 • 주민활동 : 환경보전 주민협의체 구성 · 운영, 무공해농산물 생산 · 판매활동 여부 • 지역문화 : 전통문화재 보유, 환경보전 지역축제 개최여부
자연생태복원 우수마을	1. 정의 자연형 하천조성, 녹화, 생태연못, 생태공원 등 오염된 지역이나 생태계가 훼손된 지역을 지역주민의 노력으로 복원하여 그 복원효과가 우수한 마을 2. 복원효과 • 복원계획 · 목표의 달성도 • 생태계복원 결과의 효과 및 변화도 3. 활용효과 운영 · 관리실태 : 탐방객 수, 복원관리 프로그램의 개발 · 활용, 주민 · 환경단체의 자율참여, 복원 후의 관리노력

21) 생태관광

① 법적근거

제2조 정의, 제41조 생태관광의 육성

② 정의

생태계가 특히 우수하거나 자연경관이 수려한 지역에서 자연자산의 보전 및 현명한 이용을 통하여 환경의 중요성을 체험할 수 있는 자연친화적인 관광

③ 생태관광지역

- 환경부장관은 생태관광을 육성하기 위하여 문화체육관광부장관과 협의하여 환경적으로 보전가치가 있고 생태계 보호의 중요성을 체험 · 교육할 수 있는 지역을 지정
- 예산 범위에서 생태관광지역의 관리 · 운영에 필요한 비용의 전부 또는 일부를 보조
- 생태관광에 필요한 교육, 생태관광자원의 조사 · 발굴, 국민의 건전한 이용을 위한 시설의 설치 · 관리를 위한 계획을 수립 · 시행

22) 도시의 생태적 건전성 향상

① 법적근거

제43조 도시의 생태적 건전성 향상

② 내용

- 도시의 생태적 건전성을 높이기 위하여 도시지역 중 훼손 · 방치된 지역을 복원, 다음 지역이 훼손되지 아니하도록 노력
  - 생태 · 경관보전지역
  - 생태 · 자연도 1등급권역
  - 습지보호지역
  - 야생생물보호구역
  - 자연공원
- 환경부장관은 도시의 자연환경보전 및 생태적 건전성 향상 등을 위하여 관계중앙행정기관의 장과 협의하여 생태축의 설정, 생물다양성의 보전, 자연경관의 보전, 바람통로의 확보, 생태복원 등 자연환경보전 및 생태적 건전성에 관한 지침과 평가지표를 작성하여 관계행정기관의 장 및 지방자치단체의 장에게 권고할 수 있다.
- 환경부장관은 관계중앙행정기관 및 지방자치단체의 장에게 물 · 에너지를 적게 사용하거나 폐기물이 적게 발생하도록 하는 기술 또는 생물다양성을 높이기 위한 생태적 기술의 개발 및 활용과 이를 위한 제도개선 등을 권고할 수 있다.
- 환경부장관은 도시의 생물다양성 증진 등을 위하여 녹지와 소생태계의 조성 등을 관계중앙행정기관의 장 및 지방자치단체의 장에게 요청할 수 있다.
- 관계중앙행정기관의 장 및 지방자치단체의 장은 환경부장관으로부터 제2항부터 제4항까지의 규정에 따른 권고 또는 요청을 받은 때에는 해당 사항이 수용될 수 있도록 노력하여야 한다.

23) 도시생태 복원사업

① 법적근거

제43조의2 도시생태 복원사업

② 사업대상

- 도시지역 중 다음에 해당하는 지역으로서 생태계의 연속성 유지, 생태적 기능의 향상을 위하여 특별히 복원이 필요하다고 인정되는 지역
  - 도시생태축이 단절 · 훼손되어 연결 · 복원이 필요한 지역
  - 도시 내 자연환경이 훼손되어 시급히 복원이 필요한 지역
  - 건축물의 건축, 토지의 포장 등 도시의 인공적인 조성으로 도시 내 생태면적(생태적

기능, 자연순환기능이 있는 토양면적)의 확보가 필요한 지역

– 그 밖에 환경부령으로 정하는 지역(도시 내 공원이나 녹지로서 복원이 필요하다고 인정하는 지역)

③ 사업계획내용

- 도시생태 복원사업의 명칭 · 위치 및 면적
- 도시생태 복원사업의 목적
- 도시생태 복원사업의 효과
- 도시생태 복원사업의 재원조달계획
- 도시생태 복원사업의 유지관리계획

④ 예산지원

- 도시생태 복원사업에 대하여 예산의 범위에서 사업비 일부를 지원
- 시 · 도지사가 도시생태 복원사업을 하는 경우 : 정부 지원
- 시장 · 군수 · 구청장이 도시생태 복원사업을 하는 경우 : 정부, 시 · 도지사 예산지원

24) 자연환경복원사업

① 법적근거

제45조의3 ~ 6

② 자연환경복원사업의 시행

- 환경부장관은 다음 각 호에 해당하는 조사 또는 관찰의 결과를 토대로 훼손된 지역의 생태적 가치, 복원 필요성 등의 기준에 따라 그 우선순위를 평가하여 자연환경복원이 필요한 대상지역의 후보목록(이하 "후보목록"이라 한다)을 작성하여야 한다.
  1. 제30조에 따른 자연환경조사
  2. 제31조에 따른 정밀 · 보완조사 및 관찰
  3. 제36조제2항에 따른 기후변화 관련 생태계 조사
  4. 「습지보전법」 제4조에 따른 습지조사
  5. 그 밖에 대통령령으로 정하는 자연환경에 대한 조사
- 환경부장관은 후보목록에 포함된 지역을 대상으로 자연환경복원사업을 시행할 수 있다. 이 경우 환경부장관은 다른 사업과의 중복성 여부 등에 대하여 관계 행정기관의 장과 미리 협의하여야 한다.
- 환경부장관은 다음 각 호의 어느 하나에 해당하는 자(이하 "자연환경복원사업 시행자"라 한다)에게 후보목록에 포함된 지역을 대상으로 자연환경복원사업의 시행에 필요한 조치를 할 것을 권고할 수 있고, 그 권고의 이행에 필요한 비용을 예산의 범위에서 지원할 수 있다.
  1. 해당 지역을 관할하는 시 · 도지사 또는 시장 · 군수 · 구청장

2. 관계 법령에 따라 해당 지역에 관한 관리 권한을 가진 행정기관의 장
3. 관계 법령 또는 자치법규에 따라 해당 지역에 관한 관리 권한을 가지고 있거나 위임 또는 위탁받은 공공단체나 기관 또는 사인(私人)

- 우선순위 평가의 기준 및 후보목록의 작성에 필요한 사항은 대통령령으로 정한다.

③ 자연환경복원사업계획의 수립

- 환경부장관 및 제45조의3제3항의 권고에 따라 자연환경복원사업의 시행에 필요한 조치를 이행하려는 자연환경복원사업 시행자는 자연환경복원사업의 시행에 관한 계획(이하 "자연환경복원사업계획"이라 한다)을 수립하여야 한다.
- 자연환경복원사업계획에는 다음 각 호의 내용이 포함되어야 한다.
  1. 사업의 필요성과 복원 목표
  2. 사업 대상지역의 위치 및 현황 분석, 사업기간, 총사업비
  3. 주요 사용공법 및 전문가 활용 계획
  4. 사업에 대한 점검 · 평가 및 유지관리 계획
  5. 그 밖에 자연환경복원사업의 시행에 필요한 사항
- 자연환경복원사업 시행자는 자연환경복원사업계획을 수립한 경우 환경부장관의 승인을 받아야 한다. 승인받은 사항 중 환경부령으로 정하는 중요한 사항을 변경하려는 경우에도 또한 같다.
- 환경부장관은 자연환경복원사업계획을 검토할 때에 필요하면 관계 전문가의 의견을 듣거나 자연환경복원사업 시행자에게 관련 자료의 제출을 요청할 수 있다.
- 환경부장관은 자연환경복원사업계획의 승인 또는 변경승인을 한 경우에는 그 내용을 관보에 고시하여야 한다.
- 환경부장관 및 자연환경복원사업 시행자는 자연환경복원사업계획에 따라 자연환경복원사업을 시행하여야 하며, 환경부장관은 자연환경복원사업 시행자가 승인을 받은 자연환경복원사업계획에 따라 자연환경복원사업을 시행하지 아니한 경우 제45조의3제3항에 따라 지원한 비용의 전부 또는 일부를 환수할 수 있다.
- 자연환경복원사업계획의 수립 및 환경부장관의 승인 · 변경승인, 비용의 환수 등에 필요한 사항은 환경부령으로 정한다.

④ 추진실적의 보고 · 평가

- 자연환경복원사업 시행자는 자연환경복원사업계획에 따른 자연환경복원사업의 추진실적을 환경부장관에게 정기적으로 보고하여야 한다.
- 환경부장관은 보고받은 추진실적을 평가하여 그 결과에 따라 자연환경복원사업에 드는 비용을 차등하여 지원할 수 있다.
- 환경부장관은 평가를 효율적으로 시행하는 데 필요한 조사 · 분석 등을 관계 전문기관

에 의뢰할 수 있다.

- 추진실적의 보고, 추진실적의 평가 기준 · 방법 · 절차 및 비용의 차등 지원에 필요한 사항은 대통령령으로 정한다.

⑤ 유지 · 관리

- 환경부장관 및 자연환경복원사업 시행자는 자연환경복원사업을 완료한 후 복원 목표의 달성 정도를 지속적으로 점검하고 그 결과를 반영하여 복원된 자연환경을 유지 · 관리하여야 한다.
- 위 규정에도 불구하고 환경부장관은 대통령령으로 정하는 자연환경복원사업에 대하여 정기적으로 점검한 결과 필요하다고 인정하는 때에는 자연환경복원사업 시행자에 대하여 그 결과를 반영하여 복원된 자연환경을 유지 · 관리하도록 권고할 수 있다.
- 환경부장관은 권고에 필요한 점검 및 그 결과의 분석 등을 관계 전문기관에 의뢰할 수 있다.
- 점검의 내용 · 방법 · 절차 및 권고 등 복원된 자연환경의 유지 · 관리에 필요한 사항은 대통령령으로 정한다.

25) 자연환경해설사

① 법적근거

제59조

② 개념

- 생태 · 경관보전지역, 습지보호지역, 자연공원 등을 이용하는 사람에게 자연환경보전의 인식증진 등을 위하여 자연환경해설 · 홍보 · 교육 · 생태탐방안내 등을 전문적으로 수행
- 자연환경해설사 양성기관에서 환경부령으로 정하는 교육과정을 이수한 사람을 자연환경해설사로 채용하여 활용하거나 활용하게 할 수 있음

③ 교육 및 지원

- 자연환경해설사 양성기관에서 보수교육을 받아야 함
- 환경부장관 · 지방자치단체의 장은 활동에 필요한 비용 등의 예산을 지원

4. 자연공원법

1) 목적

- 자연공원의 지정 · 보전 및 관리에 관한 사항 규정
- 자연생태계와 자연 및 문화경관을 보전하고 지속가능한 이용 도모

2) 정의

① 자연공원

국립공원, 도립공원, 군립공원 및 지질공원을 말함

② 국립공원

국내의 자연생태계나 자연 및 문화경관을 대표할 만한 지역

③ 도립공원

도의 자연생태계나 경관을 대표할 만한 지역

④ 광역시립공원

광역시의 자연생태계나 경관을 대표할 만한 지역

⑤ 군립공원

군의 자연생태계나 경관을 대표할 만한 지역

⑥ 시립공원

시의 자연생태계나 경관을 대표할 만한 지역

⑦ 구립공원

자치구의 자연생태계나 경관을 대표할 만한 지역

⑧ 지질공원

지구과학적으로 중요하고 경관이 우수한 지역으로서 이를 보전하고 교육 · 관광 사업 등에 활용하기 위하여 환경부장관이 인증한 공원

3) 기본원칙

- 자연공원은 모든 국민의 자산으로서 현재세대와 미래세대를 위하여 보전되어야 한다.
- 자연공원은 생태계의 건전성, 생태축(生態軸)의 보전 · 복원 및 기후변화 대응에 기여하도록 지정 · 관리되어야 한다.
- 자연공원은 과학적 지식과 객관적 조사 결과를 기반으로 해당 공원의 특성에 따라 관리되어야 한다.
- 자연공원은 지역사회와 협력적 관계에서 상호혜택을 창출할 수 있도록 관리되어야 한다.
- 자연공원의 보전 및 지속가능한 이용을 위한 국제협력은 증진되어야 한다.

4) 지정기준

구분	지정기준
자연생태계	자연생태계의 보전상태 양호, 멸종위기 야생동식물 · 천연기념물 · 보호야생동식물 등이 서식
자연경관	자연경관의 보전상태 양호, 훼손 · 오염이 적으며 경관이 수려
문화경관	문화재 · 역사적 유물이 있으며 자연경관과 조화되어 보전가치가 있을 것
지형보존	각종 산업개발로 경관파괴 우려가 없을 것
위치 및 이용편의	국토의 보전 · 이용 · 관리 측면에서 균형적인 자연공원의 배치가 될 수 있을 것

5) 국립공원 현황

① 산악형 17개소

지리산, 계룡산, 설악산, 속리산, 한라산, 내장산, 북한산 등

② 해상형 4개소

한려해상, 태안해안, 다도해해상, 변산반도

③ 사적형 1개소

경주

6) 용도지구

① 목적

자연공원을 효과적으로 보전, 이용할 수 있도록 하기 위함

② 용도지구 구분

구분	지정기준
공원자연보존지구	• 생물다양성이 특히 풍부한 곳 • 자연생태계가 원시성을 지닌 곳 • 특별히 보호가치가 높은 야생동식물이 사는 곳 • 경관이 특히 아름다운 곳
공원자연환경지구	공원자연보존지구의 완충공간으로 보전할 필요가 있는 지역
공원마을지구	• 마을이 형성된 지역 • 주민생활 유지에 필요 지역
공원문화유산지구	• 지정문화재를 보유한 사찰 • 사찰경내지 중 문화재보전에 필요지역 • 사찰경내지 중 불사에 필요시설 설치지역

7) 생태축 우선의 원칙

① 법적근거

제23조의2

② 내용

- 도로 · 철도 · 궤도 · 전기통신설비 및 에너지 공급설비 등 대통령령으로 정하는 시설 또는 구조물은 자연공원 안의 생태축 및 생태통로를 단절하여 통과하지 못한다.
- 다만, 해당 행정기관의 장이 지역 여건상 설치가 불가피하다고 인정하는 최소한의 시설 또는 구조물에 관하여 그 불가피한 사유 및 증명자료를 공원관리청에 제출한 경우에는 그 생태축 및 생태통로를 단절하여 통과할 수 있다.

③ 생태축 우선의 원칙 적용대상시설

"도로 · 철도 · 궤도 · 전기통신설비 및 에너지 공급설비 등 대통령령으로 정하는 시설 또는 구조물"이란 도로 · 철도 · 궤도 · 전기통신 설비 · 에너지 공급설비 · 댐 · 저수지 · 수중보(水中洑) · 하굿둑 및 그 밖에 생태축 또는 생태통로를 단절하여 통과하는 시설 · 구조물로서 환경부령으로 정하는 것을 말한다.

8) 지질공원의 인증

① 인증신청

- 시 · 도지사는 지구과학적으로 중요하고 경관이 우수한 지역에 대하여 지역주민공청회와 관할 군수의 의견청취 절차를 거쳐 환경부장관에게 지질공원 인증을 신청할 수 있음
- 「유네스코 활동에 관한 법률」에 따른 유네스코의 세계지질공원으로 등재하려면 먼저 지질공원 인증을 받아야 함

② 인증기준

- 특별한 지구과학적 중요성, 희귀한 자연적 특성 및 우수한 경관적 가치를 가진 지역일 것
- 지질과 관련된 고고학적 · 생태적 · 문화적 요인이 우수하여 보전의 가치가 높을 것
- 지질 유산의 보호와 활용을 통하여 지역경제발전을 도모
- 지질공원 안에 지질명소 또는 역사적 유물이 있으며, 자연경관과 조화되어 보존의 가치가 있을 것
- 그 밖에 지질공원의 인증을 위하여 환경부장관이 필요하다고 인정

③ 지원내용

환경부장관은 지질공원의 관리운영을 효율적으로 지원하기 위해 다음 업무를 수행

- 지질유산의 조사
- 지질공원 학술조사 및 연구

- 지질공원 지식 · 정보의 보급
- 지질공원 체험 및 교육 프로그램의 개발 · 보급
- 지질공원 관련 국제협력
- 지질공원 네트워크 구성 및 운영
- 그 밖에 환경부장관이 필요하다고 인정한 사항

9) 지질공원해설사

① 개념

국민을 대상으로 지질공원에 대한 지식을 체계적으로 전달하고 지질공원해설 · 홍보 · 교육 · 탐방안내 등을 전문적으로 수행

② 자격기준과 예산지원

- 지질공원해설사 교육과정을 이수한 사람에게 자격을 부여
- 환경부장관, 시 · 도지사는 필요한 경비 등을 지원
- 교육과정을 위하여 필요한 경우 교육시설을 설치 · 운영

10) 공원보호협약

① 목적

공원관리청은 자연공원의 경관을 효과적으로 보전 · 관리하기 위하여 토지 소유자 등과 공원보호협약을 체결하고 이를 이행하기 위한 사업을 추진가능

② 내용

- 협약의 대상구역이 10만제곱미터 이상인 경우 해당 공원위원회의 심의를 받아야 함
- 협약의 상대방에게 공원보호협약의 이행에 필요한 지원 가능

5. 야생생물 보호 및 관리에 관한 법률

1) 목적

① 야생생물과 그 서식환경을 체계적으로 보호 · 관리

② 야생생물의 멸종을 예방, 생물다양성을 증진, 생태계균형을 유지

③ 사람과 야생생물이 공존하는 건전한 자연환경 확보

2) 야생생물 보호 및 이용의 기본원칙

① 야생생물은 현세대와 미래세대의 공동자산임을 인식하고 현세대는 야생생물과 그 서식환경을 적극 보호하여 그 혜택이 미래세대에게 돌아갈 수 있도록 하여야 한다.

② 야생생물과 그 서식지를 효과적으로 보호하여 야생생물이 멸종되지 아니하고 생태계의 균형이 유지되도록 하여야 한다.

③ 국가, 지방자치단체 및 국민이 야생생물을 이용할 때에는 야생생물이 멸종되거나 생물다양성이 감소되지 아니하도록 하는 등 지속가능한 이용이 되도록 하여야 한다.

3) 야생생물 보호 기본계획

① 수립

- 환경부장관은 야생생물 보호와 그 서식환경 보전을 위하여 5년마다 멸종위기 야생생물 등에 대한 야생생물 보호 기본계획(이하 "기본계획"이라 한다)을 수립하여야 한다.
- 환경부장관은 기본계획을 수립하거나 변경할 때에는 관계 중앙행정기관의 장과 미리 협의하여야 하고, 수립되거나 변경된 기본계획을 관계 중앙행정기관의 장과 특별시장 · 광역시장 · 특별자치시장 · 도지사 · 특별자치도지사(이하 "시 · 도지사"라 한다)에게 통보하여야 한다.
- 환경부장관은 기본계획의 수립 또는 변경을 위하여 관계 중앙행정기관의 장과 시 · 도지사에게 그에 필요한 자료의 제출을 요청할 수 있다.
- 시 · 도지사는 기본계획에 따라 관할구역의 야생생물 보호를 위한 세부계획(이하 "세부계획"이라 한다)을 수립하여야 한다.
- 시 · 도지사가 세부계획을 수립하거나 변경할 때에는 미리 환경부장관의 의견을 들어야 한다.
- 기본계획과 세부계획에 포함되어야 할 내용과 그 밖에 필요한 사항은 대통령령으로 정한다.

② 야생생물 보호 기본계획의 내용

- 야생생물의 현황 및 전망, 조사 · 연구에 관한 사항
- 법 제6조에 따른 야생생물 등의 서식실태조사에 관한 사항
- 야생동물의 질병연구 및 질병관리대책에 관한 사항
- 멸종위기 야생생물 등에 대한 보호의 기본방향 및 보호목표의 설정에 관한 사항
- 멸종위기 야생생물 등의 보호에 관한 주요 추진과제 및 시책에 관한 사항
- 멸종위기 야생생물의 보전 · 복원 및 증식에 관한 사항
- 멸종위기 야생생물 등 보호사업의 시행에 필요한 경비의 산정 및 재원(財源) 조달방안에 관한 사항

- 국제적 멸종위기종의 보호 및 철새 보호 등 국제협력에 관한 사항
- 야생동물의 불법 포획의 방지 및 구조 · 치료와 유해야생동물의 지정 · 관리 등 야생동물의 보호 · 관리에 관한 사항
- 생태계교란 야생생물의 관리에 관한 사항
- 법 제27조에 따른 야생생물 특별보호구역(이하 "특별보호구역"이라 한다)의 지정 및 관리에 관한 사항
- 수렵의 관리에 관한 사항
- 특별시 · 광역시 · 특별자치시 · 도 및 특별자치도(이하 "시 · 도"라 한다)에서 추진할 주요 보호시책에 관한 사항
- 그 밖에 환경부장관이 멸종위기 야생생물 등의 보호를 위하여 필요하다고 인정하는 사항

③ 야생생물 보호 세부계획의 내용

- 관할구역의 야생생물 현황 및 전망에 관한 사항
- 야생동물의 질병연구 및 질병관리대책에 관한 사항
- 관할구역의 멸종위기 야생생물 등의 보호에 관한 사항
- 멸종위기 야생생물 등 보호사업의 시행에 필요한 경비의 산정 및 재원 조달방안에 관한 사항
- 야생동물의 불법 포획 방지 및 구조 · 치료 등 야생동물의 보호 및 관리에 관한 사항
- 유해야생동물 포획허가제도의 운영에 관한 사항
- 법 제26조에 따른 시 · 도보호 야생생물의 지정 및 보호에 관한 사항
- 법 제33조에 따른 관할구역의 야생생물 보호구역 지정 및 관리에 관한 사항
- 법 제42조에 따른 수렵장의 설정 및 운영에 관한 사항
- 관할구역의 주민에 대한 야생생물 보호 관련 교육 및 홍보에 관한 사항
- 그 밖에 특별시장 · 광역시장 · 특별자치시장 · 도지사 및 특별자치도지사(이하 "시 · 도지사"라 한다)가 멸종위기 야생생물 등의 보호를 위하여 필요하다고 인정하는 사항

4) 멸종위기 야생생물

① 정의

㉮ 멸종위기 야생생물 Ⅰ급

자연적 · 인위적 위협요인으로 개체수가 감소, 멸종위기에 처한 야생생물

㉯ 멸종위기 야생생물 Ⅱ급

자연적 · 인위적 위협요인으로 개체수가 감소, 현재 위협요인이 제거 · 완화되지 않으면 장래 멸종위기에 처할 우려가 있는 종

② 지정기준

㉮ 멸종위기 야생생물 Ⅰ급

- 개체 · 개체군 수가 적거나 크게 감소하고 있어 멸종위기에 처한 종
- 분포지역이 매우 한정적이거나 서식지 · 생육지가 심각하게 훼손됨에 따라 멸종위기에 처한 종
- 생물의 지속적인 생존 · 번식에 영향을 주는 자연적 · 인위적 위협요인 등으로 인하여 멸종위기에 처한 종

㉯ 멸종위기 야생생물 Ⅱ급

- 개체 · 또는 개체군 수가 적거나 크게 감소하고 있어 가까운 장래에 멸종위기에 처할 우려가 있는 종
- 분포지역이 매우 한정적이거나 서식지 · 생육지가 심각하게 훼손됨에 따라 가까운 장래에 멸종위기에 처할 우려가 있는 종
- 생물의 지속적인 생존 · 번식에 영향을 주는 자연적 · 인위적 위협요인 등으로 인하여 가까운 장래에 멸종위기에 처할 우려가 있는 종

③ 멸종위기 야생생물 지정현황(2020년 5월)

구분	Ⅰ급	Ⅱ급
포유류	늑대, 반달가슴곰, 사향노루, 산양, 수달, 여우, 표범, 호랑이 등 12종	담비, 물개, 물범, 삵, 하늘다람쥐 등 8종
조류	두루미, 매, 저어새, 크낙새, 황새, 노랑부리백로 등 14종	고니, 독수리, 올빼미, 솔개, 재두루미, 큰고니, 큰기러기 등 49종
양서 · 파충류	비바리뱀, 수원청개구리 2종	고리도롱뇽, 구렁이, 금개구리, 남생이, 맹꽁이, 표범장지뱀 6종
어류	감돌고기, 꼬치동자개, 미호종개, 퉁사리, 흰수마자 등 11종	가는돌고기, 가시고기, 돌상어, 둑중개, 묵납자루 등 16종
곤충류	붉은점모시나비, 산굴뚝나비, 상제나비, 수염풍뎅이, 장수하늘소 등 6종	꼬마잠자리, 대모잠자리, 물방개, 물장군, 소똥구리 등 20종
무척추동물	귀이빨대칭이, 나팔고둥, 남방방게, 두드럭조개 4종	갯게, 대추귀고둥, 참달팽이, 깃산호, 물거미, 흰발농게 등 28종
육상식물	광릉요강꽃, 금자란, 나도풍란, 풍란, 한란, 만년콩, 비자란 등 11종	가시연, 가시오갈피나무, 매화마름, 미선나무, 기생꽃, 산작약, 단양쑥부쟁이 등 77종
해조류	없음	그물공말, 삼나무말 2종
고등균류	없음	화경버섯 1종

5) 국제적 멸종위기종

① 정의

「멸종위기에 처한 야생동식물종의 국제거래에 관한 협약」(이하 "멸종위기종국제거래협약")에 따라 국제거래가 규제되는 다음에 해당하는 생물

② 종류

- 부속서 Ⅰ : 멸종위기에 처한 종 중 국제거래로 영향을 받거나 받을 수 있는 종
- 부속서 Ⅱ : 현재 멸종위기에 처하여 있지는 아니하나 국제거래를 엄격하게 규제하지 아니할 경우 멸종위기에 처할 수 있는 종, 멸종위기에 처한 종의 거래를 효과적으로 통제하기 위하여 규제를 하여야 하는 그 밖의 종
- 부속서 Ⅲ : 멸종위기종국제거래협약의 당사국이 이용을 제한할 목적으로 자기 나라의 관할권에서 규제를 받아야 하는 것으로 확인하고 국제거래 규제를 위하여 다른 당사국의 협력이 필요하다고 판단한 종

6) 유해야생동물

① 정의

사람의 생명이나 재산에 피해를 주는 야생동물

② 유해야생동물 지정현황(2015년 8월 기준)

구분	종명
장기간 무리지어 농작물 · 과수피해	참새, 까치, 어치, 직박구리, 까마귀, 갈까마귀, 떼까마귀
국부적 서식밀도 과밀, 농 · 림 · 수산업 피해	꿩, 멧비둘기, 고라니, 멧돼지, 청설모, 두더지, 쥐류 및 오리류(원앙이, 원앙사촌, 황오리, 알락쇠오리, 호사비오리 등 제외)
비행장주변 출현, 항공기 · 특수건조물 피해 · 군작전 지장	소수류(멸종위기 야생동물은 제외)
인가주변에 출현, 인명 · 가축피해	멧돼지 및 맹수류(멸종위기 야생동물은 제외)
분묘 훼손	멧돼지
전주 등 전력시설 피해	까치
국부적 과밀서식, 분변 · 털날림 등 문화재 훼손 · 건물 부식 등의 재산상, 생활피해	집비둘기

7) 서식지 외 보전기관

① 정의

야생동식물을 그 서식지에서 보전하기 어렵거나, 종의 보존 등을 위해 서식지 외에서 보전할 필요가 있는 경우에 지정

② 서식지 외 보전기관의 유형

- 동물원, 식물원, 수족관
- 국 · 공립 연구기관
- 기업부설연구소
- 학교와 그 부설기관

③ 지정현황 : 환경부지정 26개소(2018년 1월 기준)

지정번호	명칭	지정 동 · 식물	지정일자	지정내역
1	서울대공원	동물 22종	'00. 4. 12	반달가슴곰, 늑대, 여우, 표범, 호랑이, 삵, 수달, 두루미, 재두루미, 황새, 스라소니, 담비, 노랑부리저어새, 혹고니, 흰꼬리수리, 독수리, 큰고니, 금개구리, 남생이, 맹꽁이, 산양, 저어새
2	한라수목원	식물 26종	'00. 5. 25	개가시나무, 나도풍란, 만년콩, 삼백초, 순채, 죽백란, 죽절초, 지네발란, 파초일엽, 풍란, 한란, 황근, 탐라란, 석곡, 콩짜개란, 차걸이란, 전주물꼬리풀, 금자란, 한라솜다리, 암매, 제주고사리삼, 대흥란, 솔잎란, 자주땅귀개, 으름난초, 무주나무
3	(재) 한택식물원	식물 19종	'01. 10. 12	가시오갈피나무, 개병풍, 노랑만병초, 대청부채, 독미나리, 미선나무, 백부자, 순채, 산작약, 연잎꿩의다리, 가시연꽃, 단양쑥부쟁이, 층층둥굴레, 홍월귤, 털복주머니란, 날개하늘나리, 솔붓꽃, 제비붓꽃, 각시수련
4	(사)한국황새복원 연구센터	조류 2종	'01. 11. 1	황새, 검은머리갈매기
5	내수면양식연구센터	어류 3종	'01. 11. 1	꼬치동자개, 감돌고기, 모래주사
6	여미지식물원	식물 10종	'03. 3. 10	한란, 암매, 솔잎란, 대흥란, 죽백란, 삼백초, 죽절초, 개가시나무, 만년콩, 황근
7	삼성에버랜드 동물원	동물 5종	'03. 7. 1	호랑이, 산양, 두루미, 큰바다사자, 재두루미
8	기청산식물원	식물 10종	'04. 3. 22	섬개야광나무, 섬시호, 섬현삼, 연잎꿩의다리, 매화마름, 갯봄맞이꽃, 큰바늘꽃, 솔붓꽃, 애기송이풀, 한라송이풀
9	한국자생 식물원	식물 16종	'04. 5. 3	노랑만병초, 산작약, 홍월귤, 가시오갈피나무, 순채, 연잎꿩의다리, 각시수련, 복주머니란, 날개하늘나리, 넓은잎제비꽃, 닻꽃, 백부자, 제비동자꽃, 제비붓꽃, 큰바늘꽃, 한라송이풀

10	(사)홀로세생태 보존연구소	곤충 3종	'05. 9. 28	애기뿔소똥구리, 붉은점모시나비, 물장군
11	(사)한국산양 · 사향노루종보존회	포유류 2종	'06. 9. 21	산양, 사향노루
12	(재) 천리포수목원	식물 4종	'06. 9. 21	가시연꽃, 노랑붓꽃, 매화마름, 미선나무
13	(사)곤충자연 생태연구센터	곤충 4종	'07. 3. 8	붉은점모시나비, 물장군, 장수하늘소, 상제나비
14	함평자연 생태공원	식물 4종	'08. 11. 18	나도풍란, 풍란, 한란, 지네발란
15	평강식물원	식물 6종	'09. 8. 25	가시오갈피나무, 개병풍, 노랑만병초, 단양쑥부쟁이, 독미나리, 조름나물
16	신구대학 식물원	식물 11종	'10. 2. 25	가시연꽃, 섬시호, 매화마름, 독미나리, 백부자, 개병풍, 나도승마, 단양쑥부쟁이, 날개하늘나리, 대청부채, 층층둥굴레
17	우포따오기 복원센터	동물 1종	'10. 6. 16	따오기
18	경북대조류생태환경연구소	동물 3종	'10. 7. 9	두루미, 재두루미, 큰고니
19	고운식물원	식물 5종	'10. 9. 15	광릉요강꽃, 노랑붓꽃, 독미나리, 층층둥글레, 진노랑상사화
20	강원도자연환경 연구공원	식물 7종	'10. 9. 15	왕제비꽃, 층층둥글레, 기생꽃, 복주머니란, 제비동자꽃, 솔붓꽃, 가시오갈피나무
21	한국도로공사 수목원	식물 8종	'11. 9. 9	노랑붓꽃, 진노랑상사화, 대칭부채, 지네빌란, 독미나리, 석곡, 초령목, 해오라비난초
22	(재)제주 테크노파크	동물 3종	'11. 12. 29	두점박이사슴벌레, 물장군, 애기뿔소똥구리
23	순천향대학교 멸종위기어류 복원센터	동물 7종	'13. 2. 26	미호종개, 얼룩새코미꾸리, 흰수마자, 여울마자, 꾸구리 돌상어, 부안종개
24	청주랜드	동물 10종	'14. 2. 10	표범, 늑대, 붉은여우, 반달가슴곰, 스라소니, 두루미, 재두루미, 혹고니, 삵, 독수리
25	한국수달연구센터	동물 1종	'17. 2. 7	수달
26	국립낙동강 생물자원관	식물 5종	'18. 1. 30	섬개현삼, 분홍장구채, 대청부채, 큰바늘꽃, 고란초

8) 야생생물특별보호구역

① 지정대상지

- 멸종위기야생생생의 집단서식지 · 번식지로서 특별보호 필요지역
- 열종위기야생생물의 집단도래지로서 학술연구, 보전가치가 커서 특별보호 필요지역
- 멸종위기야생생물이 서식 · 분포지로서 서식지 · 번식지의 훼손, 당해 종의 멸종 우려로

인해 특별보호 필요지역

② 특별보호구역 안에서 행위 제한

- 건축물, 공작물의 신축 · 증축 및 토지형질변경
- 하천 · 호소 등의 구조변경, 수위 · 수량 변동을 가져오는 행위
- 토석의 채취
- 야생동식물보호에 유해하다고 인정되는 행위

③ 멸종위기종 관리계약의 체결

- 대상지역 : 특별보호구역 및 인접지역(특별보호구역에 수질오염 등의 영향을 직접 미칠 수 있는 지역)
- 계약내용 : 멸종위기야생동식물 보호를 위해 필요한 경우
- 계약형태 : 경작방식 변경, 화학물질 사용저감 등 토지관리방법을 내용으로 하는 계약
- 손실보상기준
  - 휴경 등으로 수확이 불가능하게 된 경우 : 수확이 불가능하게 된 면적에 단위면적당 손실액을 곱하여 산정한 금액
  - 경작방식의 변경 등으로 수확량이 감소하게 된 경우 : 수확량이 감소한 면적에 단위면적당 손실액을 곱하여 산정한 금액
  - 야생동물의 먹이 제공 등을 위하여 농작물 등을 수확하지 아니하는 경우 : 수확하지 아니하는 면적에 단위면적당 손실액을 곱하여 산정한 금액
  - 국가 · 지방자치단체에 토지를 임대하는 경우 : 인근 토지의 임대료에 상당하는 금액
  - 습지 등 야생동물의 쉼터를 조성하는 경우 : 습지 등의 조성 및 관리에 필요한 금액
  - 그 밖에 계약의 이행에 따른 손실이 발생하는 경우 : 손실액에 상당하는 금액

④ 특별보호구역 지정현황

- 위치 : 경상남도 진주시 내동면, 명석면, 대평면 등 일원
- 지정목적 : 멸종위기 I 급인 수달 집단서식지, 번식지인 진양호일원을 체계적으로 보호 · 관리
- 관리청 : 환경부(낙동강유역환경청)

⑤ 야생생물보호구역의 지정(2016년 6월)

- 지정권자 : 시 · 도지사, 시군구청장
- 지정목적 : 특별보호구역에 준해 멸종위기 야생생물 보호
- 지정현황
  - 시 · 도지사지정 2개소(서울 우면산 두꺼비/거창군 가조면 꼬마잠자리)
  - 시 · 군 · 구청장지정 397개소

9) 생물자원 보전시설

① 지정목적

- 국제적으로 생물자원의 중요성 증대
- 고유생물자원 관리강화와 대응
- 생물자원연구 및 보전활동 추진

② 정의

- 야생생물 등 생물자원의 효율적 보전을 위한 시설
- 생물자원에 대한 체계적 연구, 보호사업, 인식증진을 위한 전시, 교육 등 추진

③ 지원내용

- 등록, 운영비 지원, 설치비 지원근거가 됨
- 「야생생물 보호 및 관리에 관한 법률」 및 관련규정에 부합시설
- 설치목적이 야생생물자원에 대한 보전, 연구 및 전시, 교육시설
- 타 법률과 중복지원 우려가 없는 시설

④ 등록기준

- 표본보전시설(66m^2 수장시설)
- 살아 있는 생물자원 보전시설(해당생물 서식규모 이상 시설)
- 생물분류기사 또는 생물자원관련 전문가 1인 이상
- 수목원은 생물자원 보전시설로 등록한 것으로 봄

⑤ 등록현황(2021년 7월 기준)

지정번호	명칭	보유 동 · 식물	지정일자	지정내역
1	경북 민물고기연구센터	어류 116종 2,632마리	'08.10.29	꾹저구, 검정망둑 등
2	국립과천과학관	양서 · 파충류 81종 1,778마리	'08.11.5	북방산개구리 등
3	강원대학교 자연과학대학	식물표본 2,437종 44,311점	'09.6.15	섬개야광나무 등
4	원광대학교 자연과학대학	곤충표본 777종 62,543점	'09.6.15	장수풍뎅이 등
5	전북대학교 식물석엽표본관	종자식물표본 : 약 100,000점 양치식물표본 : 약 30,000점 선태식물표본 : 약 15,000점	'09.6.17	층층 둥굴레 등

지정 번호	명칭	보유 동 · 식물	지정일자	지정내역
6	국립공원관리공단 멸종위기종복원센터	척추동물표본 41종 156점	'09.9.16	반달가슴곰 등
7	전라남도 섬진강어류생태관	어류 50종 1,663점	'09.9.16	버들붕어 등
8	제주 노루생태관찰원	노루 200마리	'10.1.26	노루
9	낙동강하구 에코센터	조류 등 173종 347	'11.7.29	흰뺨검둥오리 등
10	서울어린이대공원	포유류 등 118종 4,166 개체	'11.8.3	물범 등
11	서울대학교 자연과학대학	균류 1,062종 14672점 (건조표본 : 양송이버섯 등 1,062종 13,400점 / 배양체 : 자낭균과 담자균의 배양체 1,048균주 / 포자문 : 담자균의 주름버섯류 224점)	'13.10.15	버섯 등
12	안동 백조공원	혹고니(Cygnus olor) 25개체 흑고니(Cygnus atratus) 4개체	'14.6.30	백조
13	양서파충류 생태관	양서파충류 84종 657마리	'14.8.1	참개구리, 초록아나콘다 등
14	다누리센터 관리사업소	쏘가리 등 186종 약 23,000마리	'15.4.15	묵납자루, 꺽저기, 꾸구리, 동상어 등
15	국립공원연구원	육상곤충 177종 등 878개체	'15.6.9	남생이 등
16	국립생태원	포유류 등 5,445종 약 100만 개체 이상	'17.5.25	검은손긴팔원숭이 등
17	순천만 자연생태연구소	칠게 등 78종 1,309개체	'18.1.18	알다브라육지거북이 등
18	천년학 힐링타운	조류 6종 13개체	'18.2.5	큰두루미, 관두루미, 흑고니 등
19	다도해해상국립공원 사무소	어류 등 74종 545개체 12군체	'18.2.5	해마, 별불가사리 등
20	장수군 뜬봉샘생태공원	표본 139종 244개체 62종, 835개체	'19.1.17	수리부엉이 등

지정번호	명칭	보유 동 · 식물	지정일자	지정내역
21	장흥군 탐진강수산연구센터	어류	'21.7.30	꺽저기 등

6. 습지보전법

1) 목적

① 습지의 효율적 보전 · 관리에 필요한 사항 규정

② 습지와 습지의 생물다양성의 보전 도모

③ 습지에 관한 국제협약의 취지를 반영, 국제협력증진에 이바지함

2) 습지의 정의

① 습지

담수(淡水 : 민물), 기수(汽水 : 바닷물과 민물이 섞여 염분이 적은 물) 또는 염수(鹽水 : 바닷물)가 영구적 또는 일시적으로 그 표면을 덮고 있는 지역으로서 내륙습지 및 연안습지를 말함

② 내륙습지

육지 또는 섬에 있는 호수, 못, 늪, 하천 또는 하구(河口) 등의 지역을 말함

③ 연안습지

만조(滿潮) 때 수위선(水位線)과 지면의 경계선으로부터 간조(干潮) 때 수위선과 지면의 경계선까지의 지역을 말함

④ 습지의 훼손

배수(排水), 매립 또는 준설 등의 방법으로 습지 원래의 형질을 변경하거나 습지에 시설이나 구조물을 설치하는 등의 방법으로 습지를 보전 목적 외의 용도로 사용하는 것을 말함

3) 습지지역의 지역

① 습지보호지역

- 자연상태가 원시성을 유지, 생물다양성이 풍부한 지역
- 희귀하거나 멸종위기야생동식물이 서식 · 도래지역
- 특이한 경관적 · 지형적 · 지질학적 가치를 지닌 지역

② 습지주변관리지역

습지보호지역 주변지역

③ 습지개선지역

- 습지보호지역 중 습지훼손이 심화되었거나 심화 우려가 있는 지역
- 습지생태계 보전상태가 불량지역 중 인위적 관리를 통해 개선가치가 있는 지역

4) 습지보호지역 지정현황(2020년 12월 기준)

구 분	습지보호지역 현황		람사르 습지 현황	
	지정 개수	면 적	개수(면적)	비고
환경부	27개소	132.265km²	16개소(22.171km²)	2개소는 습지보호지역과 불일치 (오대산국립공원/ 강화매화마름군락지)
해양수산부	12개소	1,417.61km²	7개소(173.989km²)	
지방자치단체	7개소	8.254km²	–	
총 계	46개소(1,558.129km²)		23개소(196.301km²)	

① 내륙습지－환경부 지정(27개소, 132.265km²)

지역명	위치	면적(km²)	특징
낙동강 하구	부산 사하구 신평, 장림, 다대동 일원 해면 및 강서구 명지동 하단 해면	37.718	철새도래지
대암산	강원 인제군 서화면 대암산의 큰 용늪과 작은 용늪 일원	1.360	우리나라 유일의 고층습원
우포늪	경남 창녕군 대합면, 이방면, 유어면, 대지면 일원	8.540	우리나라 최고(最古)의 원시 자연늪
무제치늪	울산시 울주군 삼동면 조일리 일원	0.184	산지습지
제주 물영아리 오름	제주 서귀포시 남원읍 수망리	0.309	기생화산구
화엄늪	경남 양산시 하북면 용연리	0.124	산지습지
두웅습지	충남 태안군 원동면 신두리	0.067	신두리사구의 배후습지 희귀야생동·식물 서식
신불산 고산습지	경남 양산시 원동면 대리 산92－2일원	0.308	희귀야생동·식물이 서식하는 산지습지
담양하천습지	전남 담양군 대전면, 수북면, 황금면,	0.981	멸종위기 및 보호 야생

지역명	위치	면적(km^2)	특징
	광주광역시 북구 용강동 일원		동 · 식물이 서식하는 하천습지
신안 장도 산지습지	전남 신안군 흑산면 비리 대장도 일원	0.090	도서지역 최초의 산지 습지
한강하구	김포대교 남단~강화군 송해면 숭뢰리	60.668	자연하구로 생물다양성이 풍부하여 다양한 생태계 발달
밀양 재약산 사자평 고산습지	경남 밀양시 단장면 구천리 산1번지	0.587	이탄층이 발달한 습지, 멸종위기종 삵 등 서식
제주 1100 고지습지	서귀포시 색달동, 중문동 및 제주시 광령리	0.126	산지습지로 멸종위기종 및 희귀야생동식물 서식
제주 물장오리 오름습지	제주시 봉개동	0.610	산정화구호의 특이지형, 희귀야생동식물 서식
제주 동백동산습지	제주시 조천읍 선흘리 일원	0.590	지하수함양률이 높고 생물다양성이 풍부한 곶자왈지역
고창 운곡습지	전북 고창군 아산면 운곡리 일원	1.930	생물다양성이 풍부하고 멸종위기종 수달 등 서식
상주 공검지	경북 상주시 공검면	0.264	말똥가리,잿빛개구리매, 수리부엉이 등 멸종위기종 서식
영월 한반도 습지	강원도 영월군 한반도면	2.772	수달, 돌상어, 묵납자루 등 총 8종의 법정 보호종 서식
정읍 월영습지	전북 정읍시 쌍암동 일원	0.375	생물다양성 풍부, 구렁이, 말똥가리 등 멸종위기종 6종 서식
제주 숨은물뱅듸	제주 제주시 애월읍 광령리	1.175	생물다양성 풍부, 자주땅귀개,새호리기 등 법정 보호종 다수분포
순천 동천하구	전남 순천시 교량동, 도사동, 해룡면, 별량면 일원	5.656	국제적으로 중요한 이동물새서식지, 생물다양성 풍부, 멸종위기종 상당수 분포

지역명	위치	면적 (km²)	특징
섬진강 침실습지	전남 곡성군 곡성읍, 고달면, 오곡면, 전북 남원시 송동면 섬진강 일원	2.037	수달, 남생이 등 법정보호종 다수분포, 생물다양성 풍부
문경 돌리네	경북 문경시 산북면 우곡리 일원	0.494	멸종위기종이 다수분포하고 국내유일의 돌리네 습지
김해 화포천	경남 김해시 한림면, 진영읍 일원	1.244	황새 등 법정보호종이 다수 분포하고 생물다양성 풍부
고창 인천강하구	고창군 아산면, 심원면, 부안면 일원	0.722	생물다양성이 풍부한 열린 하구로서 노랑부리백로 등 법적보호종이 다수 서식
광주광역시 장록	광주광역시 광산구 일원	2.704	생물다양성이 풍부하며 습지원형이 잘 보전된 도심 내 하천습지
철원 용양보	강원도 철원군 김화읍 일원	0.519	장기간 보전되어 자연성이 뛰어나며 다양한 서식환경을 지녀 생물다양성이 풍부

② 연안습지–해양수산부 지정(12개소, 1,417.61km²)

지역명	위치	면적 (km²)	특징
무안갯벌	전남 무안군 해제면, 현경면 일대	42.0	생물다양성 풍부 지질학적 보전가치 있음
진도갯벌	전남 진도군 군내면 고군면 일원(신동지역)	1.44	수려한 경관 및 생물다양성 풍부, 철새도래지
순천만 갯벌	전남 순천시 별양면, 해룡면, 도사동 일대	28.0	흑두루미 서식 · 도래 및 수려한 자연경관
보성 · 벌교갯벌	전남 보성군 호동리, 장양리, 영등리, 장암리, 대포리 일대	33.92	자연성 우수 및 다양한 수산자원
옹진 장봉도갯벌	인천 옹진군 장봉리 일대	68.4	희귀철새 도래 · 서식 및 생물다양성 우수
부안 줄포만갯벌	전북 부안군 줄포면, 보안면 일원	4.9	희귀철새 도래 · 서식 및 생물다양성 우수

지역명	위치	면적 (km^2)	특징
고창갯벌	전북 고창군 부안면(1지구) 심원면(2지구) 일원	64.66	광활한 면적과 빼어난 경관, 유용수자원의 보고
서천갯벌	충남 서천군 비안면, 종천면 일원	68.09	검은머리물떼새 서식, 빼어난 자연경관
신안갯벌	전남 신안군	1100.86	빼어난 자연경관 및 생물다양성 풍부
마산만 봉암 갯벌	창원시 마산 회원구 봉암동	0.1	도심 습지, 희귀 · 멸종위기 야생동식물 서식
시흥갯벌	경기도 시흥시 장곡동	0.71	내만형 갯벌, 희귀멸종위기야생동물 서식 · 도래지역
대부도 갯벌	경기 안산시 단원구 연안갯벌	4.53	멸종위기종인 저어새, 노랑부리백로, 알락꼬리마도요의 서식지이자 생물다양성이 풍부한 갯벌

③ 시 · 도지사 지정(7개소, 8.254km^2)

지역명	위치	면적 (km^2)	특징
대구 달성하천 습지	대구광역시 달서구 호림동, 달성군 화원읍	0.178	흑두루미, 재두루미 등 철새도래지, 노랑어리연, 기생초 등 습지식물 발달
대청호 추동습지	대전광역시 동구 추동 91번지	0.346	수달, 말똥가리, 흰목물떼새, 청딱따구리 등 희귀 동물서식
송도갯벌	인천광역시 연수구 송도동 일원	6.11	저어새, 검은머리갈매기, 말똥가리, 알락꼬리도요 등 동아시아 철새이동경로
경포호 가시연습지	강원 강릉시 운정동, 안현동, 초당동, 저동 일월	1.314	동해안 대표 석호, 철새도래지 멸종위기종 가시연 서식
순포호	강원 강릉시 사천면 산대월리 일원	0.133	멸종위기종 II급 순채 서식, 철새도래지이며

지역명	위치	면적 (km^2)	특징
			생물다양성이 풍부
쌍호	강원 양양군 손양면 오산리 일원	0.139	사구위에 형성된 소류모 석호, 동발서식
가평리 습지	강원 양양군 손양면 가평리 일원	0.034	해안충적지에 발달된 담수화된 석호, 꽃창포, 부채붓꽃, 털부처꽃 서식

④ 람사르습지 지정(23개소, 196.160km^2)

지역명	위치	면적 (km^2)	특징
대암산 용늪	강원 인제군 서화면 대암산의 큰용늪과 작은용늪 일원	1.060	우리나라 유일의 고층습원
우포늪	경남 창녕군 대합면, 이방면, 유어면, 대지면 일원	8.540	우리나라 最古의 원시 자연늪
신안 장도습지	전남 신안군 흑산면 비리 산109-1~3번지 일원	0.090	도서지역 최초의 산지 습지
순천만 · 보성 갯벌	전남 순천시 별양면, 해룡면, 도사동 일대 전남 보성군 호동리, 장양리, 영등리, 장암리, 대포리 일대	35.500	흑두루미 서식 · 도래 및 수려한 자연경관
제주 물영아리 오름	제주 남제주군 남원읍	0.309	기생화산구
두웅습지	충남 태안군 원동면 신두리	0.067	신두리사구의 배후습지 희귀야생동 · 식물 서식
무제치늪	울산시 울주군 삼동면 조일리 일원	0.040	희귀야생동 · 식물이 서식하는 산지습지
무안갯벌	전남 무안군 해제면, 현경면 일대	35.890	생물다양성 풍부 지질학적 보전가치 있음
오대산 국립공원습지	강원도 평창군, 홍천군	0.018	이탄습지, 산지습지 토탄층이 86cm 형성
강화 매화마름 군락지	인천시 강화군	0.003	인공습지-논습지 멸종위기 2급 매화마름 군락지, 금개구리 서식

지역명	위치	면적(km²)	특징
제주 물장오리 오름	제주도 제주시	0.628	산정 화구호, 강우에의해 유지, 멸종위기 1급 매, 2급 팔색조, 등 서식
제주 1100 고지습지	서귀포시 색달동, 중문동 및 제주시 광령리	0.126	산지습지로 멸종위기종 및 희귀야생동식물 서식
서천갯벌	충청남도 서천군 서면, 유부도 일대	15.300	다수의 멸종위기종 조류 및 전 세계 물떼새 개체수의 1% 이상이 서식(검은머리물떼새)
고창 · 부안 갯벌	전북 부안군 줄포면과 보안면, 고창군 부안면과 심원면 일대	45.500	다수의 멸종위기종 조류 및 전세계 물떼새 개체수의 1% 이상이 서식(흰물떼새)
제주 동백동산습지	제주도 제주시 조천읍 선흘리	0.590	지하수함양률이 높고 생물다양성이 풍부한 곶자왈지역
고창 운곡습지	전북 고창군 아산면 운곡리	1.797	생물다양성이 풍부하고 멸종위기종 수달 등 서식
신안증도갯벌	전남 신안군 증도면 증도 및 병풍도 일대	31.300	국제적 보호 조류가 서식하는 연안습지
한강밤섬	서울시 영등포구 여의도동	0.273	도심습지로서 생태보고
송도갯벌	인천 연수구 송도	6.11	동아시아 철새이동경로
제주 숨은물뱅듸	제주 제주시 광령리	1.175	생물다양성 풍부, 법정보호종 다수 분포
한반도습지	강원 영월군 한반도면	1.915	수달, 돌상어 등 법정보호종 서식
순천 동천하구	전남 순천시 도사동, 해룡면, 별양면 일원	5.399	국제적 중요 이동물새 서식지
안산대부도갯벌	안산 대부도	4.530	염생식물군락지, 법정보호종 다수 분포

7. 생물다양성 보전 및 이용에 관한 법률

1) 목적

- 생물다양성의 종합적 · 체계적인 보전
- 생물자원의 지속가능한 이용을 도모
- 「생물다양성협약」의 이행에 관한 사항을 정함으로써 국민생활을 향상시키고 국제협력을 증진함을 목적

2) 정의

① 생물다양성

육상생태계 및 수생생태계와 이들의 복합생태계를 포함하는 모든 원천에서 발생한 생물체의 다양성을 말하며, 종내 · 종간 및 생태계의 다양성을 포함

② 생태계

식물 · 동물 · 미생물 군집들과 무생물 환경이 기능적인 단위로 상호작용하는 역동적인 복합체

③ 생물자원

사람을 위하여 가치가 있거나 실제적 · 잠재적 용도가 있는 유전자원, 생물체, 생물체의 부분, 개체군 또는 생물의 구성요소

④ 유전자원

유전(遺傳)의 기능적 단위를 포함하는 식물 · 동물 · 미생물 또는 그 밖에 유전적 기원이 되는 유전물질 중 실질적 또는 잠재적 가치를 지닌 물질

⑤ 지속가능한 이용

현재 세대와 미래 세대가 동등한 기회를 가지고 생물자원을 이용하여 그 혜택을 누릴 수 있도록 생물다양성의 감소를 유발하지 아니하는 방식과 속도로 생물다양성의 구성요소를 이용

⑥ 전통지식

생물다양성의 보전 및 생물자원의 지속가능한 이용에 적합한 전통적 생활양식을 유지하여 온 개인 · 지역사회의 지식, 기술 및 관행

⑦ 유입주의 생물

국내에 유입(流入)될 경우 생태계에 위해(危害)를 미칠 우려가 있는 생물로서 환경부장관이 지정 · 고시하는 것

⑧ 외래생물

외국으로부터 인위적 · 자연적으로 유입되어 그 본래의 원산지 또는 서식지를 벗어나 존재하게 된 생물

⑨ 생태계교란 생물

- 유입주의 생물 및 외래생물 중 생태계의 균형을 교란하거나 교란할 우려가 있는 생물
- 유입주의 생물이나 외래생물에 해당하지 아니하는 생물 중 특정지역에서 생태계의 균형을 교란하거나 교란할 우려가 있는 생물

⑩ 생태계위해우려 생물

다음 어느 하나에 해당하는 생물로서 위해성평가 결과 생태계 등에 유출될 경우 위해를 미칠 우려가 있어 관리가 필요하다고 판단되어 환경부장관이 지정 · 고시하는 것을 말함

가. 「야생생물 보호 및 관리에 관한 법률」에 따른 멸종위기 야생생물 등 특정생물의 생존이나 「자연환경보전법」에 따른 생태 · 경관보전지역 등 특정 지역의 생태계에 부정적 영향을 주거나 줄 우려가 있는 생물

나. 생태계교란 생물에 해당하는 생물 중 산업용으로 사용 중인 생물로서 다른 생물 등으로 대체가 곤란한 생물

⑪ 생태계서비스

인간이 생태계로부터 얻는 다음 각 목의 어느 하나에 해당하는 혜택을 말함

가. 식량, 수자원, 목재 등 유형적 생산물을 제공하는 공급서비스

나. 대기 정화, 탄소 흡수, 기후 조절, 재해 방지 등의 환경조절서비스

다. 생태관광, 아름답고 쾌적한 경관, 휴양 등의 문화서비스

라. 토양 형성, 서식지 제공, 물질 순환 등 자연을 유지하는 지지서비스

3) 기본원칙

① 생물다양성

모든 국민의 자산으로서 현재세대와 미래세대를 위하여 보전

② 생물자원

지속가능한 이용을 위해 체계적으로 보호되고 관리

③ 국토개발과 이용

- 생물다양성의 보전 및 생물자원의 지속가능한 이용과 조화
- 산 · 하천 · 호소 · 연안 · 해양으로 이어지는 생태계의 연계성과 균형은 체계적으로 보전

④ 생태계서비스

생태계의 보전과 국민의 삶의 질 향상을 위하여 체계적으로 제공되고 증진

⑤ 국제협력 증진

생물다양성 보전, 생물자원의 지속가능 이용에 대한 국제협력 증진

4) 국가생물다양성전략

5년마다 수립, 다음 내용 포함

- 생물다양성의 현황 · 목표 및 기본방향
- 생물다양성 및 그 구성요소의 보호 및 관리
- 생물다양성 구성요소의 지속가능한 이용
- 생물다양성에 대한 위협의 대처
- 생물다양성에 영향을 주는 유입주의 생물 및 외래생물의 관리
- 생물다양성 및 생태계서비스 관련 연구 · 기술개발, 교육 · 홍보 및 국제협력
- 그 밖에 생물다양성의 보전 및 이용에 필요한 사항

5) 국가생물다양성센터

① 설치기관 : 국립생물자원관

② 주요업무

- 생물다양성 및 생물자원에 대한 정보의 수집 · 관리
- 생물자원의 기탁, 등록, 평가, 분양 등 활용에 관한 현황 관리
- 생물자원의 목록 구축
- 외래생물종의 수출입 현황 관리
- 생물자원의 수출입 및 반출 · 반입 현황 관리
- 생물자원 관련 기관과의 협력체계 구축
- 그 밖에 생물다양성 보전 등을 위하여 필요한 사항

6) 유입주의 생물 등 관리

① 위해성 평가

- 환경부장관은 유입주의 생물 또는 외래생물 등에 대하여 생태계 등에 미치는 위해성을 평가할 수 있다.
- 환경부장관은 위해성평가 결과에 따라 생태계 등에 미치는 위해가 크거나 위해를 미칠 우려가 있는 유입주의 생물, 외래생물 등을 관계 중앙행정기관의 장과의 협의를 거쳐 유입주의 생물에서 제외하거나 생태계교란 생물 또는 생태계위해우려 생물로 지정 · 고시하여야 한다.
- 위에서 규정한 사항 외에 위해성평가의 기준 · 절차, 생태계교란 생물 또는 생태계위해

우려 생물의 지정 등에 관하여 필요한 사항은 환경부령으로 정한다.

② 유입주의 생물의 수입 · 반입 승인

- 유입주의 생물을 수입 또는 반입하려는 자는 환경부령으로 정하는 바에 따라 환경부장관의 승인을 받아야 한다.
- 환경부장관은 승인 신청을 받은 경우에는 해당 생물에 대하여 제21조의2제1항에 따른 위해성평가를 하여야 한다.
- 환경부장관은 위해성평가를 하는 경우 제21조의2제2항의 결과를 반영하여 수입 또는 반입 신청에 대한 승인 여부를 결정하여야 한다.
- 위에서 규정한 사항 외에 유입주의 생물의 수입 또는 반입 승인의 신청절차 등에 관하여 필요한 사항은 환경부령으로 정한다.

③ 유입주의 생물의 관리

- 환경부장관은 유입주의 생물이 생태계에서 발견된 경우에는 해당 유입주의 생물에 대하여 제21조의2제1항에 따른 위해성평가를 하고, 관계 중앙행정기관의 장 또는 지방자치단체의 장에게 해당 유입주의 생물의 방제 등 필요한 조치를 하도록 요청할 수 있다.
- 요청을 받은 관계 중앙행정기관의 장 또는 지방자치단체의 장은 특별한 사정이 없으면 그 요청에 따라야 한다.

④ 생태계교란 생물 등의 지정해제

- 환경부장관은 서식환경의 변화, 생태계 적응, 효과적인 방제수단의 개발 등으로 생태계교란 생물 또는 생태계위해우려 생물이 생태계 등에 미치는 위해가 감소되었다고 인정되는 경우에는 제21조의2제1항에 따른 위해성평가 및 관계 중앙행정기관의 장과 협의를 거쳐 그 지정을 해제하거나 변경하여 고시할 수 있다.
- 위에서 규정한 사항 외에 생태계교란 생물 등의 지정해제 또는 변경 등의 절차와 그 밖에 필요한 사항은 환경부령으로 정한다.

⑤ 생태계교란 생물의 관리

- 누구든지 생태계교란 생물을 수입 · 반입 · 사육 · 재배 · 양도 · 양수 · 보관 · 운반 또는 유통(이하 "수입등"이라 한다)하여서는 아니 된다. 다만, 다음 각 호의 어느 하나에 해당하여 환경부장관의 허가를 받거나 제22조제1항에 따른 승인을 받은 경우에는 그 허가 또는 승인을 받은 범위에서 수입등을 할 수 있다.
  1. 학술연구 목적인 경우
  2. 그 밖에 교육용, 전시용, 식용 등 환경부령으로 정하는 경우
- 환경부장관은 허가신청을 받았을 때에는 살아 있는 생물로서 자연환경에 노출될 우려가 없다고 인정하는 경우에만 환경부령으로 정하는 바에 따라 수입등을 허가할 수 있다.
- 환경부장관은 생태계교란 생물의 관리를 위하여 필요한 경우에는 관계 중앙행정기관

의 장 또는 지방자치단체의 장에게 생물다양성 및 생태계 보전을 위하여 방제 등 필요한 조치를 하도록 요청할 수 있으며, 관계 중앙행정기관의 장 또는 지방자치단체의 장은 특별한 사유가 없으면 요청에 따라야 한다.

- 환경부장관은 생태계교란 생물이 생태계 등에 미치는 영향을 지속적으로 조사 · 평가하고, 생태계교란 생물로 인한 생태계 등의 위해를 줄이기 위하여 방제 등 필요한 조치를 하여야 한다.

⑥ 생태계위해우려 생물의 관리

- 생태계위해우려 생물을 상업적인 판매의 목적으로 수입 또는 반입하려는 자는 환경부장관의 허가를 받아야 한다.
- 생태계위해우려 생물을 상업적인 판매 외의 목적으로 수입 또는 반입하려는 자는 환경부장관에게 신고를 하여야 한다.
- 제22조제1항에 따른 승인을 받거나 「해양생태계의 보전 및 관리에 관한 법률」 제23조제2항에 따른 허가를 받은 경우에는 허가를 받지 아니하거나 신고를 하지 아니하고 생태계위해우려 생물을 수입 또는 반입할 수 있다.
- 허가를 받거나 신고를 한 자 또는 제22조제1항에 따른 승인을 받은 자가 환경부령으로 정하는 사항을 변경하려면 환경부장관에게 변경신고를 하여야 한다.
- 환경부장관은 신고 또는 변경신고를 받은 경우 그 내용을 검토하여 이 법에 적합하면 신고를 수리하여야 한다.
- 허가, 신고 및 변경신고의 절차 등에 관하여 필요한 사항은 환경부령으로 정한다.
- 위에서 규정한 사항 외에 생태계위해우려 생물의 관리에 관하여는 제24조제3항부터 제5항까지의 규정을 준용한다. 이 경우 "생태계교란 생물"은 "생태계위해우려 생물"로 본다.

7) 생태계서비스지불제계약

① 법적근거

제16조 생태계서비스지불제계약

② 정의

환정부는 다음 각 호의 지역이 보유한 생태계서비스의 체계적인 보전 및 증진을 위하여 토지의 소유자 · 점유자 또는 관리인과 자연경관(「자연환경보전법」 제2조제10호에 따른 자연경관을 말한다) 및 자연자산의 유지 · 관리, 경작방식의 변경, 화학물질의 사용 감소, 습지의 조성, 그 밖에 토지의 관리방법 등을 내용으로 하는 계약

③ 계약대상 보전지역

- 「자연환경보전법」 제2조제12호에 따른 생태 · 경관보전지역
- 「습지보전법」 제8조에 따른 습지보호지역

- 「자연공원법」 제2조제1호에 따른 자연공원
- 「야생생물 보호 및 관리에 관한 법률」 제27조에 따른 야생생물 특별보호구역
- 「야생생물 보호 및 관리에 관한 법률」 제33조에 따른 야생생물 보호구역
- 멸종위기 야생생물 보호 및 생물다양성의 증진이 필요한 다음 각 목의 지역
  가. 멸종위기 야생생물의 보호를 위하여 필요한 지역
  나. 생물다양성의 증진 또는 생태계서비스의 회복이 필요한 지역
  다. 생물다양성이 독특하거나 우수한 지역
- 그 밖에 대통령령으로 정하는 지역

■ 생태계서비스지불제계약에 따른 정당한 보상의 기준(시행령 제10조제1항 관련)

생태계서비스지불제계약을 이행하기 위하여 생태계서비스의 체계적인 보전 및 증진 활동을 한 경우 정당한 보상은 다음 각 호의 구분에 따른 금액을 기준으로 한다.

1. 법 제2조제10호나목에 따른 환경조절서비스의 보전 및 증진 활동 : 다음 각 목의 활동에 필요한 금액
   가. 식생 군락 조성 · 관리 등 온실가스의 저감
   나. 하천 정화 및 식생대의 조성 · 관리 등 수질의 개선
   다. 저류지의 조성 · 관리 등 자연재해의 저감
2. 법 제2조제10호다목에 따른 문화서비스의 보전 및 증진 활동 : 다음 각 목의 활동에 필요한 금액
   가. 경관숲 · 산책로의 조성 · 관리 및 식물식재 등 자연경관의 유지 · 개선
   나. 자연경관의 주요 조망점 · 조망축의 조성 · 관리
   다. 자연자산의 유지 · 관리
3. 법 제2조제10호라목에 따른 지지서비스의 보전 및 증진 활동 : 다음 각 목의 구분에 따른 금액
   가. 휴경(休耕)하여 농작물을 수확할 수 없게 된 경우 : 농작물을 수확할 수 없게 된 면적에 단위면적당 손실액을 곱하여 산정한 금액
   나. 친환경적으로 경작방식 또는 재배작물을 변경한 경우 : 수확량이 감소된 면적에 단위면적당 손실액을 곱하여 산정한 금액과 경작방식 또는 재배작물의 변경에 필요한 금액
   다. 야생동물의 먹이 제공 등을 위하여 농작물을 수확하지 않는 경우 : 농작물을 수확하지 않는 면적에 단위면적당 손실액을 곱하여 산정한 금액
   라. 습지 및 생태웅덩이 등을 조성 · 관리하는 경우 : 습지 및 생태웅덩이 등의 조성으로 인한 손실액과 그 조성 · 관리에 필요한 금액
   마. 야생생물 서식지를 조성 · 관리하는 경우 : 야생생물 서식지의 조성 · 관리에 필요한 금액
4. 그 밖에 환경부장관, 관계 중앙행정기관의 장 및 지방자치단체의 장이 인정하는 생태계서비스의 보전 및 증진 활동 : 해당 활동으로 인한 손실액 및 해당 활동에 필요한 금액

8) 생태계교란 생물

① 법적근거

제23조 생태계교란 생물의 지정 · 고시

② 정의

환경부장관은 외래생물 등에 대하여 생태계 등에 미치는 위해성을 평가하여 결과에 따라 생태계 등에 미치는 위해가 큰 외래생물 등을 생태계교란 생물로 지정

③ 위해성평가

㉮ 평가수행 주체

국립생태원장이 구성한 위원회가 평가

㉯ 평가의 기준

- 위해성평가는 동물과 식물로 구분하여 실시
- 평가대상 생물종의 특성
- 평가대상 생물종의 분포 및 확산 양상
- 평가대상 생물종이 생태계에 미치는 영향
- 그 밖에 위원회가 평가와 관련하여 제시한 기타 사항

㉰ 평가의 절차 및 방법

- 위해성평가서를 작성, 위원장에게 심사자료를 제출
- 심사위원은 위해정도를 평가하여 제출
- 위원장은 제출된 평가서 취합, 회의자료로 활용
- 위해성 등급 결정

㉱ 위해성 등급

- 위해성 정도에 따라 1급, 2급, 3급으로 구분
- 등급의 구분기준
  - 1급 : 생태계 위해성이 매우 높고 향후 생태계 위해성이 매우 높아질 가능성이 우려되어 관리대책을 수립하여 퇴치 등의 관리가 필요한 종
  - 2급 : 생태계 위해성은 보통이나 향후 생태계 위해성이 높아질 가능성이 있어 확산 정도와 생태계 등에 미치는 영향을 지속적으로 관찰할 필요가 있는 종
  - 3급 : 생태계 위해성이 낮아서 별도의 관리가 요구되지 않는 종으로서 향후 생태계 위해성이 문제되지 않을 것으로 판단되는 종

④ 생태계교란 생물 지정현황(2020년 12월 기준)

구분	종명
포유류	뉴트리아(Myocastor coypus)
양서류 · 파충류	• 황소개구리(Rana catesbeiana) • 붉은귀거북속 전종(Trachemys spp.) • 리버쿠터(Pseudemys concinna) • 중국줄무늬목거북(Mauremys sinensis) • 악어거북(Macrochelys temminckii) • 플로리다붉은배거북(Pseudemys nelsoni)
어류	• 파랑볼우럭(블루길)(Lepomis macrochirus) • 큰입배스(Micropterus salmoides)
갑각류	미국가재(Procambarus clarkii)
곤충류	• 꽃매미(Lycorma delicatula) • 붉은불개미(Solenopsis invicta) • 등검은말벌(Vespa velutina nigrithorax) • 갈색날개매미충(Pochazia shantungensis) • 미국선녀벌레(Metcalfa pruinosa) • 아르헨티나개미(Linepithema humile) • 긴다리비틀개미(Anoplolepis gracilipes) • 빗살무늬미주메뚜기(Melanoplus differentialis)
식물	• 돼지풀(Ambrosia artemisiaefolia var. elatior) • 단풍잎돼지풀(Ambrosia trifida) • 서양등골나물(Eupatorium rugosum) • 털물참새피(Paspalum distichum var. indutum) • 물참새피(Paspalum distichum var. distichum) • 도깨비가지(Solanum carolinense) • 애기수영(Rumex acetosella) • 가시박(Sicyos angulatus) • 서양금혼초(Hypochoeris radicata) • 미국쑥부쟁이(Aster pilosus) • 양미역취(Solidago altissima) • 가시상추(Lactuca scariola) • 갯줄풀(Spartina alterniflora) • 영국갯끈풀(Spartina anglica) • 환삼덩굴(Humulus japonicus) • 마늘냉이(Alliaria petiolata)

8. 도시농업의 육성 및 지원에 관한 법률

1) 목적

① 도시농업의 육성 및 지원에 관한 사항을 마련
② 자연친화적인 도시환경을 조성
③ 도시민의 농업에 대한 이해를 높임
④ 도시와 농촌이 함께 발전하는 데 이바지

2) 정의

① 도시농업

도시지역에 있는 토지, 건축물 · 다양한 생활공간을 활용하여 농작물을 경작 또는 재배하는 행위

- 농작물을 경작 또는 재배하는 행위
- 수목 또는 화초를 재배하는 행위
- 곤충을 사육(양봉 포함)하는 행위

② 도시농업인

도시농업을 직접 하는 사람 · 도시농업에 관련되는 일을 하는 사람

③ 도시농업관리사

도시민의 도시농업에 대한 이해를 높일 수 있도록 도시농업 관련 해설, 교육, 지도 및 기술보급을 하는 사람으로서 도시농업관리사 자격을 취득한 사람

3) 도시농업의 유형

① 주택활용형 도시농업

주택 · 공동주택 등 건축물의 내부 · 외부, 난간, 옥상 등을 활용하거나 건축물에 인접한 토지를 활용한 도시농업

② 근린생활권 도시농업

주택 · 공동주택 주변의 근린생활권에 위치한 토지 등을 활용한 것

③ 도심형 도시농업

도심에 있는 고층 건물의 내부 · 외부, 옥상 등을 활용하거나 도심에 있는 고층 건물에 인접한 토지를 활용한 도시농업

④ 농장형 · 공원형 도시농업

공영도시농업농장 · 민영도시농업농장 · 도시공원을 활용한 도시농업

⑤ 학교교육형 도시농업

학생들의 학습 · 체험을 목적으로 학교토지나 건축물을 활용한 것

■ 생태면적률 적용지침

1) 주요 개념

① 생태면적률

전체개발면적 중 생태적 기능 · 자연 순환 기능이 있는 토양면적이 차지하는 비율, 이는 개발로 인해 훼손되기 쉬운 도시 공간의 생태적 기능을 유지 · 개선할 수 있도록 유도하기 위한 환경계획 지표

② 생태면적률의 세 가지 유형

㉮ 현재상태 생태면적률

개발하기 전 토지피복유형을 기준으로 측정한 생태면적률

㉯ 목표생태면적률

전략환경영향평가 단계에서 개발 후 목표로 설정하는 생태면적률

㉰ 계획생태면적률

환경영향평가 단계에서 목표생태면적률을 근거로 토지이용 용도별로 설정하는 생태면적률

③ 자연지반녹지율

개발 대상지에서 자연지반녹지(자연지반 또는 자연지반과 연속성을 가지는 절 · 성토 지반에 인공적으로 조성된 녹지로서 도시공원 및 녹지에 관한 법률에서 정하는 공원녹지를 포함)가 차지하는 비율

2) 산정방법

① 개발대상지를 자연지반녹지와 인공화 지역으로 구분

② 인공화 지역을 공간 유형으로 구분

③ 인공화 지역의 공간 유형별 면적에 정해진 가중치를 곱하여 공간 유형별 생태면적 계산

④ 자연지반녹지와 인공화 지역 생태면적의 합을 전체 대상지 면적으로 나누어 생태면적률을 산출

$$\text{생태면적률} = \frac{\text{자연지반녹지 면적} + \Sigma(\text{인공화 지역 공간유형별 면적} \times \text{가중치})}{\text{전체 대상지 면적}} \times 100(\%)$$

3) 공간 유형별 가중치

	공간유형		가중치	설 명	사례
1	자연 지반지	–	1.0	• 자연지반이 손상되지 않은 녹지 • 식물상과 동물상의 발생 잠재력 내재 온전한 토양 및 지하수 함양 기능	• 자연지반에 자생한 녹지 • 자연지반과 연속성을 가지는 절성토 지반에 조성된 녹지
2	수공간	투수기능	1.0	• 자연지반과 연속성을 가지며 지하수 함양 기능을 가지는 수공간	• 하천, 연못, 호수 등 자연상태의 수공간 및 공유수면 • 지하수 함양 기능을 가지는 인공연못
3		차수 (투수 불가)	0.7	• 지하수 함양 기능이 없는 수공간	• 자연지반 또는 인공지반 위에 차수 처리된 수공간
4	인공지반 녹지	90cm≦토심	0.7	• 토심이 90cm 이상인 인공지반 상부 녹지	• 지하주차장 등 지하구조물 상부에 조성된 녹지
5		40cm≦토심 <90cm	0.6	• 토심이 40cm 이상이고 90cm 미만인 인공지반 상부 녹지	
6		10cm≦토심 <40cm	0.5	• 토심이 10cm 이상이고 40cm 미만인 인공지반 상부 녹지	
7	옥상녹화	30cm≦토심	0.7	• 토심이 30cm 이상인 녹화옥상시스템이 적용된 공간	• 혼합형 녹화옥상시스템 • 중량형 녹화옥상시스템
8		20cm≦토심 <30cm	0.6	• 토심이 20cm 이상이고 30cm 미만인 옥상녹화시스템이 적용된 공간	
9		10cm≦토심 <20cm	0.5	• 토심이 10cm 이상이고 20cm 미만인 옥상녹화시스템이 적용된 공간	• 저관리 경량형 녹화옥상시스템
10	벽면녹화	등반보조재, 벽면부착형, 자력등반형 등	0.4	• 벽면이나 옹벽(담장)의 녹화, 등반형의 경우 최대 10m 높이까지만 산정	• 벽면이나 옹벽녹화 공간 • 녹화벽면시스템을 적용한 공간
11	부분포장	부분포장	0.5	• 자연지반과 연속성을 가지며 공기와 물이 투과되는 포장면, 50% 이상 식재면적	• 잔디블록, 식생블록 등 • 녹지 위에 목판 또는 판석으로 표면 일부만 포장한 경우
12	전면 투수포장	투수능력 1등급	0.4	• 투수계수 1mm/sec 이상	• 공기와 물이 투과되는 전면투수 포장면, 식물생장 불가능 • 자연지반 위에 시공된 마사토, 자갈, 모래포장, 투수블록 등
13		투수능력 2등급	0.3	• 투수계수 0.5mm/sec 이상	
14	틈새 투수포장	틈새 10mm 이상 세골재 충진	0.2	• 포장재의 틈새를 통해 공기와 물이 투과되는 포장면	• 틈새를 시공한 바닥 포장 • 사고석 틈새포장 등
15	저류 · 침투시설 연계면	저류 · 침투시설 연계면	0.2	• 지하수 함양을 위한 우수침투시설 또는 저류시설과 연계된 포장면	• 침투, 저류시설과 연계된 옥상면 • 침투, 저류시설과 연계된 도로면
16	포장면	포장면	0.0	• 공기와 물이 투과되지 않는 포장, 식물생장이 없음	• 인터락킹 블록, 콘크리트 아스팔트 포장, • 불투수 기반에 시공된 투수 포장

4) 달성 목표

개발 사업 유형별 생태면적률 달성 목표는 아래 표와 같으며 사업 계획 수립, 계획 목표 생태면적률 설정, 환경영향평가 협의 시의 지표로 활용함

개발 사업 유형	권장 달성 목표	세부 내용
1. 도시의 개발	30	구도심개발사업
	40	구도심 외의 개발사업
2. 산업입지 및 산업단지의 조성	20	–
3. 관광단지의 개발	60	–
4. 특정지역의 개발	20~80	개발사업 유형별 기준 적용
5. 체육시설의 설치	80	일반 체육시설(실외)
	50	경륜 · 경정시설(실내)
6. 폐기물 및 분뇨처리시설의 설치	50	매립시설
	40	소각시설 및 분뇨처리시설

5) 적용대상

① 전략환경평가 대상계획으로서 다음에 해당되는 계획
- 개발기본계획 중 도시의 개발, 산업입지 · 산업단지 조성
- 관광단지의 개발, 특정지역의 개발, 체육시설의 설치
- 폐기물 · 분뇨 · 가축분뇨처리시설의 설치 등이 포함

② 환경영향평가 대상사업으로서 다음에 해당되는 사업
- 도시의 개발사업, 산업입지 및 산업단지의 조성사업
- 관광단지의 개발사업, 특정지역의 개발사업
- 체육시설의 설치사업
- 폐기물 · 분뇨 · 가축분뇨처리시설의 설치 등이 포함

6) 적용절차

① 적용절차는 단계별로 구분되며, 구체적인 내용은 '생태면적률 적용지침'에서 제시하고 있음

② 다만, 협의 단계별 절차만 제시하면 다음과 같음

협의 단계별 절차

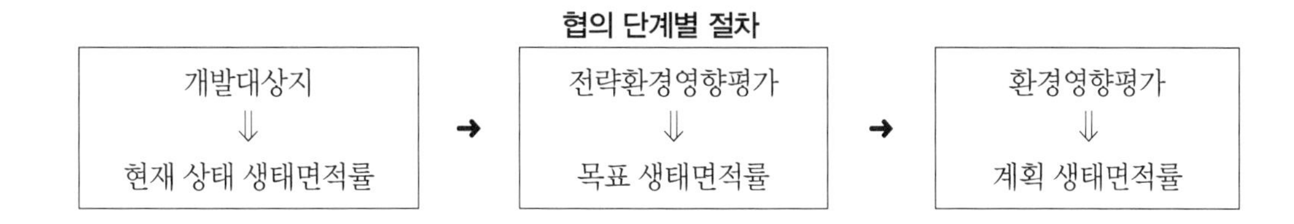

■ 서울특별시의 생태면적률 제도

- 서울특별시에서도 2016년 생태면적률 제도를 개편하였음. 기존의 생태면적률이 평면적인 자연에 대한 가치를 평가하는 방법이라는 한계를 보완하기 위해서 수직적 자연의 가치 즉, 입면적인 수목의 양까지를 포함하는 제도를 도입하고 있음
- 서울시에서는 생태면적률을 공간 계획 대상 전체면적 중에서 자연의 순환기능을 가진 대지 용적의 수평투영면적비로 정의함
- 여기에 생태면적률의 공간 유형을 기존의 피복 유형에 식재 유형을 새롭게 추가함
- 식재 유형은 수관폭을 기준으로 한 수목의 수평투영면적을 산정하여 식재개체당 환산 면적을 부여하여 자연 순환 기능 면적을 산정하는 방식임
- 또한 높이 기준을 설정하여 수량을 가중 산출한 후 식재 유형의 면적 가중치를 부여함
- 식재 유형 산정식

식재 유형 환산 면적＝식재 특성 면적＝∑(식재 개체수×환산면적×가중치)

- 서울특별시에서 제시하고 있는 식재유형 구분 및 가중치는 아래 표와 같음

식재유형 및 가중치

<table>
<tr><th colspan="2">식재유형</th><th>가중치</th><th>설명</th><th>유의사항</th></tr>
<tr><td>수고</td><td>환산면적</td><td rowspan="4">0.1</td><td>－</td><td>식재유형 생태면적률은 피복유형 생태면적률의 20%만 인정</td></tr>
<tr><td>0.3≦H＜1.5</td><td>0.1</td><td>관목류가 속해 있으며, 모든 피복유형에 적용이 가능</td><td>지피초화류의 경우 0.3m 이상이라 하더라도 개체로 인정하지 않음</td></tr>
<tr><td>1.5≦H＜4.0</td><td>0.3</td><td>대관목류 및 소교목류</td><td>관목류를 식재하는 경우 기준 환산면적의 50%만 인정</td></tr>
<tr><td>4.0≦H</td><td>3</td><td>대교목류로서 국토부고시 조경기준에 의하여 인정주수를 산출 후 면적 가중치를 곱하여 산정</td><td>B＞5cm or R＞6cm이거나, 상록교목으로 W＞0.8m인 경우 교목을 1주 인정</td></tr>
</table>

식재유형		가중치	설명	유의사항
				B>12cm or R>15cm이거나, 상록교목으로 W>2m인 경우 교목을 2주 인정
				B>18cm or R>20cm이거나, 상록교목으로 W>3m인 경우 교목을 4주 인정
				B>2.5cm or R>30cm이거나, 상록교목으로 W>5m인 경우 교목을 8주 인정

(H : 수고, B : 흉고직경, R : 근원직경, W : 수관폭)

- 결과적으로 서울특별시의 생태면적률 계산 방식은 아래의 산술식과 같고 피복 유형은 크게 7가지로 구분함
- 가중치
  1) 자연지반녹지 : 1.0
  2) 수공간(투수 가능) : 1.0
  3) 인공지반녹지>90cm : 0.7
  4) 인공지반녹지>40cm : 0.6
  5) 투수포장 : 0.4
  6) 벽면녹화 : 0.3
  7) 옥상저류 및 침투시설 연계면 : 0.1

$$생태면적률 = \frac{피복유형별\ 환산면적 + 식재유형별\ 환산면적}{전체\ 면적} \times 100\%$$

9. 환경영향평가법

1) 목적

환경에 영향을 미치는 계획 또는 사업을 수립 · 시행할 때에 해당 계획과 사업이 환경에 미치는 영향을 미리 예측 · 평가하고 환경보전방안 등을 마련하도록 하여 친환경적이고 지속가능한 발전과 건강하고 쾌적한 국민생활을 도모함을 목적

2) 정의

① 전략환경영향평가

환경에 영향을 미치는 계획을 수립할 때에 환경보전계획과의 부합 여부 확인 및 대안의 설정 · 분석 등을 통하여 환경적 측면에서 해당 계획의 적정성 및 입지의 타당성 등을 검토하여 국토의 지속가능한 발전을 도모하는 것

② 환경영향평가

환경에 영향을 미치는 실시계획 · 시행계획 등의 허가 · 인가 · 승인 · 면허 · 결정 등(이하 "승인등")을 할 때에 해당 사업이 환경에 미치는 영향을 미리 조사 · 예측 · 평가하여 해로운 환경영향을 피하거나 제거 · 감소시킬 수 있는 방안을 마련하는 것

③ 소규모 환경영향평가

환경보전이 필요한 지역이나 난개발이 우려되어 계획적 개발이 필요한 지역에서 개발사업을 시행할 때에 입지의 타당성과 환경에 미치는 영향을 미리 조사 · 예측 · 평가하여 환경보전방안을 마련

④ 협의기준

사업의 시행으로 영향을 받게 되는 지역에서 다음 어느 하나에 해당하는 기준으로는 「환경정책기본법」에 따른 환경기준을 유지하기 어렵거나 환경의 악화를 방지할 수 없다고 인정하여 사업자 · 승인기관의 장이 해당 사업에 적용하기로 환경부장관과 협의한 기준

- 「가축분뇨의 관리 및 이용에 관한 법률」에 따른 방류수 수질기준
- 「대기환경보전법」에 따른 배출허용기준
- 「물환경보전법」에 따른 방류수 수질기준
- 「물환경보전법」에 따른 배출허용기준
- 「폐기물관리법」에 따른 폐기물처리시설의 관리기준
- 「하수도법」에 따른 방류수 수질기준
- 「소음 · 진동관리법」에 따른 소음 · 진동의 배출허용기준
- 「소음 · 진동관리법」에 따른 교통소음 · 진동 관리기준
- 그 밖에 관계 법률에서 환경보전을 위하여 정하고 있는 오염물질의 배출기준

⑤ 환경영향평가사

환경 현황 조사, 환경영향 예측 · 분석, 환경보전방안의 설정 및 대안평가 등을 통하여 환경영향평가서 등의 작성 등에 관한 업무를 수행하는 사람으로서 법률에 따른 자격을 취득한 사람

3) 환경영향평가등의 기본원칙

① 환경영향평가등은 보전과 개발이 조화와 균형을 이루는 지속가능한 발전이 되도록 함
② 환경보전방안 및 그 대안은 과학적으로 조사 · 예측된 결과를 근거로 하여 경제적 · 기술적으로 실행할 수 있는 범위에서 마련
③ 환경영향평가등의 대상이 되는 계획 또는 사업에 대하여 충분한 정보 제공 등을 함으로써 환경영향평가등의 과정에 주민 등이 원활하게 참여할 수 있도록 노력
④ 환경영향평가등의 결과는 지역주민 및 의사결정권자가 이해할 수 있도록 간결하고 평이하게 작성
⑤ 환경영향평가등은 계획 또는 사업이 특정 지역 또는 시기에 집중될 경우에는 이에 대한 누적적 영향을 고려하여 실시
⑥ 환경영향평가등은 계획 또는 사업으로 인한 환경적 위해가 어린이, 노인, 임산부, 저소득층 등 환경유해인자의 노출에 민감한 집단에게 미치는 사회 · 경제적 영향을 고려하여 실시

4) 환경보전목표의 설정

환경영향평가등을 하려는 자는 다음의 기준, 계획, 사업의 성격, 토지이용 및 환경현황, 계획 또는 사업이 환경에 미치는 영향의 정도, 평가 당시의 과학적 · 기술적 수준 및 경제적 상황 등을 고려하여 환경보전목표를 설정하고 이를 토대로 환경영향평가등을 실시

① 「환경정책기본법」에 따른 환경기준
② 「자연환경보전법」에 따른 생태 · 자연도
③ 「대기환경보진법」, 「물환경보전법」 등에 따른 지역별 오염총량기준

5) 환경영향평가등의 분야 및 항목

• 환경영향평가등은 계획의 수립이나 사업의 시행으로 영향을 받게 될 자연환경, 생활환경, 사회 · 경제 환경 등의 분야에 대하여 실시
• 환경영향평가분야 세부 평가항목
  1. 전략환경영향평가
    가. 정책계획
      1) 환경보전계획과의 부합성

가) 국가 환경정책
나) 국제환경 동향 · 협약 · 규범
2) 계획의 연계성 · 일관성
가) 상위 계획 및 관련 계획과의 연계성
나) 계획목표와 내용과의 일관성
3) 계획의 적정성 · 지속성
가) 공간계획의 적정성
나) 수요 공급 규모의 적정성
다) 환경용량의 지속성
나. 개발기본계획
1) 계획의 적정성
가) 상위계획 및 관련 계획과의 연계성
나) 대안 설정 · 분석의 적정성
2) 입지의 타당성
가) 자연환경의 보전
(1) 생물다양성 · 서식지 보전
(2) 지형 및 생태축의 보전
(3) 주변 자연경관에 미치는 영향
(4) 수환경의 보전
나) 생활환경의 안정성
(1) 환경기준 부합성
(2) 환경기초시설의 적정성
(3) 자원 · 에너지 순환의 효율성
다) 사회 · 경제 환경과의 조화성 : 환경친화적 토지이용
2. 환경영향평가
가. 자연생태환경 분야
1) 동 · 식물상
2) 자연환경자산
나. 대기환경 분야
1) 기상
2) 대기질
3) 악취
4) 온실가스
다. 수환경 분야

1) 수질(지표 · 지하)

2) 수리 · 수문

3) 해양환경

라. 토지환경 분야

1) 토지이용

2) 토양

3) 지형 · 지질

마. 생활환경 분야

1) 친환경적 자원 순환

2) 소음 · 진동

3) 위락 · 경관

4) 위생 · 공중보건

5) 전파장해

6) 일조장해

바. 사회환경 · 경제환경 분야

1) 인구

2) 주거(이주의 경우를 포함한다)

3) 산업

3. 소규모 환경영향평가

가. 사업개요 및 지역 환경현황

1) 사업개요

2) 지역개황

3) 자연생태환경

4) 생활환경

5) 사회 · 경제환경

나. 환경에 미치는 영향 예측 · 평가 및 환경보전방안

1) 자연생태환경(동 · 식물상 등)

2) 대기질, 악취

3) 수질(지표, 지하), 해양환경

4) 토지이용, 토양, 지형 · 지질

5) 친환경적 자원순환, 소음 · 진동

6) 경관

7) 전파장해, 일조장해

8) 인구, 주거, 산업

- 환경영향평가분야의 평가는 환경영향평가등의 대상지역에 대한 현지조사 및 문헌조사를 기초로 환경영향을 과학적으로 예측 · 분석하는 방법으로 함
- 환경영향평가분야의 평가방법에 관한 세부 사항은 '환경영향평가서등 작성 등에 관한 규정'에 따름

6) 환경영향평가협의회

① 환경부장관, 계획 수립기관의 장, 계획이나 사업에 대한 승인등을 하는 기관의 장, 승인등을 받지 아니하여도 되는 사업자는 다음 사항을 심의하기 위하여 환경영향평가협의회를 구성 · 운영

② 심의사항
- 평가항목 · 범위 등의 결정에 관한 사항
- 환경영향평가 협의내용의 조정에 관한 사항
- 약식절차에 의한 환경영향평가 실시 여부에 관한 사항
- 의견 수렴 내용과 협의 내용의 조정에 관한 사항
- 그 밖에 원활한 환경영향평가등을 위하여 필요한 사항

③ 구성
- 환경영향평가분야에 관한 학식과 경험이 풍부한 자로 구성
- 주민대표, 시민단체 등 민간전문가 포함
- 「환경보건법」에 따라 건강영향평가를 실시하는 경우 민간전문가 외에 건강영향평가분야 전문가 포함

7) 전략환경영향평가

① 평가의 대상
- 도시의 개발에 관한 계획
- 산업입지 및 산업단지의 조성에 관한 계획
- 에너지 개발에 관한 계획
- 항만의 건설에 관한 계획
- 도로의 건설에 관한 계획
- 수자원의 개발에 관한 계획
- 철도(도시철도를 포함)의 건설에 관한 계획
- 공항의 건설에 관한 계획
- 하천의 이용 및 개발에 관한 계획
- 개간 및 공유수면의 매립에 관한 계획
- 관광단지의 개발에 관한 계획

- 산지의 개발에 관한 계획
- 특정 지역의 개발에 관한 계획
- 체육시설의 설치에 관한 계획
- 폐기물 처리시설의 설치에 관한 계획
- 국방 · 군사 시설의 설치에 관한 계획
- 토석 · 모래 · 자갈 · 광물 등의 채취에 관한 계획

② 평가의 대상계획의 구분

- 정책계획 : 국토의 전 지역이나 일부 지역을 대상으로 개발 및 보전 등에 관한 기본방향이나 지침 등을 일반적으로 제시하는 계획
- 개발기본계획 : 국토의 일부 지역을 대상으로 하는 계획으로서 다음에 해당하는 계획
  - 구체적인 개발구역의 지정에 관한 계획
  - 개별 법령에서 실시계획 등을 수립하기 전에 수립하도록 하는 계획으로서 실시계획 등의 기준이 되는 계획

③ 평가의 대상 제외

- 군사상 고도의 기밀보호가 필요하거나 군사작전의 긴급한 수행을 위하여 필요하다고 인정하여 환경부장관과 협의한 계획
- 국가안보를 위하여 고도의 기밀보호가 필요하다고 인정하여 환경부장관과 협의한 계획

④ 평가 대상계획의 결정 절차

- 행정기관의 장은 평가 대상계획에 대하여 5년마다 전략환경영향평가 실시 여부를 결정하고 그 결과를 환경부장관에게 통보
- 실시 여부 결정 시 고려사항
  - 계획에 따른 환경영향의 중대성
  - 계획에 대한 환경성 평가의 가능성
  - 계획이 다른 계획 또는 개발사업 등에 미치는 영향
  - 기존 전략환경영향평가 실시 대상계획의 적절성
  - 평가의 필요성이 제기되는 계획의 추가 필요성

⑤ 평가 항목 · 범위 등의 결정

- 평가를 실시하기 전에 평가준비서를 작성하여 환경영향평가협의회의 심의를 거쳐 다음의 사항을 결정
  - 전략환경영향평가 대상지역
  - 토지이용구상안
  - 대안
  - 평가 항목 · 범위 · 방법 등

- 다만, 개발기본계획의 사업계획 면적이 일정 규모 미만인 경우에는 환경영향평가협의회의 심의를 생략 가능
- 평가항목 결정 시 고려사항
  - 해당계획의 성격
  - 상위계획 등 관련 계획과의 부합성
  - 해당지역 및 주변지역의 입지 여건, 토지이용 현황 및 환경 특성
  - 계절적 특성 변화(환경적 · 생태적으로 가치가 큰 지역)
  - 그 밖에 환경기준 유시 등과 관련된 사항
- 평가항목등을 공개하고 주민 등의 의견을 들어야 함. 다만, 전략환경영향평가항목등에 환경영향평가항목이 모두 포함되는 경우에는 공개를 생략

⑥ 약식전략환경영향평가

- 해당 계획이 입지 등 구체적인 사항을 정하고 있지 않거나 정량적인 평가가 불가능한 경우 등에는 약식전략환경영향평가 실시를 결정할 수 있음
- 평가 분야별 세부 평가항목 중 일부 항목의 평가를 생략하거나 정성평가를 실시할 수 있음
  - 구체적인 입지가 정해지지 아니한 계획 : 입지의 타당성 항목의 평가 생략
  - 정량적인 평가가 불가능한 계획 : 정성적인 평가를 하거나 평가가 곤란한 항목의 평가 생략
- 의견 수렴과 협의 요청을 동시에 할 수 있음

⑦ 평가서 초안에 대한 의견수렴

- 개발기본계획을 수립하는 행정기관의 장은 결정된 평가항목등에 맞추어 평가서 초안을 작성한 후 주민 등의 의견을 수렴
- 평가서 초안을 환경부장관, 승인기관의 장, 그 밖에 관계 행정기관의 장에게 제출하여 의견을 들어야 함
- 주민 등의 의견수렴 절차의 생략 : 다른 법령에 따른 의견수렴 절차에서 평가서 초안에 대한 의견을 수렴한 경우 의견수렴 절차를 생략 가능
- 주민 등의 의견 재수렴 : 의견수렴 절차를 거친 후 협의내용을 통보받기 전에 개발기본계획 대상지역 등 중요한 사항을 변경하려는 경우에는 평가서 초안을 다시 작성하여 주민 등의 의견을 재수렴
- 공개한 의견의 수렴절차에 흠이 존재하는 등 사유가 있어 주민 등의 의견의 재수렴을 신청하는 경우에는 주민 등의 의견을 재수렴
- 정책계획의 의견 수렴 : 협의를 요청할 때 해당 계획의 평가서에 대한 행정예고를 「행정절차법」에 따라 실시

⑧ 평가서의 협의

- 승인등을 받지 아니하여도 되는 대상계획을 수립하려는 행정기관의 장은 해당 계획을 확정하기 전에 평가서를 작성하여 환경부장관에게 협의를 요청
- 승인등을 받아야 하는 대상계획을 수립하는 행정기관의 장은 평가서를 작성하여 승인기관의 장에게 제출, 승인기관의 장은 해당 계획에 대해 승인등을 하기 전에 환경부장관에게 협의를 요청
- 평가서 작성자는 제시된 의견이 타당하다고 인정할 때에는 그 의견을 평가서에 반영
- 평가서의 검토 : 환경부장관은 협의를 요청받은 경우에는 주민의견 수렴절차 등의 이행 여부 및 평가서의 내용 등을 검토
- 평가서 검토를 위해 필요하면 한국환경연구원이나 관계 전문가에게 현지조사를 의뢰, 그 의견을 들을 수 있고, 관계 행정기관의 장에게 관련 자료의 제출을 요청할 수 있음
- 다만, 「연안관리법」에 따른 연안육역이 포함된 평가서의 경우에는 해양수산부장관의 의견을 들어야 함
- 평가서를 보완할 필요가 있는 경우 평가서의 보완을 요청할 수 있으며, 보완 요청은 두 차례만 할 수 있음
- 평가서를 반려할 수 있는 경우
  - 보완 요청을 하였음에도 불구하고 요청한 내용의 중요 사항이 누락되는 등 평가서가 적정하게 작성되지 아니하여 협의를 진행할 수 없다고 판단하는 경우
  - 평가서가 거짓으로 작성되었다고 판단하는 경우
- 협의 내용의 이행 : 통보받은 협의 내용을 해당 계획에 반영하기 위해 필요한 조치를 하거나 필요한 조치를 할 것을 요구, 그 조치결과 또는 조치계획을 환경부장관에게 통보
- 재협의 : 협의한 개발기본계획을 변경하는 경우로서 다음에 해당하는 경우에는 전략환경영향평가를 다시 하여야 함
  - 개발기본계획 대상지역을 일정 규모 이상으로 증가시키는 경우
  - 협의 내용에서 원형대로 보전하거나 제외하도록 한 지역을 일정 규모 이상으로 개발하거나 그 위치를 변경하는 경우
- 재협의 생략 : 다음에 해당되면 재협의를 생략
  - 대상계획이 환경부장관과 협의를 거쳐 확정된 후 취소 또는 실효된 경우로서 협의내용을 통보받은 날부터 일정 기간을 경과하지 아니한 경우
  - 대상계획이 환경부장관과 협의를 거친 후 지연 중인 경우로서 협의내용을 통보받은 날부터 일정기간을 경과하지 아니한 경우
- 변경협의 : 협의한 개발기본계획에 대해 변경을 하려는 경우로서 일정 사항을 변경하려는 경우에는 미리 환경부장관과 변경 내용에 대해 협의를 해야 함

8) 환경영향평가

① 평가의 대상

- 도시의 개발사업
- 산업입지 및 산업단지의 조성사업
- 에너지 개발사업
- 항만의 건설사업
- 도로의 건설사업
- 수자원의 개발사업
- 철도(도시철도를 포함한다)의 건설사업
- 공항의 건설사업
- 하천의 이용 및 개발 사업
- 개간 및 공유수면의 매립사업
- 관광단지의 개발사업
- 산지의 개발사업
- 특정 지역의 개발사업
- 체육시설의 설치사업
- 폐기물 처리시설의 설치사업
- 국방 · 군사 시설의 설치사업
- 토석 · 모래 · 자갈 · 광물 등의 채취사업

② 평가의 대상 제외

- 「재난 및 안전관리 기본법」에 따른 응급조치를 위한 사업
- 군사상 고도의 기밀보호가 필요, 군사작전의 긴급한 수행을 위해 필요하다고 인정하여 환경부장관과 협의한 사업
- 국가안보를 위해 고도의 기밀보호가 필요하다고 인정하여 환경부장관과 협의한 사업

③ 평가 항목 · 범위 등의 결정

- 승인등을 받지 아니하여도 되는 사업자는 평가를 실시하기 전에 평가준비서를 작성하여 환경영향평가협의회의 심의를 거쳐 다음 사항을 결정
  - 환경영향평가 대상지역
  - 환경보전방안의 대안
  - 평가 항목 · 범위 · 방법 등
- 승인등을 받아야 하는 사업자는 평가를 실시하기 전에 평가준비서를 작성하여 승인기관의 장에게 평가항목 등을 정해 줄 것을 요청

- 평가항목 결정 시 고려사항
  - 결정한 전략환경영향평가항목등(개발기본계획을 수립한 환경영향평가 대상사업만 해당)
  - 해당지역 및 주변지역의 입지 여건
  - 토지이용 상황
  - 사업의 성격
  - 환경 특성
  - 계절적 특성 변화(환경적 · 생태적으로 가치가 큰 지역)
- 전략환경영향평가항목등에 환경영향평가항목등이 포함되어 결정된 경우로서 환경부장관과 협의 시 환경영향평가항목등의 결정 절차를 거치지 아니할 수 있음
- 평가항목등을 공개하고 주민 등의 의견을 들어야 함

④ 주민 등의 의견 수렴

- 사업자는 결정된 환경영향평가항목등에 따라 평가서 초안을 작성하여 주민 등의 의견을 수렴하여야 함
- 주민 등의 의견 수렴 결과와 반영 여부를 공개
- 개발기본계획을 수립할 때에 전략환경영향평가서 초안의 작성 및 의견 수렴 절차를 거친 경우로서 다음 요건에 모두 해당하는 경우 협의기관의 장과의 협의를 거쳐 평가서 초안의 작성 및 의견 수렴 절차를 거치지 아니할 수 있음
  - 전략환경영향평가서의 협의 내용을 통보받은 날부터 3년이 지나지 아니한 경우
  - 협의 내용보다 사업규모가 30% 이상 증가되지 아니한 경우
  - 협의 내용보다 사업규모가 환경영향평가 대상사업의 최소 사업규모 이상 증가되지 아니한 경우
  - 폐기물소각시설, 폐기물매립시설, 하수종말처리시설, 공공폐수처리시설 등 주민의 생활환경에 미치는 영향이 큰 시설의 입지가 추가되지 아니한 경우
- 주민 등의 의견 재수렴 : 사업자는 의견 수렴 절차를 거친 후 협의내용을 통보받기 전까지 환경영향평가 대상사업의 변경 등 중요한 사항을 변경하려는 경우 평가서 초안을 다시 작성하여 주민 등의 의견을 재수렴해야 함

⑤ 평가서의 협의, 재협의, 변경협의

- 승인기관장등은 평가 대상사업에 대한 승인등을 하거나 환경영향평가 대상사업을 확정하기 전에 환경부장관에게 협의를 요청해야 함. 승인기관장은 평가서에 대한 의견을 첨부 가능
- 환경부장관은 협의를 요청받은 경우에 주민의견 수렴 절차 등의 이행여부 및 평가서의 내용 등을 검토해야 함

- 평가서를 검토할 때에 관계 전문가(한국환경연구원, 해양수산부장관)의 의견을 듣거나 현지조사를 의뢰할 수 있고, 사업자 또는 승인기관장에게 관련 자료 제출을 요청 가능
- 환경부장관은 평가서를 검토한 결과 평가서 또는 사업계획 등을 보완 · 조정할 필요가 있는 경우 승인기관장등에게 평가서 또는 사업계획 등의 보완 · 조정을 요청할 수 있음. 보완 · 조정의 요청은 두 차례만 가능
- 환경부장관은 다음에 해당하는 경우에는 평가서를 반려 가능
  - 보완 · 조정의 요청을 하였음에도 불구하고 요청한 내용의 중요사항이 누락되는 등 평가서 또는 사업계획이 적정하게 작성되지 않아 협의를 진행할 수 없다고 판단하는 경우
  - 평가서가 거짓으로 작성되었다고 판단하는 경우
- 사업자나 승인기관의 장은 협의 내용을 통보받을 시 그 내용을 해당 사업계획 등에 반영하기 위해 필요한 조치를 해야 함
- 재협의 : 승인기관장등은 협의한 사업계획 등을 변경하는 경우 등 다음에 해당하는 경우 환경부장관에게 재협의를 요청해야 함
  - 사업계획 등을 승인하거나 사업계획 등을 확정한 후 5년 내에 사업을 착공하지 아니한 경우. 다만, 사업을 착공하지 아니한 기간 동안 주변여건이 경미하게 변한 경우로서 승인기관장등이 환경부장관과 협의한 경우는 그러하지 아니함
  - 환경영향평가 대상사업의 면적 · 길이 등을 대상사업 30% 규모 이상으로 증가시키는 경우
  - 통보받은 협의 내용에서 원행대로 보전하거나 제외하도록 한 지역을 30% 규모 이상으로 개발하거나 그 위치를 변경하는 경우
  - 대통령령으로 정한 사유가 발생하여 협의내용에 따라 사업계획 등을 시행하는 것이 맞지 아니하는 경우
    → 평가서의 재협의를 하지 아니한 사업자가 그 부지에서 자연환경의 훼손 또는 오염물질의 배출을 발생시키는 행위를 하려는 경우
    → 공사가 7년 이상 중지된 후 재개되는 경우
- 변경협의 : 사업자는 협의한 사업계획 등을 변경하는 경우로서 사업계획 등의 변경에 따른 환경보전방안을 마련하여 이를 변경되는 사업계획 등에 반영
- 승인등을 받아야 하는 사업자는 환경보전방안에 대하여 미리 승인기관장의 검토를 받아야함. 다만, 경미한 변경사항에 대해서는 그러하지 아니함
- 사전공사의 금지 : 사업자는 협의 · 재협의 · 변경협의의 절차가 끝나기 전에 대상사업의 공사를 하여서는 아니됨. 승인기관장은 사업자가 위반하여 공사를 시행하였을 시 해당 사업의 전부 · 일부에 대해 공사중지를 명함. 환경부장관은 사업자가 위반하여 공사를 시행하였을 시 사업자에게 공사중지, 원상보구, 그 밖에 조치를 명할 것을 요청

⑥ 협의내용의 이행 및 관리

- 사업자는 사업계획 등에 반영된 협의 내용을 이행해야 함
- 사업자는 협의내용을 성실히 이행하기 위해 협의내용을 적은 관리대장에 그 이행 상황을 기록하여 공사현장에 갖추어 두어야 함
- 사업자는 협의내용이 적정하게 이행되는지를 관리하기 위하여 협의 내용 관리책임자를 지정하여 환경부장관, 승인기관의 장에게 통보해야 함
- 사업착공등의 통보 : 사업자는 사업을 착공 · 준공하거나 3개월 이상 공사를 중지하려는 경우에는 환경부장관, 승인기관의 장에게 통보. 사업착공등을 통보받은 승인기관의 장은 해당 내용을 평가 대상지역 주민에게 공개해야 함
- 조치명령 : 승인기관의 장은 승인등을 받아야 하는 사업자가 협의내용을 이행하지 아니하였을 때에는 그 이행에 필요한 조치를 명해야 함
- 환경부장관은 다음에 해당하는 경우에는 승인등을 받지 아니해도 되는 사업자에게 공사중지, 원상복구, 그 밖에 필요한 조치를 할 것을 명령하거나, 승인기관의 장에게 공사중지, 원상복구, 그 밖에 필요한 조치를 할 것을 명령하도록 요청 가능
  - 협의내용의 이행을 관리하기 위해 필요하다고 인정하는 경우
  - 사후환경영향조사의 결과 및 조치 내용 등을 검토한 결과 주변환경의 피해를 방지하기 위하여 필요하다고 인정하는 경우
- 과징금 : 환경부장관 · 승인기관장은 원상복구할 것을 명령해야 하는 경우에 해당하나, 그 원상복구가 주민 생활, 국민경제, 그 밖에 공익에 현저한 지장을 초래하여 현실적으로 불가능할 경우에는 원상복구를 갈음하여 총 공사비의 3% 이하 범위에서 과징금을 부과 가능
- 재평가 : 환경부장관은 다음에 해당하는 경우에는 승인기관장등과의 협의를 거쳐 한국환경연구원, 관계 전문기관의 장에게 재평가를 하도록 요청
  - 환경영향평가 협의 당시 예측하지 못한 사정이 발생하여 주변환경에 중대한 영향을 미치는 경우로서 조치나 조치명령으로는 환경보전방안을 마련하기 곤란한 경우
  - 환경영향평가서등과 그 작성의 기초가 되는 자료를 거짓으로 작성한 경우
- 환경부장관, 승인기관장등은 재평가 결과를 통보받았을 때에는 재평가 결과에 따라 환경보전을 위해 사업자에게 필요한 조치를 하게 하거나 다른 행정기관의 장 등에게 필요한 조치명령을 하도록 요청 가능
- 사업자는 재평가기관에 평가대행업체의 선정 등 대행계약의 체결에 필요한 업무를 위탁. 이 경우 사업자는 평가서 작성 등에 필요한 비용을 부담

⑦ 사후환경영향조사

- 사업자는 해당사업을 착공한 후에 그 사업이 주변환경에 미치는 영향을 조사하고, 그

결과를 환경부장관, 승인기관의 장에게 통보

- 사업자는 사후환경영향조사 결과 주변환경의 피해를 방지하기 위해 조치가 필요한 경우에는 지체없이 그 사실을 통보하고 필요한 조치를 해야 함
- 환경부장관은 사후환경영향조사의 결과 및 조치 내용 등을 검토하고 그 내용을 공개해야 함

9) 소규모 환경영향평가

① 평가의 대상

다음에 해당하는 개발사업을 하려는 자는 소규모 환경영향평가를 실시

- 보전이 필요한 지역과 난개발이 우려되어 환경보전을 고려한 계획적 개발이 필요한 지역(이하 보전용도지역)에서 시행되는 개발사업
- 환경영향평가 대상사업의 종류 및 범위에 해당하지 아니하는 개발사업으로서 대통령령으로 정하는 개발사업

② 평가서의 작성 및 협의 요청 · 검토

- 승인등을 받아야 하는 사업자는 대상사업에 대한 승인등을 받기 전에 평가서를 작성하여 승인기관장에게 제출
- 승인기관장등은 대상사업에 대한 승인등을 하거나 대상사업을 확정하기 전에 환경부장관에게 평가서를 제출하고 평가에 대한 협의를 요청
- 환경부장관은 협의를 요청받은 경우 협의요청절차의 적합성과 평가서의 내용 등을 검토한 후 협의내용을 승인기관장등에게 통보
- 환경부장관은 평가서를 검토한 결과 평가서 또는 사업계획 등을 보완 · 조정할 필요가 있는 등 사유가 있는 경우에는 승인기관장등에게 평가서 도는 해당 사업계획의 보완 · 조정을 요청하거나 보완 · 조정을 사업자 등에게 요구할 것을 요청. 두 차례만 요청 가능
- 환경부장관은 보완 · 조정을 요청하였음에도 불구하고 요청한 내용의 중요 사항이 누락되는 등 평가서 또는 해당 사업계획이 적정하게 작성되지 아니하여 협의를 진행할 수 없다고 판단되는 경우에는 평가서를 반려할 수 있음

③ 변경협의, 사전공사의 금지

- 사업자는 협의한 사업계획등을 변경하는 경우로서 원형대로 보전하도록 한 지역 또는 개발에서 제외하도록 한 지역을 추가로 개발하는 등 사유에 해당하면 사업계획 등의 변경에 따른 환경보전방안을 마련하여 이를 변경하는 사업계획 등에 반영
- 사업자는 협의 절차 또는 변경협의 절차가 끝나기 전에 소규모 환경영향평가 대상사업에 관한 공사를 착공해서는 아니 됨

10) 환경영향평가등에 관한 특례

① 개발기본계획과 사업계획의 통합 수립 등에 따른 특례

- 개발기본계획과 환경영향평가 대상사업에 대한 계획을 통합하여 수립하는 경우에는 전략환경영향평가와 환경영향평가를 통합하여 검토하되, 전략환경영향평가 또는 환경영향평가 중 하나만을 실시할 수 있음
- 전략환경영향평가 대상계획에 대한 협의시기와 환경영향평가 대상사업에 대한 협의시기가 같은 경우에는 환경영향평가만을 실시할 수 있음. 이 경우 전략환경영향평가항목 등을 포함하여 환경영향평가서를 작성

② 환경영향평가의 협의절차 등에 관한 특례

- 사업자는 환경영향평가 대상사업 중 환경에 미치는 영향이 적은 사업으로서 다음 사업의 경우 환경영향평가서(이하 "약식평가서")를 작성하여 의견수렴과 협의요청을 함께 할 수 있음
- 약식절차 대상사업의 범위 : 대상사업의 규모가 최소 환경영향평가 대상규모의 200% 이하인 사업으로서 환경에 미치는 영향이 크지 아니한 사업, 사업지역에 환경적 · 생태적으로 보전가치가 높은 지역(생태자연도 1등급 권역, 습지보호지역 및 습지주변관리지역, 자연공원, 야생생물 특별보호구역 및 야생생물보호구역, 문화재 보호구역, 수변구역, 상수원보호구역)이 포함되지 아니한 사업
- 사업자는 환경영향평가항목등을 결정할 때에 환경영향평가협의회의 심의를 거쳐 약식절차에 따라 환경영향평가를 실시할 수 있는지를 결정

11) 환경영향평가의 대행

① 환경영향평가등을 하려는 자는 다음의 서류를 작성할 때에 환경영향평가업의 등록을 한 자(이하 "환경영향평가업자")에게 그 작성을 대행하게 할 수 있음

- 환경영향평가등의 평가서 초안 및 평가서
- 사후환경영향조사서
- 약식평가서
- 환경보전방안

② 다음 해당 기관이나 단체장(이하 "발주청")이 환경영향평가서등의 작성을 대행하게 하려는 때에는 이에 참여하려는 환경영향평가업자의 기술 · 경영능력 등의 사업수행능력을 평가해야 함

- 국가기관 또는 지방자치단체
- 공기업 · 준정부기관
- 지방공사 · 지방공단

③ 발주청은 사업수행능력을 평가할 때 필요하면 환경영향평가협회에 협조를 요청할 수 있음

④ 환경영향평가업의 등록 : 환경영향평가등을 대행하는 사업(이하 "환경영향평가업")을 하려는 자는 환경영향평가사 등의 기술인력과 시설 및 장비를 갖추어 환경부장관에게 등록

⑤ 환경영향평가업의 기술인력으로 등록된 환경영향평가사의 직무

- 환경 현황 조사
- 환경영향 예측 · 분석
- 환경보전방안의 설정 및 대안 평가
- 환경영향평가서등의 작성 및 관리

12) 환경영향평가기술자의 육성

환경부장관은 환경영향평가기술자를 효율적으로 활용하고 전문성을 높이기 위해 필요한 경우 환경영향평가기술자의 육성과 교육 · 훈련 등에 관한 시책을 수립 · 추진할 수 있음

13) 환경영향평가등의 절차

① 전략환경영향평가 절차

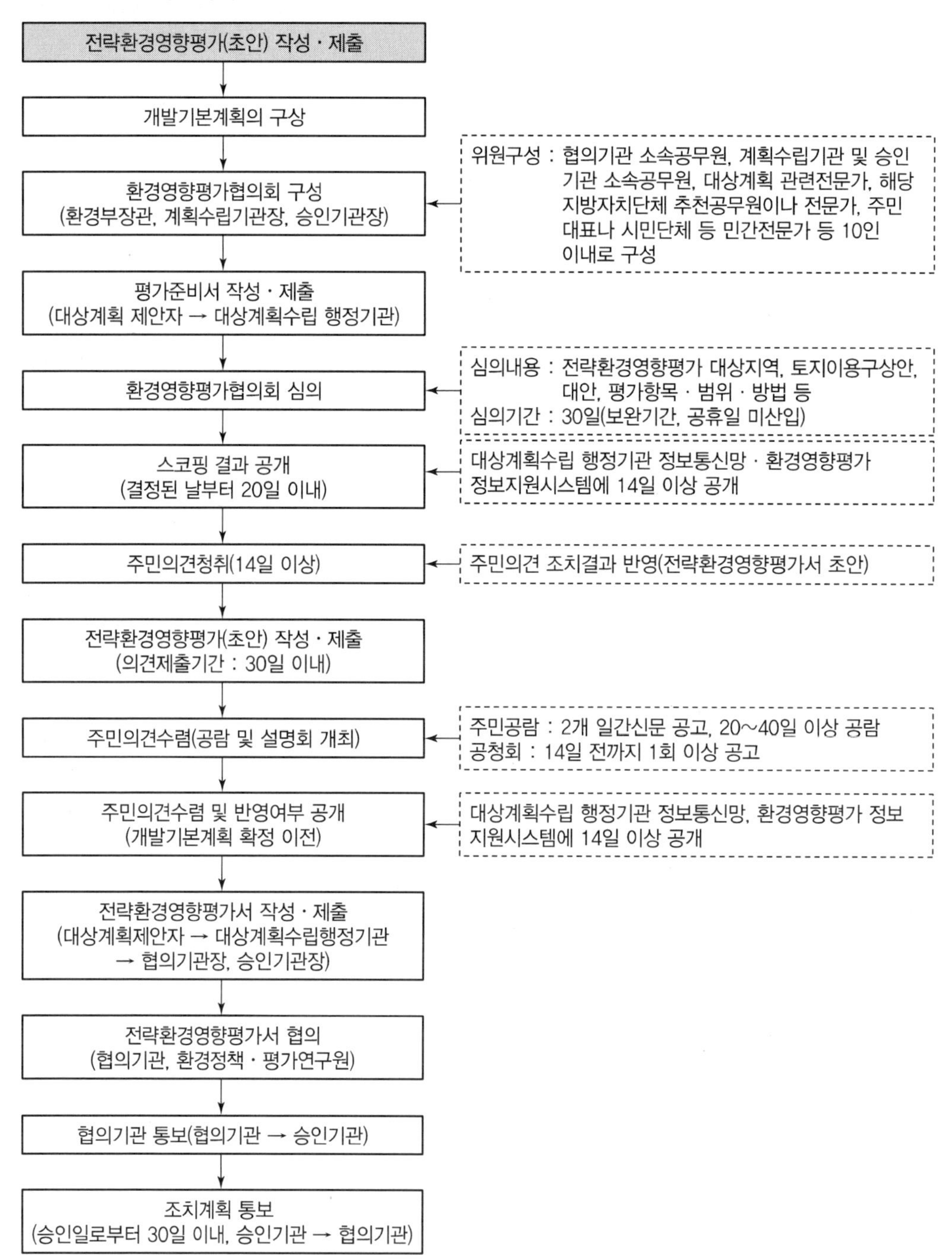

② 환경영향평가 절차

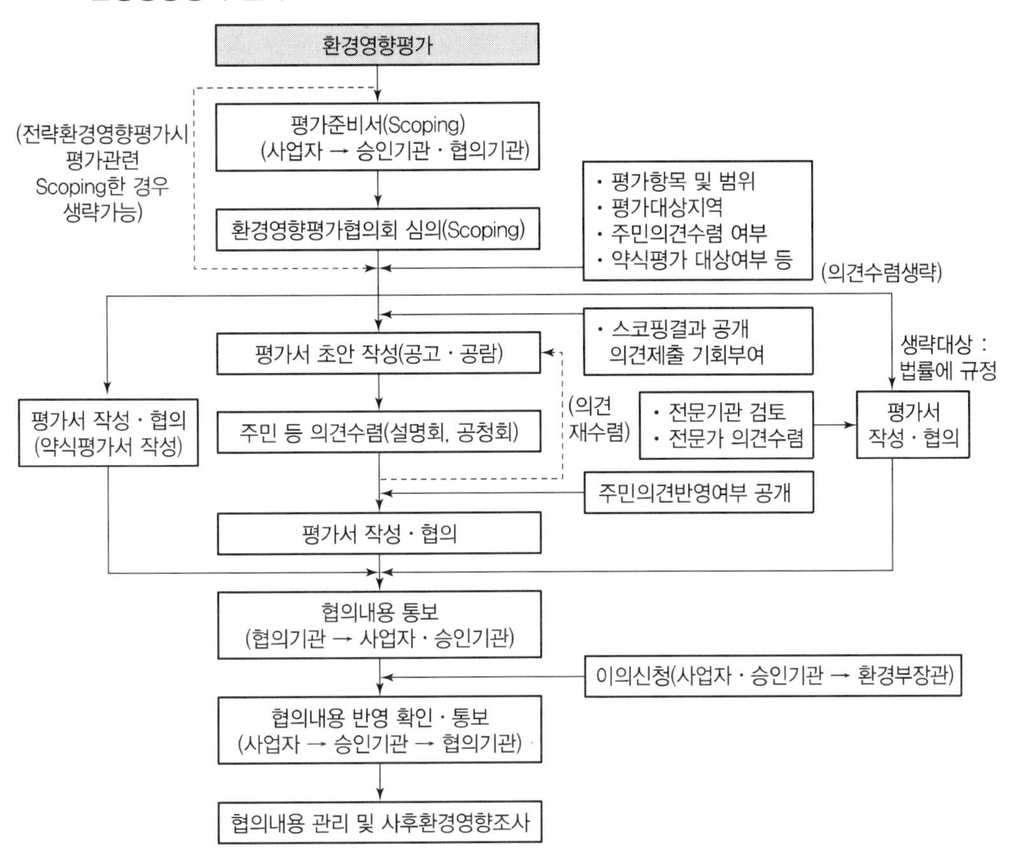

③ 소규모 환경영향평가 절차

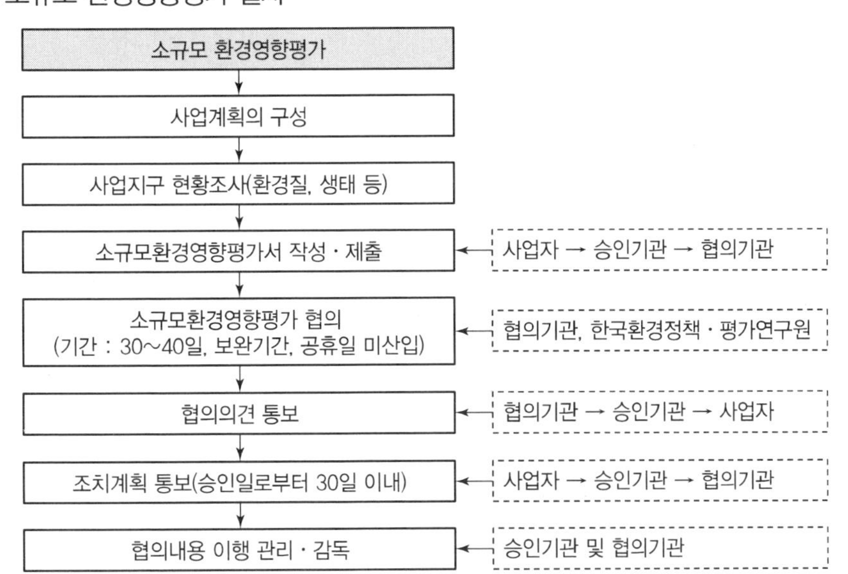

14) 환경영향평가등의 평가항목

① 전략환경영향평가 평가항목

정책계획	개발기본계획
1. 환경보전계획과의 부합성 1) 국가환경정책 2) 국제환경 동향 · 협약 · 규범	1. 계획의 적정성 1) 상위계획 및 관련계획과의 연계성 2) 대안 설정 · 분석의 적정성 2. 입지의 타당성 1) 자연환경의 보전 – 생물다양성 · 서식지 보전 – 지형 및 생태축의 보전 – 주변 자연경관에 미치는 영향 – 수환경의 보전 2) 생활환경의 안정성 – 환경기준 부합성 – 환경기초시설의 적정성 – 자원 · 에너지순환의 효율성 3) 사회 · 경제 환경과의 조화성 – 환경친화적 토지이용
2. 계획의 연계성 · 일관성 1) 상위계획 및 관련계획과의 연계성 2) 계획목표와 내용과의 일관성	
3. 계획의 적정성 · 지속성 1) 공간계획의 적정성 2) 수요 공급 규모의 적정성 3) 환경용량의 지속성	

② 환경영향평가 평가항목

분야	평가항목	
자연생태환경	1) 동 · 식물상	2) 자연환경자산
대기환경	1) 기상 3) 악취	2) 대기질 4) 온실가스
수환경	1) 수질(지표 · 지하) 3) 해양환경	2) 수질 · 수문
토지환경	1) 토지이용 3) 지형 · 지질	2) 토양
생활환경	1) 친환경적 자원순환 3) 위락 · 경관 5) 전파장해	2) 소음 · 진동 4) 위생 · 공중보건 6) 일조장해
사회환경 · 경제환경	1) 인구 3) 산업	2) 주거

③ 소규모 환경영향평가 평가항목

사업개요 및 지역 환경현황	환경에 미치는 영향 예측 · 평가 및 환경보전방안	
1) 사업개요	1) 자연생태환경(동 · 식물상 등)	2) 대기질, 악취
2) 지역개황	3) 수질(지표, 지하), 해양환경	4) 토지이용, 토양, 지형 · 지질
3) 자연생태환경	5) 친환경적 자원순환, 소음 · 진동	6) 경관
4) 생활환경	7) 전파장해, 일조장해	8) 인구, 주거, 산업
5) 사회 · 경제환경		

15) 평가서의 구성

① 전략환경영향평가서

〈정책계획〉

1. 요약문
2. 정책계획의 개요
3. 정책계획 및 입지(구체적인 입지가 있는 경우만 해당한다)에 대한 대안
4. 전략환경영향평가 대상 지역
5. 지역개황
6. 환경영향평가협의회 심의내용
7. 전략환경영향평가항목등의 결정 내용 및 조치내용
8. 공개된 전략환경영향평가항목등에 대하여 주민등이 의견을 제출한 경우 이를 검토한 내용
9. 정책계획의 적정성
   가. 환경보전계획과의 부합성
      1) 국가 환경 정책
      2) 국제 환경 동향 · 협약 · 규범
   나. 계획의 연계성 · 일관성
      1) 상위 계획 및 관련 계획과의 연계성
      2) 계획 목표와 내용과의 일관성
   다. 계획의 적정성 · 지속성
      1) 공간 계획의 적정성
      2) 수요 · 공급 규모의 적정성
      3) 환경 용량의 지속성
10. 입지의 타당성(구체적인 입지가 있는 경우만 해당)

11. 종합평가 및 결론
12. 부록
   가. 전략환경영향평가 시 인용한 문헌 및 참고한 자료
   나. 전략환경영향평가에 참여한 사람의 인적사항
   다. 전략환경영향평가 대행계약서 사본 등 대행 도급금액이 표시된 서류
   라. 용어 해설 등

〈개발기본계획〉

1. 요약문
2. 개발기본계획의 개요
3. 개발기본계획 및 입지에 대한 대안
4. 전략환경영향평가 대상지역
5. 지역 개황
6. 환경영향평가협의회 심의 내용
7. 전략환경영향평가항목 등의 결정 내용 및 조치 내용
8. 공개된 전략환경영향평가항목 등에 대하여 주민 등이 의견을 제출한 경우 이를 검토한 내용
9. 전략환경영향평가서 초안에 대한 주민, 관계 행정기관의 의견 및 이에 대한 반영여부
10. 개발기본계획의 적정성
   가. 상위 계획 및 관련 계획과의 연계성
   나. 대안 설정 · 분석의 적정성
11. 입지의 타당성
   가. 자연환경의 보전
      1) 생물다양성 · 서식지 보전
      2) 지형 및 생태축의 보전
      3) 주변 자연경관에 미치는 영향
      4) 수환경의 보전
   나. 생활환경의 안전성
      1) 환경기준 부합성
      2) 환경기초시설의 적정성
      3) 자원 · 에너지 순환의 효율성
   다. 사회 · 경제 환경과의 조화성 : 환경친화적 토지이용
12. 종합평가 및 결론
13. 부록

가. 전략환경영향평가 시 인용한 문헌 및 참고한 자료
나. 전략환경영향평가에 참여한 사람의 인적사항
다. 전략환경영향평가 대행계약서 사본 등 대행 도급금액이 표시된 서류
라. 용어 해설 등

② 환경영향평가서

1. 요약문
2. 환경영향평가 대상사업의 개요
3. 지역 개황
4. 환경영향평가 대상사업의 시행으로 인해 평가 항목별 영향을 받게 되는 지역의 범위 및 그 주변 지역에 대한 환경 현황
5. 환경영향평가항목 등의 결정 내용 및 조치 내용
6. 주민 및 관계 행정기관의 의견 수렴 결과 및 검토 내용
7. 평가 항목별 환경 현황 조사, 환경 영향 예측 및 평가의 결과
8. 환경에 미치는 영향의 저감 방안(환경 보전을 위한 조치)
9. 불가피한 환경 영향 및 이에 대한 대책
10. 주민의 생활환경, 재산상의 환경오염 피해 및 대책
11. 대안 설정 및 평가
12. 종합 평가 및 결론
13. 사후환경영향조사 계획
14. 전략환경영향평가 협의 내용의 반영 여부(전략환경영향평가 협의를 거친 경우에만 해당한다)
15. 부록
가. 환경영향평가서 작성에 참여한 사람의 인적 사항
나. 사업 관련 상위 계획 및 관계 법령
다. 용어 해설
라. 평가서 작성 시 인용 문헌 및 참고 자료 등
마. 환경영향평가 대행계약서 사본 등 대행 도급금액이 표시된 서류

③ 소규모 환경영향평가서

1. 사업의 개요
2. 지역 개황
3. 대상 사업의 지역적 범위 및 대상 지역 주변 지역에 대한 토지이용 현황
4. 환경 현황(자연생태환경, 생활환경 및 사회 · 경제환경)
5. 입지의 타당성(전략환경영향평가 협의를 거친 경우는 제외한다)

6. 환경에 미치는 영향의 조사 · 예측 · 평가 및 환경 보전 방안
   가. 자연생태환경(동 · 식물상 등)
   나. 대기질, 악취
   다. 수질(지표, 지하), 해양환경
   라. 토지이용, 토양, 지형 · 지질
   마. 친환경적 자원순환, 소음 · 진동
   바. 경관
   사. 전파장해, 일조장해
   아. 인구, 주거, 산업
7. 부록
   가. 인용 문헌 및 참고 자료
   나. 환경영향평가서 작성에 참여한 사람의 인적사항
   다. 용어 해설 등
   라. 소규모 환경영향평가 대행계약서 사본 등 대행 도급금액이 표시된 서류

▶▶ 참고

■ **스코핑제도**

① 개념
- 환경영향평가서를 작성하기에 앞서 평가해야 할 항목과 범위를 결정하는 절차
- 동일사업이라도 장소나 주변환경에 따라 적합한 평가항목과 방법을 적용
- 불필요한 평가를 제외하고 필요한 평가항목을 추가함으로써 환경영향평가를 효율적으로 운영하는 제도

② 외국의 사례
외국의 경우 대부분 환경영향평가 제도를 도입하면서 평가제도의 큰 틀 속에서 스코핑제도가 기본제도로 함께 도입됨

③ 국내 도입
- 국내에서는 활성화를 위한 제도개선이 꾸준히 추진되고 있는 상황임
- 환경영향평가협의회가 그 중심에 있음

④ 필요성
- 평가에 소요되는 시간과 비용의 절약
- 지역주민, 이해당사자 참여로 사회적 갈등 최소화

⑤ 스코핑 절차
- 평가계획서 작성 및 제출 : 사업자 → 승인기관
- 스코핑위원회 개최 및 심사 : 승인기관
- 심사결과 통보 : 승인기관 → 사업자
- 스코핑 결과에 의거 평가서 작성 및 협의

⑥ 도입효과
- 사업 및 지역특성을 고려한 평가 가능 → 평가의 질적 향상 도모
- 사업자의 시간적 · 경제적 부담 경감
- 사업 초기단계 지역주민 참여기회 부여 → 사회적 갈등 해소
- 평가의 신뢰성 증대

■ 스크리닝제도

① 개념

전략환경영향평가 대상계획 선정기준을 적용해 평가 필요성 여부를 검토하는 절차를 의미

② 선정기준
- 환경영향의 중대성
- 환경성 평가의 가능성
- 다른 계획 또는 개발사업 등에 미치는 영향

③「환경영향평가법」 제10조의2 내용
- 전략환경영향평가를 실시하지 아니하기로 결정하려는 행정기관의 그 사유에 대하여 관계전문가 등의 의견을 청취하여야 하고, 환경부장관과 협의를 거쳐야 함
- 환경부장관은 협의요청을 받은 사유를 검토하여 전략환경영향평가가 필요하다고 판단되면 해당 계획에 대한 전략환경영향평가 실시를 요청할 수 있음

④「환경영향평가법 시행규칙」 제1조의2 내용
- 평가 실시여부를 결정한 경우 결정한 날부터 30일 이내에 그 내용을 환경부장관에게 통보
- 평가 미실시를 결정한 경우 협의요청서에 해당서류를 첨부해 제출
  - 평가를 실시하지 아니하려는 구체적 이유와 근거가 명시된 검토서 1부
  - 관계전문가 의견서 1부

■ 티어링제도

① 개념
- 다양한 종류의 계획을 Policy(정책), Plan/Program(계획), Project(사업) 단계로 위계화 · 체계화하는 것을 의미
- 유사한 계획에 대한 중복 평가문제 개선을 위해 상위계획 또는 후속계획에서 동일한 내용의 평가가 가능한 경우 해당계획에 대한 전략환경영향평가를 생략할 수 있도록 함

②「환경영향평가법」 제10조의2 내용

전략환경영향평가 대상계획 중 다른 계획에서 실시한 전략환경영 향평가와 내용이 중복되는 등 동일한 평가가 시행된 것으로 볼 수 있는 계획에 대하여는 5년마다 검토하여 해당 계획에 대한 전 략환경영향평가를 생략할 수 있음

③ 「환경영향평가법 시행규칙」 제1조의2 내용
평가를 생략하려는 경우 해당서류를 첨부해 환경부장관에게 제출
－평가를 생략하려는 구체적 이유와 근거가 명시된 검토서 1부
－관계전문가 의견서 1부

■ **스크리닝제도와 티어링제도 도입의 필요성**

① 현행제도의 한계 극복
평가대상계획 결정절차가 해당 계획의 성격 · 내용 등에 대한 정보가 상대적으로 부족한 환경부에서 대상계획 추가 · 삭제 안을 마련하여 관계부처와 협의 · 결정하는 방식으로 이루어지고 있어 협의지연 등 문제점이 지적됨

② 선진화된 평가체계로 전환
- EU, 독일, 영국, 미국 등 대부분의 선진국은 계획수립부처가 스크리닝 기준에 따라 환경부와 협의하여 대상여부를 결정함
- 해당계획에 대한 내용을 잘 알고 있는 해당부처에서 일정기준에 따라 전략평가 실시여부를 1차적으로 검토하고, 이후 환경부와 협의하여 최종 결정하는 것으로 현행제도와 비교하여 선진회된 체계임

10. 물환경보전법

1) 목적

- 수질오염으로 인한 국민건강 및 환경상의 위해를 예방
- 하천 · 호소 등 공공수역의 물환경을 적정하게 관리 · 보전
- 국민의 그 혜택 향유, 미래세대에게 물려줄 수 있도록 함

2) 정의

① 물환경

사람의 생활과 생물의 생육에 관계되는 물의 질(이하 "수질") 및 공공수역의 모든 생물과 이들을 둘러싸고 있는 비생물적인 것을 포함한 수생태계(이하 "수생태계")를 총칭하여 말함

② 점오염원

폐수배출시설, 하수발생시설, 축사 등으로서 관로 · 수로 등을 통하여 일정한 지점으로 수질오염물질을 배출하는 배출원

③ 비점오염원

도시 · 도로 · 농지 · 산지 · 공사장 등으로서 불특정장소에서 불특정하게 수질오염물질을 배출하는 배출원

④ 기타 수질오염원

- 점오염원 · 비점오염원으로 관리되지 않는 오염물질 배출시설 · 장소
- 농축수산물 단순가공시설, 골프장, 수산물양식장, 금은 세공시설 등

⑤ 수생태계 건강성

수생태계를 구성하고 있는 요소 중 환경부령으로 정하는 물리적 · 화학적 · 생물적 요소들(부착돌말, 저서성 대형 무척추동물, 어류, 수변식생, 서식 및 수변환경)이 훼손되지 아니하고 각각 온전한 기능을 발휘할 수 있는 상태

3) 수질오염물질의 총량관리

① 해당지역

- 다음 해당지역에 대해서 수계영향권별로 배출되는 수질오염물질을 총량으로 관리
- 물환경의 목표기준 달성 여부를 평가한 결과 그 기준을 달성 · 유지하지 못한다고 인정되는 수계의 유역에 속하는 지역
- 수질오염으로 주민의 건강 · 재산이나 수생태계에 중대한 위해를 가져올 우려가 있다고 인정되는 수계의 유역에 속하는 지역
- 환경부장관은 수질오염물질을 총량으로 관리할 지역을 대통령령으로 정하는 바에 따라 지정 고시
- 2016년 12월에 수질오염물질 총량관리지역 지정(삽교호수계)
- 예외규정 : 4대강수계법, 해양환경관리법에 따른 지역의 경우

② 오염총량 목표수질

- 환경부장관은 오염총량관리지역의 수계 이용 및 수질상태 등을 고려하여 수계구간별로 오염총량관리의 목표 수질을 정하여 고시
- 다만, 시 · 도 경계지점의 오염총량목표수질을 달성하기 위하여 시 · 도지사가 환경부장관의 승인을 받아 그 시 · 도 관할구역의 수계구간별 오염총량목표수질을 공고한 지역은 예외
- 환경부장관은 오염총량목표수질을 달성 · 유지하기 위하여 관계 시 · 도지사 및 관계 기관과 협의를 거쳐 오염총량관리기본방침을 수립하여 통보

③ 오염총량 관리기본계획

- 해당지역 개발계획의 내용

- 지자체별 · 수계구간별 오염부하량의 할당
- 배출 오염부하량의 총량 및 저감계획
- 개발계획으로 인한 추가 배출 오염부하량 및 그 저감계획

4) 공공수역의 물환경 보전

① 수질의 상시측정

- 환경부장관은 하천 · 호소등의 전국적인 수질 현황을 파악하기 위하여 측정망을 설치하여 수질오염도를 상시측정하여야 함
- 수질오염물질의 지정 및 수질의 관리 등을 위한 조사를 전국적으로 하여야 함
- 시 · 도지사 등은 관할구역의 수질 현황을 파악하기 위하여 측정망을 설치하여 수질오염도를 상시측정하거나, 수질의 관리를 위한 조사를 할 수 있음. 상시측정 · 조사결과를 환경부장관에게 보고

② 수생태계 현황 조사 및 건강성 평가

- 수생태계 보전을 위한 계획수립, 개발사업으로 인한 수생태계의 현황을 전국적으로 조사
- 환경부장관은 조사 결과를 바탕으로 수생태계 건강성을 평가, 그 결과를 공개
- 수생태계 현황조사의 방법 : 현지조사를 원칙, 통계자료나 문헌 등을 통한 간접조사를 병행
- 수생태계 건강성 평가 : 생물종의 다양성 및 물리적 환경 등을 종합적으로 고려하여 평가, 세부사항은 국립환경과학원장이 정하여 고시, 국가 물환경종합정보망에 그 결과를 공개

③ 수변생태구역의 매수 · 조성

- 하천 · 호소 등의 물환경 보전을 위하여 필요하다고 인정할 때에는 아래 기준에 해당하는 수변습지 및 수변토지(이하 "수변생태구역")를 매수하거나 생태적으로 조성 · 관리할 수 있음
- 하천법에 따른 하천구역 해당 토지는 매수대상 토지에서 제외
- 수변생태구역 매수 기준
  - 하천 · 호소 등의 경계로부터 1km 이내의 지역(산림은 제외)
  - 상수원을 보호하기 위해 수변 토지를 생태적으로 관리할 필요가 있는 경우
  - 보호가치가 있는 수생물 등을 보전 · 복원하기 위해 해당 하천 · 호소 등 수변을 체계적으로 관리할 필요가 있는 경우
  - 비점오염물질 등을 관리하기 위해 반드시 수변 토지를 관리할 필요가 있는 경우

- 토지 매수 시 매수대상 토지의 선정기준, 매수가격의 산정 및 매수의 방법 · 절차 등에 관한 사항은 대통령으로 정함

5) 국가 및 수계영향권별 물환경 보전

① 관리기관

환경부장관, 지자체장

② 국가 및 수계영향권별 물환경 관리

- 국가 물환경관리기본계획 및 수계영향권별 물환경관리계획에 따라 물환경 현황 및 수생태계 건강성을 파악하고 적절한 관리대책을 마련
- 면적 · 지형 등 하천유역의 특성을 고려하여 수계영향권을 대권역, 중권역, 소권역으로 구분하여 고시

③ 수생태계 연속성 조사

- 공공수역의 상류 · 하류 간, 공공수역과 수변지역 간에 물, 토양 등 물질의 순환이 원활하고 생물 이동이 자연스러운 상태(이하 "수생태계 연속성")의 단절 · 훼손 여부 등을 파악하기 위하여 수생태계 연속성 조사를 실시
- 조사 결과 수생태계 연속성이 단절, 훼손되었을 경우 수생태계 연속성의 확보 조치를 해야 함

④ 환경생태유량의 확보

- 수생태계 건강성 유지를 위해 필요한 최소한의 유량(이하 "환경생태유량")의 확보를 위하여 하천의 대표지점에 대한 환경생태유량을 고시할 수 있음
- 환경부장관은 「하천법」에 따라 하천유지유량을 정하는 경우 환경생태유량을 고려
- 환경부장관은 「소하천정비법」의 소하천, 그 밖의 건천화된 지류, 지천의 대표 지점에 대한 환경생태유량을 정하여 고시
- 대표 지점 선정 시 고려사항
  - 수생태계 현황조사를 정기적으로 할 수 있는 지점
  - 대표어종 선정이 가능한 지점
  - 건천, 건천화로 인해 수생태계 건강성이 현저히 훼손된 지점
- 대표지점에 대한 환경생태유량 산정 시 검토사항
  - 하천 현황 조사항목 및 조사주기
  - 대표어종 선정기준 및 방법

⑤ 오염원 조사

수계영향권별로 오염원의 종류, 수질오염물질 발생량 등을 정기적으로 조사

⑥ 국가 물환경관리기본계획의 수립

- 공공수역의 물환경을 관리 · 보전하기 위해 국가 물환경관리기본계획을 10년마다 수립
- 기본계획의 내용
  - 물환경의 변화 추이 및 물환경목표기준
  - 전국적인 물환경 오염원의 변화 및 장기 전망
  - 물환경 관리 · 보전에 관한 정책방향
  - 「저탄소 녹색성장 기본법」의 기후변화에 대한 물환경 관리대책

⑦ 수계영향권 구분

구분	기준
대권역	• 한강, 낙동강, 금강, 영산강 · 섬진강을 기준 • 수계영향권별 관리의 효율성을 고려하여 구분
중권역	• 규모가 큰 자연하천이 공공수역으로 합류지점의 상류 집수구역을 기준
소권역	• 개별 하천의 오염에 영향을 미치는 상류 집수구역을 기준

⑧ 수생태계 복원계획의 수립

- 환경부장관, 시 · 도지사 또는 시장 · 군수 · 구청장은 제9조 또는 제9조의3에 따른 측정 · 조사 결과 수질 개선이 필요한 지역 또는 수생태계 훼손 정도가 상당하여 수생태계의 복원이 필요한 지역을 대상으로 수생태계 복원계획(이하 "복원계획"이라 한다)을 수립하여 시행할 수 있다.
- 환경부장관은 위의 지역 가운데 복원계획의 수립이 반드시 필요하다고 인정하는 경우에는 시 · 도지사 또는 시장 · 군수 · 구청장에게 복원계획을 수립하여 시행하도록 명할 수 있다.
- 환경부장관은 복원계획을 수립하거나 변경하려는 경우에는 관계 중앙행정기관의 장 및 관할 지방자치단체의 장과 협의하여야 한다.
- 시 · 도지사, 시장 · 군수 · 구청장은 해당 관할구역의 복원계획을 수립하려는 경우에는 대통령령으로 정하는 바에 따라 환경부장관의 승인을 받아야 한다. 대통령령으로 정하는 중요 사항을 변경하려는 경우에도 또한 같다.
- 시 · 도지사, 시장 · 군수 · 구청장은 복원계획을 원활하게 추진하기 위하여 필요하다고 인정하는 경우에는 환경부장관과 협의하여 복원계획에 대한 시행계획을 수립 · 변경할 수 있다.
- 복원계획의 내용 및 수립 절차 등에 필요한 사항은 대통령령으로 정한다.

6) 점오염원의 관리

① 산업폐수의 배출규제

㉮ 배출허용기준

- 청정지역, 가지역, 나지역, 특례지역으로 구분
- 지역 구분에 따라 적용
  - 청정지역 : 수질기준 매우 좋음 등급
  - 가지역 : 좋음, 약간 좋음
  - 나지역 : 보통, 약간 나쁨, 나쁨
  - 특례지역 : 공동처리구역 지정지역, 농공단지

㉯ 배출규제 예외규정

- 폐수무방류배출시설
- 폐수를 전량 재이용, 전량 위탁처리하여 공공수역으로 폐수를 방류하지 않는 배출시설

② 폐수무방류배출시설

폐수배출시설에서 발생하는 폐수를 사업장 안에서 수질오염 방지시설을 이용하여 처리하거나 배출시설에 재이용하는 등 공공수역으로 배출하지 않는 폐수배출시설

7) 비점오염원의 관리

① 비점오염원의 설치신고

- 아래 해당 지역은 환경부장관에게 신고
  - 도시 개발, 산업단지 조성, 그 밖에 비점오염원 유발 사업
  - 사업장에 제철시설, 섬유염색시설 등 폐수배출시설 설치
- 신고 · 변경신고를 할 때 비점오염원시설 설치계획을 포함하는 비점오염저감계획서 등 서류를 제출

② 상수원 수질보전을 위한 비점오염저감시설 설치

비점오염저감시설을 설치하지 아니한 도로 중 다음 해당 지역의 경우에는 비점오염저감시설을 설치

- 상수원보호구역
- 상수원보호구역 외 지역의 경우에는 취수시설의 상류 · 하류 일정 지역
- 특별대책지역
- 수변구역

③ 비점오염원 관리 종합대책의 수립

- 환경부장관은 비점오염원의 종합적 관리를 위해 5년마다 수립

• 종합대책의 내용
  - 비점오염원의 현황과 전망
  - 비점오염물질의 발생 현황과 전망
  - 비점오염원 관리의 기본 목표와 정책 방향
  - 비점오염물질 저감을 위한 세부 추진대책

④ 관리지역의 지정

• 비점오염원에 유출되는 강우유출수로 인해 하천 · 호소등의 이용목적, 주민의 건강 · 재산이나 자연생태계에 중대한 위해가 발생하거나 발생할 우려가 있는 지역에 대해 비점오염원관리지역으로 지정
• 관리지역의 지정기준
  - 하천 · 호소의 물환경에 관한 환경기준 또는 수계영향권별, 호소별 물환경 목표기준에 미달하는 유역으로 유달부하량 중 비점오염 기여율이 50% 이상인 지역
  - 비점오염물질에 의해 자연생태계에 중대한 위해가 초래되거나 초래될 것으로 예상되는 지역
  - 인구 100만 명 이상인 도시로서 비점오염원관리 필요지역
  - 국가산업단지, 일반산업단지로 지정된 지역으로 비점오염원 관리 필요지역
  - 지질 · 지층 구조가 특이하여 특별 관리가 필요한 지역

8) 물놀이형 수경시설의 신고 및 관리

① 신고 대상

• 국가 · 지방자치단계, 그 밖에 공공기관이 설치 · 운영하는 물놀이형 수경시설(만간사업자 등 위탁 운영 시설도 포함)
• 공공보건의료 수행기관
• 관광지 및 관광단지
• 도시공원, 체육시설, 어린이 놀이시설
• 공동주택, 대규모점포

② 물놀이형 수경시설의 수질 기준

• 측정항목별 수질 기준

검사항목	수질기준
1) 수소이온농도	5.8 ~ 8.6
2) 탁도	4NTU 이하
3) 대장균	200(개체수/100mL) 미만
4) 유리잔류염소(염소소독 실시만 해당)	0.4 ~ 4.0mg/L

- 검사방법 및 주기
  - 먹는 물 수질검사기관에 수질 검사를 의뢰
  - 환경오염공정시험기준에 따라 검사
  - 시설의 가동 개시일을 기준으로 운영기간 동안 15일마다 1회 이상 검사를 실시, 검사 시료는 가급적 이용자가 많은 날에 채수

③ 물놀이형 수경시설의 관리 기준

- 운영기간 중 수심을 30cm 이하로 유지, 부유물 및 침전물 유무를 수시로 점검, 제거
- 저류조를 주 1회 이상 청소하거나 물놀이형 수경시설에 사용되는 물을 여과기에 1일 1회 이상 통과시켜야 함
- 소독제를 저류조 등에 투입하거나 소독시설을 철치하여 물놀이형 수경시설의 물을 소독해야 함
- 이용자가 쉽게 볼 수 있는 곳에 물놀이형 수경시설의 운영자 연락처, 수질검사 일자 및 결과, 이용자 주의사항(음용 금지, 애완동물 출입금지 등) 등을 제시
- 물놀이형 수경시설의 관리 카드를 작성하여 관할 시 · 도지자등에게 제출, 제출 서류의 사본을 제출한 날부터 2년간 보관
- 물놀이형 수경시설의 수질이 기준을 초과하는 경우 지체 없이 개발을 중지, 소독 또는 청소 · 용수 교체 등의 조치를 완료한 후 수질을 재검사하여 수질기준의 충족 여부를 확인한 후 재개방해야 함
- 수질기준의 초과를 확인한 날부터 5일 이내에 관리카드에 수질 검사결과, 초과 원인, 조치 이행 및 재검사 결과를 작성하여 시 · 도지사 등에게 제출

9) 비점오염저감시설

유형구분		개념	설치기준
자연형	저류시설	• 강우유출수를 저류하여 침전 등에 의해 오염물질을 줄이는 시설 • 저류지 · 연못	• 저류지 계획최대수위를 고려해 제방여유고가 0.6m 이상 • 유입 · 유출구에 웅덩이 설치, 사석 깔기 • 처리효율을 위해 길이 : 폭 = 1.5 : 1 이상
	인공습지	침전, 여과, 흡착, 미생물분해, 식생식물에 의한 정화 등 자연습지가 보유한 정화능력을 인위적으로 향상시켜 오염물질 저감	• 유로는 최대한 길게 함 • 길이 : 폭 = 2 : 1 이상 • 50% 면적 : 0~0.3m • 30% 면적 : 0.3~1.0m • 20% 면적 : 1~2m • 경사는 0.5~1% 이하 • 5~7종의 다양한 식생조성
	침투시설	• 강우유출수를 지하로 침투시켜 토양의 여과 · 흡착작용에 따라 오염물질을 저감 • 유공포장, 침투조, 침투저류지, 침투도랑	• 침전물로 인해 토양공극이 막히지 않는 구조 • 침투율은 13mm/시간 • 초과유량의 우회시설 · 비상배수시설 설치
	식생형 시설	• 토양의 여과 · 흡착, 식물의 흡착작용으로 오염물질을 저감, 동식물 서식공간을 제공, 녹지경관으로 가능한 시설 • 식생여과대, 식생수로	길이방향 경사 5% 이하
장치형	여과형	강우유출수를 집수조 등에서 모은 후 모래 · 토양 등의 여과재를 통해 걸러 오염물질을 저감	• 제거효율, 공사비, 유지관리비용 고려 • 저장용량, 체류시간, 여과재 결정
	와류형	중앙회전로의 움직임으로 와류가 형성되어 기름 등 부유성 물질은 상부로 부상, 침전 가능한 토사, 협잡물은 하부로 침전 · 분리시켜 오염물질을 저감	• 와류가 충분히 형성되는 체류시간 고려 • 슬러지 준설위한 장비 반입 가능한 구조
	스크린형	망의 여과 · 분리작용으로 비교적 큰 부유물이나 쓰레기 등을 제거하는 시설로 주로 전처리에 사용	• 적정 크기의 망 설치 • 슬러지 준설을 위한 장비반입이 가능한 구조
	응집 · 침전 처리형	응집제를 사용하여 오염물질을 응집한 후, 침강시설에서 고형물질을 침전 · 분리시키는 방법으로 부유물질을 제거하는 시설	저감시설 앞 단에 저류조를 설치
	생물학적 처리형	전처리시설에서 토사 · 협잡물을 제거한 후 미생물에 의해 용존성 유기물질을 제거하는 시설	미생물접촉시설에 오염물질 유입이 안 되게 여과재 · 미세스크린 이용

11. 물의 재이용 촉진 및 지원에 관한 법률

1) 목적

① 물의 재이용을 촉진하여 물 자원을 효율적으로 활용

② 수질에 미치는 해로운 영향을 줄임으로써 물 자원의 지속가능한 이용을 도모

③ 국민의 삶의 질을 높이는 것을 목적

2) 정의

① 물의 재이용

빗물, 오수, 하수처리수, 폐수처리수 및 발전소 온배수를 물 재이용시설을 이용하여 처리하고, 그 처리된 물을 생활, 공업, 농업, 조경, 하천 유지 등의 용도로 이용하는 것을 말함

② 물 재이용시설

빗물이용시설, 중수도, 하 · 폐수처리수 재이용시설 및 온배수 재이용시설

③ 빗물이용시설

건축물의 지붕면 등에 내린 빗물을 모아 이용할 수 있도록 처리하는 시설

④ 중수도

개별 시설물이나 개발사업 등으로 조성되는 지역에서 발생하는 오수를 공공하수도로 배출하지 아니하고 재이용할 수 있도록 개별적, 지역적으로 처리하는 시설

3) 물의 재이용 기본계획의 수립

① 개념

환경부장관은 물의 재이용을 촉진하고 관련 기술의 체계적 발전을 위하여 10년마다 물의 재이용 촉진에 관한 종합적인 기본계획을 수립 · 시행

② 내용

- 물의 재이용 여건에 관한 사항
- 처리수의 수요 전망 및 공급 목표에 관한 사항
- 물의 재이용 시책의 기본방향 및 추진전략 등에 관한 사항
- 물의 재이용 관련 기술의 개발 및 보급계획
- 물의 재이용 사업에 드는 비용의 산정 및 재원조달계획

4) 물의 재이용 관리계획의 수립

특별시장등은 물 재이용 기본계획에 따라 관할 지역에서의 물의 재이용 촉진에 관한 계획(이하 "물 재이용 관리계획")을 수립하여 환경부장관의 승인을 받아야 함

5) 빗물이용시설의 설치 · 관리

① 설치대상

일정 규모 이상의 종합운동장, 실내체육관, 공공청사, 학교, 골프장 및 대규모점포를 신축(일정 규모 이상의 증축 · 개축 · 재축 포함)

② 시설기준

- 지붕(골프장 경우는 부지)에 떨어지는 빗물을 모을 수 있는 집수시설
- 처음 내린 빗물을 배제할 수 있는 장치나 빗물에 섞여 있는 이물질을 제거할 수 있는 여과장치 등 처리시설
- 위의 처리시설에서 처리한 빗물을 일정 기간 저장할 수 있는 다음의 빗물 저류조
  - 지붕의 빗물집수면적에 0.05m를 곱한 규모 이상의 용량(골프장의 경우 해당 골프장 집수빗물로 연간 물사용량의 40% 이상을 사용 가능한 용량)
  - 물이 증발되거나 이물질이 섞이지 아니하고 햇빛을 막을 수 있는 구조
  - 처리 빗물을 화장실 등 사용 장소로 운반할 수 있는 펌프 · 송수관 · 배수관 등 송수시설 및 배수시설

③ 관리기준

- 음용 등 다른 용도에 사용되지 아니하도록 배관의 색을 다르게 하는 등 빗물이용시설임을 분명히 표시할 것
- 연 2회 이상 주기적으로 시설에 대한 위생 · 안전상태를 점검하고 이물질을 제거하는 등 청소를 할 것
- 빗물사용량, 누수 및 정상가동 점검결과, 청소일시 등에 관한 자료를 기록하고 3년간 보존할 것

12. 수계별 물관리 및 주민지원 등에 관한 법률

1) 개요

- 우리나라의 5대강을 중심으로 하여 수계별로 물관리와 주민 지원에 관한 법률이 제정되어 있음
- 여기에는 「한강수계 상수원수질개선 및 주민지원 등에 관한 법률」(이하 “한강수계법”), 「낙동강수계 물관리 및 주민지원 등에 관한 법률」(이하 “낙동강수계법”), 「금강수계 물관리 및 주민지원 등에 관한 법률」(이하 “금강수계법”), 「영산강 · 섬진강수계 물관리 및 주민지원 등에 관한 법률」(이하 “영산강섬진강수계법”)이 있음
- 대부분의 법률 내용이 유사하므로 한강수계법을 중심으로 제시

2) 한강수계 상수원수질개선 및 주민지원 등에 관한 법률

① 목적

한강수계 상수원을 적절하게 관리하고 상수원 상류지역의 수질개선 및 주민지원사업을 효율적으로 추진하여 상수원의 수질을 개선

② 수변구역의 지정 · 관리

환경부장관은 한강수계의 수질 보전을 위하여 팔당호, 한강, 북한강 및 경안천의 양안 중 다음 해당 지역으로서 필요하다고 인정하는 지역을 수변구역으로 지정 · 고시

- 특별대책지역 : 그 하천 · 호소의 경계로부터 1km 이내의 지역
- 특별대책지역 외의 지역 : 그 하천 · 호소의 경계로부터 500m 이내의 지역
- 제외 지역 : 상수원보호구역, 개발제한구역, 군사기지 및 군사시설 보호구역, 하수처리구역, 지구단위계획구역, 법률 시행 당시 자연마을이 형성된 지역으로서 현지 실태조사 결과에 따라 제외된 지역

③ 수변구역 관리기본계획의 수립 · 시행

- 수변구역에 관해 관리기본계획을 5년마다 한강수계관리위원회의 심의를 거쳐 수립 · 시행
- 내용
  - 중 · 장기 수변구역 관리계획
  - 수변녹지 등 수변생태벨트 조성계획
  - 수변구역의 토지매수 현황 및 계획
  - 그 밖에 환경부령으로 정하는 사항

④ 수변생태벨트 시행계획의 수립 · 시행

수변생태벨트 조성계획에 따라 수변생태벨트 조성사업을 시행

3) 낙동강수계 물관리 및 주민지원 등에 관한 법률

① 목적

낙동강수계의 수자원과 오염원을 적절하게 관리하고 상수원 상류지역의 수질 개선과 주민지원사업을 효율적으로 추진하여 낙동강수계의 수질을 개선

② 수변구역의 지정 · 관리

- 낙동강수계의 수질 보전을 위해 상수원으로 이용되는 댐과 그 상류지역 중 대통령령으로 정하는 거리 이내의 지역으로서 수질에 미치는 영향이 크다고 인정되는 지역을 수변구역으로 지정 · 고시
- 대통령령으로 정하는 거리 이내의 지역 : 광역상수원으로 이용하는 댐의 경우는 댐으

로부터 20km, 지방상수도로 이용하는 댐의 경우는 댐으로부터 10km

- 수변구역의 지정 : 댐 및 그 댐으로 유입되는 하천의 경계로부터 500m 이내의 지역을 지정

4) 금강수계 물관리 및 주민지원 등에 관한 법률

① 목적

금강수계 상수원 상류지역의 수질 개선과 주민지원사업을 효율적으로 추진하고, 금강 · 만경강 및 동진강 수계의 수자원과 오염원을 적절하게 관리하여 금강수계의 수질을 개선

② 수변구역의 지정 · 관리

금강수계의 수질을 보전하기 위해 상수원으로 이용되는 댐 및 그 상류지역 중 다음 해당지역으로 필요하다고 인정하는 지역을 수변구역으로 지정 · 고시

- 상수원으로 이용되는 댐과 특별대책지역의 금강 본류 : 해당 댐과 하천의 경계로부터 1km 이내의 지역
- 그 외의 지역으로서 금강 본류 : 해당 하천 경계로부터 500m 이내의 지역
- 금강 본류에 직접 유입되는 하천 : 하천 경계로부터 300m 이내의 지역

5) 영산강 · 섬진강수계 물관리 및 주민지원 등에 관한 법률

① 목적

영산강 · 섬진강 및 탐진강 수계의 상수원 상류지역의 수질 개선과 주민지원사업을 효율적으로 추진하고 수자원과 오염원을 적절하게 관리하여 해당 수계의 수질을 개선

② 수변구역의 지정 · 관리

다음 지역을 수변구역으로 지정 · 고시

- 주암호 · 동복호 · 상사호 · 수어호 및 환경부령으로 정한 상수원으로 이용되는 댐 : 댐 경계로부터 500m 이내 지역
- 상류지역 중 해당 댐으로 유입되는 하천 : 하천 경계로부터 500m 이내의 지역
- 하천에 직접 유입되는 지류 : 경계로부터 500m 이내 지역

13. 물관리기본법

1) 목적

- 물관리의 기본이념과 물관리 정책의 기본방향을 제시하고 물관리에 필요한 기본적인 사항을 규정함
- 물의 안정적인 확보, 물환경의 보전 · 관리, 가뭄 · 홍수 등으로 인하여 발생하는 재해의 예방 등을 통하여 지속가능한 물순환 체계를 구축하고 국민의 삶의 질 향상에 이바지함을 목적으로 함

2) 기본이념

- 물은 지구의 물순환 체계를 통하여 얻어지는 공공의 자원으로서 모든 사람과 동 · 식물 등의 생명체가 합리적으로 이용
- 물을 관리함에 있어 그 효용은 최대한으로 높이되 잘못 쓰거나 함부로 쓰지 아니함
- 자연환경과 사회 · 경제 생활을 조화시키면서 지속적으로 이용하고 보전하여 그 가치를 미래로 이어가게 함

3) 정의

① 물순환

강수(降水)가 지표수(地表水)와 지하수(地下水)로 되어 하천 · 호수 · 늪 · 바다 등으로 흐르거나 저장되었다가 증발하여 다시 강수로 되는 연속된 흐름

② 물관리

모든 사람과 생명체가 물을 자연환경의 구성요소 및 사회 · 경제 활동의 필요요소이자 자원으로서 보전하고 경제적으로 이용하며, 가뭄 · 홍수로 인한 재해를 줄이거나 예방하는 일

③ 수자원

인간의 생활이나 경제활동 및 자연환경 유지 등을 하는 데 이용할 수 있는 자원으로서의 물

④ 유역

분수령(分水嶺)을 경계로 하여 하천 등이 모이는 일정한 구역

4) 물관리의 기본원칙

① 물의 공공성

물은 공공의 이익을 침해하지 아니하고 국가의 물관리 정책에 지장을 주지 아니하며 물환경에 대한 영향을 최소화하는 범위에서 이용되어야 함

② 건전한 물순환

국가와 지방자치단체는 물이 순환과정에서 지구상의 생명을 유지하고, 국민생활 및 산업활동에 중요한 역할을 하고 있는 점을 고려하여 생태계의 유지와 인간의 활동을 위한 물의 기능이 정상적으로 유지될 수 있도록 하여야 함

③ 수생태환경의 보전

국가와 지방자치단체는 물관리를 위한 정책을 수립·시행하는 경우 생물 서식공간으로서의 물의 기능과 가치를 고려하여 수생태계 건강성이 훼손되는 때에는 이를 개선·복원하는 등 지속가능한 수생태환경의 보전을 위하여 노력하여야 함

④ 유역별 관리

물은 지속가능한 개발·이용과 보전을 도모하고 가뭄·홍수 등으로 인하여 발생하는 재해를 예방하기 위하여 유역 단위로 관리되어야 함을 원칙으로 하되, 유역 간 물관리는 조화와 균형을 이루어야 함

⑤ 통합 물관리

- 국가와 지방자치단체는 지표수와 지하수 등 물순환 과정에 있는 모든 형상의 물이 상호 균형을 이루도록 관리
- 국가와 지방자치단체가 물과 관련된 정책을 수립·시행할 때에는 물순환 과정의 전주기(全週期)를 고려
- 국가와 지방자치단체는 물관리에 있어서 수량확보, 수질보전, 가뭄 및 홍수 등으로 발생하는 재해방지, 기후·토지·자원·환경·식생 등과 같은 자연환경, 경제·사회 등에 미치는 영향 등을 종합적으로 고려

⑥ 협력과 연계 관리

국가와 지방자치단체는 물관리 정책을 시행함에 있어 유역 전체를 고려하여야 하며, 어느 한 지역의 물관리 여건 변화가 다른 지역의 물순환 건전성에 나쁜 영향을 미치지 않도록 하여 유역·지역 간 연대를 이루어야 함

⑦ 물의 배분

국가와 지방자치단체는 물의 편익을 골고루 누릴 수 있도록 물을 합리적이고 공평하게 배분하여야 하며, 이 경우 동·식물 등 생태계의 건강성 확보를 위한 물의 배분도 함께 고려

⑧ 물수요 관리

- 국가와 지방자치단체는 수자원의 개발·공급에 관한 계획을 수립하려는 경우에 용수를 절약하고 물손실을 감소시키기 위한 노력을 통하여 물수요를 적정하게 관리하여야 할 필요성을 그 계획을 수립하기 전에 고려

• 국가와 지방자치단체는 수자원 부족 또는 가뭄 · 홍수로 인한 재해에 대비하여 강수의 관리 · 이용 및 하수의 재이용, 짠물의 민물화 등 대체(代替) 수자원을 개발하고 재해예방을 위한 기술개발을 적극적으로 장려

⑨ 물 사용의 허가 등

물을 사용하려는 자는 관련 법률에 따라 허가 등을 받아야 함

⑩ 비용부담

• 물을 사용하는 자에 대하여는 그 물관리에 드는 비용의 전부 또는 일부를 부담시킴을 원칙
• 다만, 이 법 또는 다른 법률에서 정하는 특별한 사정이 있는 경우에는 그러하지 아니함
• 물관리에 장해가 되는 원인을 제공한 자가 있는 경우에는 그 장해의 예방 · 복구 등 물관리에 드는 비용의 전부 또는 일부를 그 원인을 제공한 자에게 부담시킴을 원칙
• 그 비용으로 받는 재원은 물관리를 위하여 사용

⑪ 기후변화 대응

국가와 지방자치단체는 기후변화로 인한 물관리 취약성을 최소화하여야 하며, 물순환 회복 등을 통하여 적극적으로 기후변화에 대응할 수 있는 물관리 방안을 마련

⑫ 물관리 정책 참여

물관리 정책 결정은 국가와 지방자치단체 관계 공무원, 물 이용자, 지역 주민, 관련 전문가 등 이해관계자의 폭넓은 참여 및 다양한 의견 수렴을 통하여 이루어져야 함

5) 국가물관리기본계획

① 개요

환경부장관은 10년마다 관계 중앙행정기관의 장 및 유역물관리위원회의 위원장과 협의하고 국가물관리위원회의 심의를 거쳐 다음 사항을 포함한 국가물관리기본계획(이하 "국가계획"이라 한다)을 수립

② 내용

1. 국가 물관리 정책의 기본목표 및 추진방향
2. 국가 물관리 정책의 성과평가 및 물관리 여건의 변화 및 전망
3. 물환경 보전 및 관리, 복원에 관한 사항
4. 물의 공급 · 이용 · 배분과 수자원의 개발 · 보전 및 중장기 수급 전망
5. 가뭄 · 홍수 등으로 인하여 발생하는 재해의 경감 및 예방에 관한 사항
6. 기후변화에 따른 물관리 취약성 대응 방안
7. 물분쟁 조정 및 수자원 사용의 합리적 비용 분담 원칙 · 기준

8. 물관리 예산의 중 · 장기 투자 방향에 관한 사항
9. 물산업의 육성과 경쟁력 강화
10. 유역물관리종합계획의 기본 방침
11. 그 밖에 지속가능한 물관리를 위하여 대통령령으로 정하는 사항

5 제도 및 지침

1. NCS

1) 개념

① NCS(National Competency Standards)란 국가직무능력표준이라고 하며, 산업현장에서 직무를 수행하기 위해 요구되는 지식 · 기술 · 태도 등의 내용을 국가가 체계화한 것임

② 산업현장(태도, 기술, 지식)의 산업계 요구 → 국가직무능력 표준으로 태도, 지식, 기술 분류 · 정리 후 적용 → 교육훈련, 자격, 경력개발 개선 → 산업현장에 적합한 인적자원 개발

2) 필요성

① 일－교육 · 훈련－자격 연계, NCS 시스템으로 전환

② 산업현장 직무 중심의 인적자원 개발

③ 능력중심사회 구현을 위한 핵심인프라 구축

④ 고용과 평생 직업능력개발 연계를 통한 국가경쟁력 향상

3) 활용범위

① 기업체

㉮ 현장 수요 기반의 인력채용 및 인사관리 기준

㉯ 근로자 경력개발

㉰ 직무기술서

② 교육훈련기관

㉮ 직업교육 훈련과정 개발

㉯ 교수계획 및 매체, 교재 개발

㉰ 훈련기준 개발

③ 자격시험기관

㉮ 자격종목의 신설, 통합, 폐지

㉯ 출제기준 개발 및 개정

㉰ 시험문항 및 평가방법

4) 조경분야 내용

① 분류체계

분야 14. 건설 → 중분류 5. 조경 → 소분류 1. 조경 → 세분류 01. 조경설계/02. 조경시공/03. 조경관리/04. 조경사업관리 → 능력단위 → 능력단위요소

② 조경 세분류

㉮ 조경설계

조경설계는 아름다운 경관과 쾌적한 환경을 조성하기 위해 예술적 · 공학적 · 생태적인 지식과 기술을 활용하여 대상지를 조사 분석하고 공간별 · 공종별 계획과 설계를 수행하는 일임

㉯ 조경시공

조경시공은 설계도서에 따라 시공계획을 수립한 후 현장여건을 고려하여 조경목적물을 생태적 · 기능적 · 심미적으로 공사하는 업무를 수행하는 일임

㉰ 조경관리

조경관리는 조성된 조경공간과 시설물을 아름다운 경관과 쾌적하고 안전한 환경으로 유지하기 위해 생태적, 공학적, 예술적인 지식과 기술을 활용하여 관리업무를 효과적으로 수행하는 일임

㉱ 조경사업관리

조경사업관리는 발주자가 요구한 조경 목적물이 의도대로 완성되도록 종합적 판단을 통해 조경사업의 설계와 시공에 있어 관련도서 및 법규에 따라 제대로 수행되고 있는지 확인하고, 관리하는 일임

③ 조경설계 능력단위, 능력단위요소

1. 조경사업기획

능력단위 명칭	조경사업기획
능력단위 정의	조경사업기획이란 수주 정보 탐색, 사업설명회 참여 등에 의해 제안서 작성이나 기획컨설팅, 입찰 등으로 사업을 수주한 후 계약관리까지의 업무를 수행하는 능력

능력단위요소	수행준거
수주 정보 탐색하기	1.1 수주 정보 수집을 위한 방법 및 매체를 활용할 수 있다. 1.2 수집된 수주 정보를 활용하기 위한 분석 작업을 할 수 있다. 1.3 수집된 수주 정보는 관리대장을 작성하여 지속적으로 관리하고 탐색할 수 있다. 1.4 수집된 정보 분석 결과를 효과적으로 활용하기 위한 방법을 결정하고 시행할 수 있다.
	【지 식】 ○ 설계용역시장에 대한 지식

능력단위요소	수 행 준 거
	ㅇ 수주 정보 수집방법 ㅇ 수집된 정보의 분석 및 활용방안에 대한 지식
	【기 술】 ㅇ 다양한 발주처의 발주계획에 대한 수집 분석 능력 ㅇ 수집된 정보의 데이터 분석 능력 ㅇ 여러 유형의 정보매체의 검색 능력
	【태 도】 ㅇ 대인관계의 유연성 ㅇ 건설시장에 대한 예측력과 정보력 ㅇ 정보의 종류에 대한 결정력
조경사업 상담하기	2.1 조경사업 상담을 위한 사전 자료를 수집, 분석할 수 있다. 2.2 방문하거나 전달 매체를 통하여 사업의 개요와 요구 조건을 파악하여 상담할 수 있다. 2.3 추가사항, 변경사항 등을 의뢰인에게 질의하고 정리할 수 있다. 2.4 상담내용을 정리하여 조경사업과 고객에 대한 지속적인 관리를 할 수 있다.
	【지 식】 ㅇ 의뢰인과의 상담을 위한 협상 관련 지식 ㅇ 질의응답을 위한 문제점 도출에 대한 지식 ㅇ 조경사업 개요 및 요구조건에 대한 지식 ㅇ 상담 기법 및 상담 심리분석에 대한 지식
	【기 술】 ㅇ 사전자료 분석 능력 ㅇ 상담내용에 대한 정리 능력 ㅇ 의뢰인 상담을 위한 표현 능력
	【태 도】 ㅇ 대인관계에 있어서의 예의적인 태도 ㅇ 분석력과 표현력 ㅇ 의뢰인에 대한 친근감을 표현하는 태도 ㅇ 의뢰인에 대한 신뢰성 및 협상을 위한 자신감
현장설명 참여하기	3.1 현장설명참여 전 조경사업에 대한 수익성과 사업의 특성을 검토할 수 있다. 3.2 현장 설명의 참여를 위한 필요서류들을 준비할 수 있다. 3.3 현장설명에 참석하여 필요사항을 청취하고 관련 내용을 질의 및 종합할 수 있다. 3.4 현장설명에 대한 질의 회신 작업을 수행할 수 있다.
	【지 식】 ㅇ 사업대상에 대한 지식 ㅇ 현장설명 절차 및 이행사항에 대한 지식 ㅇ 현장설명에 대한 관련 자료에 대한 지식
	【기 술】 ㅇ 질의내용 도출 및 요약 능력 ㅇ 질의내용에 대한 답변내용의 이해 능력

능력단위요소	수 행 준 거
	ㅇ 현장설명 관련 서류 준비 능력 ㅇ 현장설명 내용의 청취자료 정리 능력
	【태 도】 ㅇ 현장설명 관련서류 준비 태도 ㅇ 현장설명내용 정리 및 분석력 ㅇ 현장설명 시간 엄수
사업 타당성 검토하기	4.1 해당 사업의 사업 타당성 검토를 위한 제반 요건들을 도출하여 분석할 수 있다. 4.2 사업의 비용, 손익분석을 통한 수익성을 분석할 수 있다. 4.3 사업기간, 거래처 신뢰도 및 정책적인 사항을 고려하여 사업실시 여부를 검토할 수 있다. 4.4 사업의 기술적인 사항에 대해서 사전 검토를 시행할 수 있다.
	【지 식】 ㅇ 사업 개발의 자연적 · 법적여건 조사 분석 지식 ㅇ 사업시행으로 얻을 수 있는 수익성 도출에 대한 경제적 계량 지식 ㅇ 사회, 정책적인 방향 및 변화 가능성 예측에 대한 지식
	【기 술】 ㅇ 개발계획의 여건자료 분석 정리 능력 ㅇ 공사비, 유지관리비 및 금융비용의 산출 능력 ㅇ 외부의 환경요인을 예측 및 판단하는 능력
	【태 도】 ㅇ 신뢰감과 객관적 자세 ㅇ 적극적 사고방식 ㅇ 정밀한 분석적 사고
제안서 작성하기	5.1 조경사업의 유형에 적합한 형식 및 내용을 결정하고 주요 목차를 작성할 수 있다. 5.2 제안서 작성을 위한 분야별 업무분담을 결정하고 내용을 작성할 수 있다. 5.3 제안서의 수준과 분량을 결정하고 최종 성과품을 만들 수 있다. 5.4 현장설명, 의뢰인상담, 현장조사를 통해 견적내용을 파악하고 준비할 수 있다. 5.5 직접비용 및 간접비용을 산출하여 설계금액을 제안할 수 있다.
	【지 식】 ㅇ 발주자 요구 조건에 대한 선별 지식 ㅇ 유형별 견적서 작성방법 ㅇ 제안서 구성내용에 따른 협업분담 내용 파악 지식 ㅇ 직접비 및 간접비의 산출내역 작성 지식 ㅇ 최종성과품 작성과정에 대한 지식 ㅇ 투입인력과 소요예산 산출지식 ㅇ 해당 사업의 개요 및 개발여건에 대한 지식
	【기 술】 ㅇ 관련 자료에 근거한 정확한 가격 도출 능력 ㅇ 내부 및 외부요인을 고려한 견적가 산정 능력 ㅇ 성과품의 질과 소요기간 예측 능력

능력단위요소	수 행 준 거
	ㅇ 인건비와 직 · 간접비용을 산출하는 능력 ㅇ 제안서의 다양한 형식 선택 능력 ㅇ 제안서 내용의 수준별 작성 능력 ㅇ 현장답사를 통한 정확한 여건분석 능력
	【태 도】 ㅇ 기획력과 합리성 ㅇ 분석방법과 표현기법 ㅇ 정밀함과 정확성 ㅇ 총괄적인 사고에 의한 이익 수준 파악
기획 컨설팅하기	6.1 다양한 조경사업에 대하여 기획하고 컨설팅할 수 있다. 6.2 조경사업 특성에 따라 설계일정, 과업범위를 탄력적으로 조절할 수 있다. 6.3 설계 규모나 수행기간, 내용과 범위에 따라 설계비를 산정할 수 있다. 6.4 기획내용을 토대로 기획설계 도서를 작성할 수 있다.
	【지 식】 ㅇ 개발 관련법 및 도시계획법에 대한 이해 및 적용에 대한 지식 ㅇ 각종 정원, 공원, 레크리에이션, 리조트, 주택단지별 토지이용 및 공간구성에 대한 지식 ㅇ 과업 범위 및 적용에 대한 지식 ㅇ 기획설계안 작성을 위해 시각적인 효과를 극대화할 수 있는 지식 ㅇ 조경 전반의 사항을 이해하고 설명할 수 있는 지식
	【기 술】 ㅇ 발주자와 원만한 대화 및 협상 능력 ㅇ 설계 보고 및 협의에 대한 프레젠테이션 능력 ㅇ 유사 사례 경험을 통한 설계 융통성 능력 ㅇ 관련법규 이해능력 ㅇ 경사업팀 구성 및 시간, 예산, 인적자원 등을 관리, 조절하는 능력
	【태 도】 ㅇ 경험과 유연성 ㅇ 창의적 사고, 표현력 ㅇ 협력적 태도
입찰 참여하기	7.1 발주처의 입찰방식을 검토하여 가격입찰, 현상공모 또는 턴키설계 등을 준비할 수 있다. 7.2 입찰에 필요한 제안서, 보고서, 설계도서, 견적서 등 관련서류를 준비할 수 있다. 7.3 제안서, 견적서 제출 또는 전자입찰 등을 통하여 입찰에 참여할 수 있다. 7.4 입찰결과에 따라 재입찰, 추가협상 등에 대비할 수 있다.
	【지 식】 ㅇ 사전 자격심사과정에 대한 지식 ㅇ 입찰방식, 입찰자격, 입찰서류 등에 대한 지식 ㅇ 입찰 후 필요사항 준비에 대한 지식

능력단위요소	수 행 준 거
	【기 술】 ㅇ 입찰결과를 분석하고 향후 개선안 작성 능력 ㅇ 입찰을 위한 사전 관련서류 준비 능력 ㅇ 적정 입찰금액 산정 능력
	【태 도】 ㅇ 준비성과 정확성 ㅇ 중요도 판단을 위한 전문성 ㅇ 침착성과 성실한 태도
계약 관리하기	8.1 계약을 위한 필요서류를 준비할 수 있다. 8.2 계약조건을 사전검토한 뒤 계약업무를 실시할 수 있다. 8.3 계약 후 착수서류를 제출하고 과업수행계획서를 작성하여 제출할 수 있다. 8.4 목표 공정률을 달성하기 위해서 공정관리를 시행할 수 있다. 8.5 공정 내용에 따라 기성관리를 실시할 수 있다. 8.6 과업이 완료되면 준공관련서류를 준비하고 제출할 수 있다.
	【지 식】 ㅇ 계약을 위한 충분한 사업현황에 대한 지식 ㅇ 공정표작성을 위한 분야별 계획 및 일정에 대한 지식 ㅇ 기성 및 준공을 위한 과정과 필요사항에 대한 지식
	【기 술】 ㅇ 계약관리를 위한 제반 관련서류 준비 능력 ㅇ 공정에 따른 설계관리 및 운영 능력 ㅇ 해당사업수행을 위한 공정계획 수립 능력
	【태 도】 ㅇ 경험적 사고와 추진력 ㅇ 공정성과 성실한 태도 ㅇ 준법정신과 불만해소 대응력

2. 환경조사분석

능력단위 명칭	환경조사분석
능력단위 정의	환경조사분석이란 문헌조사와 현장조사, 수요자 요구조사를 통해 대상지 내 자연생태환경과 인문사회환경을 분석하고, 이에 근거하여 대상지가 지닌 문제점과 잠재력을 파악하여 대상지를 종합적으로 분석하는 능력이다.

능력단위요소	수행준거
자연생태환경 조사분석하기	1.1 과업의 특성에 따라 조사기간, 비용, 효율성을 고려하여 자연생태환경 조사계획을 수립할 수 있다. 1.2 대상지의 지형, 기상, 수문, 식생, 동물, 토양 등 자연생태환경현황을 조사할 수 있다. 1.3 대상지에 영향을 주는 가시지역 내에서 경관현황을 조사할 수 있다. 1.4 정확한 조사 분석을 위하여 수치화된 도면을 이용할 수 있다. 1.5 조사내용을 기반으로 대상지의 자연생태환경을 종합적으로 분석하고 도면을 작성할 수 있다.
	【지 식】 ㅇ 통계 연보, 지역통계 등의 자료를 활용하여 정보화하고 정리하는 방법 ㅇ 수치화된 도면(베이스 맵)의 독해 및 활용방법 ㅇ 수치화된 도면을 통한 지형지세, 수문수계, 경관 등의 분석 지식 ㅇ 조사계획서의 조사 항목과 분석 방법 ㅇ 각종 측정 장비에 대한 사용처 및 활용 방법
	【기 술】 ㅇ 조사계획서를 기획하고 운영할 수 있는 능력 ㅇ 프로그램을 활용한 조사항목 별 분석결과 도출 능력 ㅇ 조사내용을 기반으로 종합적으로 분석할 수 있는 능력 ㅇ 현장조사에서 각종 측정 장비를 다룰 수 있는 능력
	【태 도】 ㅇ 조사내용을 객관적으로 분석하여 장 · 단점을 도출하는 공정한 태도 ㅇ 현장조사 결과를 과학적으로 검토하고 정리하는 논리적이고 합리적인 태도 ㅇ 현장조사를 수행할 수 있는 성실한 태도
인문사회환경 조사분석하기	2.1 과업의 특성에 따라 조사기간, 비용, 효율성을 고려하여 인문사회환경 조사계획을 수립할 수 있다. 2.2 대상지의 토지이용, 교통동선, 지장물, 지목, 소유자 등 인문사회환경 현황을 조사할 수 있다. 2.3 지역의 명칭유래, 역사, 사회, 문화재, 인물 등에 대한 잠재적 관광여가자원을 조사할 수 있다. 2.4 조사내용을 기반으로 대상지의 인문사회환경을 종합적으로 분석하고 도면을 작성할 수 있다.
	【지 식】 ㅇ 관광과 여가환경에 대한 조사 내용 ㅇ 관광여가환경의 변화와 트렌드 분석 방법 ㅇ 관광자원, 관광여건, 여가환경 등을 판단할 수 있는 지식

능력단위요소	수 행 준 거
	ㅇ 문헌조사를 위한 인문사회, 관광여가환경의 활용 지식 ㅇ 분석된 내용을 데이터화할 수 있는 프로그램 활용에 대한 지식 ㅇ 수치화된 도면을 통한 토지이용현황, 교통동선현황, 지장물현황 분석 내용 ㅇ 지역여건에 부합하는 인문사회, 관광여가환경 정보 판별 지식
	【기 술】 ㅇ 기존 또는 신규의 관광여가 환경을 점검하고 개선할 수 있는 능력 ㅇ 기초 자료를 수집하기 위한 정보 검색 능력 ㅇ 세력권 내의 관광, 여가의 자원 환경과 형태, 시장여건을 분석하는 능력 ㅇ 조사된 기초 자료의 특성을 비교 분석할 수 있는 분석 능력 ㅇ 조사된 유 · 무형의 관광여가환경과 관련하여 자료를 유형화하여 분류하는 능력 ㅇ 지역의 특성 및 인문사회, 관광여가 환경에 대한 이해와 분석 능력
	【태 도】 ㅇ 다양한 기초자료조사에 대한 객관적인 태도 ㅇ 대상지에 대한 인문사회, 관광여가 환경을 이해하려는 개방적인 태도 ㅇ 지역의 인문사회, 관광여가 환경 분석을 위한 논리적인 태도
관련계획 법규 조사분석하기	3.1 대상지와 관련된 광역적 상위계획을 조사 분석할 수 있다. 3.2 대상지가 포함된 지자체의 관련 계획을 조사 분석할 수 있다. 3.3 대상지 계획에 영향을 주는 국토 계획과 관련된 법규를 검토할 수 있다. 3.4 관련 계획 및 제도, 법규 등을 정리하여 계획에 반영할 항목을 도출할 수 있다.
	【지 식】 ㅇ 관련 계획과 관련한 정부 조직, 주무부처, 적용 법률 등에 관한 지식 ㅇ 국토개발과 관련된 상 · 하위 계획의 성격과 내용에 대한 지식 ㅇ 국토의 종합적인 관련 계획과 법규 지식
	【기 술】 ㅇ 계획과 법규를 분석하기 위한 문헌, 인터넷 정보 검색 능력 ㅇ 관련 계획과 법규의 해석 및 응용 능력 ㅇ 유사한 관련 계획과 법규의 관련성 분석 능력
	【태 도】 ㅇ 관련 계획과 법규를 이해하고 분석하려는 태도 ㅇ 논리적이고 합리적인 정확한 태도 ㅇ 체계적이고 위계적인 정밀한 태도
v3.4 수요자요구 조사분석하기	4.1 수요자의 요구와 의견을 수렴하기 위하여 조사계획을 수립할 수 있다. 4.2 예비조사를 통해 조사 항목의 타당성을 검증할 수 있다. 4.3 설문조사, 인터뷰, 현장방문 등 조사계획에 따라 수요자의 요구를 도출할 수 있다. 4.4 수요자 의견 및 요구에 따라 계획 방향에 영향을 줄 수 있는 항목을 도출할 수 있다.
	【지 식】 ㅇ 대상지의 문화, 경제, 사회에 대한 지식 ㅇ 설문조사유형과 분석방법 ㅇ 수요자 조사를 위한 표본추출방법 ㅇ 조사된 자료를 데이터화하고 분류할 수 있는 지식

<table>
<tr><th>능력단위요소</th><th>수 행 준 거</th></tr>
<tr><td rowspan="2"></td><td>【기 술】
ㅇ 분석된 자료를 계획에 반영하는 전산화 능력
ㅇ 설문지 및 인터뷰 내용을 작성하는 능력
ㅇ 조사 자료를 엑셀프로그램 등을 통하여 데이터화할 수 있는 활용 능력</td></tr>
<tr><td>【태 도】
ㅇ 다양한 요구와 의견을 수용하는 폭넓은 태도
ㅇ 수요자와의 원활한 소통을 위한 개방적 태도
ㅇ 조사내용을 계량화하는 객관적 태도</td></tr>
<tr><td rowspan="4">사례조사 분석하기</td><td>5.1 과업의 환경적 특성과 문제점을 분석하여 사례조사계획을 수립할 수 있다.
5.2 사례조사 장소와 조사비용, 시기를 고려하여 문헌조사와 현지조사로 구분할 수 있다.
5.3 현지조사 시 사전계획서를 작성하여 다양한 기초자료를 수집할 수 있다.
5.4 현지조사에 따라 사업에 활용할 수 있도록 필요 항목을 도출할 수 있다.
5.5 문헌조사자료와 현지조사자료를 정리할 수 있다.</td></tr>
<tr><td>【지 식】
ㅇ 사례지역의 설문 조사 및 인터뷰 방법
ㅇ 사례지역의 자연, 역사, 문화, 경제 등에 관한 지식
ㅇ 사례지역 조사에 필요한 현재의 트렌드와 최신 정보지식</td></tr>
<tr><td>【기 술】
ㅇ 기초조사에 필요한 정보 검색 및 능력
ㅇ 다양한 매체를 통해 사례를 조사하고 분석할 수 있는 능력
ㅇ 사례지 별 분석결과에 따른 대상지 장 · 단점 분석을 통한 분석결과 도출 능력
ㅇ 정확한 조사계획서 작성에 필요한 사례지의 중요도 판단 능력</td></tr>
<tr><td>【태 도】
ㅇ 새로운 환경과 문화에 대한 개방적 태도
ㅇ 조사내용에 대한 공정하고 객관적인 태도
ㅇ 조사지역에 대한 이해와 자유로운 태도</td></tr>
<tr><td rowspan="3">적지분석하기</td><td>6.1 분석한 자료에 따라 대상지의 문제점과 잠재력을 도출할 수 있다.
6.2 문제점과 잠재력 간의 상관관계를 분석할 수 있다.
6.3 분석된 문제점과 잠재력을 검토하여 계획에 반영하도록 정리할 수 있다.
6.4 적지분석을 통하여 가용지를 분석하고 평가할 수 있다.</td></tr>
<tr><td>【지 식】
ㅇ 분석자료와 관련한 계획목표의 문제점, 잠재력에 관한 지식
ㅇ 분석자료의 문제점과 잠재력을 제한요소와 기회요소로 활용하는 방법
ㅇ 적지분석요소의 분석 및 평가 방법</td></tr>
<tr><td>【기 술】
ㅇ 강점과 잠재력에 대한 활용방안 제시 능력
ㅇ 개발목표에 의거하여 분석자료의 문제점 도출 능력
ㅇ SWOT표 등으로 분석내용을 구분하여 도식화하는 능력
ㅇ 약점과 제약요소에 대하여 해결방안을 제시하는 능력
ㅇ 도면을 중첩하여 분석하는 능력</td></tr>
</table>

능력단위요소	수 행 준 거
	【태 도】 ○ 다양한 분석결과를 정리하는 객관적 태도 ○ 대상지의 모든 가치를 존중하는 진정성 있는 태도 ○ 모든 현황조건을 면밀히 검토하는 성실한 태도 ○ 연관된 현황들의 광범위한 가능성을 보는 태도
환경종합분석하기	7.1 사업에 영향을 줄 수 있는 강점, 약점, 기회요인, 위협요인을 도출할 수 있다. 7.2 사업의 특성과 주제 등을 고려하여 분석 내용의 중요도를 설정할 수 있다. 7.3 조사 분석된 자료의 주요사항을 반영하여 종합분석도를 작성할 수 있다.
	【지 식】 ○ 부문별 환경요소 간의 상호의존성 및 배타성에 관한 지식 ○ 분석자료를 도면상에 표현하는 다양한 기법 활용 지식 ○ S.W.O.T 분석방법에 의한 종합분석
	【기 술】 ○ 도면 중첩법의 개발적지 평가기법 활용 능력 ○ 도출된 분석내용을 다이어그램 등으로 도면화하는 표현 능력 ○ 종합된 분석내용을 논리적으로 요약하는 능력 ○ 효과적인 기호 및 표현방법을 사용하여 상호 연관성 있게 표현하는 능력
	【태 도】 ○ 다양한 분석결과를 객관적으로 정리하는 공정한 태도 ○ 유의성 있는 항목에 대한 포괄적 접근자세 ○ 조사분석 내용에 대한 존중과 명료하게 판단하는 비판적 태도

3. 조경기본구상

능력단위 명칭	조경기본구상
능력단위 정의	조경기본구상이란 계획방향에 따라 개념을 설정하고 공간을 기능적으로 구성하기 위해 시설의 종류와 규모를 산정하여 최적의 대안을 결정하는 능력이다.

능력단위요소	수 행 준 거
1405010103_17v3.1 개념설정하기	1.1 환경조사분석 내용을 고려하여 계획의 방향을 설정할 수 있다. 1.2 개발 목적에 적합한 개념을 도출할 수 있다. 1.3 환경적으로 건강하고 지속가능한 계획개념을 도입할 수 있다.
	【지 식】 ○ 공간들의 기능적 조합에 관한 지식 ○ 생태환경, 친환경에 관한 지식 ○ 아이디어를 감각적(시청각적) 매체로의 표현 방법 ○ 창의적 공간 아이디어 도출에 관한 지식 ○ 환경관련법규 및 생태환경 네트워크에 대한 지식
	【기 술】 ○ 공간적 아이디어의 현실적 결과 검증 능력

능력단위요소	수 행 준 거
	ㅇ 다양한 매체를 이용해 아이디어를 표현하는 능력 ㅇ 다양한 유관분야와의 관계 검토 능력
	【태 도】 ㅇ 다양한 가능성을 대할 수 있는 열린 태도 ㅇ 생태환경변화에 대한 미래지향적 사고 ㅇ 아이디어의 현실성을 검증할 수 있는 합리적 태도 ㅇ 인간과 환경을 동반자로 함께 인식하는 태도 ㅇ 혁신적 아이디어를 도출할 수 있는 실험적 태도
1405010103_17v3.2 수요추정하기	2.1 개발목적에 부합하는 사회적 수요량을 예측하고 산정할 수 있다. 2.2 대상지의 생태적 수용력의 적정량을 검토할 수 있다. 2.3 생태적 수용력과 사회적 수요량 중 대상지에 적합한 수요를 추정할 수 있다. 2.4 적정 수요에 따른 대상지의 최적 이용밀도를 산정할 수 있다. 2.5 적정 수요에 따른 최적 이용밀도를 바탕으로 다양한 시설의 규모와 시설의 집적 정도를 추정할 수 있다.
	【지 식】 ㅇ 공간이 가지는 물리적 특성에 대한 지식 ㅇ 생태적 수용력을 판단할 수 있는 관련 지식 ㅇ 수요추정과 관련한 다양한 방법론에 관한 지식 ㅇ 인간의 행태와 관련한 지식
	【기 술】 ㅇ 계산된 결과를 바탕으로 적정규모 산정 능력 ㅇ 생태적 수용력 추정 능력 ㅇ 이용률, 회전율 및 기타 관련 계산 능력 ㅇ 이용자 수요 추정 능력
	【태 도】 ㅇ 개발과 보존의 균형을 지향하는 합리적 태도 ㅇ 수치를 다룸에 있어 요소를 대하는 신중한 태도 ㅇ 요구조건을 정확하게 파악하는 태도
1405010103_17v3.3 도입시설 선정하기	3.1 계획 목적과 개념에 맞는 활동을 도출하고 유형화할 수 있다. 3.2 도입 활동을 담을 수 있는 시설을 목록화할 수 있다. 3.3 시설별 적정규모를 종합하여 도입시설을 선정할 수 있다.
	【지 식】 ㅇ 시설 유형과 규모의 산정방법 ㅇ 시설 유형과 이용 행태의 관계에 관한 지식 ㅇ 인간의 공간 이용 행태에 관련한 지식
	【기 술】 ㅇ 공간의 단위 규모를 산정할 수 있는 능력 ㅇ 다양한 공간 유형을 선정할 수 있는 능력 ㅇ 요구 정도에 부합하는 공간 규모를 산정할 수 있는 능력 ㅇ 인간의 활동 유형을 구분 열거할 수 있는 능력

능력단위요소	수 행 준 거
	【태 도】 ㅇ 개발과 보존의 균형을 지향하는 합리적 태도 ㅇ 수치를 다룸에 있어 요소를 대하는 신중한 태도 ㅇ 요구조건을 정확하게 파악하는 태도
1405010103_17v3.4 공간구상하기	4.1 개념에 적합하게 공간을 배분하여 구성할 수 있다. 4.2 단위공간 간의 관계를 고려하여 동선체계를 수립할 수 있다. 4.3 계획 밀도와 공간 특성이 구현될 수 있는 공간구상 대안을 수립할 수 있다. 4.4 대안들의 특성 및 장단점을 객관적으로 기술할 수 있다.
	【지 식】 ㅇ 개별 공간 구성 및 기능 조합에 관한 지식 ㅇ 단위공간과 동선 구성에 관한 지식 ㅇ 공간 구상안들이 인간 활동과 생태환경에 미치는 영향에 관한 지식 ㅇ 유관 분야(건축, 도시계획, 토목 등)의 공간 역할에 대한 지식
	【기 술】 ㅇ 공간 구성 대안 간 차별성 검증 능력 ㅇ 구성된 공간의 결과가 미칠 영향 예측 능력 ㅇ 합리적 공간 구성의 능력
	【태 도】 ㅇ 객관성을 유지할 수 있는 합리적 태도 ㅇ 다양한 가능성을 검토할 수 있는 열린 태도 ㅇ 창의적이고 실험적인 태도
1405010103_17v3.5 대안평가하기	5.1 계획 개념에 적합한 대안 평가 기준을 작성할 수 있다. 5.2 대안을 평가 기준에 준거하여 객관적으로 평가할 수 있다. 5.3 대안 평가 결과를 종합하여 최종 대안을 선정할 수 있다.
	【지 식】 ㅇ 다양한 대안 평가의 방법 ㅇ 대안별 공간적 특징에 관한 지식 ㅇ 대안별 특징에 대한 객관적 평가에 관한 지식 ㅇ 대안을 의뢰인에게 설명할 수 있는 지식
	【기 술】 ㅇ 대안별 장, 단점 및 특징을 드러낼 수 있는 능력 ㅇ 대안을 평가할 수 있는 합리적 능력 ㅇ 대안을 합리적으로 서술하고 표현할 수 있는 능력
	【태 도】 ㅇ 객관적으로 설명, 기술할 수 있는 관조적 태도 ㅇ 다양한 가능성을 담아내려는 궁극적 태도 ㅇ 대안을 통해 다양한 합목적성을 검증할 수 있는 논리적 태도
1405010103_17v3.6 기본구상도 작성하기	6.1 선정된 최종대안을 바탕으로 기본구상안을 수립할 수 있다. 6.2 토지이용안과 동선안을 토대로 공간을 구성하고 세부적인 내용을 작성할 수 있다. 6.3 기본구상안을 바탕으로 기본구상도를 작성할 수 있다.

능력단위요소	수 행 준 거
	【지 식】 ㅇ 합리적인 구상안을 도출하는 과정과 방법 ㅇ 유관 분야(건축, 도시계획, 토목 등)의 공간 역할에 대한 지식 ㅇ 합리적이고 짜임새 있는 공간 구성의 대안을 설정하는 관련 지식 ㅇ 기본구상도의 내용 및 작성방법
	【기 술】 ㅇ 구성된 공간의 결과가 미칠 영향 예측 능력 ㅇ 다양한 의견을 수렴할 수 있는 능력 ㅇ 짜임새 있는 공간 구성을 표현할 수 있는 기술
	【태 도】 ㅇ 버릴 것과 취할 것을 분별할 수 있는 단호한 태도 ㅇ 의견을 대안으로 발전시킬 수 있는 창의적 태도 ㅇ 의견을 취합할 수 있는 긍정적인 태도

4. 조경기본계획

능력단위 명칭	조경기본계획
능력단위 정의	조경기본계획 수립이란 기본구상에 의한 토지이용계획과 동선계획을 통하여 모든 내용이 종합적으로 반영된 기본계획도를 작성하고 이에 대한 공간별, 부문별 계획을 수립하는 능력이다.

능력단위요소	수 행 준 거
1405010104_17v3.1 토지이용계획 수립하기	1.1 공간별로 토지의 용도를 설정할 수 있다. 1.2 대상지 여건과 시설 특성 및 요구도, 연관성을 고려하여 공간 구성을 할 수 있다. 1.3 기본구상의 개념 및 도입시설을 감안하여 토지이용계획을 수립할 수 있다.
	【지 식】 ㅇ 토지이용계획도 작성 내용 및 방법 ㅇ 시설을 고려한 공간의 배분과 구성에 대한 지식 ㅇ 공간의 역할별 배치에 관한 지식 ㅇ 토지이용에 따른 유형 및 위계에 맞는 배치 선정에 관한 지식
	【기 술】 ㅇ 각 공간의 연계와 간섭에 대하여 분석하는 능력 ㅇ 공간특성에 따른 종류 및 위계를 구분하는 능력 ㅇ 지형도 독해 능력 ㅇ 토지이용계획도 작성 능력
	【태 도】 ㅇ 분석적이고 과학적, 논리적인 사고 ㅇ 문제해결을 위한 적극적인 자세 ㅇ 통합적 분석내용을 정리하는 정밀성 ㅇ 합리적이고 총괄적인 사고

능력단위요소	수 행 준 거
1405010104_17v3.2 동선 계획하기	2.1 안전성과 기능성을 고려하여 차량과 보행 동선을 계획할 수 있다. 2.2 공간의 위계와 도입시설 간의 연계성을 고려하여 동선계획도를 작성할 수 있다. 2.3 교통 약자(노약자, 장애인, 임산부 등)의 안전성과 편리성을 동선계획에 반영할 수 있다. 2.4 범죄예방(CPTED, 범죄예방 환경설계) 관련 사항을 동선계획에 반영할 수 있다.
	【지 식】 ㅇ 관련법규 및 관련기준에 대한 지식 ㅇ 동선의 위계와 특성별 노선선정 기법 ㅇ 동선의 종류 및 이용행태와 이용률에 따른 계획에 관한 지식 ㅇ 무장애디자인(barrier-free design) 관련 지식 ㅇ 안전 및 범죄예방에 관한 설계 지식 ㅇ 유니버설디자인(universial design) 에 관한 지식
	【기 술】 ㅇ 교통동선 계획도 작성 능력 ㅇ 관련기준에 맞는 작성 능력 ㅇ 무장애 공간 설계 능력 ㅇ 효율적이고 기능적인 동선 구성 능력
	【태 도】 ㅇ 논리적이고 객관적인 사고 ㅇ 문제해결을 위한 적극적인 자세 ㅇ 안전 및 범죄예방에 능동적으로 대처하는 태도 ㅇ 창의적이고 진취적인 사고 ㅇ 합리적이고 총괄적인 사고
1405010104_17v3.3 기본계획도 작성하기	3.1 토지이용계획에 따라 공간별 도입시설과 프로그램을 결정할 수 있다. 3.2 도입 시설 및 공간 프로그램을 연계하여 시설계획을 수립할 수 있다. 3.3 관련 계획 내용을 종합적으로 검토하여 축척에 맞게 기본계획도를 작성할 수 있다.
	【지 식】 ㅇ 계획의도와 미학적 구도에 맞는 표현방법에 대한 지식 ㅇ 프로그램의 규모와 형태 등에 대한 지식 ㅇ 조경기본계획도의 구성요소 및 작성방법에 대한 지식 ㅇ 종합적이고 합리적인 개발밀도의 표현에 관한 지식 ㅇ 지형과 경사에 관한 지식
	【기 술】 ㅇ 구상아이디어를 시설규모에 맞게 현실화하는 공간감 표현 능력 ㅇ 기본계획도 작성을 위한 표현 능력 ㅇ 실제 스케일에 근거한 축소된 도면의 적정한 스케일 구현 능력 ㅇ 지형에 대응하여 계획하는 조작 능력 ㅇ 평면계획에 대한 입체화된 공간 표현 능력

능력단위요소	수행준거
	【태 도】 ○ 대지의 속성과 자원에 대한 진지한 태도 ○ 미술조형감각에 의한 창의적인 태도 ○ 총괄적인 사고, 합리적인 태도
1405010104_17v3.4 공간별 계획하기	4.1 토지이용계획에 따라 공간을 구분할 수 있다. 4.2 공간의 특성에 맞게 세부공간계획을 수립할 수 있다. 4.3 공간별로 조경시설을 배치하고 도면화할 수 있다.
	【지 식】 ○ 각 공간의 경관적 특징을 구현하기 위한 통합적 디자인 표현에 관한 지식 ○ 각 공간의 생태적 특성 조직화 지식 ○ 무장애디자인 관련지식 ○ 유니버설디자인 관련지식 ○ 주민참여, 체험 프로그램에 관한 지식 ○ 주요 공간별 계획내용을 주요 부문별 계획으로 표현하는 지식 ○ 커뮤니티 공간 설계에 대한 지식
	【기 술】 ○ 공간별 계획특징을 구분하여 명확하게 연출하는 능력 ○ 각 공간별 계획의 의도와 특수성 등을 구현한 분야별 계획구상 능력 ○ 목적과 기능에 맞게 공간을 분류하는 능력 ○ 무장애 공간 설계 능력 ○ 커뮤니티 공간 설계 능력
	【태 도】 ○ 각 공간의 종합적 계획의도를 기술하는 집중력 있고 면밀한 사고 ○ 공간적 해법을 위한 창의적 사고 ○ 문제해결을 위한 적극적인 자세
1405010104_17v3.5 부문별 계획하기	5.1 조경기반시설, 식재, 시설물, 포장, 경관, 조명연출 등 관련 부문계획을 수립할 수 있다. 5.2 계획 내용에 적합한 재료와 공법 등을 선정할 수 있다. 5.3 부문계획 내용의 상호 관련성을 검토하여 공간의 형태 및 구조를 결정할 수 있다. 5.4 부문계획 내용에 맞게 기본계획도면을 작성할 수 있다.
	【지 식】 ○ 부지지형에 관련한 우수활용과 지형조성에 대한 지식 ○ 보안 및 야간활동을 고려한 야간 경관 연출 지식 ○ 수문학 등 친환경 계획접근에 대한 지식 ○ 조경계획에 필요한 소재 검토, 선정에 대한 지식 ○ 조경분야에 연관되는 친환경 관련 시스템에 대한 지식 ○ 조경식물 소재의 특성과 배식 방법에 대한 지식
	【기 술】 ○ 계획 의도를 구현할 수 있는 계획 능력 ○ 친환경 계획 표현 능력 ○ 야간 경관 조명 연출 능력

능력단위요소	수 행 준 거
	ㅇ 유지관리를 고려한 부문별 계획 능력 ㅇ 조경소재를 응용하는 능력 ㅇ 조경식물 소재에 특징을 파악하는 능력
	【태 도】 ㅇ 계획을 부문별로 나누어 계획하는 합리성 ㅇ 분야 간 연관성을 고려하는 종합적 태도 ㅇ 창의적이고 진취적인 사고
1405010104_17v3.6 개략사업비 산정하기	6.1 계획안의 사업적 특성 및 면적 등에 따른 개략공사비를 산정할 수 있다. 6.2 계획사업의 종류에 따른 공종별, 재원별 투자계획을 수립할 수 있다. 6.3 사업비의 계획의도에 근거하여 사업비의 타당성 검토와 조정 방안을 수립할 수 있다. 6.4 효율적인 사업집행을 위한 우선 순위결정 및 단계별 집행계획을 수립할 수 있다.
	【지 식】 ㅇ 개략공사비 산출방법 ㅇ 계획분야에 따른 적정공사비 산정 지식 ㅇ 예상 공종에 대한 지식 ㅇ 재원조달방법
	【기 술】 ㅇ 공종별 개략공사비 산출 능력 ㅇ 유사사례 등 다양한 데이터에 의한 예측가능한 공사비 적용 능력 ㅇ 재원조달방법의 비교 선정 능력
	【태 도】 ㅇ 합리적이고 분석적인 사고 ㅇ 현실성 있는 사고 ㅇ 참여와 혁신을 유도하는 이상적 사고 ㅇ 포괄적 안목과 집중력
1405010104_17v3.7 관리계획 작성하기	7.1 계획의도와 사업특성에 따라 경영효율성을 고려한 운영관리계획을 수립할 수 있다. 7.2 계절별, 시설별 특성을 반영한 유지관리계획을 수립할 수 있다. 7.3 이용자의 요구와 행태를 고려한 이용관리계획을 수립할 수 있다.
	【지 식】 ㅇ 계획의도에 맞는 운영계획 수립에 대한 지식 ㅇ 운영관리계획 수립방법 ㅇ 조경관리계획 수립 ㅇ 참여적 관리운영방안 ㅇ 환경관련 법규
	【기 술】 ㅇ 경제성을 고려한 운영계획 수립 능력 ㅇ 사업계획의 종류에 따른 주요 운영관리계획 수립 능력 ㅇ 이용성 및 생애주기를 고려한 유지관리계획 수립 능력

능력단위요소	수 행 준 거
	【태 도】 ○ 문제해결을 위한 적극적인 자세 ○ 참여와 혁신을 유도하는 이상적 사고 ○ 합리적이고 분석적인 사고 ○ 현실성 있는 사고
1405010104_17v3.8 기본계획보고서 작성하기	8.1 계획 목적에 맞는 기본계획보고서 목차를 작성할 수 있다. 8.2 목차에 따라 단계별 계획내용을 작성할 수 있다. 8.3 계획내용을 이해하기 쉽도록 그림, 삽도 등을 작성할 수 있다. 8.4 계획도면, 투시도, 조감도, 모형사진 등 전문화된 표현작업을 기획하고 진행할 수 있다.
	【지 식】 ○ 계획과정별 계획내용 전개에 대한 지식 ○ 맞춤법, 표준어 등의 활용 지식 ○ 목차 구성에 대한 지식 ○ 요약하여 대표적인 개념과 결론 제시에 대한 지식 ○ 편집디자인과 컴퓨터 활용 지식
	【기 술】 ○ 계획과정별 결과물을 요약 정리하는 능력 ○ 보고서 문단모양, 글자모양 등 편집의 틀 제시 능력 ○ 삽도를 계획의도를 효과적으로 표현하는 능력 ○ 투시도, 조감도, 평면계획도 등 결과물 기획 능력 ○ 표준화된 용어를 사용하고 맞춤법에 맞는 원고 교정 능력
	【태 도】 ○ 논리적 사고력 ○ 미술조형감각, 그래픽표현에 대한 이해력 ○ 총괄적이고 정밀한 기획력

5. 조경기본설계

능력단위 명칭	조경기본설계
능력단위 정의	조경기본설계란 조경기본계획을 검토하고 기본설계도면 작성을 위하여 공간별 · 공종별 설계와 개략공사비를 산정하는 능력이다.

능력단위요소	수 행 준 거
1405010105_17v3.1 조경기본계획 검토하기	1.1 기본계획의 전반적인 내용에 대해 재검토하고 보완할 수 있다. 1.2 관련 법규의 기준, 인허가 조건을 검토할 수 있다. 1.3 대상지 설계여건을 검토한 후 문제점과 설계과제를 도출하여 해결안을 보완할 수 있다. 1.4 검토 결과를 종합 분석하여 계획내용을 보완하고 확정할 수 있다. 1.5 현장조사, 현황측량과 스터디 모형 검토를 통해 기본계획의 적정 여부를 판단할 수 있다.

능력단위요소	수 행 준 거
	【지 식】 ㅇ 조경관련 법정 면적, 수량산출에 관한 지식 ㅇ 도시공원 계획 지표에 대한 지식 ㅇ 프로젝트의 배경 및 목적, 공간적 범위, 내용적 범위, 수행 과정 등에 대한 지식 ㅇ 엔지니어링기술진흥법규, 건축관련법규, 도시계획관련법규, 도시공원 관련법규, 문화재 관련법규, 해당 지방 자치단체의 조례 및 행정지침, 발주처 설계 지침, 심의 및 승인허가 등에 대한 관련 기준 지식 ㅇ 현장조사, 현황측량 검토를 통해 기본계획상 불일치 여부를 판단할 수 있는 지식
	【기 술】 ㅇ 관련법규, 기준, 계획 지표 등을 대상지에 적용하는 능력 ㅇ 등고선, 단면도, 경사도 등을 분석하여 가용지 적정여부를 판단할 수 있는 능력 ㅇ 설계보고 및 협의에 대한 프레젠테이션 능력 ㅇ 설계여건 분석 종합 및 방향 설정 능력 ㅇ 현장조사 ㅇ 현황 측량도를 이해할 수 있는 능력
	【태 도】 ㅇ 분석적 사고 ㅇ 창의적 사고 ㅇ 치밀함 ㅇ 협력적 태도
1405010105_17v3.2 공간별 기본설계하기	2.1 주요 공간의 형태, 공법, 재료를 결정할 수 있다. 2.2 공간별 규모 및 치수 등 적정한 스케일을 확정할 수 있다. 2.3 절토, 성토에 따른 등고선 조작으로 기초적인 지형설계를 할 수 있다 2.4 시설물, 구조물, 기반시설물 등의 기본설계를 할 수 있다. 2.5 공사계획평면도를 작성할 수 있다.
	【지 식】 ㅇ 절토, 성토 등의 토공 방법과 등고선조작, 토적계산 ㅇ 대상지별 공간의 형태와 규모를 구체적으로 확정하는 과정에 대한 지식 ㅇ 표면배수, 배수관, 암거, 심토층 등 배수공법, 급수계획에 관한 지식 ㅇ 휴게공간, 놀이공간, 운동공간, 주차공간, 수공간, 광장, 녹지공간 등 주요 공간의 구성요소와 수식요소
	【기 술】 ㅇ 기본계획의 의도를 정확히 파악하고 도면을 작성할 수 있는 능력 ㅇ 부문별 계획의 상관성을 비교 분석할 수 있는 능력 ㅇ 좌표, 치수결정 등 공사계획 평면을 만드는 능력
	【태 도】 ㅇ 경험적 사고 ㅇ 성실한 태도 ㅇ 정확하고 정밀한 설계태도

능력단위요소	수 행 준 거
1405010105_17v3.3 공종별 기본설계하기	3.1 주요 공종의 형태, 공법, 재료를 공간별 특성에 맞추어 설계할 수 있다. 3.2 생태적 · 미학적 · 경관적 특성을 고려하여 식물재료를 선정하고 식재설계할 수 있다. 3.3 동선의 형태, 연장, 폭원, 위계를 고려하여 포장재료를 선정하고 포장설계를 할 수 있다. 3.4 경관, 기능, 생애주기 등을 고려하여 소재와 형태를 결정할 수 있다. 3.5 시설물 및 구조물의 입면과 주요 단면을 설계할 수 있다.
	【지 식】 ㅇ 식물재료의 생태적, 미학적 특성 ㅇ 적정 스케일을 이해하고 도면화 하는 지식 ㅇ 조경 시설물, 구조물의 설계기준 ㅇ 포장재료의 물리적, 미학적 특성 ㅇ 공종의 형태, 공법, 재료에 대한 지식
	【기 술】 ㅇ 공간을 구성하고 동선을 배치하는 능력 ㅇ 공간구성의 중점사항을 이해하고 배치하는 능력 ㅇ 공간별 특성에 적합한 소재를 선택하고 결정하는 능력 ㅇ 초화류나 수목의 특성에 대한 이해 능력
	【태 도】 ㅇ 경험적 사고 ㅇ 조형적인 능력 ㅇ 효율적인 설계를 위한 창의적이고 유연한 사고
1405010105 _17v3.4 개략공사비 산정하기	4.1 기본설계 항목 및 내용에 맞추어 개략적인 물량을 산출하고 집계할 수 있다. 4.2 산출된 설계물량에 따라 개략적인 단가와 공사 예산을 산정할 수 있다. 4.3 원자재 구입처 및 구입가능 여부 등을 검토하여 설계변경 사유를 방지할 수 있다. 4.4 공사시기, 기간, 시공성 등을 검토하여 개략 공정계획을 수립할 수 있다.
	【지 식】 ㅇ 공사 유형별, 조경 면적 당 개략 공사비 산정 ㅇ 공정관리 프로그램이나 수작업을 통한 공정계획표 작성방법 ㅇ 기본설계 도면에 준한 수량산출 항목과 면적 및 부피 등의 산출 방법 ㅇ 수량산출, 설계수량, 계획수량, 소요수량의 용어 정의 및 개념 ㅇ 예상되는 공사기일에 적합한 공정계획 수립 방법 ㅇ 적산과 견적, 일위대가 등 용어와 작업순서에 대한 지식
	【기 술】 ㅇ 가격자료를 활용한 단가 조사 능력 ㅇ 공종별, 수준(상, 중, 하)별 개략공사비 산출 능력 ㅇ 도면에 표시된 마감을 파악하여 수량을 집계하는 능력 ㅇ 면적, 부피 및 수량을 산출하는 능력 ㅇ 발주자 요구에 적합한 개략공사비 산출 능력

능력단위요소	수 행 준 거
	ㅇ 스프레드시트 프로그램 활용 능력 ㅇ 적정 공기에 맞추어 간략한 공정표를 작성하는 능력
	【태 도】 ㅇ 경험적 사고 및 준비성 ㅇ 수리력 ㅇ 정밀함 및 정확성
1405010105_17v3.5 기본설계도면 작성하기	5.1 도면목록, 관계자 협의, 예산, 인원 등을 고려하여 설계 공정표를 작성할 수 있다. 5.2 자재, 공법, 경제성 등을 고려하여 설계도면에 반영할 수 있다. 5.3 기본계획 내용을 고려하여 배치평면도, 식재평면도, 시설물평면도를 작성할 수 있다. 5.4 주요 입 · 단면도 등의 설계도면을 작성할 수 있다.
	【지 식】 ㅇ 공간의 형태, 규모 및 치수결정 등 배치 설계 방법 ㅇ 기본계획 검토 결과를 구체적인 설계개선안으로 작성하는 방법 ㅇ 발주자의 의도를 정확히 이해하고 협의를 통해 조정하는 방법 ㅇ 기본설계도면에 관한 지식 ㅇ 조경설계 대상지에 대한 기반조성계획과 설계기준 ㅇ 평면도, 입면도, 단면도, 상세도 등 도면 작성 기법
	【기 술】 ㅇ 공간설계 개념표현 및 스케치 능력 ㅇ 관련 업체 담당자와 공동작업 협의 및 관리 능력 ㅇ 기본계획 단계에서 제시된 각종 설계자료, 프로그램자료, 기본적인 설계원칙, 개략적인 공간의 형태를 구체적으로 발전시켜 도면화하는 능력 ㅇ 도면 목록 작성과 각각의 규격 및 축척 적용 능력 ㅇ 기본도면(base map) 작성 능력, 각종 기법의 표현 능력 ㅇ 설계 개념을 3차원 형태로 전달할 수 있는 능력 ㅇ 적정 스케일을 이해하고 도면화하는 능력 ㅇ 조경설계의 평면, 입면, 단면 구성 능력
	【태 노】 ㅇ 경험적인 사고 ㅇ 설계사항을 검토, 확인하는 태도 ㅇ 정확하고 정밀한 설계 태도 ㅇ 창의적 사고와 분석적 사고

6. 조경기반설계

능력단위 명칭	조경기반설계
능력단위 정의	조경기반설계란 지형 일반과 조경기반시설에 대한 제반지식 및 설계기준을 바탕으로 조경기반시설에 관한 설계 업무를 수행하는 능력이다.

능력단위요소	수 행 준 거
1405010106_17v3.1 부지 정지 설계하기	1.1 종합적인 정지계획에 따라 공간의 계획고를 설정할 수 있다. 1.2 계획고와 원지반고를 비교하여 가장 효율적인 절 · 성토 계획을 수립할 수 있다. 1.3 경관과 안정성을 확보할 수 있도록 지형을 설계할 수 있다. 1.4 정지계획에 따른 빗물배수의 영향을 검토하여 배수계획을 수립할 수 있다.
	【지 식】 ㅇ 배수체계에 대한 지식 ㅇ 부지정지 설계에 대한 지식 ㅇ 지형도 독해 및 분석 방법 등 지형에 관한 지식
	【기 술】 ㅇ 기본제도 능력 ㅇ 등고선 조작 및 단면작성 능력 ㅇ 지형분석 능력
	【태 도】 ㅇ 분석적 사고와 정밀성 ㅇ 적극적인 업무처리 태도 ㅇ 총괄적, 창의적 태도
1405010106_17v3.2 도로 설계하기	2.1 지형특성을 고려하여 도로선형을 설계할 수 있다. 2.2 도로의 기능, 규모 및 특성을 고려하여 설계할 수 있다. 2.3 주변 지형과의 조화를 고려하여 도로 종, 횡단면도를 작성할 수 있다.
	【지 식】 ㅇ 도로구조 및 재료, 공법에 대한 지식 ㅇ 도로설계에 대한 지식 ㅇ 배수체계에 대한 지식 ㅇ 지형에 대한 지식 ㅇ 부대토목에 관한 설계 지식
	【기 술】 ㅇ 기본제도 능력 ㅇ 도로 노선배치 설계 능력 ㅇ 등고선 조작 및 단면작성 능력 ㅇ 지형분석 능력 ㅇ 토목 등 관련분야 설계도면 검토 및 활용 능력
	【태 도】 ㅇ 분석적 사고와 정밀성 ㅇ 적극적인 업무처리태도 ㅇ 총괄적, 창의적 태도 ㅇ 관련분야와 소통을 위한 협력적인 태도

능력단위요소	수 행 준 거
1405010106_17v3.3 주차장 설계하기	3.1 주차규모, 주차방식, 차량 진출입 위치 등 설계 조건에 맞게 주차장 설계를 할 수 있다. 3.2 복사열과 우수처리 등의 배수 문제를 검토하여 설계할 수 있다. 3.3 경관 향상과 그늘 식재를 고려하여 주차장 설계를 할 수 있다.
	【지 식】 o 배수체계에 대한 지식 o 주차방식, 법규 등 주차장 설계기준에 관한 지식 o 주차장 포장재료 및 공법에 관한 지식 o 지형에 관한 지식
	【기 술】 o 기본제도 능력 o 부지정지 능력 o 주차장 배치설계 능력 o 지형분석 능력 o 건축, 토목분야 설계도면 검토 및 활용 능력
	【태 도】 o 분석적 사고와 정밀성 o 적극적인 업무처리 태도 o 문제해결을 위한 적극적이고 협력적인 태도 o 효율적인 설계를 위한 창의적이고 유연한 사고
1405010106_17v3.4 구조물 설계하기	4.1 지형변화가 예상되는 지점에 구조물 설치를 검토하고 설계할 수 있다. 4.2 옹벽, 석축 등 구조물을 조성 시 배수시설을 설계할 수 있다. 4.3 구조물의 입 · 단면도, 전개도 등을 통해 적합성을 검토할 수 있다. 4.4 대형 또는 특수한 구조물 등이 필요한 경우에는 관련분야와 협력하여 설계할 수 있다.
	【지 식】 o 구조물의 구조, 재료, 치수 등 구조물 상세에 대한 설계기준 o 구조물 배수에 대한 지식 o 상세설계도면 작성방법 o 조경구조물에 대한 지식 o 지형에 대한 지식
	【기 술】 o 기본제도 능력 o 상세도면 작성 능력 o 지형분석 능력 o 토목, 구조 등 관련분야 설계도면 검토 및 활용 능력
	【태 도】 o 분석적 사고와 정밀성 o 문제해결을 위한 적극적인 태도 o 토목, 구조 등 관련분야와 소통을 위한 협력적인 태도 o 효율적인 설계를 위한 창의적이고 유연한 사고

능력단위요소	수 행 준 거
1405010106_17v3.5 빗물처리시설 설계하기	5.1 우수구역과 우수량을 고려하여 빗물의 활용계획을 수립할 수 있다. 5.2 빗물처리시설에 대한 구조와 기능을 숙지하고 설계를 할 수 있다. 5.3 빗물보존 및 활용방법을 고려하여 필요시 소규모 저류시설을 설계할 수 있다.
	【지 식】 o 배수시설 상세설계에 대한 지식 o 빗물처리시설 및 배수체계에 대한 지식 o 저류지에 대한 지식 o 지형에 대한 지식 o 토목 등 관련분야 우 · 배수에 대한 지식
	【기 술】 o 기본제도 능력 o 상세도면 작성 능력 o 지형분석 능력 o 토목 등 관련분야 설계도면 검토 및 활용 능력
	【태 도】 o 분석적 사고와 정밀성 o 문제해결을 위한 총괄적이고 적극적인 태도 o 전문가의 의견을 수용할 수 있는 개방적인 사고 o 토목 등 관련분야와 소통을 위한 협력적인 대도 o 효율적인 설계를 위한 창의적이고 유연한 사고
1405010106_17v3.6 배수시설 설계하기	6.1 부지의 현황여건, 설계조건에 합당한 배수방법을 결정하고 배수시설 설계를 할 수 있다. 6.2 배수구역과 유출계수 등을 고려하여 수리계산에 의한 관로 계획을 수립할 수 있다. 6.3 토목 등 관련분야와 협조하여 효율적인 배수시설을 설계할 수 있다.
	【지 식】 o 토목 등 관련분야 배수에 대한 지식 o 배수시설에 대한 지식 o 배수시설 상세설계도면 내용 o 지형에 대한 지식
	【기 술】 o 기본제도 능력 o 상세도면 작성 능력 o 지형분석 능력 o 토목, 건축분야 설계도면 검토 및 활용 능력
	【태 도】 o 분석적 사고와 정밀성 o 문제해결을 위한 총괄적이고 적극적인 태도 o 전문가의 의견을 수용할 수 있는 개방적인 사고 o 토목 등 관련분야와 소통을 위한 협력적인 태도 o 효율적인 설계를 위한 창의적이고 유연한 사고

능력단위요소	수 행 준 거
1405010106_17v3.7 관수시설 설계하기	7.1 녹지의 효과적 관리를 위한 관수 용량 및 관수 방법을 선정할 수 있다. 7.2 관수를 위한 물과 전기공급 등을 토목, 전기, 기계, 설비분야와 협의 조정할 수 있다. 7.3 관수계획도 및 상세도를 통해 시스템의 적절성을 검토할 수 있다.
	【지 식】 ㅇ 관수시설의 설계기준에 대한 지식 ㅇ 관수시설의 종류, 구조, 재료, 치수 등 관수시설 상세설계에 대한 지식 ㅇ 식물에 대한 지식 ㅇ 토목, 전기, 기계, 설비 등 관련분야에 대한 지식 ㅇ 지형과 토양에 대한 지식
	【기 술】 ㅇ 급 · 관수시설 배치설계 능력 ㅇ 기본제도 능력 ㅇ 상세도면 작성 능력 ㅇ 지형분석 능력
	【태 도】 ㅇ 전문분야의 의견을 수용할 수 있는 개방적인 사고 ㅇ 분석적, 합리적 사고 ㅇ 문제해결을 위한 적극적인 태도 ㅇ 전문성을 바탕으로 정확하고 세심한 업무처리 태도
1405010106_17v3.8 포장 설계하기	8.1 설계의 목적에 따른 포장 패턴과 디자인을 결정할 수 있다. 8.2 경관성 및 기능성을 고려하여 포장 재료와 공법을 선정할 수 있다. 8.3 선정된 재료와 공법을 활용하여 평면도, 단면도 등 설계도를 작성할 수 있다. 8.4 토목, 건축분야와 협력하여 설계업무를 명확히 구분할 수 있다.
	【지 식】 ㅇ 배수에 대한 지식 ㅇ 지반 및 기초에 대한 지식 ㅇ 지형에 대한 지식 ㅇ 포장설계에 대한 지식 ㅇ 포장시설의 종류, 구조, 재료, 색상, 치수, 패턴 등 포장 상세설계에 관한 기준 및 지식
	【기 술】 ㅇ 기본제도 능력 ㅇ 상세도면 작성 능력 ㅇ 지형분석 능력 ㅇ 포장 패턴설계 및 도면작성 능력
	【태 도】 ㅇ 분석적, 합리적 사고 ㅇ 문제해결을 위한 적극적인 태도 ㅇ 토목, 건축 등 관련분야와 소통을 위한 협력적인 태도 ㅇ 효율적인 설계를 위한 창의적이고 유연한 사고

능력단위요소	수행준거
1405010106_17v3.9 조경기반설계도면 작성하기	9.1 지형 및 조경기반시설을 검토하여 설계목적과 기능에 맞게 설계도를 작성할 수 있다. 9.2 조경설계기준에 기초하여 평면도, 단면도, 상세도 등 세부도면을 작성할 수 있다. 9.3 부지 정지계획에 따라 종, 횡단면도 및 정지설계도, 공사계획도 등을 작성할 수 있다.
	【지 식】 ㅇ 지형 및 조경기반시설에 대한 지식 ㅇ 설계도면 작성에 대한 지식 ㅇ 조경기반시설의 구조, 재료, 치수 등 기반시설 상세에 대한 설계기준
	【기 술】 ㅇ 기본제도 능력 ㅇ 상세도면 작성 능력 ㅇ 설계도면 검토 및 분석 능력 ㅇ 설계변경 및 수정, 보완 능력
	【태 도】 ㅇ 분석적 사고와 정밀성 ㅇ 설계사항을 검토, 확인하는 태도 ㅇ 진문싱을 바탕으로 정확하고 세심한 업무처리 태노 ㅇ 설계자의 의도를 정확히 전달하려는 태도

7. 조경식재설계

능력단위 명칭	조경식재설계
능력단위 정의	조경식재설계란 식재개념 구상, 기능식재 설계, 조경식물의 선정, 식재기반 설계, 교목 · 관목 · 지피 · 초화류 식재설계, 훼손지 녹화 설계, 생태복원 식재설계에 따른 세부적인 설계도면을 작성하는 능력이다.

능력단위요소	수행준거
1405010107_17v3.1 식재개념 구상하기	1.1 공간기능과 경관, 생태적 특성 등을 반영한 식재설계 개념을 구상할 수 있다. 1.2 공간 개념에 따라 세부적으로 상세한 구상을 표현할 수 있다. 1.3 구상된 개념과 계획개념 간의 연관성을 검토할 수 있다. 1.4 구상된 개념을 다양한 표현방법을 사용하여 설명할 수 있다.
	【지 식】 ㅇ 식물의 생태적 특성 및 역할에 관한 지식 ㅇ 식물소재의 종류에 관한 지식 ㅇ 식물의 미학적 기능 및 효과에 관한 지식
	【기 술】 ㅇ 식재개념 구상 능력 ㅇ 구상된 개념을 표현할 수 있는 능력

능력단위요소	수 행 준 거
	【태 도】 ㅇ 새로운 식재개념을 구상할 수 있는 실험적 태도 ㅇ 구상된 식재개념을 검토할 수 있는 합리적 태도 ㅇ 다양한 가능성을 수용할 수 있는 열린 태도
1405010107_17v3.2 기능식재 설계하기	2.1 공간별로 필요한 기능식재를 결정할 수 있다. 2.2 결정된 기능 간 상관관계를 검토할 수 있다. 2.3 계절에 따라 식재 식물에 대한 변화를 검토할 수 있다. 2.4 경관 및 생태적 특성을 고려한 기능식재를 할 수 있다.
	【지 식】 ㅇ 식물의 생육환경에 관한 지식 ㅇ 식물의 형상적, 생태적 특성에 관한 지식
	【기 술】 ㅇ 식물의 생태적 특성을 조합하는 능력 ㅇ 식물기능과 형상을 조합하는 능력
	【태 도】 ㅇ 식재기능을 검토할 수 있는 합리적 태도 ㅇ 심미적 특성을 살릴 수 있는 창의적 태도
1405010107_17v3.3 조경식물 선정하기	3.1 공간개념에 적합한 다양한 식물을 선정할 수 있다. 3.2 식재 설계의 기능과 효과를 고려하여 식물 재료를 선정할 수 있다. 3.3 식재 목적에 따라 심미적 특성과 공간구성기능을 고려한 식물을 선정할 수 있다. 3.4 수목의 생태적 특성 및 여건을 고려한 식물을 선정할 수 있다.
	【지 식】 ㅇ 식물 생육 환경에 관한 지식 ㅇ 식물 소재별 생태적 특성에 관한 지식 ㅇ 식물의 성상 및 외형적 특성에 관한 지식 ㅇ 식재 여건과 관련한 지식
	【기 술】 ㅇ 식재계획 개념에 맞는 식물선정 능력 ㅇ 식재지에 적합한 수종 선정 능력
	【태 도】 ㅇ 다양한 가능성을 참고할 수 있는 긍정적 태도 ㅇ 다양한 조경식물 조합을 만들어 낼 수 있는 창의적 태도 ㅇ 적합한 조경식물을 선정할 수 있는 합리적 태도
1405010107_17v3.4 식재기반 설계하기	4.1 식재 공간에 대한 식물생육 환경의 적합성을 판단할 수 있다. 4.2 식재 공간의 생육 환경을 확보하기 위한 식재기반을 구상하고 설계할 수 있다. 4.3 식재에 적합한 배수 및 관수 조건을 결정할 수 있다. 4.4 인공지반의 경우 도입 식물의 생육조건에 따른 적합한 식재기반조성 설계를 할 수 있다.

능력단위요소	수 행 준 거
	【지 식】 ㅇ 관수 및 배수에 관한 지식 ㅇ 식물의 생육 조건에 관한 지식 ㅇ 인공지반의 구조적 특성에 관한 지식 ㅇ 토양의 구조 및 특성에 관한 지식
	【기 술】 ㅇ 배수 및 관수 설계에 관한 기술적 능력 ㅇ 인공지반 구성에 관한 기술적 능력 ㅇ 토양 개선에 관한 기술적 능력
	【태 도】 ㅇ 식물생육 환경을 조성하고자 하는 합리적인 태도 ㅇ 적합한 식재기반을 조성하려는 적극적인 태도
1405010107_17v3.5 수목식재 설계하기	5.1 선정된 교목의 특성과 공간기능 및 경관을 고려하여 식재설계를 할 수 있다. 5.2 선정된 관목의 특성과 공간기능 및 경관을 고려하여 식재설계를 할 수 있다. 5.3 공간기능과 경관, 생육조건 등을 고려하여 수목 규모를 결정할 수 있다. 5.4 식물 생육조건에 따른 규격과 밀도를 적용하여 상세설계를 할 수 있다. 5.5 법적 조건과 공간기능, 예산 등을 고려하여 적정한 수목의 수량을 산정할 수 있다.
	【지 식】 ㅇ 식재 공간 유형에 관한 지식 ㅇ 교목, 관목 식재방법에 관한 지식 ㅇ 수목의 미적, 디자인적 특성에 관한 지식 ㅇ 식재설계도면 작성에 대한 지식 ㅇ 식재장소의 지역적 환경요인
	【기 술】 ㅇ 공간별 특성에 따른 식재설계 능력 ㅇ 기능별 식재에 따른 식재설계 능력 ㅇ 기본제도 능력 ㅇ 식재 단위면적 당 식재수량 산출 능력 ㅇ 식재상세도면 작성 능력
	【태 도】 ㅇ 분석적 사고와 정밀성 ㅇ 설계사항을 검토, 확인하는 태도 ㅇ 적극적인 업무처리태도 ㅇ 효율적인 설계를 위한 창의적이고 유연한 사고
1405010107_17v3.6 지피 · 초화류 식재설계하기	6.1 생육조건 및 향토성에 적합한 지피 · 초화류를 선정할 수 있다. 6.2 배치구상에 따라 초화류 및 지피류의 위치를 선정할 수 있다. 6.3 지피 · 초화류의 밀도 및 규모와 생육조건을 고려한 식재 설계를 할 수 있다. 6.4 공간특성과 예산 등을 고려하여 적정한 식재수량을 결정할 수 있다.

능력단위요소	수 행 준 거
	【지 식】 ㅇ 식재설계도면 작성에 관한 지식 ㅇ 식재장소의 지역적 환경요인에 관한 지식 ㅇ 잔디 및 지피식물에 관한 지식 ㅇ 지피 · 초화류 조성방법(실생, 포복경 네트, 뗏장 등) ㅇ 지피 · 초화류의 미적, 디자인적 특성에 관한 지식 ㅇ 초화류 조성방법(실생, 포복경 네트, 뗏장 등) ㅇ 지피 · 초화류의 미적, 디자인적 특성에 관한 지식 ㅇ 지피 · 초화류의 생산, 유통구조 ㅇ 지피 · 초화류의 식재 간격 및 밀도에 관한 지식
	【기 술】 ㅇ 기본제도 능력 ㅇ 식재 단위면적 당 식재수량 산출 능력 ㅇ 식재상세도면 작성 능력
	【태 도】 ㅇ 분석적 사고와 정밀성 ㅇ 설계사항을 검토, 확인하는 태도 ㅇ 적극적인 업무처리태도 ㅇ 효율적인 설계를 위한 창의적이고 유연한 사고
1405010107_17v3.7 훼손지 녹화 설계하기	7.1 훼손지의 훼손 정도와 복원목표를 검토하여 적절한 복원방법을 결정할 수 있다. 7.2 식물 재료의 특성을 검토하여 녹화 설계에 적합한 식물을 선정할 수 있다. 7.3 훼손지를 보완할 수 있는 다양한 녹화기법을 활용하여 식재 설계할 수 있다.
	【지 식】 ㅇ 녹화 관련 시설물에 대한 설계기준 ㅇ 비탈녹화공법에 관한 지식 ㅇ 비탈면 녹화용 식물 재료에 관한 지식 ㅇ 상세설계도면 작성방법
	【기 술】 ㅇ 기본제도 능력 ㅇ 상세도면 작성 능력 ㅇ 지형 및 현황분석도 판독 능력 ㅇ 훼손지 녹화 설계 및 도면작성 능력
	【태 도】 ㅇ 분석적 사고와 정밀성 ㅇ 설계사항을 검토, 확인하는 태도 ㅇ 적극적인 업무처리태도 ㅇ 효율적인 설계를 위한 창의적이고 유연한 사고
1405010107_17v3.8 생태복원 식재 설계하기	8.1 대상지 특성에 따른 생태적, 경관적 복원 목표를 설정할 수 있다. 8.2 생태적, 경관적 목표에 대한 복원기법을 결정할 수 있다. 8.3 생태복원에 적용 가능한 식물재료를 선정하고 식재 설계를 할 수 있다. 8.4 자생력 있는 생태환경으로 복원될 수 있도록 다양한 보조기법을 활용할 수 있다.

능력단위요소	수 행 준 거
	【지 식】 ㅇ 대상지의 환경적 요인과 생태에 관한 지식 ㅇ 생태적 복원에 관련한 공법에 관한 지식 ㅇ 식재 식물의 종류와 생태적 특성에 관한 지식
	【기 술】 ㅇ 공학적 기술을 적용할 수 있는 능력 ㅇ 훼손지 복구 이후의 변화과정 파악 능력 ㅇ 지형의 물리적 변화를 분석할 수 있는 능력
	【태 도】 ㅇ 분석적 사고와 정밀성 ㅇ 설계사항을 검토, 확인하는 태도 ㅇ 생태복원에 대한 이해와 관심을 갖는 태도 ㅇ 효율적인 설계를 위한 창의적이고 유연한 사고
1405010107_17v3.9 조경식재설계도면 작성하기	9.1 수목의 종류, 크기, 수량, 위치 등이 반영된 식재평면도를 작성할 수 있다. 9.2 지피 · 초화류의 종류, 규격, 수량 및 위치 등이 반영된 식재평면도를 작성할 수 있다. 9.3 세부 공간별로 식재평면상세도와 입면도를 작성할 수 있다. 9.4 관목 및 지피, 초화류의 식재 밀도와 패턴을 보여주는 상세도를 작성할 수 있다. 9.5 식물 생육을 보완할 수 있는 식재 기법에 관한 상세도면을 작성할 수 있다.
	【지 식】 ㅇ 식재 밀도 및 간격 기준에 관한 지식 ㅇ 식재 부자재 및 재료에 관한 지식 ㅇ 식재공사 공정에 관한 지식
	【기 술】 ㅇ 식물의 성상과 크기에 따른 입면적인 공간 구성 능력 ㅇ 재평면도를 작성하는 능력 ㅇ 식재 패턴에 따른 평면적 공간 구성 능력
	【태 도】 ㅇ 분석적 사고와 정밀성 ㅇ 설계사항을 검토, 확인하는 태도 ㅇ 설계자의 의도를 정확히 전달하려는 태도 ㅇ 전문성을 바탕으로 정확하고 세심한 업무처리 태도

8. 조경시설설계

능력단위 명칭	조경시설설계
능력단위 정의	조경시설설계란 공간 특성에 따른 시설 개념을 구상하여 휴게시설, 놀이시설, 운동시설 등 개별 시설물을 배치하고 세부적인 설계도면을 작성하는 능력이다.

능력단위요소	수행준거
1405010108_17v3.1 조경시설 개념 구상하기	1.1 공간의 특성, 목적, 기능을 고려하여 시설에 대한 개념과 이미지를 구상할 수 있다. 1.2 시설과 관련한 법규, 지침, 기준 등의 내용을 검토하고 적용할 수 있다. 1.3 시설의 유형과 종류를 분류하여 공간에 체계적인 배치를 구상할 수 있다.
	【지 식】 ㅇ 공간에 맞는 시설물 배치에 대한 지식 ㅇ 시설물 관련 법규, 지침, 기준 ㅇ 시설물의 유형과 종류 및 기능 ㅇ 시설물의 특성을 고려한 입지 조건 ㅇ 이용자의 수요 및 행태의 분석
	【기 술】 ㅇ 세부 시설의 통합적 구성과 이미지 연출 능력 ㅇ 시설물 개념 구상을 표현 정리할 수 있는 능력 ㅇ 시설물 개념의 적합성을 분별할 수 있는 능력
	【태 도】 ㅇ 정확하고 합리적인 업무처리 태도 ㅇ 창의적인 설계를 진행하는 태도 ㅇ 혁신적인 아이디어를 도출할 수 있는 실험적 태도
1405010108_17v3.2 조경시설 자재 선정하기	2.1 다양한 방법으로 자재와 기성제품에 대한 시장조사를 할 수 있다. 2.2 사례조사를 통하여 자재의 특성, 효율성, 가격 등 장,단점을 파악할 수 있다. 2.3 시설의 기능성, 경제성, 내구성, 미관성, 안전성 등을 고려하여 자재를 선정할 수 있다.
	【지 식】 ㅇ 자재의 적용방법에 대한 지식 ㅇ 시설물 적용 시 자재의 시공 및 관리에 대한 지식 ㅇ 주요 자재의 종류와 특성
	【기 술】 ㅇ 시설물에 세부자재 적용방법에 대한 구상 능력 ㅇ 기능, 미관, 효과, 경제성에 따른 자재 선정 능력 ㅇ 시장조사 및 사례조사를 통한 자료수집 및 정리 능력
	【태 도】 ㅇ 경험을 바탕으로 한 객관적인 분석 태도 ㅇ 정확하고 합리적인 업무처리 태도 ㅇ 정확한 판단을 위한 창의적인 태도

능력단위요소	수 행 준 거
1405010108_17v3.3 조경시설 배치하기	3.1 시설 배치에 대한 대안을 수립할 수 있다. 3.2 평가기준에 따라 최적 대안을 선정할 수 있다. 3.3 이용자의 수요와 분석을 통해 시설의 적정 규모를 결정할 수 있다. 3.4 시설의 특성, 기능, 효율성을 고려하여 조경시설을 배치할 수 있다.
	【지 식】 ○ 시설물의 관련 법규, 지침, 기준 ○ 시설물의 규격, 형태, 구조 및 시스템에 대한 지식 ○ 시설물의 특성을 고려한 입지조건 ○ 이용자의 수요 및 휴먼스케일, 이용행태를 고려한 시설물배치
	【기 술】 ○ 시설물의 특성을 고려한 시스템구성 능력 ○ 배치계획안에 따른 평면구성 능력 ○ 시설물 배치계획에 대한 객관적 검증 능력 ○ 창의적이고 합리적인 시설물 배치 능력
	【태 도】 ○ 객관적이고 합리적인 태도 ○ 창의적인 사고와 구상 ○ 혁신적인 아이디어를 발전시키는 실험적 태도
1405010108_17v3.4 휴게시설 설계하기	4.1 시장 및 사례조사를 통하여 휴게시설의 종류와 유형을 파악할 수 있다. 4.2 공간의 기능, 설계의도와 경제성을 고려하여 휴게시설을 선정할 수 있다. 4.3 휴게시설 관련법규, 지침, 기준에 관한 사항을 적용할 수 있다. 4.4 이용자의 행태를 고려하여 휴게시설의 배치 및 세부사항을 설계할 수 있다. 4.5 휴게시설물의 시방서 및 유지관리 지침서를 작성할 수 있다.
	【지 식】 ○ 공동주택단지의 경우 '주택건설기준 등에 관한 규정' ○ 세부 휴게시설의 종류와 각 기능에 대한 지식 ○ 시설물의 입지조건과 규모에 대한 지식 ○ 이용자의 수요와 행태에 대한 지식 ○ 적용 자재의 특성과 품질기준 ○ 휴게시설의 일반기준, 안전기준, 치수결정에 대한 지식 ○ 관련한 시방과 유지관리계획에 대한 지식
	【기 술】 ○ 시설물의 스케치와 시뮬레이션 능력 ○ 종류별 시설물의 특성 파악 능력 ○ 공간의 기능에 부합하는 시설물 배치 능력 ○ 세부 시설물의 특성 및 구조에 대한 파악 능력 ○ 인간적 척도를 고려한 시설배치 능력 ○ 휴게시설물의 통합디자인 능력
	【태 도】 ○ 정확하고 정밀한 설계 태도 ○ 창의적인 설계를 진행하는 태도 ○ 합리적인 업무처리태도

능력단위요소	수 행 준 거
1405010108_17v3.5 놀이시설 설계하기	5.1 시장 및 사례조사를 통하여 놀이시설의 종류와 유형을 파악할 수 있다. 5.2 공간의 기능, 설계의도와 경제성을 고려하여 놀이시설을 선정할 수 있다. 5.3 놀이시설 관련법규, 지침, 기준과 안전성에 관한 사항을 적용할 수 있다. 5.4 이용자의 행태를 고려하여 놀이시설의 배치 및 세부사항을 설계할 수 있다. 5.5 놀이시설물의 시방서 및 유지관리 지침서를 작성할 수 있다.
	【지 식】 ○ 관련법규 및 지침에 대한 지식(어린이놀이시설 안전관리법, 주택건설기준 등에 대한 규정) ○ 관련한 시방과 유지관리계획에 대한 지식 ○ 단위놀이시설의 종류와 규모, 배치, 기타시설에 대한 지식 ○ 복합놀이시설의 종류와 규모, 배치에 대한 지식 ○ 놀이시설 설계의 일반기준과 안전기준, 치수에 대한 지식 ○ 놀이시설의 입지조건, 면적, 시설에 대한 지식 ○ 이용자의 수요와 행태에 대한 지식 ○ 적용 자재의 특성과 품질기준 ○ 주제형 놀이시설의 종류와 규모, 배치에 대한 지식
	【기 술】 ○ 유형별 놀이시설의 특성 파악 능력 ○ 시설물의 스케치와 시뮬레이션 능력 ○ 공간의 기능에 부합하는 시설물 배치 능력 ○ 세부 시설물의 특성 및 구조에 대한 파악 능력 ○ 시장조사를 통한 정보검색 및 정리 능력 ○ 이용자의 특성을 고려한 시설배치 능력
	【태 도】 ○ 경험적 사고와 분석력 ○ 유연한 사고와 논리적 태도 ○ 창의적인 설계를 진행하는 태도
1405010108_17v3.6 운동시설 설계하기	6.1 시장 및 사례조사를 통하여 운동시설의 종류와 유형을 파악할 수 있다. 6.2 공간의 기능, 설계의도와 경제성을 고려하여 운동시설을 선정할 수 있다. 6.3 운동시설 관련법규, 지침, 기준에 관한 사항을 적용할 수 있다. 6.4 이용자의 행태를 고려하여 운동시설의 배치 및 세부사항을 설계할 수 있다. 6.5 운동시설물의 시방서 및 유지관리 지침서를 작성할 수 있다.
	【지 식】 ○ 세부 운동시설의 규격, 기준, 안전기준 및 설치방법 ○ 세부운동시설의 평면구성 및 설치기준에 대한 지식 ○ 운동시설, 생활체육시설, 체력단련시설, 주민운동시설과 관련한 관련법규와 지침 ○ 운동시설의 입지조건, 면적, 시설에 대한 지식 ○ 운동시설의 포장 및 배수에 관한 지식 ○ 관련한 시방과 유지관리계획에 대한 지식

능력단위요소	수 행 준 거
	【기 술】 ㅇ 유형별 운동시설의 특성 파악 능력 ㅇ 세부 운동시설의 구성과 특성에 대한 파악 능력 ㅇ 이용자의 수요 및 기능에 부합하는 시설배치 능력
	【태 도】 ㅇ 과학적인 사고 ㅇ 문제해결 능력과 태도 ㅇ 유연한 사고와 논리적 태도
1405010108_17v3.7 관리시설 설계하기	7.1 시장 및 사례조사를 통하여 관리시설의 종류와 유형을 파악할 수 있다. 7.2 공간의 기능, 설계의도와 경제성을 고려하여 관리시설을 선정할 수 있다. 7.3 관리시설 관련법규, 지침, 기준에 관한 사항을 적용할 수 있다. 7.4 이용자의 행태를 고려하여 관리시설의 배치 및 세부사항을 설계할 수 있다. 7.5 관리시설물의 시방서 및 유지관리 지침서를 작성할 수 있다.
	【지 식】 ㅇ 관리시설의 구조와 규격 및 설치방법 ㅇ 관리시설의 종류와 기능, 효과에 대한 지식 ㅇ 이용자, 관리, 안전을 고려한 시설설치 관련 법규 및 지침, 기준 ㅇ 기능과 목적에 부합하는 관리시설의 입지조건, 면적, 시설에 대한 지식 ㅇ 이용자의 수요와 행태에 대한 지식 ㅇ 관련한 시방과 유지관리계획에 대한 지식
	【기 술】 ㅇ 경관과 조형성을 고려한 세부관리시설의 설계 능력 ㅇ 관리와 편익, 안전을 고려한 적정 시설배치 능력 ㅇ 내구성과 유지관리를 고려한 구조 및 재료선정과 디테일 설계 능력 ㅇ 세부 관리시설의 특성 및 구조에 대한 파악 능력 ㅇ 시장조사를 통한 정보검색 및 정리 능력 ㅇ 통합관리와 기능향상을 위한 시설의 배치 능력
	【태 도】 ㅇ 과학적인 사고 ㅇ 문제해결능력과 태도 ㅇ 유연한 사고와 논리적 태도
1405010108_17v3.8 안내시설 설계하기	8.1 공간위계와 특성을 고려하여 안내체계를 수립할 수 있다. 8.2 시장 및 사례조사를 통하여 안내시설의 종류와 유형을 파악할 수 있다. 8.3 공간의 기능, 설계의도와 경제성을 고려하여 안내시설을 선정할 수 있다. 8.4 안내시설 관련법규, 지침, 기준에 관한 사항을 적용할 수 있다. 8.5 이용자의 행태를 고려하여 안내시설의 배치 및 세부사항을 설계할 수 있다. 8.6 안내시설물의 시방서 및 유지관리 지침서를 작성할 수 있다.
	【지 식】 ㅇ 가독성을 위한 기준에 대한 지식 ㅇ 관련한 시방과 유지관리계획에 대한 지식 ㅇ CIP개념을 적용한 안내시설의 통일성을 구현하는 지식

능력단위요소	수 행 준 거
	○ 안내시설에 대한 관련법규와 지침 ○ 안내시설의 종류 및 설치기준 ○ 안내시설체계에 대한 이해와 배치에 대한 지식 ○ 적용 자재의 특성과 품질기준 ○ 적정 형태와 규모를 결정하고 설계하기 위한 지식
	【기 술】 ○ 각 안내시설의 스케치와 시뮬레이션 능력 ○ 지자체 및 지역의 특성에 맞는 이미지를 도출하여 안내시설의 형태, 규모 및 구조에 대한 설계 능력 ○ 기능적 효율을 증대할 수 있는 디자인과 배치할 수 있는 능력 ○ 서체, 방향표시, 그림문자, 색채 등을 설계하는 능력 ○ 안내시설체계에 따라 안내시설을 배치 능력 ○ 이미지 통합화를 고려한 세부 안내시설의 설계 능력
	【태 도】 ○ 과학적인 사고와 분석력 있는 태도 ○ 미술조형감을 세밀하게 표현하는 태도 ○ 창의적인 설계를 진행하는 태도
1405010108_17v3.9 환경조형시설 설계하기	9.1 환경조형시설의 개념을 구상하고 이미지를 형상화할 수 있다. 9.2 환경조형시설의 설치기준과 관련법, 지침에 관한 사항을 검토하여 적용할 수 있다. 9.3 계획 목적과 공공성, 예술성, 상징성 등을 고려하여 조형물을 설계할 수 있다. 9.4 환경조형시설물의 시방서 및 유지관리지침서를 작성할 수 있다.
	【지 식】 ○ 환경조형물의 설계원칙과 배치기준 ○ 환경조형물의 종류와 범위, 기능, 관련법규 ○ 환경조형시설의 배치 및 형태, 규격 ○ 환경조형시설의 일반적인 요구 성능에 대한 지식
	【기 술】 ○ 환경조형시설의 스케치와 시뮬레이션 능력 ○ 기능성 환경조형물의 경우 통합이미지 구성 능력 ○ 설치목적과 주제에 부합하는 각 유형별 환경조형시설의 선정과 배치 능력 ○ 세부적인 환경조형시설에 부합하는 재료선정 능력 ○ 예술적 창작력을 고려한 설계 능력 ○ 적용한 환경조형시설의 요구 성능 평가 능력
	【태 도】 ○ 미술조형감각을 세밀하게 표현하는 태도 ○ 정확하고 정밀하게 분석하는 태도 ○ 창의적인 설계를 진행하는 태도
1405010108_17v3.10 경관조명시설 설계하기	10.1 계획의 목적에 따라 경관개념을 구상하고 조명시설체계를 수립할 수 있다. 10.2 경관조명시설 관련 규정과 구조, 규격, 조도 등에 관한 설치기준을 검토하고 적용할 수 있다.

능력단위요소	수 행 준 거
	10.3 조명시설의 종류, 배치, 조명 방식, 등주 등 관련시설에 대해 검토하고 경관 개념 및 시설기준에 맞게 설계할 수 있다. 10.4 경관조명시설물의 시방서 및 유지관리 지침서를 작성할 수 있다.
	【지 식】 ㅇ 경관조명시설의 일반적인 요구 성능에 대한 지식 ㅇ 경관조명시설의 종류와 범위, 기능, 관련법규 ㅇ 구조, 규격, 조도 등 관련 법규의 기준 ㅇ 기능별 경관조명시설을 분류하고 체계화하는 지식 ㅇ 기반설비의 시스템구성과 안전기준 ㅇ 배치, 시설기준, 상세설계에 대한 지식 ㅇ 설치장소, 기능, 이용시기, 요구도, 편익성, 관리운영방법 ㅇ 조명방식과 조도 및 광색에 대한 지식
	【기 술】 ㅇ 각 유형별 시스템체계 구성 능력 ㅇ 경관과 연출을 고려한 광원선정과 세부 경관조명시설의 설계 능력 ㅇ 공간의 기능에 부합하는 경관조명시설 배치 능력 ㅇ 기능과 안전, 편익을 고려한 시설배치 능력 ㅇ 세부 시설의 스케치 및 시뮬레이션 능력 ㅇ 시장조사를 통한 정보검색 및 정리 능력 ㅇ 에너지 저감과 친환경성, 유지관리를 고려한 경제적인 계획과 설계 능력 ㅇ 적용한 환경조형시설의 요구성능 평가 능력
	【태 도】 ㅇ 분석적 사고와 과학적인 사고 ㅇ 정확하고 기민하게 분석하는 태도 ㅇ 창의적인 설계를 진행하는 태도
1405010108_17v3.11 수경시설 설계하기	11.1 계획목적에 따라 수경시설의 개념을 구상할 수 있다. 11.2 시장 및 사례조사를 통하여 수경시설의 종류와 유형을 파악할 수 있다 11.3 수원, 수질, 급배수, 운영방법 등을 고려하여 수경시설 시스템을 설계할 수 있다. 11.4 펌프설비, 정수설비, 전기설비, 수경제어반, 수중등 등 기반시설에 대해 검토하고 결정할 수 있다. 11.5 수경시설 관련법규, 지침, 기준에 관한 사항을 적용할 수 있다. 11.6 수경시설물의 시방서 및 유지관리 지침서를 작성할 수 있다.
	【지 식】 ㅇ 관련한 시방과 유지관리계획에 대한 지식 ㅇ 급수원과 수질, 유량산출, 운영방법 ㅇ 수경시설의 배치와 시스템에 관한 지식 ㅇ 수경시설의 연출방안과 효과, 이용형태 ㅇ 수경시설의 입지조건, 면적, 법규 ㅇ 펌프설비, 정수설비, 전기설비, 수경제어반, 수중등 등 기반시설 설치에 관한 지식

능력단위요소	수 행 준 거
	【기 술】 ○ 공간의 기능에 부합하는 수경시설 배치 능력 ○ 세부 시설의 스케치 및 시뮬레이션 능력 ○ 수경시설의 효과적인 연출을 위한 설계 능력 ○ 수경시설의 시스템구성과 운영방안수립 능력 ○ 수경설비와 관련한 시스템결정과 설계 능력
	【태 도】 ○ 경험적 사고와 분석력 ○ 과학적인 사고 ○ 창의적인 설계 태도
1405010108_17v3.12 조경시설설계도면 작성하기	12.1 설계목적과 기능에 맞게 시설물 설계도면을 작성할 수 있다. 12.2 시공방법과 설치장소를 고려하여 재료, 마감, 공법 등을 결정할 수 있다. 12.3 조경설계기준에 따라 평면도, 입 · 단면도, 상세도 등 세부도면을 작성할 수 있다.
	【지 식】 ○ 상세 재료의 수량산출 및 수량표 작성에 관한 지식 ○ 시공방법과 과정에 대한 시방 및 세부지식 ○ 시설물 계획 평면도 표현 및 작성기법 ○ 시설물분류 및 구성, 체계에 대한 지식 ○ 시설물 상세에 관한 표현방법 ○ 시설물의 세부 치수, 구조, 재료, 공법 ○ 시설물 수량산출과 수량표 작성에 관한 지식 ○ 입지조건에 부합하는 시설물 배치에 대한 지식
	【기 술】 ○ 시설물의 구체적인 평면, 입면, 단면, 상세에 대한 기술 능력 ○ 배치계획안에 따른 평면 구성 능력 ○ 수량산출 및 집계에 대한 능력 ○ 시공방법 및 과정을 고려한 시설물 상세 구성 능력 ○ 시설물계획 관련 평면표기 및 수량 집계 능력 ○ CAD 등 컴퓨터프로그램을 이용한 상세도 작성 능력 ○ 컴퓨터를 이용한 시설물 계획평면도 작성 능력
	【태 도】 ○ 객관적이고 합리적인 태도 ○ 과학적인 사고 ○ 창의적인 설계 태도

9. 정원설계

능력단위 명칭	정원설계
능력단위 정의	정원설계란 개인주택, 주거단지 내 소정원, 공원 내 커뮤니티정원 등을 대상으로 사전협의와 대상지조사를 통해 공간을 구상하여 기본계획안을 수립하고 기반설계, 식재설계, 시설물설계 등에 관한 설계업무를 수행하는 능력이다.

능력단위요소	수행준거
1405010109_17v3.1 사전 협의하기	1.1 의뢰인을 만나 대상지와 관련된 개인적 요구사항을 파악할 수 있다. 1.2 의뢰인의 요구사항과 조건에 대해 관련 자료를 수집 정리할 수 있다. 1.3 의뢰인의 요구사항과 조건에 대해 개략적인 계획방향을 도출하여 사전협의할 수 있다.
	【지 식】 ㅇ 의뢰인과의 상담을 위한 관련 지식 ㅇ 정원별 개요 및 요구 조건에 대한 공통적인 지식 ㅇ 정원에 대한 지식 ㅇ 질의응답을 통한 잠재력 도출에 관한 지식
	【기 술】 ㅇ 사전 자료분석 능력 ㅇ 상담내용에 대한 정리 능력 ㅇ 의뢰인 요구내용 및 조건에 대한 표현 능력
	【태 도】 ㅇ 분석력과 표현력 ㅇ 의뢰인에 대한 신뢰성과 자신감 ㅇ 의뢰인에 대한 친근한 태도
1405010109_17v3.2 대상지 조사하기	2.1 대상지 주변의 여건이나 계획 내용과 관계를 고려하여 특성을 찾아내고 차별화할 수 있다. 2.2 대상지 내외의 필요한 현황조사항목과 내용을 도출하고 분석할 수 있다. 2.3 대상지 경계가 확정된 기본도(basemap)를 작성할 수 있다. 2.4 조사된 자료를 바탕으로 대상지의 장단점을 파악하여 현황 분석도를 작성할 수 있다.
	【지 식】 ㅇ 기본도 및 현황 분석도에 관한 지식 ㅇ 수치화된 도면의 독해 및 활용 지식 ㅇ 자연환경, 주변여건, 경관에 관한 지식 ㅇ 조사항목과 내용에 대한 지식
	【기 술】 ㅇ 이미지나 그래픽, 컴퓨터를 활용한 분석내용 정리 및 활용 능력 ㅇ 면밀한 조사를 통해 대상지의 특이사항과 장점에 대한 도출 능력 ㅇ 조사내용을 정리하여 분석에 관한 도면작성 능력
	【태 도】 ㅇ 기초자료 수집에 대한 적극적 태도

능력단위요소	수 행 준 거
	ㅇ 대상지환경에 대한 분석적 사고 ㅇ 자료 분석에 대한 논리적인 태도
1405010109_17v3.3 관련분야 설계 검토하기	3.1 건축 도면을 검토하여 건축설계의 개요와 건물 내·외 공간의 관계, 출입동선 등을 파악할 수 있다. 3.2 토목도면을 검토하여 주요지점의 점표고, 옹벽구조물, 차량 접근도로, 우배수, 전기 및 설비 관련 부대시설 등을 검토할 수 있다. 3.3 관련분야의 설계내용을 통합하여 검토한 내용을 정원 구상을 위한 평면, 입면, 단면도 등 현황분석도면으로 작성할 수 있다.
	【지 식】 ㅇ 건축도면에 대한 이해와 관련지식 ㅇ 전기 및 설비관련 도면에 대한 이해와 관련지식 ㅇ 토목도면에 대한 이해와 관련지식
	【기 술】 ㅇ 건축, 토목 등 관련분야 설계도면 검토 및 활용 능력 ㅇ 관련분야 설계내용에 대한 이해와 통합 능력 ㅇ CAD 활용한 분석 능력
	【태 도】 ㅇ 관련분야와 소통하는 협력적인 태도 ㅇ 통합적 분석내용을 정리하는 정밀성 ㅇ 효율적인 설계를 위한 분석적인 태도
1405010109_17v3.4 기본계획안 작성하기	4.1 세부적인 공간과 동선을 배치하여 기본구상개념도를 작성할 수 있다. 4.2 세부 공간별 구상 내용에 맞는 이미지와 스케치를 작성하고 검토할 수 있다. 4.3 위계별로 동선을 배치하고 레벨을 검토하여 계단과 경사로 등을 설계할 수 있다. 4.4 자연스러운 경관을 연출하기 위해 마운딩을 배치하고, 공간별로 레벨을 결정하고 포장을 설계할 수 있다. 4.5 정원세부공간의 기능과 경관연출에 적합한 자연석과 석물 등 점경물과 조경시설물을 배치할 수 있다. 4.6 기본계획안을 다양한 컬러링 재료와 표현기법으로 표현할 수 있다. 4.7 주요 단면과 스케치, 이미지를 표현할 수 있다.
	【지 식】 ㅇ 경관구성과 연출에 관한 지식 ㅇ 공간의 기능과 영역성에 대한 지식 ㅇ 공간연출에 대한 지식 ㅇ 정원의 구성과 배치에 대한 지식 ㅇ 정원식물, 시설물, 재료, 공법 ㅇ 정원평면, 입면 작성에 대한 지식 ㅇ 프로그램 활용과 관련지식
	【기 술】 ㅇ 공간다이어그램 작성 능력 ㅇ 공간 및 동선을 고려한 지형조작 능력 ㅇ 공간배치설계 및 단면작성 능력

능력단위요소	수 행 준 거
	ㅇ 세부공간에 대한 연출 및 표현 능력 ㅇ 식재, 시설물, 포장 등 주요시설에 대한 배치 능력
	【태 도】 ㅇ 공간구성에 대한 창의적 사고 ㅇ 기능을 고려하는 합리적 태도 ㅇ 정밀함과 정확성을 위한 세심한 태도
1405010109_17v3.5 정원기반 설계하기	5.1 계획 지반고를 결정하고 부지 정지설계를 할 수 있다. 5.2 지반고를 검토하여 조경구조물, 주차장, 대문, 담장 등을 설계할 수 있다. 5.3 관련분야 계획에 맞추어 배수, 급수, 전기 등의 필요한 기반시설을 설계할 수 있다.
	【지 식】 ㅇ 급 · 관수시설 배치 및 상세설계에 대한 지식 ㅇ 배수시설 배치 및 상세설계에 대한 지식 ㅇ 빗물처리시설 및 배수체계에 대한 지식 ㅇ 조경구조물에 대한 지식 ㅇ 지형 및 지반고에 관한 이해와 도식화에 관한 지식
	【기 술】 ㅇ 배치도 및 상세도면 작성 능력 ㅇ 기본제도 능력 ㅇ 지형분석 능력 ㅇ 토목 등 관련분야 설계도면 검토 및 활용 능력 ㅇ CAD 등 컴퓨터 프로그램을 이용한 도면 작성 능력
	【태 도】 ㅇ 분석적 사고와 정밀성 ㅇ 문제해결을 위한 적극적 자세 ㅇ 창의적이고 유연한 사고
1405010109_17v3.6 정원식재 설계하기	6.1 정원 내 식물생육을 위한 식재기반을 설계할 수 있다. 6.2 식물의 생태적 특성을 고려하여 정원의 주요 식물을 선정할 수 있다. 6.3 식물의 생육환경과 경관을 고려하여 식재설계할 수 있다. 6.4 정원식재를 위한 평면도, 입면도, 단면도, 상세도 등을 작성할 수 있다.
	【지 식】 ㅇ 식물 성상 및 외형적 특성에 관한 지식 ㅇ 기능식재와 경관식재에 대한 지식 ㅇ 수목 표현기호에 관한 지식 ㅇ 식물생육에 필요한 조건에 관한 지식 ㅇ 식물 제도기법에 관한 지식 ㅇ 식재연출방법에 대한 지식 ㅇ 인공지반조성에 대한 지식 ㅇ 식재지 토양의 특성에 대한 지식 ㅇ 정원 식물소재의 생태적, 경관적 특성에 대한 지식 ㅇ 식재 평면도, 수량표 작성원리

능력단위요소	수 행 준 거
	【기 술】 ㅇ 공간의 특성에 맞는 식재설계 능력 ㅇ 기능에 부합하는 식재설계 능력 ㅇ 식재경관연출 및 표현 능력 ㅇ 식재기반 구성에 관한 기술적 능력 ㅇ 기본제도능력 ㅇ 식재수량산출 및 집계에 대한 능력 ㅇ 식재설계에 따른 평면도 작성 능력 ㅇ 식재 입면도, 단면도, 상세도 작성 능력 ㅇ CAD 등 컴퓨터 프로그램을 이용한 도면 작성 능력
	【태 도】 ㅇ 분석적 사고와 정밀성 ㅇ 식물의 생육환경을 고려하는 합리적인 태도 ㅇ 창의적인 설계를 진행하는 태도
1405010109_17v3.7 정원시설 설계하기	7.1 정원공간의 기능과 미적효과를 고려하여 조경시설을 선정하고 배치할 수 있다. 7.2 연못, 벽천, 실개천, 분수 등 수경시설을 설계할 수 있다. 7.3 원로의 기능에 맞는 포장 재료와 단면 상세를 결정하고 상세패턴설계를 할 수 있다. 7.4 투사등, 볼라드등, 잔디등, 벽부착등 등을 활용한 조명설계를 할 수 있다. 7.5 정원시설의 평면도, 입면도, 단면도, 상세도 등을 작성할 수 있다.
	【지 식】 ㅇ 시설의 세부 치수, 구조, 재료, 공법에 대한 지식 ㅇ 시설물의 종류와 규모, 기능에 대한 지식 ㅇ 인간적 척도와 공간감에 대한 지식 ㅇ 적용자재의 특성과 품질기준에 대한 지식 ㅇ 포장의 종류, 구조, 특성에 대한 지식 ㅇ 야간 경관을 고려한 조명연출에 관한 지식 ㅇ 시설 배치도, 수량표 작성 원리
	【기 술】 ㅇ 각 시설의 스케치와 시뮬레이션 능력 ㅇ 각 시설의 통합디자인 능력 ㅇ 공간의 특성과 기능에 부합하는 정원시설 설계 능력 ㅇ 세부시설물의 특성과 구조에 대한 파악 능력 ㅇ 인간적 척도를 고려한 시설 배치 능력 ㅇ 본제도능력 ㅇ 각 시설의 평면, 입면, 단면도 작성 능력 ㅇ 배치계획안에 따른 시설의 평면 구성 능력 ㅇ 수량산출 및 집계에 대한 능력 ㅇ CAD 등 컴퓨터 프로그램을 이용한 도면 작성 능력
	【태 도】 ㅇ 공간에 대한 이해력을 바탕으로 합리적인 분석태도

능력단위요소	수 행 준 거
	ㅇ 정확하고 정밀한 설계태도 ㅇ 창의적인 설계를 진행하는 태도
1405010109_17v3.8 정원설계도서 작성하기	8.1 정원의 공사비 적산 내역서를 작성할 수 있다. 8.2 시공단계의 상황 변화에 따른 설계변경도서를 작성할 수 있다. 8.3 설계 도면과 공사시방서를 최종적으로 취합할 수 있다. 8.4 취합한 설계 도서를 토대로 정원설계 보고서를 작성할 수 있다.
	【지 식】 ㅇ 재료비, 노무비, 경비에 대한 지식 ㅇ 공사원가계산 제비율 적용기준 ㅇ 관련분야 설계 변경에 대한 지식 ㅇ 설계도면과 현장의 차이점에 대한 기본적인 지식 ㅇ 시공기법과 설계내용의 상이점 도출에 대한 지식 ㅇ 공종별 설계 내용을 정리, 취합하는 지식 ㅇ 설계 개요와 공간별 주요 설계내용에 대한 지식
	【기 술】 ㅇ 표준품셈 적용 능력 ㅇ 설계내역 프로그램 활용 능력 ㅇ 현장상황에 따른 설계변경 가능성 검토 능력 ㅇ 변경 전후를 비교하는 설계변경도서 작성 능력 ㅇ 공사시방서 작성 능력 ㅇ 설계 내용의 기술 능력 ㅇ CAD 등 컴퓨터 프로그램을 이용한 도면 취합 능력
	【태 도】 ㅇ 경험적 사고 ㅇ 객관적이고 합리적인 태도 ㅇ 세심한 관찰력과 정밀함

10. 조경설계프레젠테이션

능력단위 명칭	조경설계프레젠테이션
능력단위 정의	조경설계프레젠테이션이란 계획과 설계 과정의 성과물을 시청각 매체 등으로 제작하여 효과적으로 설명하는 능력이다.

능력단위요소	수 행 준 거
1405010111_17v3.1 발표물 작성하기	1.1 대상과 목적에 맞게 발표 자료를 준비할 수 있다. 1.2 형식에 맞는 발표물을 작성할 수 있다. 1.3 시청각 매체를 활용하여 전달효과를 최적화할 수 있다.
	【지 식】 ㅇ 내용을 효과적으로 표현할 수 있는 동영상을 작성할 수 있다. ㅇ 발표물의 다양한 표현방식에 대한 지식 ㅇ 보고회의 성격별 발표물 작성법에 대한 지식

능력단위요소	수 행 준 거
	【기 술】 ㅇ 보조장비나 기구 활용능력 ㅇ 전산장비의 다양한 프로그램 구사 능력
	【태 도】 ㅇ 세밀하고 성실히 수행할 수 있는 마음가짐 ㅇ 팀원과 협업할 수 있는 자세 ㅇ 피발표자의 의견을 존중하고 배려하는 의지
1405010111_17v3.2 모형 제작하기	2.1 작업 전 대상지에 대한 축척을 결정하고 작업할 수 있다. 2.2 대상지 여건에 적합한 모형제작의 재료를 결정할 수 있다. 2.3 대안 검토를 위한 스터디 모형을 제작할 수 있다. 2.4 설계조건에 따른 최종성과 모형을 제작할 수 있다.
	【지 식】 ㅇ 다양한 재료의 물성에 대한 지식 ㅇ 모형제작에 대한 지식 ㅇ 적절한 규모 제작에 대한 감각 및 지식 ㅇ 타분야에서의 재료사용에 관한 지식
	【기 술】 ㅇ 축척을 일치시키는 기술적 능력 ㅇ 제작인력과 제작시간, 투입 비용에 대한 이해 능력 ㅇ 표현된 재료의 효과 파악 능력
	【태 도】 ㅇ 제작 후 이동 및 보관에 대한 분명한 관리의식 ㅇ 최종전시에 대한 책임의식 ㅇ 효과적으로 설계 내용을 전달하려는 자세
1405010111_17v3.3 이미지 작성하기	3.1 설계의도에 적합한 이미지를 구상할 수 있다. 3.2 설계의도에 따른 스케치, 이미지합성, 투시도, 3차원 이미지 등을 작성할 수 있다. 3.3 대상지의 전체 이미지와 설계내용을 이해할 수 있는 조감도를 만들 수 있다.
	【지 식】 ㅇ 소점과 원근, 공간크기와 휴먼스케일 등의 대한 3차원 공간 작도 이론 ㅇ 소스이미지 활용에 대한 지식 ㅇ 대상의 물성과 표현기법에 대한 지식
	【기 술】 ㅇ 수작업에 의한 표현 능력 ㅇ 다양한 소스이미지 검색 지식 ㅇ 소스이미지의 활용 능력 ㅇ 주요 공간 설정 및 이미지의 구도 설정 능력 ㅇ 컴퓨터를 활용하여 표현하는 능력

능력단위요소	수 행 준 거
	【태 도】 ㅇ 설계 전후의 과정을 평가하려는 자세 ㅇ 적절한 응용과 표현기법에 대한 이해도 ㅇ 타인의 도움과 활용에 대한 협조성
1405010111_17v3.4 발표하기	4.1 다양한 방법으로 작성된 자료를 활용하여 설명할 수 있다. 4.2 요구 조건이나 의도에 따라 발표 시나리오를 작성할 수 있다. 4.3 발표 후 질의사항에 대하여 적절한 답변을 할 수 있다.
	【지 식】 ㅇ 상황에 따른 설명 기법에 대한 지식 ㅇ 프레젠테이션의 기법에 대한 지식 ㅇ 도구활용 보고방식과 방법에 대한 지식 ㅇ 컴퓨터와 주변기기 활용에 대한 지식
	【기 술】 ㅇ 보고방식과 공간배치에 대한 경험 활용능력 ㅇ 보고자와 피보고자의 관계 파악 능력 ㅇ 다양한 상황에 대응하는 능력
	【태 도】 ㅇ 상대방과 접촉하여 설득하려는 의지 ㅇ 상대의 의견을 수렴하려는 수용력 ㅇ 자기 확신의 자세
1405010111_17v3.5 설계내용 검토하기	5.1 과업지시서에 따라 설계 성과물이 작성되었는지 검토할 수 있다. 5.2 설계 의도를 고려하여 발주자의 요청사항 등을 조치할 수 있다. 5.3 설계 감독자에게 설계 성과물의 내용을 설명할 수 있다. 5.4 특수한 설계의 경우 기술지원과 자문을 받아 검토할 수 있다.
	【지 식】 ㅇ 과업지시서의 세부내용에 대한 지식 ㅇ 기본계획의 개념 및 구상에 대한 지식 ㅇ 기본설계 내용과 수준에 대한 지식 ㅇ 설계업무 공정 및 단계별 결과물에 대한 지식 ㅇ 실시설계에 대한 지식
	【기 술】 ㅇ 도면이해 능력 ㅇ 설계 성격별 개념구분 능력 ㅇ 전문용어에 대한 적용 능력
	【태 도】 ㅇ 과정을 이해하는 노력 ㅇ 디테일을 꼼꼼하게 보는 의지 ㅇ 전체 윤곽을 이해하는 통찰력과 태도

11. 조경적산

능력단위 명칭	조경적산
능력단위 정의	조경적산이란 설계도서를 검토하여 수량산출과 단가조사를 통해서 조경공사비를 산정하기 위한 산출근거를 만들고 공종별 내역서와 공사비 원가계산서 작성을 수행하는 능력이다.

능 력 단 위 요 소	수 행 준 거
1405010112_17v3.1 설계도서 검토하기	1.1 도면과 전체 수량총괄표의 일치 여부를 검토할 수 있다. 1.2 식재설계도의 조경식물 종류, 규격, 수량을 검토할 수 있다. 1.3 시설물설계도의 시설물 종류, 규격, 수량을 검토할 수 있다. 1.4 포장설계도의 포장 종류, 규격, 수량을 검토할 수 있다. 1.5 구조물설계도 구조물 종류, 규격, 수량을 검토할 수 있다. 1.6 조경공사시방서를 검토할 수 있다.
	【지 식】 ㅇ 조경식물의 종류, 규격의 표기법 ㅇ 시설물의 소재(목재, 석재, 철재, 콘크리트) 특성 ㅇ 재료별 길이, 면적, 부피의 계산방법 ㅇ 조경공사 공종별 분류 ㅇ 포장 마감 재료에 대한 지식
	【기 술】 ㅇ 공사비내역서 작성 대상 수량 분석 능력 ㅇ 설계도면별 특성 파악 능력
	【태 도】 ㅇ 도면 검토를 위한 정확성 및 지밀함 ㅇ 전체를 파악하려는 통합적 사고력 ㅇ 합리적으로 분석하고 처리하려는 태도
1405010112_17v3.2 수량산출서 작성하기	2.1 총괄 수량 집계표를 작성할 수 있다. 2.2 단위 시설물별 기초 물량을 산출할 수 있다. 2.3 자재 총괄 집계표를 작성할 수 있다.
	【지 식】 ㅇ 재료별 난위(주, 본, Pot, m, m^2, m^3, kg, Ton, EA, 인)적용 방법 ㅇ 재료 산출시 할증률 적용 방법 ㅇ 적산에 대한 지식
	【기 술】 ㅇ 계산기 활용 능력 ㅇ 표준품셈 적용 능력 ㅇ 프로그램 활용 능력
	【태 도】 ㅇ 누락된 공종 없이 세심하게 작성하려는 태도 ㅇ 정확하고 세심한 업무 처리 태도 ㅇ 치밀한 계산 능력

능력단위요소	수 행 준 거
1405010112_17v3.3 단가조사서 작성하기	3.1 조달청, 물가자료, 물가정보 단가조사표를 작성할 수 있다. 3.2 관련 협력업체에서 작성한 견적을 공사비 내역 작업에 활용할 수 있다. 3.3 직종별 노임 단가 조사표를 작성할 수 있다.
	【지 식】 ㅇ 월별 자재단가 조사에 관한 지식 ㅇ 연도별 노임단가 조사에 관한 지식 ㅇ 조달 품목 원가산정에 대한 지식
	【기 술】 ㅇ 계약별 특성에 따른 단가 적용 능력 ㅇ 물가자료, 물가정보 활용 능력 ㅇ 조달청 나라장터 홈페이지 활용 능력
	【태 도】 ㅇ 긍정적이고 적극적인 태도 ㅇ 단가조사를 위한 세밀한 작업 태도 ㅇ 침착하게 업무를 처리하려는 태도
1405010112_17v3.4 일위대가표 작성하기	4.1 단가조사표에 의해 재료비를 적용할 수 있다. 4.2 표준품셈을 기준으로 노무비 품을 작성할 수 있다. 4.3 중기사용료를 작성할 수 있다. 4.4 공종과 공법을 기준으로 단위 시설물 당 재료비, 노무비, 경비를 작성할 수 있다.
	【지 식】 ㅇ 마감 재료의 종류, 특성, 규격에 대한 지식 ㅇ 일위대가 산출 방법에 대한 지식 ㅇ 공사비 적산에 대한 지식 ㅇ 할증률 적용에 대한 지식
	【기 술】 ㅇ 자재단가 적용 능력 ㅇ 노임단가 적용 능력 ㅇ 표준품셈 적용에 대한 응용 능력 ㅇ 공사비 적산 프로그램 활용 능력
	【태 도】 ㅇ 끈기 있게 업무를 처리하고 확인하는 태도 ㅇ 누락된 공종 없이 세심하게 작성하려는 태도 ㅇ 정확하고 치밀한 계산 능력
1405010112_17v3.5 공종별 내역서 작성하기	5.1 식재 공사비를 산출할 수 있다. 5.2 시설물 공사비를 산출할 수 있다. 5.3 포장 공사비를 산출할 수 있다. 5.4 구조물 공사비를 산출할 수 있다.
	【지 식】 ㅇ 공종별 특징에 대한 지식 ㅇ 수량산출, 일위대가, 단가조사표에 대한 지식

능력단위요소	수 행 준 거
	【기 술】 ○ 문서작성 능력 ○ 표준품셈 적용 능력 ○ 공사비 적산 프로그램 활용 능력
	【태 도】 ○ 누락된 공종 없이 세심하게 작성하려는 태도 ○ 여러 작업과 관련성을 파악하려는 통합적 사고력 ○ 정확하고 치밀한 계산 능력
1405010112_17v3.6 공사비 원가계산서 작성하기	6.1 직접공사비를 산출할 수 있다. 6.2 간접공사비를 산출할 수 있다. 6.3 총공사비를 산출할 수 있다.
	【지 식】 ○ 공사원가계산 제비율 적용기준 ○ 공사적산기준 및 원가예규 ○ 조달원가에 대한 지식
	【기 술】 ○ 공사원가계산요율에 대한 이해와 분석 능력 ○ 공사비 적산 프로그램 활용 능력
	【태 도】 ○ 누락된 공종 없이 세심하게 작성하려는 태도 ○ 정확하고 치밀한 계산 능력 ○ 합리적으로 분석하고 처리하려는 태도

12. 조경설계도서작성

능력단위 명칭	조경설계도서작성
능력단위 정의	조경설계도서 작성은 조경공사에 필요한 설계도면집, 공사시방서, 설계보고서 등의 도면과 서류를 작성하는 능력이다.

능력단위요소	수 행 준 거
1405010113_17v3.1 설계설명서 작성하기	1.1 사업명, 사업목적, 위치, 설계개요를 기술할 수 있다. 1.2 설계공정을 명료하게 분류하여 설계내용을 기술할 수 있다. 1.3 설계 주안점, 주요 공간, 공사 시 고려사항에 대해 기술할 수 있다. 1.4 공사시행절차, 방법, 전체 소요기간을 산정하여 기술할 수 있다.
	【지 식】 ○ 건설공사 관련 공정에 대한 지식 ○ 공사 발주 및 공사 계약 방식에 대한 지식 ○ 사업별 적정 조경공사 공기 산정에 대한 지식 ○ 설계도면과 내역서 내용에 대한 지식

능력단위요소	수행준거
	【기 술】 ㅇ 설계도면과 설계내역서 이해 능력 ㅇ 조경공사와 세부 공정에 대한 이해 능력
	【태 도】 ㅇ 정확하고 치밀하게 작성하려는 태도 ㅇ 합리적으로 분석하여 처리하려는 태도
1405010113_17v3.2 예정공정표 작성하기	2.1 공사순서에 따라 공종별 내용을 분리 기술할 수 있다. 2.2 공성단계별 착수 및 완료시점을 제시할 수 있다. 2.3 다양한 공정관리 기법을 검토하여 최적의 예정공정표를 작성할 수 있다. 2.4 기간별 공정률에 대한 진도와 누계를 산출할 수 있다.
	【지 식】 ㅇ 건설공사 관련 공정에 대한 지식 ㅇ 공종별 적정 조경공사 기간에 대한 지식 ㅇ 설계도면과 내역서 내용에 대한 지식 ㅇ 조경공사 과정과 내용에 대한 지식 ㅇ 조경공사 공종별 분류 작성에 대한 지식
	【기 술】 ㅇ 설계도면과 설계내역서 이해 능력 ㅇ 조경공사와 세부 공정에 대한 이해 능력
	【태 도】 ㅇ 공종의 과정을 분석하여 문제해결하려는 태도 ㅇ 공종과 기간을 합리적으로 구성하려는 통합적 사고 ㅇ 누락된 공종 없이 세심하게 작성하려는 태도 ㅇ 정확하고 치밀하게 작성하려는 태도
1405010113_17v3.3 설계 도면집 작성하기	3.1 설계도면집의 도면목차를 작성할 수 있다. 3.2 도면목차에 따라 필요한 도면을 작성하고 편집할 수 있다. 3.3 설계도면을 출력하여 성과품을 제작할 수 있다. 3.4 성과품용 전산파일을 만들 수 있다.
	【지 식】 ㅇ 설계도면 작성 기준에 대한 지식 ㅇ 설계도면 출력과 편집에 대한 지식 ㅇ CAD작성방법, 순서, 운영에 대한 지식
	【기 술】 ㅇ 발주처의 요구사항을 고려하여 목차를 구성하고 설계도면집을 작성하는 편집 능력 ㅇ 컴퓨터 CAD프로그램을 이용하여 설계도면을 작성 및 수정하고 출력하는 능력
	【태 도】 ㅇ 반복 업무가 발생하므로 강한 정신력과 체력을 유지하려는 태도 ㅇ 시각적, 과학적으로 성과물을 편집하려는 태도 ㅇ 정확하고 치밀하게 누락되는 것 없이 작성하려는 정교한 작업 태도

능력단위요소	수행준거
1405010113_17v3.4 공사시방서 작성하기	4.1 일반사항과 공종별 공사에 대해 시방서의 목차를 기술할 수 있다. 4.2 설계도면 검토 후 공종별로 공사시방서를 작성할 수 있다. 4.3 각종 자재, 설비에 관련된 특기시방을 작성할 수 있다.
	【지 식】 ○ 공사의 일반 계약 방식에 대한 지식 ○ 설계도면 내용에 대한 지식 ○ 경공사의 세부공정과 시공방법에 대한 지식 ○ 조경표준시방서에 대한 지식
	【기 술】 ○ 설계도면과 공종별 공사에 대한 이해 능력 ○ 시방서 작성요령과 구성방법에 대한 활용 능력
	【태 도】 ○ 설계도면과 일치하여 핵심사항을 분류하는 태도 ○ 정확하고 세심한 업무 처리 태도
1405010113_17v3.5 인허가용 도서 작성하기	5.1 과업 및 설계진행 단계에 따라 인허가 도서를 파악할 수 있다. 5.2 관련법규 체크리스트를 작성하여 검토할 수 있다. 5.3 관련심의, 승인, 결정, 착공, 설계변경, 준공 등 인허가에 필요한 도서를 작성할 수 있다.
	【지 식】 ○ 관련 법규와 해당 지자체 조례에 대한 지식 ○ 사업별 인허가 과정에 대한 지식 ○ 설계도서 작성에 대한 지식
	【기 술】 ○ 관련 법규를 검색할 수 있는 능력 ○ 법규에 맞게 설계 내용을 작성하는 능력 ○ 컴퓨터를 이용하여 도면을 작성하는 능력
	【태 도】 ○ 논리적이고 합리적으로 해석하는 태도 ○ 정확하고 치밀하게 작성하는 태도 ○ 종합적으로 판단하고 결정하는 태도
1405010113_17v3.6 설계보고서 작성하기	6.1 과업수행절차에 따라 보고서의 목차를 작성할 수 있다. 6.2 설계개요와 설계내용을 작성할 수 있다. 6.3 설계내용과 관련된 법규, 지침, 기준 등을 기술할 수 있다. 6.4 설계개념과 계획내용을 공간별, 공종별로 구분하여 작성할 수 있다. 6.5 주요자재 및 공법에 대한 설계내용을 문자, 그림, 도식화 등의 방법으로 기술할 수 있다.
	【지 식】 ○ 설계도면 내용에 대한 해독 지식 ○ 조경설계 관련 법규와 기준에 대한 지식 ○ 조경설계 절차에 대한 지식

능력단위요소	수 행 준 거
	【기 술】 ㅇ 설계기준 적용 능력 ㅇ 조경설계와 세부 공정에 대한 이해 능력
	【태 도】 ㅇ 누락된 공종 없이 세심하게 작성하려는 태도 ㅇ 정확하고 치밀하게 작성하려는 태도 ㅇ 합리적으로 분석하여 처리하려는 태도
1405010113_17v3.7 시공 상세 설계하기	7.1 시공단계에서 필요한 현장설계를 진행하고 요구사항에 대한 반영 여부를 결정할 수 있다. 7.2 발주처, 시공사, 사용처, 감리단 등과의 협의사항을 수렴할 수 있다. 7.3 시공단계에서 발생한 보완사항에 대하여 상세설계도를 작성할 수 있다.
	【지 식】 ㅇ 도면과 현장과의 차이점에 대한 지식 ㅇ 설계도서의 현장 불합치율과 설계변경 수준에 대한 지식 ㅇ 설계변경 원인에 대한 도출 능력에 대한 지식 ㅇ 시공기법과 설계내용의 상이점 도출에 대한 지식
	【기 술】 ㅇ 설계변경과 시공시기와의 공정관리 파악 능력 ㅇ 설계변경 시행여부 판단 능력 ㅇ 현장과 발주처의 입장 이해 능력
	【태 도】 ㅇ A.S차원에 대한 겸허한 수용자세 ㅇ 주도면밀하고 정확한 검토
1405010113_17v3.8 설계 변경하기	8.1 과업의 변경요구사항에 대하여 설계변경내용을 정리할 수 있다. 8.2 설계내용 변경에 대한 공사비와 소요경비를 산출할 수 있다. 8.3 변경된 내용에 대하여 적법한 인허가 승인을 받을 수 있다.
	【지 식】 ㅇ 비용과 예산과의 적합성 판단에 대한 지식 ㅇ 설계 변경 방식에 대한 지식 ㅇ 편향된 설계방식 지양에 대한 지식
	【기 술】 ㅇ 발주처와 시공사간의 의견조율 능력 ㅇ 설계자로서의 다양한 시공방식을 이해하는 능력 ㅇ 현장공정에 부합된 공정관리 운영 능력
	【태 도】 ㅇ 변경사항에 대한 전문적이고 합리적인 의견 개진 ㅇ 설계변경 시 일방적 태도 지양 ㅇ 성실하고 정확한 내용으로 정리 ㅇ 최종책임자로서의 마음가짐 유지

능력단위요소	수 행 준 거
1405010113_17v3.9 준공도서 작성하기	9.1 시공 중 변경된 내용을 파악할 수 있다. 9.2 준공된 내용에 따라 설계도면과 서류를 작성할 수 있다. 9.3 과업지시서 내용에 따라 준공도서를 확인할 수 있다.
	【지 식】 ○ 과업지시서에 대한 정확한 지식 ○ 설계도서 취합의 전문적 경험에 대한 지식 ○ 성과품 목록의 분류와 순서배열 방법
	【기 술】 ○ 납품과 방식에 대한 기록 유지 능력 ○ 성과품관리에 용이한 성과물 구분 요령 습득 능력 ○ 시각적, 구성적 성과물 작성기술 배양 능력
	【태 도】 ○ 고객요구에 부응하는 수용적 자세 ○ 설계와 시공의 문제점을 분석하려는 의지 ○ 최종 결과물에 대한 자부심

13. 조경기초설계

능력단위 명칭	조경기초설계
능력단위 정의	조경기초설계란 조경설계를 효율적으로 수행하기 위해서 기초적으로 갖추어야 할 조경재료에 대한 이해를 토대로 도서를 표현하고 전산응용도면을 작성하는 능력이다.

능력단위요소	수 행 준 거
1405010114_17v1.1 조경디자인요소 표현하기	1.1 점, 선, 면 등을 활용하여 각종 도형을 그릴 수 있다. 1.2 레터링기법과 도면기호를 도면에 표기할 수 있다. 1.3 조경식물재료와 조경인공재료의 특징을 표현할 수 있다. 1.4 조경기초도면을 작성할 수 있다. 1.5 설계도구를 활용하여 스케치를 할 수 있다. 1.6 채색도구를 활용하여 칼라링을 할 수 있다.
	【지 식】 ○ 각종 도형, 제도 용구의 종류와 사용법에 대한 지식 ○ 레터링기법과 도면기호에 대한 지식 ○ 조경식물재료와 조경인공재료의 구분 및 종류에 대한 지식 ○ 조경식물재료의 외형적, 생리적, 기능적 특성에 관한 지식 ○ 조경인공재료의 특성과 품질기준에 대한 지식 ○ 설계도구 및 채색도구에 대한 지식
	【기 술】 ○ 설계 도면 작성에 필요한 도면 기호 표현 능력, 기본제도 능력 ○ 성상을 고려한 조경식물재료의 평면적, 입체적 표현 능력 ○ 조경인공재료의 다양한 기능과 특징을 단순화하여 표현하는 능력

능력단위요소	수 행 준 거
	ㅇ 공간의 특성과 기능에 부합하는 배식 설계 및 시설물 설계능력 ㅇ 도면(개념도, 평면도, 단면도) 표현 작성 능력 ㅇ 설계도구 및 채색도구의 활용 능력
	【태 도】 ㅇ 꼼꼼하고 차분한 태도 ㅇ 사물을 이해하는 통찰력 ㅇ 식물의 생육 환경을 고려하는 합리적인 태도 ㅇ 정확하고 정밀한 설계태도
1405010114_17v1.2 조경식물재료 파악하기	2.1 조경식물재료의 성상별 종류를 구별할 수 있다. 2.2 조경식물재료의 외형적 특성을 비교할 수 있다. 2.3 조경식물재료의 생리적 특성을 조사할 수 있다. 2.4 조경식물재료의 기능적 특성을 구분할 수 있다. 2.5 조경식물재료의 규격을 조사하여 가격을 확인할 수 있다.
	【지 식】 ㅇ 조경식물재료의 성상별 종류에 대한 지식 ㅇ 조경식물재료의 외형적 특성에 대한 지식 ㅇ 기능식재와 경관식재에 대한 지식 ㅇ 조경식물재료의 규격 측정 방법에 대한 지식 ㅇ 조경식물재료의 규격에 따른 가격에 대한 지식
	【기 술】 ㅇ 조경식물재료 규격 측정 능력 ㅇ 조경식물재료 식별 능력 ㅇ 조경식물재료 규격별 가격 조사 능력
	【태 도】 ㅇ 조경식물에 대한 주의력과 관찰력 ㅇ 반복적으로 노력하는 끈기 ㅇ 문제 해결을 위한 적극적 자세
1405010114_17v1.3 조경인공재료 파악하기	3.1 조경인공재료의 종류를 파악할 수 있다. 3.2 조경인공재료의 종류별 특성을 조사할 수 있다. 3.3 조경인공재료의 종류별 활용 사례를 조사할 수 있다. 3.4 조경인공재료의 생산 규격을 조사하여 가격을 확인할 수 있다.
	【지 식】 ㅇ 조경인공재료의 종류에 대한 지식 ㅇ 조경인공재료의 종류별 특성에 대한 지식 ㅇ 조경인공재료의 종류별 활용에 대한 지식 ㅇ 조경인공재료의 생산 규격에 대한 지식 ㅇ 조경인공재료의 규격에 따른 가격에 대한 지식
	【기 술】 ㅇ 조경인공재료 규격 측정 능력 ㅇ 조경인공재료 식별 능력 ㅇ 조경인공재료 시장 조사 능력

능력단위요소	수 행 준 거
	ㅇ 조경인공재료 규격별 가격 조사 능력
	【태 도】 ㅇ 조경재료에 대한 관찰력 ㅇ 반복적으로 노력하는 끈기 ㅇ 문제 해결을 위한 적극적 자세
1405010114_17v1.4 전산응용도면(CAD) 작성하기	4.1 CAD를 스스로 설치하고 전체 화면 구성 요소를 파악할 수 있다. 4.2 CAD 좌표계를 이해하고, 그리기 명령어와 편집 명령어를 익혀서 도면을 작성할 수 있다. 4.3 CAD에서 작성한 도면을 저장하고 출력할 수 있다.
	【지 식】 ㅇ CAD 설치방법과 전체 화면구성 요소에 대한 지식 ㅇ CAD 좌표계에 대한 지식 ㅇ CAD 명령어와 편집 명령어에 대한 지식 ㅇ CAD 도면 저장과 출력에 대한 지식
	【기 술】 ㅇ 컴퓨터에 CAD 설치 능력 ㅇ CAD 좌표계 활용 능력 ㅇ CAD 명령어와 편집 명령어 활용 능력 ㅇ CAD에서 작성한 도면 저장, 출력 능력 ㅇ CAD 등 컴퓨터 프로그램을 이용한 도면 작성 능력
	【태 도】 ㅇ 반복학습에 대한 끈기 ㅇ 꼼꼼하고 차분한 심성 ㅇ 주도면밀하고 정확한 검토

④ 조경시공 능력단위, 능력단위요소

1. 조경기반시설공사

능력단위 명칭	조경기반시설공사
능력단위 정의	조경기반시설공사란 시공 전 현장 상태 파악과 현황측량 등을 통해 부지에 대한 정확한 자료를 확보하여 부지 정지공사를 시행하고, 현장사무실, 가설창고, 급배수시설, 빗물침투 및 저장시설과 현장 시공을 지원하기 위한 진입로 등을 설치하는 업무를 수행하는 능력이다.

능력단위요소	수 행 준 거
1405010201_17v3.1 현장 파악하기	1.1 설계도서 등 관련서류를 통해 현장 환경조건을 조사 분석할 수 있다. 1.2 수행할 조경공사의 규모, 공종, 공사기간, 난이도를 분석할 수 있다. 1.3 현장파악을 통하여 설계도서와 대상지의 차이점을 검토할 수 있다. 1.4 공종별 현황을 파악하고 지장물 및 보호대상을 확인, 관리 할 수 있다.

능력단위요소	수 행 준 거
	【지 식】 ㅇ 수행할 조경공사의 규모, 공종, 공사기간, 난이도와 관련된 지식 ㅇ 인·허가서류 등 공사 관련 각종법규 ㅇ 조경과 관련된 타 공종 특성 ㅇ 현장의 지형, 기존수목, 생태계, 문화재, 기존시설 조사 방법 및 내용
	【기 술】 ㅇ 설계도서와 대상지의 적합성에 대한 판단 능력 ㅇ 수행할 조경공사의 규모와 내용에 대한 이해 능력 ㅇ 현장상황과 설계도서와의 (불)일치성 파악 능력 ㅇ 현황 파악 능력
	【태 도】 ㅇ 작업공정의 이해력 ㅇ 전략적 사고 ㅇ 품질을 향상 시키려는 태도 ㅇ 합리성 및 조정력 ㅇ 협의 시 상대방의 의견을 존중하고, 친절하게 응대하는 태도
1405010201_17v3.2 측량하기	2.1 현황 측량을 수행하고, 측량성과를 확인 할 수 있다. 2.2 측량 성과에 의거 현장 시공을 위한 시공측량을 할 수 있다. 2.3 측량성과에 의해 돌출된 문제점을 해결할 수 있다.
	【지 식】 ㅇ 국가의 측량기준 ㅇ 측량기기의 작동방법 ㅇ 측량성과 분석에 대한 지식 ㅇ 측량 성과와 현장시공과의 연계에 대한 지식 ㅇ 측량 방법과 결과 작성에 대한 지식
	【기 술】 ㅇ 시공을 위한 측량 계획 수립 능력 ㅇ 측량기기 운영·작동 능력 ㅇ 측량 성과물 작성 능력 ㅇ 현장파악을 위한 현황측량 능력
	【태 도】 ㅇ 기술기준 준수 ㅇ 세심한 분석력 ㅇ 수리력 및 정밀성 ㅇ 안전수칙 준수 ㅇ 주의 깊은 판단력 ㅇ 측량 결과에 대한 책임감 ㅇ 품질을 향상 시키려는 태도
1405010201_17v3.3 부지 조성하기	3.1 측량도면에 의거 부지정지 계획을 수립할 수 있다. 3.2 토양시료를 채취하여 분석을 의뢰할 수 있다. 3.3 표토활용계획을 감안하여 부지정지 공사를 시행할 수 있다.

능력단위요소	수 행 준 거
	【지 식】 ㅇ 공사내용에 따른 장비, 인력 운용계획에 대한 지식 ㅇ 기존 수목, 표토보존, 생태계의 보존을 위한 환경에 대한 지식 ㅇ 부지의 자연, 인문환경 및 구조물 현황에 대한 지식 ㅇ 부지정지계획 수립을 위한 절 · 성토량 산출방법 ㅇ 시공측량 결과에 대한 지식 ㅇ 정지공사에 따른 지반안정화 방법 ㅇ 표토 채취 · 보관방법 ㅇ 현장 토양 및 토질의 조사 분석 방법
	【기 술】 ㅇ 계획된 형태로 부지를 정지하는 기술 능력 ㅇ 기존 수목, 표토보존, 생태계 보존 능력 ㅇ 배수체계 관리 능력 ㅇ 시공측량 결과와 관련 자료의 비교분석 능력 ㅇ 정확한 부지 정지계획 능력 ㅇ 토공량 산정 및 면적산출을 위한 수리 능력 ㅇ 현장 토양 분석결과의 해석 능력 ㅇ 현장에서 발생한 문제의 해결 능력
	【태 도】 ㅇ 기술기준 준수 ㅇ 문제 해결능력 ㅇ 안전사항 준수 ㅇ 이해력 ㅇ 주의 깊은 판단력 ㅇ 품질을 향상 시키려는 태도
1405010201_17v3.4 가설시설물 설치하기	4.1 가설시설물 규모의 적정성을 판단하고 설치계획을 수립할 수 있다. 4.2 유형별로 가설시설물을 설치할 수 있다. 4.3 가설시설물의 구조적 안정성을 점검 할 수 있다. 4.4 전기, 통신시설에 대한 설계도서와 현장상황의 적합성을 검토할 수 있다.
	【지 식】 ㅇ 가설시설의 종류 ㅇ 가설시설의 설치공법 ㅇ 가설시설 및 설치장소에 대한 구조적안전성을 점검 할 수 있는 지식 ㅇ 가설시설의 유지관리 방안
	【기 술】 ㅇ 가설시설의 설치를 위한 시공관리 능력 ㅇ 가설시설의 설치를 위한 정확한 측량 능력 ㅇ 가설시설 설치장소의 구조적 안정화 능력 ㅇ 가설시설 자재의 수량산출, 품질평가 능력
	【태 도】 ㅇ 기술기준 준수

능력단위요소	수 행 준 거
	ㅇ 세심한 관찰력 ㅇ 시공관리를 위한 실용성 ㅇ 안전사항 준수 ㅇ 품질을 향상시키려는 태도
1405010201_17v3.5 관수시설 설치하기	5.1 관수시설에 대한 설계도서와 현장상황의 적합성 검토를 할 수 있다. 5.2 관수시설을 설계도면에 따라서 현장상황에 맞게 시공할 수 있다. 5.3 관수시설의 각종 시험성적, 구성재료, 기계설비, 수리계산 등을 고려하여 현장여건에 맞게 적용할 수 있다.
	【지 식】 ㅇ 급수, 관수시설의 각종 시험성적, 구성재료, 기계설비 등에 대한 지식 ㅇ 급수, 관수시설의 용도별 구성요소 ㅇ 수리계산을 위한 지식 ㅇ 급수, 관수 시설 설계도면 해독 지식
	【기 술】 ㅇ 급수, 관수시설을 현장여건에 적합하게 설치하는 능력 ㅇ 시설 용량 수리계산 적용 능력 ㅇ 현장상황과 설계도서와의 (불)일치성 파악 능력
	【태 도】 ㅇ 기술기준 준수 ㅇ 세심한 관찰력 ㅇ 시운전 절차서 준수 태도 ㅇ 안전사항 준수 ㅇ 품질을 향상 시키려는 태도
1405010201_17v3.6 배수시설 설치하기	6.1 배수시설에 대한 설계도서와 현장상황의 적합성에 대한 검토를 할 수 있다. 6.2 설계도면에 따라서 현장상황에 맞게 배수시설을 시공할 수 있다. 6.3 배수시설의 각종 시험성적, 구성재료, 기계설비, 수리계산 등을 근거로 현장여건에 맞게 적용할 수 있다.
	【지 식】 ㅇ 배수시설의 각종 시험성적, 구성재료, 기계설비 등에 대한 지식 ㅇ 배수시설의 용도별 구성요소 ㅇ 배수시설 용량 수리계산 지식 ㅇ 배수시설의 설계도면 해독 지식
	【기 술】 ㅇ 배수시설을 현장여건에 적합하게 설치하는 능력 ㅇ 배수시설 용량 수리계산 능력 ㅇ 현장상황과 설계도서와의 (불)일치성 파악 능력
	【태 도】 ㅇ 기술기준 준수 태도 ㅇ 세심한 관찰력 ㅇ 안전사항 준수 태도 ㅇ 품질을 향상 시키려는 태도

능력단위요소	수 행 준 거
1405010201_17v3.7 빗물침투저장시설 설치하기	7.1 빗물침투 및 저장시설에 대한 특성을 고려하여 설계도서와 현장상황의 적합성에 대한 검토를 할 수 있다. 7.2 설계도서에 따라 빗물침투 및 저장시설에 적합한 공법을 적용하여 공사 할 수 있다. 7.3 대상지의 토양 특성, 지표의 마감상태, 지하수위, 강우량 등을 고려하여 빗물침투 및 배수시설, 저장시설을 설치할 수 있다.
	【지 식】 ㅇ 빗물침투와 배수, 저장시설의 역할과 가치 ㅇ 빗물침투 및 저장 시설 ㅇ 수자원 재활용 방안과 관련된 지식 ㅇ 빗물침투시설에 영향을 미치는 요소(토양의 특성, 지표의 마감상태, 지하수위, 강우량 등)
	【기 술】 ㅇ 빗물침투 및 배수, 저장시설에 대한 도면 판독 능력 ㅇ 시설 관리운영 계획 작성 능력 ㅇ 토양의 특성, 지표의 마감상태, 지하수위 등에 따른 빗물침투 및 배수방식에 대한 시공능력
	【태 도】 ㅇ 기술기준 준수 ㅇ 세심한 관찰력 ㅇ 안전사항 준수 ㅇ 친환경적으로 공사하려는 태도 ㅇ 품질을 향상시키려는 태도

2. 잔디식재공사

능력단위 명칭	잔디식재공사
능력단위 정의	잔디식재공사란 설계도서에 따라 시공계획을 수립한 후 현장여건을 고려하여 기반을 조성하고, 잔디를 기능적 · 심미적으로 식재하고 파종하는 능력이다.

능력단위요소	수 행 준 거
1405010203_17v3.1 잔디 시험시공하기	1.1 잔디시험시공하기에 필요한 설계도서를 파악할 수 있다. 1.2 잔디시험시공 결과를 평가 후 잔디종류를 선정할 수 있다. 1.3 잔디시험시공하기에 적합한 포지상태를 유지할 수 있다.
	【지 식】 ㅇ 설계도서 내용 해독 지식 ㅇ 잔디의 종류 ㅇ 잔디의 특성 ㅇ 잔디 파종법과 그 장단점

능력단위요소	수 행 준 거
	【기 술】 ㅇ 잔디 시험 시공을 위한 현장조사 능력 ㅇ 잔디의 종류별 파종방법 시행 능력 ㅇ 잔디 종류별 특성 파악 능력 ㅇ 잔디 파종 후 관리 · 기록 · 분석 능력
	【태 도】 ㅇ 기술기준 준수 ㅇ 안전사항 준수 ㅇ 작업 공정의 이해 ㅇ 주의 깊은 관찰 ㅇ 품질을 향상시키려는 태도
1405010203_17v3.2 잔디 기반 조성하기	2.1 설계도서와 현장상황의 적합성을 파악할 수 있다. 2.2 설계도서에 따라 식재기반을 조성할 수 있다. 2.3 잔디 식재지의 특성에 따른 적정한 관수시설을 설치할 수 있다.
	【지 식】 ㅇ 급 · 배수에 관한 지식 ㅇ 운영 기계장비의 종류 및 제원 ㅇ 잔디식재기반 유형, 조성에 대한 지식 ㅇ 토양의 물리적, 화학적, 생물적 특성 ㅇ 토양 여건별 토양개량 방안
	【기 술】 ㅇ 식재기반 유형별로 조성할 수 있는 능력 ㅇ 인력, 자재, 장비를 적절하게 운용할 수 있는 능력 ㅇ 잔디 생육에 적합한 배합토를 만드는 능력 ㅇ 토양 여건별로 적절하게 개량할 수 있는 능력
	【태 도】 ㅇ 기술기준 준수 ㅇ 선후공종에 대한 정확하고 유연한 업무처리 태도 ㅇ 안전사항 준수 ㅇ 적극적 사고 ㅇ 주의 깊은 관찰 ㅇ 품질을 향상 시키려는 태도
1405010203_17v3.3 잔디 식재하기	3.1 설계도서에 따라 잔디소요량을 산출하여 적기에 반입할 수 있다. 3.2 설계도서와 잔디식재 지반에 따라 적정한 식재공법으로 시공을 할 수 있다. 3.3 식재공법에 적합한 배토 및 전압을 할 수 있다. 3.4 잔디식재 후의 생육을 위하여 시비, 관수, 깎기, 차광막 설치 등의 관리조치를 할 수 있다.
	【지 식】 ㅇ 잔디공사의 특성 ㅇ 잔디식재 공법에 대한 지식 ㅇ 잔디 식재 공정표 작성 지식

능력단위요소	수 행 준 거
	ㅇ 설계도서 내용 해독 지식 ㅇ 잔디의 종류별 생육특성 ㅇ 잔디의 규격 및 품질
	【기 술】 ㅇ 공사특성 분석 능력 ㅇ 공정관리 능력 ㅇ 잔디식재를 위한 현장 조사 능력 ㅇ 잔디식재공법별로 식재할 수 있는 능력 ㅇ 잔디종류 구분 능력
	【태 도】 ㅇ 기술기준 준수 ㅇ 안전사항 준수 ㅇ 작업 공정의 이해 ㅇ 적극적 사고 ㅇ 정확하고 유연한 업무처리 태도 ㅇ 주의 깊은 관찰 ㅇ 품질을 향상 시키려는 태도
1405010203_17v3.4 잔디 파종하기	4.1 설계도서에 따라 적정 종자수, 발아율 등을 파악할 수 있다. 4.2 설계도서에 따라 파종시기, 방법을 결정할 수 있다. 4.3 파종 시 적정 피복 두께를 유지하여 시공할 수 있다. 4.4 설계도서에 따라 파종공간에 적정량의 종자를 균일하게 파종을 할 수 있다. 4.5 파종 후 발아상태를 확인해서 보파할 수 있다.
	【지 식】 ㅇ 잔디 파종공사 특성 ㅇ 잔디 파종 공정표 작성 지식 ㅇ 잔디종자의 품종별 특성 ㅇ 잔디종자 배합 비율 ㅇ 파종기 등 장비제원에 대한 지식
	【기 술】 ㅇ 발아상태 관찰 후 보파 능력 ㅇ 잔디 종자의 품질 조사 능력 ㅇ 설계도서를 검토할 수 있는 능력 ㅇ 잔디종자 배합 능력 ㅇ 잔디 파종에 대한 현장조사 능력 ㅇ 장비 운용 능력
	【태 도】 ㅇ 기술기준 준수 ㅇ 안전사항 준수 ㅇ 적극적 사고 ㅇ 주의 깊은 관찰 ㅇ 품질을 향상시키려는 태도

3. 조경구조물공사

능력단위 명칭	조경구조물공사
능력단위 정의	조경구조물공사란 설계도서에 따라 시공계획을 수립한 후 현장여건을 고려하여 조경구조물을 생태적 · 기능적 · 심미적으로 설치하고 마감하는 능력이다.

능력단위요소	수 행 준 거
1405010204_17v3.1 구조물 기반 조성하기	1.1 설계도서를 숙지하여 구조물 기반을 조성할 수 있다. 1.2 필요한 공법과 자재에 대한 특성을 알고 적용할 수 있다. 1.3 구조물의 위치와 레벨을 측량장비를 운용하여 측량할 수 있다. 1.4 안전한 작업공간을 확보하고 다짐 등의 기초토공을 할 수 있다.
	【지 식】 ㅇ 구조물 공사 특성과 공법 ㅇ 구조물의 종류 및 기반조성 방법 ㅇ 콘크리트, 석재, 철재, 목재, 합성수지 등 사용 자재에 관한 지식 ㅇ 기계장비의 종류 및 특성 ㅇ 설계도서 내용 해독 지식
	【기 술】 ㅇ 공종별 공사 특성 분석 능력 ㅇ 안전한 조경구조물의 세부 공정표 작성 능력 ㅇ 자재 · 인력 · 장비 운용 능력 ㅇ 토질, 기후, 교통 등 현장조사 능력
	【태 도】 ㅇ 기술기준 준수 ㅇ 안전사고 예방, 문제점 해결에 대한 적극적 자세 ㅇ 정확하고 세심한 업무처리 태도 ㅇ 품질을 향상시키려는 태도
1405010204_17v3.2 경관구조물 공사하기	2.1 경관구조물의 현장적합성과 안정성에 대한 검토를 할 수 있다. 2.2 주변경관과 조화되게 경관구조물을 시공할 수 있다. 2.3 각 경관구조물의 설치에 적합한 공법을 적용하여 공사할 수 있다.
	【지 식】 ㅇ 각종 자재 및 측량장비에 대한 지식 ㅇ 경관구조물 안전성에 관한 지식 ㅇ 공사특성 분석 및 공정에 대한 지식
	【기 술】 ㅇ 자재 · 인력 · 장비 운용 능력 ㅇ 경관구조물 설치 능력 ㅇ 구조적 안전성에 대한 검토 능력 ㅇ 적절한 공법 분석과 적용, 공정관리 능력 ㅇ 현장상황과 설계도서와의 (불)일치성 파악 능력
	【태 도】 ㅇ 공법 및 공정에 대한 주의 깊은 관찰

능력단위요소	수 행 준 거
	ㅇ 문제 해결에 대한 적극적 사고 ㅇ 작업 공정의 이해 및 품질 향상을 시키려는 태도 ㅇ 정확하고 유연한 업무처리 태도
1405010204_17v3.3 식생구조물 공사하기	3.1 식생구조물의 현장적합성과 안정성에 대한 검토를 할 수 있다. 3.2 주변경관과 조화되게 식생구조물을 시공할 수 있다. 3.3 각 식생구조물에 적합한 식생기반을 조성하고 식물을 식재할 수 있다.
	【지 식】 ㅇ 식생구조물 공사특성 및 공종 ㅇ 각종 자재 및 측량장비에 대한 지식 ㅇ 식생구조물 설계도서 해독 지식 ㅇ 적용되는 식물의 생육특성에 대한 지식
	【기 술】 ㅇ 공종별 공사특성 분석 능력 ㅇ 식생구조물 특성을 분석하여 식재할 수 있는 능력 ㅇ 자재특성 분석 및 각종장비 운용 능력 ㅇ 토질, 급·배수, 기후 등 현장조사 능력 ㅇ 현장상황과 설계도서와의 불일치성 파악 능력
	【태 도】 ㅇ 문제 발생과 안전사고 예방에 대한 적극적 사고 ㅇ 작업 공종에 대한 이해력 ㅇ 정확하고 유연한 업무처리 자세 ㅇ 현장에 대한 세심한 관찰력
1405010204_17v3.4 수경시설 공사하기	4.1 설계도서에 따라 수조, 벽체 등 구체·방수공사를 할 수 있다. 4.2 수 경관을 연출할 수 있는 수경설비 및 전기공사를 할 수 있다. 4.3 적합한 마감재를 사용하여 수조 및 구체에 마감공사를 할 수 있다.
	【지 식】 ㅇ 공정표 작성에 대한 지식 ㅇ 수경시설의 종류 및 특성 ㅇ 유량(계류, 폭포, 노즐 등) 산출 지식 ㅇ 조경과 관련된 전기, 설비, 토목 등 유관 공종에 대한 지식 ㅇ 펌프, 노즐, 수자 연출에 대한 지식
	【기 술】 ㅇ 자재·인력·장비 운용 능력 ㅇ 공종별 공사특성 분석 능력 ㅇ 설계도서 검토 능력 ㅇ 안전한 공정표 작성 및 수행 능력 ㅇ 전기, 설비, 컨트롤 패널의 설치 및 운용 능력 ㅇ 펌프, 노즐, 배관을 설치할 수 있는 능력
	【태 도】 ㅇ 기술기준 준수 ㅇ 세심하고 주의 깊은 관찰

능력단위요소	수 행 준 거
	ㅇ 안전사항 준수 ㅇ 작업 공종의 이해 노력 ㅇ 정확하고 유연한 업무처리 태도 ㅇ 품질을 향상시키려는 태도
1405010204_17v3.5 조경석 공사하기	5.1 조경석의 특성을 고려하여 조경석 놓기 공사를 할 수 있다. 5.2 주변경관과 조화, 현장의 특성에 따라 건식과 습식 조경석 쌓기 공사를 할 수 있다. 5.3 현장에서 돌들을 다듬어가며 성곽돌 쌓기를 할 수 있다. 5.4 조경석 사이에 틈새 식재를 할 수 있다.
	【지 식】 ㅇ 건식과 습식 공사 방법 ㅇ 사용 기계 장비에 대한 지식 ㅇ 설계도서 해독 지식 ㅇ 조경석 쌓기, 놓기의 종류와 기법 ㅇ 조경석의 종류 및 특성
	【기 술】 ㅇ 자재 · 인력 · 장비 운용 능력 ㅇ 공법에 따른 자재 및 장비 등 공사 특성 분석 능력 ㅇ 구조적으로 안전성 있는 조경석 및 성곽돌 쌓기를 할 수 있는 능력 ㅇ 돌틈, 돌 주변에 심미적, 생태적으로 식물을 식재할 수 있는 능력 ㅇ 설계도서 검토 능력 ㅇ 전통적 · 조형적으로 조경석 놓기를 할 수 있는 능력
	【태 도】 ㅇ 기술기준 준수 및 품질향상 시키려는 태도 ㅇ 안전사고 예방, 문제해결에 대한 적극적인 사고 ㅇ 작업 공종의 이해 노력 ㅇ 정확하고 유연한 업무처리 태도 ㅇ 주의 깊은 관찰
1405010204_17v3.6 마감공사하기	6.1 설계도서와 설치된 구조물의 마감공사가 적합한지 검토할 수 있다. 6.2 각 구조물에 적합한 마감공법을 적용하여 공사할 수 있다. 6.3 백화현상을 이해하고 백화현상이 일어나지 않도록 공사할 수 있다.
	【지 식】 ㅇ 건식과 습식공사방법 ㅇ 각 구조물의 마감공법 ㅇ 마감자재의 종류와 특성 ㅇ 백화현상 ㅇ 설계도서 해독 지식
	【기 술】 ㅇ 공법별 사용 장비 운용 능력 ㅇ 마감자재별 공법 적용 능력 ㅇ 현장상황과 설계도서와의 (불)일치성 파악 능력

능력단위요소	수 행 준 거
	【태 도】 ㅇ 기술기준 준수 ㅇ 마감부에 대한 주의 깊은 관찰력 ㅇ 안전사항 준수 ㅇ 작업 공종 및 공정에 대한 이해력 ㅇ 품질을 향상 시키려는 태도

4. 조경시설물공사

능력단위 명칭	조경시설물공사
능력단위 정의	조경시설물공사란 설계도서에 따라 필요한 자재와 시설물을 구입하여 조경시설물을 생태적 · 기능적 · 심미적으로 배치하고 설치하는 능력이다.

능력단위요소	수 행 준 거
1405010205_17v3.1 시설물 설치 전 작업하기	1.1 설계도서를 근거로 설치할 시설물의 수량을 파악 할 수 있다. 1.2 각 시설물의 재료와 설치 공법을 설치 작업 이전에 검수 할 수 있다. 1.3 각 시설물의 적정한 기초, 마감재, 결합부를 이해하고 시공할 수 있다.
	【지 식】 ㅇ 시설물의 자재의 종류 및 특성 ㅇ 시설물의 수량과 배치에 대한 지식 ㅇ 시설물의 설치 공법에 대한 지식 ㅇ 시설물의 기초, 마감재, 결합부에 대한 지식
	【기 술】 ㅇ 설계도서를 확인 할 수 있는 능력 ㅇ 각 시설물의 재료 특성에 대한 능력 ㅇ 각 시설물의 설치 공법에 대한 능력 ㅇ 각 시설물의 적정한 기초, 마감재, 결합부를 이해 할 수 있는 능력 ㅇ 현장상황과 설계도서와의 (불)일치성 파악 능력
	【태 도】 ㅇ 기술기준 준수 ㅇ 안전사항 준수 ㅇ 업무에 치밀한 태도 ㅇ 품질을 향상 시키려는 태도
1405010205_17v3.2 안내시설물 설치하기	2.1 안내시설물의 현장시공 적합성을 검토할 수 있다. 2.2 안내시설물의 설치 장소의 적합성을 검토 할 수 있다. 2.3 기초부와의 연결, 바탕면과의 연결부 등에 적합하게 시공할 수 있다.
	【지 식】 ㅇ 공간, 시설, 시설물 이용 행태에 대한 지식 ㅇ 안내시설물 설치 기준 ㅇ 안내 체계 및 전달에 대한 지식 ㅇ 설계도서 해독 지식

능력단위요소	수행준거
	【기 술】 ㅇ 시설물 설치를 위한 기반조성 및 시공 능력 ㅇ 안내시설물을 적정 장소에 설치할 수 있는 능력 ㅇ 현장상황과 설계도서와의 (불)일치성 파악 능력
	【태 도】 ㅇ 기술기준 준수 ㅇ 보다 쉽게 정보전달을 하려는 태도 ㅇ 안전사항 준수 ㅇ 업무의 적극적인 마무리 태도
1405010205_17v3.3 옥외시설물 설치하기	3.1 설계된 옥외시설물의 현장시공 적합성을 검토할 수 있다. 3.2 옥외시설물의 설치 장소의 적합성을 검토 할 수 있다. 3.3 옥외시설물의 높이, 폭, 포장처리, 기울기 등을 적합하게 시공할 수 있다.
	【지 식】 ㅇ 시설물 기능, 설치 위치에 대한 지식 ㅇ 이용자 대상에 따른 적정규모 산정 ㅇ 사용 자재의 종류 및 특성 ㅇ 설치 목적물에 대한 지식
	【기 술】 ㅇ 시설물 설치를 위한 기반조성 능력 ㅇ 포장면과 접하는 면의 깔끔한 처리 능력 ㅇ 현장상황과 설계도서와의 (불)일치성 파악 능력 ㅇ 현장측량 후 적정위치에 설치하는 능력
	【태 도】 ㅇ 기술기준 준수 ㅇ 안전사항 준수 ㅇ 치밀한 업무태도 ㅇ 품질을 향상 시키려는 태도
1405010205_17v3.4 놀이시설 설치하기	4.1 설계된 놀이시설의 현장설치에 대한 적합성을 검토하고 시공할 수 있다. 4.2 놀이시설물의 설치 장소의 안정성을 검토할 수 있다. 4.3 하부 포장재별로 연계성을 고려하여 시공할 수 있다.
	【지 식】 ㅇ 설계도서 해독지식 ㅇ 어린이놀이시설 안전관리수칙 ㅇ 어린이놀이시설 시설기준 ㅇ 어린이 놀이 행태 ㅇ 사용 자재의 종류 및 특성
	【기 술】 ㅇ 놀이시설 높이에 대한 포장재와의 연계 응용 능력 ㅇ 시설물간 안전거리 확보 능력 ㅇ 현장상황과 설계도서와의 (불)일치성 파악 능력

능력단위요소	수 행 준 거
	ㅇ 현장측량 후 적정위치에 설치하는 능력
	【태 도】 ㅇ 기술기준 준수 ㅇ 안전사항 준수 ㅇ 치밀한 업무태도 ㅇ 품질을 향상 시키려는 태도
1405010205_17v3.5 운동시설 설치하기	5.1 설계된 운동시설의 현장설치에 대한 적합성을 검토하고 시공할 수 있다. 5.2 운동시설물의 설치 장소의 적합성을 검토할 수 있다. 5.3 운동시설에 적합한 포장재를 선정하여 시공할 수 있다.
	【지 식】 ㅇ 운동시설 규격 및 운동부속시설 규격 ㅇ 운동시설 및 체력단련시설의 운동효과 ㅇ 체력단련시설의 규격 ㅇ 관련법규 지식
	【기 술】 ㅇ 도면 검토 능력 ㅇ 안전거리 확보 능력 ㅇ 포장재와의 연결부 처리 능력 ㅇ 현장측량 후 적정위치에 설치하는 능력
	【태 도】 ㅇ 기술기준 준수 ㅇ 안전사항 준수 ㅇ 치밀한 업무태도 ㅇ 품질을 향상 시키려는 태도
1405010205_17v3.6 경관조명시설 설치하기	6.1 설계된 경관조명시설의 현장설치에 대한 적합성을 검토할 수 있다. 6.2 경관조명등 설치 장소의 적합성을 검토할 수 있다. 6.3 경관 등의 성격에 적합한 등기구 설치공사를 할 수 있다.
	【지 식】 ㅇ 조명시설 규격, 구조, 조도 ㅇ 램프별 빛의 밝기 및 전기효율 ㅇ 인공조명에 의한 빛 공해방지법 규정 ㅇ 사용자재의 종류 및 특성 ㅇ 전기 인입에 대한 절차 ㅇ 전기공사 및 접지 등에 대한 지식
	【기 술】 ㅇ 도면 판독 능력 ㅇ 램프 연결 및 반사각 조절 능력 ㅇ 조명시설 설치 후 적합성 확인 능력 ㅇ 타 공종 · 공정과의 협의 능력 ㅇ 타 공종 · 공정과의 관계 파악 능력

<table>
<tr><th>능력단위요소</th><th>수 행 준 거</th></tr>
<tr><td></td><td>【태 도】
ㅇ 기술기준 준수
ㅇ 안전사항 준수
ㅇ 치밀한 업무태도
ㅇ 타 공종과의 협의 시 친절하게 대하려는 태도
ㅇ 품질을 향상 시키려는 태도</td></tr>
<tr><td rowspan="4">1405010205_17v3.7
환경조형물 설치하기</td><td>7.1 제작된 환경조형물과 디자인 개념의 적합성에 대해 검토할 수 있다.
7.2 환경조형물 설치 장소의 적합성을 검토할 수 있다.
7.3 작가 및 설계자의 작품의도를 충분한 협의과정을 거치면서 시공할 수 있다.</td></tr>
<tr><td>【지 식】
ㅇ 미술장식품 설치기준
ㅇ 미학에 대한 지식
ㅇ 환경조형물 설치 시 주요 장비에 관한 지식
ㅇ 환경조형물의 주요 자재에 대한 지식</td></tr>
<tr><td>【기 술】
ㅇ 기초부 조성 및 연결 능력
ㅇ 도면 검토 능력
ㅇ 설치 시 작업환경 조정 능력
ㅇ 작업순서에 따른 설치 능력
ㅇ 환경조형물 상 · 하차 적용 능력</td></tr>
<tr><td>【태 도】
ㅇ 미적 감각
ㅇ 안전사항 준수
ㅇ 작가 혹은 설계자와 협의 시 친절하게 대하려는 태도
ㅇ 치밀한 업무태도</td></tr>
<tr><td rowspan="4">1405010205_17v3.8
데크시설 설치하기</td><td>8.1 설계된 데크시설의 현장설치에 대한 적합성을 검토할 수 있다.
8.2 데크시설물의 재료 선정과 공법의 적합성을 검토할 수 있다.
8.3 데크를 구조적으로 안정되게 시공 할 수 있다.</td></tr>
<tr><td>【지 식】
ㅇ 사용 재료에 대한 지식
ㅇ 구조적 안전성
ㅇ 데크, 조립자재의 종류별 특성
ㅇ 데크 유형별 기능</td></tr>
<tr><td>【기 술】
ㅇ 도면 검토 능력
ㅇ 주변경관과의 조화 및 내구성, 안전성을 갖게 설치하는 능력
ㅇ 현장여건에 적합하게 설치하는 능력</td></tr>
<tr><td>【태 도】
ㅇ 기술기준 준수
ㅇ 안전사항 준수</td></tr>
</table>

능력단위요소	수 행 준 거
	ㅇ 치밀한 업무 태도 ㅇ 품질을 향상 시키려는 태도
1405010205_17v3.9 펜스 설치하기	9.1 설계된 펜스의 현장설치에 대한 적합성을 검토할 수 있다. 9.2 펜스의 설치 장소의 적합성을 검토 할 수 있다. 9.3 펜스를 구조적으로 안정되게 시공할 수 있다.
	【지 식】 ㅇ 사용 재료에 대한 지식 ㅇ 지적도에 대한 지식 ㅇ 펜스 설치기준 ㅇ 펜스 설치 목적과 자재의 특성
	【기 술】 ㅇ 도면 검토 능력 ㅇ 펜스를 구조적으로 안전하게 설치할 수 있는 능력 ㅇ 펜스 종류별 설치 능력
	【태 도】 ㅇ 기술기준 준수 ㅇ 안전사항 준수 ㅇ 치밀한 업무 태도 ㅇ 품질을 향상 시키려는 태도

5. 조경포장공사

능력단위 명칭	조경포장공사
능력단위 정의	조경포장공사란 설계도서에 따라 시공계획을 수립한 후 현장여건을 고려하여 기능적 · 심미적 · 생태적으로 조경포장 공사를 하는 능력이다.

능력단위요소	수 행 준 거
1405010206_17v3.1 조경 포장기반 조성하기	1.1 포장설계도면에 따라 현장에 포장공간별로 정확히 구획할 수 있다. 1.2 설계도서에 따라 기초 토공사 후 원지반 다짐을 할 수 있다. 1.3 기층재를 설계도서에 따라 균일한 두께로 포설하고 다짐할 수 있다. 1.4 설계도서에 따라 건식과 습식의 방법에 따른 기반조성을 할 수 있다.
	【지 식】 ㅇ 건식, 습식 공사방법 ㅇ 원지반 및 골재 다짐도 ㅇ 지반 성토 시 부등 침하 방지 방법 ㅇ 토사 및 도입골재의 물리 · 화학성 ㅇ 토사치환에 대한 지식
	【기 술】 ㅇ 부등침하 방지 적용 능력 ㅇ 시공장비 운용 능력 ㅇ 토사치환 기술 적용 능력

능력단위요소	수 행 준 거
	ㅇ 포장기반 조성 시 발생될 수 있는 문제해결 능력
	【태 도】 ㅇ 기술기준 준수 ㅇ 안전사항 준수 ㅇ 치밀한 업무 태도 ㅇ 품질을 향상 시키려는 태도
1405010206_17v3.2 조경 포장경계 공사하기	2.1 설계도서와 현장상황을 검토하여 마감높이와 구배를 결정할 수 있다. 2.2 정해진 위치에 규준틀을 설치하고, 겨냥줄을 조일 수 있다. 2.3 설계도면에 따라 포장경계를 설치할 수 있다.
	【지 식】 ㅇ 조경포장경계 유형별 특성 ㅇ 표면배수에 대한 지식 ㅇ 포장경계별 시공 방법
	【기 술】 ㅇ 규준틀 설치 및 겨냥줄 조임 능력 ㅇ 도면 검토 능력 ㅇ 설계선형(직선, 곡선)에 적합하게 시공하는 능력
	【태 도】 ㅇ 기술기준 준수 ㅇ 안전사항 준수 ㅇ 치밀한 업무 태도 ㅇ 품질을 향상 시키려는 태도
1405010206_17v3.3 친환경흙포장 공사하기	3.1 설계도서의 배합기준에 따라 재료 배합을 할 수 있다. 3.2 색상, 두께, 재질 등을 동일하게 유지하며 시공할 수 있다. 3.3 포장 후 패인 곳은 동일 재질 및 색깔로 보완 시공할 수 있다.
	【지 식】 ㅇ 건식, 습식 공사방법 ㅇ 경화재(혼화재)에 대한 지식 ㅇ 보양에 대한 지식 ㅇ 압축강도, 함수비
	【기 술】 ㅇ 배합기준에 따라 배합할 수 있는 능력 ㅇ 포장면의 마감높이를 균일하게 유지하는 능력 ㅇ 포장면을 다짐정도를 일정하게 하는 능력 ㅇ 포장면을 양생하는 능력
	【태 도】 ㅇ 기술기준 준수 ㅇ 안전사항 준수 ㅇ 친환경적으로 공사하려는 태도 ㅇ 품질을 향상 시키려는 태도

능력단위요소	수 행 준 거
1405010206_17v3.4 탄성포장 공사하기	4.1 설계도서에 적합한 탄성포장재 하부 기층을 설치할 수 있다. 4.2 공사시방서에 따라 현장타설 탄성포장공사를 할 수 있다. 4.3 설계도서에 따라 조립형 탄성포장재를 조립하여 시공할 수 있다.
	【지 식】 ㅇ 보양에 대한 지식 ㅇ 어린이놀이시설기준 및 기술기준 ㅇ 제조업체의 포장재 포설 지침 ㅇ 탄성포장재별 단면에 대한 지식
	【기 술】 ㅇ 도면 검토 능력 ㅇ 색상 및 문양을 정확하게 표현하는 능력 ㅇ 조립형 탄성포장재의 조립 능력 ㅇ 평탄하게 시공하는 능력 ㅇ 현장타설 탄성재를 균일한 두께로 포설하는 능력 ㅇ 현장타설 탄성재를 균일하게 배합하는 능력
	【태 도】 ㅇ 기술기준 준수 ㅇ 안전사항 준수 ㅇ 품질을 향상 시키려는 태도
1405010206_17v3.5 조립블록 포장 공사하기	5.1 설계도서에 따라 건식, 습식 공사법으로 시공할 수 있다. 5.2 설계도서에 따라 조립블록을 포설하고 줄눈을 조정할 수 있다. 5.3 포장 단부를 마감블록으로 마감할 수 있다. 5.4 줄눈을 채우고 표면을 다져 마감공사를 할 수 있다.
	【지 식】 ㅇ 건식 · 습식 공사방법 ㅇ 블록식 포장재료의 종류별 특성에 대한 지식 ㅇ 조립블록 포장 재표별 품질 기준 ㅇ 조립블록 종류별 단면에 대한 지식
	【기 술】 ㅇ 건식 · 습식공사 적용 능력 ㅇ 문양을 표현하는 기술적 능력 ㅇ 블록 절단 부위를 절단기로 정교하게 절단하는 능력 ㅇ 포장마감면을 일정하게 유지하는 시공 능력 ㅇ 포장재의 간격을 일정하게 유지하는 능력
	【태 도】 ㅇ 기술기준 준수 ㅇ 안전사항 준수 ㅇ 친환경적으로 공사하려는 태도 ㅇ 품질을 향상 시키려는 태도

능력단위요소	수 행 준 거
1405010206_17v3.6 조경 투수포장 공사하기	6.1 설계도서에 따라 투수포장재를 균일하게 포설할 수 있다. 6.2 가열 혼합물은 포설 후 적절한 장비를 선정하여 균일하게 전압하여 평탄성을 확보할 수 있다. 6.3 표층을 마무리한 뒤 표면이 상하지 않도록 잘 보양할 수 있다.
	【지 식】 ㅇ 보양에 대한 지식 ㅇ 포장단면에 대한 지식 ㅇ 포장재의 투수계수 ㅇ 혼합물 등 사용자재의 특성
	【기 술】 ㅇ 연결공사 시 이음매 처리에 대한 능력 ㅇ 포설 및 다짐장비 운용에 관한 시공 능력 ㅇ 포장마감면을 정확하게 구현하는 기술적 능력 ㅇ 포장순서 및 시공방향에 대한 시공 능력 ㅇ 두수계수 확인 능력
	【태 도】 ㅇ 기술기준 준수 ㅇ 안전사항 준수 ㅇ 품질을 향상 시키려는 태도
1405010206_17v3.7 조경 콘크리트포장 공사하기	7.1 기층재를 균일하게 포설하고 다짐할 수 있다. 7.2 P.E 필름, 와이어메쉬를 깔고 콘크리트를 균일하게 타설할 수 있다. 7.3 포장 후 수축 · 팽창에 대한 줄눈을 설치할 수 있다.
	【지 식】 ㅇ 부등침하, 시공이음, 신축이음에 대한 지식 ㅇ 콘크리트강도와 포장 단면에 대한 지식 ㅇ 콘크리트 혼합골재 및 보조 기층재
	【기 술】 ㅇ 마감면을 일정하게 하는 시공 능력 ㅇ 줄눈 커팅의 간격, 깊이에 대한 시공 능력 ㅇ 콘크리트를 균일하게 포설하는 시공 능력 ㅇ 콘크리트 보양 및 양생 능력 ㅇ 콘크리트포장 연결부 처리에 대한 시공 능력
	【태 도】 ㅇ 기술기준 준수 ㅇ 안전사항 준수 ㅇ 품질을 향상 시키려는 태도

6. 생태복원공사

능력단위 명칭	생태복원공사
능력단위 정의	생태복원공사란 생태계환경이 파괴되거나 개선하기 위한 곳을 대상으로 설계도서에 따라 시공계획을 수립한 후 환경을 생태적으로 복원하기 위한 공사를 하는 능력이다.

능력단위요소	수행준거
1405010207_17v3.1 자연친화적 하천 조성하기	1.1 자연친화적 하천 특성을 고려하여 설계도서와 현장상황의 적합성을 검토할 수 있다. 1.2 조경공사와 관련된 하천의 이수, 치수, 생태적 특성을 파악할 수 있다. 1.3 자연친화적 하천의 특성에 적합한 공법을 적용하여 공사할 수 있다.
	【지 식】 ○ 동 · 식물 보호종, 생태계 교란종 ○ 자연친화적인 하천 수목식재 · 시설물설치 관련 지식 ○ 자연친화적 하천의 기능, 구조, 특성 ○ 조경공사로 인하여 하천생태계에 미치는 부정적 요소 ○ 하천의 이수 · 치수 · 생태적 특성 ○ 하천 특성을 고려한 식물의 식재 방법, 식재시기 ○ 하천 특성을 고려한 시설물의 설치 방법, 설치시기
	【기 술】 ○ 식생현황 파악 능력 ○ 자연친화적인 호안 조성 능력 ○ 자연친화적 하천조성의 설계도서 검증 능력 ○ 하천 구간별 특성에 적합한 식재 능력 ○ 하천의 구조와 기능을 향상시키는 시설 설치 능력 ○ 현장상황과 설계도서와의 (불)일치성 파악 능력
	【태 도】 ○ 기술수준 준수 ○ 세심한 분석력 ○ 안전사항 준수 ○ 자연을 배려하는 마음 ○ 주의 깊은 판단력 ○ 친환경적으로 공사하려는 태도
1405010207_17v3.2 생태못 습지 조성하기	2.1 생태못 습지조성의 특성을 고려하여 설계도서와 현장상황의 적합성을 검토할 수 있다. 2.2 주변 환경의 생태적 특성을 파악하여 친환경적인 생태못 습지를 조성할 수 있다. 2.3 생태못 습지의 특성에 적합한 공법을 적용하여 공사할 수 있다.
	【지 식】 ○ 대상지 주변 수문과의 연계성 ○ 도입 목표종의 생태적 · 서식처 특성 ○ 도입 식물 · 시설물과 도입 동물과의 연관성에 대한 지식 ○ 동 · 식물 보호종, 생태계 교란종

능력단위요소	수 행 준 거
	ㅇ 생태못 습지의 기능, 구조, 특성 ㅇ 정화식물 · 시설물과 수질정화의 관계
	【기 술】 ㅇ 대상지 주변 동식물의 종류 및 특성을 파악할 수 있는 능력 ㅇ 대상지 주변의 수문 파악 능력 ㅇ 방수 공법별 시공 능력 ㅇ 생태못 습지의 설계도서 판독 능력 ㅇ 정화식물 · 시설물의 대상지 적용 능력 ㅇ 현장상황과 설계도서와의 (불)일치성 파악 능력
	【태 도】 ㅇ 기술기준 준수 ㅇ 모니터링 하려는 자세 ㅇ 안전사항 준수 ㅇ 주의 깊은 관찰력 ㅇ 환경친화적으로 시공하려는 의지
1405010207_17v3.3 훼손지 생태복원하기	3.1 설계도서와 현장조사를 통하여 대상지에 적합한 훼손지 생태복원방법을 판단할 수 있다. 3.2 주변환경의 생태적 특성을 파악하여 친환경적으로 훼손지를 복원 시공할 수 있다. 3.3 훼손지 생태복원 특성에 적합한 공법을 적용하여 공사할 수 있다.
	【지 식】 ㅇ 동 · 식물 보호종, 생태계 교란종 ㅇ 복원 대상(지)의 특성 ㅇ 생태복원 개념과 원리 ㅇ 식물군락의 이식순서 · 방법 ㅇ 오염된 토양 개량 · 복원 ㅇ 천이의 개념과 유형
	【기 술】 ㅇ 식생현황 파악 능력 ㅇ 표토의 채취, 보관, 운반, 활용 능력 ㅇ 현장상황과 설계도서와의 (불)일치성 파악 능력 ㅇ 훼손지 복원에 적합한 공법 적용 능력 ㅇ 훼손지 생태복원 도면 판독 능력
	【태 도】 ㅇ 기술수준 준수 ㅇ 동 · 식물에 대한 배려심 ㅇ 세심한 관찰력 ㅇ 안전사항 준수 ㅇ 친환경적으로 공사하려는 태도
1405010207_17v3.4	4.1 설계도서와 현장조사를 통하여 대상지에 적합한 비탈면 복원 방법을 판단할 수 있다.

능력단위요소	수 행 준 거
	4.2 주변 환경의 생태적 특성을 파악하여 친환경적으로 비탈면 복원 시공을 할 수 있다. 4.3 비탈면 복원 특성에 적합한 공법을 적용하여 공사할 수 있다.
	【지 식】 ○ 동 · 식물 보호종, 생태계 교란종 ○ 비탈면 복원공법의 종류, 특성 ○ 비탈면에 영향을 미치는 환경요소 ○ 비탈면특성을 고려한 식물의 식재방법, 식재시기 ○ 조경공사와 관련된 비탈면의 안식각, 토질 특성
비탈면 복원하기	【기 술】 ○ 비탈면복원에 대한 도면 판독 능력 ○ 비탈면복원을 위한 다양한 재료 적용 능력과 (불)일치성 파악 능력 ○ 비탈면 안식각, 토질 특성에 적합한 식재 능력 ○ 비탈면에 영향을 주는 생태적, 물리적 측면 파악 능력 ○ 식생현황 파악 능력 ○ 천이(극성상)를 유도할 수 있는 식물종자 배합 능력 ○ 현장상황과 설계도서와의 (불)일치성 파악 능력
	【태 도】 ○ 기술기준 준수 ○ 세심한 관찰력 ○ 식물 천이의 중요성 인식 ○ 안전사항 준수 ○ 판단력 ○ 환경을 중시하여 공사하려는 태도
	5.1 설계도서와 현장조사를 통하여 대상지에 적합한 생태숲을 조성할 수 있다. 5.2 주변 환경과의 연관성을 검토하여 시공할 수 있다. 5.3 생태숲 특성에 적합한 공법을 적용하여 공사할 수 있다.
	【지 식】 ○ 관찰행태와 학습 · 관찰시설에 대한 지식 ○ 동 · 식물 보호종, 생태계 교란종 ○ 생태숲의 동 · 식물 서식환경 특성 ○ 생태숲의 특성 ○ 식물군락의 이식순서 및 방법
1405010207_17v3.5 생태숲 조성하기	【기 술】 ○ 생태숲의 동 · 식물의 서식환경 조성 능력 ○ 생태숲 조성에 대한 도면 판독 능력 ○ 식생현황 파악 능력 ○ 자연학습 · 교육시설 시공 능력 ○ 현장상황과 설계도서와의 (불)일치성 파악 능력
	【태 도】 ○ 기술기준 준수 ○ 세심한 관찰력

능력단위요소	수 행 준 거
	ㅇ 안전사항 준수 ㅇ 자연을 배려하는 마음가짐 ㅇ 친환경적으로 공사하려는 태도
1405010207_17v3.6 생태통로 조성하기	6.1 설계도서와 현장조사를 통하여 대상지에 적합한 생태통로를 조성할 수 있다. 6.2 도입될 생태통로와 주변 환경과의 연관성을 검토하여 시공할 수 있다. 6.3 생태통로 특성에 적합한 공법을 적용하여 시공할 수 있다.
	【지 식】 ㅇ 생태통로의 종류 · 유형 ㅇ 동 · 식물 보호종, 생태계 교란종 ㅇ 야생동물의 이동 · 생활상 · 서식처
	【기 술】 ㅇ 생태복원 보조시설 시공 능력 ㅇ 생태통로 설치에 대한 도면 판독 능력 ㅇ 생태통로 유형별 시공 능력 ㅇ 식생현황 파악 능력 ㅇ 현장상황과 설계도서와의 (불)일치성 파악 능력
	【태 도】 ㅇ 기술기준 준수 ㅇ 세심한 관찰력 ㅇ 안전사항 준수 ㅇ 주의 깊은 사고 ㅇ 친환경적으로 공사하려는 태도
1405010207_17v3.7 생물서식처 공간 조성하기	7.1 설계도서와 현장조사를 고려하여 지역 특성에 적합한 생물 서식처 공간을 조성할 수 있다. 7.2 지역의 생태적 특성에 적합한 소재를 선정하여 시공할 수 있다. 7.3 생물 생육에 적합한 서식처를 조성할 수 있다.
	【지 식】 ㅇ 생물서식처의 종류 · 유형 ㅇ 동 · 식물 보호종, 생태계 교란종 ㅇ 야생동물의 이동 · 생활상 · 서식처
	【기 술】 ㅇ 생태복원 보조시설 시공 능력 ㅇ 생물서식처 설치에 대한 도면 판독 능력 ㅇ 생물서식처 유형별 시공 능력 ㅇ 식생현황 파악 능력 ㅇ 현장상황과 설계도서와의 (불)일치성 파악 능력
	【태 도】 ㅇ 기술기준 준수 ㅇ 세심한 분석력 ㅇ 안전사항 준수 ㅇ 주의 깊은 관찰력 ㅇ 친환경적으로 공사하려는 태도

7. 입체조경공사

능력단위 명칭	입체조경공사
능력단위 정의	입체조경공사란 인공구조물을 대상으로 설계도서에 따라 시공계획을 수립한 후 현장여건을 고려하여 식물과 조경시설물을 생태적·기능적·심미적으로 식재하고 설치하는 능력이다.

능력단위요소	수행준거
1405010208_17v3.1 입체조경기반 조성하기	1.1 입체조경기반 환경과 특성에 적합한 조경공간을 조성할 수 있다. 1.2 구체의 허용중량에 적합한 조경기반을 조성할 수 있다. 1.3 설계도서에 따라 조경기반 조성을 위한 방수·방근 공사를 할 수 있다.
	【지 식】 ○ 구조물과 인공녹화기반 안정성 ○ 구조물별 인공녹화기반 조성 유형 ○ 녹화기반 종류(경량형, 중량형, 혼합형) ○ 방수공법 ○ 인공토의 종류 및 특징
	【기 술】 ○ 구조물의 인공녹화기반 안정성 파악 능력 ○ 녹화기반 대상지의 현황 파악 능력 ○ 녹화기반 종류에 따른 공법 적용 능력 ○ 타 공종의 도면, 현황 파악 능력 ○ 현장상황과 설계도서와의 (불)일치성 파악 능력
	【태 도】 ○ 기술기준 준수 ○ 세심한 관찰력 ○ 안전사항 준수 ○ 품질을 향상시키려는 태도
1405010208_17v3.2 벽면녹화하기	2.1 설계도서와 현장조사를 통하여 대상지에 적합한 벽면녹화 조성을 할 수 있다. 2.2 도입식물의 등반형태와 등반보조재의 적합성을 검토하고 시공할 수 있다. 2.3 설계도서에 따라 벽면녹화 특성에 적합한 공법을 적용하여 공사할 수 있다.
	【지 식】 ○ 녹화기반의 물리적 환경특성 ○ 도입식물의 특성 ○ 벽면녹화 공법 ○ 벽면녹화의 기능·효과 ○ 벽면녹화 재료
	【기 술】 ○ 대상지의 환경조건에 적합한 공법 적용 능력 ○ 벽면녹화용 재료를 적정하게 설치할 수 있는 능력 ○ 벽면의 구조적 안전성을 위해하지 않는 시공 능력 ○ 벽면의 시각적 질을 향상시킬 수 있는 시공 능력 ○ 현장상황과 설계도서와의 (불)일치성 파악 능력

능력단위요소	수 행 준 거
	【태 도】 ○ 기술수준 준수 ○ 생태적 · 시각적 질을 향상시키려는 시공 태도 ○ 안전사항 준수 ○ 품질향상을 위해 노력하는 태도
1405010208_17v3.3 인공지반녹화하기	3.1 설계도서에 따라 급배수시스템을 설치할 수 있다. 3.2 인공지반에 적합한 녹화기반을 조성할 수 있다. 3.3 인공지반의 특성과 도입될 식물의 적합성을 검토하고 시공할 수 있다.
	【지 식】 ○ 도입 인공지반녹화 공법 ○ 도입 인공지반녹화 재료 ○ 인공지반녹화의 기능 · 효과 ○ 인공지반의 구조적 안전 ○ 인공지반의 환경적, 물리적 특성
	【기 술】 ○ 인공지반녹화 공법 적용 능력 ○ 인공지반녹화 도입재료 적용 능력 ○ 인공지반의 구조적 안전성을 위해하지 않는 범위 내에서 시공할 수 있는 능력 ○ 인공지반의 물리적 특성 파악 능력 ○ 현장상황과 설계도서와의 부적합성 파악 능력
	【태 도】 ○ 공학적인 자세 ○ 기술수준 준수 ○ 세심한 관찰력 ○ 안전사항 준수
1405010208_17v3.4 텃밭 조성하기	4.1 인공지반 특성에 적합한 텃밭을 조성할 수 있다. 4.2 인공지반 특성에 적합하게 농작물을 도입할 수 있다. 4.3 설계도서에 따라 텃밭의 특성에 적합한 재배환경을 조성할 수 있다.
	【지 식】 ○ 경작에 필요한 도구, 부속시설에 대한 지식 ○ 텃밭의 기능 · 효과 ○ 텃밭의 작물과 재배환경 ○ 텃밭 조성의 사례
	【기 술】 ○ 텃밭 시공사례 적용 능력 ○ 텃밭의 기능 · 효과 파악 능력 ○ 텃밭의 작물 재배 능력
	【태 도】 ○ 기술수준 준수 ○ 도시민에게 배려하는 태도

능력단위요소	수행준거
	ㅇ 도시농업에 적응하려는 태도 ㅇ 도시농업인 혹은 관계자와의 협의 시 상대방의 의견을 존중하고, 친절하게 응대하려는 태도 ㅇ 세심한 관찰력 ㅇ 친환경적으로 공사하려는 태도
1405010208_17v3.5 인공지반조경공간 조성하기	5.1 인공지반 환경 · 특성에 적합한 조경공간을 조성할 수 있다. 5.2 인공지반 환경 · 특성에 적합한 조경시설을 설치할 수 있다. 5.3 인공지반 환경 · 특성에 적합한 조경포장을 할 수 있다.
	【지 식】 ㅇ 인공지반조경공간의 기능 · 효과에 대한 지식 ㅇ 인공지반조경공간 재료 종류 및 특성에 대한 지식 ㅇ 인공지반조경공간의 환경적, 물리적 특성에 대한 지식
	【기 술】 ㅇ 인공지반조경공간의 기능 · 효과를 고려한 시공 능력 ㅇ 인공지반조경공간 도입재료 적용 능력 ㅇ 인공지반조경공간의 물리적 특성 파악 능력 ㅇ 현장상황과 설계도서와의 (불)일치성 파악 능력
	【태 도】 ㅇ 기술수준 준수 ㅇ 세심한 관찰력 ㅇ 안전사항 준수

8. 실내조경공사

능력단위 명칭	실내조경공사
능력단위 정의	실내조경공사란 설계도서에 따라 시공계획을 수립한 후 실내여건을 고려하여 식물과 조경시설물을 생태적 · 기능적 · 심미적으로 식재하고 설치하는 능력이다.

능력단위요소	수행준거
1405010209_17v3.1 실내조경기반 조성하기	1.1 설계도서와 실내환경의 적합성을 검토할 수 있다. 1.2 실내 환경과 특성에 적합한 조경공간을 조성할 수 있다. 1.3 구체의 허용중량에 적합한 실내조경기반을 조성할 수 있다. 1.4 실내조경기반 조성을 위한 방수 · 방근 공사를 할 수 있다.
	【지 식】 ㅇ 광선, 온도, 습도 등 실내 환경 조건 ㅇ 실내 조경시설 구조 안전성 ㅇ 실내식물의 생태적 · 생리적 특성 ㅇ 조명과 조도에 대한 지식 ㅇ 방수공법 · 방근재료의 설치 · 공법에 대한 지식

능력단위요소	수 행 준 거
	【기 술】 ㅇ 건축물 구조안전진단서와 조도계산서 검토 능력 ㅇ 대상지 구조에 합당한 설계를 판단하는 능력 ㅇ 설계도서의 문제점을 검토 보완하는 능력 ㅇ 조도와 조명에 합당한 환경을 판단하는 능력
	【태 도】 ㅇ 관련 공종과 협조하는 태도 ㅇ 다양한 조건을 복합 분석하는 태도 ㅇ 복합적 실내 환경 조건을 이해하는 태도
1405010209_17v3.2 실내녹화기반 조성하기	2.1 실내식물의 적정 유지관리를 위한 급배수시설을 배치할 수 있다. 2.2 식물 식재를 위한 구체를 설치하고 마감재를 장식할 수 있다. 2.3 실내환경에 적합한 녹화기반을 조성할 수 있다.
	【지 식】 ㅇ 설계도서의 해독 지식 ㅇ 인공토양의 특성과 품질기준 ㅇ 공간분할 및 동선에 대한 지식 ㅇ 시설물과 점경물의 품질기준과 특성 ㅇ 자재, 인력, 장비의 특성에 관한 지식
	【기 술】 ㅇ 공간구분과 경계재 등의 설치 능력 ㅇ 설계 개념에 따른 녹화기반시설의 위치 선정 능력 ㅇ 자재, 인력, 장비의 활용과 배분 능력 ㅇ 인공토양의 시공 능력
	【태 도】 ㅇ 공사전반을 총괄적으로 이해하는 태도 ㅇ 기술수준과 안전사항을 준수하는 태도 ㅇ 미적 감각과 조화를 추구하는 태도 ㅇ 후속 공정을 고려하는 태도
1405010209_17v3.3 실내조경시설 · 점경물 설치하기	3.1 실내 환경 · 특성에 적합한 조경시설을 조성할 수 있다. 3.2 실내 환경 · 특성에 적합한 조경시설물을 설치할 수 있다. 3.3 실내 환경 · 특성을 고려하여 점경물을 배치할 수 있다. 3.4 테라리움 디쉬가든을 구성하고 제작할 수 있다.
	【지 식】 ㅇ 설계도서의 해독 지식 ㅇ 이용객의 이용성향 및 이용 행태 ㅇ 시설물과 점경물의 품질기준과 특성 ㅇ 자재, 인력, 장비의 특성에 관한 지식
	【기 술】 ㅇ 운반로 확보 및 운반 능력 ㅇ 시설물과 점경물의 위치 선정 및 제작 설치 능력

능력단위요소	수행준거
	ㅇ 자재, 인력, 장비의 활용과 배분 능력
	【태 도】 ㅇ 기술수준과 안전사항을 준수하는 태도 ㅇ 미적 감각과 후속 공정을 고려하는 태도 ㅇ 이용 행태를 복합적으로 분석하는 태도
1405010209_17v3.4 실내식물 식재하기	4.1 설계도서의 계획개념에 따라 식물을 특성별로 구분하여 식재할 수 있다. 4.2 실내식물의 품질기준과 조성 후 식물의 변화를 고려하여 배치할 수 있다. 4.3 식물군의 최소조도에 적합한 세부위치와 간격을 유지하여 식재할 수 있다.
	【지 식】 ㅇ 식물의 품질기준과 광선선호도 ㅇ 실내식물의 생리 · 생태적 특성 ㅇ 공기정화식물의 종류 및 특성 ㅇ 인공광이 식물에 미치는 영향 ㅇ 최소 조도(500lux, 1000lux, 2000lux)별 식물군의 지식
	【기 술】 ㅇ 광선의 최소 조도(500lux, 1000lux, 2000lux)별 식물군으로 식재할 수 있는 능력 ㅇ 식물의 생육과 유지관리를 고려하는 식재 능력 ㅇ 식물의 장소 및 기능별 품질기준 판단 능력 ㅇ 조도와 수분 요구도를 고려한 세부 배치 능력
	【태 도】 ㅇ 기술수준과 안전사항을 준수하는 태도 ㅇ 생물을 고려하는 세심한 업무 태도 ㅇ 섬세하게 시공하고 확인하는 태도 ㅇ 시설과의 조화를 고려하는 합리적인 태도

9. 조경공무관리

능력단위 명칭	조경공무관리
능력단위 정의	조경 공무관리란 공사진행을 위해 설계도서를 검토하여 실행예산을 편성하고, 시공계획서, 현장서류를 작성하고 자재승인 발주, 설계변경, 기성고 작성, 준공 준비와 관련된 업무를 수행하는 능력이다.

능력단위요소	수행준거
1405010210_17v3.1 설계도서 검토하기	1.1 설계도서와 현장여건이 상이한 항목을 검토할 수 있다. 1.2 설계도서가 불일치할 경우 검토서를 작성하여 설계변경을 요청할 수 있다. 1.3 관련법 규정에 따라 설계변경을 요청할 수 있다.
	【지 식】 ㅇ 관련법 규정에 대한 지식 ㅇ 설계도서 해독 및 검토 지식 ㅇ 전산 프로그램에 대한 지식

능력단위요소	수 행 준 거
	ㅇ 조경자재 및 구조별 특성
	【기 술】 ㅇ 관련법 규정의 운용 능력 ㅇ 설계도서의 누락, 오류, 현장과의 차이 검토 능력 ㅇ 설계도서 판독 및 검토목록(Check List) 작성 능력
	【태 도】 ㅇ 문제점을 파악하고 논리적으로 해결하려는 태도 ㅇ 정확하고 세심하게 작업하는 태도 ㅇ 총괄적이고 합리적으로 접근하는 태도
1405010210_17v3.2 실행예산 편성하기	2.1 공사의 특성을 고려하여 실행예산을 편성할 수 있다. 2.2 실행예산을 검토하여 손익분기점을 파악하고 대비할 수 있다. 2.3 설계변경 시 실행예산서를 변경할 수 있다.
	【지 식】 ㅇ 법정 간접비와 간접비의 운용 지식 ㅇ 설계도서의 개념적 가시공에 대한 지식 ㅇ 설계변경 시 실행예산 변경 ㅇ 조경자재와 노임의 실거래가
	【기 술】 ㅇ 설계변경 시 실행예산 변경 능력 ㅇ 실제적인 간접비의 효율적인 운용 능력 ㅇ 자재 · 노임 공고액과 실가격의 분석 능력 ㅇ 자재 · 인력 설계량과 실 소요량의 분석 능력
	【태 도】 ㅇ 기술과 품질 수준을 준수하는 태도 ㅇ 산술적이고 정확하게 작업하는 태도 ㅇ 예산안을 수차례 재검토하는 집중과 끈기 ㅇ 총괄적이고 복합적으로 접근하는 태도
1405010210_17v3.3 시공계획서 작성하기	3.1 관련 공종을 고려하여 세부 시공계획서를 작성할 수 있다. 3.2 전체 공정을 고려하여 종합시공계획서를 작성할 수 있다. 3.3 현장상황 제반여건으로 설계변경 시 변경 시공계획서를 작성할 수 있다.
	【지 식】 ㅇ 설계도서의 개념적 가 시공에 대한 지식 ㅇ 시공계획의 적정성 판단과 변경에 필요한 지식 ㅇ 시공조건별 자재와 인력의 운용 방법 ㅇ 자재별 특성과 적용의 장단점
	【기 술】 ㅇ 공정별 최소 일정과 여유 공정의 배분 능력 ㅇ 설계변경 시 시공계획 변경과 운용 능력 ㅇ 시공 시 자재 · 인력의 수요 · 시기 예측 능력 ㅇ 효율적인 자재와 인력의 배치 · 배분 능력

능력단위요소	수 행 준 거
	【태 도】 ○ 기술과 품질 수준을 준수하는 태도 ○ 문제점을 끈기 있게 해결하려는 태도 ○ 총괄적이고 유기적으로 접근하는 태도 ○ 효율적이고 체계적으로 운용하는 태도
1405010210_17v3.4 현장서류 작성하기	4.1 제반 법규 및 인허가 사항을 검토하여 관련 서류를 작성할 수 있다. 4.2 자재 · 인력 · 장비의 제반 기준과 투입량을 기재하는 서류를 작성할 수 있다. 4.3 공사 수행에 필요한 각종 보고서와 신고서의 내용을 인지하고 작성할 수 있다.
	【지 식】 ○ 공사 관련 제법규의 인허가 서류에 대한 지식 ○ 보고서와 신고서의 제출사항에 대한 지식 ○ 소요 자재 · 인력 · 장비의 기재 서류
	【기 술】 ○ 서류작성 프로그램 운용 능력 ○ 자재 · 인력 · 장비 대장 등 서류 작성 능력 ○ 제법규 및 인허가 서류 작성 능력
	【태 도】 ○ 기술과 품질 수준을 준수하는 태도 ○ 기존 현장 서류를 참조 · 분석하는 태도 ○ 사용이 용이하도록 체계화하는 태도 ○ 필요 서류를 예측하여 준비하는 태도
1405010210_17v3.5 외주 발주하기	5.1 자재 공급원의 승인이 필요한 공종을 선정하고 승인요청서를 작성할 수 있다. 5.2 하도급 공종을 분류하고 현장설명회 및 입찰내역서를 작성할 수 있다. 5.3 자재공급원 승인 자재와 하도급 항목을 발주할 수 있다.
	【지 식】 ○ 자재 공급원 승인 요청 서류 ○ 자재의 종류별 특성과 기준 ○ 하도급 발주 · 계약 · 신고 서류
	【기 술】 ○ 서류작성 프로그램 운용 능력 ○ 자재공급원 승인요청서 작성 능력 ○ 자재와 하도급 발주 · 계약 · 신고서 작성 능력
	【태 도】 ○ 기술과 품질 수준을 준수하는 태도 ○ 기존 현장의 서류를 참조 · 분석하는 태도 ○ 정확하고 확실하게 재확인하는 태도 ○ 현장과 유기적으로 연계하는 태도
1405010210_17v3.6 설계변경 지원하기	6.1 설계변경사유가 발생한 경우 설계변경도서를 작성할 수 있다. 6.2 내역서상 계약단가와 신규단가를 구분하여 적용할 수 있다. 6.3 물가 변동에 따라 계약금액 조정이 필요한 경우 변경설계서를 작성할 수 있다.

능력단위요소	수 행 준 거
	6.4 변경도면 작성, 수량산출, 단가 및 일위대가를 산출하여 원가계산서를 작성할 수 있다.
	【지 식】 ㅇ 관련 법규와 설계변경 목적 ㅇ 설계변경 도면과 설계서 작성 지식 ㅇ 현장 조건과 설계변경 사유 ㅇ 재료비, 노무비, 인건비, 장비비 단가 적용 등 적산에 관한 지식
	【기 술】 ㅇ 계획의 조정 및 설계도의 작성 능력 ㅇ 물가변동에 의한 변경내역서 작성 능력 ㅇ 설계도 변경에 따른 설계서 작성 능력 ㅇ 변경사유에 따른 적정공법 적용 능력
	【태 도】 ㅇ 기술과 품질 수준을 준수하는 태도 ㅇ 문제점을 정확하게 해결하려는 태도 ㅇ 현장과 유기적으로 연계하는 태도 ㅇ 현장 조건과 변경사항을 분석하는 태도
1405010210_17v3.7 기성고 작성하기	7.1 기성 청구 시점의 공사 시공 물량을 확정하고 기성내역서를 작성할 수 있다. 7.2 도면에 전회 기성분과 금회 기성분을 구분하여 표기할 수 있다. 7.3 기성검사원을 제출하여 검사원 및 검사일을 지정 받을 수 있다.
	【지 식】 ㅇ 관련 법규와 공사계약 조건 ㅇ 계약 내용과 현장 시공 상황에 대한 지식 ㅇ 기성검사원의 작성과 조정
	【기 술】 ㅇ 기성검사용 설계도서 작성 능력 ㅇ 서류작성 프로그램 운용 능력 ㅇ 작업 진행 상황에 따른 기성고 작성 능력
	【태 도】 ㅇ 체계적으로 신중하게 접근하는 태도 ㅇ 현장과 유기적으로 연계하는 태도 ㅇ 현장 시공 공정률을 분석하는 태도
1405010210_17v3.8 준공 준비하기	8.1 준공보고서 및 준공도서를 정해진 양식으로 작성할 수 있다. 8.2 예정공정표와 실적공정률을 대비하고 미시공 목록과 완료예정일을 작성할 수 있다. 8.3 시공목적물의 인수인계에 필요한 서류와 준공 후 유지관리 매뉴얼을 작성할 수 있다.
	【지 식】 ㅇ 관련 법규와 사업승인 조건 ㅇ 계약 내용과 미시공물 완료 내용

능력단위요소	수 행 준 거
	ㅇ 준공도서 작성과 전산 프로그램 지식 ㅇ 준공물의 인수인계와 유지관리에 대한 지식
	【기 술】 ㅇ 도서작성 프로그램 운용 능력 ㅇ 사업승인 및 계약내용 검토 능력 ㅇ 유지관리 매뉴얼 작성 능력 ㅇ 준공검사 설계도서와 인수인계서류 작성 능력
	【태 도】 ㅇ 문제점을 논리적으로 해결하려는 태도 ㅇ 정확하고 세심하게 작업하는 태도 ㅇ 총괄적이고 합리적으로 접근하는 태도

10. 조경공사 현장관리

능력단위 명칭	조경공사 현장관리
능력단위 정의	조경공사 현장관리란 설계도서 내용을 파악하고 현장여건을 감안하여 적정한 인력, 자재, 장비를 투입하여 관련법규에 적합한 품질확보를 위한 공정관리와 안전관리, 환경관리를 통해 안전사고와 환경문제 발생을 예방하기 위한 조경공사 현장을 관리하는 능력이다.

능력단위요소	수 행 준 거
1405010211_17v3.1 현장개설관리하기	1.1 설계도서에 의한 소요인력과 자재, 장비에 대해 종류와 특성을 파악할 수 있다. 1.2 본 공사를 위한 현장 점검사항을 파악할 수 있다. 1.3 현장 내 시공을 위한 필요 공간을 확보 할 수 있다.
	【지 식】 ㅇ 건설장비의 효율적인 투입 계획에 대한 지식 ㅇ 관급자재 수급, 관리 계획에 대한 지식 ㅇ 공종별 소요 기능인력, 자재, 장비에 대한 지식 ㅇ 재료별 시공 특성과 수급 계획에 대한 지식
	【기 술】 ㅇ 경제적이고 효율적인 장비 투입 계획의 수립 능력 ㅇ 공종별 시공계획에 의한 인력, 자재, 건설장비 투입 능력 ㅇ 효율적인 자재 수급계획과 반입자재의 관리 능력
	【태 도】 ㅇ 작업공정의 이해력 ㅇ 준비성, 분석적 사고 ㅇ 책임감, 성실함
1405010211_17v3.2 공정관리하기	2.1 공사 예정공정표에 의한 현장 투입여건을 파악하고 공종별 상세공정을 수립할 수 있다. 2.2 공정별 진행과정에 따라 효율적인 인력, 자재, 장비투입의 세부 공정계획을 수립할 수 있다.

능력단위요소	수 행 준 거
	2.3 관련 공종의 선·후 공정 진행사항 파악과 부진 공정에 대한 만회 대책을 수립할 수 있다.
	【지 식】 ○ 건축, 토목, 설비, 전기, 통신 등 유관공종에 대한 지식 ○ 공정 진행 순서 및 관리에 대한 지식 ○ 공종별 공사 특성과 공종 ○ 예정공정표의 종류와 특성
	【기 술】 ○ 공정 계획의 도표화, 계량화 능력 ○ 부진 공종에 대한 만회 대책 수립 능력 ○ 유관 공종의 공사 일정 파악 능력 ○ 주 공정선 파악과 관리 능력
	【태 도】 ○ 객관적인 태도 ○ 문제해결 능력 ○ 이해력, 합리적인 사고 ○ 준비성, 정밀함
1405010211_17v3.3 품질관리하기	3.1 설계도서에 의한 품질관리계획을 수립하고 관리할 수 있다. 3.2 공사별 사용자재의 품질시험과 검사기준을 설정하고 시공성을 확인할 수 있다. 3.3 공종별 시공 상태의 품질관리 기준을 수립하고 시공시 품질 기준을 공정 상태에 따라 파악 할 수 있다.
	【지 식】 ○ 공종별 품질기준 ○ 산업표준(KS, ISO)과 품질시험방법 ○ 품질관리에 대한 지식 ○ 품질 매뉴얼 지식
	【기 술】 ○ 관련법규 규정상의 품질기준 응용 능력 ○ 설계도서에 적합한 시공을 통한 품질관리 능력 ○ 품질관리 체크리스트 작성 및 관리 능력 ○ 품질 매뉴얼 작성과 관리 능력 ○ 품질시험 수행 능력
	【태 도】 ○ 객관적인 태도와 성실함 ○ 분석적 사고와 정확성 ○ 책임감과 관찰력
1405010211_17v3.4 환경관리하기	4.1 현장의 환경관리계획을 수립하고 공정진행에 따른 규정에 적합한 환경관리를 수행할 수 있다. 4.2 환경오염 방지시설의 종류와 특성을 파악하고, 현장여건에 맞는 시설을 설치하여 관리할 수 있다. 4.3 현장의 환경오염 방지계획을 수립하고 예방을 위한 교육을 시행할 수 있다.

능력단위요소	수 행 준 거
	【지 식】 ㅇ 건설현장에 적용되는 환경관련법규에 대한 지식 ㅇ 대기, 수질, 토양 등 자연환경 오염방지 방법 ㅇ 소음, 진동, 분진, 수질오염 등 작업장 환경오염에 대한 지식 ㅇ 폐기물 종류와 처리방법
	【기 술】 ㅇ 비산먼지 · 소음 · 진동 · 폐기물 발생 최소화 관리 능력 ㅇ 정기적인 현장 내 정리, 정돈, 청소에 대한 관리 능력 ㅇ 주변 환경 훼손과 오염발생 예방을 위한 관리 능력 ㅇ 환경관련 인 · 허가 및 신고에 관한 서류작성 능력
	【태 도】 ㅇ 객관적인 태도와 성실함 ㅇ 준비성 및 책임감 ㅇ 치밀함, 분석적 사고
1405010211_17v3.5 안전관리하기	5.1 현장의 안전관리계획을 수립하고 안전관리계획에 따라 현장 안전관리를 시행할 수 있다. 5.2 공종별 안전위협요소의 종류와 특성을 파악하고, 현장에 적합한 안전도구와 시설을 설치할 수 있다. 5.3 안전관련 법규에 의한 안전관리조직을 구축하고, 일일점검 및 안전교육을 시행하며 비상시 긴급조치를 시행할 수 있다.
	【지 식】 ㅇ 건설안전관련 법규 ㅇ 건설안전장비의 종류와 특성 ㅇ 산업안전이론과 안전관리비 ㅇ 인력 및 건설장비의 안전수칙 ㅇ 작업장 안전 위협요소
	【기 술】 ㅇ 사고발생시 대처와 보상 등 사후 처리 능력 ㅇ 안전관리계획 작성 및 실행 능력 ㅇ 안전점검 및 안전사고 예방 능력 ㅇ 안전점검 체크리스트 작성 및 관리 능력 ㅇ 일간, 주간, 월간 안전점검 및 보고서 작성 능력
	【태 도】 ㅇ 관리자적 태도 및 책임감 ㅇ 준비성 및 성실함 ㅇ 치밀함, 분석적 사고

11. 조경공사 준공전 관리

능력단위 명칭	조경공사 준공전 관리
능력단위 정의	능력단위 조경공사 준공 전 관리란 완성된 공사목적물을 발주처의 준공 승인 및 지자체 인수인계 전까지 식물의 생장과 조경시설의 기능을 유지시키기 위한 업무를 수행하는 능력이다.

능력단위요소	수행준거
1405010212_17v3.1 병해충 방제하기	1.1 설계도서에 의해 식재된 수목의 특성에 따라 준공 전 유지관리 내용을 파악할 수 있다. 1.2 시기별로 수목에 발생하는 병해충의 종류를 파악하고 주기적으로 예찰하여 병해충 방제를 할 수 있다. 1.3 농약취급 및 사용법과 사용상 주의사항을 숙지하고, 방제인력에 대한 교육계획을 수립할 수 있다.
	【지 식】 ㅇ 병해충 감염징후 예찰과 피해 ㅇ 병해충 종류와 방제방법 ㅇ 수목의 시기별 발생하는 병해충에 대한 지식 ㅇ 수목 활력도 파악 지식
	【기 술】 ㅇ 농약사용 기술 및 취급 능력 ㅇ 방제종류 및 농약 혼합 조제방법 능력 ㅇ 병징 및 표징의 식별 능력 ㅇ 수목별 발생하는 병해충 식별 능력
	【태 도】 ㅇ 식물에 대한 관찰적인 태도 ㅇ 신중함, 정확성, 주의성
1405010212_17v3.2 관배수관리하기	2.1 수목식재 위치와 생리적, 생태적인 특성을 파악하여 관수와 배수의 필요성을 파악할 수 있다. 2.2 수목의 활착에 필요한 건습도를 파악하여 가뭄 시 하자를 줄일 수 있도록 관수계획을 수립하고 관수할 수 있다. 2.3 식재수목의 배수여건을 분석하고, 배수불량 지반을 관찰하여 원활한 배수방법을 수립할 수 있다.
	【지 식】 ㅇ 배수시설 종류와 설치 방법 ㅇ 수목별 적정 관수 시기 ㅇ 수목별 적정 관수 필요성 ㅇ 수목생육을 위한 배수여건
	【기 술】 ㅇ 배수불량에 의한 수목하자 파악 능력 ㅇ 배수시설 설치 능력 ㅇ 살수관개방법 활용 능력

능력단위요소	수 행 준 거
	ㅇ 살수관개시설, 자동관수시설 활용 능력 ㅇ 지표관개방법 활용 능력
	【태 도】 ㅇ 관찰력과 응용력 ㅇ 적극성과 정확성 ㅇ 준비성과 성실함
1405010212_17v3.3 시비관리하기	3.1 수목별 생육상태를 조사하고, 적정 시비시기를 파악할 수 있다. 3.2 식재지반의 토양 특성과 적정한 비료 특성을 파악하여 시비할 수 있다. 3.3 수목별 적정 시비량을 계산하고, 시비방법과 부작용 시 대처방법을 파악할 수 있다.
	【지 식】 ㅇ 비료 사용 시 주의사항 ㅇ 비료의 성분 및 효능 ㅇ 시비의 적정시기 ㅇ 식재지반 토양의 특성
	【기 술】 ㅇ 비료 종류별 혼합 능력 ㅇ 수목별 적정 시비량 계산 능력 ㅇ 시비 부작용 발생 시 대처 능력 ㅇ 토양특성 및 구조 분석 능력
	【태 도】 ㅇ 과학적인 사고, 치밀함 ㅇ 준비성과 응용력 ㅇ 총괄적인 사고, 정확성
1405010212_17v3.4 제초관리하기	4.1 식재지역에 발생하는 잡초의 종류 및 생리적 특성을 파악할 수 있다. 4.2 식재지역에 발생하는 잡초 방제방법과 방제시기를 알고 제초할 수 있다. 4.3 제초제의 특성을 파악하여 제초제를 선택하고, 제초제 방제 시 사용상 주의사항을 파악할 수 있다.
	【지 식】 ㅇ 잡초의 제초 및 방제방법 ㅇ 잡초 종류별 특성 및 발생 시기 ㅇ 제초제 방제 시 주의 사항
	【기 술】 ㅇ 시기별 발생 잡초의 종류 및 특성 파악 능력 ㅇ 잡초의 인력, 화학적, 생물학적 방제방법 및 제초 능력 ㅇ 제초제의 종류 및 특성 파악 능력
	【태 도】 ㅇ 준비성, 적용력 ㅇ 치밀함, 성실성 ㅇ 총괄적인 사고와 응용력

능력단위요소	수 행 준 거
1405010212_17v3.5 전정관리하기	5.1 식재수목의 정지 전정을 위한 수목의 생리적, 생태적인 특성을 파악할 수 있다. 5.2 전정 방법과 시기를 파악하고 수종별, 형상별로 전정할 수 있다. 5.3 식재수목의 조속한 활착, 생육도모, 형태유지, 화목류의 화아분화 특성 등을 고려하여 전정시기를 조정할 수 있다.
	【지 식】 ㅇ 수목의 고유 수형과 개화 습성 ㅇ 수목별 정지 · 전정 특성 ㅇ 정지 · 전정 도구 ㅇ 정지 · 전정 시기 및 방법
	【기 술】 ㅇ 수목별, 형상별 정지 및 전정 능력 ㅇ 수목의 고유수형과 건전한 가지생육 유인 능력 ㅇ 수목형태를 조절, 주변 환경과의 조화 능력
	【태 도】 ㅇ 성실성, 적용력 ㅇ 심미성, 분석력 ㅇ 탐구성, 치밀함
1405010212_17v3.6 수목보호조치하기	6.1 자연재해로 인해 발생하는 수목의 생리적, 생태적 특성을 파악할 수 있다. 6.2 수목에 영향을 주는 한해(旱害), 열상, 동해, 도복 등의 피해 종류와 특성을 파악할 수 있다. 6.3 피해 유형별 예방방법과 방지대책을 수립하고 수목보호를 위한 조치를 취할 수 있다.
	【지 식】 ㅇ 수목 생육한계선과 생리 · 생태적 특성 ㅇ 수목 손상과 보호조치 ㅇ 혹서기와 동절기, 자연재해 특성
	【기 술】 ㅇ 강풍에 의한 수목피해 예방 능력 ㅇ 심토층 결빙 방지, 뿌리의 수분흡수 증진 능력 ㅇ 통풍, 배수를 원활하게 하는 피해예방 능력 ㅇ 혹서기와 동절기 수목 피해 예방 능력
	【태 도】 ㅇ 관찰력, 분석력 ㅇ 실행력, 치밀함 ㅇ 심미안, 적응력
1405010212_17v3.7 시설물 보수 관리하기	7.1 설계도서에 의해 시공된 조경시설과 시설물의 유지관리를 위한 점검리스트를 작성할 수 있다. 7.2 시설물 재료별 소재별 특성을 파악하고 시설물 유지관리 및 점검 방법을 수립할 수 있다. 7.3 급배수시설 및 포장시설의 종류별 특성을 파악하여 점검계획을 수립하고 보수할 수 있다.

능력단위요소	수 행 준 거
	【지 식】 ㅇ 배수시설 및 포장 재료별 특성 ㅇ 목재, 철재, 콘크리트재 등의 소재 특성 ㅇ 수경시설에 관한 지식 ㅇ 시설물 유지관리 작업 종류
	【기 술】 ㅇ 각종 연락관의 접합기술 및 소재별 표준 시공 능력 ㅇ 기술적 보수사항 점검 능력 ㅇ 소재별 보수 및 관리 능력 ㅇ 시설물 유지관리 능력 ㅇ 시설물의 소재별 특징 조사 · 분석 능력
	【태 도】 ㅇ 분석적 사고 ㅇ 성실한 태도 및 정확성 ㅇ 준비성 및 응용력

12. 기초 식재공사

능력단위 명칭	기초 식재공사
능력단위 정의	기초식재공사란 식물을 굴취, 운반하여 생태적 · 기능적 · 심미적으로 식재하는 능력이다.

능력단위요소	수 행 준 거
1405010213_17v3.1 굴취하기	1.1 설계도서에 의한 수목의 종류, 규격, 수량을 파악할 수 있다. 1.2 굴취지의 현장여건을 파악할 수 있다. 1.3 수목뿌리 특성에 적합한 뿌리분 형태를 만들 수 있다. 1.4 적합한 결속재료를 이용하여 뿌리분 감기를 할 수 있다. 1.5 굴취 후 운반을 위한 보호조치를 할 수 있다.
	【지 식】 ㅇ 굴취시의 토양성분, 작입여건에 대한 지식 ㅇ 굴취 후, 운반을 위한 보호조치에 대한 지식 ㅇ 뿌리분의 크기, 형태, 결속재에 대한 지식
	【기 술】 ㅇ 굴취작업을 위한 장비, 인력 계획의 수립 능력 ㅇ 굴취지의 토양성분, 작업여건에 대한 대처 능력 ㅇ 뿌리의 절단면 보호, 수간보호를 위한 조치 능력 ㅇ 설계에 대한 해독 능력
	【태 도】 ㅇ 기술기준 준수 ㅇ 안전사항 준수

능력단위요소	수 행 준 거
	ㅇ 식물자재의 훼손을 최소화 하려는 태도
1405010213_17v3.2 수목 운반하기	2.1 수목의 상하차를 작업을 할 수 있다. 2.2 수목의 운반을 위한 작업을 할 수 있다. 2.3 수목특성을 고려하여 적정한 수목의 보호조치를 할 수 있다.
	【지 식】 ㅇ 수목의 중량 산출 공식에 대한 지식 ㅇ 운반에 따른 도로교통 관련법규에 대한 지식 ㅇ 장비, 운반차량, 인력계획 수립에 대한 지식
	【기 술】 ㅇ 상 · 하차 시 적재 능력 ㅇ 이동 중 뿌리, 가지의 손상, 수분증발 예방을 위한 조치 능력 ㅇ 장비, 차량, 인력수급, 교통계획에 대한 대처 능력
	【태 도】 ㅇ 기술기준 준수 ㅇ 안전사항 준수 ㅇ 식물자재의 훼손을 최소화 하려는 태도
1405010213_17v3.3 교목 식재하기	3.1 수목별 생리특성, 형태, 식재시기를 고려하여 시공할 수 있다. 3.2 설계도서에 따라 적절한 식재패턴으로 식재할 수 있다. 3.3 수목 종류 및 규격에 적합한 식재를 할 수 있다. 3.4 식재 전 정지 · 전정을 하여 수목의 수형과 생리를 조절할 수 있다. 3.5 식재 전후 수목의 활착을 위하여 적절한 조치를 수행할 수 있다.
	【지 식】 ㅇ 교목의 위치별, 기능별 식재방법에 대한 지식 ㅇ 기계사용장비의 종류 및 사용방법에 대한 지식 ㅇ 농약 · 비료의 특성에 대한 지식
	【기 술】 ㅇ 교목의 종류별 식재구덩이 만들기, 거름 넣기, 물 심기 능력 ㅇ 식물의 형상을 고려하여 수목위치, 방향을 조정하는 능력 ㅇ 식재 단계별 조치사항 및 활착을 위한 식재 능력 ㅇ 인력, 장비, 각종 부자재의 활용 능력
	【태 도】 ㅇ 기술기준 준수 ㅇ 안전사항 준수 ㅇ 세심하고 주의 깊은 판단력 ㅇ 친환경적으로 공사하려는 태도 ㅇ 품질을 향상 시키려는 태도
1405010213_17v3.4 관목 식재하기	4.1 설계서에 의거 관목을 식재할 수 있다. 4.2 관목 종류별 생리특성, 형태, 식재시기를 고려하여 단위면적당 적정수량으로 식재할 수 있다. 4.3 관목의 종류, 규격, 특성에 적합하게 식재할 수 있다.

능력단위요소	수 행 준 거
	4.4 식재 전후 관목의 활착을 위한 보호조치를 수행할 수 있다.
	【지 식】 ㅇ 관목의 위치별, 기능별 식재방법에 대한 지식 ㅇ 기계사용장비의 종류 및 사용방법에 대한 지식 ㅇ 농약 · 비료의 특성에 대한 지식
	【기 술】 ㅇ 설계도면과 정합성을 갖는 식재 능력 ㅇ 식물의 형상을 고려하여 식재위치, 방향을 조정하는 능력 ㅇ 식재 단계별 조치사항 및 활착을 위한 식재 능력 ㅇ 인력, 장비, 각종 부자재의 활용 능력
	【태 도】 ㅇ 기술기준 준수 ㅇ 안전사항 준수 ㅇ 세심하고 주의 깊은 판단력 ㅇ 친환경적으로 공사하려는 태도 ㅇ 품질을 향상 시키려는 태도
1405010213_17v3.5 지피 초화류 식재하기	5.1 지피 초화류의 특성을 고려하여 설계도서와 현장상황의 적합성을 판단할 수 있다. 5.2 지피 초화류의 종류별 식재시기를 고려하여 식재할 수 있다. 5.3 설계서에 따라 지피 · 초화류의 생태 특성을 고려하여 단위 면적당 적정 수량으로 식재할 수 있다. 5.4 활착을 위한 부자재의 사용과 관수 등 적절한 보호조치를 할 수 있다.
	【지 식】 ㅇ 지피 초화류의 종류와 특성에 대한 지식 ㅇ 위치별, 기능별 식재방법 및 식재시기에 대한 지식 ㅇ 농약 · 비료의 특성에 대한 지식
	【기 술】 ㅇ 설계도면과 정합성을 갖는 식재 능력 ㅇ 식재 단계별 조치사항 및 활착을 위한 식재 능력 ㅇ 인력, 장비, 각종 부자재의 활용 능력 ㅇ 식재 후, 지피 · 초화류의 활착을 위한 조치 능력
	【태 도】 ㅇ 기술기준 준수 ㅇ 안전사항 준수 ㅇ 세심하고 주의 깊은 판단력 ㅇ 친환경적으로 공사하려는 태도 ㅇ 품질을 향상 시키려는 태도

13. 일반 식재공사

능력단위 명칭	일반 식재공사
능력단위 정의	일반식재공사란 설계도서에 따라 식재계획을 수립하고 가식,식재기반을 조성하여 식물을 생태적 · 기능적 · 심미적으로 식재하는 능력이다.

능력단위요소	수행준거
1405010214_17v3.1 식재계획수립하기	1.1 꽃, 열매, 잎, 줄기를 관찰하고 식물을 감별할 수 있다. 1.2 굴취를 위한 장비, 차량, 인력 투입계획서를 작성할 수 있다. 1.3 상하차 및 운반을 위한 장비, 차량, 인력 투입계획서를 작성할 수 있다. 1.4 식재를 위한 장비, 차량, 인력 투입계획서를 작성할 수 있다. 1.5 식물의 특성을 토대로 대상지에 적합한 식재계획을 수립할 수 있다.
	【지 식】 ㅇ 식물의 종류와 특성에 대한 지식 ㅇ 식물 종류별 대상지의 적합성을 판단할 수 있는 지식 ㅇ 설계도서에 대한 지식
	【기 술】 ㅇ 굴취와 식재작업을 위한 장비, 인력 계획의 수립 능력 ㅇ 대상지의 토양성분, 작업여건에 대한 대처 능력 ㅇ 전후공정에 맞춰 수목 종류별 식재시기를 판단할 수 있는 능력
	【태 도】 ㅇ 기술기준 준수 ㅇ 안전사항 준수 ㅇ 세심하고 주의 깊은 판단력
1405010214_17v3.2 수목 가식하기	2.1 전체공정과 공사여건을 고려하여 최적의 가식장의 위치를 확보할 수 있다. 2.2 가식수목의 종류, 규격, 수량을 검토하여 가식장의 면적을 산출할 수 있다. 2.3 타 공종의 토지이용, 수목의 반입 · 식재시기를 파악하여 가식장을 운용할 수 있다. 2.4 가식수목이 활착될 수 있도록 식재하고 보호할 수 있다.
	【지 식】 ㅇ 가식수목의 유지관리에 대한 지식 ㅇ 가식장 환경의 적정성 검토를 위한 지식
	【기 술】 ㅇ 가식수목의 유지관리 능력 ㅇ 가식장의 식물생육여건 분석 능력 ㅇ 가식장의 위치 선정 및 면적 산출 능력
	【태 도】 ㅇ 기술기준 준수 ㅇ 안전사항 준수 ㅇ 세심하고 주의 깊은 판단력
1405010214_17v3.3	3.1 식물의 생육과 이용에 장해가 되는 것을 파악하고 조치 할 수 있다. 3.2 식재수목의 종류, 규격, 수량을 고려하여 식재기반을 조성할 수 있다.

능력단위요소	수 행 준 거
식재기반 조성하기	3.3 토양분석 결과에 의한 토양개량 계획을 수립하고 불량지반을 개량할 수 있다. 3.4 식재기반에 적합한 배수계획을 수립할 수 있다.
	【지 식】 ㅇ 불량지반 개량공법에 대한 지식 ㅇ 수종별, 규격별 적정 토심 관련 지식 ㅇ 토양성분, 토양개량, 토양평가에 대한 지식
	【기 술】 ㅇ 수목 성장을 저해하는 잡초, 지하경, 이물질을 제거하는 능력 ㅇ 수목의 원활한 생육을 위한 인공지반 조성 능력 ㅇ 식재기반조성을 위한 도면 판독 능력
	【태 도】 ㅇ 기술기준 준수 ㅇ 친환경적으로 공사하려는 태도 ㅇ 품질을 향상 시키려는 태도
1405010214_17v3.4 종자뿜어붙이기 공사하기	4.1 종자뿜어붙이기에 대한 설계도서와 현장상황의 적합성을 판단할 수 있다. 4.2 설계서에 따라 종자의 배합과 파종량을 결정하여 시공할 수 있다. 4.3 토질상태와 경사도를 고려하여 적정공법을 적용할 수 있다. 4.4 공사에 필요한 인력, 장비, 자재의 반입계획서를 작성할 수 있다. 4.5 종자의 발아 및 활착을 위한 적절한 조치를 할 수 있다.
	【지 식】 ㅇ 종자뿜어붙이기 공법에 대한 지식 ㅇ 종자의 발아 및 활착을 위한 조치방법에 대한 지식 ㅇ 종자의 배합에 대한 지식
	【기 술】 ㅇ 인력, 장비, 각종 부자재의 활용 능력 ㅇ 종자뿜어붙이기 공법에 대한 도면판독 능력 ㅇ 종자뿜어붙이기 시공을 할 수 있는 능력
	【태 도】 ㅇ 기술기준 준수 ㅇ 안전사항 준수 ㅇ 친환경적으로 공사하려는 태도 ㅇ 품질을 향상시키려는 태도
1405010214_17v3.5 뿌리돌림하기	5.1 대상수목의 주변 환경을 파악할 수 있다. 5.2 뿌리돌림에 따른 뿌리손상을 고려하여 가지와 잎을 전정할 수 있다. 5.3 굵은 뿌리를 환상박피 할 수 있다. 5.4 환상박피 한 뿌리를 보호조치할 수 있다. 5.5 뿌리분감기와 가지주목을 세울 수 있다.
	【지 식】 ㅇ 대상수목 주변의 토양성분, 작업여건에 대한 지식 ㅇ 수목의 종류별 생장특성에 대한 지식

능 력 단 위 요 소	수 행 준 거
	ㅇ 뿌리돌림 후 발근상태에 대한 지식
	【기 술】 ㅇ 토양성분, 작업여건에 대한 대처 능력 ㅇ 수목의 생장특성을 고려한 전정 능력
	【태 도】 ㅇ 기술기준 준수 ㅇ 안전사항 준수 ㅇ 세심하고 주의 깊은 판단력

⑤ 조경관리 능력단위, 능력단위요소

1. 초화류관리

능력단위 명칭	초화류관리
능력단위 정의	초화류관리란 계절별 초화류 조성 계획, 시장조사, 초화류 시공 도면작성, 초화류 구매, 식재기반 조성, 초화류 식재, 초화류 관수, 초화류 월동 관리, 초화류 병충해 관리, 초화류 잡초 관리를 수행하는 능력이다.

능 력 단 위 요 소	수 행 준 거
1405010302_17v2.1 계절별 초화류 조성 계획하기	1.1 단지조성 기본계획, 단지 활용현황 등을 고려하여 초화류를 조성할 위치를 계획할 수 있다. 1.2 단지 전체에 대한 조경기본계획, 초화류 조성가능 공간의 크기, 초화류를 조성하는 목적 등을 고려하여 초화류 위치별 성격과 전시의도를 결정할 수 있다 1.3 초화류 식재공간 조성계획에 따라 위치별 개념, 계획의도, 가용한 재원규모 등을 고려하여 초화류 식재의 예비설계와 시공계획을 수립할 수 있다. 1.4 초화류 식재공간 조성에 필요한 예산을 기본설계와 실시설계에 반영할 수 있다.
	【지 식】 ㅇ 초화류 연간관리계획에 대한 지식 ㅇ 주요 숙근초의 식재방법, 개화시기, 크기에 대한 지식 ㅇ 주요 초화류 파종시기 및 개화시기에 대한 지식
	【기 술】 ㅇ 컴퓨터 활용기술 ㅇ 계절별 초화류를 이용한 공간조성계획을 하면서 예측되는 문제해결 능력
	【태 도】 ㅇ 정확하고 세심한 업무 처리 태도 ㅇ 예술적 감각
1405010302_17v2.2 시장 조사하기	2.1 연간 초화류 조성계획과 예산규모에 따라 시장조사 계획을 수립할 수 있다 2.2 초화류 조성계획에 부합하는 초화류의 종류, 가격, 확보가용 수량 등을 조성계획과 예산에 따라 조사할 수 있다.

능력단위요소	수 행 준 거
	2.3 예산 및 초화류 조성 목적, 예비설계 초화류와 대체 가능 초화류의 가격/확보 가능 물량 등을 고려하여 초화류 조성목적을 효율적으로 달성할 수 있는 초화류를 선정할 수 있다.
	【지 식】 ㅇ 초화류에 대한 지식 ㅇ 초화류의 생산 / 유통구조 관련 지식
	【기 술】 ㅇ 컴퓨터 활용기술 ㅇ 시장 조사업무를 수행 시 발생될 수 있는 다양한 문제해결 능력
	【태 도】 ㅇ 정확하고 세심한 업무 처리 태도 ㅇ 시장 조사 및 분석을 위한 유연하게 사고 할 수 있는 태도
1405010302_17v2.3 초화류 시공 도면작성하기	3.1 초화류 위치별 성격과 전시의도를 고려하여 확보 가능한 초화류를 배치하고 이를 시각화할 수 있다. 3.2 식재 소요량을 설계도서에 따라 산정하고, 이를 종합하여 전체 소요량을 산정할 수 있다. 3.3 산정된 초화류별 식재 소요량에 따라 시공도면을 작성할 수 있다.
	【지 식】 ㅇ 초화류에 대한 지식 ㅇ 설계 관련 지식
	【기 술】 ㅇ 컴퓨터 활용기술 ㅇ 초화류 시공도면 작성시 발생되는 문제를 해결할 수 있는 능력
	【태 도】 ㅇ 정확하고 세심한 업무 처리 태도 ㅇ 책임감을 가지고 업무를 처리하는 태도
1405010302_17v2.4 초화류 구매하기	4.1 필요한 초화류의 종류와 수량을 초화류 시공도면을 근거로 파악할 수 있다. 4.2 공간 조성계획에 따라 시장을 방문해서 초화류를 구매할 수 있다. 4.3 공간조성 및 반입계획에 따라 구매한 초화류를 적기에 반입할 수 있다.
	【지 식】 ㅇ 도면해독에 대한 지식 ㅇ 초화류별 생육특성에 대한 지식
	【기 술】 ㅇ 도면해독기술 ㅇ 식재방법과 기술 ㅇ 초화류의 품질확인 기술
	【태 도】 ㅇ 개방적인 의사소통 ㅇ 주의 깊은 관찰력

능력단위요소	수 행 준 거
1405010302_17v2.5 식재기반 조성하기	5.1 조성대상지역의 토양조사를 통하여 토양상태를 파악할 수 있다. 5.2 토양조사를 근거로 식재지 토양이 부적절할 경우 생육에 적합한 토양으로 개량할 수 있다. 5.3 조성계획에 따라 설계된 모양대로 구획하여 경계를 만들고 식재 장소를 완성할 수 있다.
	【지 식】 ㅇ 토양의 물리. 화학성에 대한 지식 ㅇ 토양개량제에 대한 지식
	【기 술】 ㅇ 객토 등 배양토 혼합하기 기술 ㅇ 식재기반 조성시 발생되는 문제를 해결할 수 있는 능력
	【태 도】 ㅇ 시간과 자원을 효율적으로 관리하려는 태도 ㅇ 업무를 추진하는 단계별 시간관리를 정확하게 하려는 태도
1405010302_17v2.6 초화류 식재하기	6.1 시공도면에 따라 식재지에 초화류를 배치할 수 있다. 6.2 초화류 식재 후 생육을 고려하여 식재구덩이, 식재시간, 토양 내 수분, 식재깊이 등 양호한 생육이 가능하도록 식재할 수 있다. 6.3 식재후 생육을 위하여 관수장비를 이용해서 적절한 관수를 할 수 있다.
	【지 식】 ㅇ 도면해독지식 ㅇ 초화류에 대한 지식
	【기 술】 ㅇ 식재 기술 ㅇ 초화류 식재시 발생되는 문제를 해결할 수 있는 능력
	【태 도】 ㅇ 책임감을 가지고 업무를 처리하는 태도 ㅇ 적극적으로 성과를 이루려고 하는 태도
1405010302_17v2.7 초화류 관수 관리하기	7.1 초화류의 규모에 따라 관수방법을 검토 및 시행할 수 있다. 7.2 기상조건과 현장여건을 고려하여 관수 횟수와 관수시간을 적정하게 결정할 수 있다. 7.3 초화류 및 토양수분상태를 관찰하여 잎이 시들기 전에 물을 흠뻑 주고, 뿌리턱에만 닿도록 관수할 수 있다.
	【지 식】 ㅇ 초화류 수분생리에 관한 지식 ㅇ 관수장비 정보에 대한 지식 ㅇ 관수시기에 대한 판단 지식 ㅇ 증산 증발에 관한 지식 ㅇ 자연에 대한 지식
	【기 술】 ㅇ 관수 시기 결정기술

능력단위요소	수 행 준 거
	ㅇ 관수장비 운영기술 ㅇ 고르게 관수하는 기술
	【태 도】 ㅇ 주의 깊은 관찰력 ㅇ 맡은 일을 정해진 시간에 끝낼 수 있도록 사전에 준비하는 태도 ㅇ 정확하고 세심한 업무 처리 태도
1405010302_17v2.8 초화류 월동 관리하기	8.1 월동계획에 의거 내한성이 약하여 동해가 우려되는 식재소재를 적기에 월동대책을 수립할 수 있다. 8.2 부지가 낮아 겨울철 피해가 우려되는 지역은 바람의 영향을 최소화하는 대책을 강구할 수 있다. 8.3 연중 관리계획에 따라 숙근초화 식재지의 지나친 저온낙하 방지를 위하여 멀칭 등을 실시할 수 있다.
	【지 식】 ㅇ 동해, 한상의 개념에 대한 지식 ㅇ 숙근초화 식재지와 관련된 지식 ㅇ 식재소재와 관련된 지식
	【기 술】 ㅇ 생태지식 적용기술 ㅇ 보온시설 설치기술
	【태 도】 ㅇ 정확하고 세심한 업무 처리 태도 ㅇ 업무를 수행할 때 능동적이고 적극적인 태도 ㅇ 주의 깊은 관찰력
1405010302_17v2.9 초화류 병충해 관리하기	9.1 식물병충해 도감을 참고하여 초화류에 발생하는 주요병충해의 병징과 주요 해충의 형태를 파악하여 병충해를 식별할 수 있다. 9.2 병충해 발생 식별에 따라 병충해에 적합한 살균(충)제 농약을 선택하고 취급관리를 할 수 있다. 9.3 작물보호제(농약)지침서에 의거 농약살포액을 올바르게 조제 살포할 수 있다.
	【지 식】 ㅇ 병충해에 대한 지식 ㅇ 농약사용에 대한 지식
	【기 술】 ㅇ 병충해 식별능력 ㅇ 농약조제 및 살포기술
	【태 도】 ㅇ 정확하고 세심한 업무 처리 태도 ㅇ 합리적인 업무처리 태도

2. 잔디관리

능력단위 명칭	잔디관리
능력단위 정의	잔디관리란 잔디 깎기, 시비, 관수, 갱신, 병충해, 잡초제거, 관상잔디 등의 관리를 수행하는 능력이다.

능력단위요소	수 행 준 거
1405010303_17v2.1 잔디 깎기	1.1 잔디 깎기의 기준과 잔디의 생육상태를 고려하여 예초시기를 결정할 수 있다. 1.2 잔디 깎기 시 잔디의 생리적 반응을 이해하여 기후 및 환경변화에 따라 적합하게 응용할 수 있다. 1.3 잔디면의 이용목적 및 면적에 따라 예초장비를 적합하게 선택하고 조작할 수 있다. 1.4 잔디생육, 기상, 미관, 유지관리, 안전 등을 고려하여 잔디 깎기 작업할 수 있다.
	【지 식】
	ㅇ 잔디 깎기 목적과 필요성에 대한 지식 ㅇ 잔디 깎기 잔디의 생리특성변화에 대한 지식 ㅇ 잔디 깎기 관리에 대한 지식(수준별, 초종별) ㅇ 잔디 깎기 장비 선택에 대한 지식
	【기 술】
	ㅇ 잔디 깎기 인력 및 기계장비 활용기술 ㅇ 균일하게 잔디를 깎는 기술
	【태 도】
	ㅇ 안전과 관련된 규정을 준수하려는 태도 ㅇ 신중하게 작업하는 태도 ㅇ 맡은 일을 정해진 시간에 끝낼 수 있도록 사전에 준비하는 태도
1405010303_17v2.2 잔디 시비 관리하기	2.1 잔디의 종류 및 잔디관리 수준을 고려하여 기본 시비계획을 작성할 수 있다. 2.2 잔디의 생육상태에 따라 양질의 생육이 가능하도록 시비의 시기와 시비량을 결정할 수 있다. 2.3 대상지역의 면적, 시비량을 참고하여 필요한 비료를 확보 할 수 있다. 2.4 단위면적당 시비 기준에 따라 균일하게 시비할 수 있다. 2.5 비료의 종류 및 기상여건에 따라 비료 살포 후 적정하게 관수하여 피해를 예방하고, 작업후 이용을 결정할 수 있다.
	【지 식】
	ㅇ 생육에 필요한 영양원소의 역할에 관한 지식 ㅇ 시판되고 있는 비료류에 대한 기초지식 ㅇ 초종별, 관리수준별 기준 시비량에 대한 지식 ㅇ 시비방법에 대한 지식
	【기 술】
	ㅇ 비료살포장비의 사용기술 ㅇ 시비량 결정 능력 ㅇ 시비후 관수량 판단기술

능력단위요소	수 행 준 거
	【태 도】
	ㅇ 정확하고 세심한 업무 처리 태도 ㅇ 맡은 일을 정해진 시간에 끝낼 수 있도록 사전에 준비하는 태도 ㅇ 끈기 있게 업무를 처리하고 확인하려는 태도
1405010303_17v2.3 잔디 관수하기	3.1 관수 대상지역의 면적과 관수시스템의 특성을 참고하여 관수량을 결정할 수 있다. 3.2 엽색의 변형, 잎 말림 등 수분부족 상황을 예측하여 관수량과 관수시기를 판단할 수 있다. 3.3 스프링클러 기종별 특성에 대한 지식을 토대로 용도에 적합한 방식을 선택할 수 있다. 3.4 혹서기 증산작용억제와 지표면 온도 낮춤을 위하여 시행하는 엽면관수를 잔디의 생육 및 기상여건에 따라 실시할 수 있다.
	【지 식】
	ㅇ 연중 강우량이 일정치 않은 기상에 대한 지식 ㅇ 포장용수량, 침투율, 증발산량에 대한 지식 ㅇ 관수량 분석에 대한 지식 ㅇ 관수시설에 대한 지식
	【기 술】
	ㅇ 자동관수시설 및 장비활용 능력 ㅇ 잔디 관수 시 발생되는 문제를 해결할 수 있는 능력
	【태 도】
	ㅇ 침착하게 업무를 처리하려는 태도 ㅇ 맡은 일을 정해진 시간에 끝낼 수 있도록 사전에 준비하는 태도 ㅇ 정확하고 세심한 업무 처리 태도
1405010303_17v2.4 갱신 작업하기	4.1 잔디면의 이용 빈도, 토양조건에 따라 기 조성된 잔디면의 토양고결을 개선할 수 있다. 4.2 관리대상지역에 따라 각종 갱신 장비를 효율적으로 이용할 수 있다. 4.3 난, 한지형 잔디에 따라 갱신작업의 시기를 결정할 수 있다. 4.4 갱신작업 후 실시하는 배토작업을 갱신유형 및 시기에 따라 적정하게 수행할 수 있다.
	【지 식】
	ㅇ 답압 시 잔디갱신 필요성에 대한 지식 ㅇ 갱신의 유형, 특성, 효과에 대한 지식 ㅇ 갱신작업 후 후속작업 지식 ㅇ 대취의 역기능과 순기능에 대한 지식
	【기 술】
	ㅇ 갱신 장비류의 사용기술 ㅇ 갱신 작업 시 발생되는 문제를 해결할 수 있는 능력
	【태 도】
	ㅇ 작업안전을 준수하려는 태도

능력단위요소	수 행 준 거
	ㅇ 맡은 일을 정해진 시간에 끝낼 수 있도록 사전에 준비하는 태도 ㅇ 정확하고 세심한 업무 처리 태도
1405010303_17v2.5 잔디 병충해 관리하기	5.1 연간 관리계획에 따라 경종적(재배적)인 잔디관리를 통하여 병충해의 발생을 사전에 효율적으로 방제할 수 있다. 5.2 병충해 발생과 환경적 요인의 상관관계에 대한 기초지식을 활용하여 효율적으로 방제할 수 있다. 5.3 연중 병충해 발생시기를 참고하여 잔디에 발생하는 주요 병충해를 식별하고 효율적으로 방제할 수 있다. 5.4 국내에서 잔디에 품목 고시된 살균(충)제를 조사하고 올바르게 선택할 수 있다. 5.5 농약살포 장비를 안전수칙에 따라 안전하게 사용할 수 있다. 5.6 농약의 안전사용기준에 따라 적정 약량과 물량을 살포할 수 있다.
	【지 식】
	ㅇ 잔디병의 발병과 환경지식 ㅇ 농약의 종류와 특성에 대한 지식 ㅇ 주요잔디의 병해에 대한 지식 ㅇ 농약의 안전사용에 대한 지식
	【기 술】
	ㅇ 병 및 해충 동정 기술 ㅇ 농약류 안전사용에 대한 기술 ㅇ 살포장비의 사용기술
	【태 도】
	ㅇ 환경관련 안전사항 준수 의지 ㅇ 끈기 있게 업무를 처리하고 확인하려는 태도 ㅇ 정확하고 세심한 업무 처리 태도
1405010303_17v2.6 잡초 관리하기	6.1 잔디에 발생하는 잡초의 종류에 따라 효율적으로 관리할 수 있다. 6.2 관리대상지역의 특성에 따라 해당지역에 적합한 다양한 방법으로 잡초를 방제할 수 있다. 6.3 제초제의 작용 기작에 따라 접촉성과 흡수이행성 제초제를 이용하여 잡초를 방제할 수 있다. 6.4 잡초의 발생시기에 따라 발아전 처리제와 경엽형 제초제의 이용에 대한 기초지식을 파악하여 올바르게 적용할 수 있다. 6.5 농약관리법에 의하여 품목 고시된 제초제를 조사하고 올바르게 선택하여 사용할 수 있다.
	【지 식】
	ㅇ 주요잡초의 종류, 구분, 특성에 대한 일반지식 ㅇ 잡초 방제법에 대한 지식 ㅇ 제초제에 관한 작용원리 지식 ㅇ 제초제의 종류 및 특성에 대한 지식
	【기 술】
	ㅇ 대상지역의 잡초식별 기술

능력단위요소	수 행 준 거
	ㅇ 상황별 제초방법에 대한 기술 ㅇ 화학적 제초방법에 대한 기술 ㅇ 살포장비의 사용기술
	【태 도】
	ㅇ 환경보호를 우선한 안전사항준수 의지 ㅇ 안전과 관련된 규정을 준수하려는 태도 ㅇ 정확하고 세심한 업무 처리 태도
1405010303_17v2.7 관상잔디 관리하기	7.1 관상용 잔디를 식재지 환경에 따라 경관조성에 적합하게 도입할 수 있다. 7.2 관상용 잔디의 초장, 질감, 색상 등을 고려하여 적합한 초종을 선택할 수 있다. 7.3 조성된 관상용 잔디의 생육특성을 고려하여 효율적으로 관리할 수 있다.
	【지 식】
	ㅇ 소재에 대한 지식 ㅇ 관상용 잔디의 특성과 장점에 대한 지식 ㅇ 국내외 시장 동향 정보 및 지식 ㅇ 소재의 특성 및 적용사례에 대한 지식 ㅇ 식재에 대한 지식 ㅇ 관상잔디 특성을 고려 기후영향과 사후관리에 대한 지식
	【기 술】
	ㅇ 소재선택에 대한 기술 ㅇ 관상잔디 관리 시 발생되는 문제를 해결할 수 있는 능력 ㅇ 식재시 타 식물소재와 구별, 천이 현상을 고려하여 식재하는 기술
	【태 도】
	ㅇ 예술적 감각 태도 ㅇ 자신이 의도하려는 것을 명확히 표현하려는 태도

3. 병해관리

능력단위 명칭	병해관리
능력단위 정의	병해관리란 연간 병해 방제 계획 수립, 병해 예방, 병해 진단, 생리적 피해 진단, 병해 방제, 병해 식물 처리를 수행하는 능력이다.

능력단위요소	수 행 준 거
1405010304_17v2.1 연간 병해 방제 계획 수립하기	1.1 조경공간의 조경수의 종류에 따라 발생 병해에 대한 정보를 수집할 수 있다. 1.2 병의 생활사에 따른 효과적 방제방법을 결정할 수 있다. 1.3 최대의 효과가 나타나는 방제방법과 관련된 약제, 도구 등의 정보를 수집할 수 있다. 1.4 병해 발생 정보에서 수집된 정보를 근거로 해당 조경식물의 연간 방제계획을 수립할 수 있다.
	【지 식】 ㅇ 조경수 수종분류 및 특성에 대한 지식 ㅇ 조경수 수종별 병해 종류 분류에 대한 지식

능력단위요소	수 행 준 거
	ㅇ 조경수 수종별 병해 방제방법에 대한 지식 ㅇ 조경수의 수종별 연간 주요발생 병해 파악에 대한 지식 ㅇ 조경수의 연간 발생 병해 방제계획에 대한 지식 ㅇ 식물보호제의 사용목적 및 주성분, 제제 형태에 대한 지식
	【기 술】 ㅇ 조경도면 해독 기술 ㅇ 병해 방제 기술
	【태 도】 ㅇ 예상되는 문제점을 감안해서 구체적인 계획을 수립하려는 태도 ㅇ 정확하고 세심한 업무 처리 태도
1405010304_17v2.2 병해 예방하기	2.1 조경공간의 수종별 발생한 병해를 확인할 수 있다. 2.2 병해가 발생되어 생긴 고사지, 고사목 등 병해 전염원을 제거하여 병해를 예방할 수 있다. 2.3 전염성병의 경우 발생원인인 환경조건의 개선, 비배관리 등을 실시하여 병해 발생을 예방할 수 있다. 2.4 조경공간의 주요 발생 병해의 경우 발생경로를 분석하고, 중간 기주를 제거하여 병해를 예방할 수 있다. 2.5 조경공간에서 발생된 병원에 대한 약제살포로 병의 확산을 예방할 수 있다. 2.6 조경공간의 작업기구 및 작업자의 위생관리로 병해를 예방할 수 있다.
	【지 식】 ㅇ 수목의 병해 분류에 대한 지식 ㅇ 전염성병, 비전염성병 분류에 대한 지식 ㅇ 병해의 발생경로 분석 방법에 대한 지식 ㅇ 병해 예방방법에 대한 지식 ㅇ 전염성병, 비전염성병 예방방법에 대한 지식 ㅇ 기주 교대하는 병에 대한 지식
	【기 술】 ㅇ 병해 발생 전염원 제거 기술 ㅇ 전염성병, 비전염성병이 발생된 식물 처리 기술 ㅇ 작업기구 및 작업장의 위생관리 기술
	【태 도】 ㅇ 섬세하게 관찰하여 확인하는 태도 ㅇ 정확하고 세심한 업무 처리 태도
1405010304_17v2.3 병해 진단하기	3.1 수목에 발생된 병징과 표징을 구분하여 진단할 수 있다. 3.2 수목에 발생된 전염성병 및 비전염성병을 구분하여 병명을 진단할 수 있다. 3.3 수목에 전염성병을 일으키는 병원체의 종류를 구분할 수 있다. 3.4 수목에 비전염성병을 유발하는 원인을 진단할 수 있다.
	【지 식】 ㅇ 병징, 표징에 분류에 대한 지식 ㅇ 곰팡이(진균)·곰팡이외에 발생된 전염성병 피해에 대한 지식

능력단위요소	수 행 준 거
	ㅇ 전염성병 · 비전염성병 피해에 대한 지식 ㅇ 피해부위별 병해에 대한 지식 ㅇ 병환에 대한 지식
	【기 술】 ㅇ 병징, 표징의 구분 기술 ㅇ 곰팡이(진균) · 곰팡이외에 발생된 전염성병 피해 구분 기술 ㅇ 전염성병 · 비전염성병 피해 구분 기술
	【태 도】 ㅇ 합리적으로 분석하고 처리하는 태도 ㅇ 끈기 있게 업무를 처리하고 확인하려는 태도 ㅇ 정확하고 세심한 업무 처리 태도
1405010304_17v2.4 생리적 피해 진단하기	4.1 수목의 피해 상태를 관찰하여, 기후적 원인에 의한 생리적 피해인지 진단할 수 있다. 4.2 수목의 피해 상태를 관찰하여, 토양적 원인에 의한 생리적 피해인지 진단할 수 있다. 4.3 수목의 피해 상태를 관찰하여, 인위적 원인에 의한 생리적 피해인지 진단할 수 있다. 4.4 수목의 피해 상태를 관찰하여, 생물적 원인(야생동물, 기생 및 착생식물)에 의한 피해인지 진단할 수 있다. 4.5 수목의 피해원인에 따른 진단 기구를 사용할 수 있다.
	【지 식】 ㅇ 전염성병과 비전염성병에 대한 지식 ㅇ 생리적 피해 요인에 대한 지식 ㅇ 진단기구 사용법에 대한 지식
	【기 술】 ㅇ 전염성병과 비전염성병 구분 기술 ㅇ 생리적 피해 요인 구분 기술 ㅇ 진단기구 사용 기술
	【태 도】 ㅇ 합리적으로 분석하고 처리하는 태도 ㅇ 정확하고 세심한 업무 처리 태도
1405010304_17v2.5 병해 방제하기	5.1 수목에 발생된 병해에 따라 병해 방제에 대한 방법과 유형을 구별할 수 있다. 5.2 조경공간에 발생된 병해 및 확산속도를 파악할 수 있다. 5.3 발생된 병해의 종류에 따라 병해 방제방법, 방제시기, 약제 선택, 약제 희석배수, 횟수를 결정할 수 있다. 5.4 방제방법 중 중간기주 제거, 피해부위 제거, 뿌리부위에 발생된 병해 제거, 살균제 처리 등의 방법을 선택할 수 있다. 5.5 병해 발생 정도와 확산속도에 따라 환경 피해가 적은 방제약제를 선택할 수 있다. 5.6 병해의 발생부위 및 수목 입지여건에 따라 수간주입, 뿌리부위 살포, 엽면살포 등의 약제를 선택할 수 있다. 5.7 수목의 외형상 특징과 병해 발생 정도에 따라 살포량 및 희석배수를 선택할 수 있다.

능력단위요소	수 행 준 거
	5.8 두 가지 이상의 약제를 혼합할 경우, 작물보호제(농약)지침서, 혼용적부표 등을 활용할 수 있다. 5.9 약제 조제 시, 적절한 계량도구 및 안전을 위한 보호장구를 효율적으로 사용할 수 있다. 5.10 발생된 병해의 정확한 발생위치 및 방제위치를 확인할 수 있다. 5.11 약제살포 장비, 도구 등을 확인하고, 보호장구를 착용할 수 있다. 5.12 약제살포 대상의 위치, 바람의 방향, 살포동선, 민원의 원인이 될 수 있는 사항 등 현장여건을 파악할 수 있다. 5.13 안전관리를 위하여, 약제살포 구간의 출입을 통제하고, 약제를 살포할 수 있다. 5.14 약제살포가 끝난 구간은 안전을 위하여 일정시간 동안 출입을 차단할 수 있다.
	【지 식】 ㅇ 주요 병해 피해 및 확산속도에 대한 지식 ㅇ 주요 병해 치료방법에 대한 지식 ㅇ 주요 병해 방제 약제, 시기, 희석배수, 횟수에 대한 지식 ㅇ 친환경 방제방법의 지식 ㅇ 계량도구 및 보호장구에 대한 지식 ㅇ 작물보호제(농약)지침서, 혼용적부표에 대한 지식 ㅇ 병해 발생에 따른 약제살포 지식 ㅇ 약제살포 동선 및 미기후에 대한 지식
	【기 술】 ㅇ 주요 병해 피해 구분 기술 ㅇ 주요 병해 약제, 시기, 희석배수, 횟수 선택 기술 ㅇ 친환경 방제 선택 기술 ㅇ 계량도구 사용 기술 ㅇ 보호장구 사용 기술 ㅇ 약제살포 장비 운용 기술 ㅇ 약제살포 동선 운용 기술
	【태 도】 ㅇ 합리적으로 분석하고 처리하는 태도 ㅇ 복잡한 것을 각각의 관련성을 파악하고 핵심적인 사항을 분류하는 태도 ㅇ 정확하고 세심한 업무 처리 태도
1405010304_17v2.6 병해 식물 처리하기	6.1 병해 발생으로 인해 기능을 상실한 조경수목을 구별할 수 있다. 6.2 병해로 인해 고사 및 수형이 파괴된 조경수목을 뿌리부위까지 완전하게 제거할 수 있다. 6.3 제거될 수 없는 뿌리는 노출되지 않도록 처리하고, 토양소독을 실시할 수 있다. 6.4 제거된 고사지, 고사수목은 반출하여 폐기물로 처리할 수 있다.
	【지 식】 ㅇ 병해 및 전염원, 병환에 대한 지식 ㅇ 고사지, 고사수목 폐기처리에 대한 지식
	【기 술】 ㅇ 병해로 고사된 가지 등 처리에 대한 기술 ㅇ 병해식물 처리시 발생되는 문제를 해결할 수 있는 능력

능력단위요소	수 행 준 거
	【태 도】 ○ 맡은 일을 정해진 시간에 끝낼 수 있도록 사전에 준비하는 태도 ○ 예상되는 문제점을 감안해서 구체적인 계획을 수립하려는 태도 ○ 정확하고 세심한 업무 처리 태도

4. 충해관리

능력단위 명칭	충해관리
능력단위 정의	충해관리란 연간 충해 방제 계획 수립, 예방, 진단, 방제, 피해식물 처리를 수행하는 능력이다.

능력단위요소	수 행 준 거
1405010305_17v2.1 연간 충해 방제 계획 수립하기	1.1 조경공간의 조경수 수종별 발생 충해에 대한 정보를 수집할 수 있다. 1.2 해충의 생활사에 따른 효과적 방제방법을 결정할 수 있다. 1.3 최대의 효과가 나타나는 방제방법과 적절한 약제, 도구 등의 정보를 수집할 수 있다. 1.4 충해 발생 정보에서 수집된 정보를 근거로 조경공간의 연간 방제계획을 수립할 수 있다.
	【지 식】 ○ 조경수 수종분류 및 특성에 대한 지식 ○ 조경수 수종별 충해 종류 분류에 대한 지식 ○ 조경수 수종별 충해 방제방법에 대한 지식 ○ 조경수의 수종별 연간 주요발생 충해 파악에 대한 지식 ○ 조경수의 연간 발생 충해 방제계획에 대한 지식
	【기 술】 ○ 조경도면 해독 기술 ○ 충해 방제 기술
	【태 도】 ○ 일관성 있게 업무를 처리하려는 태도 ○ 예상되는 문제점을 감안해서 구체적인 계획을 수립하려는 태도 ○ 정확하고 세심한 업무 처리 태도
1405010305_17v2.2 충해 예방하기	2.1 조경공간의 조경수의 수종별 발생한 충해를 확인할 수 있다. 2.2 충해로 인한 고사지, 고사목 등 전염원을 제거할 수 있다. 2.3 충해 발생원인인 환경조건의 개선, 비배관리 등을 실시하여 충해를 예방할 수 있다. 2.4 조경공간에서 발생된 해충에 대한 약제살포로 해충의 확산을 예방할 수 있다. 2.5 조경공간의 작업기구 및 작업자의 위생관리로 충해를 예방할 수 있다.
	【지 식】 ○ 수목의 충해 분류에 대한 지식 ○ 해충의 생활사 및 가해습성, 가해부위에 대한 지식 ○ 충해의 발생경로 분석 방법에 대한 지식

능력단위요소	수 행 준 거
	ㅇ 충해 예방방법에 대한 지식
	【기 술】 ㅇ 발생 해충 제거 기술 ㅇ 쇠약한 수목 해충 방제 기술 ㅇ 작업기구 및 작업장의 위생관리 기술
	【태 도】 ㅇ 누락된 충해 없이 세심하게 관찰하려는 태도 ㅇ 계획된 목표를 달성하기 위한 적극적인 태도 ㅇ 예상되는 문제점을 감안해서 구체적인 계획을 수립하려는 태도 ㅇ 정확하고 세심한 업무 처리 태도
1405010305_17v2.3 충해 진단하기	3.1 해당 조경공간의 조경수에 발생된 식엽성 해충을 진단할 수 있다. 3.2 해당 조경공간의 조경수에 발생된 흡즙성 해충을 진단할 수 있다. 3.3 해당 조경공간의 조경수에 발생된 천공성해충을 진단할 수 있다. 3.4 해당 조경공간의 조경수에 발생된 뿌리가해 해충을 진단할 수 있다. 3.5 해당 조경공간의 조경수에 발생된 혹을 만드는(충영형성) 해충을 진단할 수 있다. 3.6 해당 조경공간의 조경수에 발생된 종실 · 구과해충을 진단할 수 있다.
	【지 식】 ㅇ 해충의 생활사에 대한 지식 ㅇ 식엽성, 흡즙성, 천공성 해충피해에 대한 지식 ㅇ 뿌리가해, 충영형성, 종실 · 구과 해충피해에 대한 지식 ㅇ 피해부위별 충해에 대한 지식
	【기 술】 ㅇ 식엽성, 흡즙성, 천공성 해충피해 진단 기술 ㅇ 뿌리가해, 충영형성, 종실 · 구과 해충피해 진단 기술 ㅇ 피해부위별 해충 피해 진단 기술
	【태 도】 ㅇ 합리적으로 분석하고 처리하는 태도 ㅇ 예상되는 문제점을 감안해서 구체적인 계획을 수립하려는 태도 ㅇ 정확하고 세심한 업무 처리 태도
1405010305_17v2.4 충해 방제하기	4.1 수목에 발생된 충해에 따라 충해 방제에 대한 방법과 유형을 파악할 수 있다. 4.2 해당 조경공간에 발생된 충해 및 확산속도를 파악할 수 있다. 4.3 발생된 충해의 종류에 따라 충해 방제방법, 방제시기, 약제 희석배수, 살포횟수를 선택할 수 있다. 4.4 방제방법 중 피해부위 제거, 뿌리부위에 발생된 충해 제거, 살충제 처리, 월동장소 파악 · 조치 등의 방법을 선택할 수 있다. 4.5 충해 발생 정도와 확산속도에 따라 환경 피해가 적은 방제약제를 선택할 수 있다. 4.6 충해의 발생부위 및 수목 입지여건에 따라 수간주입, 뿌리부위 살포, 엽면살포 등의 약제를 선택할 수 있다. 4.7 수목의 외형상 특징과 충해 발생 정도에 따라 살포량 및 희석배수를 선택할 수 있다.

능력단위요소	수 행 준 거
	4.8 두 가지 이상의 약제를 혼합할 경우, 작물보호제(농약) 사용지침서, 혼용적부표 등을 활용할 수 있다. 4.9 약제 조제 시, 적절한 계량도구 및 안전을 위한 보호장구를 효율적으로 사용할 수 있다. 4.10 발생된 충해의 정확한 발생부위 및 방제부위를 확인할 수 있다. 4.11 약제살포 장비, 도구 등을 확인하고, 보호장구를 착용할 수 있다. 4.12 약제살포 대상의 위치, 바람의 방향, 살포동선, 민원의 원인이 될 수 있는 사항 등 현장여건을 파악할 수 있다. 4.13 안전관리를 위하여, 약제살포 구간의 출입을 통제하고, 약제를 살포할 수 있다. 4.14 약제살포가 끝난 구간은 안전을 위하여 일정시간 동안 출입을 차단할 수 있다.
	【지 식】 ㅇ 충해 피해에 대한 지식 ㅇ 충해 확산속도에 대한 지식 ㅇ 충해 치료방법에 대한 지식 ㅇ 충해 방제 약제, 시기, 희석배수, 살포횟수에 대한 지식 ㅇ 친환경 방제방법에 대한 지식 ㅇ 계량도구 및 보호장구에 대한 지식 ㅇ 작물보호제(농약) 사용지침서에 대한 지식 ㅇ 농약 혼용적부표에 대한 지식 ㅇ 충해 발생에 따른 약제살포 지식 ㅇ 약제살포 동선 및 미기후에 대한 지식 ㅇ 약제살포 장비에 대한 지식
	【기 술】 ㅇ 주요 충해 피해 구분 기술 ㅇ 주요 충해 약제, 시기, 희석배수, 살포횟수 선택 기술 ㅇ 친환경 방제 선택 기술 ㅇ 계량도구 사용 기술 ㅇ 보호장구 사용 기술 ㅇ 약제살포 장비 운용 기술 ㅇ 약제살포 동선운용 기술
	【태 도】 ㅇ 합리적으로 분석하고 처리하는 태도 ㅇ 예상되는 문제점을 감안해서 구체적인 계획을 수립하려는 태도 ㅇ 정확하고 세심한 업무 처리 태도
1405010305_17v2.5 충해 식물 처리하기	5.1 충해 발생으로 인해 기능을 상실한 조경수목을 구별할 수 있다. 5.2 충해로 인해 고사 및 수형이 파괴된 조경수목을 뿌리부위까지 완전하게 제거할 수 있다. 5.3 제거될 수 없는 뿌리는 노출되지 않도록 처리하고, 토양소독을 실시할 수 있다. 5.4 제거된 고사지, 고사수목은 반출하여 폐기물로 처리할 수 있다.
	【지 식】 ㅇ 충해 및 월동 방법에 대한 지식 ㅇ 고사지, 고사수목 폐기처리에 대한 지식

능력단위요소	수 행 준 거
	【기 술】 ㅇ 충해로 고사된 가지 등 처리에 대한 기술 ㅇ 충해식물 처리시 발생되는 문제를 해결할 수 있는 능력
	【태 도】 ㅇ 예상되는 문제점을 감안해서 구체적인 계획을 수립하려는 태도 ㅇ 정확하고 세심한 업무 처리 태도

5. 수목보호관리

능력단위 명칭	수목보호관리
능력단위 정의	수목보호관리란 기상, 공해 피해 진단과 토양관리, 수목 외과수술, 수목 뿌리 수술을 수행하고 보호하는 능력이다.

능력단위요소	수 행 준 거
1405010306_17v2.1 기상, 환경 피해 진단하기	1.1 수목보호 기준에 따라 수목의 기상적 피해와 공해 피해를 구별할 수 있다 1.2 수목보호 기준에 따라 수목의 저온에 의한 피해와 고온에 의한 피해를 구분할 수 있다. 1.3 수목보호 기준에 따라 수목에 설해, 풍해, 건조에 의한 피해, 홍수피해, 과습에 의한 피해, 설해, 낙뢰에 의한 피해를 판단할 수 있다. 1.4 수목보호 기준에 따라 수목에 피해를 예측하여 피해를 최소화할 수 있다. 1.5 수목보호 기준에 따라 수목의 공해피해가 만성적인 피해인지 급성적인 피해인지를 구별할 수 있다. 1.6 수목보호 기준에 따라 수목의 오염 물질에 의한 피해를 구별할 수 있다. 1.7 수목보호 기준에 따라 수목의 피해에 맞는 수쇠회복 방법을 파악하고 대책을 수립할 수 있다.
	【지 식】 ㅇ 수목 보호기준에 대한 지식 ㅇ 수목의 생리에 대한 지식 ㅇ 수목의 내한성에 대한 지식 ㅇ 수목의 내염성에 대한 지식 ㅇ 수목의 공해물질에 대한 지식 ㅇ 수목의 역학 및 보호 조치에 대한 지식 ㅇ 수목의 내건성에 대한 지식 ㅇ 수목의 내습성에 대한 지식
	【기 술】 ㅇ 기상적 피해의 진단할 수 있는 기술 ㅇ 공해의 피해를 진단할 수 있는 기술 ㅇ 오염물질에 의한 피해를 진단할 수 있는 기술
	【태 도】 ㅇ 적극적인 관찰 태도 ㅇ 합리적이고 과학적으로 분석하는 태도

능력단위요소	수 행 준 거
	ㅇ 정확한 업무처리 태도 ㅇ 기후, 환경에 관한 정보를 수집하는 태도
1405010306_17v2.2 토양 관리하기	2.1 토양의 물리적, 화학적, 생물적 성질을 점검표를 활용하여 주기적으로 파악할 수 있다. 2.2 토양의 물리적 성질을 개선(경운, 에어레이션, 유공관 설치, 천공기의 공기 유입)할 수 있다. 2.3 토양의 화학적 성질을 개선하기 위하여 무기질, 유기질 소재를 활용할 수 있다. 2.4 수목의 생육상태와 토양의 물리적, 화학적, 생물적 성질 점검표를 활용하여 뿌리수술 여부를 판단할 수 있다.
	【지 식】 ㅇ 수목 뿌리의 생리, 생태적 특성에 대한 지식 ㅇ 토양의 물리적 성질에 대한 지식 ㅇ 토양의 화학적 성질에 대한 지식 ㅇ 토양의 생물적 성질에 대한 지식
	【기 술】 ㅇ 수목 뿌리의 발달 및 토양상태에 대한 기술 ㅇ 토양의 물리적 성질 개선 기술 ㅇ 토양의 화학적 성질 개선 기술 ㅇ 토양의 생물적 성질 개선 기술
	【태 도】 ㅇ 섬세하게 관찰하여 확인하는 태도 ㅇ 합리적으로 분석하고 처리하는 태도 ㅇ 예상되는 문제점을 감안해서 구체적인 계획을 수립하려는 태도 ㅇ 정확하고 세심한 업무 처리 태도
1405010306_17v2.3 수목 외과 수술하기	3.1 병충해, 기상적, 인위적인 피해로 발생된 상처 중 외과적인 치료로 해결 가능한 방법을 파악할 수 있다. 3.2 병충해, 기상적, 인위적인 피해로 발생된 상처부위(부패부)를 깨끗하게 제거할 수 있다. 3.3 깨끗하게 제거된 상처부위를 살균제, 살충제, 방부제를 살포하여 정리할 수 있다. 3.4 상처부위에 공동이 발생된 경우 유합조직이 형성되는데 방해되지 않도록 처리할 수 있다. 3.5 외부로 들어난 상처부위에 수분 및 부후균, 병충해가 침투하지 못하도록 외과적인 치료로 처리할 수 있다. 3.6 물리적 피해로부터 수목을 보호하기 위하여, 쇠조임, 줄당김, 지주 설치 등의 보호조치를 할 수 있다. 3.7 수목의 생장조건 변화로 인한 외과 수술부위 및 보호조치가 손상되지 않도록 주기적으로 관찰할 수 있다.
	【지 식】 ㅇ 수목 구조 및 생리에 대한 지식 ㅇ 수목 보호조치를 위한 역학적 지식 ㅇ 수목 외과수술 도구에 대한 지식

능력단위요소	수 행 준 거
	ㅇ 수목 외과수술 재료에 대한 지식 ㅇ 수목 외과수술 방법에 대한 지식 ㅇ 수목 외과수술과 수목생장에 따른 변화에 대한 지식
	【기 술】 ㅇ 수목 외과수술 도구 사용 기술 ㅇ 수목 외과수술 재료 사용 기술 ㅇ 수목 외과수술 후 관리기술 ㅇ 수목 보호조치 기술
	【태 도】 ㅇ 합리적으로 분석하고 처리하는 태도 ㅇ 예상되는 문제점을 감안해서 구체적인 계획을 수립하려는 태도 ㅇ 확하고 세심한 업무 처리 태도
1405010306_17v2.4 수목 뿌리 수술하기	4.1 토양의 물리적 성질 변화로 수목의 뿌리기능이 쇠약해진 상태를 판별할 수 있다. 4.2 토양의 물리성 변화로 뿌리의 기능이 쇠약해진 수목의 뿌리부위를 해체하기 전 지주목 등으로 안전조치를 할 수 있다. 4.3 토양의 물리성 변화로 인한 수목 뿌리 주위를 정리할 수 있다. 4.4 토양의 물리성 변화로 훼손된 수목 뿌리부위 중, 죽은 뿌리는 제거하고, 살아있는 뿌리는 자르거나, 환상박피할 수 있다. 4.5 자르거나 환상박피된 뿌리는 발근제 및 유합조직 연고제 등으로 처리할 수 있다. 4.6 사용 장비는 항상 매회 소독하여 병의 전염을 예방할 수 있다. 4.7 노출된 뿌리는 빛에 노출되지 않도록 처리할 수 있다. 4.8 뿌리수술 후, 양분공급을 실시하여 빠른 수세 회복을 시킬 수 있다.
	【지 식】 ㅇ 수목 구조 및 생리에 대한 지식 ㅇ 토양의 물리성 변화로 수목뿌리에 발생되는 피해에 대한 지식 ㅇ 수목 뿌리수술 방법에 대한 지식 ㅇ 수목 뿌리발근 및 생장에 대한 지식 ㅇ 수목 뿌리에 공급되는 영양분에 대한 지식
	【기 술】 ㅇ 수목 뿌리수술 기술 ㅇ 수목 뿌리 영양공급 기술
	【태 도】 ㅇ 신중하고 조심스럽게 작업하는 태도 ㅇ 정확하고 세심한 업무 처리 태도

6. 비배관리

능력단위 명칭	비배관리
능력단위 정의	비배관리란 연간 비배관리 계획 수립, 수목 생육상태 진단, 화학비료 및 유기질비료 주기, 영양제 엽면시비, 영양제 수간주사를 수행하는 능력이다.

능력단위요소	수 행 준 거
1405010307_17v2.1 연간 비배관리 계획 수립하기	1.1 조경식물의 종류와 위치, 수량에 따라 영양공급에 대한 방법, 시기, 양 등을 파악하여 연간 비배관리 계획을 수립할 수 있다. 1.2 연간 비배관리계획에 따라 비배관리에 필요한 물품을 구매할 수 있다. 1.3 연간 비배관리계획에 따라 물품보관방법 및 사용량을 고려하여 1~2회 사용 물품만 구매하여 사용할 수 있다.
	【지 식】 ㅇ 주요 조경식물의 영양공급 방법에 대한 지식 ㅇ 주요 비배관리물품에 대한 지식 ㅇ 주요 조경식물의 비배관리 지식 ㅇ 비배관리 물품에 대한 지식
	【기 술】 ㅇ 조경식물 현황파악 기술 ㅇ 비배관리 물품정보 수집 기술
	【태 도】 ㅇ 정확하고 세심한 업무 처리 태도 ㅇ 상대방을 배려하여 원만하게 의사소통하려는 태도
1405010307_17v2.2 수목 생육상태 진단하기	2.1 조경식물의 잎 크기, 가지 길이, 수간 건전성, 뿌리부위 생육의 건강성 등으로 생육상태를 육안으로 진단할 수 있다. 2.2 조경수목의 경우 수목 건강성 체크 등을 이용하여 생육상태를 조사할 수 있다. 2.3 조경식물의 생육상태 파악을 위하여 수간전해질 농도, 토양의 발근온도를 계측기 등을 이용하여 진단할 수 있다. 2.4 조경식물 중 생육상태가 불량한 수목은 토양조사, 뿌리 발근조사, 수관부위 활력도 조사 등의 정밀조사를 실시할 수 있다. 2.5 토양조사, 뿌리 발근조사 등 정밀조사에 따른 데이터를 분석할 수 있다.
	【지 식】 ㅇ 주요 수목의 수관 건강성 척도에 관한 지식 ㅇ 주요 수목의 뿌리 건강성 척도에 관한 지식 ㅇ 조경식물 뿌리부위 건강한 토양에 관한 지식 ㅇ 건강한 수목의 수관에 대한 지식 ㅇ 건강한 수목의 뿌리에 대한 지식 ㅇ 건강한 수목의 토양 양분상태 지식
	【기 술】 ㅇ 건강한 수목의 수관 생육상태 파악 능력 ㅇ 건강한 수목의 뿌리 생육상태 파악 능력 ㅇ 건강한 수목의 토양 양분상태 파악 능력

<table>
<tr><th>능력단위요소</th><th>수 행 준 거</th></tr>
<tr><td></td><td>【태 도】
ㅇ 정확하고 세심한 업무 처리 태도
ㅇ 끈기 있게 업무를 처리하고 확인하려는 태도
ㅇ 사물이나 현상을 진정한 모습으로 포착하려는 태도</td></tr>
<tr><td rowspan="4">1405010307_17v2.3
화학비료주기</td><td>3.1 조경식물 중 개화, 결실 등 기능성이 요구되는 식물의 위치, 수량 등을 파악할 수 있다.
3.2 개화, 결실 등 기능성에 필요한 식물의 영양소를 파악할 수 있다.
3.3 영양소에 따른 화학성분을 결정하고 식물의 크기, 수량 등에 따라 화학비료의 양, 주기방법 등을 결정할 수 있다.
3.4 개화, 결실 등의 생육기에 따라 화학비료 주는 시기를 결정할 수 있다.
3.5 화학비료 주기 후 개화, 결실 등에 따라 다음에 주는 화학비료의 양, 방법, 시기 등을 모니터링할 수 있다.</td></tr>
<tr><td>【지 식】
ㅇ 주요 조경식물의 기능성에 대한 지식
ㅇ 식물과 화학비료 성분에 상관관계에 대한 지식
ㅇ 화학비료의 적정시기와 양에 대한 지식
ㅇ 조경식물의 기능성에 대한 지식
ㅇ 식물과 화학비료성분에 대한 지식</td></tr>
<tr><td>【기 술】
ㅇ 조경식물의 기능성 활용에 대한 기술
ㅇ 조경식물 화학비료 적용 기술</td></tr>
<tr><td>【태 도】
ㅇ 긍정적이고 능동적인 태도
ㅇ 정확하고 세심한 업무 처리 태도
ㅇ 신중하고 조심스럽게 작업하는 태도</td></tr>
<tr><td rowspan="3">1405010307_17v2.4
유기질비료주기</td><td>4.1 조경식물 중 뿌리기능 저하, 개화, 결실 등에 따라 쇠약해진 식물을 파악할 수 있다.
4.2 토양의 화학적, 물리적 성질에 따라 적량의 유기질비료를 시비할 수 있다.
4.3 식물의 생육 상태 등에 따라 유기질비료 주기의 방법과 양, 시기를 결정할 수 있다.
4.4 유기질비료주기 후 개엽, 개화 등에 따라 다음에 주는 유기질비료의 양과 방법, 시기 등을 모니터링 할 수 있다.</td></tr>
<tr><td>【지 식】
ㅇ 주요 조경식물의 개엽, 개화시기에 대한 지식
ㅇ 식물과 유기질비료의 상관관계에 대한 지식
ㅇ 유기질비료의 적정시기 및 양에 대한 지식
ㅇ 조경식물의 건강성에 대한 지식
ㅇ 식물에 필요한 유기질 영양분에 대한 지식</td></tr>
<tr><td>【기 술】
ㅇ 조경식물의 유기질비료 적용 기술
ㅇ 조경식물에 유용한 유기질비료 활용 기술</td></tr>
</table>

능력단위요소	수 행 준 거
	【태 도】 ㅇ 긍정적이고 능동적인 태도 ㅇ 정확하고 세심한 업무 처리 태도 ㅇ 신중하고 조심스럽게 작업하는 태도
1405010307_17v2.5 영양제 엽면 시비하기	5.1 조경식물 중 크기가 작고 색이 옅은 잎의 수량 및 위치를 파악할 수 있다. 5.2 미량원소가 부족한 식물을 파악하여 엽면시비 할 수 있다. 5.3 잎에 미량원소를 희석하여 엽면시비 후 뿌리부위의 건강상태를 모니터링하여 수목의 전체적인 건강상태를 확인할 수 있다.
	【지 식】 ㅇ 식물의 생육에 영향을 미치는 미량원소에 대한 지식 ㅇ 미량원소가 식물에 흡수되는 방법에 대한 지식 ㅇ 식물에 영양제 엽면시비에 대한 지식
	【기 술】 ㅇ 식물의 생육에 영향을 미치는 미량원소 혼합 기술 ㅇ 식물에 영양제 엽면시비 기술
	【태 도】 ㅇ 정확하고 세심한 업무 처리 태도 ㅇ 신중하고 조심스럽게 작업하는 태도
1405010307_17v2.6 영양제 수간 주사하기	6.1 수간주사가 필요한 수목의 위치 및 수량을 파악할 수 있다. 6.2 수목의 수관의 상태를 판단하여 수간주사를 시행할 수 있다. 6.3 영양제 수간주사 후 완료시까지 주입 상태를 확인할 수 있다. 6.4 수간주사 후 뿌리부위의 건강상태를 모니터링하여 수목의 전체적인 건강상태를 확인할 수 있다.
	【지 식】 ㅇ 식물의 생육에 영향을 미치는 미량원소에 대한 지식 ㅇ 미량원소가 식물에 흡수되는 방법에 대한 지식 ㅇ 수목에 영양제 수간 주사하기에 대한 지식
	【기 술】 ㅇ 식물의 생육에 영향을 미치는 미량원소 혼합 기술 ㅇ 수목의 영양제 수간주사 수행 기술
	【태 도】 ㅇ 정확하고 세심한 업무 처리 태도 ㅇ 끈기 있게 업무를 처리하고 확인하려는 태도 ㅇ 신중하고 조심스럽게 작업하는 태도

7. 조경시설물관리

능력단위 명칭	조경시설물관리
능력단위 정의	조경시설물관리란 조경시설물 연간관리 계획 수립, 놀이시설물, 편의시설물, 운동시설물, 경관조명시설물, 안내시설물, 수경시설물 관리를 수행하는 능력이다.

능력단위요소	수 행 준 거
1405010308_17v2.1 조경시설물 연간관리 계획 수립하기	1.1 조경시설물 연간관리 계획 수립에 필요한 준공설계도서를 확보할 수 있다. 1.2 유지관리에 필요한 소요 예산을 수립할 수 있다. 1.3 유지관리 목표를 설정하고 작업 순서를 작성 할 수 있다. 1.4 최적의 조경시설물 연간관리 계획 수립을 위한 플로우 차트(Flow Chart)를 작성할 수 있다. 1.5 조경시설물 연간관리에 투입 될 자재, 장비 및 경비를 산출할 수 있다. 1.6 조경시설물 연간관리 계획에 따른 관리 인력을 산정할 수 있다. 1.7 시설물 유지관리 작업 방식과 특성을 조사 파악할 수 있다.
	【지 식】 ○ 시설물 유지관리에 대한 지식 ○ 시설물 유지관리목적에 대한 지식 ○ 시설물의 개념 구조 형태에 대한 지식 ○ 시설물제작, 설치능력에 대한 지식 ○ 시설물설치 환경에 대한 지식
	【기 술】 ○ 시설물 유지 관리 능력 ○ 공정기술 ○ 시설물 소재별 특성 파악 능력 ○ 조사분석 능력
	【태 도】 ○ 사물이나 현상의 정확한 상태를 포착하려는 태도 ○ 정확하고 세심한 업무 처리 태도 ○ 합리적인 업무처리 태도
1405010308_17v2.2 놀이시설물 관리하기	2.1 놀이시설물 관리 매뉴얼에 따라 놀이시설물의 재료 특성을 파악할 수 있다. 2.2 놀이시설물에 대하여, 소재별, 부위별 파손, 접합부, 마감, 부식 여부를 점검할 수 있다. 2.3 놀이시설물 주변 환경을 점검하고 불필요한 물질을 제거할 수 있다. 2.4 시설물별 이용 유형을 파악하고 놀이시설물 관리 매뉴얼에 따라 보수할 수 있다. 2.5 놀이시설물의 안전에 문제가 있는지를 검토하여 보강 시설물을 설치할 수 있다. 2.6 놀이시설물 관리 매뉴얼에 따라 놀이시설물의 점검일정을 체계적으로 구축할 수 있다. 2.7 어린이놀이시설의 기능 및 안정성이 지속적으로 유지되도록 어린이놀이시설의 시설기준 및 기술수준에서 정하는바에 따라 당해 어린이놀이시설에 대한 유지관리를 실시할 수 있다.
	【지 식】 ○ 목재, 철재, 콘크리트재, 합성수지계 소재 특성에 대한 지식

능력단위요소	수 행 준 거
	ㅇ 소재별 부위별 점검사항에 대한 지식 ㅇ 시설물에 영향을 미치는 제반요소(염분, 대기오염 등)에 대한 지식 ㅇ 기반시설(기초, 지하구조물 등)에 대한 기초지식 ㅇ 이동하중이 집중되는 시설물에 대한 지식 ㅇ 시설물보수 주기(cycle)에 대한 지식 ㅇ 어린이 놀이시설 안전점검에 대한 지식
	【기 술】 ㅇ 소재별 보수및 관리능력 ㅇ 염분 및 오염물질 제거능력 ㅇ 지반상태 및 안전사항 점검능력 ㅇ 안전을 위한 보강시설물 설치기술 ㅇ 보수부분 조사능력
	【태 도】 ㅇ 정확하고 세심한 업무 처리 태도 ㅇ 합리적인 업무처리 태도 ㅇ 끈기 있게 업무를 처리하고 확인하려는 태도
1405010308_17v2.3 편의시설물 관리하기	3.1 편의시설물 관리 매뉴얼에 따라 재료특성을 파악할 수 있다. 3.2 편의시설물에 대하여, 소재별, 부위별 파손, 접합부, 마감, 부식 여부를 점검할 수 있다. 3.3 편의시설물 주변 환경을 점검하고 불필요한 물질을 제거할 수 있다. 3.4 시설물별 이용 유형을 파악하고 편의시설물 관리 매뉴얼에 따라 보수할 수 있다. 3.5 편의시설물의 안전에 문제가 있는지를 검토하여 보상 시설물을 설치할 수 있다. 3.6 편의시설물 관리 매뉴얼에 따라 편의시설물의 점검일정을 체계적으로 구축할 수 있다.
	【지 식】 ㅇ 목재, 철재, 콘크리트재, 합성수지계 소재특성에 대한 지식 ㅇ 도장, 방부 공법에 대한 지식 ㅇ 소재별, 부위별 점검사항에 대한 지식 ㅇ 시설물에 영향을 미치는 제반요소에 대한 지식 ㅇ 기반시설에 대한 기초지식 ㅇ 시설물 보수주기에 대한 지식
	【기 술】 ㅇ 소재별 보수, 관리능력 ㅇ 염분, 오염물질 제거 능력 ㅇ 안전을 위한 보강시설물제거 및 설치능력 ㅇ 지반 상태 및 안전사항 점검 능력
	【태 도】 ㅇ 사물이나 현상의 정확한 상태를 포착하려는 태도 ㅇ 침착하게 업무를 처리하려는 태도 ㅇ 합리적인 업무처리 태도

능력단위요소	수행준거
1405010308_17v2.4 운동시설물 관리하기	4.1 운동시설물 관리 매뉴얼에 따라 운동시설물의 재료 특성을 파악할 수 있다. 4.2 운동시설물에 대하여, 소재별, 부위별 파손, 접합부, 마감, 부식 여부를 점검할 수 있다. 4.3 운동시설물 주변 환경을 점검하고 불필요한 물질을 제거할 수 있다. 4.4 시설물별 이용 유형을 파악하고 운동시설물 관리 매뉴얼에 따라 보수할 수 있다. 4.5 운동시설물의 안전에 문제가 있는지를 검토하여 보강 시설물을 설치할 수 있다. 4.6 운동시설물 관리 매뉴얼에 따라 운동시설물의 점검일정을 체계적으로 구축할 수 있다.
	【지 식】 ㅇ 목재, 철재, 콘크리트재, 합성수지계 소재특성에 대한 지식 ㅇ 소재별, 부위별 점검사항에 대한 지식 ㅇ 시설물에 영향을 미치는 제반요소에 대한 지식 ㅇ 기반시설에 대한 기초지식 ㅇ 시설물 보수 주기에 대한 지식 ㅇ 운동시설중 이동하중이 집중되는 시설물에 대한 지식
	【기 술】 ㅇ 소재별 보수, 관리능력 ㅇ 염분, 오염물질 및 유해물질 제거 능력 ㅇ 안전을 위한 보강시설물제거 능력 ㅇ 지반 상태 및 안전사항 점검 능력
	【태 도】 ㅇ 섬세하게 관찰하여 확인하는 태도 ㅇ 정확하고 세심한 업무 처리 태도 ㅇ 합리적인 업무처리 태도
1405010308_17v2.5 경관조명시설물 관리하기	5.1 경관조명시설물 관리 매뉴얼에 따라 경관조명시설물의 재료특성을 파악할 수 있다. 5.2 경관조명시설물 관리 매뉴얼에 따라 등주(등 기둥)의 파손, 누전 가능성, 기초부위의 안정성을 점검할 수 있다. 5.3 경관조명시설물 관리 매뉴얼에 따라 경관조명시설물의 소재별, 부위별로 점검할 수 있다. 5.4 경관조명시설물 관리 매뉴얼에 따라 장마 및 기습폭우에 따른 감전사고 방지 안전시설 점검을 할 수 있다. 5.5 경관조명시설물 관리 매뉴얼에 따라 경관조명시설이 효율적으로 배치되었는지 점검할 수 있다. 5.6 경관조명시설물 관리 매뉴얼에 따라 경관조명시설의 전원 공급이 원활한지 여부를 점검할 수 있다. 5.7 경관조명시설물 관리 매뉴얼에 따라 경관조명시설물의 점검일정을 체계적으로 구축할 수 있다.
	【지 식】 ㅇ 경관조명시설물 재료특성에 대한 지식 ㅇ 전기시설에 대한 지식 ㅇ 기초부위에 대한 지식

<table>
<tr><th>능력단위요소</th><th>수 행 준 거</th></tr>
<tr><td></td><td>【기 술】
ㅇ 경관조명시설누전점검 능력
ㅇ 전기시설 점검능력
ㅇ 경관조명시설 외장 보수 관리능력</td></tr>
<tr><td></td><td>【태 도】
ㅇ 정확하고 세심한 업무 처리 태도</td></tr>
<tr><td rowspan="4">1405010308_17v2.6
안내시설물 관리하기</td><td>6.1 안내시설물 관리 매뉴얼에 따라 안내 시설물의 재료특성을 파악할 수 있다.
6.2 안내시설물 관리 매뉴얼에 따라 소재별 부위별로 점검하고, 안내시설물의 기초부위와 기둥의 연결부위 상태를 점검할 수 있다.
6.3 안내시설물의 정보제공 가독성을 확인할 수 있다.
6.4 안내시설물 관리 매뉴얼에 따라 안내시설물의 유지관리를 실시할 수 있다.</td></tr>
<tr><td>【지 식】
ㅇ 안내시설물 소재 특성에 대한 지식
ㅇ 소재별 부위별 점검사항에 대한 지식
ㅇ 기초시설에 대한 기초지식
ㅇ 보수주기에 대한 지식</td></tr>
<tr><td>【기 술】
ㅇ 소재별 보수 관리능력
ㅇ 염분 오염물질 및 유해물질 제거 능력
ㅇ 지반상태 및 안전사항 점검 능력</td></tr>
<tr><td>【태 도】
ㅇ 끈기 있게 업무를 처리하고 확인하려는 태도
ㅇ 사물이나 현상을 진정한 모습으로 포착하려는 태도
ㅇ 정확하고 세심한 업무 처리 태도</td></tr>
<tr><td rowspan="2">1405010308_17v2.7
수경시설물 관리하기</td><td>7.1 수경시설물 연간 관리에 필요한 준공설계도서를 확보할 수 있다.
7.2 수경시설물 관리 매뉴얼에 따라 수경시설물의 기계장치에 대한 특성을 파악할 수 있다.
7.3 수경시설물 관리에 따른 소요예산 부품 장비 인력을 산출할 수 있다.
7.4 수경시설물 관리에 따른 수경시설 종류를 파악하여 소재별 부위별로 점검할 수 있다.
7.5 수경시설물 주변 환경을 점검하고 불필요한 물질을 제거할 수 있다.
7.6 수경시설물 관리 매뉴얼에 따라 수경설비 부품에 대한 점검과 보수를 할 수 있다.
7.7 수경시설물 안전에 문제가 있는지를 수경시설물 관리 매뉴얼에 따라 검토하여 조치할 수 있다.
7.8 수경시설물 관리 매뉴얼에 따라 수경시설물의 점검일정을 체계적으로 구축할 수 있다.
7.9 수경시설물 관리 매뉴얼에 따라 수경시설물의 급배수, 방수 및 기타 사항 점검을 실시할 수 있다.</td></tr>
<tr><td>【지 식】
ㅇ 수중모터 전기 컨트롤 판넬 등에 대한 지식</td></tr>
</table>

능력단위요소	수 행 준 거
	ㅇ 전기안전 및 감전방지를 위한 대처법에 대한 지식 ㅇ 정수 및 수질 환경에 대한 지식 ㅇ 노즐, 배관자재, 급배수 및 수중등에 대한 지식 ㅇ 부품별 기능에 대한 지식 ㅇ 물놀이형 수경시설의 수질 및 검사 기준
	【기 술】 ㅇ 펌프설치 기술 ㅇ 전기시설 설치기술 ㅇ 누수방지를 위한 결합 기술 ㅇ 정수시설을 위한 기술
	【태 도】 ㅇ 맡은 일을 정해진 시간에 끝낼 수 있도록 사전에 준비하는 태도 ㅇ 긍정적이고 능동적인 태도 ㅇ 안전과 관련된 규정을 준수하려는 태도

8. 조경기반시설관리

능력단위 명칭	조경기반시설관리
능력단위 정의	조경기반시설관리란 조경기반시설 연간관리계획 수립, 급·배수 시설물, 포장시설, 옹벽 등 구조물, 부속 건축물 관리를 수행하는 능력이다.

능력단위요소	수 행 준 거
1405010309_17v2.1 조경기반시설 연간관리 계획 수립하기	1.1 기반시설 연간 관리 계획 수립에 필요한 준공도서를 확보할 수 있다. 1.2 기반시설 연간 유지관리 목표를 설정하고 작업관리 계획표를 작성할 수 있다. 1.3 기반시설 연간 유지관리계획에 따른 필요한 인력, 장비를 검토하고, 예산을 산정할 수 있다. 1.4 기반시설 유지관리 작업 방식과 특성을 조사·파악하여, 연간 관리계획을 수립할 수 있다.
	【지 식】 ㅇ 주변 식물의 변화 지식 ㅇ 기반시설의 종류 및 특성에 대한 지식 ㅇ 토양의 물리·화학·생물적 특성에 대한 지식
	【기 술】 ㅇ 사전조사 판단 능력 ㅇ 문제해결 능력
	【태 도】 ㅇ 복잡하게 관련된 여러 사항중 핵심을 찾아 분류하는 태도 ㅇ 맡은 일을 정해진 시간에 끝낼 수 있도록 사전에 준비하는 태도 ㅇ 정확하고 세심한 업무 처리 태도 ㅇ 긍정적이고 능동적인 태도

능력단위요소	수 행 준 거
1405010309_17v2.2 급 · 배수시설물 관리하기	2.1 급 · 배수 시설물 연간 관리 계획 수립에 필요한 준공도서를 확보할 수 있다. 2.2 급 · 배수시설물 관리 매뉴얼에 따라 시설물의 종류별 유지관리의 특성을 파악할 수 있다. 2.3 급 · 배수 시설물 연간 관리에 따른 인력 장비 소요 예산을 검토 · 산정할 수 있다. 2.4 급 · 배수 시설물 관리 매뉴얼에 따라 부지 내 급수 · 배수상황을 점검할 수 있다. 2.5 급 · 배수시설물의 접합 부분, 부유물 또는 토사유입방지, 종 · 횡 기울기 파악 등 시설물의 종류별 유지관리를 실시할 수 있다.
	【지 식】 ○ 급수시설 종류에 대한 지식 ○ 표면배수, 지하배수, 비탈면배수, 구조물배수에 대한 지식 ○ 각 종 연결관 접합에 대한 지식
	【기 술】 ○ 종 · 횡 구배 배치 기술 ○ 입수구 맨홀 등 내부토사 퇴적 점검 · 조치 기술 ○ 노면 및 노면부위의 배수 점검 · 조치 기술 ○ 지하배수시설의 자동 또는 급 · 배수시설의 작동 점검 · 조치 기술 ○ 주변 유입수나 토사유출 점검 · 조치 기술 ○ 급 · 배수시설의 파손 및 결함 점검 · 조치 기술
	【태 도】 ○ 복잡하게 관련된 여러 사항중 핵심을 찾아 분류하는 태도 ○ 끈기 있게 업무를 처리하고 확인하려는 태도 ○ 정확하고 세심한 업무 처리 태도 ○ 긍정적이고 능동적인 태도
1405010309_17v2.3 포장시설물 관리하기	3.1 포장시설 연간 관리 계획 수립에 필요한 준공도서를 확보할 수 있다. 3.2 포장시설 관리 매뉴얼에 따라 포장시설의 종류별 유지관리의 특성을 파악할 수 있다. 3.3 포장시설 관리 매뉴얼에 따라 예산, 장비, 인력을 산정할 수 있다. 3.4 포장시설 적정성 및 내구성을 점검할 수 있다. 3.5 포장시설 관리 매뉴얼에 따라 포장시설의 하부 구조물에 대해 점검할 수 있다. 3.6 포장시설 관리 매뉴얼에 따라 포장시설별 이용형태와 이용강도에 대해 검토할 수 있다. 3.7 포장시설 관리 매뉴얼에 따라 포장시설의 종류별 유지관리를 실시할 수 있다.
	【지 식】 ○ 포장시설(관리용도로, 보행자 전용도로, 자전거도로 등) 특성에 대한 지식 ○ 소재별 재료(석재, 콘크리트, 목재, 철재, 황토, 합성수지재 등)에 대한 지식 ○ 투수성 포장재표에 대한 지식 ○ 무장애 디자인에 대한 지식
	【기 술】 ○ 소재별 표준 시공 기술

능력단위요소	수 행 준 거
	ㅇ 하부시설물 구조물을 고려한 포장 소재 선택 능력 ㅇ 원활한 배수 기울기 설정능력 ㅇ 포장시설 보수 기술
	【태 도】 ㅇ 맡은 일을 정해진 시간에 끝낼 수 있도록 사전에 준비하는 태도 ㅇ 침착하게 업무를 처리하려는 태도 ㅇ 정확하고 세심한 업무 처리 태도 ㅇ 긍정적이고 능동적인 태도
1405010309_17v2.4 옹벽 등 구조물 관리하기	4.1 옹벽 등 구조물 연간 관리에 필요한 준공도서를 확보할 수 있다. 4.2 구조물 관리 매뉴얼에 따라 구조물의 재료특성을 파악할 수 있다. 4.3 옹벽의 경우, 구조물 관리 매뉴얼에 따라 안전에 문제가 있는지를 검토하여 보강 시설물 및 재시공을 검토할 수 있다. 4.4 구조물 관리 매뉴얼에 따라 옹벽의 붕괴조짐을 점검하고 보수할 수 있다. 4.5 옹벽 구조물 매뉴얼에 따라 소요 예산 장비 인력을 산정할 수 있다. 4.6 구조물 관리 매뉴얼에 따라 옹벽 구간의 원활한 배수 여부를 점검할 수 있다. 4.7 구조물 재료의 특성에 따른 보수 매뉴얼을 작성할 수 있다.
	【지 식】 ㅇ 옹벽 등 구조물의 재료특성에 대한 지식 ㅇ 옹벽 등 구조물의 구조에 대한 지식 ㅇ 옹벽 등 구조물의 붕괴조짐에 대한 지식 ㅇ 옹벽 등 구조물의 배수체계에 대한 지식
	【기 술】 ㅇ 옹벽 등 구조물 안전 점검 기술 ㅇ 옹벽 등 구조물 보수 기술
	【태 도】 ㅇ 복잡하게 관련된 여러 사항중 핵심을 찾아 분류하는 태도 ㅇ 맡은 일을 정해진 시간에 끝낼 수 있도록 사전에 준비하는 태도 ㅇ 정확하고 세심한 업무 처리 태도 ㅇ 긍정적이고 능동적인 태도
1405010309_17v2.5 부속 건축물 관리하기	5.1 부속 건축물 연간 관리 계획 수립에 필요한 준공도서를 확보할 수 있다. 5.2 부속 건축물 연간 관리 계획에 따른 예산, 인력, 장비를 산정할 수 있다. 5.3 부속 건축물 유지관리 목표를 설정하고 작업관리 계획표를 작성할 수 있다. 5.4 부속 건축물 연간 관리 필요한 방식과 특성을 조사 파악할 수 있다. 5.5 부속 건축물 관리 매뉴얼에 따라 효율적으로 유지관리할 수 있다.
	【지 식】 ㅇ 건축물 유지관리 점검에 대한 지식 ㅇ 기계 · 설비 · 전기 · 통신 · 소방 등 유지관리 점검에 대한 지식 ㅇ 부속 건축물 소재별 특성에 대한 지식
	【기 술】 ㅇ 부속 건축물 점검 기술 ㅇ 부속 건축물 관리시 발생되는 문제를 해결할 수 있는 능력

능력단위요소	수 행 준 거
	【태 도】 o 섬세하게 관찰하여 확인하는 태도 o 맡은 일을 정해진 시간에 끝낼 수 있도록 사전에 준비하는 태도 o 정확하고 세심한 업무 처리 태도 o 긍정적이고 능동적인 태도

9. 관수 및 기타 조경관리

능력단위 명칭	관수 및 기타 조경관리
능력단위 정의	관수 및 기타 조경관리란 관수, 지주목 관리, 멀칭관리, 월동관리, 장비 유지 관리, 청결 유지 관리, 실내 식물 관리를 수행하는 능력이다.

능력단위요소	수 행 준 거
1405010310_17v2.1 관수하기	1.1 관수대상의 식재규모에 따라 관수방법을 검토 및 시행할 수 있다. 1.2 관수대상지역의 면적과 단위 관수량을 참고하여 소요되는 물의 양을 결정할 수 있다. 1.3 기상조건을 고려하여 계절별 관수횟수와 관수시간을 적정하게 결정할 수 있다. 1.4 관수대상 및 토양의 수분상태를 관찰하여 잎이 시들기 전에 물을 충분히 주고, 뿌리턱에만 닿도록 관수할 수 있다.
	【지 식】 o 연중 강우량에 대한 지식 o 포장용수량, 침투율, 증발산량에 대한 지식 o 관수량 분석에 대한 지식 o 관수시설에 대한 지식
	【기 술】 o 관수시기 결정기술 o 관수장비 운영기술 o 고르게 관수하는 기술
	【태 도】 o 주의 깊은 관찰력 o 맡은 일을 정해진 시간에 끝낼 수 있도록 사전에 준비하는 태도 o 정확하고 세심한 업무 처리 태도
1405010310_17v2.2 지주목 관리하기	2.1 계절별 요인 및 식재의 고유 특성에 따라 지주목의 크기와 종류를 선택하여 설치할 수 있다. 2.2 이용자의 안전을 고려한 지주목의 종류와 재료를 선택하여 안전사고발생을 미연에 방지할 수 있다. 2.3 일상점검계획표에 따라 지주목의 노후 및 결속 상태를 점검하고 보수 및 교체 작업을 할 수 있다.
	【지 식】 o 지주목의 역할에 대한 지식

능력단위요소	수 행 준 거
	ㅇ 지주목 형태별 장, 단점에 대한 지식 ㅇ 지주목 재료별 장, 단점에 대한 지식
	【기 술】 ㅇ 수목의 규격에 따른 지주목의 크기 선택 능력 ㅇ 지주목의 형태 및 재질 선택 능력 ㅇ 이용자의 안전사고 예방을 위한 지주목 형태 선택 능력 ㅇ 노후되거나 헐거워진 지주목의 교체 및 재결속 기술 ㅇ 지주목의 형태별, 재료별 장단점 분석 기술
	【태 도】 ㅇ 긍정적이고 능동적인 태도 ㅇ 정확하고 세심한 업무 처리 태도 ㅇ 맡은 일을 정해진 시간에 끝낼 수 있도록 사전에 준비하는 태도
1405010310_17v2.3 멀칭 관리하기	3.1 수목의 생리적 특성 및 잡초 발생, 병해충 발생률을 근거로 멀칭 대상 지역을 선정할 수 있다. 3.2 멀칭 대상 지역에 따라 멀칭재료 및 멀칭 방법을 선택할 수 있다. 3.3 멀칭재료 및 멀칭 방법과 대상 지역의 훼손 가능성에 따라 멀칭대상 지역의 멀칭상태를 수시로 점검하여 원래상태가 유지되고 있는지 관찰할 수 있다. 3.4 멀칭 지역의 훼손 정도에 따라 추가로 멀칭을 실시 할 수 있다.
	【지 식】 ㅇ 멀칭의 효과에 대한 지식 ㅇ 멀칭재료의 특성에 대한 지식 ㅇ 수목 생리적 특성(내한성, 내음성, 내풍성, 내건조성 등)에 대한 지식 ㅇ 월동하는 잡초에 대한 지식 ㅇ 병해충의 월동 생활사에 대한 지식
	【기 술】 ㅇ 대상 수목 및 지역에 적합한 재료를 선택하는 기술 ㅇ 대상 수목 및 지역의 특성과 환경에 적합하고 어울리는 멀칭 방법과 멀칭 작업 기술
	【태 도】 ㅇ 긍정적이고 능동적인 태도 ㅇ 정확하고 세심한 업무 처리 태도 ㅇ 맡은 일을 정해진 시간에 끝낼 수 있도록 사전에 준비하는 태도
1405010310_17v2.4 월동 관리하기	4.1 식재 년수, 식재 위치, 내한성 등에 따라 월동 관리대상 식물을 선정할 수 있다. 4.2 선정된 식물과 식재 지역의 기후에 따라 월동 재료와 월동 방법을 결정할 수 있다. 4.3 대상 식물의 생육상태와 종류, 식재지역의 온도와 풍속 등을 근거로 하여 월동작업 및 해체시기를 결정할 수 있다. 4.4 해체된 월동재료는 병해충 발생의 전염원이 될 수 있으므로 관리지역 밖으로 반출하거나 소각 처리할 수 있다.

능력단위요소	수 행 준 거
	【지 식】 ○ 수종별 내한성, 내음성, 내풍성 등에 대한 지식 ○ 월동 재료의 장, 단점에 대한 지식 ○ 일최저기온, 일평균 기온, 월평균기온, 누적 온도에 대한 지식 ○ 월동 재료 안에서 월동하는 병원균이나 해충에 대한 지식
	【기 술】 ○ 내한성, 내음성, 내풍성 등에 관한 정보를 찾는 기술 ○ 월동재료의 보온효과에 대한 상호 비교 분석하는 기술 ○ 기상청 발표 자료를 이용하는 기술 ○ 해충의 생활사에 대한 문헌 검토 기술
	【태 도】 ○ 긍정적이고 능동적인 태도 ○ 정확하고 세심한 업무 처리 태도 ○ 맡은 일을 정해진 시간에 끝낼 수 있도록 사전에 준비하는 태도 ○ 적극적으로 관찰하려는 태도
1405010310_17v2.5 장비 유지 관리하기	5.1 장비를 용도에 따라 분류하고 장비 대장을 만들어 장비 보관소에 비치하며 관리자를 지정할 수 있다. 5.2 장비의 효율적인 관리를 위하여 보관 위치를 정하고 점검에 필요한 항목을 결정할 수 있다. 5.3 장비는 점검에 필요한 항목에 따라 수시로 점검하여 언제든지 사용할 수 있도록 청결하게 유지할 수 있다. 5.4 장비별 관리자는 점검일정에 따라 항상 점검 후 그 결과를 장비대장에 기록할 수 있다. 5.5 관리에 필요한 장비는 점검 일정 및 점검 항목에 따라 점검하여 항상 청결을 유지할 수 있다.
	【지 식】 ○ 보유 장비 및 부품의 명칭에 대한 지식 ○ 보유 장비에 대한 용도에 대한 지식
	【기 술】 ○ 보유 장비에 대한 사용법과 수리법 활용 기술 ○ 보유 장비에 대한 청소법 활용 기술 ○ 보유 장비에 대한 보관법 활용 기술
	【태 도】 ○ 정확하고 세심한 업무 처리 태도 ○ 끈기 있게 업무를 처리하고 확인하려는 태도 ○ 맡은 일을 정해진 시간에 끝낼 수 있도록 사전에 준비하는 태도
1405010310_17v2.6 청결 유지 관리하기	6.1 관리대상지역을 일상점검 계획표에 따라 점검하여 청결을 유지할 수 있다. 6.2 작업 시작 전과 후에 1일 2회 청소 작업을 실시하여 항상 청결을 유지함으로써 이용자에게 아름다운 환경과 경관을 제공할 수 있다. 6.3 항상 청결을 유지하여 병해충 발생의 근원을 제거할 수 있다. 6.4 항상 청결을 유지하여 이용자 및 작업자의 안전사고를 예방할 수 있다.

능력단위요소	수 행 준 거
	6.5 관리지역을 세분화하여 일정한 순서대로 빠짐없이 청소할 수 있다. 6.6 청소 점검은 도보로 순회하여 확인하며 미비한 지역이 발견되면 즉시 재청소를 하여 항상 청결 상태가 유지되도록 할 수 있다.
	【지 식】 ㅇ 청소도구에 대한 사용 지식 ㅇ 청소도구에 대한 점검 및 고장 수리 지식 ㅇ 관리지역의 세분화된 구획 도면 판독 지식
	【기 술】 ㅇ 청소를 깨끗하고 용이하며 효율적으로 하는 기술 ㅇ 반복적인 청결 미비지역이 발생하는 원인을 분석하는 기술
	【태 도】 ㅇ 복잡한 것을 각각의 관련성을 파악하고 핵심적인 사항을 분류하는 태도 ㅇ 정확하고 세심한 업무 처리 태도 ㅇ 맡은 일을 정해진 시간에 끝낼 수 있도록 사전에 준비하는 태도 ㅇ 사물이나 현상을 진정한 모습으로 포착하려는 태도
1405010310_17v2.7 실내 식물 관리하기	7.1 해당 실내공간 및 식재된 실내식물의 특성을 파악하여 연간 실내식물 관리 계획을 수립할 수 있다. 7.2 실내식물의 위치, 생육상태를 확인하는 점검표를 작성할 수 있다. 7.3 실내식물의 배수시설을 점검표를 작성하여 주기적으로 확인할 수 있다. 7.4 실내식물의 관수, 영양공급 등 생육상태 개선을 위한 작업을 실시할 수 있다. 7.5 실내식물의 고사, 생육조건(채광, 통풍, 온·습도, 등) 변경에 따른 실내식물의 선택, 교체를 할 수 있다. 7.6 화분의 위치변경 및 새로운 화분 교체를 할 수 있다. 7.7 입면녹화시설에 대한 주기적인 관리를 할 수 있다.
	【지 식】 ㅇ 실내식물의 종류 및 생육조건에 대한 지식 ㅇ 실내식물 관수 및 배수관리에 대한 지식 ㅇ 실내식물 교체시기에 대한 지식 ㅇ 입면녹화시설에 대한 지식 ㅇ 입면녹화시설에 대한 급배수 지식
	【기 술】 ㅇ 실내식물 생육개선 기술 ㅇ 실내식물 관수 및 배수관리 기술 ㅇ 실내식물 교체 기술
	【태 도】 ㅇ 끈기 있게 업무를 처리하고 확인하려는 태도 ㅇ 합리적으로 분석하고 처리하는 태도 ㅇ 신중하고 조심스럽게 작업하는 태도 ㅇ 정확하고 세심한 업무 처리 태도

10. 운영관리

능력단위 명칭	운영관리
능력단위 정의	운영관리란 연간운영 관리계획 수립, 조직관리, 재산관리, 외주관리, 민원관리를 수행하는 능력이다.

능력단위요소	수행준거
1405010311_17v2.1 연간운영 관리계획 수립하기	1.1 연간운영 관리계획 수립을 위해, 연간 운영에 필요한 사항을 나열할 수 있다. 1.2 연간 운영 관리계획의 순서를 정할 수 있다. 1.3 기 운영사항을 분석하여 연간운영 관리계획을 수립 · 점검할 수 있다. 1.4 연간운영 관리계획을 위한 실행 예산을 편성할 수 있다.
	【지 식】 ㅇ 예산, 재무제도, 조직, 재산 등의 관리방법에 대한 지식 ㅇ 이용객 요구사항에 대한 지식 ㅇ 운영관리계획 수립방법에 대한 지식 ㅇ 이용자 숫자 계측(연간, 계절별, 월별, 요일별, 시간별)에 대한 지식 ㅇ 이용 행태와 동태를 분석, 계측에 대한 지식
	【기 술】 ㅇ 효율적인 설문조사 방식 및 결과 처리 기술 ㅇ 운영관리 내용의 도표화 및 그래프화 기술 ㅇ 조경공간의 이용실태를 정확하게 파악하는 기술 ㅇ 이용자의 내 · 외적 속성을 종합적으로 계측 분석하는 능력
	【태 도】 ㅇ 사물이나 현상을 분석하고 대처하려는 태도 ㅇ 정확하고 세심한 업무 처리 태도 ㅇ 침착하게 업무를 처리하려는 태도
1405010311_17v2.2 조직 관리하기	2.1 조직의 운영과 조직 구성원 관리를 위한 운영 · 인사규정을 정할 수 있다. 2.2 조직 운영 · 인사규정에 기반 하여 구성원 모집과 채용을 수행하고 구성원 개인별 업무능력을 파악할 수 있다. 2.3 조직 운영 인사규정에 따라 개인별 업무능력과 업무량에 따라 인원을 배치하고, 성과 관리를 수행 할 수 있다. 2.4 조직 운영 인사규정에 따라 신규 사업이나 기존사업의 진행상황에 따른 업무를 조정하고 관리할 수 있다. 2.5 조직 운영 인사규정에 따라 조직 구성원 역량 강화를 위한 교육훈련 계획을 수립하고 실행할 수 있다.
	【지 식】 ㅇ 조직 인사규정에 대한 지식 ㅇ 근로기준법에 대한 지식 ㅇ 인사관리, 조직 관리에 관한 지식 ㅇ 인력의 성향분석에 관한 정보 지식 ㅇ 인력 채용관련 지식
	【기 술】 ㅇ 인력 평가 기술

능력단위요소	수 행 준 거
	ㅇ 면접 기술 ㅇ 교육일정 수립기술
	【태 도】 ㅇ 신중하고 조심스럽게 작업하는 태도 ㅇ 정확하고 세심한 업무 처리 태도
1405010311_17v2.3 예산, 재정 관리하기	3.1 해당 조직의 자산 규모를 파악하고 이에 따른 자금 조달과 운용 계획을 수립할 수 있다. 3.2 해당 조직의 목표를 달성하는데 필요한 자금에 대한 실행, 통제, 조정 기능을 수행할 수 있다. 3.3 해당 조직의 재산과 물품 관리 규정을 기준에 따라 정할 수 있다. 3.4 해당 조직의 정해진 절차에 따라 재산과 물품을 파악할 수 있다. 3.5 해당 조직의 규정에 따라 재산과 물품 점검, 이상여부를 파악하고 보완할 수 있다. 3.6 해당 조직의 재산에 대해 정기적인 점검과 재물조사를 수행하고 보완할 수 있다.
	【지 식】 ㅇ 자본 조달의 방법, 지출 및 수입의 통제 등 재무관리에 필요한 지식 ㅇ 재산 및 물품 관리에 대한 지식 ㅇ 기자재 관리 매뉴얼에 대한 지식 ㅇ 창고 관리에 대한 지식 ㅇ 결산서, 재무상태표 등 관련 지식 ㅇ 세무회계 실무관련 지식 ㅇ 세무회계 관련 법률지식
	【기 술】 ㅇ 재료 보관 창고 관리 기술 ㅇ 장비 관리 기술 ㅇ 편성기준 관련 규정 작성 기술 ㅇ 예상 손익 산출 기술 ㅇ 회계 계정 · 세목 분류 기술 ㅇ 기획서 작성 기술 ㅇ 세무회계관련 법률 활용 기술
	【태 도】 ㅇ 섬세하게 관찰하여 확인하는 태도 ㅇ 신중하고 조심스럽게 작업하는 태도 ㅇ 적극적 의사소통 자세 ㅇ 목표 지향적 사고 ㅇ 예산 편성 우선순위에 대한 전략적 사고 ㅇ 주인의식과 책임감 있는 자세
1405010311_17v2.4 외주 관리하기	4.1 조경관리 작업의 외주관리 항목을 검토하고, 도급관리대장을 작성할 수 있다. 4.2 조경관리 작업의 양을 결정하여 단가 및 원자재 지급 여부 및 외주 납기 일정을 결정할 수 있다. 4.3 해당 조직의 외주관리 규정에 따라 작업 후 검토와 보완사항을 요청할 수 있다

능력단위요소	수 행 준 거
	4.4 해당 조직의 외주관리 규정에 따라 하자보수 발생 시, 외주 업체에 보완요청을 할 수 있다. 4.5 외주관리를 수행한 관련 자료를 정리하고 보관할 수 있다.
	【지 식】 ㅇ 외주관리 규정에 대한 지식 ㅇ 업무관리 방법에 대한 지식 ㅇ 분담계획 방법에 대한 지식 ㅇ 필요한 외주분야 및 업체 선정에 대한 지식
	【기 술】 ㅇ 외주 업체 담당자와 공동작업 협의와 관리능력 ㅇ 외주 분야 수량 산출 기술
	【태 도】 ㅇ 치밀하고 조심스럽게 작업하는 태도 ㅇ 정확하고 세심한 업무 처리 태도 ㅇ 사물이나 현상에 대한 본질적인 차원의 접근 태도
1405010311_17v2.5 민원 관리하기	5.1 조경관리 작업시 예상되는 민원을 추정하고 이에 대한 사전 조치를 수행할 수 있다. 5.2 발생한 민원을 분석하여 발생 원인을 파악할 수 있다. 5.3 발생한 민원 사례에 대한 저장, 공유, 대응 작업을 수행할 수 있다. 5.4 민원사례에 대한 분석을 통하여 시공자와 주민간의 갈등에 대응 할 수 있다.
	【지 식】 ㅇ 민원 사전조치에 관한 지식 ㅇ 민원 처리 지식 ㅇ 민원 발생 원인에 대한 지식
	【기 술】 ㅇ 공사현황 설명 기술 ㅇ 민원발생 방지대책 수립 기술
	【태 도】 ㅇ 상호호혜적인 태도 ㅇ 긍정적인 사고와 성실한 태도 ㅇ 절차와 규정을 준수하는 태도

11. 이용관리

능력단위 명칭	이용관리
능력단위 정의	이용관리란 이용관리 연간계획 수립, 이용자 실태파악, 이용 방법 지도, 이용프로그램 기획 · 개발, 이용프로그램 운영, 문화 이벤트행사 관리, 안전관리, 홍보 마케팅, 자원봉사 운영 · 관리, 이용편의 개선을 수행하는 능력이다.

능력단위요소	수행준거
1405010312_17v2.1 이용관리 연간계획 수립하기	1.1 이용관리 연간계획 수립에 필요한 목록을 작성할 수 있다. 1.2 이용관리 체크리스트에 따라 세부내용과 특성을 파악할 수 있다. 1.3 이용관리에 필요한 재원과 인력을 정리할 수 있다. 1.4 기 이용관리 운영사항을 분석하여 이용관리 연간계획을 수립 · 점검할 수 있다.
	【지 식】 ㅇ 이용관리 목록에 대한 지식 ㅇ 이용관리 방식과 특성에 대한 지식 ㅇ 이용관리에 소요되는 재원과 인력에 대한 지식
	【기 술】 ㅇ 이용관리운영 특성 분석 능력 ㅇ 이용관리 연간계획을 수립할 때 예측되는 문제를 해결할 수 있는 능력
	【태 도】 ㅇ 정확하고 세심한 업무 처리 태도 ㅇ 끈기 있게 업무를 처리하고 확인하려는 태도 ㅇ 합리적인 업무처리 태도
1405010312_17v2.2 이용자 실태 파악하기	2.1 이용관리 매뉴얼에 따라 이용자 실태분석을 위한 기준과 체크리스트를 작성할 수 있다. 2.2 이용관리 매뉴얼에 따라 이용자의 방문특성의 유형을 구분할 수 있다. 2.3 이용관리 매뉴얼에 따라 이용자 체류시간, 동반특성, 방문주기, 계절별 변화, 선호장소, 연령대 등에 대한 조사 내용 · 방법 · 시기를 결정할 수 있다. 2.4 이용관리 매뉴얼에 따라 이용자 실태파악을 위한 예산과 인력을 배정할 수 있다. 2.5 이용관리 매뉴얼에 따라 주기적으로 이용자 실태를 파악하고, 결과를 분석할 수 있다. 2.6 이용자 실태파악결과를 이해 당사자와 공유하고 이용관리에 반영할 수 있다.
	【지 식】 ㅇ 이용관리 매뉴얼 활용 지식 ㅇ 이용자 방문특성유형에 대한 지식 ㅇ 기술 통계학(빈도 분석, 교차 분석)에 대한 지식 ㅇ 이용자 실태분석요소에 대한 지식 ㅇ 이용자 실태파악결과에 대한 지식
	【기 술】 ㅇ 통계분석 프로그램 사용 기술 ㅇ 통계분석 결과의 이해 능력

능력단위요소	수 행 준 거
	【태 도】 ㅇ 복잡한 것을 각각의 관련성을 파악하고 핵심적인 사항을 분류하는 태도 ㅇ 침착하게 업무를 처리하려는 태도 ㅇ 정확하고 세심한 업무 처리 태도 ㅇ 합리적으로 분석하고 처리하는 태도
1405010312_17v2.3 이용 방법 지도하기	3.1 이용과 관련한 제도, 법규를 파악하고 이해할 수 있다. 3.2 이해 당사자의 안전하고 쾌적한 이용에 대한 규범을 설정할 수 있다. 3.3 이용 방법 지도를 위한 예산과 인력을 확보할 수 있다. 3.4 바람직한 이용으로 유도할 수 있도록 이용 방법의 계도를 정기적, 비정기적으로 실시할 수 있다.
	【지 식】 ㅇ 이용 관련 제도 법률에 대한 지식 ㅇ 이용 방법 지도 규범사례에 대한 지식
	【기 술】 ㅇ 제도, 법률해석 능력 ㅇ 이용지도 관리 능력
	【태 도】 ㅇ 법규를 준수하려는 태도 ㅇ 합리적인 업무처리 태도 ㅇ 안전과 관련된 규정을 준수하려는 태도
1405010312_17v2.4 이용프로그램 기획 · 개발하기	4.1 이용자실태 파악결과를 분석하여, 이용프로그램을 기획할 수 있다. 4.2 이용프로그램 유형 및 사례를 조사하고 정리할 수 있다. 4.3 이용프로그램의 목표, 대상자, 장소 등에 대해 구체화할 수 있다. 4.4 기존 자료와 조사결과를 토대로 이용프로그램을 개발하여, 시연할 수 있다. 4.5 시연에서 도출된 사항을 검토 반영하여 최종 이용프로그램을 개발할 수 있다.
	【지 식】 ㅇ 이용자 실태파악결과에 대한 지식 ㅇ 이용프로그램 유형 지식 ㅇ 이용프로그램 유사 사례에 대한 지식
	【기 술】 ㅇ 프로그램 개발 능력 ㅇ 긍정적인 자세로 의사소통 능력
	【태 도】 ㅇ 복잡한 것을 각각의 관련성을 파악하고 핵심적인 사항을 분류하는 태도 ㅇ 기존 지식을 응용하거나 새로운 지식을 만들어내는 태도 ㅇ 상대방을 배려하여 원만하게 의사소통하려는 태도
1405010312_17v2.5 이용프로그램 운영하기	5.1 이용프로그램 운영을 위한 준비물과 사전 조사를 실시할 수 있다. 5.2 이용프로그램 운영방식을 결정하고, 이용프로그램 이용자를 모집할 수 있다. 5.3 계절별, 대상자별, 장소별, 시간대별 특성을 고려한 이용프로그램을 효율적으로 운영할 수 있다.

능력단위요소	수 행 준 거
	5.4 이용자 대상으로 프로그램에 대한 평가 도구를 개발할 수 있다. 5.5 개발된 평가 도구를 활용하여, 이용프로그램을 평가할 수 있다. 5.6 이용프로그램 평가 결과를 종합하여, 이용프로그램을 개선할 수 있다.
	【지 식】 ㅇ 이용자 모집방법에 대한 지식 ㅇ 이용프로그램 특성에 대한 지식 ㅇ 이용프로그램 운영방식에 대한 지식 ㅇ 이용프로그램평가도구, 방법에 대한 지식
	【기 술】 ㅇ on/off-line 모집능력 ㅇ 평가도구 운영능력 ㅇ 대중과 소통능력
	【태 도】 ㅇ 원활하게 대인관계를 형성할 수 있는 태도 ㅇ 변화하는 상황에 맞게 생각 및 행동하는 태도 ㅇ 복잡한 것을 각각의 관련성을 파악하고 핵심적인 사항을 분류하는 태도
1405010312_17v2.6 문화 이벤트 행사 관리하기	6.1 문화 이벤트 행사 운영을 위한 이해관계자를 조사하고 참여시킬 방법을 찾을 수 있다. 6.2 행사 참가자의 특성, 행사 주제, 공간의 특성에 따라 문화 이벤트 행사를 기획할 수 있다. 6.3 성공적인 문화 이벤트 행사가 되도록 안전 계획을 수립하고 이해관계자 및 외주 업체를 관리 할 수 있다.
	【지 식】 ㅇ 문화 이벤트 행사 지식에 대한 지식 ㅇ 이벤트 주제에 대한 지식 ㅇ 행사관리에 대한 지식
	【기 술】 ㅇ 이벤트 행사 시행 관리 기술 ㅇ 이벤트 행사 안전관리 기술 ㅇ 성공적인 행사 주제 파악 기술
	【태 도】 ㅇ 안전과 관련된 규정을 준수하려는 태도 ㅇ 긍정적이고 능동적인 태도 ㅇ 상대방을 배려하여 원만하게 의사소통하려는 태도 ㅇ 법규를 준수하려는 태도
1405010312_17v2.7 안전 관리하기	7.1 안전관리계획을 수립하고, 정기 및 수시 교육을 실시할 수 있다. 7.2 관리대상지역을 현지답사 확인하여 위험요인을 도출할 수 있다. 7.3 안전관리에 도출된 위험요인을 보완할 수 있다. 7.4 안전 관리자를 지정하여 지역별, 일별, 월별, 주간별 등으로 구분하여 관리할 수 있다.

능력단위요소	수 행 준 거
	7.5 안전사고 발생시, 생명을 최우선하여 즉시 응급 조치 등 제반조치를 취할 수 있다. 7.6 안전사고 발생시, 보호자에게 즉시 연락하고 의혹이 없도록 처리할 수 있다. 7.7 안전사고 발생시, 목격자를 확보하고, 사고경위, 사고 현장을 보존 유지할 수 있다. 7.8 안전사고 발생시, 병원, 구호, 경찰 등 관리체계에 따른 비상연락을 취할 수 있다.
	【지 식】 ㅇ 안전관리에 대한 지식 ㅇ 위험요인 보완에 대한 지식 ㅇ 비상 연락체계에 대한 지식
	【기 술】 ㅇ 사고시 대처능력 ㅇ 응급 처치 기술
	【태 도】 ㅇ 안전과 관련된 규정을 준수하려는 태도 ㅇ 일관성 있게 업무를 처리하려는 태도 ㅇ 상대방을 배려하여 원만하게 의사소통하려는 태도 ㅇ 순발력 있게 말하거나 행동하는 태도
1405010312_17v2.8 홍보 · 마케팅하기	8.1 이용활성화를 위하여 홍보 · 마케팅 계획을 수립할 수 있다 8.2 이용프로그램, 문화이벤트 행사 홍보 · 마케팅을 위한 다양한 툴을 사용할 수 있다. 8.3 효율적인 이용관리를 위하여, 주민참여, 자원봉사 등을 홍보 · 유도할 수 있다. 8.4 이용실태, 이용자 만족도 등을 조사 · 분석하여, 홍보에 활용할 수 있다. 8.5 홍보, 마케팅에 관련된 다양한 기술 정보를 수집 · 활용할 수 있다.
	【지 식】 ㅇ 이용프로그램 홍보에 관한 지식 ㅇ 문화 이벤트 행사 홍보에 관한 지식 ㅇ On/off Line 홍보 · 마케팅에 관한 지식 ㅇ 이용자 만족도 조사 · 분석에 대한 지식
	【기 술】 ㅇ 이용프로그램 홍보 기술 ㅇ 주민참여, 자원봉사모집 홍보 기술 ㅇ 이용 만족도 조사 기술 ㅇ 문화이벤트 행사 홍보 기술
	【태 도】 ㅇ 사물이나 현상을 진정한 모습으로 포착하려는 태도 ㅇ 긍정적이고 능동적인 태도 ㅇ 정확하고 세심한 업무 처리 태도
1405010312_17v2.9 자원봉사 운영 · 관리하기	9.1 자원봉사 운영 · 관리 방법을 조사 · 분석하여 연간 운영 관리 계획을 수립 할 수 있다. 9.2 자원봉사 운영 · 관리계획에 따라 자원봉사를 모집하고 관리할 수 있다. 9.3 효율적인 자원봉사 활동이 되도록 자원봉사자 및 운영자의 만족도를 정기적으로 평가할 수 있다. 9.4 도출된 평가 결과를 종합하여 자원봉사 운영 관리 계획을 개선할 수 있다.

능력단위요소	수 행 준 거
	【지 식】 ㅇ 자원봉사에 관한 지식 ㅇ 자원봉사 운영관리에 관한 지식
	【기 술】 ㅇ 자원봉사 운영관리 기술 ㅇ 자원봉사 참여 유도 기술
	【태 도】 ㅇ 원활하게 대인관계를 형성할 수 있는 태도 ㅇ 상대방을 배려하여 원만하게 의사소통하려는 태도 ㅇ 섬세하게 관찰하여 확인하는 태도
1405010312_17v2.10 이용편의 개선하기	10.1 남여비율, 연령층, 이용자 그룹 등을 계절별, 요일별, 시간대별 이용시간 등으로 세분하여 이용자 만족도를 조사할 수 있다. 10.2 이용자들의 제안이나 이용자 만족도 조사에서 도출된 불편한 점을 개선할 수 있다. 10.3 이용자의 불편한 점과 개선점을 현장에서 전문가가 파악하도록 조치할 수 있다. 10.4 이용 편의의 대규모 개선이 요구되는 경우에는 그 해결책을 문서로 작성 제안하고, 즉시 또는 추후 시행할 수 있는 개선안을 마련할 수 있다.
	【지 식】 ㅇ 이용자 만족도 조사 방법에 대한 지식 ㅇ 설문조사 · 분석에 대한 지식 ㅇ 사회 통계학적(빈도분석, 교차분석)에 대한 지식 ㅇ 해결 방안에 대한 지식
	【기 술】 ㅇ 이용자 만족도 조사도구(설문지) 개발 기술 ㅇ 통계분석 프로그램 사용 기술 ㅇ 통계분석 결과의 이해 능력 ㅇ 불편 및 개선 유형 해결책 마련 기술
	【태 도】 ㅇ 끈기 있게 업무를 처리하고 확인하려는 태도 ㅇ 침착하게 업무를 처리하려는 태도 ㅇ 상대방을 배려하여 원만하게 의사소통하려는 태도

12. 일반 정지전정관리

능력단위 명칭	일반 정지전정관리
능력단위 정의	일반 정지전정관리란 연간 정지전정 관리계획을 수립하여 낙엽 · 상록 교목, 아교목, 관목류에 있어 가지 치기, 수관 다듬기를 수행하는 능력이다.

능력단위요소	수행준거
1405010313_17v2.1 연긴 정지전정 관리계획 수립하기	1.1 대상 지역 식물을 생태적 분류 방법에 의거하여 조사할 수 있다. 1.2 조사된 식물을 생태적 분류 방법에 의거하여 수종 및 규격별로 도서를 작성할 수 있다. 1.3 정지전정을 미관적, 실용적, 생리조절과 개화결실을 위해 수행되는 목적을 달성하기 위해 구체적으로 결정할 수 있다. 1.4 정지전정의 목적에 따라 대상지역의 주변 환경과 이용자, 수종별 생리, 생태적 습성 등을 고려하여 시기와 작업량, 방법, 연간 작업 횟수 등을 결정할 수 있다. 1.5 정지전정 목적에 따라 정지전정 대상과 시기를 월 단위로 연간정지전정 계획표를 작성할 수 있다. 1.6 정지전정 작업에 의해 발생한 부산물 처리 방법은 경제적 효율성 등을 고려하여 재활용 또는 폐기처리로 구분하여 결정할 수 있다. 1.7 대상 지역의 계절적 요인, 기상조건, 지역의 고유 특성에 따라 일상점검 계획표를 작성할 수 있다. 1.8 정지전정 목적에 따라 필요한 도구, 기구, 안전관련 물품 등을 준비할 수 있다. 1.9 공사원가계산서 산출 방식에 따라 합리적으로 소요 예산을 산출하여 확보할 수 있다.
	【지 식】 ㅇ 생태적 분류 방법에 대한 기본지식 ㅇ 대상 수목의 물량에 대한 지식 ㅇ 대상 수목의 도면을 작성하기 위한 기본 지식 ㅇ 주변 환경인 개인 사생활보호, 소음, 채광, 통풍 등에 대한 지식 ㅇ 수종별 특성인 계절적 생리변화, 생장속도, 맹아력, 상처 유합 능력 등에 대한 지식 ㅇ 정지전정 작업 도구, 장비, 기구, 관련재료에 대한 지식 ㅇ 사업성 검토, 예산 작성에 대한 지식
	【기 술】 ㅇ 대상 물량 조사 및 도면 작성 기술 ㅇ 이용자 성별, 연령별 등에 대한 분석 기술 ㅇ 정지전정 수행 작업 기술 ㅇ 정지전정 기구에 대한 사용법 및 점검, 고장 수리 기술 ㅇ 소요예산 산출 능력 ㅇ 계획서 작성 능력
	【태 도】 ㅇ 현장여건과 주변 환경을 중시하여 수행하는 태도 ㅇ 공정하고 합리적인 작업과 업무를 처리하는 태도 ㅇ 치밀하게 계획을 수립할 수 있는 적극적인 태도

능력단위요소	수 행 준 거
1405010313_17v2.2 굵은 가지 치기	2.1 정지전정 목적에 따라 대상 수목에 있어 잘라주어야 할 굵은 가지를 선정할 수 있다. 2.2 수목의 생리적 특성 등을 고려하여 작업시기를 결정할 수 있다. 2.3 작업 대상 가지의 굵기, 위치, 주변 작업 요건 등을 고려하여 작업 방법 및 작업량을 결정할 수 있다. 2.4 작업 후 상처 크기와 유합조직 형성 등을 예찰하여 사후 관리 계획을 수립할 수 있다. 2.5 작업의 효율성과 안정성을 고려하여 대상 수목의 작업 우선순위를 결정할 수 있다. 2.6 작업 방법 및 작업 순서에 따라 필요한 장비와 기구, 인력 투입 계획을 세울 수 있다. 2.7 작업 중 발생하는 잔재물 처리 계획을 세울 수 있다.
	【지 식】 ㅇ 수목의 생리적 특성에 대한 지식 ㅇ 지피융기선에 대한 지식 ㅇ 상처 부위를 보호하기 위한 방부제의 사용, 부후균, 병해충 침입, 방제에 대한 지식
	【기 술】 ㅇ 엔진톱 작동 방법 등 사용 기구에 대한 기술 ㅇ 로프 엮는 기술 ㅇ 등목 기술 ㅇ 로프를 나무에 매는 기술 ㅇ 자른 나뭇가지를 내리는 기술 ㅇ 자른 나뭇가지를 원하는 방향으로 낙하시키는 기술
	【태 도】 ㅇ 작업안전 준수 ㅇ 정확하고 세심한 업무 처리 태도 ㅇ 감독자의 지시사항을 이행하고 준수하는 태도
1405010313_17v2.3 가지 길이 줄이기	3.1 수목의 생장 속도나 수형의 균형을 잡아주기 위하여 필요 이상으로 길게 자라난 가지를 선정할 수 있다. 3.2 수목의 생리적 특성과 개화 시기 등을 고려하여 작업시기를 결정할 수 있다. 3.3 작업 후의 고른 생육을 위하여 눈의 위치와 방향을 파악한 후 정지전정 부위를 결정할 수 있다. 3.4 겨울의 적설량과 여름의 강우량, 강풍 등에 대비하여 가지가 부러지거나 휘지 않도록 작업량을 적당히 조절할 수 있다.
	【지 식】 ㅇ 도장지의 개념에 대한 지식 ㅇ 수목별 가지의 세력에 따른 작업량 파악에 대한 지식 ㅇ 수목의 생리적 특성과 꽃눈의 형성 시기, 개화시기에 대한 지식 ㅇ 눈의 위치 및 방향에 따라 새로 생겨날 신초가 자라나는 방향에 대한 지식
	【기 술】 ㅇ 작업 대상 가지의 굵기에 따른 정지전정 작업 도구 선정 기술 ㅇ 가지를 한 번에 자르는 기술

능력단위요소	수 행 준 거
	【태 도】 ○ 침착하게 업무를 처리하려는 태도 ○ 정확하고 세심한 업무 처리 태도 ○ 섬세하게 관찰하여 확인하는 태도
1405010313_17v2.4 가지 솎기	4.1 수형 향상, 채광, 통풍 또는 병해충 예방 등의 목적에 따라 밀생가지가 있는 대상 수목 및 대상 가지를 선정할 수 있다. 4.2 수목의 생리 및 작업 효율성을 고려하여 작업 시기 및 작업 횟수, 작업량을 결정할 수 있다. 4.3 수관 내부가 환하게 되도록 골고루 가지를 솎아줄 수 있다. 4.4 수종별 고유 형태가 형성될 수 있도록 수관 외부의 끝선을 고르게 정리할 수 있다. 4.5 가지의 위치에 따라 효율적으로 작업하기 위하여 고지가위 등 작업 목적에 적합한 작업 장비, 도구, 기구를 선정할 수 있다.
	【지 식】 ○ 수목의 정상적인 생육 환경에 대한 지식 ○ 수목의 생리 및 고유 형태에 대한 지식 ○ 가지 솎기가 식물에 주는 순기능에 대한 지식
	【기 술】 ○ 정지전정기구 사용 기술 ○ 가지를 골고루 솎는 기술 ○ 외관의 끝선을 아름답게 고르는 기술
	【태 도】 ○ 정확하고 세심한 업무 처리 태도 ○ 예술적 감각
1405010313_17v2.5 생울타리 다듬기	5.1 생울타리의 용도에 따라 생울타리의 형상과 높이, 폭을 결정할 수 있다. 5.2 결정된 형상과 높이, 폭에 따라 각각의 수종별 생장속도, 맹아력, 화기 등을 파악하고 작업 횟수와 작업시기를 결정할 수 있다. 5.3 작업 횟수와 작업시기에 따라 작업량을 결정할 수 있다. 5.4 생울타리의 높이와 폭을 일정하게 하기 위하여 지주를 세우고 수평 줄을 칠 수 있다. 5.5 생울타리의 높이에 따라 윗면과 옆면의 작업 순서를 결정할 수 있다. 5.6 생장 속도를 고려하여 아래쪽은 약하게, 위쪽은 강하게 사다리모양으로 정지전정하되 고사된 가지, 병든 가지 등을 제거하고, 밀생된 가지는 솎아준 다음 지난해 자란 전정면을 고려하여 정지전정 작업을 할 수 있다.
	【지 식】 ○ 생울타리의 용도에 대한 지식 ○ 생울타리용 식물의 생장속도와 맹아력에 대한 지식
	【기 술】 ○ 수관 외관을 아름답게 다듬는 기술 ○ 수관 높이를 일정하게 다듬는 기술 ○ 수관 폭을 일정하게 다듬는 기술

능력단위요소	수 행 준 거
	【태 도】 ㅇ 정확하고 세심한 업무 처리 태도 ㅇ 맡은 일을 정해진 시간에 끝낼 수 있도록 사전에 준비하는 태도 ㅇ 예술적 감각
1405010313_17v2.6 가로수 가지 치기	6.1 식재된 가로수의 특수 기능과 역할에 따라 가로수의 수관 형상을 결정할 수 있다. 6.2 주변 경관과의 조화, 수목의 생리적 특성 등을 고려하여 가로수의 수관폭 및 수관높이, 지하고 등을 결정하여 작업량을 산정할 수 있다. 6.3 작업 대상지역 차도의 차량 통행량과 인도의 보행자 통행량, 대상 지역의 행사 등을 조사, 분석 후 그에 따라 교통처리계획과 작업시기를 결정할 수 있다. 6.4 현장 내 작업안전수칙에 따라 현장소장이 작업자를 대상으로 작업자 및 통행차량, 통행인 등에 대한 안전사고 예방을 위한 안전교육을 실시할 수 있다. 6.5 교통처리계획과 작업시기가 결정되면 유관기관에 통보하고 긴밀한 협조관계를 형성할 수 있다. 6.6 현장에 작업에 따른 통행차량과 통행인 안전 도모를 위한 조치를 취하여, 차량사고나 통행 불편 등 작업으로 인한 피해를 예방하고 또한 최소화할 수 있다. 6.7 차량과 통행인에게 불편함이 없도록 작업 후의 잔재물 반출 등 청소를 깨끗이 할 수 있다.
	【지 식】 ㅇ 가로수의 순기능과 역기능에 대한 지식 ㅇ 수목 고유의 성상에 대한 지식 ㅇ 수관폭, 수관높이, 지하고 등에 대한 지식 ㅇ 교통표지판, 차량의 높이에 대한 지식
	【기 술】 ㅇ 엔진톱 등 작업 전문기구를 능숙하게 사용하는 기술 ㅇ 잔재물을 안전하게 낙하시키는 기술 ㅇ 수관을 아름답게 정지전정하는 기술 ㅇ 주변과 조화되도록 정지전정하는 기술
	【태 도】 ㅇ 안전과 관련된 규정을 준수하려는 태도 ㅇ 상대방을 배려하여 원만하게 의사소통하려는 태도 ㅇ 감독관의 지시사항을 이행하고 준수하는 태도 ㅇ 주변 환경인 가로등, 전기줄, 통신케이블, 환기구 등을 사전에 인지하는 태도
1405010313_17v2.7 상록교목 수관 다듬기	7.1 정지전정할 나무 수관의 형태를 보고 수목의 생리적 특성에 따라 만들고자 하는 수형을 결정하고, 기존에 수형이 형성되어 있으면 그 형성된 형태를 기준으로 수관을 다듬을 수 있다. 7.2 수형을 다듬기 전에 수목의 생리적 특성에 따라 작업시기와 작업 횟수, 작업량을 결정할 수 있다. 7.3 작업의 효율성을 높이기 위하여 작업 우선순위를 결정할 수 있다. 7.4 작업 우선순위에 따라 죽은 가지와 마른 잎, 웃자란 가지, 밀생된 가지, 병든 가지, 허약한 가지를 우선 제거할 수 있다. 7.5 내부는 굵은 가지를 몇 개만 남기고 잔가지는 충분히 솎아내어 통풍과 채광이 잘되도록 하여 나무가 건강하게 잘 자라도록 할 수 있다.

능력단위요소	수 행 준 거
	7.6 겨울철 폭설에 나뭇가지가 부러지지 않도록 충분히 솎아낼 수 있다. 7.7 수종별 고유 형태가 형성될 수 있도록 수관 외부의 끝선을 고르게 정리할 수 있다.
	【지 식】 ㅇ 수종별 고유 형태에 대한 지식 ㅇ 수종별 생리적 특성에 따라 형성할 수 있는 수형에 대한 지식 ㅇ 수종별 맹아력에 대한 지식 ㅇ 수종별 내한성에 대한 지식
	【기 술】 ㅇ 정지전정기구 사용 기술 ㅇ 가지를 골고루 솎는 기술 ㅇ 외관의 끝선을 아름답게 솎는 기술
	【태 도】 ㅇ 정확하고 세심한 업무 처리 태도 ㅇ 안전과 관련된 규정을 준수하려는 태도 ㅇ 예술적 감각을 통해 연출할 수 있는 능력을 배양하는 태도 ㅇ 감독관의 지시사항을 이행하고 준수하는 태도
1405010313_17v2.8 화목류 정지전정하기	8.1 정지전정을 통하여 수목의 전체 크기를 줄이고 다듬어 아름다운 수형을 형성하고, 분지를 많이 발생시켜 개화수량을 늘릴 수 있다. 8.2 수목의 크기를 줄이거나 다듬는 양에 따라 정지전정 횟수와 작업량을 결정할 수 있다. 8.3 수목별 개화습성을 고려하여 결정할 수 있다. 8.4 정지전정 후 정지전정 잔재물을 깨끗이 털어내고 청소하여 병해충 발생을 미연에 방지할 수 있다.
	【지 식】 ㅇ 수목별 꽃눈 형성기에 대한 지식 ㅇ 꽃눈 형성에 미치는 요인에 대한 지식
	【기 술】 ㅇ 정지전정면을 아름답게 형성하는 기술 ㅇ 정지전정면기 자동에 대한 기술 ㅇ 휘발유와 엔진오일 배합에 대한 기술
	【태 도】 ㅇ 안전과 관련된 규정을 준수하려는 태도 ㅇ 정확하고 세심한 업무 처리 태도 ㅇ 예술적 감각을 통해 연출할 수 있는 능력을 배양하는 태도 ㅇ 감독관의 지시사항을 이행하고 준수하는 태도
1405010313_17v2.9 소나무류 순 자르기	9.1 소나무 정지전정 시기를 생리적 특성 및 목적에 따라 결정하고 정지전정횟수와 정지전정방법을 결정할 수 있다. 9.2 정지전정의 유형에 따라 굵은 가지자르기, 가지 길이 줄이기, 가지 솎기, 깎아다듬기 등으로 구분하여 불필요한 가지를 제거하면서 전체적인 수형을 만들 수 있다.

능력단위요소	수 행 준 거
	9.3 적아와 적심을 통하여 가지의 수량과 신장을 조절할 수 있다. 9.4 운치가 있고 아름다운 수형을 만들기 위하여 가지를 유인하는 방법과 시기를 결정할 수 있다. 9.5 가지의 강약과 균형을 잡기 위한 신초 따기의 시기와 방법을 결정할 수 있다. 9.6 나무 수형을 안정성이 있게 하기 위하여 순 따기 시기와 방법을 결정할 수 있다.
	【지 식】 ㅇ 소나무의 생리, 생태적 특성에 대한 지식 ㅇ 적아와 적심에 대한 지식 ㅇ 가지를 유인하는 지식 ㅇ 신초 따기와 순 따기에 대한 지식
	【기 술】 ㅇ 나무의 형상이 전체적으로 안정된 균형을 형성하고 아름다운 수형을 만드는 기술 ㅇ 나무 전체 및 각 가지의 수세가 균등하도록 수세의 강약을 조절하는 기술 ㅇ 정지전정을 통하여 나무를 건강하게 키우는 기술
	【태 도】 ㅇ 예술적 감각을 통해 연출할 수 있는 능력을 배양하는 태도 ㅇ 정확하고 세심한 업무 처리 태도 ㅇ 섬세하게 관찰하여 확인하는 태도

13. 일반 정지전정관리

능력단위 명칭	전문 정지전정관리
능력단위 정의	전문 정지전정관리란 낙엽·상록 교목, 아교목, 관목류에 있어 수형 만들기, 대걸이, 철사 걸이, 형상수 만들기를 수행하는 능력이다.

능력단위요소	수 행 준 거
1405010314_17v2.1 수형 만들기	1.1 기존에 형성된 수목의 형상을 고려하여 목적하는 수형을 만들 수 있는 수목을 선택할 수 있다. 1.2 수목의 고유수형을 고려하여 수형을 잡는 방법을 결정할 수 있다. 1.3 불필요한 가지는 제거하고 남은 가지는 수목의 생리적 기능에 맞도록 수형을 조절할 수 있다. 1.4 수목의 생리적 특성을 고려하여 가지의 분포, 위치 등에 따라 수형 연출 방법을 결정할 수 있다. 1.5 정지전정 목적에 따라 필요한 장비와 도구를 준비할 수 있다.
	【지 식】 ㅇ 생태적 분류 방법에 대한 기본지식 ㅇ 대상 수목의 물량에 대한 지식 ㅇ 대상 수목을 도면 작성하기 위한 기본 지식 ㅇ 주변 환경과 사생활보호 차원, 소음, 채광, 통풍 등을 파악하는 지식 ㅇ 수종별 특성, 계절적 생리변화, 생장속도, 맹아력, 상처 유합 능력 등에 대한 지식

능력단위요소	수 행 준 거
	ㅇ 정지전정 작업에 수반되는 장비, 기구, 도구, 재료에 관한 지식
	【기 술】 ㅇ 대상 수목의 형태를 만들기 위한 사례 사진, 스케치 기술 ㅇ 정지전정에 부합하는 숙련된 작업 기술 ㅇ 정지전정 장비, 기구, 도구, 재료활용에 대한 사용법 및 점검, 고장 수리 기술 ㅇ 공간적, 심미적, 생태적에 입각, 수형을 연출 할 수 있는 기술
	【태 도】 ㅇ 현장 여건에 충실한 태도 ㅇ 작업 전 치밀하게 계획을 수립하는 태도 ㅇ 감독관의 지시사항과 발주자의 요구사항을 적극적으로 수용하는 태도
1405010314_17v2.2 대걸이 하기	2.1 수목의 생리적 특성에 따라 만들고자 하는 수형을 결정할 수 있다. 2.2 수목의 생리적 특성에 따라 고유수형의 선을 유지 할 수 있다. 2.3 불필요한 가지의 전정과 유인으로 수형을 교정할 수 있다. 2.4 수형 교정 목적에 따라 가지를 이동하여 수목 생장을 억제 할 수 있다. 2.5 수형 교정 목적에 따라 가지를 펼쳐주고 속가지의 환경을 개선하여 수목의 생장을 지원할 수 있다. 2.6 수형 교정 목적에 따라 연차적 계획을 세워 적정 수형을 유인할 수 있다. 2.7 수형 교정 도구를 사용하여 결정된 방법대로 가지를 유인할 수 있다.
	【지 식】 ㅇ 수목의 생리적 특성에 대한 지식 ㅇ 가지가 자라는 방향에 대한 지식 ㅇ 가지를 유인하거나 휘는 지식 ㅇ 유실수는 열매를 수확하기 위한 저해요인에 대한 지식
	【기 술】 ㅇ 생육을 조절하는 정지전정 기술 ㅇ 줄기나 가지를 유인하는 기술 ㅇ 줄기사이 대나무로 결박하는 기술 ㅇ 채광성, 통풍을 고려하는 기술
	【태 도】 ㅇ 기술능력 사전숙지 태도 ㅇ 전문가의 기술교육 전수태도 ㅇ 치밀하게 계획을 수립할 수 있는 적극성을 나타내는 태도
1405010314_17v2.3 철사걸이 하기	3.1 수목의 생리적 특성에 따라 만들고자 하는 수형을 결정할 수 있다. 3.2 수목의 특성과 위치 등에 적절한 철사의 종류와 굵기를 선택하여 철사걸이를 할 수 있다. 3.3 수형목적에 따라 가지와 줄기의 형태를 교정할 수 있다. 3.4 철사걸이 목적에 부합하는 생장 억제 기능을 수행할 수 있다. 3.5 철사걸이를 통한 환경개선을 수행하여 속가지와 어린속가지와 어린 눈(芽)의 발육을 조절할 수 있다. 3.6 수형목적에 따라 수형 교정도구를 사용하여 가지를 유인할 수 있다.

능력단위요소	수 행 준 거
	【지 식】 ㅇ 수목의 생리적 특성에 대한 지식 ㅇ 가지가 자라는 방향에 대한 지식 ㅇ 철사감기, 분재 기술 자료에 대한 지식
	【기 술】 ㅇ 생육을 조절하는 정지전정 기술 ㅇ 줄기나 가지를 유인하는 기술 ㅇ 줄기나 가지를 철사로 감는 기법 기술
	【태 도】 ㅇ 정확하고 세심하게 처리하는 태도 ㅇ 예술적 감각으로 연출하는 태도 ㅇ 기술능력 사전숙지 태도 ㅇ 전문가의 기술을 전수하는 태도
1405010314_17v2.4 형상수 만들기	4.1 형성된 수형에 따라 형상수를 만들 수 있는 수목을 선택할 수 있다. 4.2 수목의 생리적 특성에 따라 만들고자 하는 수형을 결정할 수 있다. 4.3 결정된 형상수의 형태에 따라 수형을 잡는 방법을 결정할 수 있다. 4.4 수목의 생리적 기능에 따라 불필요한 가지는 제거하고 남은 가지는 유인하거나 구부려 수형을 만들 수 있다. 4.5 수형목적에 따라 연차적으로 원하는 수형을 제작하는 방법을 수행할 수 있다. 4.6 수목의 형태에 따라 유인한 가지가 원위치로 돌아가거나 변형되지 않도록 필요한 조치를 수행할 수 있다. 4.7 수목의 형태에 따라 형상수 전정을 동일한 모양으로 유지할 수 있다.
	【지 식】 ㅇ 수목의 생리적 특성에 대한 지식 ㅇ 가지가 자라는 방향에 대한 지식 ㅇ 가지를 유인하거나 휘는 지식 ㅇ 수목의 기본 수형에 대한 지식 ㅇ 수목의 가지 교정에 대한 지식 ㅇ 수목의 생리, 생태적 특성에 대한 지식
	【기 술】 ㅇ 생육을 조절하는 정지전정 기술 ㅇ 줄기나 가지를 유인하는 기술 ㅇ 작업 대상 가지의 굵기에 따른 유인 도구 사용 기술 ㅇ 가지를 수형에 따라 내리고 구부리는 기술 ㅇ 유인을 위한 철사, 대나무, 노끈, 새총가지걸이 기술 ㅇ 통풍과 채광성 확보를 위한 수관 폭, 주지 사이를 조절하는 기술 ㅇ 사후 고유수형을 지속적으로 관리하는 기술
	【태 도】 ㅇ 섬세하게 관찰하여 확인하는 태도 ㅇ 정확하고 세심한 업무 처리 태도 ㅇ 예술적 감각으로 연출하는 태도

⑥ 조경사업관리 능력단위, 능력단위요소

1. 설계용역 착수단계 조경사업관리

능력단위 명칭	설계용역 착수단계 조경사업관리
능력단위 정의	설계용역 착수단계 조경사업관리란 설계단계 조경사업관리용역 착수신고서를 제출한 후 전단계 용역성과와 설계용역 착수신고서의 적정성을 검토하는 능력이다.

능 력 단 위 요 소	수 행 준 거
1405010401_17v2.1 설계단계 조경사업관리용역 착수신고하기	1.1 설계단계 조경사업관리용역 착수신고서를 작성할 수 있다. 1.2 업무수행지침에 따라 설계단계 조경사업관리를 위한 통합관리문서를 작성할 수 있다. 1.3 업무수행지침에 따라 설계단계 조경사업관리 절차서를 작성할 수 있다.
	【지 식】 ㅇ 조경사업관리 용역계약과 관련된 착수신고서에 대한 지식 ㅇ 조경사업관리 업무를 효율적으로 수행하기 위한 통합문서에 대한 지식 ㅇ 조경사업관리 절차서에 대한 지식
	【기 술】 ㅇ 계약과 관련된 건설사업관리비 산출내역서, 예정공정표, 배치계획서의 작성능력 ㅇ 프로젝트 진행을 통합 관리 가능하도록 하는 문서의 작성능력 ㅇ 조경사업관리 절차서를 구성하는 능력
	【태 도】 ㅇ 전체를 파악하려는 통합적 사고력 ㅇ 예리한 관찰력으로 사물을 직시할 수 있는 신중하고 현명한 태도 ㅇ 정확하고 세심한 업무 처리 태도
1405010401_17v2.2 조경설계용역 착수신고서 적정성 검토하기	2.1 조경설계용역 착수신고서를 제출받아 설계조직구성의 적정성을 검토할 수 있다. 2.2 조경설계용역 착수신고서를 제출받아 설계예정공정표의 적정성을 검토할 수 있다. 2.3 조경설계용역 착수신고서를 제출받아 설계과업수행계획서의 적정성을 검토할 수 있다.
	【지 식】 ㅇ 설계과정과 설계도서 작성에 대한 지식 ㅇ 설계예정공정표에 대한 지식 ㅇ 설계작업량과 작업 순서에 대한 지식
	【기 술】 ㅇ 설계과정에 따른 공정표 작성 능력 ㅇ 설계작업량 산출 능력 ㅇ 설계도서 작성 능력
	【태 도】 ㅇ 결과를 예측하는 통찰력 ㅇ 치밀한 계산 태도

능력단위요소	수 행 준 거
	ㅇ 여러 과업의 관계와 전체를 파악하려는 통합적 사고력
1405010401_17v2.3 전단계 용역성과의 적정성 검토하기	3.1 타당성조사 또는 기본 계획시 적용된 법규의 적정성을 검토할 수 있다. 3.2 전단계의 계획수립 및 현지조사 내용의 적정성을 검토할 수 있다. 3.3 실시설계 조경사업관리단계에서 기본설계 용역성과를 검토할 수 있다.
	【지 식】 ㅇ 관련 법규에 대한 지식 ㅇ 설계자 의도, 계획 개념, 설계도서에 대한 지식 ㅇ 설계공정 · 설계 조건, 시공도에 대한 지식 ㅇ 조경수목학, 조경시공구조학, 조경재료학, 조경적산학, 조경미학, 생태학등 기초지식
	【기 술】 ㅇ 용역관련 법규, 상위 계획과의 연계성 등의 판단 능력 ㅇ 설계도면과 설계의도의 합치성 판단 능력 ㅇ 기본설계도서, 실시설계도서의 비교검토능력
	【태 도】 ㅇ 전체를 파악하려는 통합적 사고력 ㅇ 예리한 관찰력으로 사물을 직시할 수 있는 신중하고 현명한 태도 ㅇ 정확하고 세심한 업무 처리 태도

2. 조경관련 법규정 적정성 검토

능력단위 명칭	조경관련 법규정 적정성 검토
능력단위 정의	조경관련 법규정 적정성 검토란 해당사업별 조경 계획, 설계, 시공, 사업관리단계의 법규, 기준이 적정하게 반영되었는지 검토하는 능력이다.

능력단위요소	수 행 준 거
1405010402_17v2.1 조경관련 법규정 검토하기	1.1 조경 계획 및 설계단계 법규정이 반영되었는지 검토할 수 있다. 1.2 조경 시공 및 사업관리단계 법규정이 반영되었는지 검토할 수 있다. 1.3 해당 조경사업과 관련된 기준이 반영되었는지 검토할 수 있다.
	【지 식】 ㅇ 해당 조경사업과 관련된 최근 법규에 대한 지식 ㅇ 해당 조경사업과 관련된 각종 기준에 대한 지식 ㅇ 해당 조경사업 지역의 조례에 대한 지식
	【기 술】 ㅇ 최근 제정 · 개정된 법규와 기준에 대한 정보 파악 능력 ㅇ 해당 조경사업별 조경공간에 맞는 법규정 검토 능력 ㅇ 발주자. 설계자, 시공자와의 법규정 정보 교류 능력
	【태 도】 ㅇ 객관적이고 공정한 판단을 할 수 있는 태도 ㅇ 검토 및 판단을 위한 분석력과 탐구력

능력단위요소	수 행 준 거
	ㅇ 관련 법규정을 준수하려는 태도
1405010402_17v2.2 발주자가 제시한 조건 검토하기	2.1 사업승인조건 및 인허가조건이 반영되었는지 검토할 수 있다. 2.2 과업지시서에서 제시한 조건이 반영되었는지 검토 할 수 있다. 2.3 입찰안내서에서 제시한 조건이 반영되었는지 검토 할 수 있다. 2.4 설계설명서에서 제시한 조건이 반영되었는지 검토 할 수 있다.
	【지 식】 ㅇ 사업승인조건, 인허가조건, 과업지시서, 입찰안내서, 설계설명서 내용 습득에 대한 지식 ㅇ 제시 조건의 단계별 적용시기 및 협의 내용에 대한 지식 ㅇ 계약문서 내용에 대한 전반적인 지식
	【기 술】 ㅇ 해당 조경사업 심의사항 및 지적사항 파악 능력 ㅇ 설계도서와 각종 조건에 대한 숙지 및 이해 능력 ㅇ 계약문서를 바탕으로 한 총괄적인 로드맵 구상 계획 능력
	【태 도】 ㅇ 정해진 시간까지 실수없이 계획된 일을 끝낼 수 있는 태도 ㅇ 철저한 검토 및 판단을 위한 분석력과 탐구력 ㅇ 객관적인 기준을 준수하려는 업무처리 태도

3. 조경설계도서 적정성 검토

능력단위 명칭	조경설계도서 적정성 검토
능력단위 정의	조경설계도서 적정성 검토 능력단위란 사용재료 및 건설공법 선정의 적정성을 검토한 후 시공가능성을 검토하는 능력이다.

능력단위요소	수 행 준 거
1405010403_17v2.1 설계도면 작성의 적정성 검토하기	1.1 용역계약 조건에 따라 설계도서를 검토할 수 있다. 1.2 설계도서에 따라 현장과의 적용여부를 검토할 수 있다. 1.3 설계도서 작성 기준에 의거 시방서, 구조계산서 물량내역서, 사업비 등을 검토할 수 있다.
	【지 식】 ㅇ 설계사업관리 검토목록(Check List)에 대한 지식 ㅇ 조경구조물별 구조계산서에 대한 지식 ㅇ 전산용 프로그램에 대한 지식
	【기 술】 ㅇ 설계사업관리 검토목록(Check List) 작성 능력 ㅇ 설계도서의 누락, 오류, 불명확한 부분하거나 부적정한 부분의 검토 능력 ㅇ 조경구조물별 구조계산 검토 능력 ㅇ 전산용 프로그램 운용 능력

능력단위요소	수 행 준 거
	【태 도】 ㅇ 검토 및 판단을 위한 분석력과 탐구력 ㅇ 정확하고 세심하게 계산하여 업무를 처리 태도 ㅇ 논리적으로 문제해결의 실마리를 찾아 낼 수 있는 태도
1405010403_17v2.2 시공 · 유지관리의 적정성 검토하기	2.1 설계도서를 검토한 결과에 따라 시공의 실제가능여부를 검토할 수 있다. 2.2 설계도서를 검토한 결과에 따라 시공관리 및 유지관리의 적정성을 검토할 수 있다. 2.3 시장조사에 따라 설계도서에 반영된 재료의 수급여부를 검토할 수 있다.
	【지 식】 ㅇ 설계도서 작성기준 및 전문시방서에 대한 지식 ㅇ 설계도서의 시공관리 및 유지관리에 대한 지식
	【기 술】 ㅇ 시공도면과 시방서 판독 능력 ㅇ 설계도서와 시공 현장 여건의 차이점 파악 능력 ㅇ 설계도서에 근거한 현장시공 과정 · 난이도 파악 능력
	【태 도】 ㅇ 합리적으로 분석하고 처리하는 태도 ㅇ 복잡한 것을 각각의 관련성을 파악하고 핵심적인 사항을 분류하는 태도 ㅇ 논리적으로 문제해결의 실마리를 찾아 낼 수 있는 태도

4. 조경설계 경제성 검토

능력단위 명칭	조경설계 경제성 검토
능력단위 정의	조경설계 경제성 검토란 최소의 생애주기비용으로 시설물의 필요한 기능을 확보하기 위하여 경제성 검토 수행목표 설정, 경제성 검토 분석, 경제성 분석을 실행하는 능력이다.

능력단위요소	수 행 준 거
1405010404_17v2.1 경제성 검토 수행목표 설정하기	1.1 실시설계의 경제성 검토 수행지침에 따라 V · E일정 수립, 추진조직 구성을 검토할 수 있다. 1.2 실시설계의 경제성 검토 수행지침에 따라 정보의 수집, 공사비 견적검증, 프로젝트 제한사항 확립에 관한 자료 수집을 할 수 있다. 1.3 실시설계의 경제성 검토 수행지침에 따라 발주청의 요구에 적합한 V · E대상 선정을 할 수 있다.
	【지 식】 ㅇ V · E 개념과 내용에 대한 지식 ㅇ V · E 관련 지침에 대한 지식
	【기 술】 ㅇ V · E 추진 일정 수립 능력 ㅇ V · E 추진조직 구성 및 V · E 교육 능력 ㅇ 프로젝트의 특성과 사용자 · 발주청 요구에 적합한 V · E대상 선정 능력

능력단위요소	수 행 준 거
	【태 도】 ㅇ 예리한 관찰력으로 결과를 예측할 수 있도록 신중하고 현명하게 생각하는 태도 ㅇ 검토 및 판단을 위한 분석력과 탐구력 ㅇ 논리적으로 문제해결의 실마리를 찾아 낼 수 있는 태도
1405010404_17v2.2 경제성 검토 분석하기	2.1 실시설계 경제성 검토 수행지침에 따라 준비단계 경제성 검토를 할 수 있다. 2.2 실시설계 경제성 검토 수행지침에 따라 분석단계 경제성 검토를 할 수 있다. 2.3 실시설계 경제성 검토 수행지침에 따라 실행단계 경제성 검토를 할 수 있다. 2.4 시설물의 구조형식, 생애주기비용을 고려한 자재, 설비의 결정을 할 수 있다.
	【지 식】 ㅇ 경제성검토 내용에 대한 지식 ㅇ 경제성검토의 단계적 접근에 대한 지식
	【기 술】 ㅇ 경제성검토 대상 탐색, 대안 제시, 평가 능력 ㅇ 선정된 대안들에 대한 구체화 조사 및 분석을 통한 제안서 작성 능력 ㅇ 작성된 제안서의 발표 능력
	【태 도】 ㅇ 결과를 예측하는 통찰력 ㅇ 검토 및 판단을 위한 분석력과 탐구력 ㅇ 논리적으로 문제해결의 실마리를 찾아 낼 수 있는 태도
1405010404_17v2.3 경제성 검토 실행하기	3.1 실시설계의 경제성 검토 수행지침에 따라 경제성(VE)개선안, 변경 안을 발주청에 제안, 심의, 승인할 수 있도록 제안절차를 수행 할 수 있다. 3.2 실시설계의 경제성 검토 수행지침에 따라 경제성(VE) 검토보고서 제출, 효과적인 이해를 위해 발주청과 협의, 보고회, 회의를 실시할 수 있다. 3.3 채택된 경제성(VE) 검토업무 실적보고서를 설계자에게 송부 설계에 반영토록 할 수 있다.
	【지 식】 ㅇ V · E제안서에 대한 지식 ㅇ V · E보고서에 대한 지식
	【기 술】 ㅇ V · E제안서 검토 능력 ㅇ V · E보고서 작성 능력
	【태 도】 ㅇ 예리한 관찰력으로 결과를 예측할 수 있도록 신중하고 현명하게 생각하는 태도 ㅇ 검토 및 판단을 위한 분석력과 탐구력 ㅇ 논리적으로 문제해결의 실마리를 찾아 낼 수 있는 태도

5. 조경설계 기성 · 공정 검토

능력단위 명칭	조경설계기성 · 공정관리
능력단위 정의	조경설계기성 · 공정관리란 기성검사원 및 기성내역서를 검토한 후, 기성검사 및 조경사업관리조사서 작성, 실제공정 대비 만회대책을 작성하는 능력이다.

능력단위요소	수 행 준 거
1405010405_17v2.1 기성 검사원 · 기성내역서 검토하기	1.1 건설공사 사업관리방식 검토기준 및 업무수행지침에 따라 기성검사원의 서식을 검토할 수 있다. 1.2 건설공사 사업관리방식 검토기준 및 업무수행지침에 따라 기성검사원의 내역서를 검토할 수 있다. 1.3 건설공사 사업관리방식 검토기준 및 업무수행지침에 따라 기성검사원의 첨부서류를 검토할 수 있다.
	【지 식】 ㅇ 기성검사에 대한 지식 ㅇ 기성검사 내역서에 대한 지식
	【기 술】 ㅇ 기성검사 내역서 판독 능력 ㅇ 기성검사 내역서와 설계용역계약시 내역서의 비교 능력
	【태 도】 ㅇ 검토 및 판단을 위한 분석력과 탐구력 ㅇ 정확하고 세심하게 계산하여 업무를 처리 태도 ㅇ 논리적으로 문제해결의 실마리를 찾아 낼 수 있는 태도
1405010405_17v2.2 기성검사 · 사업관리 조사서 작성하기	2.1 과업지시서에 따라 기성부분내역이 작성되었는지 확인할 수 있다. 2.2 과업지시서의 기준에 따라 기성부분 성과품의 규격과 수량을 확인할 수 있다. 2.3 건설공사 사업관리방식 검토기준 및 업무수행지침에 따라 기성검사 조서를 작성하여 보고할 수 있다.
	【지 식】 ㅇ 기성부분 내역서에 대한 지식 ㅇ 기성검사 조서에 대한 지식
	【기 술】 ㅇ 기성부분 내역의 과업지시서 준수 여부 확인 능력 ㅇ 기성부분 내역의 규격 · 수량 정확한 확인 능력 ㅇ 기성검사 조서 작성 능력
	【태 도】 ㅇ 검토 및 판단을 위한 분석력과 탐구력 ㅇ 정확하고 세심하게 계산하여 업무를 처리 태도 ㅇ 논리적으로 문제해결의 실마리를 찾아 낼 수 있는 태도
1405010405_17v2.3 실제공정확인 · 만회 대책 작성하기	3.1 설계예정공정표를 제출받아 과업지시서에 따라 적정성을 검토할 수 있다. 3.2 공정관리 계획서에 따라 공정 진척도를 관리할 수 있다. 3.3 부진공정 발생 시 설계예정공정표에 따라 부진사유 원인을 분석하고 검토할 수 있다.

능력단위요소	수 행 준 거
	3.4 공정지연 만회대책을 제출받아 예정공정표를 기준으로 변경공정 계획을 검토할 수 있다.
	【지 식】 ㅇ 설계예정공정표에 대한 지식 ㅇ 공정관리 계획서에 대한 지식
	【기 술】 ㅇ 설계예정공정표의 적정성 검토 능력 ㅇ 공정관리 계획서에 따른 공정진척도 관리 능력 ㅇ 부진 공정의 부진사유 원인 분석 및 검토 능력 ㅇ 변경공정 계획(지연 공정 만회) 검토, 수립 능력
	【태 도】 ㅇ 검토 및 판단을 위한 분석력과 탐구력 ㅇ 합리적으로 분석하고 처리하는 태도 ㅇ 논리적으로 문제해결의 실마리를 찾아 낼 수 있는 태도

6. 설계 최종 조경사업관리 보고서 작성

능력단위 명칭	설계 최종 조경사업관리 보고서 작성
능력단위 정의	설계 최종 조경사업관리 보고서 작성이란 사업 추진현황과 설계사업관리용역 현황을 작성 한 후 설계사업관리업무 현황 및 결과를 작성하여 최종 설계사업관리보고서를 작성하는 능력이다.

능력단위요소	수 행 준 거
1405010406_17v2.1 설계 추진현황 작성하기	1.1 설계용역 계약조건에 따라 설계개요를 작성할 수 있다. 1.2 설계용역 계약조건에 따라 설계추진 계획 및 실적을 작성할 수 있다. 1.3 건설공사 사업관리방식 검토기준 및 업무수행지침에 따라 부진공정 만회대책을 작성할 수 있다.
	【지 식】 ㅇ 보고서 작성 방법에 대한 지식 ㅇ 공정관리 계획 및 실적에 대한 지식 ㅇ 부진 공정 만회 대책 수립에 대한 지식
	【기 술】 ㅇ 조경사업관리 내용의 체계화 및 도표화 능력 ㅇ 공정관리 사항 및 추진현황의 구조화 능력 ㅇ 위기상황 대처 능력(부진공정 만회 대책 및 대안 수립)
	【태 도】 ㅇ 복잡한 요소들에 대해 각각의 관련성을 파악하고 핵심적인 사항을 분류하는 태도 ㅇ 자신이 의도하려는 것을 명확히 표현하려는 태도 ㅇ 현황 파악을 위한 정확한 예측력과 관찰력 ㅇ 기록의 내용 표현을 위한 합리성과 공정성

능력단위요소	수 행 준 거
1405010406_17v2.2 설계사업관리용역 현황 작성하기	2.1 설계용역 계약조건에 따라 설계사업관리용역의 계약 및 변경계약 현황을 작성할 수 있다. 2.2 예정공정표에 따라 설계단계별 설계사업관리업무 내용을 작성할 수 있다. 2.3 건설공사 사업관리방식 검토기준 및 업무수행지침에 따라 기성 및 준공현황을 작성할 수 있다.
	【지 식】 ○ 계약문서 내용에 대한 지식 ○ 설계단계별 건설사업관리업무 내용에 대한 지식 ○ 기성 및 준공에 대한 지식
	【기 술】 ○ 계약문서 내용 판독 능력 ○ 설계단계별 사업관리업무 내용 작성 능력 ○ 수행지침에 따른 기성 및 준공 현황 작성 능력
	【태 도】 ○ 복잡한 요소들에 대해 각각의 관련성을 파악하고 핵심적인 사항을 분류하는 태도 ○ 자신이 의도하려는 것을 명확히 표현하려는 태도 ○ 현황 파악을 위한 정확한 예측력과 관찰력 ○ 기록의 내용 표현을 위한 합리성과 공정성
1405010406_17v2.3 설계사업관리업무 추진현황 · 결과 작성하기	3.1 건설공사 사업관리방식 검토기준 및 업무수행지침에 따라 설계사업관리업무 수행 계획서를 작성할 수 있다. 3.2 건설공사 사업관리방식 검토기준 및 업무수행지침에 따라 이전 단계 용역성과의 적정성을 확인할 수 있다. 3.3 건설공사 사업관리방식 검토기준 및 업무수행지침에 따라 설계용역성과를 검토할 수 있다.
	【지 식】 ○ 관련 법규와 관련 내용에 대한 지식 ○ 이전 단계 용역성과 적적성에 대한 지식 ○ 설계의 경제성에 대한 지식
	【기 술】 ○ 설계사업관리업무 수행 계획서 작성 능력 ○ 이전 단계 용역성과 적정성 판단 능력 ○ 설계용역 성과 검토 능력 ○ 설계의 경제성 검토 능력
	【태 도】 ○ 복잡한 요소들에 대해 각각의 관련성을 파악하고 핵심적인 사항을 분류하는 태도 ○ 자신이 의도하려는 것을 명확히 표현하려는 태도 ○ 현황 파악을 위한 정확한 예측력과 관찰력 ○ 기록의 내용 표현을 위한 합리성과 공정성

능력단위요소	수 행 준 거
1405010406_17v2.4 설계 최종 사업관리 보고서 작성하기	4.1 건설공사 사업관리방식 검토기준 및 업무수행지침에 따라 과업의 개요를 작성할 수 있다. 4.2 건설공사 사업관리방식 검토기준 및 업무수행지침에 따라 이전 단계 용역성과의 적정성 확인결과를 취합 및 정리할 수 있다. 4.3 건설공사 사업관리방식 검토기준 및 업무수행지침에 따라 설계사업관리업무 내용을 취합 및 정리할 수 있다. 4.4 설계의 경제성 등 검토에 관한 시행지침에 따라 경제성 검토보고서를 취합 및 정리할 수 있다.
	【지 식】 ○ 보고서 작성방법에 대한 지식 ○ 주요 처리사항 기성 및 준공검사에 대한 지식 ○ 관련 법규의 관련 규정에 대한 지식 ○ 건설사업관리용역 계약 내용에 대한 지식 ○ 공사 단계별 건설사업관리용역 사항에 대한 지식 ○ 조경설계 경제성 검토보고서에 대한 지식
	【기 술】 ○ 과업 개요 작성 능력 ○ 이전 단계 성과 적정성 판단 능력 ○ 설계사업관리 업무 내용 정리 능력 ○ 조경설계 경제성 검토보고서 정리(작성) 능력
	【태 도】 ○ 복잡한 요소들에 대해 각각의 관련성을 파악하고 핵심적인 사항을 분류하는 태도 ○ 자신이 의도하려는 것을 명확히 표현하려는 태도 ○ 현황 파악을 위한 정확한 예측력과 관찰력 ○ 기록의 내용 표현을 위한 합리성과 공정성

7. 공사 착수단계 조경사업관리

능력단위 명칭	공사 착수 단계 조경사업관리
능력단위 정의	공사 착수 단계 조경사업관리란 착수서류와 설계도서를 검토하고 보고하는 능력이다.

능력단위요소	수 행 준 거
1405010407_17v2.1 건설사업관리용역 착수 신고서 제출하기	1.1 조경사업관리업무수행 계획서를 작성하여 보고할 수 있다. 1.2 조경사업관리대가 산출 계획서를 작성하여 보고할 수 있다. 1.3 건설사업관리 조직, 기간, 담당업무를 작성하여 보고할 수 있다.
	【지 식】 ○ 공사계약일반조건, 국가를 당사자로 하는 계약에 관한 법률 계약서에 대한 지식 ○ 건설공사 사업관리방식 검토기준 및 업무수행지침에 대한 지식 ○ 조경사업관리 대가 산출 계획서 작성에 대한 지식

능력단위요소	수 행 준 거
	【기 술】 ㅇ 행정업무 수행능력 ㅇ 착수 시 필요서류 검토능력 ㅇ 건설기술진흥법 등 법규 이해능력
	【태 도】 ㅇ 공평하고 올바른 태도 ㅇ 정확하고 세심한 업무 처리 태도 ㅇ 정해진 시간까지 실수 없이 계획된 일을 끝낼 수 있는 태도
1405010407_17v2.2 설계도서 검토 보고하기	2.1 설계도서 등 검토 업무기준에 의거 설계도서 검토보고서를 작성할 수 있다. 2.2 계약내용과 설계보고서 내용을 숙지하여 작성할 수 있다. 2.3 시공자에게 설계도서를 검토하도록 지시하고 결과를 확인할 수 있다. 2.4 현장조건과 설계도서간 부합여부를 검토할 수 있다.
	【지 식】 ㅇ KS(한국표준규격), 설계도면 해독지식 ㅇ 공사시방서 해독지식 ㅇ 산출내역서 해독지식
	【기 술】 ㅇ 설계도서의 검토능력 ㅇ 현장적용 검토능력 ㅇ 사용자재 적합한 검토능력
	【태 도】 ㅇ 객관적인 기준을 준수하려는 태도 ㅇ 조경사업관리 업무를 위한 행정사항을 준수하려는 태도
1405010407_17v2.3 품질 · 안전 · 환경관리 계획서 검토 보고하기	3.1 품질관리 계획서가 적합하게 작성되었는지 확인할 수 있다. 3.2 안전관리 계획서가 적합하게 작성되있는지 확인할 수 있다. 3.3 환경관리 계획서가 적합하게 작성되었는지 확인할 수 있다.
	【지 식】 ㅇ 품질관리관련법규에 대한 지식 ㅇ 산업안전관련법규에 대한 지식 ㅇ 환경관리관련법규에 대한 지식
	【기 술】 ㅇ 품질관리 계획서, 품질시험 계획서 검토기술 능력 ㅇ 안전관리 계획서 검토기술 능력 ㅇ 환경관리 계획서 검토기술능력
	【태 도】 ㅇ 품질관리 준수하려는 태도 ㅇ 안전사항 준수하려는 태도 ㅇ 환경관리 준수하려는 태도 ㅇ 품질관리 · 안전관리 · 환경관리 검토의 공정성을 기하여 실행하는 태도

능력단위요소	수 행 준 거
1405010407_17v2.4 도급사 · 하도급 착공신고서 검토하기	4.1 공신고서를 제출받아 업무수행지침 규정에 따라 검토 후 보고할 수 있다. 4.2 하도급 신고 서류에 대한 적정성여부를 검토 후 보고할 수 있다. 4.3 하도급계약 내용을 건설산업종합정보망을 이용하여 발주자에게 통보하였는지 지도 · 확인할 수 있다.
	【지 식】 ○ 건설산업기본법, 건설기술진흥법에 대한 지식 ○ 공사계약일반조건에 대한 지식 ○ 착공신고서에 대한 지식 ○ 하도급신고서 작성과 관련된 지식
	【기 술】 ○ 건설기술진흥법, 건설산업기본법 등 이해능력 ○ 착공신고서, 하도급신고서 검토능력
	【태 도】 ○ 객관적인 기준을 준수하려는 업무 처리 태도 ○ 정해진 기간내 실수 없이 계획된 일을 끝낼 수 있는 태도

8. 공사 시행단계 조경사업관리

능력단위 명칭	공사 시행 단계 조경사업관리
능력단위 정의	공사 시행 단계 조경사업관리란 일반 행정업무와 시공관리, 공정관리, 품질관리, 안선관리, 환경관리에 내하여 확인, 검토, 관리를 하는 능력이다.

능력단위요소	수 행 준 거
1405010408_17v2.1 일반행정 업무하기	1.1 건설사업관리보고서를 작성하여 발주자에게 보고할 수 있다. 1.2 조경사업관리업무수행상 필요한 문서는 건설공사 사업관리방식 검토기준 및 업무수행지침에 의거 작성하여 비치할 수 있다. 1.3 시공 중 발생하는 사항에 대하여 수시로 실정 보고할 수 있다. 1.4 관급자재 신청과 변경 서류를 작성하여 보고할 수 있다. 1.5 설계변경 업무흐름도에 따라 설계변경 서류를 작성, 검토, 보고할 수 있다.
	【지 식】 ○ 건설기술진흥법 , 주택법에 대한 지식 ○ 건설공사 사업관리방식 검토기준 및 업무수행지침에 대한 지식 ○ 공사계약일반조건, 건설기준코드[KCS 34 00 00] 조경공사표준시방서, 공사시방서에 대한 지식
	【기 술】 ○ 건설사업관리 보고서 작성능력 ○ 각종서류 작성 능력 ○ 기술검토서 작성 능력 ○ 관급자재 처리 이해 능력 ○ 건설사업관리업무 이해 능력

능력단위요소	수 행 준 거
	【태 도】 ㅇ 행정업무 처리시 공정성을 기하려는 태도 ㅇ 발주자와 시공자의 의견을 조율하려는 태도 ㅇ 정해진 기간내 완수하려는 태도
1405010408_17v2.2 품질관리하기	2.1 품질관리 계획서 및 품질시험 계획서에 따라 실시되는지 관리할 수 있다. 2.2 중점 품질관리대상으로 선정하고 관리방안을 수립하여 관리할 수 있다. 2.3 품질시험기준에 따른 실내시험, 현장시험, 의뢰시험을 구분하고 관리할 수 있다.
	【지 식】 ㅇ 산업표준화법의 한국산업규격품질관리에 대한 지식 ㅇ 품질관리관련법규에 대한 지식 ㅇ 건설기술진흥법에 대한 지식 ㅇ 공사계약일반조건, 건설기준코드[KCS 34 00 00] 조경공사 표준시방서, 공사시방서에 대한 지식
	【기 술】 ㅇ 품질시험 대상, 항목, 빈도 파악 능력 ㅇ 중점품질관리대상 선정과 관리 능력 ㅇ 현장관리시험에 입회하여 확인할 수 있는 능력 ㅇ 품질관리 실적을 관리할 수 있는 능력
	【태 도】 ㅇ 품질확보를 위하여 노력하려는 태도 ㅇ 품질관련 법규와 기준을 준수하려는 태도 ㅇ 재시공이 발생하지 않도록 사전에 관리하려는 태도
1405010408_17v2.3 시공관리하기	3.1 검측요청서를 제출받아 검측절차에 의거 검측업무를 수행할 수 있다. 3.2 시공사가 제출한 시공계획서와 시공상세도를 검토 후 승인할 수 있다. 3.3 작업일보를 제출받아 인력, 자재, 장비, 시공량등을 확인하고 관리할 수 있다. 3.4 시공에 필요한 자재에 대하여 승인조건에 적합한 제품인지 검토 후 승인할 수 있다. 3.5 공정진행사항을 체크하여 공사진척도 관리를 할 수 있다.
	【지 식】 ㅇ 조경식재공사, 시설물공사, 포장공사 등 시공과정과 검측업무에 대한 전반적 지식 ㅇ 건설기준코드[KCS 34 00 00] 조경공사 표준시방서, 공사시방서 내용에 대한 지식 ㅇ 공정관리 및 품질관리에 관한 전반적인 지식 ㅇ 소요자재에 대한 특성과 물성치에 대한 지식
	【기 술】 ㅇ 검측업무지침 작성 능력 ㅇ 검측절차에 따른 검측업무 수행 능력 ㅇ 검측할 세부공종과 시기 파악 능력 ㅇ 시공상세도면 해석과 검토 능력 ㅇ 소요자재의 시공기준, 품질기준 습득 능력

능력단위요소	수 행 준 거
	ㅇ 공정관리 기법 적용 능력 ㅇ 부진공정발생시 관리 능력
	【태 도】 ㅇ 체계적이고 객관성 있는 현장 확인 ㅇ 철저한 자재검수와 검측을 하려는 태도 ㅇ 검측작업의 표준화로 품질향상 도모하려는 태도 ㅇ 준공기한 내 공기를 완료하려는 의지
1405010408_17v2.4 안전 · 환경관리하기	4.1 시공 중 위험이 예상되는 구간에 대하여 안전조치를 지시 할 수 있다. 4.2 매분기별 안전관리 결과보고서를 제출받아 이를 검토하고 보고 할 수 있다. 4.3 사고발생 시 응급처리 규정에 의거 실시하고 발주자에 보고할 수 있다. 4.4 비산먼지 및 소음이 발생하지 않도록 관리 할 수 있다. 4.5 각종 폐기물 발생 시 건설폐기물 재활용 촉진에 관한 법에 따라 관리할 수 있다.
	【지 식】 ㅇ 근로기준법, 산업안전보건법, 산업재해보상보험법, 시설물안전관리에 관한 특별법, 건설 폐기물 재활용 촉진법에 대한 지식 ㅇ 안전관계법규에 대한 지식 ㅇ 환경관리법에 대한 지식 ㅇ 환경영향평가법에 대한 지식 ㅇ 환경관리 관련사항에 대한 지식 ㅇ 건설공사 사업관리방식 검토기준 및 업무수행지침에 대한 지식
	【기 술】 ㅇ 안전과 환경에 관계된 서류를 작성, 검토, 보고하는 능력 ㅇ 안전조치와 안전교육을 할 수 있는 능력 ㅇ 건설폐기물 처리계획 작성 능력 ㅇ 환경영향저감대책 검토 능력
	【태 도】 ㅇ 품질관리 준수에 대한 의지 ㅇ 안전관리 준수에 대한 의지 ㅇ 건설관련 법규 준수에 따른 객관성 확보 의지

9. 설계변경 · 계약금액 조정

능력단위 명칭	설계변경 · 계약금액 조정
능력단위 정의	설계변경 · 계약금액 조정이란 설계변경 사유에 대한 기술을 검토한 후 계약금액 조정된 것을 검토 · 보고하여 변경된 서류를 작성한 후 검토 · 보고하는 능력이다.

능력단위요소	수 행 준 거
1405010409_17v2.1 설계변경 사유에 대한 기술 검토하기	1.1 국가를 당사자로 하는 계약에 관한 법률에 의거 발주자의 설계변경 지시내용, 시공자의 설계변경 요구사항에 대한 설계변경 서류를 검토 및 확인할 수 있다. 1.2 경미한 설계변경일 경우에 따라 우선 시공지시 할 수 있다.(사후 발주자에 보고) 1.3 국가를 당사자로 하는 계약에 관한 법률에 의거 설계변경에 요구에 대한 타당성(설계변경사유 해당유무, 적합성)을 검토할 수 있다.

능력단위요소	수행준거
	【지 식】 ㅇ 국가를 당사자로 하는 계약에 관한 법에 대한 지식 ㅇ 설계변경사유 판단지식 ㅇ (원)설계도서 해독지식 ㅇ 관련법규 해독지식
	【기 술】 ㅇ (원)설계도서 검토능력 ㅇ 현장여건변화 판단능력 ㅇ 공법에 따른 검토능력 ㅇ 관련법규 검토능력
	【태 도】 ㅇ 설계변경 사유의 공정성 유지 ㅇ 복잡한 것을 각각의 관련성을 파악하고 핵심적인 사항을 분류하는 태도
1405010409_17v2.2 계약금액 조정 · 검토하기	2.1 설계변경이나 물가변동에 의해 계약금액의 조정이 필요할 경우에는 국가를 당사자로 하는 계약에 관한 법률 등 관련규정에 의거하여 계약금액을 조정할 수 있다. 2.2 설계변경 사안에 대하여 국가를 당사자로 하는 계약에 관한 법률 등 관련규정에 의거, 필요시 발주자의 지침을 받아 수행할 수 있다. 2.3 건설공사 사업관리방식 검토기준 및 업무수행지침 기준에 의거 기술검토는 반드시 현장을 확인하고 현지실정을 충분히 조사, 검토 분석할 수 있다.
	【지 식】 ㅇ 설계도서 · 적산에 대한 지식 ㅇ 계약서 내용파악에 대한 지식 ㅇ 계약금액 변경 계산 방법에 대한 지식
	【기 술】 ㅇ 공사비 적산능력 ㅇ 적정계약금액의 조정계산능력(기술) ㅇ 보고서 작성기술
	【태 도】 ㅇ (적산)조정 공정성 유지에 대한 의지 ㅇ 긍정적이고 능동적인 태도
1405010409_17v2.3 변경서류작성 검토 · 확인하기	3.1 변경사유 발생에 따라 변경양식에 의거 변경설계서를 검토 및 확인할 수 있다. 3.2 변경사유 발생에 따라 형식에 의거 변경도면을 검토 및 확인할 수 있다. 3.3 변경사유 발생에 따른 변경설계도서가 현장여건과 일치 여부 검토 및 확인할 수 있다.
	【지 식】 ㅇ 관련 법규 및 내용 지식 ㅇ 계약서 내용 지식 ㅇ 설계변경서류 작성, 회계예규 및 관련법규와 관련된 지식

능력단위요소	수 행 준 거
	【기 술】 ㅇ 설계변경서 작성기술 ㅇ 설계도면 작성기술 ㅇ 관련법규 적용기술 ㅇ 협의 및 조정능력
	【태 도】 ㅇ 행정사항 준수에 대한 의지 ㅇ 협의조정 공정성

10. 공정관리

능력단위 명칭	공정관리
능력단위 정의	공정관리이란 계획 공정대비 실제 공정을 확인한 후 부진사유 분석과 만회대책을 마련하는 능력이다.

능력단위요소	수 행 준 거
1405010410_17v2.1 계획 공정대비 실제공정 확인하기	1.1 공정관리기법이 공사의 규모, 특성에 적합한지 여부를 건설공사 사업관리방식 검토기준 및 업무수행지침에 따라 검토 및 확인할 수 있다. 1.2 계약서 · 시방서에 공사관리기법의 명시유무를 판단, 건설공사 사업관리방식 검토기준 및 업무수행지침에 따라 조치할 수 있다. 1.3 공정관리조직을 건설공사 사업관리방식 검토기준 및 업무수행지침에 따라 검토 및 확인할 수 있다.
	【지 식】 ㅇ 건설공사 사업관리방식 검토기순 및 업무수행지침에 대한 시식 ㅇ 공정 계획, 시공성, 일정 및 공종간의 간섭관계 조정, 해결방안 ㅇ 공정관리기법에 대한 지식
	【기 술】 ㅇ 공정 계획검토기술 ㅇ 공정판단능력 ㅇ 공정표의 작성 및 조정능력
	【태 도】 ㅇ 계획공정 준수 의지 ㅇ 공정조정 공정성 유지 의지 ㅇ 성실하고 긍정적인 업무 수행 태도
1405010410_17v2.2 자재 · 인력수급상태 확인하기	2.1 월간, 주간 상세공정표를 사전 제출받아 전체 공사시공계획서에 따라 검토 및 확인할 수 있다. 2.2 매주 또는 매월 정기적으로 공사진도를 확인하고 예정공정과 실시공정을 비교하여 공사의 부진여부를 검토할 수 있다. 2.3 주간 또는 월간 공사추진회의를 일정에 따라 실시하고 회의록을 유지할 수 있다.
	【지 식】 ㅇ 자재수급 계획서 해독지식

능력단위요소	수 행 준 거
	ㅇ 인력수급 계획서에 대한 지식 ㅇ 장비투입 계획서 해독지식
	【기 술】 ㅇ 자재수급상태 점검능력 ㅇ 인력수급상태 점검능력 ㅇ 장비투입 계획서 점점능력
	【태 도】 ㅇ 설계도서(계약서)약정사항 준수 의지 ㅇ 과업수행 점검의 공정성 유지 의지
1405010410_17v2.3 부진사유 분석 · 대책 마련하기	3.1 건설공사 사업관리방식 검토기준 및 업무수행지침에 의거 공사진도율이 계획공정 대비 월간 공정실적이 10퍼센트이상 누계 공정실적 5퍼센트이상 지연될 때 시공사에게 부진공정 만회대책 수립을 지시할 수 있다. 3.2 건설공사 사업관리방식 검토기준 및 업무수행지침에 의거, 시공자가 제출한 부진공정 만회대책에 대한 변경작업의 생산성, 작업장수의 확대, 돌관작업 (Crashing) 을 검토할 수 있다. 3.3 현장실정, 시공사의 사정으로 공사실적이 지속적으로 부진할 경우 건설공사 사업관리방식 검토기준 및 업무수행지침에 의거 부진사유가 명백할 때 수정공정 계획의 필요성을 검토할 수 있다.
	【지 식】 ㅇ 건설공사 사업관리방식 검토기준 및 업무수행지침, 공정표 해독지식 ㅇ 부진사유 분석지식, 대책마련지식
	【기 술】 ㅇ 공정판단능력 ㅇ 부진사유 판단능력 ㅇ 대책마련능력
	【태 도】 ㅇ 계획공정 준수 의지 ㅇ 부진사유 판단의 공정성 유지 의지

11. 기성관리

능력단위 명칭	기성관리
능력단위 정의	기성관리란 기성검사원, 기성내역서를 검토한 후 기성검사자 임명 및 수행과 기성검사, 조서를 작성하는 능력이다.

능력단위요소	수 행 준 거
1405010411_17v2.1 기성 검사원 · 기성 내역서 검토하기	1.1 기성검사원을 제출받아 기성검사원 서식에 준하여 작성되었는지를 확인할 수 있다. 1.2 기성검사가 설계도서 대로 시공되었는지 기성검사원 서류를 검토할 수 있다. 1.3 기성검사 내역서 첨부서류는 건설공사 사업관리방식 검토기준 및 업무수행지침에 의거 제출받아 검토 및 확인할 수 있다.

<table>
<tr><th>능력단위요소</th><th>수 행 준 거</th></tr>
<tr><td rowspan="3"></td><td>【지 식】
○ 기성 · 준공 검사 절차에 대한 지식
○ 불합격공사 등의 조치와 관련된 지식
○ 관련 법규의 관련 내용에 대한 지식
○ 계약 내용에 대한 지식
○ 설계도서 · 적산에 대한 지식
○ 정산설계도서 등의 검토 · 확인 지식
○ 계약과 준공과의 일치 여부 확인 지식</td></tr>
<tr><td>【기 술】
○ 품질 수준의 공정한 판단 능력
○ 기성부분 내역서 판단기술 능력
○ 현장과 준공도서의 일치 확인 능력
○ 공종별 준공검사 기준 적용 능력</td></tr>
<tr><td>【태 도】
○ 세부적인 사항까지 꼼꼼하게 검토하는 태도
○ 준공도면 등의 검토를 위한 치밀함과 정확성
○ 절차에 대한 공정성과 객관적인태도
○ 엄정하게 사물을 판단하는 태도</td></tr>
<tr><td rowspan="4">1405010411_17v2.2
기성 검사자 임명 · 수행
계획보고하기</td><td>2.1 건설공사 사업관리방식 검토기준 및 업무수행지침 규정에 의거 기성검사자를 임명하고 발주자에게 보고할 수 있다.
2.2 건설공사 사업관리방식 검토기준 및 업무수행지침 기성검사 절차에 따라 수행 계획을 작성할 수 있다.
2.3 건설공사 사업관리방식 검토기준 및 업무수행지침 기성검사 절차에 따라 수행 계획을 보고할 수 있다.</td></tr>
<tr><td>【지 식】
○ 검사기간 · 검사처리 절차에 대한 지식
○ 건설공사 사업관리방식 검토기준 및 업무수행지침에 대한 지식</td></tr>
<tr><td>【기 술】
○ 각종 서류 작성 능력
○ 건설공사 사업관리방식 검토기준 및 업무수행지침과 기성검사 절차의 일치여부 판단능력</td></tr>
<tr><td>【태 도】
○ 치밀함과 정확성 유지 의지
○ 절차에 대한 공정성과 객관적인 태도
○ 엄정하게 사물을 판단하는 태도</td></tr>
<tr><td>1405010411_17v2.3
기성검사 · 감리조사서
작성하기</td><td>3.1 기성검사는 검사처리절차에 따라서 기성검사를 수행할 수 있다.
3.2 기성부분내역이 설계도서대로 시공되었는지 여부를 건설공사 사업관리방식 검토기준 및 업무수행지침 기성검사 기준에 의거, 확인할 수 있다.
3.3 기성검사 절차에 의거, 품질관리 · 검사 성과 총괄표를 확인할 수 있다.
3.4 조경사업관리자의 기성검사원에 대한 사전검토의견서를 건설공사 사업관리방식 검토기준 및 업무수행지침 기성검사 기준 서식에 의거, 작성할 수 있다.</td></tr>
</table>

능력단위요소	수 행 준 거
	3.5 기성검사 후 기성검사 조서를 건설공사 사업관리방식 검토기준 및 업무수행지침 기성검사 조서 작성 기준에 의거 작성하여 보고할 수 있다.
	【지 식】 ○ 보고 서류의 양식에 따른 작성 방법에 대한 지식 ○ 설계도서 검토 · 관리에 대한 업무지식 ○ 공사관리 · 일정관리 · 설계변경관리 · 사업비관리 · 민원 등 건설공사 사업관리방식 검토기준 및 업무수행지침에 의한 사업관리 지식 ○ 관계법규의 관련 사항에 대한 절차와 관련된 지식
	【기 술】 ○ 건설사업관리 내용의 체계화 및 도표화 능력 ○ 공정관리 사항 · 추진 현황의 구조화 능력 ○ 품질관리 사항 · 추진 현황의 기술 능력 ○ 건설사업관리용역 계약의 변경 등 계약관리 수행 능력 ○ 행절차에 의한 업무지침 적용 능력 ○ 기성 산출을 위한 업무 처리 도표화 능력
	【태 도】 ○ 꼼꼼하게 기록을 유지하는 태도 ○ 고서 작성을 위해 정확히 분석하려는 태도 ○ 현황 파악을 위해 정확히 관찰하려는 태도 ○ 기록의 내용 표현을 위한 합리성과 공정성

12. 시설물 인수 · 인계 조경사업관리

능력단위 명칭	시설물 인수 · 인계 조경사업관리
능력단위 정의	시설물 인수 · 인계 조경사업관리란 시설물 및 운영지침과 유지관리 절차를 인수 · 인계한 후 하자보수 절차를 인수 · 인계하는 능력이다.

능력단위요소	수 행 준 거
1405010412_17v2.1 시설물 · 운영지침 인수 · 인계하기	1.1 시운전 계획에 따라 시운전 결과를 취합 작성할 수 있다. 1.2 시운전 계획에 따라 시운전 결과를 취합 작성할 수 있다. 1.3 인수인계 계획서에 따라 인수 · 인계서를 작성할 수 있다.
	【지 식】 ○ 시설물 사양관련 서류에 대한 지식 ○ 시설물 설계서 관련서류에 대한 지식 ○ 시설물 운용지침서 내용 관련 계약일반조건에 대한 지식
	【기 술】 ○ 시설물 인수 · 인계서 작성기술 ○ 시설물 운영지침 작성기술 ○ 행정서류 및 문서정리기술

능력단위요소	수 행 준 거
	【태 도】 ㅇ 행정사항을 준수하는 태도 ㅇ 정확하고 세심한 업무 처리 태도 ㅇ 자신이 의도하려는 것을 명확히 표현하려는 태도
1405010412_17v2.2 유지관리 절차 인수 · 인계하기	2.1 시방서에 따라 유지관리지침서 작성기준을 작성할 수 있다. 2.2 시방서에 따라 연간 유지관리 계획서를 작성할 수 있다. 2.3 발주자의 하자기술 검토요청에 따라 하자분석 검토의견서와 하자보수 결과보고서를 작성할 수 있다.
	【지 식】 ㅇ 시설물의 유지관리지침서에 대한 지식 ㅇ 계약일반조건 규정 절차에 대한 지식
	【기 술】 ㅇ 유지관리지침서 작성기술 ㅇ 행정서류 및 문서정리 기술 ㅇ 업무처리 능력
	【태 도】 ㅇ 행정사항을 준수하는 태도 ㅇ 정확하고 세심한 업무 처리 태도 ㅇ 자신이 의도하려는 것을 명확히 표현하려는 태도
1405010412_17v2.3 하자보수 절차 인수 · 인계하기	3.1 유지관리지침서에 의거 공종별 하자보수 책임업체 현황을 작성 · 인계할 수 있다. 3.2 유지관리지침서에 의거 하자의 종류별 하자보수방법을 작성 · 인계할 수 있다. 3.3 운영방식에 따라 하자의 원인별 하자책임소재를 구분하여 작성할 수 있다.
	【지 식】 ㅇ 건설산업기본법에 대한 지식 ㅇ 계약일반조건 법규상 규정절차에 대한 지식 ㅇ 하자의 종류와 규모에 대한 지식 ㅇ 하자의 원인 · 하자보수 방법 · 하자책임에 대한 지식
	【기 술】 ㅇ 하자보수 실행 능력 ㅇ 하자보수 판단 능력 ㅇ 관련 법규 규정 및 응용능력
	【태 도】 ㅇ 행정사항을 준수하는 태도 ㅇ 하자판단의 공정성 유지 의지 ㅇ 정확하고 세심한 업무 처리 태도 ㅇ 자신이 의도하려는 것을 명확히 표현하려는 태도

13. 준공검사

능력단위 명칭	준공검사
능력단위 정의	준공검사란 현장 시공 상태와 예비준공검사 지적사항 이행여부를 확인하고 준공도서를 검토하는 능력이다.

능력단위요소	수행준거
1405010413_17v2.1 현장시공상태 확인하기	1.1 준공검사원이 접수되면 업무지침서에 의한 검사절차를 수행할 수 있다. 1.2 준공 설계도서대로 시공되었는지 확인 할 수 있다. 1.3 사업승인조건이 이행되었는지 확인할 수 있다.
	【지 식】 ○ 준공검사원의 구성 및 서식에 대한 지식 ○ 준공 설계도서의 구성 및 서식에 대한 지식 ○ 사업승인조건의 종류와 내용에 대한 지식
	【기 술】 ○ 현장 시공완료 상태의 확인기술 ○ 준공검사원 및 준공 설계도서의 작성기술 ○ 사업승인조건의 종류와 내용파악에 대한 기술
	【태 도】 ○ 계약내용 준수 의지 ○ 시공상태 판단 공정성 유지 의지 ○ 서식과 법규에 대한 명확한 해석과 적용태도
1405010413_17v2.2 예비준공검사 지적사항 이행여부 확인하기	2.1 준공 정산설계도서가 실제 시공된 대로 작성되었는지 확인할 수 있다. 2.2 예비준공검사 시 지적사항에 대한 이행여부를 확인할 수 있다. 2.3 준공도서에 따른 지급자재 정산여부를 확인할 수 있다.
	【지 식】 ○ 업무수행지침에 의한 검사기간 · 검사처리 절차에 대한 지식 ○ 예비준공검사의 불합격 판정에 대한 조치사항관련 지식 ○ 준공도서에 따른 지급자재 정산방법에 대한 지식
	【기 술】 ○ 현장과 준공도서의 일치 확인 기술 ○ 준공검사 행정처리기준 적용능력 ○ 준공정산에 따른 지급자재 정산기술
	【태 도】 ○ 준공에 필요한 이행사항 준수 의지 ○ 판단의 공정성 유지 의지 ○ 정확한 준공정산을 위한 공정성 유지 의지
1405010413_17v2.3 준공도서 작성 검토 · 확인하기	3.1 준공서류가 발주자의 요구대로 작성되었는지 확인할 수 있다. 3.2 간접공사비 항목이 법령에 맞게 집행되었는지 확인할 수 있다. 3.3 준공도서가 공사계약에 지정된 항목대로 제출되었는지 확인할 수 있다.

능력단위요소	수 행 준 거
	【지 식】 ㅇ 설계도서 · 적산에 대한 사항에 대한 지식 ㅇ 정산 설계도서 작성기준에 대한 지식 ㅇ 준공설계도서의 구성요소에 대한 지식
	【기 술】 ㅇ 준공도면, 준공내역서 공사시방서 작성기술 ㅇ 준공도서가 공사계약에 따라 작성 및 제출되었는지 판독할 수 있는 능력 ㅇ 준공설계도서의 요소를 적정히 구성할 수 있는 기술
	【태 도】 ㅇ 준공도서작성의 공정성을 유지하려는 태도 ㅇ 준공에 필요한 행정사항을 준수하는 태도 ㅇ 정확한 준공도서검토에 필요한 치밀한 태도

14. 최종 조경사업관리 보고서 작성

능력단위 명칭	최종 조경사업관리 보고서 작성
능력단위 정의	조경사업관리 최종보고서 작성이란 조경공사 추진현황, 조경사업관리 추진현황을 정리하여 최종보고서를 작성하는 능력이다.

능력단위요소	수 행 준 거
1405010414_17v2.1 조경사업관리 개요 작성하기	1.1 최종보고서 작성지침에 의거 조경공사 개요, 조경사업관리용역 개요, 설계용역 개요를 작성할 수 있다. 1.2 최종보고서 작성지침에 의거 조경사업관리 용역 설계변경 현황, 조경사업관리기술자 투입 현황을 작성할 수 있다. 1.3 최종보고서 작성지침에 의거 공사추진실적 현황을 작성할 수 있다.
	【지 식】 ㅇ 조경사업관리, 건설공사 개요 공사추진실적에 대한 지식 ㅇ 관련법규에 대한 지식 ㅇ 공정관리에 대한 지식
	【기 술】 ㅇ 추진현황 기술능력 ㅇ 추진현황 도표화 능력 ㅇ 관련서류 처리능력
	【태 도】 ㅇ 행정사항을 준수하는 태도 ㅇ 정확하고 세심한 업무 처리 태도 ㅇ 자신이 의도하려는 것을 명확히 표현하려는 태도
1405010414_17v2.2 조경사업관리 업무실적 작성하기	2.1 최종보고서 작성지침에 의거 검측, 품질시험 · 검사실적을 종합하여 작성할 수 있다. 2.2 최종보고서 작성지침에 의거 주요자재 관리실적을 종합하여 작성할 수 있다.

능력단위요소	수 행 준 거
	2.3 최종보고서 작성지침에 의거 안전관리, 환경관리실적을 종합하여 작성할 수 있다. 2.4 최종보고서 작성지침에 의거 분야별 기술검토 실적을 종합하여 작성할 수 있다. 2.5 우수시공 및 실패시공 사례를 작성할 수 있다.
	【지 식】 ㅇ 건설사업관리 용역 계약내용에 대한 지식 ㅇ 공사 단계별 건설사업관리 사항에 대한 지식 ㅇ 건설사업관리 업무 수행절차에 대한 지식
	【기 술】 ㅇ 추진현황 기술능력 ㅇ 건설사업관리 내용 체계화 도표화능력 ㅇ 건설사업관리 업무 단계별 정리 능력 ㅇ 수행절차의 적용능력
	【태 도】 ㅇ 행정사항을 준수하는 태도 ㅇ 정확하고 세심한 업무 처리 태도 ㅇ 자신이 의도하려는 것을 명확히 표현하려는 태도
1405010414_17v2.3 조경사업관리 최종보고서 작성하기	3.1 조경공사, 조경사업관리 용역 수행한 결과를 종합적 분석으로 하여 조경사업관리 최종보고서를 작성할 수 있다. 3.2 발주청이 필요하다고 인정하는 계약이 정한 내용을 작성할 수 있다. 3.3 건설사업관리 최종보고서 서식 외 현장 기록사진, 별첨자료를 첨부할 수 있다.
	【지 식】 ㅇ 조경사업관리 종합적 분석 지식 ㅇ 종합보고서 외 공사계약 내용에 대한 지식 ㅇ 업무처리 절차에 대한 지식
	【기 술】 ㅇ 조경공사 추진에 대한 분석 능력 ㅇ 최종보고서 작성능력 ㅇ 건설사업관리 업무지침서 적용능력 ㅇ 계약관리 수행능력
	【태 도】 ㅇ 행정사항을 준수하는 태도 ㅇ 정확하고 세심하게 보고서를 작성하는 태도 ㅇ 조경공사 추진에 대해 종합적으로 분석하려는 태도

2. 녹색건축 인증제도

1) 개념

건축물을 보다 친환경적인 건축물로 유도하기 위해 시행하고 있는 제도가 친환경건축물 인증제도임

2) 외국 사례

① 미국의 LEED

㉮ 미국에서 운영 중인 LEED(Leadership in Energy and Environmental Design) 친환경건축물인증시스템은 미국의 비영리기관인 미국그린빌딩위원회의 주도로 개발된 건축빌딩이나 기존의 상업용, 공공시설용, 고층 주거용 빌딩의 친환경 등급을 매기는 자체 평가시스템임

㉯ 비영리기관인 LEED는 인증 프로그램을 제공하고 전국적으로 인정되는 친환경 고효율 건물의 디자인과 건설, 운영에 이르기까지 건물을 총체적으로 파악하여 등급을 부여하고 있음. LEED는 지속가능한 부지개발, 물 효율성, 에너지 효율성과 대기, 건축재료, 실내환경의 질 등 다섯 가지의 포괄적인 기준으로 평가하고 있음

② 영국의 BREEAM

㉮ 영국의 BREEAM(BRE Environmental Assessment Method)은 건축물의 지속가능성과 친환경성을 평가하는 시스템으로서, 1990년에 2개의 유형(주택과 사무용 건축물)으로 분류해 시작했는데 현재는 16개 유형으로 세분화되었음

㉯ 평가는 관리, 건강과 웰빙, 에너지, 교통, 물, 자재와 폐기물, 부지 이용과 생태, 오염에 대해 이루어짐

㉰ 각 분야의 실적을 토대로 평가한 후 합산하여 총점을 산출해 건축물의 인증등급을 pass, good, very good, excellent, outstanding으로 구분해 부여함

㉱ 영국의 BREEAM의 특징 중의 하나는 면허를 받은 평가자가 신청 건축물의 평가를 수행해 그 결과를 비정부기구인 BRE(Building Research Establishment)에 제출하여 인증을 받고 있다는 점임

③ 일본의 CASBEE

㉮ 일본의 CASBEE(Comprehensive Assessment System for Built Environment Efficiency)는 국토교통성의 주도로 개발되었는데, 건축물의 전 생애기간 동안 양질의 환경품질과 성능을 가지며 전체 환경부하도 작은 건축물을 실현하기 위한 건축물 종합 환경성능 평가시스템임

㉯ 즉 환경의 품질은 주로 건물 내부의 주거환경에 초점을 맞추고 있으며, 환경부하 경감은 에너지 소비 등에 대한 평가로 이루어짐. CASBEE의 평가도구는 설계단계에 따라 CASBEE-기획, CASBEE-신축, CASBEE-기존, CASBEE-개수의 네 종류임

㉰ CASBEE의 평가대상은 자원효율, 지역환경, 에너지효율, 실내환경의 네 분야인데, 이들 분야를 다시 건축물 환경부하와 환경의 품질 및 성능으로 재분류하여 각각의 항목별로 중분류 평가항목을 설정해 평가하고 있음

3) 국내 제도

① 개요

㉮ 우리나라에서는 친환경건축물 인증제도가 2002년 1월 1일부터 시행됨으로써 환경과 건축의 조화, 즉 지속가능한 건축을 실현할 수 있는 기반이 마련되었음

㉯ 2013년 녹색건축물 조성지원법이 시행되면서 친환경건축물 인증제와 주택성능등급 인증제가 통합되어 녹색건축 인증제도로 변경됨

㉰ 녹색건축 인증제의 영문명칭은 G-SEED(Green Standard for Energy and Environment Design)임

㉱ 녹색건축물 관련 정책방향은 향후 모든 건축물은 에너지 절약, 자원 절약 및 재활용, 자연환경의 보전, 쾌적한 실내환경 조성을 목적으로 설계, 시공, 운영 및 유지관리, 폐기까지의 라이프사이클에서 환경에 대한 피해가 최소화되도록 계획하는 것임

② 관련 법령

㉮ 녹색건축물 조성지원법

「저탄소 녹색성장 기본법」에 따른 녹색건축물의 조성에 필요한 사항을 정하고, 건축물 온실가스 배출량 감축과 녹색건축물의 확대를 통하여 저탄소 녹색성장 실현 및 국민의 복리 향상에 기여함을 목적으로 함

㉯ 녹색건축 인증에 관한 규칙

「녹색건축물 조성 지원법」에서 위임된 녹색건축 인증 대상 건축물의 종류, 인증기준 및 인증절차, 인증유효기간, 수수료, 인증기관 및 운영기관의 지정기준, 지정절차 및 업무범위 등에 관한 사항과 그 시행에 필요한 사항을 규정

㉰ 녹색건축물 인증기준 고시(국토교통부고시, 환경부고시)

「녹색건축물 조성 지원법」과 「녹색건축 인증에 관한 규칙」에서 위임한 사항 등을 규정

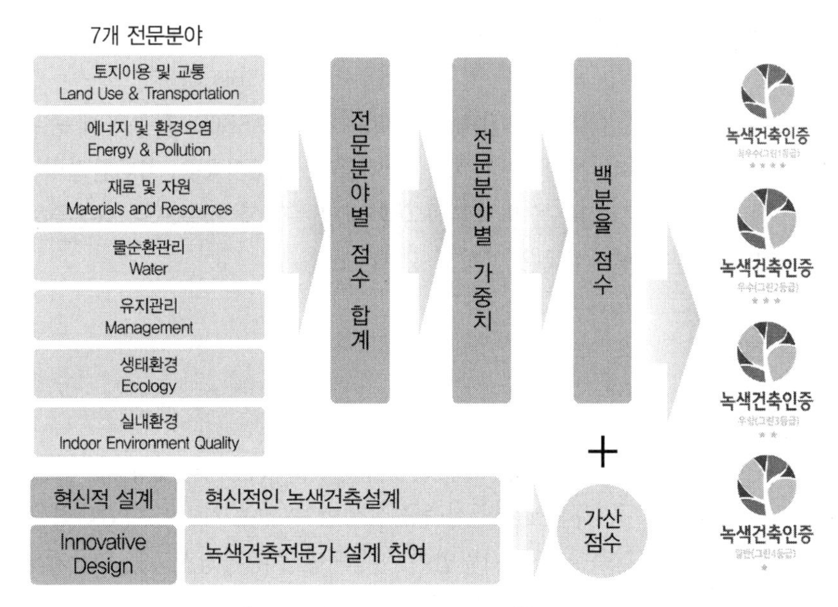

▮ 녹색건축 인증제도 개념도 ▮

③ 용도 구분

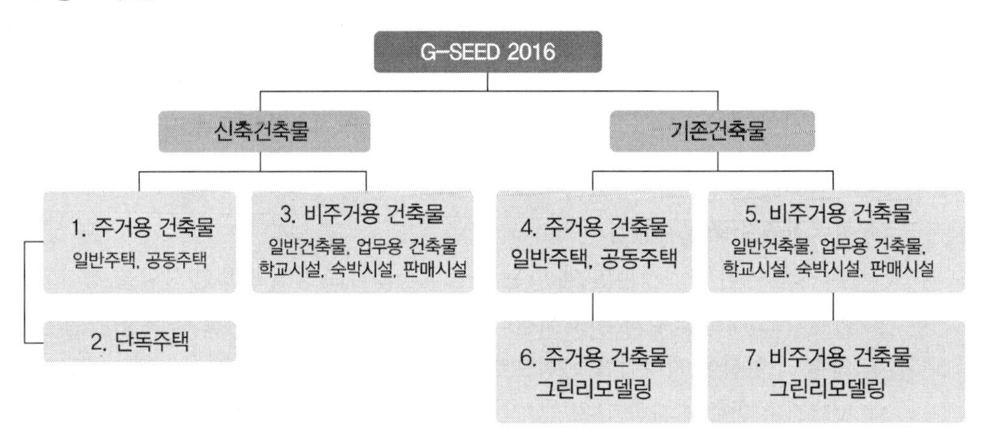

㉮ 용도별 건축물을 크게 신축과 기존, 주거용과 비주거용으로 구분

㉯ 복합용도의 경우 주거와 비주거 건축물로 적용 가능

④ 전문분야별 평가내용

녹색건축 인증의 전문분야별 평가내용

전문분야	평가내용
토지이용 및 교통	토지가 가지고 있는 생태학적인 기능을 최대한 고려하거나 복구하는 측면에서 외부환경과의 관련성을 고려하여 평가
에너지 및 환경오염	건축물 운영을 위해 소비되는 에너지에 대한 건축적 방안 및 시스템 측면에서의 대책 평가
재료 및 자원	건축물의 전과정단계에서 재료가 미치는 영향에 따라 환경오염 및 영향을 저감하는 저탄소자재, 자원순환 자재 등의 사용과 투입비용을 평가
물순환 관리	물절약 및 효율적인 물순환을 도모하는 것을 목적으로 빗물을 관리하고 이용하는 방법에 대해 평가
유지관리	적절한 유지관리체계를 통해 환경적 영향의 최소화와 최대화를 달성하는 건축적 방법에 대해 평가
생태환경	개발과정에서 생물종의 다양성에 직접적으로 미치는 영향을 최소화하여, 서식지 내 생물종을 다양하게 구성하는 측면에서 평가
실내환경	건강과 복지 측면에서 건축물 내 재실자와 이웃에게 미치는 위해성을 최소화하기 위한 부분을 검토하여 온열환경, 음환경, 빛환경, 공기환경을 평가
혁신적인 설계	건축물의 혁신적인 녹색건축 설계를 통해 독창적이고 창의적인 아이디어를 평가

⑤ 인증등급별 점수기준

녹색건축 인증등급별 점수기준

구분		최우수 (그린1등급)	우수 (그린2등급)	우량 (그린3등급)	일반 (그린4등급)
신축	주거용	74점 이상	66점 이상	58점 이상	50점 이상
	단독주택	74점 이상	66점 이상	58점 이상	50점 이상
	비주거용	80점 이상	70점 이상	60점 이상	50점 이상
기존	주거용	69점 이상	61점 이상	53점 이상	45점 이상
	비주거용	75점 이상	65점 이상	55점 이상	45점 이상
그린 리모델링	주거용	69점 이상	61점 이상	53점 이상	45점 이상
	비주거용	75점 이상	65점 이상	55점 이상	45점 이상

⑥ G-SEED 2016 신축 주거용 건축물 인증심사기준

녹색건축 신축 주거용 건축물 인증심사기준

전문분야	인증 항목	배점	구분
1. 토지이용 및 교통	1.1 기존대지의 생태학적 가치	2	평가항목
	1.2 과도한 지하개발 지양	3	〃
	1.3 토공사 절성토량 최소화	2	〃
	1.4 일조권 간섭방지 대책의 타당성	2	〃
	1.5 단지 내 보행자 전용도로 조성과 외부보행자 전용도로와의 연결	2	〃
	1.6 대중교통의 근접성	2	〃
	1.7 자전거주차장 및 자전거도로의 적합성	2	〃
	1.8 생활편의시설의 접근성	1	〃
2. 에너지 및 환경오염	2.1 에너지 성능	12	〃
	2.2 에너지 모니터링 및 관리지원 장치	2	〃
	2.3 신 · 재생에너지 이용	3	〃
	2.4 저탄소 에너지원 기술의 적용	1	〃
	2.5 오존층 보호를 위한 특정물질의 사용 금지	2	〃
3. 재료 및 자원	3.1 환경성선언 제품(EPD)의 사용	4	〃
	3.2 저탄소 자재의 사용	2	〃
	3.3 자원순환 자재의 사용	2	〃
	3.4 유해물질 저감 자재의 사용	2	〃
	3.5 녹색건축자재의 적용 비율	4	〃
	3.6 재활용가능자원의 보관시설 설치	1	〃
4. 물순환 관리	4.1 빗물관리	5	〃
	4.2 빗물 및 유출지하수 이용	4	〃
	4.3 절수형 기기 사용	3	〃
	4.4 물 사용량 모니터링	2	〃
5. 유지관리	5.1 건설현장의 환경관리 계획	2	〃
	5.2 운영 · 유지관리 문서 및 매뉴얼 제공	2	〃
	5.3 사용자 매뉴얼 제공	2	〃
	5.4 녹색건축인증 관련 정보제공	3	〃
6. 생태환경	6.1 연계된 녹지축 조성	2	〃
	6.2 자연지반 녹지율	4	〃
	6.3 생태면적률	10	〃
	6.4 비오톱 조성	4	〃

7. 실내환경	7.1 실내공기 오염물질 저방출 제품의 적용		6	〃
	7.2 자연 환기성능 확보		2	〃
	7.3 단위세대 환기성능 확보		2	〃
	7.4 자동온도조절장치 설치 수준		1	〃
	7.5 경량충격음 차단성능		2	〃
	7.6 중량충격음 차단성능		2	〃
	7.7 세대 간 경계벽의 차음성능		2	〃
	7.8 교통소음(도로, 철도)에 대한 실내 · 외 소음도		2	〃
	7.9 화장실 급배수 소음		2	〃
ID 혁신적인 설계	1. 토지이용 및 교통	대안적 교통 관련 시설의 설치	1	가산항목
	2. 에너지 및 환경오염	제로에너지건축물	3	〃
		외피 열교 방지	1	〃
	3. 재료 및 자원	건축물 전과정평가 수행	2	〃
		기존 건축물의 주요구조부 재사용	5	〃
	4. 물순환 관리	중수도 및 하 · 폐수처리수 재이용	1	〃
	5. 유지관리	녹색 건설현장 환경관리 수행	1	〃
	6. 생태환경	표토재활용 비율	1	〃
	녹색건축전문가	녹색건축전문가의 설계 참여	1	〃
	혁신적인 녹색건축 계획 및 설계	녹색건축 계획 · 설계 심의를 통해 평가	3	〃

친환경 건축물 인증 기준 2010		공동주택
평가부문	8	생태환경
평가범주	8.1	대지 내 녹지 공간 조성
평가기준	8.1.1	연계된 녹지축 조성

■ 세부 평가기준

평가목적	대지 외부 비오톱과의 연계여부 및 단지 내부의 연속된 녹지 공간 조성 여부를 평가한다.
평가방법	대지 내 조성된 녹지축의 길이와 대지 외곽 길이의 합과의 비율에 대한 가중치를 산정하여 평가된 점수 및 조성된 대지 내 녹지축이 대지 외부의 녹지와 연계되어 생태축으로서의 기능성 유무를 평가한 점수를 합산하여 평가
배점	2점(평가항목)

산출기준

1) 대지 내부의 연속된 녹지축 조성 (가중치) × (배점 1점)

구분	녹지축 조성률(L)	가중치	비고
1급	L≥ (1/4)*A	1.0	L : 조성된 녹지축 길이 A : 대지의 외곽 길이
2급	(1/4)*A 〉 L ≥ (1/6)*A	0.75	
3급	(1/6)*A 〉 L ≥ (1/8)*A	0.5	
4급	(1/8)*A 〉 L ≥ (1/10)*A	0.25	

2) 대지 외부 녹지와의 연계성 (가중치) × (배점 1점)

구분	단지 외부 녹지와의 연계성 정도	가중치
1급	대지 내 녹지축이 외부녹지축 또는 비오톱과 8m 이상의 폭으로 연결	1.0
2급	대지 내 녹지축이 외부녹지축 또는 비오톱과 4m 이상의 폭으로 연결	0.5

※ 녹지축의 인정범위
- 최소폭은 4m 이상이고 부분단절된 길이의 합이 3m 이내인 연결녹지(단, 단절된 최대길이가 1m 미만일 것)
- 다층식재 및 양질의 토양 생육환경(식생, 지형, 수자원 등)으로 조성되어 생물서식과 이동이 가능한 구조로 조성된 녹지공간

■ 평가 참고자료 및 제출서류

구분		내용
참고자료		- 지속 가능한 정주지 개발을 위한 정책 및 제도 연구(Ⅲ), 국토해양부, 2000 - 생태도시 조성기술 개발사업, 국립환경연구원, 1997
제출서류	예비인증	- 녹지축이 표현된 단지배치도 - 설계설명서(단지의 단변폭, 장변폭 및 녹지축의 길이 표시) - 녹지축 및 생태연결로 상세도면
	본인증	- 예비인증시와 동일

<table>
<tr><th colspan="2">친환경 건축물 인증 기준 2010</th><th>공동주택</th></tr>
<tr><td>평가부문</td><td colspan="2">8　생태환경</td></tr>
<tr><td>평가범주</td><td colspan="2">8.1　대지 내 녹지 공간 조성</td></tr>
<tr><td>평가기준</td><td colspan="2">8.1.2　자연지반녹지율</td></tr>
<tr><td colspan="3">■ 세부 평가기준</td></tr>
<tr><td>평가목적</td><td colspan="2">무분별한 지하공간 개발로 인한 생태적 기반 파괴를 지양하고 토양생태계 및 구조물의 안정성 확보에 필수적인 지하수 함양 공간을 확보토록 한다.</td></tr>
<tr><td>평가방법</td><td colspan="2">전체 대지 내에 분포하는 자연지반녹지(인공지반 및 건축물 상부의 녹지 제외)의 비율로 평가</td></tr>
<tr><td>배점</td><td colspan="2">2점(평가항목)</td></tr>
<tr><td>산출기준</td><td colspan="2">• 평점 = (가중치) × (배점)
자연지반녹지율(%) = 자연지반녹지면적 (㎡) / 전체 대지면적 (㎡) × 100 (%)

| 구분 | 자연지반 녹지율 | 가중치 |
1급	자연지반 녹지율 25% 이상	1.0
2급	자연지반 녹지율 20% 이상 ~ 25% 미만	0.75
3급	자연지반 녹지율 15% 이상 ~ 20% 미만	0.5
4급	자연지반 녹지율 10% 이상 ~ 15% 미만	0.25 | ※ 암반층을 제외한 지구 상층부의 토층(土層)으로 구성된 자연지반(원지반)에 자연 상태로 형성된 녹지 또는 조성된 녹지를 말한다. 좁게는 자연지반 위에 생태계의 작용으로 자생한 녹지를 말하나, 넓게는 자연지반 또는 자연지반과 연속성을 가지는 절성토 지반에 인공적으로 조성된 녹지를 포함한다.</td></tr>
<tr><td colspan="3">■ 평가 참고자료 및 제출서류</td></tr>
<tr><td>참고자료</td><td colspan="2">- 생태도시 조성 핵심 기술개발 연구, 건설교통부, 2000
- 생태기반지표의 도시계획 활용방안, 서울특별시, 2004
- 신도시 조성 등에 적용할 생태면적률 기준 도입 방안에 관한 연구, 2005
- 서울시 비오톱 현황조사 및 생태도시 조성지침 수립, 서울특별시, 2001.2</td></tr>
<tr><td rowspan="2">제출서류</td><td>예비인증</td><td>- 자연지반녹지 구적도(지하시설물 위치 포함)</td></tr>
<tr><td>본인증</td><td>- 예비인증 시와 동일</td></tr>
</table>

친환경 건축물 인증 기준 2010		공동주택
평가부문	8	생태환경
평가범주	8.2	외부공간 및 건물외피의 생태적 기능 확보
평가기준	8.2.1	생태면적률

■ 세부 평가기준

평가목적	생태적 기능(자연순환 기능)의 정량적 평가를 통한 토양 기능 개선, 미기후 조절 및 대기의 질 개선, 물순환 기능 개선, 동식물 서식처 기능 개선과 같은 대상지 환경의 질적 수준 개선 및 도시생태문제의 근원적 해결을 유도한다.
평가방법	생태적 가치를 달리하는 공간유형을 구분하고, 각 공간유형에 해당하는 가중치를 곱하여 구한 환산면적의 합과 전체 대지 면적의 비율로 평가
배점	10점 (필수항목: 최소평점 2.5점)

산출기준

$$\text{생태면적률} = \frac{\text{자연순환기능 면적}}{\text{전체 대지면적}} = \frac{\Sigma(\text{공간유형별 면적}\times\text{가중치})}{\text{전체 대지면적}} \times 100(\%)$$

- 평점 = (가중치) × (배점)

구분	생태면적률	가중치
1급	생태면적률 50% 이상	1.0
2급	생태면적률 40% 이상 ~ 50% 미만	0.75
3급	생태면적률 30% 이상 ~ 40% 미만	0.5
4급	생태면적률 25% 이상 ~ 30% 미만	0.25

	공간유형	가중치	공간유형 설명 및 시공사례
1	자연지반녹지	1.0	자연지반에 자생하거나 조성된 녹지
2	수공간 (투수기능)	1.0	지하수 함양 기능을 가지는 수공간
3	수공간 (차수)	0.7	지하수 함양 기능이 없는 수공간
4	인공지반녹지 ≥ 90cm	0.7	토심이 90cm 이상인 인공지반 상부 녹지
5	옥상녹화 ≥ 20cm	0.6	토심이 20cm 이상인 녹화옥상시스템이 적용된 공간
6	인공지반녹지 〈 90cm	0.5	토심이 90cm 미만인 인공지반 상부 녹지
7	옥상녹화 〈 20cm	0.5	토심이 20cm 미만인 녹화옥상시스템이 적용된 공간
8	부분포장	0.5	50% 이상의 식재면적을 가지는 포장면
9	벽면녹화	0.4	벽면이나 옹벽(담장)의 녹화
10	전면투수포장	0.3	공기와 물이 투과되는 식물생장이 불가능한 포장면
11	틈새 투수포장	0.2	포장재의 틈새를 통해 공기와 물이 투과되는 포장면
12	저류 · 침투 시설 연계면	0.2	지하수 함양을 위한 시설과 연계된 포장면
13	포장면	0.0	공기와 물이 투과되지 않는 식물생장이 불가능한 포장면

※ 투수성포장의 경우 인공지반 상부 설치 시 인공지반녹지의 가중치(0.7 또는 0.5)를 곱해 재산정

■ 평가 참고자료 및 제출서류

구분		내용
참고자료		- 생태도시 조성 핵심 기술개발 연구, 건설교통부, 2000 - 생태기반지표의 도시계획 활용방안, 서울특별시, 2004 - 신도시 조성 등에 적용할 생태면적률 기준 도입 방안에 관한 연구, 2005
제출서류	예비인증	- 생태면적률 산정도면(공간유형 구분 명기 및 산정계산식 포함) - 설계도면(배치도, 조경식재도, 포장상세단면, 지하구조물 배치도 등)
	본인증	- 예비인증 신청서류 - 투수성 포장공법의 투수성능 시험성적서

친환경 건축물 인증 기준 2010		공동주택
평가부문	8	생태환경
평가범주	8.3	생물서식공간 조성
평가기준	8.3.1	비오톱 조성

■ 세부 평가기준

평가목적	비오톱의 조성기법을 평가함으로써 주거 단지 내 생태 환경의 질적 수준향상을 유도
평가방법	비오톱 조성을 위해 채용된 기법을 대상으로 정성적, 정량적으로 평가
배점	4점(평가항목)

산출기준

● 평점 = (가중치) × (배점)

구분	조성기법 중 채용 항목수	가중치
1급	총 18개 이상	1.0
2급	총 15개 이상	0.75
3급	총 12개 이상	0.5
4급	총 9개 이상	0.25

적용항목

비오톱 일반사항

구분	항목	구분	항목
생물종	인공새집, 먹이통 등 동물서식처 제공	유지관리	비오톱 내 핵심지역 주변 별도 관찰로 제공
생물종	다공질공간조성을 통한 동물은식처 제공	유지관리	목재 및 그 밖의 친환경재를 사용한 관찰로
생물종	조류 및 곤충이 앉을 수 있는 횃대 제공	유지관리	고정식 안내 해설판 제공
연계	육지-습지-수변-물의 전이단계 조성		

수생비오톱(최소면적 90㎡)		육생비오톱(최소면적 180㎡)	
물의 공급	유입수의 우수 또는 중수 사용	식재기반	생육 최소심도 이상의 토심 확보
물의 공급	비오톱 주변 식생여과대 또는 쇄석여과층 조성	식재기반	인공지반녹지 하부 배수층 확보
물의 공급	수위 조절을 위한 배수경로 설치		
바닥처리	중앙수심 0.6m 이상 유지	식재계획	교목/아교목/관목/초본층 등으로 다층구조 조성
바닥처리	생태기능 유지를 위한 차수재 사용	식재계획	전체 면적중 단일군락지 비율 60% 미만 조성
바닥처리	웅덩이/돌무더기 등 다양한 굴곡 조성	식재계획	해당 지자체 조례 식재밀도의 1.5배 조성
호안환경	호안 경계부의 부정형 굴곡처리		
호안환경	호안 경사각 10° 이하 및 1/2 초지대 형성		
식재계획	수면적 60% 이상 개방수면 확보방안 도입	조성면적	조성면적이 대지면적 대비 3% 이상 조성
식재계획	침수 및 정수 식물 도입		

※ 육생 비오톱 : 곤충류, 조류 등을 비롯한 동물과 그 밖의 식물이 생육할 수 있는 환경을 제공하는 조경영역

※ 수생 비오톱 : 어류, 잠자리, 수초, 조류 등 수생 동식물이 생태적으로 순환체계를 이룰 수 있도록 조성한 물이 있는 공간

■ 평가 참고자료 및 제출서류

참고자료

- 도시에 자연을 불러오기 위한 생태연못 조성 길라잡이, 환경부
- 조경계획 및 설계지침, 대한주택공사
- 도시 내 생물유형별 대체서식지 조성방안, 조경계획 설계지침 2006

제출서류

예비인증
- 단지계획도/비오톱 면적 산출근거
- 급-배수 처리 계획도(우수 활용 계획도)
- 비오톱 상세도면(단면도)/비오톱 면적 산출 근거
- 설계 설명서(지자체 식재조례 및, 대상 비오톱 식재밀도(식재수량/㎡) 표기)
- 식재 상세도 (규격 및 수량 표시)/상세 계획도(단면 및 스케치)

본인증
- 예비인증 시 제출 서류
- 비오톱 내 동식물 생육상태 확인 자료(시공완료 시점 및 인증신청 시점의 변화 사진)

Memo

Professional Engineer Landscape Architecture

CHAPTER

05

조경계획론

5장 조경계획론

1 총론

1. 조경의 성격 및 조경계획 영역

1) 현대의 조경 성격

① Frederick Law Olmsted

㉮ 현대적 의미의 조경(造景 : Landscape Architect)은 1858년 미국의 조경가 Frederick Law Olmsted가 조경의 학문적 영역을 정립하면서 '조경가(Landscape Architect)'라는 말을 사용한 이후 전 세계적으로 보편화되었음

㉯ 건축이 건축물에 대한 관심이 주가 되지만 조경에서는 공공공개공간(Public Open Space)으로서의 옥외공간에 주된 관심을 가짐

② John Ormsbee Simonds

㉮ 조경을 '단지계획 및 설계(site planning and design)'라는 영역으로 정의하여 사용하였음

㉯ Simonds는 〈조경학〉이라는 책을 통해서 단지계획, 단지개발, 주거공간, 도시설계, 환경계획 등의 분야를 조경의 영역 속에 포함시켜 기술하였음

③ Ian McHarg

㉮ 1960년대에는 미국의 Ian McHarg가 'Design with Nature'라는 개념을 통해서 조경이라는 분야에 생태학적 사고와 이론을 접목시키는 분석체계의 수립에 공헌을 하였음

㉯ 생태적 접근방법이라고 하여 다양한 생태정보를 중첩하여 개발 및 보전적지를 분석하는 과정에 중심을 두었고, 현대의 GIS 분석에 기틀을 제공하였음

④ 미국조경가협회(ASLA)

㉮ 1974년 ASLA에서는 '조경은 토지를 계획, 설계, 관리하는 예술로서 자원보전과 관리를 고려하면서 문화적 · 과학적 지식을 활용하여 자연요소와 인공요소를 구성함으로써 유용하고 쾌적한 환경을 조성하는 것을 목적으로 한다.'라고 정의하였음

㉯ 조경을 과학적 · 문화적 배경을 바탕으로 한 종합예술로서 정의하였음

⑤ 1980년대 후반에서 근래까지 조경

㉮ 포스트모더니즘과 환경생태주의의 영향을 받아 보편적 기능성보다는 국지적 다변성에 기반을 두고 생태주제의 조경설계나 생태복원계획 등이 포함되어 적용되고 있음

㉯ ASLA에서는 1993년 채택된 환경과 개발에 대한 선언에서 조경직능이 환경지킴이의 선도자로서 역할을 강조한 바 있음

㉰ 이 선언문은 '경관(Landscape)은 생명복합체이므로 인간의 욕구는 건강한 환경을 전제로 해야 한다.'는 점을 강조

㉱ 조경가의 기본적인 임무가 훼손된 지구환경에서 건강한 자연의 재생력과 자기창출력을 활성화시키는 것이라고 선언하면서 구체적인 목표를 제안

⑥ 2008년 현재 미국조경가협회(ASLA)

㉮ 조경은 자연 및 도시환경의 분석, 계획, 설계, 관리 및 환경지킴이로서의 분야를 포괄하고 있으며, 이를 조경에서 실제로 수행하고 있음

㉯ 조경에서 수행하고 있는 프로젝트의 유형은 다음과 같다. 주거공간, 공원과 휴양공간, 상징조형물공간, 가로경관 및 공공공간, 도로공간 및 가로시설, 정원 및 수목원, 안전을 고려한 공간설계, 휴양시설공간, 연구시설공간, 교육공간, 치료정원, 역사공간의 보전과 복원 · 복구 · 보전, 복합공간 및 상업공간, 경관예술 및 토지조각, 실내조경 등

⑦ 우리나라의 조경의 도입과 성격

㉮ 1973년 서울대 환경대학원, 서울대 농대, 영남대 농축신대 신설

㉯ 1972년 한국조경학회 창립

㉰ 초기에는 한국조경의 개념 정립, 대내외적 활동방법 모색 및 궁원조경, 어린이대공원조경, 서울대 종합캠퍼스 조경 등과 각종 정부사업에 참여하여 현 조경분야 활동영역 토대를 마련하는 데 주력

㉱ 현대 조경에 대한 연구는 주로 조경설계는 조경미학분야에서 발표되고 있음. 경관을 키워드로 하여 나타나고 있는 포스트모더니즘 시대의 조경의 업역과 직능에 대한 특성을 고찰

2) 조경계획의 영역

① 정원 및 공원녹지계획 분야

㉮ 정원계획은 전통적으로 조경의 가장 기본이 되는 대상공간으로서 인식이 되고 있음

㉯ 공원녹지계획은 현대조경이 주로 공공부문을 중심으로 발달된다는 측면을 고려하면 조경계획에서 중요한 분야임. 도시공원녹지계획과 자연공원계획 분야가 있음

② 단지계획 분야

단지계획에서 조경계획은 식재계획과 조경시설물계획을 중심으로 업무가 진행되어 왔으나 「국토의 계획 및 이용에 관한 법률」이 제정되면서 활성화되기 시작한 지구단위계획에서 조경이 주축이 될 필요가 있음

③ 가로조경계획 분야

㉮ 우리나라는 고속도로조경이 초기 조경의 중심적 대상이었음

㉯ 가로조경계획분야는 도로조경, 가로공간계획, 주차공간계획

④ 관광지계획 및 골프장계획 분야

㉮ 관광단지계획이나 레포츠시설계획분야는 근래 조경분야의 중요한 위치를 차지

㉯ 광역조경계획으로서의 여가공간이나 체육시설계획분야는 관광산업이나 건축물계획 등이 포함되면서 실제 타 분야와의 중첩이 매우 심한 부분

⑤ 생태조경계획 분야

자연형 하천이나 생태숲 조성사업을 포함한 생태복원계획과 우수활용 및 친환경적 단지계획 등은 건축, 토목, 임학 등의 분야와 상호협력이 필요한 부분이기는 하나 그 본질적 내용들은 이미 조경분야에서 전통적으로 추구해 오던 것들의 연장선상에 있음

⑥ 전통조경계획 분야

㉮ 전통조경 및 조경사 부문은 조경에서 원형공간 및 원형경관에 대한 탐구와 인식을 위해서 매우 중요시되어온 분야

㉯ 문화재 조경계획은 식재와 시설물이라는 업역으로 한정되어 왔음. 조경의 영역으로 역사경관의 보전관리계획, 전통조경공간계획 포함

⑦ 시설조경계획 분야

여기서 '시설'이라는 단어는 도시 · 군계획시설(도시기반시설)을 의미하고 이 도시 · 군계획시설 중 현재 조경계획분야에서 쟁점이 되는 것은 공공공지, 청소년시설, 하천, 학교조경, 공장조경 등임

⑧ 농촌조경계획 분야

㉮ 지역계획의 한 부분이었던 농촌계획은 근래 농촌 살리기의 핵심정책의 하나로서 조경영역에서 중요하게 대두되고 있는 분야의 하나

㉯ 공간계획으로서 농촌조경계획, 농촌마을계획, 어메니티 자원계획으로서의 그린투어리즘과 함께 농촌경관계획 등

2. 조경계획과정론

1) 일반적 조경계획과정

① 계획의 정의

㉮ 계획(planning)은 미래의 문제를 해결하기 위한 일련의 과정으로 정의할 수 있음

㉯ 이러한 일련의 과정은 개념적으로 보편화된 몇 가지 단계를 거치게 됨

㉰ 이러한 작업과정은 모든 계획이 가지는 일반적인 내용으로서 조경계획, 단지계획, 도시계획에 동일하게 적용됨

② 조경계획과정

㉮ 현황조사분석
물리생태적 접근, 시각미학적 접근, 사회행태적 접근

㉯ 기본계획
프로그램작성, 기본구상 및 대안작성, 기본계획안

㉰ 환경설계평가
환경영향평가, 이용 후 평가

③ 조경계획 · 설계과정

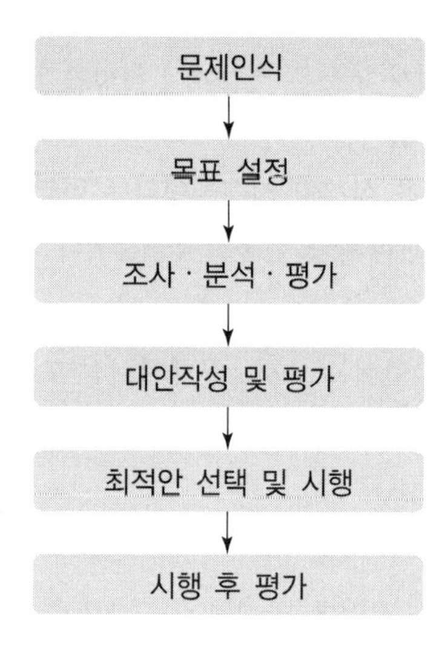

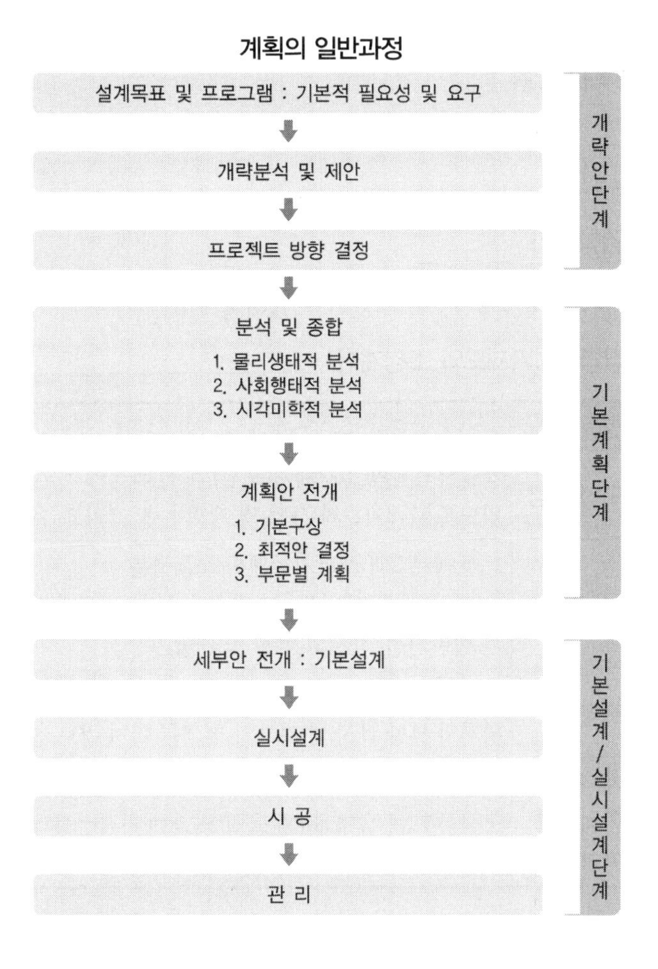

2) 조경계획의 법적 토대

분야	법규
공원녹지 · 경관	도시공원 및 녹지 등에 관한 법률, 자연공원법, 건축법(대지의 조경, 공개공지), 경관법, 자연경관심의지침, 산지경관영향검토지침
국토 · 단지계획	국토기본법, 국토의 계획 및 이용에 관한 법률, 주택법, 택지개발촉진법, 도시 및 주거환경정비법, 도시개발법
환경보전 · 평가	환경정책기본법, 자연환경보전법, 야생생물보호 및 관리에 관한 법률, 환경영향평가법
관광 · 복지 · 문화재	관광기본법, 관광진흥법, 체육시설의 설치 · 이용에 관한 법률, 청소년기본법, 청소년활동진흥법, 노인복지법, 아동복지법, 문화재보호법, 고도보존에 관한 특별법, 전통사찰보존법
산림 · 농촌	산림기본법, 산지관리법, 산림자원보전 및 이용에 관한 법률, 농업농촌기본법, 농어촌정비법, 친환경농업육성법

2 조경계획과정

1. 사전검토단계

1) 전략환경영향평가

① 근거법 : 「환경영향평가법」 제2장(전략환경영향평가)

② 전략환경영향평가제도와 조경계획

항목	내용
제도 도입 배경	개발사업계획(조경계획 포함)의 전 과정에서 환경친화적 개발로 유도할 수 있도록 관계기관과 사업 및 계획주체, 그리고 주민등과 의견을 수렴
적용대상	1. 정책계획과 개발기본계획으로 구분 2. 도시 개발, 에너지 · 수자원 · 산지 · 관광단지 개발, 도로 · 철도 · 공항 · 항만건설, 하천의 이용 및 개발 등
검토방법	계획주체가 전략환경영향평가서 초안을 작성하고 주민 등의 의견수렴 후 평가서 본안 작성, 환경부와 협의를 거쳐 검토 진행
조경계획에서 전략환경영향 평가	조경계획은 환경친화적인 토지이용, 보전지역 · 지구와의 관계, 경관부문, 동식물부문, 생태계부문을 고려한 계획적정성과 입지타당성 부문에서 계획 수립 역할 수행

2) 자연경관영향협의

① 근거법 : 「자연환경보전법」 제28조(자연경관영향의 협의)

② 자연경관영향협의제도와 조경계획

항목	내용
제도 도입 배경	자연경관이 우수한 지역의 보전을 위해 「자연환경보전법」에 근거한 자연경관 우수지역 주변일대의 개발 시 자연경관을 보전하도록 협의
적용대상	자연공원, 습지보호지역, 생태경관보전지역 주변 일정 거리 이내 지역으로서 전략환경영향평가 및 환경영향평가, 소규모환경영향평가 대상인 사업(자연경관 심의)과 그 외의 사업(자연경관 검토)
심의 및 검토내용	• 자연경관 직접훼손 여부 • 위치 · 형태 · 색채 · 높이 및 규모 등의 조화 여부 • 주요 조망점에서의 사업전후 경관변화 가능성
자연경관협의제도와 조경계획	조경계획은 자연경관에 미치는 영향관계를 검토하고 그에 적합한 경관보전 및 관리계획을 수립하는 데 역할을 함

3) 도시 · 군관리계획 환경성검토

① 근거법 : 「국토의 계획 및 이용에 관한 법률」 제27조

② 도시 · 군관리계획 환경성검토제도와 조경계획

항목	내용
제도 도입 배경	도시 · 군관리계획의 결정 및 시행이 환경오염, 기후변화, 생태계 및 시민생활에 미치는 영향을 사전에 예측하고 이에 대한 원천적인 해소 또는 저감대책을 마련하여 환경적으로 건전하고 지속가능한 도시를 조성하기 위해 시행되는 제도
적용대상	모든 도시 · 군관리계획을 대상으로 하며 용도지역 · 용도지구의 지정 또는 변경에 관한 계획, 개발제한구역 · 도시자연공원구역 · 시가화조정구역 · 수산자원보호구역의 지정 또는 변경에 관한 계획, 기반시설의 설치 · 정비 · 개량에 관한 계획, 도시개발사업 또는 정비사업에 관한 계획, 지구단위계획구역의 지정 또는 변경에 관한 계획과 지구단위계획 등
검토절차	환경성 검토 절차는 도시 · 군관리계획 입안절차를 따름. 도시 · 군관리계획 입안절차 안에서 환경성 검토 절차가 함께 이루어지며 도시 · 군관리계획(안)이 확정되면 당해 환경성 검토서도 동시에 확정됨
검토항목	자연환경분야와 생활환경분야, 도시 · 군관리계획 시행 중 예상되는 문제점으로 크게 3가지 분야로 나뉨 1. 자연환경분야 : 자연, 경관, 주요동식물, 비오톱의 보전 · 복원 · 개선 2. 생활환경분야 : 휴식, 여가공간의 확보, 물리적 생활환경의 개선 3. 마지막으로 도시 · 군관리계획 시행 중 예상되는 문제점에 대해서 정성적으로 검토
도시 · 군관리계획 환경성 검토제도와 조경계획	조경계획은 자연환경, 생활환경에 미치는 영향관계를 검토하고 그에 적합한 도시 · 군관리계획을 수립하는 데 역할을 함

4) 토지적성평가

① 근거법 : 「국토의 계획 및 이용에 관한 법률」 시행령 제21조

② 토지적성 평가제도와 조경계획

항목	내용
제도 도입 배경	「국토의 계획 및 이용에 관한 법률」에 따라 국토를 합리적으로 이용하는 데 있어서 개발해도 되는 토지와 보전해야 할 토지를 구별하는 과정으로서 토지적성평가를 도입. 도시 · 군관리계획의 입안을 위한 기초조사의 하나로서 토지적성평가를 시행하도록 하였음

평가 주체 및 평가단위	• 평가주체 : 해당 도시 · 군관리계획 입안권자가 실시 • 평가단위 : 필지단위로 실시. 평가체계 II의 경우에는 도시 · 군관리계획 입안구역에 포함된 부분에 대하여 평가
평가절차	• 평가목적에 따라 평가체계를 달리하여 실시 • 평가목적이 관리지역 세분을 위한 경우에는 "평가체계 I"을 적용하며, 기타 도시 · 군관리계획 입안을 위한 평가인 경우에는 "평가체계 II"를 적용
평가결과의 활용	• 도시계획에 활용 • 환경성 검토에의 활용

③ 토지적성 평가절차

㉮ 평가체계 I

- 관리지역을 「국토의 계획 및 이용에 관한 법률」 부칙 제8조의 규정에 의하여 보전관리지역 · 생산관리지역 및 계획관리지역으로 세분하는 경우
- 농림지역 또는 자연환경보전지역을 보전관리지역 · 생산관리지역 및 계획관리지역으로 세분하는 경우

㉯ 평가체계 II

- 용도지역 · 용도지구 · 용도구역의 지정 · 변경에 관한 계획을 입안하는 경우(평가체계 I이 적용되는 경우는 제외)
- 도시 · 군계획시설의 설치 · 정비 또는 개량하기 위한 계획을 입안하는 경우
- 도시개발사업 또는 정비사업에 관한 계획을 입안하는 경우
- 지구단위계획구역을 지정 · 변경하거나 지구단위계획을 입안하는 경우

㉰ 평가지표

평가 특성	평가지표군
물리적 특성	경사도, 표고, 재해발생위험지역
지역 특성	도시용지비율, 용도전용비율, 생태자연도 상위등급비율, 녹지자연도 상위등급비율, 임상도 상위등급비율, 보전임지비율, 전 · 답 · 과수원 면적비율 등
공간적 입지 특성	기개발지와의 거리, 도로와의 거리, 규제지역과의 거리, 하천 · 호소 · 농업용 저수지와의 거리 등

㉱ 평가체계별 토지적성평가의 절차개요

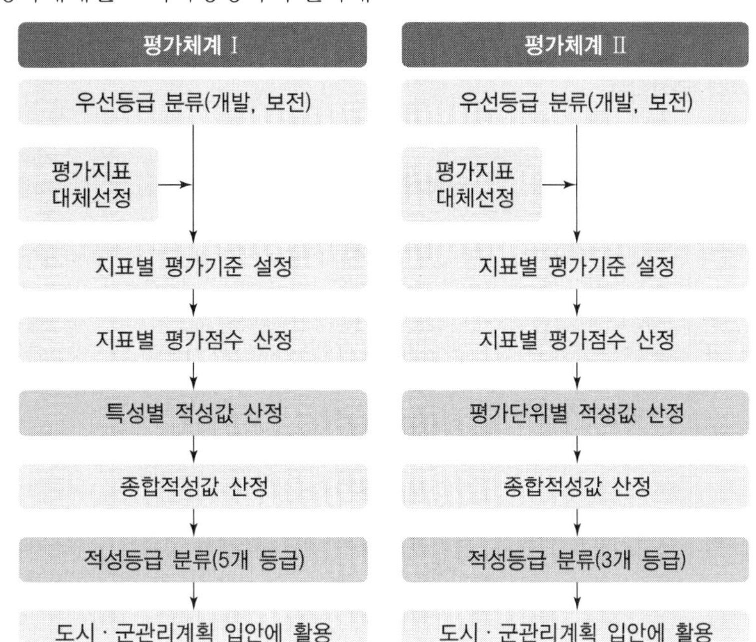

㉲ 평가등급의 부여 : 토지적성평가는 평가체계 Ⅰ의 경우는 제1등급부터 제5등급의 5개 등급으로, 평가체계 Ⅱ의 경우는 A등급(보전적성등급), B등급(중간적성등급) 및 C등급(개발적성등급)의 3개 등급으로 구분하여 부여한다.

④ 평가결과의 활용

㉮ 도시계획에 활용 : 평가결과는 도시 · 군관리계획 수립을 위한 기초자료로 활용함. 또한 도시 · 군기본계획을 수립하는 경우에도 활용할 수 있음

㉯ 환경성 검토에의 활용 : 「국토의 계획 및 이용에 관한 법률」에 의한 환경성 검토를 실시하는 경우 토지적성평가 결과를 반영 · 활용하고 그 평가내용이 토지적성평가와 중복되는 사항에 대해서 토지적성평가결과로 갈음할 수 있음

2. 환경분석단계

1) 자연환경분석

① 개요

㉮ 조경계획을 위해서는 계획 대상지역뿐만 아니라 대상지역 부지 주변까지 포함해야 대상지의 자연환경과 자연생태계를 고려한 계획이 가능함

㉯ 조경계획 시 조사하여야 할 자연환경은 크게 유기환경, 무기환경으로 구성

㉰ 유기환경은 동 · 식물, 무기환경은 대기, 물, 토양으로 구분

㉣ 조사 · 분석하고 종합하여 이들의 총체인 지형, 자연경관, 자연생태계를 종합해석 → 해당 조경계획 시 필요한 정보와 고려사항을 도출

② 자연환경 분석항목

분석항목		광역적 분석	인접지역 분석	부지 내 분석	계획에 필요한 검토사항과 도입시사점 도출
무기환경	대기	• 광역적 기상(강수, 온도, 일조시간, 안개일수, 바람)과 기후분석 • 광역적 대기환경 영향인자 분석	• 인접지역의 기상과 기후분석 • 인접한 대기환경 영향인자분석(악취, 소음, 대기오염물질배출 등)	• 미기상 및 미기후 • 부지 내 대기환경 영향인자 • 계절별 · 시간별 음영지, 기온 등	• 미기상, 일조 등을 고려한 조경계획(토지이용, 건물군배치, 도입식생 선정) • 양호한 일조와 통풍을 위한 미기후 활용
	물	• 광역 수문현황과 특성 • 광역 수계의 생태 · 물리적 특성 분석	• 인접유역의 생태적 특성(수질, 유입수, 하상경사, 저질, 서식지, 호안특성) • 인접유역의 물리적 · 화학적 특성	• 물의 흐름, 유속, 호안식생, 서식지특성 등 • 배수현황, 지표수 · 지하수 흐름 등	• 물환경의 생태적 특성을 고려한 조경계획 • 물순환을 배려한 토지 이용 • 우수저류 및 활용 • 부지 내 물의 도입
	토양	광역규모에서 토양특성 검토	인접지역 토양분석과 토양오염인자 분석	• 토양의 종류 • 토양산도 • 토양비옥도 • 표토층의 깊이 • 토양오염분석 등	• 토양 특성에 부합하는 도입식생 종류와 규모 고려 • 토양개량 여부 고려 • 자연지반 확보 • 표토활용 등
유기환경	동물	광역규모에서의 주요 서식지 현황 등 분석	인접지역 동물상 분석 등	• 서식종조사 • 동물서식지 특성조사, 이동경로 조사 • 파편화된 복원지역 조사 등	• 동물서식지 보전 • 서식지네트워크 • 서식지 복원과 창출 • 환경해설 및 탐방자원화 등
	식물	광역규모에서의 식생상 조사	• 인접지역의 식생상, 식생종 조사 • 지역고유종조사 등	• 기존 식생특성과 위치 • 식물종류, 수령, 수고 등 • 보전필요식생, 멸종위기종 분석 등	• 기존식생, 보호필요수목(노거수, 특이수종 등) • 이식수종, 재활용수목 • 고유종, 지역종 선정 • 식생보전 · 복원 • 식생자원활용 조경계획
자연경관 및 생태계		• 광역규모에서 자연경관자원과 보전 생태계의 특성 조사 • 광역생태축, 생태네트워크 등 분석	• 인접지역 자연경관특성(특이경관, 보호가치 높은 자연경관자원분석) • 인접지역 생태계 특성 및 녹지축, 생태축 분석	• 녹지의 질 분석 • 부지 내 자연경관 및 생태계자원 분석 • 조망양호지점 분석 • 생태자연도, 녹지자연도 등 분석	• 보호필요지역 선정 • 완충, 전이지역 설정 • 기존 보전지역과 관계 • 목표설정 및 목표종 도입 • 목표 서식지상 계획 • 보전프로그램 계획 • 복원계획 등

2) 인문 · 사회환경분석

분석 항목		분석	계획에 필요한 검토사항과 도입시사점 도출
경제 · 사회 환경	토지이용 · 관련계획 · 교통동선	• 토지이용의 규제 여부를 검토, 보전과 개발 가능 부지 판단 • 주변지역 토지이용과의 관계를 분석 • 상위계획이나 관련계획의 추진현황을 조사 · 분석, 그 연관성을 파악 • 계획대상지로 접근 교통현황, 대상지 내 주요 동선현황 조사 · 분석	• 토지이용분석으로 부지의 용도와 조경계획의 방향을 설정 • 상위계획, 관련계획 분석자료로 조경계획 반영내용 파악 • 주변의 교통현황, 교통체계 등을 조사함으로써 조경계획 시 동선, 진입부, 주차장 등의 계획에 참조함
	인구 · 주거 · 문화재	• 인구밀집지역, 인구구성현황, 증감현황 등 조사 • 주거는 가구 수, 주택 수, 주거환경 적절성 등 조사 • 문화재는 대상지 및 주변에 존재하는 문화재의 분포현황을 조사, 문화재보호구역 지정 여부 파악, 매장문화재 존재 가능성 등 조사	• 인구 등 조사로 조경계획 수립과정에서의 인구수요 추정 등에 활용 • 문화재는 조경계획 대상지의 물리적 환경 내면에 존재하는 역사성을 대표하는 주요자원으로 계획 시 고려해야 할 필수요소
생활 환경	경관 · 일조	• 보전가치가 높은 경관자원으로서 지형 · 지물, 식생, 역사 및 문화자원, 배후산지의 스카이라인 등을 조사하고 경관자원목록 작성 • 경관을 바라보는 조망점 선정이 중요 • 지역의 지형상황, 토지이용상황, 일영상황(범위, 시각 및 시간수 등) 등을 조사	• 경관자원목록 중에서 우선 보전하거나 복원 및 활용해야 하는 경관자원 순위를 부여, 경관자원으로의 조망과 관리현황 등을 분석 • 보전해야 할 경관자원을 배려하고 경관자원을 창출할 수 있는 조경계획을 수립 • 일조상황은 일영도를 작성하여 조경계획 시 참조
	대기질 · 악취 · 수질 · 소음 · 폐기물	• 대기질은 주요 오염발생원의 위치, 연료종류, 연료사용량, 배출시설 설치상황과 오염물질 발생상황을 조사 • 악취는 원인물질 및 위기농도를 조사하고 주요발생원의 상황 검토 • 수질은 수질환경기준항목과 저질 등의 현황농도를 조사. 지하수 이용현황, 수자원 이용현황, 오염원, 처리시설 현황 등 조사 • 소음원에 대해 조사, 소음레벨을 측정 • 폐기물 발생 및 처리, 처분상황에 대한 현황 혹은 해당사업으로 발생예상되는 폐기물을 예측하여 조사 · 분석	• 환경친화적인 토지이용계획이 되도록 계획에 반영할 수 있는 방안을 모색 • 대상지에 영향을 주는 소음원이 있을 때에는 소음을 감소시키기 위한 토지 이용과 구조 및 배식계획 등을 수립하도록 함 • 폐기물조사로 조경계획 시 환경친화적인 자원순환계획을 수립함에 기초자료가 되도록 함

3) 시각환경분석

① 시각적 분석과정 및 환경미학

㉮ 시각적 분석과정 : 시각환경분석은 물리적 환경의 시각적 특성 분석과 물리적 환경에 대한 이용자들의 반응분석의 두 가지로 크게 구분

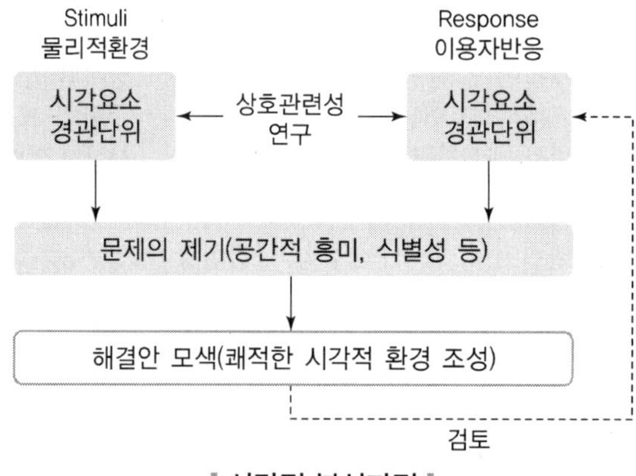

‖ 시각적 분석과정 ‖

㉯ 환경미학

• 환경미학의 개념

- 환경미학은 예술적 경험 혹은 반응을 이해하고 설명하고자 하는 전통적 미학에 바탕을 두며 보다 응용적이고, 문제 중심적인 접근을 추구하는 미학의 한 분야임
- 미학과 환경미학의 관계는 예술가와 조경설계가의 관계로 설명될 수 있음. 미학은 예술작품 및 이에 대한 경험과 반응을 연구한다고 한다면 환경미학은 인간환경 전반에 관한 미적경험 및 반응을 연구한다고 볼 수 있음

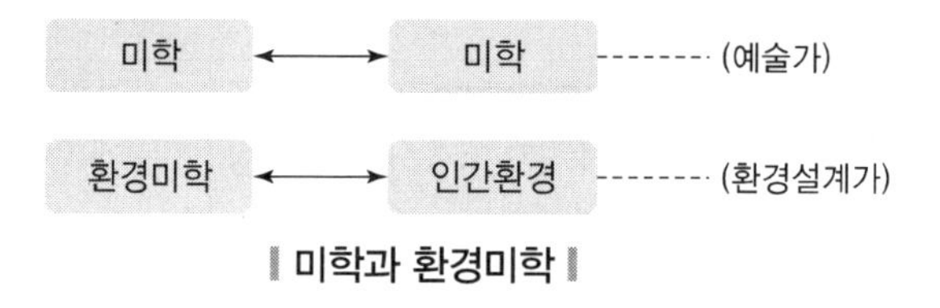

‖ 미학과 환경미학 ‖

• 환경지각과 인지

- 환경심리학의 여러 분야 중 환경지각 및 인지에 관한 연구가 가장 활발하였다고 할 수 있음
- 인간은 환경지각 및 인지과정을 통하여 주변환경을 알고 이해하게 되므로 인간행태의 이해를 위해서는 환경지각 및 인식에 대한 연구가 필수적
- 일반적으로 지각(perception)과 인지(cognition)는 연속된 하나의 과정으로 이해됨
- 지각(perception)은 감각기관의 생리적 자극을 통해 외부의 환경적 사물을 받아들이는 과정 혹은 행위를 말함

- 인지(cognition)는 개인의 환경에 관한 지식이 증가되거나 수정되는 과정이라고도 볼 수 있음
- 지각은 환경적 사물을 받아들이는(receive) 과정을 강조하고 인지는 아는(know) 과정을 강조하는 것이 일반적임
- 지각은 넓은 의미의 인지의 한 부분적 과정이라고 볼 수도 있고, 지각과 인지는 별개의 과정이라기보다는 거의 동시에 일어나는 상호 융합된 하나의 과정이라고 보임

• 미적반응과정

인간의 미적 반응과정은 다양한 동기에 의하여 자극을 찾게 되는 자극탐구(stimuli seeking), 일정 환경적 자극이 전개된 때 특정한 자극을 선택하는 자극선택(stimuli selection), 선택된 자극을 지각하여 인식하게 되는 자극해석(stimuli processing), 최종적으로 육체적 혹은 심리적 형태로 나타나는 자극에 대한 반응(response)의 순서로 구분

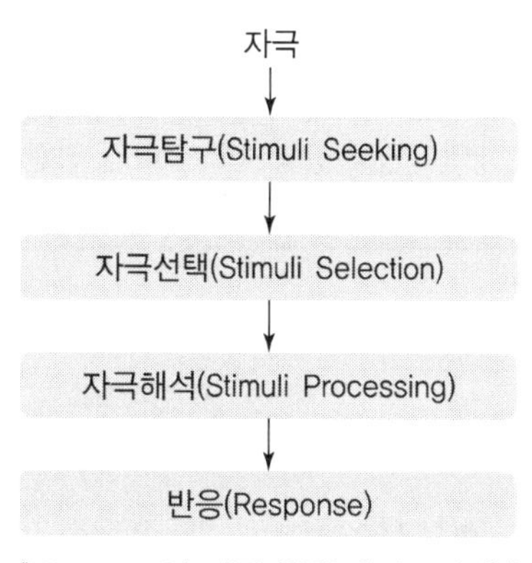

‖ Berlyne의 미적 반응과정 4단계 ‖

② 물리적 환경의 시각적 특성 분석

구분	인간의 간섭 정도에 의한 경관유형 분류
자연경관	복잡성 측면에서 도시경관은 중간 혹은 높은 정도의 복잡성을 갖는 데 비하여 자연경관은 낮은 혹은 중간정도의 복잡성을 갖는 게 보통임. 또한 자연경관은 부드러운 질감을 지니며 색채에 있어서도 자연스런 조화를 갖는 게 일반적임
순치경관	농장과 같은 농경지를 포함. 순치경관 역시 부드러운 질감을 지니며 색채에 있어서도 자연스런 조화를 갖음. 인간에 의한 경작지 조성으로 단종재배에 의한 균질적 면과 경계에 의해 통일성과 질서감은 오히려 자연경관에 비해 높음
인조경관	인조경관은 이질적인 요소들이 많이 섞여 있는 경우가 많으므로 중간 혹은 높은 복잡성을 갖으며, 많은 인공물로 인하여 딱딱한 질감을 갖게 되고 서로 조화되지 않은 다양한 종류의 색채가 극단적인 대비를 보이는 경우가 많음

㉮ 경관의 유형

구분	Litton의 산림경관 유형 분류 : 시각회랑에 의한 방법
전경관 (panoramic landscape)	넓은 초원과 같이 시야가 가리지 않고 멀리 트여 보이는 경관
지형경관 (feature landscape)	지형이 특징을 나타내고 있어 관찰자가 강한 인상을 받게 되고 또 경관의 지표가 됨
위요경관 (enclosed landscape)	평탄한 중심공간이 있고, 그 주위는 숲이나 산들로 둘러싸여 있는 경관
초점경관 (focal landscape)	우리의 시선이 한 초점으로 집중될 때 이를 초점경관이라 하며, 예를 들어 계곡의 끝에 폭포가 놓여있을 때
관개경관 (canopied landscape)	상층이 나무의 숲으로 덮여 있고 나무의 줄기가 기둥처럼 들어서 있거나 하층은 관목이나 어린 나무들로 이루어져 있는 경관
세부경관 (detail landscape)	관찰자가 가까이 접근하여 나무의 모양, 잎, 열매 등을 상세히 보며 이를 감상할 때 이를 세부경관이라 함
일시적 경관 (ephemeral landscape)	대기권의 상황변화에 따라 경관의 모습이 달라지는 경우를 말하며, 설경이나 수면에 투영된 영상 등이 이에 속함

㉯ 경관구성요소

㉰ Litton(1974)의 경관 우세요소, 우세원칙

- 우세요소 : 경관 형성에 지배적인 요소. 형태, 선, 색채, 질감 등
- 우세원칙 : 우세요소를 더 미학적으로 부각시키고 주변대상과 비교될 수 있는 것. 대조, 연속성, 축, 집중, 공동우세, 조형 등

㉣ 경관 구성 시각요소

구분	경관 구성 시각요소 개념
크기(규모)	대상의 길이, 높이, 폭, 면적, 용적으로서 표시되는데 경관에 있어서 대상의 크기가 중요
형태	사물의 생김새나 모양으로서, 경관에서의 형태는 대상이 대규모이며 보통 그것을 바라볼 수 있는 시점위치는 한정되므로 대상 자체의 형태와 동시에 보이는 형태도 중요한 의미를 가지게 됨
색채	색채는 경관의 분위기를 형성하는데 매우 중요한 역할을 함. 색채는 보통 색상, 명도, 채도의 3가지 속성으로 표시되지만 경관의 경우 색상보다 명도, 채도 쪽에 주의를 기울여야 함
질감	경관에 있어서 질감은 주로 지표면의 상태에 따라서 영향을 받게 됨. 전답과 산림은 서로 상이한 질감을 가지며 같은 산림이라도 수목의 종류에 따라 다른 질감을 갖게 됨
점 · 선 · 면적인 요소	독립수, 기념조각은 점적인 요소. 도로, 산책로, 가로수, 하천 등은 선적인 요소. 잔디밭, 운동장, 호수면 등은 면적인 요소
수평 · 수직적인 요소	수면, 평야지대 경작지, 도로 등은 수평적 요소이며, 폭포, 송전탑, 전신주, 절벽 등은 수직적인 요소임
닫힌 · 열린 경관	닫힌 경관은 평탄한 중심공간이 있고 그 주위가 산이나 숲 등으로 둘러싸여 있음. 시선을 가로막고 위요된 느낌을 주지 않는 공간은 열린 경관
랜드마크(landmark)	• 랜드마크는 주변경관과 대비되어 독특함을 지니거나 식별성이 높아 눈에 잘 띄어 많은 사람들에게 특별하게 인식되는 지형, 지물 • 큰 규모에서는 산봉우리, 절벽, 탑, 적은 규모에서는 정자목, 건물, 기념조형물 등
전망(view) · 비스타(vista)	• 전망은 일정 지점에서 볼 때 파노라믹하게 펼쳐지는 경관을 말함 • 비스타는 좌우로의 시선이 제한되고 일정 지점으로 시선이 모이도록 구성된 경관을 말함

㉤ 경관의 변화요인 : 경관을 변화시키는 요인으로서는 운동, 빛, 기후조건, 계절, 거리, 관찰위치, 규모, 시간 등 8가지 인자가 있음(Litton, 1974)

㉥ 경관단위(landscape unit)

- 경관단위는 동질적인 성격을 가진 비교적 큰 규모의 경관을 구분하는 것으로서 주로 지형 · 지표상태에 의해 좌우됨
- 지형에 의하여 계곡, 경사지, 평탄지, 고원, 구릉지 등으로 경관단위가 구분될 수 있으나 여기에 지표상태가 동시에 고려되어야 함
- 경관단위로 나누게 되면 단위별 특성을 고려하여 시각자원의 개발, 관리, 보존의 방

침을 설정하여 계획안 작성에 기초가 되도록 함

㉵ 경관환경 조사 및 분석

- 조사
  - 경관현황조사에서는 사업대상지역을 중심으로 한 주변의 일정 범위를 포함하여 앞에서 살펴본 경관유형, 경관요소, 경관변화요인, 경관단위 등에 주안점을 두어 이들을 분석하는 데 필요한 주요 특성들을 조사함
  - 경관자원은 다음과 같은 유형에 의해 구분 · 조사하며 가능한 한 도면화된 자료로 검토함

유형	내용
스카이라인	산지 및 구릉지의 스카이라인, 집단화된 인공구조물의 스카이라인
산림녹지경관	능선 및 주변부, 생태자연도 1등급인 산지 및 구릉지, 암벽, 암석, 고목 등의 자연형 랜드마크
수경관	하천, 해안, 호수, 습지 등
농촌경관	농경지, 농촌마을 등
역사문화경관	문화재, 문화유적 및 주변 자연경관
생태경관	철새도래지, 야생동물서식처 등

  - 시각적 범위는 근경(500m 이내), 중경(1,000m 이내), 원경(2,000m 이상)으로 구분하여 실시함이 원칙. 경관자원은 대상지 내부뿐만 아니라 대상지 주변지역을 포함
- 분석
  - 가시권분석 : 가시권 내에서 주요 이동통로를 선정하여 위치변동에 따른 이동경관을 분석
  - 조망점 선정 : 주요 조망점은 가시권 내에서 대상지역경관을 나타내는 대표성과 보편성에 중점을 두어 선정. 조망점에는 주진입부 전경, 주요 경관자원을 배경으로 하는 전경 등을 포함하여야 하고, 이용객이 많은 장소를 고려하여 복수의 주요 조망점을 선정, 조망점 선정이유를 제시
  - 경관시뮬레이션 : 사업 시행으로 인한 경관변화의 전 · 후 비교분석을 목적으로 이용

③ 이용자반응분석

㉮ 이용자 반응

- 시각적 선호
  - 시각적 선호는 시각적 환경에 대한 개인 혹은 일정 집단의 호(好) - 불호(不好)라고 정의할 수 있음
  - 인간은 환경지각 중 87%가 시각에 의존하는 것에서 알 수 있듯이 오관(眼, 耳, 鼻, 舌, 身) 중에서도 시각적 전달이 가장 중요한 역할을 하게 됨

- 경험미학(Empirical aesthetics)은 특히 단순성(Simplicity)과 복잡성(Complexity)의 차원으로 형태적 가치를 설명하려는 것임
- 질서의 원리를 통한 복잡성의 증가는 흥미를 많이 유발시키지만, 지나치게 단순하거나 혹은 혼란을 가중시키지 않는 범위 내에서 지각적으로 적정 수준의 정보량이 투입
- 따라서 적정 수준의 시각적 단순성 혹은 복잡성을 지향하기 위해서는 자극의 정도가 높지도 낮지도 않은 중간정도를 유지해야 함

구분	시각적 선호를 결정짓는 변수
물리적 변수	• 물리적 변수는 식생, 물, 지형과 색채, 질감, 형태 등임 • 자연경관에서 식생, 물 혹은 지형의 다양성이 증가하면 시각적 선호도도 증가
추상적 변수	• 추상적 변수는 매개적 변수라 할 수 있음 • 물리적 환경이 개인에게 지각되는 과정에서 물리적 구성이 추상적 특성의 일정 수준을 갖게 되고, 이런 추상적 특성의 정도가 개인의 시각적 선호를 결정지음 • 추상적 변수로는 복잡성, 조화성, 새로움 등 • 복잡성과 시각적 선호의 사이에는 '역U자'의 관계성을 보임
상징적 변수	• 상징적 변수 역시 매개적 변수 • 물리적 환경은 개인에게 일정한 상징적 의미로 지각되며, 상징적 의미가 결과적으로 시각적 선호에 영향을 미치게 됨 • 동일 경관이라 할지라도 그 경관이 보다 자연에 가까운 의미를 내포할 때에 높은 선호도를 나타냄
개인적 변수	• 개인적 변수는 개인의 성, 연령, 학력, 성격, 순간적인 심리상태 등이 관계 • 시각적 선호는 개인마다 차이가 있을 수 있음 • 개인적 변수는 시각적 선호를 연구함에 있어서 가장 어렵고도 중요한 변수

• 식별성
- 사람들은 일정 공간 내에서 자신의 위치를 파악하려는 본능을 가지고 있어 자신의 위치가 명료할 때 안도감을 느끼고 불명확하면 불안감을 느끼게 됨
- 이를 감안하여 사람들이 공간 내에서 자신의 위치를 파악할 수 있도록 지형지물, 즉 랜드마크를 조성하는 것이 바람직. 식별성을 높일 수 있도록 적절하게 배려

• 시각적 흡수능력(visual absorption)
- 제이콥스와 웨이(Jacobs and Way, 1968)는 여러 형태의 경관이 토지이용활동을 흡수할 수 있는 정도와 토지이용이 시각적 환경에 미치는 영향에 관하여 연구하였음
- 이들은 물리적 환경이 지닌 시각적 흡수성(visual absorption)은 시각적 투과성(visual transparency)과 시각적 복잡성(visual complexity)의 함수로써 나타난다고 하였음

- 또한 시각적 투과성은 "식생의 밀집정도 및 지형적 위요 정도"에 따라 결정되며 시각적 복잡성은 "상호 구별될 수 있는 시각적 요소의 수"에 따라 결정된다고 하였음
- 따라서 시각적 투과성이 높고 시각적 복잡성이 낮은 곳은 시각적 흡수력이 낮게 됨. 더 나아가서 시각적 흡수력이 낮은 곳은 개발에 따른 시각적 영향이 큰 곳이 됨
- 시각적 흡수성은 물리적 환경이 지닌 시각적 특성이라고 할 수 있으며 시각적 영향은 토지 이용이 물리적 환경에 미치는 영향이라고 볼 수 있음
- 시각적 흡수성과 영향은 상호 역비례의 관계에 있음. 즉 시각적 흡수성이 높으면 시각적 영향은 낮으며 시각적 흡수성이 낮으면 시각적 영향은 크게 됨

• 린치의 도시 이미지 분석
- "이미지"는 인간환경의 전체적인 패턴의 이해 및 식별성을 높이는 데 관계되는 개념
- 케빈 린치(Lynch, 1979)는 도시의 이미지를 구축하는 다양한 요소들에 대한 연구에서 도시 이미지를 도시의 물리적 형태와 문화적 이미지로 평가
- 특히 도시의 물리적 형태에 대한 이미지를 통로, 테두리, 지구, 결절, 지형지물의 5가지 요소로 구분. 이 다섯 요소를 상호 관련시켜 공간계획에 이용하면 도시의 긍정적 이미지를 강화시킬 수 있음

구분	린치의 도시 이미지 요소
통로 (paths)	• 관찰자가 이동하는 경로로서 통로는 관찰자가 일상적으로 혹은 가끔 지나가는 길 • 가로, 보도, 운하, 철도, 고속도로 등으로 도시의 지배적인 이미지 요소
테두리 (edges)	• 두 개의 다른 지역 간 경계를 나타내는 선형의 도시 이미지 요소임 • 해안, 철도, 벽, 하천, 옹벽, 우거진 숲 등 두 가지 형질의 경계이며, 연결상태가 끝나는 선형의 경계를 말함 • 하나의 영역과 다른 영역을 구분하는 장벽이기도 하고 두 영역을 상호 관련시키는 이음새가 되기도 함
지구 (districts)	• 독자적인 특성이 인식되는 도시의 일정 구획으로서 관찰자가 그 속에 들어가 있기도 하고, 어떤 독자적인 특징이 보이거나 인식되는 2차원적인 일정 크기를 가진 도시의 한 부분 • 중심업무지역, 공업지역, 공원 등
결절 (nodes)	• 접합과 집중의 성격을 갖는 초점으로서 접합과 집중의 성격을 동시에 가짐 • 접합성 결절은 교통조건이 바뀌는 지점, 교차점, 집합점 등이고, 집중성 결절은 길모퉁이의 모이는 곳이라든가 무엇에 둘러싸인 광장처럼 어떤 용도 또는 물리적인 성격이 응축되어 있는 곳 • 결절은 도시의 핵이며 통로의 개념과 맞물려 있음

지형지물 (landmarks)	• 다양한 규모의 물리적 요소로서 관찰자에게 중요한 것으로 지형 · 지물이 통로의 교차점에 위치할 경우 보다 강한 이미지가 됨. 관찰자들은 종종 도시의 여행안내에 유용한 길잡이로 이용 • 다른 요소들보다 돌출되어 있어서 원거리에서 보이거나 어느 방향에서 보더라도 보임. 건물, 간판, 상점, 산 등

• 연속적 경험 : 환경설계에서 연속적 경험의 중요성은 틸(Thiel, 1961), 헬 프린(Halprin, 1965), 아버나티와 노우(Abernathy and Noe, 1966)에 의하여 주장된 바 있음

구분	내용
틸 (Thiel, 1961) 공간형태의 표시법	• 틸(Thiel, 1961)은 환경디자인의 도구로서 연속적 경험의 표시법(sequence-experience notation)을 제안 • 이 표시법은 공간의 형태, 면, 인간의 움직임 등을 나타내는 기호(symbol)로 구성되어 있음 • 틸은 외부공간을 공간의 경계가 불분명한 '모호한 공간', 면 혹은 사물에 둘러싸인 한정된 공간', 연속된 면에 의해 완전히 둘러싸인 '닫힌 공간의 셋으로 구분 • 한정된 공간, 닫힌 공간을 다시 선적 공간과 면적 공간으로 구분 • 이러한 공간분류를 바탕으로 전체의 연속적 공간을 분류하고 각각의 부분적 공간들이 공간형태에 대한 표시부호(notation)를 설정. 최종적으로 연속적 공간 경험을 도식화 • 장소 중심적인 기록방법, 폐쇄성이 높은(도심지 등) 공간에 적용 용이
핼프린 (Halprin, 1965) 움직임의 표시법	• 핼프린(1965)은 '모테이션 심벌(motation symbols)'이라 불리는 인간행동의 움직임의 표시법을 고안 • 이것은 인간움직임을 기록하고 동시에 설계할 수 있는 도구 • 건물, 수목, 지형 등의 환경적 요소를 부호화하고 진행에 따라서 변화하는 이들 요소를 평면적 · 수직적의 두 측면에서 기록하고 여기에 시간적 요소를 첨가하였음 • 진행 중심적인 기록방법, 비교적 폐쇄성이 낮은 공간(교외, 캠퍼스 등)에 적용 용이
아버나티와 노우 (Abernathy and Noe, 1966) 속도변화의 고려	• 도시 내에서 연속적 경험을 살린 설계기법을 연구. 이들 역시 시간 및 공간을 함께 고려한 도시설계방법의 중요성을 주장하였음 • 도시설계에 있어서 보행자 및 차량통행자 양자의 진행속도차이에 따른 환경지각상의 차이점을 고려하여야 하며, 설계안은 이들 모두를 만족시켜야 한다고 주장 • 일정 목적지를 향하여 갈 때 진행속도의 변화가 일어나며(예 : 집 - 도보 - 버스 - 전철 - 도보 - 학교), 이에 따른 전체적 경험을 고려한 설계가 이루어져야 함

㉯ 경관가치 평가

- Leopold의 방법
  - 경관의 객관적 기술을 위하여 경관을 구성하거나 경관효과에 영향을 미치는 인자들을 물리적 인자, 생물적 인자, 인간흥미인자로 나눔
  - 경관의 평가를 위해 각 인자별로 특이도(Uniqueness ratio)를 계산하였는데 전체 인자의 특이도를 합해 총 특이도로 하여 각 지점의 상대적 특이도를 비교하였음
  - 총 특이도는 심미적 가치를 따지지 않고 상대적으로 특이한 정도만을 객관적으로 측정한 것임
- 평가항목
  - 대상사업지역 및 주변영향권을 포함하여 사업 중 또는 완료 후에 걸쳐 영향을 끼칠 것으로 예상되는 경관훼손 요인을 선정
  - 각 평가항목의 선정에 대해 선정이유, 평가기법을 제시
- 평가척도 : 물리적 지표와 심리적 지표를 평가척도로 함
  - 물리적 지표 : 대상사업의 구조물, 규모, 높이, 길이와 폭, 스카이라인의 길이 등
  - 심리적 지표 : 조화성, 아름다움, 만족도 등
- 평가결과 적용 : 각 대안을 비교하여 최적안을 선정하도록 하며, 저감방안은 계획 · 설계의 과정으로 피드백하여 적용

㉰ 경관평가 척도와 측정

- 척도의 유형
  - 명목척(nominal scale) : 사물의 특성에 고유번호를 부여함. 크고 작음이 아닌 특성 자체를 대표(예 : 운동선수 유니폼)
  - 순서척(ordinal scale) : 일정 크기의 크고 작음을 비교함. 숫자를 보고 일정 특성의 상대적 크기를 비교(예 : 성적순)
  - 등간척(interval scale) : 일정 특성의 상대적인 비교. 설계연구에 이용되는 리커드 척도 혹은 어의구별척 등이 해당
  - 비례척(ratio scale) : 등간척에서 불가능했던 직접적인 비례계산이 가능함. 보통 길이 · 무게 · 부피 등과 같이 물리적 사물의 특성에 대한 크기를 측정할 때 이용
- 측정방법
  - 형용사목록법 : 경관의 특성을 이해하기 위한 것으로 경관의 성격을 나타내는 형용사를 선택
  - 카드분류법 : 경관의 특성을 이해하기 위한 것으로 문장의 내용과 대상경관의 특성에 가까운 정도에 따라 분류

- 어의구별척 : 경관에 대한 의미의 질 및 강도를 밝히기 위해 형용사의 양극 사이를 7단계로 나누고 평가자가 느끼는 정도를 표시
- 리커드척도 : 응답자의 태도나 가치를 측정하는 조사로 보통 5점 척도가 사용됨
- 쌍체비교법 : 인자들을 두 개씩 쌍으로 비교하여 중요한 인자를 선택, 자극에 대한 심리적 반응의 상대적 크기 계산
- 순위조사 : 여러 경관의 상대적인 비교에 이용됨

㉱ 행태분석

• 행태적 분석 과정

- 인간행태적 측면에 대한 연구가 대두되는 배경은 전통적인 환경설계가 대부분 설계자의 주관 및 직관에 의지함으로써 발생되는 문제점을 극복하고, 이용자들의 행태에 기초한 환경설계를 수행하자는 데 있음
- 인간행태를 보다 효과적으로 수용하기 위한 환경설계과정은 일반적 환경설계과정의 테두리 안에 포함되나 행태적 고려를 할 수 있도록 다음과 같은 단계로 구분함. 필요성의 파악, 행태기준 설정, 대안연구, 설계안 발전의 네 단계로 나누어 볼 수 있음(Bell, 1978)

㉠ 필요성(needs) 파악

‣ 필요성은 다른 말로 표현하면 문제점이라고 할 수도 있다. 즉, 인간환경이 기본적 사항을 만족시키기 어렵거나 성취할 수 없을 때 이는 문제점으로 부각되며, 이러한 문제점의 파악이 환경설계의 출발점이 되는 것이다.

‣ 필요성 및 욕구의 파악은 이용자에 대한 조사 및 연구, 이용자의 설계과정에의 참여를 통하여 이루어진다.

㉡ 행태기준 설정

‣ 문제점 파악에 따른 목표설정 단계로서 이용자 행태를 적절하게 수용하기 위한 여러 가지 기준을 보다 구체적으로 명확히 기술한다.

‣ 이 기준은 기능적 측면, 생리적 측면, 지각적 측면, 사회적 측면으로 분류된다.

분류		내용	사례
기능적 측면	구성요소의 적합성	특정 기능의 수행을 위한 물리적 환경 구성요소의 구비	벤치, 파고라, 가구, 조명, 책장, 전화 등
	공간구성의 적합성	생리적 구성요소들의 특정 기능 수행을 위한 공간구성, 배치	동선을 고려한 부엌, 어린이 놀이터, 공원 등의 배치 등
생리적 측면	기후의 적합성	생리적 쾌적함을 느끼기 위한 조건	환기, 온도, 습도, 미기후 등
	안전성	안전에 대한 위협 혹은 재해의 가능성	산사태, 홍수, 전기배선, 화재, 구조물의 강도 등
지각적 측면	지각 기능	오관 등 감각기관 작용의 원활성	행위의 종류에 따른 밝기, 소리(소음)의 크기 등
	자극 정도	지각환경의 적절한 자극 정도	특정 환경에 맞는 복잡성·다양성의 정도
사회적 측면	사회적 접촉	바람직한 정도의 사회적 접촉	대화 혹은 자연스런 만남이 일어나도록 유도함
	프라이버시	바람직한 정도의 프라이버시	가구, 벽, 수목 등을 이용한 프라이버시 유지방법

ⓒ 대안연구

- 전 단계에서 설정된 행태기준에 따라 여러 가지 대안의 가능성을 검토하고 각 대안의 상호 비교, 연구, 평가 등을 통하여 이용자 행태에 적합한 안을 설정하는 단계이다.
- 대안의 발전, 비교 및 평가는 본격적인 행태적 분석에 관한 지식을 필요로 하며 설계과정 중에서 가장 중요한 부분이 된다.

ⓓ 설계안 발전

- 이 단계는 선정된 대안을 보다 구체적으로 세부 부분까지 발전시켜 시공이 가능한 안을 완성시키는 단계이다.
- 필요성을 파악하고 행태기준을 설정하여 대안연구를 한 결과를 실제 설계업무에 반영하여 설계안을 작성하도록 함
- 여기서 언급된 행태적 분석단계는 전혀 별개의 새로운 설계과정이라기보다는 이용자 행태를 적절히 수용하기 위한 고려사항이 됨

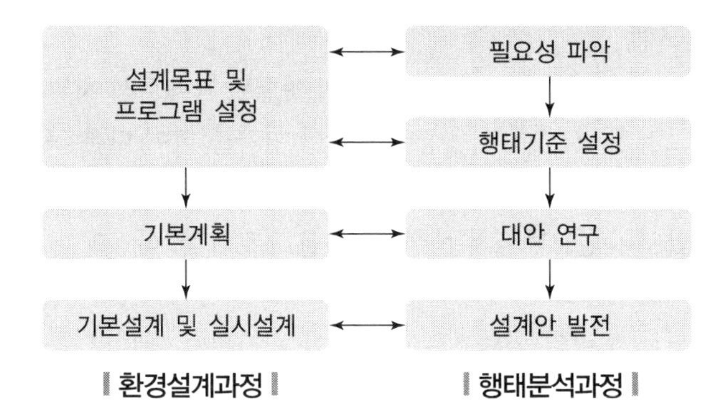

- 행태적 분석모델

㉠ PEQI 모델

- PEQI(Perceived Environmental Quality Index) 모델은 지각된 환경의 질에 대한 지표를 의미하며 환경의 질에 대한 이용자들의 반응을 환경설계에 적용시킨 것이다.
- 특히 행태적 측면에서는 객관적으로 환경의 질을 평가하는 것이 거의 불가능하므로 지각된 환경의 질의 지표가 더욱 중요하게 된다.
- PEQI는 주로 제한응답설문(self-report scale)을 사용하며 생리적 · 사회적 · 시각적 환경에 관련되는 항목을 포함한다.
- PEQI 모델은 특정 프로젝트를 수행하는 환경설계과정에 관한 것이라기보다는 환경의 질에 관한 측정기준을 설정하여 보다 체계적이고 객관적인 환경설계를 수행할 수 있는 기반을 조성하기 위한 것이다.

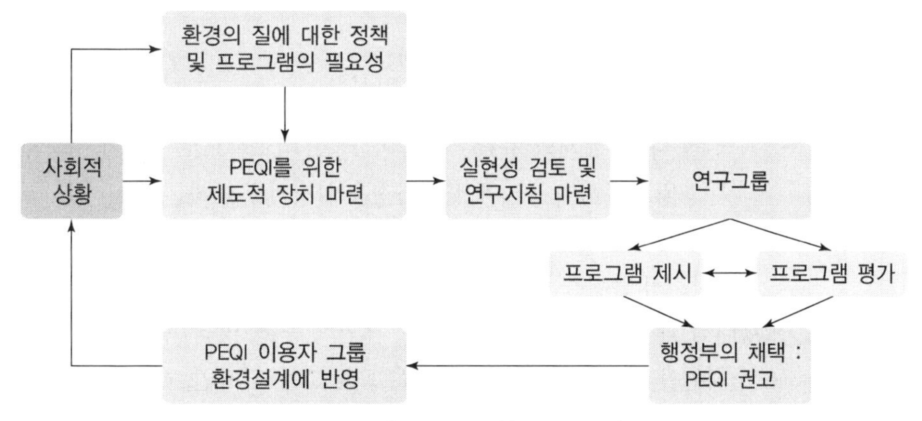

▌PEQI의 이용을 위한 모델(Bell, 1978)▐

ⓛ 순환모델

- 이 모델은 설계프로젝트가 하나의 독립된 과제로서 처리되어 끝나지 않고 프로젝트가 끝난 후에 이용상태에 대한 평가를 하여 다른 프로젝트에서 보다 개선된 설계안을 만드는 데 기여하도록 한다는 제안이다.(Bell, 1978)
- 따라서 순환모델에서는 설계과정을 프로그램, 디자인, 시공, 이용, 평가의 다섯 단계로 나누고 이러한 단계가 프로젝트를 통하여 순환적으로 일어난다고 본다.
- 이러한 노력의 일환으로 행태적인 평가뿐만 아니라 물리적 · 기능적 · 시각적 측면 등 설계에 관련되는 모든 측면에서의 평가를 체계적으로 하고자 하는 소위 이용 후 평가(post occupancy evaluation)에 대한 관심이 늘어나고 있다.

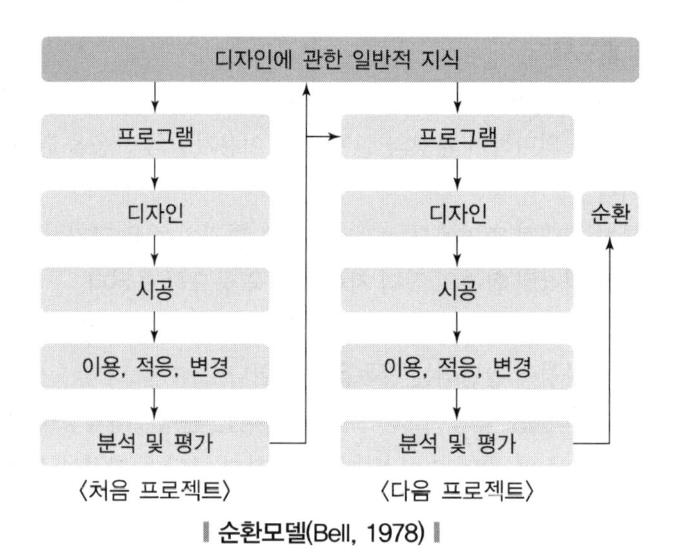

▌순환모델(Bell, 1978)▐

ⓒ 3원적 모델

- 이 모델은 설계과정을 하나의 차원으로 놓고 장소 및 환경적 현상(혹은 행태적 과정)을 다른 두 개의 차원으로 놓아, 상호 비교함으로써 설계자와 행태과학자의 특성을 구분하여 동시에 설계과정을 설명하고자 하는 것이다.(Altman, 1976)
- 장소의 차원은 가정, 근린주구, 커뮤니티, 도시 등과 같이 다양한 규모의 지역적 · 사회적 단위를 포함한다.
- 행태적 과정의 차원은 프라이버시, 개인적 공간, 영역 등을 포함하며, 설계과정의 차원은 앞서의 순환모델과 같은 프로그램, 디자인, 시공, 이용, 평가의 단계를 포함한다.
- 일반적으로 환경설계가들은 장소지향적이며 행태과학자들은 행태지향적이다.
- 최근에는 설계자와 과학자들 간의 유대가 점점 긴밀하여지고 있으며 이는 보다 과학적 환경설계를 위하여 바람직한 현상이라고 할 수 있다.

• 환경심리학과 행태분석

㉠ 환경심리학

- 환경심리학은 환경설계에서 사회 · 행태적 분석의 이론적 기초가 되며, 환경심리학의 연구방법은 사회 · 행태적 분석방법을 제공해준다.
- 환경심리학은 물리적 · 사회적 환경과 인간행태사이의 관계성을 밝히는 분야이므로 인간이 쾌적하게 느끼는 물리적 · 사회적 환경을 설계하는 데 있어서 필수적이라 할 수 있다.
- 환경심리학의 관심분야는 환경평가, 환경지각, 환경의 인지적 표현, 개인적 특성 및 환경에 대한 반응, 환경에 관련된 의사결정, 환경에 대한 일반대중의 태도, 환경의 질, 생태심리학 및 환경단위의 분석, 인간의 공간적 행태, 밀도가 행태에 미치는 영향, 주거환경에서의 행태적 인자, 공공기관에서의 행태적 인자, 실외레크리에이션 및 경관에 대한 반응 등 다양한 방면에 걸쳐 있다.

㉡ 환경심리학과 조경계획

- 환경심리학은 환경계획 · 설계를 보다 과학적으로 접근할 수 있는 토대를 마련한다고 볼 수 있다.
- 환경심리학 분야의 연구결과 중 개인적 공간, 영역성, 혼잡 등은 환경계획 · 설계분야와 매우 밀접한 관련이 있다고 할 수 있는 내용이다.

ⓐ 개인적 공간(personal space)

- 개인이 환경 내에서 점유하는 공간은 개인의 피부가 그 경계가 아니고 개인주변의 보이지 않는 공간을 포함한 보다 연장된 경계를 지니고 있음을 알 수 있음
- 이와 같이 개인과 개인 사이에 유지되는 간격을 개인적 거리(personal distance)라 하며, 개인 주변에 형성되어 개인이 점유하는 공간을 개인적 공간(personal space)이라고 부름
- 개인적 공간은 개인 주변에 형성되는 보이지 않는 경계를 지닌 공간이라 할 수 있으며, 그 경계는 개인이 이동함에 따라 같이 움직이고, 상황의 변화에 따라서 늘어나거나 줄어들 수 있음

개인적 공간의 거리 및 기능(Hall, 1966)

구분	거리	기능
친밀한 거리 (intimate distance)	0~1.5피트 (0~45cm)	아기를 안아 준다거나 이성 간의 교제 등 아주 가까운 사람들 사이에, 혹은 레슬링, 씨름 등 스포츠 시에 유지되는 거리
개인적 거리 (personal distance)	1.5~4피트 (45cm~1.2m)	친한 친구 혹은 잘 아는 사람들 간의 일상적 대화에서 유지되는 간격
사회적 거리 (social distance)	4~12피트 (1.2m~3.6m)	주로 업무상의 대화에서 유지되는 거리
공적 거리 (public distance)	2피트(3.6m) 이상	배우, 연사 등의 개인과 청중 사이에 유지되는 보다 공적인 모임에서 유지되는 거리

개인적 공간의 상황적 · 개인적 · 물리적 변수(Bell, 1978)

구분	내용
상황적 변수	• 매력도, 유사성, 접촉의 분위기 • 한 커플의 남녀 거리는 상호 느끼는 매력도가 높을수록 좁아지며, 연령, 인종이 유사한 사람들 간의 거리는 유사하지 않은 사람들 간의 거리보다 좁게 유지
개인적 변수	• 인종 및 문화의 차이, 나이 · 성격 · 성의 차이 • 내향적인 사람은 외향적 사람보다 먼 거리를 유지 • 남자들은 친근한 상대와 마주보기를 좋아하나 여자들은 옆에 나란히 앉기를 선호하는 경향
물리적 변수	• 주로 공간의 규모와 관계 • 천장이 낮은 곳에서는 높은 곳보다, 작은 방에서는 큰 방에서보다, 구석진 곳에서는 한 가운데에서보다, 내부에서는 외부공간에서보다 좁은 거리를 유지함이 관찰

ⓑ 영역성(territoriality)

- 개인적 공간은 사람이 움직임에 따라서 이동하며 보이지 않는 공간인 데 비하여 영역은 주로 집을 중심으로 고정된, 볼 수 있는 일정지역 혹은 공간을 말함
- 인간사회에서의 영역은 개인 혹은 일정 그룹의 사람들이 사용하며, 실질적인 혹은 심리적인 소유권을 행사하는 일정 지역을 말함
- 영역은 사회적 단위의 측면에서 1차적 영역, 2차적 영역, 공적 영역의 세 가지로 분류해 볼 수 있음(Altman, 1975)

영역의 3가지 분류(Altman, 1975)

구분	내용
1차적 영역	• 일상생활의 중심이 되는 반영구적으로 점유되는 지역, 혹은 공간 • 높은 프라이버시가 요구되는 공간, 외부로부터의 침입에 대한 배타성이 높음 • 예 : 가정, 사무실 등
2차적 영역	• 1차적 영역보다는 배타성이 낮으며 사회적 특정 그룹 소속원들이 점유하는 공간 • 어느 정도까지는 공간을 개인화시킬 수 있으며 1차적 영역보다는 덜 영구적 • 예 : 교실, 기숙사식당, 교회 등
공적 영역	• 배타성이 가장 낮으며 일정시의 이용자는 잠재적인 여러 이용자 가운데의 한 사람일 뿐임 • 거의 모든 사람의 접근이 허용되므로 프라이버시 유지도는 가장 낮음 • 예 : 광장, 해변 등

ⓒ 혼잡(crowding)

- 혼잡은 기본적으로 밀도와 관계되는 개념
- 도시화가 진행됨에 따라서 한정된 지역에 많은 사람이 모여 살게 되어 과밀로 인한 문제점이 늘어남에 따라 혼잡에 대한 관심이 높아지고 있음

밀도의 유형

밀도유형	내용
물리적 밀도	일정 면적에 얼마나 많은 사람이 거주하는가 혹은 모여 있는가 하는 것
사회적 밀도	• 사람 수에 관계없이 얼마나 많은 사회적 접촉이 일어나는가 하는 것 • 예를 들면 우리나라 아파트 경우 물리적 주거밀도는 매우 높으나 사회적 밀도, 즉 아파트 주민간의 대화 혹은 접촉의 정도는 매우 낮음
지각된 밀도	• 물리적 밀도의 고저에 관계없이 개인이 느끼는 혼잡의 정도 • 예를 들어 야구장에서는 밀도에 비해 느끼는 혼잡의 정도가 상대적으로 낮은데 이는 관람객이 고밀도를 예측하고 야구장에 왔다는 점과 야구경기에 주의를 집중하게 되므로 혼잡을 느끼는 정도가 낮다고 설명될 수 있음

- 인간사회에서의 밀도는 보통 물리적 밀도와 사회적 밀도의 두 가지로 구분. 이 밖에도 지각된 밀도를 구분할 수 있음
- 밀도가 높다고 하여 반드시 혼잡하다고 느끼는 것은 아님
- 축제 때의 길거리 혹은 상가는 물리적 밀도가 매우 높으나 혼잡하지 않고 오히려 즐거운 분위기로 느껴질 수 있음
- 이와 같이 혼잡한가 아닌가를 느끼는 것은 ① 개인적 차이(성별, 성격, 연령),

② 상황적 조건(분위기, 행위의 종류), ③ 사회적 조건(사람 간의 관계성, 접촉의 밀도), ④ 혼잡도 예측 가능성 등에 따라서 달라질 것임

㉣ 행태분석 조사방법

- 설문조사법

㉠ 설문조사의 특성

- 설문조사를 위해서는 사전에 설문을 치밀하게 작성하여야 함. 설문 작성을 위해서는 인터뷰 혹은 현장관찰 등을 통한 예비조사를 함이 바람직함
- 설문조사결과는 통계적 처리를 통하여 계량적 결론을 얻어낼 수 있기 때문에 조사결과를 설득시키는 힘이 비계량적인 결과보다 큼

㉡ 자유응답설문

- 자유응답설문은 응답자가 특정한 형식에 구애받지 않고 질문에 자유롭게 대답할 수 있는 설문형식을 말함
- 자유응답설문은 제한응답설문에 비하여 설문 작성이 용이하나 자료의 체계적 정리에 어려움이 많음
- 기술을 요하는 설문은 대개 여기에 속함. '귀하가 살고 계신 아파트 단지에서 가장 불편한 점은 무엇입니까' 등과 같이 응답자가 아무 구애를 받지 않고 자신의 생각을 기록할 수 있는 설문
- '네, 아니오'로 단순하게 응답할 수 있는 설문도 이에 속함. '귀하는 골프를 치러 갈 때 가족과 함께 가십니까' 등은 이에 속하는 설문임

㉢ 제한응답설문

- 응답자의 응답범위를 표준화시켜 일정한 체계를 만들고 이 체계를 따라서 응답하도록 하는 방법임. 이 방법은 통계적 처리를 통하여 계량적인 결과를 얻을 수 있음
- 단순응답 : 나이, 종교, 학력 등 응답자가 깊이 생각함이 없이 기계적으로 응답할 수 있는 설문
- 태도(attitudes)조사 : 일정한 상황, 사람, 환경에 대한 응답자의 태도를 조사하는 데 있어서 '공정하다', '편리하다' 등을 몇 단계로 나누어 제시하여(예 : 매우 공정, 공정, 불공정, 매우 불공정) 응답자가 이 가운데에서 선택하도록 하는 방법을 많이 사용
- 이러한 방법의 하나로서 리커드 척도가 이용됨
- 리커드 척도 : 이 방법은 일정사항에 대한 기술을 하고 이에 대한 '동의' 혹은 '부동의'하는 정도를 응답하도록 하는 것임

자유응답설문과 제한응답설문의 비교

자유응답	제한응답
공원의 이용에 불편을 느끼십니까? ① 네 (　) ② 아니오 (　)	공원의 이용에 불편을 느끼시는 정도는? ① 불편하다 (　) ② 보통이다 (　) ③ 불편하지 않다 (　)
불편하게 느끼신다면 그 이유는 무엇이라고 생각하십니까? ① ② ③	불편하게 느끼신다면 그 이유는 다음 중 어느 것이라고 생각하십니까? 가장 중요한 원인 세 가지만 골라 주십시오. ① 집에서부터 거리가 멀다 (　) ② 벤치가 적다 (　) ③ 화장실이 없다 (　) ④ 음수전이 없다 (　) ⑤ 사람이 너무 많다 (　)
1년에 몇 번 공원을 이용하십니까? ________________ ________________ ________________ ________________	1년에 몇 번 공원을 이용하십니까? ① 이용하지 않는다 (　) ② 1~10 (　) ③ 11~20 (　) ④ 20~30 (　) ⑤ 30번 이상 (　)

- 동일한 사항에 대한 질문을 몇 가지의 다른 측면에서 작성하여 이에 대한 응답의 결과를 종합하면 일정사항에 대한 응답자들의 태도를 알 수 있음

리커드척도의 예

다음 사항에 대하여 당신이 동의하는 정도를 골라 O표를 하십시오.

	절대적으로 동의한다	동의한다	잘 모르겠다	동의하지 않는다	절대적으로 동의하지 않는다
이 공장의 규칙은 공정하지 못하다	1	2	3	4	5
공장운영이 직업교육에 매우 도움이 된다	1	2	3	4	5
우리 작업환경은 손쉽게 개선할 수 있는 점이 많다	1	2	3	4	5

(네모 안의 숫자는 실제 설문에는 기록하지 않는다)

- 순위(rank-ordering)조사 : 순위조사는 여러 관련사항들 간의 상대적 중요성을 조사하는 데 이용됨. 여러 사항들이 기록된 목록을 제시하고 이들 사항들을 일정특성(중요성, 아름다움, 유용성, 바람직함)에 기초하여 상대적 순위를 매기도록 하는 것
- 비교하여야 할 사항이 아주 비슷하거나 복잡한 경우에는 쌍체비교법을 사용하기도 함
- 쌍체비교법 : 이 방법은 두 개씩 짝을 지어 제시하여 응답자가 둘 중에서 더 중요한 것 혹은 더 아름다운 것을 고르도록 하는 것으로서 응답자의 성격이 쉽고 단순하게 이루어질 수 있다는 장점이 있음. 그러나 비교사항이 많을 경우에는 너무 많은 쌍이 나온다는 결점이 있음

순위조사의 예

다음에 열거된 공간 중 주택에 포함되어야 할 가장 중요한 것은 무엇입니까? (가장 중요하다고 생각되는 공간에 대해서는 '1'번에 O표를 하고, 두 번째로 중요하다고 생각하는 공간에 대해서는 '2'번에 O표를, 그리고 그 다음 번으로 중요하다고 생각되는 공간에는 '3'번에 O표를 하시고, 같은 요령으로 전 항목에 대하여 순위를 매기시기 바랍니다.)

목욕탕	1	2	3	4	5	6	7	8	9	10
부엌	1	2	3	4	5	6	7	8	9	10
세탁장	1	2	3	4	5	6	7	8	9	10
침실	1	2	3	4	5	6	7	8	9	10
놀이방	1	2	3	4	5	6	7	8	9	10
서재	1	2	3	4	5	6	7	8	9	10
창고	1	2	3	4	5	6	7	8	9	10
현관	1	2	3	4	5	6	7	8	9	10
식당	1	2	3	4	5	6	7	8	9	10
기타 : 중요한 공간이 있다면 기록하십시오	1	2	3	4	5	6	7	8	9	10
	1	2	3	4	5	6	7	8	9	10
	1	2	3	4	5	6	7	8	9	10
	1	2	3	4	5	6	7	8	9	10

㉣ 시각적 응답 : 환경의 인지 혹은 지각에 관한 자료는 서술적인 응답보다는 시각적 표현이 더욱 유용한 경우가 많음. 지도그리기, 지도에 표시하기, 스케치, 사진선택, 게임 등의 방법이 사용됨

- 인터뷰
  - ㉠ 인터뷰는 질문을 통하여서 이용자들이 무엇을 생각하고, 느끼며, 어떠한 행동을 하는가, 무엇을 알고 있고, 믿으며, 기대하는가에 대한 것을 체계적으로 밝혀내는 방법임
  - ㉡ 설계 시에는 항상 모든 문제를 완벽하게 만족시킬 수 있는 해결안을 만들기는 거의 불가능하며, 주요한 문제에 초점을 맞추어 해결안을 찾게 됨. 이 경우 인터뷰를 통해 다양한 문제에 대한 이용자들이 느끼는 우선순위를 파악함으로써 문제해결의 초점을 어디에 맞출 것인가를 결정할 수 있음
- 행태관찰 : 인간행태의 직접적인 관찰은 사람들이 자신의 환경을 어떻게 이용하고 있는가를 체계적으로 조사하는 것임. 일정장소에서 이용자들이 실제로 무엇을 하며, 이용자 상호 간에 어떠한 공간적 · 사회적 관계성을 지니고, 동시에 물리적 환경이 그 안에서 일어나는 행위에 적합하게 구성되어 있는가 아닌가를 관찰함
  - ㉠ 행태관찰의 특성
    - 행태관찰방법은 조사자가 행위자의 느낌을 그대로 느낄 수 있고, 직접적인 조사를 할 수 있으며, 동적인 현상을 다루고, 연구현장에 대한 참여 정도가 다양한 특성을 지니고 있음
    - 행태관찰은 동적인 행태를 관찰할 수 있음. 즉, 시간의 흐름에 따라 변화되는 형태를 연구하며 특히 일정순서에 따라 일어나는 연속적 행태(놀이터에서의 놀이기구 이용순서 등)를 연구하는 데 유용함
    - 행태의 기록방법으로서는 기술, 조사표 이용, 지도, 사진, 비디오 촬영 등이 이용됨
  - ㉡ 관찰내용 : 설계자는 인간의 행위를 지원해 주는 환경을 조성함. 따라서 다양한 인간행태 및 행위자 상호 간의 관계성에 대한 깊은 이해는 인간 행위에 적합한 환경을 조성하는 데 필수적임
- 흔적관찰
  - ㉠ 물리적 흔적의 관찰이라 함은 인간의 주변환경, 혹은 행위의 결과로 남은 흔적들을 체계적으로 조사하는 것을 말함. 이러한 조사를 통하여 어떻게 오늘의 환경이 구성되었는가, 설계자가 어떤 의도로 설계하였는가, 사람들이 실제로 어떻게 이용하고 있는가, 이용자들이 어떻게 느끼는가 및 이용자들의 욕구를 얼마나 만족시켜 주고 있는가 등에 대한 추론을 할 수 있음
  - ㉡ 이 방법은 잔디마모관찰을 통한 지름길 이용형태, 이동식 의자 관찰을 통한 공간이용패턴, 쓰레기 관찰을 통한 공간이용형태 등을 조사하는 데 효과적임

• 문헌조사

㉠ 문헌조사는 과거나 현재 발생된 신문, 보고서, 통계자료, 예산서, 편지, 사진 혹은 도면 등의 내용을 검토함으로써 원하는 정보를 찾아내는 방법임

㉡ 역사적 사실에 대한 연구는 직접관찰이나 인터뷰를 통하여 자료를 얻기 어려우며 문헌조사가 가장 중요한 자료습득 수단이 됨

㉢ 설계대상지의 역사, 문화, 행정 등에 관한 자료를 얻기 위해서는 문헌조사가 필수적임

㉮ 종합평가

• 분석종합

㉠ 조경계획의 가장 커다란 목표는 수집 · 분석된 자료를 토대로 현재 대상지가 가지고 있는 문제점과 잠재력을 고려하여 이상적인 계획안을 작성하는 것이라고 할 수 있음

㉡ 따라서 분석단계가 계획에 도움이 되도록 분석된 자료를 종합적으로 파악하는 단계를 필수적으로 거치게 됨

㉢ 종합분석단계에서 주로 사용하는 방법으로는 자료들을 항목별로 기회요소와 제한요소로 구분하여 표로 정리하는 종합분석표를 작성하는 방법과 이를 도면화하여 종합분석도를 작성하는 방법이 있음

㉣ 이러한 종합분석표와 종합분석도를 통하여 대상지의 특성을 정확히 이해하여야 합리적인 계획안을 도출할 수 있음

• 적지분석

㉠ 적지분석이란 일정한 지역을 계획목적에 알맞은 용도로 사용하기 위하여 그 지역의 고유한 생태적 특성에 미칠 영향을 바탕으로 다양한 후보지역들의 상대적 가치를 비교 · 분석하고, 그 지역들이 갖는 잠재적 가능성과 위험성을 도면으로 나타냄으로써 토지이용계획을 합리적으로 수립하고, 설계나 토지이용의 규제를 위한 지침을 제시하며, 특별한 환경취약지구에 대한 공공투자를 유도하는 등의 기능을 갖는, 지역의 용도 설정에 관한 체계적 분석기법임

㉡ 적지분석의 특징으로는 첫째, 그 과정이 환경영향평가와는 대조적으로 계획이 시작되기 전에 행해지게 되고, 계획을 위한 의사결정에 초점이 주어지며, 둘째, 국토지리정보체계와 비교하여 분석대상이 자연적인 현상에만 국한되지 않고, 인문 · 사회적 요소까지도 포함하며, 용도를 미리 설정한 후, 그에 따라 지역을 설정할 수도 있는 융통성을 갖음

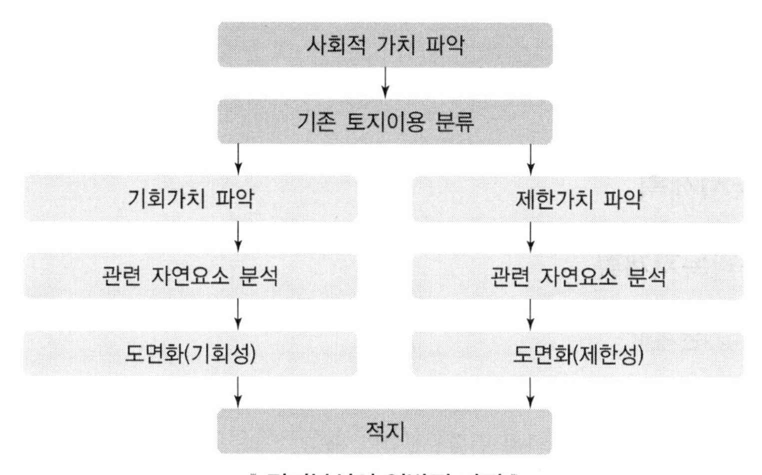

‖ 적지분석의 일반적 과정 ‖

- SWOT 분석
  ㉠ SWOT 분석은 원래 어떤 기업의 내부환경을 분석하여 강점과 약점을 발견하고 외부환경을 분석하여 기회와 위협을 찾아내어 이를 토대로 강점을 살리고 약점은 죽이고 기회는 활용하고 위협은 억제하는 마케팅 전략을 수립하는 기법임

SWOT 분석에 의한 조경계획의 방향

구분	내용
SO 전략(강점 - 기회전략)	외부환경 및 여건의 기회를 활용하기 위해 대상지의 강점을 사용하는 방향을 선택함
ST 전략(강점 - 위협전략)	외부환경 및 여건의 위협을 회피하기 위해 강점을 사용하는 방향을 선택함
WO 전략(약점 - 기회전략)	약점을 극복함으로써 외부환경 및 여건의 기회를 활용하는 방향을 선택함
WT 전략(약점 - 위협전략)	외부환경 및 여건의 위협을 회피하고 약점을 최소화하는 방향을 선택함

  ㉡ 이때 사용되는 4요소를 강점 · 약점 · 기회 · 위협(SWOT)이라고 하는데, 강점은 경쟁기업과 비교하여 소비자로부터 강점으로 인식되는 것은 무엇인지, 약점은 경쟁기업과 비교하여 소비자로부터 약점으로 인식되는 것은 무엇인지, 기회는 외부환경에서 유리한 기회요인은 무엇인지, 위협은 외부환경에서 불리한 위협요인은 무엇인지를 찾아냄

  ㉢ 이러한 SWOT 분석기법은 조경계획의 조사 및 분석의 종합과정에서도 유용한 분석기법으로 활용될 수 있음

3 조경계획 분야

I 공원녹지계획

1. 도시공원녹지계획

1) 공원녹지기본계획

① 법적 근거

「도시공원 및 녹지 등에 관한 법률」 제5조, 제6조

② 상위계획

㉮ 「국토의 계획 및 이용에 관한 법률」의 부문계획인 공원녹지계획

㉯ 이때의 계획은 도시 발전의 형태를 제어하고 보완하는 오픈 스페이스체계를 나타내고, 계획도면은 1/25,000~1/50,000 정도의 개략적 기본구상도

③ 공원녹지기본계획의 내용

㉮ 기존의 도시 · 군기본계획보다 구체적인 형태의 공원녹지계획을 수립하고, 시 또는 군은 공원녹지기본계획을 수립하며 그 내용을 도시 · 군기본계획에 반영함으로써 계획의 정합성을 확보할 수 있음

㉯ 공원녹지기본계획은 시 · 군의 자연 · 인문 · 역사 · 문화 · 환경 등의 지역특성과 여건을 충분히 감안하여 공원녹지의 확충 · 관리 · 이용 · 보전에 관한 중장기적인 계획을 수립함으로써 지속가능하게 도시를 발전시키는 정책방향을 제시하고 공원녹지의 구조적인 틀을 제시하는 계획

㉰ 이 계획은 전체 도시구조 속에서 공원녹지체계가 가져야 할 성격 · 기능 · 구조 · 규모 · 질적 수준 · 개발 프로그램 · 집행 등에 관한 얼개를 제시하며, 해당 시 또는 군의 공원조성계획 및 사업계획의 기준이 되는 지침계획

㉱ 5년마다 타당성을 재검토해야 하며, 기초조사, 장래목표 및 지표 설정, 공원 · 녹지기본계획, 도시녹화계획, 도시자연공원구역계획 등의 부문별 계획, 관리 및 이용주민 참여계획 등을 수립하여야 함

공원녹지기본계획 수립과정 내용

구분	내용
현황조사	• 자연환경, 인문환경/경관, 공원/녹지/녹화현황, 주민의식조사, 관련계획 및 법규, 국내외 사례조사 • 직접조사 : 식생, 야생동물, 레크리에이션 시설, 주민의식 조사 • 간접조사 : 관련법규, 지질, 인구, 토지이용, 토지소유 등
공원녹지 수요분석	녹피율, 공원녹지율, 1인당 공원면적, 공원서비스수준, 이용자 수요, 레크리에이션 추세분석 등을 통하여 기 표출된 수요뿐만 아니라 잠재적 수요, 기준에 따른 수요 등을 파악
공원녹지 목표 · 지표 설정	• 계획목적, 목표 등을 나타내는 미래상을 설정하고, 이를 구현할 구체적인 목표, 전략, 행동계획을 제시 • 계획목표로는 목표연도까지 달성해야 할 녹피율, 공원녹지율, 1인당 공원면적, 공원서비스율, 도시녹화율 등 정량적 지표를 설정
공원녹지 기본구상	• 도시의 골격 형성 및 자연환경 보전을 위한 보전체계 구상과 다양한 수요에 대응할 수 있는 확충체계 구상, 유기적 네트워크화를 통한 효율적인 이용체계 구상, 지역경관 향상을 위한 경관체계 구상을 각각 도면화함 • 이를 종합화하여 도시골격을 이루는 공원녹지축, 녹지의 핵 및 거점 등을 표시하는 공원녹지종합구상도를 작성
공원녹지 기본계획	• 공원조성계획 등 관리계획 수립 시 지침이 되는 공원기본계획, 녹지기본계획, 도시녹화계획, 도시자연공원구역기본계획이 포함 • 공원기본계획 : 기존 공원에 대한 정비계획과 아울러 공원서비스 소외지역 및 이전적지 등에 대한 연차별 공원확충계획이 포함 • 녹지기본계획 : 시설녹지에 대한 정비계획뿐만 아니라 생태적 측면에서 보전해야 할 지구에 대한 보전계획, 민간부문 등의 단계별 녹지확충계획, 단절되거나 훼손된 녹지에 대한 복원계획, 가로수계획, 녹도 및 보행자전용도로계획, 생태통로계획, 자전거도로계획, 경관도로계획이 포함 • 도시녹화계획 : 도시지역에서 녹지의 보전 및 확충이 특별히 필요한 지역은 중점녹화지구로 설정하고 이에 대한 도시녹화계획을 수립 • 도시자연공원구역 기본계획 : 구역별 세부적인 정비 및 관리지침, 장래의 확충계획 등 구역별 관리계획을 수립하기 위한 계획을 제시

공원녹지기본계획 작성과정(국토교통부, 공원녹지기본계획수립지침)

2) 공원조성계획

① 법적 근거 : 「도시공원 및 녹지 등에 관한 법률」 제16조

② 계획 성격

㉮ 공원조성계획은 개별 공원 또는 녹지를 조성하기 위한 기본계획으로, 도시 · 군계획시설로서 실시계획에 준하는 도시 · 군관리계획의 성격을 갖음

㉯ 공원조성계획에는 공원의 이용 및 관리 등에 관한 사항뿐만 아니라 집행에 소요되는 재원조달계획도 포함되므로 조성공원은 계획기간 내에 집행된다는 것을 전제로 하고 있음

㉰ 그러나 임야가 많은 자연보전 목적의 대규모 공원은 면적이 방대하여 부분적으로 시설의 설치가 이루어지고 잔여지는 사유지로 남게 되어 이른바 '장기 미집행' 공원이 발생하게 되었음

㉱ 그런데 공원이나 녹지는 도시 · 군계획시설 결정이 자동 실효되므로 계획기간 내에 집행 가능한 공원조성계획을 수립해야 함

③ 공원시설

㉮ 공원시설 중에는 문예회관이나 도서관, 박물관과 같은 규모가 큰 건축물이 포함되어 있는데 규모가 작은 공원에 입지할 경우 해당 공원의 자연보전 및 휴양기능이 저해됨

㉯ 따라서 공원별로 공원시설을 설치할 수 있는 면적규모와 건폐율의 한계를 설정하고 있으며, 건축물 층수도 2층 이하로 제한하고 있음

④ 공원조성계획의 내용

㉮ 공원조성계획은 공원이나 녹지의 종류나 이용자, 대상지의 성격이나 주제 등이 다양하므로 개별 대상지에 따라 조성계획의 내용이 상이하지만, 일반적인 공원조성계획의 틀과 수립과정은 유사함

㉯ 먼저 대상지의 지역 및 자연, 인문환경 등의 여건분석을 통하여 개발의 방향을 설정하고 이용자 수요추계를 통하여 도입활동 및 시설을 배치하는 기본구상을 하고, 토지이용과 시설의 배치, 동선, 식재 · 포장 · 설비, 환경보존계획 등의 부문별계획을 수립하며 재원조달 및 관리운영계획을 작성함

㉰ 공원기본계획에 있어서는 우선 진입공간, 운동공간, 휴식공간, 서비스공간, 관리공간 등의 공간기능에 따라 공원 내의 토지이용을 계획하고, 각 공간기능을 연결하는 주 동선과 보조동선, 산책로, 관리 및 이용자 차량동선을 배치함

㉱ 공간별로 필요한 시설을 선정, 지형여건 등을 고려하여 적재적소에 배치하고, 시설지 주변 및 공원 내에 식재계획을 수립

㉲ 식재계획 시에는 기존의 식생구조와 조화되는 수종을 선정하도록 하며, 시설 설치로 인하여 훼손된 지역에 대해서는 식생복원계획을 수립

㉳ 공원조성계획도 일단의 토지에 대한 관리계획이므로 부지에 대한 절 · 성토계획, 상하수도계획, 쓰레기처리계획, 건축계획, 전기(조명)계획 등의 기반시설계획이 수반됨

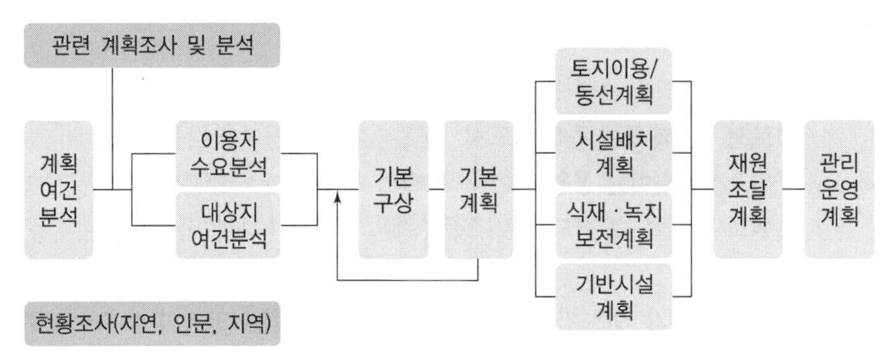

▌공원조성계획 수립과정▐

⑤ 공원조성계획 유형별 사례지 및 시사점

유형	사례지	시사점
소공원	원구단 시민광장 (서울시 중구 소공동)	• 소공원에는 조경시설, 유희시설, 휴양시설(긴 의자에 한함), 편익시설(음수장 · 공중전화에 한함) 등의 공원시설을 설치. 시설면적은 전체 공원면적의 20% 이하(건폐율은 5% 이내)로 제한 • 소공원은 불특정다수의 시민들이 잠시 들어 휴식을 취하기 때문에 이용자들을 위한 편익시설 및 광장, 쉼터 기능을 하는 시설공간이 필수적 • 현행 법상의 건폐율 제한이 너무 작아서 원구단광장이나 마을마당, 쌈지공원과 같이 사실상 도심소공원의 기능을 하고 있는 공간들도 법적으로는 소공원으로 분류되지 못함. 도심이나 공원 확보가 어려운 지역에 휴식 및 녹지공간을 공급하려는 소공원 도입의 취지를 고려해 도심소공원의 경우는 시설률 제한을 상향시켜 자유로운 계획이 되도록 하는 것이 바람직
어린이 공원	송도 17호 어린이공원 (송도 경제자유구역)	• 어린이공원은 근린에 거주하는 어린이 놀이공간으로 조경시설, 유희시설, 운동시설, 편익시설을 설치할 수 있음 • 도로, 광장 등의 공원관리시설을 설치하지 않아도 됨 • 휴양시설을 제외하고는 원칙적으로 어린이전용시설로 설치 • 어린이공원은 획일적인 놀이시설 위주로 계획하기보다는 다양한 행태의 놀이가 가능하도록 하고, 연령별(유아, 유년, 소년) 이용자 간 충돌이 최소화하도록 공간을 구획하여야 함

근린 공원	선유도공원	• 선유도는 정수지 이적지를 활용한 평지형 근린공원으로, 근린 및 광역적 이용을 위한 조경 · 휴양 · 유희 · 운동 · 교양 · 편익 시설 등의 설치가 비교적 용이함 • 그러나 우리나라의 근린공원은 구릉지형으로 법적으로 허용가능한 면적까지 시설을 설치하거나 도서관이나 구민회관, 보육시설 등과 같은 대형 공공시설이 공원시설로 입지하는 경우 원래 지형이나 식생의 훼손을 초래할 수 있음 • 구릉지형 근린공원의 조성 시에는 가용지에 시설을 집단화하여 설치하여 기존의 식생, 지형과 공원이용시설이 조화를 이루도록 고려
역사 공원	암사역사생태 공원	• 역사공원은 기존의 문화재가 입지하는 지역을 중심으로 문화재의 보전과 복원, 공원으로서 유적지의 보존 및 활용이 주요한 계획의 주제가 됨 • 역사공원은 건폐율만 20% 이내로 제한되어 있고 설치기준이나 규모 등의 제한이 없어 대부분의 공원시설을 설치할 수 있음 • 따라서 역사공원을 기존의 근린공원 등과 차별화시킬 수 있도록 유적을 보전, 활용할 수 있도록 교양시설이나 편익시설 등을 제한적으로 설치하고 잔여공간은 녹지공간으로 조성하여 유적과 조화를 이루도록 해야 함
수변 공원	용인동백지구 내 호수공원	• 수변공원은 하천이나 호수, 저수지, 댐, 바다 등의 수변공간을 활용하여 설치하는 공원으로, 인공적으로 호수를 만들어 수변을 조성할 수도 있고, 하천, 호수, 갯벌, 습지 등과 같이 기존의 생태적 가치가 높은 지역에 조성될 수도 있음 • 수변공간은 공원 조성으로 인하여 생태계에 미치는 부정적 영향이 최소화되도록 계획하고, 하천 등 자연적 범람이 발생할 경우를 대비하여 안전성을 확보하여야 하며 기존의 하천의 흐름 등을 유지하여야 함
생태 공원	길동생태공원	• 도시환경에 있어서 생태의 중요성이 강조되고 있으며 생태공원이 공원계획의 핵심개념으로 자리잡고 있음 • 그러나 생태공원은 법적으로는 주제공원의 범주에 들고 있지 못함 • 생태공원은 일반적인 공원에 비하여 자연생태계의 보전이 주요개념이 되므로 시설물 설치를 최소한으로 하고 대부분의 공원구역이 동식물서식처가 되도록 계획하고 생태계의 관찰 및 교육 등의 이용 등 관리에 대한 사항을 규정하여 관리하여야 함
문화 공원	파주운정신도시 2호 문화공원	• 파주운정신도시에는 4개의 문화공원이 조성되는데 파주와 관련된 문인, 지역문화, 지역작가의 조각작품 전시 등 소재가 각기 다름

		• 이처럼 문화공원에는 문화의 개념이 폭넓은 것만큼이나 다양한 소재, 즉 지역의 대표적인 인물이나 작품, 축제, 전통문화, 예술 등 다양한 소재를 모티브로 선정할 수 있음 • 문화공원은 면적규모나 유치거리, 시설부지의 규모 등에도 제한을 받지 않으므로 계획 · 설계의 자유도가 높은 편이므로 기존의 근린공원과 차별화될 수 있도록, 주제의 형상화, 공간화, 이용자 편익 도모, 자연의 도입 등을 세심하게 고려하여 설계되어야 함
묘지공원	서울추모공원(서초구 원지동)	• 묘지공원은 기존의 공공묘지를 중심으로 계획되어졌으나 최근에는 장묘에 대한 인식이 전환되면서 다양한 형태의 묘지공원이 계획될 수 있음 • 수목장이나 화장 등 장묘에 대한 의식의 전환, 추모의 장으로서의 이용자를 위한 공간구성, 인근지역 주민들을 위한 편의의 제공 등 쾌적한 추모공원을 조성하기 위한 계획적 고려가 필수적
연결녹지(녹도)	캐나다 밴쿠버의 그린웨이	• 그린웨이의 폭은 일반적으로 30m 정도로 조성되며, 기존의 도로를 따라 조성되기 때문에 통행량이 많은 큰 도로는 피해서 조성하고 있음 • '도시공원 및 녹지의 유형별 세부기준 등에 관한 지침'에서는 연결녹지를 생태통로의 기능을 하는 연결녹지와 녹지의 연결 및 쾌적한 보행을 동시에 추구하는 녹도로 구분 • 기존 시가지에서 선형의 연결녹지를 효율적으로 조성하기 위해서는 기존의 도로(보행자도로, 자전거도로 등), 공원, 광장, 학교 등을 연계하여야 함 • 구속력 있는 연결녹지계획이 되기 위해서는 공공 차원에서 장기적인 연결녹지계획을 수립하고 단계적으로 추진해야 함
기타	월드컵공원	• 평화의 공원은 공원으로 이용되고 있지만 공식적으로는 폐기물처리시설로 공원으로 결정되어 있지 않음 • 폐기물시설의 안정화가 완료되는 30년간 공원적 이용을 도모하는 것으로 폐기물에서 분출되는 침출수 등이 이용자에게 미치는 영향, 공원화에 따른 시민 이용 등을 종합적으로 고려하여 시민들의 공원으로서의 토지이용이 영속적으로 담보되는 공원으로 결정하여야 함 • 최근에는 정수장 및 재생처리센터, 유수지 등 환경 관련 시설의 상부 또는 일부가 공원적 이용으로 활용되는 사례가 증가하고 있음 • 이러한 경우는 공원이 아니므로 공원시설의 설치 등 법적 설치기준에 적용을 받지는 않지만 이용자들의 편익증진을 위해 월드컵 공원처럼 공원계획과 동일한 기본계획 수립과정을 거치도록 해야 함

3) 도시녹화계획

① 법적 근거 : 「도시공원 및 녹지 등에 관한 법률」 제11조

② 도시녹화계획의 내용

㉮ 도시녹화계획은 공원녹지기본계획의 하위계획으로 도시전체가 아닌 일부지역을 대상으로 구체적인 녹화장소, 방법 등 녹화에 관한 계획을 수립하는 것

㉯ 즉, 도시지역에서 녹지의 보전 및 확충이 특별히 필요한 지역(중점녹화지역)과 도시녹화가 가능한 장소를 추출하고, 이에 대한 구체적인 녹화계획을 수립

㉰ 도시녹화계획은 공원녹지배치계획 및 체계(Network) 형성에 관한 계획(공원녹지기본계획)과 상호연계성을 갖도록 해야 하며, 도시녹화의 목표량, 목표기간 등 기본방향을 설정 · 제시

③ 녹화정비계획의 수립절차

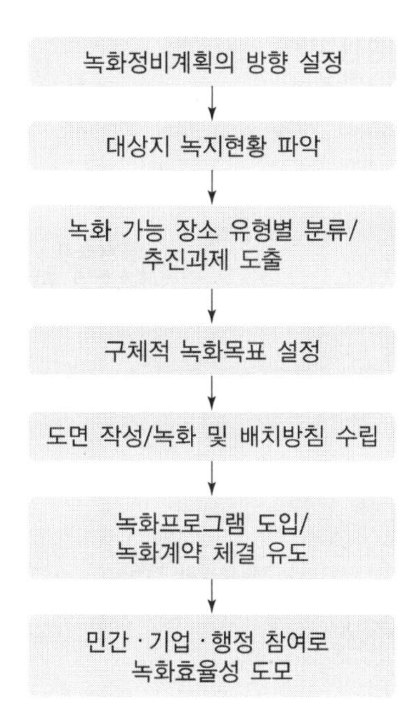

4) 도시자연공원구역 관리계획

① 법적 근거

㉮ 「국토의 계획 및 이용에 관한 법률」에 규정된 용도구역

㉯ 「도시공원 및 녹지 등에 관한 법률」 및 「개발제한구역의 지정 및 관리에 관한 특별조치법」 : 구역의 지정 및 관리 등 구체적 사항

② 도시자연공원구역의 내용

㉮ 도시자연공원구역의 관리계획의 수립 시에는 도시의 발전에 기반이 되고 골격을 형성하는 양호한 자연환경 및 산지를 보전하기 위하여 인접 지자체를 포함하는 광역적인 녹지보전체계를 강구

㉯ 또한 도시 안의 다양한 동식물상이 서식하고 있는 도시공원, 녹지 및 유사 공원녹지 등의 생태계 보전과 경관형성을 위하여 도시자연공원구역이 유기적으로 연계되도록 네트워크화

㉰ 도시의 전체적인 공원녹지의 목표 및 지표, 녹지보전체계 및 경관체계 구상에 따라 기존의 도시자연공원을 구역으로 정비하고, 장래 수준에 달성하기 위한 신규 확보할 구역의 배치계획을 수립

③ 도시공원 및 도시자연공원구역 관리계획 수립절차 비교

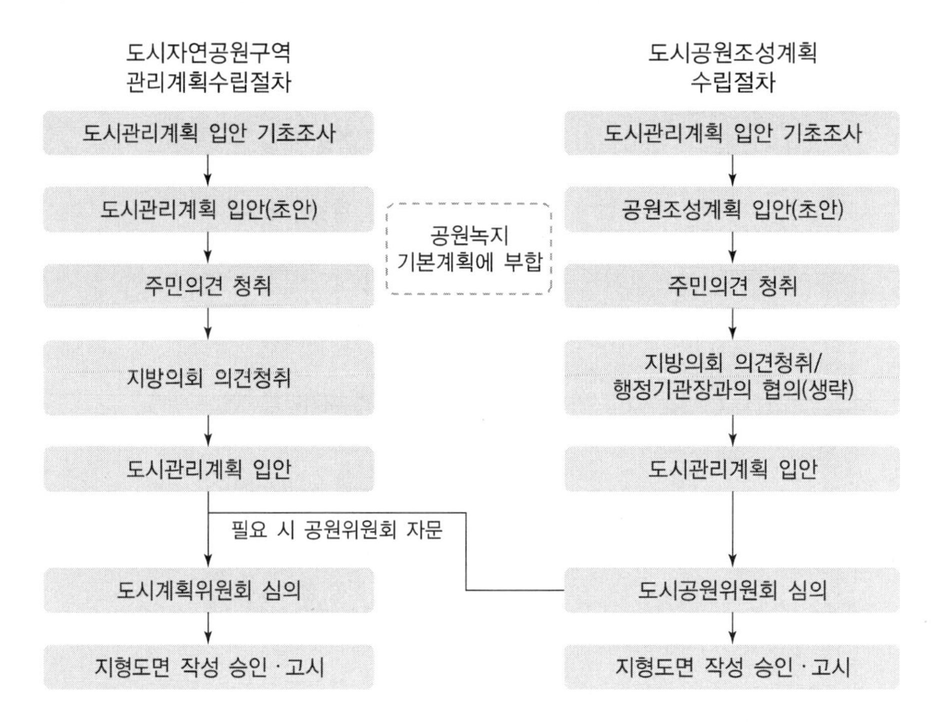

④ 도시자연공원구역의 시사점

㉮ 도시자연공원구역은 기존의 도시자연공원에서 전환되는 곳으로 도시민들의 등산 등의 일상적인 여가의 장으로서의 이용 및 구역 내 행위제한이나 시설의 허가, 자연환경의 보전, 매수청구, 출입제한 등 체계적인 관리와 별도의 관리계획 수립을 의무화할 필요가 있음

㉯ 취락지구 이외의 시설을 집단화하여 관리하는 시설지구의 개념이 없고, 산책로나 휴게소 등의 이용자 편익시설도 체력단련시설 및 여가활용시설로 설치하여야 함

㉰ 따라서 공원조성계획에 의해 설치된 일부 공원시설은 구역 내에 허용가능한 시설이 아니므로 시설지구는 도시자연공원구역과 구별하여 별도의 도시공원이나 녹지 등으로 변경하여야 함(예 : 관악산도시자연공원(낙성대지구))

⑤ 기존 도시자연공원의 도시관리계획 변경사례 : 서울시

㉮ 기본방향

- 공원이용이 높고 공원시설 설치가 필요한 지역은 도시공원으로 변경 → 도시자연공원 내 공원시설이 설치되어 있는 시설지구 등은 이용현황 및 공원시설의 분포 등을 고려하여 생활권 근린공원이나 주제공원 등 도시공원으로 변경
- 자연환경 및 경관보호가 필요한 지역은 도시자연공원구역으로 전환하거나 편입 → 비오톱 및 식생우수지역, 자연공원, 습지보호지역, 생태경관보전지역, 도시자연공원 인접지 중 생태경관우수지역 및 개발행위로 인해 자연환경에 악영향을 끼칠 우려가 높은 지역 또는 도시 · 군기본계획, 공원녹지기본계획 등 상위 계획상 보존할만한 녹지축이나 거점 등으로 계획되어 보전이 필요한 지역 등은 도시자연공원구역으로 지정하여 도시숲으로 보전
- 공원기능을 상실한 지역 및 도시자연공원구역으로 전환이 불가능한 경우는 타 용도지역, 용도지구로 변경 → 기존 도시자연공원이 부적절하게 지정되었거나 공원기능의 상실 등으로 인해 도시자연공원으로의 유지가 불필요한 지역 및 도시자연공원구역으로의 전환이 불가능한 지역 등은 타 용도지역 및 용도지구로의 변경기준에 의거하여 관련 위원회의 심의를 받아 변경

㉯ 기존 도시자연공원 도시관리계획 변경기준

- 도시자연공원구역은 국토교통부 지침(도시자연공원구역의 지정 · 변경 등에 관한 지침)에서 제시하고 있는 '양호한 자연환경 및 경관의 보호' 목적을 달성하기 위한 자연환경 및 경관이 양호한지, '도시민의 여가 · 휴식공간의 제공'을 위해서는 도시민의 여가적 수요와 이에 부응하는 공간의 공급 및 배치라는 계획적 정합성을 종합적으로 고려해 도시자연공원구역으로 지정
- 따라서 기존 도시자연공원의 자원적 가치를 판단하기 위한 환경부문, 도시의 여가적 수요부문을 판단하기 위한 이용부문, 기존 수립된 계획 등과의 정합성을 파악하기 위한 계획부문이라는 세 가지 부문에서 기존 도시자연공원을 검토하여 도시관리계획을 변경

㉰ 도시자연공원구역 전환 시의 시사점

- 도시 내의 도시자연공원구역에는 취락지구는 입지하지만 자연환경 보존을 위한 지구나 공원 이용을 지원하기 위한 시설지구는 도입되어 있지 않기 때문에 공원시설은 별도의 도시 · 군계획시설로 결정해야 함

- 도시자연공원구역은 많은 도시민들이 즐겨찾는 도시 주변의 산으로, 자연환경을 보전 · 복원하고 공원 이용을 지원할 수 있는 체계적인 관리계획을 수립해야 함

2. 도시공원녹지 관리

1) 시민 참여 공원녹지계획

① 개요

㉮ 과거의 공원녹지계획은 관 주도로 공공시설로서의 공원녹지의 확보 및 정비 차원에서 수립되었으나, 최근에는 시민참여가 계획의 주요흐름을 주도하고 있음

㉯ 특히 시민들의 쾌적한 환경에 대한 욕구가 증대되고, 재정적인 부담 등으로 공공의 힘만으로 시민들의 욕구에 부응하기 어려워진 시대적인 상황도 이러한 변화의 주요인으로 작용하게 되었음

㉰ 「도시공원 및 녹지 등에 관한 법률」의 전면 개정 시에도 이러한 측면이 고려되어 도시녹화 및 녹화계약, 녹지활용계약 등 민간이 참여하는 방안이 도입되었음

㉱ 공원이나 녹지, 가로수 등의 공원녹지는 주로 행정에 의한 정비 · 관리에 의존하지만, 그 밖의 민유지들은 시민이나 기업 등 제3섹터의 적극적인 참여에 의존하게 됨

공원녹지계획에 시민참여방안

구분	내용
간접적 참여	계획수립이나 실계 등 계획에 간접적으로 참여하는 방법
직접적 참여	녹지활용계약이나 녹화계약의 주체로서 직접적으로 참여하는 방법
직 · 간접적 참여	공원녹지의 관리나 이용의 주체로서 직 · 간접적으로 참여하는 방법

② 양지공원(서울시 동작구) 조성계획 사례

㉮ 개요

- 양지공원은 동작구 사당3동 양지마을에 위치한 공공용지
- 오랫동안 방치되어 시설이 불량, 쓰레기 투기로 불결하여 동작구청에서 정비하여 공용주차장으로 조성할 것을 계획
- 그러나 주민들은 주차장 설치를 반대하여 공원으로 조성하기로 결정. 서울시에 마을마당 만들기 조성사업으로 추진할 것을 신청

㉯ 진행내용

- 서울대 교수에게 공원설계를 의뢰, 설계과정에 주민의견이 적극 반영되도록 서울시에 제안하여 서울시 주민참여형 사업의 시범지역으로 지정하였음

• 참여 희망주민 공개모집하여 8차 워크숍의 실시로 기본계획을 확정하고, 주민감독관을 임명하여 공사 시행을 주민 스스로 감독하였음

㉰ 결과

양지공원의 사례는 주민의 생활공간을 주민의 적극적 참여에 의하여 개선한 시범적 사례로, 주민과 서울시 · 동작구청 · 동사무소의 행정 · 조경계획가 등 3자의 협력적 파트너십에 의해 본격적으로 공원녹지 조성에 참여한 사례라고 할 수 있음

③ 시민참여형 도시개발프로그램 사례 : 광주시 푸른길 공원 가꾸기

㉮ 계획대상지

• 광주시 도심의 광주역에서 동성중학교의 약 8km 구간
• 경전선 철도부지로 광주주민들의 도심철도 이전 요구를 수용하여 2000년 8월 철도가 이설, 폐선부지를 푸른 길로 가꾸는 프로그램이 진행됨

㉯ 시민참여 과정 및 내용

• 폐철도부지를 녹지공간으로 조성하고자 하는 것은 대다수 광주시민의 커다란 바램이었음. 시민단체의 다양한 활동 전개로 푸른 길 조성 여론을 조성해 2000년 12월 광주시는 폐선부지를 녹지공간으로 조성하기로 최종 결정했음
• 2001년 광주시는 '폐선부지녹지공간조성위원회'를 구성하고 토론회 및 워크숍을 개최하였음
• 녹지공간은 전 구간에 걸쳐 산책로와 자전거도로가 있는 녹지공간으로 조성
• 기본구상, 기본계획, 실시계획 및 설계, 건설, 사후관리에 이르는 일련의 과정에 주민, 시민, 전문가, 지방의회 등 다양한 집단의 참여 촉진

㉰ 결과

• 다양한 특성을 가지고 있는 주변지역의 도시개발을 위한 견인차 역할을 할 수 있도록 유도하였음
• 구간별 기본구상 수립단계에서부터 기본계획, 실시계획, 집행, 사후관리에 이르는 일련의 과정에서 시민참여적 도시계획의 새로운 모델이 되도록 추진하고 있음

2) 녹지활용계약 및 녹화계약

① 녹지활용계약

㉮ 녹지활용계약은 민간과 공공이 계약을 체결함으로써 민간이지만 계획 또는 설계의 주체가 되는 경우로 아직 우리나라에는 추진된 사례가 많지 않음

㉯ 녹지활용계약기간은 5년인데, 우리나라와 같이 토지의 부동산으로서의 가치가 폭등하는 나라에서는 나대지 등의 토지에 대해 5년간 권리행사가 자유롭지 못하기 때문에 적용에 어려움이 예상됨

㉰ 따라서 공공이 녹지활용계약이 적용가능한 지역을 사전검토하여 대상지를 찾아내고 토지소유자의 적극적인 협력을 이끌어내기 위한 노력이 필요

㉱ 녹지활용계약의 대상은 다양할 수 있으나 우선 도시자연공원구역으로 지정가능성이 높은 지역이나 근린공원 중에서도 시민들의 이용은 많으나 빠른 시간 내에 보상이 어려운 지역 등에 적용 가능함

② 녹화계약

㉮ 녹화계약은 지역의 일정 면적에 대하여 녹지협정을 체결하는 것으로 협정이 체결된 구역의 부지는 협정서에 정한 사항에 따라 녹화를 실행

㉯ 주요 적용 대상지는 주택지, 상가와 주차장 등의 사유지이며, 도로 등을 공유하는 하나의 구획을 단위로 함

㉰ 녹화계약은 일정 지역 토지소유자 또는 거주자의 자발적 의사나 합의를 기초로 공공이 도시녹화에 필요한 지원을 하는 협정 형식을 취하도록 하고 있음

㉱ 효과 : 녹지의 양적 증가, 녹지의 질적 향상, 주민의 녹화의식 향상

㉲ 한계점 : 절차상 주민합의를 얻는 방법이 전원협정인 경우 합의가 형성되기까지 어려움이 있음. 위반사항에 대한 엄격한 조치가 곤란. 또한 녹지협정에는 양적 기준이 없기 때문에 일정량 지속적으로 유지하기 위한 담보성이 미약하다는 문제점이 지적

3) 주민참여 유지관리 및 이용프로그램

① 주민참여 유지관리

㉮ 필요성

- 도시공원은 항시 이용되고, 식물들이 생육하는 공간으로 쾌적한 공간환경을 유지하기 위해서는 끊임없는 유지 · 관리가 요구됨
- 도시공원녹지의 확대와 함께 공공에 의한 유지관리활동이 한계에 부딪히게 되었으며, 이러한 환경적 문제를 해결하기 위한 방안이 이른바 민간의 참여에 의한 파트너십임

㉯ 뉴욕시 사례

- 공공과 민간의 파트너십은 1970년대 뉴욕시의 센트럴공원보호회가 조직되면서 처음 이루어졌는데, 이 보호회의 공원운영활동에 의해 폐허와 같았던 공원이 다시금 시민들의 품으로 돌아올 수 있었음
- 뉴욕시와 공원보호회는 각각 자금을 모아서 경관복원과 유지관리 프로그램을 수행하고 있음
- 뉴욕시에는 공식적인 공원 파트너십이 19개 존재
- 공식적인 것 이외에 뉴욕시내의 작은 공원에도 공원을 가꾸는 풀뿌리 공원모임이 많이 있어 대부분의 공원을 시민들이 가꾸고 있음

㉰ 시사점

- 도시공원이 지역사회에서 성공적으로 작동되기 위해서는 짜임새 있는 계획과 수준 높은 공원설계뿐만 아니라 공원프로그램과 관리를 위한 지속적인 공공과 민간의 파트너십이 있어야 함
- 가장 성공적인 파트너십은 이용주민을 포함한 다양한 이해관계자 모두를 포함하는 협력체계를 갖추어야 함

② 공원이용 프로그램

㉮ 필요성

- 도시공원은 시민들의 이용을 전제로 하는 공간으로, 공원의 질을 향상시키기 위해서는 레크리에이션에 대한 수요를 충족시킬 수 있도록 다양한 공원이용 서비스를 제공
- 기존의 공원녹지의 활동상태 및 프로그램, 장래의 수요분석에서 실시한 레크리에이션 추세 등을 바탕으로 시행 가능한 적절한 레크리에이션 프로그램을 제시

㉯ 프로그램 패턴별 이용 프로그램

프로그램패턴	이용 프로그램
문화적 프로그램	음악회, 영화상영, 연극, 인형극, 탈춤, 사물놀이, 댄스, 회화, 조각, 사진, 도예 등
사회적 프로그램	알뜰장, 바자회, 가족걷기대회, 마라톤대회, 꽃축제, 기념일 축제, 자치구 축제 등
육체적 프로그램	축구, 농구, 배구, 야구, 테니스, 탁구, 수영, 에어로빅, 배드민턴, 게이트볼, 자전거 타기 등
환경적 프로그램	식물, 꽃, 곤충, 새, 야생동물, 수생동물, 자연체험

③ 주민참여 사례

㉮ 그린오너제도 : 경기도 녹지보전조례 시행규칙

- 경기도는 지역주민의 자발적인 참여에 의한 녹지관리를 추진하기 위하여 녹지의 실명제를 실시하고 있으며, 이를 위해 그린오너를 조직하고 있음
- 그린오너의 대상 : 개인, 회사, 학교, 종교단체 등
- 그린오너의 정의 : 소유권과 관계없이 녹지환경보전 활동에 자발적으로 참여하여 녹지를 가꾸거나 이에 필요한 기술을 제공하는 사람, 단체, 기업으로 정의
- 그린오너의 역할 : 현장활동과 기술지원으로 구분
- 현장활동 그린오너 : 녹지대 · 공원청소, 잡초 제거, 비료주기, 가뭄 시 물주기, 수목 표찰 달기, 꽃심기, 가로수분 청소, 지주목 정비 등을 담당

- 기술지원 그린오너 : 녹지관련 모든 기술자문 및 녹지가꾸기 지정일에 현장기술지원 등을 담당
- 인정된 참여자에게 지역환경개선 공로를 인정하는 명예 인증제를 실시
- 자치구 보상금, 업무추진비 등을 활용하여 담당 지역회의, 자문회의, 기술지원시 수당을 지급
- 녹지관리 활동에 필요한 재료 지원 및 녹지관리실명제 평가 후 우수기관을 그린오너로 표창함

㉯ 시민참여 공원운영 사례 : 서울숲

- 서울숲은 시민이 공원의 주인이 되어야 한다는 개념에 입각하여 민 · 관이 파트너십을 가지고 이용 · 운영하는 모범적인 사례임
- 서울그린트러스트와 서울시는 시민이 중심이 되는 공원 운영시스템을 도입할 것을 협의하고 '서울숲 사랑모임'을 결성하여 서울숲을 운영하고 있음
- 서울시는 시설물과 재산관리 등과 같이 시설관리 등 일상적인 관리를 담당하고, 생태교육, 홍보, 마케팅, 프로그램 운영, 자원봉사자의 모집 · 운영 등을 함
- 시민들의 참여는 프로그램이나 캠페인의 참여와 같은 소극적인 참여와 회원가입, 자원봉사활동 등 적극적인 참여에 이르기까지 단계적으로 이루어짐

II 단지계획

1. 배경이론

1) 인간행태이론

① 장소와 장소성

㉮ 개요

인간이 행동하기 위해서는 한정된 틀이 필요하며, 인식하고자 하는 대상을 포괄적인 공간(space)에 위치시킴으로써 특정 장소(place)와 인식된 대상을 연결시키게 됨

㉯ Schulz의 정의 : 실존적 측면

Schulz는 '공간은 장소를 형성하는 3차원적인 조직을 의미한다.'라고 정의하고, 실존적 공간이 중심성, 장소성, 방향성, 통로, 영역성으로 이루어지며, 이러한 중심과 통로 및 영역 3가지를 그 실존적 공간구성요소로 보았음

㉰ Relph의 정의 : 현상학적 측면

Relph는 현상학적 측면에서 장소를 정의하고 인간 활동(activity)과 의미(meaning), 그리고 정적인 물리적 장치(physical setting)를 장소를 구성하는 3가지 요소로 보고, 시

간과 공간의 맥락이 결합되고 요소들 간의 상호조합이 이루어져 다른 환경과 구분되는 장소의 특성을 갖는다고 설명

공간(space)과 장소(place)의 비교

공간(space)	장소(place)
• 공간은 특정한 사물이 들어있지 않은 비어있는 곳이나 자리 또는 어떤 일을 하기 위한 특정한 장소를 의미 • 하나의 물체와 그것을 지각하는 인간과의 사이에서 생기는 상호관계에 의해 형성	• 장소는 의식적으로 인식되고 창출되어 특정한 위치와 의미가 있는 공간 • 장소는 무명의 공간이 아니고 구조적이고 구체적인 공간 • 장소는 한 문화권이 오랫동안 공유하고 있던 공간구조를 통하여 재현 • 인간은 다양한 경험을 통해 미지의 공간은 친밀한 장소로 바뀜 • 낯선 추상적 공간은 의미로 가득 찬 구체적 장소가 됨

㉱ 장소감(sense of place)과 장소성(placeness)

- 어떤 지역이 친밀한 장소로서 우리에게 다가올 때 비로소 그 지역에 대한 느낌, 즉 장소감(sense of place)을 가지게 됨
- 장소성(placeness)은 인간이 정주하면서 특별한 의미를 갖게 되거나 부여하게 된 인식환경을 갖는 장소적 특질
- 장소성은 구성원들을 공간 속에 모아서 장소를 창출하거나 수용한다는 연결성을 그 속성으로 함
- 주거단지의 연결성이란 공공공간(public open space)의 확보와 쾌적하고 인간적인 근린(neighborhood)체계에서 찾을 수밖에 없음

② 개인적 공간과 영역성과 혼잡

㉮ 개요

개인이 환경 내에서 점유하는 공간은 개인 주변의 보이지 않는 공간을 포함한 경계를 지니며, 보이지 않는 경계를 타인이 침입하면 물러서거나 심하면 침입자와의 다툼이 일어날 수 있음

㉯ 개인적 거리와 개인적 공간

- 개인적 거리(personal distance)는 개인과 개인 사이에 일상적으로 유지되는 간격
- 개인적 공간(personal space)은 개인 주변에 형성되어 개인이 점유하는 공간
- 개인적 공간의 크기는 개인에 따라서 또는 상황에 따라서 변화됨
- 개인적 공간은 사람이 움직임에 따라서 이동하며 보이지 않는 공간

㉰ 영역과 영역성

- 영역(territory)은 주로 집을 중심으로 고정되어 볼 수 있는 일정지역 또는 공간
- Altman은 인간의 영역을 주로 사회적 단위의 측면에서 1차적 영역, 2차적 영역, 공적 공간 3가지로 구분
- 영역성(territoriality)은 다양한 사회적 그룹의 형태와 직접적인 관련이 있으므로 근린관계를 공간적으로 설명하는 대표적인 개념
- 영역성에 대한 분석은 주거 커뮤니티 계획 시 필수적 사항

㉱ 혼잡

- 혼잡(crowding)은 기본적으로 밀도(density)와 관계되는 개념
- 도시화가 진행됨에 따라 한정된 지역에 많은 사람이 모여 살게 되어 과밀로 인한 문제점이 늘어남에 따라 혼잡에 대한 관심이 높아지고 있음
- 밀도는 보통 물리적 밀도와 사회적 밀도 2가지로 구분
- 물리적 밀도는 일정 면적에 얼마나 많은 사람이 거주 하는가 혹은 모여 있는가 하는 것
- 사회적 밀도는 사람 수에 관계없이 얼마나 많은 사회적 접촉이 일어나는가 하는 것
- 아파트의 경우 물리적 주거밀도는 매우 높으나 사회적 밀도, 즉 주민 간의 대화 또는 접촉의 정도는 매우 낮은 바, 현대 도시주거문제의 핵심과제임

㉲ 주거단지에서 공동체 의식

- 이웃 간의 대화, 접촉은 공동체의식에서 비롯되며 공동체의식은 공동의 유대와 공동의 관심사를 전제로 형성되며, 상호 간 의사소통할 수 있는 시간과 장소가 주어져야 함
- 주거단지계획의 중요한 목적 중 하나가 공동체의식 증진에 두고 있는 이유가 됨

2) 단지계획이론

① 근린주구이론

㉮ 전원도시론

- 1898년 하워드(Howard)가 〈내일의 전원도시(Garden city of tomorrow)〉에서 개념 정립
- 대도시 인구 분산을 위한 소도시론이며 자족적 자립도시
- 도시생활의 편리함과 농촌생활의 이로움을 함께 지닌 도시 건설
- 계획내용
  - 인구규모는 3만 2천 명 수용
  - 도시의 물리적 확장을 제한하기 위해 도시외곽에 넓은 농업용 토지를 배치하며, 토지는 모두 공유함

- 시민경제 유지를 위한 공업지대 보유
- 상하수도, 전기, 가스, 철도 등 공공공급시설은 도시 자체에서 해결
- 대도시와는 대량교통으로 연결

• 계획도시 : 1903년 레치워드(최초의 전원도시), 1920년 웰윈

• 영향
  - 근린주구이론 형성배경
  - 신도시 개발의 기틀
  - 미국 그린벨트(green belt)제도에 영향

㉯ 근린주구이론(Neighborhood Unit)

• 1924년 페리(Perry)는 어린이들이 위험한 도로를 건너지 않고 걸어서 통학할 수 있는 단지규모에서 생활의 편리성과 쾌적성 및 주민들 간의 사회적 교류 등을 도모할 수 있도록 조성된 물리적 환경으로서 근린주구이론을 제안

페리의 근린주구 조성을 위한 6가지 원칙

구분	원칙 내용
규모(size)	• 규모에 있어서 주거단위는 하나의 초등학교를 유지할 수 있는 인구를 가져야 함 • 면적은 인구밀도에 따라 달라짐
주구의 경계 (boundaries)	주구 내 통과교통을 배제하고 차량을 우회시킬 수 있는 충분한 폭원의 간선도로로 계획
오픈 스페이스 (open space)	오픈스페이스와 관련하여 주민의 욕구를 충족시킬 수 있도록 계획된 소공원과 레크리에이션 체계를 갖춤
공공시설 (institute site)	공공시설로서의 학교와 교회 등은 주구 중심부에 통합 배치함
근린상가 (local shop)	주구 내로서의 학교와 교회 등은 주구 중심부에 통합 배치함
내부도로체계 (internal street system)	내부도로체계로 순환교통을 촉진하고 통과교통을 배제하도록 일체적인 가로망으로 계획

• 근린주구의 모델은 규모는 하나의 초등학교 학생 1,000 ~1,200명에 해당하는 거주인구 5,000~6,000명, 어린이들이 걸어서 통학할 수 있도록 주구의 반경은 400m, 면적은 약 64만 m^2로 하여, 10%의 오픈스페이스를 확보하고 커뮤니티시설과 학교 등은 중심부에, 상가는 1~2개소를 주구외곽에 배치. 그리고 단지 내부의 교통체계는 쿨데삭(Cul-de-sac)과 루프형 분산도로로 하고, 주구외곽은 간선도로로 계획

㉰ 래드번 시스템(Redburn system)

- 1929년 라이트(Wright)와 스타인(Stein)의 계획
- 하워드의 전원도시 개념을 적용하여 미국에 전원도시 건설
- 페리의 근린주구이론은 래드번 계획에서 구체화
- 래드번은 7,500~10,000명의 주민이 거주하는 3개의 근린주구를 결합시켜 주구 교차점에 보다 큰 규모의 커뮤니티시설을 배치하여 한 단계 높은 생활권 위계를 설정
- 계획내용
  - 뉴저지의 420ha 토지에 계획 → 인구팽창과 주거환경개선대책
  - 인구 2만 5천 명 수용
  - 10~20ha의 슈퍼블록(Super Block, 2~4개의 가구를 하나의 블록으로 구획)을 계획하여 보행자와 차량을 분리
  - 주택단지 둘레에 간선도로가 있고 주구 내는 쿨데삭으로 마무리되어 통과교통을 방지하고 속도를 감소시켜 자동차의 위협으로부터 보호받을 수 있게 함
  - 녹지체계는 주거 중앙에 지구면적의 30% 이상의 녹지를 확보하며 목적지까지 보행자가 블록 내의 녹지만을 통과하여 도달

② 근린주구이론의 한계

㉮ Isaacs의 비판

- 근린주구계획의 특징인 고립성과 도시패턴으로서의 주거단지, 가로에 적대적인 폐쇄성 등을 비판
- 생활권계획에 있어서 연결성과 도시구조 내에서 질서를 갖는 주거지, 가로공간에 개방적인 주거단지계획을 주장
- 이러한 주장은 1960년대 영국의 Hook, Redditch 신도시 등을 계획하면서 중첩과 연계이론으로 구체화
- 이들 신도시계획에서는 지구 중심을 하나의 센터가 아니라 거리와 같이 선형이면서 동적 공간으로 계획할 것을 주장. 차량을 계획의 필수사항으로 고려하고 위계적인 가로공간의 구성을 도모하여 이를 통한 가로의 활성화와 이용의 편의 및 선택의 다양성을 부여하는 한편, 시설의 배치는 이질적, 다양한 욕구를 반영할 수 있도록 위계적 · 반복적으로 계획

㉯ 근린생활권

- 그 규모에 따라 1차 생활권(소생활권), 2차 생활권(중생활권), 3차 생활권(대생활권)으로 구분할 수 있음
- 소생활권은 근린주구 규모의 단위로 인구 1만 명 내외이고, 지역 간 도로 또는 간선도로로 구획
- 중생활권은 3~5개의 근린생활권을 이루고 인구는 5~10만 명 정도임

- 대생활권은 주로 구 단위의 행정구역과 일치시키는 것이 생활권 형성에 유리하며 인구는 20~30만 명 정도임

③ 뉴어바니즘과 신전통주의계획

㉮ 뉴어바니즘(New Urbanism)의 도입배경

- 자동차 위주의 도시개발로 인해 나타난 도시의 외연적 확산, 보행환경의 악화, 도심 공동화 현상, 인종 · 소득계층 간 갈등, 공공공간의 상실 등의 문제들을 해결하는 노력으로 미국에서는 1980년대 후반에 뉴어바니즘(New Urbanism)이라는 새로운 운동이 전개
- 도시문제들의 해결방법으로 제2차 세계대전 이전의 전통적인 근린모델을 제시하며, 공공공간의 부활, 보행자 위주의 개발, 도심활성화 등을 주장

㉯ 뉴어바니즘헌장의 기본이념

1995년 제정됨. 근린주구 구성기법에 근거한 걷고 싶은 보행환경 구축, 편리한 대중교통체계 구축, 복합적인 토지이용과 다양한 주택유형의 혼합, 질 높은 도시 · 건축 디자인, 고밀도 개발, 녹지공간의 확충 등임

㉰ 뉴어바니즘의 내용

- 근대도시계획의 영향을 받지 않은 제2차 세계대전 이전 소도시의 전통적인 도시형성의 원리를 유추하여 현대의 도시여건에 맞도록 재구성한 신전통주의계획(new-traditional planning)에 의한 전통적 근린개발(TND : Traditional Neighborhood Development)을 지향
- 지구나 도시 지역차원에서 중심(town center)을 고밀화하고 외곽(edge)으로 가면서 점차 저밀화하는 트랜젝 개발(transect-oriented development)을 지향함
- 트랜젝은 자연 서식처와 도시활동공간이라는 상호대립되는 일련의 계획요소를 동시에 구성하는 전략

㉱ 시사점

- 뉴어바니즘은 도시미화운동 이래 상대적으로 그 가치가 소홀히 다루어져온 미적인 측면을 재발견함으로써 도시민이 보다 윤택한 생활을 누릴 수 있도록 하는 물적 토대 제공
- 환경가치를 중시하여 환경친화적 도시설계의 모범을 보여주고 있음
- 도시마케팅전략의 구체적인 모습을 보여준다는 측면에서 긍정적 의미
- 우리나라의 '지속가능한 신도시 계획기준'이나 '살기좋은 도시만들기'는 그 구체적인 제안 → 이들의 비전이 환경생태, 경관, 공동체, 자족성, 대중교통 등 이미 20년 전에 제시한 미국의 뉴어바니즘이 제시한 비전과 상당히 중복됨

2. 지구단위계획

1) 개발사업과 지구단위계획

① 법적 근거 :「국토의 계획 및 이용에 관한 법률」

정의 : 도시계획 수립 대상지역 안의 일부에 대하여 토지이용을 합리화하고 그 기능을 증진시키며 미관을 개선하고 양호한 환경을 확보하며 당해 지역을 체계적 · 계획적으로 관리하기 위해 수립하는 도시 · 군관리계획

② 개발사업과 지구단위계획 관계

㉮ 지구단위계획은 물리적 계획을 위한 규제수단과 계획이 완료된 지역에 대한 사후관리 수단으로서의 기능을 동시에 가지고 있음

㉯ 그러나 지구단위계획의 성격이 점차 관리적 성격에서 사업 유도적 성격, 개발 허가적 성격으로 확대 변화되면서, 지구단위계획의 고려요소도 기존의 관리계획요소 이외에 사업성, 재정적 측면에 대한 부분, 지역의 역사나 문화, 지역공동체에 대한 고려, 최근에는 환경적 측면의 고려 요구도 점증하고 있는 실정

③ 지구단위계획에 조경가 참여

계획규제수단으로서의 지구단위계획은 결과만큼 과정이 중요하며 이러한 과정에 조경가의 적극적인 참여가 기대되는 바, 도시개발이나 택지개발 등 지구단위의 개발사업과 관련한 계획규제, 수법을 이해해야 함

2) 지구단위계획 규제수법

① 도시관리장치 · 계획규제수단

㉮ 지구단위계획은 도시계획절차에 의해 수립되고 의지에 따라서는 대상지역의 구체적인 3차원적 형태를 결정지을 수 있는 힘 있는 도시관리장치, 그 의지의 주체는 계획전문가 또는 승인권자 가능

㉯ 지구단위세획이 도시관리장치인 동시에 개발사업을 위한 실시계획승인 이후 곧바로 시작되는 공동주택단지의 계획규제수단이 됨

㉰ 신도시 또는 대규모 부지를 공간적 범위로 하는 택지개발이나 도시개발을 위한 계획수립 및 도시정비 · 재정비를 위한 지구단위계획은 도시공간의 입체적인 질서를 부여하고 접점공간의 도시적 풍요로움을 제공하기 위한 공공계획임

㉱ 이러한 공공을 위한 공간 형성에 있어서 경관 및 생태, 친환경 관련 계획은 도시 또는 지구의 정체성을 결정하는 매우 중요한 역할을 수행하게 되며, 특히 개발과 관련한 환경계획 또는 영향평가와 직접 연계하여 수행되는 특징을 가짐

② 한계점

㉮ 현재 개발사업과 관련하여 실시계획 단계에서 수립되는 지구단위계획은 개별법에서 정한 개발계획에 의해 배분된 별도지침에 따라 결정된 토지이용계획을 근간으로 각종 영향평가나 심의 등을 반영하여 수립하는 데 그침으로써 절차이행의 보조적 수단으로 작성되고 있다고 해도 과언은 아님

㉯ 지구단위계획 자체가 부실한데다 도시의 골격과 이미지를 형성하는 측면에서 입체적 도시구조와 형상을 제어하지 못함은 물론 최소한의 규제를 통한 다양한 건축행위가 가능해야 하나, 오히려 너무 세밀한 부분까지 규제함으로써 일률적 혹은 왜곡된 경관을 형성하는 등 본래의 목적을 달성할 수 없을 뿐만 아니라 창의적인 계획을 저해하기도 함

③ MA(Master Architect)와 MP(Master Planner) 및 MLA(Master Landscape Architect)

㉮ 최근 들어 도시개발이나 도시재생을 위한 각종 계획수립과정에서 프랑스의 지구건축가제도를 차용한 일본 도시재생기구의 마스터 아키텍트(MA) 설계방식을 벤치마킹한 전문가 협력방식이 도입되어 부지의 정합성을 높이고 공공성과 환경성을 중시하는 경향이 대세를 이루고, 필요한 경우 별도의 경관형성계획이나 환경계획을 별도로 수행하게 되면서 조경분야 전문가의 역할이 크게 주목받음

㉯ 2000년 들어 용인 신갈 새천년단지에 처음 도입된 전문가 협력 설계방식은 수도권 택지개발지구는 물론 그린벨트 해제지구의 국민임대주택단지와 서울특별시의 뉴타운 개발에 본격 도입되고 있음

㉰ 제2기 신도시를 개발함에 있어, 계획 및 설계를 체계적으로 관리하고 일관성을 유지함으로써 계획의 집행력을 확보하는 방안의 하나로 개발 초기단계부터 토지이용계획과 건축계획에 계획지도위원(MP)를 활용토록 하였음

㉱ 뉴타운 사업을 보다 안정적이고 효율적으로 추진하기 위한 「도시재정비 촉진을 위한 특별법」이 제정되면서 도시재정비촉진계획 수립 전 과정을 총괄진행 · 조정하는 총괄계획가(MP)를 위촉토록 함으로써 기존의 뉴타운 개발 기본계획 수립 시 도입된 바 있는 MA제도에 대한 법적 근거가 처음으로 마련되기에 이름

㉲ 이와 같은 전문가 협력방식은 조경분야에도 도입되어 단지와 공원녹지 간 연계는 물론 단지와 단지 간 디자인 조정을 통하여 지구 전체의 조화로운 환경조성을 도모하고 외부환경의 질적 수준을 제고하기 위하여 실무경험과 설계조정능력이 뛰어난 총괄조경가(MLA)를 임명하여 운영되기도 함(예 : 성남판교신도시 공원녹지 현상설계공모 당선작)

3) 지구단위계획 사례

① 안산신길지구

경관생태계획을 전제로 주거단지 개발계획을 수립한 안산신길 택지개발지구 사례임

㉮ 지구 개요 및 현황

- 2002. 6월 택지개발예정지구 지정
- 2003. 6월 택지개발계획 승인
- 2003. 12월 택지개발 실시계획 승인, 주택건설사업 승인

  → 개발계획 수립 시점부터 실시계획승인은 물론 주택건설사업계획 수립이 끝날 때까지 전문가(MA) 협력방식으로 진행

㉯ 생태자원 조사 및 분석

- 현존식생 및 토지이용에 대한 조사와 분석을 통해 현존식생 및 토지이용 유형도 작성
- 이를 기반으로 비오톱을 유형화하고 비오톱 유형도를 작성. 비오톱지도화 방법으로 지구 전체에 대한 상세한 포괄적 지도화 방법을 적용

㉰ 비오톱 유형평가 및 경관생태계획 수립

- 비오톱 유형을 산림지 · 습지 · 초지 · 경작지 비오톱으로 구분하고, 지형 · 수계 · 식물군락 등 환경요소의 특성 및 서식 동식물의 특성, 토지의 자연적 가능성을 토대로 하여 그 중요성을 판단함
- 현황조사 · 분석 및 유형 평가에 의거 기존 하천을 대상으로 생물서식공간으로의 복원 및 바람통로 유지를 위한 자연축과 내부에 공존하는 식생이 양호한 자연지형을 연계하기 위한 산림축을 중심으로 하는 녹지체계를 형성하는 경관생태계획을 수립

㉱ 개발계획안 수립

경관생태계획에 의거하여 녹지 네트워크를 계획함. 경관생태 중심의 토지이용계획을 근간으로 계획지표를 반영하고 주거단지의 쾌적성 향상과 커뮤니티 활성화를 위한 계획적 검토를 통해 본 지구의 마스터플랜을 작성

㉲ 경관생태계획에 의거한 지구단위계획

- 기존의 토지이용 및 교통 위주의 개발계획 수립방식과는 달리 생태계 보존을 최우선으로 하는 경관생태학적 접근방식을 수용함으로써 환경계획과 공간계획 간의 연계를 도모하여야 함
- 생태학적 접근방식은 생물적 요소 외에 지형이나 기후적 요소 등의 가치를 종합적으로 평가하여 보전적지를 찾아내고 녹지의 유기적 통합과 연계에 의해 그린네트워크화함으로써 생태계의 지속성을 유지시키고 인간과 자연이 조화롭게 공존할 수 있도록 함

- 환경계획과 연계한 공간계획을 근간으로 가이드라인을 설정하고 이를 지구단위계획에 반영함으로써 개발 지향적 접근이 아닌 환경 우선의 개발계획을 수립함은 물론, 전략환경영향평가 단계에서의 친환경 계획적 전제를 뒷받침하고 향후 환경영향평가에 내실을 기하기 위한 관련 제도의 개선이 필요함

3. 주거단지계획

1) 주거단지계획

① 단지계획의 영역 및 수립과정

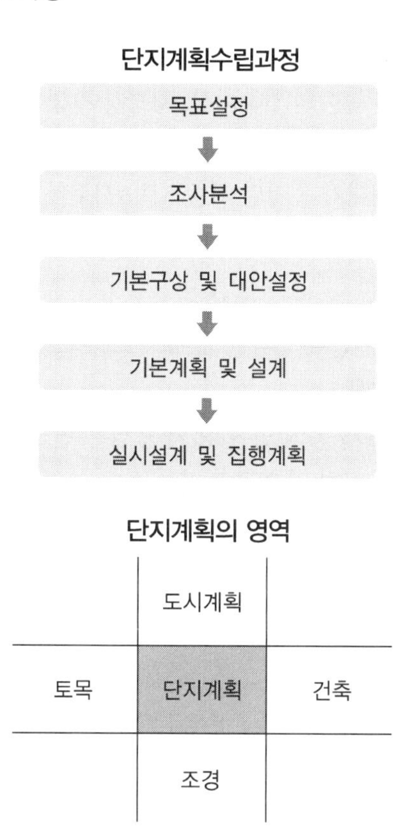

② 공동주택단지의 건축물 배치계획에 관한 계획규제

㉮ 「국토의 계획 및 이용에 관한 법률」에 근거한 지구단위계획

㉯ 「주택법」과 「건축법」 및 관련 지방자치단체의 조례

㉰ 택지개발계획이나 실시계획 수립과정에서의 환경 · 교통 · 재해 등 관련 영향 평가

㉱ 승인권자, 협의권자와의 승인 · 협의과정에서 설정된 관련 자체 지침이나 기준 등

③ 대지안의 공지

㉮ 건축물을 건축하는 경우 「민법」에 근거하여 경계로부터 0.5m 이상 거리를 두어야 함

㉯ 「건축법」에 근거하여 건축선 및 인접대지 경계선으로부터 건축물의 각 부분까지 6m 이내의 범위 내에서 일정 거리 이상을 띄어 대지안의 공지를 확보

④ 건축물의 높이제한

㉮ 제1종 일반주거지역의 경우 4층 이내, 제2종 일반주거지역의 경우 15층 이내에서 지차체 조례로 정하는 층수 이내로 제한

㉯ 고도지구의 경우 최저 · 최고한도를 정한 규정

㉰ 일조 등 확보를 위한 높이 제한 : 높이 4m 이하인 부분은 1m, 높이 8m 이하인 부분은 2m, 높이 8m를 초과하는 부분은 당해 건축물 각 부분 높이의 2분의 1 이상을 띄움

㉱ 인동거리에 의한 높이제한 : 채광을 위한 창문 등이 있는 벽면으로부터 직각방향으로 건축물 각 부분의 높이의 1배 이상, 채광창이 없는 벽면과 측벽이 마주보는 경우 8m, 측벽과 측벽이 마주보는 경우 4m이상 띄워야 함

㉲ 대지 안의 모든 세대가 동지일 기준으로 9시부터 15시 사이에 2시간 이상 계속하여 일조를 확보할 수 있는 거리 이상 띄워야 함

⑤ 입면적과 입면차폐도

㉮ 공동주택 배치로 인한 위압감을 없애고 조망축을 확보하기 위하여 입면적과 입면차폐도를 설정하여 규세

㉯ 입면적은 건축물 1개 동의 입면 상 가장 넓은 면적으로 건축물 높이(H)에 건축물 벽면의 직선거리(D)를 곱한 값으로 표기

㉰ 입면차폐도는 대지 주위의 주요 조망축 방향에서 건축물 입면적이 차지하는 정도로 조망축 방향에서 건축물 입면적의 합계(A1+A2+A3+A4+A5)를 그 주요 조망축 방향의 단지의 가장 긴 길이(L)로 나눈 값으로 표기

⑥ 소음 등으로부터의 이격

㉮ 소음도가 65dB 이상인 경우 : 공동주택을 소음발생시설로부터 방음벽 · 수림대 등의 방음시설을 설치, 65dB 미만이 되도록 함

㉯ 방음벽이나 방음둑은 그 높이가 높고 음원에 근접되어 있을수록 또한 수음점이 이들 시설에 가까울수록 소음저감효과가 증가하여 약 20dB까지 감소

㉰ 거리효과를 제외한 수림대 자체에 의한 소음저감은 보통 2~3dB, 최대 10dB임

㉱ 방음벽 설치보다는 방음둑을 설치하고 수림대 조성이 바람직

2) 옥외공간계획

① 의의 및 방향

㉮ 공동주택단지의 옥외공간은 단지라는 하나의 생활형태를 확립하는 데 필요한 반공공적 존재로 인식될 수 있음

㉯ 즉 단지주민의 프라이버시의 확보와 불특정다수의 다양한 옥외생활환경을 동시에 제공할 수 있어야 하기 때문에 그 중요성에 있어서 옥외공간의 차지하는 비중은 상당히 높음

- 바람직한 공동주택의 옥외공간 조성방향
  - 동적 공간과 정적 공간을 기능적으로 분리
  - 구심적 공간질서 및 영역성 확보
  - 연속성 확보, 시각적 연속성을 동시에 부여
  - 지형을 최대한 활용, 지형변화를 최소화, 공간활용 극대화
    → 경사지 활용기법(경사로, 계단, 벽천, sunken garden, roof garden)
  - 단지중심부는 차량통과를 배제, 공공공지를 확보하여 단지 핵심공간으로 계획
  - 효율적 · 체계적 동선계획 수립
  - 지역성에 바탕을 둔 주거환경의 조성

② 동선계획

단지 내 도로는 차량과 보행자의 관계에 따라 보차혼용, 보차병행, 보차분리, 보차공존 등 다양한 방식으로 구성

㉮ 보차혼용방식

보행자와 차량동선이 전혀 분리되지 않고 동일한 공간을 사용

㉯ 보차병행방식

보행자는 도로의 측면을 이용하도록 차도 옆에 보도가 설치된 방식

㉰ 보차분리방식

보행자전용로를 일반도로와 평면적으로 입체적으로 시간적으로 분리하여 별도의 공간에 설치 방식

㉱ 보차공존방식

- 차와 사람을 단순히 분리한다는 개념에서 한걸음 더 나아가 보행자의 안전을 확보하면서 차와 사람을 공존시킴으로써 주택단지 내부 도로를 단순한 교통시설이 아닌 주민생활의 중심장소로 만든다는 개념
- 폭이 좁은 단지는 I자형(선형)을, 폭이 넓은 단지는 Loop형을 기본으로 하여 단지의 형상과 규모 등에 적합한 형태를 택하도록 함

③ 옥외생활공간계획

㉮ 도시 및 주거단지 내 녹지 · 공공공간 · 공용공간의 절대적 부족이 주요문제로 꼽히고 있는 우리나라 상황에서 공동생활공간의 양적 확대가 우선적인 과제

㉯ 단지 내 옥외공간을 집단화하고 연계시킬 수 있는 방안 중의 하나로 보행자전용로 구축

- 보행자전용로
  - 자체가 훌륭한 외부공간으로 기능함은 물론 동시에 여러 시설들을 연계함으로써 시설이용도를 높이고 보행자의 안전을 확보할 수 있음
  - 주거단지개발 등 도시차원에서 공원이나 녹지, 보행자전용도로 등 보행을 위한 공공공간의 양적 확충을 기하여 인접한 주거단지의 보행공간 등과 연계한 생활동선 공간으로 기능하도록 함
  - 주거단지차원에서 보행자전용로, 녹지, 놀이터 및 운동시설, 휴게시설 등을 확충하여 산울타리 담장이나 수림대 조성 등을 통하여 단지 외곽과의 연계를 도모
- 보행공간 조성방안 : 근린 커뮤니티는 기본적으로 보행생활을 매개체로 형성되며, 이러한 보행공간 조성을 위해서는 거주자의 일상생활 동선의 보행전용 공간화를 도모하고, 단위주거 - 주거동 - 단지 내 옥외공간 - 주변도시공간으로 이어지는 일상생활동선의 연계를 원활히 할 필요가 있음
- 생활가로
  - 가로활성화를 위해 도입된 생활가로는 일상생활공간으로 주거동과 연접한 가로에서 건축물 내부 또는 앞마당에서 행해졌던 보편적 행위를 거주민 스스로가 참여하여 자유롭고 활발하게 조성할 수 있도록 기본적 환경이 조성된 가로
  - 주변환경에 대해 개방성 · 중첩성 · 연계성을 가지며, 가로의 활력증대를 위해 보행로의 쾌적성 및 장소성이 요구됨
  - 거주민 간의 커뮤니티 형성 및 교류를 추구함과 공시에 반공공성을 지니며, 매개적 기능과 도시성을 지님

④ 친환경 계획

㉮ 생태면적률 도입, 빗물침투시설 의무화, 친환경 용적률 인센티브제 확대 등 자연환경 보전 및 순환기능 증진을 위한 환경친화적 계획과 구체적 실현은 필수가 되고 있음

㉯ 친환경건축물 인증제도와 주택성능표시제가 도입 · 운영되고 있었으나 최근 개정되어 녹색건축인증제도로 통합되어 운영되고 있음

⑤ 어메니티 계획

㉮ 최근 주거단지계획에서는 장소에 내재된 가치를 중시하여 기존의 역사 · 문화적 자원을 발굴하고 보존하고 이를 새롭게 창조함으로써 단지별 정체성을 확보하고 옥외공간을 차별화 · 특성화하는 경향이 나타나고 있음

㉯ 기존의 도시정비 및 재정비사업을 추진하는 과정에서 장소성 개념을 도입한 원주민 추억공간(Town-History Plaza) 조성계획사례(예 : 전북익산 옴솟골지구, 서울 관악구 신림동 난곡재개발지구)

3) 전망 및 과제

① 계획가로서 조경가의 자세

㉮ 조경을 단순히 주어진, 구획된 공간을 수식하는 일로 치부해서는 안 됨. 왜냐하면 이러한 공간들이 얼마만한 규모로, 어디에 자리해야 하고, 어떻게 연계되어야 하느냐가 더욱 중요하기 때문임

㉯ 최근 들어 경관을 종래의 회화적 · 양식적 관점에서 벗어나 도시의 인프라스트럭처와 시스템으로 이해한다는 것은 곧 건축 · 도시 · 조경 사이의 전통적 영역구분이 유예됨을 의미함

㉰ 계획과 설계라는 실천의 지형이 변하고 있는 양상에 대응하는 실천적 움직임으로서의 Landscape Urbanism은 단지 경관을 고려하는 도시설계라던가 도시 내 부지를 다루는 조경이 아니라 조경과 건축과 도시의 사이를 관통하는 혼성의 영역이라고 볼 수 있음

② 계획패러다임의 변화와 조경가의 역할

㉮ 각종 개발계획을 수립하면서 환경계획 내지 환경생태계획 수립이 의무화됨에 따라 환경 · 생태분야의 위상의 크게 높아지고 있음

㉯ 필요한 경우 별도의 경관형성계획을 수립함은 물론 「경관법」에 근거하여 사업단위의 경관계획 수립이 크게 늘어날 것으로 예상됨에 따라 경관분야의 성과가 기대됨

㉰ 이러한 공간계획과 환경계획 간의 조율과 매개역할은 자연환경 및 생태복원분야의 전문가인 조경가의 몫이 될 수밖에 없음

㉱ 개발로 인한 환경영향을 최소화하는 대안 제시는 물론 갈등해소와 합의형성을 위한 구체적인 해법 모색 등 개발과 보존에 따른 갈등관리자로서의 자질 향상을 위한 노력을 해야 함

Ⅲ 관광지계획

1. 관광과 관광지

1) 관광의 개념

① 여가(Leisure)와 레크리에이션(Recreation)

㉮ 여가 : 노동과 반대되는 개념, 노동시간과 생활시간을 제외한 자유시간에 행해지는 활동

㉯ 레크리에이션 : 여가에 속하는 개념이나 의미상 역동적인 활동을 지칭

② 관광과 레크리에이션의 차이점

㉮ 레크리에이션이 관광에 비하여 신체적 활동의 비중이 크고 관광의 필수적 요소인 이동의 의미가 미약

㉯ 관광은 레크리에이션보다 견문획득을 통한 지식의 향상 혹은 자기계발이라는 성취욕 추구의 성향이 더 크다고 할 수 있음

③ 관광(Tourism)

㉮ 자유의사로 자유재량시간을 활용하는 여가활동

㉯ 돌아올 예정으로 일상영역을 벗어나 견문을 넓히고 에너지를 보충하여 완전성을 추구하고 즐거움을 누리는 일련의 행동과 이로 인해 발생하는 경제적 · 사회적 · 문화적 현상의 총체로 규정

2) 관광지의 정의 및 역할

① 관광지의 정의

㉮ 법적 정의 : 「관광진흥법」
자연적 또는 문화적 관광자원을 갖추고 관광객을 위한 기본적인 편의시설을 설치하는 지역

㉯ 사전적정의
자연 및 문화자원을 보유하고 있으며 지역주민 또는 관광객들에게 관광 및 휴양을 즐길 수 있도록 일정 수준의 시설을 갖춘 지역

② 관광지의 역할

㉮ 국민의 관광욕구를 충족시킬 수 있는 다양한 기회의 장이자 건전한 여가활동공간

㉯ 장기적 측면에서 자연훼손을 최소화하고 난개발을 방지

㉰ 지역 경제 활성화를 통해 지역 간 균형발전

㉱ 관광소외계층에 대하여 관광활동의 기회 제공, 국민복지 증대 실현

③ 관광자원별 관광사업법

관광자원	법규	부처
관광지, 관광단지, 관광숙박시설, 관광객이용시설, 관광편의시설	관광진흥법	문화관광부
박물관 · 미술관	박물관 및 미술관진흥법	문화관광부
등록체육시설(골프장, 스키장 등)	체육시설의 설치 · 이용에 관한 법률	문화관광부
청소년수련시설	청소년활동진흥법	문화관광부
온천원보호지구, 온천공보호구역	온천법	행정자치부
유원지	국토의 계획 및 이용에 관한 법률	국토교통부
자연휴양림	산림법	산림청
농어촌 휴양단지 관광농원	농어촌정비법	해양수산부
수목원	수목원 조성 및 진흥에 관한 법률	산림청
자연공원	자연공원법	환경부

3) 관광지 개발계획

① 관광개발 관련법제

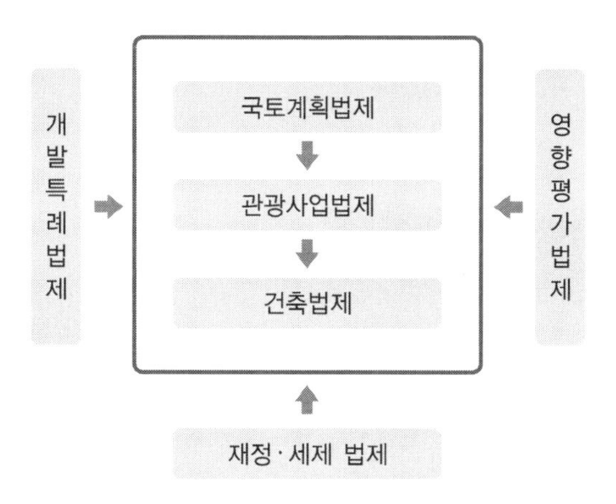

관련법	주요내용
국토계획법제	국토의 계획 및 이용에 관한 법률, 도시개발법, 수도권정비계획법 등
관광사업법제	관광진흥법, 체육시설의 설치 · 이용에 관한 법률, 온천법, 자연공원법, 박물관 및 미술관 진흥법, 청소년활동진흥법, 산림법, 산지관리법, 농어촌정비법, 수목원 조성 및 진흥에 관한 법률 등
개발특례법제	지역특별화 발전특구에 관한 규제 특례법, 사회간접자본시설에 대한 민간투자법, 외국인투자촉진법, 지역균형개발 및 지방중소기업육성에 관한 법률, 제주국제자유도시특별법, 폐광지역 개발지원에 관한 특별법, 접경지역지원법 등
건축법제	건축법, 주차장법 등
영향평가법제	환경정책기본법, 환경 · 교통 · 재해 등에 관한 영향평가법 등
재정 · 세제법제	예산회계법, 보조금의 예산 및 관리에 관한 법률, 지방재정법, 공익사업을 위한 토지 등의 취득 및 보상에 관한 법률, 개발이익환수에 관한 법률, 법인세법, 소득세법, 조세특례제한법, 지방세법 등

② 관광(단)지 조성절차

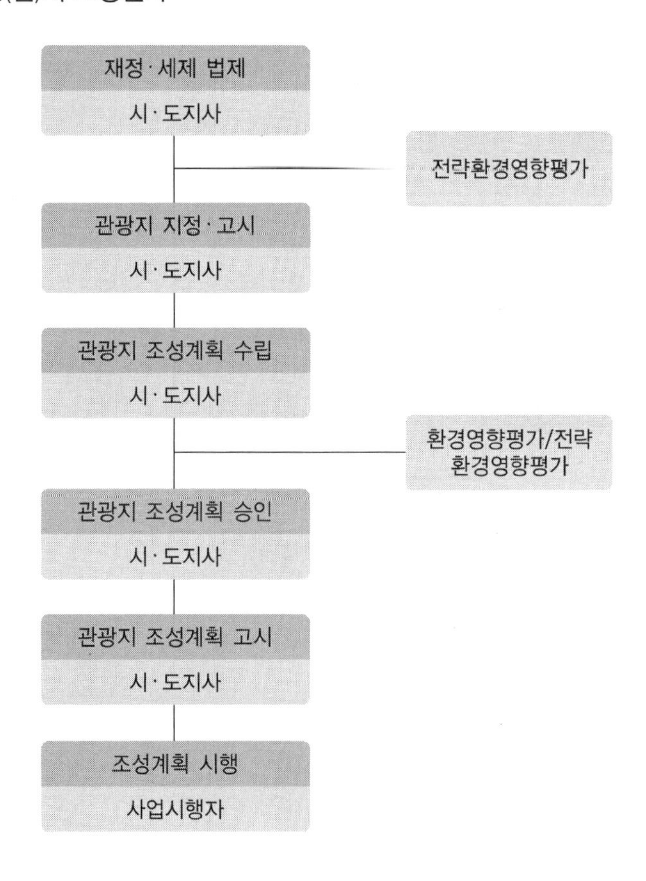

2. 수요 예측 및 관광공급 규모 산정

1) 수요예측

① 수요예측의 의의

수요예측은 관광공급 규모의 수준과 규모를 산정하기 위한 지표로서 계획 및 사업의 방향 설정과 예산의 투입 규모 산출, 사업 시행의 타당성 및 경제적 파급효과 산정을 위한 기초자료로서 사업 추진 및 정책의사 결정 시 매우 중요한 요소로 작용

수요의 개념

수요	수요의 개념
총량수요	관광 이동 통계자료상의 목적지별 비율을 조사 · 공표하여 이를 활용하여 산출된 관광수요
추세수요	시계열을 통한 정량적 수요분석으로 점유율 및 성장추세를 기초로 산출된 관광수요
보정수요	상황 변화에 따라 수요환경변화를 고려하여 조정한 관광수요
목표수요	추세수요를 기초로 하여 공급여건 변화에 따른 보정을 통해서 산출된 관광수요
자연증가수요	시대와 환경에 따라 불규칙성이 존재하며, 정책 및 결정지표의 변화 등에 따라 증가하는 수요
잠재수요	가능성 있는 관광객까지 추정하여 산출된 관광수요

② 방법

㉮ 방문객이 일반 관광객인 경우

일반 관광객 수요는 시설 및 공간의 매력성, 입지 및 교통의 여건, 소득수준 등의 다양한 요인에 의존하기 때문에 매우 신중한 태도가 요구됨

방문객 수요 산출방법

구분	내용
회귀분석	방문자 수에 영향을 미치는 주요 경제변수를 도출하여 방문자 수와 이들 변수 간의 관계를 통계적으로 규명하는 방법
시계열분석	과거 및 현재 추세의 비율을 이용하여 미래를 예측하는 방법으로 관광개발계획 수립 시 가장 많이 이용되고 있음
이동통계분석	과거의 인구 및 이동통계의 추세를 이용하여 미래의 인구 및 이동횟수를 추정하여 방문객 수를 추정하는 방법
유사시설의 경험 활용	해당 계획과 유사한 성격의 국내외 시설 · 공간의 과거 경험치를 이용하여 방문객 수를 추정

㉯ 대상 방문객이 특정 집단인 경우
대상 방문객이 일반 관광객이 아니라 특정 집단인 경우에는 시설의 입지적 조건보다는 설립 목적 및 성격이 수요에 영향을 미친다고 할 수 있음. 따라서 시설이 입지할 대상지역의 방문수요(이동통계)를 바탕으로 한 수요 추정은 무의미하며, 시설이 제공하는 서비스에 대한 과거의 통계자료에 근거하여 수요를 추정하여야 함

2) 공급규모 산정방법

① 공급지표를 활용한 규모 산정방법

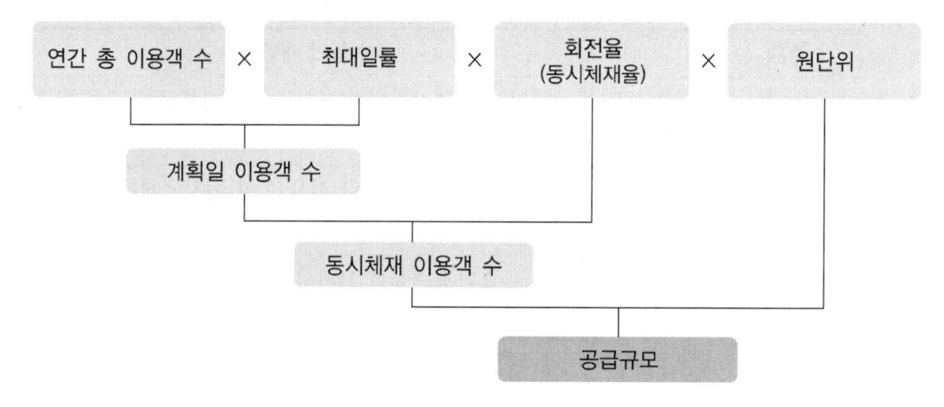

㉮ 연간 총 이용객 수 : 예측한 목표연도의 이용객 수
㉯ 최대일률 : 연간 관광객 수에 대한 최대일 관광객 수의 비율, 연중 가장 많이 온 날의 집중도, 최대일 이용객 수는 계획연도 연간 이용자 수에 최대일률을 곱하여 산정
㉰ 최대일률=최대일 이용자수/연간 관광객 수
㉱ 최대일률은 1계절형(해수욕장, 스키장), 2계절형(자연공원, 유원지)으로 간주함
㉲ 일본에서 작성된 최대일률을 계절형으로 살펴보면, 1계절형(1/30), 2계절형(1/40), 3계절형(1/60), 4계절형(1/100)으로 나타남
㉳ 회전율은 그 날의 전체 방문객에 대한 가장 방문객이 많은 시점의 방문객 수의 비율을 말하는 것으로 동시체재율이라고도 함
㉴ 체재시간에 따른 회전율을 주로 많이 쓰이는 시간대별로 보면 3시간체재(1/1.8), 5시간체재(1/1.5), 6시간체재(1/1.4)로 나타남
㉵ 원단위는 이용객 1인당 관광활동에 필요한 적정 면적을 의미함

② 유사사례 비교에 따른 규모 산정방법

㉮ 개발대상지역 및 개발사업의 특성과 성격에 가장 유사한 사례분석 등을 통하여 공급규모를 결정하는 수법임
㉯ 현황분석, 수요예측, 사례분석 등을 통해 수요를 도출하고 원단위를 활용하여 공급규모를 산정

㉰ 국내에서는 관광자원 중 박물관, 미술관, 식물원과 같은 건축물 및 구조물을 개발할 때 주로 활용됨

③ 제반 평가방법을 통한 규모 산정방법

㉮ 환경영향평가, 수용능력평가, 비용편익분석, 계획대차대조표, 목표성취행렬 등을 비교 · 분석하여 공급규모를 산출하는 수법임

㉯ 평가방법 중에서는 수용능력 평가와 환경영향평가의 중요도가 상대적으로 높음

㉰ 환경영향평가는 우리나라에서 현재 실행되고 있는 동명의 제도와 유사한 성격으로, 환경보전과 경제성장의 조화를 위한 의사결정수단임

㉱ 수용능력평가는 관광수용력, 레크리에이션 수용력, 기타 수용력 등으로 다양하게 분류될 수 있음

④ 생태적 수용력을 고려한 규모 산정방법

㉮ 방문객 수와 이용특성으로 인하여 생태시스템이 파괴되기 시작하는 시점의 수용능력

㉯ 관광개발로 인하여 대상 지역환경의 질이 저하되지 않고, 자연자원이 자기치료능력이나 자기정화능력을 상실하기 이전의 이용수준을 의미함

㉰ 21세기 지속가능한 관광개발시대를 지향하기 위해서는 생태적 수용력이야말로 관광자원계획 수립 시 최우선되어야 하는 가치관임

㉱ 따라서 자연자원을 이용한 관광개발계획의 개발규모는 생태적 수용능력을 중심으로 원단위를 추정하는 것이 가장 바람직할 것임

㉲ 그러나 우리나라의 경우 생태수용력을 감안한 시설기준에 관련된 연구가 거의 실시되지 않은 실정임에 따라 자연을 활용하여 개발하는 시설 중 개발면적이 가장 넓은 자연학습원 점유면적 또는 해외사례, 계획가의 경험치를 기준으로 공급규모를 산출하고 있는 실정임

공급규모 산정방식별 특징 비교

구분	특징	비고
공급지표 활용	• 공급규모를 산출하기 위해 개발계획 및 개발범위에 따라 개발된 지표를 활용하여 적정 면적을 도출 • 세부시설별로 공급규모 산정식을 다르게 적용 • 개발하고자 하는 대상에 대한 공급규모를 직접적으로 산출할 수 있으므로 신뢰성이 높음	연간 총 이용객 수, 회전율, 원단위를 활용

기존개발 유사사례 비교	현황분석, 수요예측, 사례분석 등을 통해 수요를 도출하고 원단위를 활용하여 공급규모를 산정하는 방법	박물관, 미물관, 식물원과 같은 건축물 및 구조물을 개발할 때 주로 활용
제반 평가방법을 통한 산정	환경영향평가, 수용능력평가, 비용편익분석, 계획대차대조표, 목표성취행렬의 평가방법을 비교 · 분석하여 산정하는 방법	수용능력 평가는 다양하게 구분되며 평가방법 중 수용능력 평가와 환경영향평가의 중요도가 높아지고 있음
생태적 수용력을 고려	• 생태적 수용능력을 중심으로 원단위를 추정함 • 공급규모를 산정할 때는 위험요소를 고려하며 수자원과 쓰레기 대처능력에 대한 평가가 이루어짐 • 우리나라의 기준은 미흡하여 학습원 점유면적을 기준으로 산출	

3. 관광지계획 전망 및 과제

1) 관광수요의 증가추세

주 5일 근무제 등으로 인한 여가시간의 증대, 조동중심 가치관에서 여가중심가치관으로의 전환, 가지계발형 여가활동의 추구, 지속가능한 관광 패러다임의 확산 등에 따라 관광수요는 양적으로 증가하고 질적으로 다양화되고 있음

2) 관광개발방식의 변화

① 관광산업이 낙후지역의 사회 및 경제 활성화를 위한 유효한 전략수단으로 인식되면서 각 지방자치단체에서는 다양한 관광개발사업을 활발하게 계획 · 추진하고 있음

② 이와 함께 최근 정부의 국가균형발전정책이 적극적으로 추진되고 있어 관광개발 정책환경도 정부주도의 대규모 거점형 관광개발에서 지방자치단체 주도의 소규모 분산형 관광개발로 전환되어가고 있음

3) 관광지 개발 패러다임의 전환

① 최근에는 지속가능한 관광개발, 콘텐츠 중심의 관광개발 등으로 관광지 개발 패러다임으로 전환되면서 관광지 계획에서도 기존의 토지이용이나 숙박 · 휴게시설 위주의 천편일률적 계획에서 벗어나 경관형성이나 친환경계획으로 바뀌고 있음

② 이러한 일련의 계획수립에 관광개발, 도시계획, 토목 전문가뿐만 아니라 조경분야 전문가의 참여도 더욱 활발해지고 있음

4) 조경가의 역할

① 21세기 조경가의 경쟁력을 확보하기 위해서는 관광 및 관광지 특성에 대한 이해를 진작

하고 실현가능성 높은 계획 도출을 위한 기술을 습득하는 노력이 필요함

② 조경가의 공간에 대한 높은 이해도를 바탕으로 관련 법제, 수요 등의 사업타당성 등의 개발영역에 대한 훈련을 통하여 관광지 계획분야에서의 조경학계의 도약을 기대함

Ⅳ 농촌계획

1. 농촌마을계획

1) 패러다임의 변천

① 농촌계획 패러다임의 변화

	(1) 농업 기반사업형	(2) 취락 구조개선형	(3) 지역농업 계획형	(4) 정주 생활권형	(5) 지역종합 계획형	(6) 어메니티 활용형
연도	1950~1960년대	1970년대	1980년대	1980~1990년대	2000년대 중반	2000년대 후반
계획내용	• 식량생산증대 • 농지정리 개간 및 간척	• 새마을운동 • 취락구조개선 사업 • 마을단위 계획 실행	• 농촌지역종합 개발계획(지역농업계획) • 농가소득과 지역성을 고려한 농업생산 정책	• 군단위 지역 종합개발계획 • 농업인의 정주 생활권 도입 • 지역성, 정주성 강조	• 시·군기본계획 및 관리계획(도시와 농촌의 통합 및 관리) • 취락지구 조성 및 계획(농촌취락단위)	• 지역주민, 전문가, 행정의 유기적 파트너십에 의한 마을계획 수립 • 지역주민의 역할과 참여 강조 • Bottom-up 방식 자원발굴 및 활용, 관리에 대한 구체적 대안 제시
관련법	• 토지개량 사업법 • 공유수면 매립법			농어촌발전 특별조치법	국토의 계획 및 이용에 관한 법률	

2) 농촌마을계획

① 계획의 방향

㉮ 농촌마을의 특성화

- 마을특성이란 마을 내 혹은 지역으로 연결되는 공간 차원에서 농촌마을을 구성하고 있는 여러 요소들과 여러 기능 등이 조합된 형태로 나타남
- 농촌마을의 특성은 유형화가 필요하며 농촌마을의 유형화는 공간의 물리적 특성,

인구사회학적 특성, 산업 · 경제적 특성, 자연환경을 비롯한 여러 잠재자원 등으로 구분할 수 있음

농촌마을의 특성요소와 기능 및 유형

마을특성요소			기능	마을유형
물리적 측면	자연환경 요소	기후, 지형, 토지, 식생, 동물, 하천, 녹지, 경관 등	국토 및 환경보존기능	자연지리적 유형 (농촌, 산촌, 도시근교촌)
	주거환경 요소	토지이용, 주택, 교통, 시설, 전통 건축물, 주변도시와의 거리 등 입지요인	• 주거기능 • 휴양관광기능	• 환경친화형 • 어메니티거주형 • 자원특성유형 (그린투어리즘)
사회적 측면	사회문화 요소	교육, 사회복지, 유 · 무형문화(전통예술, 공동체, 지역의식), 역사, 문화재 등	사회적 기능	인문사회유형 (공동체마을, 동족 마을, 도농교류형)
	인구학적 요소	주민특성(연령, 직업 등), 인구구조(인구규모, 노령화 구조, 인구변동 등)	교육문화 계승 기능	전통역사보전형 (전통농촌형)
경제정책적 측면	경제구조 요소	생산기반 및 활동(농업생산, 농지규모, 농업종류 등)	• 생산경제적 기능 • 정치행정기능	• 생산기능유형 (농촌, 산촌, 어촌, 관광촌) • 전통역사보전형 (산촌형, 기존정비형, 친환경농업형)

㉯ 농촌마을의 종합적 정비

- 농촌마을 정비는 그간의 하드웨어 중심의 물리적 기반시설 정비에서 진일보하여 마을의 환경, 경관, 생태, 커뮤니티, 주민참여 등 소프트웨어적인 요소들에 대한 고려가 강화되어야 함
- 단기적으로는 지자체 차원에서 종합적인 계획으로 수립하고, 이를 바탕으로 통합 · 조정 · 연계하여 지역특성에 부합되는 환경친화적 마을정비가 이루어져야 함
- 장기적으로는 주민주도형의 마을정비형이 유효할 것이며 지자체는 행정적 · 기술적 지원과 함께 전문가 집단과 협력

㉰ 환경친화적 농촌마을정비

- 농촌마을의 환경친화적 정비를 위해서는 기존의 획일적 · 기능적 · 도시적 마을환경을 자연환경과 주변 생태계, 경관, 어메니티 등을 고려하여 거주자의 쾌적성에 입각한 삶의 질을 향상시키고, 환경의 보존 및 자연친화성 등 지속가능성의 개념이 부가된 정비를 목표로 해야 함
- 실제적인 마을정비사업에 있어서도 농촌다움의 특성을 살릴 수 있도록 주변 자연환경 및 경관과 조화되는 설계기법의 도입이 필요함

㉣ 주민참여 및 유지관리

- 지금까지의 농촌마을계획은 주로 계획가(전문가)에 의해 이루어지고 있으며 최근에 들어서야 주민주도 혹은 주민참여에 의한 마을계획 사례들이 일부 나타남
- 민간단체와 지자체가 중심이 되어 생태마을과 관광마을 등을 중심으로 점차 주민참여에 의한 마을계획 수립이 확대되어가고 있음
- 따라서 주민참여를 적극 유도하여 자발적 계획 수립과 자율적인 마을정비를 추진하고 정부와 전문가는 조력자 역할을 수행하여야 함
- 마을정비사업이 시행된 상당수의 마을에서 유지관리에 어려움을 겪고 있으므로 유지관리를 위한 지원 내지는 마을기금 확보방안 등의 수립을 계획단계에서부터 필수적으로 고려하여야 함

② 농촌마을계획의 수립절차

농촌마을계획 수립절차

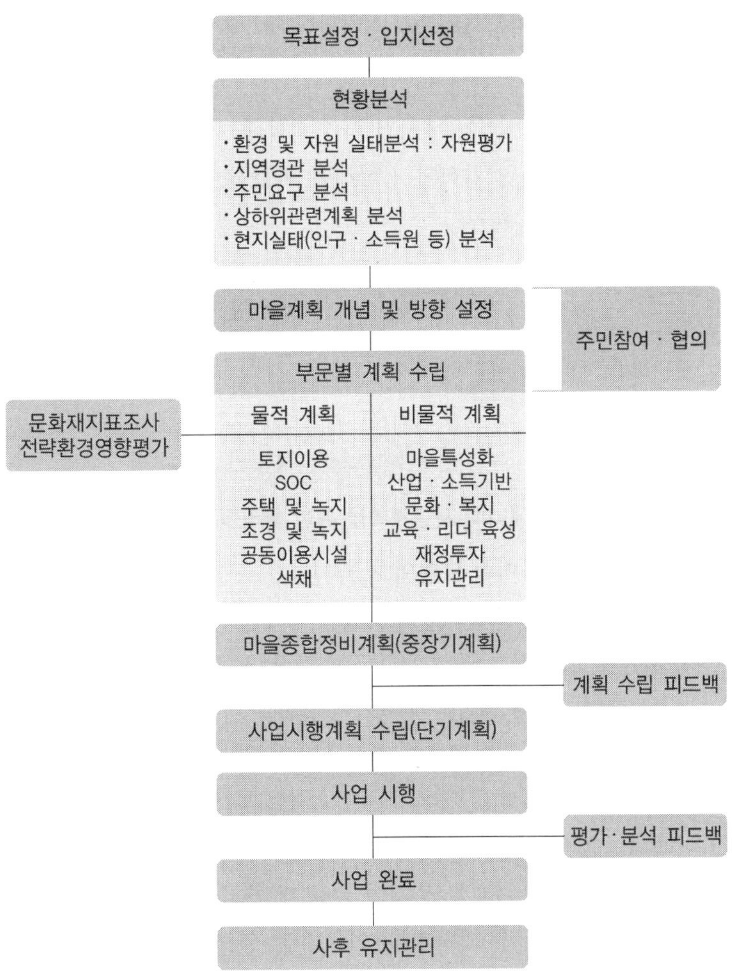

2. 그린투어리즘계획

1) 농촌어메니티자원 계획

① 개념

㉮ 어메니티자원의 개념

- 농촌어메니티(rural amenity)란 농촌 고유의 장소나 상황에서 나타나는 아름다움, 쾌적함, 즐거움, 건강함, 풍요로움, 친밀감 등 인간에게 긍정적인 감성과 인식을 불러일으키는 환경적 속성을 말함
- 농촌어메니티자원(RAR)이란 이런 어메니티의 특성, 즉 생태적 · 심미적 · 문화적 가치가 농촌의 사회적 상황과 외부적 수요에 의해 외부경제의 형태로 공익을 제공하거나 내부 경제화의 원리에 의해 사익을 창출하는 유무형의 자원 일체를 지칭함

㉯ 어메니티자원 계획의 개념

- 농촌어메니티 자원계획 및 개발은 산, 하천, 공간자원을 발굴하여 이들의 질과 기능의 제고를 위한 물리적 계획과 체험프로그램 도출이라는 2가지 측면이 동시에 고려되어야 함
- 이러한 접근은 기존의 물리적 시설계획에 기초한 접근에서 벗어나 물리적 계획과 프로그램 계획의 일치화와 정합성을 확보함으로써 궁극적으로 마을 정체성과 경쟁력 형성에 기여하게 됨

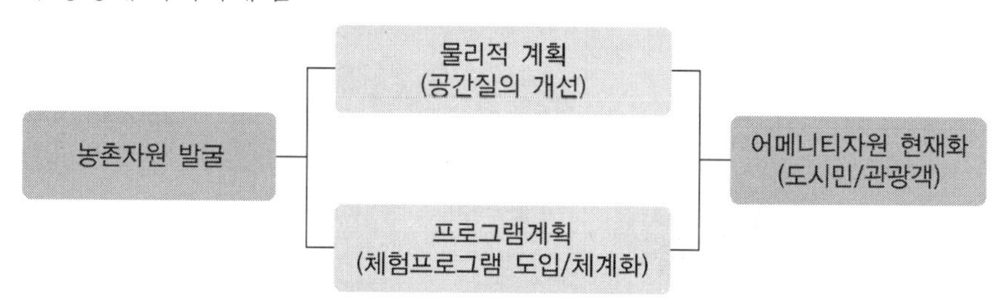

농촌어메니티 자원계획을 위한 물리적 · 프로그램계획

㉰ 농촌어메니티 자원계획 모형의 기본이념

- 농촌어메니티 자원계획은 지속성을 추구함. 지속성의 요소는 사회적 지속성, 경제적 지속성, 환경적 지속성으로 나눌 수 있음
- 농촌어메니티 자원계획은 농촌의 활성화를 지향하고 있으며, 자발적인 참여를 극대화하여 농촌어메니티 자원계획의 지속성을 확보하고, 사업시행과정에서의 주민의 협조와 책임의식을 높이고, 참여자 간의 상충된 이해관계와 요구를 중재 · 조정할 수 있음
- 어메니티 자원의 활용을 극대화하기 위해서는 자원의 발굴이 중요함
- 농촌어메니티 자원계획은 지역 자체가 가지고 있는 잠재력과 능력도 중요하지만, 주변지역, 관련단체, 지방정부, 연구기관, 언론 등과의 교류와 협력이 중요함

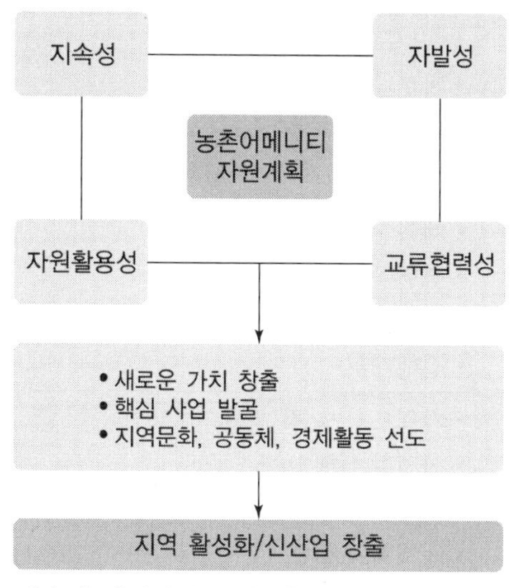

‖ 농촌어메니티 자원계획 모형 기본이념 ‖

② 추진주체 및 단계

㉮ 추진주체

- 농촌어메니티 자원계획 수립과 관련된 주체는 크게 주민, 행정그룹, 시민단체, 계획전문가, 사업주체 등 5부문으로 구분할 수 있음
- 농촌어메니티 자원계획 수립의 주체별 협력체계 형성을 위한 상설화가 가능하도록 핵심주체가 참여하는 조직으로 관민협의체, 주민협의체 등 협력조직을 구성하는 것이 바람직함

㉯ 추진단계

계획단계	계획항목
계획준비 단계	• 현지 관련 정보 수집 • 대상지개황 파악 • 행정 및 주민개황 파악 • 계획특성 구상
참여체제 형성 단계	• 계획팀 조직화 • 참여조직 네트워크화
자원발굴 및 평가 단계	• 예비조사 및 자원예비 목록화 • 자원예비평가 및 본조사 대상자원 선정 • 본조사 및 평가 • 자원 이용 및 보전 구상
자원정보화 단계	• 자원정보 저장방식 설정 • 정보시스템 설계

	• DB 구축 • 정보활용 시스템 준비
자원계획 및 컨설팅 단계	• 자원이용 및 지역현황 분석 • 잠재력 분석 • 계획방향 설정 및 구상 • 자원활용 프로그램계획 • 물리적 계획 • 집행계획
집행관리 단계	• 자원조성 및 질 개선 • 산업화 실행 • E-비지니스 실행 • 정책지원 실행

③ 어메니티자원의 발굴 및 잠재력

구분		어메니티자원
자연생태자원	환경	물, 소리, 숲, 동식물
	자연경관	산림경관, 특이지형, 식물군락경관, 저수지, 하천, 해안경관
역사문화자원	역사	문화재, 마을 상징물, 천연기념물, 유명인물, 전설, 풍수지리, 역사적 사건, 놀이
	문화경관	농업경관(모내기, 추수기, 마을평야), 마을경관(마을안길, 입구, 주택)
사회자원	상품	농특산물, 유기농산물
	활동	축제, 도농교류활동
	시설	기반시설

④ 자원의 보전 및 이용부문 어메니티계획

㉮ 자원의 발굴

• 지역내 각종 자원을 재발견하여 어메니티자원으로의 발굴

• 어메니티자원의 SOC 기반 구축

㉯ 자원의 관리

• 다양한 어메니티자원의 체계적 관리시스템 강화

• 관리주체 결성

㉰ 자원의 보전

• 대표적 어메니티 자원별 보전방안 모색

• 자원보전에 대한 체계적 · 종합적인 접근을 통한 효율적 계획 수립

㉱ 자원의 이용

- 없어진 자원의 문화, 역사, 가치를 어메니티자원으로 재생
- 고유한 매력을 극대화하는 차별화된 가치 부여

2) 그린투어리즘 계획

① 개념

㉮ 그린투어리즘은 농촌이나 어촌, 산촌 지역사회의 풍습이나, 일부지역에서 행해지는 지역전통을 반영한 이벤트 참여 등이 중심이 되는 관광활동

㉯ 농촌의 자연환경뿐만 아니라 문화와 전통을 체험하고 교육적 욕구도 만족시키며 자연에 바탕을 두고 환경보존을 지속적으로 유지시키면서 행해지는 관광의 형태임

② 목적 및 효과

㉮ 그린투어리즘은 농촌지역이 스스로 경제적 · 사회적 · 정치적으로 새로운 환경으로 거듭나게 할 수 있는 중점적 방법 중 하나임

㉯ 농촌인구의 도시 유입에 따라 농촌소독 증대의 대안으로서 그린투어리즘이 거론되고 있음

- 목적
  - 농촌지역에서의 난개발로 인한 환경오염피해를 막고 자연환경 보존과 정비로 농촌자원을 지속시키며 관광자원으로 활용하는 것
  - 농촌지역의 경제적 향상을 도모, 지역사회 공동체 의식제고로 농촌지역의 전반적 삶의 질을 향상시킴
- 기대효과
  - 환경적 관광을 통해 자연환경을 보존, 지역사회와 관광객의 환경에 대한 이해증진
  - 침체된 농촌지역의 경제적 소득 증대
  - 도농교류를 통한 농촌지역의 활성화
  - 국민의 건강한 여가공간 제공

③ 그린투어리즘 계획과정

㉮ 계획과제 정리

계획주체, 목적, 대상사업범위, 대상공간, 장기계획, 단기계획 등의 과제를 정리

㉯ 계획대상지의 여건 분석

농촌지역사회의 동향 분석, 잠재력 파악

㉰ 계획대상지의 자원조건 분석

지리 및 교통조건, 자연조건, 역사조건, 관광자원의 객관적 평가

㉱ 토지이용 구상

기존의 자연자원의 최대 보전, 아름다운 경관확보, 자연자원 및 거점시설의 네트워크화 촉진, 지역주민과 도시민의 교류확대 등을 이룰 수 있는 토지이용이 되도록 함

㉲ 시설계획

- 기초조사, 기본구상을 구체화해가는 작업임
- 도입가능한 시설군으로는 자연체험, 야외스포츠, 농촌체험, 예술창조체험, 환경보전형 관리 · 운영 및 서비스 시설군 등

3. 농촌계획 전망 및 과제

1) 농촌마을계획

① 농촌마을은 지금까지의 기능성 위주의 정비방향에서 진보하여 환경, 생태, 경관, 문화 어메니티 등의 개념이 중시될 것임

② 환경친화적인 정주공간으로서의 농촌의 역할과 필요성은 점차 증가할 것임

③ 농촌마을의 계획은 마을 특성에 따라 다양한 방식으로 추진, 정부의 정책방향과 사업도 다양화되어야 함

④ 이상적 방향은 환경친화적이며 경관을 고려하고 지역활성화와 소득증대사업을 병행한 종합적인 정비방식의 추진, 그리고 그 추진주체도 지역주민과 기초지자체가 되어야 함

2) 그린투어리즘

그린투어리즘을 활성화하기 위해서는 정부주도에서 민관협력으로 변화, 환경과 경관과 함께 생활과 문화중심 테마를 설정하여 농촌의 차별성 · 고유성 · 경쟁력의 확보, 개발과 보전의 조화, 시설과 프로그램의 운영을 위한 인재 양성이 요구됨

Professional Engineer Landscape Architecture

CHAPTER 06

조경설계론

6장 조경설계론

1 설계언어의 접근

1. 조경설계의 이해

1) 조경설계의 개념

① 조경의 정의

㉮ 조경은 자연환경과 인조환경의 연구, 계획, 설계, 관리 등으로서 예술적 · 과학적 원리를 적용하는 전문분야로 정의

㉯ 조경은 경관을 인본주의적 차원에서 창출하고 다듬는 일련의 행위

㉰ 이는 전통적인 정원술에서 발전하여 정원의 꾸밈은 물론 나아가서 정원과 경관을 건축하는 적극적이며 새로운 방식

② 조경설계의 요소와 기능

조경설계란 환경설계의 한 분야로서 자연을 존중하는 가운데 땅을 중심으로 인간의 필요를 수용하는 합목적적인 문화경관을 형성하는 과정이요 그 결과임

㉮ 조경설계의 세 가지 요소

- 기능과 미와 환경이라고 할 수 있음
- 기능과 미와 환경은 가장 기본적인 조경설계의 요소로서, 조경이 추구해야 할 기본적 목표

㉯ 조경설계의 기능

- 형태창작 : 환경조형적 차원에서 기능과 용도에 부합하되 다양한 형태를 구현, 구체적인 모양을 만들고 다듬는 일
- 공간구축 : 비어있는 공간을 적극적 · 소극적 공간으로 구축하고 장소를 만들어냄
- 환경조성 : 인간의 생존환경, 생활환경, 자연생태환경 등 물리적 환경이 바람직하게 제 기능과 구조를 유지하며 보다 나은 방향으로 진화하고 변화할 수 있도록 조정 · 관리
- 경관형성 : 시각경관 변화의 조정, 고유한 지역경관의 재발견과 재창출

③ 조경설계의 대상과 영역

㉮ 조경설계의 대상

- 주된 대상은 단지 차원의 외부공간으로서 주거, 상업, 공업, 제도, 공공 등의 이용공간을 구체적으로 다룸
- 외부공간은 인간에게 밀접한 곳으로부터 자연공간으로 무한히 확대됨

㉯ 조경설계의 영역

- 고유한 땅의 보전 : 역사문화적 조경과 자연 및 생태조경에 있어서 가치의 유지문제
- 필요한 땅의 변경 : 인간의 수요에 따른 도시화, 복원, 재생 등에 관한 문제
- 새로운 땅의 창조 : 새로운 용도를 도입하여 장소성과 지역성을 창출하는 문제

2) 조경설계가

① 조경설계가의 자세

㉮ 조경설계가의 자세는 자연과 인간의 두 절대가치 아래에서 보편타당한 진리를 받아들이는 근본에서 출발하여 디자이너로서의 자신의 역할과 사명을 의식하면서 비로소 갖추어지기 시작함

㉯ 조경설계가는 자연주의적, 인본주의적 디자이너임

㉰ 조경설계가는 자연과 인간을 위하며, 그 양자의 조화적 관계를 위하는 동반자적 역할을 함

② 조경설계가의 교육

㉮ 조경설계가는 환경설계에 관한 광범위한 전문지식을 습득하고 창의적 능력을 지닌 심미안을 가져야 함

㉯ 이러한 조경설계가로서의 교육과 훈련을 위해서는 이성적 교육, 지식축적, 정서적 교육, 감성 함양 등이 중요함

③ 조경설계가의 역할

㉮ 시설제공자의 역할 : 인간이 필요로 하는 여러 가지 조경시설과 시설물을 만들어 제공하는 역할로서 수요에 대응하는 조경의 사회적 기능의 초보단계

㉯ 경관형성자의 역할 : 지역경관의 변화를 인식하고 정체성이 있는 지역경관의 형성방향을 모색해야 하며, 단위조경설계를 포함하여 건축과 인조물의 설계관리를 할 수 있는 상위의 경관설계의 틀을 제시해야 함

㉰ 창작자의 역할 : 미적 상상력을 발휘하여 창의적 문화경관을 창조하고, 창의적 · 통합적 디자이너로서 특히 단지규모의 설계 전반적 과정을 총괄하는 지휘자가 되어야 함

3) 설계의 접근과 방법

① 조경설계와 설계접근

㉮ 근래 부각되고 있는 조경설계의 접근으로는 장소주의적 접근, 기능주의적 접근, 마스터플랜적 접근, 조형주의적 접근, 생태적 접근 등이 있음

㉯ 결과적으로 볼 때 도시경관적, 역사문화적, 경관구성적, 건축부수적, 주관적, 자연회복적 접근 등을 추구하는 경향이 나타남

② 설계와 설계방법론

㉮ 설계란 과학적 지식의 창조적 응용이며 '목적있는 예술'임

㉯ 설계방법이란 설계접근에 따라서 의도하는 결과를 얻기 위한 일련의 조작술임

㉰ 설계방법에는 직관적 방법과 합리적 방법이 있음

- 직관적 방법
  - 흔히 '암흑상자(black box)' 혹은 '요술쟁이' 방법에 비유되는데, 이는 설계가의 개인적 방법에 의한 것임
  - 예술가가 작품을 창작하는 방법에 대개 이러한 직관적 방법에 해당됨. 산업혁명이전 사회의 장인이 지닌 비법도 이와 비슷함
- 합리적 방법
  - 대개 '유리상자(glass box)' 혹은 '컴퓨터' 방법에 비유됨. 이는 논리적 절차에 의한 방법임
  - 설정한 과정에 따라서 입력된 정보를 분석하고 종합하여 평가하고 최적의 해결을 구하는 방법임
- 자율적 조절방법
  - 자아와 상황을 혹은 전략과 목표를 융합한 방법으로서, 스스로 설계과정을 조정하고 통제하며 설계를 진행하는 방식
  - 실무 차원에서 볼 때 직관적 방법과 합리적 방법의 장점을 겸비한 방법이라고 하겠음

4) 설계기준의 설정과 설계과정

① 설계기준의 설정

㉮ 설계기준은 설계의 규칙, 설계언어의 원칙임

㉯ 특히 여러 설계대안을 선정하는 과정에서 설계기준이 그 취사선택의 근거가 되며, 심지어 자료를 분석하는 과정에서도 설계기준이 필요함

② 조경설계의 과정

㉮ 설계과정은 목표에 도달하는 일련의 절차적 흐름임

㉯ 실무적으로 볼 때, 조경설계의 과정은 크게 나누어 과제의 발주, 조사, 분석, 종합, 성과물 제작 등의 흐름으로 구성됨

5) 설계주제와 개념짓기

① 설계주제

㉮ 장소의 본질

- 조경설계가로서 먼저 해야 할 일은 땅이 지닌 장소의 본질에 접근하는 것임
- 설계과정에서 '현황분석'은 이런 점에서 장소가 지닌 자연적, 문화적, 역사를 추적하고 현상을 분석하며 그 추이를 알려는 절차임

㉯ 설계주제의 설정 : 설계주제는 설계 전반에 일관하는 중심사상으로서 설계작품을 통하여 표현하려는 근본적인 사고체계임

② 개념짓기

㉮ 설계개념 : 설계개념은 설계안에 대한 구조적 사고의 틀임. 조경설계의 개념은 설계작품의 전체에 질서를 부여하며, 형식적 구조를 이루어 주체적인 근간이 되는 바탕인 것

㉯ 개념짓기 : 설계의 개념짓기는 관념의 인식, 아이디어 만들기, 개념의 형성, 개념적 시나리오 작성 등의 순서로 진행됨

㉰ 개념도와 개념적 시나리오

- 개념도는 조경설계 개념의 시각적 표현임
- 개념적 시나리오는 개념의 서술적 표현으로서 개념짓기의 마지막 단계임

6) 설계언어와 창작조건

① 설계언어

㉮ 설계언어의 개념

- 설계언어는 설계의 내용과 활동을 문자나 시각매체 따위로 나타내는 수단임
- 설계언어는 조형수단으로서의 설계언어의 기능과 설계기준의 설정수단으로서 설계언어의 기능 두 가지 기능으로 나눌 수 있음
- 실무에서는 위의 두 기능을 별도로 수행할 경우도 있으나, 궁극적으로는 함께 이루어져야 할 성질의 것임. 조경설계가의 입장에서 설계언어는 창의적인 조경설계활동을 위한 절실한 도구임

㉯ 설계언어 사용하기

- 원활한 설계 커뮤니케이션을 위하여서는 우선 설계언어가 나타내는 단어적 기능을 이해하고 동시에 그 상황을 암시하는 문맥적 기능을 파악해야 함

• 설계언어의 단어가 설계원론적 아이디어라면, 그 문맥이란 특정설계의 짜여진 주변 맥락과 환경임

② 조경설계의 창작조건

㉮ 자연과 예술의 인간적 설계

• 조경설계는 자연과 더불어 자연미를 구현하는 인간활동임
• '자연과 더불어 한다.'는 것은 조경설계의 근본이 자연으로부터 오며 또한 자연으로 돌아가기에, 자연이 조경설계 행위의 모태가 되며, 자연현상이 그 대부분을 차지한다는 뜻임
• 조경설계는 끊임없이 예술미를 추구하여 인간의 이상을 실현코자 하는 인간활동임. 조경설계는 자연에서 예술을 찾는 행위임

㉯ 경관가치와 설계철학

• 경관가치란 인간의 경관에 대한 기대이며 자신이 영유하기를 바라는 땅의 모습임
• 인간마다 경관으로부터 얻고자 하는 기대가 다르며 동시에 지역사회마다 지녀온 문화와 역사가 다르기 때문임
• 환경과 경관에 대한 가치는 생존과제와도 직결되며 풍요로운 삶을 영위하려는 인간 본능에서 기인함
• 조경설계는 경관가치를 찾아내어 밝히는 일에서 시작되어야 함
• 경관가치를 탐구하는 데에서 자연히 조경설계가는 시대와 사회의 설계철학을 사유하게 됨

㉰ 공공성과 환경성

• 조경설계의 구체적 영역은 비록 그 규모와 입지와 기능의 차이는 있을지라도 대개 공공적인 성격과 환경적 특징이 있기 마련임
• 조경설계는 윤리적이어야 함. 이를 위해서 공공성의 확립은 특히 사회적 조경으로서의 과제이며, 환경성의 확보는 자연적 조경 혹은 친환경적 설계의 과제임

㉱ 변화와 시간

• 조경설계는 인간의 문화를 자연의 섭리에 맞추며 그 변화의 궤를 긋는 거대한 시간예술임. 실로 조경은 종합예술로서 시공간을 탐구하며 조작하는 일에 적극적임
• 변화야말로 이런 점에서 조경설계의 또 다른 디자인의 본질임. 조경설계에 있어서 시간의 과제는 다음과 같이 나누어 볼 수 있음
  - 땅의 변화와 시간
  - 조성과정과 시간
  - 시간의 개입과 경관의 연출
  - 영속성과 시간주제

㉤ 기본적 형식원리

- 조경설계에도 어느 디자인과 마찬가지로 원론적인 설계원리가 존재함. 설계원리는 원칙이 되는 형식논리이며, 그 변용이 무한함
- 설계된 경관은 형태미, 공간미, 경관미를 지니고 표출할 수 있어야 할 것임
- 기본적 형식원리는 설계요소와 설계원리가 만들어내는 일종의 총괄적인 미적 구성 원칙임
  - 통일성, 스케일, 비례, 시간, 공간분할, 빛과 그늘, 질감, 톤과 색채 등임
  - 이 중 특히 통일성은 조경설계의 중심적 역할을 하는 미적 구성원리임
  - 조경설계에서 통일성은 부지의 지형, 기후, 식생, 시설물 등 모든 구성인자와 구성요소가 설계의 의도에 따라 추구하는바 어떤 적절한 어울림, 즉 조화를 이룰 때 가능함
  - 조경설계에서 통일성을 갖추기 위해서는 대상경관이나 부지가 전반적으로 '회화적 동질성'을 확립하여야 함

2. 조경설계의 생태적 언어

1) 생태학의 패러다임

① 생물종 다양성과 생태적 수용력

㉮ 생물종 다양성

- 생물종 다양성 개념은 현대 생태학적 패러다임의 바탕을 이루는 핵심개념으로서 생물종 멸종이라는 환경위기를 해석하는 바탕임
- 이 패러다임에서는 생물종 다양성 파괴란 곧 자원 고갈을 의미하고 이를 결국 인류 멸망의 위기를 초래하게 된다는 것임
- 이러한 사고의 배경으로 그 과학적 기원인 다윈과 맬서스의 이론을 이해할 필요가 있음

㉯ 생태적 수용력

- 다윈은 종의 기원을 통해서 적자생존의 경쟁원리를 자연의 동인으로서 제안하면서 진화론적 패러다임을 주창하였음
- 이 자연생태계가 생태적 수용력(ecological carrying capacity) 안에서 진화를 통해 생물종 다양성이 보장된다는 것임
- 맬서스는 「인구론」이라는 저서를 통해서 생태적 수용력 개념의 도입을 통한 인구전략을 제안하고 있음
- 즉 지구환경과 자연의 수용력과 인간사회를 발전시키는 조절능력에는 한계가 있기 때문에 식량자원의 수용력 범위 안에서 인구를 조절해야 한다는 전략임

- 이 이론은 가렛트 하딘, 에를리히 같은 신맬서스주의자들로 이어져 수용력의 지표가 식량문제뿐만 아니라 전 지구적 차원의 자원고갈을 포함한 환경오염문제까지 범위가 확대되었음

㉰ 레이첼 카슨의 「침묵의 봄」과 생태주의

- 1962년 레이첼 카슨은 침묵의 봄을 통해서 핵전쟁에 대한 인류의 절멸 가능성과 함께 현대의 중심적인 과제는 유해한 물질에 의한 인간환경의 전면적 오염이라고 함
- 이렇게 1970년까지 환경을 위협하는 환경오염에 대해 집중하고 있었음
- 이 시기를 기점으로 생태학적 의식이 확대되고 생태주의라는 새로운 환경론이 자리잡기 시작했음
- 환경문제의 전개양상에 있어 지구사막화, 지구온난화, 자원의 고갈 등과 같이 환경파괴의 규모가 공간적으로 더욱 확대되었음

㉱ 성장의 한계 보고서와 브룬트란드 보고서

- 1972년 로마클럽의 "성장의 한계 보고서"를 계기로 자연자원의 무한성, 불변성, 보존성 등에 대한 믿음이 변화하게 되었고, 이것은 자연의 유한성에 대한 인식을 전 세계적으로 확산시키게 되었음
- 이러한 환경위기의식은 1987년 브룬트란트 보고서를 통해서 환경적으로 건전하고 지속가능한 발전(ESSD)이라는 개념으로 정리되었음
- ESSD란 '미래세대의 필요를 손상시킴 없이 현재 세대의 필요를 충족시키는 것'임
- 이 개념은 세대 간의 형평성, 생태적 수용력 한계 내에서 개발, 사회정의적 관점에서의 개발이란 세 가지가 골자임

㉲ 생태조경설계의 배경에 대한 이해

- 여기서 조경설계가들이 먼저 이해해야 하는 것은 생태조경설계의 배경에는 이러한 지구의 멸망까지도 초래할 수 있는 환경 위기의식이 기본바탕이 됨
- 조경설계가는 이 환경파괴의 실상을 제대로 이해하고 있어야 함
- 이러한 위기의식이나 생태학적 원리에 대한 이해를 전제로 설계의 주제와 공간의 주제가 생물종이 되어야 함
- 마지막으로 지속가능한 설계가 되어야 한다는 측면으로, 대지의 수용력 특성을 알고 시설의 종류와 밀도를 조절해야 함
- 설계과정에는 시공과정과 장기적 관리를 고려해서 고비용 설계를 지양하고, 에너지 절약적이고 물질 순환적인 공간설계를 해야 함

② 낭만주의, 엔트로피의 법칙, 카오스 이론과 풍수지리론

㉮ 낭만주의

- 조경학의 기원으로서 미국의 국립공원운동의 근간이 되었던 초월주의사상은 낭만주의에 그 기원을 둠

- 초월주의는 낭만주의적 풍요로움에 그 사상적 기초를 둠
- 19세기의 낭만주의적 사조는 문학과 회화 등 지적, 예술적 운동에 국한된 관념이 아니라, 사회의 물질적 · 경제적 변화에 대한 명백한 보수적 반동이었음
- 과학적 합리주의라는 기계론적 철학에 정면으로 도전하고 독창성을 예술성이라는 가치체계로서 찬미함
- 과학보다는 예술로 표현된 주관적 · 감성적 지식과 자연과의 합일이 보다 월등한 것으로 평가함
- 이 주장은 자연의 존재는 인간에게 달려있지 않고 자연 스스로도 존재 가능한 완전성을 갖는다는 논리에 이름
- 이 낭만주의 운동은 반도시운동의 형태로 나타나게 되고 하워드의 전원도시운동에 영향을 미치게 됨
- 이러한 자연의 풍요성이라는 개념은 앞서 생태학적 중심개념으로서의 생태적 다양성과 다르지 않음
- 이 자연의 풍요성과 완전성에 관한 사유는 19세기 유럽에 국한된 것이 아니고 동양사상의 무속신앙, 풍수지리사상, 음양오행사상 등에도 나타남
- 이러한 자연관은 환경결정론적 의미를 가지면서 인간의 부분성을 강조하고 있음

㉯ 엔트로피 법칙

- 이러한 환경결정론적 패러다임은 물리학에서의 열역학 제2법칙의 엔트로피법칙과는 전혀 상반된 메시지를 지님
- 이 법칙은 자연상태에서는 시간이 지나면 모든 물질이 고에너지에서 저에너지상태로 바뀌어 무질서상태로 소멸된다는 내용임
- 인간의 과학기술은 이러한 소멸 시점을 지연시킬 수 있으나 결국은 혼돈과 무질서상태로 만든다는 패러다임을 갖고 있음

㉰ 카오스이론(chaos theory)=프랙탈이론(fractal theory)

- 카오스이론에서는 이러한 '무질서 속에 숨겨진 질서의 모습'이 있다는 새로운 패러다임을 제시하고 있음
- 통상 프랙탈이론이라고도 하는데, 이 이론에서는 무질서하게 형성된 것 같은 자연모습들이 모두 내부적으로 일정한 패턴과 원리를 가지고 있다는 것임
- 마이크로 스케일의 기본구조는 매크로 스케일의 구조와 동일한 모습을 보이니 인간의 세포구조, 원자 구조는 우주의 구조와 다르지 않다는 증거를 제시하기도 함
- 태초의 혼돈상태나 현재의 지구상태가 본질적인 모습은 결코 다르지 않으며, 어떤 때나 내재되어 기본적인 구조는 동일하다고 보는 것임
- 자연이 가지고 있는 기본적 프로토 타입이 존재하고 있다는 것임

㉱ 풍수지리론

- 이는 우리나라 산경표에서 백두대간의 구조, 마을공간의 구조를 모두 맥과 혈과 기라는 관점으로 조관하는 풍수지리적 자연관과 통합
- 풍수지리설은 일종의 토지 · 경관을 이해하는 이론체계로서 자연지세의 맥, 맥을 따라 흐르는 기, 기가 모이는 결절점 혹은 기를 접할 수 있는 장소인 혈을 논리체계의 기본요소로 함
- 이러한 풍수지리설은 자연에도 생명력이 있으며 인간은 자연의 일부로서 자연의 생명력과 조화를 이루며 살아야 한다는 친자연적 사상인 것임
- 풍수사상의 명당을 찾는 과정은 현대의 적지분석기법과 유사한 점이 많음
- 풍수사상은 땅이 가지고 있는 명당의 기운을 읽고 느낄 수 있어야 하는데, 이것은 자연의 기본형세인 프로토 타입에 대한 경험적 이론이 집대성된 패러다임임

㉲ 생태조경설계와 고유 전통문화와의 관계성

- 낭만주의, 카오스이론, 풍수지리론 등은 표현방식이 다소 다르긴 해도 현대생태학의 내용과 다르지 않음
- 이러한 사상성에 대한 화두는 생태조경설계에서는 현대과학으로서의 생태이론뿐만 아니라 땅에서 생성된 모든 고유 전통문화와 밀접한 관계가 있음을 보여줌
- 조경설계가는 이러한 문화와 사상과 과학을 통해서 자연의 프로토 타입에 대한 발견을 통해 창조적 공간을 만들어야 한다는 과제가 주어짐

③ 생물종 보존과 생태계 복원

㉮ 생물종 보존의 방법

- 생물종 보존의 방법은 장내(in-situ) 보존과 장외(ex-situ) 보존으로 구분됨
- 장내보존이란 기존의 생태적 가치가 있는 광역의 생태적 단위지역을 조사하여 생태계 보전지역 등을 지정하여 보존하는 방법을 말함
- 이러한 생태계 보존지역의 지정은 기존에 남아있는 생물종을 가장 광역적이고 근본적으로 보존하기 위한 적극적인 방법임
- 조경설계에서는 이러한 보존지역 설정을 위해 전통적인 생태학적 접근방법에 의한 적지분석기법을 적용하게 됨
- 장외보존이란 생물 등의 생육환경을 자연상태와 유사하게 조성관리하는 동물원이나 식물원 등에서 인위적으로 생물종을 보존하도록 하는 방법임
- 이러한 종보존 전략은 생물자원 확보라는 차원에서 대단히 중요하므로, 조경분야에서는 소극적으로 조성되는 자연학습장 개념에서 적극적인 공간설계 주제로서 생태환경교육공간으로 다루어져야 함

㉯ 생태계 복원

- 적극적인 설계의 방식이 생태계 복원이며 생태도시, 생태공원, 생태하천과 생태연못이라는 주제가 사례임
- 이 생태계 복원의 과제는 파괴된 도시 및 국토환경을 자연원형에 가깝게 되살려 인간과 생물이 공생공존하는 공간으로 조성하자는 의도를 가지고 있음

㉰ 생물종 보존, 생태계 복원과 관련된 설계적 의미

- 첫째는 생물종 보존지역 설정을 통해서 설계대상 공간들, 즉 설계부지, 도시와 국토의 녹색 인프라가 형성되면서 조경설계의 기반이 형성된다는 점임
- 둘째는 생태계 복원을 위한 설계의 바탕은 자연환경의 원형이란 측면임. 조경설계의 중심주제가 동식물과 그들의 서식처환경이 되어야 하며, 자연의 원형을 알기 위해 자연과 접하고 느껴야 자연체험이 바탕이 된 생태조경설계가 가능할 것임
- 셋째는 자연생태관찰과 학습을 중심으로 한 공간구성의 중요성임. 위에서 구축된 녹색환경 인프라와 복원된 자연환경 속에서 가장 중요한 요소는 자연생태를 관찰하고 학습할 수 있는 공간을 조성한다는 측면임

2) 우리나라의 생태조경

① 자연형 하천과 생태연못

㉮ 시범사례

- 우리나라 도시 자연형 하천의 시작은 1996년 완공된 수원천 상류부의 자연형 하천임
- 본격적인 자연형 하천은 1998년 완공된 과천의 양새천 상류부의 자연형 하천임
- 비교적 규모가 큰 생태하천공원으로는 1997년 개장한 여의도 샛강 생태공원이 있음
- 소규모 생태연못의 사례로는 1997년 조성된 서울공고 내의 생태연못이 있음

㉯ 시범사례의 공통된 특징

이러한 도시 내 자연형 하천 및 생태연못의 시범적 사례들에서 나타난 공통된 특징은 자연형 사행수로가 설계되고 그 호안처리 재료로 자연석, 나무, 흙 등의 자연재료를 이용하였고 그 주변에 자생적 수생식물을 도입하였다는 데 있음

㉰ 설계 시 고려사항

- 수량과 수질문제
- 도시하천의 홍수범람 특성에 대한 인식
- 생태하천 설계 시 장기적으로 생물서식공간의 기반환경을 조성하는 데 중점을 두어야 함
- 자연생태적 하천경관의 창출을 위해 계절적 변화와 자연적 천이상태를 예측해야 함

② 자생식물원과 수목원

㉮ 대표사례

우리나라에 조성된 대표적인 식물원과 수목원에는 제주도 여미지 식물원, 용인의 한택식물원, 태안의 천리포 수목원, 전주의 도로공사수목원, 광릉 수목원 등이 있음

㉯ 용인의 한택식물원

- 우리나라의 대표적인 자생 야생초화원으로 야생화 생태기행의 중요한 장소로 알려져 있음
- 환경부 지정 법정보호식물 120종과 야생화 1,400여 종을 보유하고 있고 희귀식물들이 그 서식특성에 맞게 식재되어 있음
- 전체공간은 북향사면의 입지로 작은 하천, 저습지, 작은 언덕 등으로 구성됨

㉰ 도로공사 전주수목원

- 자생식물 중심으로 1,700여 종을 보유하고 있어 현장견학, 학습연구 장소로 이용됨
- 전체공간은 평탄지에 조성되고 암석원, 염료식물원, 잡초원, 장미원, 무궁화원, 죽림원과 남부수종원 등이 있음

㉱ 자생식물원과 수목원의 생태조경설계에서 의미

- 생태조경에서 구현하고자 하는 것이 현장(in-situ)에서의 자생 생물종 복원임. 조경설계가가 복원해야 할 향토식물의 생육특성과 그 생태적 특성을 알게 함
- 자생식물의 생육환경을 비롯한 서식환경에 대한 원형공간의 기본적 틀을 알 수 있도록 함
- 자연환경림으로 조성된 경우 다층생태공간에 대한 이해를 하도록 함. 이 다층공간은 교목, 관목, 지피류가 조성된 생태원형공간으로서 인간간섭이 없을 때 자연적으로 조류 등의 동물들을 유치할 수 있는 생태적 복원의 형상을 갖게 되는 중요한 개념임
- 아직은 어느 수목원이든 식물종 보존에 중점을 두므로 동물종과 관련된 적극적인 공간조성은 하지 못하고 있음
- 생태조경설계에 있어서 이 원형공간으로서의 자연환경림의 조성과 자생식물 주제공간의 설계는 중요한 이슈임

③ 대학 캠퍼스 내 생태공간설계

㉮ 전북대 의과대학 사례

- 전북대학교 의과대학 medical complex 조성계획을 수립하면서 1995년 설계시공되고 있는 생태적 공간을 대상으로 설명함
- 설계의 주요과제는 캠퍼스에 상징적 생태적 공간을 조성하고 이 공간들을 엮어 주변 산으로 연계시키는 것임
- 이에 따라 도입된 단위공간 프로그램으로서 상호 연계된 동산, 마른 연못과 특화된

야생초화원임

- 교수, 직원, 학생으로 구성된 전북의대 녹색회를 조직하고 지속적으로 그 외부공간을 계획, 설계, 시공 및 유지관리하고 있음. 현재도 설계내용을 바탕으로 변화된 여건에 따라 설계안을 부분 수정해가면서 시공 · 유지관리하고 있음

㉯ 생태조경설계과정에서 의미

- 첫째는 공간을 유지관리할 사람들의 참여 및 제안에 따른 설계라는 측면임
- 둘째는 적극적인 입지환경의 조성이라는 측면임. 부지나 건축물이 입지하기 전에 그 환경조건을 검토하여 이를 보완할 수 있는 적극적인 환경조성이 필수적임
- 셋째는 부지 배후의 역사적 공간과 자연적 공간을 주제로 한 설계라는 측면임. 역사적 공간을 해석하고 자연적 공간을 복원한다는 것이 도시 속의 생태조경공간을 조성하는 중요한 설계이슈임

3) 주요 생태조경가

① 이안 맥하그(Ian McHarg)

㉮ 개요

- 맥하그 교수는 "Design with Nature"라는 저술을 통해서 생태학적 접근방법과 지도중첩기법을 제안하여 전 세계의 조경계 및 도시계획계에 거의 절대적인 영향을 미친 생태조경가임
- 이 기법에서는 현대 지리정보체계를 응용한 적지분석 및 환경평가의 이론적 틀을 제공하고 있음
- 그는 조경설계의 본질을 입지 잠재력에서 찾음. 이러한 잠재력은 자연의 생태적 수용능력에 기본 뿌리를 둠. 따라서 이 접근방법에서는 적지분석을 핵심적 과정으로 보고 있음

㉯ 주요작품

미국의 리치몬드 파크웨이 조경계획, 포토맥 유역 프로젝트, 텍사스 우드랜드 신도시 개발계획 및 뉴욕 리버데일 공원개발계획

㉰ 접근방법

- 첫째는 공간개발에서 가장 중요한 것이 생태적 적지를 찾아야 한다는 점임. 땅과 자연이 가지고 있는 본질적인 자연수용력이 바로 토지의 용도를 결정할 수 있다는 중요한 관점임
- 두 번째는 어떤 부지에서나 환경에의 영향을 최소화할 수 있는 설계안이 제안될 수 있다는 점임
- 셋째는 구체적인 설계의 행위들은 이 생태적 요소 및 사회규범과 법제도들과의 상호관련성이 검토되었을 때 그 정당성을 인정받을 수 있다는 점임

② 마이클 휴(Michael Hough)

㉮ 개요

- 마이클 휴는 "City Form and Natural Process"라는 책을 저술한 생태조경설계가
- 그의 설계 주제는 지속가능한 자연공간의 조성과 복원임
- 이 책을 통해 생태조경설계의 접근방법과 이론적 과정을 제안하고 있음

㉯ 설계주제의 의미

- 조경설계가는 시간적 연속선상에서 자연이 가진 변화과정을 먼저 이해함
- 이러한 설계를 통해서 구성된 조경공간의 모습은 본질적으로 자연생태에 근접하여 생태적 연계성과 생물종의 다양성을 확보할 수 있어야 함
- 이렇게 조성된 공간은 이용자들에게 환경이 갖는 지속적 순환과정에 대한 자연환경의 교육장으로서의 역할이 되어야 한다는 것을 강조

㉰ 주요작품

캐나다의 토론토 온타리오 플레이스 기본계획, 클락슨 정유장 프로젝트, 돈강 복원계획, 토론토 항만 환경복원계획

㉱ 생태조경설계의 관점

- 단순히 공간의 설계로 끝나는 것이 아니고 자족적 사회를 건설하기 위한 제반 사회경제적 접근과 통합적으로 진행되어야 한다는 점도 강조
- 생태조경설계를 통해 생산적 자연공간을 창출하고 이를 기반으로 도시의 기본골격을 재구성할 수 있도록 해야 함

③ 조지 하그리브스(George Hargreaves)

㉮ 개요

- 하그리브스는 포스트모더니즘의 선두에 서 있는 생태적 조경의 대표적인 인물임
- 그는 조경공간을 통해서 자연과 대지의 변화과정을 표현한다는 것을 조경설계의 주제로 가지고 있음
- 생태적 경관은 고정된 경관이 아니라 하나의 유기체가 자라듯이 변화되고 성장하는 경관을 속성을 갖는다고 하였음

㉯ 설계주제와 접근방법

- 자연이나 대지라는 컨텍스트 안에서 설계의 주제와 재료와 방법이 설정되어야 함. 이와 함께 대지의 고유한 역사문화적 담론이 또 하나의 설계주제임
- 자연의 물리성과 문화는 서로 상호작용하는 것으로서 이의 조화된 표현은 인간과 문화, 인간과 자연의 관계를 표출하게 된다는 생각을 함
- 그는 조경의 의미와 상징성을 표현하기 위해 다의성이나 전치, 전위, 왜곡, 의외성, 재치, 은유적 표현과 같은 다양한 방법을 동원하여 기존의 조경설계가 갖는 기능주의적 질서의 부정을 통한 해체론적 접근을 시도하였음

㉰ 대표작품

캔들스틱 포인트 공원, 빅스비 공원 및 루이스빌 수변공원

㉱ 생태적 조경의 의미

- 설계가가 예술의 창조적 사고의 모티브를 대지의 자연생태와 역사에서 찾고 그것을 구현해야 한다는 데 있음
- 다만 이러한 포스트모더니즘적인 작품에서 나타난 인위적인 자연과 역사의 모습이 과연 지속적으로 자연의 본질을 표현할 수 있는가의 문제는 회의적임
- 보다 근본적인 문제는 파괴된 우리나라의 도시와 대지 속에서 자연과 문화의 인프라의 구축이 더욱 중요하며 이 포스트모더니즘적 예술행위가 이를 바탕으로 조화를 이루도록 해야 함

4) 조경설계와 생태적 마인드

① 본 장에서는 주로 원리와 사례를 중심으로 조경설계에서 생태조경과 관련된 주요한 이슈들을 재조명하여 조경설계가들에게 환경의 위기와 생물종에 관한 생태적 마인드를 심어주는 데 목적을 둠

② 생태조경설계에서 주의할 것은 아직 우리나라에서는 외국사례나 외국작가들을 성급하게 모방하려 해서는 안 됨

③ 지난 70년대 초부터 시작하여 근 30년 이상 환경인프라를 구축해온 현대의 일본, 유럽, 미국의 경우는 목표는 될 수 있을지언정 우리가 그대로 흉내낼 수 있는 것이 아님

④ 우리나라의 생태는 고유한 것이기 때문에 우리의 내부로부터 도출될 수 있는 이론적 연구 기초와 실천적 경험을 쌓아야 함

3. 조경설계의 시각적 언어

1) 경관의 적합성(Suitability of Landscape)

① 공간 용도와 경관의 유기적 관련성

㉮ 자연스럽고 조화로운 경관 연출

- 공간의 용도와 그 주변의 환경(경관)은 서로 유기적인 관련성이 있을 때 자연스럽고 조화로운 경관을 이루게 됨
- 경관에 있을 법한 것이 있을 때 편안함을 느낌(예 : 물레방아는 시골산간, 폐선은 바닷가에 있어야 경관과 조화)

㉯ 식재계획 시 수목선택

- 식재계획에서도 수목의 선택에는 주변지형을 고려하여 목가적인 전원경관이 펼쳐진 곳에서는 수평선이 강조된 수목이, 험준한 산악지에서는 피라미드형의 수목이, 구릉지에서는 둥근형의 수목이 쉽게 동화되고 자연스러움
- 군부대에는 상록수가 주종을 이루고, 대학 캠퍼스에는 낙엽수 위주 식재계획이 바람직함

2) 연속경관(Sequence)

① 개요

㉮ 카렌의 도시경관

- 카렌은 도시경관을 3가지 측면(시간, 공간, 내용)에서 파악하고 각각을 대표하는 것으로 '눈앞에 있는 경관과 출현하고 있는 경관(existing & emerging)', '이곳과 저곳(here & there)', '이것과 저것(this&that)'을 들고 있음
- 요소 간의 시각적, 의미적 관계성이 경관의 본질을 규정하는 것임

㉯ 연속경관의 개념

- 연속경관이란 시점이 공간을 이동할 때 그 시점에 차례로 전개되는 경관을 말함
- 연속경관은 시점의 이동이 전제되고 시점의 이동은 보행에서부터 마차, 말, 자동차, 배, 비행기 등 인간이 개발한 다양한 수단에 의해 이루어짐
- 이와 같은 다양한 교통수단을 이용함으로써 새로운 경관을 맛보게 됨

㉰ 연속경관에 기초한 디자인

- 연속경관은 이동하고 있는 시점을 문제로 삼기 때문에 정지한 시점의 경우와는 다른 시지각적 특성이 문제가 됨
- 시각적 환경이 흘러감에 따라 시력이 떨어지고 전방 주시거리가 먼 곳에 위치하고 시야가 좁아지는 현상은 시점의 이용속도에 대응해서 시각적 환경이 이질적인 것으로 변화해 가는 것을 보여줌
- 보행속도에 따른 즐겁고 쾌적한 경관과 차량속도에 다른 그것과는 전혀 다른 것임
- 이동속도가 느린 보행자에게 즐거운 경관은 차량을 이용하는 사람들에게는 복잡하게 시각을 혼란시킬 것이고, 반대로 이동속도가 빠른 차량 측에서 본 쾌적한 경관은 보행자에게는 단조롭고 지루한 경관임
- 고속도로 같은 도로의 경관은 수목 개개의 특색을 살리기보다는 집단의 형태, 색상, 질감이 강조되어야 할 것이지만 공원의 산책로와 같은 보행 위주의 도로에서는 개체의 특징이 쉽게 눈에 드러나기 때문에 집단보다는 개체가 우선 고려되어야 함

② 연속경관의 패턴

㉮ 연속경관의 핵심 : 경관의 리듬, 패턴

연속경관의 핵심이라고 불리는, 계시적(繼時的)으로 변화하는 경관의 리듬이나 패턴을 생각하는 경우, 음악이나 드라마 등의 형식을 비유적으로 생각해보는 것도 경관설계시 도움이 됨

㉯ 아리스토텔레스의 카타르시스 이론

- 시간예술로서 가장 기초적인 것은 아리스토텔레스의 카타르시스 이론에서 찾을 수 있으며 시작과 중간, 마지막의 3가지 요소에 의해 구성되는 형식임
- 근대에 들어와서는 도입부, 상승부, 정점(climax), 하강부, 파국(catastrophe)의 피라미드형으로 설명되어 근대 희곡의 기초적 이론이 됨
- 소설의 경우 기, 승, 전, 결의 법칙을 따르고 있음

㉰ 연속경관의 드라마 구성 패턴

- 왕궁, 신전, 묘원, 고대적 심벌 등 단일 목표지점에 이르는 어프로치에서는 쉽게 적용될 수 있고 실제 이러한 디자인이 행해져 오고 있음
- 일반도로에서는 일정한 단일방향이 아니므로 드라마의 패턴은 적용할 수 없다고 함

③ 공간의 연속성

㉮ 시간 속의 움직임으로 공간체험

- 시간성이 배제된 3차원 공간은 경직된 공간임. 공간은 시간 속의 움직임으로서만 체험될 수 있음
- 경관의 회화적인 특성은 끊임없이 변화하는 관찰위치(방향과 거리)에 따라 풍요로움과 흥미를 불러일으킴

㉯ 연속성의 기법

- 지면이 상승함에 따라 서서히 공간을 전개시키는 기법
- 공간의 막힘과 열림을 반복하는 기법
- 단위 내부공간의 중요도에 따라서 공간크기나 마감정리 정도를 변화시키는 기법(예 : 전통사찰은 좁고 긴 형태의 어두운 진입공간을 지나 주공간에 이르러 밝고 넓음을 맞이함)
- 광대한 규모의 조경공간의 경우는 지형 변화로 연속된 다양한 경관을 체험하면서 순차적 리듬을 느낄 수 있음(예 : 쉔브룬궁은 진입부에 평탄지 자수화단과 건축물이 보이다가 언덕에 다가감에 따라 완만한 경사와 잔디밭이 보이고, 지그재그로 난 동선을 따라가면 건물 전체가 드러나고, 상부에 도달하면 생각지 못한 연못과 그 곳에 투영된 건물을 보게 됨)

3) 대칭과 비대칭(Symmetry and Asymmetry)

① 개요

㉮ 평형의 개념

- 인간은 중력에 대한 힘으로 직립보행하기 때문에 계속해서 신체의 균형을 이루지 않으면 안 됨. 그것은 평형감각으로서 사람들이 안정과 불안정이란 지각의 세계로 들어가는 것임
- 평형은 평형감각기와 안구가 밀접하게 연결되어 있으므로 시각에 의해 조절되고 있음

㉯ 대칭(균제)과 균형

- 천칭의 예를 들어 평형을 설명하면, 중심에서 동일한 거리에 동일한 물체가 양측에 위치했을 때는 가장 단순한 형의 균형상태를 이루며, 이때를 대칭(symmetry) 또는 균제라 함
- 그러나 양측의 무게가 동일하지 않더라도 중심에서의 거리에 따라 어느 한쪽으로 기울지 않고 평형상태를 유지할 때 우리는 균형이 잡혔다고 함

② 비대칭계획

㉮ 아른하임의 쾌락설

- 아른하임(Rudolf Arnheim)은 그의 저서 「미술과 시지각에서」 '왜 균형이라는 것이 바람직한가?'라는 물음에 대해 균형이 즐겁고 만족감을 주기 때문이라고 함
- 이것은 쾌락설로서 인간의 동기를 쾌의 추구와 불쾌 감정의 회피로 규정함
- 인간은 신체 평형의 유지 보존이 가장 기본적 욕구라서 균형을 추구한다고 주장됨

㉯ 수목배식에서 비대칭적 균형

- 형태와 색채, 질감의 차이에서 형태상으로 균형 잡힌 느낌을 줌으로써 실현됨
- 예를 들어 하나의 교목은 세 개의 작은 관목과 같은 비중을 주어 균형을 이룰 수 있음

㉰ 대칭의 미와 균형의 미

- 대칭의 미는 초보적인 데 비해 균형의 미는 성숙된 것으로 알려져 있음
- 인간은 정연한 것에서는 곧 싫증을 느끼기 때문에 약간의 결함과 불균제가 매력을 증대시킴
- 우리 주변의 자연환경도 시각축의 양측이 대칭을 이루는 경우는 거의 없음
- 비대칭적 균형을 볼 때 오히려 자연스럽고 평안한 마음을 가지게 되며, 비대칭계획이 자연과 가장 조화를 이루게 됨
- 비대칭계획은 경제적으로 이점이 있는데 자연경관에 큰 변형을 가하지 않고도 지형을 살려 목적을 달성할 수 있다는 것임

㉣ 시각적 균형감각에서 좌와 우

- 미술사가 뵐플린은 그림이란 좌에서 우로 읽혀지기 때문에 그림을 회전시키게 되면 자연히 읽는 순서도 바뀐다고 함
- 여기서 좌측의 중요성을 알 수 있고, 그림이든 경관이든 인간의 시선이 좌에서 우로 이동한다고 할 수는 없으나 항상 좌측이 주체가 되고 좌에서 우로의 방향이 주류를 이룸
- 또 하나의 문제는 시각적으로 우측에 있는 것이 무겁게 보이므로 좌측을 무겁게, 우측을 가볍게 하면 균형이 잡혀 안정된 경관을 만들 수 있음

③ 대칭적 계획

㉮ 좌우대칭과 방사대칭

- 축의 중심에서 좌우, 상하에 동일한 거리에 있는 것이 좌우대칭이고 축의 중심에서 여러 개가 동일 거리와 각도를 지니고 대칭해 있을 때는 방사대칭이라 함
- 크기, 거리, 색상 등 모든 면에서 중심축을 기준으로 합동이 되는 것이기 때문에 시각적으로 안정되어 있는 균형이 가장 단순한 형태가 됨

㉯ 대칭된 조형의 사용

- 무엇보다도 대칭된 조형은 좌우로 엄격히 균형이 잡혀 있으므로 공평함과 엄숙함, 위엄의 초인적 위력을 상징하게 되어 왕궁이나, 신전, 사찰 등에서 많이 사용되어 온 미적 요소임
- 베르사이유궁전, 타지마할, 우리나라의 독립기념관과 조선의 궁궐, 사찰 등의 공간계획에서 쉽게 발견할 수 있음
- 이러한 형태의 균형은 너무나 인위적인 느낌이기 때문에 자연스런 느낌을 주는 디자인에서는 사용하기 곤란함

4) 축(Axis)

① 개요

㉮ 축의 개념

- 축은 디자인에 있어 형태와 공간을 구성하는 가장 기본적인 수단이 됨
- 축은 공간 속의 두 점 또는 그 이상이 연결되어 이루어진 직선계획요소이며, 형태와 공간은 그것을 중심으로 규칙적으로 또는 불규칙하게 배열될 수 있음
- 축은 강한 의지를 나타내는 강력한 설계형태이며 자연에 대한 인간의 의지임
- 실제공간에서는 상상의 선이지만 축은 힘이 있고 탁월한 계획수단이 됨

㉯ 축의 시점과 종점

- 시각적 힘을 가지기 위해서는 축의 양 끝 부분이 종결되어야 함

- 축의 끝 부분에 목적물이 없다면 앞으로 진행함에 따라 점차 공간의 질이 떨어지고 공간이 발산적으로 되어 힘이 생길 수 없음
- 축의 시점이 종점이 되고 종점이 시점이 되기도 하는 상호 교환성이 있기 때문에 경관축이나 이동축을 형성함에 있어 시점은 종점의 특성을, 종점은 시점의 특성을 갖추어야 함

㉰ 축의 영향

- 경관요소는 축에 의해 긍정적인 영향을 받을 수도 있고 부정적인 영향을 받을 수도 있음
- 특별히 시각적 관심을 끌 만한 대상이 있다 하더라도 강력한 축이 형성된 곳에서는 그 대상의 세부적인 아름다움을 잃어버리게 됨
- 축이 형성되면 단지 대상과 축과의 관계만 부각되기 때문에 개체의 특성은 축선 속으로 사라져 버리기 때문임

5) 둘러싸기(Enframement)

① 개요

㉮ 둘러싸기의 개념

조망은 바닥과 벽, 천장의 세 가지 요소로 구성되며 조망을 둘러싸는 방법 또한 평면, 수직면, 천장면을 제한하는 세 가지로 구분할 수 있음

㉯ 바닥면인 평면 요소

바닥면인 평면은 설계자가 설계안을 도출하는 가장 기본적인 면이며 기존 평면의 경사나 레벨 차이를 적절히 이용하거나 조작을 가함으로써 공간을 둘러싸는 효과를 얻게 됨

㉰ 수직면의 요소

- 수직면은 공간을 둘러싸는 가장 효과적인 방법임. 조망에 대한 수직면의 가장 중요한 역할은 둘러싸기
- 수직면은 특정시점에서 볼 수 있는 조망의 양을 조절하므로 바람직하지 않은 조망을 차단하고 보여줘야 할 조망을 열어 시선을 특정한 방향으로 유도하는 역할을 지님

㉱ 천장면의 요소

- 수목의 수관 아래나 퍼골라 등 상부를 제한하는 요소에 의해 이루어짐
- 천장면의 높이나 밀도에 따라 공간의 크기를 달리 지각하게 되고 조망의 성격과 규모도 결정할 수 있게 됨
- 적절한 높이로 덮인 상부는 평면인 바닥면을 더욱 제한하여 의미있는 공간으로 만들게 되며, 이때 그 공간 내로 투과되는 햇볕의 질과 양에 따라 공간의 분위기도 달라짐

㉲ 공간의 폐쇄 결정요소

- 공간의 폐쇄를 결정하는 요소로는 공간의 형, 면적, 그리고 폭(D)과 건물높이(H)의 비례(D/H)에 의한 폐쇄도 등임
- 린치는 도시 외부공간에 있어 24m가 인간적 척도이며, 특히 위요된 중정공간에서는 중정의 D/H비가 1 : 2~3일 때 가장 적절하다고 함
- 스프라이레겐은 도시공간(중정)에서 건물높이와 관찰거리의 비=1 : 2(전방시계 27)가 가장 적절하다고 주장
- 아시하라는 외부공간의 요소로써 스케일에 대해 높이와 거리가 D/H=1 : 2일 때 가장 적당하다고 주장

㉳ 폐쇄도

- 폐쇄도란 시각적인 측면에서 다루어지기 때문에 인간의 신체와 시선의 투시와 차단의 정도에 의해 결정됨
- 폐쇄감은 평면공간에 수직적 벽체가 존재함으로써 생기고 이때 벽체의 높이에 따라 폐쇄의 강도가 달라짐
- 60cm 높이 수직면은 공간의 모서리를 규정하나 공간을 감싸는 폐쇄감을 주지 못함
- 가슴높이는 주변공간에 시각적 연속성을 주면서 약하게 감싸고 있는 기분을 줌
- 눈높이(1.5m)는 공간이 분할되기 시작함
- 수직면이 인간의 키를 넘어서면 두 영역은 완전히 차단되고 분리되어 폐쇄도가 강하게 나타남

4. 조경설계의 양식과 설계언어

1) 양식과 이념(Styles and Ideas)

① 양식연구의 필요성

㉮ 작가는 그 시대 저변을 흐르는 시간적 · 지역적 · 보편적으로 받아들여지고 있는 양식으로부터 자유로울 수 없음

㉯ 개별 작가는 이 양식의 기반 위에서 자기 나름의 독창적 변화를 시도하게 됨

㉰ 그러므로 설계가는 본인이 사용할 수 있는 설계어휘를 보다 풍부하게 하기 위해서 또는 기존 양식의 한계를 극복하고 새로운 양식을 창조하기 위해서 이러한 양식과 그 양식을 대표하는 작가와 작품을 연구해야 함

② 조경설계양식에서의 이념과 형태언어

㉮ 서양의 환경설계사를 지배했던 배후의 이념은 크게 보아 합리주의와 경험주의라 할 수 있음

㉯ 다시 말해 이상과 현실, 인간과 자연, 이성과 감성 등 상반되는 가치 중 주로 전자를 중시하는 합리주의와 후자를 중시하는 경험주의 간의 상호 우위다툼이 서양 각 시대 조경설계양식에서 반영되고 있다는 것임

- 합리주의
  - 합리주의는 데카르트가 체계화한 것으로 경험을 초월한 인간의 순수이성, 논리적 질서를 중시함
  - 실제 설계에서는 자연에서는 직접 발견하기 어려운 순수한 기하학적 형태(직선, 원 등)를 주로 사용하였으며 대표적으로는 르네상스의 고전주의 조경. 근대의 모더니즘 조경. 최근의 신합리주의 조경양식
- 경험주의
  - 경험주의는 실제의 경험을 지식의 근거로 보았으며, 실제 설계작품에서는 변화를 중시하고 곡선을 선호하였으며 자연적 형태를 모방하였음
  - 18세기의 낭만주의, 탈근대주의 전반이 이러한 이념의 계보에 속함

2) 전근대의 조경설계양식

① 고전주의 조경설계

㉮ 투시도와 고전주의 조경설계의 이념

- 르네상스기로부터 출발한 고전주의 미학의 기본성격은 미의 판단기준을 인간의 이성에 두고 있는 '이성주의 미학'이었음
- 미의 창조도 이성에 의해 측정할 수 있는 비례, 질서, 균형 등 보편주의적 형식미학으로 결정되었음
- 이 이성의 정점에는 절대왕권이 위치해 있었으며 당시의 정원이나 도시환경은 이러한 전체주의적 사회구조를 표현함
- 고전주의 건축과 도시, 조경의 구성방식의 전범으로는 원근법 또는 일점투시도 기법이었음
- 투시도 기법은 축과 대칭의 기하학적 설계양식 즉, 르네상스 양식을 낳고 이 양식은 이탈리아에서 시작하여 프랑스의 바로크정원에서 절정에 이르게 됨
- 이러한 정형식 정원양식은 서구문화의 특징을 보여주는 서구적인 조경양식이며 최근에 이르기까지도 형태주의 계열 조경과 건축설계의 성전역할을 해오고 있음

㉯ 고전주의 조경의 설계언어 : 축(axis)과 비스타(vista), 론드 포인트(rond point)

- 고전주의로 대표되는 정형주의 정원의 가장 강력한 기본어휘는 '축(axis)'임
- 투시도기법은 르네상스 조경설계에 축과 대칭의 기본양식을 성립시켰음

- 이 축은 투시도적인 시선의 축이며 이에 의해 이루어지는 통일성과 강한 방향성을 갖는 전망을 '비스타(vista)'라고 함. 이러한 강한 시선축은 당시의 절대왕정하의 수직적 사회구조를 견지하려는 힘의 축임
- 축이 선적 요소라면 론드 포인트는 이러한 축의 교점에 형성되는 점적 · 수직적 요소임
- 이런 맥락에서 정형식 정원의 또 다른 구성요소인 파르테르(자수화단)나 보스케(총림)는 면적 요소라 할 수 있음
- 론드 포인트는 축의 교차지점을 강조하는 시각초점으로서 터미널 비스타의 터미너스 내지 중심적 랜드마크를 형성하게 됨

② 낭만주의 조경설계

㉮ 풍경화와 낭만주의 설계양식의 이념

- 낭만주의 조경설계는 경험주의 철학을 그 가치관의 배경으로 하고 있고 독일 · 영국의 자연주의, 낭만주의 문학, 회화로부터 영향을 받았음
- 이상적인 자연풍경을 모방한 이 양식은 자연적 곡선 위주의 경관디자인을 해왔음
- 18~19세기 영국을 중심으로 등장하여 고전주의를 대체하는 새로운 조경양식으로 각광받아 널리 확산되었으며, 이후 현대에 이르기까지 대규모 도시공원 설계의 전형으로 널리 사용되고 있음
- 낭만주의 조경양식의 배경요인에는 고전주의에 대한 반발, 자연풍경화의 등장, 동양의 중국정원양식의 소개 등이었음
- 풍경화 이론으로부터 당시의 조경이론으로 수용 · 발전된 것이 '픽처레스크 이론'임
- 낭만주의 조경에서는 시점의 선정과 경관을 보는 방식에 있어서도, 고전주의에서의 단일시점, 직선적, 정태적 시각과는 달리 복수시점, 곡선적, 동태적 시각을 채택하고 있음
- 자연풍경식 낭만주의 조경양식은 이후 근대 도시공원의 주류양식이 되었고, 영국을 중심으로 유럽전역에 번져 나갔고, 옴스테드에 의해 미국은 물론 전 세계로 파급되었음. 최근까지도 국제적인 도시공원양식으로 사용되고 있음

㉯ 낭만주의 조경의 설계언어 : 곡선, 미스테리, 서술성, 일루전

- '자연은 직선을 싫어한다.'는 말은 영국 낭만주의 조경가 켄트가 낭만주의 조경양식의 형태적 성격을 한마디로 압축하여 표현한 것임
- 이 양식의 대표적 특징은 곡선지배적, 복수의 시점과 점진적 경관 표현, 경관적 미스테리 연출, 이야기를 단계별로 전개해 나가는 서술성의 표현이 주된 기법으로 사용됨
- 그 밖에 넓은 잔디원, 연못 경계부의 굴곡과 차폐에 의해 공간규모를 더 넓게 느끼게 하는 일루전 효과 등이 사용됨
- 이 같은 유연한 양식은 탈근대의 이념과도 맥을 같이 하여 혹자는 포스트모더니즘의 이념적 특징을 '낭만주의적 회귀'라고도 함

③ 전근대 한국의 조경설계

㉮ 한국 전통 조경설계의 이념

• 동양 세계관의 개요

- 동양적 세계관이란 서양의 자연관에서와 같은 대상적 · 물리적 · 외형적 자연이기보다는 자연 안에 내재하는 역동적 원리를 중시한 것임. 인간의 신체나 지리의 해석, 나아가 인간사회의 행동원리에도 적용하는 보다 광범위한 것임
- 동양의 이러한 자연관은 도교, 주자학, 샤머니즘 등의 사상체계에서 정리되고, 이를 바탕으로 태극, 음양, 이기(理氣) 등의 핵심개념들을 낳았으며, 이들 개념이 결합되어 환경에 적용됨으로써 풍수사상을 낳고, 이 풍수사상은 건축 · 조경 · 도시 등 물리적 공간조성의 원칙이 되었음

• 동양 세계관의 속성

- 동양의 세계관은 상반된 양측면 간의 동적 조화와 균형을 이상으로 보았던 '상보적 이원론'이라 할 수 있음
- 이러한 세계관은 가시적 환경양식에서도 그 기본구조가 되어 '산과 골', '장풍과 득수', '명당과 혈' 등의 거시적 경관구성 원칙에서부터 '마당과 후원', '방지와 계류', 그들 형태의 '정형성과 자연성' 등 구체적 조경양식의 특징에 이르기까지 환경의 모든 단계에서 이중적인 '음양대비성', '상보적 이원성'의 기본속성을 갖게 하였음
- 동양 철학은 관계성의 철학이며 이상적 경관은 '관계의 경관'이었음. 물적 환경에서는 그 관계성이 응집되어 느껴지는 '기'의 끊이지 않는 원활한 '흐름'을 중시했음

• 산수화의 원리와 조경에 미친 영향

- 동양의 세계관은 산수화의 원리에도 반영되었고 이러한 산수화의 시각은 조경의 기본성격에 영향을 주었음
- 동양의 산수화는 외부세계가 그 모습을 통해 의미하는 근본적 가치체계를 표현하려 했으며, 산수화의 시작과 주된 흐름이 '관념산수'였음
- 이러한 관념산수의 평가기준을 '기운생동'에 두었음은 앞서 말한 동양지리사상의 특징과 연결되는 것임
- 산수화의 시점은 복수시점, 다원시점의 '부감경(俯瞰景, 내려다보는 경치)이 주를 이룸. 동궐도나 소쇄원 목판화에서 동양적 다원시점을 볼 수 있음
- 이러한 세계관과 회화의 기법은 동양과 한국의 정원양식에 그대로 반복되며, 근대 직전 서양과의 교류를 통해 서양의 낭만주의 풍경식 정원의 성립에도 영향을 주게 됨

㉯ 한국조경의 전통적 설계언어 : 순환축, 복수시점, 비가시성, 관념적 형태, 이원적 구성

• 순환축과 복수시점

- 동양 산수화의 복수시점은 화면 전체로 보아 관찰자가 경관을 구불구불 돌아가는

듯한 순환적 움직임을 느끼게 함

- 이러한 순환적 동적 구도는 동양의 정원구조에서도 유사하게 나타나며 진입에서부터 주공간에 이르기까지 여러 굴곡진 동선을 통해 나아가게 되며, 하나의 정원 내에서도 단일 중심건물보다는 복수의 정원건물에서 복수의 시점으로 정원을 감상하게 함(예 : 일본의 임천회유식 정원)
- 동양정원은 목조건축의 개방성에 따라 내외부공간이 서로 스며들게 함으로써 '지기'의 연속적 흐름이 느껴지게 하는 다원적 · 순환적 정원공간을 만들어 왔음

• 비가시성과 중층성
- 동양정원의 시각구성은 보여주는 것보다 감추는 것, 가시성보다는 비가시성을 디자인 원칙으로 삼음
- 한국에서 대규모 정원공간으로 경영되었던 '곡(曲)'과 '경(景)'은 계류 위주의 절승지들을 찾아내어 그 가시적 연속경관 전체에 장소마다 철학적 문학적 이름을 붙임으로써 의미를 부여하여 장소화하고 정자나 강학공간을 두면서 원림으로 경영한 정원유형임
- 곡과 경 그리고 풍수사상은 한국 특유의 정원개념인 내원과 외원의 이중구조로 발전됨. 인위적으로 조성된 중심정원 그 자체를 내원이라 하고 그를 둘러싸는 보다 넓은 외곽의 가시적 영역을 외원이라 함(예 : 청평의 문수원정원, 영양의 서석지정원)
- 외원은 보통 자연구릉 등의 가시적 경계를 갖고 있고 외부에서 안으로 들어올 때 내부를 일차 가리는 중층적 켜(layer)의 역할을 함
- 이러한 중층성은 내원 안에서도 여러 켜의 담장과 문으로 중심정원 내부를 감싸으로써, 안에서 볼 때는 시각적 연속성을 갖게 하지만 밖에서부터의 진입과정에서 볼 때는 의도적인 비가시성을 갖게 함

• 관념적 형태와 이원적 구성
- 구체적인 요소별 조경설계에 있어서는 번잡함을 피하고 설계요소를 최소화, 상징화, 관념화하였음
- 정원공간을 고도로 관념화한 예는 일본의 고산수정원(예 : 용안사석정)이 대표적이지만, 우리나라에서도 화단조성과 나무식재, 연못형태에 이르기까지 그 공간형태의 관념화는 설계의 일관된 원칙이 됨
- 여백의 미를 강조한 마당, 음양오행적 의미가 부여된 수목, 방지원도, 삼신선도 등이 대표적 예임
- 궁궐정원인 창덕궁 후원이나 별서정원인 소쇄원에서 방지와 계류를 대비시키면서 함께 사용한 예들은 이원론적 일원론과 부합되는 한국정원의 설계언어임

- 방지와 계류, 고인 물과 흐르는 물, 인간적 공간과 자연적 공간, 사색과 즐김 등의 대비와 공존은 음양의 이원론적 일원론과 부합되는 한국정원의 대표적 설계언어임

3) 근대 이후의 조경설계양식

① 개요

㉮ 18세기 후반에서 19세기 초의 산업혁명은 이제까지의 세계관을 현격하게 바꾸어 놓았음

㉯ 시각예술 분야의 이념과 기법도 이전의 규범적 · 자연적 시각에서 과학적 · 분석적 시각으로 바뀌게 되어 과학주의 미학이 지배함

㉰ 미술사적 용어로 '모던'이란 대략 1860년대에서 1970년대까지의 시대를 말하는데, 시각예술에서는 미술의 자율성을 추구하였고 이 자율성이란 추상미술로의 전환을 말함

㉱ 조경설계도 그 영향 밑에서 과거와 같은 자연경관이나 풍경화의 재현보다는 시각적 · 공간적 구성요소 그 자체로서 경관미를 추구하게 되었으며, 특히 이러한 미는 근대건축이 추구하던 '기능'과 연관되어 모색되어 왔음

② 모더니즘 조경설계

㉮ 모더니즘 미술과 건축에 나타났던 공통된 이념은 과거의 양식, 특히 고전적 양식의 전면부정이었음. 과거양식을 부정하고 근원형태로 돌아가고자 하는 이런 태도는 이성적, 분석적 환원주의, 합리주의라고 불림

㉯ 모더니즘 조경설계는 근대미술의 양대 조류인 기하학적 추상과 초현실주의로부터 직접적 영향을 받았는데, 전자로부터는 주로 직선적 기하학적 형태언어를, 후자로부터는 유기적 · 곡선적 기하학의 형태언어를 조경설계언어로 제공받게 되었음

- 근대미술과 모더니즘 조경설계의 이념
  - 모더니즘 조경설계의 형태적 기원은 추상미술과 근대건축의 두 축에서 찾을 수 있음
  - 근대조경은 추상미술로부터는 자연의 모방이 아닌 '추상적인 순수형태'를, 근대건축으로부터는 '기능주의 미학'을 수용하게 됨
  - 전자의 전통은 미니멀리즘의 미술과 조경으로 이어지고 후자의 이념은 실용주의 미학으로 이어지나 앞서의 최소주의와 유사한 것임
  - 기능주의는 도시계획이나 대규모 조경계획에서 시각적 미의 추구 이전에 조닝과 동선계획의 효율성을 공간구성의 뼈대로 하게 하였음
  - 근대미술의 양대 계파의 정점인 기하학적 추상과 초현실주의 각각은 근대조경의 형태양식에 큰 영향을 미치게 됨
  - 각각 근대조경의 두 가지 스타일인 비대칭적 기하학 양식과 유동적 비정형의 양식을 성립시켜 나감

- 전자의 영향을 받은 작품들은 그리드 패턴을 기본설계언어로 하고, 후자의 영향을 받은 작품들은 유기적 곡선형을 기본설계언어로 하고 있다는 점에서 극히 대조를 이룸
- 모더니즘의 설계언어 : 그리드와 바람개비형, 사각과 원호
  - 넓은 의미로 근대주의의 기본도상은 그리드임
  - 근대주의의 직선적 형태의 양식을 하그리브스는 비대칭적 기하학이라고 하였음
  - 그리드는 이성에 의해 통제된 가장 단순한 형태적 질서를 표현함
  - 근대주의 조경에서는 이 그리드의 기본도상에 시간성, 동태성, 속도가 결합되어 바람개비형과 정규사각(45도, 60도, 30도 등 90도의 분각), 원호 등이 그 변형으로 추가하게 되었음
  - 지금까지도 이러한 역동적 기하학의 패턴은 근대적 조경의 기본설계언어로서 도시적 경관 조성에 쓰이고 있음
- 모더니즘의 설계언어 : 유기적 형태, 아메바형, 콩팥형
  - 근대주의 조경에서 유기적 형태는 생체형이라고도 하는데, 이는 초현실주의 미술에서 기원한 것임
  - 초현실주의 미술은 생명, 무의식과 꿈 등을 중시하고 몽상적 · 관능적 분위기로 근대주의 내에서도 상대적으로 낭만주의적 성향의 계보라 할 수 있음
  - 근대주의 조경은 주로 S커브로 이루어진 곡선적형태가 이들 작품 설계언어의 기본도상이며 대표적 형태패턴은 아메바형, 콩팥형라고 불리는 생눌체의 환원석 형태임
  - 대표작가는 처치와 벌막스 등임

③ <u>포스트모더니즘 조경설계</u>

㉮ 포스트모더니즘 환경설계의 기원은 주로 모더니즘에서 소외되고 파괴되었던 가치들의 복원 · 복권에서 출발함

㉯ 구체적으로는 역사적 · 지역적 양식의 복권, 특히 장식과 그에 포함된 인간적 의미의 부활에 기본의도가 있었음

㉰ 모더니스트들이 경멸해왔던 다양한 주제와 효과들을 부활시켰음

㉱ 미국의 건축가 로버트 벤추리는 "순수보다는 이질적 요소의 혼합을 완전무결하기보다는 절충을, 명확하기보다는 모호함을, 관심을 끄는 것은 물론 파격을 선호한다."고 주장하여 포스트모더니즘의 새로운 패러다임을 제기함

㉲ 포스트모더니즘 조경의 계보는 복고적 성향을 가진 신역사주의 계열의 지역주의, 맥락주의, 자연주의의 한 축이 있고, 전위적 형태주의의 전통을 견지하면서도 근대주의 이후를 모색하려는 아방가르드 계열의 미니멀리즘과 해체주의 조경의 또 다른 한 축이 존재함

㉳ 하그리브스는 전자의 입장이고 피터 워커, 이사무 노구치, 스즈키 쇼도 등은 후자의 입장임

- 포스트모더니즘 조경의 설계언어 : 기본도형, 포인트그리드, 평행선과 임의사선
  - 이들은 포스트모더니즘 조경설계 중에서도 형태적 특징을 의도하는 계열들인 미니멀리즘, 해체주의 등 아방가르드 계열에서 주로 사용하는 형태언어들임
  - 기본도형의 사용에 있어서 모더니즘적 형식미학을 그대로 적용하지 않고 원칙을 벗어나거나 형태들 간의 임의적 중첩에 의한 우연한 효과를 노리고 이러한 탈형식 미학적 시각효과를 통해서 새로운 '낯설음'의 미학적 효과를 얻어내려 함
  - 포인트그리드는 중심을 부정하고 중심과 주변을 등가치화하고 공간의 무한확대를 표현하며 모더니즘의 형태분석이론인 점 · 선 · 면 사이의 위계적 구조를 해체하려 함
  - 평행선은 앞의 포인트 그리드와 함께 대지의 평면성을 강조함
  - 임의사선은 고전주의에서 사용되던 축의 변형이고 애매한 각도를 지님. 임의의 중첩을 통해 우연적 효과(낯설음)를 노리고 있음
- 포스트모더니즘의 설계언어 : 차용(parody)과 애매성, 상호침투, 경계의 층화(layering), 희미한 경계
  - 이는 반형태주의(경험주의, 낭만주의, 맥락주의) 계열의 전략에 주로 사용되는 설계언어들임
  - 명료한 형태와 의미를 거부하고, 공간이나 형태가 주변경관에 침투, 확산, 융합되는 맥락주의적 사고를 중시함
  - 상호 이질적인 역사적 · 지역적 양식을 동시에 차용하여 중첩 혹은 병치시키고 이들 간의 형태적 충돌에 의해 우연하고도 애매한 의미가 발생할 것을 기대함
  - 예를 들어 추미의 라 빌레트 공원에서는 문학, 철학, 영화 등의 개념들이 상호 넘나들며 이용되고, 사이트(SITE)나 암바스의 작품에서는 조각, 조경, 건축, 도시의 언어들이 서로 융합됨
  - 경계의 층화라는 것은 부지경계의 명확한 선을 없애고 그 대신 복수층의 점진적 경계요소를 조성한다는 것임
  - 희미한 경계는 근대주의의 경계요소를 과장하던 것을 거부하고 점진적 변화로 이에 대신하는 것임
  - 이러한 설계언어는 최근의 생태학적 가치관을 반영하고 있기도 함. 다양성이 통일성보다, 복잡성이 단순명료함보다 우월하다는 생태학적 미학을 달성하려고 함

4) 현대 조경설계의 작가와 작품

① 모더니즘 작가와 작품

㉮ 에크보(Eckbo, G.)와 처치(Church, T.)

- 가레트 에크보
  - 에크보는 근대주의 조경설계양식(아방가르드 조경)의 창시자로서 작가이자 이론가라 할만함
  - 그는 조경작품 속에 점 · 선 · 면의 공간구성요소를 선명하게 구분, 구성함으로써 근대 추상미학의 창시자인 칸딘스키 이론의 철저한 조경적 구현자가 됨
  - 실제 작품 속에서는 3차원적 공간성을 바닥면, 벽면, 천개면으로 구성되는 옥외실 개념으로 표현하였음(예 : 에스키스 작품의 배식설계)
  - 그는 사선을 조경공간 전체를 구성하는 요소로 사용한 최초의 조경가로서 이러한 사선은 소주택 정원을 넓게 보이게 하기 위한 투시도적 착시효과의 수단으로 사용되었음
- 토마스 처치
  - 모더니즘 조경설계의 또다른 한 유형인 유기적 형태 양식의 초기 대표작가임
  - 이러한 유기적 형태는 생체형이라고도 불리는데, 이의 유행에는 당시 근대미술의 한 유파인 야수파(마티스 등)와 초현실주의(미로 등)의 영향이 컸던 것으로 인식되고 있음
  - 그의 작품 도넬가든에서 몽상적 · 유기적 · 관능적 형태, 콩팥 타입의 연못 등, 물 흐르는 듯한 공간구성은 근대주의 조경 중 캘리포니아 스타일의 전형이 되었음

㉯ 카일리(Kiley, D)와 핼프린(Halprin, L.)

- 단 카일리
  - 통상 고전적 근대주의자라고 불림. 에크보와는 달리 축과 직각구성 등 정태적 정형성이 그의 작품의 주조를 이루고 있기 때문임
  - 그의 작품에 나타나는 정통기하학과 수평성은 고전적 균형감각과 고요한 명상적 분위기를 느끼게 해줌
  - 그러나 여기에 복합적 수직 · 수평의 그리드 패턴, 이의 변형인 바람개비 형태, 복수축의 전개 등 근대적 운동성과 시간성을 표현하고 있음
  - 대표작품은 North California National Bank Plaza
- 로렌스 핼프린
  - 대표적인 아방가르드 작가, 과감한 실험정신의 대표작가임
  - 움직임(사람, 시간, 물 등)은 그의 작품의 일관된 주요주제이며 넓은 의미로 이 움직임은 자연의 생태적 변화과정까지도 포함함

- 움직임의 기록과 표현을 위한 코리오그라피, 모테이션 심벌 등의 독자적인 표기법을 개발했는데, 이는 무용가인 그의 부인의 영향이 큼
- 대표작품은 Roosebelt Memorial → 핼프린의 특기인 연속경관방식으로 루즈벨트의 생애를 전개시키고 있음. 연속으로 극적이고 서술적인 경관을 구성함

㉰ 벌막스(Burle Marx, R.)와 바라간(Barragan, L.)

• 로베르토 벌막스
- 브라질 작가, 초현실주의풍의 극단적인 곡선적 · 유기적 형태의 작품이 주조를 이루고 있음
- 근대회화의 평면적, 추상적 특징을 그대로 조경작품에 적용하여 식물로 그린 그림이나 대지 위의 거대한 추상화와도 같은 작품들을 제작하였음
- 식물에 대한 깊은 생태학적 지식을 바탕으로 남국(브라질)의 환상적 열기를 원색조의 식재패턴으로 표현하였음

• 루이스 바라간
- 멕시코 작가로 형이상학적 초현실주의 화가 기리코를 연상케 하는 특이한 미니멀리즘적 초현실주의 작풍을 보여줌
- 스페인 등 라틴의 중정식 정원의 전통을 계승, 다중의 벽체구성과 파스텔톤의 색채, 수경요소에 의해 단조로우면서도 신비롭고 사색적인 분위기의 정원공간들을 만들어냈음
- 시공을 초월한 듯한 명상적 분위기의 이 정원들은 '물(物) 자체로'라는 현상학적 환원의 세계를 느끼게 함

② 포스트모더니즘 작가와 작품

대표적 작가들을 크게 다음과 같은 세 계열로 나누어 볼 수 있음

㉮ 역사주의적 · 맥락주의적 경향 : 무어, 젤리코, 하그리브스, 쇼도

㉯ 아방가르드 · 미니멀리즘 · 해체주의 경향 : 워커, 슈왈츠, 발켄버그

㉰ 탈장르 · 환경주의적 경향 : SITE, 암바스

㉮는 역사와 지역성을 존중하는 비교적 보수적 성향이고 ㉯는 과거양식의 해체와 재구축을 통한 새로운 미학의 발견이라는 면에서 진보적 성향이라면, ㉰는 근대 이후 구분되어 왔던 장르와 형태, 양식들을 자연환경 속에서 재통합하려는 극히 혁신적 사고를 보여주는 흐름임

㉠ 워커(Walker, P.)와 하그리브스(Hagreaves, G.)

• 피터 워커
- 그의 아내인 마샤 슈왈츠와 함께 대표적인 형태주의 작가임. 이들의 작품성향이 직관에 의존하고 시각적 예술성이나 상징성을 작품의 주된 목표로 하고 있다는 데서 보통 포스트모던 계열로 분류함

- 추상화가였던 아내의 영향으로 건축형태에 대응할만한 강한 시각적 효과의 형태주의 작품을 추구해 왔으며 스스로 르노트르의 고전적 작풍, 미니멀리즘 조각의 설치미술적 성격이 자기 작풍의 기조가 되고 있다고 술회하고 있어 형태주의 작가임을 분명히 했음
- 스스로 작품구상의 주개념을 미니멀리즘 조각의 일관성, 평면성, 연속성에 두고 있다고 하였음
- 대표작품은 태너 파운틴

• 조지 하그리브스
- 포스트모더니즘 조경의 대표적 이론가이자 작가임. 그는 포스트모더니즘 조경에 관한 거의 최초의 논문을 발표하였는데, 여기서 그는 포스트모더니즘 조경의 나아갈 바를 모더니즘의 내부지향적 '닫힌 구성'에서 벗어나 외부지향적 '열린 구성'으로, 모더니즘의 추상적 '기능다이어그램적 접근'에서 벗어나 현장을 중시하는 '맥락주의적 접근'으로 전환해야 한다고 주장하였음
- 맥락주의, 해체주의, 생태주의 중 다방면에 걸친 실험적 작품을 발표하였음

ⓛ 츄미(Tschmi, B.)

• 해체주의 건축 · 조경의 대표적 작가임. 21세기 공원이라는 주제로 현상공모되었던 라빌레뜨 공원설계의 당선작가로서 일약 주목받게 되었음
• 이 작품에서는 기존의 도시와 건축, 공원을 다르게 보는 고정관념에 대해 근원적 의문을 던지면서 이들이 상호 융합된 새로운 도시공원의 개념을 제시하고 있음
• 이 라빌레뜨 공원은 해체주의 건축 · 조경의 대표작으로 인식되고 있음

ⓒ 발켄버그(Valkenburgh, M.V.), 쇼도(Shodo, S.), 젤리코(Jellicoe, G.), 사이트(SITE), 암바스(Ambasz, E.)

• 마이클 반 발켄버그
- 자연과 시간성이 그의 작품의 주된 주제임. 자연과 그 변화과정을 추상적으로 표현하려 하였는데 표현을 위한 소재로 즐겨 사용한 것이 얼음벽임
- 리처드세라 등 미니밀리스트 조각가의 영향으로 설치미술적 성격의 작품을 많이 제작하였음

• 스즈키 쇼도
- 일본의 고산수식 선정원의 개념을 미니멀리즘적 수법으로 계승 · 발전시키는 것이 그의 주된 작품경향임
- 자연을 추상적으로 표현하기 위해 석재로 이루어진 평행의 직선패턴을 주로 사용함
- 심상풍경(心像風景)으로서의 경관을 창조하는 것이 그의 설계의 주된 목표임

• 지오프리 젤리코
  - 조경에 대한 공헌으로 영국여왕으로부터 작위를 받은 조경설계가이자 교육자임
  - 각종 역사적 양식들에 대한 깊은 이해를 바탕으로 이들을 현대작품 속에서 창조적으로 재사용하고 있음
  - 은유와 차용 등의 기법을 통해 다양한 경관 의미들을 표현하며, 주로 집단무의식이나 상징적 원형 등 초현실주의적 주제들을 아카데믹한 작품 속에서 표현하고 있음

㉣ 사이트 그룹
• 조각가 제임스 와인즈를 주축으로 한 설계그룹임. SITE는 'Sculpture In The Environment'의 약자로 장르의 해체 및 재조합을 이념으로 하고 있음
• 따라서 조각 · 건축 · 환경 · 조경 등 환경 관련 예술분야들이 한 작품 속에 융합된 형태의 작업을 해냄
• 작품의 주된 성격은 팝아트(pop art)와 설치미술 양자의 성격을 동시에 가지며 그들의 궁극적 목표는 서술적 건축, 녹색건축이라고 말하고 있음
• 형태 간의 명확한 경계를 희석시키려는 반형태주의 계열로 볼 수 있음

㉤ 에밀리오 암바스
• 건축 · 조경의 경계가 해체된 표현주의적, 몽상적 건축조경작품을 만들어내고 있음
• 너무 실험적이어서 실제 실현된 작품들이 많지 않음
• 스스로 디자인은 신화창조의 행위라고 믿음. 역시 반형태주의 계열의 작가임

5) 한국 조경설계의 전개와 과제

① 한국 현대조경설계의 전개방향

㉮ 한국의 현대조경 실태
• 한국의 현대조경은 그 양식 선택의 필연성이나 지역적 고유성에 대한 자각 없이 모든 시대, 모든 양식의 혼재, 절충된 상태임
• 한국의 도시공원은 옴스테드의 목가적 양식, 바로크 양식, 모더니즘 양식이 편의상 절충되어 있고 때에 따라서 한국, 일본의 전통양식이 요소적으로 첨가되어 있는 상황임

㉯ 전통의 재해석과 재창조 필요성
• 특히, 최근 환경설계의 흐름으로 정착되어 가고 있는 서구의 탈근대주의에서는 그의 양대 계보인 신역사주의와 아방가르드 어느 쪽에서나 그들의 전통양식이 설계적 상상력의 주요 단서가 되고 있음
• 이러한 시대조류는 우리 지역성 내지 전통의 재해석과 재창조를 요구하고 있음

환경설계의 전통 계보

고전주의 위주 귀족주의적 고급전통	토속주의 위주 기층전통
• 이성적 형태 자체의 추구에 몰두함으로써 형태주의적 경향 • 눈에 보이는 형태 그 자체 내적 논리 • 최근 환경설계의 연구나 창작의 주 흐름 • 요소주의적 매너리즘에 빠지는 한계성을 지님	• 서민들의 실제 삶의 원천에서 형태의 원천을 발견하는 사실주의적 경향 • 눈에 보이지 않는 삶의 방식의 전통 • 신토속주의적, 맥락주의적 접근방식 • 현재시점의 한국의 지역적 독자성을 갖게 함 • 근대역사 속에서 설계언어를 발견하여 한국의 지역성을 찾아내려한 시도 • 사례 : 마을공원인 쌈지마당, 서대문 독립공원

㉰ 조경작품 속의 한국성 표현 전개양상

고전주의적, 형식주의적 접근방식의 분류

구분	내용
요소주의적 방식	• 전통경관의 요소들을 중심적 설계 모티브로 삼아 재구성하는 것으로 작품을 만들어 나가는 방식 • 작품들이 숫적으로 가장 많으나 접근방식이 단선적 • 전통적 요소의 단순한 모자이크 • 요소의 이미지를 분해하여 작품 속에 융해시킴 • 사례 : 광화문 열린마당, 진주성지공원
구조적 방식	• 전통적 공간의 구성패턴이나 구조를 찾아 이를 현대적 공간에 적용시키는 방식 • 풍수 국면을 모티브로 삼아 이를 구조적으로 적용 • 사례 : 독립기념관
세계관 원형도상방식	• 전통적 세계관의 원형도상을 공간설계의 골격으로 삼아 설계를 전개시키는 방식 • 음양의 태극도상을 공간구성의 골격으로 삼아 형태적으로 전개 • 사례 : 파리공원

② 앞으로의 과제

㉮ 한국 대학의 조경설계교육

- 한국 대학의 조경설계교육은 전반적으로 과학적 설계방식을 지향하는 맥하그식의 과정지향적 일변도의 교육을 함
- 이러한 교육방식의 결과적으로 설계작품의 예술적 작품성을 위축시킬 우려가 있다는 점은 최근까지 미국에서도 지속적으로 지적되어 온 문제점

- 모더니즘에 근거한 마스터플랜식 설계의 교육방식은 부지 내부의 평면형태적 완결성에만 집착하게 하여 결과적으로 한국 조경작품으로 하여금 주변과의 공간, 시간, 문화적 맥락이나 조화가 결여되게 하였다는 점도 문제시됨

㉯ 앞으로의 과제가 되는 쟁점

- 조경작품의 질적 수준을 높이기 위해서는 교육과 실무 양면에서 과학적 접근과 예술적 접근 간의 균형회복이 시급
- 오늘날 한국 조경작가들의 비평 수준과 미래 전망에 대한 안목을 높이기 위해서는 모더니즘과 포스트모더니즘의 기원과 의의 · 한계에 대한 보다 깊은 이해와 본격적 교육이 절실함. 이러한 비판적 시각의 바탕 위에서 다양한 외래사조의 수용과 토착화가 필요함
- 이 시대에 맞는 한국 고유의 자생적 조경설계양식의 모색이 필요함. 눈에 보이는 고정적인 형태 위주의 전통만이 아닌 그 이면에 숨어있는 눈에 안 보이는 질서와 고유의 세계관의 발견과 재해석이 필요함. 나아가, 현대 한국인들의 일상생활과 환경 속에 잠재되어 있는 한국성을 찾아내어 새로운 전통으로 만들어 나가기 위해서는 현시대와 이 땅에 대한 '사실주의적 한국성'의 탐구가 절실히 필요하다고 봄
- 자연이나 공원, 조경에 대한 새로운 시각과 접근방법이 필요함. 최근에 공원은 '자연과 문화가 만나는 곳'으로 과거와는 다르게 인식되고 있음. 특히 도시공원의 역할은 자연 그 자체의 공급이라기보다는 자연에 대한 문화적 해석, 또는 자연과 인간문화의 대화방식을 표현하는 곳으로서 의의가 커지고 있음 → 이에 따라 조경 역시, 기존의 과학기술의 한 분야로서의 입지강화와 함께 예술로서의 입지가 회복되어야 할 것이 요구되고 있음. 이러한 늘 혁신적이고도 총체적인 노력에 의해서만이 한국의 조경설계는 동시대의 인접 문화 장르들 속에서 독자적인 존재의의를 인정받을 수 있을 것임

5. 공간구성의 몇 가지 설계 언어들

1) 공간설계의 개요

① 평면설계와 입면설계

㉮ 평면설계는 설계대상물이 공간에 놓이는 위치를 표현하고 설계대상물의 입체적 형상보다는 그 입체적 형상이 평면에 남기는 궤적 자체의 크기나 모양에 관심을 가짐

㉯ 설계대상물이 차지하는 곳과 그렇지 않은 곳의 공간나누기에 그 내용의 주안점을 둠

㉰ 입면설계는 설계대상물이 땅에 남겨놓은 궤적 위로 펼쳐 올라가는 3차원적 형상의 구현을 추구함

㉱ 어떤 공간설계라고 이 평면적 설계와 입면적 설계내용을 고루 구비하지 않으면 불완전해짐

② 조경설계와 건축설계에서 비교

㉮ 조경설계나 건축설계는 대표적인 공간설계의 전문분야임. 건축설계는 입면설계의 비중이 평면설계의 비중보다 훨씬 크지만 조경설계는 건축과는 달리 입면설계보다 평면설계가 주요내용이 됨

㉯ 조경설계에서 항상 평면설계가 입면설계에 비해 더 중요한 것은 아닌데 설계대상물의 규모가 작아질수록 조경설계 공간개념은 점차 건축의 그것과 가까워짐 → 쌈지마당 같은 경우 해당 공간에 놓이는 시설물들의 입면적 특성이 평면적 공간가름에 우선하는 것임

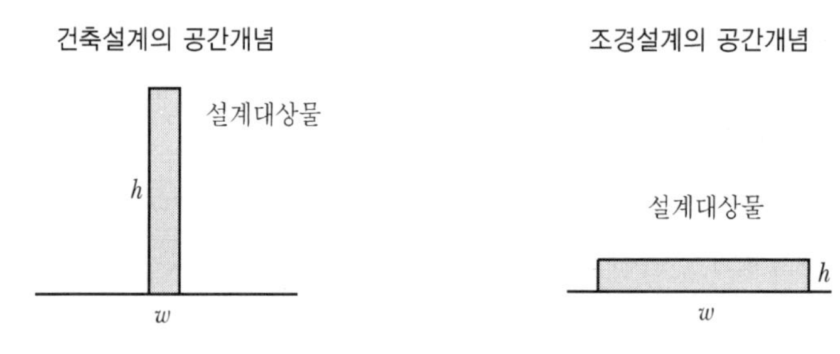

• h가 w와 같거나 w보다 작을 때가 드물고 통상 h는 w보다 훨씬 크다.

• w가 h와 같거나 h보다 작을 때가 드물고 통상 w는 h보다 훨씬 크다.

‖ 조경설계와 건축설계의 상대적 공간 개념 ‖

2) 공간 나누기 : 비우기와 채우기의 논리

① 비우기와 채우기

㉮ 평면설계의 기초적 과정으로서 공간나누기를 시작할 때 우선 결정해야 하는 것은 공간을 비워나갈 것인가 또는 채워나갈 것인가임

㉯ 비우기로 공간나누기를 시작한다는 것은 공간 전체가 이미 무엇인가로 채워진 것으로 보고(다사 말하면 사람들이 사용하지 못할 공간으로 보고) 사람들이 사용할 공간을 비워나간다는 것임

㉰ 반대로 채우기로 공간나누기를 시작한다는 것은 주어진 공간 전체를 비워진 것으로 보고(다시 말하면 사람들이 전부 사용할 수 있는 공간으로 보고) 사람들이 사용하지 못할 공간을 채워나간다는 것임

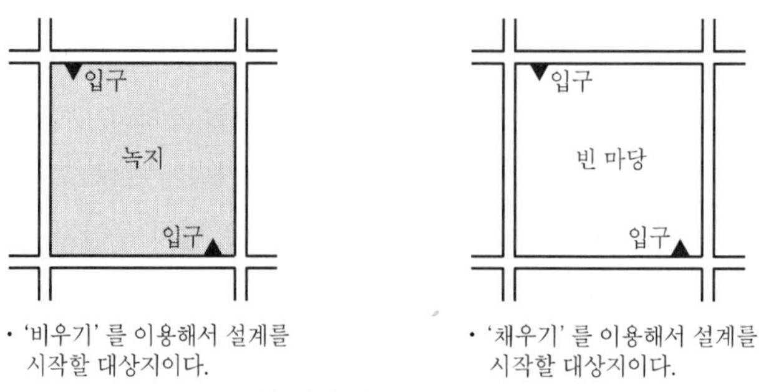

• '비우기'를 이용해서 설계를 시작할 대상지이다.

• '채우기'를 이용해서 설계를 시작할 대상지이다.

‖ 소공원 대상지의 두 가지 공간 원형 ‖

② 가상 설계사례들의 실험

위의 논의를 명확히 이해하기 위해 가상 설계사례를 하나 들도록 하는데, 기본적인 소공원 조경설계 문제를 가지고 설명함

㉮ 비우기의 적용

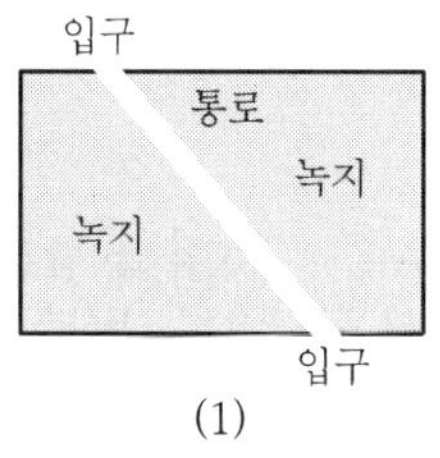

(1)

1. 통로의 설정 : 입구로 들어온 사람들을 공간 내부로 끌어와야 하는 통로가 설정되어야 하므로 양쪽 입구를 연결하는 길은 내준다. 즉, 길에 해당되는 녹지를 비운다.

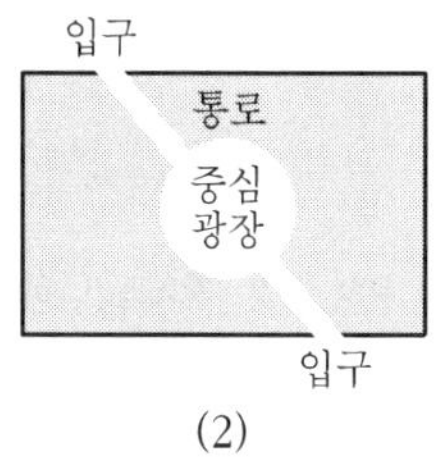

(2)

2. 중심광장의 위치 잡기 : 길 중앙에 사람을 모을 수 있는 중심광장의 위치를 잡고 그 부분을 비워준다. 광장의 위치, 크기, 형태가 이때 대략 결정된다.

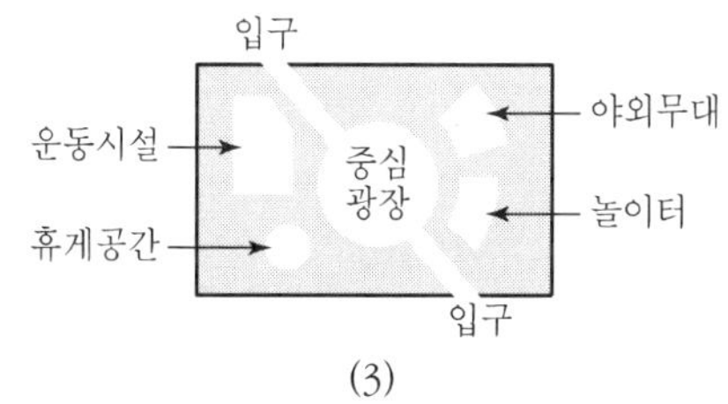

(3)

3. 기타시설의 위치 잡기 : 휴게공간, 야외무대, 놀이터, 운동시설의 위치를 잡고 녹지를 비운 다음, 적당한 규모로 형태를 다듬는다.

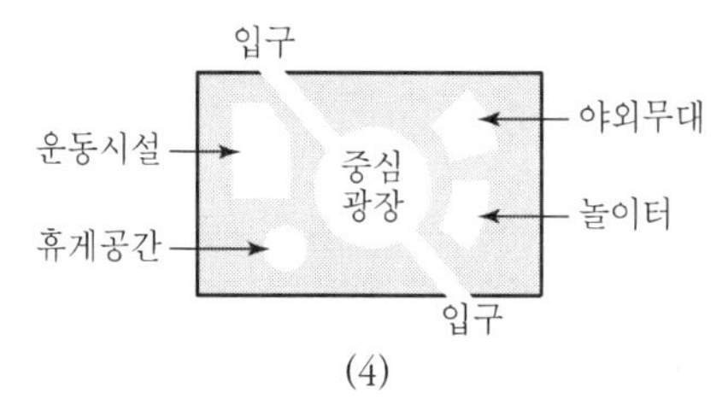

(4)

4. 동선 연결하기 : 시설들 사이의 통로를 연결하기 위해 가장 바람직한 노선의 녹지들을 비워준다. 공간나누기가 완성된 순간이다.

위의 그림들은 '비우기'를 통해 가장 보편적인 설계해를 찾아가는 과정을 보여주고 있다. 물론 시설들의 배치 순서는 설계자의 취향에 따라 달라지게 되며, 시설들의 형태도 설계자의 의도에 따라 얼마든지 바뀔 수 있다. 중요한 것은 '시설의 형태'들을 설계하고 있는 것이지 '녹지의 형태'를 설계하지 않는다는 것이다. 녹지의 형태는 시설의 형태를 만들고 나면 남은 공간에 의해 자연히 구성된다. 그림 (4)의 시설과 시설사이 녹지를 보라. 시설 연결동선을 내주면(즉, 그 부분의 녹지를 비워주면) 자연히 남는 공간이 녹지가 된다.

‖ 비우기를 이용한 공간 나누기 ‖

㉯ 채우기의 적용

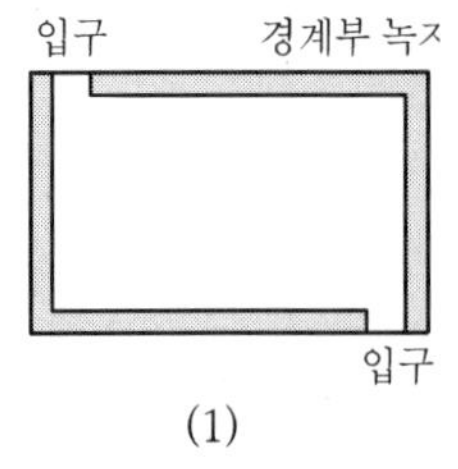

(1)

1. 경계부 녹지 채우기 : 일단 공원과 공원 외부와의 경계에 필요한 녹지를 배치한다. 이때 입구는 열어둔다.

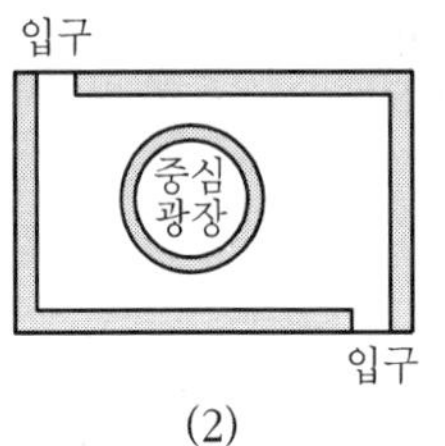

(2)

2. 중심광장 배치하기 : 중심광장을 배치하고 원래 비어있던 공간과 중심광장을 구분하기 위해 중심광장 외곽에 녹지를 배치한다.

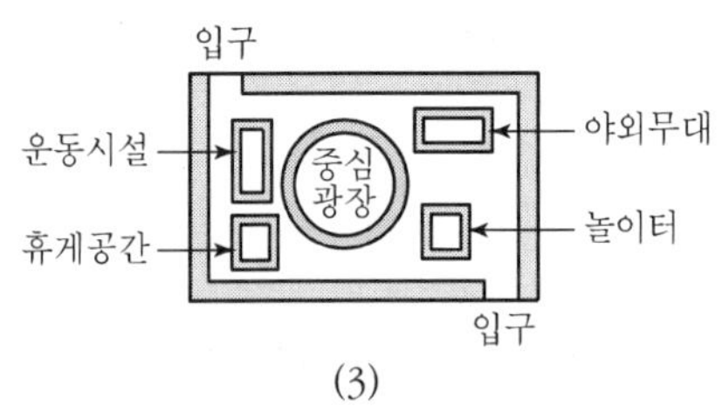

(3)

3. 기타 시설의 위치 잡기 : 휴게공간, 야외무대, 놀이터, 운동시설의 위치를 잡고 원래 비어있던 공간과 시설들을 구분하기 위해 시설 주변에 채운다.

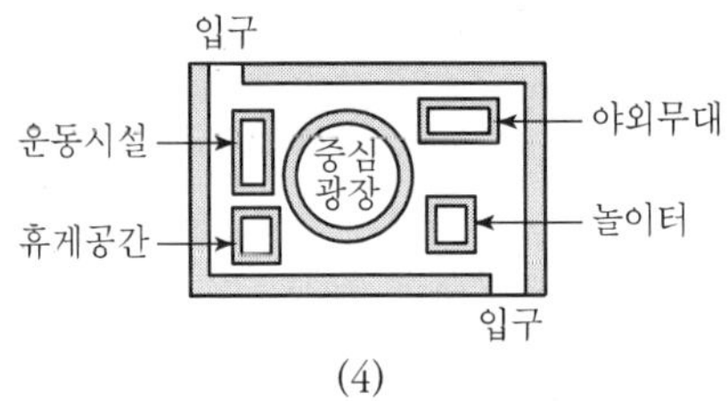

(4)

4. 동선 연결하기 : 시설들에의 접근을 위해 시설들의 녹지를 지워준다. 채우기에 의한 공간 나누기가 완성되는 순간이다.

위의 그림들은 '채우기'를 이용해 가장 보편적인 설계해를 찾아가는 과정을 보여준다. 물론 이전의 비우기와 마찬가지로 설계배치의 순서나 시설과 그리고 (이 경우에만 해당되는) 녹지의 형태나 크기는 설계자의 의도에 달려있다. 우리는 위의 그림들 중, 공간 나누기가 완성된 그림 (4)에서 알 수 없는 공간이 나타나고 있는 것을 알 수 있다. 이러한 알 수 없는 공간(더 정확히 얘기하면 설계자가 설계과정 중 고려할 수 없었던)은 채우기로 접근하는 경우 대단히 자주 나타나는 현상이다.

‖ 채우기를 이용한 공간 나누기 ‖

③ 비우기와 채우기의 결합

국내외를 망라하고 실무에서 접근되는 방식은 채우기보다는 비우기에 의해 완성된 결과를 보여줌. 하지만 비우기와 채우기는 각각 나름대로 장점을 갖고 있다는 것이고, 예를 들어 녹지를 조형적 형태로 설계해서 광장 내에 두고 싶을 때는 채우기로 접근해야 함(예 : 슈왈츠의 작품 중 연방법원광장은 이미 비어 있는 광장에 녹지의 형태(미네소타 지역의 일반적 지형을 묘사한)가 채우기로 채워짐. 채우기의 멋진 실례)

3) 골격선의 활용

① 골격선의 의미

㉮ 골격선이란 설계가의 설계철학을 담는 기본적인 선이며 앞으로 구체적으로 설계내용물을 채워나가기에 필요한 일종의 벤치마크의 역할을 하는 선임

㉯ 평면에 처음 도입되는 골격선은 말 그대로 전체평면 공간구성에의 주요골격이 되고 전체평면의 기하학적 논리의 출발점이 됨

㉰ 골격선들은 향후 가시적인 축으로 전환되기도 하고 대상지 내의 가로망이 되기고 하며 또는 식재의 선형이 될 수도 있음

② 쉐메토프의 골격선

㉮ 라빌레뜨의 현상설계에 참여했던 쉐메토프가 자신의 라빌레뜨 설계에서 기하학적 골격선을 어떻게 도입하고 있는지를 보여줌

㉯ 쉐메토프는 라빌레뜨 설계대상지를 포함한 전체 주변지역의 가로망 공간구조를 도형적으로 해석하는 작업을 하고 그 작업을 통해서 자기 나름대로의 골격선을 찾은 다음 이것을 라빌레뜨 공원의 공간구성에 적용하고 있음. 그림의 골격선들은 이후 쉐메토프의 공간나누기에 그대로 반영됨

③ 두류니악의 골격선

㉮ 사람마다 도입되는 골격선의 논리가 모두 같은 것은 아니며 두류니악은 똑같은 대상지를 다루면서 쉐메토프와는 전혀 다른 논리의 골격선을 발전시키고 있음

㉯ 그림은 주변 맥락으로부터 찾아진 골격선들이며, 이것들은 실제적인 공간언어들, 즉 축, 경계, 건축선, 경관선들로 승화되는 과정을 보여줌

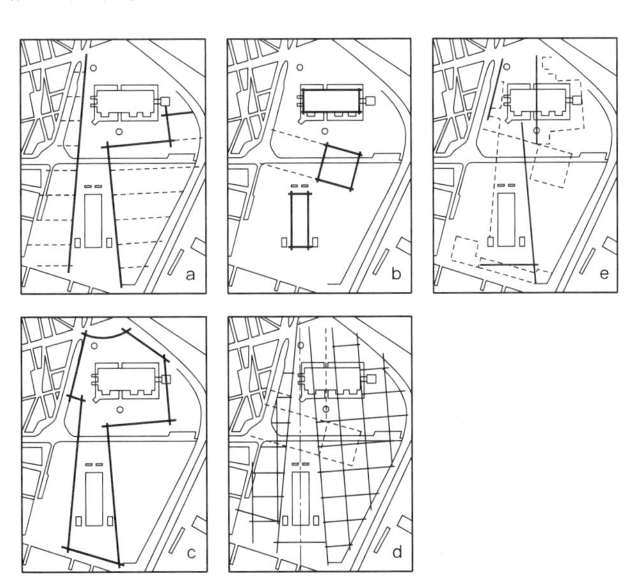

‖ 두류니악의 골격선 도입과정(Baljon, 1992, 57쪽) ‖

④ 골격선 사용 시 주의사항

㉮ 골격선을 사용할 때 주의할 것은 너무 다양한 골격선을 도입하지 않는 것임. 지나치게 다양한 골격선들은 전체 마스터플랜을 너무 복잡하고 어렵게 만들 수도 있기 때문

㉯ 골격선들 중에서도 강한 것과 약한 것을 구분하고 그들 사이에 위계를 주는 것이 전체 마스터플랜의 공간구조를 명확히 하는 데 유리할 수도 있음을 명심

4) 다층의 공간중첩

① 다층 공간설계의 소개

㉮ 다층의 공간중첩에 의한 평면설계는 말 그대로 하나 이상의 평면을 중첩시켜 나가는 설계기법이며 이는 중첩되는 각각의 평면마다 서로 다른 골격선과 공간나누기의 논리를 적용시킬 수 있다는 장점이 있음

㉯ 다층 공간설계의 가장 큰 장점은 결과물에서 표현되는 독창성과 설계적 상상력의 무한한 가능성임. 그러나 한편으로 이 다층공간설계에는 잘못 사용하는 경우에 평면설계의 복잡성과 난해함만을 가중시킬 수 있는 위험이 따르고 그 위험도는 통상 사용되는 단층설계에 비해 훨씬 높음

㉰ 다층의 공간중첩을 보다 눈에 띄게 사용하고 있는 슈왈츠와 워커, 츄미의 작품들을 보면서 다층공간설계에 대해 설명하고자 함

② 슈왈츠와 워커의 다층공간설계

㉮ 네코정원은 다층공간설계기법을 설명하는 데 가장 적당한 설계사례들 중 하나일 것임. 슈왈츠와 워커가 공동설계한 이 설치조경에는 두 층의 평면레이어가 사용되고 있음

㉯ 하나는 실제 네코사탕을 깔아놓은 그리드패턴을 담고 있고 다른 레이어는 타이어를 배치한 그리드패턴을 담고 있음. 이 두 레이어가 서로 결합하면서 간단하지만 독특한 설계 해를 낳고 있음

㉰ 슈왈츠의 다른 작품들에서도 복합레이어의 기법을 쉽게 찾을 수 있고 그녀의 작품인 리오쇼핑센터광장 설계에서 때아니게 무리지어 나타난 금개구리들에 많은 사람들이 그 창의적이며 독특한 시도 때문에 감탄했음. 리오센터의 금개구리들은 물과 녹지 그리고 광장의 경계에 상관없이 아무 곳이나 격자형의 논리를 가지고 넘나들고 있는데 바로 그것이 다층공간 켜들의 실례임

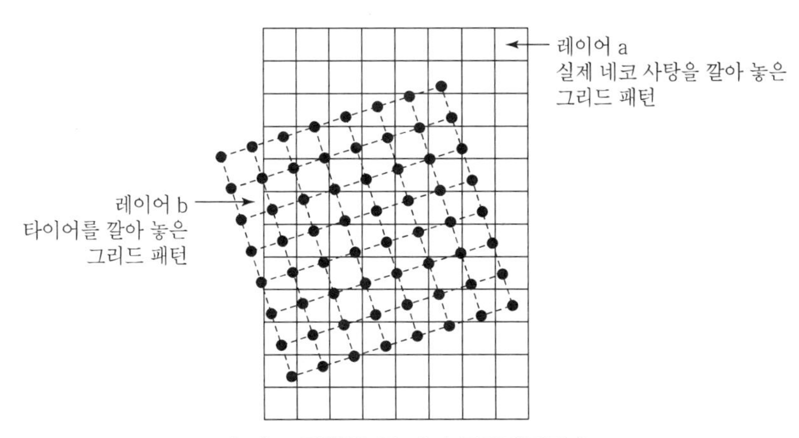

‖ 네코 정원의 두 가지 공간평면들 ‖

③ 츄미의 다층 공간설계

㉮ 다층공간설계의 다른 예로 잘 알려져 있는 라빌레뜨 현상설계의 당선작인 츄미의 작품을 들 수 있음

㉯ 츄미의 경우에는 3개의 평면층을 사용했는데 사람들의 동선을 담당하는 길이 한 층에 놓여지고 광장과 녹지가 다른 층에 실려 있으며 츄미의 독창성이 여지없이 발휘된 폴리가 마지막 층에 배치되고 있음

㉰ 츄미가 사용한 3개의 평면공간층은 점(폴리), 선(길), 그리고 면(광장과 녹지)의 층이란 이름으로 불리기도 하고 또는 오브제(폴리), 행동(길), 그리고 공간(광장과 녹지)의 층들로 일컬어지기도 함

㉱ 이들이 합쳐졌을 때 표출하는 공간의미의 풍성함은 슈왈츠의 것과 마찬가지로 단순히 3개를 합한 훨씬 이상의 것이 되고 있음

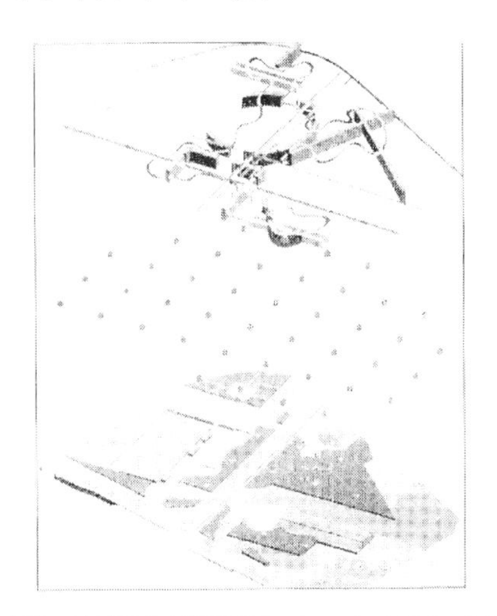

‖ 츄미의 다층공간 평면들(Tschumi, 1989, 177쪽) ‖

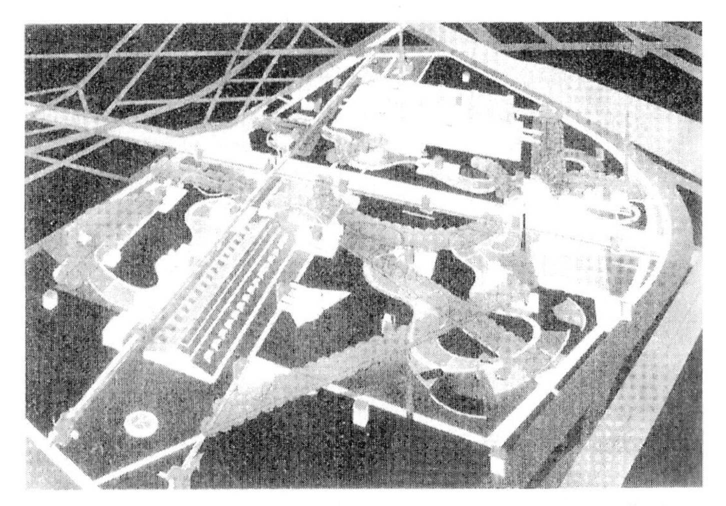

∥ 츄미의 라빌레뜨 공원 조감도(Tschumi, 1989, 176쪽) ∥

2 설계언어의 실제

1. 지형설계

1) 지형의 본질과 특성

① 지형의 본질

㉮ 19세기 말에 전문분야로 생긴 조경분야는 "토지를 분석 · 계획 및 설계 · 관리 · 보존과 복원을 위한 종합적인 예술이며 과학이다."라고 정의함. 조경인이란 토지를 다루는 관리자임

㉯ 역사를 통해 우리는 자신의 문화나 그 주변의 자연적인 환경에 대해 슬기로운 계획이나 미적인 설계로 새로운 환경을 창출해내었음을 알고 있음

㉰ 조형적으로 기본이 되는 우리나라의 전통적 사상은 지리적인 체계에 농축되었기 때문에 전체 지형의 개념을 알고 지형의 기능적 측면을 논한다면, 우리의 전통적인 풍수기법이라든가 신경준의 "산경표"나 김정호의 "대동여지도"에 의한 우리나라 지리체계의 종법성(宗法性)에 관해 언급해 보아야 할 것임

㉱ 우리의 지형에 대한 조형적 분석은 우리문화의 의미구조와 내용, 의미 사이의 연관관계를 이루고 있는 거대한 체계를 파악하는 데 중요한 시사점을 제공해 줄 것임

㉲ 조경설계에서 지형의 중요성은 단순히 지표면 상태를 어떠한 목적에 어떻게 이용했느냐 하는 것이며, 넓은 의미로 토지의 조작, 즉 자연스러운 지형 위에 인간이 적응하는 관계라 할 수 있음

㉳ 전통적으로 우리나라 사람들은 토지를 즉물적 대상으로 바라보지 않고 살아있는 생명체로 보았음

㉴ 지형의 설계란 자연을 변경하려는 주체자가 그들이 이룩해 놓은 문명과 문화를 발전시키는 과정이며, 더불어 기존의 환경에 더 적합한 장소 마련을 통해 지형에 생명력을 발현시키는 문화생태적인 행위라고 할 수 있음

② 지형의 특성

㉮ 조경학이란 영어로 토지(land)라는 변함없는 고형체와 변화하는 경치(scape)의 합성어로 되어 있음. 토지는 지형학적이고 환경적인 특성으로 묘사되고 보여질 때 경관(landscape)의 의미를 가짐

㉯ 조경가는 자연을 재현하는 한 예술가로서 지형을 다루는 다른 어떤 분야보다도 인간의 이용과 복지를 위해 개조하고 관리 · 경영하는 분야이므로 지형을 민감하게 조작하는 관리자의 능력이 필요함

㉰ 조경에서 말하는 경관은 자연적인 특색과 그곳에 덧붙여진 조형적인 요소들을 가진 지형의 형상이 모여서 이루어지는 것이라 할 수 있음

㉱ 조경가들에게 조형연구에서 지형을 논하는 이유는 지형적 요소에 대한 지각경험이 조형의식에 있어서 매우 중요한 영향을 끼치기 때문임

㉲ 지형에 대한 연구는 대지의 율동의 원인을 설명해주고, 선 · 형태 · 질감 · 색채 등에 대한 지각을 이해하는 데 도움을 줌

㉳ 외부환경을 설계하는 데 있어 모든 요소들은 지표면과 관련되기 때문에 지형은 옥외환경을 설계하는 데 공통적인 요소가 됨

㉴ 지형에 의해 조성하려는 환경의 전반적인 질서와 형태를 이루게 되며 그래서 계획과정 중 대상지에 대한 부지분석단계를 거침

㉵ 지형의 설계에서 가장 중요한 것은 설계가들이 대상지의 지형을 읽어내고, 그 지역을 어떻게 다루어서 개발방향을 정해야 할지 익숙하도록 하는 것이 가장 중요함

㉶ 지형의 변경은 변경하려는 부지가 단독의 목적으로 이루어지는 것이 아니라 지형이 갖고 있는 지형이 총체적인 연계성을 고려하여 기존의 지형과 연계되어야 기능적이고 시각적인 특성을 갖추게 됨

2) 지형의 기능적 측면

① 건축적 측면

㉮ 공간의 조성

공간지각에 영향을 주는 지형의 변수

구분	내용
바닥면	공간의 바닥은 조성되는 공간의 낮은 부분이거나 기반면을 말하며, 일반적으로 이용성이 높은 지역을 말함
경사면	경사면은 외부공간에서 벽의 기능을 담당하는 수직적인 면의 기능으로 간주될 수 있기 때문에 경사 정도에 따라 뚜렷한 공간감을 줄 수 있음
윤곽선(천정면)	• 지형의 변경에 의하여 인식된 높은 면과 하늘 사이의 단을 나타냄 • 높은 곳에 올랐을 때 보여지는 거리에 따라 공간에서 인식되는 한계, 즉 시계역(視界域)으로 구분될 수 있음

- 지형을 설계하는 사람들은 우선 지형의 형태 그 자체가 바닥면과 사면에 의해 시각적으로 위요감을 줄 수 있는 벽체와 그곳에서 이루어지는 윤곽선이 하나의 공간을 형성하는 요소로서 역할을 할 수 있다는 것을 이해하여야 함

- 바닥면, 경사면과 수평선과 제공선이라는 세 변수를 이용하여 조경가는 친밀한 공간에서부터 기념비적 공간까지, 또는 깊이를 갖는 계곡형의 공간에서부터 정적이며 위요된 공간에 이르기까지 거의 다양한 공간경험을 줄 수 있도록 만들 수 있음
- 지형은 공간의 한정과 더불어 공간의 분위기에도 영향을 주는데, 완만하고 유연한 지형은 감각적이며 느긋한 분위기를 나타내는 반면, 경직되고 험한 지형은 공간 내에 진취적이고 고조된 느낌을 부여하는 경향이 있음

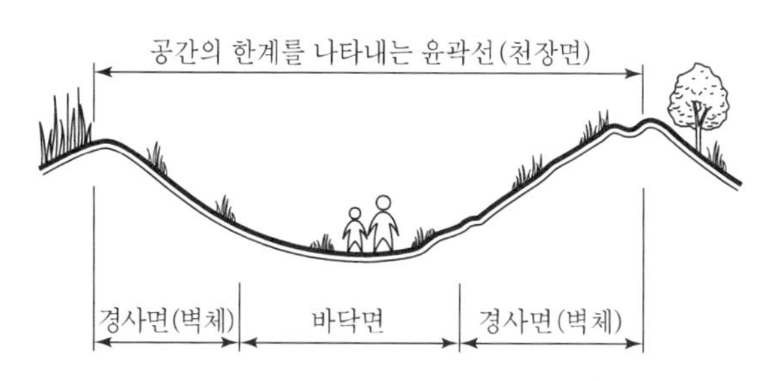

‖ 공간지각에 영향을 주는 지형의 변수 ‖

㈏ 시계(視界) 조절

- 공간의 한정이라는 개념은 인간의 가능한 시계에 대한 조망의 개념임
- 수직적 측면에서 지형은 어느 지점으로부터 무엇이 얼마나 보이게 되는가에 영향을 주게 되며, 드라마틱한 비스타(vista)를 형성하기도 하고, 한 대상에 대한 연속적인 조망 내지 점진적인 인식 등을 창출하며 바람직하지 못한 요소를 완전히 가려주는 등의 역할을 함
- 시야와 경관요소의 위치에 관한 중요한 용어로써 산마루 혹은 "전략적 정상(military crest)"이란 말로, 경사면의 정상 또는 산마루에 가까우면서도 그 아래 경사면 전체가 내려다보이는 지점을 말함
- 정상부분과 대상물 위쪽의 사면은 대상물에 대해 배경역할을 하여 대상물의 윤곽선을 흡수하고 바람의 영향으로부터도 대상물을 보호함
- 이와 같은 개념은 우리의 전통적인 자연과 조화되고, 온대성 기후에 적응하려고 한 기법인 배산임수의 건축물의 적지를 선택하는 데 있어 요점이 될 뿐만 아니라, 사계절 이용과 자연경관의 조화라는 측면에서 기타 요소의 배치에 있어서도 고려되어야 할 요소임

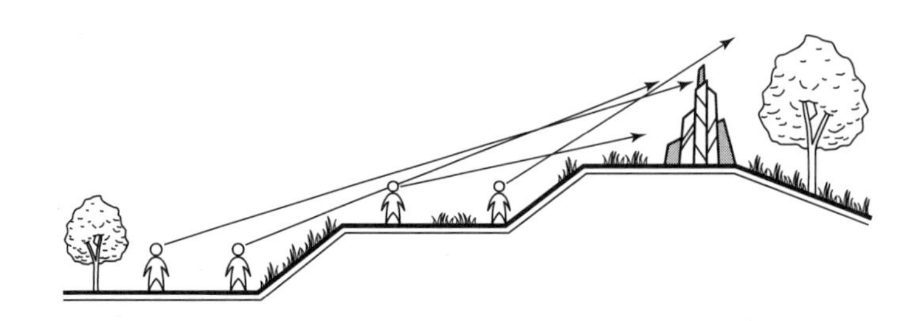

‖ 대상물을 이동하여 가면서 연속성을 갖게 조작할 수 있는 지형(아래) ‖

② 공학적 측면

㉮ 배수의 조절

- 지형을 변경하는 목적은 수평면의 이용이나 수직적인 이동을 위한 이용적 측면을 제외하고는 자연적인 배수를 위함
- 지면을 이용하는 사람들은 습한 곳보다는 건조한 지표면을 좋아하고, 공학적으로도 토양이 물을 함유하고 있으면 구축물을 지지할 수 있는 지내력이 감소하고, 농학적으로도 과도한 물은 식물의 생장을 억제하거나 고사하게 만듦
- 계획할 공간의 배수를 위해서는 경사도를 변화시키든지, 아니면 단지설계에 있어 적합한 지점으로 배수방향을 잡아 배수시설을 설치하는 것이 중요하며 가장 기본적인 사항임

㉯ 동선의 조절

- 지형은 옥외환경에서 방향의 지시, 속도, 보행과 차량의 이동과 통제 등과 같은 공간적 리듬에 영향을 주기 위한 용도로도 쓸 수 있음
- 지면의 경사가 심할수록 또는 장애물이 많아질수록 동선의 기능은 떨어지기 마련임. 경사진 지면상에서의 경사면은 동일한 경사도를 유지하고 동선은 최소로 해야 하며, 보행일 경우 장애인까지 고려하여 가능한 한 대략 8~12% 경사를 초과하지 않도록 해야 함
- 속도를 완회시키기 위해서는 경사진 지면(ramp) 또는 연속된 단으로써 표고를 변화시키거나 계단과 같은 시설물을 설치하면 이동하는 양과 속도에 있어 보행의 흐름을 조절할 수가 있음

㉰ 미기후의 조절

- 지형은 일조나 바람에 대한 노출 정도와 강우의 집적 등에 영향을 줌
- 아래 그림은 북반구 온대지역에서 태양과 관련된 사면의 주방향에 대한 전반적 특성 및 고려사항을 나타내고 있음

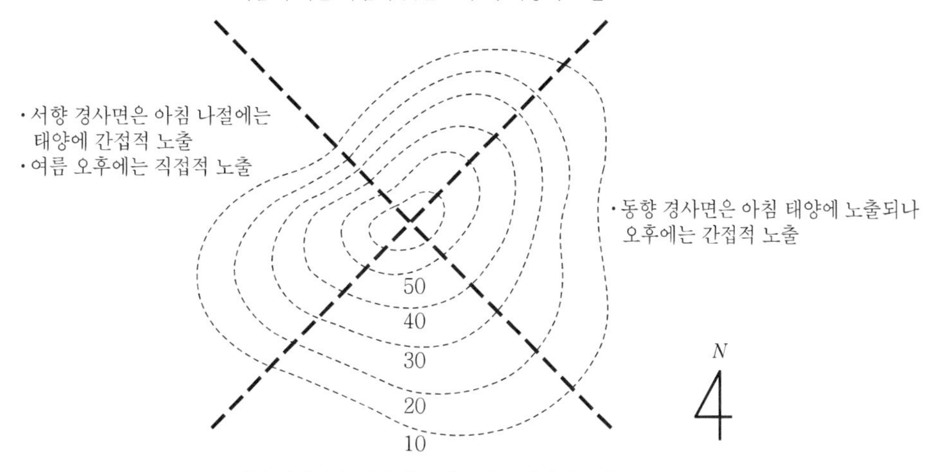

‖ 사면에 따른 일조 노출에 대한 미기후 ‖

- 북반구 온대지역에 바람을 분석하면 남동향의 사면은 겨울 동안 최대로 보호되는 곳이며 북서향의 사면은 차가운 바람에 노출되는 곳이 됨
- 북반구 온대지역에서는 동남방향의 사면이 일조와 바람의 영향을 받는다는 점에서, 즉 겨울에는 바람으로부터 보호되면서 겨울 햇볕과 여름의 바람을 직접 받으며, 또한 여름의 뜨거운 오후광선에는 직접 노출되기 때문에 가장 바람직한 부분이 됨

③ 미학적 측면

㉮ 시각적인 효과

- 지형은 여러 가지 방법으로 모양을 낼 수 있을 뿐 아니라, 그 변형된 모양이 빛이나 기후의 영향 하에서 여러 가지 시각적 효과를 가질 수도 있음
- 특정한 지면의 형태에 햇빛이 쪼이는 상태나 그에 의해 얻어지는 그림자의 형태 등은 그 자체로 흥미있는 것이 됨
- 이러한 요인은 하루 동안에도, 또는 계절의 바뀜에 따라, 즉 비나 눈과 같은 강우 등도 시각적인 효과 또한 지형의 모습을 변화시킬 수 있음

㉯ 대지예술(earth art)

- 1960년대 후반 종래의 인간 중심적 기호와 자연에 대한 재인식으로 말미암아 포스트모더니즘의 징후로 대지와 인간 간의 새로운 관계맺음을 시도한 대지예술가들이 등장하였음
- 흔히 예술분야에서 대지조각(site sculpture), 대지예술(earth art), 그리고 대지작품(earth works)이라고 불리는데, 이러한 예술적 시도는 조각가가 점토로 모양을 만들듯이 옥외환경 내의 지형을 빚어 예술작품을 창조하는 것임

- 로버트 스미슨이나 로버트 모리스, 에스나 타차, 프랑스의 조경가인 쟈퀴스 시몬 등은 그와 같은 예술가로서 다양한 규모와 특성을 갖는 "환경조각"을 창조하기 위해 부드럽고 자연적인 지형뿐 아니라 단단한 인공적인 상태의 지형까지 이용하고 있음
- 이들의 주 관심사는 자연과 대지를 잘 파악하여, 그 관계를 자연과 인간이 분리되지 않았던 세계에 대한 향수와 감정을 표현하는 것임

대지예술의 전개양상

구분	내용
초기 대지예술	• 아무도 찾지 않는 황량한 사막이나 초원에 조성됨 • 대중들과의 공유는 자연이 아니라 화랑에서의 사진이나 스케치 전시를 통해서만 가능
윌리엄 베네트	• 더럽혀진 경관을 다시 회복시키는 것을 목적으로 공공영역으로 확산됨 • 환경적, 생태적 시도에 의해 자연의 이미지를 추구하고자 시도 • 일부 폐광된 채석장을 이용하여 건축적 형태를 지닌 석조 조각작품을 제작함 • 대지의 효율을 높이려는 목적과 자연경관을 갱생시킴으로써 예술의 가능성을 보여줌
피터 워커	모더니즘에서 미니멀리즘에 관심을 보이면서 설계한 하버드 대학의 "태너 분수"와 같은 작업은 조경에 있어 단순히 수목과 낭만주의적 경관을 구성하는 방식을 벗어난 지형 위에 대지예술의 가능성을 보여줌
로렌스 핼프린	• 조각적 형태의 지형의 변화로부터 물의 흐름과 분수와의 조화된 활용에 의해 많은 작품을 발표하고 있음 • 암석과 지표의 형성을 설계에 이용하기 위해, 특히 씨에라 고산시대에 내해 오랜기간 동안 관찰하였으며, 그의 설계에 이러한 것들을 인공적인 지형으로 추상화하여 표현하였음 • 미국 오레곤주 포틀랜드시의 러브조이 광장의 IRA분수, 시애틀시에 고속도로 공원, 뉴욕주 로체스터시의 맨해튼 광장 • 이들 경우에 있어서 지면은 모형에서처럼 등고선을 잘라내듯이 계단상으로 이루어져 있어 뚜렷한 형태나 패턴을 보여주고 있음

3) 공간 및 형태별 지형설계

① 수평적 지형(level landform)

㉮ 수평적 지형은 시각적으로 수평면과 평행한 지역으로 정의됨. 여기서 수평적이란 말은 약간의 경사가 있지만 사람이 인식하기에 평탄한 면으로 보이는 지형을 말함

㉯ 수평적 지형은 가장 단순하고 안정된 유형이며, 정적이고 운동감이 없으며 중력에 대해 균형을 유지하고 있음

㉰ 수평적 지형은 사람들을 서 있게 하거나 모이게 하고, 앉거나 쉬게 할 수 있는 가장 이상적인 형태라 할 수 있음

㉱ 시각적으로 수평적이고 개방적인 경관 내에서는 본질적으로 수평면을 강조하는 형태가 바람직함

㉲ 프랑스 정원양식 특징 중 하나인 소로(allee)는 롱프앙(rond points)이라는 공간에서 방사상으로 배치되는데, 비교적 수평적인 지형상에 위치하기 때문에 강력한 시각적 연결수단이 됨

㉳ 수평적 지형에 수직적 요소가 도입되면 우세요소나 초점으로서 작용하며, 수평적인 지면상에서 관심을 끌기 위해서는 그다지 높은 구조물이 아니더라도 가능함

② 볼록한 지형(convex landform)

㉮ 일반적으로 등고선이 동심원으로 구성되고 높은 지면을 갖는 하나의 높은 지점이 포함된 지형이라 할 수 있음

㉯ 볼록한 형태의 지형으로서는 작은 언덕, 구릉지대, 외딴 언덕, 산정 등을 예로 들 수 있음

㉰ 볼록하게 올라온 지형은 하나의 덩어리로서 적극적 공간일 수도 있고 장애적인 요소일 수 있음. 수평적 지형과 비교할 때 볼록한 지형은 중력에 대항한다는 면에서 힘을 내포하는 진취적이고 흥미를 유발하는 지형임

㉱ 볼록한 지형은 초점적 속성을 지니는데 건축물, 수목 등의 다른 요소를 정상에 배치시킴으로써 더욱 강조된 형태를 가질 수 있음(예 : 서울 남산의 전망대와 명동성당)

㉲ 우리나라와 같이 산악지형이 많은 곳에서는 이러한 입지가 정자나 누의 입지가 좋은 곳으로, 인접한 계곡을 시원스럽게 조망할 수 있는 장점을 갖고 있어 정자문화가 꽃피울 수 있는 것도 이러한 지형에 의함

③ 능선(ridge)

㉮ 능선은 볼록한 지형과 유사한 종류의 지형임. 볼록한 지형은 동심원적, 뭉쳐있는 경향이 큰 반면, 능선은 전체적으로 선적인 덩어리의 가장 높은 지면을 말함

㉯ 볼록한 지형과 마찬가지로 능선은 옥외공간의 경계를 한정하고 사면과 그 주위환경의 미기후를 조절함. 능선은 주변경관으로의 외향적인 느낌도 갖게 함

㉰ 양호한 조망지점은 능선을 따라 여러 군데 존재하지만, 능선이 끝나는 지점은 넓은 각도의 시계로 가장 광활한 조망을 갖는 경향이 있음

㉱ 능선에 있어 특이한 점은 방향성과 움직임의 암시임. 시각적인 면에서 볼 때 능선은 그 길이방향을 따라 시선이 인식되게끔 하는 능력이 있음

㉲ 배수라는 측면에서 능선과 능선 사이 지역은 하나의 유역이 되므로, 이 유역에서 발생된 물은 자연상태에서 처리되는 것과 같이 배수계획에서 고려되어야 함

④ 오목한 지형(concave landform)

㉮ 오목한 형태의 지형은 그릇과 같은 함몰된 경관으로 정의할 수 있음. 오목한 지형은 소극적 고형체인 동시에 적극적 공간이며, 볼록한 형태의 지형과 능선의 지형에 인접하여 위치하는 것이 일반적임

㉯ 오목한 지형은 내향적이고 자기중심적인 공간이며 그 공간 내에 있는 사람의 관심은 중심 또는 바닥면에 초점을 맞추게 됨

㉰ 오목한 형태의 지형에서 위요와 내향성은 공간의 측면에서 관람할 수 있는 야외극장과 같은 시설물을 설치하는 데 가장 적합한 공간

㉱ 오목한 지형은 다른 부지보다 온난하고 바람도 적게 부는 곳이며, 외부의 소음원으로부터 보호받을 수 있음. 즉 바람직한 미기후를 갖고 있는 반면, 바닥의 낮은 부분은 습지가 될 수 있다는 단점도 있음

⑤ 계곡(valley)

㉮ 계곡의 형태를 갖는 지형은 능선 사이의 하나의 배수유역으로 오목한 형태의 지형에 의해 조성되며, 오목한 지형형태와 같이 많은 행태가 일어날 수 있는 적극적인 공간으로 이용될 수 있음

㉯ 계곡은 생태학적 · 수문학적으로 매우 예민하기 때문에 생산성이 높은 경작지가 자리잡기도 하지만, 오염이 가장 심한 지역이 될 수도 있으므로 그에 대한 대책이 필요함

㉰ 도로 노선이 계곡 또는 능선 어디에 위치하든 선택의 기회가 같다면 능선에 적용하는 것이 바람직하며, 계곡은 농업이나 위락 또는 보전 등 보다 적합한 토지용도로 보존될 수 있음

4) 지형의 표현과 조작

① 지형의 표현

㉮ 조형계획이나 설계에서 지형을 이해하고 효율적으로 조작하려면 먼저 지형을 표현하는 기법을 알아야 함. 지형을 표현하고 조작하여 시공을 위한 도면을 작성할 때 일반적인 방법으로는 등고선이나 점고저(spot elevation)에 의한 방법을 사용함

㉯ 그러나 조경계획을 할 경우에는 지형도를 이용하여 지형을 이해하고 분석하기 위해 음영을 사용하거나 채색을 이용하기도 함

㉰ 도면을 이해증진 또는 지형을 확실하게 이해하고 조작 정도를 쉽게 이해하기 위한 지형표시방법으로는 정면도, 측면도, 단면도, 3차원적인 모형을 만들어 보는 것이 좋은 방법임

② 지형의 조작

㉮ 지형의 조작은 정지 설계도를 만드는 과정이며, 지표면의 높낮이를 표현하는 데 가장 합리적인 등고선의 조작을 통해서 이루어짐

㉯ 등고선은 지표면에서 같은 높이의 모든 점을 연결해놓은 곡선을 말하며, 또는 기준평면으로부터 동일한 수직거리에 있는 모든 점들을 연결하여 평면적으로 그려놓은 수평곡선임

㉰ 따라서 등고선이 그려진 지형도를 보면 높이의 차이를 알 수 있고 인접 등고선과의 수평거리에 의해 지표면 경사에 완급도 알 수 있으며, 또 임의방향의 경사도나 두 지점까지의 수평거리도 용이하게 산출할 수 있고, 또한 배수계획을 위한 물이 흐르는 방향도 쉽게 알 수 있을 뿐만 아니라 제도도 용이하므로 많이 사용됨

5) 지형설계의 지침

① 정지계획

정지는 이용에 적합하게 토양의 성토 · 절토를 균형있게 하여 적절한 표면배수를 제공하고, 부지 내에서 타당한 동선을 만드는 지형의 조작임

② 등고선

계획이나 설계 시 기존의 등고선을 파선으로 그려 기본 지형도를 만들며, 변경된 등고선은 실선으로 그림

③ 경사도

- 경사도는 수직면의 길이 1의 변화에 대한 수평면의 길이에 대한 변화로 표현함. 일반적으로 성토의 경우는 1 : 2, 절토의 경우는 1 : 1의 경사를 유지함
- 안정된 경사면을 유지하기 위하여 바람직한 유지 · 관리 대책을 세워 경사도를 조작하여야 함

④ 배수

- 지형의 조작은 강우처리를 위해 낮은 지점까지 배수습지로를 만들어 집수정, 측구까지 하수처리를 할 수 있도록 하여야 함. 지하수위가 높아 표면배수를 처리하기 어려운 경우는 지하수 배수까지 고려하여야 함
- 배수시설물을 사용하여 자연상태와 같이 부지 내에서 영점유출이 되도록 계획하여야 함

⑤ 건축 · 공학 · 미적 조작

지형의 조작은 만들어질 지형의 형태가 내 · 외부에서 보여지고, 보여질 상태와 어떤 행태가 그 공간에서 일어날 것인가를 판단하여 이용자들에게 건축적 · 공학적 미적으로 효율적인 방안을 강구함

⑥ 동선

동선을 위한 경사면을 조작할 경우 이용자들의 양과 속도의 관점에서 시설물을 설치하도록 하며, 특히 장애자를 위한 고려를 하여 경사지를 만들 경우 최고 8% 정도의 구배를 유지하도록 계획하여야 함

⑦ 표토 사용

지형의 조작을 위한 시공을 위해서 조경가는 식물재료를 갖고 마감을 하여야 자연스러움을 유지할 수 있기 때문에, 표토를 일정한 곳에 쌓아두었다가 지형이 다 정리된 후에 사용하여야 식물의 생육조건을 갖출 수 있음

2. 식재설계

1) 머리말

① 수목과 인간과의 관계

㉮ 수목은 인간 및 주택과 함께 인간환경의 3대요소라 할 만큼 중요한 의미를 부여하고 있음

㉯ 수목은 명상에 잠길 수 있고 책을 보거나 그림을 그릴 수 있고 기분 좋게 걸을 수 있는 등 수목의 참된 의미와 존재가 느껴지는 사회적인 장소를 만들어냄

㉰ 그러나 도심에 조성된 식재공간은 생명체로서 수목이 가진 고유의 아름다움이나 친밀함 등의 잠재성이 다양한 기능 등에 대해 신중히 고려하고 있지 못한 경우가 많음

② 식재설계과정의 문제점

㉮ 식재설계과정을 거치지 않고 공간을 채워가는 데 급급해 절대적 녹피량의 이해부족, 수목성장 시 식재경관의 예측 부족, 식재밀도의 방향설정 부족 등 문제발생

㉯ 식재공간을 상 · 중 · 하층의 층위가 있는 입체적 공간으로 보지 않고 단순한 평면으로 처리해 왔기 때문에 식재내용이 단순하고 빈약한 경우 발생

㉰ 식물재료에 대한 생태적 · 환경적 특성을 이해하지 못해서 적재적소에 합당한 수목 배치가 이루어지지 못함. 풍토에 맞는 향토수종에 대한 배려가 부족하고 외래수종을 선정하는 등 수종 선정에 대한 오류를 범함

㉱ 현행법 · 제도상에 있어서 건축조례에 의해 식재지의 개성을 무시한 채 일정면적당 교목 및 관목의 식재수량과 낙엽상록의 비율을 규정하고 있기 때문에 창조적 식재공간

조성에 많은 제약을 받게 되는 경우가 생김

2) 식물재료의 기능과 식재환경의 조성

① 식물재료의 기능과 용도

㉮ 공간구성(건축적) 기능

• 공간형성의 틀

- 바닥면(ground plane) : 식물재료로서 공간을 한정할 수 있는 가장 약한 부분이지만, 경우에 따라서는 잔디나 지피식물만으로도 경계장애물 없이 암시적인 공간을 형성할 수 있음
- 수직면(vertical plane) : 식물재료는 그 자체로서 수직면을 형성하여 위요공간을 만들게 되는데, 공간에 대한 느낌은 식물재료의 높이나 군식밀도를 활용한 배식방법에 따라 달라지게 됨. 수관의 밀도와 높이는 수직면을 형성하고, 또한 공간의 특성결정에 영향을 미침
- 관개면(overhead plane) : 식물재료의 수관은 캐노피를 형성하여 옥외공간의 천정 역할을 할 수 있음. 적정 간격으로 심겨진 가로수가 만드는 관개면은 수목의 터널을 조성하여 도심의 상징적인 녹지공간을 조성하게 됨

‖ 식물재료에 의한 공간구성 ‖

• 기본공간유형

- 개방공간(open space) : 낮은 관목이나 지피식물을 사용하여 사방이 트이도록 만들어지는 공간으로 외부 지향적이며 프라이버시 확보가 약함
- 반개방공간(semiopen space) : 개방공간에서 한쪽 면을 수직기능이 있는 대관목 이상의 키 큰 식물을 사용하여 내외부로 차단시킨 일부 닫혀진 공간
- 관개공간(canopied space) : 교목을 열식 혹은 군식하여 수관에 의해 상부에는 관개공간이 만들어지고, 수관 밑으로는 시선이 개방되도록 한 공간

- 위요관개공간(enclosed canopied space) : 상부공간은 수관에 의해 관개공간이 조성되어 있고 수관 밑 공간의 측면은 중·소관목으로 닫혀 있는 공간으로 공간 내부로의 방향성이 강하고, 프라이버시와 고립된 공간을 형성
- 수직공간(vertical space) : 공간의 양측면에 수관폭이 넓지 않고 키가 큰 수목식재에 의해 상부로는 공간이 개방되어 있고, 측면은 열식 혹은 군식된 수목에 의해 차단되어 있는 공간

㉯ 시각적 기능

• 시각형성의 기본요소
- 크기(scale)
  ‣ 식물재료의 크기는 식물재료를 시각적으로 나타내는 우선적인 특성으로 설계시 공간의 전체적인 틀, 규모, 분위기를 조성함에 있어 가장 먼저 고려해야 할 사항임
  ‣ 식물재료의 크기에 따라 대교목, 중교목, 소교목, 대관목, 중관목, 소관목, 지피식물 등으로 구분할 수 있음
- 형태(form)
  ‣ 수관, 가지, 잎, 꽃 등의 식물의 시각적 특성이 나타나는 고유의 모양을 형태라 말하는데, 식물은 생명체이기 때문에 계절의 변화에 따라 낙엽이 지는 등 형태의 변화가 있으며, 성장하면서 일정기간이 경과하여야 고유형태가 만들어짐
  ‣ 수목의 형태는 상록성 교목은 원주형, 구형, 피라미드형, 타원형, 피복형으로 분류, 낙엽성 교목은 구형, 난형, 배상형, 직립형, 원주형, 피라미드형, 자연형으로 구분됨
- 색채(color) : 식물재료의 색채는 꽃, 잎, 열매, 수피에 의해 특징지어지며, 이들은 계절의 변화에 따라 매우 다양한 시각적 특성을 나타내는데, 이는 식재공간의 통일성과 다양성에 직접적인 영향을 미침
- 질감(texture) : 질감은 설계상의 분위기 조성, 식재구성상의 통일과 변화 등에 영향을 주게 되는데 바라보는 거리에 따라 질감에 대한 느낌이 변함. 일반적으로 거친 질감, 중간 질감, 고운 질감으로 나누어 질감이 가진 기능에 따라 식재경관을 구성하게 됨

• 시각형성 기본요소의 응용
- 상징기능 : 식물재료는 그 자체로서 한정된 공간 속에서 상징적인 공간을 형성할 수 있음
- 강조기능 : 수목은 경관에서 중요 요소로서 특정지점을 강조하는 데 사용할 수 있음
- 통일기능 : 식물재료는 공간 내의 여러 요소를 통일, 결합, 조직화하는 역할을 할 수 있음

- 전환기능 : 식물재료는 다른 방향으로 주위를 끌거나 감추기 위해 사용되는데, 보행로보다 고속도로 같이 움직임이 빠른 곳에서 효율적으로 이용됨
- 보완기능 : 식물재료는 형태나 색채, 질감의 매스를 이용해 공간이나 건물의 형태를 연장하거나 마무리시키는 보완적인 역할을 수행함
- 완화기능 : 식물재료는 고유의 부드러움과 녹색 등의 기능으로서 외부공간의 딱딱함과 거칠음 등을 완화시키는 역할을 함
- 표지기능 : 대상물의 중요성이나 위치 등 존재를 알리기 위해 주위를 끌기 위한 목적으로 사용될 수 있음
- 시각틀 형성기능 : 식물재료의 잎이나 수관, 가지에 의해 조망을 연속적 혹은 선택적으로 처리할 수 있음

㉰ 환경 · 생태학적 기능

- 습도 및 기온조절
  - 키 큰 식물재료는 태양광선을 차단, 혹은 반사시키며, 태양복사열을 조절하고, 잎의 증발작용에 의한 냉각효과에 의해 주변과 5, 6℃의 온도 차이를 만들어냄
  - 특히 대기가 건조하고 온도가 높을 때 식물의 증산작용에 의해 공중습도를 조절하며, 대기 중의 열을 흡수하여 기온을 조절함
- 바람 조절
  - 식재의 밀도, 높이, 폭은 바람의 속도 및 양을 감소시키는 역할을 함. 조밀한 식재는 풍속을 75~85% 감소시키며, 방풍식재의 수목의 높이의 수평거리 5배까지 방풍효과가 크며, 30배의 거리까지 방풍효과를 볼 수 있음
  - 여름에는 바람유도의 효과를 동시에 얻을 수 있음
- 소음 조절
  - 식물재료의 잎은 소음을 흡수하기 때문에 주변의 소음을 방지하기 위한 기능으로 수목을 활용하는 것이 가능함
  - 낙엽수보다 상록수가 소음조절에 효과적이며 소음차단을 위한 식재대는 최소 7~8m 이상 되고 수목이 치밀해야 효과가 높음
- 공기정화 : 식물재료는 대기 중의 매연, 분진 등을 여과, 흡수, 제거하는 기능이 있음. 수목의 광합성작용에 의해 산소를 생성해냄으로써 대기 중에 맑은 공기를 제공해주는 역할을 함
- 심리적 안정감 : 식물재료는 식물감상에 의한 심리적인 안정감을 제공하며 이와 함께 오락, 휴양적 기능, 건강증진기능 등 없어서는 안 될 다양한 기능을 가짐
- 생태계 안정 : 그 자체로서 생태계의 안정을 도모하고 야생동물 · 곤충의 서식지로서의 생태적인 기능이 최근에는 강조되고 있음

② 식물재료의 선정

㉮ 식재기능에 의한 수종의 선정

- 공간구성에 관한 기능
  - 경계식재 : 지엽이 치밀하고 전정에 강한 수종, 생장이 빠르며 유지관리가 용이한 수종(예 : 잣나무, 서양측백, 화백, 명자나무 등)
  - 유도식재 : 수관이 커서 캐노피를 이루거나 원추형, 정돈된 수형, 치밀한 지엽(예 : 회화나무, 은행나무, 가중나무, 잣나무 등)
  - 지표식재 : 꽃, 열매, 단풍 등이 특징적인 수종, 수형이 단정하고 아름다운 수종, 상징적 의미가 있는 수종, 식별성이 높은 수종(예 : 회화나무, 느티나무, 팽나무, 구상나무, 소나무 등)
  - 경관식재 : 아름다운 꽃, 열매, 단풍, 수형이 단정하고 아름다운 수종(예 : 회화나무, 느티나무, 계수나무, 은행나무, 칠엽수 등)
  - 차폐식재 : 지하고가 낮고 지엽이 치밀한 수종, 전정에 강하고 유지관리가 용이한 수종, 아랫가지가 말라죽지 않는 수종(예 : 주목, 잣나무, 서양측백, 화백, 편백, 사철나무 등)
- 환경조절에 관한 기능
  - 녹음식재 : 지하고가 높은 낙엽활엽수, 병충해, 기타 유해요소가 없는 수종(예 : 회화나무, 계수나무, 은행나무 칠엽수 등)
  - 방풍 및 방설식재 : 지엽이 치밀하고 가지나 줄기가 견고한 수종, 지하고가 낮은 심근성 교목, 아랫가지가 말라죽지 않는 상록수(예 : 은행나무, 독일가문비, 소나무, 잣나무, 화백, 후박나무 등)
  - 방음식재 : 낮은 지하고, 잎이 수직방향으로 치밀한 상록교목, 배기가스 등의 공해에 강한 수종(예 : 호랑가시나무, 사철나무, 식나무)
  - 방화식재 : 잎이 두텁고 함수량이 많은 수종, 잎이 넓으며 밀생하는 수종, 맹아력이 강한 수종(예 : 은행나무, 호랑가시나무, 식나무, 사철나무, 후박나무, 후피향나무 등)
  - 지피식재 : 키가 작고 지표를 밀생하게 피복하는 수종, 번식과 생장이 양호한 답압에 견디는 수종, 다년생식물(예 : 조릿대, 이대, 맥문동, 잔디, 플록스, 송악, 담쟁이덩굴 등)
  - 임해매립지식재 : 내염성, 내조성, 척박한 토양에도 잘 자라는 수종, 토양고정력이 있는 수종(예 : 모감주나무, 곰솔, 후박나무, 사철나무)

㉯ 향토수종의 선정

문헌 및 전통공간에 나타난 조경식물의 종류

- 초본류
  - 1년생 초본류(봉선화, 맨드라미, 금잔화, 해바라기)
  - 다년생 초본류(연, 국화, 작약, 파초, 창포, 난, 접시꽃, 패랭이꽃, 옥잠화, 원추리 등)
- 목본류
  - 상록수(소나무, 측백, 향나무, 눈향나무, 동백, 서향 등)
  - 낙엽수(복숭아나무, 자두나무, 회화나무, 수양버들, 석류 등)
  - 기타 : 포도, 등나무, 대나무

③ 식재환경의 조성

㉮ 식재환경의 조사

- 자연환경조사

  기상, 지형, 지질, 토양, 식생, 수문, 동물 등 : 이를 토대로 수종의 선정, 식재시기, 관배수시설, 방풍시설, 기존 수목의 보전, 토양개량, 시비, 식재공법, 수목이식 등에 관한 식재설계가 이루어져야 함

- 사회환경조사

  토지이용, 법적 규제 : 이를 토대로 식재계획 전체와의 기술적인 관계를 정립하여야 함

㉯ 식재기반의 조성

- 일반식재지

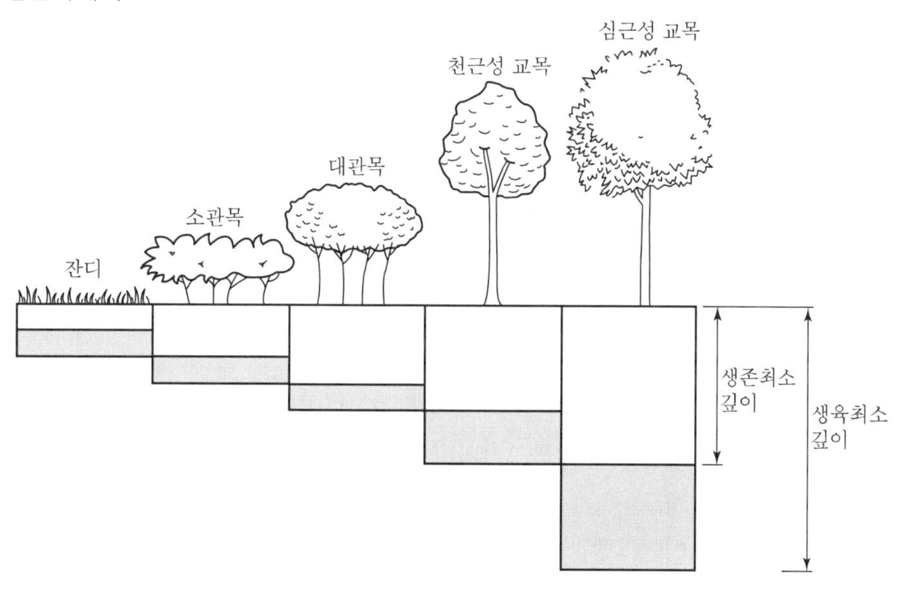

‖ 일반 식재지의 식재기반 확보 ‖

구분	잔디	소관목	대관목	천근성 교목	심근성 교목
생존 최소깊이	15	30	45	60	90
생육 최소깊이	30	45	60	90	150

• 인공지반

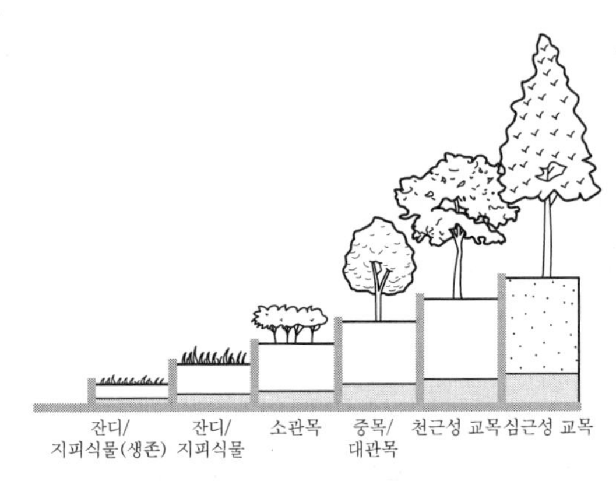

‖ 인공지반 위의 식재기반 확보 ‖

구분	잔디/지피식물(생존)	잔디/지피식물	소관목	대관목	천근성 교목	심근성 교목
성토 두께	15	30	45	60	90	150
배수층 두께	30	45	15	20	30	30

3) 식재설계의 과정과 공간구성

① 식재설계의 과정

㉮ 기능다이어그램

이 단계에서는 설계의 주요한 기능, 개략적인 설계방향을 결정하게 되는데, 도식적인 기호를 사용하여 도면을 작성함

㉯ 개념도

개념도의 단계에서는 식재지역을 기능다이어그램의 단계보다 세분하여 기능에 따라 교목 · 관목 등의 식물크기의 구분, 상록성 · 낙엽성의 구분된 내용이 표시됨

㉰ 식재설계도

기능다이어그램과 개념도 작성과정을 거쳐 식재설계도를 작성하게 되는데, 경우에 따라서는 식재설계과정을 보다 명백히 하기 위해 이 단계를 식재설계 초안의 단계와 식재설계 마스터플랜의 완성된 단계로 구분하여 도면을 작성할 수 있음

② 식재공간의 구성

㉮ 평면적인 구성

- 구성단위 : 점식, 열식, 면식
- 구성기법 : 독립식재, 열식, 임의식재, 군식

㉯ 입면적인 구성

- 구성단위 : 대교목 및 중교목, 소교목, 대관목, 중소관목, 지피식물
- 구성기법 : 녹음공간 · 관개공간 형성, 태양열 차단 · 그늘 제공, 초점식재, 입체적 수목배치, 차폐 및 배경공간 형성, 하층부 관목의 수광량

㉰ 시간적인 구성

- 단계별 식재경관 조성기법 : 식재 초기에 주 경관목과 함께 지반의 조기안정 및 개선효과를 도모하기 위해 오리나무, 콩과식물 등의 속성수인 비료목을 동시에 식재하여 일정시간 경과 후 경관수의 원활한 성장을 위해 비료목을 점차로 제거하는 방법으로 함(예 : 사면, 옹벽, 임해매립지, 공장)

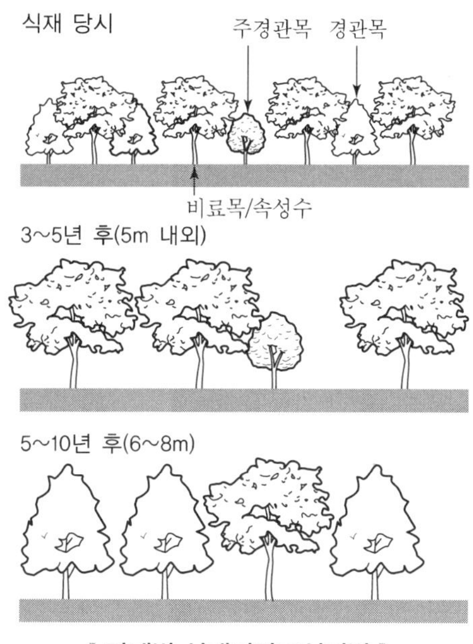

Ⅰ 단계별 식재경관조성기법 Ⅰ

- 초기밀식 후 밀도조정 : 식재 초기에 전체적인 경관조성을 도모하기 위하여 식재계획의 차후에 식재된 수목을 솎아낼 것을 예측하고서 식재초기에 밀식하는 방법이 있음. 이 방법은 일정기간 경과 후 계획적으로 과밀도로 식재된 부분만큼 이식함으로써 밀식상태를 방지할 수 있으며, 또한 이식수는 재활용할 수 있음

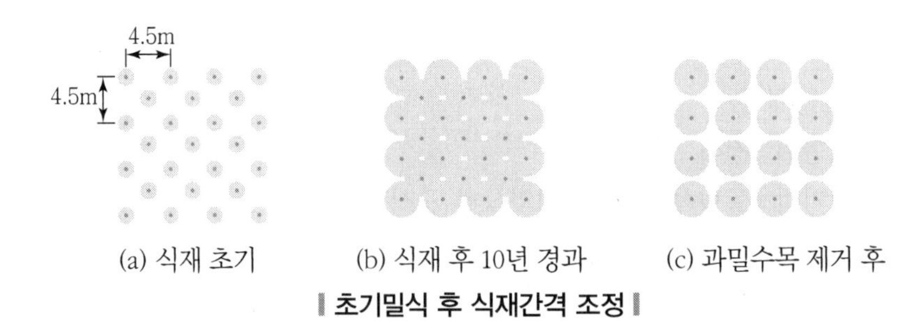

초기밀식 후 식재간격 조정

4) 식재면적 및 밀도기준

① 식재면적기준

㉮ 식재면적 확보

- 식재설계 시 가장 먼저 당면하는 문제는 계획부지의 어느 정도를 식재면적으로 확보할 것인가의 양적인 확보의 문제로서 이는 대상부지에 대한 녹피율로서 표현됨
- 아직 우리나라는 계획대상지에 대한 녹지 총면적과 식재수량 총량만을 규제하고 있기 때문에 녹지로서는 가치가 없는 곳도 녹지로서 인정되는 등 불합리한 부분이 지적되고 있는 실정임
- 그러므로 식재면적의 확보를 일률적으로 적용하기 보다는 대상지에 따라 차별적으로 적용하는 등 다양한 방향을 모색해야 함

㉯ 식재면적 확보의 차별적 적용방안

- 녹지면적 산정시 단순면적 규정보다는 접도부 등은 중점적으로 녹화할 수 있도록 식재면적 확보방향을 다양하게 유도하는 것이 바람직
- 공공성이 큰 부분에 대한 녹화를 중시하여 녹지확보 외에도 녹지기능을 고려하여 배치위치 등에 따라 다양한 기준을 적용
- 녹지면적 총량규제보다는 설계가의 자율에 맡겨 공간성격에 적절한 녹지조성에 중점을 줄 수 있는 분위기를 조성
- 녹지면적 확보의 시행과정에서 양질의 녹지를 확보할 수 있도록 담당공무원들의 지도를 강화
- 기존 수목이나 녹지 보존으로 식재한 수목이 양호하게 자랄 수 있도록 식재토심 확보, 표토 활용 등을 규정하도록 함

② 식재밀도와 간격기준

㉮ 식재밀도와 식재간격은 지역에 따라 큰 편차가 있을 수 있으며, 여기서 중요한 것은 어느 것이 타당하다기보다 이를 특색있게 효율적으로 운영할 것인가가 더욱 관건임

㉯ 적정한 식재간격은 식재 후 목표연도에 조성되는 경관을 예측하여 결정되어야 함

㉰ 접도부와 같이 접근성이나 인식도가 높은 지역은 기능이나 장소에 따라 그 밀도와 간격을 다르게 정할 수 있으며, 또한 식재폭에 따라서도 밀도나 식재간격을 다르게 설정할 수 있음

㉱ 가로수 등 식재간격은 현행법규상 밀도기준을 보면 수목의 생태적인 특성과 병행하여 생각해볼 때 상당히 밀식되어 있는 모순을 가지고 있음(예 : 상록교목 3.5~4.0m, 낙엽교목 4.0~4.5m)

5) 식재설계수법

① 공공건축물의 식재

㉮ 전면부공간의 녹지량 확보

- 랜드마크적 식재 : 수목의 랜드마크적 의미를 고려하여 심벌이 될 수 있도록 식재장소, 수형, 수종을 잘 선택
- 개방적인 식재 : 보행자의 통행을 방해하지 않도록 개방적, 투과성이 있는 적당한 간격으로 식재
- 녹지량감 있는 식재 : 오픈스페이스를 확보하여 녹지를 강조할 수 있도록 충분한 녹지량감 있는 식재

㉯ 경계부의 식재

- 보행로의 동선을 고려한 식재 : 교목을 단목으로 식재하여 보행자의 동선을 방해하지 않고 시선 차단하지 않게 식재
- 보행자의 시선투과를 고려한 식재 : 보행자의 통행은 차단하되 시선은 투과할 수 있도록 중목은 식재하지 않고 지하고가 높은 교목 식재
- 개방성을 고려한 식재 : 관목, 지피식물만으로 경계부 녹지공간을 연출
- 시선차단을 고려한 식재 : 교목 및 생울타리를 조합하여 경계부의 식재를 처리
- 녹지량과 차폐효과를 고려한 식재 : 경계부의 녹지공간이 일정면적 이상 확보될 경우에는 다층구조 식재방법으로 충분한 녹지량 확보와 차폐효과를 도모

㉰ 건축물 주변의 식재

- 교목 식재 시 : 수관이 도로상으로 나오지 않게 하기 위해 5m 이상 폭의 식재공간의 필요
- 소교목 식재 시 : 식재공간 폭이 2m 정도일 때는 교목보다는 소교목, 관목을 활용
- 관목 식재 시 : 식재공간 폭이 1m 정도로 좁을 경우는 관목만 식재하는 것이 효율적
- 지피식물 식재 시 : 식재공간 폭이 1~2m 정도로 좁을 경우는 지피식물로만 식재하거나 혹은 관목과 조합하여 식재
- 생울타리 식재 시 : 좁은 공간을 입체적으로 활용하기 위해 생울타리를 사용하는 것이 효과적

• 넝쿨식물 식재 시 : 건축물 주변에 0.3m 정도의 극히 협소한 공간밖에 확보되지 못하면 넝쿨식물을 사용

② 가로의 식재

㉮ 기존의 가로수 식재

• 가로의 가로수 식재는 보도의 폭에 따라 1열, 2열, 3열 식재를 반복할 수 있는데, 일반적으로 차도와 보도의 경계부분에 1열 식재로 하는 방법이 많이 쓰이고 있음
• 가로수의 간격은 일반적으로 6~8m를 기준으로 하고 있으나 보행자 입장에서 보면 8m 간격은 식재 초기에는 엉성한 공간밖에 조성해낼 수 없음
• 가로수의 하단부로 가로수와 가로수의 중간부 공간에 관목 및 초화류를 식재하는 방법은 도심가로의 일정 식재면적의 확보에 의미가 있고 곤충의 서식공간으로서 가로수의 생육을 조장해줌

㉯ 가로식재의 응용

• 2주 혹은 3주 그룹식재
• 불규칙 그룹식재
• 자연형 식재 : 장소에 따라서 좀더 자유로운 발상에 의해 자유로운 식재공간으로 활용해도 무방함(예 : 식물원 같은 다양한 식재로 학습효과 배가, 과수 등 식재로 지역성 강조)

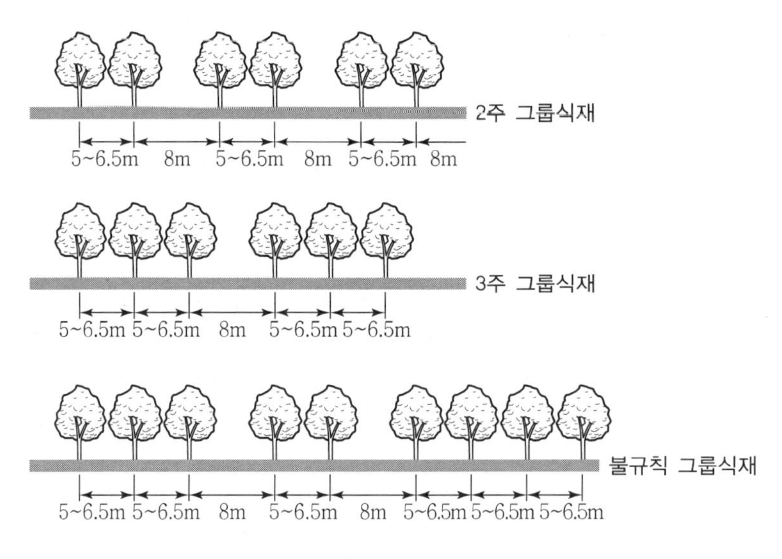

▌가로수 식재의 응용▐

㉰ 생태적인 가로식재

- 가로의 작은 녹지에 있어서도 관리상 에너지를 절약할 수 있는 자연녹지로 개수하거나, 생물이 서식할 수 있는 공간으로 조성하는 등 생태적인 식재방법에 의한 가로식재를 할 수 있음
- 가로환경을 자동차에서 보행자 위주로 나아가서는 새나 곤충 등의 생물이 서식할 수 있는 공간으로 조성코자 하는 것임
- 구체적인 방법은 향토수종 선정, 식재방법의 다양화, 생태적 시점의 식재구성 등임

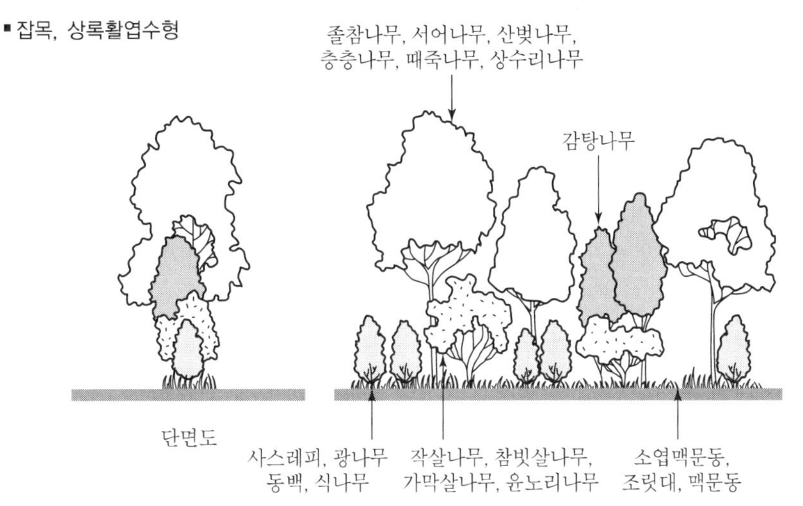

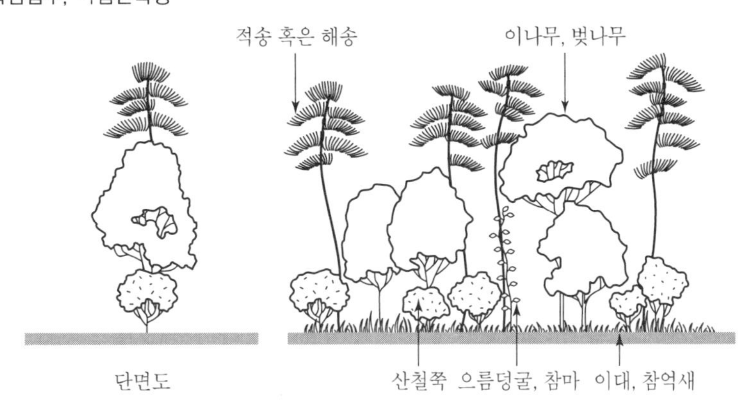

‖ 생태적인 가로식재방법 ‖

6) 식재설계의 원칙과 지침

① 원칙1 : 식재환경의 조성이 우선되어야 한다.

㉮ 지침1 : 식재환경의 조성

- 식재설계의 과정에서 수목의 미적인 면과 기능적인 면을 고려하여 배치계획을 수립

하기 위해서는 식물재료가 제대로 성장할 수 있는 식재환경을 조성하는 일이 선행되지 않으면 안 됨

- 그러기 위해서는 식재대상지의 자연환경조사가 수행되어야 하며 이를 토대로 수종선정, 식재시기, 관배수시설, 토양개량 등에 관한 식재설계가 이뤄져야 함

㉯ 지침2 : 식재기반의 조성

식재설계에 있어서 무엇보다도 중요한 것은 식물이 생육가능한 식재기반의 조성이라 할 수 있음. 특히 인공지반 위의 식재, 해안매립지의 식재의 경우에는 식물생육을 위한 식재기반의 확보가 필요함

② 원칙2 : 합리적인 설계과정을 거쳐야 한다.

㉮ 지침3 : 입체적인 설계

기능적이거나 시각적으로 보다 효율적이고 아름다운 공간을 조성하기 위해서는 설계과정 초기에서부터 식재공간 조성 및 타 공간과의 관계를 숙지한 배식방법이 채택되어야 함. 또한 식재설계과정은 기능적인 방법 외에도 천이 등의 환경생태원리를 기본으로 해야 함

㉯ 지침4 : 시간적인 개념의 도입

식재설계는 수목이 성장했을 당시를 기준으로 해야 되지만 이는 식재 후 10~15년 이상이 경과되어야 목표로 하는 식재공간을 조성할 수 있으므로 식재 초기의 식재효과를 도모하기 위해 시간적인 개념을 도입하여 수종선정 및 식재방법을 장단기별로 고려하면서 식재경관을 조성하는 것이 바람직함

③ 원칙3 : 효율적인 식재설계가 되어야 한다.

㉮ 지침5 : 적절한 수종 선정

식재설계대상지에 생육가능한 식생분포, 대기오염, 식물생육에 적합한 광조건, 토양에 대한 제 여건, 식재목적에 따른 심미적 조건 및 공간적 기능, 수목의 이식, 관리, 식재적기 등을 고려한 수종선정이 되어야 함

㉯ 지침6 : 효율적인 장소 확보

식재설계에 있어서는 총량적인 식재면적 확보보다는 접도부, 경계부 등 효율적인 장소의 식재면적 확보를 우선적으로 고려하여야 하며 녹지면적을 적용할 때 일률적으로 적용하기보다는 대상지에 따라 차별적으로 적용하도록 하며, 벽면녹화 등 입체적 녹화를 고려하여 식재면적으로 인정함

㉰ 지침7 : 적정한 식재밀도 및 간격의 설정

전체 식재면적에 대한 개략적인 식재밀도 및 간격의 가설을 설정한 후에 식재수목의 규격, 생태적인 특성과 공간의 규모 및 여건에 맞추어 식재밀도 및 간격을 고려함. 나아가 입체적인 공간층위를 고려한 후에 식재내용을 설정함

3. 수설계

1) 수(水)설계의 이해

① 수설계 고려요소

㉮ 수설계를 수행할 때 기본적으로 고려되어야 할 요소는 물이 지니고 있는 속성에 대한 이해임. 물이 지니고 있는 물리적 성질과 심리적 성질까지 고려한 속성에 대한 이해가 우선되어야 함

㉯ 물을 담는 용기, 즉 수조에 대한 지식이 필요함. 물은 스스로 특정 형태를 유지할 수 없기 때문에 수설계 행위는 물을 담는 그릇을 설계하는 것임

㉰ 물과 수조를 포함한 환경으로서의 공간에 대한 이해와 지식이 필요한데, 이것은 수조가 때로는 오브제로서의 역할을 수행하지만 그것은 근본적으로 둘러싸고 있는 공간과의 관계 속에 지각되고 이해된다는 맥락에서임

② 수경관과 수공간의 개념

㉮ 설계가는 물의 물리적 특성과 공간의 구조와 특성 등 물리적 공간 조성에 관련된 지식을 이해함으로써 수공간의 연출을 기할 수 있고, 물이 갖는 생리적 · 심리적 특성을 이해하고 효과적으로 발휘할 수 있는 공간조성기법을 터득함으로써 수경관을 연출할 수 있는 것임

㉯ 오브제로서의 시설과 공간은 전체적으로 물이라는 주제의 연출과 통합되어 수경관을 연출하고 결국 장소성을 형성하게 되는 것임

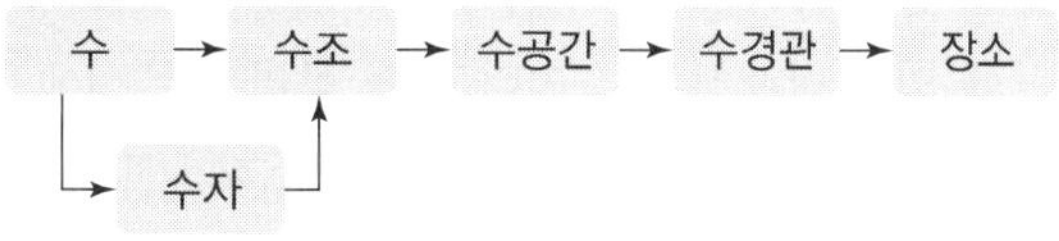

수 → 수조 → 수공간 → 수경관 → 장소
수 → 수자 → 수조

‖ 수설계의 계층구조 ‖

2) 수(水)설계의 설계적 특성과 이용기법

① 물리적 특성과 이용기법

㉮ 수평성

물은 자체적으로 수평적 평형을 유지하려고 하는 힘이 작용하고 있음. 이러한 물의 수평성은 자연계에서 가장 강하게 가지고 있는 물의 특성 중 하나이며, 수평성의 특성으로 말미암아 고요하고 정명하며, 반사성을 연출함

㉯ 투명성

물은 순수하고 투명하기에 모든 빛을 투과시키며 빛의 방향과 상태에 따라 무지개와 같은 독특한 자연현상을 연출하기도 함

㉰ 반사 및 반영성
물은 있는 그대로를 과장됨 없이 솔직하게 반사 및 반영시킴

㉱ 변화성
물은 액체성으로 말미암아 고저차에 의해 흐르거나 떨어지며 일정한 힘에 의해 솟아나기도 하는 등 변화성이 있음

㉲ 발음성
물의 움직임과 부딪힘은 철썩, 쏴, 우르르, 찰찰, 졸졸 등의 다양한 소리를 내며 이러한 소리는 물의 움직임을 유도하거나 물이 부딪히는 방법과 재료, 형태에 따라 그 청음적 특성을 달리함

㉳ 냉습성
인간에서 있어 온도와 습도는 생리적으로 쾌적한 환경유지에 절대적으로 필요한 요소이고 이와 같은 온도와 습도를 조절하는 특성이 있음

㉴ 침투성
물은 어디든 스며드는 성질이 있음. 물의 이러한 성질은 아래로만 흐르는 하향성뿐만 아니라 모세관 현상에 의해 방향이 일정하지 않게 침투하기도 함

㉵ 유동성
물에 자연적 또는 인위적 힘이 작용하였을 경우 일어나는 파문과 같은 파장성, 수련잎에 맺혀 있는 물이 모여 뭉치는 응집성 등은 물의 유동성을 설명하는 요소임

② 심리적 특성과 이용기법

㉮ 물 자체가 갖는 심리
물 자체에 의해 발생하는 심리란 물의 물리적 특성에서 비롯되는 이미지로서 쾌적함, 즐거움, 아름다움, 순수함, 풍부함, 긴장감, 평온함, 역동감 등을 일컬음

㉯ 특정 물체에 물이 작용함으로써 갖는 심리
물의 물리적 특성이 물의 수직적 · 수평적 흐름의 발생, 물의 가득 채움, 수조의 색상 · 형태, 사물의 반사 및 반영에 의해 발생하는 심리적 효과로서 엄습감, 요동감, 장엄감, 신비감 등을 들 수 있음

㉰ 공간에 작용하는 물에 의해 발생하는 심리
물의 물리적 특성이 수조의 특성과 함께 공간에 대한 방향부여감, 수평기반을 부여하는 감, 공간의 깊이를 더하게 하는 감, 공간을 한정하는 감, 공간을 연결하는 감 등의 심리적 효과를 들 수 있음

㉱ 물의 상징성
인간은 물의 물리적 특성을 통해 일종의 심리적 효과를 느끼고, 다시 시공간적으로 일정하게 경험하는 심리적 효과를 통해 물에 대해 어떤 상징적 의미를 부여하게 됨. 물의 상징성은 사람으로 하여금 무엇보다도 가장 근본적인 원천을 상기하게 하고 물이

생명의 기원 혹은 죽음 등에 연결되고 있음을 알리고 있음

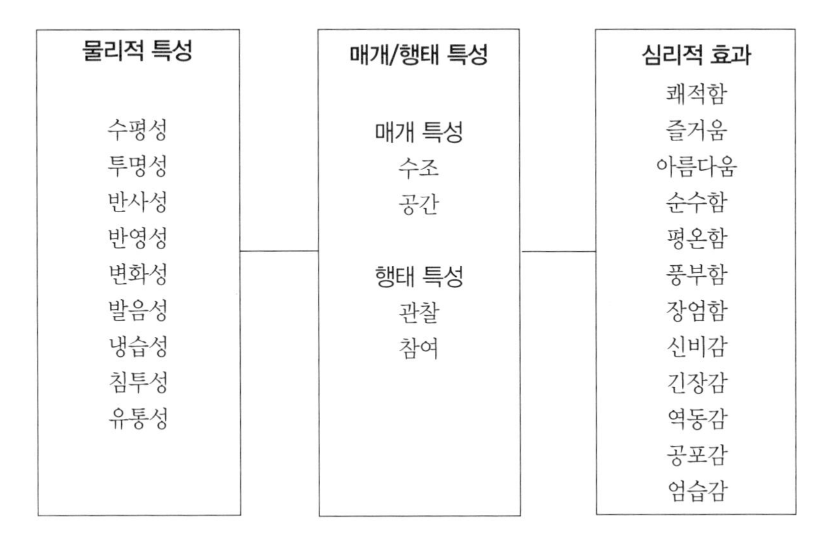

▌물의 특성과 심리적 효과의 관계성▐

3) 수(水)설계 과정

① 목적/목표의 설정

㉮ 경관성

물을 도입하여 공간구성을 변화시키고 오브제의 기능을 부여, 전체적으로 환경의 아름다움을 창조하고자 하는 것을 경관성으로 생각할 수 있음

㉯ 쾌적성

물이 가지고 있는 물리적 특성, 즉 냉습성 및 습윤성, 침투성을 강조하여 주어진 공간의 미기후를 변형시킨다든지 물을 이용해 청각효과를 유발하는 등에서 환경의 쾌적성을 살림

㉰ 친수성

주어진 공간에서 물에 대한 물리적 및 시각적 접근과 접촉을 통해 자연을 느끼고 물이 갖는 레크리에이션 등의 기능은 바로 친수성과 관계가 됨

② 환경 분석

㉮ 공간 및 경관의 성격과 구조

물을 도입하고자 하는 공간의 성격과 물리적 특성, 환경적 여건을 우선 파악하고 과연 설계하고자 하는 공간에 물 도입이 기능적으로 효용성이 있는지 그 타당성에 대한 검토가 선행되어야 함

㉯ 자연환경 분석

- 물을 도입하려는 공간의 자연환경 분석요소로는 무엇보다도 태양의 고도와 방위각, 바람의 방향과 강도, 지하수, 수질, 수량, 식생, 지형 등을 들 수 있음
- 이와 같은 자연환경 요소는 물을 도입하는 데 제한적인 요소로 작용하거나 아니면 기회적인 요소로 작용하기 때문임

㉰ 이용형태 분석

물이 도입되어야 할 공간을 이용할 이용자의 공간형태를 예측하는 것은 수설계에 있어 중요함. 물에 대한 인간의 형태는 관상, 접촉, 참여, 놀이의 형태로 나타날 수 있으나 어떤 조건에서 이와 같은 유형의 형태가 나타날 것인가에 대한 연구가 선행되어야 함

㉱ 시설 분석

- 수설계를 위한 보다 세부적인 요소로서 물을 수조에 끌어 올 수원, 수량, 수질에 대한 정보와 배수시설 및 배수구의 규모와 위치에 대한 분석이 있어야 함
- 전기의 인입위치와 용량 등의 항목에 대한 분석 또한 검토되어야 함

수설계 환경분석 요소

구분	분석요소
공간성격/구조	공간의 형태, 스케일, 방향, 조망, 개방 · 폐쇄성의 정도, 바닥 · 벽면 · 천장의 재료, 색상, 질감, 명암, 오브제와 공간의 관계 등
자연환경	태양의 고도, 방위각, 바람의 강도와 방향, 지하수 · 지형, 식생 등
이용형태	관상, 접촉, 참여, 놀이
시설	수원, 수량, 수실, 배수시설, 배수구의 위치와 규모 등

③ 연출방향의 설정

㉮ 공간의 구성

- 세팅(setting) : 세팅이란 공간 내에서 담아야 할 건물이나 구조물로 구성된 공간과 경관을 물과 하나로 묶어, 마치 전체가 하나의 통일된 환경으로서 느끼게 하는 기법으로, 주로 강조하고자 하는 건물이나 구조물의 전면에 상응될 수 있는 규모의 물을 도입하여 물의 반영적 특성을 이용함으로써 이루어지게 됨
- 골격(spine) : 운하와 실개울 등과 같이 선형의 패턴으로 공간에 축을 두어 균형을 강조하거나 공간을 양극으로 분할 또는 연결함으로써 한 지역 또는 공간의 통일성과 연속성 효과를 연출하는 데 유용한 기법임
- 배경(background) : 공간을 구성하는 요소 중의 하나로서 수직적 요소는 공간을 위요하거나 스크린함으로써 공간의 볼륨과 질, 특징을 나타냄
- 연결(linkage) : 물의 유동성을 이용한 흐름을 통해 공간을 수평적 · 수직적으로 연결함으로써 공간의 통일과 질서를 부여하게 하는 방법으로서, 주로 채널형으로서 개

울과 도랑, 그리고 상하 간을 연결하는 물계단(cascade) 등에 의해 이루어짐
- 참여(involvement) : 공간의 시각적, 정적 효과에 국한되는 전술한 여러 가지 기법과는 달리 물에 발을 담그거나 물을 건너고 물장난을 하는 등 물과의 직접적 접촉을 통해 사람들이 놀이와 레크리에이션 행위 등을 유도함으로써 동적 공간의 특성을 부여하는 방법

㉯ 오브제의 구성
- 초점(focus) : 물이 공간의 중심부나 주요부위에 위치시켜 통일되고 정제된 공간 이미지를 갖도록 하는 연출방법임
- 상징(symbol) : 하늘높이 솟아오르는 고사분수와 같은 것은 힘과 권위 그리고 의지를 공간상에 표현시키는 기법으로서 때로는 공간의 랜드마크로서 이용되기도 함
- 반영(reflection) : 반영은 물결이 일지 않는 고요한 물이 인접해 있는 건물이나 조각물과 같은 유형의 사물을 물 속에 거꾸로 비춤으로써 우리들이 현실의 상과 그림자의 상 양자를 볼 수 있도록 하는 연출방법임

④ 수자(水姿)와 수조(水槽) 설계

㉮ 수자 패턴
- 낙수형 : 낙수형은 주로 동양적 수경에서 많이 나타나는 것으로서 물이 위에서 아래로 흐르는 것이 자연의 순리라는 사고에서 출발하여 주로 계곡, 폭포 등의 형상을 모방, 또는 축소하여 형상화한 패턴임
- 분출형 : 분출형은 물을 위로 뿜어올림으로써 나타나는 형상으로서, 중력과 맞서서 공중으로 뿜어올리는 데 그 매력이 있기 때문에 시각적으로 거슬러 말아 올리는 듯한 격렬한 감각과 인간의 의지 등의 감정을 나타내는 데 이용될 수 있음
- 유수형 : 유수형은 조용히 흘러가는 개울물처럼 수원에서 출발하여 수평적 방향성을 가지고 흘러가는 물의 모습임. 유수형은 채널바닥의 모양과 길이, 수평적 방향 변환의 정도에 따라서 상이한 형상과 효과를 나타내게 됨
- 평정수형 : 평정수형은 물이 정적으로 고여있는 상태의 모습으로서 가장자리의 형태가 인위적인 형태로 조성되는 풀(pool)과 자연스럽게 처리된 연못(pond)으로 대별되는 형식임

수자별 특성

구분	성격	이미지	물의 운동	음향	설계 이용목적
낙수형	동적	힘찬 느낌	떨어짐+흐름+고임	크다.	경관성, 쾌적성
분출형	동적+정적	소생, 화려	분출+떨어짐+고임	유동적	경관성, 쾌적성
유수형	동적	생동감, 율동	흐름+고임	중간	친수성, 경관성
평정수형	정적	평화로움	고임	작다.	친수성

㉯ 수조설계

- 연못(ponds)
  - 연못은 물을 정적으로 다루는 대표적 수경 표현기법이며 이 조용한 물은 나정과 풍요함, 휴식감을 사람들에게 느끼게 하고 건물과 대지를 밀접하게 연결 및 통합시켜주거나 타 지역과 구획 · 경계를 이루는 데 이용됨
  - 연못 수조의 평면형태는 심자형, 수지형 등 자연적 형태와 거형, 정방형, 장방형 등 인공적 · 기하학적인 형태로 나누어지고 기능에 따라 도섭지, 수련지, 양어지, 위락지 등 다양하게 구분될 수 있음
  - 연못수조를 설계하고자 할 경우는 평면형태, 가장자리의 형태와 재료, 깊이와 같은 수조를 이루는 직접적인 요소 외에도 조망위치에서 본 연못의 높낮이, 인접구조물과의 관계성과 같은 간접적인 요소도 같이 고려되어야 함
- 분수(fountains)
  - 분수는 분출형 수자를 갖는 수경시설로서 물을 아래 쪽에서 위로 솟구치도록 함으로써 물을 더 동적인 것으로 만드는 대표적인 수경시설 중의 하나임
  - 분수는 조각분수, 버블분수 등 물의 분출 수자와 오브제의 도입 여부에 따라 다양한 형태의 분수가 있을 수 있음
  - 분수의 수조는 물을 담는 그릇의 단면형태에 따라서 직립형, 수평형, 침강형의 세 가지 형상으로 나뉠 수 있음
- 유수(stream) 및 폭포(water falling)
  - 유수는 경계를 기진 수로를 따라서 흐르는 물로서 수로나 바닥이 기울어져 중력의 작용으로 물이 움직일 때 나타남
  - 유수는 외부공간에서 움직임과 방향, 에너지 등을 표현하는 활동적 요소로서 가장 잘 이용되는 것 중의 하나임
  - 서구의 기하학적인 정형원에서는 직선적인 수로가 보통 벽천이나 분수 등과 연결되고 동양의 전통적 정원에서는 자연형인 시내와 폭포가 주로 계획됨
- 벽천(wall fountain)
  - 벽천은 근대 독일의 구성식 정원에서 발달한 수경시설로서 실용과 미관을 겸비한 시설임
  - 벽천은 조망하는 면과 기계설치를 위한 뒷면과의 두께가 얇고 일정한 수준의 높이가 요구되므로 좁은 지역에서도 효과적으로 활용할 수 있고, 특히 시각적 차폐, 소음차단 등의 목적으로 활용할 수 있음
  - 벽천은 벽체의 형태에 따라 조형식 벽천, 일반식 벽천, 수조식 벽천으로 구분되기도 함

• 풀(pool)
- 풀은 견고하고 분명하게 구별되도록 만들어진 용기 내의 물을 뜻하는 시설로서 공원이나 주택정원, 리조트 등지에서 흔히 세워지는 수영풀과 오피스 조경, 정원 등지에서 주로 쓰이는 반사풀로 분류됨
- 풀의 디자인 요소로는 평면형태, 깊이, 가장자리, 바닥면, 입수구 및 배수구 등을 들 수 있음

4) 수(水)설계의 원칙과 기준

① 수설계 조건의 검토

㉮ 수설계를 하고자 할 때는 물을 도입하여야 할 공간의 성격과 물리적 특성, 환경적 여건을 파악하여 물 도입의 효용성과 타당성이 우선 검토되어야 함

㉯ 수설계의 적절한 목적과 목표(경관성, 쾌적성, 친수성)을 충분히 상정하고 검토해야 함

㉰ 수설계를 수행할 때는 물이 지니고 있는 속성과 수조, 수조를 포함하는 주위공간 및 환경에 대한 종합적 이해와 분석이 선행되어야 함

㉱ 주변 공간에 대해서는 공간의 성격, 공간의 특성 등에 대한 검토가 있어야 함

㉲ 자연환경에 대해서는 태양의 고도와 방위각, 바람의 방향과 강도, 지하수의 유무, 수질 및 수량 등에 대한 검토가 있어야 함

㉳ 이용자의 공간이용형태가 예측되어야 함

㉴ 시설환경에 대해서는 배수시설, 배수구의 위치와 규모, 지하수 공급가능성 여부, 지하수량, 수질 등에 대한 분석이 있어야 하고, 또한 전기의 인입위치와 용량, 기계실 설치에 대한 검토가 있어야 함

㉵ 기타 환경요소로 물이 도입되어야 할 공간에 영향을 미치는 주변환경으로부터의 소음정도, 소음원과의 거리, 관찰지점의 원근, 관찰여건 등에 대한 종합적 분석이 있어야 함

② 수설계 연출방향

㉮ 공간의 구성
• 주위경관의 세팅, 골격, 물의 하강 또는 분출을 통한 수직요소로서의 배경기능 등은 공간구성 활용요소가 됨
• 물의 유동성을 이용한 흐름 연출은 공간을 수평 또는 수직적으로 연결하여 공간의 통일감과 질서를 부여하는 데 이용될 수 있음
• 물을 만지거나 발을 담그는 행위, 물을 건너고 물장난하는 것과 같은 물과의 접촉과 참여는 공간을 활기차게 연출하는 데 이용될 수 있음

㉯ 오브제로서의 구성

- 물이 오브제로서 시각적 초점 기능을 발휘하기 위해서는 조망과 피조망의 평면적, 입체적 위치, 적절한 규모의 분출높이가 고려되어야 함
- 오브제로서의 물의 구성은 고사분수와 같이 힘과 권위, 장 소성의 강조와 같은 공간의 상징성을 부여할 수 있음. 물이 상징성을 갖도록 연출할 경우, 물 자체와 조형물과의 혼합을 통해 더욱 극적으로 물을 연출할 수 있음
- 물의 반영효과를 통해 특정 건축물이나 구조물이 오브제로서의 이미지를 좀더 극적으로 표현하고 공간의 특성과 분위기를 심화시킬 수 있음

③ 수자(水姿) 설계

㉮ 수자는 물이 연출되는 모습으로 아래로 내리는 낙수형, 위로 올리는 분출형, 한 지점에서 다른 지점으로 흘러 보내는 유수형, 물이 수평상태를 유지하는 평정수형 등 세 가지 원형이 있으며, 이들 원형 중 한 가지 이상을 조합하여 다양한 수자를 연출할 수 있음

㉯ 수자의 원형 중 낙수형에는 자연낙수와 방해낙수, 사면낙수의 세 종류가 있고 수자설계에 있어서는 낙수의 고저차, 월류보의 형태, 낙수바닥의 형태, 사면의 경사와 사면조형, 등에 대한 총체적 고려가 있어야 함

㉰ 물을 위로 뿜어올리는 분출형에서는 분출의 높이, 분출유량, 분출모양에 따라 상이한 효과를 연출함. 분출형에는 분출유량과 분출모양에 따라 단일구경식, 기포식, 분사식, 수막식 등의 수자를 만들 수 있음. 이 경우 분출고는 유량과 유압에 따라 제한되며 떨어지는 물이 수조의 물과 부딪히는 음향을 설계 시 고려하여야 함

㉱ 유수형은 수원에서 출발하여 수평적 방향성을 가지고 흘러가는 물의 모습으로서 바닥의 모양과 깊이, 폭, 수평적 방향전환의 정도에 따라 상이한 형상과 효과를 연출함

㉲ 평정형의 수자를 연출할 경우 평면의 크기와 형태, 깊이, 물의 양, 수질, 물의 움직임, 바닥의 색상, 가장자리 처리 등에 따라 연출효과가 다르게 나타남

④ 수조(水槽) 설계

㉮ 수조의 설계는 평면형태, 가장자리 처리와 재료, 바닥처리, 깊이와 같은 직접적인 요소와 조망위치에서 본 수조의 높낮이, 인접 구조물과의 관련성과 같은 간접적인 요소를 함께 고려되어야 함

㉯ 수조의 형태는 설계되는 공간의 성격과 연출목적에 따라 심자형, 수지형 등 부드럽고 자연적인 형태와 원형, 거형, 정방형, 장방형 등 규범적이고 기하학적인 형태로 만들 수 있음. 즉 휴식 및 휴게, 피크닉 공간, 자연적인 환경에서는 곡선형의 형태로 설계되어야 하고, 반대로 주변 건축물이나 구조물과 연관되어 조망 또는 비스타와 같은 경관연출, 대칭적 균형의 미가 강조되고 규범적 성격을 갖는 공간에서는 기하학적 평면 형

태로 설계되어야 함

㉰ 물과 지형의 단순한 분리와 경계로서의 역할을 수행하기 위해서는 수조 가장자리를 연속적 선형으로 처리할 수 있음. 그러나 물에 대한 사람의 접촉 및 참여를 자연스럽게 유도하기 위해서는 수조의 가장자리 형태의 변화를 주어 수심의 점진적 변화가 생기도록 설계해야 함

㉱ 수조의 크기는 설계목적과 환경적 상황에 따라 다르게 결정될 수 있지만 연못의 경우 최소 1.5m² 이상 되는 것이 바람직함

㉲ 바람에 의해 물이 수조 바깥으로 날려가지 않도록 하기 위해서 수조 크기는 일반적으로 분출 높이의 3배 이상이 되어야 함

㉳ 수조바닥과 깊이는 반영효과를 연출할 경우 바닥의 깊이와 색채를 깊고 어둡게 함

㉴ 반면에 물에 대한 접촉과 참여를 유도할 경우 수조의 깊이를 얕게 하거나 밝은 색상과 부드러운 질감을 사용하여야 함

㉵ 수조에 수생식물을 식재하고자 할 경우 깊이는 60cm 이상 되어야 하며 연못의 넓이 0.7m²당 1포기가 적절함. 또한 수면으로부터 수생식물을 심는 상자의 위 가장자리까지의 깊이는 20~25cm 정도 되어야 함

㉶ 수조는 배수를 위해 배수구와 익류공이 설계되어야 하며 익류구의 경우 가장자리로부터 약 10cm 되는 곳에 만드는 것이 바람직함

㉷ 수조의 입체적 원형은 지상으로부터 솟아올라 있는 직립형과 지평면상에 있는 수평형, 지평면의 아래로 내려가는 침강형으로 나뉠 수 있는 바, 직립형은 조망 또는 시각적 초점의 역할을 하는 곳에 유리함. 반면 침강형과 수평형은 물에 대한 접촉, 참여를 통한 레크리에이션 목적에 적합하고, 특히 수평형은 접촉과 참여의 성격이 더욱 강하게 반영됨

㉸ 물을 강제 순환시키는 기계식 수조에 있어서는 펌프시설, 관리기능을 위한 기계실이 필요하게 되는데, 기계실은 시각적 은폐장소에 설치하여 수경관이 훼손되지 않게 함

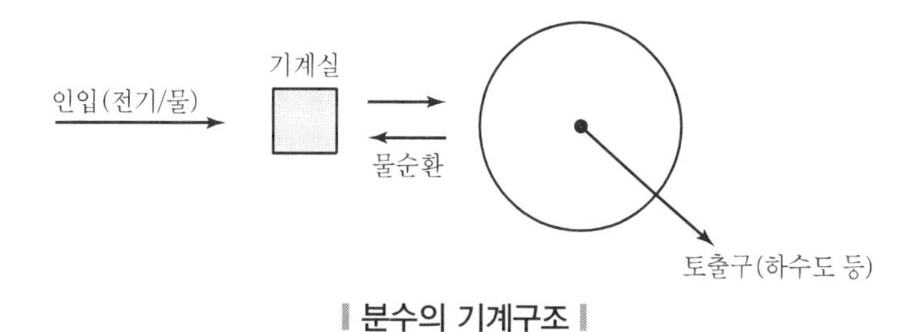

분수의 기계구조

4. 포장설계

1) 개요

① 플로어스케이프(floorscape)의 중요성

㉮ 조경설계 과정에서 새롭게 창조될 경관의 기반을 제공하는 동시에 중요한 시각대상인 플로어스케이프(floorscape)의 중요성에도 불구하고 소홀히 취급되는 경우가 많았던 포장설계에 관해서 기술하고자 함

㉯ 플로어스케이프란 포장에서 있어 기능적 측면과 함께 경관적 고려가 포함되어 나타나는 지표면의 경관을 말함

② 포장의 순기능과 역기능

㉮ 순기능

- 설계자의 의도에 따라 외부공간의 한정
- 아름다움과 쾌적함 창출
- 이용과 유지관리의 편의성

㉯ 역기능

- 식물재료보다 복사열과 반사율이 높음
- 도시 미기후의 상승과 눈부심을 유발
- 지표 유거수 발생으로 홍수나 침식의 원인

③ 미국 조경가 자이온(R. Zion)에 의한 포장설계의 기능적 고려사항

㉮ 내구성(durability) : 부서짐, 갈라짐에 대한 고려, 최대하중의 결정과 보강에 관한 문제 등

㉯ 관리(maintenance) : 고밀도의 이용을 수용할 수 있으며 동시에 적은 유지관리에 대한 고려

㉰ 가변성(replacement) : 포장면 하부의 설비와 관련된 네트워크에 대한 보수에 대한 고려

㉱ 보행(walking) : 이용자의 보행감에 대한 재료 선정

㉲ 눈부심(glare) : 포장면에 의한 반사로 인한 눈부심에 대한 고려

㉳ 소리(sound) : 외부공간의 청각적 영향에 대한 고려

④ 포장설계의 중요성

㉮ 조경설계자가 경관을 창조하는 데 있어 적절히 사용되어야 함

㉯ 포장설계는 기능적 충족과 함께 사용소재의 특성에 대한 이해를 바탕으로 대상지가 갖는 공간적 성격, 경제성 등에 대한 복합적 고려와 판단능력을 통해 적절한 대안을 도출해야 함

2) 포장의 기능적 · 구성적 용도

① 집약적 이용의 수용

지면상에 가해지는 계속적이 집중적인 이용을 무리없이 수용하는 포장의 기본기능으로, 적절하게 시공된 포장은 지표 토양층의 특성 손실이나 침식을 방지하고, 운송수단을 쉽게 수용할 수 있음

② 방향 지시

지면상의 선형포장을 통하여 보행인이나 자동차의 이동을 제어할 수 있음. 주택이나 공공건물의 현관에 이르는 보도, 공원의 오솔길 등은 방향을 지시하기 위해 선적인 형태의 포장을 사용한 예임

③ 통행속도 및 리듬 지시

포장의 폭과 배치의 변화는 움직임의 속도와 리듬에 영향을 미칠 수 있음. 넓은 포장 폭은 느리고 배회적인 움직임을 나타내는 반면, 포장의 폭이 좁아지게 되면 신속하고 직접적 움직임이 요구됨

④ 안정감의 창출

방향지시와 대조적인 포장의 용도로 휴식의 느낌과 평정감을 형성하는 것이 있음. 비교적 넓고 방향성이 없는 형태와 패턴포장은 정체된 느낌을 제공하여 정지 또는 휴식장소, 집회공간 등에 알맞음

⑤ 지면의 용도 지시

옥외공간에서의 포장의 변화는 지면상의 다양한 용도나 기능을 나타냄. 즉 포장재의 변화로 움직임, 휴식, 모임, 초점이 되는 공간 등을 반영할 수 있으며 색채, 질감, 또는 재료 자체를 다양화함으로써 한 공간과 다른 공간의 용도나 형태를 분리시킬 수 있음

⑥ 규모에의 영향

옥외공간에서 포장이 갖는 또 다른 특징은 공간인식에 영향을 준다는 점임. 포장재료의 질감, 포장블록이나 모듈 개개의 크기, 포장패턴의 크기 및 간격 등은 모두 포장된 지역의 스케일에 영향을 미치는 요인들임. 패턴이 크고 넓어질수록 그 공간의 규모는 광활해지는 느낌이고 작고 밀집된 패턴은 보다 축소되고 친근감을 줌

⑦ 통일성 제공

규모와 성격이 다른 여타의 외부공간 구성요소와 공간에 대해 동일한 포장재료와 패턴을 적용 · 연결함으로써 공간질서의 통일성을 기할 수 있음

⑧ 장(場)의 역할

포장은 경관 내에서 시각적으로 보다 두드러지는 다른 요소에 대해 중립적인 장의 역할을 하는 데 이용될 수 있음. 이때의 포장면은 빈 종이면과 같은 역할로 그 위에 놓여지는

시각대상물은 초점을 이룰 수 있는 효과가 있음

⑨ 공간성격의 형성

공간의 표면과 마감 디테일과 함께 포장재료는 그것이 사용되는 옥외공간의 분위기에 중대한 영향을 미칠 수 있음. 포장재료나 패턴은 그 종류에 따라 다듬어진 또는 거친, 가라앉거나 진취적인, 도시적, 혹은 전원적인 것 등의 다양한 분위기를 창출하고 강조함

⑩ 시각적인 흥미 제공

외부공간의 포장은 그 자체로서 시각적 흥미를 제공함. 보행 중 대다수의 관심은 보통지면 쪽으로 내려가 발 밑에 무엇이 밟히고 그 앞에는 무엇이 있는지에 집중되는 경향이 있어 포장의 중요성을 부각시키게 됨

3) 포장설계의 기본개념

① 포장재료

포장재료 종류별 장단점

포장재료 종류		장점	단점
현장 포설재	콘크리트	• 비교적 설치가 용이함 • 색채, 질감 등에 다양한 마감이 가능함 • 내구성 있는 표현 • 연중, 다목적으로 이용가능 • 유지관리비가 저렴 • 곡선형태로 적용가능	• 조인트 설치 필요 • 표면이 미적 흥미를 갖지 못할 수 있음 • 적절한 시공이 되지 않으면 파손될 수 있음 • 인장강도가 높으므로 쉽게 갈라짐. 탄력성이 낮음 • 제설재에 의한 파손 우려
	아스팔트	• 열 빛에 대한 반사율이 낮음 • 연중, 다목적 이용가능 • 내구성 강함, 낮은 관리비용 • 곡선형태도 적용가능 • 먼지에 강한 표면	• 경계부 처리가 수반되지 않으면 손상가능 • 무더운 기후조건일 때 물러짐 • 휘발유 등 용매에 의해 용해 • 기층에 수분침투하면 동해
	조합 포장재 특정 생산품	• 특정용도로 설계가능 • 다양한 색채조합 가능 • 콘크리트나 아스팔트 탄력성의 보완 가능 • 노후한 콘크리트나 아스팔트면 위에 덧씌우기 가능	• 시공과 보수에 숙련기능이 필요함 • 아스팔트나 콘크리트에 비해 고가의 비용
단위 포장재	벽돌	• 눈부심이 없음 • 미끄럼이 없음 • 다양한 색채조합이 가능 • 규격이 적절함 • 보수에 용이	• 고가의 시공비 • 청소가 어려움 • 동결에 의해 파손가능 • 풍화

	타일	• 세련된 실내외 공간연출 가능	• 온화한 기후에서만 사용 가능 • 고가의 시공비
	흙벽돌	• 빠르고 간편한 시공 • 기초에 아스팔트 안정제를 포함할 경우 지속적 이용 가능 • 풍부한 색채와 질감	• 경계부가 부스러지는 경향 • 많은 열을 축적함 • 부서지기 쉬움 • 먼지가 많음 • 따뜻하고 건조한 지역에서만 사용 가능
	판석	적절한 시공일 경우 내구성이 매우 강함	• 시공비가 비교적 고가 • 차고 거칠고 딱딱한 느낌을 주기도 함 • 젖으면 미끄러울 수 있음
	화강석	• 강하며 밀도가 높음 • 혹독한 기후조건하에서도 내구성이 큼 • 많은 교통량도 수용가능 • 견고한 광택표면으로 처리가능	• 강하고 밀도가 높아 작업이 어려움 • 화학적 풍화를 받기 쉬운 것도 있음 • 비교적 고가
	석회암	• 작업이 용이 • 색채와 질감이 풍부	화학적 풍화에 영향받기 쉬움(특히 다습한 기후와 도시환경 등에서)
	사암	• 작업이 용이 • 내구성	석회암과 같음
	점판암	• 내구성 • 풍화작용이 느림 • 색채 선택 폭이 큼	• 비교적 고가 • 젖을 경우 미끄러울 수 있음
성형품	합성제품	• 다양한 용도에 맞게 선택과 설계가 가능함 • 단기간에 시공가능 • 특별한 숙련기능 없이 시공, 철거, 보수가 용이함 • 색채 선택폭이 큼	• 파손행위가 있을 수 있음 • 아스팔트나 콘크리트에 비해 시공비가 높음
연성 포장재	모래, 자갈 등 혼합재	• 경제적인 포장재 • 색채 선택폭이 큼	• 이용량이 많을 경우 수년마다 보충이 필요 • 잡초 발생 가능 • 경계부처리 필요
	유기성 재료	• 비교적 고가 • 자연환경과 조화 • 조용하고 안락한 보행표면	• 교통량이 적을 경우에만 적용 가능 • 주기적인 보충과 교체가 필요
	잔디	• 풍부한 색채감 • 비마모성, 먼지가 없음 • 양호한 배수 • 조용하고 안락한 보행표면 • 비교적 저렴한 시공비	• 유지관리비가 높고 어려움 • 특히 고밀도의 이용이 발생하는 장소는 더욱 심함

	잔디블록	잔디의 경우와 같으나 추가적으로 적은 양의 차량통행을 수용할 수 있음	지속적인 관수 등 고도의 유지관리가 필요
	인조잔디	• 즉석의 잔디표면 • 비가 온 후 젖은 장소 없이 즉시 사용 가능 • 평탄한 놀이공간 조성 • 천연잔디와 같은 관수 유지관리 문제 없음	• 상처를 입는 경우가 많음(필드스포츠의 경우) • 공이 빠르게 구르고 높게 튀어오름 • 초기시공비가 천연잔디에 비해 높음

다양한 옥외활동에 대한 모든 요구조건을 만족시키는 포장재료는 없음. 개개의 활동은 포장표면에 대한 각기 다른 요구조건을 가지므로, 어떤 종류의 재료가 가장 적합할 것인가를 결정하여야 함

② 포장패턴

㉮ 포장패턴 디자인과 고려사항

- 포장패턴은 생활환경과 관련된 다양한 요인을 고려한 일련의 디자인 행위를 통해 산출된 산물로 이해될 수 있음. 즉 대상지의 입지여건, 용도, 공간의 기능, 도입하고자 하는 주제와 이미지 등에 따라 설계자는 소재의 선택과 시공성, 공사비 등 실로 다양한 측면을 고려하게 됨
- 조경설계자에게 요구되는 역할은 참신하고 우수한 디자인적 가치와 함께 합리적이고 보편 타당성을 갖는 포장디자인을 제시하고 설득시키는 것이라 할 수 있음
- 선, 형태, 색, 질감의 4가지로 알려져 있는 경관의 시각 구성인자는 포장패턴 디자인에 있어서도 상호관련성을 갖고 작용함
- 포장패턴 디자인에 있어서도 상기의 시각구성 인자들의 선택과 배열에 있어 반복, 다양성, 균형, 강조, 연속성, 규모, 대조 등의 다양한 미적 원리가 적용됨

㉯ 포장패턴 디자인의 착안사항

- 많은 디자이너들이 해왔던 것과 같이 자연적 질서로부터 영감과 지혜를 얻는 것으로, 우리가 자연의 기하학적 질서와 부정형의 패턴에서 모티브를 얻을 수 있음
- 우리가 접할 수 있는 다양한 문화예술을 기반으로 한 접근이 있을 수 있음
- 우리의 전통적 요소들로부터 출발하는 방법임
- 이러한 포장설계의 기본적인 접근방법 이외에도 설계자 자신만의 다양한 디자인 해결방법이 개발되어야 할 것임

4) 포장설계의 원칙과 지침

① 특별한 경우를 제외하고는 외부환경의 포장은 그 자체가 강조되기보다 외부시설 요소들의 기반이 되면서 이들의 배경역할을 충실히 하여 전체 경관에 기여하고 공간특성과 이

미지를 은유적으로 표현하는 것이 바람직함

② 주변환경에 비해 자극적이거나 강조되는 재료는 제한적이고 신중하게 이용되도록 함

③ 사용될 재료의 수는 통일감을 위해 단순한 것이 좋음. 포장재료나 패턴의 변화가 지나치게 많으면 시각적 혼란 내지 무질서가 나타나기 쉬움

④ 포장재료의 선택이나 패턴설계는 전체구상 속에서 다른 구성요소와 상호보완되어 기능적, 시각적으로 종합될 수 있도록 이들과 동시에 다뤄져야 함. 즉 설계해결과정의 후반에 포장을 선정하고 설계하는 것은 바람직하지 못함

⑤ 도심공간의 포장패턴 설계 시에는 인접한 건물 또는 가로수, 기타 가로시설물 등의 모듈을 감안하여 통합된 외부공간의 질서를 형성할 수 있도록 함

⑥ 포장패턴을 선택하면서 평면과 눈높이에서 경관성을 검토함

⑦ 특별한 목적이 없을 때는 동일한 공간 내에 포장변화는 삼가는 것이 좋음

⑧ 일반적으로 주보행로로 이용되는 보행공간은 변화가 적고 질감이 고운 밝은 색 계통에 무난하며, 휴식공간과 같이 비교적 오래 머무는 장소에는 작은 규격의 거친 질감, 어두운 색 계통의 재료도 효과적임

⑨ 불투수성 재료를 사용할 때에는 원활한 표면배수를 위해 1~2%의 구배를 확보하도록 함

⑩ 겨울철 결빙이 예상되는 장소에는 미끄럼방지를 위해 거친 질감의 것을, 장애인의 이용이 활발한 공간에는 휠체어의 이용과 안전의 유도를 위한 장치를 부가토록 함

5. 단지구조물 설계

1) 단지구조물 설계의 개념

① 단지구조물의 개요

㉮ 단지구조물의 정의

- 단지구조물이란 외부공간에 있어서 인간의 행위를 조절 및 유도하고 보조하기 위해서 가로상이나 공원, 광장 및 단지 내에 설치하는 수직적 또는 수평적 경관요소
- 단지구조물은 부지가 갖고 있는 정보의 전달, 유통의 안전 도모, 쾌적한 공간의 연출 등의 행위를 위하여 설치

㉯ 설치 시 주안점

- 현재의 단지구조물은 단지의 물리적 기능 충족을 위한 구조물로 인식되어 형태의 디자인과 재료의 선정에 심미적인 배려가 미흡한 실정임
- 이용자에게 쾌적하고 편리한 옥외공간의 제공과 동시에 주변환경과 조화를 이루는 재료 선정과 디자인이 필요함
- 단지의 경관구성을 담당하는 조경가의 세심한 배려가 요구됨

② 단지구조물의 분류

㉮ 단지구조물에는 다양한 종류가 있으나 여기에서는 옥외공간의 조경요소로 중요한 역할을 하는 도로와 배수, 차폐, 비탈면 보호를 위한 구조물에 대해 논의하기로 함

㉯ 도로구조물 : 계단, 경사로, 경계석 등

㉰ 차폐구조물 : 벽과 담장 등

㉱ 비탈면구조물 : 옹벽과 석축 등

③ 단지구조물의 설계지침

㉮ 기능적 측면

- 옥외활동을 원활하게 해주는 안전성
- 능률적으로 처리할 수 있는 편의성
- 인간의 미의식에 대한 쾌적성
- 인간 이용을 배려한 위생성
- 사업비와 생산, 유통, 시공상의 경제성 고려

㉯ 경관적 측면

- 단지구조물은 기능적 측면과 더불어 단지구조물이 위치하는 도시환경과의 조화 및 인간에게 감흥을 제공하는 미관의 측면에서도 고려되어야 함
- 옥외공간 형성에 영향을 미치는 요소는 구조물의 형태, 색채, 재료, 질감과 척도임
- 형태 : 곡선, 원형, 직선, 각형 등
- 색채 : 자연색과 도색 등에 의한 색
- 재료 : 인간과의 접촉성 고려한 재료
- 질감 : 단지구조물 표면상태, 재료와 밀접한 관계
- 척도 : 인간공학에 근거한 기능적 스케일, 휴먼스케일

㉰ 배치 기준

- 배치의 문제는 단지구조물 자체의 설계보다는 도시의 생활양식, 경관, 보행자도로, 공원 등 주위환경의 상황과 인간의 행태를 고려한 종합계획과 관련되므로 유기적인 맥락 속에서 고려되어야 함
- 단지의 전체 경관구조로 볼 때 구조물의 배치 시 주변지역의 특성을 고려하여 주변경관과 조화되는 것이 중요함
- 단지경관과 지역의 인식성을 부여하기 위해 단지구조물의 표준화, 규격화, 조직화가 필요함

2) 설계요소별 디자인 지침

① 도로구조물

㉮ 계단설계

• 목적 및 기능

- 계단은 경사진 원로나 표고차가 있는 공간을 서로 연결하기 위한 수단으로 조성되는 구조물
- 상하층을 여러 단으로 안전하게 오르내리게 하는 통로의 하나임
- 계단은 이러한 기능적 측면 외에 수평적 공간에 수직적 시각요소로 작용하기 때문에 경관상 중요한 역할을 함
- 통행장소만이 아니라 휴식과 집합의 장소로도 이용되며 로마의 스페인 광장은 지형적 핸디캡을 잘 이용해 계단이 광장의 기능을 하게 한 성공적인 사례임

• 계단의 분류

- 통행의 변화에 따른 형태적 분류 : 곧은 계단, 꺾음 계단, 돌음계단, 나선계단
- 주변환경에 따른 형식적 분류 : 자연적 계단, 정형적 계단

• 설계지침

- 설치장소는 일반적으로 지형 단차의 구배가 18%를 초과하면 계단을 하는 것이 안전, 60% 이상을 초과하면 도리어 위험하여 다른 방법을 강구
- 배치기준 : 이용자 편리성 고려, 주위환경에 비해 눈에 잘 띄게 배치, 단수가 둘 이상, 노약자 고려한 치수, 미적 효과, 조경시설로 안전 도모
- 구조 : 챌면의 높이와 디딤면의 비율에 주의, 디딤면의 방향은 주 통행방향과 직각, 디딤면의 방향과 폭은 일정, 디딤면을 s, 챌면을 h로 할 때 이들 간의 관계는 2h+s=60~65cm의 비례관계, 계단구배는 30~35도, 계단높이가 2m 넘을 때는 계단참 설치, 계단폭이 3m 넘을 시 중간에 난간 설치
- 자재 : 화강암, 콘크리트, 벽돌, 타일붙임, 인조적, 고압시멘트블록 등

㉯ 경사로 설계

• 목적 및 기능

- 경사로는 높이 차가 있는 두 지점을 경사면으로 연결하여 일반 보행자뿐만 아니라 노약자나 장애자, 유모차 등이 안전하게 오르내릴 수 있도록 설치된 구조물
- 충분한 여유 면적을 확보하고 표면처리에 유의하며 미끄럼이 일어나지 않도록 하여야 함

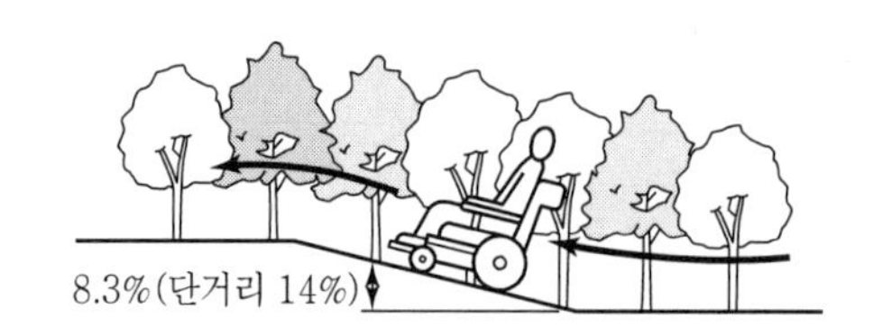

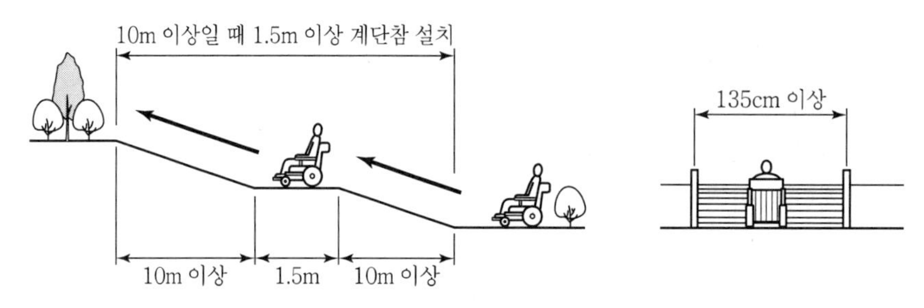

‖ 경사로 ‖

- 설계 지침
  - 배치기준 : 주동선에 일치하도록 배치, 계단과 병행 배치할 경우에는 양끝이 계단과 일치하도록 함
  - 구조 : 구배는 8.3% 이하, 계단참은 최소 10m마다 1.5m 이상을 설치, 최소폭 135cm 이상, 미끄럼방지 표면 마감
  - 재료 : 적절한 요철이 있는 표면처리, 거친 마감의 콘크리트, 도드락다듬의 자연석

㉰ 경계석 설계

- 목적 및 기능
  - 경계석은 서로 다른 성격의 공간을 구분짓기 위하여 한 지역의 가장자리를 표시하는 구조물로서 차도와 보도, 보도와 녹지, 차도와 녹지의 평면에 차이를 주기 위하여 설치
  - 차도와 보도 사이의 경계석은 차량으로부터 보행자를 보호, 배수로의 기능, 작은 옹벽의 역할을 담당
  - 녹지 경계석은 녹지공간의 보호를 목적으로 하나, 녹지공간 내 적정 폭의 원로 확보를 위해 설치
- 경계석의 분류
  - 직선부 경계석 : 콘크리트 경계석, 화강암 경계석
  - 곡선부 경계석 : 자연석 경계석, 벽돌 경계석, 목재 경계석
- 설계 지침
  - 배치기준 : 콘크리트 경계석은 인공성이 강하므로 배치에 주의, 화강암 경계석은 내구성, 경관성이 우수하나 공사비 많이 소요, 녹지 경계는 자연석 경계석을 사용하면 좋은 효과, 벽돌 경계석은 곡선부와 직선부 모두 시공 용이

- 구조 : 차도면에서 최소 10cm 높이로 돌출, 횡단보도 부근은 장애자 이용편리 위해 2cm 이하 높이
- 재료 : 차량 충돌 시 압력에 견디기 위해 최소한의 압축강도를 유지, 석재, 벽돌, 목재, 콘크리트, 화강암 재료

② 차폐구조물

㉮ 벽과 담장 설계

• 목적 및 기능

- 벽과 담장은 단지의 영역을 구분하거나 보차의 통행을 제한하고 방풍 · 방음효과를 위해 설치하는 구조물
- 옥외공간에서 요구하는 실용적 · 기능적 조건을 만족해야 하고 경관의 심미적 역할도 중요함
- 차폐형, 투시형, 반투시형으로 구분되며 시각적인 공간 구분을 위해 사용됨
- 공간의 분할과 차폐로 다양한 경관 연출과 사생활 보호에 필요한 구조물
- 전통조경공간에서는 경관의 변화 극대화, 공간의 위계, 차경효과로 외부경관과의 연계성을 고려하기도 함

▶ 경주 옥산리에 소재한 독락당(獨樂當) 대청마루에 앉아 건물 옆에 흐르고 있는 맑은 시냇물과 주변의 경관을 감상하고 여름에 바람이 들어올 수 있도록 축조하였다.

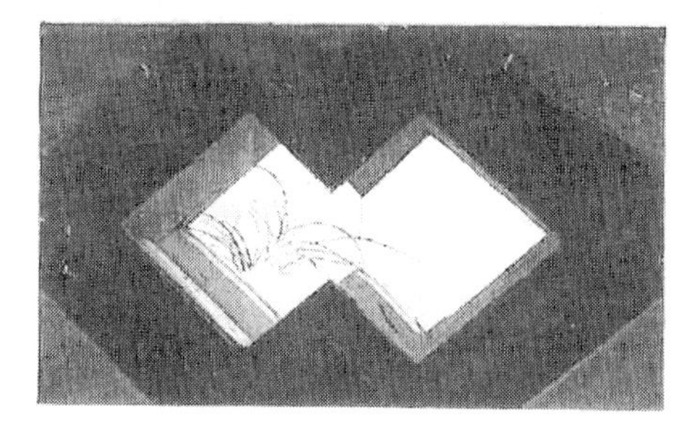

▶ 이화원의 담장 : 담장에 설치한 누창(漏窓)을 통하여 곤명호의 호반이 보이도록 하였고, 아울러 통풍의 효과도 도모하였다.

• 벽과 담장의 분류

- 재료에 의한 분류 : 벽돌, 콘크리트와 철망, 생울타리, 목재, 자연석, 석재 등
- 높이에 의한 분류 : 사람의 침입방지를 위해서는 1.8~2m, 시각적 출입통제를 위해서는 0.6~1.0m 이상, 경계표시는 0.4m 이내
- 기능에 의한 분류 : 통행 제한, 방풍 · 방음, 토사붕괴 방지, 시각적 경계

- 시각적 폐쇄 정도에 따른 분류 : 투시형, 폐쇄형
- 설계 지침
  - 배치기준 : 벽은 격리된 공간 조성, 소음 차단, 방풍과 통행제한의 목적으로 설치, 담장은 영역 구분, 보차의 통행 차단 등 목적
  - 구조 : 요구되는 기능에 맞는 형태 선택, 완전 차폐는 2m 이상, 심리적 안정감은 1m 정도, 개구부 있는 담장은 호기심 자극으로 경관의 다양성 추구
  - 자재 : 주변요소와 조화되는 질감, 기후조건에 맞는 재료, 재질과 용도에 따른 두께와 재질

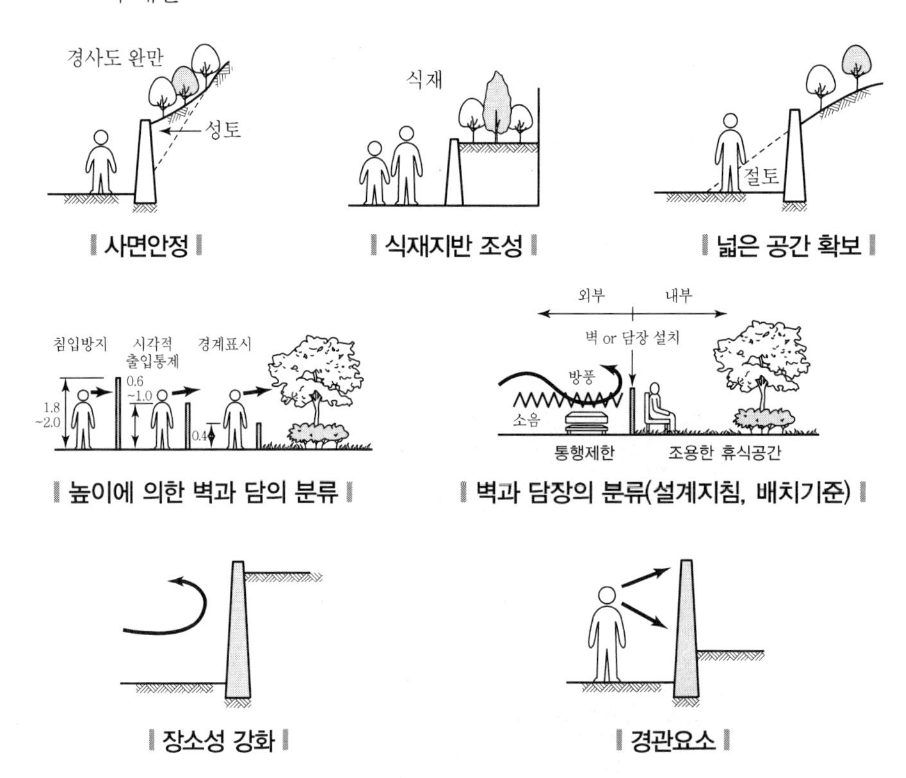

‖ 사면안정 ‖ ‖ 식재지반 조성 ‖ ‖ 넓은 공간 확보 ‖

‖ 높이에 의한 벽과 담의 분류 ‖ ‖ 벽과 담장의 분류(설계지침, 배치기준) ‖

‖ 장소성 강화 ‖ ‖ 경관요소 ‖

③ 배수구조물

㉮ 측구설계

- 목적 및 기능
  - 측구는 지표상의 물을 횡단 · 종단 구배를 이용하여 집수구까지 모으는 배수도랑으로 신속하게 처리
  - 설치지역의 지형, 현장여건, 시공성과 경제성을 감안하여 가장 적합한 재료와 형태를 갖춘 구조를 선택

- 측구의 분류 : 형상에 의해 환형, 제형, L형, V형, U형, 평형으로 분류
- 설계지침
  - 배치기준 : 지표면의 물을 신속 처리할 수 있도록 지형 및 지표면의 상태, 강우조건, 토질조건, 지하수 및 인접지 기존 배수시설의 상황, 차량과 보행자의 동선 등을 고려하여 가장 기능적인 장소에 배치
  - 구조 : 막파기, 돌붙이기, 돌쌓기, 콘크리트 측구

㉯ 맨홀 및 집수구 설계

- 목적 및 기능
  - 맨홀은 지하에 있는 하수, 상수관로의 점검과 침전물의 청소 또는 전력·통신용 케이블 관로의 접속과 수리 등을 위해 노면에서 사람이 출입할 수 있게 만든 통로
  - 집수구는 지표면의 물을 일시적으로 모으기 위해 설치하는 구조물
- 맨홀과 집수구의 분류
  - 맨홀은 원형이 많고 사각형, 타원형도 있음
  - 집수구는 사각형이 대부분, 원형도 가능
- 설계원칙
  - 배치기준 : 맨홀은 40~60m 거리마다 배치, 높이는 노면과 일치되게 함, 집수구는 지하 관거의 접속부에 설치
  - 구조 : 맨홀 본체는 콘크리트나 벽돌로 만듦, 집수구는 콘크리트나 주철제 기성제품임
  - 재료 : 맨홀 본체는 벽돌, 콘크리트, 철근콘크리트, 뚜껑의 재료는 주철·강철, 집수구는 콘크리트 주철제 기성제품

④ 비탈면 구조물

㉮ 옹벽설계

- 목적 및 기능
  - 옹벽은 표고차가 있는 지형에 평탄한 부지를 확보하기 위하여 설치하는 구조물로서, 상부의 흙을 급한 경사로부터 안정을 유지시켜 경사면의 붕괴를 방지할 수 있어야 함
  - 옹벽은 토목적 목적 외에 공간의 경계를 한정, 시설물 배경요소, 공간의 장소성 강화, 식재대 확보 등 경관 형성에 중요한 역할을 담당
- 옹벽의 분류
  - 재료에 의한 분류 : 콘크리트, 철근콘크리트 옹벽, 벽돌 또는 석재붙임 옹벽
  - 구조에 의한 분류 : 중력식, 반중력식, 역T자형, 부벽식, 지지 옹벽, 특수 옹벽, L자형 옹벽

- 설계 지침
  - 배치기준 : 주위의 자연경관과 조화되게 설계, 여러 단으로 나누어 축조, 옹벽 전면부에 식재대 설치, 무늬거푸집 사용
  - 구조 : 배후 지형의 높이에 따라 적절한 형식을 채택, 3m 이하에는 중력식 옹벽, 3~6m에는 역T자형이나 L자형, 6m 이상에는 부벽식이 적합, 10cm 직경 배수공을 5% 정도의 구배를 두어 3m 간격으로 설치
  - 자재 : 철근콘크리트와 벽돌, 석재가 사용

㉯ 석축설계

- 목적 및 기능
  - 석축은 사용재료의 중량과 구조적 조합에 의하여 경사면의 안정을 유지하는 구조물임
  - 석축이 쓰이는 지역은 일반적으로 사면의 높이가 낮고 지반이 견고하며 경관성이 중요시되는 지역에 축조
- 석축의 분류
  - 가공석 석축 : 견치석, 장대석 석축
  - 자연석 석축 : 자연석 쌓기, 첩석 쌓기
- 설계 지침
  - 배치기준 : 석축은 옹벽에 비해 재료가 주는 이미지는 자연친화적이지만 구조적 한계가 있어 축조할 지역의 지형적 조건과 토질 상태를 고려하여 배치
  - 구조 : 경사면 기울기가 안식각을 유지한 곳에 쌓는 것이 구조적으로 가장 바람직하며, 전면 기울기를 메쌓기는 1 : 0.3, 찰쌓기는 1 : 0.2 이상 유지
  - 자재 : 자연석은 산석, 하천석, 호박돌 등과 가공석에는 견치석, 장대석, 깬잡석 등, 견치석은 전면의 최소변보다 1.5배 이상의 뒤길이, 장대석은 화강석을 직사각형으로 거칠게 정다듬 가공

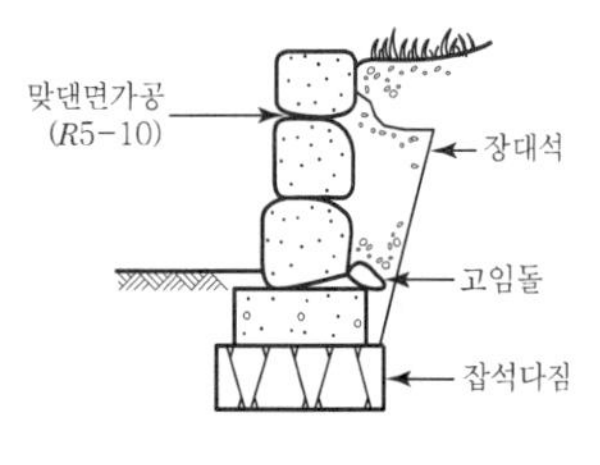

‖ 장대석 쌓기 ‖

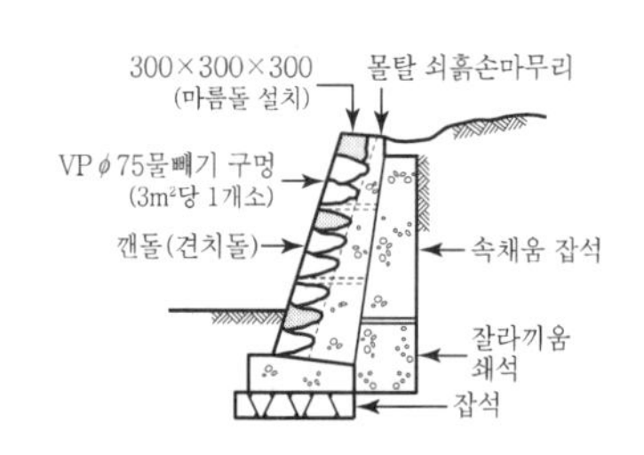

‖ 찰쌓기 ‖

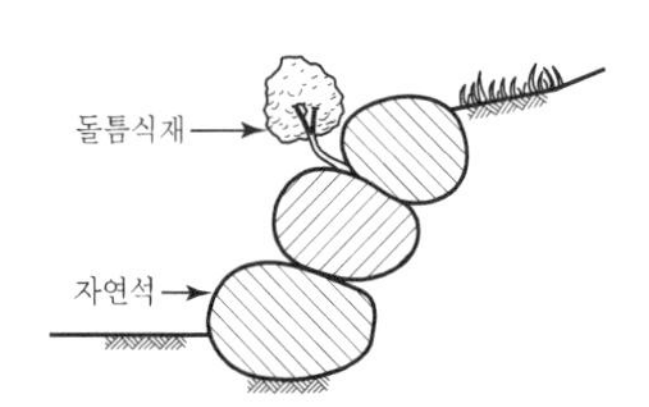

‖ 자연석 쌓기 ‖

6. 옥외시설물 설계

1) 옥외시설물의 이해

① 옥외시설물의 개념과 종류

㉮ 개념과 기능

- 국가적 차원의 환경정비사업이나 기업 또는 개인의 갖가지 환경계획 프로젝트 안에는 반드시 옥외시설물계획이 포함되어 있음
- 옥외시설물이 설치되는 옥외공간의 특성은 불특정다수의 이용자들이 생활하는 장으로서의 필요성, 쾌적한 공간으로서의 조건, 옥외에서의 기후와 제반 공해요소 등으로부터의 보호도 고려되어야 할 것임
- 옥외시설물이란 사람들의 움직임을 인도하고 옥외생활을 풍부하게 하고 아름다움과 시청각적 정보전달에 의한 안전에 관계되어 옥외생활의 질을 높여주는 데 기여하고 있는 옥외공간에서의 가구임
- 옥외환경 속에서 가장 작은 스케일로 존재하면서 옥외에서의 행위를 조절하고 생활을 보조함으로써 이용자의 안전성, 편의성, 전달성, 쾌적성의 향상에 직접 기여하는 중요한 기능을 갖게 됨

㉯ 분류와 종류

- 옥외시설물의 기능에 따른 분류 : 휴식계, 위생계, 매점계, 정보계, 조명계, 교통계, 행사계, 놀이기구계, 관리계, 신체장애자계, 수경계 등으로 구분
- 가로시설물의 차원형상에 따른 분류 : 공공시설, 교통시설, 가로가구, 조경시설, 경계시설, 표식시설, 상업간판, 수목, 물, 조형물, 포장, 장애자시설 등 구분
- 기본적 조건에 따른 분류 : 안전성, 보건성, 능률성, 쾌적성 4가지 조건에 따라서 구분

장소의 위치성격과 기능, 공간조건에 따른 분류

구분	내용
물리적 환경	전원적, 도시적
공간의 특성	공원 및 유원지, 사적지를 포함한 기념공간, 공공시설공간, 가로 및 광장, 주거단지
공간의 조건	둘러싸인 공간, 개방된 공간, 일정한 방향으로서의 길
설치되는 시설물의 기능	11개로 분류된 영역과 시설요소들, 혹은 시설물의 차원형상에 따른 분류시설 요소들

② 공간과 시설물

㉮ 공간의 여건과 시설물의 역할

- 위치, 기능, 조건 등의 환경여건
  - 위치적 여건 : 전원적 공간과 도시적 공간으로 구분
  - 공간적 여건 : 공원 및 유적지, 사적지 및 기념공간, 가로 및 광장, 주거단지
  - 공간의 조건 : 자연적, 인위적으로 둘러싸여 있는지, 혹은 개방되어 있는지 여부
- 도시적, 전원적 공간의 특성
  - 도시적 공간 : 질적 향상을 위한 시각 환경요소를 강조, 재료와 형태의 최적, 최선의 것 선택, 프라이버시 지키는 시설물계획 배치
  - 전원적 공간 : 개방적이고 자유스러운 경관에 부합, 자연성을 반영, 기후요소 노출에 대비
- 시설물의 역할
  - 도시적 공간 : 공간의 특성과 기능을 발휘, 공간의 질과 경관적 효과를 기대, 정밀한 계획에 의한 반영구적 시설로 완성, 자체가 하나의 새로운 창조물
  - 전원적 공간 : 기능의 단순성, 소규모, 배치상의 독립성, 자연보존 지향성, 형태의 단순함, 주변 자연경관과의 동질성

2) 디자인의 고려사항

① 디자인의 접근과 요소

㉮ 환경조건

- 자연적 사항 : 지형, 지질, 기후, 산물 등이 디자인의 결정에 영향을 줌
- 인위적 사항 : 개인성, 민족성, 과학과 산업력 등 사회적 · 문화적 조건

㉯ 일반적 디자인의 접근

- 세 가지 측면에서의 고려
  - 기능 : 용도, 목적의 요건들을 충족시키는 것
  - 구조 : 재료, 시공, 제조기술 등에 의한 기능의 물리적 완성
  - 외관 : 만족스런 시각적 효과로 미적 가치의 달성
- 디자인의 요소
  - 정적 요소 : 형태, 선, 색, 질감 등
  - 동적 요소 : 움직임, 리듬, 균형과 대칭, 질감, 빛과 그림자
  - 기능과 형태 : 기능에 따르는 디자인
  - 조형과 양식 : 자연환경, 문화적 배경에 따른 차이
  - 형태와 구조 : 벽체형, 쉘터형, 이동형 등에 따른 구조

- 색과 재료 : 다양한 재료와의 조화와 통일성

② 시설물의 구성방법

㉮ 시설물에 대한 구성

- 표준형 디자인 : 이용하려는 때와 장소의 조건에 맞추어 선택적으로 활용
- 특정주제의 부각 : 설치되는 장소에 따라 적용될 수 있는 설계개념에 의한 경우임
- 개발된 디자인의 대중화 : 특정공간을 대상으로 개발된 디자인을 전형으로 하여 대량생산품이나 표준설계 기준도서의 형태로 어떤 장소라도 이용될 수 있도록 한 경우

㉯ 시설물 디자인의 3가지 방법

- 목적대상(object)으로서의 디자인
  - 개인의 개성이 요구되는 순수미술이나 조각작품과는 차이가 있어 대중의 보편성을 염두에 두게 됨
  - 특수한 환경에서의 시설물은 예외적으로 인정되나 일반적으로 허용되는 범위 내에서의 개성과 객관적인 미를 추구
- 공간적인(spatial) 특성의 디자인

  전체 환경과 개개의 옥외시설물들과의 조화에 대한 조형방법은 다음 세 가지로 나누어 생각할 수 있음
  - 첫째는 일정한 환경에 대한 옥외시설물 계획 시 색채나 재료, 배치기준, 규제조건을 만드는 것
  - 둘째는 옥외시설물 중 상징적인 것 몇 개만 통일하고 그 외의 것들은 매뉴얼에 따라 자유롭게 선택
  - 셋째는 각 옥외시설물의 조형적 특징을 살리면서 환경 전체로서 통일을 유도하는 방법
- 총괄적인 시스템(system) 디자인
  - 구조적으로 통일시키는 방법으로 옥외시설물을 구조와 재료, 치수, 색채에 이르기까지 시스템화하는 방법
  - 조형을 통일함으로써 환경 전체의 질서와 조화를 기대할 수 있을 뿐만 아니라 생산 · 시공상의 합리적이고 능률적인 방법이 됨
  - 도시환경 구성 시스템이 대규모화되고 인간의 기본 욕망을 충족시키기 위해서는 보다 고도의 첨단과학기술을 구사하는 시설물 설비를 요구하게 됨

3) 지표 및 기준

① 설계의 지표 조건

㉮ 지표

- 안내시설 : 외관의 통일, 전달내용의 간결한 표현, 어디서나 가능한 심벌의 사용, 표준 유형면, 색, 지지구조물의 사용
- 편익시설
  - 인간의 편리 도모, 다양한 요소들의 집합화
  - 크기, 재료, 형태의 상호관련성
  - 환경의 통일성에 도움이 되는 개성
  - 정밀성보다 융통성을 주어 계획
- 조명시설
  - 차도, 보행로, 식물, 조각, 건물에 적절한 장식물 성격의 조명등
  - 교통 안전, 치안유지와 범죄방지, 도시 미관, 상업의 번영
- 환경조형
  - 도시의 다양한 환경적 구조성에 순응하기 위한 다양성
  - 복잡한 외부공간의 물리성에 대응하기 위한 인간성
  - 정보사회에서의 소통을 위한 표현성에 의지하는 전달성
  - 무질시와 불안한 환경에서 복지와 창조성을 추구

㉯ 조건

- 접촉과 디자인 : 시각적, 촉각적 감각이 환경과 조화되는 색채나 형태감과 친밀성을 만족시킬 수 있어야 함
- 운동속도와 디자인 : 도시공간에 있는 시설물은 사람의 보행속도, 휴식 등 다양한 속도를 고려해 종류, 형태, 색채를 결정하여야 함
- 거리와 디자인 : 사람이 위치한 기회로부터 보기 쉽고, 이용하기 쉽게 형태, 크기, 재질 등이 고려되어야 함

② 설계의 선택적 기준

㉮ 안내시설

- 표지물은 출입구, 가로분기점 등 눈에 띄는 장소에 설치
- 가로수의 수간, 전주와 같은 타 구조물과의 관계에 주의하며 보행에 지장이 없도록 설치
- 시설의 이용목적에 방해가 되지 않도록 설치
- 한 장소에 여러 개를 설치할 경우 한 곳에 모아 종합적으로 배치
- 유지관리에 용이한 구조와 안전한 구조로 설치
- 표시는 종류별로 분류, 국토교통부 도로부대시설 기준

㉯ 조명시설

등주형	특징	장점	단점
강철	합금 강철 혼합으로 제조	내구성이 강하고 펜던트 부착에 강함	부식을 피하기 위해 색채를 필요로 함
알루미늄	알루미늄 합금으로 제조	• 부식에 강하고 유지가 용이 • 가벼워서 설치 용이, 비용이 저렴	• 내구성이 약함 • 펜던트 부착에 약함
콘크리트	철근콘크리트와 압축콘크리트의 원심적 기계과정에 의해 제조	• 유지 용이, 부식이 강함 • 내구성이 강함	• 무거움, 설치 시에 무거운 장비가 필요 • 타 부속물 부착이 용이하지 않음
목재	삼목, 소나무로 제조	• 전원적 성격이 강함 • 초기 유지가 용이	내부 보강, 타 장비를 요구하지 않는 견고한 기둥이 필요

㉰ 환경조형

- 설치장소에 대한 여러 조건을 수용하기 위한 충분한 이해와 환경과의 효과적인 조화를 도모함
- 일광 시 광선 조건이나 야간 환경의 시각적 효과에도 유의하며 광원과 빛의 고려가 필요
- 대중과의 친밀성에 대한 세심한 배려가 있어야 함

7. 특수 조경시설 설계(신체장애인 및 노약자 시설)

1) 장애의 기본적 사항

① 사회적 배경

㉮ 장애를 가지고 있는 이들의 활동상 불편요인 중, 편익시설 미비에 따른 불편이 교통수단 이용과 동반자의 유무에 따른 불편과 함께 주요 불편요인으로서 지목되고 있음

㉯ 조경적인 측면에서 볼 때, 지금까지는 장애인을 고려한 적극적인 계획이나 설계를 소홀히 한 경향이 있으나 외부공간 정비의 미비는 앞으로 우리들의 과제로 남아 있음

② 장애의 정의

㉮ 기능장애 : 의학적 측면의 장애, 운동기능 및 시청각기능의 장애

㉯ 능력장애 : 기능장애 후 치료 · 훈련을 받아 사회생활에 적응한 결과의 능력

㉰ 핸디캡 : 생활환경의 불비 또는 사회 전반의 이해나 원조가 부족하기 때문에 장애인이 당하는 불편, 부자유 등 모든 불이익을 의미

③ 장애의 분류

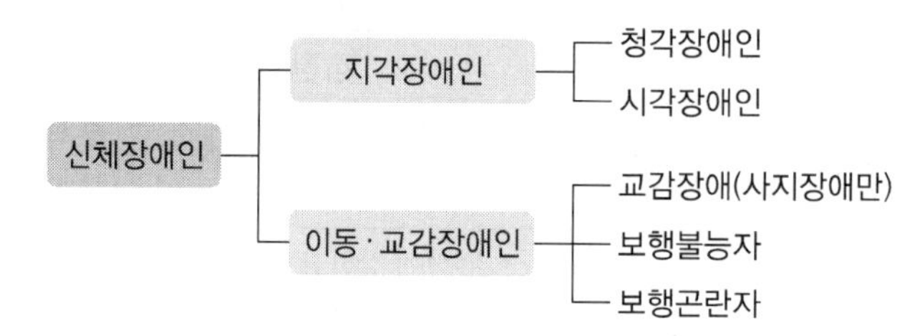

2) 장애의 기본적 특성

① 장애별 기본적 특성

㉮ 휠체어 사용자

기본적인 부자유	실제 불편한 사례
평지에서의 이동은 가능하나 단차를 넘는 것은 곤란, 어느 정도 이상의 급사면은 오를 수 없음	인도의 연석, 건물 출입구의 단차, 계단, 인도교 등은 불편
측구에 앞바퀴가 끼어 움직일 수 없음	건널목, 그레이팅이나 금속성의 구두 진흙털이의 틈 등이 위험
노상 요철, 자갈길 등은 이동이 곤란, 진흙길은 통행불가	• 비포장길, 공원이나 정원의 도로에는 불편이 많음 • 건물 진입을 위한 경사로의 바닥재료 및 건물 앞 인도의 포장재료
폭이 좁은 곳은 통과할 수 없음	인도, 원로 등의 폭에 문제가 많음
좁은 곳에서는 회전을 할 수 없음	인도의 커브각, 출입구 도어의 앞뒤, 화장실의 칸막이 내부 등이 좁으면 곤란
머리(상반신)의 위치가 낮음	관찰대 등의 위치가 너무 높음

㉯ 보행 곤란자

기본적인 부자유	실제 불편한 사례
단차나 사면의 이동이 곤란	건물입구, 계단의 커다란 단차 등은 오르내릴 수 없음. 사면에서는 미끄러지거나 몸의 균형을 잡기 힘들고 불안정함
발끝이 걸리면 넘어질 위험이 있음	노면의 요철, 계단의 단귀 등이 위험
목발이 미끄러지면 위험	바닥표면이 미끄러지기 쉬우면 곤란. 자갈길이나 진흙길이면 걸을 수 없음
폭이 좁은 곳은 목발로 걷기가 힘듦	바닥이나 출입구의 폭, 화장실의 공간이 좁으면 곤란

㉰ 시각 장애인

기본적인 부자유	실제 불편한 사례
보행에는 보행폭, 보행거리, 발바닥의 감촉, 소리 등에 의존할 수밖에 없음	• 직선코스는 비교적 좋지만 곡선코스는 어려움. 도로 양단의 위치를 알 수 없고 양단의 단차, 측구는 넘어질 위험이 있음 • 신호기는 보이지 않기 때문에 위험하고 위험물의 기호를 인식할 수 없음
일상적인 전달방법으로서 소리에 의존할 수밖에 없어 불편	소음의 회화 등의 전달음을 방해하기 때문에 불편
형태, 위치, 상태를 확인하는 것이 곤란	• 은행, 상점 등의 위치확인이 곤란 • 출입구의 위치확인이 곤란
읽고 쓸 수 없음	기술에 의한 주의사항을 읽을 수 없음

㉱ 노약자

기본적인 부자유	실제 불편한 사례
보행곤란자, 시각장애인의 항 참조	보행곤란자, 시각장애인의 항 참조
호흡기능이 약하고 피로하기 쉬움	계단의 오르내림이 곤란
순환기 기능이 약해져 있음	욕실, 화장실 등에서 급히 일어선다든지, 커다란 온도차가 있으면 현기증이 일어나기 쉬움
뼈가 약해져 있음	넘어지면 골절되기 쉬움

② 휠체어의 기초적 특성

㉮ 통로, 출입구 등의 폭은 각 부분에서 휠체어가 지장없이 통행할 수 있도록 하는 것을 목적으로 하고 있음

㉯ 그 이유는 동작을 위한 필요공간에 대하여 가장 엄격한 요구를 가지고 있는 휠체어를 이용할 수 있도록 정비함으로써 목발 사용자, 노인, 어린이, 임산부 기타 교통약자도 용이하게 이용할 수 있게 되기 때문임

㉰ 휠체어가 지장 없이 통행할 수 있는 폭은 휠체어 폭에 손으로 휠체어를 조작하기 위한 필요폭과 방향전환을 위한 필요 공간을 더한 것임

3) 녹공간의 베리어프리

① 녹공간의 베리어프리

㉮ 베리어프리와 녹공간의 관계는 하나의 장치적인 베리어프리로서의 엘리베이터 설치, 자연스럽고 안전한 이동을 가능케 하는 단차의 해소 등의 기능면에서의 관계이고, 또

하나는 레크리에이션 활동 · 쾌적성 · 건강의 유지증진 등의 생활목적 면에서의 관계를 가지고 있음

㉯ 다양한 특성을 가진 외부공간인 녹공간에 관해서는 기능 면에서의 베리어프리의 추구만으로는 불충분함

㉰ 녹공간은 모든 사람이 쾌적하게 활동할 수 있고 즐길 수 있는 공간임. 따라서 "노멀라이제이션(Normalization)"의 사고에 대한 개념이 필요함

㉱ 노멀라이제이션이란 노약자나 장애인을 구별하지 않고 모든 사람들과 함께 삶을 영위하는 사회가 정상이라는 생각임. 1960년대 초기에 스웨덴에서 지적 장애인에 대한 접근에서부터 생겨난 용어지만 현재는 국제적인 사회복지의 기본이념으로 되었음

㉲ 자연지역에서 인공지역의 노멀라이제이션의 개념 및 일반시가지, 공원 · 녹지에서의 노멀라이제이션의 사고에 대한 개념을 아래와 같이 나타낼 수 있음

다양한 선택의 제공과 오감을 통한 자연의 즐거움의 부활	자연지	인공지	장치에 의한 베리어프리화, 통행 등에서의 기능성, 안전성, 쾌적성 확보
다양한 행동 루트나 체험환경의 제공 선택적인 즐거움, 새나 곤충 등의 울음소리, 식물 향과 색 등 생물과의 접촉, 석양 등의 기상의 즐거움	선택성 자연성	기능성 안정성	경사로, 소리, 조명 등을 이용한 물리적인 환경개선 엘리베이터, 리프트 등의 장치류를 이용한 환경개선

‖ 자연지역 - 인공지역에서의 노멀라이제이션의 사고 ‖

일반 시가지, 공원녹지에서의 노멀라이제이션의 사고

일반 시가지	공원녹지
▸ 어반디자인으로서의 베리어프리 • 안전성, 기능성, 편리성의 담보 • 물리적인 베리어프리 • 소리, 빛, 색 등의 유도에 의한 통행성능의 확보와 질적 향상 ▸ 강렬한 외부 기상환경하에서의 물리적인 보호대책, 외부 기상환경의 완화 • 여름의 일사, 열로부터의 보호 • 겨울의 강풍이나 한기 • 강우, 강설로부터의 보호	▸ 공원녹지 등에 대한 접근성 담보 ▸ 자연감의 향수 • 여름의 양풍(凉風)이나 녹음 • 겨울의 일사나 석양으로부터의 보호 • 새나 벌레 울음소리 • 식물의 향기나 색 등

② 베리어프리 계획의 흐름

㉮ 베리어프리 디자인(Barrier-Free Design)

- 미국에서는 1960년대 전후에 베리어프리 디자인의 움직임이 시작되었음. 이것은 건물이나 그 부지의 설계 · 건설의 단계에서 접근성을 확보하기 위한 최소의 물리적인 장애를 없애려는 움직임이었음
- 베리어프리 디자인은 장애로부터의 자유이고 주차장에서 건물로의 접근, 건물 내부에서의 이동이 중심이었음
- 그러나 최근에는 공원이나 레크리에이션 공간을 중심으로 한 녹공간에 대하여 베리어프리화의 설계지침의 검토 및 조례화의 움직임이 미국의 캘리포니아주나 뉴욕주 등 선진 주를 중심으로 진행되고 있음
- 휠체어를 주요 대상으로 하는 베리어프리의 사고로부터 어린이, 노약자, 장애인 등의 공원 이용자나 공원관리자의 의견, 설계에 관한 의향, 이용하기 쉬운 방법으로서 토론회 방식의 설계가 요구되고 있음
- 이 경향은 장애인, 건강자, 어린이, 노약자 등 모든 사람들을 디자인, 즉 유니버설 디자인의 흐름 가운데서 발생하고 있음
- 유니버설 디자인(Universal Design)이란 부지나 시설계획 · 설계에 있어서 종래 이용대상이었던 평균적인 건강자를 노약자, 장애인, 임산부, 어린이 등을 포함한 모든 사람들로 그 대상을 넓혀서 계획 · 설계하는 것

㉯ 유니버설 디자인(Universal Design)

- 유니버설 디자인에 관한 시도는 1978년에 제안된 에나브라 모델(Enavra Model)에 의한 방법으로 장애인을 개념적인 이미지로 취급하는 방법임
- 이 방법은 정신적 기능 · 감각 · 신체적 장애를 포함한 15가지의 장애항목으로 장애인의 이미지를 설정하려는 것임
- 에나브라 모델에 의한 설계방법은 평균적 인간을 대상으로 하는 전통적인 설계방법이나 휠체어를 대상으로 하는 베리어프리 디자인보다도 정확하게 인간을 파악하는 것이 가능함
- 이 방법은 개념적으로 장애를 갖는 사람 및 장애를 갖지 않는 사람을 보다 포괄적 · 종합적으로 다룬다는 시점을 제공함
- 또한 유니버설 디자인의 하나의 방법으로서 토론회 방식에 의한 각 장애인, 노약자 및 어린이들의 사고 · 의향 등을 설계 프로세스 가운데 포함시키려는 시도가 행하여지고 있음. 이러한 수법에 의해 설계된 하나의 예가 플러드 공원(Flood Park)임

㉰ 플러드 공원(Flood Park)

- 모든 것에 가깝게 접근한다.
  - 캘리포니아주 샨마데오에 위치한 플러드 공원은 건강한 사람, 노약자, 장애인 모든 사람에게 있어서 접근하기 쉬운 것을 테마로 계획 · 설계됨
  - 모두를 가까이 하는 환경을 다음의 4가지로 정의함
    - ▸ 모든 이용자가 물적으로 접근하여 프로그램에 참가 가능할 것
    - ▸ 물리적, 의료적으로 안정성과 지원을 제공하는 것
    - ▸ 모든 이용자에게 최대한의 독자성을 제공하는 것
    - ▸ 자연적인 경험이 가능한 접근로를 둘 것
- 토론회 : 커뮤니티 토론회를 여러 이용자 그룹별로 개최하여 아래와 같은 검토과제를 도출하였음
  - 물리적으로 접근하기 쉬움
  - 프로그램에 참가하기 쉬움
  - 커뮤니케이션에 참가하기 쉬움
- 조사
  - 부지에 관한 식생 등의 현황과 현재의 이용상황 등에서 이용에 관한 분석을 실시함
  - 현황에서의 '접근성'이라는 관점에서의 장애를 명확하게 하는 접근성 조사가 행해졌음
  - 커뮤니티 · 토론회, 디자인 토론회, 이용분석, 접근성 조사에서 디자인의 대체안이 작성되고 그 검토결과 최종적으로 마스터플랜화되었음

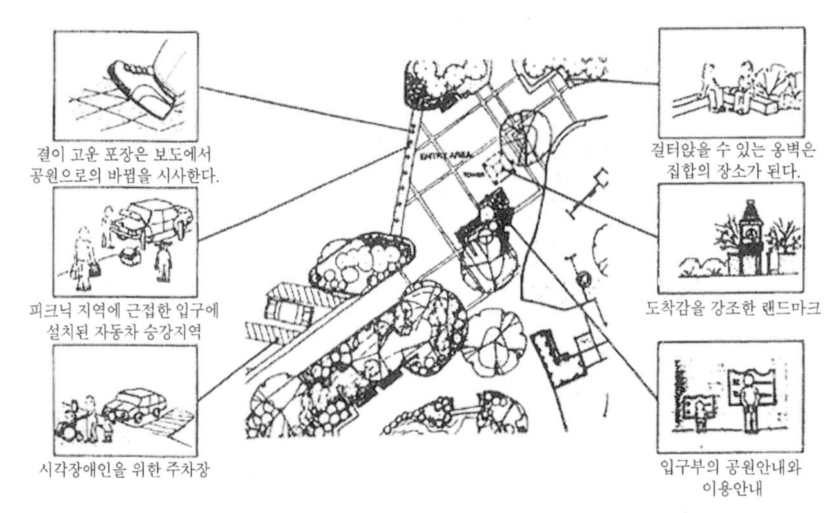

‖ 플러드 공원의 놀이구역 입구의 배치 ‖

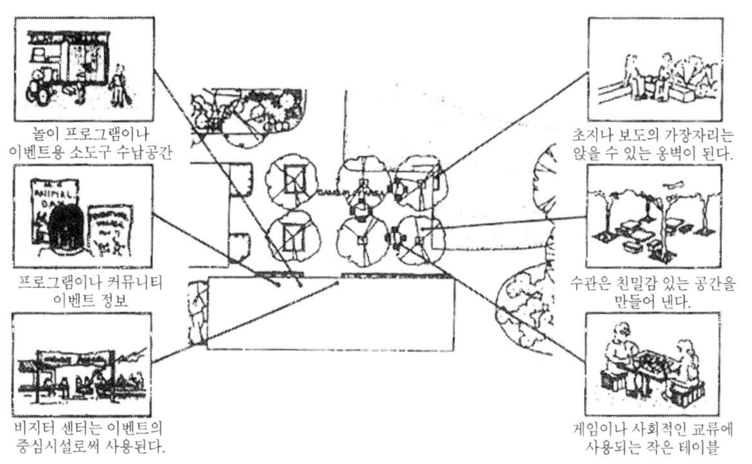

‖ 비지터 센터에서의 모임, 회합, 작업을 위한 배치 ‖

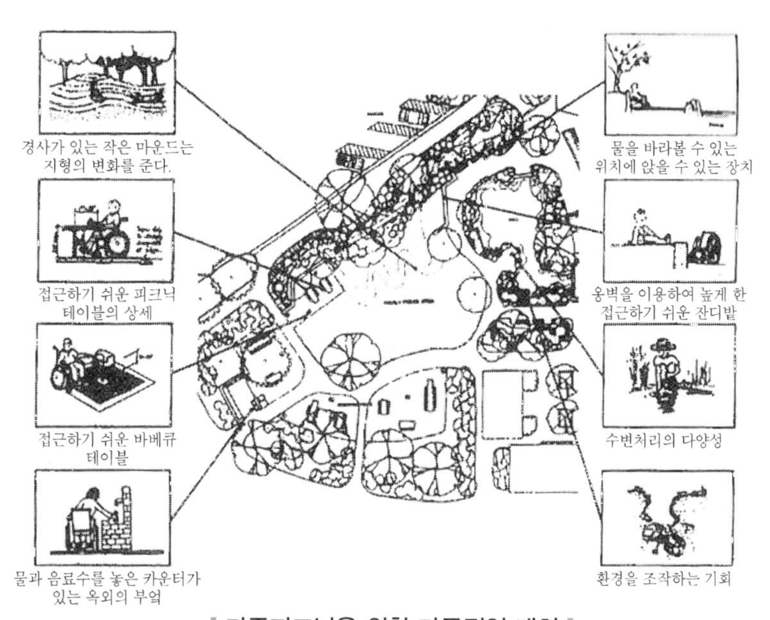

‖ 가족피크닉을 위한 다목적인 배치 ‖

4) 베리어프리 녹의 공간계획

① 생활권역에서의 베리어프리 과제 파악

㉮ 과제의 파악

- 생활편익시설, 서비스 정비 수준의 파악
- 노약자, 장애인의 특성 파악
- 커뮤니티 활동의 상황 파악

㉯ 베리어프리의 생활권역 규모

- 주변 생활권역에서 녹공간의 베리어프리에 대하여 생각해 보면 하나의 생활권역은

다양한 도보권이 모여 구성됨. 최소의 도보권은 노약자 등의 도보권인 약 300m권이 나 지구공원의 도보권이라고 생각됨

• 생활권역의 규모는 그 최소의 도보권이 모여서 구성되는 초등학교 구역에서 중학교 구역 정도의 규모로서 취급됨

㉰ 주민참가형의 과제파악방법

• 의견을 듣는 방법으로서는 각종 모임 등의 의견교환, 연구회, 앙케이트 방식, 적극적으로 노약자들과의 접촉, 협의회와 접촉 등의 방법이 있음

• 토론회 방식에 의한 과제 파악, 해결방책의 모색 방법도 있음

• 주민의견 듣기를 통한 생활권역에서의 과제 추출, 토론회에 의한 문제해결을 위한 아이디어 추출에 의한 의견 및 사고, 아이디어나 계획을 현상의 파악 · 과제의 정리로서 반영시켜 가는 것이 중요함

② 생활권역에서의 베리어프리화

㉮ 생활권역별로 설정한 베리어프리계획

• 각 생활권역별로 행정과 주민의 의지와 책임을 기초로 하여 정비의 목적 · 테마를 명확하게 설정하는 것임. 지방자치체가 주민과 함께 베리어프리화를 진행시켜가기 위한 인재양성 · 강화가 필요함

• 각 지자체의 생활권역별 정비계획은 지자체지역에서 종합됨과 동시에 상위계획과 정합성을 추구하는 과정에서 지자체의 종합계획에 포함시켜야 함

• 베리어프리의 실시에 관해서는 현재의 다양한 도시정비수법에 적극적으로 실시될 수 있도록 하는 것이 현실적이라고 생각됨

• 이 가운데 복지도시 만들기 조례 등에 의한 실효성을 담보로 하여 보다 고차화를 꾀하고 보조정비사업의 활용 · 창설 등을 이용, 중점적인 정비나 면적 정비 가운데서 선도성에 착안할 필요가 있음

- 면적 베리어프리 정비의 의의

  ‣ 이러한 베리어프리 실시과정에서 면적인 정비의 역할은 크다고 생각됨. 면적인 정비로서는 시가지 재개발, 특정지구제도 등에서의 상업시설 등의 민간시설이나 공공시설 등의 시설군의 정비 및 토지구획정리사업 등의 주택지 등의 정비가 대표적임

  ‣ 주택지의 개발 · 재개발, 복지시설과 녹공간과의 복합적 정비 등의 면적 정비 가운데 베리어프리를 중점적으로 실시해가는 것은 사회적인 합의 형성, 선도적 역할성, 정비의 실효성의 면에서 중요함

㉯ 네트워크계획, 조닝계획, 세부설계

• 네트워크계획에 관한 것으로서는 생활권역에서의 생활편익시설의 배치밀도, 시설의 배치, 그것들을 유기적으로 엮는 네트워크가 검토항목 · 과제가 됨

- 조닝계획에 관한 것으로서는 인도 · 도로 · 공원 등의 각 시설마다의 기능적 · 생활 목적적인 측면의 조닝, 생활편익시설 등이나 인도 · 공원 등의 공공시설간의 관련, 순환로의 패턴이 검토항목 · 과제가 됨
- 세부설계에 관한 것으로서는 각종 시설 · 설비마다의 디테일이나 정비지침이 평가의 검토항목 · 과제로 분류할 수 있음

㉰ 보행 · 이동의 네트워크계획

- 제 시설의 배치 또는 네트워크에서의 베리어프리계획은 주구기간공원, 기타 도시공원, 철도 등의 역 및 역앞 광장, 복지나 레크리에이션 관련의 공공 · 공익시설, 쇼핑이나 레크리에이션 등의 상업시설, 취미모임 등의 이루어지는 집회시설 등, 그 생활권역에서의 주요한 생활편익시설이나 서비스를 연결한 네트워크의 정비이고 주택시설이나 관련되는 생활편익시설이나 서비스 배치계획임
- 생활권에서의 이동행위에 대해서 보면 철도나 자동차의 이용보다도 휠체어나 목발에 의한 이동, 도보에 의한 이동이라는 개인의 힘에 의한 이동의 네트워크가 기본이 됨
  - 네트워크의 베리어프리화
  - 네트워크와 휴식공간
  - 네트워크에 의한 복합화
  - 네트워크와 주택시설
  - 기존 녹공간의 활성화

5) 녹공간의 베리어프리화를 위한 공간별 설계원칙

① 이동공간

㉮ 인도 : 인도의 확폭, 생활편익시설 간의 관계, 가로수에 의한 녹음의 제공, 적당한 간격의 휴식시설, 차도의 횡단 등이 있음

㉯ 보차공존의 도로

- 통과교통이 적은 도로는 커뮤니티 도로로서 계획하는 것이 적합
- 조닝계획 차원에서는 보차분리에 의한 안전확보, 휴식시설 설치, 가로수 식재 등의 정비가 적당함

② 공원 · 녹지

㉮ 진입부분

- 접근성 확보 : 외부공간에서 공원 · 녹지의 진입부분으로 물리적 · 기능적으로 원활한 바닥면의 연속성이 확보되고 단차 등의 장애가 없이 접근할 수 있는 것이 중요
- 이용정보의 제공 : 고령자가 장애인에 대하여 공원 · 녹지의 시설내용, 이용방법, 시설로의 접근 등에 대한 정보 제공이 중요

㉯ 주요한 순환동선

- 공원녹지 안에서 주요한 순환의 베리어프리화가 시도되는 것은 기본임
- 안전성, 인지성 시점에서 주요한 원로를 유도하는 방법으로 포장재료 고려, 걷기 쉽고 쾌적성을 충분히 고려

㉰ 휴식시설(휴게공간, 휴식코너)

- 주요한 순환에는 고령자나 장애인이 휴식할 수 있는 시설 설치가 필요함. 휴식에 필요한 시설로는 벤치 등의 휴식공간, 화장실, 그리고 음수대 등이 있음
- 고령자가 이용할 수 있는 팔걸이가 있는 벤치, 휠체어를 탄 채로 휴식할 수 있는 공간, 지팡이 사용자 등의 사용할 수 있는 설비 등의 설치

㉱ 커뮤니티 양성을 위한 시설

베리어프리의 소프트 면으로 고령자 등이 공원의 이용 · 운영관리에 참여하는 기회를 제공하는 방법으로서 주변 공원 · 녹지의 설계에 고령자 등이 토론회 방식으로 참가하고 설계에 관여하는 방법

㉲ 공원 내의 시설 · 설비로의 접근동선

제2단계의 베리어프리로서 정비를 생각하는 항목으로서는 주요 순환로에서 놀이기구 등의 각 공원 내 시설 · 설비에 접근하는 부분의 베리어프리화 등이 있음

㉳ 각 공원 내 시설 · 설비

휠체어에 탄 사람과 건강인이 함께할 수 있도록 피크닉 테이블, 장애를 갖고 있는 어린이들이 이용할 수 있는 놀이기구의 설치

㉴ 기다 검토 항목

- 공원이나 녹지의 꽃, 화목 등의 식물은 바라보는 사람들에게 계절감을 제공할 뿐만 아니라 시각장애인에게는 향기나 냄새 등의 후각을 통하여 계절감을 제공함, 새들의 지저귐이라는 청각의 자극도 있음
- 후각, 청각 등을 이용한 베리어프리화, 또는 쾌적성의 제공도 배려하여야만 하는 항목임

③ 기타 녹공간

㉮ 자연지

- 자연지에서 고려해야 되는 요소로는 자연환경의 가치, 역사적인 가치, 지형, 사람의 이용 성격 · 빈도 등이 있음
- 자연지 중에서 기능적 베리어프리화를 꾀하는 지역은 접근성이고 그 중에서도 사람의 이용빈도가 높은 시설이 집중되는 지역임
- 조망점 등에서는 접근이 가능하도록 포장된 트레일을 설치하고 휴게소 등에 조망공간 배려 등이 있음

㉯ 선택성의 제공

- 각종 시설은 보통 사람을 대상으로 계획 · 설계되면서 고령자나 장애인이라는 다양한 신체적 기능에 대응하고 어메니티를 즐기는 선택성이 준비되어 있는 것이 중요함
- 원로, 트레일, 산책로라는 자연지에서의 이동을 즐기는 공간에는 지형의 제약을 받으면서 포장상태, 폭, 전길이, 장애물 등의 상태에 대하여 이용자에 대한 선택성을 준비함과 동시에 정보를 제공하는 것이 중요함
- 누구나 비교적 쉽게 이용가능한 트레일, 보조자가 있으면 이용할 수 있는 트레일, 도전적인 트레일, 체력이 있는 건강인을 위한 트레일이라는 선택성이 필요함

㉰ 자연환경의 가치와 베리어프리

사람들이 보다 귀중하다고 생각하는 자연환경이나 역사적인 가치를 파괴하면서까지 베리어프리화를 꾀할 필요는 없음. 중요한 것은 가능한 조건 가운데에서 고령자 등에 대하여 선택성을 세밀하게 제공하는 것이고, 또는 물리적인 베리어프리가 아니라 보조 등의 방법에 의한 베리어프리화를 고려하는 것임

㉱ 클라인 가르텐

- 주민 속에 존재한 녹의 제도로서 거기에서는 가족이나 친구들이 모여서 이야기를 한다든지 농업 · 원예를 통한 커뮤니티를 형성
- 클라인 가르텐이란 '작은 정원'이라는 의미로 독일의 시민농원을 말함. 산업혁명 때에는 공장노동자의 구제에, 도시성장 때에는 주택의 거주환경이나 공원의 부족에 고민한 도시주민을 위하여, 전시 및 전후에는 식량자급을 위하여 활용되었음
- 현대에는 도시주민의 휴식의 장, 아름다운 농촌경관의 유지, 사람들과의 접촉 등 자연회귀, 마음을 의지하는 곳으로서의 역할을 하고 있음
- 휴식을 하는 클럽하우스, 낮은 울타리로 구획된 300~500m^{2}의 분구, 원지, 도구를 넣어두는 장소나 휴식소가 되는 라우베라고 불리는 창고 등의 시설로 구성되어 있음
- 이러한 형태는 고령자에게 있어서는 친근해지기 쉽기 때문에 농업이나 원예분야의 활동을 하는 고령자들의 수요는 높음
- 고령자가 여러 세대와 교감하는 장소로서 어린이들의 농업이나 임업 체험의 장소로서 도시에 사는 고령자를 포함한 사람들의 휴양 · 레크리에이션 장소로서, 그리고 지역의 농업 · 임업 생산물의 공급장소로서 클라인 가르텐이 기대되고 있음
- 시민농원 등에 농산물 판매를 위한 상설시설을 설치하고 고령자 등이 만든 야채 등의 농작물을 판매함으로써 생산자인 고령자 등이 실질적인 소득을 얻을 수 있도록 하는 것도 가능함
- 이러한 독일의 클라인 가르텐의 발상은 '그라운드 웍' 방식으로 시도하고 있음. 주민에 의한 동료나 그룹이 행정이나 농지 · 임지 등의 토지소유자나 단체와 공동으로 클라인 가르텐을 만들어내는 방법으로서 동기를 행정 등에서 유도하는 것도 중요함

- 이러한 장소에서 고령자 등의 이동에 필요한 베리어프리화된 접근이 확보되고 휠체어를 탄 채로 즐기면서 원예나 농작업이 가능하고 꽃의 향기 등을 즐길 수 있도록 전체의 조닝계획의 주의를 기울여야 함

참고

■ 그라운드 웍(groundwork)방식

- 행정 · 기업 · 주민의 3자가 연대하여 도시와 그 주변의 환경개선 등을 목적으로 행하는 활동
- 사업단을 설립하여 국내각지에 거점을 만들고 공장이적지의 재생 · 하천의 환경정비 · 환경교육 등의 활동을 전개하고 있음
- 트러스트 전문가가 주민의 희망을 포함하면서 환경개선의 설계를 하고 주민의 자발적 활동에 의하여 정비를 함
- 재원은 중앙관청, 지방자치제, 기업 등의 기부금 등으로 충당하고 있음. 1985년 영국에서 시작된 활동이지만 민유지인 공장이적지나 미이용지를 빌리거나 구입하여 녹화하는 등 행정과 다른 민유지를 대상으로 하기 쉬운 이점이 있음

3 조경설계분야

1. 골프장 설계

1) 개요

① 골프장의 구성요소

㉮ 골프코스는 일반적으로 길이가 서로 다른 18홀로 구성됨(아웃코스인 1번부터 9번 홀과 인코스인 10번부터 18번 홀로 구성)

㉯ 한 홀은 티그라운드, 페어웨이, 러프, 해저드, 그린

㉰ 각 홀은 다양한 환경과 길이를 가지고 있는데 보통 Par5, Par4, Par3로 정해진 18개 홀을 가지고 파72를 기본으로 함

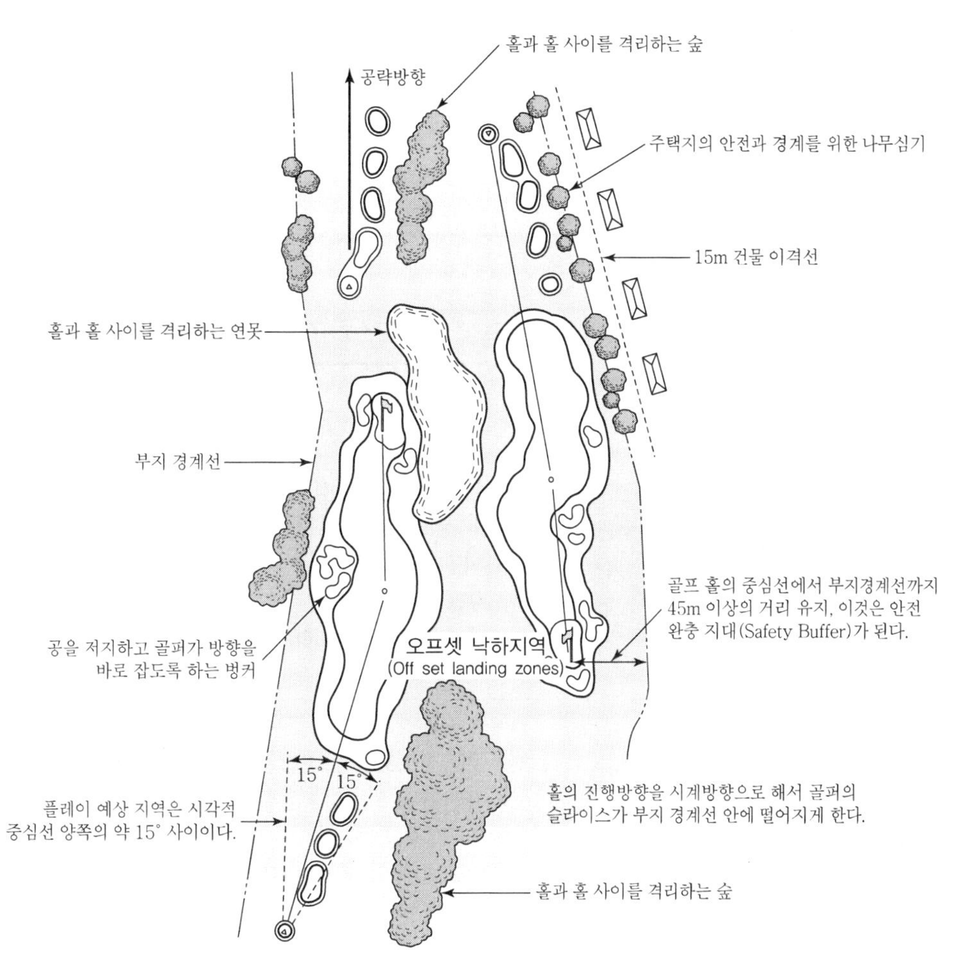

▌골프장설계 기본개념도▐

② 골프 플레이의 이해

㉮ 골프코스는 일반적으로 18홀을 기준으로 하는데 각각의 홀은 Par5홀 4개, Par4홀 10개, Par3홀이 4개로 구성

㉯ 각 홀을 기준타수인 Par라 하는데 Par5×4홀 = 20타, Par4×10홀 = 40타, Par3×4홀 = 12타로 18홀 1라운드의 총 타수는 Par72가 되고 18홀 길이는 약 7,000야드 내외가 기본

㉰ 골프에는 다양한 경기방식이 있지만 볼을 치는 횟수를 적게 하여 홀 컵에 넣는 선수가 승리하는 게임

2) 골프장 조성계획

① 부지 선정 및 조사

㉮ 골프장 개발에 따른 인허가 과정

- 골프장 개발을 위해서는 필수적으로 인허가 검토과정이 있어야 하고 적합한 입지요건을 갖추었다면 허가를 득해야 원하는 골프장을 조성할 수 있음
- 개발에 따른 인허가 기간은 부지의 여건에 따라 차이가 날 수 있으나 1년 6개월에서 3년 정도가 소요됨

㉯ 골프장 개발 관련 법규 검토

다음과 같은 입지조건에 따른 법적인 규제사항이 충족되지 못하면 골프장 입지로서 타당하지 않다고 판단되므로 사업의 초기 타당성 검토에 가장 필수적인 사항임

골프장 개발관련 법규

법	항목	제한내용
골프장 입지기준 및 환경보전규정	상수원 보호구역	• 광역상수원 보호구역 상류방향 : 유하거리 20km • 일반상수원 보호구역 상류방향 : 유하거리 10km
	임야면적 기준	• 총 골프장면적이 총임야면적의 5%를 초과하는 경우 • 회원제 골프장은 총골프장 면적이 총임야면적의 3%(제주도4%)를 초과하지 않는 경우 허가가능 • 대중골프장은 5%까지 허가가능(실제 5%를 넘어도 허용하는 실정)
국토계획 및 이용에 관한 법률	개발진흥지구/지구단위 계획구역지정	• 자연환경 보전지 • 문화재보호법에 의한 문화재 및 문화재보호구역 • 자연환경보전법에 의한 자연생태계 보전지역 • 도로법에 의한 접도구역 • 수도법에 의한 상수원보호구역 • 산림법에 의한 보안림 및 천연보호림
산림법	편입금지	• 보안림, 채종림, 시험림, 천연보호림

	산림	• 천연기념물로 지정된 산림과 형질변경이 금지 또는 제한되고 있는 산림
	산림편입허용기준(보존임지 전용협의기준)	• 요존 국유림 • 불요존 국유림과 공유림 편입비율이 총면적의 20% 이내 또는 20ha 이내 • 조림성공지가 회원제 및 정규대중골프장은 전체임야면적의 20% 이하
환경영향평가법	전략환경영향평가	• 과도한 지형변화로 인한 경관 훼손의 우려가 있는지를 검토 • 사업계획 부지면적 중 경사도 20도 이상인 지역의 면적이 50% 이상 포함 여부 • 양호한 생태자연도를 나타내는 권역을 포함 여부 • 생태자연도 1등급권역이 부지면적의 10% 이상 포함되지 아니하도록 하고, 생태자연도 1등급권역 등 자연환경이 양호한 지역은 원형보전을 원칙으로 함 • 사업계획부지 내에 멸종위기 야생생물이 서식하고 있는 지역은 제외 • 하천, 호수의 수변지역 훼손으로 인한 동 지역의 환경적 기능상실 여부를 검토

② 부지여건에 따른 현황분석

입지여건에 따른 법적 검토에서 문제가 없으면 경사도, 표고, 향, 주변환경 등 다양한 조건의 현황분석을 통해 가장 적합한 설계가 되도록 함

③ 계획설계안 검토

㉮ 대안 검토 및 최종안 선정 : 인허가 및 현황조건 등을 고려한 대안을 작성하고 최종안을 계획

㉯ 예상 투자비 : 18홀 기준의 총투자비로 토지매입비, 공사비, 사업추진비, 금융비 등이 포함됨

3) 골프코스 레이아웃

① 골프코스의 요건 및 기준

㉮ 골프코스의 요건

골프코스는 크게 3가지의 기능이 만족되어야 하는데, 경기적인 측면, 미적인 측면, 경제적인 측면의 기능이 만족되어야 함

• 경기적인 측면 : 즐겁고 재미있는 경기가 되고 모든 골퍼들의 기량이 발휘될 수 있

어야 함. 따라서 장애물이 많은 벌타형의 홀보다 기술과 두뇌 플레이가 가능한 전략형의 홀을 위주로 하며 초보자로부터 프로까지 다같이 즐길 수 있도록 설계되어야 함

- 미적 측면 : 코스 자체의 조형미와 주변경관과의 조화를 이루어 자연적인 경관미를 갖게 하여 스코어와는 별도로 골퍼들에게 코스의 아름다움이 오래 기억되도록 함
- 경제적인 측면 : 아무리 훌륭한 코스를 설계하였더라도 이에 부응하는 코스 건설과 관리가 따르지 못하면 제 기능을 발휘하지 못하므로 합리적이면서 경제적인 설계가 되도록 함

㉯ 골프코스 설계의 기본기준

- 안전성(Safety) : 골프채 및 골프공에 의한 플레이어 및 관리자의 안전성을 확보하는 설계를 함
- 융통성(Flexibility) : 모든 수준의 골프를 수용할 수 있도록 각 홀마다 코스 길이에 변화를 주는 설계를 함
- 샷 밸류(Shot Value) : 주어진 샷에 대한 거리, 목표지역, 공이 놓인 조건에 따라 허용될 수 있는 실수의 범위를 나타냄. 샷 밸류는 샷의 거리, 목표지역의 크기, 해저드의 위험 정도 및 샷을 할 지점에 따라 달라지므로 다양한 샷 밸류가 나올 수 있는 설계를 함
- 공정성(Fairness) : 다양한 위험과 보상이 가능한 해저드의 적절한 배치로 플레이어가 선택할 어프로치가 다양해질 수 있는 설계를 함
- 진행과 흐름(Flow) : 각 홀의 플레이 흐름이 원활하게 진행되도록 하여 18홀 라운드를 마치는 데 걸리는 시간이 4시간 이내가 될 수 있도록 코스를 설계함. 라운드 시간이 길어지면 집중력 저하로 플레이의 질이 떨어지고 라운드의 즐거움도 줄어듦
- 균형(Balance) : 18홀의 인코스와 아웃코스가 파 수, 샷 밸류 및 골프코스 길이 등이 균형 있게 배분되어 플레이의 난이도가 균형을 이루도록 함
- 관리비용(Maintenance cost) : 유지관리비용은 골프코스를 어떻게 설계하느냐에 따라 좌우되므로 유지관리가 편리할 수 있도록 경제적이고 합리적인 코스를 설계함
- 공사계획(Construction Planning) : 자연지형과 지물을 최대한 활용하여 공사비와 시간이 단축될 수 있도록 설계함
- 대회 유치에 관련된 기준(Tournament Quality) : 대회 개최를 위한 코스의 길이는 남성대회인 경우 약 6,800yd 이상, 여성대회인 경우 6,000yd 이상이어야 함. 갤러리를 위한 배려로 관람석 설치, 주차장, 이동통로, 화장실, 음식점, 응급실, 전화, 고객안전시설 등을 고려하여 설계함

② 구성요소별 계획

㉮ 그린(Green)

- 그린은 골프코스의 구성에 있어 가장 중요한 위치를 차지하는데 경기의 50% 이상이 그린에서 이루어지기 때문임. 그린은 홀과 일정의 면적(보통 600~800m^2)을 가지고 있으며, 에이프런(Apron), 그린에지(Green edge), 그린칼라(Green Collar)로 구성되어 있음
- 그린은 원그린으로 조성하고, 모양은 부정형으로 각 홀마다 변화를 주도록 계획함. 그린의 구배는 페어웨이 쪽에서 잘 보일 수 있도록 5% 정도의 구배로 계획하고 배수를 고려하여 설계함
- 그린면은 페어웨이 면보다 약 50cm 정도 높게 하여 배수 및 통풍이 원활하도록 계획하며 그린 공략의 묘미도 가미하여 설계함

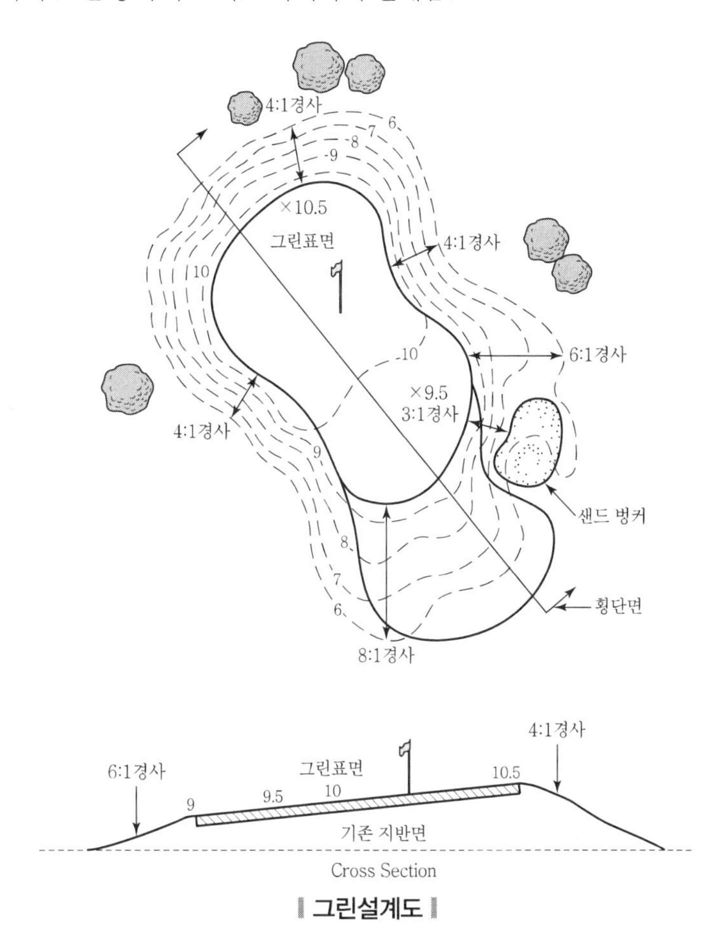

▌그린설계도▐

USGA의 그린 방식

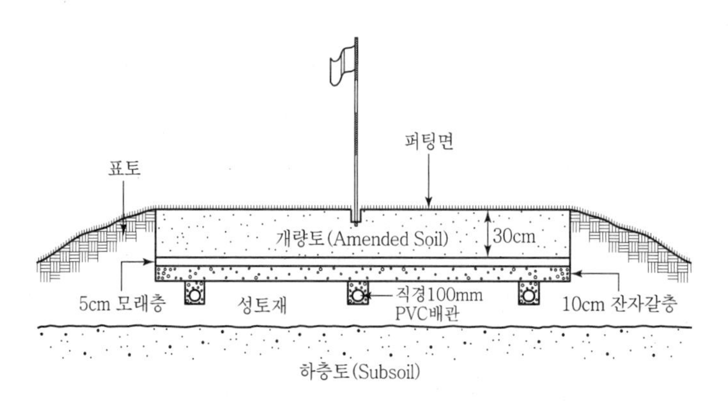

캘리포니아 그린 방식

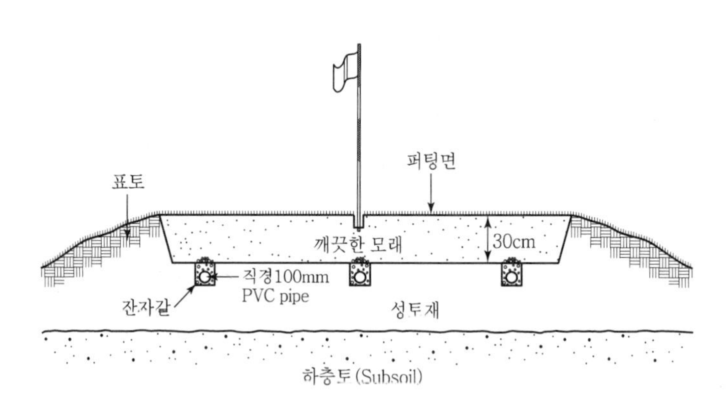

표토 그린 방식

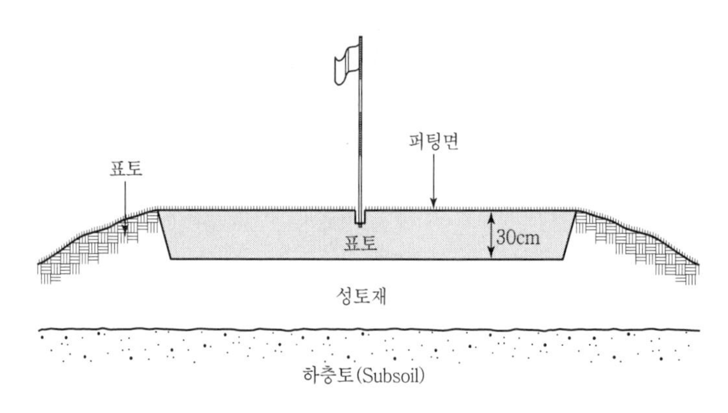

㉯ 티잉 그라운드(Teeing ground)

- 우리가 흔히 티라고 부르는 것은 티잉 그라운드의 줄임말로 홀의 처음 샷을 해서 출발하는 곳으로 티는 주변보다 약간 높으며 사각형 또는 원형 모양임

- 티는 그린과의 떨어진 거리 차이에 따라 챔피언 티, 레귤러 티, 프런트 티 등으로 구분됨. 4~5개의 티를 지형적 조건과 경기자가 자기 기량에 맞게 티샷의 위치를 정할 수 있도록 거리조건에 맞게 배치함. 모양과 형상은 주변지형과 조화되도록 부정형, 장방형의 타원으로 계획함
- 동선이 한 방향으로 집중됨에 따른 답압 피해 등을 줄일 수 있도록 기능별, 형태별 크기, 면적 등을 적절히 조정하여 설계함
- 면적은 350~800m²(평균 500m²) 범위 내에서 적절히 기능별, 형태별로 조성함. 티의 구배는 원활한 배수를 목적으로 종구배를 1~1.5%, 횡구배는 수평으로 계획함

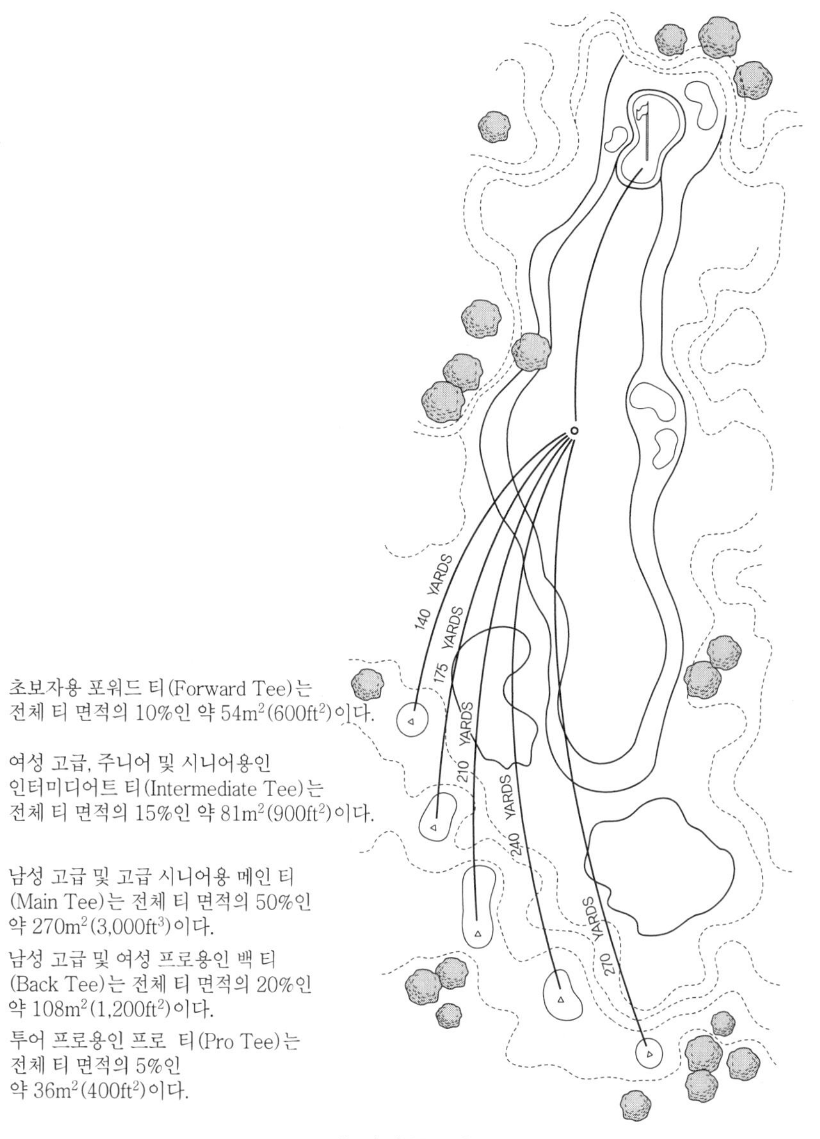

‖ 티의 종류 ‖

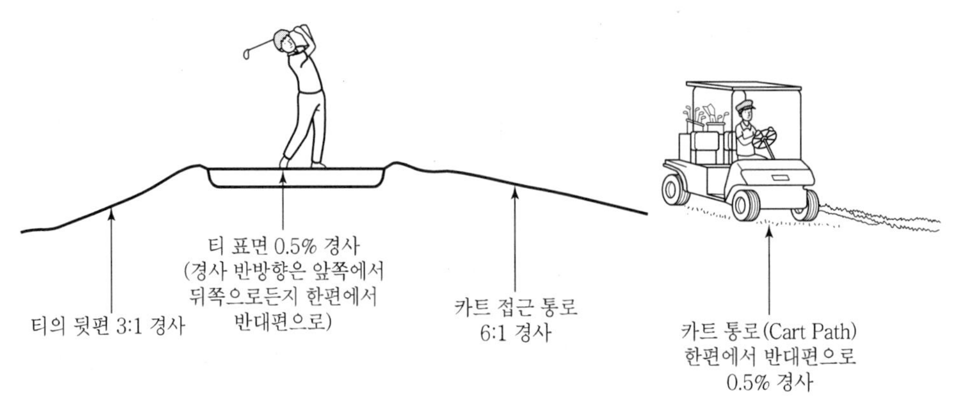

| 티의 경사에 관한 지침 |

㉰ 벙커(Bunker)

- 벙커는 골프코스 구성요소에서 해저드 중 하나이며, 보통 모래로 이루어져 있는데 잔디나 풀로 덮인 잔디벙커도 있음. 일반적인 의미의 벙커란 모래로 이루어져 있는 해저드라고 할 수 있음
- 벙커는 배치된 위치에 따라 페어웨이 벙커, 어프로치 벙커, 그린사이드 벙커 등으로 나눌 수 있음. 벙커의 설치목적은 전략성, 보존성, 안전성, 방향성, 심미성 등에 따라 설치됨
- 전략적 측면과 미적인 측면을 고려한 해저드로서의 벙커를 설계함. 벙커의 위치에 따라 형태 및 기능을 고려하여 설계함. 벙커의 조성은 마운드와 함께 주변시설과 조화되도록 계획하며, 외부의 우수가 유입되지 않도록 벙커 둘레를 높게 조성함

㉱ 페어웨이 및 러프(Fairway & Rough)

- 페어웨이는 티에서 그린 사이의 잔디를 1.5~2cm 정도로 짧게 깎은 지역을 말하며, 잔디의 밀도가 매우 높은데 이는 티잉 그라운드에서 정상적으로 샷을 했을 때 낙하되어 제2타, 제3타를 하는 데 있어 원활하게 플레이할 수 있도록 하기 위해서임
- 러프는 페어웨이 바깥 쪽에 있는 비관리지역으로 페어웨이보다 긴 잔디, 잡초, 관목, 수림 등으로 이루어져 올바르지 못한 샷을 유도하여 다음 타구를 어렵게 만드는 지역임
- 페어웨이는 배수를 위한 할로우와 시각적인 효과를 주는 마운딩을 적절히 조성하여 플레이에 문제가 없도록 하고 자연지형 및 수목과 조화되도록 함. 페어웨이의 조형선형은 부드러운 곡선처리가 되도록 하여 배수를 위한 적절한 구배가 이루어지도록 함

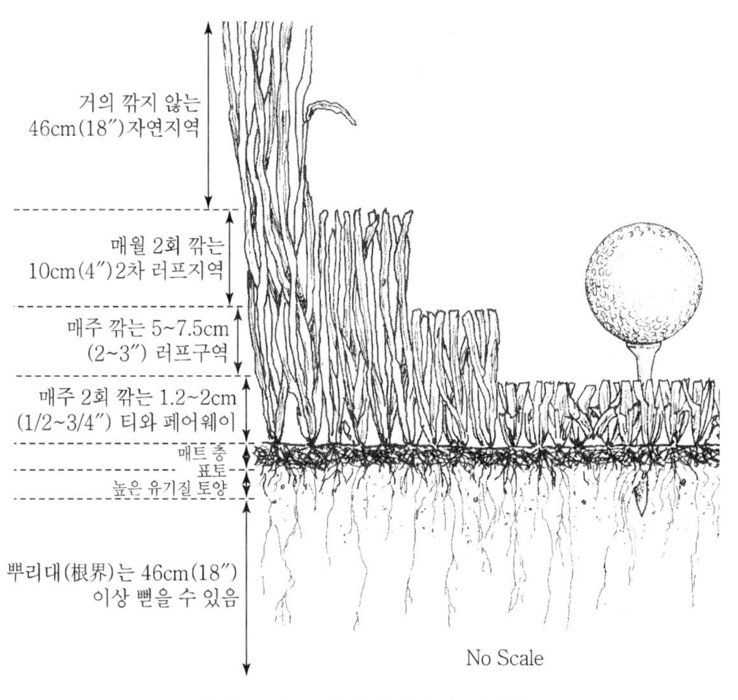

‖ 골프장 구역별 잔디길이 관리 ‖

㉮ 워터 해저드(Water Hazard)

- 골프코스에 있어 워터 해저드는 경관형성의 미적 측면과 전략적인 측면에서 중요한 구성요소이며, 플레이어를 감동시키기도 하며, 수질정화, 수원제공 등의 기능을 가지고 있음
- 워터 해저드의 종류는 인공연못, 유수지, 조정지, 자연연못 등이 있으며 바다, 호수, 늪, 계류 등도 이에 속함. 홀에 병행되어 있는 래터럴 워터 해저드(Lateral water hazard)와, 비가 온다거나 물이 고이면 웅덩이 형태로 되는 해저드도 있음. 코스에서 언제나 물이 없어도 워터해저드로 지정된 곳은 해저드의 기능에는 변함이 없음

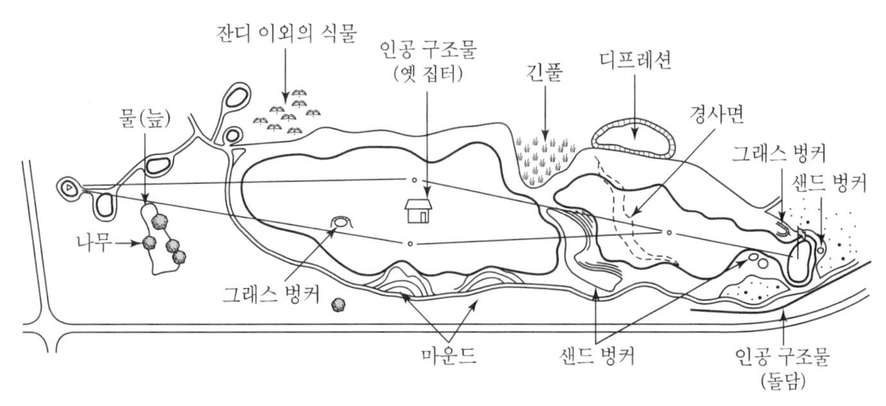

‖ 해저드의 종류 ‖

③ 식재계획

㉮ 개요

- 일반적으로 골퍼들은 나무를 해저드로 생각하는 경향이 있는데, 나무는 시각적이고 청각적인 방어막이 되고, 미적 가치를 부여하고, 동물의 서식지를 보호하고, 실수한 샷을 막아주는 등의 다양한 기능을 가짐. 나무는 적당한 샷 라인을 지시하거나 거리 계산을 도와주는 등 골퍼에게 긍정적 기능도 부여함. 하지만 골퍼가 피하고 싶은 지역이 되므로 해저드와 비슷하다고 할 수 있겠음
- 수목을 위주로 한 종래의 차폐식, 정원식, 수목원식의 조경에서 탈피하여 골프코스의 고유한 개성이 부각되고, 새로운 개념의 자연스러운 환경친화적 코스 경관을 조성함

㉯ 유형별 식재계획

구분	적용부위	사용수목	식재기법
독립수 경관 식재	• 자연림 수림지 인접부 보완식재 • 페어웨이 주변방향 및 거리인 지목으로 요점식재 티 주변 그늘목 기능	수형이 아름다운 대교목(느티나무, 참나무, 소나무, 벚나무, 단풍나무 등)	단독식재, 2~3주 조합식재
자연수림대 조성 식재	기존 수림지 연장, 홀의 구분, 진입도로변	부정형적 형태, 다간형 수목, 인접수림과 유사수종(소나무, 참나무 등 기존 수목의 수종)	• 여러 가지 규격, 다양한 수종의 군식, 야생관목류의 저밀도 하부식생 • 가장자리 키 큰 초본류 군락 조성
초지 및 관목 수림대 조성 식재	코스 외곽지, 성토사면, 플레이외 지역에 조성(티주변, 티와 페어웨이 사이)	• 초지 - 억새, 띠풀, 수크령 - SF파종, 포기식재 • 관목 - 싸리, 개쉬땅나무, 조팝나무, 불두화 등	• 교목류를 배제하고 단수수종으로 넓게 조성 • 지형미와 조화 도모

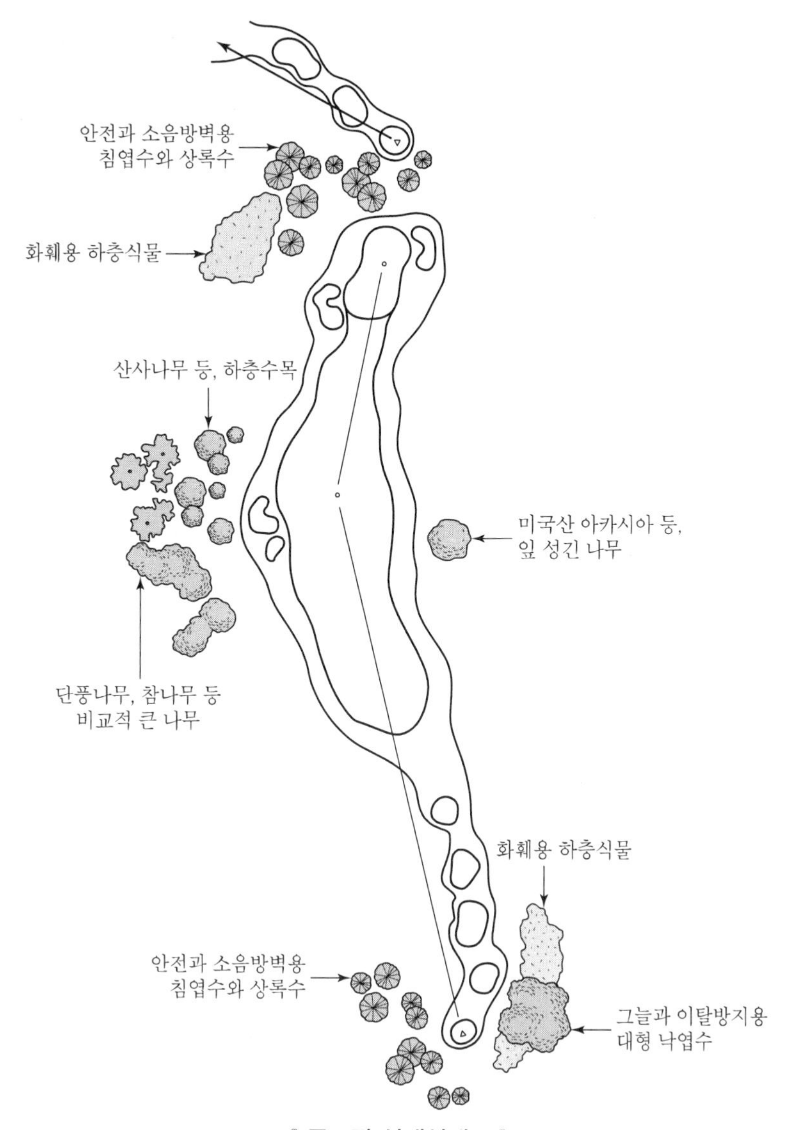

‖ 골프장 식재설계도 ‖

④ 친환경적인 계획

㉮ 지형변화와 최소화 및 표토 활용

- 원지형의 변화를 최소화할 수 있는 설계와 공사를 통해 과도한 토공량의 이동이나 절토고, 성토고의 높이가 최소화되도록 하여 사면의 안정에 문제가 없도록 함
- 공사 시 우수한 양질토인 표토를 최대한 확보하여 잔디와 수목의 생육환경을 최상으로 만들어 주도록 함

㉯ 완충녹지 조성과 자생수목 활용

- 골프코스 조성으로 인해 훼손되는 지역과 원형 보존녹지 사이의 공간에 원지형 변화는 없으나 조성녹지와 원형 보존녹지를 연결하는 지역에 완충역할과 사면안정을

담당하는 완충녹지를 조성토록 하여 공사 시 자연환경에 미치는 영향을 최소화하도록 함

- 사업부지 내 훼손수목을 최대한 활용하여 자생수종 및 지역생태계에 부합되도록 하여 녹지의 생성 및 식물상의 복원을 유도함

㉰ 생태축 연결

개발시 최대한 주능선의 축은 보존하여 생태계가 단절되지 않도록 하며, 부득이 훼손이 필요할 경우에는 생태통로의 개념이 도입된 터널을 조성하여 생태축의 흐름이 단절되지 않고 연결되도록 함

㉱ 생태 습지

- 오염물 저감시설이 도입된 생태형 저류지를 조성하고 수생식물 서식공간을 충분히 확보하여 수질정화뿐만 아니라 생물서식처 기능을 도모할 수 있도록 조성함
- 갈대, 고랭이, 꽃창포 등을 식재함으로써 수변공간을 확보하고 지구 내외의 생태통로 역할과 생태적 거점화가 이루어지도록 함

㉲ 자연형 하천복원

- 사업지구 내의 상류와 하류의 수계 연결성을 확보하기 위해 비오톱을 조성하고 각 계류의 특성에 맞게 자연형 하천복원공법을 도입하여 다양한 육상 및 육수공간의 창출이 발생하게 함
- 식물의 종 다양성의 상승효과와 연계하여 어류, 양서류, 파충류 및 곤충류의 산란과 서식공간을 확보할 수 있도록 함

2. 도로조경설계

1) 도로의 개념, 유형 및 구성요소

① 도로의 개념

㉮ 도로는 도시의 형태를 결정하는 틀이 되기도 하며 작게는 단지나 부지의 골격을 형성하는 주요한 요소로서 그 자체로서 강력한 형태와 체계를 형성하게 됨

㉯ 따라서 도로와 도로조경요소들은 상호 간 유기적으로 체계화되어야 하며, 토지나 건물과 긴밀한 관계를 가질 수 있어야 함

㉰ 특히 오늘날과 같이 환경친화적인 사고가 중시되는 상황에서는 자연환경에 적합한 계획을 하도록 노력해야 할 것임

② 도로의 유형

㉮ 법규상으로 도로법에서는 고속국도, 일반국도, 국가지원지방도, 특별시도(광역시도), 지방도, 시도, 군도, 구도로 구분함

㉯ 국토 및 도시계획에 관한 법률에서는 도시계획시설로서 도로를 사용목적 및 형태에 따라 일반도로, 자동차전용도로, 보행자전용도로, 자전거전용도로, 고속도로, 고가도로, 지하도로로 구분함

㉰ 도로의 규모에 따라 광로, 대로, 중로, 소로로 구분함

㉱ 도로의 기능에 따라 주간선도로, 보조간선도로, 집산도로, 국지도로, 도시고속도로, 특수도로 등으로 구분함

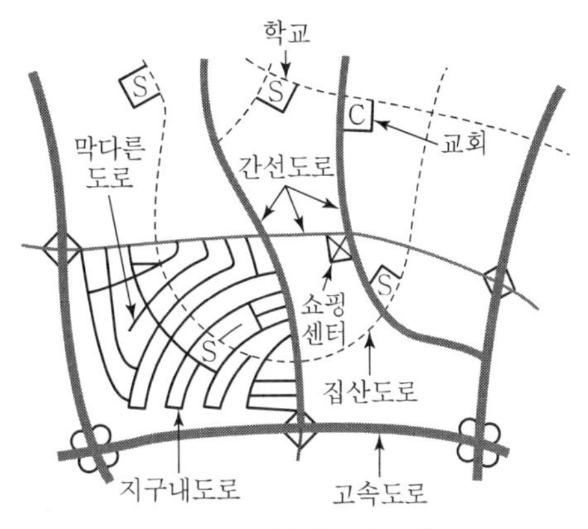

‖ 골프장 식재설계도 ‖

- 간선도로
  - 간선도로는 도시 내 한 곳에서 다른 곳으로 장거리 이동교통을 대량 수송하는 중요한 역할을 수행하고 아울러 주변의 토지나 건물에서의 활동이 가능하도록 제한적으로 차량을 출입하게 하며, 노상주차가 허용되지 않음
  - 간선도로는 대규모의 선적인 개방된 공간을 제공함으로써 도시 오픈스페이스로서의 주요한 기능을 수행하며, 도시경관의 질을 좌우하는 주요한 도로임
  - 그러나 때로는 전선 및 전봇대, 상업광고, 불량한 건축물로 인하여 가로경관이 크게 저하되기도 함
- 집산도로 : 국지도로로부터 발생되는 교통을 모아서 간선도로로 연결하는 기능을 가지며, 도로구획은 교통량이 국지도로의 허용교통밀도를 초과하기 전에 국지도로에서 발생하는 교통을 흡수할 수 있는 정도의 간격을 유지하는 것이 좋음
- 국지도로
  - 이 도로의 주된 기능은 이에 면한 토지 또는 건물 내에서 일어나는 제반활동이 가능하도록 사람 또는 차량의 출입을 원활하게 하며, 통과교통을 허용해서는 안 됨
  - 근린주구를 형성하게 하는 도로로서 보행자와 자전거의 통행과 안전을 위해 차량의 주행속도를 제한할 수 있음

③ 도로의 구성요소

㉮ 도로는 차량 및 자전거와 보행자가 통과하는 데 필요한 공간과 이에 부속되어 있는 각종 시설에 의해 구성됨

㉯ 여기에는 차도, 자전거도, 보도, 길어깨, 분리대, 노상시설대, 배수시설, 차음시설, 조명시설, 가로수 등 다양한 시설이 포함됨

㉰ 이러한 요소에 의해 만들어지는 도로의 횡단면은 도로의 위치나 도로의 구성요소에 따라 다양하며, 대표적인 단면을 제시하면 다음과 같음

- 차도 : 차도의 차선은 자동차가 각각 정해진 설계속도로 안전하게 통행할 수 있는 조건에서 최소폭을 정하고 있으며, 설계기준 차량의 폭에 좌우 안전폭 25~50cm를 적용하여 1차선의 폭원은 3.0~3.75m를 기준으로 하며, 설계속도가 커짐에 따라 증가하게 됨
- 보도
  - 우리나라에서는 시가지의 간선도로에서는 원칙적으로 보도를 설치하도록 되어 있음. 그 폭원은 도로의 종류나 노상시설, 보행량에 따라 달라지게 됨
  - 도로의 구조 · 시설기준에 관한 규정에서는 도로의 종류별로 보도의 최소폭을 규정하고 있는데 지방지역의 도로의 보도 1.5m, 도시지역 주간선도로 및 보조간선도로 3.0m, 집산도로 2.25m, 국지도로 1.5m임. 보도에 노상시설을 설치할 경우에는 0.5m, 가로수를 식재할 경우 1.5m를 가산하여야 함
- 길어깨
  - 길어깨는 도로의 주요구조부의 보호, 고장차의 대피, 긴급구난 시 비상도로로 활용, 사람의 대피, 제설작업, 교통안전 등을 위하여 도로의 차도에 접속하여 차도의 우측에 설치함
  - 도로교통법에서는 길어깨를 '갓길'이라고도 함. 길어깨의 폭은 설계속도와 도로의 구분에 따라 달라지며, 지형상 부득이한 경우에는 0.75m 이상으로 하되 교량, 터널, 고가도로, 지하차도에서는 0.5m 이상으로 할 수도 있음
- 중앙분리대
  - 운전의 안전성을 높이고 혼잡을 방지하기 위하여 교통차량을 종류별 또는 방향별로 분리하고 야간에 전조등의 불빛을 차광할 수 있는 역할과 도로표지를 위해 설치한 띠 모양의 시설임
  - 중앙분리대는 4차선 이상의 자동차전용도로나 설계속도가 높은 도로에 필요하며, 우리나라에서는 차도 폭원 14.0m 이상일 때 설치할 수 있음
  - 분리대는 폭이 넓으면 녹지를 조성하고 도로경관을 개선할 수 있으며, 운전의 안전성을 높일 수 있으나 우리나라와 같이 도로용지 취득이 어렵고 용지 보상비가 클 경우 폭을 넓히기가 쉽지 않으므로 폭을 좁게 하고 인공적으로 만든 콘크리트

방호벽이나 철재 가드레일을 자주 사용하고 있음

2) 도로 및 동선계획

① 계획 시 고려사항

도로계획의 초기단계에서는 교통수요와 장래 교통량 등 거시적인 지표와 수요를 반영해야 하지만, 실제적인 계획과정에서는 자연환경, 도로경관, 기술적 조건, 운전자 특성 및 차량의 특성을 고려해야 함

㉮ 자연환경

- 도로계획과 관련시켜 볼 때 자연환경은 도로의 형태를 결정짓는 주요한 고려사항임. 도로가 설치될 지역의 지형, 지질, 수문, 기후, 생태적 요소는 도로설계에 많은 영향을 주게 됨
- 지형은 도로의 물리적인 특성을 결정하는 노선설정, 경사도, 시거, 단면 등의 설계요소들에 영향을 주는 주요한 요소임. 지질상태도 도로의 위치와 형태에 영향을 주게 됨. 바람, 서리, 안개, 눈, 햇빛 등 기후요소는 운전자의 운전조건이나 도로조건을 변화시키는 주요한 가변적인 요인임
- 자연환경의 보전대상으로 중요하게 인식되는 생태계보전지역, 자연공원, 문화재보호구역, 천연보호림 등 법률에 입각하여 지정된 지역의 동식물의 종이나 군락을 보호하기 위하여 도로는 해당 지역을 우회하도록 하고 자연환경에 피해가 없도록 해야 함

㉯ 도로경관

- 도로계획에 있어 경관은 조심스럽게 다루어야 하는 요소임. 도로경관은 차도뿐만 아니라 도로를 구성하는 전봇대, 가로시설, 주변건물 등 인공시설과 도로 주변의 경관요소에 의해 형성됨
- 도로경관을 고려함에 있어 쾌적성, 시각적 경험의 다양성, 시계의 연속성이 확보되도록 해야 함
- 쾌적성을 높이기 위해서 도로는 시계가 개방되어야 하고 명확해야 하며, 시각적 경험의 다양성을 제공하기 위해서는 특징적인 시계를 연출하기 위한 요소를 도입하고 자연경관을 다양하게 연출하며, 가로조명을 통한 경관의 다양성을 확보할 수 있음
- 시계의 연속성은 교통의 안전성과도 연계되는 것이며, 갑작스런 경관의 변화로 인한 운전자의 시각교란을 줄여 안전하고 편안한 시계를 유지할 수 있도록 해야 함

㉰ 기술적 조건

- 도로계획을 위해서는 앞에서 언급된 자연환경, 도로경관 등 다양한 요인을 고려해야 하지만 실제적인 계획행위는 주로 도로계획을 위한 기술적 조건에 관심을 가지게 됨

- 도로계획시 기술적 관점에서 적용해야 할 일반원칙은 다음과 같음
  - 노선은 가급적 가장 완만한 경사를 이루도록 함
  - 도로평면선형은 직선으로 하며, 불가피할 경우, 곡선부반경을 가능한 한 최대로 함
  - 지하수가 높을 때 발생하는 연약지반이나 도로훼손을 방지하기 위한 대책을 강구함
  - 작업의 효율성과 경제성을 높이기 위하여 성토와 절토의 균형을 이루도록 함
  - 철도 · 보행로 등 다른 교통수단과의 교차점에 유의하여 안전성을 높이도록 함
  - 교량은 하천과 직각이 되도록 설치함

② 운전자의 특성

㉮ 운전자의 연령 · 성 · 습관 · 물체를 보고 판단하는 능력, 건강상태에 따라 운전능력이 달라짐

㉯ 통상 운전자는 자동차 운행 중 눈과 귀로 받아들이는 교통신호, 도로표시 등 여러 정보에 입각하여 판단하고 반응하게 됨. 인간이 자극을 통하여 반응하기까지는 일정한 시간이 경과하게 되며 이것을 반응시간이라고 하는데, 개인에 따라서 다르다. 또한 동일한 사람의 경우라도 피로정도, 개인의 육체적 · 정신적 조건에 따라 차이가 있다.

3) 도로조경의 개념 및 목적

① 개념 : 협의로 보면 도로 자체에 대한 경관을 시각적으로 조성하는 일이지만 광의로 보면 도로 주변에 대한 경관을 조성하는 일도 포함됨

② 목적

㉮ 도로의 주기능인 교통의 원활한 소통 및 주변 토지이용과의 조화, 도로건설로 인한 자연훼손 및 생활환경의 피해를 최소화하고, 운전자들에게 만족스러운 시각적 경험을 제공하여 안전하고 쾌적하게 운전할 수 있도록 하며, 시각적 코리더를 확보하고 아름다운 지역경관을 연출할 수 있도록 하기 위한 것

㉯ 특히 조경가의 입장에서는 도로의 개설로 인한 자연환경과 생활환경의 피해를 최소화하고 훌륭한 도로경관을 연출하는 데 많은 노력을 기울여야 함

4) 도로조경 설계과정

① 개요

㉮ 도로조경설계는 토목에서 도로의 노선을 선정하는 과정에서부터 실시설계에 이르는 계획과정과 밀접한 관계가 있음. 도로설계는 현황조사분석을 통해 도로가용지를 파악한 후 가능한 노선을 제시함으로써 구체화됨

㉯ 그러나 구체화에 이르는 단계까지 조경가가 공동으로 참여하여 자연환경의 변화를 예측하고 보호하고 문화유적을 보호하며, 경관계획을 함으로써 노선선정에 중요한 역할을 하게 됨

㉰ 도로조경설계는 가능노선의 제시 → 조경 세부기초조사 → 조경 기본계획 수립 → 조경 실시설계 작성 → 시공 → 유지관리의 과정을 거치는 것이 일반적임

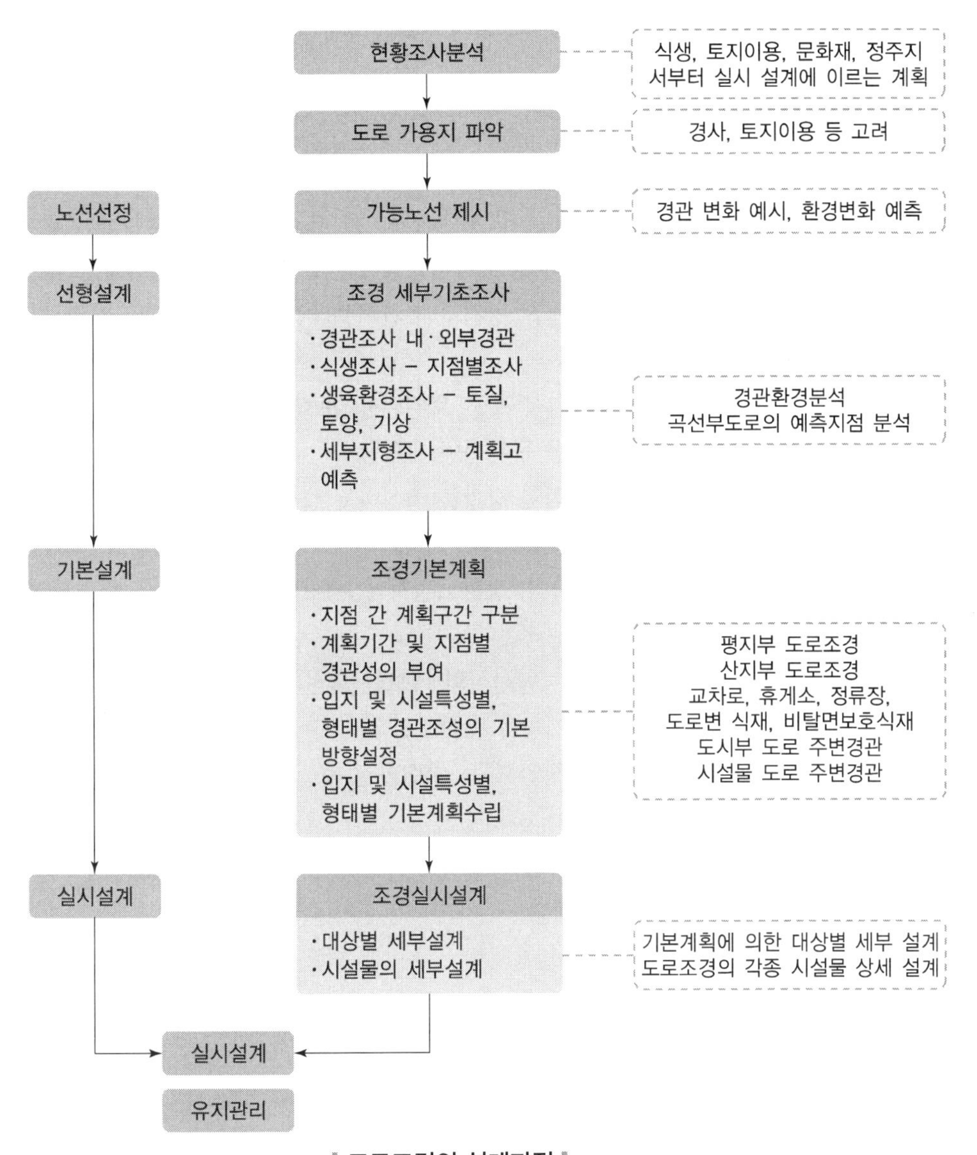

‖ 도로조경의 설계과정 ‖

- 기본계획에서는 평지부, 산지부, 곡선부, 직선부 등의 도로자체 조경계획과 교차로, 휴게소, 중앙분리대, 노상식재, 비탈면 보호식재, 시설녹지 등의 계획을 다루게 됨. 아울러 도로주변경관을 위한 계획을 자연환경과 생활환경의 보전적 측면에서 다루게 됨
- 기본계획이 완성되면 대상지에 설치될 식재 및 시설물 공사를 위한 구체적인 재료, 시공방법, 공사비를 확정하는 실시설계가 이루어짐

5) 도로조경 설계기준

① 설계의 원칙

㉮ 도로조경은 무엇보다도 차량 및 보행자의 안전하고 쾌적한 통행을 보장할 수 있어야 하며, 시가지 가로의 경우 주변 토지이용을 위한 교통기능을 필수조건으로 수용함

㉯ 도로조경은 직선부와 곡선부, 평지부와 산지부, 오르막경사와 내리막경사 등의 여건을 고려하여 구분 계획함

㉰ 각 노선의 특성을 존중하면서 지형, 토지이용, 토질, 식생, 주변경관 등을 고려하여 계획구간 내의 지점 간 구간을 구분하여 계획함

㉱ 지점 간 계획구간의 특징적인 경관을 조성하되 일정한 규모로 연속적이면서 구간 내에서 급변하게 되는 경관을 완화함

㉲ 도로주변지 중 환경보전지역, 경관보전지역, 생활환경보전지역을 파악하여, 이를 위한 적극적인 방안을 강구함

㉳ 도로상의 시설물 설치와 지원시설의 확보는 노선의 전 구간을 검토하여 종합적으로 처리하고, 구간 내에서의 기능을 충족시킴

㉴ 도로의 선형, 지점의 국부적인 기능, 주변환경 등을 고려하여 국지적으로 필요한 식재계획을 함

㉵ 도로의 조성에 따라 발생하는 지형의 변화를 감안하여 절개지, 성토지, 도로경사면은 주변과 조화된 경관을 조성함

② 도로부 조경

일반도로조경은 도로자체조경을 평지부 · 산지부 · 시가지 등으로 구분하되, 곡선부와 직선부의 특성에 따라 구분하여 경관을 창출하도록 함

도로부 조경의 대상과 원칙

대상		원칙
평지부	직선부	• 가로수, 길어깨, 비탈면 지역의 식재 등을 대상 • 소극적인 조경이 유리, 가로수 · 가로표지판 등에 의해 방향성 제시 • 시야 및 시거 확보
	곡선부	• 가로수, 길어깨, 비탈면, 노반까지 적극적인 조경 • 보호책, 안내판 등은 곡선부 전후로 구분 설치, 야간운행에 유리하게 설치
산지부	직선부	• 보호책, 비탈면 안정과 관련된 식재 등을 대상 • 직선의 시작과 끝 부근에 교목식재
	곡선부	• 보호책, 비탈면 등을 대상으로 적극적인 조경 • 시야를 가리지 않는 조경, 전방의 시거 확보
시가지	직선부	• 조경대상은 가로수, 가로장치물, 경계석, 포장 등 • 보 · 차도 분리 여부, 토지이용 등을 고려, 차별화된 경관 창출 • 가로구간에 따라 일정한 가로경관의 틀을 구축 • 가로시설의 통합성을 확보
	곡선부	• 조경대상은 가로수, 가로장치물, 경계석, 포장 등 • 보 · 차도 분리 여부, 토지이용 등을 구분, 독특한 경관 창출 • 보호책, 관목으로 가로의 방향성을 잡아줌

③ 시설지 조경

㉮ 도로의 시설지는 교차로, 휴게소, 정류장, 시설녹지를 포함

㉯ 고속도로에서는 차량이 안전하게 유입 · 유출하도록 하고 교통의 원활한 합류 분기를 위해 인터체인지를 대규모로 설치

㉰ 이용객의 휴식을 위하여 대규모 및 휴게소를 설치

㉱ 통행의 안전성과 쾌적성을 확보 및 공해를 차단하기 위하여 시설녹지를 설치

- 휴게소
  - 휴게소는 일반도로 주변에 설치되는 휴게소와 고속도로의 휴게소로 구분할 수 있음
  - 일반도로 주변에 설치되는 휴게소는 마을어귀나 가로구간 내에 설치되는데 도로에서 쉽게 관찰될 수 있도록 하고, 도로에서 5~10m 후방에 비와 눈을 피할 수 있는 시설을 설치함
  - 반면 고속도로의 휴게소는 휴식이나 차량의 점검뿐만 아니라 이용객에게 여행에 필요한 지원하는 기능을 지녀야 함. 구체적으로는 사람들을 위한 판매시설, 휴식, 식사, 정보제공, 통신, 홍보, 숙박시설과 차량의 주차, 급유, 정비를 위한 시설, 그리고 도로 유지시설 및 화물의 보관창고 등이 필요함

- 휴게소의 입지는 자연지형, 기후, 경관, 인접지의 토지이용, 지가, 전기, 급·배수, 노동력 등의 여건을 고려하여 결정해야 하며, 장래 확장에 대비한 충분한 여지가 있어야 함. 또한 도로주행 시 발견이 용이하고, 본선과의 선형의 조화, 시설 배치의 적합성, 교통체계상의 효율성이 확보되어야 함
- 휴게소에는 다양한 시설이 배치되는데 이중에서도 면적으로 가장 규모가 큰 것은 주차장으로서 차량의 안전한 진출입을 유도할 수 있어야 하며, 이용객이 휴게소에서 안전하게 이동하고, 편리하게 휴게시설을 이용할 수 있어야 함
- 휴게소에는 휴식, 전망 등을 위한 원지가 조성이 되는데 차량동선으로부터 안전한 곳에 설치되며, 일반적으로 매점, 식당, 화장실을 포함하는 휴게소 건물의 측면에 설치하고 있음
- 최근에는 어린이들의 놀이를 위한 놀이시설을 조성하기도 하며, 상징물·벽천·연못 등 조형물과 수경시설을 설치하여 이용객의 만족도를 높이고 있음

• 시설녹지
- 시설녹지는 도시계획 구역 안에서 도시의 자연환경을 보존하거나 개선하고 소음 및 공해나 재해를 방지하며, 양호한 도시경관을 조성하기 위하여 지정되는 도시계획시설의 하나로서 주요 간선도로 및 철로변 등에 설치되는 일정 폭의 녹지대를 말함
- 도로변에 설치되는 시설녹지는 사람이나 동물의 진입, 토목채취 등의 인위적 방해, 훼손, 토사붕괴, 침수, 풍설해 등의 자연재해로부터 도로 및 도로부속물을 보호하며, 시각상 불쾌감이나 소음공해를 차단하기 위해 고속도로 연변의 일정지역에 설치됨

• 교차시설
- 도로와 도로가 만나거나 도로와 보행로가 교차하는 경우에 교통의 흐름과 성격의 차이로 인하여 마찰이 일어나게 되며, 차량과 보행의 흐름을 원활하고 안전하게 유지하기 위해서는 적절한 교차방법이 강구되어야 함
- 교차의 방법은 도로와 도로의 교차, 도로와 보행로의 교차로 나누어지며, 교차방식에 따라 평면교차와 입체교차로 구분할 수 있음
- 교통의 상충으로 인한 문제를 제거하고 교통능률을 저하시키지 않기 위해서도 모든 교차를 입체교차로 하는 것이 바람직하지만 경제성 및 지형조건을 고려하여 적절한 교차방법을 사용하여야 함
- 인터체인지 : 고속도로가 다른 고속도로 또는 주요 간선도로와 입체교차를 할 때는 연결을 위해 인터체인지를 만듦. 인터체인지는 회전램프의 패턴에 따라서 클로버잎형, 다이아몬드형, 직결형으로 구분되는데, 인터체인지의 형태는 교통류의 진행방향, 교통통제 및 운영방법, 지형, 인접지역의 토지이용, 도로부지조건과 같은

물리적 제약조건을 고려하여 설계함

6) 도로경관계획

① 대상과 원칙

㉮ 도로 주변의 경관계획을 통하여 주행의 안전성과 이용자에게 쾌적한 시각적 경험을 유도할 수 있게 됨

㉯ 일반적으로 도로 주변의 경관은 차량의 주행방향에 따라 도로의 위치와 구조를 고려하여 구간별로 특색있게 처리하는 것이 좋으며, 자연경관은 평지부와 산지부로 구분하여 보전이 필요한 곳은 적극 관리하고, 인공적인 경관은 도시부와 시설물 부근지로 구분하여 동질감을 얻을 수 있도록 함

도로 주변 경관의 대상과 원칙

대상			원칙
자연적 경관	평지부	직선부	• 주위 경관과 연담되는 녹지를 유도, 연속성을 최대로 확보 • 시선의 높이 아래에 각종 보호책을 설치
		곡선부	• 주위 경관과 차별화된 녹지를 유도하되 균질성을 갖게 함 • 시계보다 아래에 시설물을 설치, 시선높이에는 수평적 경관을 유도
	산지부	직선부	주위 경관과 조화를 이루도록 균질성이 있는 관목 중심의 식재를 유도
		곡선부	• 주위 경관과 특색 있게 변화되는 경관처리가 필요 • 균질하고 통합된 인공시설물을 설치
인공적 경관	도시부	건물 전정	• 건물전정이면서 가로변 경관요소로서의 기능을 갖게 함 • 건축물과 조화된 공간을 조성
		광장	도시 도로체계와 주변 토지이용을 고려하되 건축물에 의해 공간이 폐쇄적인 경우 녹지를 수직적으로 처리, 개방적인 경우는 수평적으로 확산된 녹지를 확보
		주변 녹지	• 도시녹지체계 내에서 공간을 확보, 이용자 중심의 편익시설을 확보 • 녹지 기능에 따라 식재
	시설물 부근	주변 광장	시설물 중심의 경관처리가 되도록 시설물의 재료, 형태구성 등을 고려
		주변 녹지	• 녹지기능별로 구분하여 식재 • 수직적 높이차를 강하게 함

② 가로경관 기본계획의 지침

㉮ 개요

- 도로경관계획과 달리 가로경관계획은 비교적 도시화가 진행된 지역이나 신도시를 조성할 경우 시행되므로 계획의 내용적 특성이나 대상이 달라짐
- 예를 들어 도시의 새로운 상징가로를 조성하거나 가로경관을 정비하고 새로운 가로경관을 형성하며, 가로에서 주요한 조망경관을 확보하기 위한 조망가로경관계획이 있음

㉯ 가로경관계획의 지침

- 도시의 정체성 확립
  - 도시의 역사성과 고유한 분위기를 연출하는 것은 가로경관계획에서 가장 중요하게 다루어져야 함
  - 제각각인 건물이나 간판, 삭막한 가로환경 등으로는 도시의 정체성을 구현할 수 없으므로 통합적이면서 특화된 경관관리지침을 적용하여 가로경관에 특성을 부여하며, 필요하다면 상징가로나 주제형 가로를 조성하여 도시의 정체성을 높일 수 있음
- 참신한 가로경관의 조성
  - 통합된 이미지를 갖는 가로환경디자인을 통하여 참신한 가로경관을 조성할 수 있음. 여기에는 가로경관의 색채, 가로시설물디자인, 보도포장계획, 안내정보시설계획, 환경조형물, 건물의 외관 등에 대한 내용이 종합적으로 검토되도록 해야 함
  - 쾌적성, 생명성, 기능성, 심미성, 조화성, 가시성, 첨단성 등을 주요한 평가요소로 검토할 수 있음
- 주요 조망경관의 확보
  - 조망경관은 가로에서 조망이 가능한 산, 지형, 바다 등의 자연경관의 조망성을 확보하거나 도시의 주요한 건물이나 상징조형물에 대한 시야를 확보하기 위한 계획임
  - 따라서 가로로부터 조망요소를 조망할 수 있도록 하는 구도설정이 중요하므로 이들 사이에 개방적인 시각축을 확보하는 것이 필요함
- 친환경적인 도시경관의 조성
  - 도시의 친환경성은 조경가가 관심을 가져야 하는 미래도시의 중요한 가치이며, 도시와 인간, 그리고 자연이 함께 공존함으로써 도시에 생명력을 불어넣을 수 있음
  - 친환경적인 도시환경의 조성은 가로경관계획보다 큰 범역을 대상으로 하지만 가로경관계획 차원에서 자연환경을 보전 · 복원함

7) 보행공간계획

① 보행공간의 성격

㉮ 보행자 공간은 그 규모와 기능이 인간의 보행활동에 알맞도록 만들어진 공간으로 보행자의 안전 및 쾌적한 활동을 제공하는 차량제한구역으로 보행과 관련된 다양한 행위, 즉 이동, 휴식, 집회, 위락 등을 수용하고 촉진시킴

㉯ 조경계획상 가장 기초적인 공간으로 다루어지며 주구 - 도시 - 지역 - 전국토로 이어지는 모든 공간 속에 존재함

㉰ 도시에서는 자동차 통행의 증가로 교통체증 및 환경오염의 문제가 심각하며, 대다수의 시가지에서는 자동차 교통의 효율성을 위해 보행자 공간체계를 단순히 자동차교통의 부대물로서 소극적으로 설치하는 정도에 그치고 있음

㉱ 그러나 사람들의 보행활동이 증가하고, 쾌적하고 안전한 보행에 대한 수요가 커지고 있어, 보행공간은 보행의 접근성 향상, 경제활동 촉진, 환경보호, 생활공간 제공 등 다양한 역할이 기대되고 있음

- 보행의 접근성 향상과 경제활동 증가
  - 자동차를 사용하지 않는 사람들에게 편의를 제공할 수 있도록 저렴한 가격의 공공교통수단을 효율적으로 운영하고 충분한 보행공간을 조성하면 사람들은 더욱 안락하고 용이하게 이동할 수 있음. 이는 결과적으로 도심지로의 접근성을 향상시키고 도시에서의 보행의 편리함을 제공함
  - 보행자 공간을 조성하여 연도의 상점의 상태를 개선하고 새로운 건물과 옛 건물을 조화 있게 연결시켜 다양한 도시환경을 창출함. 이러한 작업을 통해 구매의욕을 높이고 토지가치를 상승시켜 도심의 경제성을 회복시켜 줌
- 환경보호 및 생활공간의 제공
  - 보행자공간에서는 자동차의 통행을 억제하기 때문에 자동차의 유해한 배출가스에 의한 공기오염을 줄이고 소음을 낮출 수 있음. 또한 도시의 녹지나 역사적 건물을 연계하여 조성함으로써 녹지보전, 문화재보전, 경관향상에 많은 도움을 주게 함
  - 혼잡한 도시에 보행자공간을 제공하게 되면 사람들에게 사회적 활동을 촉진하는 역할을 하고, 주거단지에서는 산책 및 휴식, 어린이의 놀이, 이웃과의 대화 장소로 이용될 수 있어 지역주민의 공동체의식 함양과 생활공간의 질적 향상을 꾀할 수 있음

② 보행공간의 계획

㉮ 계획목표 : 보행자 공간의 조성을 위해서는 안전성, 편리성, 쾌적성을 달성해야 할 뿐만 아니라 보행자 공간을 연속적으로 통합하는 일관성 있는 계획이 요구됨

- 안전성 : 보행자 공간에서 가장 기본적인 고려사항 중 하나가 사람과 자동차의 접촉을 최대한으로 줄이는 것인데, 이러한 목표를 위해 공간적이나 시간적으로 분리하여 자동차의 출입을 제한하게 됨
- 편리성 : 보행자가 필요로 하는 용무를 원활하게 수행할 수 있도록 보행공간을 조성하고 각 시설을 용도에 따라 적절히 배치해야 함. 이러한 체계구성에는 단거리로 보행할 수 있는 통로의 설치, 장애인 및 노약자를 위한 보행체계 구축 등의 고려가 필요함
- 쾌적성 : 보행자의 흐름이 단절되지 않고 원활하게 이루어질 수 있어야 하며, 매력적인 보행환경을 제공함으로써 보행자가 쾌적한 경험을 할 수 있도록 해야 함. 이를 위해서는 교통 간의 상충을 방지하고 다양한 보행자 공간을 서로 연결하여 체계화하고 적절한 보행밀도가 유지될 수 있도록 배려하며, 보행자 공간의 조경시설을 매력적으로 하는 것이 좋음

㉯ 보행공간의 유형

- 보행자 공간에는 다양한 유형이 포함되어 있으며 나라마다 다르게 불리고 있음. 우리나라에서 보행자 공간과 관련된 법적 근거로는 「국토의 계획 및 이용에 관한 법률」 시행령에서 기반시설로서 일반도로와 함께 도로의 한 요소로서 보행자전용도로를 정의하고 있음
- 이와 같이 현행 법규상 도시계획시설로서 보행자 전용도로인 보행자 공간은 외국에서는 몰이나 녹도 등으로 다양하게 정의되고 있음
  - 보도 : 보행자의 통행을 위하여 연석 또는 울타리, 기타 이와 유사한 공작물로 구획하여 설치되는 도로의 부분으로서 일반의 자동차도로로부터 독립된 보행자 전용도로와는 구별됨. 안전하고 원활한 교통을 유도하기 위하여 보행자와 자동차의 통행을 분리하는 것이 중요함
  - 몰(mall)
    - 주로 도심부에서 철도역, 공원, 기념광장, 상업지역의 중요지점을 상호 연결하는 도로로 폭이 넓고 길이가 짧은 것이 특징임
    - 이러한 몰에는 크게 나누어 자동차의 통행을 완전히 차단하여 포장, 수목, 벤치, 조각, 분수대 등을 설치하는 풀 몰(full mall), 버스나 택시 등 공공교통수단을 통과시키고 기타 차량의 통행을 금지시키는 트랜싯 몰(transit mall), 또 이와 비슷하나 개인차량의 통행을 금지시키지 않고 통과교통의 속도와 차량접근을 제한하는 세미 몰(semi mall) 등이 있음
  - 녹도
    - 녹도는 일본에서 널리 사용되는 용어인데 지진 · 화재 시의 피난로 확보 등 시가지에 있어서 도시민의 안전성이나 쾌적성을 확보하기 위한 것으로 근린주구 내

부 및 근린주구 상호 간, 공원, 문화시설 등을 연결하는 폭 10~20m의 녹지, 또는 안전하고 쾌적한 보행환경의 조성을 위하여 지역 내에 통과교통의 출입을 방지 또는 억제하고 식재대를 특별히 추가 설치한 일종의 도로로 정의하고 있음

‣ 그러므로 녹도는 계획 시 보행의 기능적인 측면과 주민의 휴식을 고려한 녹지가 풍부한 보행공간으로 계획하여야 하며, 선형의 녹도를 체계화하면 도시의 공원 녹지체계를 구성하는 데 효과적임

- 보행자 전용도로 : 보행자의 안전과 자동차의 원활한 주행을 위해 보행자만의 통행을 위해 제공되는 도로를 말함. 기계적 교통수단의 발달로 인해 야기되는 환경오염 등의 제 문제를 동시에 해결하는 경제적 · 기술적 방법으로서 사람과 자동차라고 하는 본질적으로 상이한 것에 대해서는 통행 장소를 개별로 설치하는 방법임
- 보행광장

‣ 보행광장의 물리적 · 심리적 기능은 그 규모에 의해 결정되는 것이 아니며, 보행자를 위한 집합장소, 상호교류의 장소, 교통사고 및 복잡한 도로의 긴장감으로부터의 해방을 위한 장소로서의 역할을 함

‣ 보행광장은 주로 도심지역에서 보행밀도가 높고 사람들이 많이 모이는 장소인 철도역 앞, 공공건물 주변, 역사적 유적지 주변, 도심상업지 등에 설치하게 됨

㉰ 고려사항

- 보행환경구역의 설정 및 활동체계 구축
  - 도시공간에서 보행에만 의존해야 하는 곳이나 상대적으로 보행이 유리한 공간, 즉 보행활동이 활발한 지역을 보행환경구역으로 지정하여 보행자 전용도로의 구체적 위치 및 규모를 설정함
  - 주구 내 뿐만 아니라 각 주구 간, 이용도가 높은 지점과 연결하여 전체로서의 체계화를 도모하며, 구체적으로 녹지체계, 위락공간의 체계, 보행자 공간의 체계를 이루어야 함
  - 녹지공간은 지구 내외를 통해 보행자 전용도로에 의해 유기적으로 연계되어야 함
  - 유치원, 초등학교, 중학교로의 통학, 근린중심으로의 구매 등 거주자의 일상생활의 생활동선계와 각 공원을 중심으로 한 위락동선계를 고려하여 이들을 상호 연결하면서 각 주택으로 연결되는 보행공간의 네트워크가 이루어져야 함
- 공간 이미지 창출 및 접근성 강화
  - 주변의 공간구성과 보행자 전용도로의 일체감 있는 계획을 위해 공간 이미지를 구체적으로 고려해야 함. 따라서 동일 구간에서는 통합된 이미지를 반영하여 포장, 가로시설, 수목 등을 계획 및 설계하도록 해야 함
  - 대중교통수단이나 공공 주차장, 오픈스페이스 등은 보행거리(400~800m) 내에 배치되어야 하며, 이들 시설과 보행자 전용도로 사이의 접근로는 시각적 · 기능적 측

면을 배려하여 계획함

- 보행의 안정성 고려 및 시각환경 개선
  - 보행자 전용도로와 차량공간의 교차지점에서는 보행자가 우선권을 갖는 입체교차가 바람직하며, 입체교차가 불가능할 경우 횡단보도를 필수적으로 설치하도록 함
  - 보행자의 체험공간으로서 보행자 전용도로의 시각환경은 매우 중요함. 보행자 전용도로에 쾌적하고 경관의 연속성을 줄 수 있도록 도로 바닥면의 포장, 식재, 건물의 벽면 식재, 간판, 건물의 출입구 등을 조화롭게 계획하여야 함
- 다양한 환경연출 및 시설공간 확보
  - 보행자 전용도로의 규모 및 다양성의 증진을 위해 선형에 변형을 주거나 보행자 전용도로 내의 오픈스페이스를 포함시켜 설치함. 특히 각 보행자 전용도로가 교차하는 결절점 주변에 광장을 설치하면 더욱 효과를 높일 수 있음
  - 보행자의 다양한 요구와 보행자의 행태를 고려한 시설 및 공간이 확보되어야 함. 통근, 구매, 위락 등 보행의 형태, 어린이, 학생, 노인, 신체장애자 등 이용자의 특성을 고려하여 계획하고 이에 적합한 휴게공간, 전시공간, 놀이공간, 위락공간 등을 계획하고 적합한 시설을 설치함
- 장애인과 노약자를 위한 공간창출
  - 외부공간은 주로 일반적인 이용자를 대상으로 계획되지만 우리가 예상하지 못할 정도의 많은 이용자가 시각 · 운동 · 청각 · 신체 · 정서적 어려움을 겪고 있음. 이것은 사람의 능력에 관계없이 모두가 겪게 되는 경험일 수도 있음
  - 예를 들어 유아기 및 유년기, 노년기의 신체적 · 정신적 능력의 저하는 일반인들도 모두 겪기 때문임
  - 따라서 보행자 공간을 계획함에 있어 장애인, 노인 등 보행이 불편한 사람들을 위한 배려와 어린이의 안전을 고려한 공간계획이 필요함. 선진국에서는 장애인이 장애를 느끼지 않는 공간(barrier free zone)이나 어린이 보호구역(school zone)을 조성하는 데 노력을 기울여 왔으나 상대적으로 우리나라는 소홀했음
  - 우리나라에서는 1995년 1월 '장애인 편의시설 및 설비의 설치기준에 관한 규칙'이 시행되면서 비로소 그 세부지침이 만들어졌고, 뒤이어 1998년 시행된 '장애인 · 노인 · 임산부 등의 편의증진보장에 관한 법률'에서는 그 대상을 장애인뿐만 아니라 노인, 임산부 등 이동약자로 확대하고 있음. 2005년에 공포된 '교통약자의 이동편의 증진법'에서는 인간 중심의 교통체계 구축에 필요한 사항을 규정하고 있음
  - 사람들이 겪게 되는 신체적 · 정신적 어려움은 그 유형에 따라 매우 다양하므로 외부공간 역시 각 유형별로 특성화시켜 조성되어야 하지만 현재까지는 주로 신체능력이 저하되어 있는 사람들을 위한 보행시설의 설치에 초점을 두고 있음
  - 휠체어 이용자와 시각장애인을 위해서 보행로는 연속적이며 안전하게 수평이나

수직적 이동과 휴식이 가능한 연계된 네트워크를 구성하여야 함. 시각장애인의 보행을 유도하기 위하여 유도 및 경계용 점자블록, 점자안내판이나 안내방송이 필요하고 신체장애인의 보행을 위하여 계단이 없는 보행체계를 만들고 경사로와 엘리베이터 등을 설치해 주어야 함

8) 광장 · 자전거도로계획

① 광장계획

㉮ 광장은 도시나 지역 또는 특정 건물의 상징적 이미지를 증대시키고, 시민들의 휴식, 오락, 집회 등의 제반활동을 담는 생활공간의 하나로서 이용되는 도시의 공공공간임. 사적 공간과는 다르게 도시민의 자유로운 만남이 이루어지는 공간으로 공적, 종교적, 상업적, 정치적인 행위들이 이루어짐

㉯ 우리나라에서 광장에 관한 법적 근거로는 국토의 계획 및 이용에 관한 법률 시행령에서 광장을 정의하고 여기에는 교통광장, 일반광장, 경관광장, 지하광장, 건축물부설광장으로 세분하고 있음. 우리나라에서는 광장을 도시계획시설 중 기반시설로서 교통시설로 분류하고 있는데, 이것은 광장의 교통요소로서의 역할에 큰 비중을 두기 때문임

- 공간구성의 방법 : 광장은 원칙적으로 주변이 건물로 차단되어 폐쇄감 및 위요감을 느낄 수 있는 공간으로 조성하며, 진입공간 - 주공간 - 전이공간이 명확히 구분되도록 함. 이때 주공간은 모든 사람에게 열려진 공간을 단지 바닥포장으로만 처리하거나 중심부에 사람들의 주의를 집중시킬 수 있는 분수, 야외조각 등의 시설물을 배치하여 구심력을 높이도록 함
- 식재 및 바닥 포장
  - 도시 내 광장은 식물생장에 불리한 환경이므로 대기오염 및 병충해와 건조에 강하며 제한된 지상 및 지하부의 공간에서도 충분히 생장할 수 있는 수목을 선정해야 함. 배식은 광장에 식재하는 수목은 수형이 단정하고 아름다우며 초화류는 밝고 원색적인 색채의 꽃이 바람직하며, 개화기간이 긴 것이 좋음
  - 광장의 바닥포장은 색채, 질감, 균일도 등을 적절하게 변화를 주어 안락하고 쾌적한 환경을 조성하도록 하며, 포장재는 가급적 견고하고 보수 및 운영관리가 편리한 재료를 사용함

② 자전거도로계획

㉮ 자전거 전용도로의 정의

- 자전거 도로란 도시의 교통체계를 구성하는 요소 중 하나로서 자전거가 다닐 수 있도록 마련된 길을 말하며 넓은 의미로는 횡단로, 육교 등을 포함하는 종합적인 자전거 통행체계를 말함
- 자전거전용도로와 관련된 법적 근거로는 「국토의 계획 및 이용에 관한 법률」 시행령에서 기반시설로서 일반도로, 보행자 전용도로 등과 함께 도로의 한 요소로서 자전거 전용도로를 정의하고 있음

㉯ 자전거 도로의 유형

자전거 도로를 설치유형에 따라 분류하면 도로의 양쪽에 설치된 양측형과 도로의 한쪽에만 설치된 편측형이 있음. 또한 타 교통과의 관계에 따라 분류하면 자전거 전용도로, 준전용도로, 공용로로 나눌 수 있음

- 자전거 전용도로 : 자전거의 통행만을 위해 따로 설치된 도로로서, 도시외곽의 전원적 녹지공간에서의 사이클 코스, 즉 선적으로 연결된 공원이나 하천의 둔치 등을 따라 설치됨
- 자전거 준전용도로 : 비교적 폭이 넓은 일반도로의 일부를 자전거도로로 이용하는 형태로, 보행자전용도로나 자동차도로와 병행하여 설치함
- 공용로 : 보행자 또는 자동차와 같이 이용하는 도로로서, 신호체계와 포장패턴을 사용하여 각 도로와의 안전성을 확보할 수 있음

㉰ 계획기법

- 자전거 도로망체계는 보행교통 및 자동차교통과 분리된 하나의 시스템으로 계획되어야 함. 가능하면 국지도로나 주요한 보행자도로에 면하여 설치하는 것이 좋으며, 안전성을 보장하기 위하여 보행자전용도로와 병행하는 것이 바람직함
- 자전거 도로를 합리적으로 설계하기 위해서는 자전거의 속도, 이용자가 필요로 하는 공간, 도로의 최소폭, 경사, 회전반경, 도로의 포장, 배수시설, 안전시설 등을 고려해야 함
- 자전거 도로 내 원활한 소통 및 안전성을 확보하기 위해서 분리대나 단차를 두어 경계를 명확히 표시하며, 색채, 질감, 규모, 무늬, 디테일 등으로 다른 공간과 구분될 수 있도록 하는 것이 좋음
- 자전거 보관시설은 각 건물로부터 30m 이내에 설치하는 것이 바람직하며, 건물의 주출입구 근처에 배치하여 감시에 용이하도록 함

Professional Engineer Landscape Architecture

CHAPTER

07

조경시공구조학

Professional Engineer Landscape Architecture

7장 조경시공구조학

1 총 론

1. 개요

1) 조경의 범위

① 자연과 조형환경을 복합적으로 고려해야 하는 조경은 외부공간을 주 대상으로 한다는 면에서 건축과 구분됨

② 미적인 측면을 강조하면서 자연의 소재를 활용한다는 관점에서 설계내용과 시공기법이 토목이나 도시계획과 구분됨

③ 시각적 미를 다루는 여타 예술분야와는 심미성과 인체의 오감이 동시에 만족되면서 실제 생활 내 · 외부 환경공간에서 기능적이면서 효율적인 구조와 실제적 이용을 총체적으로 다루어야 한다는 차이점이 있음

④ 이렇듯 조경은 건축, 토목, 도시계획 등 다른 분야보다는 지속가능한 개발과 보전이념이 반영되면서 토지의 수용력 범위 내에서 조형미를 갖는 심미성과 자연환경의 보전 및 생태적 건전성에 관심이 많으므로 시공관리 내용에서도 그 접근방법과 태도가 다르다 하겠음

2) 조경시공학의 의의

① 조경을 "종합실천과학예술"이라 부르기도 하지만, 관련 학문영역은 생태자연요소와 사회적 문화환경요소, 공학적 지식, 설계방법론, 그리고 표현기법과 가치관 등으로 분류가 가능함

② 이러한 분류체계에 근거한다면 조경시공 영역은 공학적 지식의 범주(조경설계 · 시공의 수행에 필요한 기술로서 식재와 시설물 그리고 구조물의 공법, 급 · 배수를 포함하는 수경시설, 토공 및 등고선의 조정과 정지, 포장기술, 시공구조학 및 재료학 등)에 포함됨

③ 그러나 조경가에게는 물리적 인자와 자연환경에 대한 철저한 이해, 인간에 대한 상세한 관찰, 그리고 생태적 · 예술적 · 기능적으로 아이디어를 창출하여 환경에 대한 건전성과 지속가능한 개발(ESSD)을 포괄하는 종합적인 환경관리자로서의 역할이 요구됨

④ 따라서 조경시공은 목적공간을 형태화하기 위하여 필요한 일체의 경제적 및 기술적 수단의 총괄적인 개념으로 미, 구조, 품질, 기능적 · 생태적 측면을 고려하여 목적물을 신속하게 경제적으로 준공시켜야 한다는 당위성을 지님

3) 조경설계와 시공의 상관성

① 조경시공에서 규격성을 갖는 시설물이나 구조물은 토목 · 건축시공과 마찬가지로 품질 여부가 정확한 설계에 의해 좌우되는데, 시공자가 설계도면과 시방서에 충실한 정밀시공을 하면 목적하는 품질을 확보할 수 있음

② 그러나 식물과 돌, 물, 흙 등을 이용하는 비규격적인 부분은 대상지에 따라 시공과정에서의 조합배치에 많은 변화의 여지가 있어서 조경공간의 품질 여부는 설계내용에 비중이 실리는 경우보다는 숙련된 시공자의 기술에 달려 있음

③ 조경공간에 대한 품질은 설계대로 시공이 이루어졌느냐보다는 시공과정을 충분히 알고 있는 설계인가? 설계의도를 알고 적용할 수 있는 시공인가에 달려 있으므로 설계와 시공이 분리되어서는 좋은 작품을 약속 받기가 힘듦

④ 즉, 설계자와 시공자는 서로를 신뢰하고 의견을 합리적으로 조율하면서 성과물로서의 책임을 공유해야 할 선의의 경쟁관계 모색이 요구됨

4) 조경소재와 시공

① 조경소재의 대상에는 동식물과 같은 생물소재는 물론 건설재료로 사용되는 목재, 석재, 철재, 점토, 합성수지재 등을 비롯하여, 기반소재인 토양과 물 등 살아 있는 무생물이 포함됨

② 특히, 조경공사는 토목, 건축, 기계, 전기공사와 병행하거나 후속공종으로 공정관리를 추진해야 하는 경우가 많은데, 공종의 규모는 상대적으로 작고 다양하며, 연속적이면서도 반복적으로 진행되는 건축, 토목공사와 달리 지역이 넓게 산재되어 시공관리가 어려움

③ 식재와 시설물공사(특히, 수경시설)의 공종 연계가 까다롭고, 계절별 기상요인이 공정관리에 결정적인 영향을 주는 측면이 강함

④ 경관가치에 대한 시공기술의 고려가 중요한데, 수목의 배식이나 조경석의 배석기술, 마운드의 조성, 수경시설의 시공기법, 조경시공재료의 심미적 운용과 현장성에 따른 기법 등에 따라서 환경공간의 질적 수준은 상당한 차이가 발생함

⑤ 그러나 조경시공 영역은 시공관리, 소재생산 유통체계, 기계화, 시설부품화 측면 등 품질수준 확보차원에서 체계화를 이루지 못했으며, 전통적 시공기술의 현대적 적용방안 구축, 향토 자생식물과 같은 환경 우월성 소재 생산 및 개발이 미흡한 현실 등 시공방법과 기술 그리고 생산성에 관한 연구가 활발히 진행되어야 할 것임

5) 조경시공의 공종분류

① 조경식재공사

정원, 공원, 녹지 등의 조경공간 및 시설물, 구조물과 관련한 외부 공간의 수목식재(굴취, 운반, 가식, 식재 등), 지피류와 초화류의 식재공사(파종, 종자뿜어붙이기, 식재 등) 그리고 이를 위한 토양개량공사 및 식재 후 관리공사 등을 포함함

② 조경시설물공사

구분	세부공사
옥외시설물	안내시설, 휴게시설, 편익시설, 경관조명시설, 환경조형시설 등
조경구조물	석축 및 옹벽, 담장 및 난간, 문주, 야외무대 및 스탠드, 보도교, 옥외계단 및 경사로 등
수경 및 살수관개시설	연못, 분수, 인공폭포 및 벽천, 도섭지 및 인공개울 등
운동 및 체력단련시설	운동시설, 체력단련시설, 경기장 및 수영장 등
유희시설	목재시설, 철강재시설, 합성수지재시설, 조립제품시설, 제작설치시설, 동력유희시설 등
조경포장	도로, 운동장, 광장, 주차장, 시설물 주변 포장
조경석	산석, 강석, 해석 등의 자연석과 가공석을 이용하여 경관석 놓기, 디딤돌 및 계단돌 놓기, 조경석 쌓기 등

③ 생태환경복원공사

인공적인 복원이 필요한 하천, 인공호, 늪지와 습지, 못과 여울, 도로변, 산림, 등산로, 채석장 등의 생태복원과 관련하여 생태계보전 및 경관보전 호안조성, 생물서식 공간조성, 생태계 이전공사, 그리고 훼손지 복구와 인공 또는 자연비탈면의 녹화공사 등을 포함함

2. 조경시공재료

1) 조경시공재료의 적용

① 조경시공재료란 광의적으로 자연재료와 인공재료, 그리고 조경시설물과 장치물, 구조물 및 야간경관을 창출하기 위한 조명재료 등 각종 조경소재를 통칭함

② 1970년대 인조목과 인조암 등의 제작기술 도입을 시작으로 비탈면과 같은 각종 난조건 대상지에 대한 녹화공법의 개발, 포장기술의 혁신, 목재 활용의 다양화, 조경시설의 사용소재 부품화는 물론 최근에는 자원 재활용소재를 포함하는 생태복원과 관련한 친환경소재의 개발이 빠르게 진행되고 있음

③ 장소번영과 공간적 정체성 확보를 기하기 위하여 전통시설과 향토소재의 도입, 시공의

능률성과 편익성, 장소성 있는 조형공간 조성기법 등을 도모한 새로운 공구개발과 기계화 장비의 활용 등 조경소재와 공법을 개발, 개선하여 사업성을 높이고 영역을 넓히는 데 크게 기여하고 있음

2) 시공재료의 규격화

① 시공재료를 포함한 공산품은 형상 · 치수 · 품질 등이 다종다양하여 주문생산이 아닌 시장생산을 위해서 국가적으로 또는 국제적으로 통일된 제품의 표준화가 요구되는데, 제품의 표준화는 산업 합리화를 촉진하기 위하여 가장 효과적인 수단이 됨
② 산업표준화의 기준이 되는 산업규격은 나라마다 규정을 만들어 시행하고 있는데, 국제적으로 규격을 통일하고자 1947년 국제표준화기구(ISO)가 설립되었으며, 우리나라는 공업표준화법(1961년 제정)에 근거한 한국산업규격(KS)을 활용하고 있음
③ 한편 우리나라는 ISO 9000 시리즈(품질경영과 품질보증 규격, 선택과 사용에 대한 지침)를 KS A 9000 시리즈로 채택하여 적용하고 있음

3) 시공재료의 요구성능과 현장적응성

① 시공재료의 요구성능
㉮ 사용목적에 알맞은 품질(역학적 · 물리적 · 화학적 · 감각적 · 환경친화적 성질)
㉯ 사용환경에 알맞은 내구성 및 보존성을 가질 것
㉰ 대량생산 및 공급이 가능하며, 가격이 저렴할 것
㉱ 운반취급 및 가공이 용이할 것

② 조경식물재료의 요구성능
㉮ 식재지역 환경에 적응성이 큰 식물(생태성)
㉯ 미적 · 실용적 가치가 있는 식물(심미성, 실용성)
㉰ 이식 및 유지 · 관리가 용이한 식물(기능성, 기술성)
㉱ 수목시장이나 생산지에서 입수가 용이한 식물 등

③ 시공재료의 현장적응성
㉮ 주변 환경과 조화로운 색채, 형태, 질감 등이 요구되는 재료
㉯ 개별 재료특성이 부각되면서 전체적인 조형미가 요구됨
㉰ 장소적 의미의 문화전통성이나 토속성이 반영되어야 함
㉱ 이용자의 관점에서 편리하고 안전하며 쾌적한 재료
㉲ 실용적이면서 가능한 최선의 재료 선호성이 고려되어야 함

3. 시방서

1) 개요

① 정의 : 시방서란 설계도면에 표시하기 어려운 사항을 설명하는 시공지침으로 도급계약 서류의 일부가 됨

② 포함내용

㉮ 보충사항(시공에 대한 보충 및 주의사항)

㉯ 시공방법의 정도, 완성정도

㉰ 시공에 필요한 각종 설비

㉱ 재료 및 시공에 관한 검사

㉲ 재료의 종류, 품질 및 사용

③ 공사 설계도면과 시방서 내용에 차이가 발생한 경우

㉮ 적용순위는 현장설명서, 공사시방서, 설계도면, 표준시방서, 물량내역서임

㉯ 모호한 경우 발주자(감독자)의 지시에 따르도록 규정하는 것이 보통임

2) 시방서의 분류

① 표준시방서 : 시설물의 안전 및 공사시행의 적정성과 품질 확보 등을 위하여 시설물별로 정한 표준적인 시공기준으로서 발주처 또는 설계 등 용역업자가 공사시방서를 작성하는 경우에 활용하기 위한 시공기준

② 전문시방서 : 표준시방서를 근거하여 시설물별 공종을 대상으로 특정한 공사의 시공 또는 공사시방서의 작성에 활용하기 위한 종합적인 시공기준

③ 공사시방서

㉮ 표준시방서 및 전문시방서를 기본으로 개별 공사의 특수성 · 지역여건 · 공사방법 등을 고려하여 기본설계 및 실시설계도면에 구체적으로 표시할 수 없는 내용과 공사수행을 위한 시공방법, 자재의 성능 · 규격 및 공법, 품질시험 및 검사 등 품질관리, 안전관리계획 등에 관한 사항을 기술한 시공기준

㉯ 특히, 공사시방서는 당해 건설공사의 도급계약서류에 포함되는 계약문서로 강제기준으로의 역할을 하지만, 표준시방서는 공사시방서를 작성하기 위한 기초자료로서의 역할을 하기 때문에 강제성은 부여되지 않음

㉰ 하지만 법적 절차와 규정에 따라 중앙건설기술심의위원회 심의를 거쳐 제 · 개정되는 기준으로서 적용범위가 전체 공종을 포괄하는 대상으로 중요성이 매우 큼

3) 시방서의 작성

① 시방서 작성요령

㉮ 공법과 마감상태 등 정밀도를 명확하게 규정

㉯ 공사 전반에 걸쳐서 중요사항을 빠짐없이 기록

㉰ 간단명료하게 기술하고 명령법이 아닌 서술법으로 기술

㉱ 설계도면의 내용이 불충분한 부분은 충분히 보충설명을 함

㉲ 재료의 품목을 명확하게 규정하고 선정에는 신중을 기함

㉳ 중복 기재를 피하고, 설계도면과 시방서 내용이 상이하지 않게 함

② 시방서의 작성순서

㉮ 시방서의 작성순서는 공사진행 순서와 일치하도록 함

㉯ 건설공사의 명칭 및 위치, 규모 등의 개괄적인 사항을 작성한 후, 공사진행 순서에 따라 공사 각 부문에 관해 명확하고 상세히 기술

㉰ 주의사항 및 질의응답사항 등을 포함시켜 공사비 견적에 편리하도록 하는 등 시공지침 및 기준이 되도록 함

4. 공사계약 및 시공방식

1) 공사계약

① 계약의 범위

㉮ 계약은 발주자에게는 정확한 계약목적물의 완성을, 계약상대자(수급인, 도급자)에게는 계약의 이행에 따른 정당한 대가를 요구하는 것임

㉯ 공사이행 중 발생하는 발주자의 계약변경요구에 대한 대응과 국가 계약법령상의 계약금액 조정 및 클레임 제기 등이 포함될 수 있음

㉰ 발주자에게는 지급하는 대가에 합당한 계약이행을 보장하며, 계약상대자에게는 최선의 계약이행을 전제로 정당한 이행대가의 수수를 목적으로 함

② 계약체결 및 절차

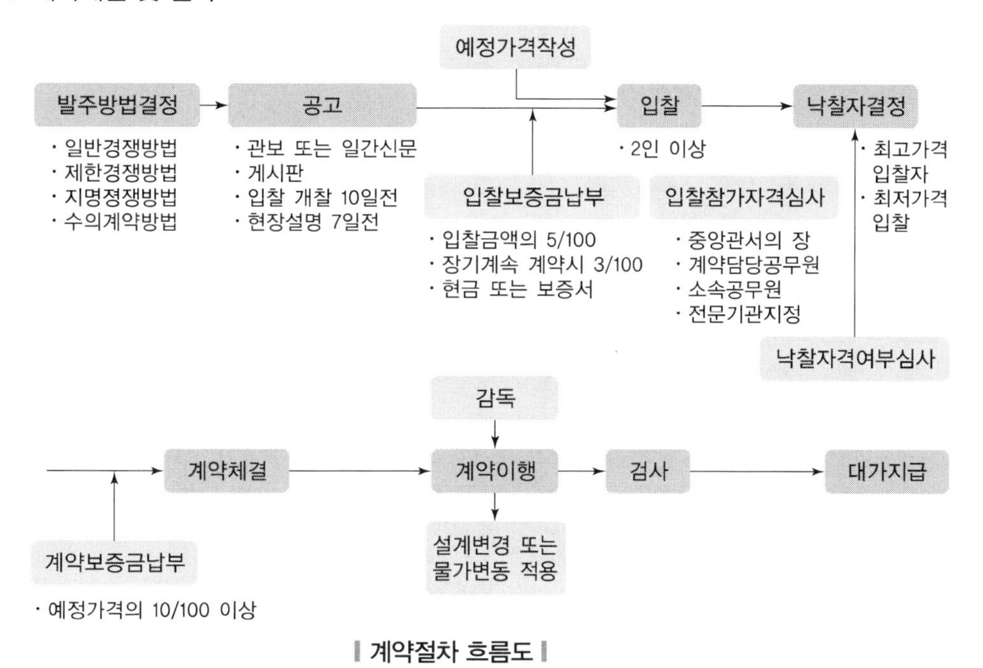

‖ 계약절차 흐름도 ‖

③ 계약서 및 도급계약 내용

㉮ 공사내용, 설계서(설계도면, 시방서 등), 공사비 내역서, 공정관리표 등

㉯ 도급금액과 도급금액 중 노임에 해당되는 금액

㉰ 공사착수의 시기와 공사완성의 시기

㉱ 도급금액의 선급금이나 기성금의 지급에 관한 시기 · 방법 및 금액

㉲ 공사의 중지, 계약의 해제나 천재지변의 경우 발생하는 손해의 부담금에 관한 사항

㉳ 설계변경 · 물가변동 등에 기인한 도급금액 또는 공사내용의 변경에 관한 사항

㉴ 하도급대금 지급보증서의 교부에 관한 사항(하도급계약의 경우)

㉵ 산업안전보건법 규정에 의한 표준안전관리비, 산업재해보상보험법에 의한 산업재해보상보험료, 고용보험법에 의한 고용보험료 등에 관한 사항

㉶ 당해공사에서 발생된 폐기물의 처리방법과 재활용에 관한 사항

㉷ 인도를 위한 검사시기 및 공사완성 후의 도급금액의 지급시기

㉸ 계약이행 지체의 경우 위약금 · 지연이자의 지급 등 손해배상에 관한 사항

㉹ 하자담보 책임기간과 담보방법 및 분쟁발생시 해결방법 사항

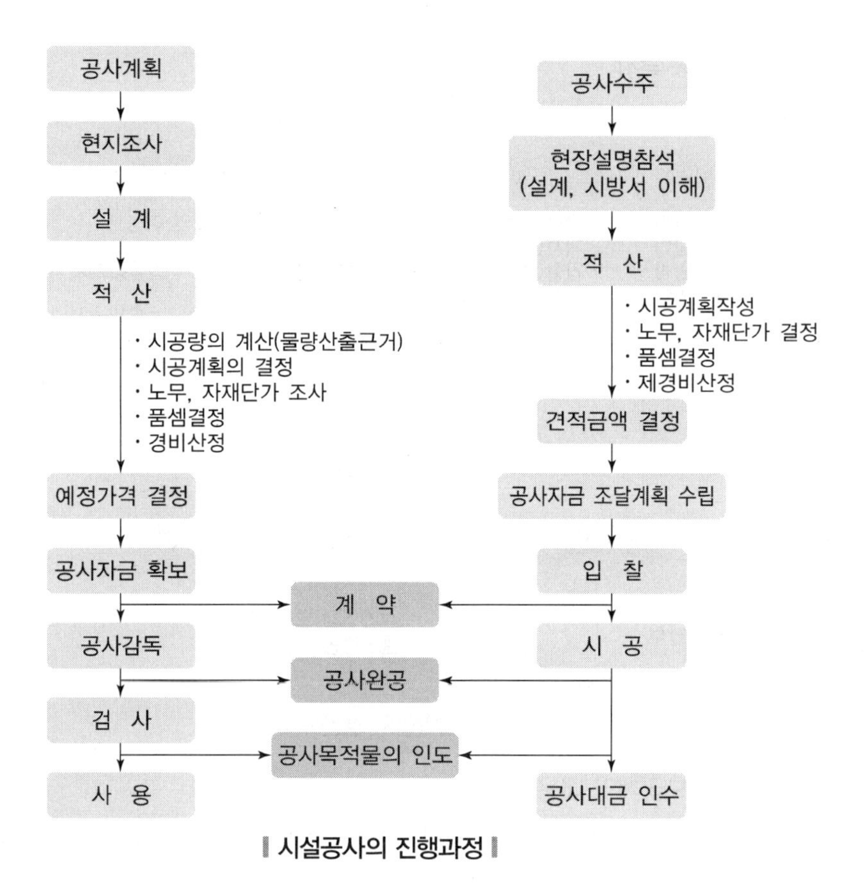

‖ 시설공사의 진행과정 ‖

2) 입찰집행

① 입찰준비사항

㉮ 입찰에 붙일 공사는 통지(지명경쟁입찰), 관보나 신문지상 또는 게시판에 공고하여 입찰참가 등록기간을 지정하고, 현장설명기일에 설명을 실시한 다음, 일정한 견적기간을 거쳐 소정기일에 입찰하여 낙찰이 결정되는데, 낙찰은 입찰금액이 공사예정가격 이내인 자에게 낙찰시킴

㉯ 이때 발주자는 수의계약으로 도급계약을 체결할 경우에는 계약체결 전에, 경쟁입찰에 의할 경우에는 입찰에 붙이기 전에 건설업자가 당해 건설공사에 관한 견적을 할 수 있도록 다음과 같이 일정한 기간을 주어야 함(건설산업기본법)

- 30억 원 이상의 공사 : 공사현장을 설명한 날부터 20일 이상
- 10억 원 이상의 공사 : 공사현장을 설명한 날부터 15일 이상
- 1억 원 이상의 공사 : 공사현장을 설명한 날부터 10일 이상
- 1억 원 미만의 공사 : 공사현장을 설명한 날부터 5일 이상

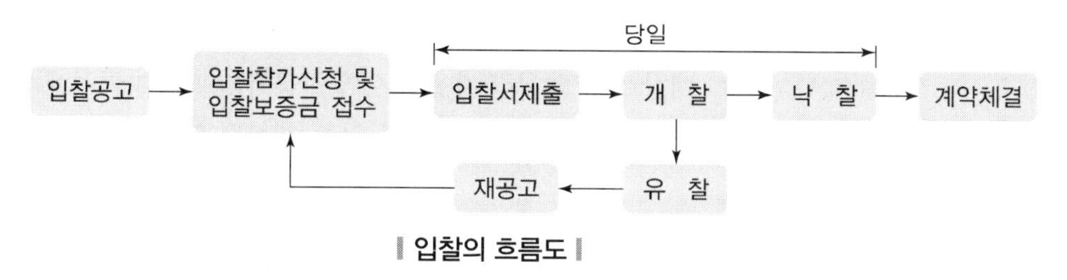

‖ 입찰의 흐름도 ‖

② 입찰과 낙찰

㉮ 입찰에 앞서 입찰참가 건설업자는 입찰보증금을 납입하여야 하고 낙찰이 결정된 자의 입찰보증금은 공사계약보증금으로 대체됨

㉯ 입찰가격이 가장 낮은 자에게 낙찰시키는 것이 원칙이지만 양질의 공사를 위해 예정가격과 최저가격의 범위 내에서 최저 또는 입찰금액평균에 가장 접근된 입찰자에게 낙찰시키는 방법이 있음

㉰ 입찰에는 견적의 오산, 부당가격, 오기 등이 있어도 예정가격 이내라면 낙찰을 받을 수 있으며, 해당 적격입찰자가 없을 때는 재입찰을 실시하고 또 제3입찰도 할 수 있지만, 공사예정가격 이내에 도달하지 아니하면 최저가격입찰자와 수의계약으로 계약조건과 공사비를 협의 조절하여 낙찰시킴

③ 입찰제도의 합리화와 제도

㉮ 입찰제도의 합리화

- 입찰방식의 결정 : 일반경쟁입찰과 지명경쟁입찰이 가장 보편적인 입찰방법으로 활용되고 있으나, 공사의 내용과 특성을 검토하여 적절한 입찰방법을 선택함
- 입찰참가자의 자격심사 : 발주자가 입찰참가 건설업자의 시공능력과 경영상태를 파악하고 능력상응의 입찰지명과 수주기회를 공정하게 제공할 수 있는 자격심사가 요구되며, 발주의 합리화와 건전한 건설업자를 육성할 수 있는 제도로 볼 수 있음
- 낙찰가격의 제한 : 낙찰가격은 일반적으로 최저가격 낙찰제를 취하고 있으나 불공정행위인 덤핑방지를 위해 lower limit제(제한적 최저가 낙찰제)의 도입이 선호됨
- 공사의 분리발주 : 공사의 발주는 통합발주와 분리발주로 구분되는데, 이해득실을 포함하여 분리발주를 어떻게 시행할 것인가 등 구체적이고 충분한 검토가 필요함
- 발주공사 도급보증제도 : 발주공사를 계약한 수급자(도급 건설업체)의 도산으로 공사수행이 불가능하게 되었을 경우 계약의 이행을 보증한 보증인 건설업자가 이를 대행케 하는 제도임

㉯ 우리나라의 입찰제도

- 정부, 지방자치단체 발주공사와 같이 국고부담이 되는 일반경쟁입찰의 입찰방식은 예정가격 이하의 최저가격 입찰자를 낙찰자로 결정함

- 하지만 중 · 소규모의 공사계약에서는 예정가격 이하로서 예정가격의 일정금액(86.5 ~ 87.745% 이상)으로 입찰한 자 중에서 입찰금액을 평균한 가격에 가장 가까운 직하 또는 직상으로 입찰자를 낙찰자로 하는 제한적 평균가 낙찰제를 적용하고 있음
- 특히, 중 · 대형공사의 경우 예정가격 이하 최저가격으로 입찰한 자순으로 공사 수행능력과 재무상태, 과거 계약이행의 성실도, 입찰자격 등을 종합 심사하여 일정점수(85점) 이상 획득하면 낙찰자로 결정하는 적격심사 낙찰제도를 병용하여 채택하고 있음
- 이 제도는 과거에 예정가격보다 현격히 낮은 가격으로 입찰하여 부실하고 조잡한 공사를 초래하는 경우가 많았으므로, 예정가격을 미리 확정하여 적정금액 범위의 낙찰자를 선정하여 충실한 공사를 집행하고자 하는 데 목적이 있음

④ 입찰 관련 용어

㉮ 추정가격 : 입찰방법 및 공고방법, 국제 입찰대상 여부 등을 구분하는 기준으로 삼기 위하여 예정가격 결정 및 입찰공고에 앞서 공사비를 계상한 금액으로 추산하여 작성된 가격

㉯ 예정가격 : 발주자가 입찰 또는 계약체결 전에 입찰 및 도급계약금액의 결정기준으로 삼기 위하여 작성한 금액

㉰ 입찰참여방법

- 직접입찰 : 입찰공고상의 지정된 시간과 장소의 투찰함에 직접 투찰하여 입찰에 참여하는 방법
- 상시입찰 : 소정의 입찰서 양식과 공사입찰참가 자격증에 등록된 인감을 사용하여 입찰시간 전까지 해당 공사 투찰함에 입찰하는 방법
- 우편입찰 : 입찰공고상에 우편입찰이 허용된 경우에 공사관리번호, 공사명, 입찰일시, 업체명 및 대표자, 연락처 등을 기재하고 소정의 입찰서식을 사용하여 입찰서 제출 마감 전일 근무시간까지 우편입찰서를 접수한 경우의 입찰참여방법
- 전자입찰 : 공정하고 투명한 입찰 및 계약행정 합리화(시간, 경비절감)를 위해 인터넷 홈페이지를 통해 입찰공고, 투찰, 개찰이 이루어지는 전산통합관리 입찰방법

㉱ 보증금

- 입찰보증금 : 입찰보증금 납부는 낙찰이 되어도 계약을 체결할 의지가 없는 건설업자의 입찰참가를 방지하기 위한 제도인데, 낙찰자가 계약을 체결하지 않을 경우 납부된 입찰보증금은 반환하지 않음
- 계약보증금 : 계약보증금은 수급인(도급자)이 시공계약을 이행할 것을 보증하기 위한 것으로 공사가 완료된 후에 반환하는데, 도급자가 계약을 이행하지 않을 경우 반환하지 않음

⑤ 제한적 최저가 낙찰제

㉮ 입찰에서 제한적 최저가격 낙찰제는 참여업자가 덤핑을 행하여 부당하게 낮은 가격으로 낙찰할 경우 공사의 품질이 저하되고 계약의 완전한 이행을 기대하기 어려운 결점이 있어 대안으로 도입된 입찰방법

㉯ 즉, 예정가격 이하이고 적정가격 범위 이상인 최저가격 입찰자를 낙찰자로 선정하는 제도

3) 공사시공방식

① 직영공사

㉮ 직영공사는 시공주(발주자)가 재료를 구입하고 기술인력을 일시적으로 고용하여 시공일체의 실무사항을 직접 처리하고 자신의 감독하에 실비로 시공하는 방식

㉯ 일반적으로 공사 중 임기응변의 대처가 요구되거나 대자본을 필요로 하는 경우, 또는 난공사 조건이거나 중요한 건설공사, 확실한 견적이 곤란한 공사 등에 적용

② 도급공사

도급공사는 일식도급 · 분할도급 · 공동도급방식으로 구분되는데, 도급자가 설계도면 · 시방서 · 계약서 및 공사도급규정 등에 따라 공사를 완성할 것을 약정하고, 발주자가 공사의 결과에 대하여 공사비를 지급할 것을 약속함으로써 계약이 성립됨

㉮ 일식도급 : 공사 전체를 도급자에게 맡겨 재료, 노무 및 시공업무 일체를 일괄하여 시행시키는 도급방법

㉯ 분할도급 : 공사내용을 세분한 후 각기 도급자를 선정하여 분할도급계약을 맺는 방식

㉰ 공동도급 : 대규모 건설공사에 기술 · 시설 · 자본능력을 갖춘 몇몇 건설회사가 공동출자회사를 조직하여 한 회사의 입장에서 공사도급 및 시공을 하는 방식

㉱ 설계 · 시공일괄도급(턴키도급, turn-key base contract)

- 턴키도급을 말하는 설계 · 시공일괄도급은 건설업자(수급자)가 대상계획의 기업 · 금융 · 토지조달 · 설계 · 시공 · 기계기구 설치 · 시운전까지 발주자가 필요로 하는 모든 것을 조달하여 준공 후 인도하는 도급계약방식, 새로운 plant공사와 특정한 대형시설공사 등에 적용
- 우리나라 정부발주공사의 경우 제도적으로 설계 · 시공 일괄입찰도급공사는 추정가격이 100억 원 이상인 경우 중앙건설기술심의위원회(또는 설계자문위원회)의 대형공사 입찰방법 심의시 선정되어 턴키입찰을 실시하여 체결된 도급공사를 말함
- 턴키입찰의 특성은 발주기관이 교부하는 입찰안내서, 현장설명서를 제외하고 모든 설계서를 계약상대자가 직접 작성해 제출하는 점임

- 이는 발주기관이 모든 설계서를 작성하여 열람시키거나 교부하는 일반공사(총액입찰, 내역입찰 등)와 구분되는 턴키공사의 중요한 특성이며, 발주기관이 예정가격을 작성하지 아니하므로 낙찰률이 없다는 점에서 다른 입찰방법과 구분됨

4) 도급금액 결정방식

① 총액도급

총액도급이란 총공사비를 경쟁입찰에 붙여 최저가 입찰자와 계약을 체결하는 제도로서, 일식 · 분할 및 공사별 · 내역별 도급제도가 병용되는데, 현재 널리 행해지는 제도

② 단가도급(내역입찰도급)

일정기간 시공과 관련한 재료 및 노력이 요구될 때 재료단가 · 노력단가 또는 재료와 노력이 가해진 수량 및 면적 · 체적단가만을 결정하여 공사를 도급하는 방식

③ 실비정산 보수가산도급

실비정산 보수가산도급은 이론상 직영 및 도급공사제도의 장점을 취하고 단점을 제거한 방식인데, 발주자 · 감독자 · 시공자의 3자가 입회하여 공사에 필요한 실비와 보수를 협의하여 결정하고 시공자에게 공사비를 지급하는 방법으로 건설업이 발달한 구미제국에서 많이 활용되고 있음

5) 공사의 입찰방법

① 일반경쟁입찰

일반경쟁입찰은 관보, 신문, 게시 등을 통하여 일정한 자격(기술능력, 자본금, 시설, 장비)을 갖춘 불특정다수의 공사수주 희망자(일반 및 전문건설업자)를 입찰경쟁에 참가시켜 가장 유리한 조건을 제시한 자를 낙찰자로 선정하여 계약을 체결하는 방법

② 제한경쟁입찰

제한경쟁입찰은 계약의 목적, 성질 등에 따라서 필요하다고 인정될 때 입찰참가자의 자격을 제한할 수 있도록 한 제도로서, 일반경쟁입찰과 지명경쟁입찰의 단점을 보완하고 장점을 취하여 도입한 중간적 위치에 있는 방법

③ 지명경쟁입찰

지명경쟁입찰은 자금력과 신용 등에서 적합하다고 인정되는 특정다수의 경쟁참가자를 지명하여 입찰에 의하여 낙찰자를 결정한 후 계약을 체결하는 방법

④ 제한적 평균가 낙찰제

일명 부찰제로 불리는 제한적 평균가 낙찰제는 중 · 소규모 공사를 대상으로 일정 예산금액 미만의 낙찰자 결정방법인데, 예정가격의 일정 범위(우리나라 : 86.5 ~ 87.745%) 이상

금액으로 입찰한 자(낙찰적격자)가 1인인 경우는 이를 낙찰자로 하고, 낙찰적격자가 2인 이상인 경우에는 낙찰적격자의 입찰금액을 평균하여 평균금액 바로 아래에 가까운 금액으로 입찰한 자를 낙찰자로 결정하는 제도

⑤ 대안 입찰

㉮ 발주자가 작성한 설계서에서 대체가 가능한 공종에 대하여 원안입찰과 함께 입찰자의 공사수행능력에 따른 대안제출이 허용된 공사의 입찰을 말하는데, 설계 · 시공상의 기술능력 개발을 유도하고 설계경쟁을 통한 공사의 품질향상을 도모하기 위한 제도

㉯ 우리나라의 경우 추정가격이 100억 원 이상인 공사 중 중앙건설기술심의위원회(또는 설계자문회의)의 심의 시 대안입찰방법에 의하여 낙찰자를 선정하도록 결정된 경우 이에 따라 대안입찰을 실시하여 체결된 공사의 입찰제도

⑥ 설계 · 시공일괄입찰(턴키입찰)

도급자인 건설업자가 대상계획의 금융 · 토지조달 · 설계 · 시공 · 기계기구 설치 · 시운전까지 발주자가 필요로 하는 설계와 시공내용 일체를 조달하여 준공 후 인도할 것을 약정하는 입찰방식을 의미

⑦ 수의계약(특명입찰)

㉮ 일반경쟁입찰방식에 의하여 계약을 체결할 수 없게 된 경우, 또는 특수한 사정으로 필요하다고 인정될 경우 수의계약에 의하여 계약을 체결할 수 있음

㉯ 그러나 수의계약이라 하더라도 계약 상대방과 임의로 가격을 협의하여 계약을 체결하는 것이 아니라, 공사예정가격을 공개하지 아니한 가운데 견적서를 제출하게 함으로써 경쟁입찰에 단독으로 참가하는 방식으로 이루어짐

㉰ 우리나라의 경우 수의계약은 소규모 공사, 즉 추정가격 1억 원 이하의 일반공사(전문 : 7천만 원, 전기 · 정보통신공사 등 : 5천만 원)와 특허공법에 의한 공사, 신기술에 의한 공사 및 다음 사유에 해당하는 경우 체결함(국가계약법시행령)

- 준공시설물의 하자에 대한 책임구분이 곤란한 경우로서 직전 또는 현재의 시공자와 계약을 하는 경우
- 작업상의 혼잡 등으로 동일현장에서 2인 이상의 시공자가 공사를 추진할 수 없는 경우로서 현재의 시공자와 계약을 하는 경우
- 마감공사에 있어서 직전 또는 현재의 시공자와 계약을 하는 경우

5. 공사관리

1) 개요

① 공사관리의 핵심은 설계도서를 근거로 적합하게 시공할 수 있도록 조건과 방법을 계획하는 측면(시공계획)과 시공을 위한 전문기술(시공기술), 그리고 계획대로 시공하기 위하여 공정, 원가, 품질, 안전관리가 요구되는(시공관리) 내용이 포함되어야 함

② 공사관리의 기본원칙은 싸게, 좋게, 빨리, 안전하게 주어진 공기 내에 양질의 목적물을 완성하는 것이며, 적정한 이윤을 추구하면서 시공계획, 시공기술 및 시공관리를 결합하여 합리적인 공사관리가 되도록 해야 함

2) 시공계획

① 시공계획이란 설계도면 및 시방서에 의해 양질의 공사목적물을 생산하기 위하여 기간 내에 최소의 비용으로 안전하게 시공할 수 있도록 조건과 방법을 결정하는 계획을 의미함

② 공사의 안전, 품질, 공기 및 경제성 확보를 목표(5R : Right product, Right quality, Right quantity, Right time, Right price)로 하면서 노동력, 재료, 시공방법, 기계, 자금 등의 생산수단(5M : Man, Materials, Methods, Mechanical, Money)을 적정하게 활용하기 위한 최적의 계획이 필요

㉮ 시공계획의 검토

- 사전조사
  - 계약서, 설계도서, 계약조건의 검토
  - 현장조건, 주변환경 등 현지답사
- 시공기술계획
  - 공사순서와 시공법의 기본방침결정
  - 공기와 작업량 및 공사비의 검토
  - 예정공정표 작성
  - 시공기계 선정과 운용계획
  - 가설비의 설계와 배치계획
  - 품질관리계획
- 조달계획
  - 하도급 발주계획
  - 노무계획(직종별 인원과 사용기간)
  - 기계계획(기종별 수량과 사용기간)
  - 재료계획(종류별 수량과 소요시간)
  - 운반계획(방법과 시간)

• 관리계획
- 현장관리조직의 편성
- 실행예산서의 작성
- 자금 및 수지계획
- 안전관리계획
- 제 계획도표의 작성
- 보고 및 검사용 서류의 정비계획

㉯ 시공계획의 절차와 기본사항

• 시공계획의 절차
- 계약조건 및 현장조건을 이해하기 위해 사전조사를 실시
- 시공순서 및 방법을 기술적 · 경제적으로 검토하여 기본방침을 결정
- 기계의 선정, 인원배치, 작업의 사이클 타임, 1일 작업량의 결정 및 각 공정의 작업 순서 및 계획을 세움
- 공사용시설의 설계와 배치계획을 수립함
- 작업계획을 분석하여 노무, 기계, 재료 등을 고려한 최적공정표를 작성
- 공정계획에 의거하여 노무, 기계, 재료 등의 조달 · 사용 · 운반계획을 세움
- 현장관리조직의 구성, 실행예산서 작성 및 자금 · 수지계획 그리고 안전계획, 현장 관리계획을 마련

• 시공계획의 기본사항
- 과거의 경험을 고려하고 타당성이 있는 신기술을 채택한다는 전제 아래 시공계획을 세움
- 시공에 적합한 계획을 마련
- 시공기술수준의 검토 등 필요시 전문기관의 기술지도를 받음
- 대안을 비교 · 검토해서 가장 적합한 계획을 채택

• 시공계획 결정과정에서 검토할 중심과제
- 발주자가 제시한 계약조건
- 현장의 공사조건
- 기본공정표
- 시공법과 시공순서
- 기계의 선정
- 가설비의 설계와 배치계획

㉰ 일정계획

• 일정계획과 공사기간

- 일정계획은 시공계획 중에서 핵심적인 사항인데, 공정별로 공사의 내용과 품질이 판명되고 비용이 산출되기 때문에 일정계획의 적부가 공사의 진도나 성과를 좌우한다고 보아도 좋음
- 일정계획은 공정 또는 작업에 대해서 다음의 조건을 만족할 수 있도록 입안

> ‣ 가능일수≧소요일수= $\dfrac{\text{공사량}}{\text{1일 평균작업량}}$
>
> ‣ 공사기간=작업일수+준비일수+휴일일수+강우(강설)일수

• 일정계획과 작업량 관리

노무자와 기계의 1일 실작업량은 표준작업량(표준작업능력×작업시간)과 가동률(가동노무자수/전노무자수), 작업시간효율(실작업시간/노동시간) 및 작업능률(실작업량/표준작업량)을 고려하여야 하며, 능률을 어떻게 향상시키느냐가 작업량 관리의 과제가 됨

> ‣ 1일 실작업량=표준작업량×가동률×작업시간효율×작업능률

3) 공정관리

① 공정관리의 내용

㉮ 시공관리의 3대 목표인 공정관리, 품질관리, 원가관리에서 공정, 품질, 원가 상호 간에는 그림과 같이 밀접한 연관성을 가짐

㉯ 공정관리는 품질과 원가의 합리적인 조정과정을 취하면서 안전관리도 고려하여 전체적으로 계획 - 실시 - 통제의 틀 속에서 진행되어야 함

시공관리의 3대 목표

공사의 요소	목표	공사관리
품질	좋게	품질관리
공사기한	빨리	공정관리
경제성	싸게	원가관리

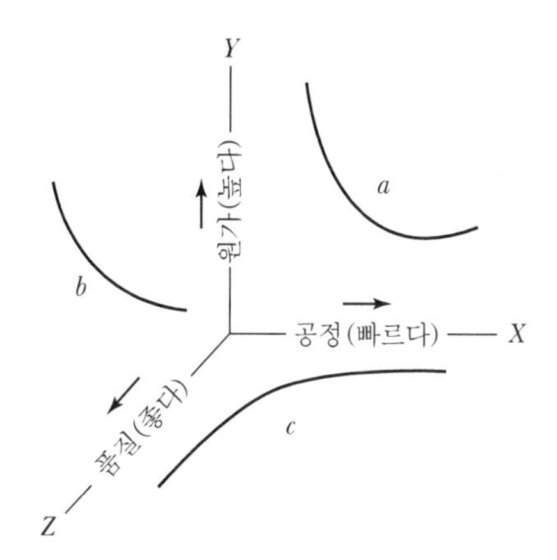

‖ 공정 · 원가 · 품질의 상관관계 ‖

② 공정계획

㉮ 경제적 공정계획

㉯ 최적공기의 결정

㉰ 채산속도(시공성과를 낙관할 수 있는 속도)와 경제속도(설계, 시방, 공기 등에 적정한 관리가 병행될 때의 속도)

㉱ 공정상의 기대시간(확률계산으로 공사기간을 산출)

③ 공정표

㉮ 공정표는 공사의 진척상황을 알기 쉽게 도표로 표기하여 공사의 제반 문제점을 파악할 수 있을 뿐 아니라 공사기간 단축과 양호한 품질시공 등을 도모하기 위하여 사용함

㉯ 공정표는 총 공사기간을 다룬 전체공정표와 세분된 공사기간을 다룬 부분공정표로 구분되는데, 대표적인 공정표의 표기법으로는 횡선식 공정표(bar chart), 기성고 공정곡선, 네트워크 공정표(network chart) 등이 있음

- 횡선식 공정표(막대그래프 공정표, bar chart)
  - 단순하고 시급한 공사에 많이 적용되는 횡선식 공정표는 비교적 작성이 쉽고 공사 내용의 개략을 용이하게 파악할 수 있다는 장점이 있음
  - 하지만 작업 선후관계와 세부사항을 표기하기 어려운 단점도 있어 대형공사에는 적용하기 어려움
  - 일반적인 작성순서는 다음과 같음
    - 부분공사(토공사, 콘크리트공사 등)를 공사진행 순서에 따라 종으로 나열
    - 공기를 횡축에 나타남
    - 부분공사의 소요공기를 계산
    - 각 부분공사의 소요공기를 적용하여 전체 공사일정과 연계시킨 공정표를 작성

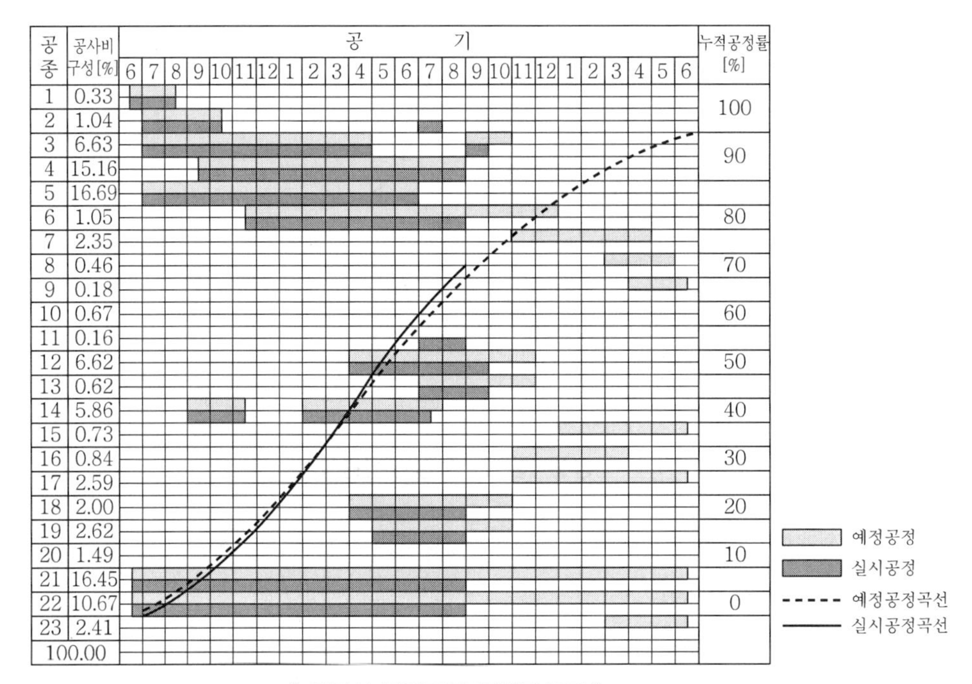

‖ 횡선식 공정표와 공정곡선도 ‖

- 기성고 공정곡선
  - 공정의 움직임을 정확하게 파악하기 곤란한 횡선식 공정표의 결점을 보완하여 예정공정과 실시공정을 대비시킨 진도관리를 위해 기성고 공정곡선을 사용함
  - 다음과 같은 내용을 포함하여 작성함
    - 횡선식 공정표를 작성함
    - 부분공정에 대하여 공사기간을 횡축에, 공사비를 종축에 작성하고, 각각의 부분 공정곡선을 작성하는 데 단순화를 위해 직선을 사용함
    - 횡축은 월별로 구분하고, 각 월에 대하여 부분공사의 공사비를 가산하여 총공사비를 누계한 예정공정곡선이 작성됨
  - 공정추진에는 계획곡선과 실행곡선이 일치하지 않는 경우가 많은데, 차이가 클 경우 공정회복이 어려운 상황을 초래하게 되므로 계획선의 상하에 허용한계선(바나나곡선)을 두어 안전구역 내에 실시공정곡선이 유지되도록 공정을 관리해야 함

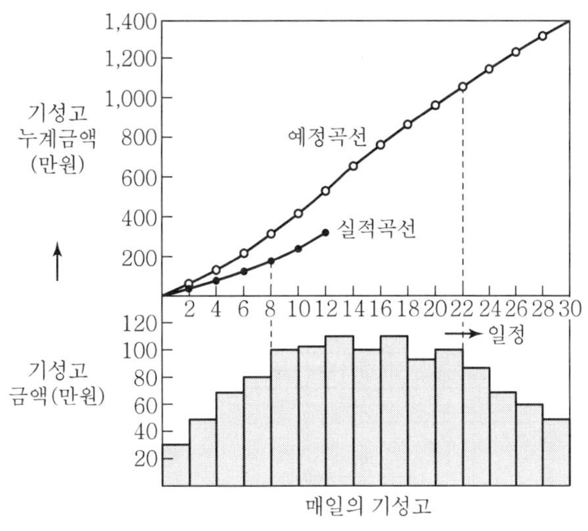

‖ 기성고 공정곡선 ‖

- 네트워크 공정표
  - PERT(program evaluation and review technique)와 CPM(critical path method)은 네트워크 기법을 이용한 대표적인 공정관리기법임
  - 특징적으로 횡선식 공정표는 작업기간을 막대길이로 표시하여 총괄적인 작업을 표시하는 데 비하여, PERT/CPM은 일정계획을 네트워크로 표시함
  - 네트워크에 의한 공정관리기법은 동그라미와 화살표의 연결로 표현되며 목적에 따라 탄력적으로 표시가 가능하지만, 다음과 같은 주안점을 고려하여 공정관리의 목적을 명확히 포착하는 것이 중요
    - 경제속도로 공사기간의 준수
    - 기계, 자재, 노무의 유효한 분배계획 및 합리적 운영
    - 공사비(노무비, 재료비)의 절감
    - 경비의 절감

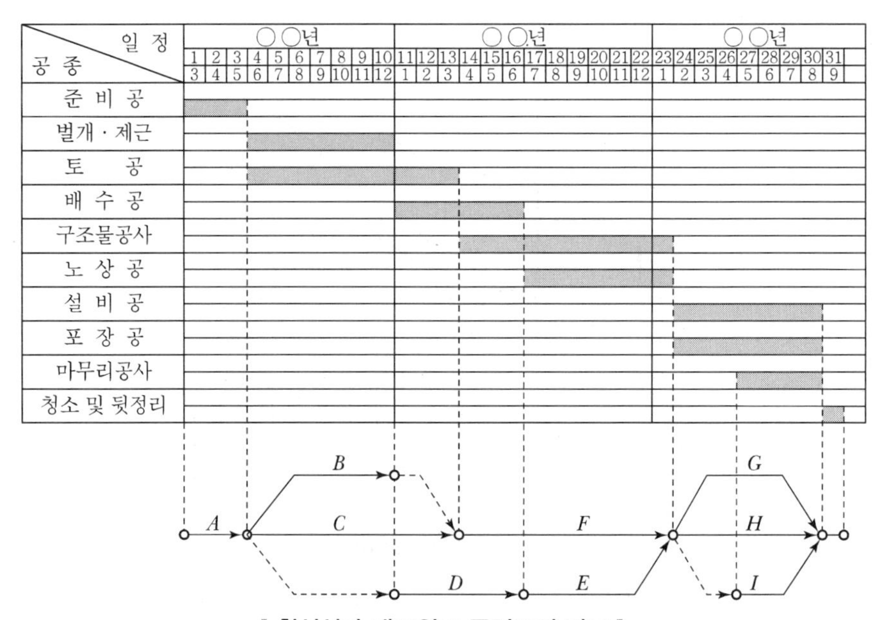

‖ 횡선식과 네트워크 공정표의 비교 ‖

횡선식과 PERT/CPM 공정표의 비교

구분	횡선식 공정표	PERT/CPM
형태	막대에 의한 진도관리	네트워크에 의한 종합관리
작업 선후관계	작업 선후관계 불명확	작업 선후관계 명확
중점관리	공기에 영향을 주는 작업의 발견이 난해	공기관리 중점작업을 최장경로에 의해 발견
탄력성	일정변화에 손쉽게 대처하기 어려우나 공정별, 전체 공사시기 등이 일목요연	한계경로 및 여유공정을 파악하여 일정변경 가능
예측기능	공정표 작성이 용이하나 문제점의 사전예측 곤란	공사일정 및 자원배당에 의해 문제점의 사전예측 가능
통제기능	통제기능이 미약	최장경로와 여유공정에 의해 공사통제 가능
최적안	최적안 선택기능이 없음	비용과 관련된 최적안 선택이 가능함
용도	간단한 공사, 시급한 공사, 개략공정표	복잡한 공사, 대형공사, 중요한 공사

4) 네트워크기법

① 네트워크의 종류

공정관리에 사용되는 네트워크는 시간의 경과와 그 시간에 시행되는 작업내용을 네트로 표현하고 전체작업의 시간계획을 수립하여 작업의 진행을 관리하기 위한 것으로 다음의 두 종류가 있음

㉮ 애로우 네트워크(arrow network) : 화살표와 동그라미로 조합된 공정표를 말하며 화살표에 작업의 명칭, 작업수량, 소요일수, 투입자원 등 공정계획상 필요로 하는 정보를 기입하게 되는데, 동그라미는 작업과 작업의 선후관계와 연결을 나타냄

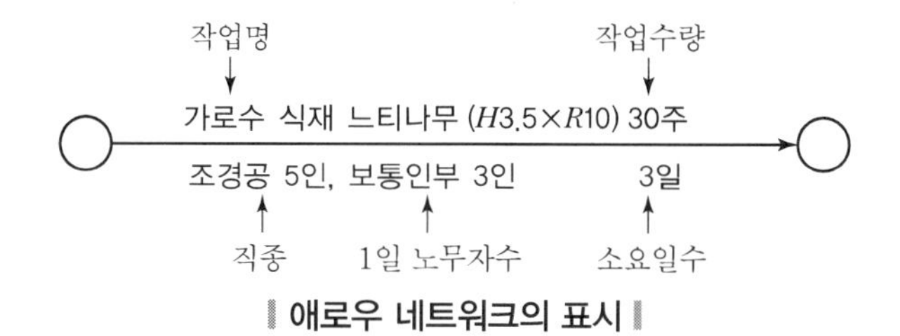

‖ 애로우 네트워크의 표시 ‖

㉯ 프리시던스 네트워크(precedence network) : 작업중심 연결 다이어그램으로 나타내는 공정표를 말하며, 작업을 노드(node)로 표시하고 노드 안에 번호, 요소작업명, 소요시간, 비용 등을 기입하여 노드와 노드를 화살표로 연결함

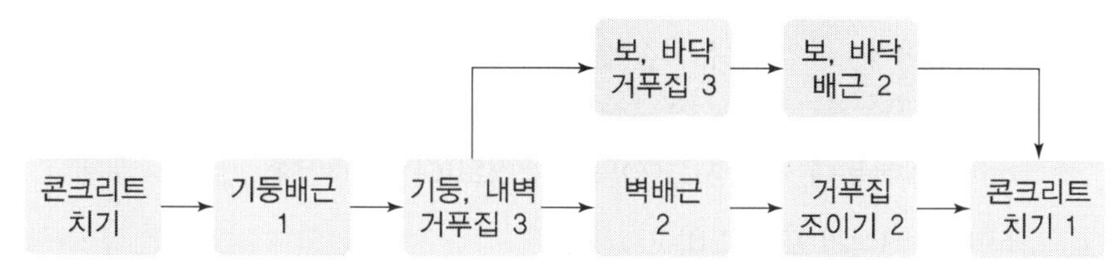

‖ 프리시던스(PDM식) 네트워크의 표시 ‖

② 네트워크의 용어

㉮ 작업(activity)

- 작업이란 공사를 구성하는 작업단위를 말하며 작업활동 및 기간 등을 가짐
- 작업의 표시는 실선화살표(→)로 하고 실선의 시작점은 작업의 시작을, 화살선의 끝은 작업의 종료를 나타냄

㉯ 결합점(node, event) : 결합점이란 작업(또는 더미)이 결합하는 시작점 또는 완료점을 나타내는데, 표기는 작업 전후에 ○으로 하며, 각 결합점에는 ⓘ→ⓙ와 같이 구별할 수 있도록 서로 다른 결합점 번호나 기호를 붙임

㉰ 결합점시각(event time)

- 개시결합점을 0으로 하여 각 결합점에 도달하는 시간을 의미하며 최조결합점시각과 최지결합점시각으로 구분

- 최조결합점시각(TE : earliest event time) : 임의의 결합점에서 개시할 수 있는 가장 빠른 시각
- 최지결합점시각(TL : latest event time) : 임의의 결합점에서 완료하는 작업의 모두가 늦어도 완료되지 않으면 안 될 시각

㉣ 작업시간(activity time)

- 최조개시시각(EST : earliest starting time) : 작업을 가장 빨리 개시할 수 있는 시각
- 최조완료시각(EFT : earliest finishing time) : 작업을 가장 빨리 종료해도 되는 한계의 시각
- 최지완료시각(LFT : latest finishing time) : 공기에 영향이 없는 범위 내에서 작업을 가장 늦게 종료해도 되는 한계의 시각
- 최지개시시각(latest starting time, LST) : 공기에 영향이 없는 범위 내에서 작업을 가장 늦게 개시해도 되는 한계의 시각으로 완료시각에서 소요시간을 공제한 시각

㉤ 더미(dummy, 명목상 작업)

- 실제 공정과 관련한 작업은 행해지지 않으나 작업 상호 간의 연관관계만 나타내는 명목상 작업으로 선행과 후속의 관계를 나타내기 위하여 사용
- 더미의 표현방법은 파선의 화살표로 나타내는데 실제 작업이 수반되지 아니하므로 소요시간은 0(zero)임

㉥ 여유시간(float) : 여유시간은 공기에 영향을 주지 않고 지연시킬 수 있는 시간, 또는 작업의 대기시간임. 여유시간에는 총 여유(total float)와 자유 여유(free float)가 있음

㉦ 경로(path) : 경로는 임의의 두 결합점을 실선의 방향(또는 역방향)에 따라 연결하는 path를 말하는데 최장경로(LP)와 한계경로(CP)로 구분됨

③ I-J식과 PDM식의 표기법 비교

I-J식과 PDM식의 표기법 비교

애로우식(I-J식)	PDM식
• 단계 중심 • 많은 작업내용 기입 곤란 • 더미 필요 • 선후관계 명확 • 익일 환산계획공정표 작성 용이 • 관리자용으로 편리	• 작업 중심 • 많은 작업내용 기입 용이 • 더미 불필요 • 선후관계 불명확 • 익일 환산계획공정표 작성 곤란 • 현장 작업자용으로 편리

5) 원가관리

① 개요

㉮ 시공관리의 목표는 좋게(품질관리), 빨리(공정관리), 싸게(원가관리) 목적물을 완성시키는 데 있으며, 시공업체는 합리적인 시공관리를 통하여 최대의 이윤을 추구하는 설립목적을 두고 있으므로 '싸게'에 해당하는 원가관리가 시공관리의 핵심임

㉯ 원가관리는 계획, 실행, 통제의 관리서클을 적용할 수 있는데, 계획단계에서는 공사의 실행예산을 작성하는 기본단계가 되며, 실행단계에서는 시공의 진척상황에 맞추어 기성고와 그에 따른 비용을 파악하고, 통제단계에서는 이익을 제고할 수 있는가 또는 기대했던 결과가 얻어지지 않을 경우에 원인을 찾아내어 통제하는 단계를 의미함

② 원가관리의 지표와 수단

㉮ 원가관리의 지표 : 원가관리는 공사비를 실행예산과 대비하여 통제하는 수단이 되고 실행예산은 시공관리자가 공사비를 집행하는 준거기준이 됨

㉯ 원가관리의 저해요인

- 시공관리의 불철저
- 작업의 비능률
- 작업대기시간의 과다
- 부실시공에 따른 재시공작업 발생
- 물가 등 시장정보 부족
- 자재 및 노무, 기계의 과잉조달

㉰ 원가관리 수단

- 가동률 향상 : 작업실태 분석에 따라 생산손실 저감
- 기계설비 정비 : 기계 및 장비의 고장에 따른 작업손실 방지
- 품질관리 강화 : 재시공 등의 시공불량 저감
- 공정관리 개선 : 작업속도를 능률적으로 운용하여 공기단축
- 공법 개선 : 공업화, 표준화, 기계화 등 공법 개선에 의한 원가절감
- 구매방법 개선 : 구매량, 대금지불방법 등의 개선에 의한 원가절감
- 현장경비 절감 : 불필요한 현장경비 절감

③ 원가관리의 적용과 자금조달계획

㉮ 원가관리의 적용

시공과정에서 지출한 재료비, 노무비, 경비를 산정하여 실행예산과 대비시켜 조기에 문제점을 발견하는 것이 원가관리의 핵심인데, 항목별 예산의 잔액과 잔여공사에 대한 소요액을 대조하여 현재 지출되고 있는 경비를 검토하면서 관리를 진행함

㉯ 원가관리와 자금조달계획

- 조경공사에 대한 자금조달계획은 공사일정과 실행예산을 기초로 수입과 지출을 분석하고 공사 도중 발생하는 공사대금 부족액의 효과적인 조달을 목적으로 하며, 자금관리는 공사기간 중 수입과 지출이 적정하고 평형상태를 유지할 수 있도록 관리하는 것임
- 수급인의 시공수입 : 선급금, 중간 기성금, 준공금
- 자금조달계획 : 시공비용은 공사준비에 따른 비용과 시공 중의 자재비, 노무비, 기계경비, 하도급 대금 등이며 일반적으로 자금의 지출시기는 비용발생 시점보다 일정기간 늦으므로 지출을 계획적으로 조정하여 조달계획에 만전을 기함

6) 품질관리

① 개요

㉮ 품질은 물품이 가지는 효용으로서의 기능적 품질과 외관, 설계 등의 비기능적 품질을 포함하는 여러 조건을 평가한 것으로서 "제품 또는 서비스가 명시되어 있는 요구사항뿐만 아니라 묵시적 요구까지 충족시키는 능력이나 특성의 총합"을 의미함

㉯ 품질관리란 "수요자의 요구에 맞는 품질의 제품을 경제적으로 만들어내기 위한 모든 수단의 체계이며, 근대적 품질관리는 통계적 수단을 채택하고 있으므로 통계적 품질관리"를 의미함

② 통계적 품질관리

통계적 품질관리란 유용하고 경쟁력이 있는 성과품을 경제적으로 생산하기 위하여 생산의 모든 단계에 통계적인 수법을 응용한 것으로, 건설분야에서는 발주자가 설계서에서 요구하는 적합한 품질을 경제적으로 완성하는 수단체계라고 할 수 있음

③ 통합적 품질관리

통합적 품질관리란 양질의 제품을 보다 경제적인 수준에서 생산할 수 있도록 각 부문의 품질유지와 개선 노력을 체계적이면서 종합적으로 조정하는 효과적인 체계임

④ 품질관리의 기능과 목적

건설공사에서 품질관리의 기능은 품질의 설계, 공정의 관리, 품질의 보증, 품질의 시험으로 요약할 수 있으며, 품질관리 활동의 목적은 시공능률의 향상, 품질 및 신뢰성의 향상, 설계의 합리화, 작업의 표준화로 구분할 수 있음

⑤ 표준화와 통계적 방법의 활용

㉮ 표준화 : 품질관리에는 사용재료나 완성품질의 표준화가 요구되며 동시에 작업의 표준화가 필요함

㉯ 통계적 방식의 활용 : 품질관리를 엄격히 시행하여도 균질하고 양호한 품질은 확보하기 어려우며, 생산품은 어떠한 산포(散布)를 동반하게 되는데, 이와 같은 산포는 통계적인 규칙성을 갖고 있으므로 통계데이터의 성질을 추출하여 전체적인 규칙성을 파악하게 되는바, 품질관리에는 통계적인 수법이 필수불가결함

⑥ 조경공사의 품질관리

㉮ 일반적으로 조경공사는 시공단계에 따른 품질시험 및 평가와 관련한 품질확인이 중요한데, 시공과정에서의 품질확인이 생략되었을 경우 준공시점에서 품질의 불량상태가 확인된다 하더라도 한정된 공사기간 문제와 재시공 또는 전면적인 보강공사 등에 많은 노력과 비용이 수반되어야 함

㉯ 따라서 가장 효율적인 품질관리수단은 공정에 따른 품질관리기준을 설정하여 시공 전, 시공 중, 시공 후로 구분하여 적용, 추진하는 것이 요구됨

- 품질시험 : 품질시험은 건설기술진흥법(선정시험, 관리시험, 검사시험)에 근거하여 수급인에 의해 제출된 품질시험계획서에 따라 관련자재의 품질시험방법, 시공현장에 반입된 자재의 적합 여부 등을 확인토록 함
- 품질관리 요인
  - 경영 요인 : 경영자의 관심, 시공업체의 경영상태, 본사의 현장지원
  - 공급 요인 : 자재공급, 노무인력 공급, 반입자재의 품질
  - 공사일반 요인 : 공사기간, 공사금액, 낙찰률, 하도급 선정
  - 공사인력 요인 : 감독관, 감리원, 도급자 현장직원, 하도급자 현장직원, 시공인부
  - 현장 요인 : 시공조건, 선행공정과의 협조, 기상조건 등
  - 품질관리 규정 요인

7) 안전관리

① 개요

㉮ 오늘날 건설공사는 규모가 대형화되고 내용 또한 복잡화되며, 자연재해를 비롯한 산업재해 및 공해 등 새로운 재해가 증대되고 있음

㉯ 건설공사에 직접 종사하는 기술자는 이러한 재해로부터 인명과 재산, 시설 등을 지키기 위해 어떻게 대처해야 하는가는 중요한 과제가 되며 합리적인 공사관리계획을 세워서 안전하게 공사를 시행할 수 있도록 안전관리에 최선을 다해야 함

② 재해의 원인

㉮ 인적 원인

- 심리적 원인 : 무지와 미숙련, 부주의와 태만
- 생리적 원인 : 신체 결함, 질병과 피로

- 기타 : 노약자, 복장의 불비

㉯ 물적 원인

- 설비 : 구조, 재료 및 안전설비의 불완전, 협소한 작업장
- 작업 : 정비 · 점검 및 수리의 불량, 기계공구의 불비, 급속한 시공, 불합리한 지시
- 기타 : 예산부족, 공기상의 불합리

㉰ 천후원인

추위, 바람, 더위, 비, 눈 등

③ 안전대책

㉮ 안전관리 고려사항

- 건설공사에서 안전 또는 재해에 대한 관리와 문제점 검토에는 계획, 설계, 시공단계에서 다음 사항을 고려해야 함
- 계획단계 : 자연재해의 방지, 시공 중, 준공 후 자연환경의 보전대책을 검토
- 설계단계 : 건설된 시설이나 구조물 등의 안전성 확보를 검토
- 시공단계 : 노동재해나 현장주변의 제3자 재해방지를 검토

㉯ 안전대책의 적용

- 시공과정에서 안전을 위해 재해의 원인과 경향을 파악하고 전반적으로 시공관리 안전대책을 강구하여야 하는데, 안전대책의 적용과 관련한 실시내용은 다음과 같음
- 안전관리기구의 구성, 노동재해기구의 방지계획, 안전교육의 실시, 매일 현장점검, 현장의 정리정돈, 위험장소의 기술적 안전대책 검토, 응급시설의 완비 등

2 조경시공일반

1. 부지준비

1) 보호대상의 확인 및 관리

조경공사를 위해서는 부지조성과 기반시설을 설치하기 전에 보호대상을 확인하고 관리를 위한 방안을 세워야 함. 일반적으로 조경공사와 관련하여 보호대상이 되는 것은 문화재, 기존수목, 자연생태계 등임

① 문화재의 보호

부지 내에 문화재가 있거나 문화재 발굴이 예상되는 공사현장에서는 매장물의 보호조치에 철저를 기해야 함. 만약 공사 중에 매장문화재가 발견된 경우에는 즉시 작업을 중지하고 문화재보호법의 규정을 따라야 함

② 기존수목의 보호

㉮ 공사 부지에 오랜 시간에 걸쳐 생육하고 있는 수목을 보호하는 것은 조경가에게 중요한 일임

㉯ 수목 보호 공법은 보호용 울타리 및 지지대를 설치하거나 수목의 외부환경을 원상태로 돌리기 위해 투수성 포장공법을 사용하는 등 환경친화적 노력이 필요함

③ 자연생태계의 보호

㉮ 습지, 수림 등 자연성 높은 지역이나 인접한 지역에서 공사를 하게 되면 직접 · 간접적으로 자연 상태에 부정적 영향을 주게 됨

㉯ 자연지역을 보호하는 방법은 가급적 보호지역을 피해 공사하고 불가피하게 공사를 해야 하는 경우는 자연지역의 생태조사를 통하여 그 생태계의 보존 및 재생방안을 강구해야 함

④ 구조물 및 기반시설의 보호

㉮ 파손되기 쉬운 재료로 만들어진 구조물이나 각진 구조물은 합판을 이용하여 보호해야 함

㉯ 하중이 큰 공사용 차량이 얕은 깊이로 매설된 기반시설 위로 통과하게 되면 이로 인하여 기반시설이 파괴되므로 주의하여야 함

2) 지장물의 제거

① 조경공사는 대부분 토목이나 건축공사의 후행공종으로 진행되는 경우가 많아 현장에는 포장이나 기초와 같은 구조물, 기반공급시설, 야적재료 등 적지 않은 지장물이 있음

② 이러한 시설은 착공 전에 공사의 원활한 진행을 위하여 제거되어야 하는데, 사전에 제거 대상을 면밀히 파악하고 일정계획과 상세한 작업계획을 세워야 하며, 반드시 관련자와 협의하여 처리하여야 함

3) 재활용과 쓰레기의 처리

① 조경공사를 통하여 발생되는 수목 전지물 및 고사목, 목재 부스러기 등은 처리하여 가급적 재활용하도록 하고, 콘크리트 잔해, 비닐 등 산업폐기물은 폐기물처리에 관한 법률에 따라 처리하여야 함

② 공사부산물을 다시 활용하기 위해서는 많은 시간과 노력이 요구되며, 동시에 이것을 보관하기 위한 장소가 필요하므로 시공자에게는 번거로운 작업임

③ 그러나 친환경적인 공간을 조성하는 조경공사의 특성상 이러한 부산물의 재활용에 많은 관심을 가져야 함

4) 부지배수 및 침식방지

① 비가 온 후, 원활한 배수를 위해 표면배수로를 설치해야 함. 가능한 표면유출거리를 작게 하고 경사면의 경사를 완만하게 하여 침식을 최소화해야 함

② 특히, 공사로 인해 지표식생이 제거된 곳에서는 대규모의 표면유출로 인한 피해가 발생할 수 있으므로 주의가 요구됨

③ 공사부지 내 우수 및 혼탁류가 외부로 유출되어 주변지역에 피해를 주지 않도록 하기 위해 부지의 규모가 큰 경우에는 임시저수시설이나 물막이공을 설치해야 함

2. 정지 및 표토복원

1) 일반사항

① 대부분의 조경공사에서 정지작업이 이루어지게 되며, 이러한 작업의 궁극적인 목표는 필요한 곳에 흙을 이동시키고 필요 없는 곳의 흙을 제거하여 본격적인 시공작업에 들어가기 전에 대규모로 부지를 정지하는 것임

② 만약 부지에 식물생육에 적합한 표토가 있다면 이것을 모아서 다시 활용하기 위한 방안이 필요함

2) 정지작업의 고려사항

정지작업을 위해서는 흙의 양과 질, 작업과정 그리고 기상조건에 관심을 두어야 함

① 흙의 양

㉮ 먼저 양과 관련하여 조경공사를 위해 현재 토량이 충분한지 판단해야 하며, 만약 흙이 추가적으로 필요할 경우 토취장을 확보해야 하고, 흙을 반출해야 한다면 반출장소를 명확히 해야 함

㉯ 또한 현장에서도 성토가 필요한 지역과 터파기나 절취로 인하여 추가적으로 절토가 발생될 지역을 확인하고 현장 내부에서 흙의 양적인 균형에 대하여 고려해야 함

② 흙의 질

㉮ 흙의 질과 관련하여 조경공사에서 필요로 하는 흙은 식물생육과 시설물의 설치를 위해 다른 종류의 흙이 필요하다는 점임

㉯ 따라서 식재지역과 시설물 설치지역에 필요한 흙의 양은 별도로 구분하여 정지작업을 해야 하며, 특히 표토의 수집과 활용에 신중을 기해야 함

③ 작업과정

㉮ 조경공사의 초기단계에서 이루어지는 정지작업은 백호, 불도저, 덤프트럭과 같은 중장비를 이용하는 대규모 작업이므로 토목이나 건축 등 전체적인 공정을 반영하여 이루어져야 하며, 또한 작업과정에서 장비이용의 효율성을 도모해야 함

㉯ 만약 이 단계에서 정지작업이 거칠고 정확하게 이루어지지 않으면, 추가적인 정지작업이 불가피하고 이로 인한 비용 발생으로 공정관리에 부정적인 영향을 주게 됨

④ 기상조건

정지작업은 대부분 장비를 이용하므로 날씨의 영향을 크게 받는데 기상조건과 관련하여 다음의 사항을 고려해야 함

㉮ 점토나 유기물이 많은 토양이 젖어 있을 때는 정지작업을 하지 말 것

㉯ 다짐을 위해서는 완전히 건조한 흙보다는 적정한 수분을 함유하고 있을 때 다짐할 것

㉰ 부지의 배수상태를 파악하고 정지작업으로 인하여 새롭게 웅덩이가 만들어지지 않도록 할 것

㉱ 정지작업과정에서 발생하는 침식을 방지할 것

3) 정지작업의 준비 및 시행

현장에서 이루어지는 정지작업 과정은 그 규모에 따라 달라지게 되지만 공사의 시작과 마지막에 이루어지게 됨

① 현장조건의 파악

설계도서에 규정된 내용과 현장조건의 일치 여부를 검토하고 만약 상이한 점이 발견되면 대책을 강구해야 하며, 정지작업을 위해 토목이나 건축공사와의 협의를 통하여 원만한 정지작업이 가능하도록 준비함

② 정지작업

정지작업은 시설부지를 조성하기 위한 성토와 절토작업을 포함함. 정지작업의 마감면의 높이는 추후에 설치될 기초 및 기층부와 상층 마감부의 두께를 고려하여 결정해야 함

4) 표토의 채취 · 보관 · 복원

① 표토는 오랜 시간에 걸쳐 형성된 소중한 토양으로 다량의 유기물과 식물생육에 좋은 토양구조를 가지고 있으므로 채취 · 보관 · 복원되어야 함

② 이러한 표토의 복원은 조경공사차원에서 이루어질 수도 있으나 국내에서는 사업 초기의 대규모 토목공사가 이루어지는 단계에서 시행되는 경우가 적지 않으므로 사전에 표토를 보호하기 위해 조경가와 협의가 이루어질 수 있도록 해야 함

㉮ 표토

- 표토는 지표면의 토양으로 토층의 A층으로서 일반적으로 암색 내지 흑갈색을 띠고 있으며, 토양미생물이나 다량의 유기물이 포함되어 있어 식물생육에 매우 적합한 토양임
- 자연계에서 1cm의 표토가 형성되는 데 200년 정도 걸리는 경우도 있으므로 반드시 표토를 채취하고 복원하도록 해야 함
- 일반적으로 자연상태에서 표토가 넓은 범위에 걸쳐 고른 두께로 분포하는 법은 없기 때문에, B층도 포함될 수 있으므로 표토채취는 A층에 국한하지 말고 토양의 상태와 성질 등을 조사한 후 대상, 양, 공법 등 복원계획을 마련해야 함

㉯ 표토의 채취 · 보관 · 복원과정

- 표층식생의 제거 : 자연지역과 같이 표층에 식생이 있는 곳에서 표층식생은 시간이 지남에 따라 분해되어 토성을 변화시키고 표토복원작업에 장애가 되므로 사전에 제거한 후 처리해야 함

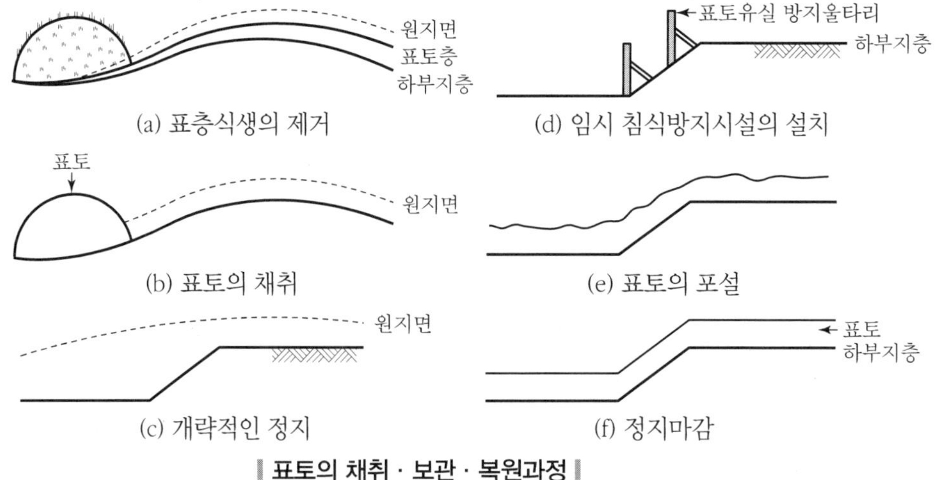

‖ 표토의 채취 · 보관 · 복원과정 ‖

- 표토의 채취 및 보관 : 일반적으로 표토의 채취량과 필요량이 균형을 이루는 것이 바람직하지만, 만약 표토가 모자란 경우에는 별도로 표토를 확보하도록 해야 함. 채취된 표토는 일정한 높이로 쌓아 보관한 후 정지마감작업 시 재사용해야 함

㉠ 채취구역의 선정 : 표토의 채취구역은 부지 내 토양조건을 고려하여 결정하며, 다음의 조건을 갖도록 해야 함

- 절 · 성토 구역으로서 보전녹지나 식재 예정지에서는 표토를 채취하지 않도록 함
- 채취작업으로 인하여 다량의 토사유출이 우려되는 급경사지나 계곡은 배제함
- 채취작업을 위해 기존 수림을 추가로 벌채하지 않는 구역이어야 함
- 지하수위가 높아 습윤한 지역은 배제함

㉡ 채취공법 : 표토를 채취하기 위한 공법으로는 일반 채취법, 계단식 채취법, 표층 절취법이 있음

- 일반 채취법 : 채취 대상지의 토층이 두껍고 평탄하거나 완경사지에 적용함
- 계단식 채취법 : 토사유출은 조금 있으며 하층토의 혼입이 많음
- 표층 절취법 : 중력을 이용하여 하향으로 작업하는 가장 좋은 표토 채취방법이나 채취 후 장기간 방치할 경우 토사유출의 우려가 있음

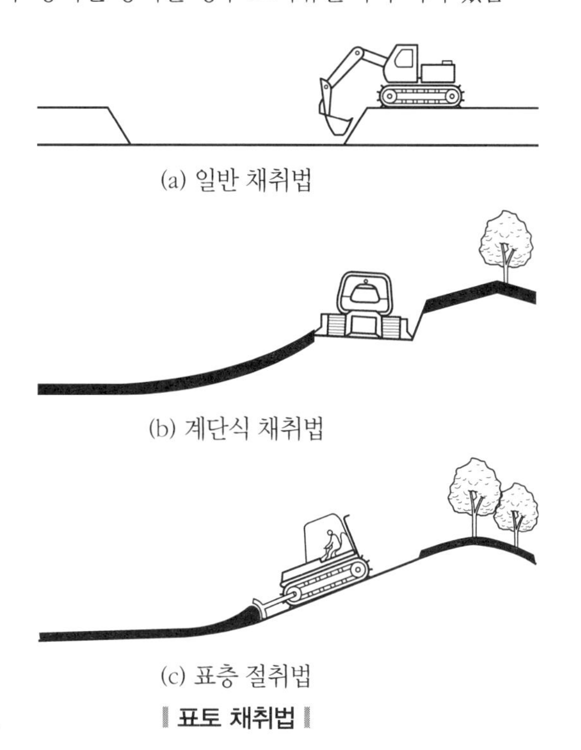

‖ **표토 채취법** ‖

㉢ 운반 및 보관

- 확정된 채취구역, 채취량을 기본으로 하여 운반거리를 최소로 하고 운반량을 최대로 하는 운반작업의 원칙에 따라 표토를 어떤 경로로 어느 장소로 운반할 것인가를 결정하여야 함
- 표토채취에 있어 중장비를 사용하게 되면 토양이 다져져 식재에 부적당한 토양이 되는 경우가 있으므로 주의해야 하며, 표토가 습윤하지 않도록 하여 운반함
- 표토의 가적치 장소는 배수가 양호하고 평탄하며 바람의 영향이 적은 장소를 선택하며, 적절한 장소의 선정이 곤란한 경우에는 방재나 배수처리 대책을 강구한 후 가적치함
- 가적치의 최적두께는 1.5m를 기준으로 하며, 최대 3.0m를 초과하지 않도록 함
- 가적치 기간 중 표토의 성질이 변화되거나 바람에 의해 비산하지 않도록 해야 하며, 적치된 표토가 우수에 의해 유출되거나 양분이 유실되지 않도록 식물로 피복하거나 비닐 등으로 덮어주어야 함

㉰ 표토의 복원

공종별로 시공작업이 진행되어 대부분의 포장이나 구조물이 설치된 다음에는 표토를 필요한 지역으로 운반하여 포설함. 하층토와 복원표토의 조화를 위하여 최소한 20cm 이상의 지반을 기경한 후 그 위에 표토를 포설하는데, 표토의 깊이는 시방서의 규정에 따르지만 보통 수목의 생육에 지장이 없도록 하고, 채취 가능한 표토의 양과 경제성을 종합적으로 검토하여 결정함

3 공종별 조경시공

1. 토공 및 지반공사

1) 개요

① 토공의 의의

㉮ 토공이라 함은 조경공사, 토목공사 등 건설공사에 있어서 흙의 굴착, 싣기, 운반, 성토와 다짐에 관한 작업의 전부를 의미함. 이것은 절토공사와 성토공사로 대별됨

㉯ 공사의 마무리면을 시공기준면이라 하는데, 시공기준면보다 원지반이 낮을 때는 성토를 하고 높을 때는 절토를 함

㉰ 토공은 모든 건설공사의 기본이고, 하천제방이나 골프장공사에서는 총 공정의 60 ~ 80%를 차지하고 있음

㉱ 토목, 건축 등의 시설물 위주의 공사는 철저한 다짐에 의한 누수 및 붕괴를 방지하는 것이 목적이나, 조경공사 시공에 있어서 토공은 이러한 목적 외에도 식물성장에 적절한 토양입자의 물리적 조성과 다짐이 이루어져야 한다는 조건이 따름

㉲ 따라서 조경공사에 있어서 토공은 식물성장에 좋은 조건을 유지하기 위해서 공사비와 공사기간이 길어지더라도 경량의 토공기계 투입이 필수적임

② 토공의 안정

㉮ 하천의 제방, 철도, 도로의 노반 등은 목적에 따라 안정을 유지하는 데 필수적인 공정임. 흙은 자중과 외력이 흙입자 간의 마찰저항과 점착력에 대하여 평형을 유지함으로써 안정상태를 유지함

㉯ 따라서 평형을 유지하는 이상의 큰 외력이 작용하거나, 내부적으로 입자조성이나 함수비가 변화하여 마찰저항과 점착력이 감소하면 흙은 평형상태를 잃게 되어 낙하, 붕괴하게 됨

㉰ 흙의 안정성을 고려하기 위하여 비탈구배를 완만하게 할수록 안정되지만 그 대신 용지비나 토공량이 많아져서 공사비가 늘어남. 따라서 토공이 안정을 유지하는 범위 내에서 경제적인 문제를 고려하여 시공해야 함

2) 토양 및 토질

흙(soil)이란 농학적인 목적으로 사용될 때는 식물성장에 필요한 조건을 요구하게 되어 토양이라 하고, 공학적인 목적으로 사용되면 구조물의 안정을 유지하는 기초지반으로서 토질이라고 부름

① 흙의 각 성분 사이의 관계

㉮ 흙덩이는 고체인 흙입자, 액체인 물 및 기체인 공기의 세 가지 성분으로 구성되어 있음. 유기질토는 위의 세 가지 성분 외에 유기물질을 포함함

㉯ 흙의 3상 상호 간의 중량이나 용적에 따라 흙의 성질은 현저한 변화를 보여주므로 흙의 구성에 대한 상호관계를 잘 이해하고 있어야 함

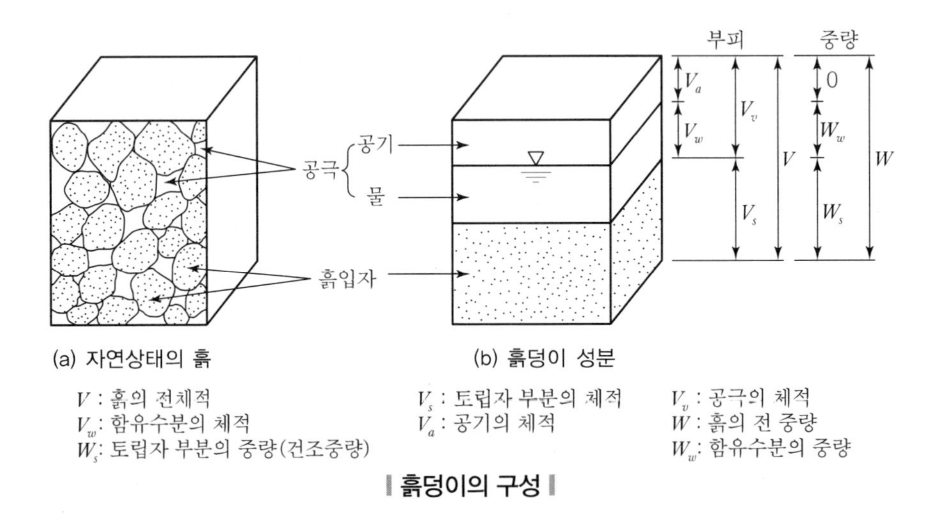

흙덩이의 구성

② 흙의 분류

㉮ 흙은 사용목적에 따라 지질학적 분류, 공학적 분류 그리고 농학적 분류 등 크게 세 가지로 분류할 수 있음

㉯ 조경시공학 분야에서 흙은 수목의 생장 매개체로서 농학적인 분류와 구조물을 안정시키는 대상으로서 공학적인 분류 두 가지로 나뉨

㉰ 이러한 두 가지 분류법은 흙입자의 크기에 따라서 모래(sand), 미사(silt), 점토(clay) 등 세 가지 입자크기로 나누게 됨

- 흙의 농학적 분류
  - 토양의 무기질입자의 입자지름조성에 의한 토양의 분류를 토성이라고 하며, 이것은 모래, 미사, 점토 등의 함유비율에 의해 결정됨
  - 토양의 기계적 분석으로 모래, 미사 및 점토의 백분율을 계산하여 삼각도표법을 이용하면 토성을 쉽게 결정하여 구분할 수 있음
  - 국제토양학회법과 미국 농무부법에 의한 방법이 있는데, 같은 흙이라도 분류방법이 다르기 때문에 동일한 흙으로 분류될 수 없음
  - 토성과 식물생육의 관계를 살펴보면 점토분이 많은 식토는 보수 및 보비력은 크지만 통기성이 불량하고, 모래분이 많은 사토는 그와 반대로 보수 및 보비력은 매우 작지만 통기성은 양호함

- 식물은 그 종류 및 품종에 따라 사질토양에 적합한 것, 점질토양을 좋아하는 것, 건조한 곳에서 잘 자라는 것, 다습한 곳에서도 견딜 수 있는 것 등 여러 가지가 있으므로 모든 식물이 반드시 양질토양에서만 잘 자라는 것은 아님

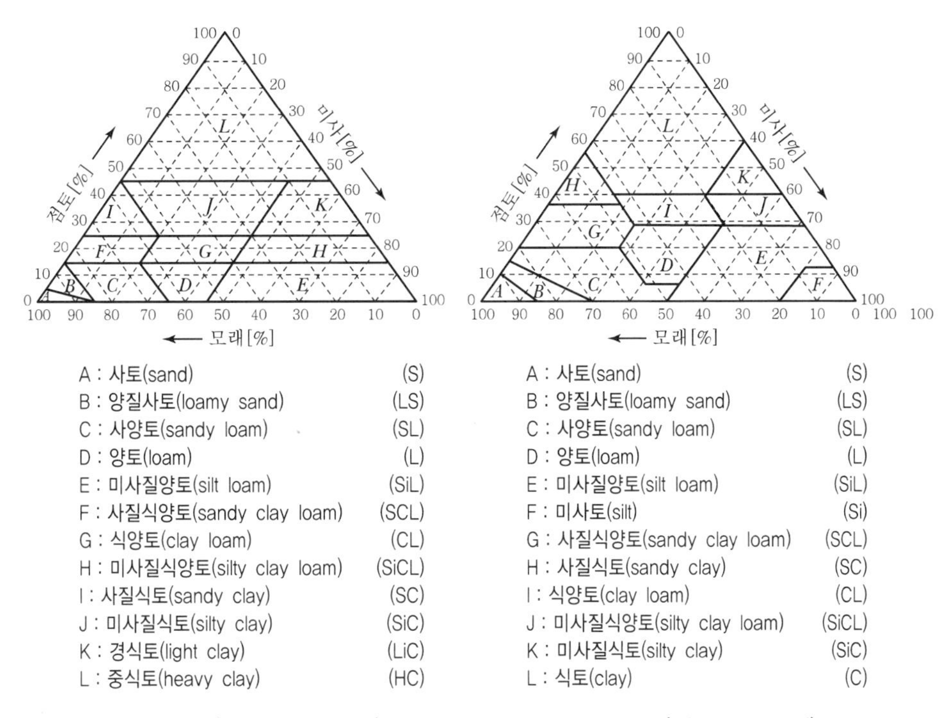

‖ 토성구분(국제토양학회법) ‖

‖ 토성구분(미국 농무부법) ‖

- 흙의 공학적 분류
  - 흙의 공학적 분류의 목적은 성질이 다른 여러 가지 흙을 공학적인 실험을 근거로 몇 가지 무리로 나누어서 미리 그 흙의 공학적인 성질을 알아두자는 것임
  - 일반적인 흙은 자갈과 모래로 이루어진 조립토, 실트와 점토로 된 세립토 그리고 동식물의 유체가 다량 함유된 유기질토로 분류됨
  - 조립토와 세립토의 공학적 특성 및 성질을 비교하면 다음과 같음

조립토와 세립토의 성질 비교

성질	조립토	세립토
간극률	적다.	크다.
점착성	거의 없다.	있다.
압축성	적다.	크다.
압밀속도	순간적	느리고 장기적
소성	비소성	소성토
투수성	크다.	적다.
마찰력	크다.	적다.

3) 시공계획

- 토공의 전반적인 작업순서는 시공장소에 대한 예비조사와 본조사를 실시하여 토공을 위한 여러 가지 사항을 조사한 후 이를 근거로 설계도를 작성함
- 조사항목과 설계도를 기준하여 현장의 시공계획을 세우고 배수, 준비측량, 공사용도로 등 준비공을 시작함
- 본공사로서 인력 및 기계에 의한 흙의 굴착, 싣기, 운반을 거쳐 고르기와 다짐작업을 함
- 토공작업의 결과를 판정하기 위하여 재료시험과 밀도측정 등 관리시험을 거쳐 기성고 및 품질검사를 실시한 후 뒷처리를 하면 토공작업이 끝남

① 조사

- 토공계획, 설계 및 시공기준면의 결정을 위해 예정지점의 지질 및 토질 등을 미리 조사해둘 필요가 있음. 조사를 실시함에 있어서 그 지역의 지질상태, 배수 등 전반적인 사항을 파악하고 다음으로 세밀한 사항을 차례로 조사할 필요가 있음
- 조사할 내용은 자료에 의한 조사, 현지조사, 선행조사, 정밀조사순으로 실시하는데, 여기서 자료에 의한 조사와 현지조사는 예비조사이고, 선행조사와 정밀조사는 본조사임

② 시공기준면

토공의 경제성은 시공기준면의 결정에 의하여 정해짐. 즉, 절 · 성토량의 안배 또는 균형은 종단면상의 시공기준면에 의하여 결정되기 때문에 토공량, 운반거리, 공기는 경제성과 관련이 됨

③ 토적의 계산법

㉮ 단면법 : 단면법이란 철도, 도로, 수로 등 폭에 비해 길이가 긴 경우에 측점들의 횡단면에 의하여 절토량 또는 성토량을 계산할 경우에 이용되는 방법임

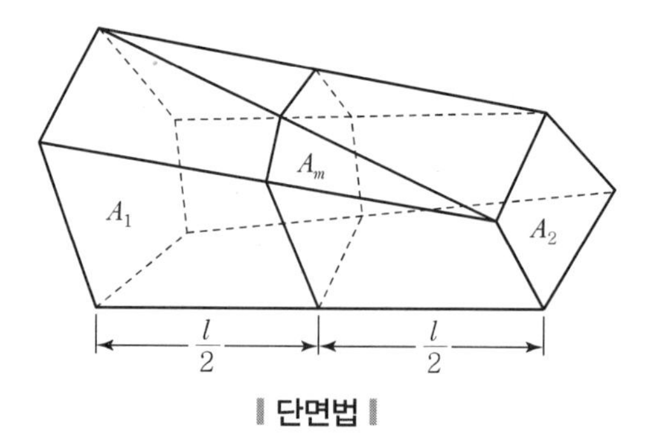

‖ 단면법 ‖

- 양단면평균법 : 양단면의 면적을 A_1, A_2, 그 사이의 거리를 l이라 하면 토량 V는 다음과 같이 구함

$$V=\frac{1}{2}(A_1+A_2)\times l$$

- 중앙단면법 : 중앙단면적을 A_m, 양단면 간의 거리를 l이라 하면 토량은

  $V = A_m \times l$

- 각주공식 : 양단면이 평행하고 측면이 평면으로 된 입체를 각주라 하는데 토량은 다음과 같음

  $V = \frac{l}{6}(A_1 + 4A_m + A_2)$

㉯ 점고법

- 이것은 경지정리, 택지조성공사 등 넓은 지역의 땅고르기에 많이 이용되는 토공량 계산방법임. 일반적으로 양단면이 평면이면 어떠한 형상의 주체라도 체적은 양단면의 중심 간의 수직거리에 수평면적을 곱한 것과 같음
- A를 수평저면적으로 하고 h_1, h_2, h_3, h_4를 각 점의 수직고라 하면 체적 V는 다음과 같음

  - $V = \frac{1}{4}A(h_1 + h_2 + h_3 + h_4)$: 구형인 경우
  - $V = \frac{1}{3}A(h_1 + h_2 + h_3)$: 삼각형인 경우

- 이 기본식들을 실제 토공량 계산에 응용하면 다음과 같음

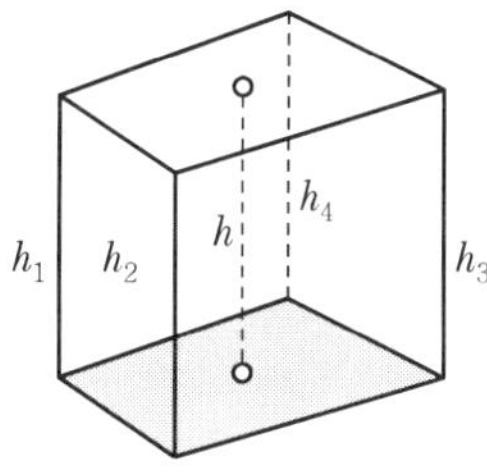

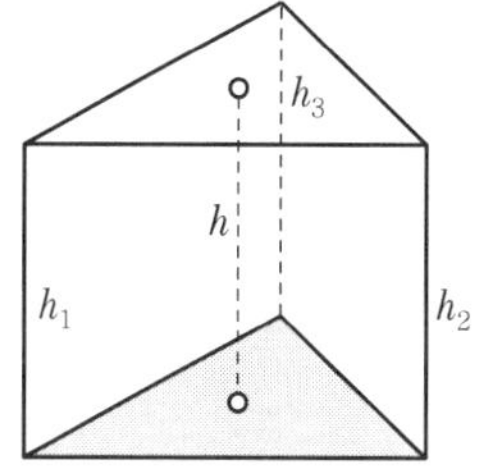

점고법

- 구형분할
  - 대지나 운동장의 땅고르기를 하려면 전 구역을 같은 면적의 구형으로 분할하여 각 구형의 정점을 지반고를 레벨(level)로 측정함
  - 각 점의 지반고의 평균값을 구하여 그 높이를 시공기준면으로 함. 이것과 각 지반고의 차에 따라 절토고와 성토고를 구할 수 있음
  - 지금 한 구형의 네 정점의 토공고의 합을 Σh로 표시하고 구형단면적을 A라 하면 토공량 $V_0 = \frac{1}{4A\Sigma h}$가 됨. 이것을 합하려면 그림과 같은 각 정점에서 만나는 구형의 수를 기입함. 정점 1, 2, 3, 4의 토공고의 합을 각각 Σh_1, Σh_2, Σh_3, Σh_4라 하면 전토공량은 다음과 같이 계산할 수 있음
  - $V = \Sigma V_0 = \frac{1}{4}A(\Sigma h_1 + 2\Sigma h_2 + 3\Sigma h_3 + 4\Sigma h_4)$

• 삼각형분할

- 토공량 계산과정은 구형분할과 같으나, 다만 그림과 같이 전체 면적을 삼각형으로 분할한 것이며, 이때 삼각형 면적을 A라 하면 전토공량은 다음과 같음

- $V = \sum V_0 = \dfrac{1}{3}A(\sum h_1 + 2\sum h_2 + 3\sum h_3 + \cdots + 8\sum h_8)$

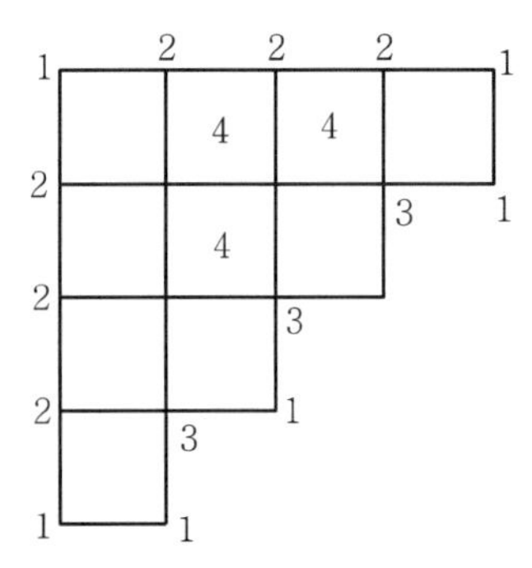

‖ 구형분할 ‖

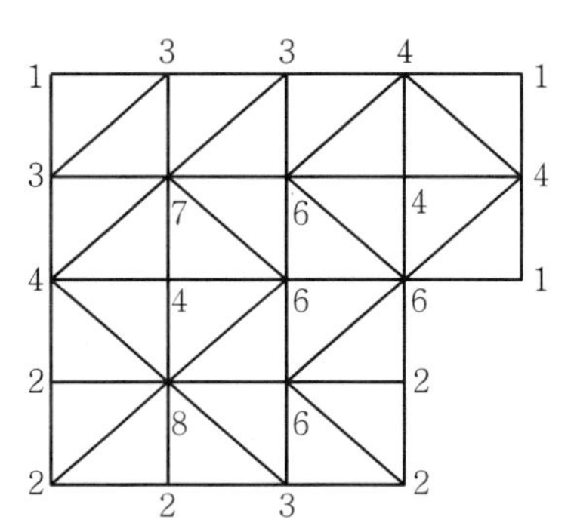

‖ 삼각형분할 ‖

㉰ 지형도를 이용하는 방법

• 지형도의 등고선을 이용하여 토량을 계산하는 방법으로 저수지의 내용적, 토취량 및 채석장의 굴착량 또는 토사장의 사토량을 계산할 때 많이 이용하는 방법임

• 계산방법은 단면법의 양단면평균법과 각주공식을 응용하여 계산함. 즉, 그림과 같이 등고선의 간격을 h라 하고, 각 등고선에 둘러싸인 면적을 각각 A_0, A_1, $A_2, \cdots$, A_n이라 하면 양단면평균법에 의하여 전체 토공량 V는 다음과 같음

- $V_1 = h(A_0 + \dfrac{A_1}{2})$

- $V_2 = h(A_1 + \dfrac{A_2}{2})$

- $V_n = h(A_{n-1} + \dfrac{A_n}{2})$

- $\sum V = V_1 + V_2 + V_3 + \cdots + V_n$

$= h(A_0 + \dfrac{A_n}{2} + A_1 + A_2 + \cdots A_{n-1})$

• 각주공식에 의하여 전체 토공량을 계산하면 다음과 같음

- $V_1 = \dfrac{2h}{6}(A_0 + 4A_1 + A_2)$

- $V_2 = \dfrac{2h}{6}(A_2 + 4A_1 + A_4)$

- $V_n = \frac{2h}{6}(A_{n-2} + 4A_{n-1} + A_n)$

- $\sum V = \frac{h}{3}(A_0 + A_n) + 2(A_2 + A_4 + \cdots + A_{n-2}) + 4(A_1 + A_3 + \cdots + A_{n-1})$

• 여기서 n은 짝수이며, 홀수인 경우에 최후의 1구간은 양단면평균법으로 계산하여 합계함. 이 방법은 등고선을 상세하게 작성하고, 높이차 h를 작게 취하므로 상당히 좋은 결과를 얻을 수 있음

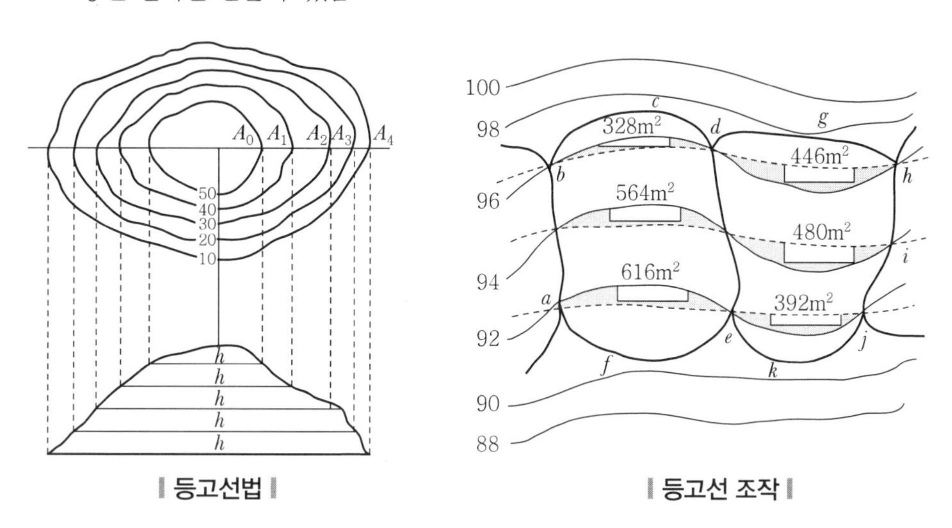

‖ 등고선법 ‖ ‖ 등고선 조작 ‖

2. 운반 및 기계화 시공

1) 개요

▸ 건설기계는 각종 건설공사 현장에서 인력으로 하기 어려운 작업을 기계적으로 수행할 수 있도록 제작된 중장비를 총칭함

▸ 따라서 공사의 규모, 작업능률, 공사기간, 시공방법 그리고 현장조건 등을 고려하여 기계화 시공을 하면, 신속하고, 정확하며 경제적으로 공사를 완료할 수 있음

① 기계화 시공의 특징

장점	단점
• 공사기간의 단축이 가능함 • 공사의 품질이 향상됨 • 대규모 공사에서는 공사비가 절감됨 • 인력에 의해 불가능한 공사도 쉽게 처리할 수 있음 • 안전사고를 감소시킬 수 있음	• 기계의 구입과 관리비용이 많이 소요됨 • 숙련된 운전자와 관리자가 필요 • 소규모 공사에서는 공사비가 고가 • 인력을 대신하므로 실업률이 증가함 • 기계부품, 연료, 정비 및 관리를 위한 시설이 필요

② 건설기계의 선정

건설기계는 공사규모, 기간, 공사목적, 현장조건, 토질상태 등을 종합적으로 고려하여 유지관리가 쉽고, 기계경비가 적으며, 시간당 생산량이 커서 최소의 공사비로 완공할 수 있는 장비를 선택해야 함. 그리고 조경시공은 토목 및 건축공사와는 달리 초화류 및 수목식재를 고려해 경량화 건설기계를 선정하여 공사하자를 최소화해야 함

③ 기계경비 산정

기계경비는 직접경비인 기계손료와 운전경비 그리고 간접경비로 구분할 수 있는데, 구체적인 내용은 다음과 같음

‖ 기계 경비의 구성 ‖

㉮ 기계손료

- 원가감가상각비 : 기계경비의 원가감가상각비는 구입가격에서 사용 완료 후 고철로 처분할 때 잔존가치를 내용시간 내에 회수되게 함. 즉, 회계적으로 기계의 가치소모를 매 시간의 비용에 계산함

$$원가감가상각비 = \frac{구입가격 - 잔존가치}{구입연수}$$

- 정비비 : 기계를 사용함에 따라 발생되는 고장 또는 성능저하부분을 회복할 목적으로 정기적인 손질, 점검, 부품의 교환 등 기계의 기능을 유지하기 위해 일상경비, 정비경비 및 긴급고장수리로 구분함

$$정비비 = 구입가격 \times \frac{정비비율}{경제적\ 내용시간}$$

- 관리비 : 기계의 관리비는 투자금액에 대한 금리, 보험료, 세금, 보관비 등으로 구성되는데, 연간 관리비 비율은 모든 건설기계에 14%를 적용하고 있음

$$관리비 = 구입가격 \times \frac{관리비율}{경제적\ 내용시간}$$

④ 건설기계의 작업능력

작업능력을 계산하는 이론식은 각 기계의 시간당 작업량이며, 공정과 작업목적에 따라 다른 단위를 사용함. 그리고 시간당 작업량은 아래의 기본식을 기준으로 하여 건설기계의 종류에 따라 약간씩 변형하여 적용함

$$Q = n \cdot q \cdot f \cdot E$$

여기서, Q : 시간당 작업량(m^3/hr, ton/hr, m/hr)
n : 시간당 작업사이클수
q : 1회 사이클당 표준작업량(m^3, ton, m)
f : 토량환산계수
E : 작업효율

㉮ 시간당 작업량(Q)

불도저, 셔블 등 굴착기계는 m^3/hr로, 아스팔트 피니셔, 모터 그레이더는 m^2/hr, 골재생산 플랜트는 ton/hr 등 기계의 종류에 따라 작업량의 표시방법이 다름

㉯ 시간당 작업사이클수(n)

$n = \frac{60}{C_m}$(min) 혹은 $n = \frac{3,600}{C_m}$(sec)로 표현하는데, C_m은 1회 사이클 시간으로서, 기계의 주행속도나 작업속도에 따라 분 또는 초로 표시함

㉰ 1회 사이클당 표준작업량(q)

버킷(bucket) 또는 덤프(dump)의 용량이며, 버킷의 경우는 굴착지반 조건에 따라 토량이 100% 채워지지 않으므로 버킷계수(K)를 사용한 수정식을 사용함

㉱ 토량환산계수(f)

구하려는 시간당 작업량(Q)과 표준작업량(q)이 같은 상태의 흙인 경우에는 $f = 1$을 적용하지만, 토량인 경우에는 표준작업량이 흐트러진 상태로 취급되는 것이 일반적이므로, 토량환산계수를 이용하여 계산하여야 함

㉲ 작업효율

작업효율은 현장의 지형상태, 운반로, 흙의 종류, 함수비 등 현장작업능력과 기계의 상태, 공사규모, 시공방법 등에 의하여 결정되는 실작업 시간율(가동률)에 의해 결정됨

3. 콘크리트공

1) 개요

① 콘크리트는 시멘트와 물 및 잔 · 굵은 골재를 주원료로 하고, 경우에 따라 제 성질을 개선할 목적으로 혼화재료를 넣어 비빈 것으로, 시간의 경과에 따라 시멘트와 물의 수화반응에 의해 굳어지는 성질을 가진 것임

② 시멘트와 물만을 혼합한 것을 시멘트 페이스트(시멘트풀)라 하고, 시멘트 페이스트에 잔골재를 혼합한 것을 모르타르라고 함. 모르타르도 넓은 뜻으로는 콘크리트의 일종임

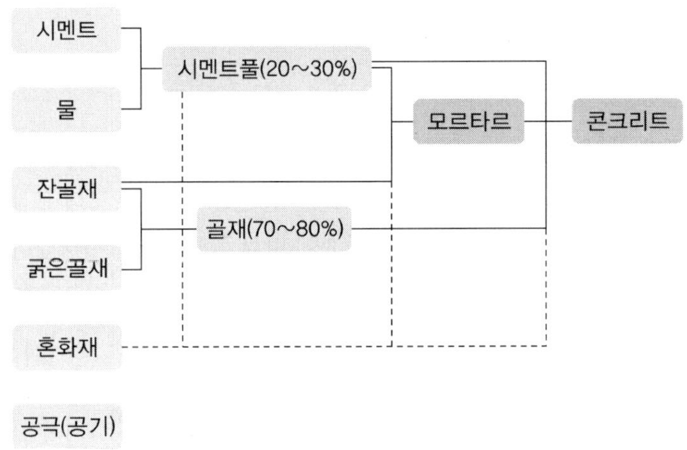

▎콘크리트의 구성▎

콘크리트공의 장단점

장점	단점
• 구조물 모양을 쉽게 만들 수 있음 • 압축강도가 높고 내화성, 내구성 및 내수성이 높음 • 구조부재 중 값이 저렴함 • 철근과 잘 부착되고 철근의 부식을 방지하는 역할을 함 • 구조물의 시공이 용이하고 유지 · 관리비가 적게 듦	• 인장강도, 휨강도가 작음(철근 보충) • 자중이 커서 응용범위에 제한을 받음 • 균열이 잘 일어나고(신축이음) 미관이 좋지 않음 • 설계변경 등에 의한 재시공이 어려움

2) 특수콘크리트의 시공

① 수밀콘크리트

㉮ 수밀콘크리트란 콘크리트 중에서 특히 수밀성이 높은 콘크리트로 규정하고 있음

㉯ 즉, 수밀콘크리트는 수조, 수영장, 유조, 사일로 등, 특히 높은 수밀성을 요구하는 경우에 이용하는 콘크리트로, 밀실하고 경화 시 및 경화 후에 균열이 발생하지 않는 배합을 요구하고 있으며, 곰보, 콜드 조인트가 생기지 않도록 하고, 이어붓기는 가능한 한 실시하지 않는 것이 좋으며 다져넣을 때는 세밀한 주의가 필요함

② 식생콘크리트

㉮ 이제까지 콘크리트는 인간이 살고 있는 자연환경에 나쁜 영향을 끼치며 나아가서 자연생태계 파괴의 주범 중 하나라는 인식이 널리 퍼져 있었음

㉯ 그러나 최근 들어 환경부하 저감이나 자연환경의 보호를 위하여 개발된 식생콘크리트의 경우는 이러한 식물육성 및 자연환경에 대한 파괴의 이미지가 강한 콘크리트에서 식물이 육성할 수 있는 환경조건을 적극적으로 만들어 환경에 적합한 콘크리트로서의 역할을 담당하고 있음

㉰ 즉, 콘크리트 자체나 콘크리트 구조물에 부착생물, 암초성 생물, 생태적 약자, 식물 및 미생물 등이 부착서식, 생식공간 및 활착공간 등을 제공하는 것으로, 이러한 식생콘크리트는 식물이 성장할 수 있도록 콘크리트 자체의 연속공극률 확보, 중화처리 등을 통하여 대처하는데, 하천제방, 산, 도로 및 댐의 경사면과 수중생물의 서식공간 등에 활용되고 있으며 그 사용실적도 꾸준히 증가하고 있음

4. 목공사

1) 목재의 특성과 분류

목재는 가공하기 쉽고 외관이 아름다우며 압축강도 및 인장강도가 크고 온도에 대한 신축이 작으며, 내화성 및 내부식성이 낮고 수분에 의한 변형과 수축이 크며, 재질 및 방향에 따라 강도가 다르고 크기에 제한을 받음

① 목재의 함수율과 기건비중

㉮ 목재의 함수율은 목재의 수축, 강도 및 물리적 성질에 영향을 줌. 섬유포화점 이하에서는 함수율의 감소에 따라 강도가 증대됨

㉯ 목재의 기건비중은 목재에 함유된 수분을 공기 중에서 제거한 상태의 비중으로 보통 함수율 12%일 때의 비중을 말함

② 목재의 분류

㉮ 침엽수

- 목재는 생산지역에 따라 그 종류가 매우 다양하지만 그 성상에 따라 침엽수(softwood)와 활엽수(hardwood)로 구분함

• 침형의 가늘고 긴 잎을 가진 침엽수로는 미송(더글라스), 미국솔송나무(햄록), 레드우드 등 외래산과 소나무, 낙엽송 등 국내산이 있으며, 곧고 긴 목재를 얻기 쉬워 예로부터 구조재로 많이 사용되고 있음

㉯ 활엽수

일반적으로 넓적한 잎을 가진 활엽수는 참나무(oak), 벚나무(cherry), 물푸레나무(ash), 오리나무(alder) 등이 있으며, 나뭇결이 곱고 아름다워 가구재나 창호재 기타 장식재로 많이 사용됨

목재의 종류별 특징 및 용도

구분	수종	내구성	용도
국내산	소나무	보통	건축 · 토목 · 가구 · 포장 · 조각
	잣나무	약함	포장 · 건축 · 조각
	낙엽송	강함	토목 · 건축 · 조각
북미산	더글라스	보통	건축 · 토목 · 합판 · 포장
	햄록	약함	건축 · 상자 · 기구 · 합판
	레드우드	강함	건축 · 침목 · 교량 · 건구 · 기구

2) 목재의 가공 및 처리

① 목재의 건조

㉮ 건조일반 : 목재는 함수율의 증가에 따라 팽윤하기도 하고, 함수율의 감소와 함께 수축하기도 함. 수종에 따라 차이가 나지만 일반적으로 함수율(moisture content) 30% 정도에 해당하며, 이보다 높은 함수율 상태에서는 함수율 변화에 따른 목재성질의 변화가 없지만 이보다 낮은 함수율 상태에서는 함수율의 변화에 따라 목재의 성질에 변화가 일어남

㉯ 건조방법

• 목재의 건조방법에는 자연건조와 인공건조로 대별할 수 있음. 자연건조는 인위적인 온도 및 습도의 조절 없이 자연상태에서 목재를 서서히 건조시키는 과정으로 비용이 절약되는 이점이 있는 반면, 건조시일이 많이 걸리고 건조 중에 부식이나 변색, 균열 등이 일어나기 쉬운 단점이 있음

• 인공건조방법에는 수침법, 열기건조법, 증기건조법, 고주파건조법, 약품건조법 등이 있으며, 조경공사용 목재건조는 주로 증기건조법을 사용함

• 증기건조법은 건조실에서 적당한 습도의 증기를 뿜어내어 건조하는 방법으로 설비비가 많이 들지만 건조결과가 우수하여 가장 널리 쓰임

㉰ 함수율과 함수율 측정 : 조경공사에 일반적으로 사용되는 구조재의 수분 함수율은 KS F 2199(목재의 함수율 측정방법)에 적합한 방법으로 측정하여 20% 이하가 되도록 함. 구조적으로 문제가 없는 조경시설물의 경우 24% 이하로 규정하기도 함

② 목재의 방부

㉮ 목재방부제의 종류

- 목재방부제는 열화방지 효력 및 내구성이 크고 침투성이 양호해야 하며, 부식성 · 흡수성 · 도장성이 좋아야 하고 독성으로 인한 사람과 가축에 대한 피해가 없어야 함
- 목재방부제는 목재성분을 영양원으로 분해 · 흡수하는 부후균이 목재성분을 이용하지 못하도록 차단시키는 것으로 그 사용목적, 사용형태, 화학적 성질에 따라 유성 방부제, 유용성 방부제, 수용성 방부제로 분류함
- 유성 목재방부제는 원액상태로 사용하는 기름상태의 방부제로, 석탄의 건류과정에서 얻어지는 크레오소트가 대표적임. 크레오소트는 방부효과가 크고 철재류의 부식이 적으며, 처리재의 강도가 감소하지 않으나 악취가 있고, 외관이 흑갈색으로 토대 · 말뚝 · 침목 등에 주로 사용함
- 유용성 목재방부제는 유성 또는 유용성 목재방부제에 유화제를 첨가하여 물에 희석하여 사용하는 액상의 방부제를 말함
- 수용성 목재방부제는 물에 녹여 사용하는 방부제로, 황산도 · 불화소다 · 염화아연 등 여러 종류의 화합물을 혼합하여 방부 · 방충성을 갖도록 한 것으로 침투성이 높고 안전하나 물에 녹으며 철을 부식시킴. 대표적인 방부제로 CCA, ACQ, CCFZ, BB 등이 있음

목재방부제의 종류

구분	종류	기호
유성	크레오소트류	A
수용성	크롬 · 구리 · 비소 화합물계	CCA
	알킬암모늄 화합물계	AAC
	크롬 · 플루오르구리 · 아연 화합물계	CCFZ
	산화크롬 · 구리 화합물계	ACC
	크롬 · 구리 · 붕소 화합물계	CCB
	붕소화합물계	BB
	구리 · 알킬암모늄 화합물계	ACQ
유화성	지방산금속염계	NCU, NZA
유용성	유기요오드 화합물계	IPBC
	지방산금속염계	NCU, NZA
	유기요오드 · 인 화합물계	IPBCP

㉯ 목재방부제 사용환경

목재의 사용환경부분과 방부제

사용환경의 범주		사용환경조건	사용 가능 방부제
H1		• 실내사용 목재 • 건재해충 피해환경 • 변색오염 방제	• BB • IPBC
H2		• 실내지만 결로 예상 • 습한 곳에 사용목재 • 저온인 곳	• CCA, AAC, ACQ, CCFZ, ACC, CCB • NCU, NZN, IPBCP
H3		• 야외사용 목재 • 흰개미 피해 환경 • 자주 습한 환경	• CCA, AAC, ACQ, CCFZ, ACC, CCB • NCU, NZU
H4		• 땅과 접하고, 땅에 묻히는 목재 • 흰개미 피해 환경	• CCA, ACQ, CCFZ, ACC, CCB • A
H5		• 땅, 물 및 바닷물과 접하는 목재 • 공업용재 • 집흰개미 피해 환경	• CCA • A

㉰ 목재방부처리

목재방부처리방법에는 바르는 방법(도포법), 담그는 방법(침지법), 확산법, 가압처리법 등이 있음

- 바르는 방법 : 목재 표면에 방부제를 바르거나 스프레이로 뿜는 방법으로, 목재 내부까지 약제가 스며들지 않으므로 일시적으로 방부처리할 때 실시함. 도포용 방부제로는 침투성 오일계 도료인 올림픽 오일스테인과 시라데코, 본덱스 등이 있음
- 담그는 방법 : 목재를 일정시간 동안 약액 속에 담가 방부처리하는 방법으로, 약제가 목재표면과 내부에도 스며들게 되므로 비교적 방부효과가 큰 편임
- 확산법 : 함수율이 높은 목재에 수용성 방부제를 바르거나 잠깐 담가 처리한 다음 방수지나 비닐로 싸서 2~4주 동안 놓아두어 약제가 자연히 확산되도록 하는 방법임
- 가압처리법 : 목재의 가압식 방부처리방법에 의거하여 밀폐된 용기 속에 목재를 넣고 감압과 가압을 적당히 조합하여 목재에 약액을 주입하는 대표적인 목재방법으로, 방부처리 후 일정기간 양생하여 완전히 정착된 후에 사용함. 비소계 방부제는 환경오염물질의 용탈이 문제가 되므로 반드시 적합한 절차를 준수해야 함

㉣ 목재의 도장

- 페인트는 공장배합제품을 사용하되 한 현장에서 사용하는 페인트는 단일 제조회사의 제품을 사용하도록 함. 도장은 모든 부위가 규정된 도막두께로 균일하게 도포되어야 하며, 누락되거나 흘러내린 자국이 있어서도 안 됨
- 목재시설에 사용하는 도장으로는 바니시칠, 목부조합 페인트칠 등이 있음

5. 조적공사

1) 개요

① 조적공사는 돌, 벽돌, 콘크리트 블록 등을 쌓아올려서 구조체를 만드는 공사를 말함

② 지금 우리나라에서 조적공사로서 구체구조에 많이 사용되고 있는 것은 콘크리트 블록이며, 벽돌, 돌공사는 건물의 일부에 사용되지만, 일반적으로 건물을 제외한 야외 축대쌓기에 많이 사용됨

2) 돌쌓기

① 일반사항 : 돌쌓기공사는 주택단지(주택단지, 공장단지, 기타), 공원, 사찰, 지당, 기타 여러 시설물의 벽, 옹벽, 경관벽, 호안벽 등을 축조할 때 적용되는 구조물임. 경관미를 높이기 위해서나 또는 흙의 붕괴를 막기 위하여 자연석, 견치석, 깬돌 등의 석재를 소정의 설계대로 쌓아 비탈면을 보호하거나 경관미가 나타나게 함

② 돌쌓기의 종류

㉮ 견치돌쌓기

- 견치돌쌓기는 일본과 우리나라 돌쌓기의 독특한 유형이며, 그 공법으로는 메쌓기, 맞댐면찰쌓기, 사춤쌓기가 있음
- 메쌓기는 모르타르나 콘크리트를 사용하지 않고 끼움돌, 받침돌에 사춤자갈로 뒤채우고 깬돌(견치석)을 사용하여 쌓아올린 것이며, 돌담 뒷면의 배수를 원활히 하여 배면토압의 증대를 방지한다는 이점이 있음. 견치돌쌓기의 기본적 공법이나 쌓기높이가 2m 이상의 경우는 통상 이용하지 못함
- 사춤쌓기는 줄눈에 모르타르를 사용하여 끼움돌과 받침돌에 뒤채우기 콘크리트를 사용하는 공법임
- 맞댐면찰쌓기는 메쌓기와 사춤쌓기의 중간적 공법이며, 줄눈에 모르타르를, 끼움돌에 콘크리트를 사용하고, 뒤채우기에 율석을 사용
- 견치돌의 패턴으로 줄쌓기와 골쌓기가 있으며, 줄쌓기는 쌓기높이가 2m 이내의 경우에 외관상의 이유로 사용함

㈏ 조약돌쌓기(호박돌, 옥석) : 장타원형의 자연 마제된 지름 20cm 전후의 조약돌로 쌓음. 쌓기하는 방식은 궤쌓기, 골쌓기가 일반적이고, 그 외 조약돌의 생김새에 따라 오르기, 맞대기, 한줄이음쌓기 등이 있음

㈐ 마름돌쌓기 : 직육면체돌로 쌓는 것을 말함

㈑ 막돌쌓기 : 큰 혹만 뗀 불규칙한 형태의 돌(길이 20cm 이상) 중에서 비슷한 모양과 크기를 골라 쌓는 방법을 말함. 표준규격은 30cm×30cm×40cm 정도임

㈒ 깬돌쌓기 : 견치돌의 모서리부분, 합단이 불규칙한 사다리형의 깬 돌로 쌓는 방법

㈓ 사괴석(사고석), 장대석쌓기

- 사괴석 : 육면체돌(20~30cm 정도의 사방돌)로, 바른층쌓기를 함
- 장대석 : 긴 사각 주상석의 가공석으로 바른층쌓기를 함

③ 돌쌓기공법

㈎ 돌쌓기의 방식과 공법

- 메쌓기(dry stone masonry)
  - 모르타르를 쓰지 않고 돌과 흙을 뒤섞어 쌓은 뒤에 흙으로 뒤채움을 함. 대개 높이 2m 이하의 석축에 적용하는데 1m 높이까지는 수직쌓기, 1~2m까지는 10~20도 기울어지게 비스듬히 쌓아 완성함
  - 또 조약돌(호박돌), 깬돌을 석축 2m 높이로 쌓을 때에는 공극에 돌을 고임. 이때에는 돌과 돌 사이에 공간이 형성되므로 배수구처리는 하지 않아도 됨
- 찰쌓기(wet stone masonry)
  - 돌쌓기 시에 모르타르로 석재를 접착시키며, 뒷면에는 투수성이 좋은 골재(잡석, 자잘 등)를 채워 넣고, 돌쌓기 사이사이에는 배수구멍을 만들어 석벽 뒤에 조성된 배수구와 서로 연결시킴
  - 돌쌓기의 표준경사는 일반적으로 쌓기높이의 최댓값을 취하고, 표준뒷길이 상단부에서부터 적용함(상단 갓석의 나비는 20cm 이상인 돌)

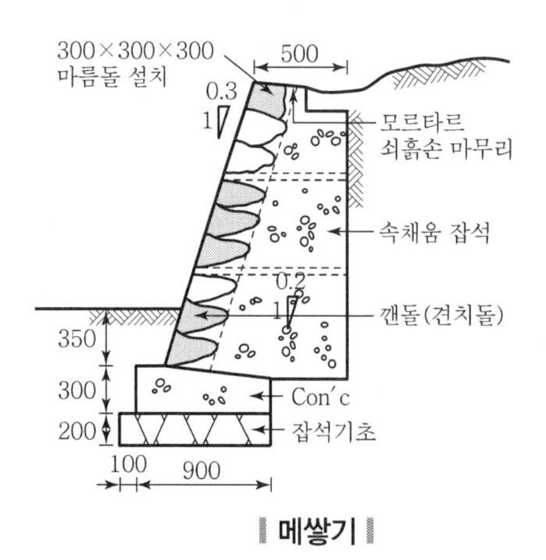

‖ 메쌓기 ‖

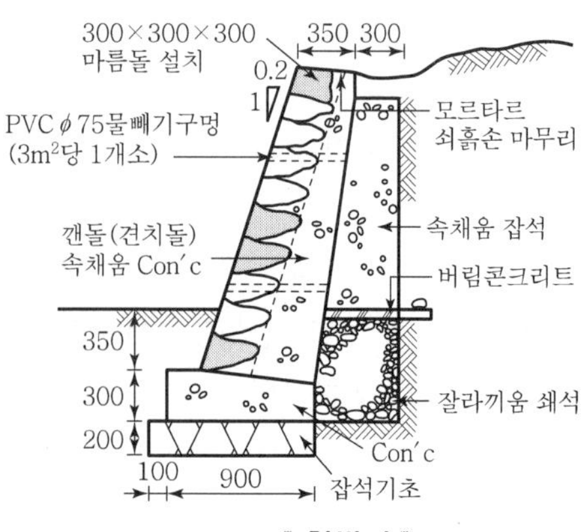

‖ 찰쌓기 ‖

㈏ 막돌쌓기와 마름돌쌓기

- 막돌쌓기
  - 조면석, 호박돌, 막돌(잡석, 기타) 등을 사용하여 맞댐면을 다듬지 않거나 평날망치로 어림다듬기를 하여 허튼줄눈이 되게 양회, 모르타르로 돌 사이를 사춤하면서 쌓음
  - 일반적으로 하부에는 큰 것을, 모서리돌은 면의 것보다 큰 돌을 배치하여 외관이 안정감이 있게 쌓음
- 마름돌쌓기 : 돌면이나 맞댐면을 일정한 모양으로 가공하여 줄눈을 바르게 쌓는 방법. 돌면은 깬 면으로 다듬거나, 맞댐면은 메따기, 평날망치따기 등의 어림따기를 하여 쌓기도 함. 다듬은 돌을 쌓을 때에는 정다듬, 잔다듬을 하고, 줄눈은 수평수직으로 바르게 하거나 일정한 빗줄눈이 되게 함
- 치장줄눈과 작업 : 줄눈은 의장에 따라 통줄눈, 막힌줄눈으로 하고, 나비와 돌면의 마무리 정도가 곱고 세밀할수록 좁게 하고, 거칠수록 넓게 함. 보통 줄눈은 평줄눈, 민줄눈, 둥근줄눈, 빗줄눈, 내민줄눈 등이 많이 쓰임

④ 돌 가공과 다듬기 작업

석재가공은 기계다듬기와 손다듬기로 구별되는데, 각기 고도의 기술과 솜씨가 있어야 함

6. 조경석 및 석공사

1) 개요

① 석재는 다양한 색조와 광택 및 외관이 장중하고 치밀하며, 불연성이며, 압축강도가 크고 내구성 · 내수성 · 내화학성이 풍부하며 마모성이 적고, 압축강도가 매우 높아 예로부터 골재, 구조재, 마감재 등으로 널리 사용되고 있음

② 석공사(석축)는 사용 석재의 중량과 뒤채움으로 안정성을 유지하는 마감공사로서, 비탈면 보호, 흙막이, 토사붕괴 방지 등의 용도로 일반적으로 높이가 낮고 기초지반이 양호한 지역에 사용함

③ 한편, 조경석은 무단채취가 금지되어 있고 개발지역이나 수몰지구 등에서 제한적으로 채집되기 때문에 대량의 소재조달이 어려워 근래에는 천연석과 흡사한 시멘트제품의 일종인 인조석(모조석)이 많이 유통되기도 함

④ 실제로 시공에 이용되는 석재가 중량물임을 고려하면 적합한 용도일 경우 가급적 그 지방이나 가까운 곳에서 생산되는 자재가 활용되고 있고, 석재명도 고유명사보다 산지명에 따라 호칭됨

2) 조경석공사

① 재료의 분류 및 특성

㉮ 산지에 의한 분류

- 산석 : 산과 들에서 채집되는 자연석으로 산화 · 풍화로 인해 표면이 마모되어 있고 고색이 나며 단단하고, 종류로는 푸른 이끼가 낀 화강암, 안산암, 현무암 등이 있음
- 수석 : 하천에서 채집되는 자연석으로 물에 의해 돌의 표면이 마모되어 돌의 모서리가 예리하지 않고 둥글게 되어 있는 것이 특징이며, 수경공간에 이용하면 효과적임
- 해석 : 바닷가에서 채집되는 자연석으로 파도, 해일 및 염분의 작용에 의하여 표면이 마모되어 조개류의 껍데기가 부착되어 있는 경우도 있음
- 가공조경석 : 깬 돌을 가공하여 자연석 형태로 만든 돌로서 그 형태와 질감이 자연석과 유사하고 가격이 일반 시중에 유통되는 자연석보다 저렴하여 대규모 조경공사에 이용됨

㉯ 배치에 의한 분류

- 입석 : 세워서 쓰는 돌을 말하며, 전후 · 좌우의 사방에서 관상할 수 있음
- 횡석 : 가로로 눕혀서 쓰는 돌을 말하며, 입석 등에 의한 불안감을 주는 돌을 받쳐서 안정감을 갖게 함
- 평석 : 윗부분이 편평한 돌을 말하며, 안정감이 필요한 부분에 배치토록 하여 주로 앞부분에 배치함
- 환석 : 둥근 돌을 말하며, 무리로 배석할 때 많이 이용됨
- 각석 : 각진 돌을 말하며, 삼각, 사각 등으로 다양하게 이용됨
- 사석 : 비스듬히 세워서 이용되는 돌을 말하며, 해안절벽과 같은 풍경을 묘사할 때 주로 사용됨
- 와석 : 소가 누워 있는 것과 같은 돌임
- 괴석 : 흔히 볼 수 없는 괴상한 모양의 돌을 말하며, 단독 또는 조합하여 관상용으로 주로 이용됨

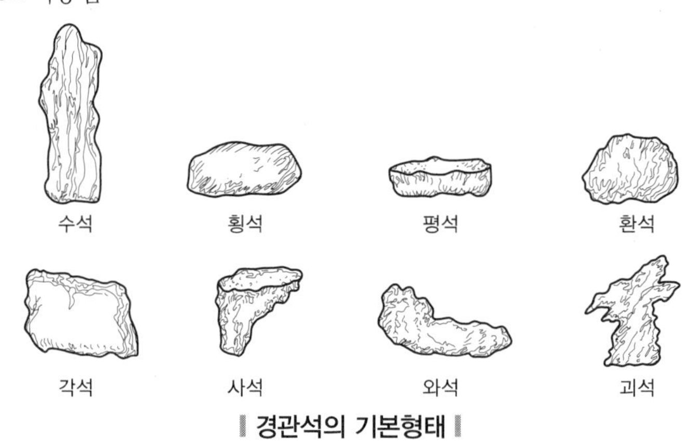

▍경관석의 기본형태▍

② 조경석공사

㉮ 경관석놓기 : 경관석놓기는 시선이 집중되는 곳이나 시각적으로 중요한 지점에 감상을 위한 목적으로 단독 또는 집단으로 배석하는 것으로 시공 시 고려사항은 다음과 같음

- 중심석, 보조석 등으로 구분하여 크기, 외형 및 설치위치 등이 주변환경과 조화를 이루도록 설치함
- 경관석놓기는 무리지어 설치할 경우 주석과 부석의 2석조가 기본이며, 특별한 경우 이외에는 3석조, 5석조, 7석조 등과 같은 기수로 조합하는 것을 원칙으로 함
- 4석조 이상의 조합은 1석조, 2석조, 3석조의 조합을 기준으로 조합함
- 단독으로 배치할 경우에는 돌이 지닌 특징을 잘 나타낼 수 있도록 관상위치를 고려하여 배치함
- 무리지어 배치할 경우에는 큰 돌을 중심으로 곁들여지는 작은 돌이 큰 돌과 잘 조화되도록 배치함
- 3석조를 조합하는 경우에는 삼재미(天地人)의 원리를 적용하여 중앙에 천(중심석), 좌우에 각각 지, 인을 배치함
- 5석 이상을 배치하는 경우에는 삼재미의 원리 외에 음양 또는 오행의 원리를 적용하여 각각 돌에 의미를 부여함
- 돌을 묻는 깊이는 경관석 높이의 1/3 이상의 지표선 아래로 묻히도록 하여 돌받침, 콘크리트 뒤채움 등을 안정되게 하고 주위 흙을 채워 다짐

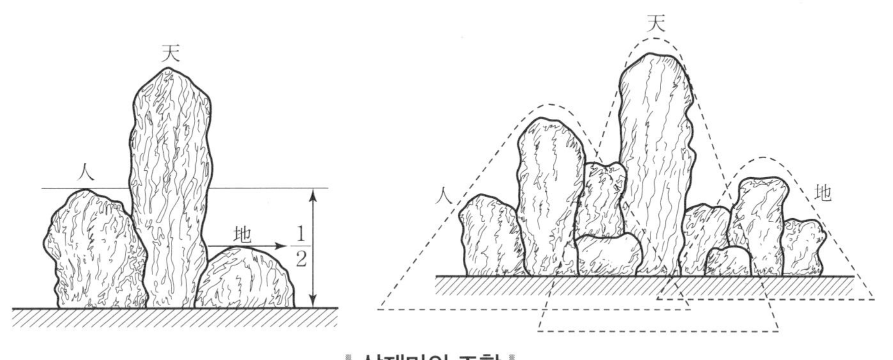

‖ 삼재미의 조합 ‖

3) 석공사

① 재료의 분류 및 특성

㉮ 성인에 의한 분류

- 화강암 : 화성암에 속하며 경도, 강도, 내마모성, 빛깔, 광택 등이 우수하고, 흡수성이 작으며, 돌결의 간격이 커서 큰 재를 얻을 수 있으나 내화성이 낮음. 매장량과 가공성이 풍부하고 구조용, 장식용으로 우수하여 가장 많이 사용됨

- 안산암 : 화성암에 속하며 내화성, 강도, 내구성이 크나 큰 재를 얻기가 어렵고, 빛깔, 광택이 화강암보다 못함. 종류가 매우 다양하여 장식재, 조각용으로 사용됨
- 응회암 : 수성암(퇴적암)에 속하며 준경석 또는 대부분 연석으로 내화성이 강하나, 흡수성이 크기 때문에 한랭지에서 풍화되기 쉬운 결점이 있음. 비중이 작고 강도가 약하나 채석과 가공이 용이함
- 사암 : 수성암에 속하며 준경석으로 흡수성이 약간 크기 때문에 때로는 산화속도가 화강암보다 빠름. 석질이 치밀하지만 강도가 약하므로 가공하기 쉬움
- 점판암 : 수성암에 속하며 점토물질이 퇴적, 응고되어 편상절리가 많으며 박리면이 발달되어 천연슬레이트라 하고, 지붕, 벽재료에 적합함. 석질이 대단히 치밀하기 때문에 숫돌, 바둑돌, 기념비, 바닥, 벽면의 붙임돌로 사용됨
- 대리석 : 변성암에 속하며 주성분은 탄산석회로 광택이 있고 미려하며, 비중이 크고 치밀한 조직과 연마효과가 있어 건축내장재, 조각 등의 우수한 내장석재임. 그러나 화열에 약하고 풍화, 산화, 마모, 내구성이 작아 외장석재로는 좋지 않음

㉯ 경도에 의한 분류

석재는 압축강도에 기준을 둔 경연(硬軟) 정도에 따라 경석, 준경석, 연석으로 분류함

분류	압축강도(kg/㎠)	석재 종류
경석	500 이상	화강암, 안산암, 대리석
준경석	500~100	경질사암, 경질회암
연석	100 이하	연질응회암, 연질사암

② 석재가공

㉮ 혹두기

- 요철을 쇠망치, 날메 등으로 따내고, 각의 선 또는 부분은 정확히 가공하고, 기타의 면은 거친 면을 그대로 두어 부풀린 느낌을 주는 마무리를 함
- 석재의 견고성, 중량성, 자연미가 있고, 건물의 외관을 장중하게 하며, 건축물 하부, 조경구조물 하단, 석축 등에 사용함

㉯ 정다듬기 : 울퉁불퉁한 면을 정 등으로 쪼아 평탄하게 평행줄이 지어지게 만드는 과정으로 작은 곰보가 있을 정도임. 거친정, 중간정, 고운정으로 구분됨

㉰ 도드락다듬기 : 고운정 다듬을 한 후 도드락망치로 두드리기하여 표면의 불룩함을 균등하게 다듬어 평탄하게 마무리함. 거친도드락, 중간도드락, 고운도드락으로 구분됨

㉱ 잔다듬기 : 날망치로 정다듬 또는 도드락 다듬면 위를 일정방향 평행선으로 찍어 다듬어 평탄하게 마무리한 것임. 거친잔다듬, 중간잔다듬, 고운잔다듬으로 구분함

㉤ 갈기 및 광내기

- 표면가공 중 시간과 비용이 제일 크고, 잔다듬 또는 수동연마(물갈기) 시에는 메탈과 레진으로 물을 주면서 광택을 함
- 광내기(본갈기)는 물갈기보다 더욱 높은 정도의 연마로서, 석질이 치밀하고 단단한 것일수록 좋은 광택이 나고 내구성도 좋음

㉥ 버너마감 : 버너마감은 주로 화강암의 기계켜기로 마무리한 표면을 산소화 액화산소(LPG)로 1,800~2,500℃의 불꽃으로 태우고, 조암 결정군을 튕겨 표피를 벗겨가는 공법임. 고열에 대한 석영, 장석 등 결정의 팽창계수가 다르다는 특징을 역이용한 것으로 표면은 기계켠 자국을 없애주고 자연스러운 느낌을 주므로 가장 널리 쓰이는 마감방법임

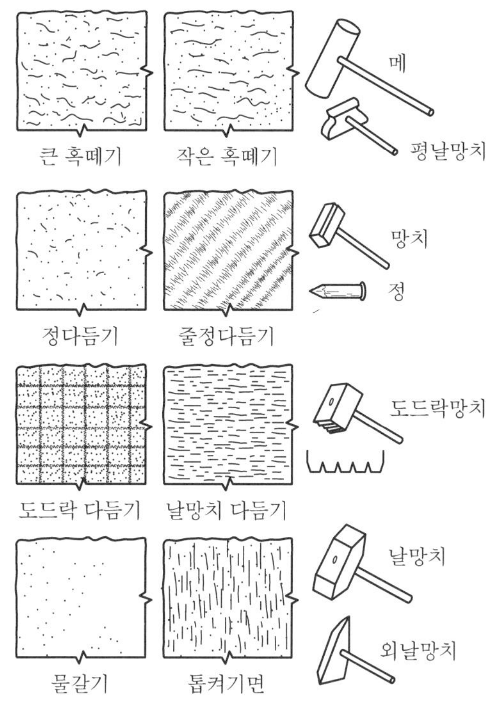

‖ 석재의 표면가공 형상 및 도구 ‖

4 조경시설공사

1. 조경포장공사

1) 개요

조경포장은 보행자, 자전거통행 및 차량통행의 원활한 소통 및 기능유지를 위해 지표면과 도로의 선형을 유지할 목적으로 설치한 포장을 의미하며, 포장면의 지지력 증대, 토양유실 방지, 평탄성 확보, 통행성, 지표성, 미적 분위기 조성, 원활한 통행 등의 기능성과 실용성을 높이기 위해 조성함

주요 포장공법의 분류

<table>
<tr><td rowspan="8">현장시공형</td><td rowspan="2">아스팔트포장</td><td>아스팔트포장</td></tr>
<tr><td>투수아스팔트포장</td></tr>
<tr><td rowspan="2">콘크리트포장</td><td>포장용 콘크리트포장</td></tr>
<tr><td>콘크리트블록포장
(인터로킹블록)</td></tr>
<tr><td rowspan="4">흙다짐포장</td><td>모래포장</td></tr>
<tr><td>마사토포장</td></tr>
<tr><td>황토포장</td></tr>
<tr><td>흙시멘트포장</td></tr>
<tr><td rowspan="11">2차제품형</td><td rowspan="4">석재 및 타일포장</td><td>판석포장</td></tr>
<tr><td>호박돌포장</td></tr>
<tr><td>자연석판석포장</td></tr>
<tr><td>석재타일포장</td></tr>
<tr><td>목재포장</td><td>나무벽돌포장</td></tr>
<tr><td colspan="2">점토벽돌포장</td></tr>
<tr><td colspan="2">고무바닥재포장</td></tr>
<tr><td colspan="2">합성수지포장</td></tr>
<tr><td colspan="2">컬러세라믹포장</td></tr>
<tr><td rowspan="2">기타</td><td>콩자갈포장</td></tr>
<tr><td>인조석포장</td></tr>
<tr><td rowspan="2">식생 및 시트공법</td><td rowspan="2">잔디블록</td><td>잔디식재블록</td></tr>
<tr><td>인조잔디포장</td></tr>
</table>

2) 재료의 특성

① 아스팔트

㉮ 아스팔트는 천연 또는 석유정제 시의 증류잔류물로서 얻어지는 것으로 역청을 주성분으로 함

㉯ 역청재료 중에서 조경용 포장에는 주로 아스팔트, 타르 및 이를 원료로 하는 유제 등이 사용됨

㉰ 아스팔트의 주요 특성을 살펴보면 점착성이 크고 방수성이 풍부하며, 절연재료로서 내력이 뛰어나고, 사용목적에 따라 시공성이 용이하며, 점성과 온도변화에 대한 변화성이 높음

② 콘크리트

㉮ 콘크리트는 시멘트, 모래, 자갈 또는 다른 골재 그리고 물을 사용하여 배합한 혼합물을 구조물이 요구하는 크기와 형상의 거푸집 속에 넣어 경화시켜 만든 재료로 일종의 인조석으로 볼 수 있음

㉯ 콘크리트의 주요 특성으로는 압축강도가 크고 내화, 내수, 내구성을 지니고 있으며, 다른 재료와의 접착성이 높고, 재료 운반의 용이성이 있음. 또한 재료의 시장성이 양호하며 크기와 모양을 자유롭게 만들 수 있고, 시공에 특별한 숙련공을 필요로 하지 않으며 유지 · 관리비가 저렴함

㉰ 그러나 자중이 크고 인장강도가 작으며, 경화 시 수축균열이 발생하고 그에 대한 보수 · 제거가 어렵다는 단점이 있음. 또한 균일시공이 어렵고 설계조건과 일치하기 힘들며, 파괴나 모양변경이 곤란하고 재료의 재사용이 어려우며, 공사기간이 길고, 거푸집 비용도 많이 소요됨

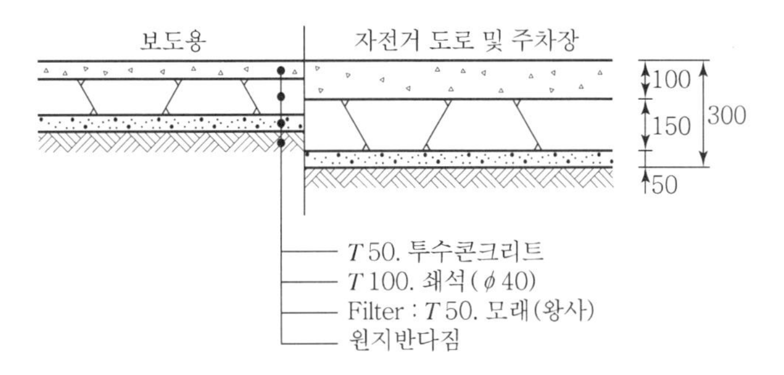

‖ 투수콘크리트 시공단면의 예 ‖

③ 석재

석재는 다른 건설재료에 비해 중량이 크고 대량으로 사용하는 경우가 많아 운반비가 비교적 많이 드는 재료임. 석재는 일반적으로 불연성이며 압축강도가 크고 내구성, 내수성,

내화학성이 풍부하며 마모성이 작은 특성을 지니고 있음. 또한 종류가 비교적 다양하고 같은 종류의 석재라도 산지나 조직에 따라 여러 외관과 색조를 지니고 있음

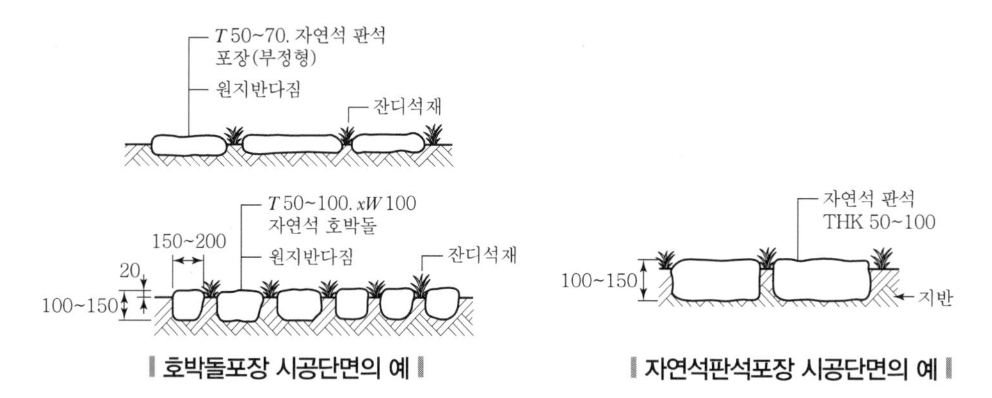

‖ 호박돌포장 시공단면의 예 ‖　　　‖ 자연석판석포장 시공단면의 예 ‖

④ 목재

목재는 과거로부터 현재까지 조경분야에서 널리 사용된 재료로서 구입 및 가공, 운반이 용이하며, 외관이 미려하고 재질에 대한 결점을 육안으로 쉽게 파악할 수 있다는 장점이 있음. 또한 중량에 비해 강도, 탄성이 크고 열 및 전기의 부도체로서 진동 및 충격흡수능력이 높은 특성을 지니고 있음

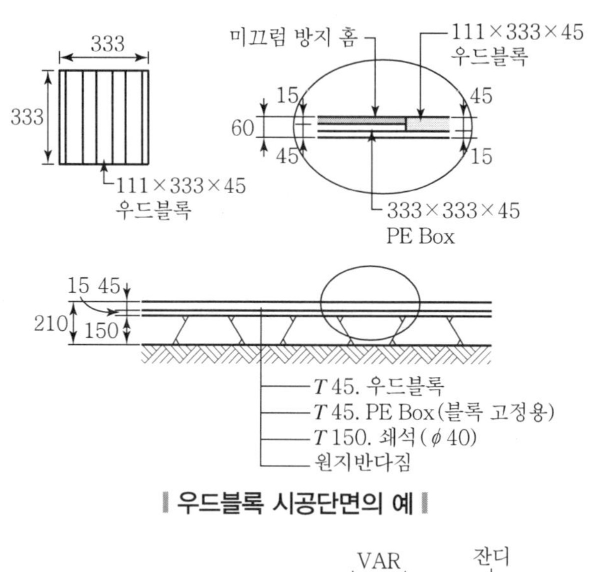

‖ 우드블록 시공단면의 예 ‖

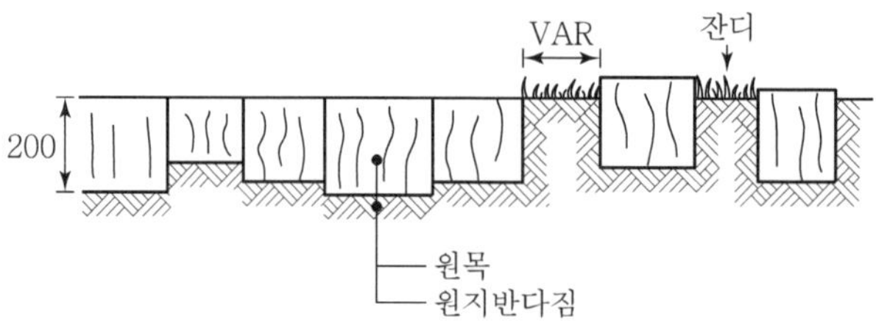

‖ 침목깔기 시공단면의 예 ‖

⑤ 흙다짐

㉮ 흙시멘트

- 흙시멘트포장은 포장의 내구성을 증가시키기 위해 흙에 포틀랜드 시멘트를 섞어서 만든 재료로 일반 자연토양의 느낌을 줄 수 있어 자연성이 있으며, 투수성이 좋고 빗물에 강함. 또한 안정성이 우수하고 유지 · 관리가 편하며, 일반 흙과 달리 먼지가 일지 않음
- 동결융해에 강하며, 현장흙도 이용 가능하기 때문에 경제적이고 시공성이 뛰어남. 2차 폐기물의 발생문제가 없으며, 주변 생태환경에 무해하고 수축 · 팽창이 작은 특성이 있음

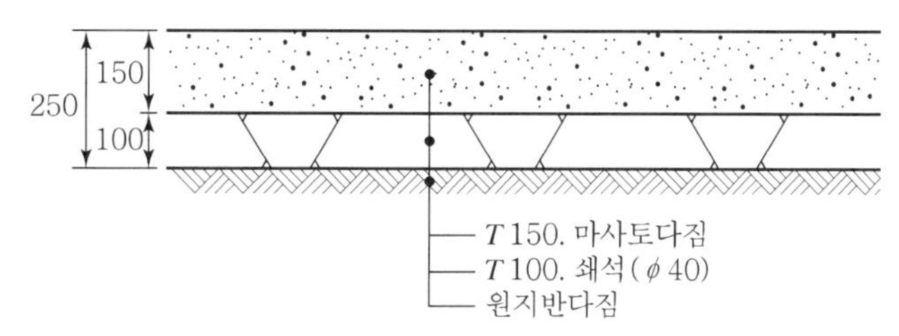

‖ 마사토포장 시공단면의 예 ‖

㉯ 흙포장 : 흙포장재료는 일반적으로 마사토, 모래, 황토 등으로, 운동공간 또는 산책로 등의 조경포장재료로 사용되고 있음. 표면배수가 양호하고 자연적 질감과 시공이 용이하며, 비용이 저렴하다는 특성이 있음

⑥ 점토

점토는 암석을 구성하는 여러 광물의 풍화 또는 분해생성물이므로 그 성분이나 성질 등은 암석 종류에 따라 다르며 풍화 · 분해의 정도에 따라 입도도 다름. 일반적으로 암석의 풍화 또는 분해에 의해 생긴 미세한 알루미늄 규산염을 주성분으로 하는 토성혼합물로 가수하여 반죽하면 점성이 생기고, 잔모래 등의 제 점제를 가하여 혼합하면 가소성을 나타내어 다양한 형상으로 성형할 수 있음

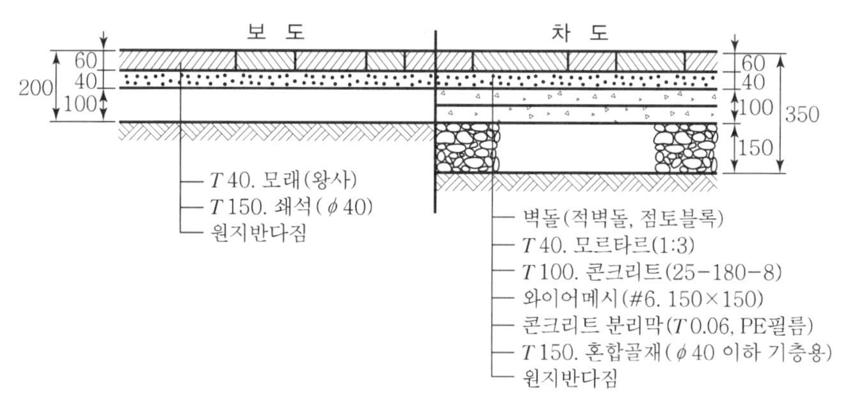

‖ 점토벽돌 시공단면의 예 ‖

⑦ 고무바닥재

충격흡수재와 내마모성 표면재를 조합하거나 균일재료를 이중으로 조밀하게 하고, 내마모성 표면재를 상부로 하여 하나의 재료를 구성시켜 공장 성형한 것으로, 충격을 흡수할 수 있어야 함

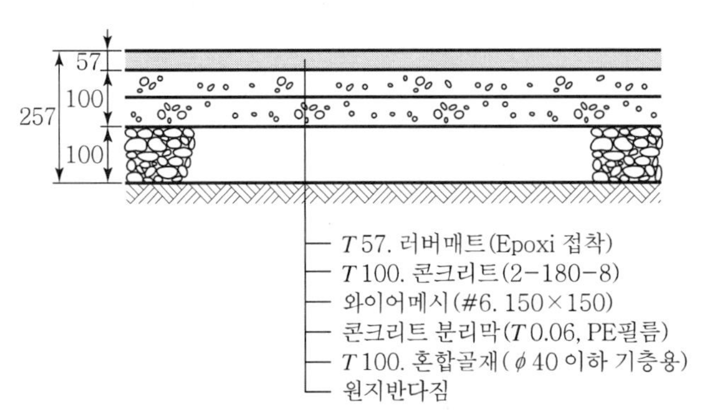

| 고무블록포장 시공단면의 예 |

⑧ 합성수지

㉮ 합성수지란 어떤 온도범위 내에서는 가소성을 유지하는 물질로 유기합성 고분자물질을 칭하며 육상경기장, 정구장, 롤러스케이트장, 배구장, 배드민턴장 등의 운동장 및 인공구조물의 바닥포장재로 활용됨

㉯ 합성수지의 주요 특징은 비중이 목재보다는 무겁지만 철이나 콘크리트보다 가볍고 강도가 높으며, 성형성, 가공성이 좋아 복잡한 모양으로 가공이 용이함. 또한 광택이 우수하고 시공성이 용이하며 마모가 적고 탄력성이 높은 점을 들 수 있음

⑨ 인조잔디

㉮ 인조잔디는 폴리아미드, 폴리프로필렌, 기타 섬유로 만든 직물에 일정길이의 솔기를 단 기성품으로 하되, 각롤의 섬유는 동일한 염류이어야 하고, 표면재료는 인화성이 없는 것이어야 함

㉯ 인조잔디는 천연잔디에 비해 시공과정이 단순하고 시공 및 이용에 있어 계절의 영향을 받지 않으며, 관리가 용이하고 이용에 따른 답압 등의 훼손 우려가 적은 것이 특징임

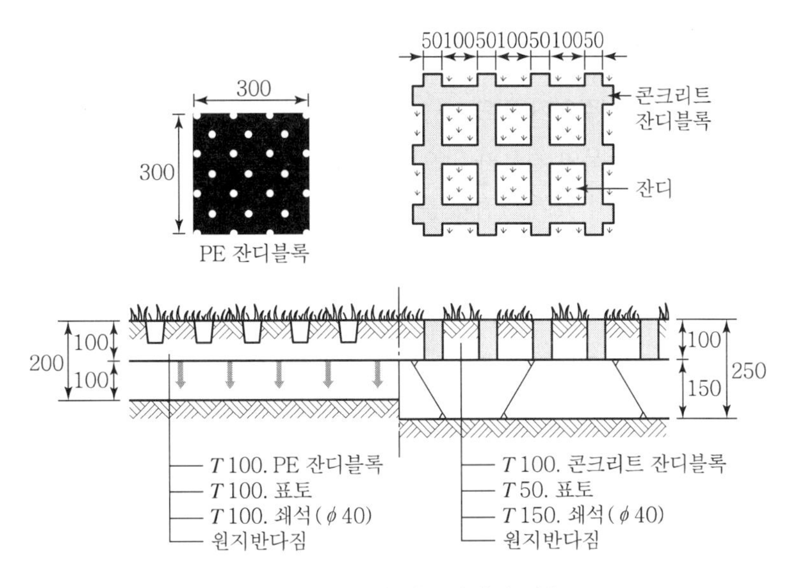

‖ 잔디블록포장 시공단면의 예 ‖

⑩ 컬러세라믹

㉮ 세라믹은 무기비금속원료로 세라믹골재에 합성수지를 혼합하여 포설한 재료로 보도, 산책로, 자전거도로, 공원, 도로, 주차장램프, 휴식공간, 스포츠레저시설 등 활용범위가 비교적 넓음

㉯ 컬러세라믹포장재료는 자유로운 디자인과 다양한 컬러연출이 용이하고 외부환경에 의한 마모 및 변색이 적으며, 휨 또는 압축강도가 뛰어나고, 투수 또는 방수시공이 자유로움. 또한 보행 시나 주행 시 미끄러움이 적으며, 보행자에게 안락한 보행성을 제공하고, 세라믹골재 사이의 공극을 통해 소음이 흡수되는 특성이 있음

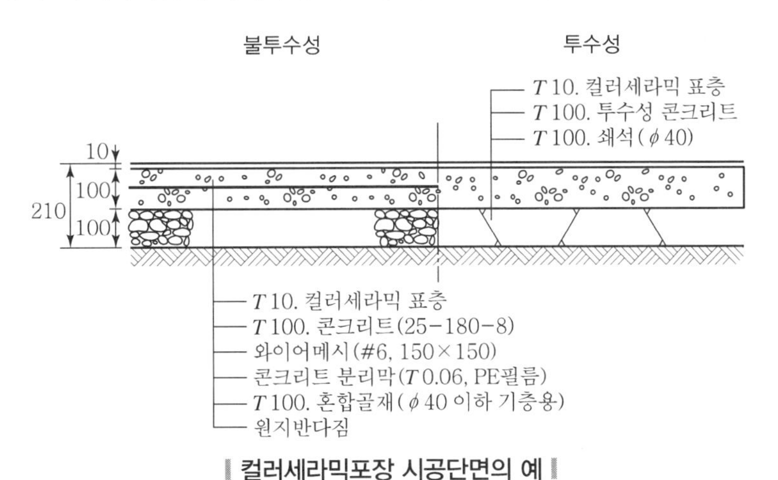

‖ 컬러세라믹포장 시공단면의 예 ‖

3) 시공상의 유의사항

① 품질검사 및 관리에 주의가 필요

포장재의 경우 KS품목인 경우가 많으나, 현장에 실제 생산 및 시공할 경우는 제품품질기준에 미달되는 경우가 있어 사전에 품질검사 및 관리에 주의가 필요함

② 철저한 지반다짐이 요구

대부분의 하자원인이 지반다짐의 부실로 인해 나타나므로 철저한 지반다짐이 요구됨

③ 대규모 면적 시 시공이음부분 설치

시공이음부분이 없는 경우는 수축, 팽창으로 인한 파괴가 발생하므로 대규모 면적의 경우 시공이음부분을 반드시 설치하도록 함

④ 배수구배 검토에 유의

㉮ 포장면의 구배가 일정치 않을 경우 배수가 용이하지 않아 통행의 불편으로 인한 민원의 소지가 발생될 수 있으므로 배수구배 검토에 유의하도록 하며, 가능한 한 집수정, 트렌치 등을 다수 설치함

㉯ 설계도면 검토 시 3% 이하로 표시된 구배에 대하여는 배수 가능 여부에 대한 철저한 검토를 거쳐야 함

⑤ 시설물 집중지역은 포장방법 재검토

각종 시설물이 설치되어 있는 지역의 포장은 하자 발생이 집중적으로 일어나는 지역이므로 포장방법에 대한 검토가 필요하며, 포장시공 전에 노상과 노반을 깨끗이 정리한 뒤 포장재료를 시공함

⑥ 포장블록의 포설 시 주의

㉮ 포장블록의 포설 시 보행진행방향을 기준으로 마감면부터 연석으로 설치하도록 하고, 기준 경계석 및 조건에 따라 모서리 및 마감부분 시공은 콘크리트절단기 등으로 마무리를 깔끔하게 처리하도록 함

㉯ 포장시공 후 일정기간 동안 진동 또는 보행 등 외부충격을 받지 않도록 관리해주도록 함

2. 수경 및 살수관개시설공사

1) 수경 및 살수관개시설의 정의

① 수경시설은 공원, 광장, 주거단지, 위락단지, 체육시설단지, 골프장, 대형 건물, 문화재지역 등의 실내 및 외부공간에 물을 이용하여 수경관을 연출하기 위한 제반시설이라 정의할 수 있음

② 살수관개시설은 인공강우설비로서 작물과 기타 수분을 필요로 하는 장소에 원하는 양의 물을 공급하는 제반시설로 정의할 수 있음

2) 수경시설

① 인공연못

㉮ 토공사

- 연못은 물을 담기 위한 것이므로 우선적으로 기존지형에 대한 수계분석을 해야 함. 물은 중력방향으로 흐르는 성질이 있어 스며들 곳이 있으면 조그마한 틈으로도 빠져나감
- 따라서 전체 부지 중 가급적 습지 또는 점토가 많은 토질을 선택하고 공간계획상 부득이 토질 자체가 입자공극이 큰 사질토양 같은 경우이면 부지조성 토공사 시에 표토를 제거한 후 점토 또는 양질토를 연못 조성 계획부지에 집적하여 두는 것이 좋으며, 되메우기 토량을 고려하여 작업에 지장이 없는 곳에 집적해야 함
- 연못의 깊이는 1.5m 이내로 시공하는 것이 바람직하나 그 깊이가 깊을수록 수질보존 청정도 유지가 유리함

㉯ 배수관로공사 : 배수관로는 암거와 맹암거 두 가지가 있는데, 암거는 무공관 또는 콘크리트 박스 등 맨홀을 통하여 지상으로부터 유입되는 각 오수 및 우수를 배제하는 관로이고, 맹암거는 유공관 등을 사용하여 지하수를 배제하는 관로시설을 말함

㉰ 방수공사

- 방수라 함은 물을 담기 위한 개념도 있지만 지하 토층의 변화를 막아주는 차단역할도 매우 중요함
- 방수재료는 매우 다양하나 그중 많이 쓰이는 공법사례를 종류별로 분류하면 다음과 같음

방수재료의 종류

<table>
<tr><td>아스팔트방수</td><td colspan="2">• 아스팔트콤파운드
• 아스팔트프라이머
• 아스팔트유제
• 아스팔트루핑
• 아스팔트펠트</td></tr>
<tr><td>시트방수</td><td colspan="2">• 가황고무계 시트
• 비가황고무계 시트
• 염화비닐수지계 시트
• 에틸렌초산비닐계 시트</td></tr>
<tr><td>도막방수</td><td colspan="2">• 유제형 도막방수재
• 용제형 도막방수재(지붕용 도막방수재)
• 에폭시계 도막방수재</td></tr>
<tr><td>모르타르(액체)방수</td><td colspan="2">• 무기질계(염화칼슘, 규산소다)
• 유기질계(수지계)</td></tr>
<tr><td rowspan="2">침투방수</td><td>무기질계
(규산염화합물, 시멘트혼합계)</td><td>• 규산화합물계
• 규산불소마그네슘
• 시멘트혼합계</td></tr>
<tr><td>유기질계(고분자계)</td><td>• 실리콘계
• 비실리콘계(유기질수지계)
• 혼합계</td></tr>
<tr><td>실링방수</td><td>• 정형
• 부정형</td><td>• 탄성형, 비탄성형
• 탄성형, 비탄성형</td></tr>
</table>

방수공법의 종류

<table>
<tr><td>시공위치</td><td>• 외방수 – 외부면
• 내방수 – 내부면</td><td>• 아스팔트방수, 시트방수, 도막방수
• 액체방수, 침투방수</td></tr>
<tr><td>열의 사용</td><td>• 열공법
• 냉공법</td><td>• (고무)아스팔트방수
• 수용성, 용제형</td></tr>
<tr><td>재료상태</td><td>• 액체식
• 구체식
• 도막식
• 침투식</td><td>• 액체방수, 도포방수
• 구체방수
• 시트방수, 도막방수
• 침투방수</td></tr>
</table>

노출공법과 비노출공법의 비교

구분	노출공법	비노출공법
재료	우레탄계	시트, 탈우레탄, 고무아스팔트, 아스팔트계
장점	• 시공의 용이성 • 하중부담 절감 • 색상에 의한 미관 우수	• 기온변화에 대한 대응력 • 혹서, 혹한, 직사광으로부터의 보호 • 외부충격으로부터의 보호

단층공법과 복층공법의 비교

구분	단층공법	복층공법
공법	방수제의 도포로 방수층 형성	방수제와 보강포를 이용하여 다층 형성
장점	시공의 용이성	경사면 등의 방수층의 균일한 두께 유지 방수층의 견고성 확보

유기질방수공법과 무기질방수공법의 비교

구분	유기질방수	무기질방수
공법	시공 전 고름모르타르 필요	구조체 바탕면에 직접 시공
장점	• 신장률, 응력으로 진동, 크랙, 충격에 강함 • 주로 외방수에 사용 • 건조한 바탕면 시공원칙	• 습윤한 바탕면 시공 용이 • 주로 내방수에 시공 • 진동, 충격, 크랙에 약함

열공법과 냉공법의 비교

구분	열공법	냉공법
재료	(고무)아스팔트계	우레탄, 에폭시계, 고무아스팔트 에멀션계
장점	• 고체상태로 반입하여 현장가열(액화)시공 • 넓은 시공현장 확보 및 안전대책 필요 • 성분변형 없이 수밀한 방수층 확보	• 액체상태를 현장으로 반입하여 시공 • 협소한 공간에서 시공 가능 • 정확한 배합비 및 수밀성 저하 우려

- 점토질 방수공사
  - 이 공사는 비교적 점토질이 많은 곳에 이용하며 아울러 점토공급이 용이한 곳이어야 함
  - 시공방법은 점토를 30~50cm 다진 후 비닐을 깔고 다시 점토다짐을 하는데, 다른 공사방법에 비해 시공비가 많이 들며 누수현상이 있음을 감안하여야 함
  - 최근 벤토나이트를 혼합 이용한 새로운 방수층을 시공하고 있음
- 철근콘크리트 방수공사
  - 이 공사는 1,000m^2 미만의 중 · 소형 연못 또는 저류조 역할을 해야 하는 대형 연못에 주로 사용함
  - 우선 잡석다짐(20~30cm)을 하고 철근을 사용하여 20~30cm 간격으로 필요에 따라 단철 또는 복철로 시공하기도 하며, 경제적인 방법으로는 철근 대신에 철망(wire mesh)을 포설하는 경우도 있음
- 시트(sheet) 방수공사
  - 시트 방수공사는 주로 대형 연못에 많이 사용되며 가격이 저렴하고 시공이 용이한 특성이 있으나, 접합성에 따라 누수현상이 발생되기도 하므로 열융착기계로 접합되지 않은 곳은 세심한 주의를 기울여 접합해야 함
  - 특히, 구조물 및 배수관로와의 연결부분은 매우 섬세한 시공을 하여야 함. 접합부분은 반드시 공기압테스트를 하여야 하며 이음부분은 많은 여유를 주어 신축작용이 쉽도록 하여야 함
  - 그리고 시트시공 이전에 완충작용을 위한 섬유제품의 부직포를 깔아주는데, 섬유질이 곱고 균일한 제품을 사용토록 하여야 함
- S/B 방수 및 S/B/C 혼합방수
  - S/B는 soil bentonite의 약자로서 soil과 bentonite를 일정량 배합한 것이고, S/B/C는 soil bentonite, cement를 배합한 것임
  - 벤토나이트는 화산재가 변화하여 생성된 가소성 점토를 가리키는 말로서, 주구성광물은 몬모릴로나이트이며, 그 외 장석과 소량의 석영 등을 함유함
  - 따라서 벤토나이트의 광물특성은 몬모릴로나이트에 의해 결정되며, 다른 점토에 비해 양이온 교환능력이 높고 팽윤특성이 양호한 장점이 있음

② 크리크(creek)

㉮ 조성유형

- 크리크는 자연계곡을 그대로 정비하여 계획부지에 끌어들이는 경우가 있고, 지형의 변화를 이용한 인공적인 형태로 조성되는 경우가 있음
- 이러한 크리크에는 워터폴(water-fall)이 같이 조성되고 있음. 최근 들어서는 계획부지의 최상단에 위치한 인공연못으로부터 최하단에 위치한 인공연못에까지 크리

크를 조성하고 있음

㉯ 조성방법

- 주로 크리크에 소요되는 유하수는 모터펌프를 이용한 서큘레이션(circulation)으로 이용객이 가장 많은 시간에만 가동을 하는 경우가 많음
- 크리크의 폭은 0.5~4m 정도로 유량은 시간당 80~120톤이 가장 적절한 효율성을 나타내고 있음
- 즉, 힘찬 느낌에는 폭이 좁고 물의 월류 두께가 5~10cm일 때 가장 보기가 좋으며, 월류 두께는 최소 3cm 이상이 바람직함
- 폭은 한국사람의 정서에는 60cm~2m 이내가 좋으며 가벼운 마음으로 건너갈 수 있거나 편하게 즐길 수 있는 휴먼스케일로 정하는 것이 좋음
- 크리크를 조성하기 위해서는 충분히 여유 있는 폭을 확보한 다음 자연석으로 바닥과 에지를 처리하여야 하는데, 방수의 폭을 6~8m로 하는 것이 자연스러운 형태로 조성할 수 있음
- 최대한 자연스러운 분위기 연출과 수생식물 도입으로 시간이 경과함에 따라 자연계곡의 느낌을 갖도록 함

③ 인공폭포 및 벽천(water - fall)

㉮ 조성 시 유의사항

- 인공폭포(water - fall) 조성 시 가장 문제점은 지반 침하에 의한 전체 구조물의 침하와 이에 수반되어 발생하는 월류 상판의 기울기로 인하여 당초 의도하였던 설계대로 월류가 되지 않아 흉물로 남는 경우가 있다는 것임
- 따라서 충분한 토사다짐 및 잡석다짐을 한 다음 그에 대한 기초를 매우 견고하게 시공하여야 함

④ 에지(edge)

㉮ 기본개념

- 최근에 실시되고 있는 에지처리는 수생식물을 식재할 수 있는 공간을 만들어주면서 갈수기의 수위 변화에도 대처가 가능한 형태의 설계와 시공을 하고 있음
- 연못공사의 공정 중 마지막 공사로서 연못 전체 경관과 아울러 배식의 기본이 됨. 따라서 어떠한 에지를 선택하느냐에 전체 경관의 모습이 달라짐
- 에지공사의 기본개념은 부지경계선(F.L)과 거의 동일하게 될수록 수경관의 도입연출이 좋아짐. 물 위에 비쳐지는 경관 그림자는 고대 연못에서도 가장 중요시 여겨졌으며, 가급적이면 계획고와 수면의 차이는 30cm 이하로 하되 자연스럽게 만나도록 하는 것이 바람직함

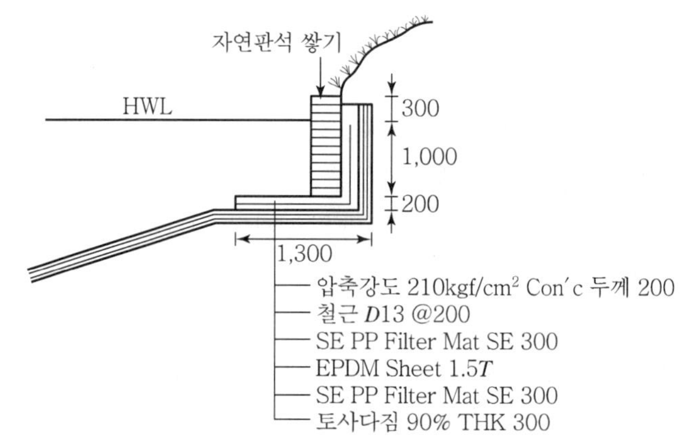

‖ 자연석 에지 단면도 ‖

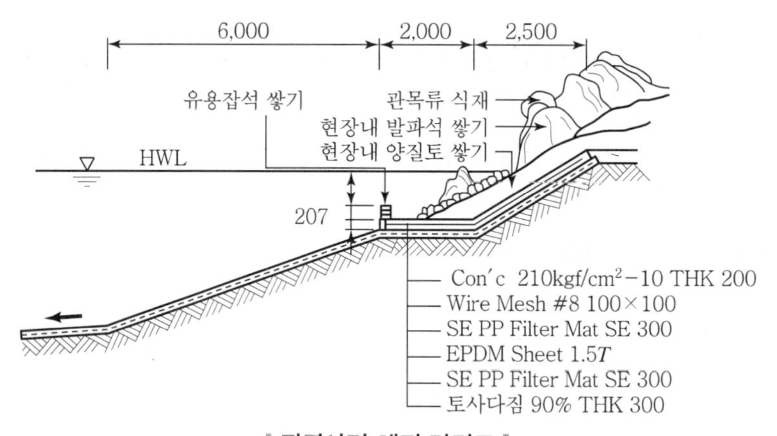

‖ 자연사면 에지 단면도 ‖

- 연못선형은 기초토공에서 잡아주지만 주변지형과 조화를 이루도록 함이 좋음

㉯ 공사 시 주의사항

- HWL과 F.L의 연결부분 방수
- 갈수기 등 수위변동에 따른 단면의 보임에 대비한 깨끗한 마감처리
- 월동기 때 얼음의 밀림현상 방지
- 콘크리트 이용 시 백화현상 방지 등 마무리공정이라는 개념에서 매우 세세히 처리해야 함

⑤ 순환배관공사

㉮ 기본개념

- 인공연못을 만들었을 경우 폐수 또는 농약 등의 오염물질 외에 물의 정체현상과 낙엽과 쓰레기 등으로 인한 부유물이 생성되어 질소, 인 등의 성분이 증가됨에 따라 수중의 용존산소량이 부족하여 적조현상 및 녹조현상이 발생됨

• 이는 곧 수질보전 유지가 곤란하므로 청정도가 유지되려면 유기물이 호기성 박테리아에 의해 분해되어야 하는데, 이 호기성 박테리아가 생존하기 위해서는 생물학적 산소량(BOD)이 절대적으로 필요함. DO가 통상 8 이하에서는 생물의 생존율이 매우 낮으므로 산소량이 낮을수록 그 청정도 유지가 곤란함
• 따라서 강제순환방식에 의해 산소를 공급해주어야 함. 그러한 방법으로는 자연수를 인입하거나 지하수를 펌핑하여 공급하여 주는 것이 가장 좋은 방법임. 또한 용수량이 부족할 때에는 강제순환방식에 의하여 폭포, 분수, 기계장치에 의한 여과기를 사용하는 방법이 있음

㉯ 기계실

• 기계실은 각종 모터펌프, 여과기와 컨트롤 패널 등을 설치하여 강제순환동력을 전달하는 곳으로 그 위치 선정은 경관을 해치지 않는 곳, 즉 폭포를 만들 때 구조물 뒤에 선정하거나 지하에 시공하는 것이 좋음
• 또한 집중강우에 의하여 투수가 되지 않는 곳에 위치를 선정하여야 함

㉰ 관로공사

• 전선관은 주름관을 이용하므로 비교적 방수에 안정이 되나, 기타 배관공사는 엘보 · 티 등을 많이 사용하여 누수의 위험이 따르므로 이음부분에는 공기압력테스트를 하거나 또는 콘크리트로 보강하여야만 하자가 발생하여 방수층을 뜯어내는 일이 없으므로 철저를 기하도록 함
• 분수를 설치할 때에는 노즐연결에 특히 신경을 쓰도록 함

㉱ 오버플루박스(over flow box)

• 오버플루박스(over flow box)의 기능에는 두 가지가 있는데, 홍수기 또는 폭우가 쏟아질 때 주변지역의 침수를 방지하기 위한 배수기능과 인공연못을 청소하기 위한 강제배수기능이 있음
• 최근 설계 및 시공에는 두 가지 기능을 겸하는 영구구조물로 시설로 하고 있음

3) 수질오염 방지시설

① 수질오염 방지시설의 개념

㉮ 수경용수의 목표수질을 결정하기 위해서는 수경시설의 설치목적, 수경시설의 종류와 주변환경, 공급원수의 수질과 수량에 대한 사전검토가 이루어져야 하고, 수경시설의 설치목적에 따라 수질의 적정성 여부를 판단하기 위해 전문검사기관에 의한 수질검사를 해야 함

㉯ 또한 수경시설의 종류에 따라 처리항목, 처리정도, 규모 등을 명확히 하여야 하고, 주변의 오염물이나 낙엽 등의 처리방안을 강구해야 하며 공급원수의 수질과 수량, 정화처리에 대한 방안도 수립해야 함

② 수경용수의 수질

㉮ 환경정책기본법에 근거하여 시행령의 해당 항에 따르되 수질은 하천, 호소, 지하수, 해역의 기준을 적용하며, 수경시설의 목적에 부합되는 적정수질을 적용해야 함

㉯ 지하수환경기준항목 및 수질기준은 수도법에 의한 음용수의 수질기준 등에 관한 규칙을 적용함

㉰ 수경시설의 수질은 용도에 따라 각각 다른 기준을 선택하며 일반적으로 다음의 기준을 적용함

수경시설의 수질기준

항목	친수 용수	경관 용수	자연관찰 용수
수소이온농도(pH)	6.5~8.5	6.5~8.5	5.8~8.6
생물학적 산소요구량(BOD)	3 이하	6 이하	5 이하
부유물질량(SS)	5 이하	15 이하	15 이하
악취	불결하지 않을 것	불결하지 않을 것	불결하지 않을 것
대장균군수	1,000 이하	5,000 이하	-

③ 물리적 처리방법

스크린, 침전, 침사지, 부상, 여과, 흡착

④ 화학적 처리방법

중화 및 pH 조정, 살균, 화학약품에 의한 응집

⑤ 생물학적 처리방법

활성슬러지법, 살수여상법, 회전원판 접촉법, 산화지법, 소화법

5 조경식재공사

1. 수목식재공사

1) 개요

① 식물과 조경의 관계

㉮ 조경시공에 있어서 식물은 가장 중요한 소재이며, 그중에서도 수목과 잔디가 주로 사용되고 있음. 따라서 식물과 조경은 밀접한 관계를 가지고 있으며, 조경양식을 결정하는 데 있어서도 중요한 역할을 수행함

㉯ 그러나 조경설계가 잘되어 있다 하여도 시공된 식물이 잘 살지 않거나 생육상태가 좋지 않으면 그 조경공간은 결국 황폐해지기 때문에 식물의 생리 · 생태적 특성, 생육환경, 그리고 식재시공 관련 기술 등이 종합적으로 요구됨

② 식재시공 시 고려할 주요사항

㉮ 공간별 수목의 기능적 · 생태적 · 심미적 측면은 물론이고, 수목의 생태적 특성, 수목 간의 생태적 연관성에 대한 이해를 바탕으로 시공

㉯ 시공대상지역의 토양 및 기후 등의 자연적 조건과 기존 식생, 각종 지하매설물과 구조물, 토양의 오염상황 등을 포함한 식재 여건에 대하여 면밀히 조사하고, 부적기 식재에 대한 대비책 수립

㉰ 사업계획구역 내의 자생수목은 정밀조사 후 활용계획을 수립하고 지형조성공사 시행 전에 이식 · 보존하여 활용해야 함

㉱ 환경생태적으로 건전하고 지속가능한 개발을 유도하기 위하여 조경공사의 주재료인 수목은 주변자연환경과 조화될 수 있어야 하며, 자연 식생의 활용 및 보존을 적극 도입하여 조성된 녹지공간이 친환경적 공간이 되도록 해야 함

㉲ 필요한 경우 조경공간은 독립된 생태계로서의 기능과 역할을 갖출 수 있도록 하며, 생태계 네트워크의 한 요소가 될 수 있도록 함

2) 재료 및 품질검사

① 수목재료

㉮ 조경식재에 요구되는 기술 : 조경식재에 요구되는 기술은 본래의 자연적인 환경조건을 파악하고 인공적인 변화에 의한 입지조건의 실태, 토양의 개량기술, 식재 · 관리의 기술 등 새로운 과학적 기술체계의 확립뿐만 아니라 조경의 목적에 어울리는 적절한 수목의 선택이 매우 중요함

㉯ 조경수목이 갖추어야 할 필수조건
- 이식하기 쉽고, 척박지에 견디는 힘이 강한 나무
- 열매 또는 잎이 아름다운 나무
- 수목의 구입이 용이하며 지정된 규격에 합당한 나무
- 병충해가 적고 관리하기 쉬운 나무
- 수세가 강하고 맹아력이 좋은 나무
- 시공 해당 지역의 기후, 토양 등 환경에 대한 적응성이 큰 나무
- 수명이 가급적 긴 나무

2) 시공

① 수목굴취

㉮ 개요 : 수목의 굴취는 그 나무의 활착을 결정하는 매우 중요한 요인임. 묘목이나 어린 나무의 경우에는 비교적 쉽게 이식할 수 있으나 어느 정도 성장한 나무나 이식해서 뿌리가 내리기 어려운 나무는 사전에 충분한 지식을 가지고 준비를 철저히 하여 이식하는 것이 필요

㉯ 뿌리분의 크기와 모양
- 이식 시 활착률을 높이기 위해서는 되도록 뿌리를 본래 상태대로 옮겨 심도록 하는 것이 좋음. 그러기 위해서는 뿌리에 충분한 양의 흙을 붙여서 옮기도록 해야 함
- 이와 같이 뿌리와 흙이 서로 밀착하여 한 덩어리가 된 것을 뿌리분이라 부르는데, 흙덩어리가 떨어질 때에는 뿌리가 손상을 받아 활착에 지장을 주므로 새끼나 녹화마대로 감아야 함
- 뿌리분의 크기는 수목의 종류에 의한 특성, 이식 전까지의 생육조건 등에 따라 달라지므로 동일할 수는 없으나 일반적으로 근원지름의 3~5배를 기준으로 하며, 분의 깊이는 세근의 밀도가 현저히 감소된 부위로 분 너비의 1/2 이상이어야 함
- 활착률을 높이기 위해서는 뿌리분이 크면 클수록 단근을 적게 하기 때문에 단근의 영향을 덜 받을 것으로 생각하기 쉬우나, 운반할 때 뿌리분이 깨지면 활착률이 떨어지는 원인이 되므로 아래의 식에 의한 뿌리분의 크기를 고려하도록 함
- 뿌리분의 크기를 결정하는 방법에는 수식에 의한 방법과 현지에서 간단하게 결정하는 방법이 있음
- 수식에 의한 크기의 계산은 다음과 같음

$$뿌리분의\ 지름(cm) = 24 + (N-3) \times d$$

여기서, N : 근원지름(cm)
d : 상수 4(낙엽수를 털어서 파올릴 경우는 5)

1본립 경우 뿌리분의 반지름 R_1=근원둘레×1/2
2본립 경우 뿌리분의 반지름 R_2=(A주+B주)×1/3
3본립 경우 뿌리분의 반지름 R_3=(A주+B주+C주)×1/4

- 뿌리분의 모양은 원형으로 하고 측면은 수직으로, 밑면은 둥글게 다듬도록 함. 이때 심근성 수종은 조개분, 천근성 수종은 접시분, 일반적인 수종은 보통분의 생김새가 되도록 파올림
- 이와 같이 뿌리분의 모양은 여유 있게 분 주위를 파고 난 후, 수종별 특성에 따라 적절한 모양으로 만들어 나감

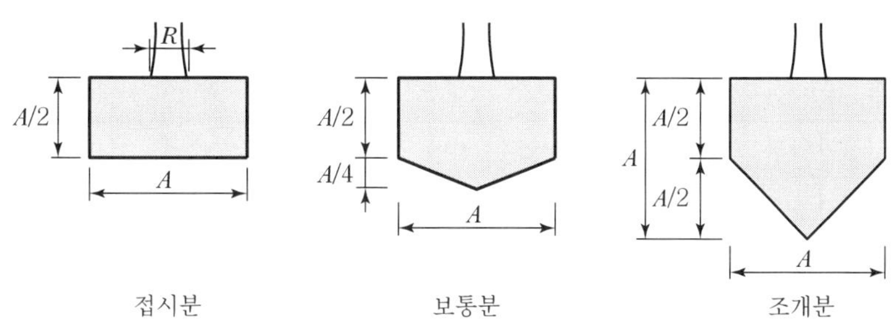

▌뿌리분의 형태▐

㉰ 수목과 뿌리분의 중량

- 수목의 중량

 - $W = W_1 + W_2$

 여기서, W : 수목이식 시의 수목 중량
 W_1 : 수목의 지상부분 중량
 W_2 : 수목만의 지하부분 중량

 - $W = k \times 3.14 \times (\frac{B}{2})^2 \times h \times w_1 \times (1+p)$

 여기서, k : 수간형상계수(0.5)
 B : 흉고지름(m)(근원지름×0.8)
 h : 수고(m)
 p : 지엽의 과다에 의한 보합률(임목 : 0.3, 고립목 : 1.0)
 w_1 : 수간의 단위체적당 중량

- 수목의 지상부는 수간과 지엽으로 이루어지며, 수간은 흉고단면에서의 원주로 가정하여 이것에 형상계수를 곱해서 체적을 구하고, 지엽은 수간중량에 대해 할증률을 곱해서 구함. 정밀한 계산은 위와 같음
- 수간의 단위체적당 중량 기준은 다음 표의 기준을 적용함

- 수목 지하부 토양의 단위중량은 현장에서 조사한 결과에 따르며, 현장조사를 실시하지 않은 경우에는 토양의 종류에 따라 표의 기준을 적용함. 특별히 지정하지 않으면 1,700kg/m³를 적용하고, 뿌리를 포함한 분의 단위중량은 1,300kg/m³로 함

수간의 단위체적중량

수종	단위체적중량(kg/m³)
가시나무류, 감탕나무, 상수리나무, 소귀나무, 졸참나무, 호랑가시나무, 회양목 등	1,340 이상
느티나무, 말발도리, 목련, 빗죽이나무, 사스레피나무, 쪽동백, 참느릅나무 등	1,300~1,340
굴거리나무, 단풍나무, 산벚나무, 은행나무, 일본잎갈나무, 향나무, 흑송 등	1,250~1,300
메밀잣밤나무, 벽오동, 소나무, 칠엽수, 편백, 플라타너스 등	1,210~1,250
가문비나무, 녹나무, 삼나무, 해금송, 일본목련 등	1,170~1,210
굴피나무, 화백 등	1,170 이하
기 타	1,200

수목지하부 토양의 단위중량

토양조건	단위중량(kg/m³)
점질토 보통	1,500~1,700
자갈 등이 섞인 것	1,600~1,800
자갈 등이 섞이고 수분이 많은 것	1,900~2,100
사질토	1,700~1,900
건조	1,200~1,700
점토 다습	1,700~1,800
모래	1,800~1,900

- 뿌리분의 중량 : 뿌리분의 크기와 모양이 결정되면 뿌리용량이 계산됨. 뿌리분의 용량은 다음 공식으로 구할 수 있음
  - 접시분 체적 $V = \pi r^3$
  - 조개분 체적 $V = \pi r^3 + \dfrac{1}{3}\pi r^3$
  - 보통분 체적 $V = \pi r^3 + \dfrac{1}{6}\pi r^3$

- 뿌리분의 용량 속에는 뿌리와 흙이 포함되지만 뿌리쪽이 가볍기 때문에 전체 용량에 흙의 중량을 곱해서 전체 중량으로 산정함
- 뿌리의 중량은 흙의 중량보다 가벼우므로 뿌리분 전체를 흙으로 보아 중량계산을 하면 무난함
- 인공지반 위에 소교목이나 관목류는 크게 문제가 되지 않으나, 대교목은 경우에 따라 매우 큰 하중을 받게 되므로 인공지반을 받치고 있는 기둥 위에 수목이 위치하도록 함
- 만약 배식상 기둥의 위치를 벗어나는 경우 수목의 하중에 견딜 수 있도록 구조설계 변경을 실시하여야 함

㉣ 굴취법

- 굴취는 이식하기 위해 수목을 설정하고 분뜨기 및 뿌리감기를 실시하는 작업으로 여러 가지 방법이 있지만, 토양을 붙여서 분을 만드는 뿌리감기 굴취법, 흙을 털고 뿌리만 캐는 나근굴취법 등이 있음
- 나근굴취법은 유목이나 이식이 용이한 수목을 이식할 때 뿌리분을 만들지 않고 흙을 털어낸 다음 이식하는 방식으로서 굴취하는 방법은 뿌리감기굴취법의 경우와 같음
- 지엽이 지나치게 무성한 것은 굴취 시 수형의 기본형이 일그러지지 않는 범위 내에서 지엽을 정지 · 전정하여 증산억제 및 운반이 용이하도록 함

② 수목운반

㉮ 수목을 굴취하여 새끼감기가 끝나면 목적지까지 운반하여야 하는데 상차, 운반, 하차, 반입, 정식의 과정으로 구분됨

㉯ 운반을 위한 수목의 상하차는 인력에 의하거나 대형목의 경우에는 체인블록이나 크레인 등 중기를 사용하여 안전하게 다루어야 하며 뿌리와 수형이 손상되지 않도록 충분히 보호조치를 하여 운반하도록 하며, 당일 식재를 원칙으로 하나 식재할 수 없는 경우에는 가식하도록 함

㉰ 수목의 운반방법은 크게 목도와 기계에 의한 운반으로 구분할 수 있음

③ 수목가식

㉮ 수목은 반입 당일 식재하는 것이 원칙이나, 그렇지 못할 경우에는 뿌리의 건조, 지엽의 손상 등을 방지하기 위하여 바람이 없고 약간 습한 곳에 임시로 가식하거나 가마니나 거적으로 덮어주는 등 수분증발을 방지하고 다음날 식재를 완료하여야 함

㉯ 만일 여러 여건상 공사현장에 보관해야 할 경우에는 공사에 지장이 없는 범위 내에서 설치하여야 하며, 이를 위해 수목가식장소 및 임시보관장소를 설치하여야 함

④ 수목식재

㉮ 식재구덩이

- 식재예정지에 반입된 수목은 가급적 빨리 심는 것이 원칙이기 때문에 설계도면에 지정된 장소에 미리 식재구덩이를 파 정식을 위한 준비를 함
- 현장에서 철저한 시공관리계획을 수립하지 않고 시행할 경우, 이식하는 수목의 분을 떠서 운반한 뒤에 구덩이를 파는 사례가 있는데 이는 뿌리가 말라서 수목의 활착률을 현저히 떨어뜨리는 결과가 됨

㉯ 수목앉히기(세우기)

- 수목의 뿌리분을 식재구덩이에 넣어 방향을 정하여 세우는 작업을 수목앉히기 또는 수목세우기라고 함
- 잘게 부순 양질의 토양을 뿌리분 높이의 1/2 정도 넣은 후, 수형을 살펴 방향을 재조정한 후 잘게 부순 양질의 토양을 깊이의 3/4 정도 넣고 잘 정돈시킴
- 한번 수목앉히기를 실시한 뒤에는 특별한 경우를 제외하고는 옮기지 않는 것을 원칙으로 해야 함

㉰ 심기

수목을 앉히고 난 후 흙을 넣는 데 수식(水植)과 토식(土植) 두 가지 방법이 있음

- 수식 : 수식은 수목을 앉힌 다음 토양을 채우는 과정에서 몇 차례 물을 부어 가면서 흙을 진흙처럼 만들어 뿌리 사이에 흙이 잘 밀착되도록 막대기나 삽 등으로 다져 흙 속의 기포를 제거하면서 심는 방법임. 이는 일반낙엽수나 상록활엽수 등 대부분의 수목에서 실시하는 방법임
- 토식 : 토식은 처음부터 끝까지 일체 물을 쓰지 않고, 흙을 부드럽게 하여 바닥부분부터 알맞은 굵기를 가진 막대기로 흙을 잘 다져 뿌리분에 흙이 밀착되도록 하는 방법임. 토식에 적합한 수종은 많은 수분을 필요로 하지 않는 소나무, 해송, 전나무, 소철 등임
- 표토 사용 : 식재의 경우 유기질을 풍부히 함유한 표토는 매우 중요한 존재임. 성토 또는 절토 시에 표토를 수집하여 따로 보관하였다가 식재대상지에 원상회복시켜 주면 매우 큰 도움을 줄 수 있음
- 객토 : 객토란 식재구덩이와 뿌리분 사이에 채워 넣는 흙을 말함. 설계서에서는 수목의 크기, 토양조건, 작업조건 등에 따라 그 양을 정하게 됨
- 물받이 : 근원지름의 5~6배로 주간을 따라 원형으로 높이 10~20cm의 턱을 만들고 물받이를 설치하도록 함

⑤ 식재 후 작업

㉮ 지주세우기

- 식재 후 충분히 다져도 태풍이나 돌풍에 의하여 흔들리거나 쓰러질 우려가 있으므로 수목을 고정시켜 주어야 함
- 지주설치방법에는 단각지주, 이각지주, 삼발이지주, 삼각지주, 시각지주, 연계형지주, 당김줄형지주, 매몰형지주가 있음

㉯ 수간감기

- 이식 시의 수목은 모든 면에서 생육기능이 약해져 있기 때문에 적절한 보호조치를 해주어야 함. 약한 수피를 가진 수목은 여름철의 강한 햇빛을 차단시켜 주고 보습을 위한 조치를 해야 하며, 가을에 이식한 수목인 경우 겨울철에 동해방지를 위한 방한 조치로서 수목줄기에 새끼를 감은 후 진흙을 바르거나 거적, 종이 등을 감아주는 양생작업을 실시하는데 이를 줄기감기라 함
- 줄기감기에 사용되는 재료로는 새끼, 황마제 테이프 또는 마직포 등이 있음

㉰ 수목보호판의 설치 : 포장된 가로나 광장, 주차장 등에 식재한 경우 사람들의 통행에 의해 토양이 답압되지 않도록 하는 동시에 빗물이 스며들 수 있게끔 수목보호판을 설치해줌

㉱ 멀칭재 피복

- 이식 후 수목의 주변에 볏짚이나 깎은 돌, 낙엽, 왕겨, 톱밥, 바크 등을 깔아주면 여름의 건조 시에는 수분증발을 막을 수 있고, 겨울의 엄한기에는 지온이 보호되어 뿌리를 보호할 수 있음
- 이는 잡초 발생을 줄이고 근원부를 사람들이 밟지 않는 효과도 가져옴. 또한 시비를 한 경우에는 비료분의 분해를 느리게 하고, 표토의 지온을 높임으로써 뿌리의 발육을 촉진하게 됨
- 식재지에는 지표면의 증발 방지, 토양 고결 방지, 겨울철 지표면의 동결 방지, 잡초 발생 방지, 부식질로의 환원, 미적 효용 등의 목적을 위하여 멀칭재로 피복을 함

⑤ 이식

㉮ 이식조건

- 이식은 생명을 가지고 토지에 정착한 식물을 배식설계에 따라 선정하여 한 장소에서 다른 장소 또는 같은 장소에 이동시키는 일로서 굴취 · 운반 · 식재의 세 가지로 구별할 수 있음
- 이식은 위치를 변화시키는 것으로, 그것이 고정된 위치일 경우에는 정식, 또는 본식이라 하며, 가정된 위치일 경우는 가식, 정식 사이에 추가로 심을 경우에는 보식이라 함

- 이식은 식물을 활착 보전시키는 것이 목적이므로 고사시키거나 상처를 입혀서는 안 됨. 이식을 완전하게 하기 위해서는 식물학적 지식과 대형목의 이식, 부적기 이식 등과 같이 다른 분야에서는 볼 수 없는 조경적인 특수기술이 요구됨
- 이식을 하기 위해서는 이식을 위한 사전준비가 필요함. 먼저 식재를 하고자 하는 장소에 대하여 사전에 그 특성을 조사해둠. 조사항목은 공사의 규모나 목적에 따라 달라지게 되지만 공사의 종류, 식재의 목적과 위치, 이식시기, 지형, 경사, 지질, 토성, 광선, 온도, 수분의 문제 및 인접지와의 관계, 교통, 운반의 난이, 기타 시공주의 희망이나 특수사항 등임
- 또한 수목의 안정적인 확보 및 가지치기, 뿌리돌림작업, 병충해 방제, 시비, 관수 등의 사전조치뿐만 아니라 식재 후의 양생보호 등 관리방법까지도 고려함

㉯ 이식시기

- 수목식재에 관해서는 기술도 중요하나 그 이상 중요시되는 것은 계절임. 기술에 다소 문제점이 있다 하더라도 식재적기에 이식한다면 안전하게 활착하는 경우가 많음을 알 수 있음
- 따라서 가급적이면 수목의 활착이 어려운 한여름과 한겨울에는 식재와 이식을 하지 않도록 하며 부득이하게 부적기에 식재할 경우에는 이에 따른 보호 등 특별한 조치를 취해야 함
- 뿌리돌림한 후 6개월 내지 1년이 경과한 것이면 언제든지 이식이 가능하지만, 수종에 따라서는 이식에 대한 난이가 있고 또 활착 여부도 이식기술뿐만 아니라 시기에도 영향을 크게 받음

㉰ 뿌리돌림

- 뿌리돌림이란 세근이 잘 발달하지 않아 극히 활착하기 어려운 야생상태의 수목 및 노목, 대목, 거목, 쇠약해진 수목, 귀중한 나무, 이식경험이 적은 외래수종 등을 이식하고자 하는 목적으로 실시함
- 나무를 그 자리에 세워둔 채 나무의 뿌리 일부를 절단 또는 각피하여 다시 새로운 잔뿌리 발생을 촉진시키고, 분토 안의 잔뿌리의 신생과 신장을 도모하여 이식 후의 활착을 돕고자 하는 사전조치
- 또한 비이식적기에 이식하고자 할 때나 건전한 수목을 육성하고 개화결실을 촉진시키려고 할 때에도 뿌리돌림을 실시하기도 함
- 일반적으로 뿌리돌림한 뒤 6개월~1년 정도 경과 후에 이식하는데, 야생상태의 수목 및 노거수, 대형목 등은 안전 위주로 한꺼번에 전부를 뿌리돌림하지 않고 1/2 또는 1/3씩 2~3년에 걸쳐서 실시하기도 함

- 뿌리돌림의 시기
  - 뿌리돌림은 이식하고자 하는 시기까지 세근발달을 촉진시켜야 하기 때문에 이식기로부터 적어도 6개월~3년 정도의 시간적 여유를 갖고 실시하는 것이 바람직함
  - 따라서 뿌리돌림의 시기는 이식시기보다는 폭이 넓어 3~7월까지, 그리고 9월의 두 시기에 걸쳐서 실시할 수 있으나, 가장 좋은 것은 역시 해토 직후부터 4월 상순까지의 사이가 이상적임
- 뿌리분의 크기와 형태
  - 뿌리돌림을 하기 위한 분의 크기는 수종, 근계의 발달정도, 수목의 생육환경 등에 따라 다름. 이식할 때 뿌리돌림에 의해서 발생된 뿌리가 손상되지 않게 하기 위해 부리돌림 때의 뿌리분 크기는 이식할 때의 뿌리분보다 작게 함
  - 일반적으로 분의 크기는 근원지름의 3~5배인데 보통 4배 정도로 하며, 우선 새끼줄을 나무 밑둥에 한 바퀴 감은 다음 그 길이를 반으로 접어 한쪽 끝을 나무 밑둥에 대어 돌아가면서 원을 그려 분의 크기를 정함
  - 뿌리분의 깊이는 측근의 발생밀도가 현저하게 줄어든 부위까지로 하며 뿌리의 발생상태를 판단하여 조정할 수 있음
- 뿌리돌림의 방법
  - 뿌리돌림의 방법에는 구굴식과 단근식이 있는데, 일반적으로 많이 사용되고 있는 것은 구굴식임
  - 구굴식은 나무 주위를 도랑의 형태로 파내려가 노출되는 뿌리를 절단한 다음 흙을 다시 덮어 세근을 발생시키는 방법
  - 단근식은 비교적 작은 나무에 실시되는 방법으로서 표토를 약간 긁어낸 다음 뿌리가 노출되면 삽이나 낫, 톱, 전정가위 등을 땅 속에 삽입하여 곁뿌리를 잘라 발근시키는 방법임
- 뿌리돌림 후의 관리
  - 뿌리돌림작업으로 안하여 많은 뿌리가 절단되어 수분흡수가 좋지 않으므로 되메우기 후 뿌리와 가지의 균형을 위해 가지의 일부를 정지 · 전정해주어야 함
  - 낙엽수의 경우는 전체의 1/3 정도, 상록활엽수의 경우는 2/3 정도 가지치기를 함. 또한 지상부의 증산을 감소시킬 목적으로 새끼나 가마니를 사용하여 줄기감기를 하기도 함
  - 뿌리턱의 건조와 뿌리의 보온을 목적으로 낙엽이나 짚 등으로 멀칭을 해줌. 그러나 과습하게 되면 오히려 장해가 발생되므로 경우에 따라서는 미리 뿌리분 밑에 배수장치를 할 필요가 있음

㉣ 대형목의 식재와 이식방법

- 조경공사가 대형화됨에 따라 대형수목을 식재하는 경향이 점점 증가되고 있음. 수

목이 성장했다는 것은 그 수목에게는 생육환경조건이 좋은 곳이라 할 수 있음

- 이러한 환경에서 생장한 수목을 갑자기 다른 곳으로 옮기게 되면 새로운 환경에 적응하지 못하고 고사하게 되는 경우가 많음
- 대형수목은 묘목보다 수세가 강하기 때문에 생육조건이 좋지 않아도 적응력이 강하며 1~2년 사이에는 쉽게 고사하지 않음. 그러나 20~30년 이상인 경우에는 활착률이 현저하게 떨어짐
- 대형수목을 이식하기 위해서는 이식하고자 하는 장소의 거리, 도로사정, 작업조건, 토양조건 등을 고려하여 수관의 크기와 뿌리분의 크기 및 특수장비를 이용한 운반방법을 결정함. 특히 2~3년 전부터 뿌리돌림을 실시해주어야 함
- 본래의 수형 이미지 그대로 가져가 이식하는 것은 현실적으로 어려우며, 운반에 있어서도 불가능한 경우가 많음
- 자연상태의 50~60년생의 수목인 경우 남측면 수간은 50~60년간 햇볕을 받아온 것이며, 반대로 북측면은 전혀 햇볕을 받지 못한 부분이기 때문에 이식 시 방향이 바뀌게 되면 수간 표면온도가 높아져 수피가 갈라지고 줄기의 통로조직이 파괴됨
- 또한 식재한 뒤 수분 및 산소공급을 위하여 큰 뿌리의 아랫부분에까지 투수관을 설치하여 활착을 돕도록 함

2. 잔디 및 지피식물 식재

1) 지피식물의 개요

① 지피식물의 정의

㉮ 지피식물을 일반적인 기준으로 정의하면 지표면을 치밀하게 피복할 수 있는 식물을 의미하며 지표면에서 50cm 이하의 수고로 성장하면서 잎, 꽃, 열매, 생육수형의 관상적인 가치가 우수할 뿐만 아니라, 수고의 생육이 더디고 지하경 등 자하부의 번식력이 뛰어남

㉯ 녹화식물의 종류별 분류상에서 용도에 의한 종별에서 본 지피식물은 군식하며 지표면을 60cm 이내로 피복할 수 있는 식물이라고 정의함

㉰ 아름다운 경관을 조성하기 위하여 또는 토양침식방지, 척박지나 음지 등의 녹화와 같은 기능적인 면을 목적으로 식재하는 식물을 지피식물(ground cover plants)이라고 함

② 지피식물의 조건

병충해에 대한 내성과 환경적응력이 강하고 유지관리와 재배가 용이한 일년 및 다년생의 목·초본을 대상으로 하며, 계절적인 변화감이 뚜렷한 식물로서 관상가치를 지녀야 하고 생산과정에서 품종의 균일성, 통일성을 지녀야 함

③ 지피식물의 종류

일반적으로 지표면 피복에 널리 사용되고 있는 잔디류를 비롯하여 다년생 초본류, 이끼류, 고사리류, 왜성관목류, 포복성의 덩굴성 식물인 만경목류 등의 많은 초목류들이 있음

2) 지피식물의 종류 및 특성

① 잔디류

㉮ 잔디의 개념 및 특징

• 잔디의 정의

- 잔디란 화본과 여러해살이풀로 재생력이 강하고 식생 교체가 일어나며, 조경의 목적으로 이용되는 피복성 식물임
- 세계적으로 이용되는 잔디는 20여 종으로서 지표면을 피복하는 능력과 답압에 견디는 능력이 뛰어난 다년생의 초본성 식물군임
- 잔디는 낮게 자라면서 깎기에 대한 재생력이 강하고 답압에 견디는 특성과 왕성한 지표면의 피복력을 가지고 있어 축구, 골프, 야구 등 각종 스포츠뿐만 아니라 레크리에이션과 같은 놀이나 정원, 공원에 관상용으로 이용가치가 큰 식물임

• 잔디의 기능

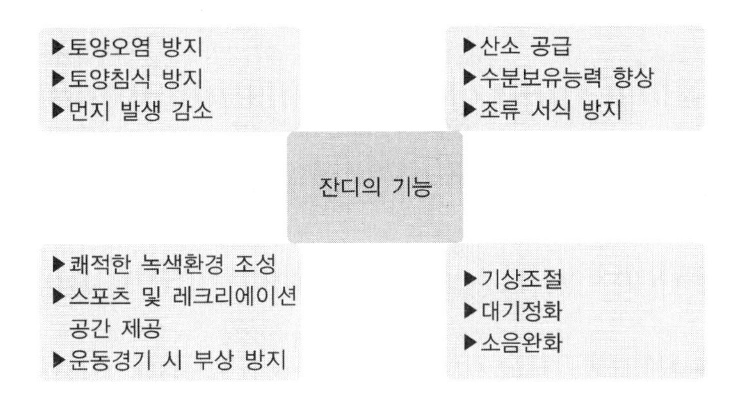

• 잔디의 질적 요건

- 균일성 : 잔디의 재질과 색상의 균일함
- 탄력성 : 잔디가 누웠다가 원상태로 돌아오는 능력으로 사용자의 미끄러짐과 충격 완화도 등에 영향을 미침
- 밀도 : 단위면적당 새순 또는 잎이 얼마나 많은가를 나타냄
- 질감 : 개개의 잎의 엽폭에 의하여 좌우
- 평탄성 : 잔디의 표면상태를 나타냄. 잔디면 위로 공이 구를 때 중요
- 색깔 : 잔디의 엽색. 일반적으로 한지형 잔디가 색이 진함

• 잔디의 기능적 요건
  - 내마모성 : 어떤 압력에 대한 잎과 줄기의 저항성 · 견고성
  - 회복력 : 잔디가 병충해나 기타 생리적 피해를 입어 죽은 후 회복되는 능력과 속도, 재생력
  - 조성속도 : 종자파종, 영양번식으로 일정 면적을 피복하는 속도
  - 내환경성 : 내서성, 내한성, 내건조성, 내침수성, 내염성, 내척박성. 내음성, 내공해성 등
  - 내병충성 : 각종 병이나 해충에 대하여 잘 견디는 정도. 일반적으로 난지형 잔디는 병에 강하고 충해는 약한 편, 한지형 잔디는 병해는 약하고 충해는 별로 없는 편임

㈏ 잔디의 종류

난지형 잔디와 한지형 잔디의 특성

구분	난지형 잔디	한지형 잔디
일반적 특성	• 생육적온 : 25~30℃ • 뿌리생육에 적합한 토양온도 : 24~29℃ • 낮게 자람 • 낮은 잔디깎기에 잘 견딤 • 뿌리신장이 깊고 건조에 강함 • 고온에 잘 견딤 • 조직이 치밀하여 내답압성 • 저온에 엽색이 황변하고 동사 위험이 있음 • 병해보다는 충해에 약함 • 내음성이 약함 • 포복경, 지하경이 매우 강함	• 생육적온 : 15~20℃ • 뿌리생육에 적합한 토양온도 : 10~18℃ • 녹색이 진하고 녹색기간이 김 • 25℃ 이상 시 하고현상 발생 • 내예지성에 약함 • 뿌리깊이가 얕음 • 내한성이 강함 • 내건조성이 약함 • 내답압성이 약함 • 종자로 주로 번식 • 충해보다 병해가 큰 문제점
분포	• 온난, 습윤, 온난 아습윤 온난 반건조기후 • 전이지대	• 한랭습윤기후 전이지대(한지와 난지가 함께하는 지역) • 온대~아한대
국내녹색기간 (중부지방 기준)	5개월(5~9월)	9개월(3월 중순~12월 중순)
원산지	아프리카, 남미, 아시아지역	대부분 유럽지역

난지형 잔디와 한지형 잔디의 종류

구분	난지형 잔디	한지형 잔디
주요 잔디종류	• 한국잔디류(Zoyisia grass) - 들잔디(Z. japonica) - 금잔디(Z. matrella) - 비로도잔디(Z. tenuifolia) - 갯잔디(Z. sinica) - 왕잔디(Z. macrostachya) - Z. koreana • 버뮤다그래스 - 커먼 버뮤다그래스 - 개량 버뮤다그래스 • 버팔로 그래스 • 버하이아 그래스 • 써니피드 그래스 • 카펫 그래스	• 페스큐 - 광엽페스큐 ‣ 톨 페스큐 ‣ 개량종 터프타입 톨 페스큐 - 세엽페스큐 ‣ 크리핑레드 페스큐 ‣ 추잉 페스큐 ‣ 쉽 페스큐 ‣ 하드 페스큐 • 벤트그래스 - 크리핑 벤트그래스 - 코로니얼 벤트그래스 - 벨벳 벤트그래스 - 레드탑

㉰ 잔디면 조성 시 고려사항

• 잔디의 선택 : 조성 후 사용하고자 하는 목적 또는 관리능력 및 예산에 따라서 그 초종을 결정해야 함

잔디의 사용용도 및 관리요구도에 따른 분류

사용용도에 따른 분류	관리요구도에 따른 분류
• 사용이 많은 곳 : 톨 페스큐, 퍼레니얼 라이그래스, 조이시아그래스, 버뮤다그래스 • 사용이 적으면서 푸른 기간이 오래 지속되기를 원하는 곳 : 켄터키 블루그래스, 퍼레니얼 라이그래스, 톨 페스큐 • 겨울철의 혹심한 추위가 예상되는 곳 : 켄터키 블루그래스 • 여름철 고온건조가 심한 곳 : 조이시아그래스, 버뮤다그래스, 톨 페스큐 • 그늘이 예상되는 곳 : 톨 페스큐, 조이시아그래스, 켄터키 블루그래스 • 물에 잠길 우려가 심한 곳 : 톨 페스큐. 켄터키 블루그래스 • 물에 잠길 우려가 심한 곳 : 톨 페스큐, 버뮤다그래스 • 염해가 예상되는 곳 : 톨 페스큐, 버뮤다그래스 • 집중적인 관리가 어려운 곳 : 파인 페스큐, 톨 페스큐, 조이시아그래스	• 높은 정도의 관리를 요구 : 크리핑 벤트그래스, 켄터키 블루그래스, 퍼레니얼 라이그래스 • 중간 정도의 관리를 요구 : 톨 페스큐, 버뮤다그래스 • 낮은 정도의 관리를 요구 : 조이시아그래스, 파인 페스큐

- 번식방법의 선택
  - 종자번식이 가능한 종류 : 대부분의 잔디(톨 페스큐, 퍼레니얼 라이그래스, 조이시아그래스, 버뮤다그래스, 크리핑 벤트그래스, 파인 페스큐)
  - 영양번식이 가능한 종류 : 가로줄기가 있어서 떼를 형성하는 잔디(조이시아 그래스, 크리핑 멘트그래스, 켄터키 블루그래스)
- 잔디조성 단계
  - 전반적인 토목공사 : 표면 및 지하배수를 고려하여 습지가 생기지 않도록 유의함
  - 표면준비 : 조성 후 관리, 특히 잔디깎기와 기타 기계류의 사용을 위해 돌이나 나무뿌리 및 다른 장애물을 제거하여 균일하게 준비
  - 발아 전 제초 : 표면의 준비에 따른 대부분의 잡초는 제거되지만 일부 다년생 잡초는 글라신액제 등을 뿌려 제거함
  - 파종 : 파종은 주로 손으로 하였으나 파종기가 이용될 수도 있으며, 파종 후 피복은 잔디의 종류에 따라 다르나 한국잔디에는 투명한 비닐이, 양잔디에는 짚 등이 이용됨

[I 형] 각종 조경공간 및 절 · 성토면 등 답압이 없는 곳에 적합(KB, ZN 적용)

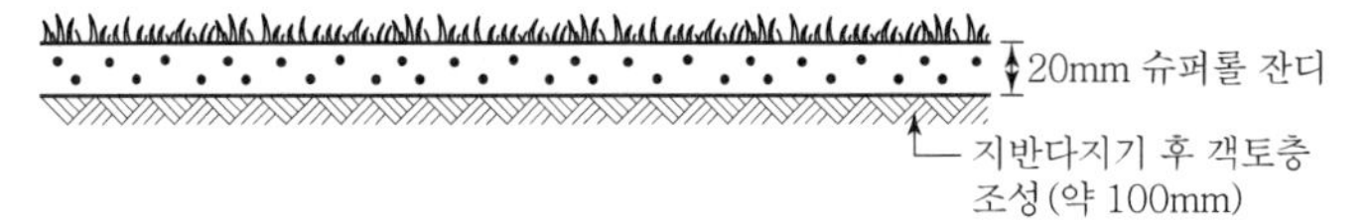

[II 형] 중요 조경공간 및 골프장 페어웨이에 적합(KB, KBS, ZN, ZNS 적용)

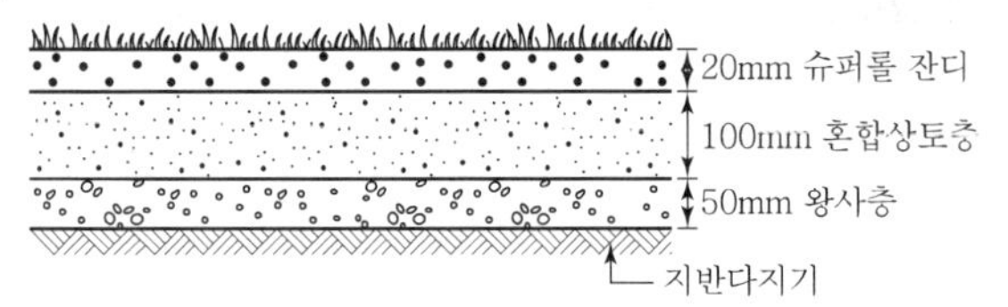

[III 형] 각종 스포츠 레저공간(축구장, 골프장)에 적합(KB, KBS, ZN, ZNS, BGS 적용)

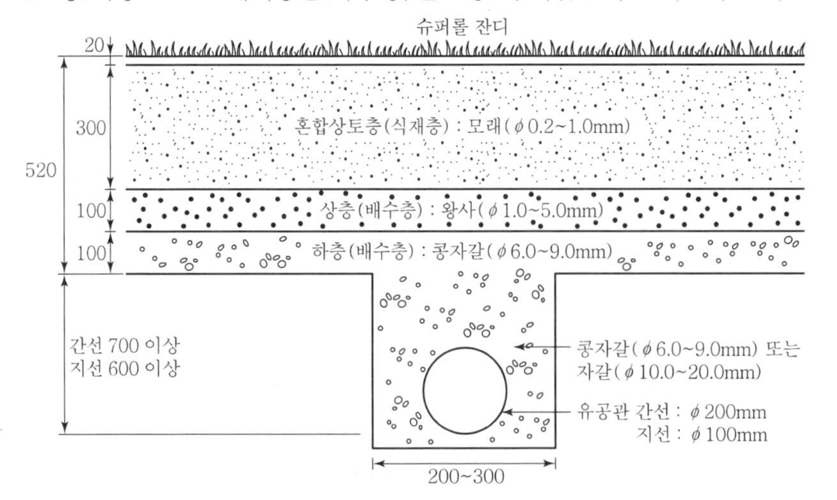

- springing, 줄떼 및 평떼 : sprining은 잔디의 포복경 및 지하경을 땅에 묻어주는 것으로 초기 물관리가 중요함. 줄떼와 평떼는 근본적으로 같은 원리이며 간격을 얼마나 주느냐에 따라 조성속도가 달라짐
- 기타 방법 : 분사파종이 많이 사용되고 있으며, 이는 파종과 피복초기의 관리를 동시에 시행하는 것으로 경사지나 균일한 파종이 어려운 지형에 유리함
- 조성 후 관리 : 관수, 제초, 시비, 잔디깎기 등이 기본적으로 시행되어야 함

㉣ 잔디관리

• 잔디깎기

- 잔디깎기는 잔디의 종류, 관리수준, 이용목적에 따라 달라질 수도 있으나, 잔디관리의 가장 기본적이고 중요한 일임
- 잔디깎기의 효과
  ‣ 균일한 잔디면 형성으로 시각적 효과 발생
  ‣ 밑부분의 잎이 말라죽는 것을 방지
  ‣ 엽수와 포복경수 증가로 밀도 높여 잡초와 병충해 침입 방지

잔디의 종류와 예고높이

잔디종류	예고(mm)
일반가정용 잔디	50~30
공원용 잔디	20~30
운동장용 잔디	20~25
그린	4.5~6
티그라운드	12~15
페어웨이	18~25
러프	40~50

- 예초빈도 : 신초생장률, 환경조건, 예고, 잔디의 사용목적에 따라 결정됨
- 잔디깎기 시 주의사항
  ‣ 동계에는 키 큰 상태로 유지, 봄이 되어 왕성한 생육 시 자주 깎아주기 시작함
  ‣ 갑자기 낮게 깎아주면 잔디재생부위가 잘려나가 황색이 됨
  ‣ 키 큰 잔디는 처음에는 높게 깎고, 서서히 깎는 높이를 낮춤
  ‣ 습기가 있을 때에는 될 수 있는 한 깎아서는 안 됨
  ‣ 잔디깎기의 빈도, 높이는 규칙적이어야 함
  ‣ 예지물은 잔디 위에 두지 않고 제거되거나 잔디 사이로 들어가게 함
  ‣ 기계의 깎는 방향이 계획적 · 규칙적이어야 외관이 좋음

- 시비관리
  - 잔디관리에 있어 시비는 가장 중요한 관리프로그램 중의 하나임
  - 식물체 중 시비방법이 까다롭고 특이함. 많지도 적지도 않게 적당량을 연중 균일하게 공급함
  - 시비방법
    - 1회에 질소 5g/m² 이내로 시비, 2등분하여 고루 시비
    - 한국잔디는 봄, 여름에 시비하고, 한지형 잔디는 봄, 가을에 시비하되 9월 이후에 시비 비중을 높임
    - 연간 4~12회 정도로 분시
    - 한지형 잔디는 여름철에 병발생이 많아지므로 시비에 주의
- 갱신
  - 갱신의 의의
    - 갱신작업이란 잔디 생육상태가 나빠졌을 때 그 잔디를 원래의 건전한 상태로 되돌리는 작업
    - 그러나 잔디관리의 본질은 잔디품질이 나빠지지 않도록 유지하는 데 있음
    - 갱신작업의 하나인 배토, 에어레이션, 수직깎기 등의 작업으로 잔디품질을 나빠지지 않게 유지하기 위한 재배관리작업의 일환
  - 갱신의 필요성
    - 잔디를 빈번히 예초하고 다비 재배하면 대취가 과다하게 축적되기 쉬움
    - 대취가 과다 축적되면 투수성이 불량해지고 흡습성이 높아져서 병 발생이 많아짐
    - 사람과 관리기계의 지나친 답압에 의해서도 고결화, 투수성 불량화, 통기성 악화가 됨
    - 조성 후 2~3년쯤에서 볼 수 있으며 토양을 부드럽게 하고 구멍을 뚫거나 대취를 제거하여 잔디의 건강상태 개선에 주력해야 함
  - 갱신방법과 시기

잔디의 갱신방법

구분	갱신작업
잔디 표층의 통기성 갱신	레이킹(raking), 브러싱(brushing), 디대칭(dethaching)
토양의 통기성 갱신	에어레이션(airation), 스파이킹(spiking), 슬라이싱(slicing)
대취 제거	디대칭, 레이킹, 버티커팅(verti-cutting)
기타	• 배토 등에 의한 표토층 개량 • 석회시용으로 토양산도 개선 • 입지환경 개선(응달, 통풍 등)

- 갱신시기 : 한지형 잔디는 초봄(3월), 초가을(9월)에 하고 한국잔디는 6월에 함
- 한지형 잔디 보파(overseeding) : 난지형 잔디는 겨울철에 고사하고 휴면함. 덧뿌리기는 가을에 난지형 잔디 위에 한지형 잔디를 파종하여 겨울철에도 녹색 잔디밭을 유도하는 방법

• 배토작업
- 배토의 의의 : 배토는 세사토양 또는 유기물과 같은 비료성분이 적은 재료를 비교적 다량으로 잔디에 사용함으로써 매년 잔디의 지하경이 새로 나와 잔디지하경과 토양과의 분리현상이 일어나는 것을 막고 잔디면을 균일하고 평평하게 하기 위한 작업
- 배토의 조제
  ‣ 배토는 원칙적으로 상토의 토양과 동일하여야 하나 만역 상토가 잔디생육에 부적합할 경우에는 잔디생육에 이상적인 배토를 사용하여 연차적으로 상토를 개량하여야 함
  ‣ 보통 세사 : 토양(2 : 1), 유기물을 혼합하여 사용함
- 배토시기
  ‣ 한지형 잔디들은 가을에 생육이 왕성할 때 배토함
  ‣ 난지형 잔디들은 늦봄이나 초여름에 함
- 배토의 양
  ‣ 배토는 일시에 다량 사용하면 병해를 유발하므로 소량을 자주 사용함
  ‣ 보통 5mm 정도의 두께로 함. 15일 간격으로 함
- 배토의 소독 : 병균의 사멸과 잡초 종자 사멸을 위해 배토를 소독
- 배토의 사용법 : 배토는 잔디 표면에 삽을 이용하여 살포하는데 소면적일 경우에는 손으로 함

• 관수
- 잔디의 생육에 있어서 물은 아주 중요한 요소임
- 한국잔디는 내건성이 강해서 가뭄 시 노랗게 변갈해서 휴면에 들어가더라도 한 번만 비가 오면 곧 회복됨
- 질 좋은 잔디구장을 조성하기 위해서는 가뭄 시에 관수가 적절하게 이루어져야 함
- 관수량 및 관수빈도 : 관수량은 토양의 보수력에 따라 달라지고, 관수빈도는 온도와 일조 등 기후조건에 따라 좌우됨
- 관수시간 : 보통 저녁이나 야간에 함

- 잡초관리
  - 잡초의 정의 : 잡초란 사용자가 원하지 않는 장소에 자라고 있는 식물임
  - 잔디에서 문제가 되는 중요한 잡초 : 바랭이, 강아지풀류, 우산잔디, 새포아풀, 방동사니류, 바디풀, 쇠비름, 토끼풀, 쑥, 서양민들레, 질경이, 냉이 등
  - 잡초방제
    - 잔디관리상의 예방적 방제법(잔디 생육에 가장 적합한 조건을 만들어 잡초에 대한 경쟁력 강화)
    - 물리적 방제법(잡초를 인력으로 제거)
    - 화학적 방제법(제초제 살포, 제초제의 종류로는 접촉성 제초제, 이행성 제초제, 토양 소독제/이용전략상으로는 발아 전 제초제, 경엽처리제, 비선택성 제초제)
- 잔디의 병충해 방제
  - 병충해 방제에서 우선되는 법칙
    - 먼저 잔디의 생육에 적합한 조건을 조성
    - 토양개선, 관수, 배수 등의 설계가 완전해야 함
    - 건강한 잔디 생육을 위해 표토층의 충분한 확보
    - 계속적인 환경개선과 계획방제를 통해 병충해 피해 최소화
  - 잔디병 발생
    - 간염성 병(간염되어 있던 다른 식물체나 간염된 식물체의 일부분에 의해 전염되는 병, 주로 곰팡이류)
    - 비간염성 병(무생물에 의해 간염, 환경적 · 영양적 · 농약에 의해 발생되는 생리적 장해로 인한 병)

주요 잔디병해 및 방제법

병명	병징	발병환경	기주 잔디	방제법	
				재배적 방법	약제방법
라지패치	• 지름 30cm~수 m의 원형 병반 형성 • 초기에는 신초가 붉은 갈색으로 변하고 잘 뽑힘 • 신초부에 짙은 갈색 균사가 붙어있음 • 병색이 심한 잔디는 볏짚색으로 변함	• 발병온도 : 15~30℃ • 잦은 강우로 인한 과습 시 • 과다한 대치축적 • 과다한 질소질 비료 사용 시 • 배수불량, 지나친 관수	조이시아 그래스	• 외부도입잔디 병 발생 유무 관찰 • 발병시기 동안 지속적 병 발생 유무 관찰 • 발병지역 통행 및 기계작업 제한 • 대치제거 및 배수 불량지역 개선	• 발생지역은 주기적 예방 시약 • 최초발생지역의 집중적 시약 관리 • 전염방지용 소독판 설치 • 약제 : 라지패치병 방제용 품목고시농약

춘고병	• 잔디의 맹아출현시기인 4월경에 30cm내외의 근사 원형병반 형성 • 발병지역에는 맹아가 출현하지 못하고 맹아된 신초도 고사	• 봄철 건조기, 늦가을 및 봄철 배토 과다 시 • 10월 이후의 과다한 질소질 비료의 사용	조이시아그래스	• 산성 토양을 중성으로 개선 • 과다한 가을 배토는 피함 • 가을에 질소질 비료의 과다한 사용을 피함	• 봄철 상습 발생 지역을 조사해 10월 초·중순경 2회 예방시약 • 약제 : 라지패치병, 브라운패치병 방제용 품목고시농약
옐로패치	• 지름 30cm 내외의 원형 병반 형성 • 처음에는 연노란색이다가, 붉은 색, 후기에는 갈변함 • 늦가을 찬 비나 질소질 시비 후 기온이 떨어지면 갑자기 발생	• 발병적온 : 10~15℃ • 늦가을 찬비나 관수로 인한 과습 시 • 질소질 비료의 사용 • 피복으로 인한 과습 시	벤트그래스, 켄터키블루그래스, 톨페스큐	• 늦가을 과다한 질소질 시비를 피함 • 봄철 피복 그린의 경우 따뜻한 날에는 피복을 벗겨 그린 표면의 과습을 피함	• 10월 중순부터 11월 초순에 걸쳐 2회 정도 예방시약 • 가을철 시비 후 바로 시약 • 피복그린의 경우 피복 전 시약 • 약제 : 브라운패치병 방제용 품목고시농약
브라운패치	• 지름 수십cm 원형병반 형성 • 초기에는 잎이 연녹색으로 되고 시들면서 갈변 • 고사부위 잔디는 빳빳하게 말라죽음	• 발병적온 : 20~30℃ • 과다한 대치축적 • 과다한 질소질 비료의 사용 • 발생시기 : 6~9월	켄터키블루그래스, 톨페스큐, 벤트그래스, 퍼레니얼라이그래스	• 이른 아침 이슬제거 • 여름철 과다한 질소질 시비를 피함 • 그린주변의 통풍 개선 • 야간살수로 인한 과습을 피함	• 6월 중순부터 주기적 예방시약 • 방제약제 : 브라운패치병 방제용 품목고시농약
달러스폿	• 동전 크기의 주저앉은 듯한 반점 형태로 나타남 • 이른 아침에 병반 부위에 솜털 모양의 균사 형성	• 발병적온 : 15~30℃ • 건조토양, 과습, 질소결핍 시 발병이 조장됨 • 발병시기 : 4~6월 하순, 8월 하순~9월 하순	켄터키블루그래스, 벤트그래스, 퍼레니얼라이그래스, 톨페스큐, 조이시아그래스	• 질소시비량을 높임 • 관수는 한 번에 충분하게 실시하고 자주 하지 않음	• 발병초기에 방제시약 • 약제 : 이프로수화제, 지오판수화제, 터부코나졸유제
엽고병	• 전형적인 증상은 지름 10~20cm의 갈색 원형 패치이며, 가을에 발생한 패치는 흑갈색을 띄고 답압이 심한 부분은 나지화됨	• 발병적온 : 28℃ • 대치에서 부생생활, 대형의 분생포자를 형성 • 발생시기 : 6~7월 하순 강우기에 격발, 8월 하순~9월 하순에 재발	조이시아그래스, 벤트그래스, 켄터키블루그래스, 톨페스큐, 퍼레니얼라이그래스	• 대치제거 • 배수가 잘 되게 함 • 잔디를 일시적으로 건조시킴 • 예고를 너무 낮추지 말 것	• 발생 초기에는 병반주위에 부분시약, 초가을의 긴 장마 시에는 장마 전에 전면시약 • 약제 : 이프로수화제

녹병	• 초기에 잎이나 줄기에 연노란색의 반점이 형성됨 • 병반은 잔디 엽맥을 따라 확대되고, 황갈색의 수많은 하포자를 형성 • 기온이 서늘하게 되면 암갈색의 동포자 형성	• 발병적온 : 12~15℃ 그늘지고 습한 조건, 영양결핍 시 발생 • 발생시기 : 5 ~ 10월(특히 9월 하순 ~ 10월 상순)	조이시아그래스, 켄터키블루그래스, 톨페스큐, 퍼레니얼 라이그래스	• 건조, 영양결핍 시 적절한 살수와 시비로 잔디생육을 양호하게 함 • 통기 · 통풍을 증진시킴	• 발생 초기에 시약 • 약제 : 잔디녹병 방제용 품목고시 농약

Professional Engineer Landscape Architecture

CHAPTER

08

조경관리학

8장 조경관리학

1 총 론

1. 조경관리의 의의와 구분

1) 조경관리의 의의

환경의 재창조와 쾌적함의 연출로서 조경공간의 질적 수준의 향상과 유지를 기하고 운영 및 이용에 관해 관리하는 것

2) 조경관리의 구분

① 유지관리

조경수목과 시설물을 항상 이용에 용이하도록 점검과 보수로서 목적한 기능의 서비스 제공을 원활히 하는 것

② 운영관리

시설관리에 의하여 얻어지는 이용 가능한 구성요소를 더 효과적이고 안전하게 더 많은 이용 기회를 얻기 위한 방법에 대한 것

③ 이용관리

이용자의 행태와 선호를 조사 · 분석하여 적절한 이용프로그램을 개발하여 홍보하고, 이용에 대한 기회를 증대시키는 것

조경관리의 구분

구분	내용
유지관리	식재수목, 초화류, 잔디, 야생식물, 기반시설물, 편익 및 유희시설물, 건축물
운영관리	예산, 재무제도, 조직, 재산 등의 관리
이용관리	안전관리, 이용지도, 홍보, 행사프로그램 주도, 주민참여의 유도

3) 조경관리의 목표 및 계획

① 조경관리의 목표

㉮ 이용에 있어서 관리대상의 기능을 충분히 발휘하도록 관리

㉯ 이용자가 쾌적하고 안전하게 이용할 수 있도록 관리

㉰ 최소 경비와 인원으로써 효율적으로 행하는 것이 이상적

② 목표의 설정

㉮ 유지관리 : 조성목적을 가능하게 하는 기술적 관리행위로서 본래의 기능을 양호한 상태로 유지

㉯ 운영관리 : 관리대상의 기능을 어떻게 하면 효율적이며 적절하게 발휘할 수 있는가에 중점

㉰ 이용관리 : 이용자의 이용을 조성목적에 적합하게 유도하고 적극적인 이용을 유도하기 위한 프로그램 작성 및 홍보

③ 계획의 입안

관리의 내용과 공간의 특성, 조성목적을 고려하여야 하며, 자연조건과 사회적 조건, 미래의 변화에 대한 예상도 감안하여 반영함

④ 계획의 입안절차

㉮ 관리목표의 결정 : 대상, 수준, 이용자 요구 등 파악

㉯ 관리계획의 수립 : 과거의 자료나 경험에 기인한 이전의 상황과 문제점을 정확히 분석

㉰ 관리조직의 구성 : 장비부서, 기능부서, 정책부서로 업무분담

㉱ 각 조직의 업무확정 및 협조체계 수립 : 관리의 시기, 내용, 필요한 지식과 기술, 경험에 따른 업무를 분담 · 체계화하여 관리업무 수행 시 문제점을 사전에 방지

㉲ 관리업무의 수행 : 위의 단계의 실행으로 시기, 인원, 경비가 고려되므로 관리자의 책임감 · 사명감과 적절한 시기의 선택이 중요

㉳ 업무평가 : 일종의 환류(feedback) 기능으로 관리업무수행 결과를 자체평가하여 다음의 계획수립 시 기초자료로 활용

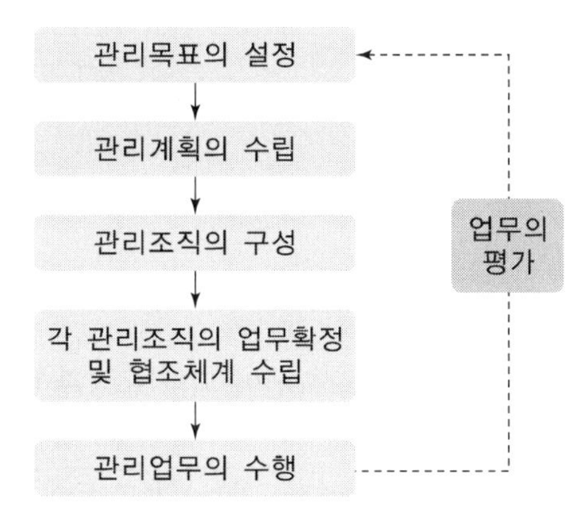

‖ 조경관리계획의 수립절차 ‖

⑤ 조경관리의 특성

㉮ 관리자원의 변화성 : 건축, 토목은 내구성 저하로 유지보수가 목적이지만 조경은 자연의 수렴이 목적

㉯ 비생산성 : 농업, 임업은 생산력 극대화를 지향하나 조경은 안정된 자연이 목적

㉰ 다양성 : 정원에서 공원, 건축물 주변 조경까지 공간의 다양성, 규모와 관리에 대한 차이, 녹지기능에 따른 다양화

㉱ 유동성 : 레크리에이션 측면이 강화되는 추세가 선진국에서 나타남

2 조경관리의 운영

1. 운영관리

1) 운영관리의 시스템

① 유지관리에서는 자연적 성상이 중요요인이 되나 운영관리에서는 사회적 배경이 크게 작용

② 효율적 · 합리적 관리를 위해 예산 · 조직 · 기능 · 제도 등의 표준화나 기준화 필요

㉮ 효과적 통제를 위한 기준

㉯ 조경공간의 개량과 개선을 위한 문제점의 환류(feedback)

㉰ 사업 실시의 홍보, 이용정보 등의 전달체계

㉱ 관리담당직원의 사기

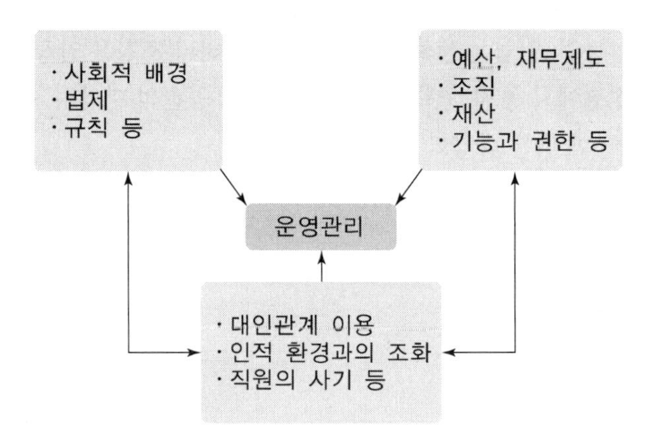

‖ 운영관리의 시스템 ‖

2) 운영관리의 계획

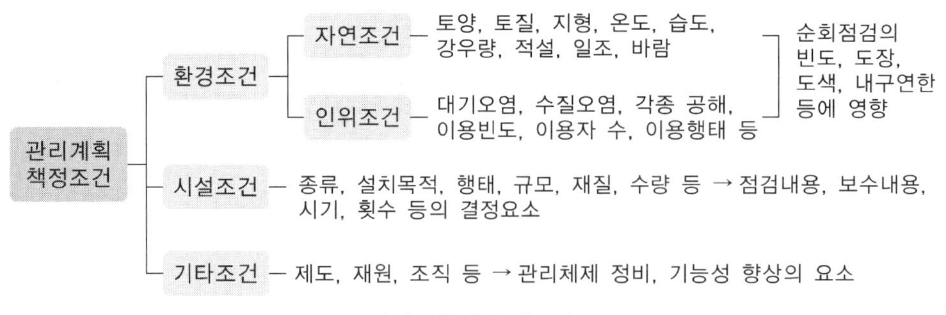

‖ 관리계획의 수립조건 ‖

① 이용조사

㉮ 이용실태 파악 및 계획의 보완 · 수정을 위한 환류로서도 중요

㉯ 이용자 수의 계측으로 연간 · 계절별 · 월별 · 요일별 · 시간별 등의 이용상황 추적 · 파악

㉰ 이용자의 이용형태나 동태의 분석 · 계측

㉱ 이용의식 및 심리상태 등의 조사 · 파악

㉲ 가능한 이용자의 외형적 · 내면적 속성을 종합적으로 계측 · 분석

② 양의 변화

㉮ 조경대상물의 노후화나 변질, 생물의 생장이나 번식, 이용자 수와 이용형태 등에 따른 양적인 변화에 대응하는 관리계획 필요

㉯ 부족이 예측되는 시설의 증설 : 출입구, 매점, 화장실, 음수대, 휴게시설 등

㉰ 이용에 의해 손상이 생기는 시설의 보충 : 잔디, 벤치, 음수대, 울타리 등

㉱ 내구연한이 된 각종 시설물

㉲ 군식지의 생태적 조건변화에 따른 갱신

㉳ 소요경비 : 경상적 관리수준에 속하는 것이므로 일반적으로 조성비의 0.8~1.2%의 경비 소요

③ 질의 변화

㉮ 이용자의 취향, 관습, 사회경제적 변화에 따라 상이

㉯ 조경공간의 기능적인 면과 대상물의 내적 변화에 대응하는 관리계획 필요

㉰ 양호한 식생의 확보 및 개방된 토양면의 확보

④ 관리계획의 추적 · 검토

㉮ 질적 · 양적변화를 검토하며 조경물의 당초 계획에 따라 심리적 측정법, 쾌적성의 반응, 기타 실태파악수법 등 이용

㉯ 이용조사에 의한 시민요구의 구체적 행동의 평가

㉰ 관리단계의 지장이 되는 원인의 분석

㉱ 구체적 시민의 요구

⑤ 예산

㉮ 축적된 자료에 의한 합리적 · 객관적인 관리계획에 따라 예산 산출

㉯ 도시공원의 관리비에서 인건비의 비율이 높아져 인력소비형의 내용을 갖는 것이 특징적

㉰ 단위작업별로 작업률을 책정하여 당해 연도의 예산 수립

㉣ 작업의 단위연도 예산(a)

$$a = T \cdot P$$

여기서, T : 작업 전체의 비용

P : 작업률(3년에 1회일 경우 1/3)

⑥ 시행시기

㉮ 이용면을 고려하여 이용자의 안전 확보

㉯ 주변의 지역주민에게 공사안내 등의 홍보

㉰ 이용대체시설의 설치 · 안내

㉣ 지하매설물(수도 · 하수도 · 전선 · 통신 · 가스 등)과 지상점유물의 재해방지와 긴급대책 강구

3) 운영관리방식

① 직영방식 : 관리주체가 직접 운용관리

㉮ 적용대상

- 재빠른 대응이 필요한 업무
- 연속해서 행할 수 없는 업무
- 진척상황이 명확하지 않고 검사하기 어려운 업무
- 금액이 적고 간편한 업무
- 일상적으로 행하는 유지관리 업무

㉯ 장단점

장점	단점
• 관리책임이나 책임소재 명확 • 긴급한 대응 가능(즉시성) • 관리실태의 정확한 파악 • 관리자의 취지가 확실히 발현 • 임기응변적 조치 가능(유연성) • 이용자에게 양질의 서비스 가능 • 애착심을 갖고 관리효율의 향상에 노력	• 업무의 타성화 • 관리직원의 배치전환 곤란 • 필요 이상의 인건비 소요 • 인사정체의 우려 • 관리비의 상승 우려 • 업무 자체의 복잡화

② 도급방식 : 관리전문 용역회사나 단체에 위탁

㉮ 적용대상

- 장기에 걸쳐 단순작업을 행하는 업무
- 전문지식, 기능, 자격을 요하는 업무

- 규모가 크고, 노력과 재료 등을 포함하는 업무
- 관리주체가 보유한 설비로는 불가능한 업무
- 직영의 관리인원으로는 부족한 업무

㉯ 장단점

장점	단점
• 규모가 큰 시설 등의 효율적 관리 가능 • 전문가의 합리적 이용 가능 • 번잡한 노무관리를 하지 않는 단순화된 관리가능 • 전문적 지식, 기능, 자격에 의한 양질의 서비스 가능 • 장기적으로 안정되고 관리비용 저렴	• 책임의 소재나 권한의 범위 불명확 • 전문업자의 활용 가능성 불충분

2. 이용자 관리

1) 이용지도

① 이용지도의 필요성

㉮ 공원녹지의 질을 충실히 하기 위한 질적인 면의 정비

㉯ 안전하고 쾌적한 이용환경 창출

㉰ 이용자의 다양한 욕구에 부응하여 공원을 보다 효과적으로 활용

② 이용지도의 방법

㉮ 지도원에 의한 상주지도, 순회지도, 정기지도

㉯ 표지, 간판, 팸플릿 등에 의한 안내 및 주의

㉰ 지도원인 관련부서 담당자, 주민단체, 전문가, 자원봉사자 활용

㉱ 이용자가 바라는 이용지도 형태

- 공원녹지에서 가능한 놀이지도
- 각종 스포츠의 규칙이나 놀이방법지도
- 식물이나 원예지식에 대한 지도
- 계절별 꽃 감상 및 볼만한 장소에 대한 정보전달 및 지도
- 지역의 역사 등 교양적인 내용에 관한 지도

③ 이용지도의 구분

목적	내용	대상이 되는 행위시설
공원녹지의 보전	조례 등에 의해 금지되어 있는 행위의 금지 및 주의	식물의 채취, 공원녹지의 손상 · 오손, 출입금지구역, 광고물의 표시, 불의 사용 등
안전 · 쾌적 이용	위험행위의 금지 및 주의	놀이기구로부터 뛰어내림, 풀에서의 위험행위, 아동공원에서 어른들이 골프 · 야구를 하는 행위 등
	특수한 시설 혹은 위험을 수반하는 시설의 올바른 이용방법 지도	모험광장, 물놀이터, 수면이용시설(보트풀), 사이클링, 승마장, 롤러스케이트장, 트레이닝기구, 각종 경기장
유효이용	이용안내	시설의 유무 소개, 공원 내의 루트
	레크리에이션 활동에 대한 상담 · 지도	식물관찰 · 조류관찰 · 오리엔터링 · 게이트볼 등의 지도, 유치원 · 학교 등의 단체에 대한 활동프로그램의 조언

④ 사례

㉮ 공원자원봉사계획(VIP : Volunteers In the Park)

- 미국 메릴랜드주 공원국에서 각종 레크리에이션, 서비스 등에 자원봉사를 활용코자 공원볼룬티어계획(VIP) 시도
- 10대에서부터 노령층에 이르는 다양한 자원봉사자 참여
- 역사의 해설, 안내가이드, 해설보조, 역사 · 고고학 조사 및 보조, 환경교육 보조 등의 이용지도

㉯ 놀이공원(playpark)

일본 도쿄에서 지역주민과 볼룬티어들이 협력하여 놀이도구, 분위기 조성, 놀이조건, 안전지도 등으로 어린이들이 창조력을 발휘하며 놀 수 있도록 운영

2) 행사 및 홍보

① 행사(event)

㉮ 공원녹지의 활용과 이용률을 높이고, 공원녹지에의 관심 제고 및 계몽을 위한 것

㉯ 행정홍보의 수단과 커뮤니티 활동의 일환으로서 이용

㉰ 공원녹지 이용의 다양화를 도모하는 수단으로 활용

② 홍보 · 정보제공

㉮ 공원녹지에 대한 이해를 촉진시키기 위해 예산, 관리방침 등의 공개로 앞으로의 계획 홍보

㉯ 직접적으로는 공공의 시설로서 주민의 이용에 기여하는 기본적 정보제공

㉰ 유효한 이용 및 이용촉진 도모

③ 의견청취

㉮ 주민의 비판, 요망, 애로사항, 의견 등 청취

㉯ 관리주체와 주민과의 상호신뢰 및 민주적인 합의관계 형성

㉰ 상호교류에 의해 상호이해가 가능하게 되고, 관리주체 측에서만 처리하던 문제를 주민 스스로 해결

3) 안전관리

① 사고의 종류

㉮ 설치하자에 의한 사고

- 시설의 구조 자체의 결함에 의한 것 : 시설물의 구조상 접속부에 손이 끼거나, 사용상 내구성이 다하는 등의 구조 자체의 결함에 의한 사고
- 시설설치의 미비에 의한 것 : 본래 고정되어 있어야 할 시설이 제대로 고정되어 있지 않아 시설이 쓰러지거나 부서지는 등의 사고
- 시설배치의 미비에 의한 것 : 그네에서 뛰어내리는 곳에 벤치가 배치되어 충돌하는 등 시설배치 자체의 문제에 의한 사고

㉯ 관리하자에 의한 사고

- 시설의 노후 · 파손에 의한 것 : 시설의 부식 · 마모에 의한 노후화 또는 파손부위로 인해 상처를 입는다거나 전락 · 전도되고, 시설에 깔리는 등의 사고
- 위험장소에 대한 안전대책 미비에 의한 것 : 연못 등의 위험장소에 접근방지용 펜스 등을 설치하지 않는 등의 안전대책 미비에 의한 사고
- 이용시설 이외 시설의 쓰러짐, 떨어짐에 의한 것 : 블록이나 간판이 떨어진다든지, 배수맨홀의 뚜껑이 제대로 닫혀 있지 않거나 시설이 부식되어 쓰러지는 등의 사고
- 기타 : 입장 정리의 불충분에 의한 개찰구에서의 사고, 동물의 도망 등에 의한 사고

㉰ 이용자 · 보호자 · 주최자 등의 부주의에 의한 사고

- 이용자 자신의 부주의, 부적정 이용에 의한 것 : 그네를 잘못 타서 떨어지거나, 미끄럼틀에서 거꾸로 떨어지는 등의 사고
- 유아 · 아동의 감독 · 보호 불충분에 의한 것 : 유아가 방호책을 기어 넘어가서 연못에 빠지는 등의 보호 불충분에 의한 사고
- 행사주최자의 관리 불충분에 의한 것 : 관객이 백네트에 기어 올라갔다가 백네트가 기울어져 떨어져 다치는 등의 사고

㉱ 자연재해 등에 의한 사고

② 안전대책

㉮ 설치하자에 대한 대책

- 구조 · 재질상 안전에 대한 결함 시 철거 또는 개량 조치
- 설치 · 제작에 문제가 있을 때는 보강 조치

㉯ 관리하자에 대한 대책

- 계획적 · 체계적으로 순시 · 점검하고 이상이 발견될 경우 신속한 조치가 가능한 체계 확립
- 시설의 노후 파손에 대해서는 시설의 내구연수 파악
- 부식 · 마모 등에 대한 안전기준의 설정
- 시설의 점검 포인트 파악
- 위험장소의 여부 판단 및 감시원 · 지도원의 적정 배치
- 위험을 수반하는 유희시설은 안내판 · 방송에 의한 이용지도

㉰ 이용자 · 보호자 · 주최자의 부주의에 대한 대책

- 빈번히 사고가 나는 경우에는 시설개량 및 안내판 이용지도
- 정기적인 순시 · 점검과 함께 이용상황, 시설의 이용방법 등 관찰 및 상세 보고서 작성

③ 사고처리

㉮ 사고자의 구호 : 사고발생통보를 받은 후 즉시 현지에 가서 응급처치 · 구급차 요청 · 호송 등 조치

㉯ 관계자에게 통보 : 사고자의 가족 및 보호자에게 가능한 빨리 통보하고, 특히 관리하자에 의한 경우에는 관계자에게 잘 설명하여 차후 문제발생 억제

㉰ 사고상황의 파악 및 기록 : 사고 후 책임소재를 명확히 하기 위하여 대단히 중요하며, 사진촬영, 사정청취, 도면작성, 목격자의 주소 · 이름 등 파악 · 기록

㉱ 사고책임의 명확화 : 공원관리자, 피해자, 보호자 등 책임소재를 빨리 검토하여 대응조치

3. 주민참가

1) 주민참가의 개념

① 주민참가의 의의

㉮ 주민이 결정과정에 참가하여, 주민책임의 발생에 대한 대응

㉯ 주민과 관리행정 당국과의 공동화로 저항형 · 요구형의 참가형태에서 토의형 · 협력형 · 해결형의 형태로 변화

㉰ 공원관리의 위탁 등으로 지역 내 공원을 지역주민이 자주관리(自主管理)한다는 의욕에 대한 부응과 주체성 확보의 효과

㉱ 자율적 주민관리를 위하여, 주민의식의 성숙과 더불어 이를 이끌어나갈 수 있는 지도자의 존재가 필수적

② 주민참가의 종류

㉮ 시민과의 대화(요구형 → 대화형)

㉯ 행정에의 참가(대결형 → 협력형)

㉰ 정책에의 참가(주민참가의 정책 형성)

㉱ 활동의 기반 만들기

③ 주민참가의 발전과정

비참가 → 형식적 참가 → 시민권력의 단계

‖ 주민참가의 8단계 ‖

2) 주민참가와 공원관리

① 주민참가의 기반

㉮ 사회봉사 및 사회참여 등의 활동

㉯ 자유시간 증대, 생활의식과 가치관의 변화

② 주민참가의 조건

㉮ 규모 및 전문성이 주민의 수탁능력을 넘지 않을 것

㉯ 주민참가에 의해 효과가 기대될 것

㉰ 운영상 주민의 자발적 참가 및 협력을 필요요건으로 할 것

㉱ 주민참가에 있어서 이해의 조정과 공평심을 가질 것

③ 주민참가활동의 내용

㉮ 청소, 제초, 병충해방제, 시비, 관수, 화단식재

㉯ 놀이기구 점검, 어린이 놀이지도, 금지행위, 위험행위의 주의

㉰ 공원 · 녹화관련행사, 공원을 이용한 레크리에이션 행사의 개최

㉱ 공원의 홍보, 공원관리에 관한 제안, 공원이용에 관한 규칙 제정

㉲ 사고, 고장 등의 통보, 열쇠 등의 보관, 시설 · 기구 등의 대출

④ 주민참가의 효과

㉮ 연대감 · 상호신뢰 · 융화감 생성

㉯ 단체 상호 간의 친목 도모

㉰ 친구관계 형성

㉱ 행정과 주민과의 신뢰감 형성

㉲ 노인들의 건강관리에 일조

㉳ 봉사정신 함양

㉴ 정서교육 제고

㉵ 공중도덕심, 공공애호정신 생성

㉶ 자신들의 공원이라고 하는 데서 비롯된 관심과 애착심 생성

㉷ 안전이용 가능

⑤ 관련제도의 사례

㉮ 소공원관리계약제도(미국)

- 발생배경
  - 활발한 공원건설에 따른 관리면적의 확대
  - 여가시간의 증가에 따른 공원이용의 신장
  - 시 재정사정의 악화로 공원관리부담 증대
  - 근린주민들이 근린에 있는 소공원의 일상적 관리업무를 대신하여 공원레크리에이션국의 업무를 경감시키려는 계약
- 계약내용
  - 근린주민단체가 일상적 관리(잔디깎기 · 제초 · 청소 · 관수)를 행하고 행정 당국은 소정의 비용 지급
  - 레크리에이션국은 쓰레기 처리, 수목의 정지 · 전정 등 특수한 기능이나 자재를 필요로 하는 작업 담당
- 효과
  - 소공원의 관리에 주민이 참가함으로써 공원의 관리비용 절감
  - 지역의 공원에 대한 관심도 증가

- 빈발했던 반달리즘 감소

㈏ 공원 애호회(일본)

- 동시다발적인 공원건설로 공원의 관리업무 증가
- 시민들이 이용하는 공원을 스스로 보전하려는 욕구
- 건설성이 도시공원의 관리를 강조 · 계몽
- 공원애호회는 일본의 대부분의 주요도시에 설립되었으며, 특히 아동공원의 설립률 증가

㈐ 녹화협정(일본)

지역주민이 자주적으로 녹지가 풍부한 생활환경을 창조하고 관리하고자 하는 주민의 의사를 반영하기 위하여 제도화

㈑ 내셔널 트러스트(영국 1896년)

- 역사적 명승지 · 자연적 명승지를 위한 내셔널 트러스트로 로버트 헌터, 옥타비아 힐, 캐논 하드윅 론즐리 세 사람이 시작
- 보존가치가 있는 아름다운 자연이나 역사 건축물과 그 환경을 기부금 · 기증 · 유언 등으로 취득하여 보전 · 유지 · 관리 · 공개함으로써 차세대에게 물려준다는 취지
- 자연신탁 국민운동으로 불리는 시민운동이나 1907년 영국의회에서 특별법으로 내셔널 트러스트 법안 제정

4. 레크리에이션 관리

1) 레크리에이션 관리의 개념

① 레크리에이션 관리의 정의

이용자들의 쾌적한 레크리에이션 활동과 녹지공간의 만족스러운 이용을 최대한 보장하면서 레크리에이션 자원을 유지 · 보수할 수 있게 하기 위한 관리행위

② 레크리에이션 자원의 관리원칙

㉮ 레크리에이션 자원의 관리는 사회적 가치와 연계되어 있으므로, 자원의 관리라 할지라도 이용자의 문제가 유지관리의 문제와 연관

㉯ 자원의 보전도 중요하나 이용자의 레크리에이션 경험의 질도 중요

㉰ 부지의 변형은 가능

㉱ 접근성은 이용자의 결정적 영향요소

㉲ 레크리에이션 자원은 단순히 이용활동에 제공될 뿐만 아니라 자연적 경관미도 제공

㉳ 레크리에이션 자원의 파괴는 돌이킬 수 없는 한계가 있고, 파괴된 부지의 원상회복 불가능

③ 옥외 레크리에이션 관리

㉮ 부지의 생태적 측면(유지관리)과 이용에 관련된 사회적 측면(이용자 관리)으로 구분

㉯ 생태적 측면의 관리문제도 근본적으로는 이용자들의 레크리에이션 이용에 따라 발생

④ 관리목표

각 공간의 성격과 기능에 따라 이용과 보전의 밸런스를 유지해 나갈 수 있도록 관리목표 설정

⑤ 레크리에이션 공간의 관리전략

㉮ 완전방임형 : 가장 원시적이고 재래적으로 적용 불가능

㉯ 폐쇄 후 자연회복형 : 자원중심형으로 자연지역의 경우에 적용할만하나, 이용자들의 불만 등으로 특별한 경우 외에는 적용 곤란

㉰ 폐쇄 후 육성관리 : 짧은 폐쇄 · 회복기에도 최대한의 회복효과를 얻을 수 있고, 이용자에게 불편을 적게 줄 수 있으므로 손상이 심한 부지에 적합

㉱ 순환식 개방에 의한 휴식기간 확보 : 충분한 시설과 공간이 추가적으로 개발 · 확보되어야 가능

㉲ 계속적 개방 · 이용상태 하에서 육성관리 : 가장 이상적인 관리전략이나 최소한의 손상이 발생하는 경우에 한해서 유효한 방법으로, 자연적 생산력이 크고 안정된 부지를 제외하고는 적용 곤란

2) 옥외 레크리에이션 관리체계

① 관리체계 3요소

㉮ 이용자 : 관리체계의 요소 중 가장 중요

- 레크리에이션 경험의 수요를 창출하는 주체
- 특정 개인보다는 이용자 집단의 차원에서 관심과 요구도 등에 부응

㉯ 자연자원기반 : 레크리에이션 활동 및 이용이 발생하는 근거이며 레크리에이션 경험으로서 이용자 만족도를 좌우하는 요소

㉰ 관리 : 다양한 이용자 집단에게 만족스러운 경험을 제공하려는 요소

- 이용자의 요구에 부응하여 가용한 자원의 서비스와 활동 조정
- 레크리에이션 경험과 자원기반의 원형을 보호하는 요소

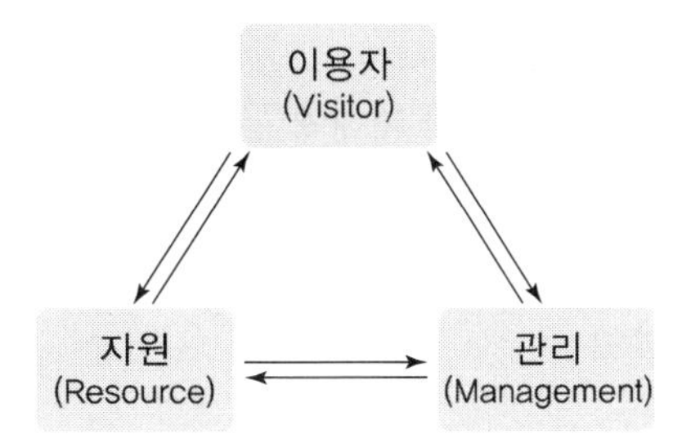

‖ 레크리에이션 관리체계 기본요소들 간의 상호관계 ‖

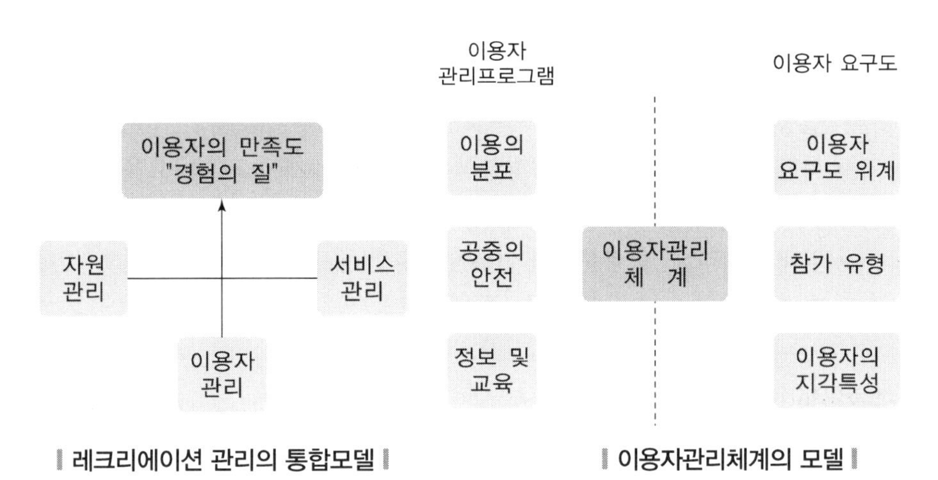

‖ 레크리에이션 관리의 통합모델 ‖ ‖ 이용자관리체계의 모델 ‖

② 관리체계

㉮ 이용자 관리

이용자의 레크리에이션 경험의 질을 극대화하기 위한 사회적 환경의 관리를 의미하며, 이용자의 이용에 대한 정보와 교육프로그램이 가장 중요

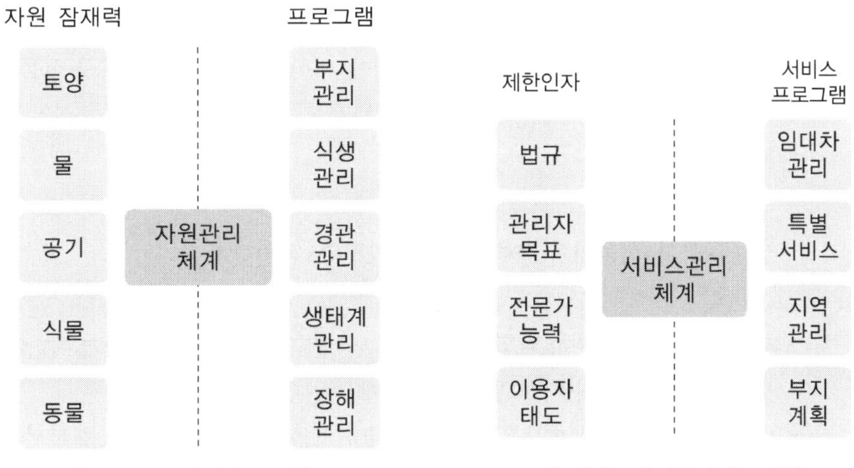

‖ 자원관리체계의 모델 ‖ ‖ 서비스관리체계의 모델 ‖

㉯ 자원관리

- 모니터링 : 모든 주요자원들에 대해 이루어지며 인간의 활동들이 자원의 변화에 미치는 영향을 결정짓는 자료수집과정의 필수작업
- 프로그래밍 : 자연환경의 질을 유지하며, 이용에 대한 교육, 영향평가, 위험제거 등에 대한 파악 및 관리

㉰ 서비스관리

- 이용자를 수용하기 위해 물리적 공간을 개발하거나 접근로 및 특정의 서비스를 제공하는 것
- 지역 및 부지의 계획 : 수요의 평가, 동선체계를 위한 공간배치와 제공될 설비들의 결정
- 특별서비스 : 레크리에이션 경험의 질을 보다 높게 하고 이용효율을 증대시키기 위한 예약시스템, 음식 · 정보서비스, 특수부대시설 및 판매 등
- 임대차 관리 : 공공부문에서 이루어져야 할 중요 결정사항으로 필요서비스 및 제공방법 등

3) 레크리에이션 부지의 관리

① 도시공원녹지의 관리

㉮ 식물관리

- 기존 식생의 보전계획을 포함하고 식재계획의 의도를 지속적으로 달성
- 수목관리 : 전지 · 전정, 시비, 병충해 방제, 관수, 지주목 설치 및 교체, 보식 등
- 수림지관리 : 하예, 가지치기, 제벌, 간벌, 병충해 방제, 지주목 설치 및 교체, 시비, 보식 등
- 잔디관리 : 잔디깎기, 시비, 배토, 복토, 병충해 방제, 관수, 통기작업
- 초화류관리 : 화단, 화분 및 수림지 내에 배식된 초화류와 습지성 식물을 대상으로 재료의 입수, 정지, 시비, 정식 및 관수, 제초, 병충해 방제, 적심, 화분의 흙갈이 및 분갈이 등
- 식물관리비의 계산
  식물관리비=식물의 수량×작업률×작업횟수×작업단가

㉯ 시설관리

- 시설의 기능을 충분히 발휘 · 활용하고, 안전 · 쾌적한 이용을 하기 위한 것
- 시간의 경과에 따라 시설의 기능이 나빠지는 것 방지
- 나빠지거나 손상된 부분을 보수하여 내구성을 복원하고 기능을 회복시키며, 미관의 향상 도모
- 시설관리대상 : 건물, 공작물(토목설비, 소공작물 등), 설비

시설관리 대상 및 내용

구분		내용
건물관리	예방보전	점검(일상 · 정기), 청소(일상 · 정기 · 특별), 도장, 기구 등의 점검 및 교체
	사후보전	임시점검, 보수
공작물 관리	예방보전	점검, 청소, 도장, 노면표시, 기구의 손질 및 교체
	사후보전	임시점검, 보수
	기타	필요성에 따라 보충, 이설, 부분교체
설비관리	급수설비	• 배관계통 및 누수, 파손 등 정기점검 및 보수 • 고가수조 및 물탱크의 정기청소 및 점검 • 수질검사, 사용수량 확인, 수도미터기의 점검
	배수설비	배수계통 및 각종 기기의 정기점검 및 보수
	처리시설	• 처리시설의 운전 및 작동상황의 점검 • 처리시설의 운전조건 조정 및 청소 • 유입수 및 방류수의 수질검사
	전기시설	• 수전 · 변전설비의 점검 및 검침, 시험측정 • 배전설비의 점검, 절연저항 측정 및 수리

② 자연공원지역의 관리

㉮ 목적

자연공원지역의 뛰어난 자연 풍경지를 보호하고 적절하게 이용할 수 있게 함으로써, 자연환경의 보전과 이용의 효율화를 유지하고 운영할 수 있도록 하는 것임

시설관리대상 및 내용

구분	내용
손상의 상호관련성	환경적 · 생태적 반응은 단일한 것이 없고 서로 상호관련되어 발생
이용과 손상의 관계성	다양한 손상지표들은 다양한 이용강도의 수준과 연관
손상에 대한 내성의 변화	이용과 손상의 관계에서는 환경과 이용자 집단 사이에 내재하는 내성의 변화가 가장 중요한 요인
활동특성에 따른 손상	활동특성에 따라 손상의 정도가 다르며, 같은 활동이라도 사용설비와 이용자 특성에 따라서도 상이
공간특성에 따른 손상	다양한 공간별 특성 및 계절적 변수의 영향

㉯ 이용자 손상의 관리

이용자에 의한 손상의 종류

구분	내용
생태적 손상	• 식생 : 답압에 의한 식생감소 등 • 토양 : 답압에 의한 토양 고결화 등 • 수질 및 야생동물
사회 · 심리적 영향	• 다른 이용자의 이용에 따른 혼잡감 • 다른 이용자의 이용에 따른 불쾌감 • 다른 이용자의 흔적에 의한 만족도 감소 등

㉰ 모니터링

이용에 따른 물리적 자원에의 영향과 관리작업의 효율 등의 제반 관리적 상황에 대한 파악

- 영향을 유효 · 적절히 측정할 수 있는 지표설정
- 저비용에 신뢰성이 있고 민감한 측정기법
- 측정단위들의 합리적 위치설정

5. 레크리에이션 수용능력

1) 개념의 근원 및 발전

① 수용능력(carrying capacity) 개념은 원래 생태계 관리분야에서 비롯된 것으로 초지용량 및 삼림용량 등 소위 지속산출(sustained yield)의 개념에서 출발

② 수용능력개념이 레크리에이션 분야에 적용된 것은 20세기 들어 도시화에 따른 수요의 증가와 대중화에 따른 필연적 결과

③ 와그너(M. Wagner, 1915) : 공원녹지의 소요량의 산정으로 수용능력 개념을 레크리에이션에 최초 적용

④ 마이네키(Meineke, 1928) : 무절제한 이용과 개발로 인한 생태적 · 경관적 훼손의 가능성에 대한 경고로 근대적 레크리에이션 수용능력 개념의 출발점

⑤ 펜폴드(Penfold, 1972) : 오늘날 통설로 인정받는 분류체계 확립 - 물리적 수용능력, 생태적 수용능력, 심리적 수용능력

레크리에이션 수용능력 개념 · 정의의 변화

학자	연도	개념/정의	특징
J. V. K. Wagar	1951	• 3가지 요인 - 이용자의 태도 - 토양, 식생 등의 내성 · 회복능력 - 가능한 관리의 총량	수용능력의 인자를 설명한 최초의 연구
LaPage	1963	• 심미적 수용능력 • 생물적 수용능력 레크리에이션의 질과 이용과의 만족도에 준거	• 이용자 측면이 수용능력산정에 반영됨 • 최초의 수용능력 분류 시도
Luas Alan Wagar	1964	• 어떤 행락구역이 양과 질에 이용의 만족을 제공할 수 있는 능력 용량 • 지속적인 행락의 질을 유지 · 제공하는 행락이용의 수준	이용만족도에 근거한 사회 · 심리적 수용력
O'Riordan	1965	환경용량 : 어떤 장소를 이용하는 이용자들의 만족도의 합이 최대가 될 수 있는 용량	Total Satisfaction(총 만족량) 개념의 도입
Rodgers	1969	수용능력은 경험적으로 느껴지는 것으로 엄밀한 산정은 불가능	수용능력 산정의 불가능성 언급
Lime & Stankey	1971	• 이용자의 경험과 물리적 환경의 질 저하 없는 수준에서 개발된 지역에 의해 일정 기간 유지될 수 있는 이용의 성격 • 3가지 구성요소로 이루어짐 - 관리목적 - 이용자의 태도 - 자원에 대한 행락의 영향	• 수용능력의 3가지 구성요소 설정 • 이론적 기반 확립
Penfold	1972	• 본질적인 변화가 없이 외부영향을 흡수할 수 있는 능력 - 물리적 수용능력 - 생태적 수용능력 - 심리적 수용능력	• 수용능력 분류체계의 확립 • 오늘날의 통설
Godschalk & Parker	1975	• 수용능력 개념을 환경계획의 조작적 도구 및 수단으로 이용할 가능성 제안 - 환경적 용량 - 제도적 수용력 - 지각적 용량	• 수용능력의 이론적 측정기법의 개발(예 : 수리모형)

2) 레크리에이션 수용능력의 정의

① 어떤 행락지에 있어 그 공간의 물리적 · 생물적 환경과 이용자의 행락의 질에 심각한 악영향을 주지 않는 범위의 이용수준을 말함

② 이는 또한 그 공간의 성격, 관리목표, 이용자의 태도 등에 영향을 받음

3) 레크리에이션 수용능력의 결정인자

① 고정적 결정인자 : 주로 공간 및 활동의 표준

㉮ 특정활동에 대한 참여자의 반응정도 - 활동의 특성

㉯ 특정활동에 필요한 사람의 수

㉰ 특정활동에 필요한 면적의 수

② 가변적 결정인자 : 물리적 조건 및 참여자의 상황

㉮ 대상지의 성격

㉯ 대상지의 크기와 형태

㉰ 대상지 이용의 영향에 대한 회복능력

㉱ 기술과 시설의 도입으로 인한 수용능력 자체의 확장 가능성

4) 수용능력 산정 시 고려해야 할 영향요인(Knundson, 1984)

① 물리적 자원기반(부지)특성 : 환경요인들에 의해 결정되며, 부지의 황폐화는 식생의 부정적인 변화로 발현(지질 및 토양, 지형 및 향, 식생, 기후, 물, 동물 등)

② 관리의 특성 : 부지가 관리되는 양상에 따라 수용능력에 영향(정책, 관리, 설계)

③ 이용자의 특성 : 주로 사회 · 심리적 수용능력에 영향을 주며, 사회 · 심리적 수용능력은 레크리에이션 만족도에 의한 경험의 질로써 결정(이용자의 심리, 선호도, 태도, 이용설비의 유형, 공간요구도, 사회적 습관 및 이용패턴)

5) 수용능력 구성요소

① 관리목표

이용자에게 다양한 레크리에이션 기회의 제공을 위해 공간의 물리적 · 생태적 · 사회적 측면의 조건들을 관리프로그램을 통해 조성하고 유지 · 발전시키기 위한 지침

㉮ 일반적 목표 : 관계법규나 정책에 의해 규제되거나 규정되는 목표

㉯ 명시적 목표 : 개개의 부지 자체가 갖는 환경적 특성에 기반을 둔 목표로 부지의 특성과 공간의 성격 및 기능에 따라 적용

② 이용자 태도 및 선호도

레크리에이션 관리에 있어 기본적인 사회적 · 심리적 조건 형성

③ 물리적 자원에의 영향

생태적 수용능력을 기본으로 물리적 자원에의 이용영향의 허용한계에 근거

6) 수용능력과 관리기법

① 수용능력 선정절차

㉮ 이용의 추세변화 측정(계절, 날씨, 요일 변수 등)을 통해 이용패턴 및 이용자 수의 변화파악

㉯ 이용자 만족도의 변화측정(물리적 구성 및 이용자 간의 관계 파악)

㉰ 이용 형태(이용유형 및 양, 흐름 및 활동패턴 등) 기록

㉱ 행락활동별 프로그램 개발(활동과 공간의 상호관계)

㉲ 이용수준 결정(프로그램에 근거)

㉳ 활동별 이용수준 결정(총만족도 최대 기대)

② 수용능력 관리기법

㉮ 경쟁적이고 상충되는 이용과 이용에 따른 환경파괴 최소화

㉯ 물리적 자원이 내구성 증대

㉰ 이용자들에게 질 높은 경험의 기회제공 증대

㉱ 이용의 특성과 강도 조절 3가지 유형

- 부지관리 : 부지강화, 이용유도, 시설개발(부지설계 · 조성 및 조경적 측면에 중점)
- 직접적 통제를 통한 이용자 형태의 수정 및 제한 : 정책강화, 구역별 이용, 이용강도의 제한, 활동의 제한(선택권 제한)
- 간접적 통제를 통한 이용자 형태의 조절 : 물리적 시설의 개조, 이용자에 정보제공, 자격요건의 부과(선택권 존중)

관리유형에 따른 적절한 레크리에이션 이용의 강도와 특성 조절을 위한 관리기법

관리유형	방법	구체적인 조절기법
부지관리(부지설계 · 조성 및 조경적 측면에 중점을 둠)	부지강화	• 내구성 있는 바닥재료 도입 • 관수 • 시비 • 재식재 • 내성이 강한 수종으로 교체
	이용유도	• 지피류 및 상부식생의 제거 → 이용 • 장애물 설치(기둥, 담장, 가드레일) • 조경(식재, 패턴 등) • 비이용구역으로의 접근성 제고 • 공중위생시설의 설치
	시설개발	• 숙박시설의 개발 • 임대시설(매점 등)의 개발 • 활동 위주의 시설개발(캠핑, 피크닉, 보트장, 놀이시설, 운동시설 등)
직접적 이용제한(이용행태, 개인적 선택권의 제한 및 강한 통제에 중점을 둠)	정책강화	• 세금의 부과 • 구역감시의 강화
	구역별 이용	• 상충적 이용의 공간적 구분 • 시간에 따른 이용구분 • 순환식 이용 • 예약제의 도입 • 이용자별 이용장소, 구간의 지정
	이용강도의 제한	• 접근로에 있어서의 이용제한 • 이용자 수의 제한 • 지정된 장소만 이용케 함 • 이용시간의 제한
	활동의 제한	• 캠프파이어의 제한 • 낚시 및 사냥의 제한 등
간접적 이용제한(이용형태를 조절하되 개인의 선택권을 존중하고, 간접적인 조절을 함)	물리적 시설의 개조	• 접근로의 증설 및 감소 • 캠프장 등 집중이용 장소의 증설 및 감축 • 야생동물의 수를 늘이거나 줄임
	이용자에 정보를 제공함	• 구역별 특성을 홍보함 • 주변지역에서의 행락기회의 범위를 설정 · 홍보함 • 이용자들에게 생태학의 기본개념을 교육함 • 저밀도이용구역 및 일반적인 이용패턴을 홍보함
	자격요건의 부과	• 일정한 입장료의 부과 • 탐방로, 구역 및 계절 등에 따른 이용요금의 차등부과 • 생태학적 이해도 및 행락활동에 있어서의 기술을 요구함

3 조경식물의 관리

1. 조경수목의 관리

1) 지주목 설치

① 개념

식재한 수목이 바람이나 외부충격에 의하여 흔들리지 않게 하여 활착을 도움

② 장점

㉮ 수고생장에 도움

㉯ 풍해 감소

㉰ 상부의 지지된 부분의 생육 증진

㉱ 근부의 생육을 적절하게 조절

③ 단점

㉮ 바람이 강하게 부는 경우 부러질 가능성이 높으며, 지지된 부분의 수피가 벗겨지는 등 상처를 주기 쉬움

㉯ 목재로 지주목 설치 시 방부처리가 필요함

④ 지주목의 종류

㉮ 단각형(외대) : 수고 1.2m 이하의 묘목에 실시

㉯ 이각형(쌍대) : 수고 1.2~2.5m의 수목

㉰ 삼발이(삼각말목 지주) : 교목성 수목에 사용, 견고한 지지를 필요로 하는 수목이나 근원직경 20cm 이상 수목에 적용, 설치면적을 많이 차지하여 통행에 불편

㉱ 삼각형 : 가로수 등 통행량이 많고 협소한 곳에 설치, 수고 1.2~4.5m의 수목에 적용하되 크기에 따라 선택적으로 사용

㉲ 사각형 : 보행량이 많은 곳에 설치, 금속제

㉳ 당김줄형 : 대형 교목에 적합, 경관상 가치가 요구되는 곳, 철선을 사용하여 지지, 주간결박지점의 높이는 수고의 2/3가 되도록 함

㉴ 매몰형 : 지주목의 지상설치가 어렵거나 통행에 지장이 있을 경우, 경관상 중요한 곳

㉵ 피라미드형 : 덩굴식물을 올릴 경우에 사용

㉶ 연결형 : 교목 군식 시 사용(대나무 및 통나무를 수평으로 사용하여 결속)

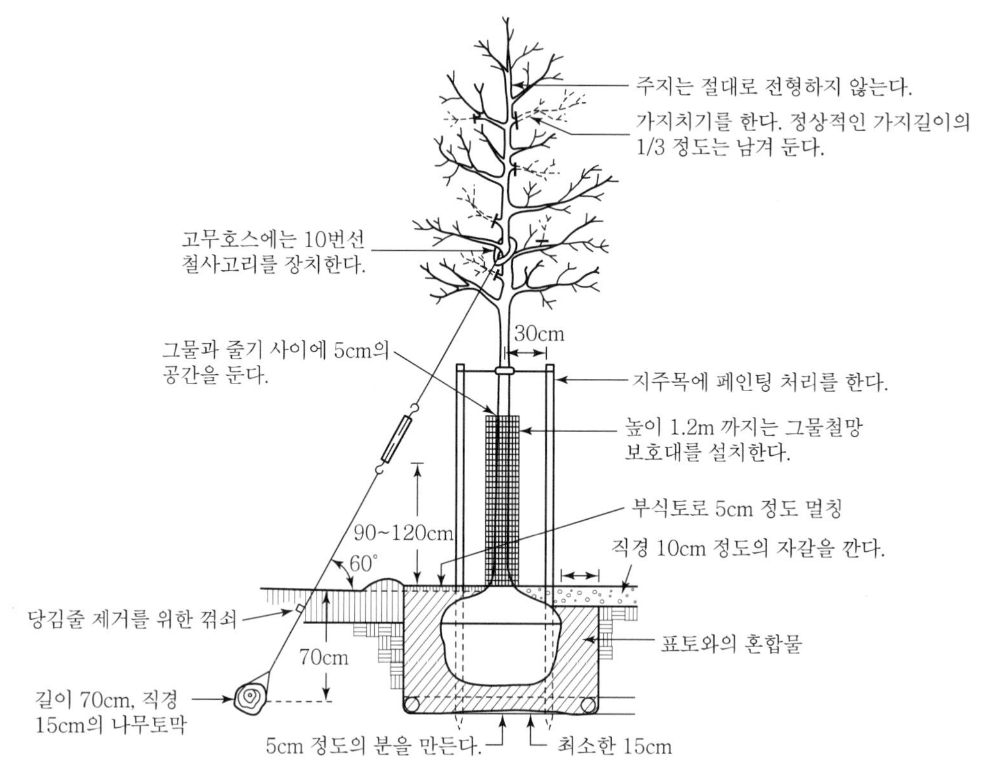

‖ 교목식재와 당김줄 및 지주목 설치의 상세도 ‖

2) 멀칭(mulching)

① 개념

수피, 낙엽, 볏짚, 땅콩깍지, 풀 및 제재소에서 나오는 부산물, 분쇄목 등을 사용하여 토양 피복, 보호해서 식물의 생육을 돕는 역할을 함

② 멀칭의 기대효과

㉮ 토양수분 유지
㉯ 토양의 비옥도 증진
㉰ 잡초의 발생 억제
㉱ 토양구조의 개선
㉲ 태양열의 복사와 반사 감소
㉳ 토양의 굳어짐을 방지
㉴ 염분농도 조절
㉵ 토양온도 조절(겨울철은 필수)
㉶ 병충해 발생 억제
㉷ 점질토의 경우 갈라짐 방지

㉮ 통행을 위한 지표면 개선효과

3) 관수

① 식물에 의한 수분의 이용

㉮ 식물이 호흡과 토양으로부터 증산되어 유실되는 수분의 비율을 고려해야 함

㉯ 유실된 수분의 양은 ET로 단위시간당 유실된 수분의 양을 mm, inch로 표시

② 관수의 시기와 요령

㉮ 시기 : 아침이나 오후 늦은 시간에 실시하는 것이 좋음

㉯ 요령 : 땅이 흠뻑 젖도록 충분히 공급함이 좋음

③ 관수시기 판단요령

㉮ 식물을 주의 깊게 관찰

㉯ 토양상태 관찰

㉰ 장력계 사용

㉱ 전기저항계 사용

㉲ 증산흡수율

㉳ 엽면온도 측정

③ 관수방법

㉮ 수목류의 관수는 가물 때 실시하되 5회/연 이상, 3~10월경의 생육기간 중 실시 - 장기 가뭄 시 추가조치

㉯ 기온이 5℃ 이상이며 토양의 온도가 10℃ 이상인 날이 10일 이상 지속될 때 실행

㉰ 땅이 흠뻑 젖도록 수분공급(토양이 10cm 이상 젖도록 관수)

㉱ 수관폭의 1/3 정도 또는 뿌리분 크기보다 약간 넓게 높이 10cm 정도의 물받이를 만들어 공급

㉲ 토양의 건조 시나 한발 시에는 이식한 수목에 계속하여 수분 유지

㉳ 강한 직사광선을 피해 일출 · 일몰 시에 관수가 원칙

㉴ 관수는 지표면과 엽면관수로 구분하여 실시

관수법

구분	내용
침수식	• 수간의 주위에 도랑을 파서 측방에서 수분공급 • 급수구의 위치나 토성에 따라 관수량 불규칙 • 관수 시 급수구 쪽의 유속에 따라 표토유실
도랑식	• 여러 그루의 수목을 중심으로 도랑을 설치하여 급수 • 투수율, 도랑의 경사도 및 유속 등에 따라 비교적 균일하게 관수가능
스프링클러식	• 스프링클러의 체계나 설계, 수압 및 풍향조건 등에 따라 관수의 균일성 상이 • 일시에 큰 면적의 관수, 노동력의 절감, 비교적 균일한 관수(장점) • 토양의 경도 증가, 지표면의 유실, 필요 이상의 수분 공급(단점)
점적식	• 지표나 지하에 구멍이 난 특수한 구조의 파이프를 연결하여 수분 공급 • 낮은 압력으로 균일한 양을 서서히 관수하므로 효율이 높음

4) 시비

① 개념 및 대상

㉮ 수목이 보다 충실하게 성장할 수 있도록 천연 또는 인공의 양분을 공급하는 적극적인 방법으로 비교적 어린나무를 대상으로 함

㉯ 시비의 대상은 묘목, 이식한 수목, 생육이 불량한 수목

② 토양 · 양분 및 식물생육과의 관계

㉮ 토양의 물리적 성질에 영향을 주는 요인

- 토성 : 토양입자의 크기를 말하며 이는 토양에 의해 흡수된 양분의 양과 직접적인 관계가 있음
- 토심 : 수목이 이용할 수 있는 양분과 수분 보유능력을 결정지음
- 토양구조 : 토양입자의 배열상태는 근계의 발달과 양분의 흡수에 큰 영향을 주며 통기성 및 투수성에 영향을 미침

식물성분에 필수적인 다량원소	식물성분에 필수적인 미량원소
N, P, K, Ca, S, Mg	Mn, Zn, B, Cu, Fe, Mo, Cl

③ 양분의 역할과 결핍된 현상

㉮ 질소(N)

- 역할 : 영양생장을 왕성하게 하고 뿌리와 잎, 줄기 등 수목의 생장에 도움을 줌
- 결핍현상
  - 활엽수 : 황록색으로 변하는 현상, 잎수가 적어지고 두꺼워짐, 조기낙엽

- 침엽수 : 침엽이 짧고 황색을 띰

㉯ 인(P)

- 역할 : 새로운 눈이나 조직, 종자에 많이 함유, 조직을 튼튼히 함, 세포분열을 촉진함
- 결핍현상
  - 생육 초기 뿌리의 발육이 저해되고 잎이 암록색으로 됨
  - 활엽수 : 정상잎보다는 그 크기가 작고, 조기낙엽, 꽃의 수가 적으며 열매의 크기도 작아짐
  - 침엽수 : 침엽이 구부러지며 나무의 하부에서부터 상부로 점차 고사함

㉰ 칼륨(K)

- 역할 : 생장이 왕성한 부분에 많이 함유, 뿌리나 가지 생육촉진, 병해, 서리 한발에 대한 저항성 증가
- 결핍현상
  - 활엽수 : 잎이 황화현상, 잎끝이 말림
  - 침엽수 : 침엽이 황색 또는 적갈색으로 변하며 끝 부분이 괴사하게 됨

㉱ 칼슘(Ca)

- 역할 : 세포막을 강건하게 만들며 잎에 많이 존재, 분열조직의 생장뿌리 끝의 발육에 필수적임
- 결핍현상
  - 활엽수 : 잎의 백화 또는 괴사현상, 어린잎은 다소 작아지고 엽선부분이 뒤틀림, 새가지는 잎의 끝부분이 고사, 뿌리는 끝부분이 갑자기 짧아져서 고사
  - 침엽수 : 정단부분의 생육정지하며 잎의 끝부분이 고사함

㉲ 마그네슘(Mg)

- 역할 : 광합성에 관여하는 효소의 활성을 높임
- 결핍현상
  - 활엽수 : 잎이 얇아지며 부스러지기 쉽고 조기낙엽, 잎가 부위에 황백현상, 열매는 작아짐
  - 침엽수 : 침엽수는 잎 끝 황색으로 변함

㉳ 황(S)

- 활엽수 : 잎은 짙은 황록색, 수종에 따라 잎이 작아짐, 질소부족현상과 동일 증상을 보임
- 침엽수 : 질소의 부족현상과 동일한 증상을 보임

④ 시비방법

㉮ 표토 시비법

- 작업은 신속하나 비료 유실이 많음
- 토양 내 이동속도가 빠른 질소시비가 적합

㉯ 토양 내 시비법

- 비교적 용해하기 어려운 비료를 시비하는 데 효과적
- 토양수분이 적당히 유지될 때 시비
- 시비용 구덩이의 깊이는 20cm, 폭은 20~30cm인 것으로 근원직경의 3~7배 정도 띄워서 판다.
- 시비방법
  - 방사상시비 : 뿌리가 상하기 쉬운 노목에 실시
  - 윤상시비 : 비교적 어린나무에 실시
  - 대상시비 : 뿌리가 상하기 쉬운 노목에 실시
  - 전면시비 : 작은 나무들이 가깝게 식재된 경우 적용
  - 선상시비 : 생울타리 시비법

㉰ 엽면 시비법

- 물에 희석하여 직접 엽면에 살포, 미량원소 부족 시 효과가 빠름
- 쾌청한 날(광합성이 왕성할 때) 아침이나 저녁에 살포
- 대체적으로 물 100l 당 60~120ml로 희석

㉱ 수간주사

- 위의 방법으로 시비가 곤란하거나 거목이나 경제성이 높은 수종
- 시기 : 4~9월 증산작용이 왕성한 맑은 날에 실시
- 방법
  - 주사액이 형성층까지 닿아야 함
  - 구멍은 통상적으로 수간 밑 2곳에 뚫음
  - 5~10cm 떨어진 곳 반대편에 위치, 수간주입 구멍의 각도는 20~30°
  - 구멍지름은 5mm, 깊이 3~4cm 조성
  - 수간 주입기는 높이 150~180cm에 고정시킴

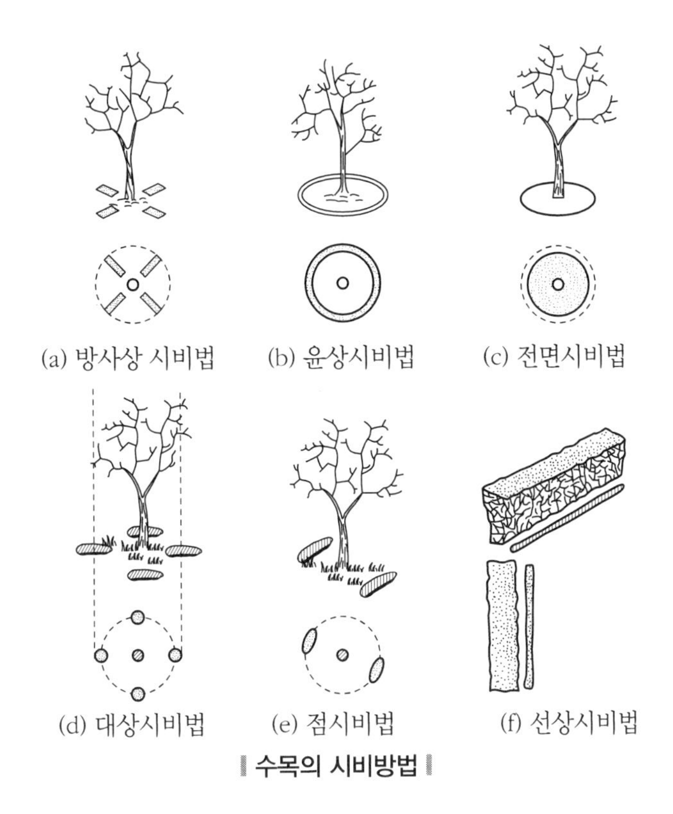

‖ 수목의 시비방법 ‖

⑤ 시비시기 : 보통은 낙엽진 후

수목의 생육이 왕성하게 시작되는 봄에 시비하나 질소질비료는 수목의 생육에 곧바로 이용하도록 가을철에 시비하는 것이 양호

⑥ 시비의 종류

㉮ 숙비(기비, 밑거름)

- 지효성 유기질비료(두엄, 계분, 퇴비, 골분, 어분)
- 낙엽 후 10~11월 (휴면기), 2~3월(근부활동기)
- 노목, 쇠약목에 시비하여 4~6월 효과가 나타남
- 일반적으로 보통 토양의 경우 1년 양의 70%를 주어 서서히 효과를 기대함

㉯ 추비(화비, 웃거름)

- 속효성 무기질비료(N, P, K 등 복합비료)
- 수목생장기인 꽃이 진 직후나 열매 딴 후 수세회복이 목적
- 소량으로 시비함

㉰ 무기질비료의 종류

- 질소질비료 : 황산암모늄, 요소, 질산암모늄, 석회질소
- 인산질비료 : 과린산석회, 용성인비
- 칼리질비료 : 염화칼슘, 황산칼슘, 초목회

• 석회질비료 : 생석회, 소석회, 탄산석회, 황산석회

5) 정지 및 전정

① 정지 · 전정의 목적

㉮ 미관상 목적

• 수형에 불필요한 가지 제거로 수목의 자연미를 높임
• 인공적인 수형을 만들 경우 조형미를 높임

㉯ 실용상 목적

• 방화수, 방풍수, 차폐수 등을 정지, 전정하여 지엽의 생육을 도움
• 가로수의 하기전정 : 통풍원활, 태풍의 피해방지

㉰ 생리상의 목적

• 지엽이 밀생한 수목 : 정리하여 통풍 · 채광이 잘 되게 하여 병충해 방지, 풍해와 설해에 대한 저항력을 강화시킴
• 쇠약해진 수목 : 지엽을 부분적으로 잘라 새로운 가지를 재생해 수목에 활력
• 개화결실 수목 : 도장지, 허약지 등을 전정하여 생장을 억제하여 개화결실 촉진
• 이식한 수목 : 지엽을 자르거나 잎을 훑어주어 수분의 균형을 이루어 활착을 좋게 함

② 정지 · 전정의 용어

㉮ 정자(trimming) : 나무 전체의 모양을 일정한 양식에 따라 다듬는 것
㉯ 정지(training) : 수목의 수형을 영구히 유지, 보존하기 위해 줄기나 가지의 성장조절, 수형을 인위적으로 만들어가는 기초정리작업
㉰ 전제(trailing) : 생장에는 무관한 불필요한 가지나 생육에 방해되는 가지 제거
㉱ 전정(pruning) : 수목관상, 개화결실, 생육상태 조절 등의 목적에 따라 정지하거나 발육을 위해 가지나 줄기의 일부를 잘라내는 정리작업

③ 정지 · 전정의 분류

㉮ 조형을 위한 전정

수목의 본연의 특성 및 자연과의 조화미, 개성미, 수형 등을 환경에 적절히 응용하여 예술적 가치와 미적효과를 충분히 발휘시킴

㉯ 생장조정을 위한 전정

• 조경수목을 일정한 형태로 유지시키고자 할 때(소나무 순자르기, 상록활엽수의 잎사귀 따기, 산울타리 다듬기)
• 일정공간에 식재된 수목이 더 이상 자라지 않게 하게 하기 위해(도로변의 가로수, 작은 정원 내의 수목)

㉰ 세력갱신을 위한 전정
노쇠한 나무나 개화가 불량한 나무의 묵은 가지를 잘라주어 새로운 가지를 나오게 해 수목에 활기를 불어 넣는 것

㉱ 생리조절을 위한 전정
이식할 때 가지와 잎을 다듬어 주어 손상된 뿌리의 적당한 수분 공급 균형을 취하기 위해 다듬어 줌

㉲ 개화결실을 촉진하기 위한 전정
- 과수나 화목류의 개화촉진 : 매화나무나 장미(이른 봄에 전정)
- 결실을 위주 : 감나무
- 개화와 결실 동시에 촉진 : 허약지, 도장지를 제거

④ 전정시기의 분류

전정시기의 분류

전정시기	수종	비고
봄전정 (4, 5월)	상록활엽수(감탕나무, 녹나무 등)	잎이 떨어지고 새잎이 날 때 전정
	침엽수(소나무, 반송, 섬잣나무 등)	순꺾기(5월 상순)
	봄꽃나무(진달래, 철쭉류, 목련 등)	화목류는 꽃이 진 후 곧바로 전정
	여름꽃나무(무궁화, 배롱나무, 장미 등)	눈이 움직이기 전에 이른 봄 전정
	산울타리(향나무류, 회양목, 사철나무 등)	5월말
	과일나무(복숭아, 사과, 포도 등)	이른 봄 전정
여름전정 (6, 7, 8월)	낙엽활엽수(단풍나무류, 자작나무 등)	강전정은 회피
	일반수목	도장지, 포복지, 맹아지 제거
가을전정 (9, 10, 11월)	낙엽활엽수 일부	강전정은 동해를 받기 용이
	상록활엽수 일부	남부지방에서만 전정
	침엽수 일부	묵은 잎 적심
	산울타리	2번 정도 전정
겨울전정 (12, 1, 2, 3월)	일반수목	수형을 잡아주기 위한 굵은 가지 전정
	교차지, 내향지, 역지 등	가지 식별이 가능하므로 전정
전정을 하지 않는 수종	침엽수 : 독일가문비, 금송, 히말라야시다, 나한백 등	
	상록활엽수 : 동백나무, 늦동백나무(산다화), 치자나무, 굴거리나무, 녹나무, 태산목, 만병초, 팔손이나무, 남천, 다정큼나무, 월계수 등	
	낙엽활엽수 : 느티나무, 벚나무, 팽나무, 회화나무, 참나무류, 푸조나무, 백목련, 튤립나무, 수국, 떡갈나무, 해당화 등	

⑤ 정지 · 전정 시 고려사항

㉮ 주변 환경과의 조화를 이루어야 함

㉯ 수목의 생리특성을 파악함

㉰ 각 가지의 세력 균형을 유지하고, 전정하여 수목의 미관을 유지

⑥ 수목의 생장 습성

㉮ 정부 우세성 : 윗가지는 힘차게 자라고 아랫가지는 약해짐

㉯ 활엽수가 침엽수에 비해 강전정에 잘 견딤

㉰ 화아 착생 위치의 분류

- 정아에서 분화하는 수종 : 목련, 철쭉, 후박나무 등
- 측아에서 분화하는 수종 : 벚나무, 매화나무, 복숭아나무, 아카시아, 개나리

㉱ 화목류의 개화습성

- 신소지(1년생) 개화하는 수종 : 장미, 무궁화, 협죽도, 배롱나무, 싸리, 능소화, 아카시아, 감나무, 등나무, 불두화 등
- 2년생지 개화하는 수종 : 매호나무, 수수꽃다리, 개나리, 박태기나무, 벚나무, 목련, 진달래, 철쭉, 생강나무, 산수유 등
- 3년생지 개화하는 수종 : 사과나무, 배나무, 명자나무 등

⑦ 정지 · 전정의 요령

㉮ 정지 · 전정의 대상

밀생지(지나치게 자르면 도장지 발생), 교차지, 도장지, 역지, 병지, 고지, 수하지, 평행지, 윤생지, 정면으로 향한 가지, 대생지

㉯ 요령

- 주지선정
- 정부 우세성을 고려해 상부는 강하게 전정, 하부는 약하게 전정
- 위에서 아래로, 오른쪽에서 왼쪽으로 돌아가면서 전정
- 굵은 가지는 가능한 수간에 가깝게, 수간과 나란히 자름
- 수관 내부는 환하게 솎아내고 외부는 수관선에 지장이 없게 함
- 뿌리자람의 방향과 가지의 유인을 고려

㉰ 목적에 따른 전정시기

- 수형 위주의 전정 : 3~4월 중순, 10~11월 말
- 개화목적의 전정 : 개화 직후
- 결실목적의 전정 : 수액이 유동하기 전
- 수형을 축소 또는 왜화 : 이른 봄 수액이 유동하기 전

㉱ 산울타리 전정

- 시기 : 일반수목은 장마철과 가을, 화목류는 꽃진 후, 덩굴식물은 가을
- 횟수 : 생장이 완만한 수종은 연 2회, 맹아력 강한 수종은 연 3~4회
- 방법 : 식재 후 3년 지난 이후에 전정하며 높은 울타리는 옆에서 위로 전정, 상부는 깊게, 하부는 얕게 전정, 높이가 1.5m 이상일 경우에는 윗부분은 좁은 사다리꼴 전정

⑧ 정지 · 전정 후 처리방법

㉮ 부후균의 침입을 받기 쉽게 때문에 우수프론과 메르크론 1,000배액으로 소독

㉯ 콜타르, 크레오소트, 구리스유, 페인트유, 접랍 등 유성도료로 방수처리하거나 빗물이 닿지 않도록 뚜껑을 덮어줌

⑨ 부정아를 자라게 하는 방법

㉮ 적아(눈지르기)

눈이 움직이기 전 불필요한 눈 제거, 전정이 불가능한 수목에 이용(모란, 벚나무, 자작나무 등)

㉯ 적심(순자르기)

- 지나치게 자라는 가지신장을 억제하기 위해 신초의 끝부분을 따버림, 순이 굳기 전에 실시
- 소나무류 순지르기(꺾기)
  - 나무의 신장을 억제, 노성된 우아한 수형을 단기간 내에 인위적으로 유도, 잔가지가 형성되어 소나무 특유의 수형 형성
  - 방법은 4~5월경 5~10cm로 자란 새순을 3개 정도 남기고 중심순을 포함하여 손으로 제거

㉰ 적아와 적심의 효과

그 부분의 생장을 정지시키고 곁눈 발육을 촉진시키므로 새로 자라는 가지의 배치를 고르게 하고, 개화를 촉진시킴

㉱ 적엽(잎따기)

- 지나치게 우거진 잎이나 묵은 잎 따주기
- 단풍나무나 벚나무류를 이식 부적기에 이식 시 수분증발을 막아줌

㉲ 유인

- 가지의 생장을 정지시켜 도장을 억제, 착화를 좋게 함
- 줄기를 마음대로 유인하여 원하는 수형을 만들어감

㉳ 가지비틀기

- 가지가 너무 뻗어나가는 것 막고, 착화를 좋게 함

- 조경수목으로는 소나무와 분재용으로 사용함

㉳ 아상

- 원하는 자리에 새로운 가지를 나오게 하거나 꽃눈을 형성시키기 위해 이른 봄에 실시
- 뿌리에서 상승하는 양분이나 수분의 공급이 차단되어 생장을 억제하거나 촉진시킴

㉴ 단근(뿌리돌림)

- 시기 : 이식하기 6개월~3년 전(뿌리돌림 하였다가 이식 적기에 이식)
- 목적 : 수목의 지하부(뿌리)와 지상부의 균형유지, 뿌리의 노화현상 방지, 아랫가지의 발육 및 꽃눈의 수를 늘림, 수목의 도장 억제
- 방법
  - 근원직경의 5~6배 되는 곳에 도랑을 파 근부를 노출케 함
  - 뿌리끊기는 90°로 절단해 45° 정도 기울기로 자름
  - 4~5개의 굵은 뿌리를 남기고 단근
  - 환상박피 : 신뿌리를 가지게 하는 효과
  - 생울타리는 줄기에서 60cm 길이에 길이방향으로 단근함

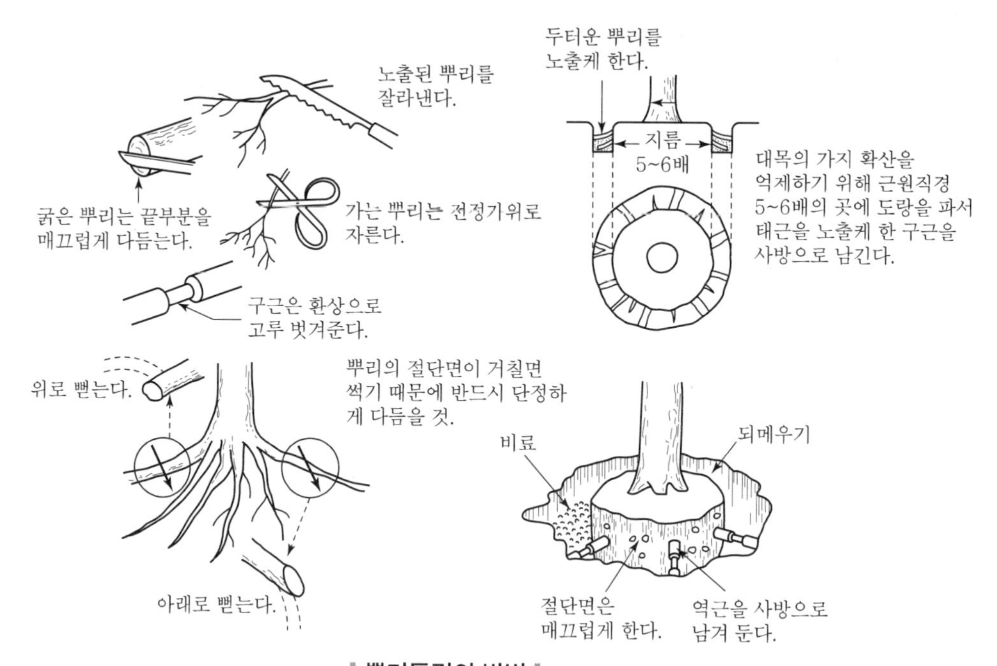

▌뿌리돌림의 방법▐

⑩ 정지 · 전정의 도구

㉮ 사다리, 톱, 전정가위(조경수목, 분재 전정 시), 적심가위, 순치기가위, 적과가위, 적화가위

㉯ 고지가위(갈고리가위) : 높은 부분의 가지를 자를 때나 열매를 채취할 때 사용함

6) 수목의 병해와 방제

① 병해의 용어

㉮ 병원 : 병을 일으키는 원인이 되는 것

㉯ 병원체 : 병원이 생물이거나 바이러스일 때

㉰ 병원균 : 병원이 세균일 때

㉱ 주인 : 병 발생의 주된 원인

㉲ 유인 : 병 발생의 2차적 원인

㉳ 기주식물 : 병원체가 이미 침입하여 정착한 병든 식물

㉴ 감수성 : 수목이 병에 걸리기 쉬운 성질

㉵ 병원성 : 병원체가 감수성인 수목에 침입하여 병을 일으킬 수 있는 능력

㉶ 전반 : 병원체가 여러 가지 방법으로 기주식물에 도달하는 것

㉷ 감염 : 병원체가 그 내부에 정착하여 기생관계가 성립되는 과정

㉸ 잠복기간 : 감염에서 병징이 나타나기까지, 발병하기까지의 기간

㉹ 병환 : 병원체가 새로운 기주식물에 감염하여 병을 일으키고 병원체를 형성하는 일련의 연속적인 과정

▸▸ 참고

■ **로버트 코호의 4원칙**

- 미생물은 반드시 환부에 존재해야 함
- 미생물은 분리되어 배치 상에 순수 배양되어야 함
- 순수 배양한 미생물을 접종하여 동일한 병이 발생되어야 함
- 발병한 피해부에 접종에 사용한 미생물과 동일한 성질을 가진 미생물이 재분리되어야 함

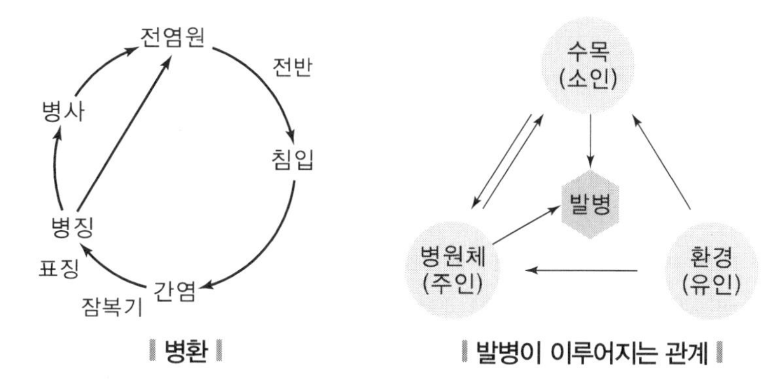

‖ 병환 ‖

‖ 발병이 이루어지는 관계 ‖

② 병징과 표징

㉮ 병징(symptom)

- 병든 식물 자체의 조직변화
- 비전염성 병, 바이러스병, 마이코플라즈마의 병에서 발생
- 색깔의 변화, 천공, 위조, 괴사, 위축, 비대, 기관의 탈락, 빗자루모양, 잎마름, 동고, 분비, 부패

㉯ 표징(sign)

- 병원체가 병든 식물체상의 환부에 나타나 병의 발생을 알림
- 진균일 때 발생
- 영양기관에 의한 것, 번식기관에 의한 것이 있음

③ 병원의 분류

전염성 병원의 종류

병원체	표징	병의 예
바이러스(virus)	없음	모자이크병
마이코플라즈마 (mycoplasma)	없음	대추나무 빗자루병, 뽕나무 오갈병
세균(bacteria)	거의 없음	뿌리혹병
진균(fungi)	균사, 균사속, 포자, 버섯 등	엽고병, 녹병, 모잘록병, 벚나무 빗자루병, 흰가루병, 가지마름병, 그을림병 등
선충(nematode)	없음	소나무 시듦병

㉮ 전염성

- 바이러스
  - 식물 바이러스는 핵산과 단백질로 구성된 일종의 핵단백질
  - 바이러스 입자는 공, 타원, 막대기, 실 모양으로 크게 구분되며 광학현미경으로만 관찰 가능
  - 다른 미생물과 같이 인공배양되지 않고 특정한 산 세포 내에서만 증식할 수 있으며, 생물체 내에서 침입하여 병을 일으킬 수 있는 감염성을 가지고 있음
  - 바이러스병은 다른 식물병과 달리 약제를 이용한 화학적 직접방제가 어렵기 때문에 재배적이고 경종적인 방법이나 물리적인 방제방법을 많이 사용
  - 세균과 달리 이분법으로 증식하지 않고 숙주에 진입하여 살아가는 세포가 단백질을 만들어내는 방식으로 증식

- 마이코플라즈마
  - 바이러스와 세균의 중간 정도에 위치한 미생물로 크기는 70~900μm에 이르며 대추나무와 오동나무 빗자루병, 뽕나무 오갈병의 병원체로 알려져 있음
  - 세포벽은 없어 원형, 타원형 등 일정하지 않은 여러 형태를 가지고 있는 원핵생물로 일종의 원형질 막에 둘러싸여 있음
  - 감염식물의 체관부에만 존재하므로 매미충류와 기타 식물의 체관부에서 흡즙하는 곤충류에 의해 매개됨
  - 인공배양이 되지 않고 방제가 대단히 어려우나 테트라사이클린(tetracycline)계의 항생물질로 치료가 가능
- 세균
  - 가장 원시적인 원핵생물의 하나로 세포벽을 가지고 있으며 이분법으로 증식함. 전자광학현미경으로 관찰할 수 있음
  - 세균은 진균과는 달리 형태가 단순한 단세포 미생물이며, 짧은 막대기 모양은 간균, 공모양인 구균, 나사모양인 나선균, 사상균 등이 있으며 세균에 의한 병은 대부분 간균에 의함
  - 식물병원세균의 수는 약 180개로 인공배지에서 배양 및 증식이 가능한 임의부생체임
  - 세균은 운동성이 있는 것과 없는 것으로 크게 나누며 운동기관으로는 편모를 가지고 있음
- 진균
  - 실모양의 균사체로 되어 있고 그 가지의 일부분을 균사라 하므로 진균을 사상균 또는 곰팡이라 부름
  - 균사는 격막이 있는 것과 없는 것으로 구분되며 대부분의 균사 외부는 세포벽으로 둘러싸여 있고 그 주성분은 키틴(kitin)임
  - 진균은 고등식물과 같이 잎, 줄기, 뿌리 등이 분화되지 않으며 개체를 유지하는 영양체와 종속을 보존하는 번식체로 구분
  - 진균의 분류는 조균류, 자낭균류, 담자균류, 불완전균류
- 바이로이드(viroid)
  - 기주식물의 세포에 감염해서 증식하고 병을 일으킬 수 있는 가장 작은 병원체
  - 외부단백질이 없는 핵산(RNA)만의 형태이며 분자량도 바이러스 RNA의 1/10 이하임
  - 바이러스와 비슷한 전염특성이 있으며 접목 및 전정 시 감염된 대목이나 접수 또는 손, 작업기구 등에 의하여 접촉 전염됨

• 선충

- 식물에 기생하여 전염병을 일으키는 동물성 병원체로 몸의 길이는 0.3~1.0mm
- 식물기생선충은 머리부분에 있는 구침으로 식물의 조직을 뚫고 들어가 즙액을 빨아먹으며 상처난 조직은 병원성 곰팡이나 세균에 의해 2차감염이 되어 부패
- 식물기생선충의 경우는 스스로 1년간 30cm 정도 밖에 이동하지 못하므로 물, 농기구, 묘목뿌리 등에 의해 전파됨

• 기생성 종자식물

- 다른 식물에 기생하여 생활하는 식물로 모두 쌍떡잎식물에 속함
- 작물 및 수목에 기생하여 피해를 주는 종류로는 겨우살이과 겨우살이(줄기에 기생), 메꽃과의 새삼(줄기에 기생), 열당과의 오리나무더부살이(뿌리에 기생) 등이 있음

㉯ 비전염성

• 부적당한 토양조건 : 토양수분의 과부족, 양분결핍 및 과잉, 토양 중 유해물질, 통기성 불량, 토양산도의 부적합

• 부적당한 기상조건 : 지나친 고온 및 저온, 광선부족, 건조와 과습, 바람 · 폭우 · 서리 등

• 유해물질에 의한 병 : 대기오염, 토양오염, 염해, 농약의 해

• 농기구 등에 의한 기계적 상해

④ 식물병 진단의 종류

㉮ 식물병의 진단

병든 식물을 정밀하게 검사하여 비슷한 병과 구별하고 정확한 병명을 결정하는 것을 말함

㉯ 종류

구분	내용
육안적 진단	• 병징과 표징에 의하여 육안으로 진단하는 방법으로 가장 보편적인 사용 • 습실처리에 의한 진단 : 병환부가 마르거나 오래되어 상태가 좋지 않을 때 물에 적신 신문지나 휴지를 넣어 포화습도의 상태를 유지하는 것으로 병원균의 활동이 활발해져 병원균이 식물체의 표면에 노출하는 경우가 많음, 진균병의 진단에 많이 이용
해부학적 · 현미경적 진단	• 현미경을 이용하여 병원체의 유무, 병원균의 종류 및 형태, 병원균의 균사모양 및 편모의 수와 위치, 항체와 반응 시 나타나는 형광현상 등을 조사하여 진단하는 방법 • 담배모자이크바이러스(TMV), 감자X바이러스, 그람염색법, 침지법, 초박절편법, 면역전자현미경법

물리 · 화학적 진단	병든 식물 또는 병환부에 나타나는 물리화학적 변화를 조사하여 진단하는 방법, 감자바이러스병에 감염된 씨감자의 진단에 황산구리법이 이용
병원적 진단	• 인공접종 등의 방법을 통해 병원체를 파악하는 방법으로 코호의 원칙에 따라 병든 부위에서 미생물의 분리 → 배양 → 인공접종 → 재분리의 과정을 거쳐야 함 • 소나무류의 잎녹병은 중간기주식물에 대하여 접종시험을 하여야만 병원균의 정확한 동정이 가능하며 푸사리움과 같이 병원성이 분류의 기준으로 주시되는 경우에는 감수성이 높은 식물에 인공접종할 필요가 있음
생물학적 진단	• 지표식물법 : 어떤 병에 대하여 고도로 감수성이거나 특이한 병징을 나타내는 식물을 병의 진단에 이용/감자X바이러스에는 천일홍/뿌리혹선충에는 토마토와 봉선화/ 바이러스병에는 명아주, 땅꽈리, 천일홍 등의 지표식물로 알려짐 • 즙액접종법 : 여러 종류의 지표식물에 접종하여 특이적인 병징을 관찰함으로써 바이러스의 감염 여부를 검정하는 방법, 검정기간에 길고 넓은 공간이 필요한 단점이 있음
혈청학적 · 면역학적 진단	• 병원체에 대한 혈청을 만들어 진단하는 방법으로 만약 항원이 순수하면 그 반응은 특이하므로 다른 비슷한 병원체에는 반응이 일어나지 않음(바이러스병 진단에 이용) • 한천겔면역확산법(한천겔 내의 침강반응), 형광항체법(항체와 형광색소를 결합하여 특이적인 형광으로 항원이 있는 곳을 알아냄)
분자생물학적 진단	PAGE분석법

⑤ 수병(樹病)의 발생

㉮ 병원체의 월동 종류

- 기주의 체내에 잠재하여 월동 : 잣나무 털녹병, 오동나무 빗자루병, 각종 바이러스
- 병환부 또는 죽은 기주체에서 월동 : 밤나무 줄기마름병균, 오동나무 탄저병
- 종자에 붙어서 월동
- 토양 중에 월동

㉯ 전반

- 물에 의한 전반 : 향나무 적성병균, 묘목의 입고병균
- 바람에 의한 전반 : 잣나무 털녹병균, 밤나무 줄기마름병균
- 곤충, 소동물에 의한 전반 : 오동나무 · 대추나무 빗자루병, 포플러 모자이크 병균
- 토양에 의한 전반 : 묘목의 입고병균
- 종자에 의한 전반 : 오리나무 갈색무늬병균
- 묘목에 의한 전반 : 잣나무 털녹병균

㉰ 병원체의 침입

- 각피 침입 : 병원체가 자기의 힘으로 표피를 뚫고 침입하는 것
- 개구부 침입 : 식물상의 자연개구인 기공과 피목을 통해 침입
- 상처를 통한 침입 : 여러 원인에 의해 만들어진 상처에 세균과 바이러스

⑥ 중간기주식물

㉮ 기주식물

수목 병원균이 균사체로 다른 나무에서 월동, 잠복하여 활동하는 나무

㉯ 중간기주식물

균이 생활사를 완성하기 위해 식물군을 옮겨가면서 생활하는데 2종의 기주식물 중 경제적 가치가 적은 쪽을 말함

㉰ 녹병균

담자균의 곰팡이가 기주를 하면서 생활하는 기주식물을 가진 대표적인 균

녹병균의 중간기주식물의 예

병명	기주식물	
	녹병포자 · 녹포자세대	중간기주(여름포자 · 겨울포자세대)
잣나무 털녹병	잣나무	송이풀, 까치밥나무
소나무 혹병	소나무	졸참나무, 신갈나무
배나무 적성병	배나무	향나무(여름포자세대가 없음)
포플러나무 녹병	포플러	낙엽송

⑦ 식물병의 방제법

㉮ 비배관리 : 질소질 비료를 과용하면 동해(凍害) 또는 상해(霜害)를 받기 쉬움

㉯ 환경조건의 개선 : 토양전염병은 과습할 때 피해가 크므로 배수, 통풍을 조절할 것

㉰ 전염원의 제거 : 감염된 가지나 잎을 소각하거나 땅 속에 묻음

㉱ 중간기주의 제거

㉲ 윤작 실시 : 연작에 의해 피해가 증가하는 수병(침엽수의 입고병, 오리나무 갈색무늬병, 오동나무의 탄저병)

㉳ 식재식물의 검사

㉴ 종자나 토양 소독

㉵ 내병성 품종의 이용

⑧ 약제 종류

㉮ 살포시기에 따른 분류

- 보호살균제 : 침입 전에 살포하여 병으로부터 보호하는 약제(동제)

- 직접살균제 : 병환 부위에 뿌려 병균을 죽이는 것(유기수은제)
- 치료제 : 병원체가 이미 기주식물의 내부조직에 침입한 후 작용

㉯ 주요성분에 따른 분류

- 동제(보르도액)(보호살균제)
  - 석회유에 황산동액을 혼합
  - 사용할 때마다 조제하여야 효과적
  - 바람이 없는 약간 흐린 날에 식물체 표면에 골고루 살포하며 전착제를 사용해 효과를 높임
- 유기수은제
  병원균에 의한 전염성 병을 방제할 목적(직접살균제), 독성문제로 사용금지
- 황제
  - 무기황제(석회황합제) : 적갈색물약, 흰가루병과 녹병의 방제에 사용
  - 유기황제 : 지네브제, 마네브제, 퍼밤제, 지람제
- 유기합성 살균제
  PCNB제, CPC제, 캡탄제
- 항생물질계
  - 마이코플라즈마에 의한 수병 치료에 효과를 보이고 있음
  - 테트라사이클린계 : 오동나무 · 대추나무 빗자루병
  - 사이클론헥시마이드 : 잣나무 털녹병

⑨ 조경수목의 주요 병해

병해	병상 및 환경	방제
흰가루병	• 잎에 흰곰팡이 형성, 광합성을 방해, 미적 가치를 크게 해침 • 자낭균에 의한 병으로 활엽수에 광범위하게 퍼짐(기주선택성을 보임) • 주야의 온도차가 크고, 기온이 높고 습기가 많으면서 통풍이 불량한 경우에 신초 부위에서 발생	• 일광 통풍을 좋게 함 • 석회황합제 살포, 여름엔 수화제(만코지, 지오판, 베노밀) 2주 간격으로 살포 • 병든 가지는 태우거나 땅속에 묻어서 전염원을 없앰
그을음병	• 진딧물이나 깍지벌레 등의 흡즙성 해충이 배설한 분비물을 이용해서 병균이 자람 • 잎, 가지, 줄기를 덮어서 광합성을 방해하고 미관을 해침 • 자낭균에 의한 병으로 사철나무, 쥐똥나무, 라일락, 대나무 등에서 관찰	• 일광 통풍을 좋게 함 • 진딧물이나 깍지벌레 등의 흡즙성 해충을 방제, 만코지수화제, 지오판 수화제 살포
적성병 (붉은별무늬병)	6~7월에 모과나무, 배나무, 명자꽃의 잎과 열매에 녹포자퇴의 형상이 생김, 병든 잎 조기낙엽(장미과에 속하는 조경수에 피해)	만코지수화제, 폴리옥신 수화제 살포, 중간기주 제거(과수원 근처 2km 이내에 향나무 식재할 수 없음)

갈반병 (갈색무늬병)	• 자낭균에 의해 생기며 활엽수에 흔히 발견 • 잎에 작은 갈색점무늬가 나타나고 점차 커지고 불규칙하거나 둥근 병반을 만듦 • 6~7월부터 병징이 나타나서 조기낙엽되어 수세가 약해짐	• 병든 잎을 수시로 태우거나 묻어버림 • 초기엔 만테브 수화제, 베노밀 수화제를 2주 간격으로 살포, 보르도액 살포
구멍병 (천공성 갈반병)	• 자낭균에 의한 병으로 벚나무, 살구나무에서 발견되고 5~6월에서 지작하여 장마철 이후에 심해짐 • 작은 점무늬가 생기고 점이 커져 갈색반점이 되고 그 자리에 동심원의 구멍이 생겨 수목의 미관을 해침	잎을 태우거나 5월과 장마철 후에 보르도액을 3~4회 살포
잎떨림병 (엽진병)	• 자낭균에 의해 생기며 침엽수 중 잣나무, 소나무, 해송, 낙엽송에서 발생하며 잎이 떨어짐 • 전년도에 감염되어 땅에 떨어진 병든 잎에서 6~7월에 자낭포자가 비신하여 새로 나온 잎에 감염	봄부터 초여름 사이에 떨어진 잎을 태우거나 묻으며, 6~8월에 자낭포자가 비산할 때 2주 간격으로 베노밀 · 만코지 수화제를 살포
빗자루병	• 병든 잎과 가시가 왜소해시면서 빗자루처럼 가늘게 무수히 갈라짐 • 마이코플라스마에 의한 빗자루병 : 대추나무, 오동나무, 붉나무 등에서 발견되며 마름무늬 매미충의 매개충에 의해 매개전염 • 자낭균에 의한 빗자루병 : 벚나무, 대나무에서 빌견	• 나이코플라스마에 의한 빗자루병 : 매개충을 메프 수화제나 비피유제로 6~10월 2주 간격으로 살포, 옥시테트라사이클린계 항생제 수간주사, 병든 부위 자른 후 소각 • 자낭균에 의한 빗자루병 : 이른 봄에 병지를 잘라 태우거나 꽃이 진 후 보르도액이나 민코지 수화제를 2~3회 나무 전체에 살포함
줄기마름병 (동고병)	수피에 외상이 생겨 병원균이 침입하여 줄기와 가지가 말라 고사	전정 후 상처지류제와 방수제 사용
모잘록병	• 토양으로부터 종자, 어린 묘에 감염되며 토양이 과습할 때 발생 • 침엽수(소나무, 전나무, 낙엽송, 가문비나무)에 많이 발생	• 토양이나 종자 소독, 토양 배수관리 철저, 통기성을 좋게 함 • 질소과용을 금지하고 인산질비료를 충분히 사용하고 완전히 썩은 퇴비를 줌

7) 수목의 충해와 방제

① 곤충의 형태

㉮ 구분

- 머리(입틀 : 저작구, 흡수구, 눈, 촉각), 가슴, 배 3부분으로 구성
- 가슴이나 배에는 기문이라는 구멍이 있으며, 이 구멍을 통해 기관호흡을 하고 해충 방제 시 약제가 체내에 침입하여 죽게 함

㉯ 변태

- 알에서 부화한 유충이 여러 차례 탈피하여 성충으로 변하는 현상
- 완전변태 : 알 → 애벌레 → 번데기 → 성충
- 불완전변태 : 알 → 애벌레 → 성충

② 조경수의 주요 해충 개요

㉮ 분류

강명	목명	분류	가해습성
곤충강	나비목	나방류	식엽성, 천공성
	노린재목	방패벌레류	흡즙성
	딱정벌레목	나무좀류, 하늘소류	천공성
		잎벌레류, 풍뎅이류	식엽성
		바구미류	식엽성, 천공성
	매미목	깍지벌레, 진딧물류	흡즙성
	벌목	잎벌류	식엽성
		혹벌류	충영 형성
	파리목	혹파리류	충영 형성
거미강	응애목	응애류	흡즙성, 충영 형성

㉯ 가해습성에 따른 조경수의 해충 분류

가해습성	주요해충
흡즙성	응애, 진딧물, 깍지벌레, 방패벌레
식엽성	흰불나방, 풍뎅이류, 잎벌, 집시나방, 회양목명나방
천공성	소나무좀, 하늘소, 박쥐나방
충영 형성	솔잎혹파리, 혹진딧물류, 혹응애

③ 해충방제의 개념

㉮ 목적 : 경제적으로 문제가 되고 있는 곤충의 세력을 억제할 수 있는 상태를 만들고 그 상태를 오래 유지하는 것

㉯ 생물학적 측면과 경제적인 측면에 기초를 두고 계획 및 수행되어야 하며 실제적으로는 생물학적 현상을 중심으로 경제적 합리성 및 기술적 측면에서 검토

㉰ 방제는 해충밀도의 변동과 밀접한 관계가 있으며 해충의 밀도와 분포면적의 대소는 방제수단의 선택이나 방제할 면적의 크기, 방제횟수를 결정하는 중요한 요인

피해 측면에서의 해충밀도 분류

분류	내용
경제적 피해 수준	경제적 피해가 나타나는 최저밀도로 해충에 의한 피해액과 방제비가 같은 수준의 밀도를 말함
경제적 피해 허용수준	경제적 피해수준에 도달하는 것을 억제하기 위하여 직접 방제수단을 써야 하는 밀도수준으로 경제적 가해수준보다는 낮으며 방제수단을 쓸 수 있는 시간적 여유가 있어야 함
일반평형밀도	일반적인 환경조건에서의 평균밀도를 말함

④ 해충의 조사방법

㉮ 해충의 조사 : 야외포장에서 해충의 존재 여부를 확인하고 그 종류를 동정하는 동시에 분포범위와 포장 내에서의 밀도를 추정하는 것으로 방제의 기초가 됨

㉯ 방법

해충의 조사방법의 종류

구분	내용
공중포충망 (쓸어잡기, 난획법)	멸구류 등의 채집을 위한 방법, 포충망을 일정횟수 왕복하여 밀도 추정
유아등	단파장의 빛에 이끌리는 습성을 위용한 채집법으로 빠른 시간 내에 가장 효율적으로 채집할 수 있는 방법
점착트랙	끈끈이를 바른 표면에 비행하던 곤충이 달라붙는 방법으로 색깔이나 페로몬 등의 냄새가 특정 곤충의 유인력을 증가시키는 것으로 알려짐
황색수반	곤충들은 특정 색채, 형태, 번쩍거리는 빛, 움직이는 모양 등에 자극받아 유인, 노란색을 칠해 놓은 평평한 그릇에 물을 담아놓는 방법
털어잡기	천이나 접시, 판 등을 밑에 놓고 작물을 흔들거나 막대기 등으로 가지를 쳐서 떨어진 곤충을 조사하는 방법
당밀유인법	개미나 벌 등이 꿀에 모이는 습성을 이용한 방법으로 주로 밤에 활동하는 나방류를 채집하는 경우

⑤ 흡즙성 해충

㉮ 깍지벌레류

- 콩 꼬투리 모양의 보호깍지로 싸여 있고 왁스물질을 분비하는 작은 곤충으로 몸길이가 2~8mm
- 피해
  - 조경수목에 많은 피해를 주며, 주로 가지에 붙어서 즙액을 빨고 잎에서 빨아 가지의 생장이 저해되고 수세가 약해짐
  - 깍지벌레의 분비물 때문에 2차적 그을음병을 유발
- 화학적 방제법 : 기계유제 살포, 침투성 농약을 타서 함께 살포, 활력이 왕성한 나무에서는 질소비료를 삼감
- 생물학적 방제법 : 무당벌레류, 풀잠자리

㉯ 응애류

- 몸길이가 0.5mm 이하로 아주 작은 절지동물
- 피해
  - 나무의 즙액을 빨아 먹으며 잎에 황색반점을 만드는데, 반점이 많아지면 잎 전체가 황갈색으로 변함
  - 나무의 생장이 감퇴되고 약해지고 피해가 심하면 고사함
- 화학적 방제법 : 같은 약제의 계속 이용을 피함. 테디온유제, 디코폴유제
- 생물학적 방제법 : 무당벌레, 풀잠자리, 거미 등

㉰ 진딧물류

- 피해
  - 침엽수와 활엽수에 광범위하게 피해를 주며 번식이 빠름
  - 즙액을 빨아먹고 감로를 생산해 개미와 벌이 모여들고 2차적으로 그을음병을 초래
  - 월동난에서 부화한 유충이 수목의 줄기 및 가지에 기생하며 잎이 마르고 수세약화, 활엽수 및 침엽수 수종에 피해
- 화학적 방제법 : 살충용 비누를 타서 동력분무기로 분사, 유제 아시트수화제, 마라톤유제, 개미를 박멸
- 생물학적 방제법 : 풀잠자리, 무당벌레류, 꽃등애류, 기생봉 등

㉱ 방패벌레

- 성충의 몸길이가 4mm 이내 되는 작은 곤충으로 위에서 내려다보면 방패모양
- 피해
  - 활엽수 잎의 뒷면에서 즙액을 빨아 먹음
  - 연 2회에서 5회까지 종에 따라 다르며 버즘나무, 물푸레나무에 연 2회 가해
- 화학적 방제법 : 메프유제, 나크 수화제를 수관에 7~10일 간격으로 2~3회 살포

⑥ 식엽성 해충

㉮ 흰불나방

- 성충의 몸이 흰색이고 야간 불빛에 잘 모여서 얻은 이름, 미국이 원산지
- 피해
  - 1년에 2회 발생, 1회(5~6월), 2회(7~8월)
  - 겨울철에 번데기 상태로 월동, 성충의 수명은 3~4일
  - 가로수와 정원수에 피해가 심하며 포플러, 버즘나무 등 160여 종의 활엽수 잎을 먹으며 부족하면 초본류도 먹음
  - 1화기 유충은 6월 하순까지는 집단생활을 하므로 벌레집을 제거하는 것이 효율적
- 화학적 방제법 : 디프유제, 메트수화제, 파프수화제, 주론수화제
- 생물학적 방제법
  - 천적 이용 : 긴등기 생파리, 송충앙벌, 검정명주 딱정벌레, 나방살이납작맵시벌
  - 생물농약 : 비티(Bt)수화제(슈리사이드)를 수관에 살포

㉯ 솔나방

- 피해
  - 송충과 애벌레가 솔잎을 갉아먹으며 가을에 잠복소 설치
  - 소나무, 곰솔, 리기다소나무, 낫나무, 낙엽송 등에 피해
- 화학적 방제법 : 디프액제, 파라티온
- 생물학적 빙제법 : 맵시벌, 고치벌

㉰ 그 밖의 식엽성 해충

- 회양목 명나방
  - 회양목에 피해, 연 2회 발생 4월 하순부터 잎을 가해하여 6월에 심한 피해
  - 방제 : 메트수화제, 칼탑수화제, 세균을 이용한 Bt생물농약
- 매미나방(집시나방)
  - 광범위한 활엽수를 가해, 연 1회 발생, 알로 줄기에서 월동, 4월 중순에 유충이 부화하여 바람을 타고 분산, 7월 초까지 유충으로 잎을 가해
  - 방제 : 줄기에 붙어있는 알덩어리를 4월 이전 채취하여 소각, 디프 · 메트 · 주론 수화제, Bt세균 살포
- 잎벌류
  - 몸길이가 14mm보다 작은 벌, 유충시절에 잎을 먹으며 활엽수 가장자리까지 갉아먹음
  - 수화제(나크, 주론, 트리므론), 유제(메프, 디프) 수관살포, 기생봉 등 천적 이용
- 텐트나방(천막벌레나방)
  - 피해 : 참나무류, 벚나무, 장미, 살구, 포플러 등 활엽수 다수

- 형태적 특징 : 성충의 수컷은 황갈색이고 암컷은 엷은 주황색, 유충은 몸에 긴 털이 나 있고 흑색 점이 퍼져 있음
- 유충이 천막을 치고 모여 살면서 낮에는 쉬고 밤에만 가해함. 보통 1년에 1회 발생하고 알의 형태로 월동하며 4월 중하순에 부화함. 부화유충은 실을 토하여 천막모양의 집을 만들고 그 속에서 4령까지 모여 살며, 5령부터 분산하여 가해함. 노숙한 유충은 6월 중순 약 2주간 나뭇가지나 잎에 황색의 고치를 만들고 번데기가 됨. 6월 하순부터 우화하여 주로 밤에는 가지에 반지모양으로 200~300개의 알을 낳음
- 방제 : 가지에 붙어 월동 중인 알덩어리를 채취하여 소각, 유충 초기에 벌레집을 솜불방망이로 태워죽임. 살충제인 트리클로르폰 수화제, 페니트로티온 수화제, 사이퍼메트린 유제를 1,000배 액으로 희석하여 10일 간격으로 2회 살포

⑦ 천공성 해충

㉮ 소나무좀

- 성충의 몸길이가 5mm보다 작은 곤충
- 피해
  - 수세가 약한 나무를 집중적으로 가해(이식조경수에 피해)
  - 소나무, 곰솔, 잣나무 등 소나무류에만 기생, 연 1회 발생하지만 봄과 여름 두 번에 걸쳐 가해
  - 성충으로 월동하며 3월 말~4월 초 수목의 수피에 구멍을 내고 들어가 알을 산란
- 방제
  - 봄철 수목이식 시 수간에 살충제 살포, 성충의 산란을 막거나 훈증으로 죽임
  - 메프유제와 다수진유제를 혼합하여 5~7일 간격으로 3~5회 살포

㉯ 바구미

- 성충의 몸길이가 10mm 이내의 곤충
- 피해
  - 소나무, 곰솔, 잣나무류, 가문비나무 등 쇠약한 수목, 벌채한 원목을 가해
  - 연 1회 발생, 성충으로 월동. 4월에 수피가 얇은 곳에 구멍을 뚫고 알 1~2개를 산란하고 부화한 유충은 형성층을 가해하여 가지를 고사시킴
- 방제
  - 나무의 수세를 튼튼하게 함. 다른 쇠약목이나 벌채원목으로 유인하여 산란 후 5월 중순에 껍질을 벗겨 소각
  - 약제방제는 4월 중순부터 메프 · 파프 유제를 10일 간격으로 2~3회 살포

㉰ 하늘소

- 피해
  - 유충이 침엽수와 활엽수의 형성층을 가해하여 수세가 쇠약해져 고사하거나 줄기가 부러짐
  - 측백나무 하늘소 : 향나무류, 측백나무, 편백, 삼나무 가해(연 1회 발생, 성충의 발생 및 산란은 3~4월)
  - 알락 하늘소 : 단풍나무, 버즘나무, 튤립나무, 벚나무 외에 많은 활엽수 가해
- 방제
  - 유충기에 메프유제를 고농도 살포, 침입공이 발견되면 철사를 넣어 죽임
  - 산란기에 수간 밑동을 비닐로 싸거나 석회유를 도포

㉱ 박쥐나방

- 박쥐처럼 저녁에 활동
- 피해
  - 버드나무류, 포플러류, 버즘나무, 단풍나무 과수 등 활엽수, 침엽수 등 조경수에서 줄기를 가해하여 바람에 쉽게 부러지게 만듦
  - 지표면에서 알로 월동한 후 5월에 부화하여 잡초의 지제부(지하부와 지상부의 경계부위)를 먹다가 수목으로 이동하여 가지와 줄기를 파먹음
- 방제
  - 벌레집(눈으로 식별 기능)을 제기하고 구멍에 메프수화제 주입
  - 조경수 주변에 풀깎기 철저(유충이 먹을 수 있는 풀 제거), 주변에 살충제를 섞은 톱밥 멀칭

⑧ 충영형성 해충

㉮ 솔잎혹파리

- 성충의 몸길이가 2.5mm의 아주 작은 파리
- 피해
  - 소나무와 곰솔 등 2엽송 잎의 기부에 혹을 형성(연 1회 발생)
  - 유충이 솔잎 기부에 벌레혹(충영)을 형성하고 수액을 빨아 먹으며 잎이 더 이상 자라지 못하고 갈색으로 변하게 조기낙엽
- 화학적 방제법
  - 침투성 포스팜(다이메크론) 50% 유제를 6월에 수간주사(약해에 주의)
  - 스미치온 500배액을 산란기(6월 중)에 수관에 살포
- 생물학적 방제
  - 산솔새가 유충을 잡아먹으므로 산솔새를 보호
  - 천적으로는 솔잎혹파리먹좀벌, 혹파리등뿔먹좀벌 등

㉯ 밤나무혹벌

- 피해 : 유충이 밤나무 눈에 기생하여 충영을 형성. 새순이 자라지 못하게 하여 결실에 장해
- 방제
  - 성충이 탈출 전에 벌레혹을 제거하여 소각
  - 천적 : 꼬리좀벌, 노랑꼬리좀벌, 배잘록황꼬리좀벌, 상수리좀벌, 큰다리 남색좀벌류 등

⑨ **묘포해충** : 거세미 나방, 땅강아지, 풍뎅이류, 복숭아명나방

⑩ **종실을 가해하는 해충**

㉮ 솔알락명나방

- 형태적 특징 : 성충의 몸길이는 25mm 내외이고 황갈색~적갈색 띠가 있음. 유충의 몸길이는 18mm이고 머리는 다갈색, 몸은 황갈색임
- 피해
  - 잣나무나 소나무류의 구과를 가해하여 잣 수확 등을 감소시키며 구과 속의 가해부위에 똥을 채워놓고 외부로도 똥을 배출하여 구과 표면에 붙여놓음
  - 1년에 1회 발생하고 노숙유충의 형태로 땅속에서 월동하는 것과 알이나 어린유충의 형태로 구과에서 월동하는 것이 있음
- 방제 : 우화기나 산란기인 6~8월에 지효성이며 저독성인 트리플루뮤론 수화제나 클로르플루아주론 유제 5%를 2회 정도 수관에 살포함. 잣수확기에 잣송에 들어있는 유충을 모아 포살함

㉯ 도토리거위벌레

- 형태적 특징 : 성충의 몸길이는 9~10mm이고 몸색은 암갈색이며, 날개는 회황색의 털이 밀생해 있고 흑색의 털도 드문드문 나 있음. 유충의 몸길이는 10mm 정도이며 체색은 유백색
- 피해
  - 참나무류의 구과인 도토리에 주둥이로 구멍을 뚫고 산란한 후 도토리가 달린 참나무류 가지를 주둥이로 잘라 땅위에 떨어뜨림
  - 알에서 부화한 유충이 과육을 식해함. 보통 1년에 1~2회 발생하며 노숙유충의 형태로 땅속에서 흙집을 짓고 월동함
- 방제 : 8월초부터 페니트로티온 유제 또는 사이플루트린 유제 1,000배액을 10일 간격으로 3회 살포함

⑪ 해충의 방제

구분	내용
법적 규제	식물검역을 통해 해충의 국내 반입을 사전에 봉쇄
저항성 수종 선택	병충해가 적고 환경내성이 있는 품종선택(주목, 개나리, 튤립나무 등)
종다양성 유지	다양한 수종을 선택
환경조절	• 적절한 시비, 배수, 관수로 수목의 활력을 증진 • 적절한 솎아베기(간벌), 가지치기를 통해 해충을 억제 • 낙엽 가지 등 지피물 제거하여 해충의 월동장소나 숨을 장소 제거
생물학적 방제	• 생물의 천적을 이용하는 방법 • 해충을 잡아먹는 포식성 곤충, 기생성 곤충을 이용 : 무당벌레, 풀잠자리가 진딧물을 잡아먹음 • 나방류에는 기생하는 병균 이용 : 명나방, 흰불나방, 매미나방에 체내에 병을 일으키는 박테리아를 살포하는 비티(Bt)수화제 이름으로 시판 • 해충에 기생하는 곤충을 이용 : 먹좀벌류
화학적 방제	• 약제 살포 • 도포에 의한 방제 • 살충제는 독성이 커서 환경적으로 안전한 약제 개발(비누와 기름) → 기계유 유제는 깍지벌레 효과, 살충용 비누는 진딧물에 효과

⑫ 병해충 종합관리

㉮ 병해충 종합관리(IPM)의 의의 : 병해충 방제 시 농약 사용을 최대한 줄이고 이용가능한 방제방법을 적절히 조합하여 병해충의 밀도를 경제적 피해수준 이하로 낮추는 방제체계

㉯ 병해충 종합관리 내용

구분	내용
생물적 방제	천적의 대량증식을 통한 해충방제
성페로몬 이용	해충의 암컷이 교미를 위해 발산하는 성페로몬을 인공적으로 합성하여 수컷을 유인 · 박멸하거나 수컷의 교미를 교란시켜 다음 세대의 해충밀도를 억제
수컷 불임화	해충의 수컷을 불임화시켜 포장에 방사한 후 이 수컷과 교미한 암컷이 무정란을 낳게 하여 다음 세대에 해충밀도를 억제
미생물 이용	해충에 독성을 내는 박테리아인 Bacillus thuringiensis를 이용
농약대체물질 이용	아인산(H_3PO_3)은 식물체 내를 순환하면서 병원균을 직접 사멸시키거나 생장과 생식을 억제시키며 병방어시스템을 자극하여 역병, 노균병 등의 병해를 효과적으로 방제하는 주성분

재배적 방제	재배방법으로 조절
저항적 이용	해충에 대해 저항능력이 큰 품종을 육성 및 재배
물리적 방제	온도 및 습도 등을 조절하여 해충방제

8) 농약관리

① 사용목적에 따라 분류

구분	내용
살균제	• 병을 일으키는 곰팡이와 세균을 구제하기 위한 약 • 직접살균제, 종자소독제, 토양소독제, 과실방부제 등
살충제	• 해충을 구제하기 위한 약 • 소화중독제, 접촉독제, 침투이행성 살충제 등
살비제	• 곤충에 대한 살충력은 없으며 응애류에 대해 효력
살선충제	• 토양에서 식물뿌리 기생하는 선충방제
제초제	• 잡초방제 • 선택성과 비선택성
식물생장조정제	• 생장촉진제 : 발근촉진제 • 생장억제제 : 생장, 맹아, 개화결실 억제

② 주성분에 따른 분류

구분	내용
유기인계	인(P)을 중심, 살충제가 여기에 해당
카바메이트계	카바민산의 골격을 가진 농약으로 살충제와 제초제가 해당
유기염소계	염소(Cl) 분자가 가진 농약, 잔류성 문제
황계	• 황(S)을 가진 농약, 살균제로 쓰임 • 결합상태에 따라 유기황계(석회황합제, 황수화제), 무기황계(마네브, 지네브제)
동계	동(Cu)을 함유한 농약으로 살균제 해당(석회보르도액, 동수화제)
기타 농약	페녹시계(2, 4-D), 트리아진계, 요소계가 있음

③ 제제형태에 따른 분류

㉮ 액체 시용제 : 액체상태로 살포

분류	제제형태	사용형태	특성
유제	용액	유탁액	기름에만 녹는 지용성 원제를 유기용매에 녹인 후 계면활성제를 첨가하여 만든 농축농약
액제	용액	수용액	수용성 원제를 물에 녹여서 만든 용액, 겨울철 동파위험
수화제	분말	현탁액	물에 녹지 않는 원제에 증량제와 계면활성제와 섞어서 만든 분말, 조제 시 가루날림에 주의
수용제	분말	수용액	수용성 원제에 증량제를 혼합하여 만든 분말로 투명한 용액이 됨

㉯ 고형 시용제 : 고체상태로 살포, 분제(분말가루)와 입제로 나눔

㉰ 기타 : 훈증제, 도포제, 캡슐제

④ 농약제제

㉮ 유효성분(원제)

㉯ 증량제 : 유효성분 희석약제

㉰ 보조제 : 증량, 유화, 협력 등의 역할을 하는 전착제, 증량제, 유화제, 협력제 등이 있음

⑤ 사용 적기

㉮ 병균과 해충의 생활사에 맞춰 사용

㉯ 살균제 : 해당 병균의 포자가 비산할 때 살포

㉰ 살충제 : 성충의 산란기와 유충이 농약에 민감, 알 · 노숙유충 · 번데기는 저항성이 큼

⑥ 농약 살포 시 주의사항

㉮ 얼굴이나 피부노출방지 : 보호안경, 모자, 마스크, 보호크림 사용

㉯ 바람을 등지고 농약을 살포하며 처음부터 작업개시 지점을 선정

㉰ 작업이 끝나면 옷을 갈아입고 몸을 깨끗이 씻음

㉱ 입을 통한 경로 차단(작업 중에 음식을 먹지 않음)

㉲ 농약의 특수보관(농약 잠금장치가 있는 곳)

⑦ 식물생장 조정제

구분	내용
생장억제제	NAA, MH 등으로 정아 생장을 억제하거나 정아를 죽임
발근촉진제	IBA
개화결실억제제	NAA, MH, 에틸렌 계통
주맹아억제제	NAA, MH로 수간 밑동에서 나오는 맹아 발생을 억제
살목제	2, 4-D, 디캄바 등으로 관목과 교목을 죽이는 약제, 나무 밑동을 자른 후 처리

9) 조경수목의 생육장애

① 저온의 해

㉮ 한상(寒傷) : 열대식물이 한랭으로 식물체 내 결빙은 없으나 생활기능이 장해를 받아 죽음에 이르는 것

㉯ 동해(凍害)

- 추위로 세포막벽 표면에 결빙현상이 일어나 원형질이 분리되어 식물체가 죽음에 이르는 것
- 유발생지역 : 오목한 지형, 남쪽경사면, 일교차 심한 지역, 유목에 많이 발생, 배수불량, 겨울철 질소과다지역
- 서리의 해(상해 : 霜害)
  - 만상(晩霜) : 이른 봄 서리로 인한 수목의 피해
  - 조상(早霜) : 나무가 휴면기에 접어들기 전의 서리로 피해를 입는 경우
  - 동상(凍傷) : 겨울 동안 휴면상태에서 생긴 피해

㉰ 피해현상

- 상렬(霜裂)
  - 수액이 얼어 부피가 증대되어 수간의 외층이 냉각 · 수축하여 수선방향으로 갈라지는 현상으로 껍질과 수목의 수직적인 분리
  - 배수불량 토양에서 피해가 심함
- cup-shake : 상렬과 반대되는 현상으로 수간의 외층조직이 태양광선에 의해 온도가 높아져 있다가 갑자기 낮은 온도로 인해 외층조직이 팽창을 일으키는 것
- 상해옹이
  - 수간의 남쪽이나 서쪽에서 발생
  - 수목의 수간, 가지, 갈라진 지주 등에서 지면 가까이에 있는 수목껍질과 신생조직은 저온에 의해 조직이 여물기 전에 피해를 받는 것

㉱ 예방법

- 통풍, 배수가 양호한 곳에 식재
- 낙엽이나 피트모스 등으로 멀칭
- 남서쪽 수피가 햇볕에 직접 받지 않도록 하며 수간에 짚싸기 실시
- 상록수 주변은 0℃ 이하가 되기 전에 충분히 관수
- 회양목, 철쭉 등에 액체 플라스틱 시들음 방지제를 잎에 살포

② 고온의 해

㉮ 일소(日燒)

- 여름철 직사광선으로 잎이 갈색으로 변하거나 수피가 열을 받아 갈라지는 현상

- 껍질이 얇은 수종을 수간이 짚싸기를 실시해야 안전

㉯ 한해(旱害)

- 여름철 높은 기온과 가뭄으로 토양에 습도가 부족해 식물 내에 수분이 결핍되는 현상
- 호습성 수종, 천근성 수종은 주의를 요함

③ 대기오염에 의한 수목의 피해

형태	종류
질소화합물	질소산화물(NOX)
광화학화합물	오존(O_3), PAN, PBN
미립자	먼지, 검댕, 중금속(납, 비소)
황화합물	황산화물(SOX), 황화수소(H_2S)
탄화수소	메탄(CH_4), 아세틸렌(C_2H_2)
할로겐 화합물	불화수소(HF), 브롬화수소

㉮ 대기오염물질 분류

- 1970년대에는 석탄 사용으로 인해 아황산가스의 피해
- 요즘은 오존과 질소산화물, 미립자(검댕, 먼지, 중금속)의 피해

㉯ 피해증상

- O_3 : 잎의 황백화, 적색화, 어린잎보다 자란 잎에 피해
- SO_2(아황산가스) : 엽록소의 파괴로 황화현상, 심하면 고사
- PAN : 잎의 뒷면이 은회색에서 갈색으로 변함, 어린 잎에 피해
- CH_2 : 꽃받침이 마르고 꽃이 떨어지며 부정형 잎이 생김
- NH_2(질소산화물) : 엽맥세포들의 붕괴로 백색 또는 황갈색 괴사, 오존발생량의 증가
- NF(플루오르화 수소) : 제철 시 철광석 배출, 엽록소 파괴, 효소작용 저해, 광합성 억제, 잎 가장자리의 백화현상

㉰ 완화대책

- 저항성이 있는 수종 선택(은행나무, 편백, 가이즈까향나무, 플라타너스 등)
- 잎을 주기적으로 물로 세척 : 분진과 같은 미립자 제거
- 적절한 관수로 기공이 자주 열리게 하지 않는 것이 좋음
- 생장이 왕성 시 생장억제제를 살포하여 생장을 둔화시킴
- 질소비료를 적게 주며 인과 칼륨비료를 사용, 석회질비료 사용

10) 노거수목의 관리

① 상처치료

㉮ 상처 난 가지의 줄기를 바짝 잘라냄(굵은 줄기는 3단계로 자름)

㉯ 절단면에 방수제를 발라줌

치료제 : 오렌지 셀락, 아스팔렘 페인트, 크레오소트페인트, 접목용 밀랍, 하우스페인트, 나놀린페인트, 수목용 페인트

② 공동처리순서(수관 외과수술)

㉮ 부패한 목질부를 깨끗이 깎아냄

㉯ 공동 내부 다듬기

㉰ 버팀대 박기 : 휘어짐 방지

㉱ 소독 및 방부처리 : 더 이상 부패가 발생되지 않게 함

- 살균제 : 에틸알코올이 효율적이며 포르말린, 크레오소트 등 사용
- 살충제 : 스미치온 다이오톤을 혼합하여 처리
- 방부처리 : 수분침투를 막기 위해 처리, 무기화합물(유산동과 중크롬산칼리를 섞음)을 도포

㉲ 공동(空胴) 충전

- 공동은 곤충과 빗물이 들어가지 않도록 하며 수간의 지지력을 보강하기 위해 어떤 물질로 채움
- 기존의 사용재료 : 콘크리트, 아스팔트, 목재, 고무밀랍 등 사용
- 합성수지 : 비발포성 수지(부피가 늘어나지 않음, 에폭시수지, 불포화 폴리에스테르수지, 폴리우레탄고무가 탄력이 있고 수술용으로 적격, 가격이 고가)/발포성 수지(부피가 늘어남, 커다란 공동에 채울 때 유리, 공동의 구석까지 빈틈없이 채움, 폴리우레탄폼은 경제적이고 작업은 쉬우나 강도가 약함)

㉳ 방수처리 : 에폭시수지, 불포화 에스테르

㉴ 표면경화처리 : 부직포로 밀착시키고 목질부에 놋쇠못을 박아 고정

㉵ 인공수피처리 : 수피 성형, 접착제로 에폭시수지나 폴리에스테르수지를 사용하여 코르크가루를 적절한 두께로 붙임(주변에 노출된 형성층의 높이보다 약간 낮게 함)

③ 뿌리의 보호 : 나무우물(Tree Well) 만들기

㉮ 성토로 인해 묻히게 된 나무 둘레의 흙을 줄기를 중심으로 일정한 넓이로 지면까지 돌담을 쌓아서 원래의 지표를 유지하여 근계의 활동을 원활하게 해주는 것

㉯ 돌담을 쌓을 땐 뿌리의 호흡을 위해 반드시 메담쌓기(Dry Well, 건정, 마른우물)

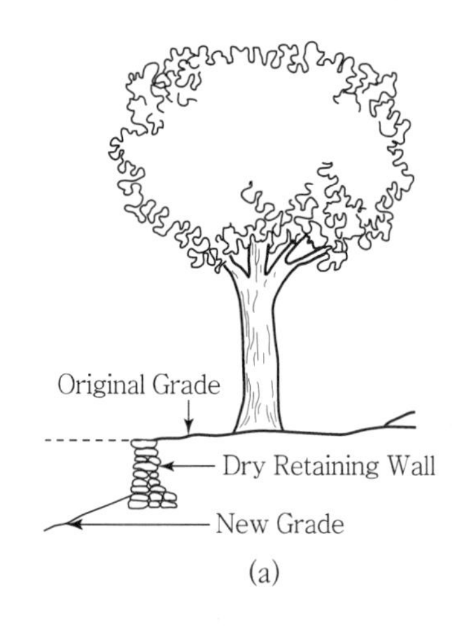

(a)

(b)

도로개설공사로 정지작업을 한 후 노출된 뿌리를 보호하기 위해 호박돌로 메담(dry well)을 쌓았다.(그림 (a)는 단면이고 그림 (b)는 이 공사를 완성시킨 것임)

‖ 도로가 아스팔트로 포장되어 토양수분 부족과 토양공기 부족으로 고사된 느티나무 ‖

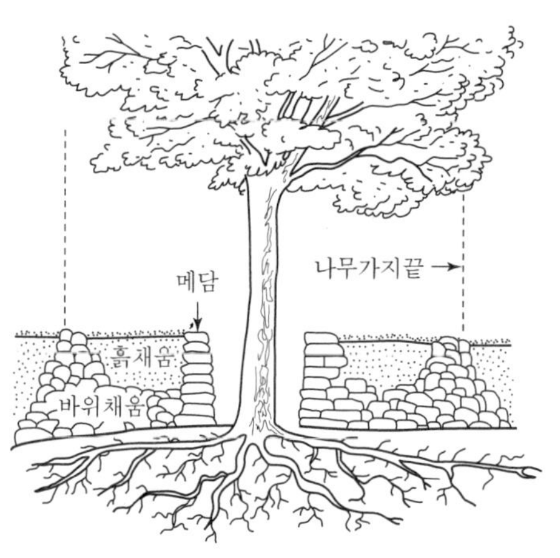

성토로 인해서 뿌리가 깊이 묻히게 되어 뿌리의 호흡을 돕기 위해 dry well을 만들었다.

④ 노거수의 관리내용

㉮ 상처치료

㉯ 뿌리보호

㉰ 공동처리

㉱ 양분공급 : 수간주사, 엽면시비

㉲ 지주목 설치(밑으로 처진 가지를 받쳐 줌)

㉳ 전정 실시(불필요한 가지를 제거)

㉴ 주변에 멀칭 실시

2. 잔디 관리

1) 잔디의 종류

① 난지형 잔디

㉮ 한국잔디

- 건조, 고온, 척박지에서 생육하며, 산성토양에 잘 견딤
- 종자번식이 어렵고, 완전 포복경과 지하경에 의해 옆으로 퍼짐
- 답압에 매우 강함, 잔디 조성시간이 많이 걸림, 손상 후 회복속도 느림
  - 들잔디(Zoysia japonica) : 한국에서 가장 많이 식재되는 잔디, 공원, 경기장, 법면 녹화, 묘지 등에 많이 사용
  - 고려잔디(Z. matrella) : 대전 이남 지역 자생, 치밀한 잔디밭 조성, 내한성이 약함
  - 비로드잔디(Z. tenuifolia) : 정원, 공원, 골프장의 티, 그린, 페어웨이에 사용
  - 갯잔디(Z. sinica) : 임해공업단지 등의 해안조경

㉯ 버뮤다그래스(Bermudagrass)

- 손상에 의한 회복속도가 빨라 경기장용으로 사용
- 종자번식이 어렵고, 완전 포복경과 지하경에 의해 옆으로 퍼짐

② 한지형 잔디

㉮ 켄터키블루그래스(Kentucky Bluegrass)

- 여름 고온기에 이용제한, 건조에 약함(자주 관수)
- 잎끝이 보트형으로 왕포아풀로 불림
- 골프장 페어웨이, 경기장, 일반잔디밭에 가장 많이 이용

㉯ 벤트 그래스(Creeping Bentgrass)

- 엽폭이 2~3mm로 매우 가늘어 치밀하고 고움
- 병이 많이 발생해서 철저한 관리가 필요 건조에 약해 자주 관수를 요구
- 골프장 그린용으로 이용

㉰ 파인 페스큐(Fine Fescues)

- 그늘에 강해 빌딩 주변이나 녹음수 밑에 이용
- 건조나 척박한 토양에 강함

㉱ 톨 페스큐(Tall Fescues)

- 엽폭이 5~10mm로 매우 넓어 거친 질감
- 고온건조에 강하고 병충해에도 강하나 내한성이 비교적 약함
- 토양조건에 잘 적용하여 시설용 잔디로 이용(비행장, 공장, 고속도로변)

㉤ 페레니얼 라이그래스(Perennial Ryegrass)

- 번식력이 약함
- 경기장 용으로 답압성을 증진시키기 위해 켄터키 블루그래스와 혼파 혹은 추파

2) 잔디깎기(Mowing)

① 목적 : 이용편리, 잡초방제, 잔디분얼 촉진, 통풍 양호, 병충해 예방

② 시기 : 한국잔디는 6~8월, 서양잔디는 5, 6월과 9, 10월에 실시

③ 깎는 높이

㉮ 한 번에 초장의 1/3 이상 깎지 않도록 함

㉯ 골프장 : 그린(10mm 이하, 5~8mm), 티(10~12mm), 페어웨이(20~25mm), 러프(45~50mm)

㉰ 축구경기장 : 10~20mm

㉱ 공원, 주택정원 : 30~40mm

3) 잔디깎기 기계의 종류

① 핸드모어 : 50평 미만의 잔디밭 관리에 용이

② 그린모어 : 골프장 그린, 테니스코트용으로 잔디 깎은 면이 섬세하게 유지되어야 하는 부분에 사용

③ 로터리모어 : 50평 이상의 골프장러프, 공원의 수목하부, 다소 거칠어도 되는 부분에 사용

④ 어프로치모어 : 잔디면적이 넓고 품질이 좋아야 하는 지역

⑤ 갱모어 : 골프장, 운동장, 경기장 등 5,000평 이상인 지역에서 사용, 경사지 · 평탄지에서도 균일하게 깎임

4) 제초

① 화학적 제초 방제

㉮ 약제가 잡초에 작용하는 기작에 따른 분류

- 접촉성 제초제 : 식물 부위에 닿아 흡수되나 근접한 조직에만 이동되어 부분적으로 살초함
- 이행성 제초제 : 식물생리에 영향을 끼쳐 식물체를 고사시키며, 대부분의 선택성 제초제가 이에 속함

㉯ 이용전략에 따른 분류

- 발아전처리 제초제 : 일 년생 화본과 잡초들은 발아 전 처리제에 의해 방제(시마진, 데비리놀)
- 경엽처리제 : 다년생 잡초를 포함하여 영양기관 전체를 제거할 때 2 · 4-D, MCPP, 반벨에 의해 처리
- 비선택성 제초제 : 잡초와 작물을 구별하지 못하는 제초제, 근사미, 그라목손에 의해 처리

② 잔디밭에서 가장 문제가 되는 잡초

㉮ 클로바(바랭이, 매듭풀, 강아지풀)

㉯ 클로바 방제법 : 인력제거보다는 제초제 사용이 효과적. BTA, CAT, ATA, 반벨-D

㉰ 바랭이류 : 어릴 때는 잔디와 구분이 어려움. 잔디밭을 잡초화하는 주요잡초(가장 빈번히 발생)

5) 시비

① N : P : K = 3 : 1 : 2가 적당(질소 성분이 가장 중요)

② 잔디깎는 횟수가 많아지면 시비횟수도 많아짐

6) 관수

① 관수시기 : 여름은 저녁이나 야간에 실시, 겨울은 오전 중에 실시

② 관수 후 10시간 정도 잔디가 마를 수 있도록 조절

③ 1일 8mm 정도 소모되고 소모량의 80% 정도 관수

④ 시린지(syringe) : 여름 고온 시 기후가 건조할 때 잔디표면에 물을 분무해서 온도를 낮추는 방법

7) 배토(Topdressing : 뗏밥주기)

① 목적

노출된 지하줄기의 보호, 지표면을 평탄하게 함, 잔디 표층상태를 좋게 함. 부정근, 부정아를 발달시켜 잔디생육을 원활하게 해줌

② 방법

㉮ 모래의 함유량 : 25~30%, 0.2~2mm 크기 사용

㉯ 세사 : 밭흙 : 유기물=2 : 1 : 1로 5mm체를 통과한 것을 사용

㉰ 잔디의 생육이 가장 왕성한 시기에 실시(난지형 늦봄(5월), 한지형은 이른 봄, 가을)

㉣ 소량으로 자주 사용하며 일반적으로 2~4mm 두께로 사용하며 15일 후 다시 줌, 연간 1~2회

㉤ 골프장의 경우 3~7mm 정도로 사용, 연간 3~5회

㉥ 넓은 면적인 경우 스틸매트(steel mat)로 쓸어주어 배토가 잔디 사이로 들어가게 함

8) 통기작업

① 코어링

이용으로 단단해진 토양을 지름 0.5~2mm 정도의 원통형 모양을 2~5cm 깊이로 제거함

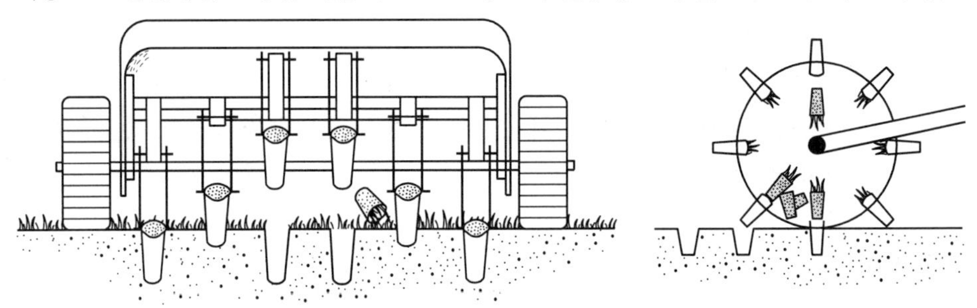

‖ 통기작업(core aerification의 작업) ‖

② 슬라이싱

칼로 토양 절단(코어링보다 약한 개념)하는 작업으로 잔디의 밀도를 높임, 상처가 작아 피해도 작음

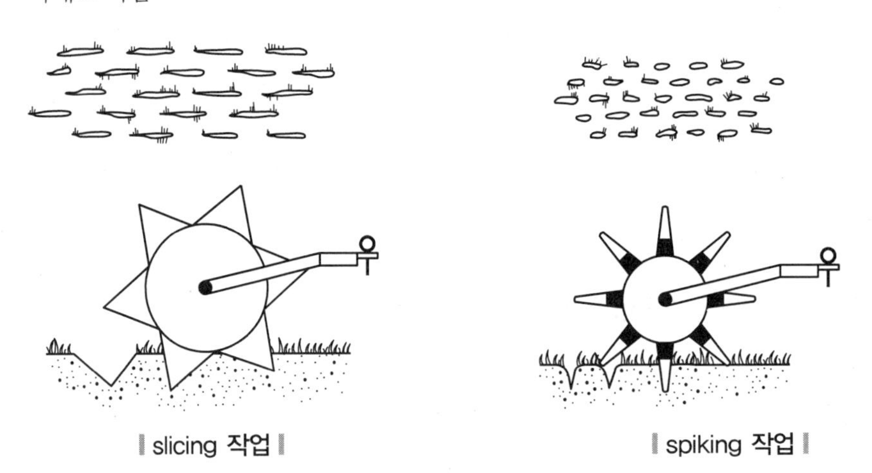

‖ slicing 작업 ‖ ‖ spiking 작업 ‖

③ 스파이킹

끝이 뾰족한 못과 같은 장비로 구멍을 내는 것으로 회복에 걸리는 시간이 짧고 스트레스 기간 중에 이용되기도 함

④ 버티컬 모잉

슬라이싱과 유사하나 토양의 표면까지 잔디만 주로 잘라 주는 작업임

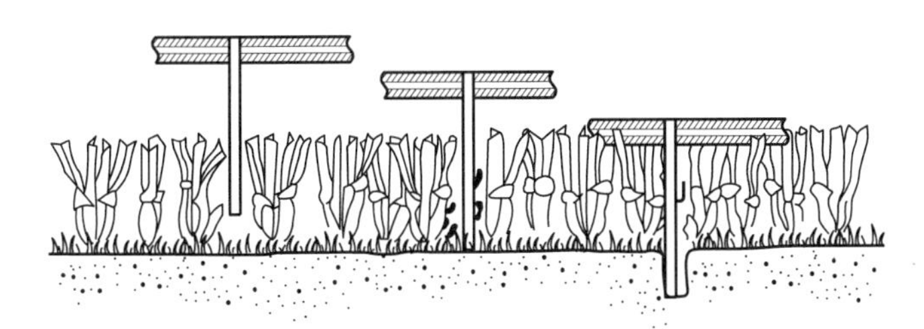

‖ 깊이에 따른 vertical mowing의 정도 ‖

⑤ 롤링

표면정리 작업으로 균일하게 표면을 정리하여 부분적으로 습해와 건조의 해를 받지 않게 하는 목적

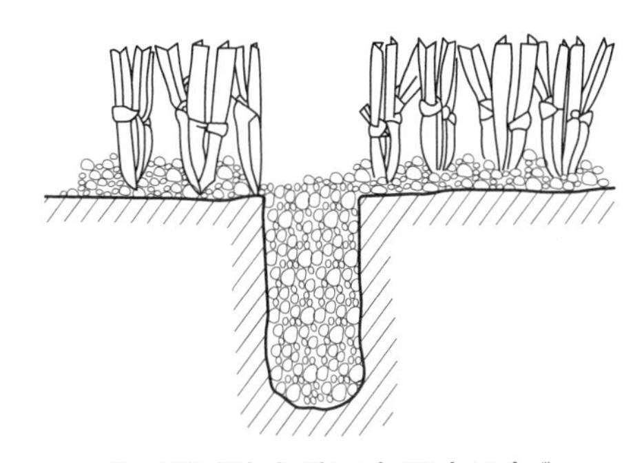

‖ 통기작업과 배토가 끝난 모습 ‖

9) 잔디의 생육을 불량하게 하는 요인

① 태치(thatch)

㉮ 잘린 잎이나 말라 죽은 잎이 땅 위에 쌓여 있는 상태

㉯ 스펀지 같은 구조를 가지게 되어 물과 거름이 땅에 스며들기 힘들어짐

② 매트(mat)

태치 밑에 검은 펠트와 같은 모양으로 썩은 잔디의 땅속줄기와 같은 질긴 섬유물질이 쌓여 있는 상태

10) 병해 방제

① 한국잔디의 병

㉮ 고온성 병

- 라지 패치 : 병징이 원형 또는 동공형으로 나타나고 그 반경이 수십 cm에서 수 m에 달함. 완벽한 치료가 불가능, 여름 장마철 전후로 발병이 예상되고 축적된 태치, 고온다습 시 발생

- 녹병 : 여름에서 초가을에 잎에 적갈색 가루가 입혀진 모습, 기온이 떨어지면 없어짐, 질소 부족 시 많이 발생, 배수불량, 5~6월 · 9~10월에 발생, 다이젠, 석회황합제 사용

㉯ 저온성 병

후사리움 패치 : 질소성분 과다지역

② 한지형 잔디의 병

㉮ 고온성 병

- 브라운 패치 : 엽부병, 입고병으로도 불리며 여름 고온기에 나타나고 지름이 수 cm에서 수십 cm 정도의 원형 및 부정형 황갈색 병반. 질소 과다와 고온다습(6~7월, 9월), 태치 축적이 문제
- 면부병 : 배수와 통풍이 큰 영향을 줌. 지상부를 건조하게 유지시키는 것이 좋음. 병에 걸린 잎은 물에 젖은 것처럼 땅에 누우며 미끈미끈한 감촉으로 토양에서 특유한 썩는 냄새가 남
- 달러 스폿 : 잎과 줄기에 담황색의 반점이(지름 15cm 이하) 무수히 동전처럼 나타나 잎과 줄기가 고사하는 병

㉯ 저온성 병 : 설부병

③ 한국잔디의 피해해충

황금충 : 한국잔디에 가장 많은 피해를 입히는 해충으로 유충이 지하경을 먹음, 매트유제, 아시트수화제, 헵타제 살포

11) 잡초 방제

① **잡초의 정의 :** 이용자가 원하지 않는 장소에 원하지 않은 식물

② **잡초발아의 환경요인 :** 광, 온도, 수분, 산소 등이며 대부분 광에 의해 발아가 이루어짐

광조건에 따른 분류

구분	종류
광발아잡초	메귀리, 바랭이, 왕바랭이, 강피, 향부자, 참방동사니, 개비름, 쇠비름, 소리쟁이, 서양민들레 등
암발아잡초	냉이, 광대나물, 별꽃 등

③ 잡초의 방제

㉮ 물리적 잡초 방제 : 인력제거, 깎기, 경운, 유기물질 멀칭, 왕모래 · 콩자갈 피복, 검정비닐(원예농업에서 이용)

㉯ 화학적 잡초 방제 : 농약 사용(내용은 잔디부분 제초와 동일)

4 시설물 유지관리

1. 포장관리

1) 토사포장

① 포장방법

㉮ 바닥을 고른 후 자갈, 깬돌, 모래, 점토의 혼합물(노면자갈)을 30~50cm를 깔아 다짐

㉯ 노면자갈이 없을 땐 풍화토 또는 왕사, 광산폐석, 쇄석 등을 사용

㉰ 노면자갈의 최대 굵기는 30~50cm 이하가 이상적, 노면 총 두께의 1/3 이하

㉱ 점질토는 5~10% 이하, 모래질은 15~30%, 자갈은 55~75% 정도가 적당

② 점검 및 파손원인

㉮ 지나친 건조 및 심한 바람

㉯ 강우에 의한 배수불량, 흡수로 인한 연약화

㉰ 수분의 동결이나 해동될 때 질퍽거림

㉱ 차량 통행량 증가 및 중량화로 노면의 약화 및 지지력 부족

③ 보수 및 시공방법

㉮ 개량

- 지반치환공법 : 동결심도 하부까지 모래질이나 자갈모래로 환토
- 노면치환공법 : 노면자갈을 보충하여 지지력 보완
- 배수처리공법 : 횡단구배 유지, 측구의 배수, 맹암거로 지하수위 낮추기

㉯ 보수방법

- 흙먼지 방지 : 살수, 약제 살포법(염화칼슘, 염화마그네슘, 식염 등 0.4~0.5kg/m^2)
- 노면 요철부 처리 : 비온 뒤 모래나 자갈로 채움
- 노면 안정성 유지 : 횡단경사 3~5% 유지, 일정한 노면 두께 유지
- 동상 및 진창흙 방지
  - 흙을 비동토성 재료(점토, 흙질이 적은 모래, 자갈)
  - 배수시설로 지하수위 저하시키기
- 도로배수 : 도로의 양쪽에 폭 1m, 깊이 1m의 측구를 굴착하여 자갈, 호박돌, 모래 등으로 치환

2) 아스팔트포장

① 포장구조

노상 위에 보조기층(모래, 자갈), 기층, 중간층 및 표층의 순서로 구성

② 파손상태 및 원인

㉮ 균열 : 아스팔트량 부족, 지지력 부족, 아스팔트 혼합비가 나쁠 때
㉯ 국부적 침하 : 노상의 지지력 부족 및 부동침하, 기초 노체의 시공불량
㉰ 요철 : 노상 · 기층 등이 연약해 지지력 불량할 때, 아스콘 입도 불량
㉱ 연화 : 아스팔트량 과잉, 골재 입도 불량, 텍코트의 과잉 사용시
㉲ 박리 : 아스팔트 및 골재가 떨어져 나가는 현상, 아스팔트 부족 시

③ 보수방법

㉮ 패칭공법
- 균열, 국부침하, 부분 박리에 적용
- 파손부분을 사각형으로 따내어 제거 → 깨끗이 쓸어내고 택코팅 → 롤러, 래머, 콤팩터 등으로 다지기 → 표면에 모래, 석분 살포 → 표면온도가 손을 댈 수 있을 정도일 때 교통 개방

㉯ 표면처리공법 : 차량통행이 적고, 균열정도 범위가 심각하지 않을 경우 메우거나 덮어씌워 재생
㉰ 덧씌우기 공법(overlay) : 기존 포장을 재생, 새포장으로 조성

3) 시멘트 콘크리트 포장

① 포장구조

㉮ 기층 위에 표층으로서 시멘트 콘크리트 판을 시공한 포장
㉯ 5~7m 간격으로 줄눈을 설치하여 온도변화, 함수량 변화에 의한 파손을 방지
㉰ 종류 : 무근 포장, 철근(6mm 철망) 포장

② 파손원인

㉮ 시공불량, 물시멘트비 · 다짐 · 양생의 결함, 줄눈을 사용하지 않아 균열 발생
㉯ 노상 또는 보조기층의 결함(지지력 부족, 배수시설 부족, 동결융해로 지지력 부족)
㉰ 파손의 상태 : 균열, 융기, 단차, 마모에 의한 바퀴자국, 박리, 침하

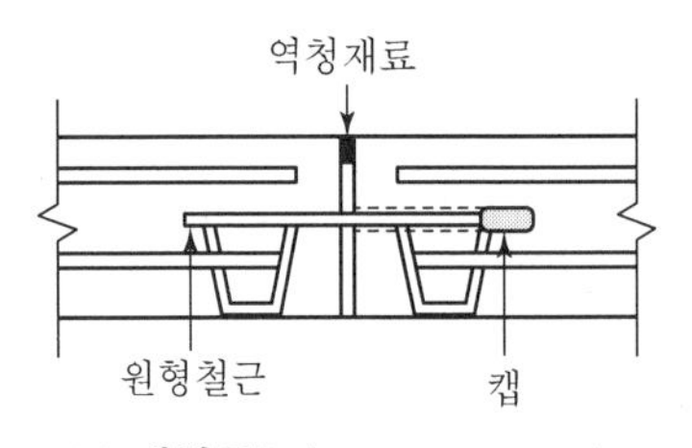

(a) 팽창줄눈(expansion joint)

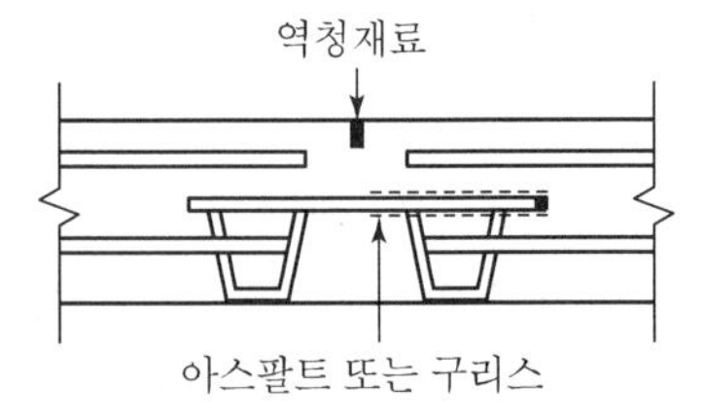

(b) 수축줄눈(contraction joint)

‖ 신축이음줄눈 상세도 ‖

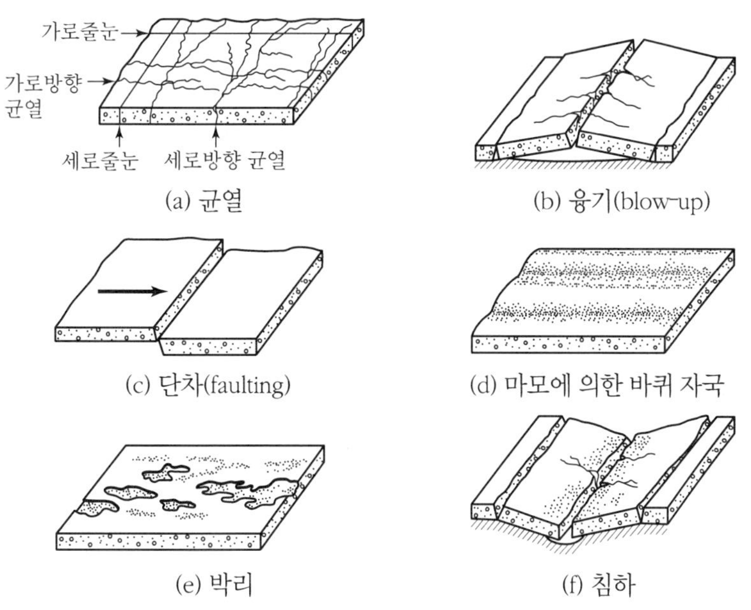

(a) 균열 (b) 융기(blow-up)

(c) 단차(faulting) (d) 마모에 의한 바퀴 자국

(e) 박리 (f) 침하

‖ 파손형태 모식도 ‖

③ 시공방법

㉮ 패칭공법 : 파손이 심하여 보수가 불가능할 때

㉯ 모르타르 주입공법 : 포장판과 기층의 공극을 메워 포장판을 들어올려 기층의 지지력 회복

㉰ 덧씌우기 공법 : 전면적으로 파손될 염려가 있을 경우

㉱ 충전법 : 청소 → 접착제 살포 → 충전재 주입 → 건조 모래살포

㉲ 꺼진 곳 메우기 : 균열부 청소 → 아스팔트유제 도포 → 아스팔트 모르타르(균열폭 2cm 이하) 또는 아스팔트 혼합물로 메우기

4) 블록 포장

① 포장유형

㉮ 시멘트 콘크리트 재료 : 콘크리트 평판 블록, 벽돌 블록, 인터로킹 블록

㉯ 석재료 : 화강석 평판블록, 판석블록

② 포장구조

㉮ 모래층만 4cm 정도 깔고 평판블록 부설

㉯ 이음새 폭 : 3~5mm, 보통 5mm

③ 파손형태와 원인 : 블록모서리 파손, 블록 자체 파손, 블록포장 요철, 단차, 만곡

④ 보수 및 시공방법

보수위치 결정 → 블록 제거 → 안정모래층 보수 → 기계전압(compacter, rammer) → 모래층 수평 고르기 후 블록 깔기 → 가는 모래를 뿌려 이음새가 들어가도록 함 → 다짐

2. 배수관리

1) 배수의 유형과 대상

① **표면배수** : 지표면에 흐르는 물 또는 인접하는 지역에서 원지 내로 유입하는 물을 처리

② **지하배수** : 지반 내의 배수를 목적으로 지표면 밑의 지하수위를 저하시키거나 지하에 고인 물 또는 지면으로부터 침투하는 물을 배수하는 형태

③ **비탈면배수** : 비탈면에 일정한 도수로를 유도하여 흐르게 하거나 빗물이나 표류가 비탈면으로 유입되지 않게 하는 것

④ **구조물배수** : 교량, 터널, 고가도로, 지하도 등 구조물에 대한 배수관리

2) 배수시설 종류

① **표면배수시설**

㉮ 측구
- 다른 배수시설로 물이나 우수를 이동시키는 배수도랑
- 토사측구 : 잡초가 무성한 지역은 정기적으로 벌초 및 제초작업을 함
- 콘크리트 측구

㉯ 집수구 · 맨홀 : 정기적인 청소나 점검이 필요

② **지하배수시설(암거배수시설)**

㉮ 배수관거

㉯ 유공관 배수시설

㉰ 모래, 자갈 등의 맹암거 배수시설

3) 비탈면 배수

① **비탈면 어깨배수** : 비탈면 인접지역에서 흘러들어오는 것을 차단

② **비탈면 종배수** : 비탈면 자체의 배수를 흘러내리게 함

③ **비탈면 횡배수(소단 배수구)** : 소단에서 가로로 받아 종배수구에 연결

4) 배수시설의 점검

① 부지 배수시설의 배수상환 및 측구, 맨홀, 집수구 등의 토사 퇴적상태

② 노면 및 노견부의 배수시설 상황

③ 배수시설 내부 및 유수구의 토사, 오니, 먼지 등의 퇴적상태

④ 배수시설의 파손 및 결함상태

5) 보수 및 시공방법

① 표면배수시설

㉮ 측구 : 막히지 않도록 주의

㉯ 집수구 · 맨홀 : 정기적 청소 · 점검이 필요

㉰ 배수관 및 구거 : 먼지나 오니 등으로 인하여 단면이 좁아지지 않게 함. 기초가 불량할 때 침하

② 지하배수시설

배수설치 연월, 배치위치 등을 명시한 도면을 만들어 놓고 유출구를 통해 조사한 것으로 미루어 판단하여 새로운 시설 설치

③ 비탈면 배수시설

㉮ 비탈면 구배가 급할 때는 완화시키거나 성토비탈면에 소단을 설치

㉯ 비탈면 밖에 배수구 설치, 유도시설 설치

3. 편익시설 유지관리

1) 목재 시설물의 유지관리

① 손상의 종류

손상의 종류	손상의 성질	보수방법의 예
인위적인 힘	고의로 물리적인 힘을 가하거나 사용에 의한 손상으로 발생	파손부분 교체 및 보수
온도와 습도에 의한 파손	건조가 불충분하여 목재에 남아있는 수액으로 부패	• 파손부분을 제거한 후 나무 못박기, 퍼티 채움 • 교체
균류에 의한 피해	균의 분비물이 융해시키고 균은 이를 양분으로 섭취하여 목재가 부패됨(균은 온도 20~30℃ 정도 함수율은 20% 이상에서 발육이 왕성)	• 유상 방균제, 수용성 방부제 살포 • 부패된 부분을 제거한 후 나무 못박기, 퍼티 등을 채움
충류에 의한 피해	습윤한 목재는 충류에 의해 피해를 받기 쉬움	• 유기염소, 유기인 계통의 방충제 살포 • 부패된 부분을 제거한 후 나무 못박기, 퍼티 등을 채움 • 교체

② 충류와 방충제

㉮ 건조재 가해 충류 : 가루나무좀과, 개나무좀과, 빗살수염벌레과, 하늘소과

㉯ 습윤제 가해 충류 : 흰개미류

㉰ 목재 방충제 : 유기염소, 유기인, 붕소, 불소계통 등

③ 균류와 방균제

㉮ 온도, 습도 등을 통제하여 번식 억제

㉯ 목재 방균제

- 유상방부제 : 타르, 크레오소오트 등
- 유용성 방부제 : 유기수은화합제, 클로르 페놀류
- 수용성 방부제 : C.C.A 등

㉰ 갈라졌을 경우

피복된 페인트 등 제거 → 갈라진 틈을 퍼티로 채움 → 샌드페이퍼로 문지르고 마무리 → 부패방지를 위해 조합페인트, 바니스 포장

㉱ 교체 : 지면과 접한 부위는 정기적으로 방부제를 칠하고 모르타르 바름

2) 콘크리트제의 유지관리

① 균열부의 보수

㉮ 표면실링 공법

- 0.2mm 이하의 균열부에 적용
- 표면을 청소하고 에어 컴프레서로 먼지를 제거하고 에폭시계를 도포

㉯ V자형 절단 공법

- 표면실링보다 효과적인 공법으로 누수가 있는 곳
- 폴리우레탄폼계

㉰ 고무압식 주입공법

주입구와 주입파이프 중간에 고무튜브를 설치하여 시멘트 반죽이나 고무유액을 혼입하는 것이 일반적

3) 철재의 유지관리

① 인위적인 힘에 의한 파손

㉮ 휘거나 닳아서 손상되거나 용접부위의 파열 등

㉯ 나무망치로 원상복구, 부분절단 후 교체

② 온도, 습도에 의한 부식

샌드페이퍼로 닦아낸 후 도장

4) 석재의 유지관리

① 파손 : 접착부위를 에틸알코올로 세척 후 접착제(에폭시계, 아크릴계 등)로 접착, 24시간 정도 고무로프로 고정

② 균열 : 표면실링공법, 고무압식 주입공법

5) 옥외조명

① 광원의 유형

옥외조명 광원유형별 특징

광원	색채연출	특성
백열등	우수	• 수명이 짧고 효율이 낮음 • 점등 중에 열을 내는 단점이 있으나, 전구의 크기가 소형이며 광속 유지가 우수하고 색채연출이 가능
형광등	우수	• 자연스럽고 청명한 색채효과를 냄 • 빛이 둔하고 흐려서 물체나 건물을 강조해 주는 데는 이용할 수 없음 • 변동하는 기온이나 조건 하에서 전등의 발광 및 효율을 일정하게 유지하기 어려움
수은등	코팅(양호) 코팅 안 됨(불량)	• 수명이 비교적 김 • 녹색과 푸른색을 제외한 색채의 연출이 불량한 면을 보완하기 위해 인을 코팅한 전등이 사용됨
금속할로겐등	양호	• 빛의 조절이나 통제가 용이하며 색채연출이 우수함 • 고출력의 높은 전압에서만 작동이 가능하므로, 정원, 광장 등에는 사용이 곤란
나트륨등	불량	• 열효율이 높고 투시성이 뛰어남 • 설치비는 비싸나 유지관리비가 저렴

② 등주의 재료

등주 재료	제작	장점	단점
알루미늄	알루미늄 합금 등으로 제조	• 부식에 대한 저항 강 • 유지관리 용이 • 가벼워 설치 용이 • 비용 저렴	• 내구성 약 • 펜던트 부착이 곤란
콘크리트재	철근콘크리트와 압축콘크리트의 원심적 기계과정에 의해 제조	• 유지관리가 용이 • 부식에 강 • 내구성이 강	• 무거움 • 타 부속물 부착이 곤란
목재	미송과 육송 등으로 제조	• 전원적 성격이 강 • 초기의 유지관리 용이	부패를 막기 위해 반드시 방부처리 요함
철재	합금, 강철 혼합으로 제조	• 내구성 강 • 펜던트 부착이 용이	부식을 피하기 위해 방청처리 요함

③ 유지관리

㉮ 등주재료 : 동관은 부식방지를 위해 3~5년에 1회 정기적 도장

㉯ 등기구 : 1년에 1회 이상 정기적 청소, 약한 오염 시 마른 헝겊을 사용하고 심한 곳은 물이나 중성세제 사용

21세기 조경기술사 핵심이론

발행일 | 2015. 2. 15 초판발행
2020. 1. 15 개정1판1쇄
2020. 12. 15 개정1판2쇄
2022. 1. 10 개정2판1쇄
2024. 2. 20 개정3판1쇄

저 자 | 정 상 아
발행인 | 정 용 수
발행처 | 예문사

주 소 | 경기도 파주시 직지길 460(출판도시) 도서출판 예문사
TEL | 031) 955－0550
FAX | 031) 955－0660
등록번호 | 11－76호

정가 : 80,000원

ISBN 978-89-274-5370-3 13520